W0461678

Statistik für Psychologen und Sozialwissenschaftler

Statistik für Psychologen und Sozialwissenschaftler

2., aktualisierte und erweiterte Auflage

Markus Bühner
Matthias Ziegler

Pearson

Bibliografische Information der Deutschen Nationalbibliothek
Die Deutsche Nationalbibliothek verzeichnet diese Publikation in der Deutschen Nationalbibliografie; detaillierte bibliografische Daten sind im Internet über *http://dnb.dnb.de* abrufbar.

Die Informationen in diesem Buch werden ohne Rücksicht auf einen eventuellen Patentschutz veröffentlicht.
Warennamen werden ohne Gewährleistung der freien Verwendbarkeit benutzt.
Bei der Zusammenstellung von Texten und Abbildungen wurde mit größter Sorgfalt vorgegangen. Trotzdem können Fehler nicht ausgeschlossen werden.
Verlag, Herausgeber und Autoren können für fehlerhafte Angaben und deren Folgen weder eine juristische Verantwortung noch irgendeine Haftung übernehmen.
Für Verbesserungsvorschläge und Hinweise auf Fehler sind Verlag und Autor dankbar.

Alle Rechte vorbehalten, auch die der fotomechanischen Wiedergabe und der Speicherung in elektronischen Medien.
Die gewerbliche Nutzung der in diesem Produkt gezeigten Modelle und Arbeiten ist nicht zulässig.

Es konnten nicht alle Rechteinhaber von Abbildungen ermittelt werden. Sollte dem Verlag gegenüber der Nachweis der Rechtsinhaberschaft geführt werden, wird das branchenübliche Honorar nachträglich gezahlt.

Fast alle Produktbezeichnungen und weitere Stichworte und sonstige Angaben, die in diesem Buch verwendet werden, sind als eingetragene Marken geschützt.
Da es nicht möglich ist, in allen Fällen zeitnah zu ermitteln, ob ein Markenschutz besteht, wird das ®-Symbol in diesem Buch nicht verwendet.

10 9 8 7 6 5 4 3 2 1

19 18 17

ISBN 978-3-86894-130-2 (Buch)
ISBN 978-3-86326-809-1 (E-Book)

© 2017 by Pearson Deutschland GmbH
Lilienthalstraße 2, 85399 Hallbergmoos, Germany
Alle Rechte vorbehalten
www.pearson.de
A part of Pearson plc worldwide

Programmleitung: Kathrin Mönch, kmoench@pearson.de
Lektorat: Elisabeth Prümm, epruemm@pearson.de
Korrektorat: Toni Schmid, Puchheim
Coverbild: © fotolia.com
Herstellung: Claudia Bäurle, cbaeurle@pearson.de
Satz: inpunkt[w]o, Haiger (www.inpunktwo.de)
Druck und Verarbeitung: DZS-Grafik d.o.o., Ljubljana

Printed in Slovenia

Inhaltsübersicht

Inhaltsverzeichnis

Vorwort zur 1. Auflage

Jeder Student oder Dozent kennt die Situation – eine statistische Frage taucht auf und muss so schnell wie möglich beantwortet werden. Sei es, um die Bachelorarbeit oder Masterarbeit weiter zu schreiben oder die Lehrveranstaltung mit korrekten Inhalten füllen zu können. In dieser Situation haben wir beim Lesen eigener und anderer Bücher selbst erlebt, dass Fehler in Formeln oder im Text negative Emotionen freisetzen. Genauso stören fehlende Indizes, eine ungenaue Formulierung oder wenn der Text genau da aufhört, wo es vermeintlich erst spannend wird. Voller guter Vorsätze haben wir dann vor mehr als einem Jahr begonnen, dieses Buch zu schreiben. In dem vergangenen Jahr haben wir dann festgestellt, dass ein Statistikbuch zu schreiben wirklich eine sehr schwierige Aufgabe ist und wir mit denselben Problemen kämpfen. Ein Buch zu psychologischen Konstrukten zu schreiben, hätte uns dagegen wahrscheinlich viel Mühe erspart.

Der Prozess vom Schreiben zum möglichst fehlerfreien gedruckten Buch ist lang und sehr steinig. Am Ende dieses langen Prozesses sind wir nun doch sehr froh, dass diese Wegstrecke hinter uns liegt.

Auf diesem Weg haben wir viel gelernt. Wir wissen nun, dass man sich beim Versuch, Kompliziertes einfach darzustellen auf einem schmalen Grat bewegt: Man kann mehr falsch als richtig machen und auch vermeintlich einfache Sachverhalte sind beim Niederschreiben oft kompliziert. Ein weiteres Problem ist das der Balance: Es soll nicht zu viel, aber auch nicht zu wenig Hintergrund verraten werden. Unser Buch liegt in der Mitte des Spannungsfelds zwischen Grundlagen der Statistik und der Anwendung von Statistiksoftware. Es ist dabei aus einer Anwendungsperspektive und aus der Perspektive eines statistisch interessierten Psychologen geschrieben.

Wir sehen Statistik als Tool, das einer Person auf dem Weg im Forschungsprozess (Bachelor- oder Masterarbeit, Verstehen von wissenschaftlichen Texten) hilft. Meist benötigt man zwei Bücher auf diesem Weg – ein Buch für die Anwendung mit Statistiksoftware und ein Buch für das Verstehen von Grundlagen. Wir haben versucht, beide Philosophien zu vereinigen. Dabei hatten wir als Anwender den Bachelorstudenten bzw. Einsteiger im Blick. Ziel war es, ihn nicht abzuschrecken, sondern ihn auch mit wenig Vorwissen abzuholen und mitzunehmen. Hilfreich dabei waren hier die Fragen und Anregungen, die uns Studierende in den letzten vier Jahren im Rahmen von Lehrveranstaltungen gestellt haben.

Unser Buch soll helfen, Bachelor- oder Masterarbeiten anzufertigen. Nach unserer Erfahrung beantwortet ein Softwarebuch zu wenig Fragen, da die Grundlagen der Statistik ja meist schon vor langer Zeit vermittelt wurden. Grundlagenbücher verraten aber meist nicht, wie man praktisch vorgeht. Daher war es immer unser Konzept, beide Aspekte direkt miteinander zu verbinden.

Die Motivation, dieses Buch zu schreiben, war, dass wir zu unserem Konzept sehr gute Rückmeldungen in der Lehre und in der Anwendung erhalten haben. Wir sind nun gespannt, wie es angenommen wird.

Uns ist auch bewusst, dass jedes Buch noch besser und noch genauer sein könnte und würden uns daher über konstruktive Kritik und Anregungen sehr freuen. Unsere Hoffnung ist, dass dieses Buch zur weiteren Beschäftigung mit dem Thema anregt und interessierte Leser dazu bringt, weiterführende Lehrbücher oder Texte zu lesen.

Auf dem langen steinigen Weg zum fertigen Buch haben uns viele Freunde unterstützt. Wir möchten daher die Gelegenheit nutzen, um diesen Personen hier herzlich zu danken: Prof. Dr. Helmut Küchenhoff (StabLab), Dr. Clemens Draxler, Dr. Moritz Heene, Dipl.-Psych. Erik Danay, Dipl.-Psych. Can Gürer, Johannes Albert, Stella Bollmann, Julia Gsottschneider, Sven Hilbert, Hannah Klaas, Julija Mell, Alexander Soutschek, Franziska Schölmerich, Isabelle Schuhmann, Matthias Schwaighofer und Alexandra Zech. Wir sind sehr froh, dass uns dieses klasse Team unterstützt hat. Für wertvolle Korrekturhinweise zum Nachdruck danken wir ganz herzlich Prof. Dr. Jürgen Loibl und Melanie Stade. Darüber hinaus danken wir unseren Familien und Partnern, die doch am Tag, am Abend und am Wochenende immer wieder den Standardsatz von uns hörten: „Ich habe keine Zeit!“. Nun haben wir endlich wieder Zeit und das ist auch gut so ;-).

Markus Bühner und Matthias Ziegler

Vorwort zur 2. Auflage

Zunächst möchten wir uns bei allen Kolleginnen und Kollegen, Leserinnen und Lesern bedanken, die dieses Buch unterstützt und ihm zu einem so großen Erfolg verholfen haben.

Wir haben bereits 2012 begonnen, uns mit der 2. Auflage des Buchs zu beschäftigen. Zwei Hochzeiten und drei Kinder später sowie nach vielen Ämtern und Lehrstuhlwechseln war es dann in diesem Jahr soweit und wir konnten die 2. Auflage fertigstellen. Es war wirklich sehr anspruchsvoll, alles unter einen Hut zu bringen. Die Hauptaufgabe bestand darin, Fehler aus dem Buch zu entfernen und die Lesbarkeit zu erhöhen. Weiterhin erfolgte eine Anpassung der Indizes an das Buch „Einführung in die Test- und Fragebogenkonstruktion". Die Tabellen zu den Prüfverteilungen und die Übungsaufgaben mussten aufgrund des erheblich gewachsenen Umfangs auf die Website ausgelagert werden. Der Umfang wuchs so stark aufgrund einer weiteren Neuerung, der Integration des Programms R.

Als Reaktion auf die vielen positiven Rückmeldungen haben wir am Konzept der 1. Auflage unverändert festgehalten und uns entschieden, die Stärken des Buchs in der Anwendung um das Programm R zu erweitern. Dabei stellen wir R und SPSS nebeneinander dar, um Leserinnen und Lesern, die gerne in das eine oder andere Programm wechseln möchten, optimal zu unterstützen.

Wir bitten Sie auch weiterhin, uns auf Fehler aufmerksam zu machen und möchten uns bei den vielen Kolleginnen und Kollegen, Leserinnen und Lesern herzlich für ihre vielen Mails in vergangen Jahren sowie für das positive, aber auch konstruktiv kritische Feedback bedanken. Wir freuen uns auch weiterhin auf Ihr sehr willkommenes Feedback!

Dieses Buch wäre ohne die Mithilfe vieler Personen nicht möglich gewesen. Ein ganz besonderer und großer Dank geht an die folgenden Personen: Eva Böbel, Marie Feiler, Sven Hilbert, Marvin Hilbert, Valerie Hofmann, Kai Horstmann, Felix Naumann, Florian Pargent, Felix Schönbrodt, Philipp Sckopko, Caroline Wehner.

Auch dem Verlag möchten wir herzlich danken und insbesondre Frau Kathrin Mönch, die sehr viel Geduld mit uns bewiesen hat, da sich das Projekt doch über einen längeren Zeitraum hingezogen hat. Auch ihre Aufmunterung, dass es doch ein toller Titel sei, der stark nachgefragt wird, hat uns immer wieder angetrieben, weiter zu machen.

Zum anderen möchten wir an dieser Stelle unseren Familien von Herzen danken, die uns mit viel Verständnis und Rücksicht besonders in Zeiten des Schreibens unterstützt haben.

München und Berlin, den 15. Februar 2017

Markus Bühner und Matthias Ziegler

Einstieg in R

1

ÜBERBLICK

» Statistik und Statistiksoftware begleiten Psychologiestudenten während des gesamten Studiums. Dabei schien es so, als ob sich die Software SPSS als *die* allgemein akzeptierte und nahezu universal angewandte Softwarelösung etabliert hätte. Da SPSS in einigen wichtigen Bereichen der Psychologie in der Programmentwicklung stagnierte, z. B. in der Psychometrie, und da auch die Kosten für das Programm eine Einstiegshürde darstellen, waren aber viele Kolleginnen und Kollegen sehr interessiert, als vor einigen Jahren eine völlig kostenfreie Alternative auf den Markt kam: R. Hinter R verbirgt sich eine Plattform, die grundlegende Funktionen zur Datenaufbereitung und -analyse umfasst und Anwendern die Möglichkeit bietet, eigene weiterführende Funktionen zur Datenanalyse oder -darstellung in Form von Paketen zu veröffentlichen. Andere Nutzer können sich diese Pakete kostenfrei herunterladen und damit die gesamte Funktionsvielfalt von R nutzen. Solche Pakete findet man oft bei der Suche im Netz (z. B. How to do regression analysis in R?). Sie enthalten zudem Dokumentationen und Beispiele, welche die Anwendung erleichtern. R ist jedoch lediglich über Befehlszeilen zu steuern. Für SPSS-Nutzer, die eine grafische Oberfläche gewohnt sind, ist dies eine Umstellung. Aus eigener Erfahrung können wir aber sagen, dass sich diese Umstellung lohnt. R beinhaltet nahezu alle Funktionen, die im Rahmen von Lehre und Forschung benötigt werden, und darüber hinaus werden auch neueste statistische Verfahren oft zeitnah in Form von zusätzlichen Paketen zur Verfügung gestellt. Somit ist für viele Arbeiten keine weitere Statistiksoftware nötig. Mit dem wachsenden Wissen des Anwenders erschließen sich immer neue Möglichkeiten mit R. In der Tat ist es so, dass R sich mehr und mehr in der empirischen Wissenschaft verbreitet und auch in der Lehre vielerorts erfolgreich vermittelt wird.

Vielleicht erklärt ein Vergleich diesen Erfolg. Auf einer Konferenz stellte William Revelle, Autor eines oft genutzten Pakets (Revelle, 2015), eine Charakterisierung von R anhand der Big Five auf. Diese treffende Charakterisierung wollen wir hier kurz sinngemäß wiedergeben: R erzielt einen sehr hohen Wert auf der Domäne Emotionale Stabilität. R ist sehr robust und durch so gut wie nichts aus der Ruhe zu bringen. Allerdings ist der Extraversionswert sehr niedrig. R ist so schüchtern und introvertiert, dass es ohne explizite Aufforderung keine Äußerung macht. Der Wert im Bereich Offenheit für Erfahrung ist ebenfalls enorm hoch. R erweitert gern seinen Horizont und probiert neue Sachen aus. Die Vielzahl an neuen R-Funktionen, die scheinbar ständig erscheinen, verdeutlicht dies. Was die Verträglichkeit anbelangt, ist R jedoch sehr im unteren Bereich angesiedelt. Wenn man als Nutzer in der Interaktion etwas falsch macht, gibt R sehr störrische, oft wenig informative Rückmeldungen und bietet wenig direkte Hilfe an. Abhilfe schaffen jedoch gute Dokumentationen der Pakete und Hilfe im Netz (z. B. How to do regression analysis in R package ABC?). Schließlich ist R sehr gewissenhaft, hält sich streng an Regeln und Richtlinien. SPSS und R unterscheiden sich an manchen Stellen in den Ergebnissen, worauf wir im Buch an den entsprechenden Stellen hinweisen werden. Dies liegt häufig an unterschiedlichen Voreinstellungen oder Berechnungsprozeduren.

In diesem Kapitel soll eine kurze Einführung in R beziehungsweise RStudio erfolgen. Im Rahmen dieses Buches ist es leider nicht möglich, eine allumfassende Darstellung und Einführung der Möglichkeiten von R zu geben. Allerdings werden am Ende des Kapitels einige Quellen angegeben, die einen umfassenderen Einstieg ermöglichen. Aus eigener Erfahrung können wir auch und vor allem das Internet als Hilfe sehr empfehlen. Auch hierzu finden sich am Ende ein paar nützliche Links.

In diesem Kapitel stellen wir zunächst dar, wie man R und RStudio installiert und aktualisiert. Danach werden einige Grundprinzipien dargestellt, bevor wir das Einlesen gängiger Datenformate beschreiben. Schließlich zeigen wir noch ein paar einfache Datentransformationen, die notwendig sein können.

Bevor wir jedoch in die einzelnen Darstellungen gehen, stellen wir kurz ein paar Alternativen vor und geben eine Empfehlung ab. «

1.1 R – ein Buchstabe, viele Möglichkeiten: R, R Commander, RKward oder RStudio

Wie bereits erwähnt, ist R eine Plattform, die eine Reihe von Paketen anbietet, die die unterschiedlichsten Funktionen erfüllen (*http://www.r-project.org*). Um diese auszuführen, bedarf es eines „Unterbaus“ (Konsole), der auf dem eigenen Rechner installiert werden muss. Diese Konsole bezeichnen wir als R. Die Konsole steht für Windows, Mac OS X und Linux zur Verfügung (*http://mirrors.softliste.de/cran/*). Hat man R installiert und startet das Programm, stellt man zunächst fest, dass es neben einer kleinen Menüleiste ein Eingabefenster für Syntaxbefehle gibt, über die das Programm bereits voll funktionsfähig ist. Allerdings erscheint diese Version den meisten Nutzern als wenig anwenderfreundlich.

Eine Erleichterung zu dieser rein textbasierten Anwendung stellen sogenannte GUIs (**G**raphical **U**ser **I**nterface) dar, die grundlegende Funktionen in einer grafischen Oberfläche zur Verfügung stellen. Beispiele sind der **R Commander** (*http://www.rcommander.com*) oder **RKward** (*http://sourceforge.net/apps/mediawiki/rkward/index.php?title=Main_Page*).

In der grafischen Benutzeroberfläche werden Menüs angezeigt und durch Klicken kann man sich durch das Angebot navigieren. Das bietet auf den ersten Blick den Komfort, den wir aus SPSS kennen. Allerdings können zunächst nur die Analysen durch die grafische Benutzeroberfläche durchgeführt werden, die als Menüpunkt im Programm enthalten sind. Das ist ein nicht unerheblicher Nachteil gegenüber der Verwendung der Befehlszeile, denn die vorgefertigten Menüs stellen oft nicht die ganze Funktionsvielfalt eines Pakets zur Verfügung. Ist eine komplexere Datenanalyse nötig, ist ein Umsteigen auf Syntaxbefehle unausweichlich. Somit sind solche GUIs nur Alternativen für Nutzer mit sehr eingeschränkten Anwendungswünschen. Daher haben wir uns in diesem Buch für die Erläuterung anhand einer Mischform entschieden: **RStudio** (*http://www.rstudio.com/products/rstudio/*).

RStudio ist ein sogenanntes Intergrated Development Environment (IDE). Diese Software ist ein „Überbau“ zur reinen R-Konsole und wird zusätzlich dazu installiert. RStudio bietet einige Annehmlichkeiten, wie beispielsweise eine integrierte Hilfe, Syntax- bzw. Code-Hervorhebungen und die Möglichkeit verschiedene Fenster zu definieren. Dies ist in ▸*Abbildung 1.1* dargestellt. Öffnet man RStudio zum ersten Mal, sind die vier Fenster noch nicht so angeordnet wie in der Abbildung. Im Menü kann man aber unter RSTUDIO → PREFERENCES diese Einstellungen vornehmen. Nach der Auswahl dieser Menüoption öffnet sich ein Fenster, in dem es in der linken Spalte unter anderem die Wahloption PANE LAYOUT gibt. Nach den Klicken dieser Option kann nun die Anordnung der Fenster vorgenommen werden. Wir haben uns dafür entschieden, links oben den Quellcode (Source) und daneben Environment und History anzuordnen. In der unteren Hälfte findet sich die eigentliche R-Konsole (Console) links und daneben verschiedene Reiter mit nützlichen weiteren Funktionen (siehe *Abbildung 1.1*). Im aktuellen RStudio kann man unter den PREFERENCES auch weitere interessante Voreinstellungen vornehmen. Unter der Option CODE gibt es den Reiter COMPLETION. Hier können Einstellungen vorgenommen werden, durch die automatisch Vorschläge zum Vervollständigen des eingegebenen Codes im Quellcode gemacht werden. Wir empfehlen dem neuen Nutzer hier ruhig auf diese Hilfe zurückzugreifen.

Um nun eine neue Analyse zu starten, benötigen wir zunächst eine neue Datei, in der wir unsere Syntax schreiben können. Diese legen wir mit FILE → NEW FILE → R SCRIPT an. Unter der Menüleiste finden wir nun vier Fenster. In der Standardeinstellung befinden sich auf der linken Seite oben ein Fenster für das R Script (auch Quellcode genannt), und unten eines für die Konsole (Console). Im R-Script-Fenster können wir nun Syntax schreiben, ändern, kopieren und so weiter. Dieser Quellcode kann über die Optionen FILE → SAVE AS aus der Menüleiste abgespeichert werden. Zudem ist es in diesem Fenster möglich, durch Doppelklick auf ein bestimmtes Element (z. B. einen Variablennamen), alle Elemente mit diesem Namen anzeigen zu lassen.

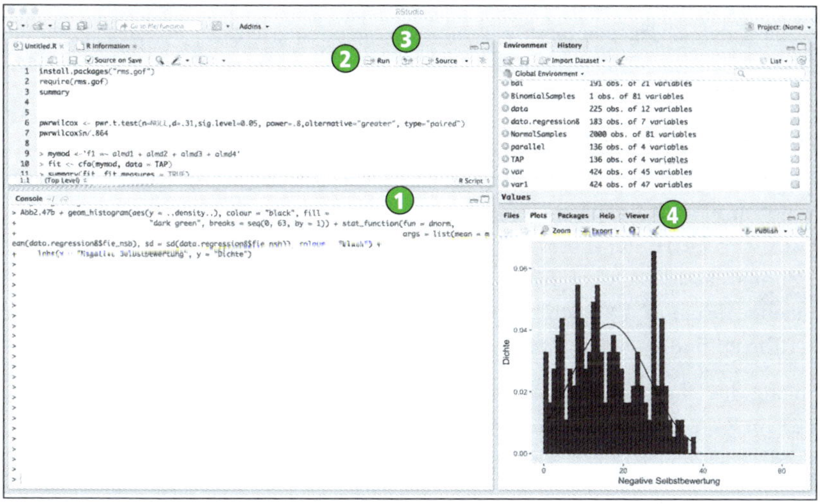

Abbildung 1.1: Screenshot von RStudio

Will man einen Befehl aus dem Quellcode ausführen, gibt es mehrere Möglichkeiten. Zunächst sollte man den Cursor in die jeweilige Zeile setzen oder mehrere Zeilen markieren, indem man die linke Maustaste gedrückt hält und die Zeilen mit dem Mauszeiger abfährt. Nun kann man die markierten Befehle ausführen, indem man auf der Tastatur CTRL und ENTER drückt (Windows) oder CMD und ENTER (Mac OS X). Alternativ kann man auch auf den RUN-Button klicken ②. Der Befehl wird so vom Quellcode an die Konsole „geschickt", dort ausgeführt, und die dadurch erzeugten Ergebnisse werden angezeigt. Eine weitere, vor allem für Vorlesungen, Seminare, Übungen oder Schulungen nützliche Funktion verbirgt sich hinter dem mit ③ gekennzeichneten Feld. Klickt man dieses Feld an, erstellt RStudio ein HTML-, Word- oder PDF-Dokument, welches nicht nur den Quellcode, sondern jeweils darunter auch die Ergebnisse enthält. Dies funktioniert jedoch nur, wenn der Code vollständig und fehlerfrei ist.

Im Quellcode werden in der Regel alle Angaben als Befehle angesehen. Möchte man sich hier aber Notizen machen, dann sollte man vor die Zeile ein **Rautezeichen** (#) machen. Zeilen mit #-Zeichen zu Beginn werden von R nicht als Befehl interpretiert. Eine interessante Möglichkeit ist es, den Quellcode mit Zwischenüberschriften in Bereiche (Sections) zu unterteilen. Beginnt man eine Zeile mit einem Rautezeichen und beendet sie mit mindestens vier Rautezeichen oder Minuszeichen (z. B. #Text#### oder #Text----), liest RStudio dies als Überschrift. Unterhalb des oberen linken Fensters findet sich dann auch eine Liste mit allen Überschriften und man kann so leichter in einem längeren Quellcode navigieren. Schreibt man eigene Funktionen, werden diese hier ebenfalls, leicht eingerückt, angezeigt.

Eine zentrale Eigenschaft von R ist, dass sich alles, was man im Laufe seiner Analyse wieder verwenden möchte, also nicht nur die Daten oder Teile davon, sondern auch Ergebnisse der Analysen wie einfache Mittelwerte oder die Parameter einer Regressionsanalyse, in Objekten ablegen lässt (*Abschnitt 1.3*). Solche Objekte enthalten dann alle relevanten Informationen, können immer wieder abgerufen und auch in weitere Analysen einbezogen werden. Diese Objekte finden sich im rechten oberen Fenster (Environment). Hier wird eine Übersicht aller im Laufe der jeweiligen Sitzung angelegten Objekte aufgeführt. Diesen sogenannten Workspace kann man ebenso abspeichern und für neue Sitzungen aufrufen ①. Für fortgeschrittene Nutzer, die zeitgleich an mehreren zusammenhängenden Analysen arbeiten, kann auch die Projektoption in RStudio interessant sein (*https://support.rstudio.com/hc/en-us/articles/200526207-Using-Projects*).

Schließlich bleibt das rechte untere Fenster. Hier werden zum einen in der Registerkarte PLOTS alle Plots abgebildet, die man durch einen Klick auf ZOOM vergrößern oder durch einen Klick auf EXPORT exportieren kann. In diesem Fenster findet sich auch die Registerkarte PACKAGES ④. Hinter dieser Registerkarte ist eine Liste aller installierten Pakete angegeben. Zudem lassen sich bei bestehender Internetverbindung schnell neue Pakete installieren (siehe *Abschnitt 1.2*). Schließlich findet sich hier auch die Registerkarte HELP, unter der die Hilfe zu finden ist (*Abschnitt 1.5*).

Somit bietet die Oberfläche von RStudio einen schnellen Zugriff auf alle relevanten Informationen im Rahmen der Datenanalyse.

1.2 Installation und Aktualisierung

Um RStudio nutzen zu können, müssen sowohl RStudio als auch R von den entsprechenden Webseiten (siehe *Abschnitt 1.1*) heruntergeladen und installiert werden. Wenn beide Programme installiert sind, lässt sich alles über RStudio steuern. Zu beachten ist dabei, welche R-Version (32- oder 64-Bit) installiert werden muss.

Wie bereits erwähnt, werden Pakete, die in R die Funktionen enthalten, durch die jeweiligen Autoren immer wieder Updates unterzogen. Diese Updates lassen sich in RStudio schnell laden. Dazu kann man im unteren rechten Fenster (siehe *Abbildung 1.1*) die Registerkarte PACKAGES anklicken. Hier findet man das Feld CHECK FOR UPDATES (①; ▶*Abbildung 1.2*). Wenn wir nun auf dieses Feld klicken, erstellt RStudio eine Liste der Pakete, bei denen ein Update verfügbar ist. Diese wird in einem neuen Fenster angezeigt und man erhält die Möglichkeit, alle Pakete für ein Update auszuwählen (SELECT ALL). Wenn man diese Option wählt, startet RStudio das Update. Sollten bereits Pakete geöffnet sein, wird zunächst noch gefragt, ob man die R-Session neu starten möchte. Dies sollte man sicherheitshalber auch tun.

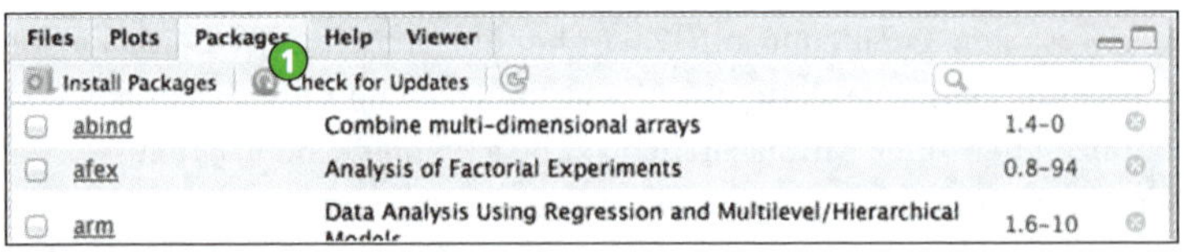

Abbildung 1.2: Updaten von Paketen in RStudio

RStudio selbst weist beim Programmstart gegebenenfalls darauf hin, dass ein Update zur Verfügung steht. In der Regel reicht es dann aus, dieses Update herunterzuladen und zu installieren. Anders ist es hingegen bei einem Update von R selbst. Wenn man dieses einfach lädt und installiert, gehen die vorher installierten Pakete verloren. Wenn dann eine Syntax ausgeführt wird, deren Befehle ein bestimmtes Paket benötigen, erscheint eine Fehlermeldung und die Ausführung der Befehle wird gestoppt. Dann müssen die fehlenden Pakete erneut installiert werden. Eine alternative Vorgehensweise zum Update von R wird im folgenden Exkurs dargestellt. Einige der darin verwendeten Befehle bzw. Begriffe werden erst im weiteren Verlauf des Kapitels erläutert. Daher empfiehlt es sich, diesen Exkurs erst bei Bedarf anzuschauen.

Exkurs

Updaten ohne Verlust installierter Pakete

Den hier aufgeführten Code können Sie direkt übernehmen. Fettgedruckte Elemente sind dabei solche, die Sie individuell anpassen können. Alle anderen Elemente sollten Sie so wie hier angegeben, verwenden.

1. Im ersten Schritt legen wir ein Objekt (siehe *Abschnitt 1.3*) an, in dem wir eine Liste der bereits installierten Pakete mittels des Befehls `installed.packages` ablegen. Durch diesen Befehl werden zudem die ursprünglichen Installationsorte der Pakete sowie Prioritäten ebenfalls ausgelesen. Die Prioritäten beziehen sich darauf, ob ein Paket zur Grundausstattung von R (der Base) gehört oder nicht. Dabei spielt es keine Rolle, wie Sie das Objekt benennen. Wir nennen es hier `Pakete`:

   ```
   Pakete <- installed.packages()
   ```

2. Wie gesagt enthält das Objekt `Pakete` nun sehr viele Informationen zu den Paketen, unter anderem auch, ob das jeweilige Paket zur Grundausstattung von R gehört. Ist dies der Fall, wird es auch bei einer Neuinstallation dabei sein und muss hier nicht mehr berücksichtigt werden. In einem zweiten Schritt definieren wir daher erneut ein Objekt (`installed_paks`). Dieses soll ein Vektor sein (`as.vector`). In diesem Vektor werden nun durch den folgenden Befehl nur noch die Namen der installierten Pakete aufgeführt, die nicht Teil der Grundausstattung sind. Wir nennen diesen Vektor hier `installed_paks`:

   ```
   installed_paks <- as.vector(Pakete[is.na(Pakete[, "Priority"]), 1])
   ```

3. Nun speichern wir diese Liste auf unserem Computer an einer Stelle, die wir später leicht wiederfinden („Pfadangabe"). Die Pfadangabe finden Sie je nach Betriebssystem im Finder oder Explorer. Der Datei geben wir hier den Namen `Paketebibliothek.rda`:

   ```
   save(installed_paks, file="PFADANGABE/Paketebibliothek.rda")
   ```

   Dabei ist zu beachten, dass Pfadangaben in R immer in Anführungszeichen stehen und / als Trennung nutzen und nicht das bei Pfadangaben in Windows übliche \.

4. Nun installieren wir die neue R-Version. Nach dem Starten laden wir zunächst die Datei mit der Paketebibliothek, die wir dann installieren können:

   ```
   load("PFADANGABE/ Paketebibliothek.rda ")
   install.packages(installed_paks)
   ```

1.3 Grundbegriffe und wiederkehrende Schritte

R (und damit auch RStudio) arbeitet mit einer wiederkehrenden Begriffslogik. Es ist günstig, diese wiederkehrenden Begriffe zu kennen. Wie bereits erwähnt, existiert in R ein Basispaket, welches bei der Programminstallation ebenfalls installiert wird. Dieses **Base Package** erlaubt bereits eine Reihe von Analysen und grafischen Veranschaulichungen. Die meisten in diesem Buch verwendeten Analysen benötigen jedoch Funktionen, die in optionalen Paketen abgelegt sind. Diese müssen zunächst installiert werden.

1.3.1 Installieren und Öffnen von Paketen

In RStudio gibt es zwei Wege um Pakete zu installieren. Zum einen kann man dies per Code vornehmen und zum anderen menügestützt. Wichtig ist, dass man zuvor eine funktionierende Internetverbindung aufgebaut hat. Wollen wir nun beispielsweise ein Paket für das Einlesen von SPSS-Datensätzen installieren, das den Namen `foreign` trägt (Team, 2014), dann können wir einfach den folgenden Befehl eingeben:

```
install.packages("foreign")
```

Der eigentliche Befehl lautet also **install.packages** und in Klammern wird dann der Name des zu installierenden Pakets in Anführungszeichen angegeben. Will man mehr als ein Paket gleichzeitig installieren, dann ändert sich der Befehl ein wenig:

```
install.packages(c("Paket_1", "Paket_2"))
```

Der Befehl an sich ist gleich geblieben. Aber man muss nun durch den Zusatz `c` (`combine`) angeben, dass mehr als ein Paket installiert werden soll.

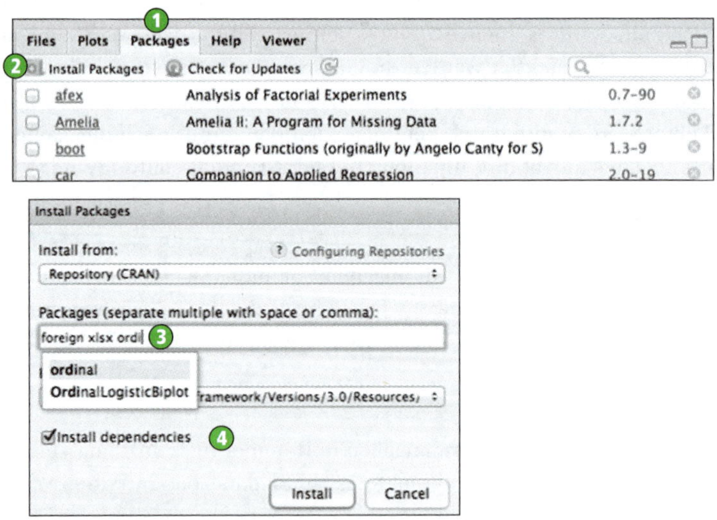

Abbildung 1.3: Installieren von Paketen in RStudio

Alternativ kann man in RStudio Pakete auch interaktiv über die Oberfläche installieren. In ▶*Abbildung 1.3* sind die entsprechenden Dialogfelder aufgeführt. Zunächst klicken wir im rechten unteren Feld auf die Registerkarte PACKAGES ①. In der sich öffnenden Registerkarte wählen wir nun die Option INSTALL PACKAGES ②. Es öffnet sich ein Dialogfenster. In der Eingabezeile kann man nun den Namen des zu installierenden Pakets angeben ③. Direkt nach Eingabe der ersten Buchstaben öffnet sich unter der Eingabeleiste eine Liste mit Paketvorschlägen. In die Eingabezeile können auch problemlos mehrere Namen eingegeben werden. Bevor man den Button INSTALL klickt, sollte man noch einmal prüfen, dass ein Häkchen bei der Option INSTALL DEPENDENCIES ④ gesetzt ist. Viele Pakete greifen nämlich ihrerseits wieder auf andere Pakete zurück. Dies sind die sogenannten **dependencies**. Sind sie nicht installiert, laufen die Pakete nicht. Der Installationsprozess kann durch Klicken von INSTALL gestartet werden. Ein Blick auf die Konsole zeigt, dass durch den interaktiven Prozess nun die gleichen Befehle ausgeführt werden, die oben in der ersten Installationsmöglichkeit per Code beschrieben wurden.

Nach der Installation eines Pakets kann es verwendet werden. Allerdings erwartet R zunächst eine Aufforderung, das Paket zu nutzen. Es muss also geöffnet werden. Dies kann man durch den Befehl `library` bewerkstelligen.

Ein Befehl zum Öffnen des Pakets `foreign` lautet also:

```
library(foreign)
```

Dieser Schritt ist immer wieder nötig, wenn RStudio neu gestartet wird. Alternativ lassen sich auch Pakete zum eigenen R-Profil hinzufügen (hier eine kurze Beschreibung: *http://rfor-work.info/2012/06/07/load-packages-automatically-in-rstudio/*). Dieses Profil wird gemeinsam mit der abgespeicherten RStudio-Datei geöffnet. Wenn das Programm geöffnet wird, werden nur die Basispakete geladen. Alle weiteren Pakete müssen per Hand aktiviert werden.

1.3.2 Das Arbeitsverzeichnis

Innerhalb des Programms lässt sich je nach Analyse ein neues Arbeitsverzeichnis definieren. Das bedeutet nichts anderes, als dass alle einzulesenden oder abzuspeichernden Objekte in diesem Verzeichnis vorzufinden sind. Dies erleichtert die Arbeit, da keine langen Pfadangaben gemacht werden müssen. Zudem stellt man so sicher, dass die Ergebnisse der Analysen später auch da sind, wo man sie haben möchte. Daher empfehlen wir zu Beginn jeder Analyse das Festlegen eines Arbeitsverzeichnisses. Der entsprechende Befehl lautet `setwd`:

```
setwd("PFADANGABE/VERZEICHNIS")
```

`wd` steht hierbei für working directory. Zu beachten ist wieder, dass R nur mit / und nicht mit \ arbeitet. Für dieses Kapitel haben wir beispielsweise folgenden Befehl genutzt:

```
setwd("/Users/Matthias/Dropbox/Statistikbuch 2. Auflage/Kapitel 1")
```

Hierfür ist es wichtig, zu wissen, unter welchem Pfad das zu verwendende Verzeichnis zu finden ist. Diese Pfade können vom Aufbau her unterschiedlich sein, je nachdem welches Betriebssystem verwendet wird (z. B. Windows, Mac OS X oder Linux).

RStudio kann diesen Schritt erleichtern. Unter der Registerkarte FILES im rechten unteren Fenster findet sich die Ordnerstruktur des Rechners. Mithilfe der Maus können wir nun zu dem Ordner navigieren, den wir als Arbeitsverzeichnis festlegen wollen. Unter den Registerkarten in diesem Fenster finden sich verschiedene Befehle, darunter auch MORE. Dort finden wir die Option → SET AS WORKING DIRECTORY, welche die ausgewählte Datei zu unserem Arbeitsverzeichnis macht. Der ausgeführte Befehl erscheint dann wie beschrieben in der Konsole und kann bei Bedarf in den Quellcode kopiert werden.

Ist man sich nicht sicher, welches Verzeichnis als Arbeitsverzeichnis angelegt ist, kann dies durch den Befehl `getwd()` überprüft werden.

1.3.3 Die Hilfe

Man findet zu R und RStudio ganz ausgezeichnete Hilfe im Netz. Dies bietet sich vor allem als Einsteiger an, wenn man beispielsweise eine Analyse zum ersten Mal durchführen möchte und den Code noch nicht kennt. Weiß man aber schon, wie der Code lautet, und ist das Paket, in dem der Befehl liegt, bereits geöffnet, kann durch Eingabe des folgenden Befehls eine Hilfe angezeigt werden:

```
?Befehl
```

Dieser Befehl öffnet in der Registerkarte HELP die Hilfe zu dem entsprechenden Befehl. Dort findet man Hinweise und Beispiele zur Verwendung und oft auch weiterführende Literatur. Dies funktioniert allerdings auch nur, wenn der genaue Name des Befehls bereits bekannt ist. Ist dies nicht der Fall, oder weiß man nicht, in welchem Paket der Befehl liegt, dann gibt man statt einem, zwei Fragezeichen an:

```
??Begriff
```

Hier können statt des Befehlsnamens auch allgemeine Suchbegriffe in Anführungszeichen angegeben werden, wie beispielsweise „Correlation". Der Suchbegriff wird in allen möglichen Paketen, die für R verfügbar sind, gesucht. Als Ergebnis erhält man eine Übersicht über mögliche Befehle, die den Begriff enthalten, und die Information, in welchem Paket diese Befehle umgesetzt wurden.

1.3.4 Daten einlesen und erster Überblick

Das Einlesen von Daten in RStudio beziehungsweise R hängt vom Dateiformat ab, in dem die Daten vorliegen. Sehr häufig sind dies `.sav`-Dateien aus SPSS oder `.xls(x)`-Dateien aus Excel. Ab und zu finden sich aber auch Dateien in einem Textformat (`.txt`). Im Folgenden zeigen wir, wie die einzelnen Formate eingelesen werden können.

Um SPSS-Dateien einzulesen, kann man das Paket **`foreign`** und den Befehl **`read.spss`** nutzen. Um nun einen Datensatz einzulesen und nutzen zu können, verwenden wir den folgenden Befehl:

```
setwd("/Users/Matthias/Dropbox/Statistikbuch 2. Auflage/Kapitel 1")
library(foreign)
data <- read.spss("LM Tests.sav", use.value.labels=FALSE, to.data.frame=TRUE,
   use.missings = TRUE)
```

Allgemein lautet der letzte Befehl:

```
Name des Datensatzes <- read.spss("Name der Datei", use.value.labels=TRUE/FALSE,
   to.data.frame= TRUE/FALSE, use.missings = TRUE/FALSE)
```

Nach dem Festlegen des Arbeitsverzeichnisses, öffnen wir im ersten Schritt also das Paket `foreign`. In der nächsten Befehlszeile definieren wir ein neues Objekt, `data`. In dieses Objekt soll das Ergebnis des Befehls `read.spss` gelegt werden. Der Befehl verlangt die Angabe des Verzeichnisnamens in Anführungszeichen. Wir lesen hier die Datei `LM Tests.sav` ein. Da wir ein Arbeitsverzeichnis angelegt haben, müssen wir außer dem Verzeichnisnamen keine Pfadangaben machen. Der nächste Teil des Befehls bezieht sich auf Variablen, die in SPSS mit Wertelabeln (`value labels`) versehen sind. So ist in dem Datensatz `LM Tests.sav` beispielsweise Geschlecht (`sex`) so kodiert, dass ein Wert von 1 für Männer und ein Wert von 2 für Frauen steht. Durch `use.value.labels=TRUE` oder `FALSE` (man kann auch einfach `T` oder `F` schreiben) legen wir nun fest, welcher Art diese und andere Variablen mit Wertelabeln sein sollen. Dabei unterscheidet R zwischen „normalen" Variablen und Faktoren (siehe *Abschnitt 1.3.9*). Faktoren sind Variablen, die beispielsweise zur Gruppenunterscheidung bei Varianzanalysen (siehe *Kapitel 6*) nützlich sind. Allerdings weist R diesen Variablen kein metrisches Skalenniveau (siehe *Kapitel 2*) zu, so dass sie für bestimmte Berechnungen (wie zum Beispiel Korrelationen, siehe *Kapitel 7*) nicht mehr verwendet werden können. Will man die Definition von Faktoren an dieser Stelle noch nicht vornehmen, dann sollte man die Option `use.value.labels=FALSE` verwenden. In diesem Fall liest R die numerischen Werte der Personen bei den Variablen mit Wertelabeln aus. Wählt man die Option `use.value.labels=TRUE`, dann werden die Bezeichnungen der jeweiligen Faktorstufe ausgelesen. In unserem Beispiel würde dann also bei allen Männern keine 1, sondern das Label „männlich" stehen. Diese Option führen wir in einem weiteren Befehl durch und legen das Ergebnis in das Objekt `data2`. Dieses ist also identisch mit `data` mit der Ausnahme, dass die Variable Geschlecht als Faktor mit zwei Stufen (weiblich und männlich) eingelesen wird.

Da wir den Datensatz in der Struktur eines `data.frames` (also eines Datensatzes) nutzen wollen, wählen wir auch die Option `to.data.frame=TRUE`. Schließlich legen wir durch den letzten Teilbefehl fest, dass alle definierten fehlenden Werte (z. B. –99) durch NA ersetzt werden sollen `use.missings = TRUE`.

Praxistipp – Ein erster Überblick Um sich einen ersten Überblick über die Daten zu verschaffen, empfehlen sich die folgenden vier Befehle:

```
names(data)
```

Durch diesen Befehl werden die Namen aller im Datensatz enthaltenen Variablen angezeigt.

```
head(data)
```

Dieser Befehl bewirkt die Ausgabe der ersten sechs Fälle und der dazugehörigen Variableneinträge. Möchte man mehr oder weniger Fälle sehen, so kann die Zahl der gewünschten Fälle einfach nach einem Komma angefügt werden. Der Befehl `head(data, 13)` zeigt beispielsweise die ersten 13 Fälle.

```
tail(data)
```

Im Prinzip funktioniert der Befehl wie head, aber die letzten sechs Fälle werden angezeigt. Auch hier kann die Zahl der gewünschten Fälle wieder angegeben werden.

```
data[c(1:3, 117:119),]
```

Auch bei dem letzten Befehl werden Fälle angezeigt, allerdings ist der Befehl so eingestellt, dass es sich um die ersten drei (1:3) und die letzten drei (wir wussten, dass es 119 Fälle sind, also 117:119) handelt. Das abschließende Komma (bzw. die Lücke dahinter) verdeutlicht, dass alle Spalten ausgelesen werden sollen. Alternativ können hier die Nummern der Spalten angegeben werden, die man betrachten möchte.

In R ergeben diese Befehle folgende Ausgabe:

```
> names(data)
 [1] "vpn"     "gruppe" "b"       "lmi"     "he"      "fm"      "age"     "sex"
 [9] "fach"    "sem"     "mot1"
> head(data)
  vpn gruppe     b lmi he fm age sex fach sem mot1
1  24      1 55.33 208 12  4  20   2    1   1    4
2  48      1 62.33 205 12  0  19   2    2   1    6
3  95      1 69.00 202  8  1  23   2    1   1    5
4  58      3 71.67 202  9  3  19   2    1   1    7
5  23      1 74.33 197  4  1  30   2    1  10    5
6  88      3 60.00 197 12  3  22   1    3   1    7
> tail(data)
    vpn gruppe     b lmi he fm age sex fach sem mot1
114  35      2 24.33  83  3  0  20   2    1   3    4
115  75      2 28.00  82  8  3  23   1   NA   2    6
116  60      2 36.00  82  2 11  19   2    1   1    7
117  49      2 25.00  81  6  7  21   2    1   3    4
118  57      2 42.67  71  2  7  21   2    1   3    6
119  76      2 54.67  63  1  5  21   1   NA   2    4
> data[c(1:3, 117:119),]
    vpn gruppe     b lmi he fm age sex fach sem mot1
1    24      1 55.33 208 12  4  20   2    1   1    4
2    48      1 62.33 205 12  0  19   2    2   1    6
3    95      1 69.00 202  8  1  23   2    1   1    5
117  49      2 25.00  81  6  7  21   2    1   3    4
118  57      2 42.67  71  2  7  21   2    1   3    6
119  76      2 54.67  63  1  5  21   1   NA   2    4
```

Abbildung 1.4: Ein erster Datenüberblick – ohne Faktoren

Wenn wir die Daten so einlesen, dass Wertelabels die Variablen zu Faktoren machen, dann sehen die Daten so aus:

```
> data2[c(1:3, 117:119),]
    vpn      gruppe     b lmi he fm age      sex        fach sem mot1
1    24 Faking Good 55.33 208 12  4  20 weiblich Psychologie   1    4
2    48 Faking Good 62.33 205 12  0  19 weiblich   Pädagogik   1    6
3    95 Faking Good 69.00 202  8  1  23 weiblich Psychologie   1    5
117  49  Faking Bad 25.00  81  6  7  21 weiblich Psychologie   3    4
118  57  Faking Bad 42.67  71  2  7  21 weiblich Psychologie   3    6
119  76  Faking Bad 54.67  63  1  5  21 männlich        <NA>   2    4
```

Abbildung 1.5: Ein erster Datenüberblick – mit Faktoren

Liegen die Daten in einem Excelformat vor, dann eignet sich das Paket **xlsx** (Dragulescu, 2014) zum Einlesen. Hier dient der Befehl **read.xlsx** zur genauen Angabe der Wünsche:

```
setwd("/Users/Matthias/Dropbox/Statistikbuch 2. Auflage/Kapitel 1")
library(xlsx)
data <- read.xlsx("LM Tests.xlsx", sheetIndex=1)
```

Allgemein lautet der Befehl also:

```
Name des Datensatzes <- read.xlsx("Name der Exceldatei", sheetIndex=X)
```

Das Prinzip ist hier sehr ähnlich zum Einlesen der SPSS-Daten. Wichtig ist, dass die Exceldatei in der Kopfzeile die Namen der Variablen beinhaltet. Nach der Definition des Objekts data legen wir dann im Befehl fest, dass die Datei „LM Tests.xlsx" eingelesen werden soll und hieraus die Daten in der ersten Registerkarte der Datei (sheetIndex=1).

Um Textdaten einzulesen, nutzen wir folgenden Befehl:

```
data<-read.table("LM Tests.txt", header=TRUE, sep="\t")
```

Das Neue an diesem Befehl ist die Angabe sep. Hier wird definiert, wodurch in der Textdatei die einzelnen Elemente getrennt sind. In unserem Beispiel ist es ein Tabzeichen (\t). Zudem geben wir an, dass in der ersten Zeile die Variablennamen stehen (header=TRUE). Ersetzt man table durch csv, lassen sich auch csv-Datenverzeichnisse einlesen.

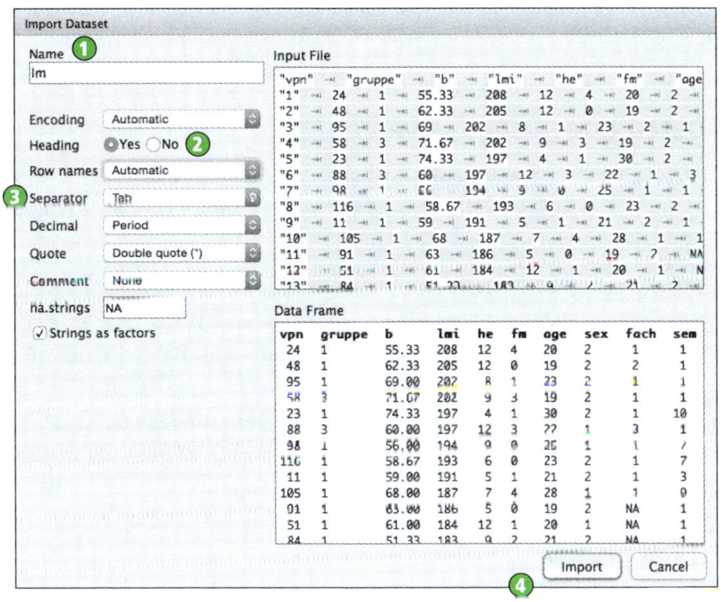

Abbildung 1.6: Importieren einer Textdatei in RStudio

Textdateien lassen sich in RStudio auch leicht über das interaktive Menü einlesen. Hierzu klicken wir im oberen rechten Fenster auf die Option IMPORT DATASET und wählen die Option FROM TEXT FILE. Es öffnet sich ein neues Fenster, welches in ▶*Abbildung 1.6* zu sehen ist. Hier legen wir zunächst den Namen des Objekts fest, in welches wir die Daten einlesen wollen ①. Hier haben wir das Objekt lm genannt. Danach können wir sagen, ob die Variablennamen bereits in der Kopfzeile sind oder nicht ②. Schließlich legen wir noch das Trennzeichen fest ③. An dieser Stelle kann man auch entscheiden, durch welches Zeichen die Dezimalstellen im Datensatz getrennt sind (Komma oder Punkt). Abschließend lösen wir den Import durch Klicken auf den Button IMPORT aus ④. Auf der rechten Seite des Fensters sehen wir parallel eine Vorschau der Daten.

1.3.5 Fehlende Werte

Der Umgang mit fehlenden Werten ist in vielen Programmen schwierig. In R werden fehlende Werte als NA bezeichnet. Es empfiehlt sich, bei der Datenaufbereitung alle Zellen in einer Datenmatrix (also die Einträge für die Personen bei bestimmten Variablen), für die keine Werte vorliegen, einfach frei zu lassen. R erkennt dies beim Einlesen und wandelt die leeren Zellen in NA um. Liegen bereits Datensätze aus anderen Programmen vor, in denen die fehlenden Werte definiert sind (z. B. als −99), dann ist dies beim Einlesen unbedingt zu beachten (siehe hierzu auch *Abschnitt 1.3.4*). Alternativ lassen sich solche Werte später auch zu fehlenden Werten umkodieren (siehe hierzu *Abschnitt 1.4*). Vergisst man das Umkodieren oder die Angabe beim Einlesen, kann dies schwere Auswirkungen auf die Berechnungen haben. Um dies auszuschließen, sollte man sich vor den Analysen immer für alle Variablen die Minima und Maxima ausgeben lassen (siehe *Kapitel 2*). Werte außerhalb des definierten Wertebereichs dürfen hier nicht auftauchen und sind ein Hinweis auf Eingabefehler.

1.3.6 Daten oder Fälle auswählen

In manchen Fällen enthält ein Datensatz so viele Variablen, dass es sich empfiehlt, eine Auswahl zu treffen. Die ausgewählten Variablen stehen dann als neuer Datensatz in Form eines Objekts zur Verfügung.

Variablen aus einem Datensatz auswählen. Wenn wir aus einem Datensatz bestimmte Variablen auswählen wollen, dann gibt es hierzu verschiedene Wege. Haben wir uns bereits deskriptive Statistiken angeschaut (siehe *Kapitel 2*), dann empfiehlt sich der folgende Weg: Dazu brauchen wir das Paket psych und daraus den Befehl describe. Dieser erstellt für die Variablen in einem Objekt nicht nur deskriptive Statistiken, sondern nummeriert die Variablen auch durch. Wollen wir beispielsweise aus dem Datensatz LM Test, den wir bereits eingelesen haben, alle leistungsmotivationsrelevanten Variablen (das sind b, lmi, he und fm; Begründung nicht dargestellt, siehe spätere Kapitel) in ein eigenes Objekt legen, dann nutzen wir folgende Syntax:

```
library(psych)
describe(lm)
```

Wir öffnen also zunächst das Paket psych und verlangen dann die dazugehörigen deskriptiven Statistiken. Bei langen Datensätzen empfiehlt es sich, diese ebenfalls wieder in einem Objekt abzulegen, das man immer wieder aufrufen kann. Das Ergebnis des Befehls findet sich in ▶*Abbildung 1.7*.

```
> describe(lmi)
        vars   n   mean    sd median trimmed   mad min    max  range  skew kurtosis   se
vpn        1 119  67.80 35.96     68   67.75 45.96   7 129.00 122.00  0.00    -1.25 3.30
gruppe     2 119   2.03  0.81      2    2.04  1.48   1   3.00   2.00 -0.06    -1.49 0.07
b          3 119  54.88 15.74     60   56.65  9.38   6  81.33  75.33 -1.10     0.48 1.44
lmi        4 119 142.87 33.95    148  143.59 41.51  63 208.00 145.00 -0.16    -0.89 3.11
he         5 119   6.46  2.86      7    6.46  2.97   1  12.00  11.00 -0.04    -0.81 0.26
fm         6 119   4.50  2.83      4    4.37  2.97   0  12.00  12.00  0.33    -0.53 0.26
age        7 119  21.84  3.12     21   21.37  2.97  18  38.00  20.00  1.87     5.21 0.29
sex        8 119   1.71  0.46      2    1.75  0.00   1   2.00   1.00 -0.89    -1.21 0.04
fach       9 107   1.48  0.97      1    1.28  0.00   1   6.00   5.00  2.15     4.66 0.09
sem       10 119   2.82  2.84      1    2.28  0.00   1  10.00   9.00  1.44     0.59 0.26
mot1      11 119   5.58  0.92      6    5.61  1.48   3   7.00   4.00 -0.46    -0.42 0.08
```

Abbildung 1.7: Erstellen deskriptiver Statistiken zur Bestimmung der Variablennummer

In der Abbildung sehen wir, dass die im Datensatz enthaltenen Variablen zeilenweise aufgeführt sind. In den Spalten erscheinen verschiedene deskriptive Statistiken (siehe *Kapitel 2*). Wichtig an dieser Stelle ist jedoch, dass in der Spalte `vars` die Variablen im Datensatz der Reihe nach durchnummeriert sind (1). Dies machen wir uns nun zu Nutze, um die gewünschten Variablen auszuwählen (2):

```
lm_var <- lm[c(3:6)]
```

Wir legen also ein neues Objekt an, welches wir `lm_var` nennen. Diesem weisen wir nun zu, dass aus dem Datensatz `lm` die Variablen `3` bis `6` kombiniert werden sollen.

Sollte man noch weitere Variablen einfügen wollen, dann sind die entsprechenden Nummern, durch Kommata getrennt, zu ergänzen.

Alternativ kann man auch die jeweiligen Variablennamen nutzen:

```
lm_var <- lm[c("b", "lmi", "he", "fm")]
```

Dies kann jedoch gerade bei vielen Variablen schnell sehr umständlich werden.

Fortgeschrittene Nutzer werden diese Art der Variablenselektion wahrscheinlich ungünstig finden. Besteht bei der Datenverarbeitung die Möglichkeit, dass die Reihenfolge der Variablen im Datensatz geändert wird, sind natürlich die im Code angelegten numerischen Referenzen nicht mehr korrekt. Ebenso ist es lästig, bei der Verwendung vieler Variablen stets alle Namen eingeben zu müssen. In solchen Fällen können verschiedene Funktionen des Basispakets hilfreich sein (*http://www.inside-r.org/r-doc/base/gsub*). So ist es beispielsweise möglich, aus den Namen der Variablen im Datensatz ein neues Objekt zu machen:

```
vars <- match(c("b", "lmi", "he", "fm"), names(lm))
```

Im Beispiel nennen wir dieses Objekt `vars`. Dem Objekt weisen wir das Ergebnis der Funktion `match` zu. In dieser Funktion müssen wir zunächst angeben, nach welchen Werten gesucht werden soll. Mit anderen Worten, mit welchen Werten soll verglichen werden (`match`). Dies sind unsere gewünschten Variablennamen. Da wir mehr als eine Variable nutzen, geben wir die Namen in Klammern an und verbinden sie durch das Verwenden des Buchstaben `c` vor der Klammer (`c` steht hier für `combine`). Schließlich müssen wir angeben, wo nach Übereinstimmungen gesucht werden soll. Der Befehl `names(lm)` sagt dem Programm, dass die Übereinstimmungen in den Namen der Variablen des Datensatzes `lm` gesucht werden sollen. Nun können wir das Ergebnis in weiteren Befehlen einsetzen. Um die Fälle dieser Variablen auszulesen reicht dann die Zeile:

```
lm_var <- lm[vars]
```

Das Ergebnis dieser Befehlskombination ändert sich nun auch nicht mehr, wenn sich die Reihenfolge der Variablen im Datensatz ändert.

Personen aus einem Datensatz auswählen. In manchen Fällen wollen wir auch Personen aus einem Datensatz auswählen. Wenn die Daten bereits nach einer bestimmten Logik sortiert sind oder wir wissen, dass wir bestimmte Fälle (z. B. Fälle 50 bis 75) aus dem Datensatz isoliert betrachten wollen, dann können wir den folgenden Befehl nutzen:

```
lm_cases <- lm[50:75,]
```

Wir definieren also ein neues Objekt, welches aus dem bestehenden Objekt die Zeilen 50 bis 75 auslesen soll. Erneut steht die Lücke hinter dem Komma für die Spalten im Datensatz – also die Variablen. Lassen wir den Befehl so, dann werden alle Variablen übernommen.

Manchmal wollen wir den Datensatz nach Geschlecht trennen. Beim Einlesen der Daten hatten wir gezeigt, wie man die Daten auch als Faktoren einlesen kann. Das Ergebnis war ein Objekt namens data2, welches wir im Weiteren verwenden. Um nun hieraus beispielsweise alle Männer auszulesen, schreiben wir:

```
lm_männer <- subset(data2, sex== "männlich")
```

Das neue Objekt soll also aus data2 entnommen werden. Der **subset**-Befehl zeigt an, dass wir eine Stichprobe ziehen wollen. In diesem Beispiel ziehen wir aus dem Datensatz data2 alle Fälle, bei denen der Faktor „sex“ die Stufe männlich aufweist.

Es kann aber auch vorkommen, dass wir eine bestimmte Kombination an Fällen auslesen wollen, zum Beispiel alle Männer, die einen lmi-Wert über 100 haben. Dazu nutzen wir den Befehl:

```
lm_männer2 <- subset(data2, sex== "männlich" & lmi > 100)
```

Wichtig sind beim subset-Befehl also die Relationszeichen. Die wichtigsten finden sich in ▶*Tabelle 1.1* abgebildet.

Relationszeichen	**Beschreibung**
`<`	kleiner als
`<=`	kleiner gleich
`>`	größer als
`>=`	größer gleich
`==`	entspricht genau / gleich
`!=`	ungleich
`!x`	entspricht nicht x
`x | y`	x oder y
`x & y`	x und y
`isTRUE(x)`	prüfe, ob x wahr ist

Tabelle 1.1: Übersicht über wichtige Relationszeichen

Wichtig kann es auch sein, nur die Fälle zu selegieren, bei denen es keine fehlenden Werte in einer bestimmten Variable gibt. Dazu nutzen wir den Befehl:

```
lm_om <- data2[complete.cases(data2$fach),]
```

Wir legen also zunächst wieder ein neues Objekt an (lm_om), in dem alle **Fälle ohne fehlende Werte** auftauchen sollen. Diesem weisen wir zu, dass aus dem Datensatz data2 alle Fälle ohne missings (complete cases) in der Variable fach aufgenommen werden sollen. Neu an dieser Stelle ist die Möglichkeit, sich durch das Verwenden des $-Zeichens auf eine einzelne Variable im Datensatz zu beziehen. Dies funktioniert immer nach dem Muster Datensatzname$Variablenname.

1.3.7 Umkodieren

Das Arbeiten mit psychologischen Tests und Fragebögen bzw. den darin enthaltenen Aufgaben erfordert manchmal das Umkodieren der eingetragenen Werte. Schauen wir dazu auf den Subtest Analogien aus dem IST. Hier muss die Testperson Aufgaben lösen wie Wald : Baum = Wiese : ?. Für das Fragezeichen werden nun 5 Antwortalternativen zur Verfügung gestellt. Die Testperson wählt dann eine Antwort aus. Bei der Dateneingabe wird aus Gründen der Effizienz nicht erst ausgewertet, sondern direkt eingegeben, was die Person ausgewählt hat. Wählt die Person beispielsweise die Alternative 4, dann wird eine 4 eingegeben. Es ist also nötig, diese Rohdaten zunächst umzukodieren. Dabei sollten alle Personen, die die richtige Antwort gewählt haben, eine Eins bekommen und alle anderen eine Null. Beim letzten Item in unserem Test (aisr1040) nehmen wir einmal an, Option 3 wäre die korrekte. Das würde bedeuten, alle Personen, die eine 3 gewählt haben, sollten den Wert 1 bekommen und alle anderen den Wert 0. Ein möglicher Weg wird in *Abschnitt 1.3.9* beschrieben. Eine Alternative bietet der recode-Befehl aus dem car-Paket (Fox, 2011). Der entsprechende Befehl lautet dann:

```
library(car)
ist$korrekt_40 <- recode(ist$aisr1040, "3=1; else=0")
```

Wir öffnen also zunächst das Paket. Im nächsten Schritt definieren wir im Datensatz „ist" eine neue Variable „korrekt_40" (Variablennamen können übrigens nicht mit Zahlen beginnen). Die Variable soll das Ergebnis des recode-Befehls enthalten. Dieser greift auf die Variable aisr1040 zu und weist allen Personen mit dem Wert 3 eine 1 zu, allen anderen eine 0. Wieder nutzen wir das $-Zeichen, um direkt auf eine Variable im Datensatz zuzugreifen.

Angenommen die Variablen liegen schon in der Form mit 0 und 1 vor, wir möchten dies aber gern tauschen, also aus 1 eine 0 machen und umgekehrt. Dann schaffen wir dies durch folgenden Befehl:

```
ist[,c(1:20)] <- 1-ist[,c(1:20)]
```

Wir greifen also aus dem Objekt ist auf die ersten 20 Spalten zu und weisen diesen neue Werte zu. Diese neuen Werte sollen sich dadurch ergeben, dass bei jeder Person 1 minus dem beobachteten Wert gerechnet wird. Diese Art des Umkodierens eignet sich vor allem bei Fragebögen mit negativ gepolten Items (siehe Bühner, 2011, S. 130). Haben wir beispielsweise eine 5-stufige Antwortskala von 1 = „starke Ablehnung" bis 5 = „starke Zustimmung", dann könnten wir den gleichen Befehl nutzen und statt 1 eine 6 schreiben. So würden wir alle 1er zu 5ern, alle 2er zu 4ern usw. umkodieren.

1.3.8 Objekte

Bereits in dieser Einleitung haben wir immer wieder Objekte angelegt oder beschrieben. Objekte können in R dabei alle möglichen Formate, von einzelnen Zahlen bis hin zu mehreren Datensätzen, beinhalten. Wir empfehlen das Arbeiten mit Objekten, da so immer wieder leicht auf Ergebnisse aus einzelnen Analysen zurückgegriffen werden kann. Die Namen der angelegten Objekte tauchen – wie bereits beschrieben – im oberen rechten Fenster in RStudio auf.

Da in Objekten zahlreiche Informationen zusammengefasst sein können, ist es wichtig zu wissen, wie man einzelne Informationen aus einem Objekt entnehmen kann. Wie man aus einem Datensatz, der als Objekt angelegt ist, Fälle oder einzelne Variablen entnehmen kann, haben wir in *Abschnitt 1.3.6* beschrieben.

Im folgenden Exkurs zeigen wir, wie man aus einem Objekt, das die Ergebnisse einer Analyse beinhaltet, Elemente entnehmen kann. Diese Vorgehensweise werden wir in den folgenden Kapiteln immer wieder nutzen.

Exkurs

Elemente aus Objekten entnehmen

R erlaubt es, auf alle Elemente in einem Objekt zuzugreifen. Diese kann man dann auch mit Elementen aus anderen Objekten verknüpfen oder in neue Objekte ablegen und später nutzen.

Ein wichtiges Zeichen beim Zugriff auf Objektelemente ist das $-Zeichen. Hiermit werden Objekt- und Elementname verknüpft. Schauen wir uns dazu ein Beispiel an. Wir nutzen wieder den Datensatz, den wir im Objekt `lmi` abgelegt haben. Für dieses Beispiel erzeugen wir ein Objekt, welches die deskriptiven Statistiken des Datensatzes enthält. Dazu nutzen wir das Paket **psych** und den Befehl **describe** (siehe *Kapitel 2*). Wir öffnen also das Paket:

```
library(psych)
```

Im nächsten Schritt erzeugen wir das Objekt `dsc1` und legen darin die deskriptiven Statistiken für die Variable `lmi` ab. Im Befehl `describe` nutzen wir dabei zum ersten Mal das $-Zeichen, um nur auf ein Element des Objekts, nämlich die Daten der Variable `lmi` zuzugreifen. Durch das Verknüpfen des Objektnamens `lmi` mit dem Variablennamen `lmi` durch ein $-Zeichen greift der Befehl nur auf diese Daten zu.

Geben wir nun einfach `desc1` ein, erhalten wir die deskriptiven Angaben der Variable `lmi` aus dem Datensatz `lm` (siehe obere Hälfte von ▶*Abbildung 1.8*). Für das weitere Beispiel interessiert uns hieraus die Standardabweichung (siehe *Kapitel 2*), welche vereinfacht gesagt angibt, wie stark die Werte der Versuchspersonen um den Mittelwert der Variable `lmi` schwanken. Der Wert beträgt im Beispiel 33.95 ①.

```
desc1 <- describe(lm$lmi)
```

```
> desc1                 (1)
  vars   n   mean    sd median trimmed   mad min max range  skew kurtosis   se
1    1 119 142.87 33.95    148  143.59 41.51  63 208   145 -0.16    -0.89 3.11


> str(desc1)
(2) Classes 'psych', 'describe' and 'data.frame':   1 obs. of  13 variables:
 $ vars    : num 1
 $ n       : num 119
 $ mean    : num 143
(3) $ sd      : num 34
 $ median  : num 148
 $ trimmed : num 144
 $ mad     : num 41.5
 $ min     : num 63
 $ max     : num 208
 $ range   : num 145
 $ skew    : num -0.159
 $ kurtosis: num -0.886
 $ se      : num 3.11
```

Abbildung 1.8: Ergebnisse des describe-Befehls und Struktur des Ergebnisobjekts

Will man auf die Elemente eines Objekts zugreifen, empfiehlt es sich, zunächst die Struktur des Objekts zu betrachten. Dazu nutzen wir den Befehl **str**(OBJEKTNAME). In unserem Beispiel (str(desc1)) erhalten wir so die Information in der unteren Hälfte von *Abbildung 1.8*. In der ersten Zeile ist die allgemeine Information zusammengefasst (2). Es handelt sich demnach um ein Objekt, welches auf das Paket psych und den Befehl describe zurückgeht. Außerdem erfahren wir, dass das Objekt 1 Beobachtung (in diesem Fall die Zeilen) mit 13 Variablen enthält. Die Variablen, ihre Beschaffenheit (hier numerische Werte num) sowie die konkreten Angaben sind darunter aufgeführt. So finden wir bei sd den Wert 34 (3).

Nun können wir ein neues Objekt anlegen, welches die gewünschte Information beinhaltet:

```
sd <- desc1$sd
```

Das Objekt sd soll also aus dem Objekt desc1 den Wert bei sd beinhalten.

Erweitern wir das Beispiel auf einen komplexeren Output. Der folgende Befehl **describeBy** erstellt wiederum die deskriptiven Statistiken, allerdings gesondert für Geschlecht (sex).

```
desc2 <- describeBy(lm$lmi, group=lm$sex)
```

Das neue Objekt desc2 beinhaltet demnach die deskriptiven Statistiken der Variable lmi aus dem Datensatz lm getrennt für Männer und Frauen. Wenn wir uns die Struktur dieses Objekts anschauen, dann sehen wir, dass die Ausgabe von eben doppelt aufgeführt wird, für den Wert 1 (Männer) und den Wert 2 (Frauen). Das Objekt hat also eine weitere Hierarchieebene erhalten. Nun wollen wir aus diesem Objekt die jeweiligen Mittelwerte auslesen und voneinander abziehen. Zunächst eine ausführlichere Darstellung:

```
mean_men <- desc2$'1'[3]
mean_women <- desc2$'2'[3]
delta_mean <- mean_men-mean_women
```

Im ersten Schritt legen wir das Objekt mean_men an. Hierin legen wir aus dem Objekt desc den Wert ab, der sich in der ersten Hierarchieebene (Männer) an dritter Stelle (Mittelwert) befindet. Also verknüpfen wir mit dem $-Zeichen nicht nur die Angabe des Mittelwerts, sondern auch die Angabe der Hierarchieebene. Letzteres erfolgt durch Hochkommata. Der Mittelwert war der 3. Wert in der Ausgabe, daher ist eine 3 in eckigen Klammern dahinter angegeben. Äquivalent verfahren wir in der zweiten Zeile mit dem Mittelwert der Frauen. Schließlich bilden wir in der dritten Zeile die Differenz, die wir in das Objekt delta_mean ablegen. Wir empfehlen beim Anlegen von längeren Befehlen dieses stufenweise Vorgehen. Ist man sich sicher, dass die einzelnen Befehle funktionieren, kann man diese auch direkt zusammenfassen:

```
delta_mean <- desc2$'1'[3]-desc2$'2'[3]b
delta_mean
```

In der ersten Befehlszeile sehen wir nun, dass das Objekt mit dem Namen delta_mean angelegt wird. In dieses Objekt legen wir die Differenz aus den beiden bereits beschriebenen Elementen. Das Ergebnis rufen wir ab, in dem wir den Objektnamen in einer neuen Zeile eingeben und als Befehl senden.

In diesem Beispiel sehen wir sehr schön, wie man mit Elementen aus einem Objekt weitere Verrechnungen durchführen kann. Es ist aber auch möglich, Elemente unterschiedlicher Objekte zu verknüpfen. Hierin liegt sicher eine der Stärken von R. Beispielsweise können wir durch das Zusammenfügen der bisherigen Schritte eine Effektstärke berechnen, die den Abstand der Mittelwerte gemessen in Standardabweichungen ausdrückt (siehe *Kapitel 4*):

```
es <- (desc2$'1'[3]-desc2$'2'[3])/desc1$sd
```

oder

```
es <- (desc2$'1'["mean"]-desc2$'2'["mean"])/desc1$sd
```

oder

```
es <- delta_mean/sd
es
```

Als Ergebnis sehen wir, dass die beiden Mittelwerte 22 Standardabweichungen auseinander liegen.

Im Verlauf der weiteren Kapitel werden wir immer wieder einmal diese oder eine ähnliche Verknüpfung nutzen, um Elemente aus Objekten auszulesen.

1.3.9 Datenframe, Vektor und Faktor

Wichtige Objekte bei der Arbeit in R sind Datenframes, Vektoren und Faktoren. Datenframes stellt man sich am besten als eine Tabelle wie in einem Tabellenkalkulationsprogramm vor. Es gibt also Zeilen und Spalten. In den meisten Fällen bedeutet das für unsere Zwecke, dass jede Zeile für eine Person in unserem Datensatz steht. In den Spalten stehen dann die zugehörigen Werte dieser Person in den Variablen, die wir erfasst haben. ▶*Abbildung 1.9* zeigt einen Ausschnitt des Datenframes, den wir gerade im Praxistipp verwendet haben.

Eingerahmt ist hier zudem eine Spalte. Diese Spalte könnte man auch als Vektor bezeichnen, genauer als Spaltenvektor. Dieser spezielle Vektor enthält die Altersangaben aller Personen im Datenframe. Um diesen Spaltenvektor tatsächlich zu extrahieren, können wir den subset-Befehl nutzen:

```
age <- subset(lmi, select=age)
```

Dazu legen wir also zunächst ein neues Objekt an, das wir age nennen. Dem Objekt weisen wir das Ergebnis der subset-Funktion zu. In der Klammer dieser Funktion finden wir zunächst den Namen des Objekts, aus dem wir etwas entnehmen wollen, hier lm. Im Anschluss finden wir die Option select und dahinter den Namen der zu extrahierenden Information.

```
> describe(lm)
     (1) vars   n   mean    sd median trimmed   mad min    max  range  skew kurtosis   se
vpn          1 119  67.80 35.96     68   67.75 45.96   7 129.00 122.00  0.00    -1.25 3.30
gruppe       2 119   2.03  0.81      2    2.04  1.48   1   3.00   2.00 -0.06    -1.49 0.07
b       ⎧    3 119  54.88 15.74     60   56.65  9.38   6  81.33  75.33 -1.10     0.48 1.44
lmi     ⎪    4 119 142.87 33.95    148  143.59 41.51  63 208.00 145.00 -0.16    -0.89 3.11
he   (2)⎨    5 119   6.46  2.86      7    6.46  2.97   1  12.00  11.00 -0.04    -0.81 0.26
fm      ⎩    6 119   4.50  2.83      4    4.37  2.97   0  12.00  12.00  0.33    -0.53 0.26
age          7 119  21.84  3.12     21   21.37  2.97  18  38.00  20.00  1.87     5.21 0.29
sex          8 119   1.71  0.46      2    1.75  0.00   1   2.00   1.00 -0.89    -1.21 0.04
fach         9 107   1.48  0.97      1    1.28  0.00   1   6.00   5.00  2.15     4.66 0.09
sem         10 119   2.82  2.84      1    2.28  0.00   1  10.00   9.00  1.44     0.59 0.26
mot1        11 119   5.58  0.92      6    5.61  1.48   3   7.00   4.00 -0.46    -0.42 0.08
```

Abbildung 1.9: Datenframe und Spaltenvektor

Würden wir über den subset-Befehl mehr als eine Variable auslesen wollen, also ein neues Datenframe erzeugen wollen, dann könnten wir die Namen der ausgewählten Variablen einfach hinzufügen und kombinieren

```
deskriptives <- subset(lmi, select=c(age, sex))
```

In dem neuen Objekt deskriptives hinterlegen wir so die Angaben der deskriptiven Statistiken. Wir werden später im Buch auch noch alternative Wege hierzu aufzeigen.

Wenn wir statt eines Spaltenvektors einen Zeilenvektor mit den Altersangaben erstellen wollen, dann nutzen wir den folgenden Befehl:

```
age <- data$age
```

Über Faktoren haben wir bereits gesprochen. R versteht hierunter Gruppenvariablen, die mehrere Stufen, also Ausprägungen, haben. Beim Einlesen von SPSS-Daten haben wir gezeigt, wie dies berücksichtigt werden kann. Haben wir nun Daten eingelesen und sind uns nicht sicher, ob eine Variable als Faktor eingelesen wurde oder nicht, dann lässt sich dies mit dem folgenden Befehl prüfen:

```
is.factor(data$sex)
```

In diesem Beispiel prüfen wir, ob die Variable „sex" im Datensatz data ein Faktor ist. Das Ergebnis in diesem Fall lautet FALSE. Wenn wir nun doch Geschlecht als Faktor nutzen wollen, dann können wir diese Umkodierung so vornehmen:

```
data$sex <- as.factor(data$sex)
```

Wir verändern also die Variable „sex“ im Objekt data und weisen ihr das Ergebnis der Funktion as.factor zu. Wenn wir nun prüfen, ob die Variable ein Faktor ist, erhalten wir das Ergebnis TRUE.

Wenn wir die Variable schon als Faktor verwenden, dann wollen wir die einzelnen Faktorstufen vielleicht auch entsprechend benennen und nicht als 1 und 2 stehen lassen. Hierzu nutzen wir die folgenden Befehle:

```
data$sex[data$sex==1] <- "männlich"
data$sex[data$sex==2] <- "weiblich"
```

Wir greifen also auf die entsprechende Variable zu und definieren, dass alle Werte, die 1 (oder 2) entsprechen, durch das Wort männlich (oder weiblich) ersetzt werden sollen.

Ein Befehl, der die Variable sowohl zu einem Faktor umwandelt als auch die Variablenlabels ändert, ist:

```
data$sex <- factor(data$sex,
                   levels=c(1,2),
                   labels=c("männlich", "weiblich"))
```

Hier weisen wir der Variable „sex“ im Datenframe das Ergebnis der Funktion factor zu. In dieser Funktion wird nun definiert, dass eben diese Variable ein Faktor sein soll. In der zweiten Zeile legen wir die Stufen fest, die wir in der dritten benennen.

1.4 Weitere Datentransformationen

Nachdem Daten eingelesen wurden, ist es manchmal notwendig, eine Reihe von einfachen Transformationen auszuführen. Im Folgenden werden wir eine kleine Auswahl an Problemen und Lösungen darstellen. Im Laufe des Buches werden wir an der einen oder anderen Stelle sicher auch weitere Möglichkeiten referieren.

1.4.1 Taschenrechnerfunktion

R und damit auch RStudio lassen sich auch wie ein gewöhnlicher Taschenrechner nutzen. Wichtige Funktionen dabei sind addieren +, subtrahieren -, multiplizieren *, dividieren /, zu einer Potenz erheben ^, die Quadratwurzel ziehen sqrt(). In ▶*Abbildung 1.10* sind einige Beispiele hierfür und die Ergebnisse, die R liefert, zu sehen:

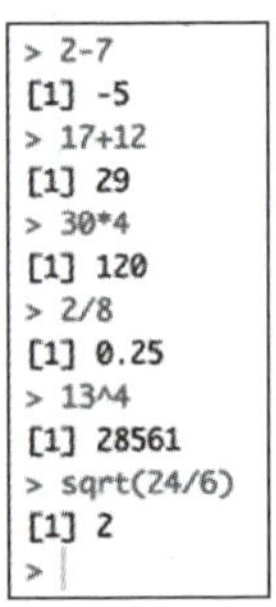

Abbildung 1.10:
Einfache Rechenoperationen in R

Die einzelnen Rechenoperationen lassen sich auch leicht verknüpfen. Ein Beispiel hierfür findet sich in der Abbildung bei der Berechnung der Wurzel. Wichtig ist dabei, dass man Klammern korrekt setzt, um die Rechenoperationen in der gewollten Reihenfolge auszuführen. Es ist auch denkbar, die Ergebnisse wieder in Objekte zu legen und diese dann in Folgeberechnungen zu nutzen. Wir werden hierauf in einigen Kapiteln zurückgreifen.

Es sind jedoch auch komplexere Operationen leicht ausführbar, wie Logarithmieren `log` (natürlicher Logarithmus) oder `log10` (Logarithmus zur Basis 10).

1.4.2 Summenwerte und Mittelwerte von Variablen erstellen

In psychologischen Datensätzen sind häufig mehrere Fragen zur Messung einer Eigenschaft enthalten. So enthält beispielsweise ein Intelligenztest viele Aufgaben und die Summe der gelösten wird als Indikator für Intelligenz verstanden. Wenn wir einen Datensatz in seiner Ursprungsform haben, dann liegen die einzelnen Items jedoch noch nicht kombiniert vor. Wir müssen also zunächst noch einen Summenwert berechnen. Es kann auch sinnvoll sein, den Mittelwert einer Person über mehrere Variablen hinweg zu berechnen. In einem Intelligenztest, bei dem jede Aufgabe mit falsch = 0 und richtig = 1 kodiert wurde, entspricht dieser Mittelwert einer Person über alle Aufgaben dem Prozentsatz der korrekt gelösten Aufgaben. Wie erstelle ich in R nun eine solche Summe oder einen solchen Mittelwert?

Datensatz IST

Hierzu lesen wir zunächst einen neuen Datensatz ein. Es handelt sich hierbei um den Datensatz IST. Wir legen die Daten im Objekt `ist` ab, so wie beschrieben (siehe *Abschnitt 1.3.4*). Im Datensatz sind für 341 Personen die Ergebnisse in einem Intelligenztest (Intelligenzstrukturtest 2000 R, Amthauer, Brocke, Liepmann und Beauducel (2001)) aufgeführt. Es handelt sich um einen Analogientest (Wald : Baum wie Wiese : ?). Der Wert 0 bedeutet, die Person hat falsch geantwortet, und 1 bedeutet, alles ist richtig. Nun wollen wir für jede Person die Summe aller richtigen Antworten ermitteln. Dazu verwenden wir den Befehl `rowSums`:

```
ist$Summe <- rowSums(ist, na.rm = T)
```

Wir legen also im Datensatz `ist` eine neue Variable (`Summe`) an. In diese Variable tragen wir das Ergebnis von `rowSums` ein. Der Befehl berechnet in jeder Zeile, also bei jeder Person, die Summe der Variablen, die in dem Objekt direkt nach der Klammer stehen. Hier ist das „`ist`". Der letzte Zusatz bezieht sich auf den Umgang mit fehlenden Werten (`na.rm`). Wollen wir, dass auch für Personen, die bei mindestens einer Variable einen fehlenden Wert haben, eine Summe berechnet wird, dann müssen wir hier `na.rm=T` (Wie bereits erwähnt, steht `T` für `TRUE` und `F` für `FALSE`) schreiben. Andernfalls würden wir `na.rm=F` schreiben, und die entsprechenden Personen hätten dann in der neuen Variable `Summe` ebenfalls einen fehlenden Wert.

Wenn wir aus einem Datensatz nur einige Items zusammenfassen wollen, dann legen wir diese vorher in ein neues Objekt. Wenn wir also zum Beispiel nur die ersten 10 Items zusammenfassen wollen, dann wäre der Befehl:

```
ist_1 <- ist[c(1:10)]
ist$Summe1_10 <- rowSums(ist_1, na.rm = T)
```

Wir legen also zunächst die ersten 10 Items in ein neues Objekt (ist_1) und führen dann damit die Summenbildung durch.

Der Befehl für den Mittelwert aus mehreren Variablen lautet analog:

```
ist$Mittelwert <- rowMeans(ist, na.rm = T)
```

Hier kommt dem Umgang mit fehlenden Werten eine besondere Bedeutung zu. Durch die Option na.rm=T bewirken wir, dass bei jeder Person zur Mittelwertsberechnung zunächst die Summe aller vorhandenen Werte gebildet wird. Diese wird dann bei jeder Person durch die Anzahl der tatsächlich vorhandenen Werte dividiert. Wenn wir also 20 Variablen haben und Elias hat bei 19 Variablen einen Eintrag, Rosalie aber nur bei 17, dann würde bei diesem Befehl bei Elias die Summe der 19 Werte durch 19 geteilt. Bei Rosalie hingegen würde die Summe der 17 Werte durch 17 geteilt. Im Prinzip bedeutet dies, dass wir bei den Personen mit fehlenden Werten diese durch den Mittelwert der Person ersetzen. Ob und wann dies sinnvoll ist, findet sich bei Lüdtke, Robitzsch, Trautwein, und Koeller (2007).

1.5 Exportieren von Ergebnissen

Viele der Analysen, die im Rahmen einer Datenauswertung erstellt werden, sollen am Ende in einem anderen Programm, zum Beispiel einer Textverarbeitung, verwendet werden. Es kann aber auch sein, dass man einen bestimmten Rechenweg inklusive der Ergebnisse anderen Personen zugänglich machen will. RStudio bietet hierfür verschiedene Optionen.

Das Paket **xlsx** eignet sich vor allem, um Ergebnistabellen direkt in die Microsoft-Anwendung Excel zu exportieren. Weiter oben haben wir das Paket bereits genutzt, um Daten, die im Excelformat vorliegen, einzulesen. Mit einem anderen Befehl aus dem Paket lassen sich nun auch leicht bestimmte Tabellen, die als Ergebnis einer Analyse anfallen, aus R exportieren. Das Formatieren in Excel ist dann wesentlich einfacher. Der Befehl lautet **write.xlsx**.

Der vollständige Code wäre dann:

```
library(psych)
descriptives <- describe(data)
library(xlsx)
write.xlsx(descriptives, "descriptives.xlsx")
```

Die ersten beiden Zeilen stellen dabei nur dar, wie wir ein Objekt erstellen (descriptives), das die deskriptiven Statistiken für die Daten im Datensatz data enthält. Der eigentliche Exportbefehl beginnt damit, dass wir das Paket xlsx öffnen, soweit noch nicht vorher geschehen. Nun folgt der Schreibbefehl write.xlsx. In Klammern geben wir an, dass das Objekt descriptives exportiert werden soll und zwar in die Datei descriptives.xlsx. Wichtig sind dabei die Anführungszeichen für den Dateinamen. Wir haben hier keine weitere Pfadangabe gemacht, da wir zu Beginn ein Arbeitsverzeichnis (setwd) festgelegt haben. Die Exceldatei wird so automatisch in dieses Arbeitsverzeichnis geschrieben. Liegt noch kein Arbeitsverzeichnis vor, muss eine vollständige Pfadangabe erfolgen.

Leider funktioniert der Befehl nicht für alle Ergebnisformate. Daher sei an dieser Stelle auch auf den **sink**-Befehl hingewiesen. Der sink-Befehl ist wie eine Art Klammer. Ab Eingabe des Befehls schreibt das Programm alle folgenden Ergebnisse in einen Speicher. Erst nach Beenden des Befehls wird dieser Speicher dann in eine Textdatei geschrieben. Hier ein Beispiel:

```
sink("descriptives2.txt")
descriptives2 <- describeBy(data, group=data$gruppe)
print(descriptives2)
sink()
```

In der ersten Zeile haben wir also den sink-Befehl gestartet und R mitgeteilt, dass wir alle folgenden Ergebnisse in die angegebene Textdatei schreiben wollen. Nun erzeugen wir eine Ausgabe mit deskriptiven Statistiken, nach Gruppen getrennt (siehe *Kapitel 2*) und nutzen den print-Befehl, um diese anzuschauen. Wir legen das Ergebnis außerdem in ein Objekt (descriptives2) ab, um später wieder darauf zugreifen zu können. Schließlich beenden wir den sink-Befehl durch sink(). In der RStudio-Ausgabe erscheint nichts weiter als dieser Code. Dafür finden wir nun in unserem Arbeitsverzeichnis (setwd) die gewünschte Textdatei.

Diese kann man dann wiederum leicht in Excel importieren über: DATEI → IMPORTIEREN und dann die Option TEXTDATEI. Nach dieser Auswahl sucht man im Dialogfeld die zu importierende Textdatei und gibt an, dass die Daten darin GETRENNT sind. Als Trennzeichen wählen wir Tabstopp und Leerzeichen (nicht die Option AUFEINANDER FOLGENDE TRENNZEICHEN ALS EIN ZEICHEN BEHANDELN vergessen) und können dann im Prinzip schon auf FERTIGSTELLEN klicken. Wichtig ist, dass die R-Ausgabe alle Dezimalstellen durch einen Punkt trennt und nicht durch ein Komma. Wer also kein Excel mit einer US-Einstellung nutzt, der sollte die Punkte vorher in einem Texteditor durch Kommata ersetzen lassen.

RStudio bietet zudem eine weitere Option an. Diese besteht darin, dass das gesamte Skript inklusive der Ergebnisse als ein HTML-Dokument ausgegeben wird. Unter *Abschnitt 1.1* haben wir bereits auf diese Option verwiesen. Wenn man auf das Feld ③ in *Abbildung 1.1* klickt, dann erstellt R ein HTML-Dokument, das alle in der aktuellen Syntax enthaltenen Befehle sowie direkt darunter deren Ergebnisse beinhaltet. Alle Analysen, die wir im Laufe des Buches erstellen, werden wir auf der Companion Website als solche HTML-Dokumente zur Verfügung stellen.

Literatur

Amthauer, R., Brocke, B., Liepmann, D., & Beauducel, A. (2001). IST 2000 R. *Intelligenz-Struktur-Test 2000R. Göttingen: Hogrefe.*

Dragulescu, Adrian A. (2014). xlsx: Read, write, format Excel 2007 and Excel 97/2000/XP/2003 files. R package version 0.5.7. Retrieved from *http://CRAN.R-project.org/package=xlsx*

Fox, John; Weisberg, Sanford. (2011). An {R} Companion to Applied Regression, Second Edition. Thousand Oaks CA: Sage. Retrieved from *http://socserv.socsci.mcmaster.ca/jfox/Books/Companion*

Lüdtke, Oliver, Robitzsch, Alexander, Trautwein, Ulrich, & Koeller, Olaf. (2007). Umgang mit fehlenden Werten in der psychologischen Forschung. Probleme und Lösungen; Handling of missing data in psychological research: Problems and solutions. *Psychologische Rundschau*, 58(2), 103–117.

Revelle, W. (2015). psych: Procedures for Personality and Psychological Research Version = 1.5.4. Evanston, Illinois, USA. Retrieved from *http://CRAN.R-project.org/package=psych*

Team, R Core. (2014). foreign: Read Data Stored by Minitab, S, SAS, SPSS, Stata, Systat, Weka, dBase R package version 0.8-61. Retrieved from *http://CRAN.R-project.org/package=foreign*

Liebe Leserinnen und Leser,
Der in diesem Buch angegebene Code R stellt in vielen Fällen eine Momentaufnahme dar, da viele R-Pakete sich sehr dynamisch weiterentwickeln. Liegen Updates der R-Pakete vor, hat dies häufig zur Konsequenz, dass der im Buch angegebene Code nicht mehr richtig funktioniert. Sollte Ihnen dies auffallen, bitten wir Sie, dies an den Verlag (E-Mail: *info@pearson.de*) oder uns Autoren zu melden. Wir versuchen dann auf der Website des Pearson-Verlags zeitnah einen modifizierten R-Code zur Verfügung zu stellen. Besuchen Sie gerne auch die Begleitseiten zu diesem Buch auf *www.pearson-studium.de*.

Messen und deskriptive Statistik

2

ÜBERBLICK

» Das Ziel vieler wissenschaftlicher Studien ist die Prüfung einer bestehenden Theorie. Um deren Tragfähigkeit zu prüfen, werden verschiedene Hypothesen (siehe *Kapitel 4*) aufgestellt. Diese könnten beispielsweise lauten „Frauen und Männer unterscheiden sich in ihrer Intelligenz" oder „Es besteht ein Zusammenhang zwischen Ängstlichkeit und der Prüfungsleistung". Die Hypothesen beinhalten zunächst also Aussagen über Unterschiede oder Zusammenhänge bezogen auf eine bestimmte Grundgesamtheit bzw. Population. Ergebnisse wissenschaftlicher Studien zur Prüfung dieser Hypothesen sind dann Datensätze bestimmter Stichproben aus der Grundgesamtheit, die Angaben zu vielen gemessenen Merkmalen enthalten. Genau an dieser Stelle stellen sich dann oft schon die ersten Fragen: Wie kodiere ich das Geschlecht männlich bzw. weiblich in eine Zahl um? Nehme ich für männlich die Zahl Null und für weiblich die Zahl Eins? Hier ist in der Regel eine Codierung noch leicht möglich, aber welche Zahl weise ich dem Ergebnis einer Person in einem Intelligenztest zu oder welche Zahl erhält eine Person, wenn sie bei dem Item „Ich gehe gerne aus" die Antwortkategorie „starke Zustimmung" wählt? Dies ist eine Frage des Skalenniveaus und wird in diesem Kapitel besprochen.

Ist die Codierung abgeschlossen, ist es zunächst ratsam, sich einen Überblick über die Daten zu verschaffen und damit ein Gefühl für den Datensatz zu bekommen. Dazu werden Statistiken berechnet, die wichtige Eigenschaften der Daten beschreiben, sogenannte deskriptive Statistiken. Grafische Darstellungen der Daten können an dieser Stelle ebenfalls nützlich sein. Der zweite Teil des Kapitels gibt daher einen Überblick über die Berechnung und Verwendung deskriptiver Statistiken und grafischer Darstellungen.

Die Struktur der einzelnen Kapitelabschnitte folgt dabei immer dem Prinzip, dass zunächst allgemein theoretische Grundlagen erläutert werden, ehe diese anhand eines Beispiels praktisch veranschaulicht werden. Als Beispieldaten für die Veranschaulichungen zu SPSS und R in diesem Kapitel sowie im *Kapitel 6* dient eine eigene Studie (Ziegler, Schmidt-Atzert, Bühner & Krumm, 2007). In dieser Studie wurde überprüft, inwieweit verschiedene Möglichkeiten zur Erfassung von Leistungsmotivation verfälschbar sind. In *Kapitel 2* gehen wir noch nicht auf die einzelnen Hypothesen ein, da dies an späterer Stelle in *Kapitel 4* erfolgt. Der Versuchsplan der Studie sah zwei Stichproben vor. Eine Stichprobe ist dabei eine Teilmenge einer Grundgesamtheit oder Population. Eine Population ist definiert durch alle Elemente einer interessierenden Menge von Personen. In diesem Kapitel wird jedoch nur auf Stichproben eingegangen. Diese Stichprobe des bereits erwähnten Beispiels bestand aus $n = 119$ Personen, die jeweils einer von drei Bedingungen (positiv verfälschen = Fake-Good, negativ verfälschen = Fake-Bad, nicht verfälschen = Kontrollgruppe) zugeteilt wurden. «

2.1 Messen

In der Psychologie, aber auch in anderen Wissenschaften, geht es oft um die Beschreibung, Erklärung oder Vorhersage menschlichen Verhaltens. Die Statistik bietet hierbei zahlreiche Hilfen, Beobachtungen zählbar bzw. quantifizierbar zu machen. Dazu ist es allerdings nötig, das beobachtete Verhalten in Zahlen zu überführen. Bei der Zuweisung von Zahlen zur Ausprägung von Verhalten sind bestimmte Regeln zu beachten, die im Folgenden näher besprochen werden. Vorher sollen jedoch noch einige notwendige Grundbegriffe eingeführt werden.

2.1.1 Wichtige Begriffe

Wann verhält sich eine Person leistungsmotiviert? Was zeichnet extravertiertes Verhalten aus? Wie genau beschreibe ich einen ängstlichen Menschen? Auf all diese Fragen haben wir meist sofort Antworten parat, die mehr oder weniger verschiedene, konkrete Verhaltensweisen beinhalten.

Manifeste Merkmale. Eine extravertierte Person könnte sich beispielsweise dadurch auszeichnen, dass sie in Gegenwart anderer Personen besonders viel redet. Dieses Verhalten lässt sich direkt beobachten. Anders ausgedrückt stellt viel Reden ein Verhalten bzw. ein direkt beobachtbares Merkmal einer extravertierten Person dar. Es ist also ein beobachtbares und somit **direkt messbares** bzw. **manifestes Merkmal**. Merkmale dienen dazu, Objekte oder Personen zu unterscheiden.

Latente Merkmale. Extraversion hingegen ist zwar auch ein Merkmal einer Person, aber es ist nicht direkt beobachtbar. Merkmale, die nicht direkt beobachtbar sind, lassen sich auch nicht direkt messen. Vielmehr sind sie nur **indirekt messbar** und werden daher auch als **latente** bzw. **verborgene Merkmale** bezeichnet. In diesem Zusammenhang wird auch oft der Begriff **hypothetisches Konstrukt** verwandt. Oft stehen solche hypothetischen Konstrukte jedoch im Fokus des Interesses. Um nun doch einen Rückschluss auf die Ausprägung einer Person in dem **latenten Merkmal** zu erhalten, werden **manifeste Indikatoren** des Konstrukts zur Messung herangezogen. So stellen Antworten einer Person auf die Fragen (im Englischen auch als **Items** bezeichnet) in einem Fragebogen zur Erfassung von Extraversion Indikatoren für das nicht direkt beobachtbare Konstrukt Extraversion dar.

Definition **Merkmal**

Ein **Merkmal** ist eine Eigenschaft, die zu einem Objekt oder einer Person gehört. Objekte oder Personen können mehrere Merkmale aufweisen. Es werden direkt beobachtbare (manifeste) Merkmale und indirekt beobachtbare (latente) Merkmale unterschieden. Merkmale dienen dazu, Objekte bzw. Personen zu unterscheiden. Merkmale haben bestimmte Ausprägungen.

Qualitative und quantitative Merkmale. Eine weitere wichtige Unterscheidung besteht zwischen **qualitativen** und **quantitativen Merkmalen**. So ist biologisches Geschlecht ein qualitatives Merkmal. Jeder Mensch lässt sich einer Kategorie zuordnen, nämlich weiblich oder männlich. **Qualitative Merkmale** zeichnen sich also dadurch aus, dass die zur Verfügung stehenden Ausprägungen klar definierte und abgrenzbare Kategorien darstellen und die Kategorien nicht in eine Rangordnung im Sinne von besser oder schlechter gebracht werden können. **Quantitative Merkmale** hingegen ermöglichen **mindestens** eine Aussage über die Reihung der Merkmale (z. B. im Sinn von besser oder schlechter).

Variablen. Merkmale wie beispielsweise Geschlecht, Alter oder Leistungsmotivation haben verschiedene Ausprägungen. Werden die Ausprägungen in Zahlen gefasst oder codiert, spricht man von einer **Variablen**. Formal versteht man unter einer Variablen in der Mathematik eine numerische Größe, die veränderlich ist, also verschiedene Werte annehmen kann.

Diskrete oder diskontinuierliche Variablen. Diskrete oder diskontinuierliche Variablen haben nur eine endliche Anzahl an Ausprägungen. In unserem Beispiel zur Veranschaulichung von SPSS und R wurde unter anderem auch der Studiengang der Teilnehmer erfragt. Die Anzahl der unterschiedlichen Studiengänge ist dabei begrenzt und somit abzählbar.

Stetige oder kontinuierliche Variablen. Stetige oder kontinuierliche Variablen besitzen keine abzählbaren Kategorien. In der Praxis gibt es streng genommen keine stetigen Variablen: Eine Waage, die beispielsweise auf zwei Kommastellen in Kilogramm das Gewicht angibt, weist nur eine abzählbare Anzahl an Kategorien auf. Es gibt aber so viele unterschiedliche Kategorien, dass wir von einer stetigen Variable sprechen können.

Überführung einer kontinuierlichen in eine diskrete Variable. Eine stetige Variable kann durch das Vornehmen einer Kategorisierung in eine diskrete Variable transformiert werden. So ließe sich Alter in bestimmte Alterskategorien einteilen. Diese neue Variable hätte nun eine begrenzte und abzählbare Anzahl an Kategorien und wäre somit diskret.

2.1.2 Messen

Betrachtet man Merkmale einer Person oder eines Objekts, müssen diese Merkmale durch geeignete Messinstrumente messbar gemacht werden. Um nun beispielsweise das mittlere Gewicht einer Gruppe von Personen zu ermitteln, benötigen wir eine Waage. Die Waage wiederum überführt das Gewicht der Personen in Werte mit der Einheit Kilogramm. Die Messung psychologischer Merkmale wie Leistungsmotivation, Intelligenz oder Extraversion erfolgt in der Regel durch psychometrische Testverfahren (siehe Bühner, 2011).

Kodierung von Kategorien. In der Psychologie werden häufig Fragen bzw. **Items** zur Erfassung von Merkmalen verwendet. Beispielsweise das Item „Ich bin ehrgeizig". Als Antwortmöglichkeit stehen **Antwortkategorien** zur Verfügung, anhand derer die Items bewertet werden sollen, z. B. ein fünfstufiges Antwortformat von „trifft überhaupt nicht zu" bis „trifft voll und ganz zu". Jeder dieser Antwortkategorien wird dabei eine Zahl zugewiesen. Für die Antwortkategorie „trifft überhaupt nicht zu" die Zahl Eins bis hin zur Antwortkategorie „trifft voll und ganz zu", der die Zahl Fünf zugewiesen wird. Man könnte die Kodierung genauso gut anstatt mit der Zahl Eins mit der Zahl Null für die unterste Antwortkategorie beginnen. Das heißt, für das Maß an Zustimmung zu der Frage werden den Antwortkategorien Zahlen zugewiesen. Diese Zuordnung von Zahlen zu Kategorien oder in unserem Fall Antwortkategorien wird als **Kodierung** der Itemantworten bezeichnet. Die Idee hinter der angewandten

Kodierungsregel ist, dass mit der Wahl einer höheren Antwortkategorie auch eine höhere Ausprägung im Merkmal einhergehen soll. Man bezeichnet solche Antwortkategorien als **geordnete Antwortkategorien**. Betrachten wir ein weiteres Beispiel: Wir können natürlich auch das Rauchverhalten betrachten und kodieren. Das untersuchte Merkmal „Rauchverhalten" kann zwei Ausprägungen aufweisen: „Rauchen" oder „Nichtrauchen". Wir können für „Rauchen" die Zahl „1" vergeben und für Nichtrauchen die Zahl „0". Nun erscheint diese Zuweisung zunächst sehr willkürlich. Wir benötigen daher eine Definition des Messens, die definiert, wie wir den Objekten bzw. Personen (häufig auch als Merkmalsträger bezeichnet) Zahlen zuweisen sollen und welche Aussagen mit den Zahlen möglich sind.

Empirisches und numerisches Relativ. Zunächst haben wir eine Menge von Personen vorliegen, die bestimmte Merkmale aufweisen. Wir interessieren uns für ein Merkmal, z. B. Leistungsmotivation. Zwischen den Personen bestehen bezüglich des Merkmals Relationen, beispielweise ist Felix leistungsmotivierter als Florian. Man bezeichnet die Personen gemeinsam mit den durch die Merkmalsausprägung definierten Relationen bzw. Beziehungen als **empirisches Relativ**. Auf der anderen Seite gibt es die Menge der Zahlen zusammen mit ihren natürlichen Relationen (z. B. =, < oder >, + oder −, usw.). Dies wird als **numerisches Relativ** bezeichnet.

Strukturtreue. Beim Messen wollen wir Objekten bzw. Personen Zahlen zuordnen, so dass die Relationen der Objekte in den Zahlen widergespiegelt werden. Eine Zuordnung, die dies erfüllt, nennt man **strukturtreu**. Am folgenden Beispiel wollen wir das verdeutlichen: Wir betrachten als Objekte Markus und Sabine und wollen in Zahlen ausdrücken, dass Markus schwerer ist als Sabine. Sowohl Markus als auch Sabine sollte also durch eine Abbildungsvorschrift eine ganz bestimmte Zahl zugeordnet werden. Strukturtreu wäre diese, wenn Markus ein höherer Zahlenwert als Sabine zugewiesen werden würde, z. B. Markus 1000 und Sabine 5. Eine Abbildung bei der Markus und Sabine jeweils der Wert 5 zugewiesen wird, wäre nicht strukturtreu. Wollen wir nun zusätzlich ausdrücken, dass Markus doppelt so schwer wie Sabine ist, schränkt dies die möglichen strukturtreuen Abbildungen weiter ein: die Abbildung Markus 1000 und Sabine 5 wäre hier nicht mehr strukturtreu (1000 ist nicht doppelt so viel wie 5), 1000 für Markus und 500 für Sabine dagegen schon, genauso wie 16 für Markus und 8 für Sabine.

Definition **Messen**

Unter **Messung** versteht man die Zuordnung von Zahlen zu Objekten nach einer strukturerhaltenden Abbildungsvorschrift. Das Triple „empirisches Relativ, numerisches Relativ, strukturtreue Abbildung" nennt man **Skala.** Dieser Begriff wird vielfältig verwendet. In der Psychologie versteht man unter einer Skala auch häufig die Summe von verschiedenen Itemausprägungen, was hier nicht gemeint ist. Allgemein wird darunter oft auch das Messinstrument selbst verstanden. Die in diesem Kapitel verwendete Bedeutung entspricht jedoch der Definition einer Skala als Triple: „empirisches Relativ, numerisches Relativ, strukturtreue Abbildung".

Repräsentativitätsproblem. Nach Steyer und Eid (2001) muss die Messtheorie drei grundlegende Fragen beantworten. Die erste Frage wird als **Repräsentativitätsproblem** bezeichnet. Die grundlegende Frage lautet: **Gibt es überhaupt eine strukturerhaltende Abbildung?** Es geht darum, ein System numerischer Beziehungen und damit von Zahlenwerten zu finden, welches die Eigenschaften der empirischen Beziehungen in Form der Objektrelationen angemessen ausdrückt. Mit anderen Worten gesagt: „Kann man das interessierende Merkmal überhaupt messen?".

Eindeutigkeitsproblem. Oft gibt es mehrere mögliche strukturtreue Zuordnungen von Zahlen zu Objekten. Den Wechsel von einer Zuordnung zu einer anderen nennt man **Transformation**. Je nachdem, wie restriktiv bzw. eindeutig die erlaubten Transformationen sind, liegt ein bestimmtes Skalenniveau (siehe *Abschnitt 2.1.3*) vor. Dieses **Skalenniveau** wiederum legt fest, welche statistischen Analysen gültige Aussagen liefern.

Bedeutsamkeitsproblem. Bedeutsam sind dabei alle Aussagen auf der Ebene der Zahlen, die gegenüber allen erlaubten Transformationen invariant (sich nicht verändernd) sind. Darauf wird ebenfalls bei den Skalenniveaus noch näher eingegangen.

Zusammenfassung. Ziel einer Messung ist es, die Ausprägung diskreter und stetiger Merkmale zu erfassen. Eine Messung dient dazu, ein empirisches Relativ durch ein numerisches Relativ strukturtreu abzubilden. Strukttreu ist eine Abbildung, wenn die empirischen Relationen in den Relationen der Zahlen erhalten bleiben.

2.1.3 Skalenniveaus

Je nachdem, welchen Informationsgehalt die strukturerhaltenden Messwerte über das Merkmal aufweisen, ergibt sich ein bestimmtes Skalenniveau. Das Skalenniveau legt dann fest, welche mathematischen Operationen mit den Messwerten durchgeführt werden können. Die Zahlen, die den Merkmalen durch den Messvorgang zugewiesen werden und das Skalenniveau bilden nun die Grundlage für die folgenden statistischen Analysen und auch für die darauf aufbauenden Interpretationen. Daher wird in diesem Abschnitt auf verschiedene Skalenniveaus und ihre Eigenschaften eingegangen.

Im Einzelnen wird zwischen **Nominalskala**, **Ordinalskala**, **Intervallskala**, **Verhältnisskala** und **Absolutskala** unterschieden. Die ersten drei Skalenniveaus gehen auf Stevens (1946) zurück. In den folgenden Abschnitten werden die Eigenschaften dieser Skalen sowie die Aussagen, die bei jedem Skalenniveau getroffen werden können, erläutert.

Nominalskala

Die einzige empirische Operation, die bei diesem Skalenniveau möglich ist, stellt das Feststellen der Gleichheit bzw. Verschiedenheit von Objekten dar. Das Nominalskalenniveau fordert demnach lediglich eine **Äquivalenzrelation** im empirischen Relativ. Das heißt, dass Personen (bzw. Objekten) mit der gleichen Messwertausprägung derselbe Zahlenwert zugewiesen werden muss. Dem biologischen Geschlecht aller Frauen einer Studie könnte die Zahl Eins zugewiesen werden und dem biologischen Geschlecht aller Männer die Zahl zwei. Alle Personen mit derselben Ausprägung erhalten also auch denselben Wert. Ein weiteres Beispiel stellen Kategoriensysteme wie das „International Classification of Diseases" (ICD) dar. Mithilfe dieses Klassifikationssystems werden für Personen mit bestimmten klinischen Diagnosen Zahlen vergeben, beispielsweise für eine Depression F-32 und für eine generalisierte Angststörung F-41.

Zulässige Transformationen einer Nominalskala. Alle Transformationen, die gewährleisten, dass unterschiedlichen Objekten nach der Transformation wieder unterschiedliche Zahlen zugeordnet werden, sind erlaubt. So könnte bei der Variable Geschlecht statt der Zahl Eins für Frauen auch die Zahl Null und statt der Zahl Zwei für Männer auch die Zahl 100 vergeben werden.

Zulässige Aussagen bei Vorliegen einer Nominalskala. Grundsätzlich kann man für Variablen mit diesem Skalenniveau, entsprechend dem empirischen Relativ, nur Aussagen über **Gleichheit und Ungleichheit** von Personen (bzw. Objekten) treffen. Nehmen wir an, wir erfassen verschiedene psychische Erkrankungen mit Zahlen. Zum Beispiel wird einer Person mit Depression der Wert 32 zugewiesen und einer Person mit Schizophrenie der Wert 40. Es ist nicht möglich, einen quantitativen Vergleich beider Erkrankungen anhand der zahlenmäßigen Ausprägung anzustellen. So lässt sich nicht sagen, ob eine Person mit dem Wert 40 eine schlimmere Störung hat als eine Person mit dem Wert 32.

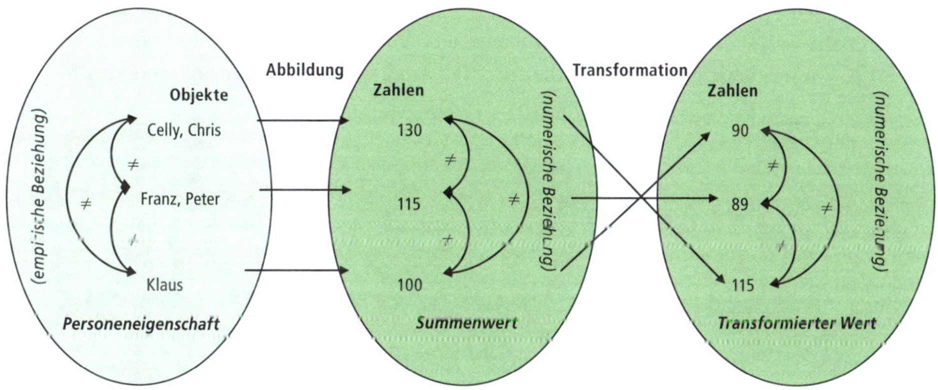

Abbildung 2.1: Veranschaulichung Nominalskala

▶*Abbildung 2.1* veranschaulicht noch einmal die Grundgedanken der Nominalskala. Nehmen wir an, wir hätten ein Merkmal durch eine entsprechende strukturerhaltende Abbildungsvorschrift in eine Variable überführt. Über das **Merkmal** kann nun lediglich gesagt werden, dass Celly und Chris die gleiche Messwertausprägung besitzen. Ebenso verhält es sich für Peter und Franz. Celly und Peter besitzen unterschiedliche Messwertausprägungen. Die Zuweisung von Zahlen zu Personen (bzw. Objekten) durch eine strukturerhaltende Abbildungsvorschrift in die **Werte der Variablen** erhält diese Äquivalenzrelation. Celly und Chris unterscheiden sich von Peter und Franz in dem angegebenen Merkmal. Der dritte Teil der Abbildung zeigt zulässige Transformationen. Es sind alle Transformationen strukturerhaltend, die die Gleichheit von Zahlen für Personen mit der gleichen Messwertausprägung sowie die Verschiedenheit von Zahlen für Personen mit unterschiedlicher Messwertausprägung gewährleisten.

Ordinalskala

Die Ordinalskala, auch Rangskala genannt, stellt neben der **Äquivalenzrelation** eine weitere Forderung: Es ist nicht nur nötig, dass die Abbildungsvorschrift gewährleistet, dass Personen (bzw. Objekte) mit gleicher Messwertausprägung denselben Messwert erhalten. Zudem muss eine **Ordnungsrelation** empirisch nachweisbar sein, und Messergebnissen von Personen, die eine höhere Messwertausprägung besitzen, müssen im Vergleich auch höhere Zahlen zugeordnet werden. Die Ordinalskala lässt sich mit Rangplätzen im Sport vergleichen. Nach einem 100-Meter-Rennen kann man den Rang einer Person im Zieleinlauf mit 1 (Schnellster), 2 (Zweitschnellster), 3 (Drittschnellster) usw. messen.

Zulässige Transformationen einer Ordinalskala. Wird der Messwert transformiert, muss diese Ordnung erhalten bleiben. Nach der Transformation müssen also den Personen mit höheren Messwertausprägungen immer noch höhere Zahlen zugeordnet werden und allen Personen mit identischer Messwertausprägung dieselben Messwerte. Nach einem 100-Meter-Rennen kann man den Rang einer Person im Zieleinlauf auch mit den Zahlen 1000 (Schnellster), 8001 (Zweitschnellster) und 9345 (Drittschnellster) usw. angeben.

Zulässige Aussagen bei Vorliegen einer Ordinalskala. Aus der Tatsache, dass ein Sportler den ersten Platz und ein anderer den zweiten Platz in einem 100-Meter-Rennen belegt hat, lässt sich aber nicht folgern, wie groß der Abstand zwischen ihnen tatsächlich war. Dazu müsste man die Zeit mit einer Stoppuhr messen. Vielmehr lässt sich nur sagen, dass der Läufer mit einer niedrigeren Zahl früher im Ziel war als der mit einer höheren Zahl.

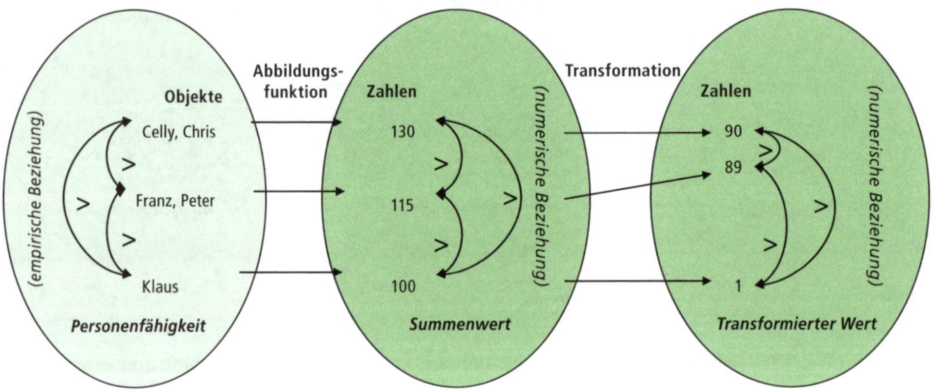

Abbildung 2.2: Veranschaulichung Ordinalskala

In der ▶*Abbildung 2.2* ist das Prinzip einer Ordinalskala veranschaulicht. Im empirischen Relativ ist feststellbar, dass Celly und Chris eine höhere Messwertausprägung als Franz und Peter haben und Klaus die geringste Messwertausprägung innehat. Durch das Zuordnen von Zahlen zu den Personen (bzw. Objekten) werden diese Relationen beibehalten. Auch die transformierten Werte erlauben dieselben Aussagen in Bezug auf die Beziehungen zwischen den Personen in dem Merkmal.

Intervallskala

Eine Intervallskala trifft ebenfalls die Annahmen über Äquivalenz- und Ordnungsrelationen. Darüber hinaus wird gefordert, dass gleiche Differenzen zwischen den Messwerten gleichen Differenzen in den Messwertausprägungen entsprechen. Im Einzelnen bedeutet dies also, dass den Personen mit gleichen Messwertausprägungen auch gleiche Zahlen zugeordnet werden und höhere Messwertausprägungen auch mit höheren Zahlen versehen werden.

Zulässige Transformationen einer Intervallskala. Das Verhältnis von Differenzen bleibt nur bei positiven linearen Transformationen gleich. Positive lineare Transformationen lassen sich darstellen durch die Multiplikation der Messwerte mit einer positiven Konstanten b und der Addition einer Konstanten a. Zusammengefasst in eine Formel lautet dies dann:

$$(\text{ursprünglicher Messwert } x \cdot b) + a;\ b > 0$$

Durch eine solche Transformation bleiben Äquivalenz- und Ordnungsrelation ebenso erhalten wie die Gleichheit der Abstände (siehe folgende Abschnitte unter Verhältnisskalenniveau).

Daher gibt es für Messungen auf Intervallskalenniveau **keine natürliche Einheit** und **keinen natürlichen Nullpunkt**. Beispielsweise kann die Temperatur auf Intervallskalenniveau gemessen werden. Dabei ergeben sich mehrere mögliche Abbildungen: So kann die Temperatur in Celsius, aber auch in Fahrenheit gemessen werden.

Bei beiden Abbildungen können Differenzen interpretiert werden. Jedoch unterscheidet sich der Nullpunkt beider Skalen: Null Grad Celsius entspricht beispielsweise nicht der Temperatur von null Grad Fahrenheit. So entsprechen null Grad Celsius 32 Grad Fahrenheit. Auch die Einheiten sind nicht gleich. Ein Temperaturunterschied von 20 Grad Celsius entspricht nicht dem von 20 Grad Fahrenheit. Beide Messungen lassen sich durch eine positive lineare Transformation ineinander umrechnen:

$$\text{Temperatur Fahrenheit} = \left(\text{Temperatur Celsius} \cdot \frac{9}{5}\right) + 32$$

In diesem Fall ist $b = 9/5$ (und damit positiv) und $a = 32$. Hier ist zu beachten: Es liegen nicht zwei Intervallskalen vor, sondern die Temperatur wird mithilfe einer **Intervallskala** gemessen. Fahrenheit und Celsius sind lediglich zwei von mehreren (theoretisch unendlich vielen) möglichen strukturtreuen Abbildungen.

Zulässige Aussagen bei Vorliegen einer Intervallskala. Beim Vergleich von intervallskalierten Messwerten lässt sich die Eigenschaft, dass Differenzen zwischen Zahlen sinnvoll interpretierbar sind, nutzen. Nehmen wir an, wir haben durch einen Fragebogen Leistungsmotivation intervallskaliert gemessen: Dies bedeutet, dass sich Personen mit den Fragebogenwerten 130 und 115 genauso stark in ihrer Leistungsmotivation unterscheiden wie Personen mit den Fragenbogenwerten 115 und 100, denn der Unterschied zwischen den Zahlenwerten der Personen beträgt jeweils 15 Einheiten.

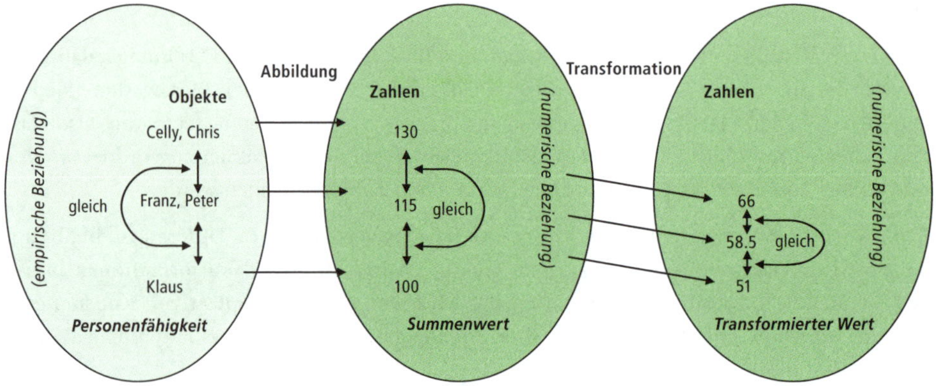

Abbildung 2.3: Veranschaulichung Intervallskala

▶*Abbildung 2.3* veranschaulicht das Prinzip der Intervallskala. In unserem Beispiel sind die Differenzen im empirischen Relativ zwischen Celly und Peter sowie zwischen Peter und Klaus gleich groß. Die Abbildungsvorschrift muss nun gewährleisten, dass eine Gleichheit der Unterschiede im empirischen Relativ auch zahlenmäßig in Form von gleichen Differenzen erhalten bleibt. Der Zahlenunterschied im Merkmal muss für Celly und Peter genauso hoch ausfallen wie für Peter und Klaus. In unserem Beispiel sind dies 15 Einheiten. Die gleichen Abstände im empirischen Relativ finden sich auch bei den Zahlen im numerischen Relativ. Jede Transformation muss diese Regel unverändert lassen (siehe rechte Abbildung).

Verhältnisskala

Messungen mit Verhältnisskalenniveau erhalten alle Relationen der bisherigen Skalenniveaus. Darüber hinaus sind auch **Verhältnisse in den Zahlen interpretierbar**. Es ist zum Beispiel eine sinnvolle Aussage, dass Markus ist mit einem Gewicht von 100 Kilo doppelt so schwer ist wie Sabine mit 50 Kilo.

Zulässige Transformationen einer Verhältnisskala. Will man Verhältnisse mithilfe von Zahlen abbilden, sind nur noch Multiplikationen der Messwerte mit einer **positiven Konstanten** zulässig:

$$\text{ursprünglicher Messwert } x \cdot b;\ b > 0$$

Wird null mit einem beliebigen b multipliziert, erhält man null. Damit ist der Nullpunkt einer Verhältnisskala eindeutig festgelegt. Zulässige Transformationen dürfen den Nullpunkt nicht verschieben, jedoch darf die Einheit geändert werden (entspricht der Multiplikation mit b).

Warum $b > 0$? Es stellt sich nun die Frage, weshalb wir bei b die Einschränkung vornehmen müssen, dass b größer Null ist. Man kann sich das an folgendem Beispiel veranschaulichen: Nehmen wir an, dass Julia 50 Euro auf dem Konto hat und Philipp –100 Euro. Transformieren wir nun den Kontostand mit minus eins, ergibt sich folgender neuer Kontostand: Julia hat 50 Euro minus und Philipp 100 Euro plus. Die Größenrelation im Vermögen beider Personen dreht sich um und eine die Ordnungsrelation erhaltende Abbildung ist nicht mehr gegeben.

Zulässige Aussagen bei Vorliegen einer Verhältnisskala. Werden Messwerte mit Verhältnisskalenniveau verglichen, sind alle Aussagen der zuvor genannten Skalenniveaus möglich und darüber hinaus Messwertverhältnisse sinnvoll interpretierbar. Das heißt, bei Verhältnisskalenniveau wäre es sinnvoll, zu sagen, Markus ist mit 100 Einheiten doppelt so extravertiert wie Matthias mit 50 Einheiten. Die meisten Messungen in der Psychologie und anderen Sozialwissenschaften erfüllen solche strengen Anforderungen auf keinen Fall. Sie werden hingegen z. B. von physikalischen Maßen wie Länge – gemessen in Zentimetern – erfüllt.

Absolutskala

Auf diesem Skalenniveau erfüllen Messwerte die Forderung nach **Äquivalenz, Ordnung, Gleichheit von Differenzen und Verhältnissen sowie einem festen Nullpunkt und einer festgelegten bzw. natürlichen Einheit.** Ein Beispiel hierfür sind Stückzahlen oder Häufigkeiten.

Zulässige Transformationen einer Absolutskala. Da die Einheit und der Nullpunkt natürlich vorliegen, sind auch **keinerlei Transformationen zulässig**.

Zulässige Aussagen bei Vorliegen einer Absolutskala. Es sind alle Aussagen der vorher beschriebenen Skalen möglich. Wird beispielsweise beobachtet, wie oft sich eine Person in einem bestimmten Zeitraum in der Statistikvorlesung meldet, so haben diese Messwerte eine natürliche Einheit „Häufigkeit" und einen natürlichen Nullpunkt. Höhere Werte entsprechen einer höheren Meldehäufigkeit als niedrigere Werte. Personen, die sich gleich oft melden, bekommen auch dieselbe Zahl zugewiesen. Zudem ist der Unterschied zwischen sechs- und achtmal gemeldet genauso groß wie zwischen zwei- und viermal gemeldet. Weiterhin meldet sich eine Person, die sich achtmal meldet, doppelt so oft, wie eine Person, die sich viermal meldet.

Bedeutung metrischer Skalen. Intervall-, Verhältnis- und Absolutskalen werden auch oft als metrische Skalen bezeichnet. Wie wir sehen werden, setzt die Interpretation vieler Statistiken mindestens Intervallskalenniveau voraus.

Zusammenfassung

Betrachtet man den Zusammenhang zwischen zulässigen Transformationen und möglichen Aussagen, so ist eine gegensätzliche Beziehung ersichtlich: **Je mehr Transformationen zulässig sind, desto geringer ist der Informationsgehalt der Messwerte.** Auf Nominalskalenniveau lässt sich nur sagen, Messwerte sind verschieden. Auf Intervallskalenniveau lassen sich aber auch Differenzen vergleichen. Daher ist es sinnvoll, vor der Messung zu versuchen, ein möglichst hohes Skalenniveau zu erreichen. Schließlich sollen aus den Messwerten häufig weitreichende Aussagen über das Verhalten von Menschen abgeleitet werden können. In ▶ *Tabelle 2.1* sind die Eigenschaften der Skalenniveaus noch einmal zusammenfassend dargestellt.

Skala	Transformation	Forderung	Beispiel
Nominal	eindeutig	Verschiedenheit	ICD-Diagnosen
Ordinal	positiv streng monoton	+ Ordnung	Rangplätze
Intervall	$a+b \cdot x,\ b>0$	+ Abstand gleich	Grad Celsius, Grad Fahrenheit, Intelligenzquotient
Verhältnis	$b \cdot x,\ b>0$	+ Verhältnisse gleich + natürlicher Nullpunkt + keine feste Einheit	Längenmaße wie Zentimeter, Temperatur in Kelvin
Absolut	keine	+ natürliche Maßeinheit	diskrete Häufigkeiten

Tabelle 2.1: Zusammenfassung der Skalenniveaus

Wenn ein Merkmal beispielsweise auf Intervallskalenniveau gemessen werden kann, bezeichnen wir die aus der strukturtreuen Abbildung resultierende Variable als intervallskaliert. Dies gilt für jedes Skalenniveau.

In vielen Fällen wird das Skalenniveau der Variablen nicht empirisch überprüft. Meistens wird lediglich angenommen, dass ein bestimmtes Skalenniveau, zum Beispiel Intervallskalenniveau, erreicht ist. Daher wird in diesem Zusammenhang auch oft von „per-fiat"-Messungen (bedeutet so viel wie „wie es sein sollte") gesprochen. Es gibt aber auch Möglichkeiten, das Skalenniveau tatsächlich zu testen (vgl. Michell, 1997).

2.2 Deskriptive Statistiken

Wie der Name schon sagt, *beschreiben* „**deskriptive Statistiken**" die Messwerte. So können beispielsweise die zentrale Tendenz (siehe *Abschnitt 2.2.3*) und die Variabilität (siehe *Abschnitt 2.2.4*) von Messwerten numerisch ausgedrückt werden. Deskriptive Statistiken wie diese erlauben es so, ein Gefühl für die gesammelten Daten und ihre Eigenschaften zu bekommen. Dies ist für die Interpretation komplexerer statistischer Verfahren oft sehr hilfreich. Eine Übersicht über die einzelnen Möglichkeiten verschiedener deskriptiver Statistiken sowie ihre Aussagekraft und Grenzen erfolgt in diesem Abschnitt. Zusätzlich werden Hinweise für die grafische Veranschaulichung von Messwerten gegeben. Ziel des Kapitels ist es, die richtigen deskriptiven Statistiken auszuwählen, um Daten angemessen beschreiben zu können beziehungsweise deskriptive Statistiken richtig interpretieren zu können. Bevor wir jedoch mit den einzelnen deskriptiven Maßen beginnen, stellen wir noch eine andere Möglichkeit vor, mit deren Hilfe man einen ersten Überblick über Daten gewinnen kann. Dabei handelt es sich um die Verwendung von Häufigkeiten und die Möglichkeit der Kategorienbildung.

2.2.1 Häufigkeiten und Kategorienbildung

Häufigkeitstabellen. Ein gutes Mittel, um sich einen ersten Überblick über Messwerte von Variablen zu verschaffen, sind tabellarische Zusammenfassungen. Mit anderen Worten bedeutet dies, sich die Häufigkeiten, mit denen einzelne Messwerte aufgetreten sind, auflisten zu lassen.

Absolute und relative Häufigkeit. Man bezeichnet die Häufigkeit, mit der eine Messwertausprägung beobachtet wird, als absolute Häufigkeit. Wird diese absolute Häufigkeit durch die Anzahl aller Messwerte geteilt, erhält man eine relative Häufigkeit. In unserem Beispiel (siehe ▶*Abbildung 2.9*) haben 25 Personen ein Alter von 20 Jahren angegeben. Teilt man diese absolute Häufigkeit von 25 durch die Anzahl der Messwerte (n = 119), erhält man die relative Häufigkeit:

$$\frac{25}{119} = 0.21.$$

Dieser Wert kann dann mit 100 multipliziert werden, um eine Prozentangabe zu erhalten. Damit kommt ein Messwert der Ausprägung 20 mit einer Häufigkeit von 21 Prozent im Datensatz vor.

Häufigkeitstabellen in Anwendungsprogrammen. Für dieses und die weiteren Beispiele in *Kapitel 2* verwenden wir den Datensatz `Kapitel 2-3.sav` von der Webseite zum Buch unter *www.pearson-studium.de*. Um diesen in SPSS zu öffnen, muss im SPSS-Menü der Punkt ANALYSIEREN gewählt werden. Dann wird die Option DESKRIPTIVE STATISTIKEN und darin HÄUFIGKEITEN gewählt. Es öffnet sich das Fenster, das in ▶*Abbildung 2.4* abgebildet ist. Zunächst wählt man auf der linken Seite die Variablen aus, für die Häufigkeitstabellen erzeugt werden sollen, und befördert sie durch Klicken der linken Maustaste auf den Pfeil in der Mitte in die Variablenliste. Nun lassen sich noch weitere Optionen auswählen. So kann man unter dem Punkt STATISTIKEN noch weitere Angaben wie den Mittelwert berechnen lassen (siehe *Abschnitte 2.2.3* und *2.2.4*). Unter dem Punkt DIAGRAMME besteht eine Auswahl verschiedener grafischer Veranschaulichungen (siehe *Abschnitt 2.3*). Die Häufigkeitstabellen werden automatisch erzeugt, wenn ein Häkchen in der Box HÄUFIGKEITSTABELLEN ANZEIGEN gesetzt ist.

EXTRAS ONLINE

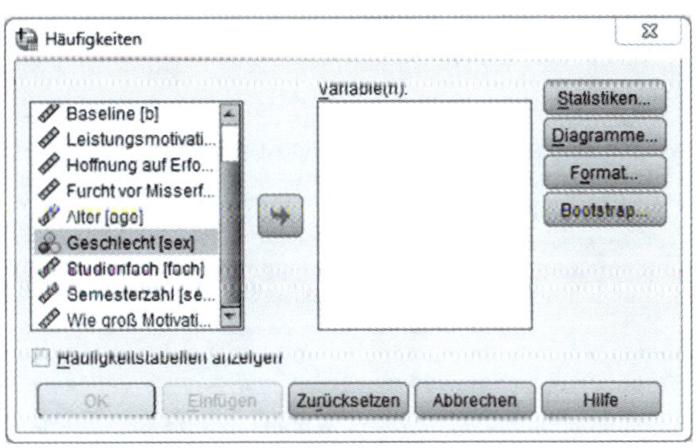

Abbildung 2.4. Häufigkeitstabellen in SPSS erzeugen

Nachdem die gewünschten Variablen und Optionen gewählt sind, wird mit dem Mauspfeil auf das Feld OK geklickt und damit die Berechnung ausgelöst. So lassen sich für unseren Beispieldatensatz die in ▶*Abbildung 2.5* dargestellten Tabellen mit SPSS erzeugen. Während die obere Tabelle die Geschlechterverteilung in der Stichprobe wiedergibt, zeigt die untere Tabelle, aus welchen Studienfächern die Teilnehmer rekrutiert wurden.

Geschlecht

		Häufigkeit	Prozent	Gültige Prozente	Kumulierte Prozente
Gültig	männlich	35	29,4	29,4	29,4
	weiblich	84	70,6	70,6	100,0
	Gesamt	119	100,0	100,0	

Studienfach

		Häufigkeit	Prozent	Gültige Prozente	Kumulierte Prozente
Gültig	Psychologie	82	68,9	76,6	76,6
	Pädagogik	6	5,0	5,6	82,2
	BWL	15	12,6	14,0	96,3
	Soziologie	2	1,7	1,9	98,1
	Politologie	1	,8	,9	99,1
	Medizin	1	,8	,9	100,0
	Gesamt	107	89,9	100,0	
Fehlend	System	12	10,1		
Gesamt		119	100,0		

Abbildung 2.5: Häufigkeitstabellen der SPSS-Ausgabe

Den einfachsten Weg, eine Tabelle mit ähnlichen Informationen in R zu erzeugen, bietet die Funktion **freq** aus dem Package descr (Jakson, 2015). Der genaue Befehl lautet:

```
library(descr)
freq(ordered(dat1$sex))
freq(ordered(dat1$fach))
```

Dabei wird zunächst das Package descr geöffnet. Im nächsten Schritt wird die Funktion freq ausgeführt und das Ergebnis gleich ausgegeben. Damit neben den absoluten und relativen Häufigkeiten auch die kumulierten relativen Häufigkeiten ausgegeben werden, muss dat1$sex bzw. dat1$fach allerdings temporär durch den Befehl ordered umgewandelt werden. Die Funktion benötigt dabei die Angabe des Datensatzes und der zu verwendenden Variablen. Den Datensatz haben wir beim Einlesen (vgl. *Abschnitt 1.3.4*) mit dat1 benannt und die Variable im Datensatz mit sex bezeichnet, daher die Kombination dat1$sex. Diesen Code wiederholen wir für das erhobene Fach. Das Ergebnis findet sich in ▶*Abbildung 2.6*.

```
> library(descr)
> freq(ordered(dat1$sex))
ordered(dat1$sex)
         Frequency Percent Cum Percent
männlich        35   29.41       29.41
weiblich        84   70.59      100.00
Total          119  100.00
> freq(ordered(dat1$fach))
ordered(dat1$fach)
            Frequency  Percent Valid Percent Cum Percent
Psychologie        82  68.9076       76.6355       76.64
Pädagogik           6   5.0420        5.6075       82.24
BWL                15  12.6050       14.0187       96.26
Soziologie          2   1.6807        1.8692       98.13
Politologie         1   0.8403        0.9346       99.07
Medizin             1   0.8403        0.9346      100.00
NA's               12  10.0840
Total             119 100.0000      100.0000
```

Abbildung 2.6: Häufigkeitstabelle der R-Ausgabe

Zusätzlich gibt R einfache Histogramme der Variablen aus (nicht dargestellt).

Aufbau der Häufigkeitstabellen. Der Aufbau der Tabellen folgt dabei immer einem vergleichbaren Muster. In den Zeilen der ersten Spalte finden sich die Bezeichnungen der einzelnen Messwertausprägungen. So ist in der oberen Tabelle in *Abbildung 2.5* zu sehen, dass zwischen männlichen und weiblichen Teilnehmern unterschieden wurde. Die Anzahl der Fälle mit fehlenden Werten findet sich in der Zeile FEHLEND SYSTEM (SPSS) beziehungsweise NA'S (R). Diese Zeile wird jedoch nur aufgeführt, wenn es tatsächlich Versuchspersonen im Datensatz gibt, die keinen Wert in der Variablen zugewiesen bekommen haben, also wenn fehlende Werte vorliegen.

In der zweiten Spalte mit der Überschrift HÄUFIGKEIT beziehungsweise FREQUENCY findet sich die absolute Anzahl der Personen, die eine bestimmte Messwertausprägung haben. So waren in der Stichprobe 35 Männer und 84 Frauen. In den Tabellen zur Fächerverteilung sieht man, dass sechs Versuchspersonen Pädagogik studierten und eine Versuchsperson Medizin. Zudem liegen von 12 Personen keine Angaben vor.

Die nächste Spalte trägt die Überschrift PROZENT beziehungsweise PERCENT. Hier wird die absolute Häufigkeit an der Größe der Gesamtstichprobe relativiert. Das heißt, die Anzahl der Personen mit einer bestimmten Messwertausprägung wird geteilt durch die Anzahl der Personen in der Gesamtstichprobe. Somit zeigt diese Spalte die **relative Häufigkeit** in Prozent an. Demnach waren 70.6 Prozent der Versuchsteilnehmer weiblich. Dividiert man das Ergebnis durch 100 erhält man die relative Häufigkeit. Es folgt die Spalte GÜLTIGE PROZENTE (VALID PERCENT). In dieser Spalte finden sich wiederum relative Häufigkeiten in Prozent. Allerdings wird hier nicht an der Gesamtstichprobe relativiert, sondern nur an der Anzahl der Personen, die keinen fehlenden Wert haben. Diese Werte fallen identisch mit denen der zweiten Spalte aus, wenn keine fehlenden Werte vorhanden sind, und höher, wenn fehlende Werte vorliegen. So zeigt sich in der oberen Tabelle der *Abbildung 2.5* kein Unterschied, in der unteren jedoch schon. Im R-Package descr wird diese Spalte nur aufgeführt, wenn es tatsächlich fehlende Werte gibt. Dasselbe gilt auch für die Zeile NA'S.

Abschließend folgt die Spalte KUMULIERTE PROZENTE (CUM PERCENT). Dahinter verbirgt sich die fortlaufende **Summation** der **relativen prozentualen Häufigkeiten** aus der Spalte GÜLTIGE PROZENTE. Für die Variable Geschlecht ist dies ohne großen Informationsgewinn. Aus den Tabellen für das Studienfach kann jedoch abgelesen werden, dass 82.2 Prozent der Teilnehmer Psychologie oder Pädagogik studierten, wenn man nur Personen ohne fehlende Werte betrachtet (siehe gültige Prozente).

Aus solchen Häufigkeitstabellen lässt sich viel Information gewinnen, wenn sie für Daten mit einem höheren Skalenniveau genutzt werden. So wurden die Teilnehmer auch gefragt, wie motiviert sie seien, an dem Experiment teilzunehmen. Als Antwortskala stand eine siebenstufige Skala von 1 = „sehr schlecht" bis 7 = „sehr gut" zur Verfügung. ▶*Abbildung 2.7* zeigt die zur Frage gehörige Häufigkeitstabelle aus der SPSS-Ausgabe.

Aus der Tabelle wird ersichtlich, dass die unteren Antwortkategorien 1 („sehr schlecht") und 2 („schlecht") gar nicht genutzt wurden. Zudem haben die Personen auch die Kategorien 3 („eher schlecht"), 4 („teils, teils") und 5 („eher gut") nur selten genutzt. Der Großteil der befragten Personen gab an, gut oder sogar sehr gut motiviert zu sein.

mot1

		Häufigkeit	Prozent	Gültige Prozente	Kumulierte Prozente
Gültig	eher schlecht	1	,8	,8	,8
	teils, teils	17	14,3	14,3	15,1
	eher gut	28	23,5	23,5	38,7
	gut	58	48,7	48,7	87,4
	sehr gut	15	12,6	12,6	100,0
	Gesamt	119	100,0	100,0	

Abbildung 2.7: SPSS-Häufigkeitstabelle für die Frage nach der Motivation für das Experiment

Bildung von Kategorien. Ein Problem bei der Verwendung von Häufigkeiten ergibt sich für Variablen mit einer hohen Anzahl an Messwertausprägungen oder für kontinuierliche Variablen. Die Häufigkeitstabellen würden sehr viele Zeilen enthalten und es ist anzunehmen, dass einzelne Zeilen (Messwertausprägungen) zum Teil nur gering besetzt wären. Das macht die Interpretation schwierig und schränkt die Übersichtlichkeit ein. Beispiele für solche Variablen sind Reaktionszeiten, Summenwerte aus vielen Items, aber auch Eigenschaften wie Alter, Körpergewicht oder Größe. Liegt eine Variable mit vielen Messwertausprägungen vor, empfiehlt es sich, **Kategorien** zu bilden. In diesen Kategorien werden dann die beobachteten **Messwerte zu Wertebereichen zusammengefasst**.

Definition Kategorien

Werden die Werte einer kontinuierlichen oder diskreten Variablen einer Stichprobe in **Wertebereiche** mit definierten Grenzwerten unterteilt, so werden diese als **Kategorien** bezeichnet.

Einen Vorschlag, wie und wie viele Kategorien man bildet, kommt von Freedman und Diaconis (1981). Die Formel lautet wie folgt:

Formel 2.1 Kategorienbildung

$$\text{Anzahl der Kategorien} = \frac{2 \cdot \text{IQA}}{\sqrt[3]{n}}$$

$$\text{Anzahl der Kategorien im Beispiel} = \frac{2 \cdot 4}{\sqrt[3]{119}} = \frac{8}{4.92} = 1.63$$

IQA = Interquartilabstand

n = Anzahl der Personen der Stichprobe

Der Interquartilabstand (siehe *Abschnitt 2.2.3*) stellt die Differenz zweier Messwerte dar. Es wird zunächst der Messwert gesucht, unterhalb dessen die Messwerte von 25 Prozent der Personen der Stichprobe liegen. Anschließend wird ein weiterer Messwert gesucht, unterhalb dessen höchstens 75 Prozent der Messwerte der Stichprobe liegen. Man bezeichnet diese beiden Werte auch als **erste Quartilgrenze** und **dritte Quartilgrenze**. Innerhalb dieser beiden

Quartilgrenzen liegen in der Regel 50 Prozent der Messwerte der Personen in der Stichprobe. In manchen Fällen, wenn nur wenige Messwerte vorliegen oder einzelne Messwerte besonders häufig vorkommen, ist die Angabe dieser Quartilgrenzen nicht exakt möglich. Betrachten wir ▶*Abbildung 2.9*, sehen wir, dass 21 Prozent der Personen einen Messwert kleiner oder gleich 19 aufweisen und 79 Prozent der Personen einen Messwert kleiner oder gleich 23 aufweisen. Der ungefähre Interquartilabstand beträgt also 4. Man würde hier folglich 1.63 Kategorien (bzw. gerundet zwei Kategorien) wählen. Man sieht an diesem Beispiel, dass solche Regeln mit Vorsicht anzuwenden sind. In unserem Fall ergeben sich nur zwei Kategorien, was zur Beschreibung der Verteilung der Messwerte sicherlich wenig sinnvoll wäre.

Begründete Abweichungen von der statistischen Kategorienbildung. Neben einer statistischen Definition der Kategorienanzahl und -breite kann es auch inhaltliche Gründe geben, sich für eine bestimmte Lösung zu entscheiden. Existieren beispielsweise in der Literatur bereits Vorschläge für die Anzahl und Breite der Kategorien, können diese übernommen werden, um eine Vergleichbarkeit der Ergebnisse mit vorangegangenen Untersuchungen zu gewährleisten. Zum anderen kann es zwingende Gründe geben, bestimmte Kategoriengrenzen zu nutzen. Soll zum Beispiel zwischen Rentnern und Erwerbstätigen aufgrund des Alters unterschieden werden, empfiehlt es sich, die Kategoriengrenze bei einem Alter von 65 Jahren einzuführen.

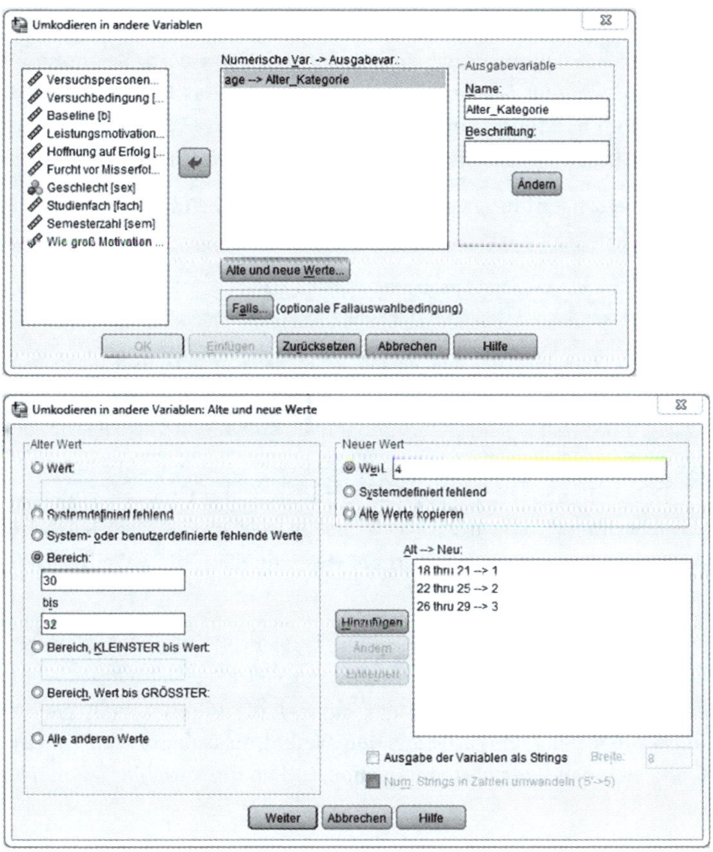

Abbildung 2.8: Umkodieren einer Variablen zur Kategorienbildung

Bildung neuer Kategorien einer Variablen im Anwendungsprogramm. Wenn entschieden wurde, wie viele Kategorien mit welcher Breite gebildet werden sollen, lässt sich in SPSS eine neue Variable kreieren. Dazu muss zunächst aus der Menüleiste die Option TRANSFORMIEREN gewählt werden. Hier wird jetzt die Option UMKODIEREN IN EINE ANDERE VARIABLE gewählt. Es öffnet sich das in ▶*Abbildung 2.8* dargestellte Fenster. Hier wählt man zunächst die Variable aus, die umkodiert werden soll. In unserem Fall ist das die Variable AGE für Alter. Dann wird der neuen Variablen ein Name zugewiesen. Dies ist in unserem Beispiel ALTER_KATEGORIE. Durch das Drücken des Buttons ÄNDERN wird bestätigt. Jetzt kann unter der Option ALTE UND NEUE WERTE … die Umkodierung vorgenommen werden. Es öffnet sich hierfür ein neues Fenster, welches im unteren Teil der *Abbildung 2.8* dargestellt ist.

Umkodieren der Werte der ursprünglichen Variablen in eine neue Variable mit zusammengefassten Kategorien. Es stehen verschiedene Möglichkeiten zur Verfügung, um Kategoriengrenzen einzugeben und einer Kategorie einen numerischen Wert zuzuweisen. Ist die unterste Kategorie eine offene Kategorie, so wird die Option BEREICH, KLEINSTER BIS WERT: gewählt; bei nach oben offenen Kategorien die Option BEREICH, WERT BIS GRÖSSTER: (in unserem Beispiel ist für die fünfte Kategorie diese Option zu wählen). Ansonsten eignet sich die Option, die untere und die obere Kategoriengrenze jeweils direkt einzugeben. In jedem Fall muss nach Eingabe der Kategoriengrenzen im Feld WERT auf der rechten Seite der Kategorie eine Nummer zugewiesen werden. Dann wird die gesamte Kategoriendefinition durch Klicken der Schaltfläche HINZUFÜGEN in das Feld ALT → NEU überführt. Wenn so alle Kategorien definiert sind, wird die Schaltfläche WEITER betätigt und im anderen Fenster mit OK bestätigt. Am Ende des Datensatzes findet sich nun die neue Variable.

In R stehen zur Kategorienbildung verschiedene Funktionen zur Verfügung. Wir zeigen hier die Funktion `cut`. Der R-Code ist:

```
dat1$Alter_Kategorie <- cut(dat1$age, breaks=c(-Inf, 21, 25, 29, 32, Inf),
   labels=c("18-21","22-25","26-29","30-32","33 bis unendl."))
```

Zunächst definieren wir hier die neue Variable `Alter_Kategorie` und legen fest, dass diese im Datensatz `dat1` liegen soll (`dat1$Alter_Kategorie`). Den Inhalt der Variablen definieren wir über die `cut`-Funktion. Hier legen wir zunächst fest, welche Variable umkodiert werden soll (`dat1$age`) und bestimmen dann, an welchen Stellen die Kategoriengrenzen liegen sollen (`breaks=`). Dabei dienen `-Inf` und `Inf` als theoretische Grenzen von minus bis plus Unendlich. Durch die Erweiterung `labels=` geben wir den Kategorien Bezeichnungen. Diese Zeile könnte auch weggelassen werden. R würde dann die jeweiligen Wertebereiche als Kategoriennamen nutzen.

Beim Kategorisieren ist zu beachten, dass eine Transformation der Messwerte vorgenommen wird. Demzufolge muss für die transformierten Werte das Skalenniveau erneut geprüft werden. Es ist möglich, dass durch das Kategorisieren das ursprüngliche Skalenniveau verloren geht. In unserem Beispiel wurde aus dem Verhältnisskalenniveau ein Ordinalskalenniveau. In R lässt sich damit am besten umgehen, indem die Variable in einen Faktor umgewandelt wird:

```
dat1$Alter_Kategorie <- factor(dat1$Alter_Kategorie)
```

Es wird also zunächst wieder definiert, für welche Variable eine Veränderung erfolgen soll (`dat1$Alter_Kategorie`). Dann folgt die Festlegung, dass diese Variable einen Faktor darstellen soll, was dem Datenniveau angemessen ist.

Mit den transformierten Messwerten lässt sich nun eine übersichtliche Häufigkeitstabelle erstellen. *Abbildung 2.9* stellt die Häufigkeitstabellen für die Variable Alter sowie die in Kategorien unterteilte Altersvariable dar. Der Vergleich der beiden Häufigkeitstabellen macht die größere Übersichtlichkeit aufgrund der Kategorisierung deutlich.

Alter

		Häufigkeit	Prozent	Gültige Prozente	Kumulierte Prozente
Gültig	18	2	1,7	1,7	1,7
	19	23	19,3	19,3	21,0
	20	25	21,0	21,0	42,0
	21	24	20,2	20,2	62,2
	22	6	5,0	5,0	67,2
	23	14	11,8	11,8	79,0
	24	5	4,2	4,2	83,2
	25	5	4,2	4,2	87,4
	26	5	4,2	4,2	91,6
	27	3	2,5	2,5	94,1
	28	3	2,5	2,5	96,6
	29	1	,8	,8	97,5
	30	1	,8	,8	98,3
	31	1	,8	,8	99,2
	38	1	,8	,8	100,0
	Gesamt	119	100,0	100,0	

Alter_Kategorie

		Häufigkeit	Prozent	Gültige Prozente	Kumulierte Prozente
Gültig	18 bis 21	74	62,2	62,2	62,2
	22 bis 25	30	25,2	25,2	87,4
	26 bis 29	12	10,1	10,1	97,5
	30 bis 32	2	1,7	1,7	99,2
	33 bis unendl.	1	,8	,8	100,0
	Gesamt	119	100,0	100,0	

Abbildung 2.9: Vergleich der Häufigkeitstabellen für die Variablen Alter und Alter_Kategorie

2.2.2 Grafische Darstellung von Häufigkeiten

Um sich die Häufigkeiten von Variablen grafisch zu veranschaulichen, verwendet man häufig Balkendiagramme, Histogramme, Polygonzüge oder auch Kreisdiagramme.

Balkendiagramm

Um einen Überblick über die diskreten Werte einer Variablen zu bekommen, kann man diese mithilfe eines Balkendiagramms veranschaulichen. ▶*Abbildung 2.10* stellt grafisch die Häufigkeiten verschiedener Altersstufen dar. Das Alter wird in der Regel mit ganzzahligen Werten erfasst, z. B. in Jahren oder bei Säuglingen in Monaten. Auf der x-Achse ist der Wertebereich des Alters der Stichprobe in Jahren angegeben, auf der y-Achse sieht man, wie häufig ein bestimmter Altersmesswert in der Stichprobe vorkommt: Ein Alter von 20 Jahren kommt beispielsweise 25-mal vor. Das Balkendiagramm veranschaulicht, wie sich jeder einzelne Wert der Variablen verteilt, das heißt, wie häufig er jeweils vorkommt.

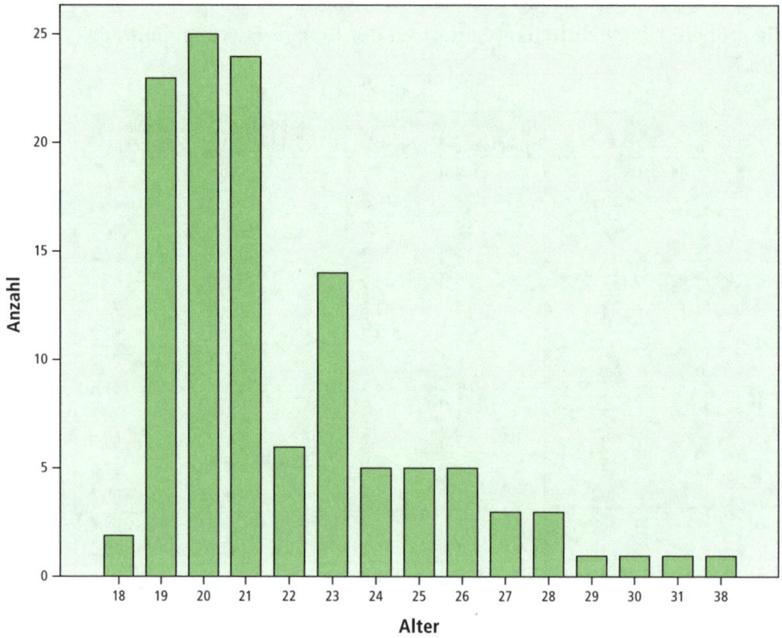

Abbildung 2.10: Veranschaulichung einer Verteilung von Messwerten

Histogramm

Auch ▶*Abbildung 2.11* zeigt eine Altersverteilung in Jahren. Die y-Achse stellt die Häufigkeiten der Altersmesswerte in der Stichprobe dar. Nun kann man Alter auch als kontinuierliche Variable auffassen, da die dahinterliegende Größe Zeit ist. Der Unterschied zwischen Balkendiagramm und Histogramm besteht nun darin, dass ein Histogramm für kontinuierliche Werte verwendet wird, die in Kategorien eingeteilt sind. In unserem Fall wird lediglich das oben abgebildete Balkendiagramm dargestellt. Allerdings sind die Balken im Histogramm im Gegensatz zum Balkendiagramm direkt nebeneinander angrenzend angeordnet. Es sei an dieser Stelle darauf hingewiesen, dass bei einigen R-Packages kein Unterschied zwischen Balkendiagrammen und Histogrammen besteht. Damit wird veranschaulicht, dass es sich eigentlich um kontinuierliche Messwerte handelt. Eine Kategorienbildung ist – wie oben beschrieben – oft nötig, da sehr viele kontinuierliche Messwerte auftreten können. Triebe man dies auf die Spitze, könnte das Alter sekundengenau angegeben werden. Es wird dann unmöglich, Personen zu finden, deren Alter exakt bis auf die Sekunde gleich ist. Es gäbe dann sehr viele unterschiedliche Messwerte, die jeweils mit der Häufigkeit eins vorkommen würden. Damit wäre die grafische Darstellung sinnlos.

Anzahl der Kategorien und Kategorienbreite. Die Gestalt des Histogramms hängt sehr stark von der gewählten Breite der Kategorien ab. Wenn viele Messwertausprägungen vorliegen, wird in den meisten Anwendungsprogrammen jedoch automatisch die Anzahl der Kategorien bestimmt und deren Breite ermittelt. Wenn man einen umfassenderen Eindruck von den Daten und deren Verteilung bekommen möchte, ist es daher sinnvoll, sich Histogramme mit verschiedenen Kategorienbreiten ausgeben zu lassen. Dazu muss in den Programmen eine Einstellung der Kategorienbreite vorgenommen werden.

Vorteil Histogramm gegenüber Balkendiagramm. Ein Vorteil des Histogramms gegenüber dem Balkendiagramm in SPSS ist vor allen Dingen, dass die Kategorien mit der Häufigkeit null angezeigt werden. Dadurch können extreme Werte leicht identifiziert werden.

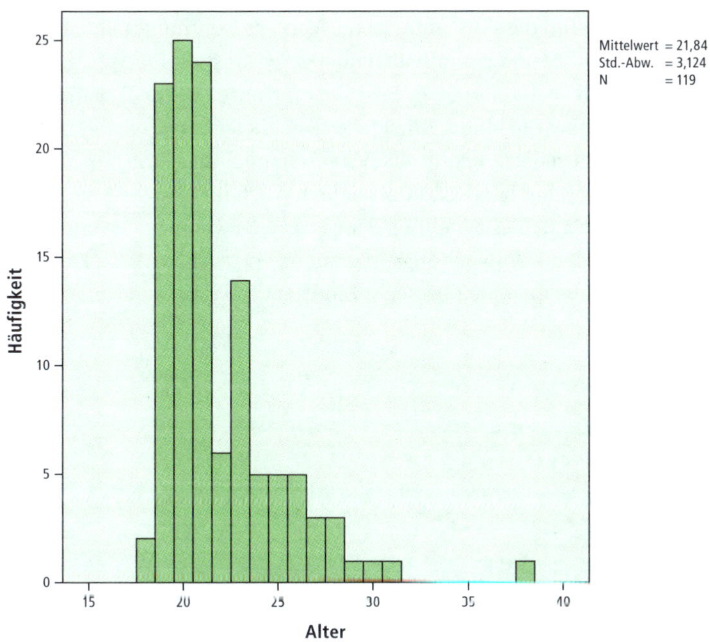

Abbildung 2.11: Histogramm einer Altersverteilung einer Stichprobe

Kerndichte

Histogramm und stetige Merkmale. Bisher haben wir Stichprobendaten analysiert. Im Folgenden sprechen wir von Variablen, deren Werte wir nicht kennen. Nehmen wir an, uns interessiert das Alter eines jeden Menschen auf der Erde. Wir möchten nun anhand einer kleinen Auswahl von Menschen auf die Häufigkeitsverteilung des Alters bei allen Menschen schließen. Die Werte aller Menschen auf der Erde kennen wir nicht und wir wollen sie auch nicht ermitteln. Die Häufigkeitsverteilung unserer Stichprobe soll als Basis herangezogen werden, um einen Eindruck der Häufigkeitsverteilung der Variable in der Grundgesamtheit zu erhalten.

Durch die Messung eines kontinuierlichen Merkmals erhalten wir eine diskrete Abbildung dieser kontinuierlichen Variable. Das Histogramm bildet diskrete Werte einer Stichprobe anhand von Kategorien ab. Dies ist jedoch eigentlich ungünstig. Wir möchten ja nicht mehr die diskreten Werte anhand von Kategorien abbilden, sondern das kontinuierliche Merkmal in der Grundgesamtheit.

Kerndichteschätzer. Ein Weg, auf die Häufigkeitsverteilung des Alters aller Menschen auf der Erde zu schließen, wäre, die Ausprägungen der kontinuierlichen Variable in einer repräsentativen Stichprobe zu erfassen, in Kategorien zu unterteilen und für diese die Häufigkeiten anzugeben. Damit erhielte man ein Histogramm. Wir müssten folglich die Altersmesswerte in Kategorien einteilen und dann die Häufigkeit innerhalb einer Kategorie angeben. Da die Messwerte für Alter aber kontinuierlich sind, benötigen wir eigentlich keine Verteilung mit direkt aneinanderliegenden Balken, sondern eine geglättete Verteilung. Auf der y-Achse stehen nun keine relativen oder absoluten Häufigkeiten mehr. Eine solche Darstellungsform wird als Kerndichteschätzung bezeichnet und kann mithilfe des Programmpakets R erzeugt werden. Immer wenn angenommen werden kann, dass die untersuchte Variable kontinuierlich ist und man auf die Häufigkeitsverteilung der Grundgesamtheit schließen will, ist es sinnvoll, solche Kerndichteschätzer anzuwenden. In ▶*Abbildung 2.12* ist dies für unser Beispiel dargestellt. Es handelt sich hier im strengen Sinne um eine schließende Statistik (siehe *Kapitel 4*) und nicht um eine beschreibende. Sie wird jedoch häufig als Veranschaulichungsform von Stichprobendaten gewählt und damit als beschreibendes Mittel genutzt. Auch hier hat die Kategorienbreite einen entscheidenden Einfluss auf die Darstellung der geschätzten Häufigkeitsverteilung. Sie wird in den meisten Fällen durch die Anwendungsprogramme vorgegeben. Auch kann man hier mehrere Bandbreiten vorgeben, um einen besseren Eindruck von den Daten zu erhalten.

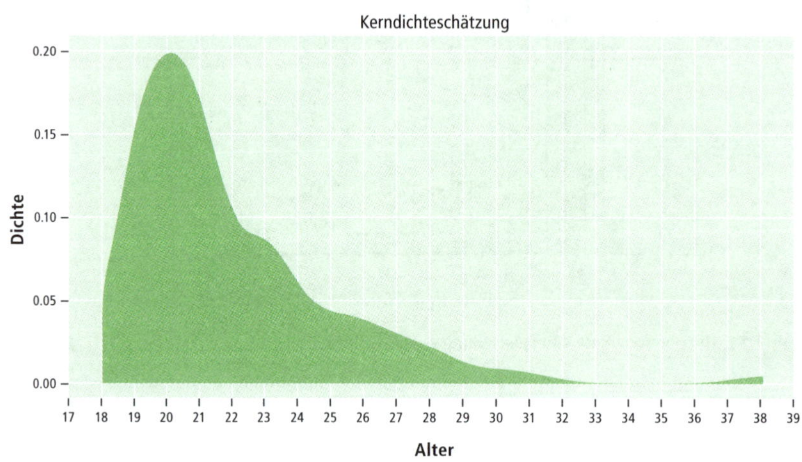

Abbildung 2.12: Kerndichteschätzung des Alters

Um diese Grafik zu erzeugen, haben wir das Package `ggplot2` verwendet (Wickham, 2009). Die Syntax für solche Grafiken ist deutlich komplexer als die bisher beschriebene R-Syntax:

```
library(ggplot2)
Density <- ggplot(dat1, aes(age))

Density + geom_density(fill = "Dark Green", colour = "Black") + labs(x = "Alter",
   y = "Dichte") + ggtitle("Kerndichteschätzung") + scale_x_continuous(breaks =
   seq(15, 40, 1))
```

Hierbei ist die Verwendung des Pluszeichens zur Verknüpfung mehrerer Befehle ein spezifisches Merkmal des Pakets `ggplot2`. Nach dem Öffnen des Packages wurde zunächst das Objekt `Density` definiert. Im ersten Schritt wird dabei lediglich festgelegt, dass das Objekt eine Grafik sein soll, in der der Datensatz `dat1` und die Variable `age` verwendet werden sollen. Durch die Verknüpfung des Objektes mit weiteren Funktionen durch ein Pluszeichen wird die Grafik nun genauer spezifiziert. Zunächst legen wir fest, dass eine Kerndichteschätzung durchgeführt werden soll (`geom_density`). Diese soll grün gefüllt (`fill = "Dark Green"`) werden und eine schwarze Begrenzungslinie (`colour = "Black"`) haben. Die *x*-Achse soll das Label „Alter" und die *y*-Achse das Label „Dichte" tragen (`labs(x = "Alter", y = "Dichte")`). Der Diagrammtitel soll „Kerndichteschätzung" (`ggtitle("Kerndichteschätzung")`) sein. Abschließend legen wir noch fest, dass die *x*-Achse von 15 bis 40 reichen soll und die Markierungen im Abstand von einem Jahr vorgenommen werden sollen (`scale_x_continuous(breaks = seq(15, 40, 1)`).

Polygonzug

Um ein Polygon zu zeichnen, benötigen wir ebenfalls ein Koordinatensystem mit zwei Achsen. Auf der *x*-Achse sind alle Messwertausprägungen der abzubildenden Variable abgetragen. Die *y*-Achse stellt die Häufigkeit dar, mit der jede Messwertausprägung, in unserem Fall ein bestimmtes Alter, in der Stichprobe vorkommt. Nun lassen sich Punkte auf der *y*-Achse markieren, die bei jeder Messwertausprägung die Häufigkeit anzeigen. Der Polygonzug verbindet diese Punkte, wodurch ein Linienzug mit Zacken entsteht. ▶*Abbildung 2.13* zeigt das Polygon für die Altersverteilung der Stichprobe von $n = 119$ Personen aus dem Beispieldatensatz. Auf der *x*-Achse ist das Alter in Jahren abgetragen und auf der *y*-Achse die entsprechende Häufigkeit. Wie man sieht, liegt ein Maximum bei ungefähr 20 Jahren. Aus dieser Grafik lässt sich ablesen, wie sich das Alter verteilt. Die meisten Personen sind vergleichsweise jung und liegen in einem Bereich von 19 bis 21 Jahren. Personen, die jünger als 19 Jahre, 22 Jahre oder älter als 23 Jahre sind, kommen mit einer deutlich geringeren Häufigkeit vor als die anderen Altersstufen.

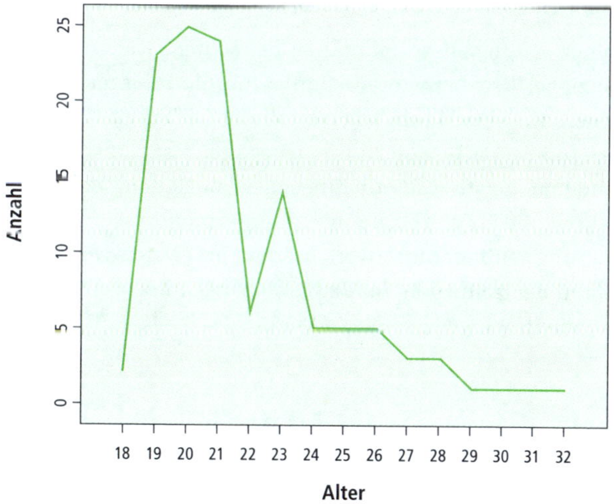

Abbildung 2.13: Polygon der Altersverteilung in der Stichprobe

Kreisdiagramm

Balken- und Kreisdiagramme werden oft bei der Darstellung von diskreten Variablen mit einer eng begrenzten Anzahl an Kategorien verwendet. In ▶*Abbildung 2.14* ist mittels eines Kreisdiagramms der Prozentsatz der Männer und Frauen in unserer Stichprobe dargestellt. Ein bloßes Abschätzen zeigt, dass circa ein Drittel der Stichprobe Männer sind. Ganz genau sind es 29.41 Prozent, wie die eingetragene Prozentzahl verrät. In der Regel ist die Darstellung von zwei Kategorien anhand eines Kreisdiagrammes überflüssig und besser mithilfe der konkreten Zahlenwerte veranschaulicht. Winkel und Flächen werden außerdem von Menschen weniger gut wahrgenommen als Längenunterschiede (Cleveland & McGill, 1984). Deshalb ist die Verwendung von Balkendiagrammen der Verwendung von Kreisdiagrammen vorzuziehen.

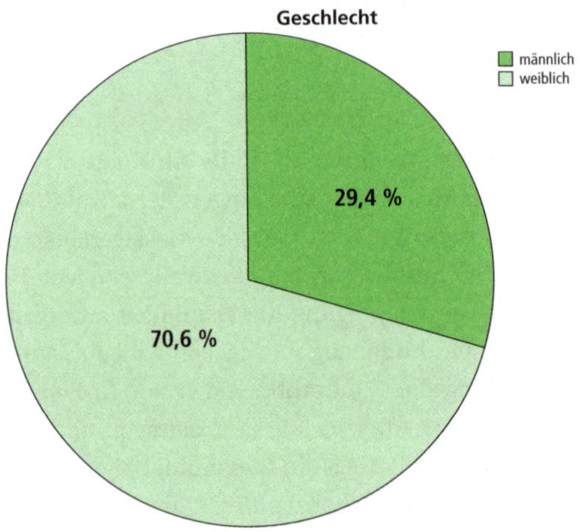

Abbildung 2.14: Kreisdiagramm der Geschlechterzusammensetzung der Stichprobe in Prozent

2.2.3 Maße der zentralen Tendenz

Statt alle Werte einer Häufigkeitsverteilung zu betrachten, wäre es wünschenswert, wenn man nur einen einzigen Wert betrachten könnte, um die Informationen der Messwerte zu bündeln. **Solch einen, für eine Häufigkeitsverteilung typischen Wert, stellt beispielsweise der Mittelwert dar.** In unserer Beispielstudie ist es interessant, zu erfahren, wie die Mittelwerte der verwendeten Leistungsmotivationsmaße ausfallen. Es gibt mehrere typische Werte einer Verteilung, die je nach Skalenniveau interpretiert werden. Zu diesen typischen Werten einer Verteilung gehören Mittelwert, Median und Modalwert. Man bezeichnet diese Werte auch als **Maße der zentralen Tendenz**. Im Folgenden werden diese verschiedenen typischen Werte sowie ihre Eigenschaften erklärt.

Modalwert

Der Modalwert, auch Modus (Mo) genannt, ist **derjenige Wert einer Verteilung**, der **am häufigsten vorkommt**. Dieser kann auch aus einer Häufigkeitstabelle abgelesen werden. Es ist der Messwert, der am häufigsten vorkommt, also die größte absolute Häufigkeit besitzt.

In unserem Beispiel in *Abbildung 2.9* kommt beispielsweise das Alter von 20 Jahren mit einer absoluten Häufigkeit von 25 am häufigsten vor. Der Modalwert ist also 20 Jahre.

Darstellung des Modalwerts. In ▶*Abbildung 2.15* ist das Prinzip des Modalwerts noch einmal grafisch veranschaulicht. Die Bestimmung des Modalwerts erfolgt also über die Auszählung der Häufigkeiten der einzelnen Messwertausprägungen. Prinzipiell kann der Modalwert für alle Skalenniveaus sinnvoll interpretiert werden.

Darstellung des Modalwerts bei gemessenen stetigen Variablen. Für gemessene stetige Variablen wird der Modalwert genauso bestimmt wie für diskrete Variablen. Stetige Variablen haben theoretisch unendlich viele Ausprägungen und eine beliebige Genauigkeit. Durch die Messung mit einer begrenzten Genauigkeit, beispielsweise Gewicht auf zwei Kommastellen genau, wird die stetige Größe wieder in eine diskrete Größe überführt.

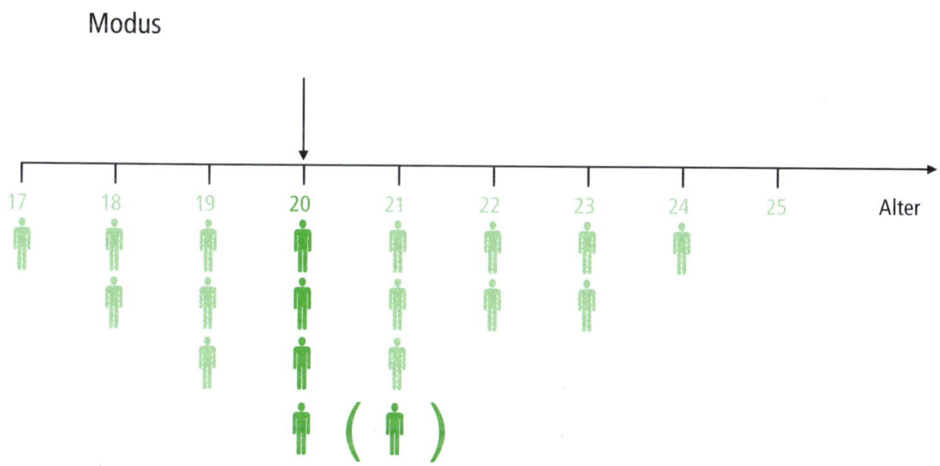

Abbildung 2.15: Veranschaulichung des Modalwerts

Mehrere Modalwerte. Es kann vorkommen, dass es zwei oder mehr Messwertausprägungen gibt, die zum einen gleich häufig und zum anderen häufiger als die anderen Messwertausprägungen auftreten. So fehlt in unserem Beispiel aus *Abbildung 2.11* lediglich eine Person mit dem Alter 21, damit zwei Messwertausprägungen gleich häufig und gleichzeitig am häufigsten besetzt wären. *Abbildung 2.15* veranschaulicht dies durch die in Klammern gesetzte Person. Liegen die beiden Messwertausprägungen nahe beieinander, ist dies bei der Interpretation der zentralen Tendenz weniger bedeutsam. Probleme ergeben sich allerdings, wenn die beiden Messwertausprägungen weiter auseinander liegen und zwei oder mehr Modalwerte vorliegen. In diesem Fall ist die zentrale Tendenz anhand des Modalwerts nicht eindeutig festzustellen und seine Angabe wenig sinnvoll.

Eigenschaften des Modalwerts. Ein großer Vorteil des Modalwerts ist, dass er **durch sehr hohe und sehr niedrige Variablenausprägungen nicht beeinflusst** wird. Das heißt, kommen in der Stichprobe einige Probanden vor, die im Vergleich zu den restlichen Probanden sehr kleine oder sehr große Messwerte erzielt haben, so hat dies keinen Einfluss auf die Höhe des Modalwerts. Gerade wenn die grafische Inspektion der Messwerte (siehe Boxplot, *Abschnitt 2.2.4*) ergeben hat, dass solche auffällig hohen oder niedrigen Messwerte vorkommen, kann es sinnvoll sein, den Modalwert zur Interpretation der zentralen Tendenz heranzuziehen. Wir bezeichnen hier zunächst **Ausreißer-** und **Extremwerte** als auffällig. In *Abschnitt 2.2.4* werden diese dann noch weiter beschrieben.

Ein anderes Maß der zentralen Tendenz ist der Median, der im Folgenden dargestellt wird.

Median

Wir definieren den Median (Md) zunächst als **denjenigen Messwert**, der eine nach Höhe der Messwerte **geordnete Messwertreihe in die oberen und die unteren 50 Prozent aufteilt**. Man kann auch sagen, der Median teilt eine Verteilung von Messwerten in zwei gleich große Hälften. Somit ist die Anzahl der Messwerte über und unter dem Median gleich. **Der Median ist daher auch als der Messwert definiert, an dem sich die Stichprobe in zwei gleich große Personengruppen teilt.**

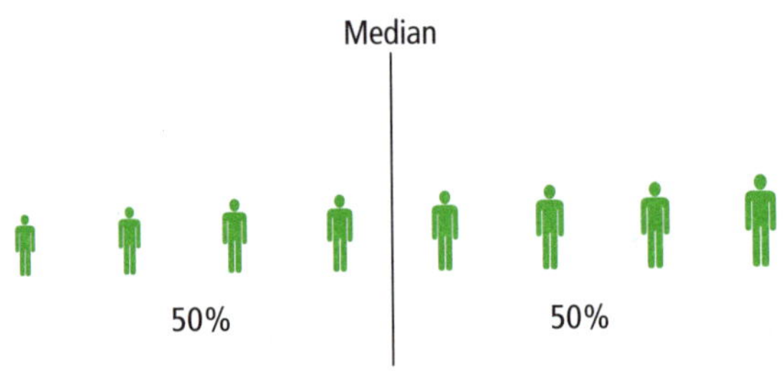

Abbildung 2.16: Veranschaulichung des Medians

Bestimmung Median. In ▶*Abbildung 2.16* ist dieses Prinzip grafisch veranschaulicht. Abgebildet sind nach der Größe aufsteigend geordnete Personen. Der senkrechte Strich stellt den Median dar. Dabei können zwei Rechenformeln angegeben werden, je nachdem, ob die Stichprobe aus einer geraden oder ungeraden Anzahl an Personen besteht. Sowohl für eine gerade als auch für eine ungerade Anzahl von Personen müssen die Messwerte zunächst nach ihrer Größe mit Angabe der Person aufsteigend geordnet werden.

Bestimmung Median ungerade Personenzahl. Bei Stichproben mit einer ungeraden Personenzahl wird der Median wie in *Formel 2.2* bestimmt.

Formel 2.2 Median – ungerade Personenzahl

Für geordnete Messwerte:

$$\text{Md} = x_{v_{\frac{n+1}{2}}}$$

Md = Median

$x_{v_{\frac{n+1}{2}}}$ = Messwert x der Person v an der Position $\frac{n+1}{2}$ (z. B. $n = 11$ Personen plus eine Person, geteilt durch zwei ergibt Person an Position 6)

Median Berechnung

Person	x_1	x_2	x_3	x_4	x_5	x_6	x_7	x_8	x_9	x_{10}	x_{11}
Alter	17	18	19	20	20	20	21	21	22	23	24

Abbildung 2.17: Bestimmung des Medians bei ungeraden Stichprobengrößen

In ▶*Abbildung 2.17* ist das Prinzip noch einmal für eine ungerade Probandenzahl veranschaulicht. Die Stichprobe besteht aus elf Personen, die bereits nach der Ausprägung im Alter der Größe nach (Person $v = 1$, $v = 2$, ..., $v = 11$) sortiert sind. Nun wird der Messwert der Person $(n + 1) / 2$ gesucht. Das ist die Person sechs. Diese hat den Messwert 20. Fünfzig Prozent der Personen haben einen Messwert, der kleiner oder gleich 20 ist und fünfzig Prozent der Stichprobe haben einen Wert, der größer als 20 ist. Demnach repräsentiert der Wert 20 sehr gut den Median. Was wäre jedoch, wenn die siebte Person auch 20 Jahre alt gewesen wäre? In diesem Fall würde der Messwert 20 die Stichprobe nicht mehr in zwei gleich große Hälften teilen. Daher ist es ratsam, sich nicht nur den Median alleine anzusehen, sondern immer auch die dazugehörige Häufigkeitstabelle. Hierdurch kann identifiziert werden, ob tatsächlich eine Teilung in zwei gleich große Hälften gelungen bzw. überhaupt möglich ist.

Bestimmung Median gerade Personenzahl. Bei ungeraden Stichprobengrößen nutzen wir also den Messwert der Person, die nach dem Sortieren der Messwerte den Rangplatz $(n + 1) / 2$ aufweist, als Median. Hier teilt sich die Stichprobe in zwei gleich große Hälften. Bei geradzahligen Stichprobengrößen kann es eine solche Person, die genau in der Mitte liegt, offensichtlich nicht geben. Um den Median bei einer geraden Stichprobenanzahl anzugeben, geht man wie in *Formel 2.3* vor.

Formel 2.3 Median – gerade Personenzahl

$$\text{Md} = \frac{x_{v_{\frac{n}{2}}} + x_{v_{\frac{n}{2}+1}}}{2}$$

Md = Median

$x_{v_{\frac{n}{2}}}$ = Messwert x der Person v an der Stelle $\frac{n}{2}$

$x_{v_{\frac{n}{2}+1}}$ = Messwert x der Person v an der Stelle $\frac{n}{2}+1$

In einer Stichprobe mit 10 Personen wird also nach dem Messwert gesucht, der zwischen der Person 5 und der Person 6 liegt. Um den Median in einer geradzahligen Stichprobe zu finden, müssen die Messwerte wieder nach der Größe aufsteigend sortiert werden. Anschließend werden die Messwerte x_v der Person $v = n/2 = 10/2 = 5$ und der Person $v = n/2 + 1 = 10/2 + 1 = 6$ gesucht. Bei 10 Personen sind das also die Personen fünf und sechs. Das Mittel der entsprechenden Messwerte dieser beiden Personen stellt dann den Median dar. Würden wir bei der in *Abbildung 2.16* aufgeführten Stichprobe die Person mit dem Messwert $x_{11} = 24$ weglassen, wären nur noch 10 Personen in der Stichprobe enthalten. Suchen wir nun für die Person 5 und die Person 6 jeweils den Messwert $x_5 = 20$ und $x_6 = 20$, summieren beide Messwerte (20 + 20 = 40), und teilen diese Summe dann durch die Anzahl der Messwerte (zwei Messwerte), erhalten wir einen Median von 40/2 = 20. Es können auch ungerade Werte für den Median entstehen, die es in der Stichprobe gar nicht gibt, beispielsweise, wenn man den Mittelwert von 20 und 21 bilden müsste. Dann wäre der Median 20.5.

Median und Skalenniveau. Eine Bestimmung und Interpretation des Medians ist dann sinnvoll, wenn die untersuchten Variablen mindestens ordinalskaliert sind. Erst wenn die Variable Ordinalskalenniveau aufweist, können Messwerte nach ihrer Größe („besser" oder „schlechter") geordnet werden. Damit ist es informativ, welcher Wert die Stichprobe in zwei gleich große Hälften teilt. Für höhere Skalenniveaus ist die Bestimmung des Medians ebenfalls sinnvoll.

Vorteile der Bestimmung des Medians. Wie der Modalwert, ist auch der Median nicht empfindlich gegenüber Ausreißerwerten. Zudem enthält er mehr Information als der Modalwert. Das am häufigsten genutzte Maß der zentralen Tendenz ist jedoch der Mittelwert.

Ungewichteter Mittelwert

Mittelwert. Der Mittelwert wird in der Literatur auch oft als M oder als $\bar{x}$ angegeben. Der Mittelwert ergibt sich aus der Summe aller Messwerte, geteilt durch die Anzahl der Personen n. Der Mittelwert ist ein Maß der zentralen Tendenz und kennzeichnet den Durchschnitt aller Messwerte. Er lässt sich mit folgender Formel berechnen:

Formel 2.4 Mittelwert

$$\bar{x} = \frac{\sum_{v=1}^{n} x_v}{n}$$

$\bar{x}$ = Mittelwert

x_v = Messwert x der Person v

n = Anzahl der Personen der Stichprobe

v = Person

$$\sum_{v=1}^{n} x_v = x_1 + x_2 + x_3 + \ldots + x_v + \ldots + x_n$$

Mit Worten ausgedrückt bedeutet dies, dass die Messwerte aller Personen von der ersten Person ($v = 1$) bis zur n-ten Person aufsummiert und anschließend durch die Stichprobengröße n geteilt werden.

Eigenschaften des Mittelwerts. Der Mittelwert hat einige besondere Eigenschaften, die erklären, warum er so häufig verwendet wird.

Schwerpunkteigenschaft des Mittelwerts. Nutzt man den Mittelwert beispielsweise als Bezugspunkt und addiert die Abweichungen aller anderen Messwerte zu diesem Bezugspunkt auf, so ergibt sich als Summe die Zahl Null. Das heißt, positive und negative Abweichungen halten sich die Waage. Dies wird auch als **Schwerpunkt-** oder **Ausgleichseigenschaft** bezeichnet.

Minimumeigenschaft des Mittelwerts. Werden die Abweichungen der Messwerte vom Mittelwert nicht nur einfach aufsummiert, sondern zuvor auch noch quadriert und dann erst aufsummiert, erhält man die Summe der quadrierten Abweichungen vom Mittelwert. Diese wird auch als (Abweichungs-)**Quadratsumme** bezeichnet. Es lässt sich nun zeigen, dass es keinen anderen möglichen Messwert gibt, dessen Abweichungsquadratsumme kleiner ausfällt als die des Mittelwerts. Man bezeichnet diese Eigenschaft auch als **Minimumeigenschaft**. Gehen wir als Beispiel von drei Werten aus: Die Messwerte lauten dabei 13, 14 und 15. Nun bilden wir den Mittelwert und addieren die Werte daher zunächst auf: $13 + 14 + 15 = 42$. Im Anschluss teilen wir die Summe noch durch drei (n). Nun erhalten wir einen Mittelwert von $42/3 = 14$. Bilden wir nun die Summe der quadrierten Abweichungen von 14 für jeden Messwert, erhalten wir:

$$(13-14)^2+(14-14)^2+(15-14)^2=(-1)^2+0^2+1^2=2.$$

Wir können dies nun für die Messwerte 13 und 15 wiederholen.

$$(13-13)^2+(14-13)^2+(15-13)^2=0^2+1^2+2^2=5$$

und

$$(13-15)^2+(14-15)^2+(15-15)^2=(-2)^2+(-1)^2+0^2=5.$$

Dieses Beispiel soll verdeutlichen, dass kein anderer möglicher Messwert aus der Stichprobe die Eigenschaft hat, dass die quadrierten Abweichungen zwischen ihm und den anderen Messwerten ein Minimum ergeben. Lediglich für den Mittelwert lässt sich ein Minimum der quadrierten Abweichungen erzielen. Diese Minimumeigenschaft ist in ▶*Abbildung 2.18* veranschaulicht. An dieser Stelle sei der Vollständigkeit halber angemerkt, dass der Median die Summe der Abweichungsbeträge minimiert. Verwendet man Abweichungsbeträge, hat dies den Vorteil, dass extreme Werte bei der Bestimmung des Medians weniger stark ins Gewicht fallen als bei der Berechnung des Mittelwerts.

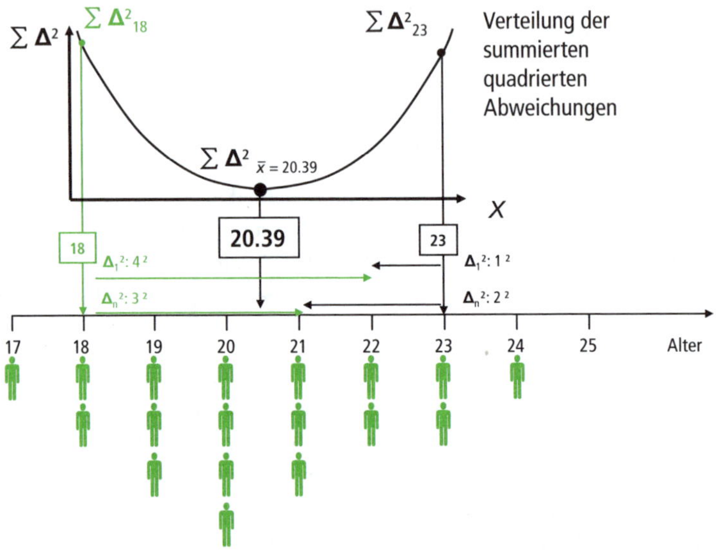

Abbildung 2.18: Veranschaulichung der Eigenschaften des Mittelwerts ($\sum \Delta^2_{23}$ = Summe der quadrierten Abweichungen des Werts 23 zu allen anderen Messwerten)

Abweichungen vom Mittelwert als Vorhersagefehler. Wie lässt sich dieses Phänomen nutzen? Wenn wir den Wert einer Person in der Stichprobe vorhersagen möchten, aber sonst keine Information über diese Person haben, könnten wir den Mittelwert nutzen. Die Abweichung zwischen dem vorhergesagten und dem tatsächlich beobachteten Wert wäre dann ein **Vorhersagefehler**. Außer dem Mittelwert gibt es, wie wir gesehen haben, keinen anderen Messwert, bei dem im Durchschnitt die **quadrierten Abweichungen** geringer wären. Dies ist sicherlich einer der Gründe, warum der Mittelwert so häufig als Maß der zentralen Tendenz genutzt wird.

Ausreißerempfindlichkeit des Mittelwerts. Ein großer Nachteil des Mittelwerts ist jedoch seine **Empfindlichkeit gegenüber Ausreißerwerten**. Liegen in einer Stichprobe einige extrem hohe oder niedrige Messwerte vor, beeinflusst dies die Größe des Mittelwerts, vor allem in kleinen Stichproben. In diesem Fall kann der Mittelwert leicht durch die sogenannten Ausreißerwerte verzerrt werden. Daher sollte vor der Interpretation des Mittelwerts immer geprüft werden, ob solche Ausreißerwerte in der Stichprobe vorkommen.

Exkurs

Extrem- und Ausreißerwerte

Betrachten wir das folgende Beispiel. Eine Studie mit acht Personen zu Unterschieden in der Reaktionsschnelligkeit ergibt für vier 65- bis 75-jährige Testpersonen folgende Reaktionszeiten in Millisekunden: 125, 160, 120, 120; und für vier über 75-jährige Testpersonen Reaktionszeiten von 125, 130, 135, 130. Die Mittelwerte lauten 131.25 beziehungsweise 130.

Es liegt im Durchschnitt also fast kein Unterschied zwischen beiden Gruppen vor. Würde dies in unserem Fall nun bedeuten, dass sich das Alter in unseren Stichproben kaum auf die Reaktionsschnelligkeit auswirkt? Wie wir sehen, ist in der Gruppe der 65- bis 75-Jährigen bei einer Testperson eine Reaktionsschnelligkeit von 160 ms beobachtet worden. Dieser Wert weicht weit von den anderen Werten der Personen in dieser Stichprobe nach oben ab. Berücksichtigt man diesen Wert nicht, zeigt sich ein wesentlich niedrigerer Stichprobenmittelwert für die jüngere Versuchsgruppe. Der eine Ausreißerwert beeinflusst also die Mittelwertsberechnung so stark, dass im Ergebnis keine Gruppenunterschiede vorzuliegen scheinen. Hier zeigt sich die ganze Problematik von Ausreißerwerten. Es gibt eine Reihe unterschiedlicher Verfahren, um Ausreißerwerte statistisch zu bestimmen. Diese versuchen alle mehr oder weniger, den Abstand von einem Maß der zentralen Tendenz (Mittelwert, Median oder Modus) als Betrag zu bestimmen. Logischerweise handelt es sich umso eher um einen Extrem- oder Ausreißerwert, je weiter ein Wert von dem Maß der zentralen Tendenz abweicht. Letztendlich ist die Frage, ob es sich um einen Extrem- oder Ausreißerwert handelt, jedoch immer auch eine inhaltliche Frage. Wäre der Wert von 160 damit zu erklären, dass eine Person Medikamente eingenommen hat, muss überlegt werden, ob Personen mit einer ähnlichen gesundheitlichen Konstellation tatsächlich ausgeschlossen werden müssen oder doch repräsentativ für die zu untersuchende Population sind.

Exkurs

Einzelfall und Durchschnitt

Ein häufiges Problem bei der Interpretation von Statistiken besteht darin, dass Durchschnittswerte wie der Mittelwert durch das Auftreten extremer Werte in Frage gestellt werden. Wer kennt nicht die Situation, in der ein Raucher gegen das im Schnitt verfrühte Ableben von Rauchern folgendes Argument vorbringt: „Mein Opa wurde 100 Jahre alt und rauchte täglich zwei Schachteln." Ein Einzelfall widerlegt jedoch keine Gruppenstatistik. Trotz des Opas sterben Raucher im Schnitt früher. Ebenso wenig widerlegt jedoch eine Gruppenstatistik den Einzelfall. Man sollte also bei Verallgemeinerungen von Gruppenstatistiken sehr vorsichtig sein und Aussagen auch immer auf die jeweilige Gruppe beziehen und nicht auf Einzelpersonen.

Mittelwert und Skalenniveau. Eine Berechnung und Interpretation des Mittelwerts ist nur dann sinnvoll, wenn die untersuchten Variablen mindestens **intervallskaliert** sind. Erst dann können Differenzen zwischen Messwerten sinnvoll interpretiert werden, denn gleiche numerische Differenzen stehen für gleiche Differenzen in der Messwertausprägung. Nehmen wir an, der Abstand zwischen den gemessenen Werten 15 und 20 wäre in Wirklichkeit nicht fünf, sondern eins, und der Abstand zwischen den Werten 25 und 30 wäre in Wirklichkeit nicht fünf, sondern zehn. In diesem Fall wäre der Mittelwert nicht mehr sinnvoll interpretierbar.

Gewichteter Mittelwert

Anwendung. Manchmal liegen Mittelwerte aus verschiedenen Stichproben vor, die zu einem gemeinsamen Mittelwert zusammengefasst werden sollen. So haben wir in unserem Beispiel zur Untersuchung der Fakinganfälligkeit (siehe *Kapitel 6*) von Leistungsmotivationsinstrumenten drei Gruppen: Eine Kontrollgruppe, eine Fake-Good-Gruppe und eine Fake-Bad-Gruppe. Der Altersdurchschnitt in der Kontrollgruppe ist 22, in der Fake-Good-Gruppe 23 und in der Fake-Bad-Gruppe 22. Es liegt nahe, diese Mittelwerte ebenfalls zu mitteln, um den Gesamtmittelwert zu erlangen. Allerdings würden wir dann nicht alle Informationen nutzen, die wir zur Verfügung haben. Daher wird ein **gewichteter Mittelwert** berechnet, der auch noch die unterschiedliche Stichprobengröße der Teilgruppen berücksichtigt. Die Formel lautet:

Formel 2.5 Gewichteter Mittelwert

$$\text{GAM} = \frac{\sum_{j=1}^{k}\left(n_j \cdot \bar{x}_j\right)}{n}$$

GAM = gewichtetes arithmetisches Mittel

n_j = Anzahl der Personen in der Gruppe j

j = Gruppenindex

$\bar{x}_j$ = Mittelwert der Gruppe j

k = Anzahl der k Gruppen

n = Anzahl der Personen der Gesamtstichprobe

Berechnung. Bei der Berechnung des gewichteten arithmetischen Mittels (GAM) wird also zunächst jeder Stichprobenmittelwert mit der entsprechenden Stichprobengröße multipliziert. Die Ergebnisse werden über alle Teilstichproben aufsummiert und dann wird durch die Anzahl der Personen in der Gesamtstichprobe geteilt. Dadurch erhalten Mittelwerte größerer Stichproben ein größeres Gewicht. In unserem Beispiel würde sich folgender Wert ergeben:

$$\text{GAM} = \frac{(41 \cdot 22) + (37 \cdot 23) + (41 \cdot 22)}{119} = 22.31$$

Da die einzelnen Stichproben in unserem Beispiel nur geringfügig in der Größe schwanken, ist der gewichtete Mittelwert vom ungewichteten Mittelwert der drei Stichprobenmittelwerte nur wenig verschieden. Der gewichtete Mittelwert, der durch diese Formel angegeben wird, entspricht dem Mittelwert, den man erhalten würde, wenn man alle Rohdaten summiert und durch die Stichprobengröße teilt.

Gewichteter Mittelwert und Ausreißerempfindlichkeit sowie Skalenniveau. Voraussetzung für die Berechnung des gewichteten Mittelwerts ist in jedem Fall, dass die Daten mindestens

Intervallskalenniveau besitzen, da Differenzen sinnvoll interpretierbar sein müssen. Auch das gewichtete arithmetische Mittel wird durch Extrem- oder Ausreißerwerte stark beeinflusst.

Nun haben wir gesehen, wie man durch Häufigkeiten sowie Maße der zentralen Tendenz einen ersten Eindruck über die Daten gewinnen kann. Ein weiteres wichtiges Kennzeichen bei der Beschreibung von Variablen ist deren Streuung oder Variabilität. Dies wird im nächsten Abschnitt ausführlich erläutert.

2.2.4 Dispersionsmaße

Inhaltliche Interpretation der Streuung. Mit Maßen der Dispersion wird die Streuung der Daten beschrieben. Damit ist gemeint, **wie stark sich die Personen in ihren Messwertausprägungen**, z. B. Intelligenzwerten, **unterscheiden**. Wie bei den Maßen der zentralen Tendenz werden auch verschiedene Dispersionsmaße unterschieden, die je nach Skalenniveau verwendet werden sollten. Ein einfaches Streuungsmaß ist die Spannweite, auch Range genannt.

Spannweite

Spannweite bei kontinuierlichen Messwerten. Bei der Berechnung der **Spannweite** (bzw. englisch **Range**) muss beachtet werden, ob die Variable kontinuierlich oder diskret ist. Für kontinuierliche Messwerte einer Variablen wird vom **maximalen Messwert** (x_{max}) der Stichprobe **der minimale Messwert** (x_{min}) **abgezogen**.

Formel 2.6 a) Spannweite kontinuierlich

$$\text{Spannweite}_{\text{kontinuierlich}} = x_{max} - x_{min}$$

Bei kontinuierlichen Variablen wird also die Differenz zwischen dem höchsten und dem niedrigsten Messwert berechnet. In diesem Fall gibt die Spannweite an, wie groß der Wertebereich ist, den die Messwerte insgesamt in der Stichprobe einnehmen.

Spannweite bei diskreten Messwerten. Für diskrete Messwerte einer Variablen wird vom maximalen Messwert (x_{max}) der Stichprobe der minimale Messwert (x_{max}) abgezogen und dann eins addiert. Betrachten wir Alter als diskret gemessene Variable, ist in unserem Beispiel (siehe *Abbildung 2.9*) der größte Messwert 38 und der geringste 18. Somit ergibt sich eine Spannweite von 20 Jahren plus einem Jahr. Dies ergibt 21 Jahre.

Formel 2.6 b) Spannweite diskret

$$\text{Spannweite}_{\text{diskret}} = x_{max} - x_{min} + 1$$

Das Hinzuzählen der Zahl Eins hat einen einfachen Grund. Veranschaulichen wir dies an einem weiteren Beispiel: Stellen Sie sich vor, es handelt sich bei der Variablen um die Antworten der Versuchspersonen auf die Frage „Ich halte mich für einen ehrgeizigen Menschen". Die Antwortskala reicht von eins (stimme gar nicht zu) bis sieben (stimme sehr zu). Nehmen wir einmal an, in unserer Stichprobe läge der kleinste gemessene Wert bei drei und der größte bei sieben. Würden wir als Spannweite einfach die Differenz angeben, läge diese bei vier. Mit anderen Worten würde dies bedeuten, die Antworten unserer Probanden erstrecken sich über 4 Antwortkategorien. Dem ist aber nicht so, denn sie liegen zwischen 3, 4, 5, 6 und 7, also 5 Antwortkategorien. Um alle Kategorien in der Spannweite zu berücksichtigen, wird bei diskreten Variablen daher die Zahl Eins zur Differenz addiert.

Spannweite und Skalenniveau. Die Spannweite wird durch die Bildung einer Differenz berechnet, daher sollte es sich um mindestens **intervallskalierte** Messwerte handeln.

Spannweite und Ausreißerempfindlichkeit. Trotz ihrer Anschaulichkeit hat die Spannweite einige Nachteile. Zum einen berücksichtigt sie lediglich den minimalen und den maximalen Messwert. **Liegen Ausreißer vor**, gibt die **Spannweite** ein stark **verzerrtes Bild der Streuung** wieder. Zudem lässt sich nicht sagen, wie stark sich die übrigen Messwerte, die zwischen den beiden Extrempunkten liegen, unterscheiden. Daher sollte nie ausschließlich die Spannweite als Maß der Dispersion verwendet werden. Ein weiteres Dispersionsmaß, welches berücksichtigt, dass Extremwerte vorliegen, ist der Interquartilabstand.

Interquartilabstand

Um zu erklären, was der **Interquartilabstand** (IQA) ist, müssen zunächst die Begriffe Quartil und Quartilgrenze geklärt werden.

Quartilgrenzen. **Quartilgrenzen**, die auch Tukey-Angelpunkte genannt werden, sind Grenzwerte, die eine Verteilung in vier Abschnitte einteilen, in denen sich jeweils die gleiche Anzahl an Personen befindet. Das Quartil bedeutet Viertel. Dementsprechend gibt es drei Quartilgrenzen, (1) zwischen dem ersten und dem zweiten Viertel (Q_1), (2) zwischen dem zweiten und dem dritten Viertel (Q_2) und (3) zwischen dem dritten und dem vierten Viertel (Q_3).

Quartile. Die Abschnitte selbst werden wiederum als **Quartile** bezeichnet. Innerhalb zweier benachbarter Quartilgrenzen befinden sich jeweils die Messwerte von 25 Prozent der Personen.

▶*Abbildung 2.19* zeigt ein Beispiel für Quartile. Nehmen wir einmal an, wir entnehmen 16 Personen aus unserer Stichprobe und betrachten die erzielten Messwerte im Leistungsmotivationsfragebogen LMI wie in *Abbildung 2.19* dargestellt. Die drei Quartilgrenzen Q_1, Q_2 und Q_3 unterteilen die Werte der Personen nun in vier Quartile mit gleicher Personenzahl: Es befinden sich in jedem Quartil damit genau vier Personen. Mit und unterhalb des Messwerts, auf dem die Quartilgrenze Q_1 verläuft, befinden sich genau 25 Prozent der Personen sowie innerhalb der Quartilgrenzen Q_2 und Q_1, Q_3 und Q_2 und über dem Messwert, auf dem die Quartilgrenze Q_3 verläuft.

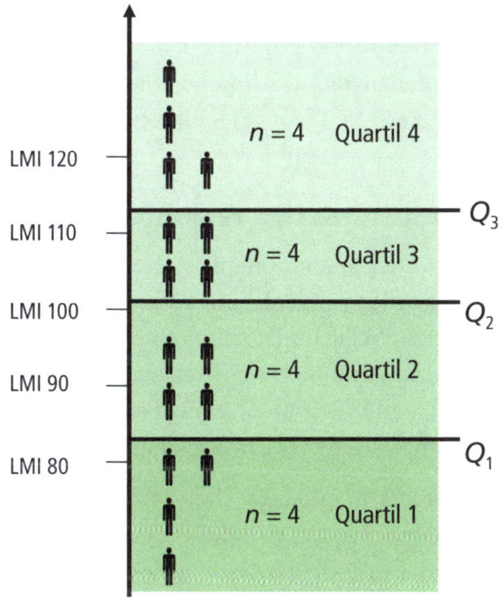

Abbildung 2.19: Quartile und Quartilgrenzen

Zweite Quartilgrenze entspricht dem Median. Betrachtet man lediglich die zweite Quartilgrenze, so teilt sie die Stichprobe genau in zwei gleich große Hälften. Damit entspricht die **zweite Quartilgrenze** (Q_2) dem **Median**.

Formel Interquartilabstand. Um nun diese Informationen für die Beschreibung der Streuung heranzuziehen, wird der **Interquartilabstand** berechnet. Die Formel für den Interquartilabstand lautet:

Formel 2.7 Interquartilabstand

$$IQA = x_{Q_3} - x_{Q_1}$$

IQA = Interquartilabstand

x_{Q_3} = Messwert x, der die unteren 75 Prozent der Personen mit einschließt, entspricht der dritten Quartilgrenze Q_3

x_{Q_1} = Messwert x, der die unteren 25 Prozent der Personen mit einschließt, entspricht der ersten Quartilgrenze Q_1

Interquartilabstand und Interquartilbereich. Der **Interquartilbereich** (IQB) ist der Bereich der Werte zwischen erster und dritter Quartilgrenze: IQB = [Q_1;Q_3]. Man unterscheidet IQB und IQA (Interquartilabstand). Während der IQB kein Intervallskalenniveau voraussetzt, wird dies für den IQA angenommen, da er schlicht die Differenz der Quartilgrenzen darstellt: IQA = $Q_3 - Q_1$. Inhaltlich bildet der Interquartilabstand damit die Breite des Bereichs ab, in dem die Messwerte der mittleren 50 Prozent der Personen liegen. Beide Streuungsmaße sind unabhängig von Ausreißerwerten. Interquartilabstand und Interquartilbereich berücksichtigen nicht alle Messwerte der Stichprobe, und damit kann über die durchschnittliche Variabilität der Messwerte aller Personen der Stichprobe (Standardabweichung, siehe folgende Abschnitte) oder generell aller Personen (Range) nichts ausgesagt werden.

Boxplot als Veranschaulichung der Variabilität und zentralen Tendenz

Boxplot. Eine Inspektion des Boxplots empfiehlt sich vor jeder Datenanalyse. Zudem ist der **Boxplot** (deutsch **Kastengrafik**) nützlich, um Ausreißer- und Extremwerte zu finden. Eine weitere Verwendungsmöglichkeit für Boxplots findet sich im Vergleich der Verteilungen einer Variablen in zwei Gruppen einer Stichprobe, zum Beispiel der Variable Alter von Männern und Frauen. Im Folgenden wird der Aufbau eines Boxplots Schritt für Schritt an einem Beispiel erläutert und die Begriffe Ausreißer- und Extremwert definiert.

Median im Boxplot. Betrachten wir zunächst den Unterschied im Alter für Frauen und Männer in der zentralen Tendenz und ganz konkret im Median des Alters in Monaten. Das Geschlecht wird dazu auf der *x*-Achse aufgetragen und das Alter auf der *y*-Achse. ▶*Abbildung 2.20* verdeutlicht den ersten Schritt bei der Erstellung des Boxplots. In beiden Gruppen wird der Median als grüne Linie eingetragen. In der Gruppe der Frauen ist die zentrale Tendenz leicht niedriger als in der Gruppe der Männer.

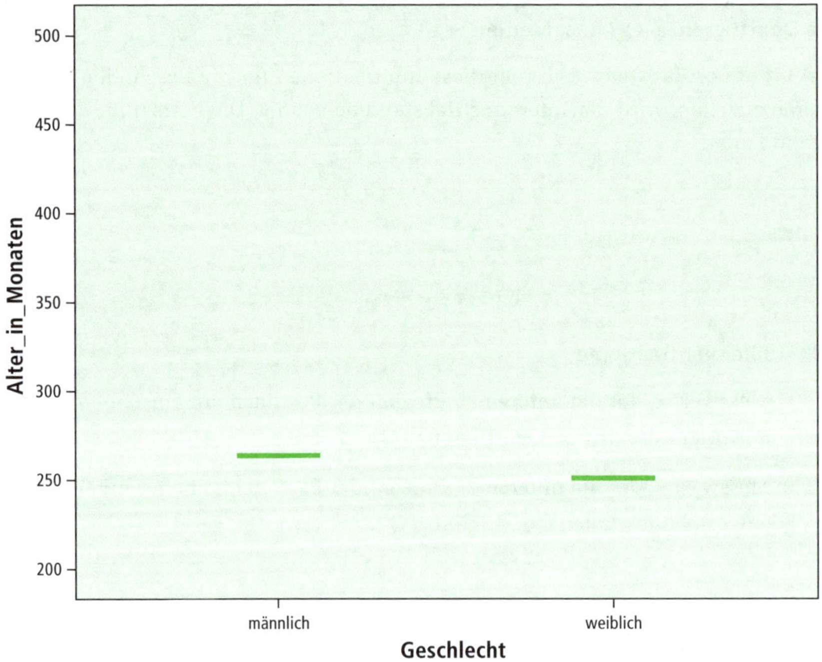

Abbildung 2.20: Boxplot – Schritt 1

Interquartilabstand im Boxplot. Um nun die Streuung in jeder Gruppe zu verdeutlichen, wird um den Median jeweils eine „Box" gelegt. Die Box definiert die Grenzen, innerhalb derer sich die mittleren 50 Prozent der Messwerte der Verteilung befinden. Demnach markiert die Box den Interquartilabstand. Die obere Grenze ist das 75. Perzentil (Q_3) und die untere Grenze das 25. Perzentil (Q_1). Das Abtragen der Box ist in ▶*Abbildung 2.21* dargestellt. Der Abschnitt der Box über dem Median ist bei den Männern höher als unter dem Median. Bei den Frauen ergibt sich, wenn die Box am Median geteilt wird, ein ähnliches Verhältnis der Höhen des oberen und des unteren Abschnitts der Box. Die Box ist bei den Männern insgesamt auch breiter als bei den Frauen, was gleichbedeutend mit einem größeren Interquartilabstand ist. Das heißt, die mittleren 50 Prozent der Männer unterscheiden sich in ihrem Alter stärker als die mittleren 50 Prozent der Frauen.

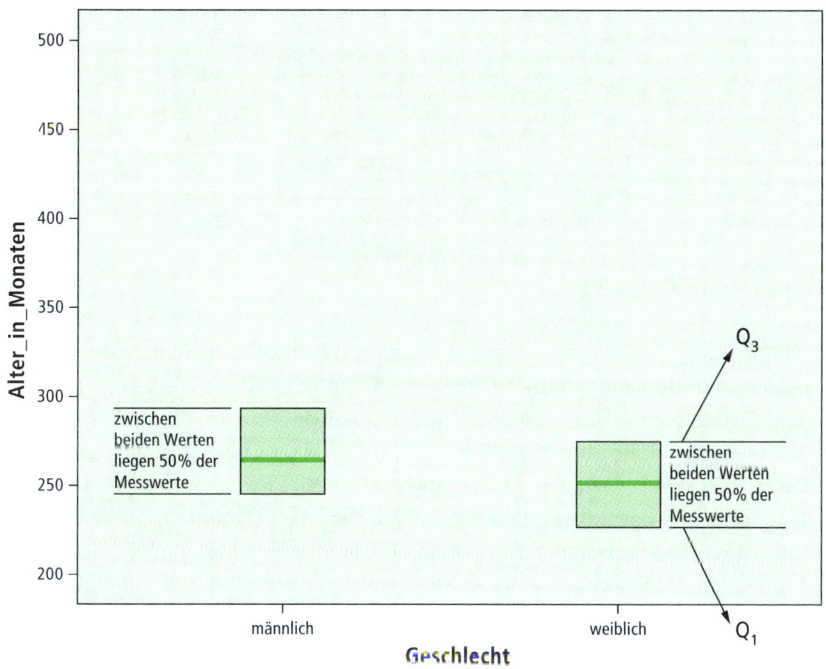

Abbildung 2.21. Boxplot – Schritt 2

Range ohne Ausreißer- und Extremwerte im Boxplot. Im dritten Schritt wird der Range bzw. die Spanne der Messwerte ohne Ausreißer- und Extremwerte einbezogen. Dies wird durch dünne Linien verdeutlicht. Dabei wird unterhalb der Box eine Linie zum minimal erfassten Messwert gezogen und oberhalb der Box zum maximal erfassten Messwert (jeweils ohne Ausreißer- und Extremwerte). Diese Linien nennt man auch **Whisker** (englisch für Haar, daher auch Haarlinie). Gemeint ist die Linie, die von der Box weggeht und durch eine weitere Linie begrenzt wird. Das Ergebnis ist in ▶*Abbildung 2.22* abgebildet.

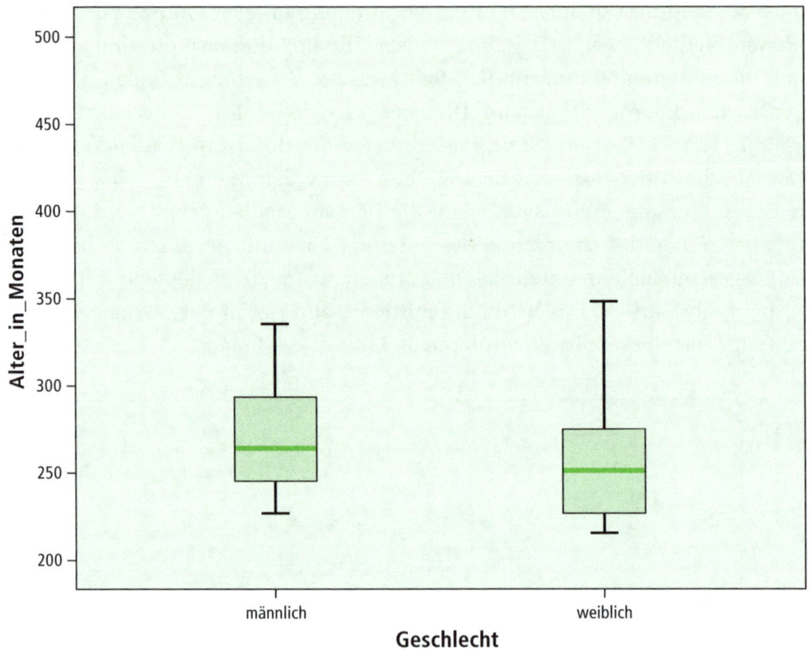

Abbildung 2.22: Boxplot – Schritt 3

Range mit Ausreißer- und Extremwerten im Boxplot. Wie bereits erwähnt, werden bestimmte Werte bei der Definition der Spannweite für einen Boxplot nicht berücksichtigt, nämlich Ausreißer- und Extremwerte. Um Ausreißer- und Extremwerte zu bestimmen, wird die sogenannte Kantenlänge der Box benötigt. Dabei ist die Kantenlänge der Box gleichbedeutend mit dem Interquartilabstand (IQA). Die Kantenlänge entspricht also der jeweiligen Differenz zwischen der oberen und der unteren Boxgrenze, also zwischen Q_3 und Q_1. Als Ausreißerwerte werden alle Messwerte verstanden, die von den Boxgrenzen oben und unten mehr als eineinhalbmal die Kantenlänge entfernt sind. In SPSS werden Ausreißerwerte mit einem Kreis dargestellt und mit der Personennummer versehen abgebildet. Bei Extremwerten liegt ein Abstand von mehr als dreimal der Kantenlänge, von den Boxgrenzen aus gesehen, vor. Wie in ▸*Abbildung 2.23* dargestellt, werden Extremwerte durch einen Stern gekennzeichnet und mit der Nummer der Person versehen markiert.

Die meisten Möglichkeiten in R, einen Boxplot zu erstellen, unterscheiden nicht zwischen Ausreißer- und Extremwerten. Es werden beide Varianten gleich dargestellt.

In der rechten Hälfte der *Abbildung 2.23* ist zunächst die Kantenlänge für die Box bei den Frauen angezeichnet. In beiden Gruppen treten Ausreißerwerte auf. Diese liegen mehr als eineinhalbmal die Kantenlänge von der oberen Boxgrenze entfernt. Die Grenze ist in beiden Abbildungshälften durch die gepunktete Linie verdeutlicht. So ist das Alter des Mannes mit der Versuchspersonennummer 118 mit ca. 380 Monaten so hoch, dass er im Vergleich zu den Messwerten, die die mittleren 50 Prozent der Personen einschließen, als Ausreißer angesehen wird. Ausreißer niedriger Werte im Alter treten nicht auf. Bei den Frauen wird sogar ein Extremwert angezeigt. Dieser liegt mehr als drei Kantenlängen oberhalb der Boxgrenze. Diese Grenze ist in beiden Hälften durch die gestrichelte Linie eingetragen. Die Frau in der Stichprobe mit der Personennummer 64 und einem Alter von ca. 460 Monaten stellt einen Extremwert dar.

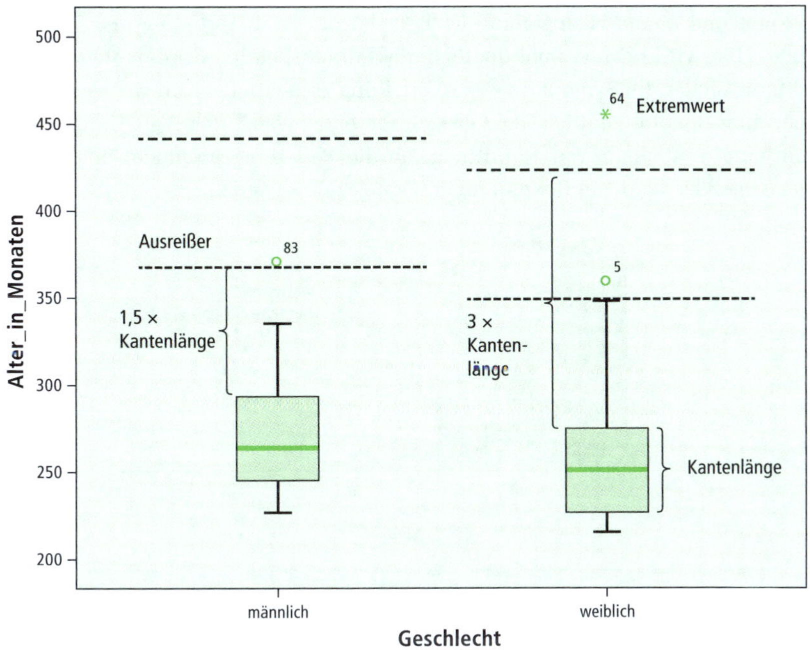

Abbildung 2.23: Boxplot – Schritt 4

Erkennen von Symmetrie einer Verteilung im Boxplot. Welche sonstigen Informationen, abgesehen vom Vorliegen von Ausreißern und Extremwerten, kann man noch aus dem Boxplot gewinnen? Wie bereits oben angemerkt, kann die Form der Box asymmetrisch sein. So ist die Box bei den Männern höher als bei den Frauen. In beiden Gruppen liegt zudem der Median nicht in der Mitte der Box. Die Lage des Medians in Kombination mit den Haarlinien gibt Hinweise auf die Symmetrie der Verteilung. Nur wenn der Median in der Mitte der Box liegt, ist dies ein Hinweis auf eine symmetrische Verteilung. Andernfalls ist die Verteilung schief (siehe *Abschnitt 2.2.5*). Dieser Sachverhalt ist noch einmal in ▶*Abbildung 2.24* dargestellt. Um sicher von Symmetrie der Verteilung auszugehen, muss jedoch noch mithilfe eines Histogramms überprüft werden, ob die Verteilung unimodal ist: Das heißt, es muss geklärt werden, ob sie nur einen Gipfel aufweist. Dies geht aus dem Boxplot nicht hervor.

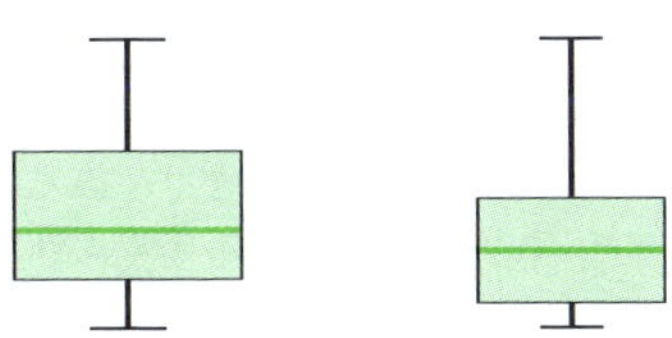

Abbildung 2.24: Lage des Medians als Indikator der Schiefe: (links) symmetrisch, (rechts) asymmetrisch

Boxplot und Histogramm im Vergleich. Der Boxplot enthält viele Informationen über die zentrale Tendenz, Variabilität und Schiefe der Verteilung. Damit ist der Boxplot ein ausgezeichnetes Instrument, um schnell durch visuelle Inspektion ein Gefühl für die eigenen Daten zu bekommen. In der ▶*Abbildung 2.25* ist noch einmal der Zusammenhang zwischen dem Boxplot und einem Histogramm am Beispiel der Altersverteilung der Frauen veranschaulicht. Hier wird noch einmal deutlich, dass die Inspektion des Boxplots alleine nicht ausreicht, um sicher die Symmetrie einer Verteilung zu beurteilen. Im Histogramm wird im Gegensatz zum Boxplot deutlich, dass es sich um eine zweigipflige Verteilung handelt und nicht um eine unimodale. Zur Ermittlung, ob die Verteilung unimodal oder multimodal (mehrere Gipfel) ist, kann ein Boxplot nicht herangezogen werden.

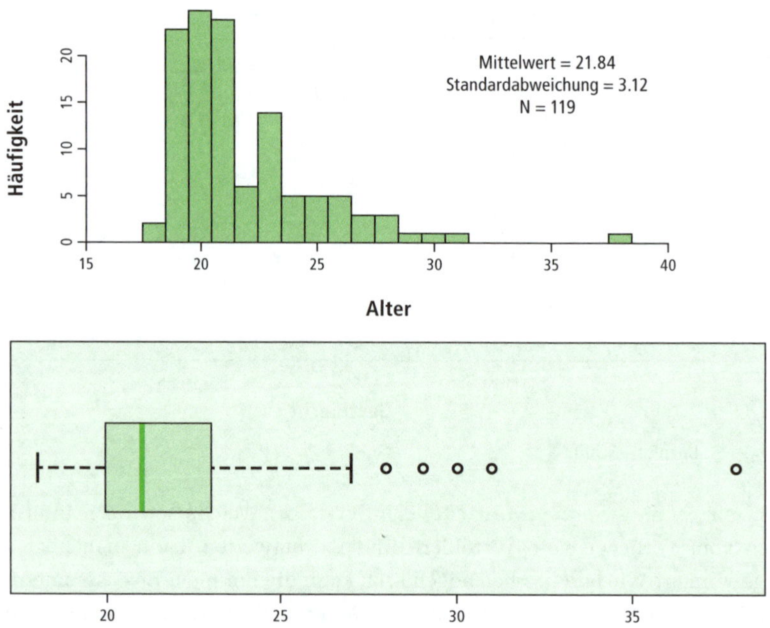

Abbildung 2.25: Zusammenhang zwischen Boxplot und Histogramm

Im Prinzip muss der Boxplot nur um 90° nach rechts gedreht werden, um zu erkennen, dass Histogramm und Boxplot dieselben Daten darstellen. Jetzt wird deutlich, dass die Lage des Medians, eingezeichnet im Boxplot, auf eine linkssteile und rechtsschiefe Verteilung (siehe *Abschnitt 2.2.5*) hindeutet. Auf der linken Seite des Medians sind die Box und auch der **Whisker** sehr eng. Trotzdem liegt hier dieselbe Anzahl an Personen wie auf der rechten Seite vor. Die Streuung links ist jedoch viel geringer, da hier näher aneinander liegende Messwerte häufiger vorkommen.

Trotz der vielen Vorteile von Median und Interquartilabstand werden beide in der Praxis selten genutzt. Dabei sollten sie gerade beim Vorliegen von Ausreißern, bei Messwerten mit mindestens Intervallskalenniveau, häufiger genutzt werden. Verbreiteter in der Praxis ist die Verwendung des Mittelwerts und der Varianz beziehungsweise Standardabweichung. Auf Letztere gehen wir im Folgenden ein.

Varianz

Die **Varianz** drückt die durchschnittliche quadrierte Abweichung der Personen vom Mittelwert einer Variablen aus. Hier wird folglich die Streuung als Unterschiedlichkeit um einen Fixpunkt verdeutlicht. Diesen Fixpunkt stellt der Mittelwert dar. Je näher die Messwerte am Mittelwert als Fixpunkt der Messwerte liegen, desto geringer fällt die Varianz der Variablen aus. Liegen die Messwerte weit verstreut um den Mittelwert, fällt die Varianz der Variablen hoch aus.

Formel Varianz Stichprobe. Nun haben wir bei der Betrachtung des Mittelwerts gesehen, dass die Summe der „einfachen" Abweichungen aller Messwerte zum Mittelwert null beträgt. Daher müssen bei der Berechnung der Varianz die Differenzen zwischen den Messwerten und dem Mittelwert vor dem Aufsummieren quadriert werden. Um nun die durchschnittliche quadrierte Abweichung zu erhalten, wird die Summe der Abweichungsquadrate ins Verhältnis zur Stichprobengröße gesetzt. Durch diese Relativierung ist es möglich, Varianzen für eine Variable aus unterschiedlichen Stichproben zu vergleichen, auch wenn die Stichproben unterschiedlich groß sind. Die Formel ist in *Kasten 2.8* dargestellt.

Formel 2.8 Varianz der Messwerte der Stichprobe

$$s_x^2 = \frac{\sum_{v=1}^{n}\left(x_v - \overline{x}\right)^2}{n}$$

s_x^2 = Varianz der Messwerte in der Stichprobe

x_v = Messwert x der Person v

$\overline{x}$ = Mittelwert der Messwerte der Variablen x in der Stichprobe

n = Anzahl der Personen in der Stichprobe

Es sei an dieser Stelle angemerkt, dass in Statistikprogrammen die Varianz abweichend zu dieser Formel angegeben wird. Diese verwenden in der Regel eine Formel für die Varianz, in der nicht durch n sondern durch $n - 1$ geteilt wird. Das Teilen durch $n - 1$ führt dazu, dass man nicht mehr die Varianz der Stichprobe berechnet, sondern aus der Stichprobe eine Schätzung der Varianz für die Population vornimmt (siehe *Kapitel 4*).

Formel Varianz Population. Manchmal wird statt einer Stichprobe eine gesamte Population untersucht, z. B. alle Erstsemester-Psychologiestudenten einer Universität. Für einen solchen Fall ist *Formel 2.9* vorgesehen. **In der Regel werden Statistiken, die sich auf die Population beziehen, in griechischen Buchstaben dargestellt.** Die Notation ist auch der einzige Unterschied zur *Formel 2.8* für die Stichprobe. Statt n verwenden wir N, um zu verdeutlichen, dass statt einer Stichprobengröße die Größe der Population genutzt wird. Anstelle von s^2 verwenden wir σ^2 (Sigma quadrat), da nicht die Stichprobenvarianz, sondern die Populationsvarianz gemeint ist. Schließlich wird statt $\overline{x}$ ein μ (Mü) angegeben, da nicht der Stichprobenmittelwert, sondern der Populationsmittelwert gemeint ist.

Formel 2.9 Varianz der Messwerte der Population

$$\sigma_x^2 = \frac{\sum_{v=1}^{N}(x_v - \mu)^2}{N}$$

σ_x^2 = Varianz (Sigma) der Population

x_v = Messwert x der Person v

μ = Mittelwert (Mü) der Messwerte der Variablen x in der Population

N = Anzahl der Personen in der Population

▶*Abbildung 2.26* veranschaulicht noch einmal den Unterschied zwischen einer großen und einer kleinen Varianz. Es sind die Ergebnisse des Leistungsmotivationsinventars (LMI) von zwei Stichproben aus unserem Beispieldatensatz zum Faking in Leistungsmotivationsinstrumenten dargestellt. In der linken Stichprobe unterscheiden sich die Personen stärker, die Werte liegen weiter auseinander als in der rechten Stichprobe. Der Mittelwert ist dennoch in beiden Gruppen gleich groß und beträgt 100.

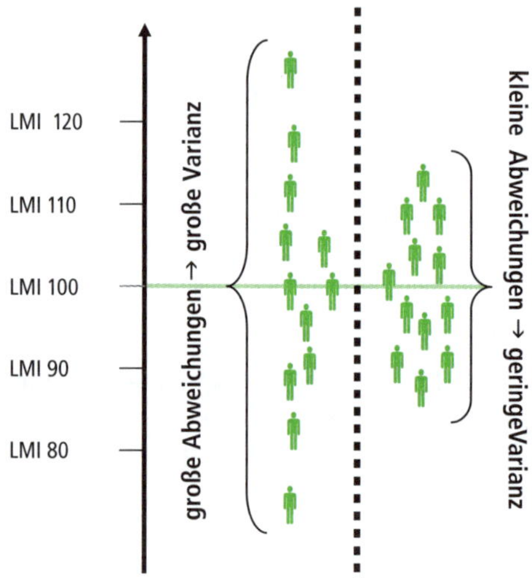

Abbildung 2.26: Veranschaulichung Varianz

Varianz und Skalenniveau. Um die Varianz sinnvoll interpretieren zu können, muss mindestens Intervallskalenniveau vorliegen, da Differenzen berechnet werden.

Varianz und Ausreißerempfindlichkeit. Generell sollte bei der Berechnung der Varianz oder Standardabweichung (siehe *Formel 2.8*) auf das Vorliegen von Ausreißer- oder Extremwerten geachtet werden. Diese vergrößern die quadrierte Summe der Abweichungen im Zähler der Rechenformel, und die Varianz wird dann, vor allem bei kleinen Stichproben, schnell stark verzerrt.

Standardabweichung

Die **Standardabweichung (*s*)** stellt die Wurzel aus der Varianz dar. Es handelt sich bei der Standardabweichung um eine Größe, die die Abweichungen der Messwerte vom Mittelwert angibt. Es handelt sich nicht exakt um die durchschnittliche Abweichung vom Mittelwert. Man kann sich dies an folgendem kleinen Beispiel veranschaulichen: Nehmen wir an, wir haben fünf Messwerte: 5, 10, 20, 30 und 35. Betrachten wir dazu ▶ *Tabelle 2.2*. Wir sehen, dass der Mittelwert 20 beträgt. Bildet man den Betrag der Abweichungen vom Mittelwert und mittelt wiederum diese Abweichungsbeträge, erhält man im Durchschnitt 10 Abweichungspunkte. Bildet man, wie in der Formel für die Varianz angegeben, die Differenzen zwischen Mittelwert und Messwerten, quadriert diese Differenzen und summiert diese auf, erhält man einen Wert von 650. Wird dieser durch fünf (Anzahl Messwerte) geteilt, erhält man die Varianz von 130. Die Wurzel aus 130 als Ergebnis für die Standardabweichung ist 11.4. Dieser Wert liegt ein wenig über den 10 durchschnittlichen Abweichungspunkten.

	Messwerte	Betrag Abweichung vom Mittelwert	Differenz zum Mittelwert	Quadrierte Differenz zum Mittelwert
Messwert 1	5	15	-15	225
Messwert 2	10	10	-10	100
Messwert 3	20	0	0	0
Messwert 4	30	10	10	100
Messwert 5	35	15	15	225
Summe	100	50	0	650
Summe geteilt durch Anzahl der Messwerte	20 Mittelwert	10 mittlere Abweichung	0	130 Varianz

Tabelle 2.2: Unterschied zwischen durchschnittlicher Abweichung vom Mittelwert und Standardabweichung

Berechnung der Standardabweichung, Skalenniveau und Ausreißerempfindlichkeit. Die Formeln für die Standardabweichung in der Stichprobe und Population sind in *Kasten 2.10* dargestellt. Für die Berechnung der Standardabweichung müssen mindestens intervallskalierte Messwerte vorliegen. Die Berechnung der Standardabweichung ist durch Ausreißerwerte im gleichen Maße beeinflusst wie die Varianz.

Formel 2.10 Standardabweichung der Stichprobe und Population

$$s_x = \sqrt{\frac{\sum_{v=1}^{n}\left(x_v - \bar{x}\right)^2}{n}}$$

$$\sigma_x = \sqrt{\frac{\sum_{v=1}^{N}\left(x_v - \mu\right)^2}{N}}$$

s_x = Standardabweichung der Messwerte in der Stichprobe

x_v = Messwert x der Person v

$\bar{x}$ = Mittelwert der Messwerte der Variablen x in der Stichprobe

n = Anzahl der Personen in der Stichprobe

σ_x = Standardabweichung (Sigma) der Population

μ = Mittelwert (Mü) der Messwerte der Variablen x in der Population

N = Anzahl der Personen in der Population

Fehlerdiagramm als Veranschaulichung der Variabilität und der zentralen Tendenz

Bei **Fehlerdiagrammen** wird die Standardabweichung als Variabilitätsmaß in einem Diagramm zusammen mit dem Mittelwert angezeigt. Das Fehlerdiagramm für die Frage, ob Männer in unserer Stichprobe im Durchschnitt älter als Frauen sind, findet sich in ▶*Abbildung 2.27*.

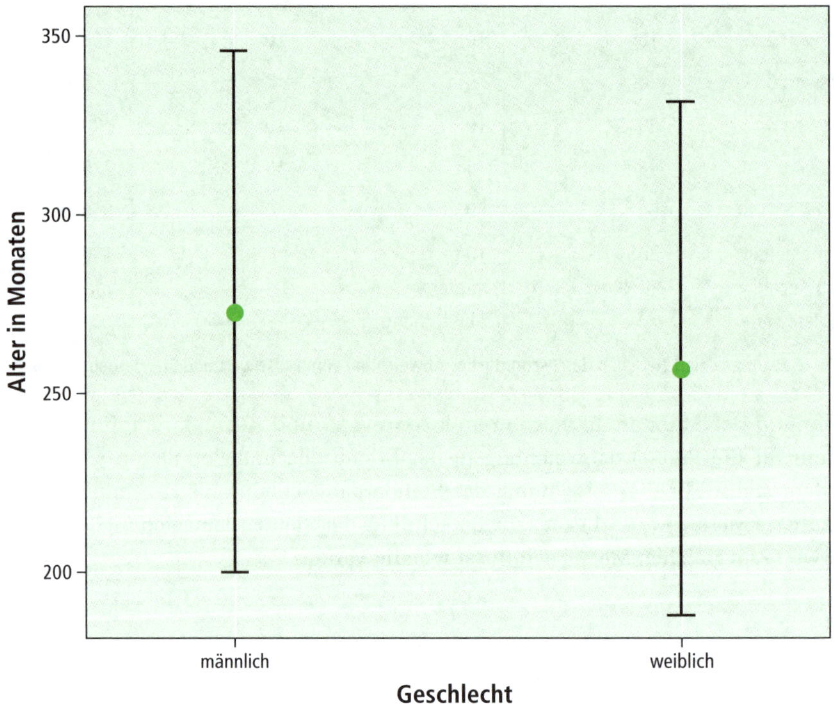

Abbildung 2.27: Fehlerdiagramm für den Altersunterschied zwischen Männern und Frauen

Auf der x-Achse ist wie beim Boxplot das Geschlecht aufgetragen und auf der y-Achse das Alter in Monaten. Allerdings ist diesmal der Mittelwert als Punkt abgetragen und durch zwei Haarlinien, wiederum Whisker genannt, eingerahmt. Der Abstand vom Mittelwert zum Ende einer Haarlinie hat genau die Länge einer Standardabweichung. Der gesamte Bereich zeigt also den Bereich Mittelwert plus/minus einer Standardabweichung an. In der Literatur wird die Standardabweichung auch häufig als **SD** (für englisch **Standard Deviation**) angegeben.

Anhand des abgetragenen Mittelwerts in der Grafik wird erneut zusätzlich deutlich, dass die Frauen im Durchschnitt etwas jünger als die Männer sind. Die abgetragenen Standardabweichungen verdeutlichen, dass sich die Altersverteilungen der beiden Gruppen stark überlappen.

In den letzten Abschnitten haben wir erläutert, mit welchen Maßen der zentralen Tendenz bzw. Dispersion die Daten beschrieben werden können, und in welchen Grafiken man diese Kennwerte beobachten kann. Neben diesen Informationen sollte im Weiteren immer auch der Form der Verteilung Aufmerksamkeit geschenkt werden. Hierzu dienen die Kennwerte Schiefe und Exzess.

2.2.5 Schiefe

Eine Verteilung ergibt sich aus den empirischen Messwerten. ▶*Abbildung 2.28* stellt eine symmetrische Verteilung (siehe *Abschnitt* 2.2.5) dar. Diese ist insofern nicht ganz korrekt dargestellt, da die hier erfassten diskreten Werte nicht zu einer glatten Verteilung führen würden, sondern eigentlich wie ein symmetrisches Histogramm aussehen. Die Personen unterhalb der Verteilung sollen deutlich machen, dass es sich um Messwerte verschiedener Personen handelt, die unter der Verteilung liegen.

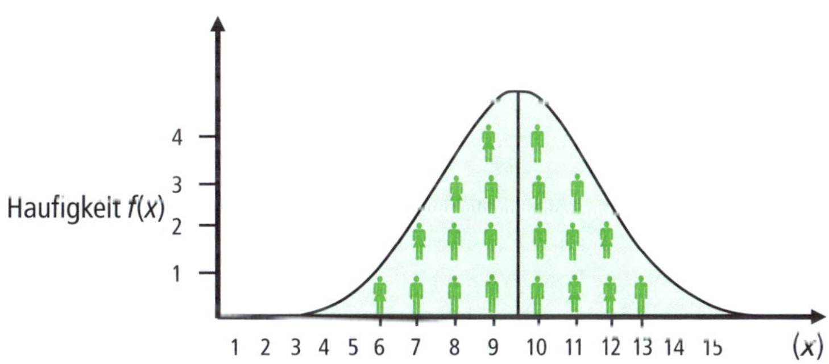

Abbildung 2.28: Veranschaulichung einer symmetrischen Verteilung

Auf der x-Achse ist der Wertebereich der Messwerte angegeben und auf der y-Achse sieht man, wie häufig ein bestimmter Messwert in der Stichprobe vorkommt. Messwerte vieler psychologischer Konstrukte (z. B. Intelligenz, Leistungsmotivation) verteilen sich, zumindest in großen Stichproben, symmetrisch. Symmetrie kann man wie folgt veranschaulichen: Würde man eine symmetrische Häufigkeitsverteilung in der Mitte auseinanderschneiden und dann beide Teile aufeinander legen, dann würden beide Teile exakt aufeinander passen. Weiterhin sieht man anhand der Verteilung, dass die Auftretenshäufigkeit für einen Wert umso geringer wird, je weiter entfernt er vom Mittelwert ist. Die Auftretenshäufigkeit ist für vom Mittelwert gleich weit entfernte Werte in einer exakt symmetrischen Verteilung gleich hoch.

Formel für die Berechnung der Schiefe einer Verteilung. Bei vielen Fragestellungen ist es nun interessant, zu wissen, ob die Verteilung der Messwerte symmetrisch oder nicht symmetrisch ist. Die **Schiefe (*Sch*)** einer Verteilung lässt sich mit der *Formel 2.11* berechnen. Geläufig ist auch der englische Begriff Skewness.

Formel 2.11 Schiefe

$$Sch = \frac{1}{n} \cdot \sum_{v=1}^{n} \left(\frac{x_v - \bar{x}}{s_x} \right)^3$$

Sch = Schiefe

$\bar{x}$ = Mittelwert der Messwerte der Variablen x in der Stichprobe

x_v = Messwert der Person v

s_x = Standardabweichung der Messwerte der Variablen x

n = Anzahl der Personen in der Stichprobe

Dabei gelten folgende Interpretationsregeln:

$Sch < 0$ → rechtssteil (negative Schiefe)

$Sch = 0$ → symmetrisch

$Sch > 0$ → linkssteil (positive Schiefe)

Definition zentrale Potenzmomente

Man unterscheidet Potenzmomente, zentrale Potenzmomente und standardisierte Potenzmomente. Sie werden mit dem Buchstaben a bezeichnet. Erstes Potenzmoment ist der Mittelwert, zweites zentrales Potenzmoment die Varianz, drittes standardisiertes Potenzmoment die Schiefe. Allgemein geben Potenzmomente die Form von Messwertverteilungen an:

Mittelwert, erstes Potenzmoment (Lage):

$$a_1 = \frac{1}{n} \sum_{v}^{n} (x_v - 0)^1 = \frac{\sum_{v=1}^{n} x_v}{n} = \bar{x}$$

Varianz, zweites zentrales Potenzmoment (Variabilität):

$$a_2 = \frac{1}{n} \sum_{v}^{n} (x_v - \bar{x})^2 = s^2$$

Schiefe, drittes standardisiertes Potenzmoment (Schiefe):

$$a_3 = \frac{1}{n} \sum_{v=1}^{n} \left(\frac{x_v - \bar{x}}{s_x} \right)^3 = Sch$$

Das heißt, es ergibt sich je nach Potenz eine andere Information: a_3 wird verwendet, um die Abweichung einer Verteilung von einer symmetrischen Verteilung anzugeben. Daher wird die Schiefe auch als **3. Potenzmoment** bezeichnet. Die Drei bedeutet dabei, dass die Summe der Abweichungen vom Mittelwert, die noch durch die Standardabweichung geteilt wird, mit drei potenziert wird:

$$\left(\frac{x_v - \overline{x}}{s_x}\right)^3 = \left(\frac{x_v - \overline{x}}{s_x}\right) \cdot \left(\frac{x_v - \overline{x}}{s_x}\right) \cdot \left(\frac{x_v - \overline{x}}{s_x}\right).$$

Unterschiedliche Schiefen grafisch veranschaulicht. Ist eine Verteilung auf der linken Seite steil, ist sie auf der rechten Seite schief. Daher sagt man auch linkssteil und rechtsschief bzw. umgekehrt. In ▶*Abbildung 2.29* ist dies noch einmal schematisch veranschaulicht.

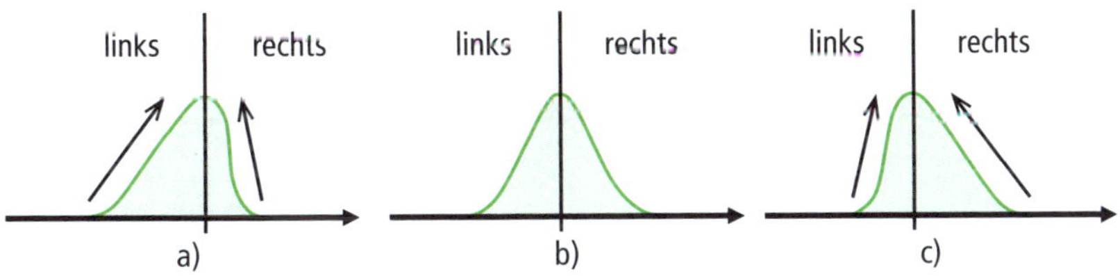

Abbildung 2.29: Veranschaulichung der Schiefe

▶*Abbildung 2.29 a)* stellt eine rechtssteile bzw. linksschiefe Verteilung dar. Die Verteilung besitzt einen Gipfel, d. h. ein Maximum, das die Verteilung in eine linke und eine rechte Hälfte teilt. Es wird deutlich, dass der rechte Pfeil neben der Verteilung eine stärkere Steigung als der linke Pfeil aufweist. Das bedeutet also, dass, je näher man zum Mittelwert kommt, die Anzahl der Ausprägungen bei nebeneinander liegenden Messwerten auf der rechten Seite nicht so stark zunimmt, wie auf der linken Seite. Anders ausgedrückt unterscheiden sich die Personen in ihren Messwerten auf der rechten Seite weniger stark als auf der linken Seite. Die *Abbildung b)* zeigt hingegen eine symmetrische Verteilung. Hier befinden sich links und rechts des Maximums vergleichbar viele Messwerte der Personen. Die dritte *Abbildung c)* zeigt eine linkssteile bzw. rechtsschiefe Verteilung.

Mittelwert, Modus und Median in Verteilungen mit unterschiedlicher Schiefe. Um das Prinzip der Formel besser verstehen, sowie die Schiefe besser interpretieren zu können, ist es informativ, die Lage von Mittelwert, Median und Modalwert in einer schiefen Verteilung zu betrachten. Wie wir bereits weiter oben angemerkt haben, reagiert der Mittelwert empfindlich auf **Ausreißer-** bzw. **Extremwerte**. Er wird in Richtung dieser Werte verzerrt. Das Prinzip ist in ▶*Abbildung 2.30* dargestellt. Bei einer symmetrischen Verteilung *a)* fallen die drei Maße der zentralen Tendenz auf denselben Messwert zusammen. Ist die Verteilung jedoch nicht symmetrisch, sondern nach rechts gezogen, also linkssteil *b)*, wird auch der Mittelwert nach rechts gezogen. Der Modalwert liegt immer am Maximum der Verteilung. Der Median liegt nun zwischen den beiden anderen Kennwerten. Ist die Verteilung nach links gezogen, also rechtssteil *c)*, dann wird der Mittelwert nach links abweichen. Der Median liegt wiederum zwischen den beiden anderen Kennwerten.

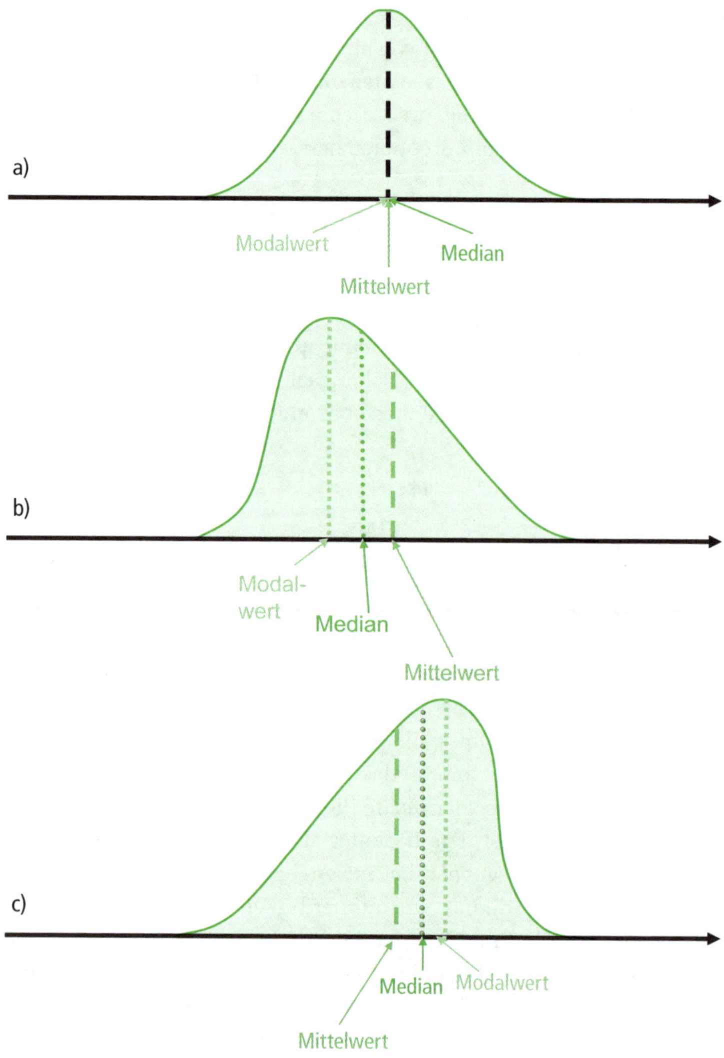

Abbildung 2.30: Einfluss der Schiefe auf Mittelwert, Median und Modalwert

Anhand der *Abbildung 2.30* lässt sich nun auch die Formel besser verstehen. Im Zähler wird wieder die Abweichung aller Messwerte vom Mittelwert betrachtet. Allerdings wird hier nicht quadriert, sondern die 3. Potenz gewählt, daher auch die Bezeichnung 3. Potenzmoment. Starke Abweichungen vom Mittelwert werden durch das Potenzieren also noch größer und fallen beim Aufsummieren stärker ins Gewicht. Das Vorzeichen der Abweichung bleibt allerdings erhalten. Ist die Verteilung symmetrisch, treten positive und negative Abweichungen ungefähr gleich häufig auf und gleichen sich somit aus. Der Zähler und somit auch der gesamte Bruch werden null. Bei einer linkssteilen und rechtsschiefen Verteilung liegen einige Werte relativ weit rechts vom Mittelwert. Die Differenzen fallen hier positiv und vom Betrag her eher groß aus. Diese großen positiven Differenzen bewirken, dass die Summe aller mit 3 potenzierten Abweichungen positiv bleibt. Bei einer positiven

Schiefe ist die Verteilung daher linkssteil und rechtsschief. Bei einer rechtssteilen und linksschiefen Verteilung liegen auf der linken Seite Werte vor, die kleiner als der Mittelwert sind und weit von diesem abweichen, der Zähler wird negativ.

2.2.6 Exzess

Bedeutung des Exzess einer Verteilung. Bei der Betrachtung einer Verteilung sollte nicht nur darauf geachtet werden, ob sie bezüglich der Schiefe von einer Normalverteilung abweicht. Eine Verteilung kann auch in ihrer **Wölbung** oder **Kurtosis** von einer Normalverteilung abweichen. Im Sprachgebrauch wird häufig eine symmetrische Verteilung mit einer Normalverteilung gleichgesetzt. Es bestehen jedoch Unterschiede zwischen einer allgemeinen symmetrischen Verteilung und einer Normalverteilung, auf die in *Kapitel 3* noch ausführlicher eingegangen wird.

Leptokurtisch versus platykurtisch. Eine Verteilung kann entweder breitgipflig (platykurtisch) oder schmalgipflig (leptokurtisch) sein. In der Literatur wird auch häufig der Begriff **Exzess** für die **Steilheit** verwendet. Für die Berechnung des Exzesses (Ex), beziehungsweise der Wölbung, wird in *Kasten 2.12* die Formel dargestellt. Analog zur Schiefe wird der Exzess auch als **4. standardisiertes Potenzmoment** bezeichnet. Der Exzess berechnet sich aus der Wölbung, von der die Zahl 3 abgezogen wird. Die Zahl 3 wird von der Wölbung abgezogen, da 3 die Wölbung einer Normalverteilung darstellt. Damit gibt der Exzess die Breite einer Verteilung im Vergleich zu einer Normalverteilung an.

Formel 2.12 Exzess

$$\text{Wölbung} = \frac{1}{n} \cdot \sum_{v=1}^{n} \left(\frac{x_v - \bar{x}}{s_x} \right)^4$$

$$Ex = \left[\frac{1}{n} \cdot \sum_{v=1}^{n} \left(\frac{x_v - \bar{x}}{s_x} \right)^4 \right] - 3$$

Ex = Exzess

$\bar{x}$ = Mittelwert der Variablen x in der Stichprobe

x_v = Messwert der Person v

s_x = Standardabweichung der Messwerte der Variablen x

n = Anzahl der Personen in der Stichprobe

Dabei gelten folgende Interpretationsregeln:

$Ex < 0$ → breitgipflig (**platykurtisch**)

$Ex = 0$ → **entspricht der Breite einer Normalverteilung**

$Ex > 0$ → schmalgipflig (**leptokurtisch**)

Verschiedene Werte für den Exzess grafisch veranschaulicht. ▶*Abbildung 2.31* veranschaulicht noch einmal die Unterschiede zwischen einer **breitgipfligen** *a)* und einer **schmalgipfligen** *c)* Verteilung. Abbildung *b)* zeigt die Breite einer Normalverteilung.

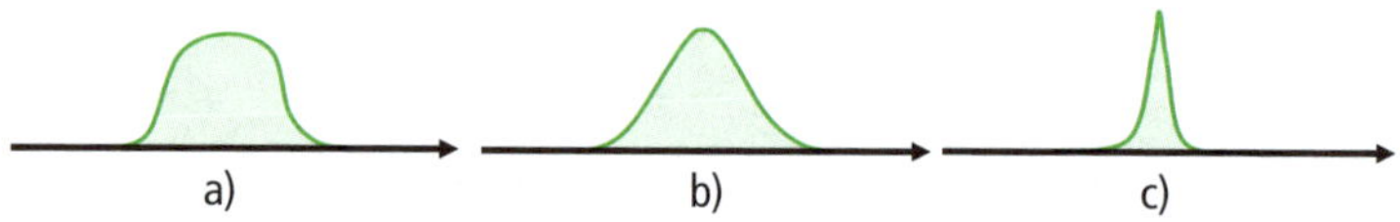

Abbildung 2.31: Breitgipflige a), symmetrische b) und schmalgipflige c) Verteilung

Voraussetzungen für die Berechnung von Schiefe und Exzess. Für die Berechnung von Schiefe und Exzess sollte **Intervallskalenniveau** vorliegen. Zudem ist vor der Berechnung des Exzesses sicherzustellen, dass die **Verteilung unimodal** ist, also nur ein Maximum, bzw. einen Modalwert (= unimodal), besitzt.

2.2.7 Standardisierung und Zentrierung

Nehmen wir an, es würden sich in zwei großen Stichproben die Abiturnoten zwischen Bayern ($\bar{x}_{\text{Bayern}} = 2.0$) und Berlin ($\bar{x}_{\text{Berlin}} = 1.5$) im Durchschnitt unterscheiden. Die Abiturnoten in Bayern wären im Schnitt schlechter als die Abiturnoten in Berlin. Würde man nun für beide Bundesländer einen Notendurchschnitt von 2.0 im Abitur zur Zulassung zum Psychologiestudium heranziehen, würde dies dazu führen, dass Berliner Abiturienten bessere Chancen auf einen Psychologie-Studienplatz hätten als bayerische. Soll dies vermieden werden, darf das unterschiedliche Niveau der Noten in den Bundesländern bei der Auswahl keine Berücksichtigung finden. Wir dürften folglich nur betrachten, welche Personen relativ gesehen vom Mittelwert des jeweiligen Bundeslandes am besten abschneiden.

Zentrierung. Dazu könnten wir zunächst den jeweiligen Mittelwert des Bundeslandes von den einzelnen Werten der Abiturienten abziehen. Dies wird als **Zentrierung** bezeichnet. Dadurch wird erreicht, dass der Mittelwert in beiden Stichproben null ergibt. Man kann sich das auch so veranschaulichen, dass die gesamte Verteilung um den Betrag des Mittelwerts entlang der x-Achse verschoben wird. Dieser rückt damit automatisch auf den Wert null. Als Ergebnis spielen die unterschiedlichen Mittelwerte der Bundesländer nun keine Rolle mehr bei der Beurteilung. Man kann sich das an folgendem Beispiel veranschaulichen: Sven kommt aus Bayern mit einem Notenschnitt von 2.3, und Doreen aus Berlin mit einem Notenschnitt von 1.8. Zieht man die Mittelwerte der jeweiligen Bundesländer von beiden individuellen Werten ab, sieht man, dass beide gleich weit vom Mittelwert ihres Bundeslandes abweichen, nämlich plus 0.3 Notenstufen.

Sven: $2.3 - 2.0 = +0.3$

Doreen: $1.8 - 1.5 = +0.3$

***z*-Standardisierung.** Einen weiteren wichtigen Unterschied beim Vergleich von Stichproben stellen neben verschiedenen Mittelwerten auch unterschiedliche Standardabweichungen dar. Nun könnte es sein, dass die Standardabweichung der Bayern-Stichprobe geringer ausfällt als die der Berliner Stichprobe. Das würde bedeuten, dass sich die Berliner Abiturienten in ihren Abiturnoten stärker unterscheiden als die bayerischen Abiturienten. Damit kommen in Bayern Werte, die besonders weit vom Mittelwert weg liegen, seltener vor. In Berlin wird häufiger eine extremere Leistung erzielt. Beim Vergleich von Sven und Doreen kann dies nun mitberücksichtigt werden. Daher wird die Abweichung vom Mittelwert an der Standardabweichung relativiert. Dies wird als **z-Standardisierung** bezeichnet. Das bedeutet, es wird berechnet, wie weit eine Person vom Mittelwert entfernt liegt, gemessen in Standardabweichungen. Nehmen wir an, die Standardabweichung in Berlin beträgt 1 und die in Bayern 0.5, dann ergeben sich nun folgende Werte für Sven und Doreen:

Sven: $$z = \frac{2.3 - 2.0}{0.50} = +0.6$$

Doreen: $$z = \frac{1.8 - 1.5}{1.00} = +0.3$$

Diese Transformation des Messwerts nennt man **z-Transformation** und die entstehenden Werte **z-Werte**. Synonym wird der Begriff z-Standardisierung verwendet. Die Ergebnisse zeigen, dass Sven 0.6 Standardabweichungen über dem Durchschnitt seines Bundeslandes liegt und Doreen 0.3. In Relation zu den jeweiligen Abiturienten in den Bundesländern ist Doreen also wirklich „besser“ als Sven, da sie weniger stark als Sven vom Mittelwert ihres Bundeslandes nach oben abweicht. Eine geringere Note ist in diesem Fall ja besser.

Definition **Zentrierung und Standardisierung**

Zentrierung. Zentrierte Werte stellen Abweichungen vom jeweiligen Mittelwert einer Variablen dar und besitzen die ursprüngliche Einheit der Variablen. Die Verteilung der zentrierten Messwerte weist einen Mittelwert von null auf

Standardisierung. Standardisierte Variablen stellen Abweichungen vom jeweiligen Mittelwert einer Variablen dar, wobei diese Abweichung in der Regel durch die Standardabweichung geteilt wird. Die Einheit der Variablen ändert sich dadurch und ist nun die Standardabweichung. Der Mittelwert der so z-standardisierten Werte beträgt null und ihre Varianz eins.

Normierung. Normierte Werte stellen ebenfalls standardisierte Werte dar. Sie beziehen sich immer auf eine bestimmte Referenzstichprobe. Normwerte ermöglichen den Vergleich zu dieser Referenzstichprobe (z. B. 18- bis 25-jährige Studenten). In der Psychologie bezeichnet man eine Referenzstichprobe auch als **Normstichprobe**. Durch eine lineare Transformation der z-Werte wird eine neue Einheit erzeugt, die einen vorher festgelegten Mittelwert und eine vorher festgelegte Standardabweichung aufweist. Beispielsweise wird der *IQ*-Normwert auf einen Mittelwert von 100 und eine Standardabweichung von 15 festgelegt.

Unterschied zwischen Zentrierung und *z*-Standardisierung. Man sieht am obigen Beispiel sehr schön den Unterschied zwischen Zentrierung und z-Standardisierung. Bei der Zentrierung bleibt die Einheit der Variablen als Rohwerteinheit erhalten: Es handelt sich nach der Zentrierung weiter um Notenpunkte. Bei der z-Standardisierung ist die neue Einheit Standardabweichungen. Sven liegt 0.6 Standardabweichungen über dem Mittelwert der bayrischen Abiturienten und Doreen nur 0.3 Standardabweichungen über dem Mittelwert der Berliner Abiturienten. Absolut gesehen sind die zentrierten Werte gleich, nämlich jeweils 0.3 Punkte. Man sieht, dass zentrierte und standardisierte Werte nur dann zu denselben Aussagen kommen, wenn die Standardabweichungen in beiden Stichproben gleich sind.

Standardisierungen als Normierungsgrößen. Erst die Standardisierung ermöglicht eine Einschätzung darüber, wie weit eine Leistung vom Mittelwert abweicht. Wir wissen nicht, ob 0.3 Notenpunkte „viel" oder „wenig" Abweichung darstellen. Dies wird erst dann deutlich, wenn wir wissen, wie groß der Durchschnittsbereich um den Mittelwert definiert ist. Die Definition des **Durchschnittsbereichs** wird häufig mithilfe der Standardabweichung vorgenommen und stellt den Bereich dar, der plus/minus einer Standardabweichung um den Mittelwert liegt. Dabei gehören die Grenzen des Intervalls noch zum Durchschnittsbereich. Erst eine Standardisierung ermöglicht es, die Werte von zwei Personen – relativ zu ihrer Referenzgruppe – in ihrer Höhe einzuschätzen. So wissen wir nicht, ob 13 Punkte in einem Intelligenztest viel oder wenig Punkte bedeuten. Wir wissen es erst, wenn wir den Wert von 13 mit einer geeigneten Stichprobe vergleichen, zum Beispiel mit Abiturienten in Deutschland. Erhalten wir nun für Markus einen z-Wert von eins, wissen wir, dass Markus in diesem Intelligenztest eine Standardabweichung besser als der Durchschnitt der Abiturienten in Deutschland ist. Da der Wert plus eins noch zum Durchschnittsbereich gezählt wird, wissen wir, dass sein Testergebnis gerade noch durchschnittlich ist. Weiterführende Informationen zu diesem Thema finden Sie bei Bühner (2011, S. 261 ff. bzw. Ziegler & Bühner 2012, S. 131 ff.). Werden Messwerte eines Tests einer Standardisierung an einer repräsentativen Stichprobe unterzogen, spricht man von der **Normierung** eines Tests. Man stellt durch das Bereitstellen dieser standardisierten Werte einen Bezug zu einer Vergleichsgruppe bzw. Vergleichsnorm her.

Formel 2.13 *z*-Transformation/*z*-Standardisierung und Zentrierung

$$\text{Zentrierung: } d_v = x_v - \bar{x}$$

$$\text{z-Standardisierung: } z_v = \frac{x_v - \bar{x}}{s_x}$$

d_v = Abweichungswert d der Person v vom Mittelwert $\bar{x}$

z_v = z-Wert der Person v

x_v = Messwert x der Person v

$\bar{x}$ = Mittelwert der Variablen x

s_x = Stichprobenstandardabweichung

Weitere Standardisierungen. Die z-Standardisierung ist nicht die einzige **Standardisierung**, die zur Verfügung steht. Bei den folgenden Standardisierungen handelt es sich aber ebenfalls um lineare Transformationen der Rohwerte. Als **Normwerte** sind die folgenden standardisierten Werte sehr geläufig:

- *z*-Werte
- *Z*-Werte (Standardwerte oder SW-Werte)
- *IQ*-Werte
- *T*-Werte
- *Centile*

Die z-Transformation wurde bereits dargestellt und dient für die meisten weiteren Standardisierungen als Grundlage. Im Folgenden werden die anderen Maßeinheiten sowie ihre Besonderheiten näher erläutert.

Z-Werte. Hier ist zunächst der Hinweis wichtig, dass **Z-Werte** oder Standardwerte bzw. ***SW*-Werte** nicht mit z-Werten verwechselt werden sollten. Die Formel für die *Z*-Werte ist in *Kasten 2.14* dargestellt. Im Prinzip wird also der Mittelwert der z-transformierten Variablen auf den Wert 100 verschoben. Zudem wird die Verteilung wieder gestreckt, so dass sich eine Standardabweichung von 10 ergibt.

Formel 2.14 *z*-Transformation

$$Z_v = 100 + 10 \cdot \frac{x_v - \bar{x}}{s_x}$$

$$Z_v = 100 + 10 \cdot z_v$$

Z_v – *Z*-Wert oder Standardwert der Person v

x_v = Messwert x der Person v

$\bar{x}$ = Mittelwert der Variablen x

s_x = Stichprobenstandardabweichung der Variablen x

z_v = *z*-Wert der Person v

***IQ*-Werte.** IQ steht für Intelligenzquotient. Diese Maßeinheit stammt folgerichtig aus der Intelligenzforschung und wurde zunächst von Stern (1912) mit einer anderen Bedeutung eingeführt. Damals wurde das Verhältnis aus Intelligenzalter (durch einen Test bestimmt) und Lebensalter mit 100 multipliziert. Hier bestand jedoch das Problem, dass zwar das Lebensalter ansteigt, das Intelligenzalter jedoch ab einem bestimmten Alter nicht mehr. Dies würde bedeuten, dass Menschen mit zunehmendem Alter dümmer und dümmer würden. Daher änderte Wechsler (1939) die Bedeutung des IQ und definierte ihn als Abweichungsquotienten. Wie weiter oben beschrieben, ist hiermit die Abweichung eines individuellen Messwerts vom Mittelwert gemeint. Die Formel für die Transformation ist in *Kasten 2.15* dargestellt.

Anhand der Formel wird deutlich, dass der Mittelwert der z-transformierten Variablen auf den Wert 100 verschoben wird. Zudem wird die Verteilung gestreckt, so dass sich eine Standardabweichung von 15 ergibt. Der ***IQ*-Wert** ist also wiederum lediglich eine Maßeinheit, die ausdrückt, wie weit eine Person vom jeweiligen Gruppenmittelwert (der beim IQ willkürlich auf 100 gesetzt wurde) entfernt liegt. Ohne Wissen über die Gruppe und ihre Eigenschaften ist der Messwert wenig aussagekräftig.

Formel 2.15 *IQ*-Transformation

$$IQ_v = 100 + 15 \cdot \frac{x_v - \bar{x}}{s_x}$$

$$IQ_v = 100 + 15 \cdot z_v$$

IQ_v = IQ-Wert der Person v

x_v = Messwert x der Person v

$\bar{x}$ = Mittelwert der Variablen x

s_x = Stichprobenstandardabweichung der Variablen x

z_v = z-Wert der Person v

***T*-Werte.** Das T bei den ***T*-Werten** steht für Terman. Terman (1877–1956) war ein sehr anerkannter Psychologe, dessen Schüler diesen Wert definierten und nach ihm benannten. Die T-Werte haben einen Mittelwert von 50 und eine Standardabweichung von 10. Die Formel zur Berechnung ist in *Kasten 2.16* dargestellt.

Formel 2.16 *T*-Transformation

$$T_v = 50 + 10 \cdot \frac{x_v - \bar{x}}{s_x}$$

$$T_v = 50 + 10 \cdot z_v$$

T_v = T-Wert der Person v

x_v = Messwert x der Person v

$\bar{x}$ = Mittelwert der Variablen x

s_x = Stichprobenstandardabweichung der Variable x

z_v = z-Wert der Person v

Centile (*C*). Bei dieser Transformation werden, ähnlich wie bei Quartilen, Grenzen berechnet. Bei **Centilen** sind es 10 Grenzen. Centile haben einen Mittelwert von fünf und eine Standardabweichung von zwei. Die Formel zur Berechnung ist in *Kasten 2.17* dargestellt.

Formel 2.17 C-Transformation

$$C_v = 5 + 2 \cdot \frac{x_v - \overline{x}}{s_x}$$

$$C_v = 5 + 2 \cdot z_v$$

C_v = Centil-Wert der Person v

x_v = Messwert x der Person v

$\overline{x}$ = Mittelwert der Variablen x

s_x = Stichprobenstandardabweichung der Variablen x

z_v = z-Wert der Person v

Die bisher beschriebenen Maße helfen, *einzelne* Variablen zu betrachten, beziehungsweise die Ausprägung einer Variablen zwischen verschiedenen Gruppen zu vergleichen. Im Folgenden wird das **Streudiagramm**, als Mittel der Wahl zur Veranschaulichung des Zusammenhangs zwischen *zwei* Variablen, dargestellt.

2.2.8 Streudiagramm, Korrelation und Regression

Streudiagramm bzw. Scatterplot

Streudiagramm. Ein **Streudiagramm** bzw. englisch **Scatterplot** wird genutzt, um den Zusammenhang zwischen zwei Variablen zu veranschaulichen. Für die Darstellung von Streudiagrammen wird ein zweidimensionales Koordinatensystem verwendet. Auf der x-Achse werden die Ausprägungen der Messwerte der ersten Variable abgetragen und auf der y-Achse die der zweiten.

Beispiel eines Streudiagramms. Das Streudiagramm entsteht nun dadurch, dass für jede Person in der Stichprobe ein Punkt in das Koordinatensystem eingetragen wird. Das Prinzip ist in ▶*Abbildung 2.32* für den Zusammenhang zwischen der Baseline aus dem Objektiven-Leistungsmotivations-Test (OLMT, Schmidt-Atzert, 2005) und dem Leistungsmotivationsindex aus dem Leistungs-Motivations-Inventar (LMI, Schuler & Prochaska, 2001) abgebildet. Alle Werte stammen aus unserem Beispieldatensatz zur Fakinganfälligkeit von Leistungsmotivationsmaßen. Dabei stellen die Koordinaten der Punkte genau die Messwerte der Personen in beiden Variablen dar. So deuten die beiden gestrichelten Linien an, wie der Punkt in der Abbildung entstanden ist: Die Person hat in der OLMT-Baseline einen Wert von 55.33 und einen Leistungsmotivationsindex (LMI) von 208. Aus der Abbildung lässt sich ein grober Trend ablesen. Die LMI-Werte nehmen zu, wenn auch die OLMT-Werte zunehmen. Man kann folglich sagen, dass ein positiver Zusammenhang zwischen den beiden Variablen besteht. Je höher die Messwerte in der einen Variablen ausfallen, desto höher fallen sie auch in der anderen Variablen aus.

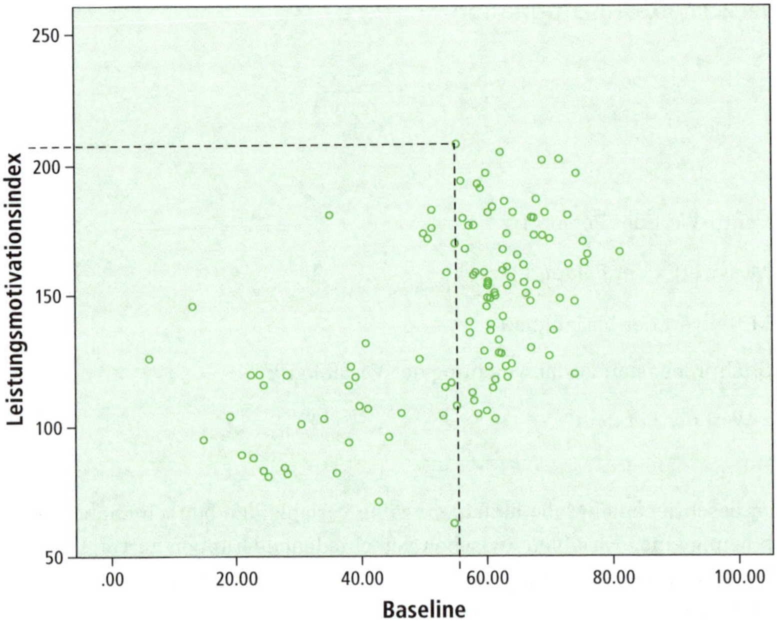

Abbildung 2.32: Streudiagramm

Korrelation

Was versteht man unter einer Korrelation? Eine **Korrelation** spiegelt den Zusammenhang zwischen zwei Variablen als numerischen Wert wider: das heißt, in welchem Ausmaß die Ausprägungen der Variablen X mit den Ausprägungen einer anderen Variablen Y systematisch korrespondieren.

Wertebereich von Korrelationen. Korrelationen können Werte zwischen -1 und $+1$ annehmen. Je näher eine Korrelation an $+1$ oder -1 heranreicht, desto höher ist der **Zusammenhang** zwischen den Variablen. Eine Korrelation von -1 bedeutet nicht nur, dass hohe Werte in einer Variablen mit niedrigen Werten in der anderen Variablen einhergehen. Mehr noch, die Werte der beiden Variablen korrespondieren exakt in umgekehrter Reihenfolge. Der Wertebereich von -1 bis $+1$ gilt für alle gängigen Korrelationskoeffizienten (siehe *Kapitel 7*). Eine Korrelation von null kann einen fehlenden Zusammenhang ausdrücken, dies muss jedoch nicht so sein. Dafür werden im Folgenden noch Beispiele genannt.

Produkt-Moment-Korrelation. Hier wird zunächst nur die **Produkt-Moment-Korrelation** vorgestellt, die mit dem Buchstaben r bezeichnet wird. Um das Prinzip der Produkt-Moment-Korrelation besser zu verstehen, soll zunächst nur kurz auf die **einfache lineare Regression** eingegangen werden, danach auf verschiedene Korrelationskoeffizienten.

Einfache lineare Regression

Was ist eine lineare Regression? Die Korrelation drückt den Zusammenhang zwischen zwei Variablen numerisch aus. Im Rahmen einer Regressionsanalyse ist die Fragestellung noch etwas spezifischer, was häufig auch so formuliert wird: Welchen Wert für Y kann man bei einem gegebenen Wert für X erwarten? Die Variable Y wird als abhängige Variable oder **Kriterium** bezeichnet. Die Variable X wird als unabhängige Variable oder **Prädiktor** bzw. Einflussgröße bezeichnet. Daher sagt man auch, dass Y auf X zurückgeführt (regrediert) wird. Um nun den Zusammenhang zwischen Y und X zu analysieren, wird eine lineare Funktion angenommen, die jedem x-Wert einen y-Wert zuweist.

Darstellung der Daten im Streudiagramm. Betrachten wir folgendes Beispiel: Ein Datensatz enthält zwei Variablen: die Punkte in einer Statistikklausur und die Anzahl der richtigen Lösungen in einem Intelligenztest. Die Anzahl der richtigen Lösungen bezeichnen wir im Folgenden der Einfachheit halber als Intelligenztestpunkte. Wir gehen davon aus, dass beide Variablen mindestens intervallskaliert sind. Nun möchten wir vorhersagen, welche Punktzahl in der Statistikklausur eine Person mit einer bestimmten Intelligenztestpunktzahl erzielt. Nehmen wir an, dass wir bereits Messwerte aus einem früheren Jahrgang gesammelt haben. Nun veranschaulichen wir uns diese Messwerte grafisch mithilfe eines sogenannten **Streudiagramms**. Die unabhängige Variable X wird auf der x-Achse und die abhängige Variable Y auf der y-Achse abgetragen. Wir benötigen nun eine Funktion, mit der wir für den x-Wert jeder Person einen Wert für die andere Variable vorhersagen können. Man bezeichnet diesen vorhergesagten Wert auch als y-Wert. Das Dach wird hier verwendet, um darauf hinzuweisen, dass es sich um gefittete Werte handelt und nicht um beobachtete Werte. Als **gefittete Werte** bezeichnet man Werte, die mithilfe eines Modells, z. B. durch eine lineares Modell (siehe im Folgenden: lineare Funktion), vorhergesagt wurden. Die Bezeichnung eines Buchstabens mit Dach findet sich häufig auch in einer anderen Bedeutung, nämlich, wenn aus Stichprobendaten Statistiken für die Grundgesamtheit geschätzt werden (siehe *Kapitel 4*). In ▶ *Abbildung 2.33* ist ein Streudiagramm mit einer linearen Funktion abgebildet.

Lineare Funktionsgleichung. Wie sieht nun die lineare Funktion bzw. das Modell einer linearen Funktion aus?

$$\hat{y}_v = a_y + b_{xy} \cdot x_v$$

y_v = vorhergesagter Wert y von Person v

a_y = Konstante

b_{xy} = Steigung

x_v = Wert x der Person v

Minimierung des Residuums als Ziel. Bei einer Vorhersage steht das Ziel im Vordergrund, die Abweichung zwischen tatsächlich beobachtetem und vorhergesagtem Wert so gering wie möglich zu halten. Um dies zu erreichen, gibt es verschiedene Möglichkeiten.

Angenommen, der Mittelwert in der Klausur beträgt 60 Punkte und es liegt eine eingipflige symmetrische Verteilung der Punktwerte vor. Wir haben sonst keine weitere Information. Das heißt, wir kennen die Intelligenztestpunktzahl für einzelne Personen **nicht**. In diesem

Fall wäre der Mittelwert ein geeigneter Wert, um bei der Vorhersage der Klausurnote der Personen den Vorhersagefehler so gering wie möglich zu halten. Das heißt, Werte um den Mittelwert kommen in der Stichprobe auch am häufigsten vor. Darüber hinaus ist der Mittelwert der Wert, von dem die summierten quadrierten Abweichungen zu den verbleibenden Messwerten der Stichprobe minimal sind. Wenn man die Klausurpunkte einer einzelnen Person vorhersagen wollte, und den Mittelwert dazu heranzieht, hätte man damit den geringsten Vorhersagefehler begangen.

Die im Beispiel erhobenen Intelligenztestpunkte liefern jedoch Informationen für die Vorhersage der Klausurleistung, da ein linearer Zusammenhang zwischen Intelligenz und Klausurleistung besteht. Dieser Zusammenhang kann nun genutzt werden, um eine bessere Vorhersage der Klausurleistung durch die Intelligenztestpunkte zu erhalten, als durch die Verwendung des Mittelwerts alleine. Nun muss nur noch die Funktion bekannt sein, die den hilfreichen Zusammenhang beschreibt.

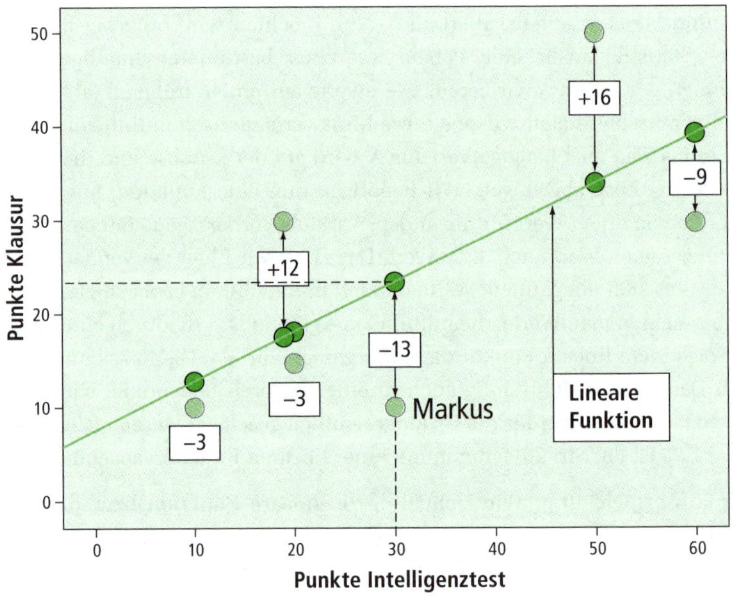

Abbildung 2.33: Darstellung einer linearen Funktion

Lineare Funktion. Nun sollte eine Funktion gesucht werden, die die Unterschiede in den Intelligenztestpunkten als Informationsquelle zur Vorhersage der Klausurleistung einbezieht, und damit die Residuen minimiert. Es wurde versucht, eine solche Funktion in *Abbildung 2.33* in das Streudiagramm einzufügen. Man bezeichnet die dargestellte Funktion als eine lineare Funktion. Sie weist jedem x-Wert einen $\hat{y}$-Wert (sprich y Dach) zu. Wir verwenden die sogenannte einfache lineare Regression zur Vorhersage von Messwerten. Das Wort „einfache" bezieht sich dabei darauf, dass nur ein Prädiktor genutzt wird. Die Regression ist linear, wenn mit einem Anstieg im Prädiktor (Intelligenz) auch ein proportionaler (proportional = sich im gleichen Verhältnis ändernd) Anstieg im Kriterium (Punkte in der Statistikklausur) verbunden ist. Anders ausgedrückt bedeutet dies, Linearität liegt vor, wenn der Zusammenhang zwischen Prädiktor (Intelligenztestpunkte) und Kriterium (Punktzahl in der Statistikklausur) durch eine Gerade angemessen beschrieben wird. Eine solche Gerade wird als **Regressionsgerade** bezeichnet. Fällt man von dieser Regressionsgerade ein Lot auf die x-Achse (Intelligenztestpunkte) und eines auf die y-Achse (Punkte in der Statistikklausur) erhält man die Kombination aus x-Wert und vorhergesagtem $\hat{y}$-Wert. Die Regressionsgerade in *Abbildung 2.33* wurde so in die Punktwolke (jeder Punkt stellt die Werte einer Person in beiden Variablen dar) gelegt, dass die Summe der quadrierten Abweichungen von dieser Geraden, also von den vorhergesagten y-Werten zu den jeweilig tatsächlich beobachteten Werten, minimal ist. Das heißt, es gibt keine andere Gerade, bei der die Summe der quadrierten Abweichungen zwischen beobachteten und vorhergesagten Werten kleiner wäre. Diese Abweichungen von der Geraden werden als **Residuen** bezeichnet.

Vorhersage eines individuellen Werts anhand einer linearen Funktion. Für Markus würde man beispielsweise bei einer Leistung von 30 Punkten im Intelligenztest 23 Punkte in der Statistikklausur vorhersagen (siehe *Abbildung 2.33*). Markus hat aber tatsächlich nur zehn Punkte in der Statistikklausur erreicht. Damit beträgt die Abweichung zwischen beobachtetem (10 Punkte) und vorhergesagtem Wert (23 Punkte) minus 13 Klausurpunkte für Markus: Das ist ein relativ großes Residuum.

Bestimmung des Residuums. Wir können nun für jede Person die Differenz zwischen beobachtetem y-Wert und vorhergesagtem $\hat{y}$-Wert berechnen. Diese Differenz wird, wie erwähnt, auch als **Residuum** bezeichnet. Wenn wir nun diese Differenzwerte summieren, um die Summe der Residuen zu berechnen, ergibt sich ein Wert von null. Um aber dennoch die Größe des Residuums bestimmen zu können, müssen daher die Abweichungen vor der Summation quadriert werden. Diese werden dann zu einer **Quadratsumme** bzw. **Abweichungsquadratsumme** summiert. Betrachten wir dazu unser Beispiel aus *Abbildung 2.33*. Es ergeben sich folgende Summen für die Differenzen beziehungsweise die quadrierten Differenzen:

$$(-3) + (-3) + 12 + (-13) + 16 + (-9) = 0$$

$$(-3)^2 + (-3)^2 + 12^2 + (-13)^2 + 16^2 + (-9)^2 = 668$$

Die reine Abweichungsquadratsumme ist demnach nicht nur vom Ausmaß der Abweichungen abhängig, sondern auch von der Anzahl der Personen. Je mehr Personen vorliegen, desto mehr Abweichungen kann es geben und somit kann auch die Abweichungsquadratsumme größer werden. Um die Abweichungsquadratsumme aber besser interpretieren zu können, ist es günstig, diese durch die Stichprobengröße zu teilen. Wir kennen dieses Vorgehen bereits von der Varianzberechnung. Dazu wird die Abweichungsquadratsumme durch die Stichprobengröße dividiert und anschließend wird die Wurzel gezogen. Den Koeffizienten, der sich daraus ergibt, bezeichnen wir zunächst als **Standardabweichung des Residuums** s_{res}. Das Teilen durch die Stichprobengröße und das Wurzelziehen kennen wir von der Standardabweichung. Bei der Standardabweichung S bewirkte diese Transformation, dass sie danach das Ausmaß der Streuung der Beobachtungswerte bzw. y-Werte um den Mittelwert verdeutlichte. Im Gegensatz dazu zeigt die Standardabweichung des Residuums s_{res} an, wie stark die beobachteten Werte um die Regressionsgerade streuen. Sie beträgt in unserem Falle 10.55. Häufig möchte man die Standardabweichung des Residuums gar nicht für die Stichprobe angeben, sondern auf eine Grundgesamtheit verallgemeinern. In diesem Fall ändert sich die Formel für die Standardabweichung des Residuums. Das Ergebnis wird dann auch als **Standardschätzfehler** bezeichnet.

Formel 2.18 Standardabweichung der Residuen

$$s_{\text{res}} = \sqrt{\frac{\sum_{v=1}^{n}(y_v - \hat{y}_v)^2}{n}}$$

$$\text{im Beispiel: } s_{\text{res}} = \sqrt{\frac{668}{6}} = 10.55$$

y_v = beobachteter Wert y der Person v in Variable Y

$\hat{y}_v$ = vorhergesagter Wert $\hat{y}$ der Person v

n = Stichprobengröße

s_{res} = Standardabweichung des Residuums

Konstante in der einfachen linearen Regression. Betrachten wir nun die einzelnen Elemente in der Formel (siehe ▶*Abbildung 2.34*). Die **Konstante** a_y stellt den Wert auf der y-Achse dar, bei dem der x-Wert null ist. Das heißt, dass die Konstante angibt, welcher Wert im Kriterium vorhergesagt wird, wenn der Prädiktor die Ausprägung null hat. Für unser Beispiel heißt das, die Konstante gibt den Wert an, der in der Klausur für eine Person mit null Punkten im Intelligenztest zu erwarten ist. Es kommt relativ häufig vor, dass die Konstante nicht sinnvoll interpretierbar ist. Nehmen wir einmal an, der Prädiktor in unserem Beispiel wären nicht Punkte in einem Intelligenztest, sondern der Intelligenzquotient selbst. Die Konstante würde dann die Statistikklausurpunkte für eine Person mit einem IQ von null anzeigen. Das ist aus praktischer Sicht wenig sinnvoll. Daher empfiehlt es sich oft, den Prädiktor zu zentrieren. Zur Erinnerung: Zentrieren heißt, dass man den Mittelwert der Stichprobe von jedem individuellen Wert abzieht. Dadurch wird der Mittelwert des Prädiktors auf den Wert Null verschoben. Die Konstante gibt nun den vorhergesagten Wert für eine Person mit dem Prädiktorwert null, also für eine durchschnittliche Person, an. In unserem Beispiel würde so die Statistikklausurpunktzahl für eine Person mit einer durchschnittlichen Intelligenzpunktzahl im Test durch die Konstante ausgedrückt. Durch die Zentrierung erreichen wir also, dass die Konstante angibt, welche Kriteriumsausprägung bei einer durchschnittlichen Prädiktorausprägung zu erwarten ist. Das ist nicht nur besser interpretierbar, sondern in sich eine wertvolle Information.

Steigung in der einfachen linearen Regression. Die nächste Größe in der Gleichung, die **Steigung** b_{xy}, zeigt an, um wie viele Einheiten das Kriterium (Punkte in der Statistikklausur) durchschnittlich steigt, wenn die Ausprägung des Prädiktors um eine Einheit steigt (Punkt im Intelligenztest). Je steiler der Anstieg, desto größer sind die erwarteten Veränderungen im Kriterium bei Veränderungen im Prädiktor um eine Einheit. In unserem Beispiel bedeutet das, je steiler der Anstieg, desto größer ist die erwartete Verbesserung in der Statistikklausur, wenn die Leistung im Intelligenztest um einen Punkt ansteigt.

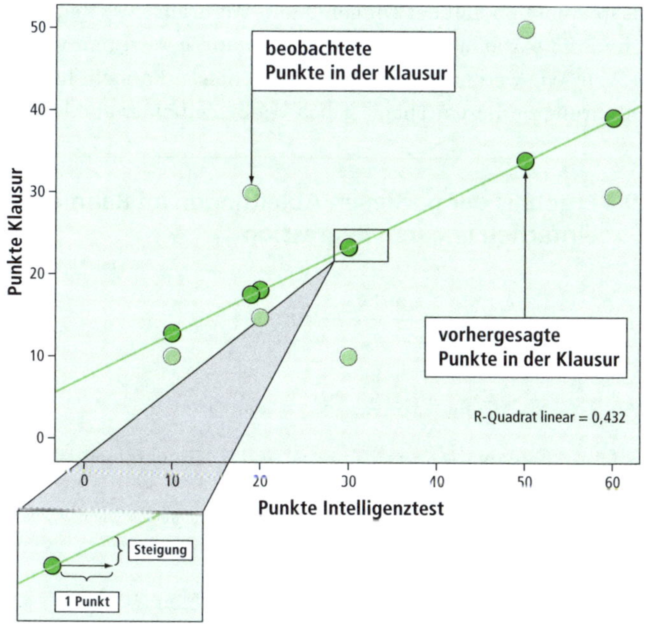

Abbildung 2.34: Grafische Darstellung von Steigung und Konstante

Bestimmung der Werte für Steigung und Konstante. Ziel bei der Bestimmung der Regressionsgeraden war es, die Residuen zu minimieren. Der Fehler bei der Vorhersage ist dabei als die Summe der quadrierten Differenzen zwischen beobachteten (y_v) und vorhergesagten Werten ($\hat{y}_v$) definiert. Wie können wir das für die beste Vorhersage nutzen? Die Grundfrage lautet: Welche Werte für die Konstante (a_y) und die Steigung (b_{xy}) ergeben die geringste Summe ($\sum$) von quadrierten Abweichungen zwischen den beobachteten und den vorhergesagten Werten? Anders ausgedrückt: Finde Werte, bei der diese quadrierte Summe minimal (Min.) ist, und minimiere damit die Quadratsumme der Residuen.

$$\text{Ziel:} \sum_{v=1}^{n} \left(y_v - \hat{y}_v\right)^2 \rightarrow \text{Min.}$$

y_v = beobachteter Wert y der Person v in der Variable Y

$\hat{y}_v$ = vorhergesagter Wert y der Person v in der Variable Y

$\sum_{v=1}^{n}$ = Summe der folgenden Summanden von Person $v = 1$ bis Person n

Kleinste-Quadrate-Ansatz. Dieses Minimierungsproblem kann man unter anderem mit der **Methode der kleinsten Quadrate** – im Englischen als **Ordinary Least Squares (OLS)** bezeichnet – angehen. In der obigen Gleichung wird zunächst $\hat{y}_v$ durch eine lineare Gleichung der Form $a_y + \left[b_{xy} \cdot x_v\right]$ ersetzt.

$$\sum_{v=1}^{n} \left(y_v - \hat{y}_v\right)^2 \text{ ergibt ein Minimum}$$

$$= \sum_{v=1}^{n} \left(y_v - \left(a_y + \left[b_{xy} \cdot x_v\right]\right)\right)^2 \text{ ergibt ein Minimum}$$

Es ist ja eine lineare Funktion, mit der wir gefittete $\hat{y}$-Werte aus x-Werten bestimmen. Für b_{xy} und a_y werden nun die partiellen Ableitungen gleich null gesetzt und wir erhalten die Formeln in *Kasten 2.19*. Wir werden den Rechenweg zu diesen Formeln hier nicht weiter darstellen. Eine Einführung zu diesem Thema geben Waltz, Zeilfelder und Rießinger (2007).

Formel 2.19 Ergebnis der partiellen Ableitungen im Rahmen der einfachen linearen Regression

$$b_{xy} = \frac{\text{cov}(x,y)}{s_x^2} = r_{xy} \cdot \frac{s_y}{s_x}$$

$$a_y = \bar{y} - b_{xy} \cdot \bar{x}$$

cov (x,y) = Stichprobenkovarianz zwischen X und Y (siehe folgenden Abschnitt)

$\bar{x}$ = Mittelwert der Variablen X

$\bar{y}$ = Mittelwert der Variablen Y

s_x = Stichprobenstandardabweichung der Variablen X

s_y = Stichprobenstandardabweichung der Variablen Y

b_{xy} = Steigung der Regressionsgeraden

a_y = Konstante (y-Abschnitt bis zum Schnittpunkt der Geraden bei $x = 0$)

r_{xy} = Korrelation zwischen X und Y (siehe *Formel 2.22*)

Hat man nun eine lineare Regressionsgleichung – wie dargestellt – ermittelt, kann diese genutzt werden, um auch für Personen Kriteriumsausprägungen (Punktzahl in der Statistikklausur) vorherzusagen, von denen lediglich die Prädiktorausprägung (Intelligenztestpunktwert) bekannt ist.

Mithilfe der Regressionsgleichung, vor allem der Steigung, erhält man schnell ein Gefühl für die Richtung und Stärke des Zusammenhangs zwischen zwei Variablen. Ist das Vorzeichen beispielsweise negativ, wissen wir, dass die betrachteten Variablen in einem negativen Zusammenhang stehen: Steigt die eine, fällt die andere. Anhand der Regressionsgerade im Streudiagramm lässt sich dieser Zusammenhang zudem grafisch veranschaulichen. So sieht man auch relativ schnell, ob der Zusammenhang tatsächlich am besten durch eine Gerade beschrieben wird, also linear ist. Analog zur Betrachtung von Ausreißern und Extremwerten anhand des Boxplots kann man anhand eines solchen Streudiagramms auch bivariate Ausreißer entdecken. Ein bivariater Ausreißer entsteht, wenn die Kombination aus x- und y-Messwerten bei einer Person v stark von dem durch die Regressionsgerade vorhergesagten Wert abweicht. Bivariate Ausreißer können eine große Bedeutung für die Berechnung von Korrelationen und andere korrelationsbasierte statistische Methoden haben (siehe Bühner, 2011, *Kapitel 6* und *Kapitel 7*). Daher empfiehlt es sich immer, Streudiagramme vor den Analysen zu betrachten, um ein Gefühl für das Ausmaß des Zusammenhangs zu erhalten und ebenso einen Überblick über mögliche bivariate Ausreißer. (siehe *Kapitel 7.2.6*)

Lineare Regression mit z-Werten. Es ist interessant, welche Konsequenzen es hat, wenn wir standardisierte Werte für die Berechnung einer einfachen linearen Regressionsanalyse verwenden. Wir wissen, dass z-standardisierte Werte einen Mittelwert von null und eine Standardabweichung von eins aufweisen. Quadriert man die Standardabweichung, erhält man die Varianz. Wird die Zahl Eins quadriert, ergibt sich wiederum die Zahl Eins, und damit entspricht die Standardabweichung numerisch auch der Varianz standardisierter Werte. Betrachten wir nun die einzelnen Formeln in *Kasten 2.20* und setzen die Werte null für Mittelwerte und eins für Varianzen bzw. Standardabweichungen von standardisierten Werten ein.

Formel 2.20 Einsetzen der standardisierten Werte in die Formeln für die Bestimmung des Regressionsgewichts und der Konstanten

$$a_y = \bar{y} - b_{xy} \cdot \bar{x} = 0 - b_{xy} \cdot 0 = 0$$

$$b_{xy} = \frac{\operatorname{cov}(x,y)}{s_x^2} = r_{xy} \cdot \frac{s_y}{s_x} = r_{xy} \cdot \frac{1}{1} = r_{xy}$$

Setzen wir nun alles wieder in die Ausgangsformel ein.

$$\hat{y}_v = a_y + b_{xy} \cdot x_v$$

$$\hat{z}_v = 0 - r_{xy} \cdot z_v = r_{xy} \cdot z_v$$

cov (x,y) = Stichprobenkovarianz (siehe folgenden Abschnitt)

x_v = Wert x der Person v in Variable X

$\hat{y}_v$ = vorhergesagter Wert $\hat{y}$ der Person v in Variable Y

$\bar{x}$ = Mittelwert der Variablen X

$\hat{y}$ = Mittelwert der Variablen Y

s_x = Stichprobenstandardabweichung der Variablen X

s_y = Stichprobenstandardabweichung der Variablen Y

b_{xy} = Steigung der Regressionsgeraden von Variable Y

z_v = z-Wert der Person v der Variablen X

r_{xy} = Korrelation zwischen X und Y (siehe nachfolgenden Abschnitt)

a_y = Konstante

$\hat{z}_v$ = vorhergesagter z-Wert der Person v der Variablen X

Konstante einer linearen Regression mit z-Werten. Die Konstante im Rahmen einer einfachen linearen Regressionsanalyse mit z-standardisierten Werten beträgt also null. Die Regressionsgerade geht somit durch den Ursprung des Koordinatensystems.

Steigung einer linearen Regression mit z-Werten. Die Steigung entspricht nun der Korrelation, da die standardisierte Kovarianz (siehe folgenden Abschnitt) der Korrelation entspricht. Dies trifft allerdings nur bei der einfachen linearen Regression zu.

Der vorhergesagte Wert ergibt sich dann aus dem Produkt der Korrelation mit dem z-standardisierten Wert der Person.

Um die Steigung bei der einfachen Regression zu bestimmen, benötigen wir die Kovarianz von Y und X. Daher betrachten wir nun, wie sich diese berechnen lässt, und welche inhaltliche Bedeutung sie hat. Zuvor soll jedoch kurz auf das Thema **Kausalität** eingegangen werden.

Exkurs

Kausalität

Auch wenn wir immer von einer Vorhersage bzw. von Vorhersagefehlern sprechen, ist dieser Sprachgebrauch eher technischer Natur. Kausale Interpretationen, wie *X verursacht Y*, sind nur unter bestimmten Umständen zulässig. Kausalität bezieht sich dabei nicht auf die Frage, was wir als Prädiktor oder als Kriterium definieren. Es gehört mehr dazu, um die Frage nach Kausalität zu beantworten. So gibt es zwei Voraussetzungen, um kausale Interpretationen vornehmen zu können, die beide erfüllt sein müssen:

1. Wenn man eine lineare Kausalität annimmt, muss auch ein bedeutsamer linearer Zusammenhang zwischen X und Y empirisch vorliegen. Dabei wird die Größe des Zusammenhangs mithilfe eines Korrelationskoeffizienten angegeben. Dies wird in den folgenden Abschnitten noch ausführlicher dargestellt.
2. (a) Prädiktor und Kriterium müssen zeitlich aufeinander folgen oder (b) eine fundierte oder starke Theorie ist nötig, die sowohl die Beeinflussungsrichtung vorgibt als auch ausschließt, dass die Korrelation durch eine Drittvariable bedingt ist. Beispielsweise könnten Größe und Gewicht nur deshalb zusammenhängen, weil sich die untersuchten Personen im Alter unterscheiden.

Bedeutsame Korrelation. Der erste Punkt ist simpel, denn ohne eine bedeutsame Korrelation ist für einen Zusammenhang auch keine kausale Interpretation angebracht. Wir könnten beispielsweise alle Psychologiestudenten in Deutschland als Population ansehen. Besteht hier kein Zusammenhang zwischen den Stunden, die für eine Klausur gelernt wurden, und der Note in der Klausur, kann man nicht davon ausgehen, dass Lernen die Klausurnote beeinflusst.

Zeitliche Abfolge. Die zweite Voraussetzung ist einleuchtend: Beispielsweise beeinflusst die Klausurnote am Ende des Semesters sicherlich nicht im Nachhinein die Lernstunden. Die Anzahl der investierten Stunden, die gelernt wurden, stand vor der Klausur fest und kann sich daher auch auf die Klausurnote auswirken, aber eben nicht umgekehrt die Note auf die Stunden. Das würde bedeuten, dass für eine kausale Interpretation eine längsschnittliche Untersuchung, also eine Untersuchung mit mehreren Messzeitpunkten, erforderlich ist.

Berücksichtigung von Drittvariablen. Allerdings ist auch dies alleine nicht ausreichend, um Kausalität nachzuweisen. Sollte es mögliche Drittvariablen geben, die ebenfalls für den Zusammenhang verantwortlich sein könnten, so sollten diese im längsschnittlichen Design miterhoben und statistisch kontrolliert werden. So könnte es in dem Beispiel sein, dass die Zahl der Lernstunden abhängig ist von der Motivation der Studierenden.

Kausalität bei querschnittlichen Untersuchungen. Bei querschnittlichen Untersuchungen, also Untersuchungen, bei denen alle Messungen zum selben Zeitpunkt erfolgen, ist die Frage nach der Kausalität nur schwer eindeutig beantwortbar. Werden beispielsweise Intelligenz und Abiturnote gleichzeitig erhoben, kann sowohl die Beschulung die Intelligenz „bestimmt" haben, allerdings wird die Abiturnote auch durch die Intelligenz „beeinflusst". Beide Begriffe sind in Anführungszeichen, weil keine eindeutige kausale Interpretation möglich ist. Einen Ausweg bieten in diesem Falle nur im Längsschnitt (mit zeitlicher Abfolge) erhobene Vorbefunde, die eine kausale Interpretation nahelegen – oder eine fundierte Theorie.

Fundierte Theorie. Es liegt eine theoretisch fundierte und plausible Annahme vor, z. B. Arbeitsgedächtnisleistung bestimmt Intelligenz. Hier ist eine bestimmte Wirkungsrichtung plausibel, da von der basaleren Leistung auf die komplexere geschlossen wird.

Kovarianz

Berechnung. Die **Kovarianz** stellt eine Größe dar, die die Höhe angibt, in der die durchschnittlichen Abweichungen von Mittelwerten zweier Variablen miteinander einhergehen. Was bedeutet das? Weisen beide Variablen einen Zusammenhang auf, dann ändern sich die Abweichungen vom Mittelwert der Variablen X im Durchschnitt um einen bestimmten Wert, wenn sich auch die Abweichung vom Mittelwert der Variablen Y im Durchschnitt um einen bestimmten Wert verändert. Veränderungen in X variieren also systematisch mit Veränderungen in Y. Was heißt dies für unser Beispiel? Je mehr Intelligenztestpunkte durchschnittlich erzielt werden, desto höher fällt im Durchschnitt auch die Punktzahl in der Statistikklausur aus. Die Richtung der Beziehung wird hier zwar kausal interpretiert, man beachte aber die Richtlinien, ab wann eine kausale Interpretation gerechtfertigt ist. Wie quantifizieren wir jetzt die Kovarianz? Dazu betrachten wir die folgende Formel in *Kasten 2.21*.

Formel 2.21 Stichprobenkovarianz

$$\text{cov}(x,y) = \frac{\sum_{v=1}^{n}(x_v - \bar{x})\cdot(y_v - \bar{y})}{n}$$

cov (x,y) = Stichprobenkovarianz

x_v = Wert x der Person v in Variable X

y_v = Wert y der Person v in Variable Y

$\bar{x}$ = Mittelwert der Variablen X

$\bar{y}$ = Mittelwert der Variablen Y

n = Stichprobengröße

Wie bereits bei der Varianz, der Standardabweichung und dem Standardfehler der Residuen wird auch hier durch die Stichprobengröße geteilt, um die Stichprobengröße bzw. die Anzahl der Summanden im Zähler zu berücksichtigen. Da auch hier Differenzen berechnet werden, sollte mindestens Intervallskalenniveau der Daten vorliegen.

Wann fällt eine Kovarianz hoch aus? Mithilfe dieser Formel können wir die **Kovarianz** in der Stichprobe berechnen. Was bedeutet nun eine positive Kovarianz, eine negative Kovarianz, oder eine Kovarianz von null? Bei der Berechnung wird für jede Person die Abweichung des x-Werts vom Mittelwert der Variable X, als auch die Abweichung des y-Werts vom Mittelwert der Variable Y betrachtet. Ergeben sich über alle Personen betrachtet gleichsinnige Abweichungen, fällt die Kovarianz hoch aus.

Wann fällt eine Kovarianz positiv und hoch aus? Gleichsinnig heißt: Für jede Person ergibt sich entweder für beide Variablen eine positive oder für beide Variablen eine negative Abweichung vom jeweiligen Mittelwert. Liegen für beide Variablen negative Abweichungen von den jeweiligen Mittelwerten vor, werden zwei negative Zahlen miteinander multipliziert, was wiederum eine positive Zahl ergibt. Es ergibt sich so ein positiver Beitrag zur Kovarianz. Ebenso ergibt sich ein positiver Beitrag zur Kovarianz, wenn die korrespondierenden Abweichungen jeweils ein positives Vorzeichen haben. Je höher diese gleichsinnigen Abweichungen sind, desto höher fällt die Kovarianz aus.

Wann fällt eine Kovarianz negativ und hoch aus? Eine negative Kovarianz ergibt sich, wenn positive Abweichungen bei einer Variablen mit negativen Abweichungen bei der anderen Variablen korrespondieren. Es wird durch die Multiplikation einer positiven und einer negativen Abweichung ein negativer Wert zur Kovarianz hinzugezählt. Kommt dies bei sehr vielen Personen in der Stichprobe vor, kann dies zu einer negativen Kovarianz führen.

Wann ist eine Kovarianz gering oder null? Ist das Produkt der Abweichungen für manche Personen positiv und (in vergleichbarer Höhe) für andere negativ, werden positive und negative Zahlen summiert, was im Ergebnis zu einer Kovarianz von null führen kann. Inhaltlich bedeutet dies dann, dass es keinen systematischen linearen Zusammenhang zwischen beiden Variablen gibt.

Beispiel für die Berechnung einer Kovarianz. In ▶*Tabelle 2.3* sind die einzelnen Rechenschritte für die Berechnung der Kovarianz aufgeführt. In dem Beispiel steht X für die Punkte in einem Intelligenztest und Y für die Punkte in einer Statistikklausur. Es ergeben sich für die Personen, bis auf eine Ausnahme (Matthias), immer gleichsinnige Abweichungen (+/+ oder −/−). Damit ergibt sich auch für das Produkt der Abweichungen in der letzten Spalte nur für Matthias ein negativer Wert. Die restlichen Werte tragen alle positiv zur Kovarianz bei. In der Summe ergibt sich ein Wert von 1002.50. Teilt man diesen Wert durch die Anzahl der sechs Personen, erhält man für die Stichprobe eine Kovarianz von 167.08. Was wissen wir nun über unser Beispiel? Es besteht offensichtlich ein positiver Zusammenhang zwischen Intelligenztestleistung und der Leistung in der Statistikklausur. Allerdings fällt es uns schwer zu sagen, ob es sich bei einem Wert von 167.08 um einen hohen oder niedrigen Zusammenhang handelt.

Person	x_v	$(x_v - \bar{x})^2$	y_v	$(y_v - \bar{y})^2$	$(x_v - \bar{x}) \cdot (y_v - \bar{y})$
Moritz	10	$(-14.17)^2$	10	$(-21.5)^2$	304.655
Matthias	30	$(5.83)^2$	19	$(-12.5)^2$	–72.875
Markus	10	$(-14.17)^2$	30	$(-1.5)^2$	21.255
Sabine	50	$(25.83)^2$	50	$(18.5)^2$	477.855
Maria	30	$(5.83)^2$	60	$(28.5)^2$	166.155
Eva	15	$(-9.17)^2$	20	$(-11.5)^2$	105.455
Summe		1220.83		1907.5	1002.50

Tabelle 2.3: Darstellung der Berechnung von Bestimmungsstücken einer Kovarianz

Abhängigkeit der Kovarianz von den Maßeinheiten der Variablen. Die Interpretation der Kovarianz wird durch ein weiteres Problem erschwert. Betrachten wir folgendes Beispiel zur Veranschaulichung: Bei der Berechnung der Kovariation von IQ und Körpergröße soll Letztere einmal in Zentimetern und einmal in Metern gemessen werden. Betrachten wir nun zwei Personen. Nehmen wir an, Person A hat einen IQ von 110 und eine Körpergröße von 183 cm bzw. 1.83 m. Person B hat einen IQ von 90 und eine Körpergröße von 163 cm bzw. 1.63 m. Der durchschnittliche IQ in der Stichprobe beträgt somit 100 und die durchschnittliche Körpergröße 173 cm bzw. 1.73 m. Für die Maßeinheit Zentimeter ergibt sich für Person A ein Abweichungsprodukt von $10 \cdot 10 = 100$ und für Person B ein Abweichungsprodukt von $(-10) \cdot (-10) = 100$. Die Summe beider Abweichungsprodukte beläuft sich auf 200. Teilt man nun diese Summe durch die Anzahl der Personen, in unserem Fall zwei Personen, erhält man eine Kovarianz von 100.

Für die Maßeinheit Meter ergibt sich für Person A ein Abweichungsprodukt von $10 \cdot 0.10 = 1$ und für Person B $(-10) \cdot (-0.10) = 1$. Demzufolge beträgt die Kovarianz eins ($[1+1]/2$). Bei der Verwendung von Zentimetern ist die Kovarianz also 100-mal größer als bei der Verwendung von Metern. Dies entspricht dem Umrechnungsfaktor zwischen Metern und Zentimetern. Aus dem Vergleich wird deutlich, dass die Maßeinheit der Variablen einen starken Einfluss auf die absolute Höhe der Kovarianz hat. Somit ist eine Interpretation der Kovarianz in vielen Fällen schwierig.

Dies wird zusätzlich dadurch erschwert, dass in der Psychologie und den Sozialwissenschaften häufig Variablen Verwendung finden, deren Größe nur schwer interpretiert werden kann: Jeder von uns hat eine Vorstellung, was zwei Meter bedeuten. Es unterscheidet sich jedoch gegebenenfalls von Test zu Test, was 15 richtig gelöste Aufgaben für die Einschätzung der Leistungsfähigkeit einer Person bedeuten. Es kann auch von Fragebogen zu Fragebogen unterschiedlich sein, was ein Summenwert von 28 für die Ausprägung eines Persönlichkeitsmerkmals zu bedeuten hat. Bei der Kovarianz sollen nun aber nicht nur einzelne Einheiten interpretiert werden, vielmehr entsteht eine neue Einheit aus einem Produkt von Einheiten. So entsteht für die Kovarianz von Intelligenz und Körpergröße die Einheit IQ-Punkte mal Zentimeter, die sehr schwer zu interpretieren ist. Selbst der Zusammenhang zwischen Körpergröße und Gewicht wäre mit der Einheit Zentimeter mal Kilogramm nur schwer zu interpretieren.

Absolute Höhe der Kovarianz. Dennoch drängt sich die Frage auf, ab welcher absoluten Höhe eine Kovarianz hoch oder niedrig ist. Diese Frage können wir nur sehr schwer beantworten. Dazu müssten wir die untere und die obere Grenze der Kovarianz, also deren Wertebereich, kennen. Die theoretische Untergrenze für den Betrag der Kovarianz ist leicht zu ermitteln, diese ist nämlich null. Man kann zeigen, dass die theoretische Obergrenze dieses Betrags das Produkt der Standardabweichungen $s_x \cdot s_y$ ist. Die Einheit der Kovarianz hängt jedoch – wie eben dargestellt – von den Maßeinheiten beider Variablen ab und ist daher schwer zu interpretieren. Einfacher ist es, die Kovarianz zu normieren (häufig wird auch der Begriff standardisieren verwendet) und dabei die theoretische Obergrenze der Kovarianz zu nutzen. Man erhält dann eine Korrelation. Das heißt, dass eine normierte bzw. standardisierte Kovarianz einer Korrelation entspricht. Dies wird im nächsten Abschnitt dargestellt.

2.2.9 Produkt-Moment-Korrelation

Bedeutung. Die **bivariate Korrelation** bzw. **Produkt-Moment-Korrelation** bzw. **Pearson-Korrelation** beschreibt den Zusammenhang zwischen zwei mindestens intervallskalierten Variablen. Korrelationen werden nur, wenn es inhaltlich begründet ist, kausal oder gerichtet interpretiert (siehe Exkurs *Kausalität*).

Was bedeutet eine Korrelation? Eine Korrelation gibt das Ausmaß an, in dem eine höhere Ausprägung von Variable X mit einer höheren oder geringeren Ausprägung von Variable Y einhergeht. Die Basis für die Berechnung stellt die Kovarianz dar. Bei der Kovarianz hatten wir gesehen, dass die absolute Höhe von der Maßeinheit abhängt, und die maximale Kovarianz das Produkt der Standardabweichungen darstellt. Dies können wir nun nutzen, um einen standardisierten Koeffizienten, die Korrelation, abzuleiten. Diese Standardisierung erreicht, dass der Wertebereich des Koeffizienten begrenzt wird und eine Interpretation der Stärke des Zusammenhangs unabhängig von der Maßeinheit möglich ist. In Zusammenhang mit den z-Werten haben wir bereits gesehen, dass mithilfe einer Division durch die Standardabweichung eine Standardisierung erfolgen kann. Ein ähnliches Prinzip wird auch hier benutzt. Teilt man die Kovarianz durch das Produkt der Standardabweichungen von X und Y, erhält man die Korrelation. Das heißt, entspricht die empirische Kovarianz der theoretisch maximal möglichen Kovarianz, dann ist die Korrelation zwischen zwei Variablen maximal, und zwar plus oder minus eins:

$$\frac{\text{cov}}{s_x \cdot s_y} = \frac{\text{cov}_{\text{empirisch}}}{\text{cov}_{\text{maximal}}} = 1, \text{ wenn } \text{cov}_{\text{empirisch}} = \text{cov}_{\text{maximal}} = s_x \cdot s_y.$$

Noch eine Anmerkung zum Sprachgebrauch: Eine Standardisierung erfolgt streng genommen nur dann, wenn durch s_x geteilt wird. Daher spricht man hier von einer Normierung der Kovarianz, und nicht von einer Standardisierung.

Formel 2.22 Korrelation

$$r_{xy} = \frac{\text{cov}(x,y)}{s_x \cdot s_y}$$

$$= \frac{\sum_{v=1}^{n}(x_v - \bar{x}) \cdot (y_v - \bar{y})}{n \cdot s_x \cdot s_y}$$

$$= \frac{1}{n} \cdot \frac{\sum_{v=1}^{n}(x_v - \bar{x}) \cdot (y_v - \bar{y})}{s_x \cdot s_y}$$

$$= \frac{1}{n} \cdot \sum_{v=1}^{n}\left(\frac{(x_v - \bar{x})}{s_x} \cdot \frac{(y_v - \bar{y})}{s_y}\right)$$

$$\frac{1}{n} \cdot \sum_{v=1}^{n} z_{x_v} \cdot z_{y_v}$$

cov (x,y) = Stichprobenkovarianz

s_x = Stichprobenstandardabweichung von Variable X

s_y = Stichprobenstandardabweichung von Variable Y

z_{x_v} = z-Wert einer Person v auf Variable X

z_{y_v} = z-Wert einer Person v auf Variable Y

n = Stichprobengröße

r_{xy} = Korrelation zwischen den Variablen X und Y

Korrelation als Kovarianz z-standardisierter Werte. Die hier zu Beginn und am Ende aufgeführten Formeln führen also zum selben Ergebnis und verdeutlichen die Zusammenhänge: Die Korrelation ist eine **Kovarianz z-standardisierter Werte**. Wird durch eine z-Transformation bereits eine Standardisierung der Rohwerte vorgenommen (Abweichungen vom Mittelwert, die an der Standardabweichung standardisiert werden), lässt sich eine Korrelation als das mittlere Produkt der z-Werte darstellen. Rechnerisch beträgt die Standardabweichung von z-standardisierten Werten eins. Damit steht bei der Verwendung von z-Werten im Nenner der linken Formel eins zum Quadrat, was wiederum eins ergibt. Im Zähler bleibt die Kovarianz der z-Werte stehen. z-Werte stellen ja schon standardisierte Abweichungen vom Mittelwert dar

$$\text{(für } X: \ z_v = \frac{x_v - \bar{x}}{s_x} \text{ bzw. für } Y: \ z_v = \frac{y_v - \bar{y}}{s_y}\text{).}$$

Die Kovarianz ergibt sich folglich aus der Summe der Produkte der z_v-Werte für X und der z_v-Werte für Y über alle Personen. Diese Summe muss noch durch die Anzahl der Personen geteilt werden. Es handelt sich also um das Produkt der mittleren Abweichungen vom Mittelwert in Standardabweichungseinheiten zweier Variablen.

Grafische Veranschaulichung einer Korrelation. Man kann sich eine Korrelation aber auch grafisch durch ein Streudiagramm veranschaulichen. Bleiben wir dafür bei unserem Beispiel mit dem Intelligenztest als Variable X und der Klausur als Variable Y. Wir haben die einfache lineare Regression kennengelernt. Dabei haben wir Y auf X zurückgeführt. Wir können natürlich auch X auf Y zurückführen. In diesem Fall lassen sich also zwei Regressionsgleichungen aufstellen, anhand derer die Berechnung einer Korrelation verdeutlicht werden kann:

$$\hat{y}_v = a_y + b_{xy} \cdot x_v$$

$$\hat{x}_v = a_x + b_{yx} \cdot y_v$$

Da wir auf diesem Wege zwei Geraden erhalten, können wir in das Streudiagramm beide einzeichnen. Beide Geraden minimieren jeweils Abweichungen zwischen beobachteten und vorhergesagten Werten.

Formel 2.23 Minimierung der Quadratsumme der Residuen von *X* und *Y*

$$\sum_{v=1}^{n} (x_v - \hat{x}_v)^2 = Min.$$

$$\sum_{v=1}^{n} (y_v - \hat{y}_v)^2 = Min.$$

x_v = Wert x der Person v in Variable X

y_v = Wert y der Person v in Variable Y

$\hat{x}_v$ = vorhergesagter Wert $\hat{x}$ für Person v

$\hat{y}_v$ = vorhergesagter Wert $\hat{y}$ für Person v

Min. = Minimum

Wenn wir die Konstante und die Steigung kennen, können wir beide Geraden in das Streudiagramm eintragen und die Korrelation grafisch veranschaulichen. Bevor darauf näher eingegangen wird, wollen wir die Konstante und die Steigung für beide Regressionsgeraden in unserem Beispiel berechnen. Dazu ziehen wir die aus *Kasten 2.20* bekannten Formeln heran:

Formel 2.24 Vorhergesagter Wert, Steigung und Konstante

$$\hat{y}_v = a_y + b_{xy} \cdot x_v$$

$$b_{xy} = \frac{\text{cov}(x,y)}{s_x^2} = r_{xy} \cdot \frac{s_y}{s_x}$$

$$a_y = \bar{y} - b_{xy} \cdot \bar{x}$$

cov (x,y) = Stichprobenkovarianz

s_x = Stichprobenstandardabweichung von Variable X

s_y = Stichprobenstandardabweichung von Variable Y

b_{xy} = Steigung der Regressionsgeraden von Variable Y auf X

$\hat{y}_v$ = vorhergesagter Wert $\hat{y}$ für Person v

$\bar{x}$ = Mittelwert der Variablen X

a_y = Konstante y-Achse

$\bar{y}$ = Mittelwert der Variablen Y

x_v = Wert x der Person v auf Variable X

r_{xy} = Korrelation zwischen den Variablen X und Y

In *Tabelle 2.3* haben wir folgende Werte ermittelt und können daraus die Bestimmungsstücke für die Regressionsanalyse berechnen.

$$\bar{x} = 24.17$$

$$\bar{y} = 31.50$$

$$s_x^2 = \frac{\sum_{v=1}^{n}(x_v - \bar{x})^2}{n} = \frac{\sum_{v=1}^{n}(x_v - 24.17)^2}{6} = \frac{1220.83}{6} = 203.47$$

$$s_y^2 = \frac{\sum_{v=1}^{n}(y_v - \bar{y})^2}{n} = \frac{\sum_{v=1}^{n}(y_v - 31.50)^2}{6} = \frac{1907.50}{6} = 317.92$$

$$\text{cov}_{xy} = \frac{\sum_{v=1}^{n}(x_v - \bar{x}) \cdot (y_v - \bar{y})}{n} = \frac{1002.50}{6} = 167.08$$

cov (x,y)	= Stichprobenkovarianz
s_x	= Stichprobenstandardabweichung von Variable X
s_y	= Stichprobenstandardabweichung von Variable Y
$\bar{x}$	= Mittelwert der Variablen X
$\bar{y}$	= Mittelwert der Variablen Y
x_v	= Wert x der Person v auf Variable X
n	= Stichprobengröße

Daraus lassen sich nun für die Regressionen von Y auf X und X auf Y jeweils die Konstante und die Steigung bestimmen:

$$b_{xy} = \frac{\text{cov}(x,y)}{s_x^2} = \frac{167.08}{203.47} = 0.82$$

$$a_y = \bar{y} - b_{xy} \cdot \bar{x} = 31.50 - 0.82 \cdot 24.17 = 11.68$$

$$\hat{y}_v = a_y + b_{xy} \cdot x_v = 11.68 + 0.82 \cdot x_v$$

$$b_{yx} = \frac{\text{cov}(x,y)}{s_y^2} = \frac{167.08}{317.92} = 0.53$$

$$a_x = \bar{x} - b_{yx} \cdot \bar{y} = 24.17 - 0.53 \cdot 31.50 = 7.48$$

$$\hat{x}_v = a_x + b_{yx} \cdot y_v = 7.48 + 0.53 \cdot y_v$$

cov (x,y)	= Stichprobenkovarianz
s_x^2	= Stichprobenvarianz von Variable X
s_y^2	= Stichprobenvarianz von Variable Y
b_{xy}	= Steigung der Regressionsgeraden von Variable Y auf X
b_{yx}	= Steigung der Regressionsgeraden von Variable X auf Y
$\hat{y}_v$	= vorhergesagter Wert $\hat{y}$ für Person v
$\hat{x}_v$	= vorhergesagter Wert $\hat{x}$ für Person v
$\bar{x}$	= Mittelwert von Variable X
$\bar{y}$	= Mittelwert von Variable Y
x_v	= Wert x der Person v
y_y	= Wert y der Person v
a_x, a_y	= Konstanten (Schnittpunkt der Geraden mit der x- bzw. y-Achse)

Betrachten wir nun die Bestimmungsstücke für die beiden Regressionsgeraden genauer.

Y wird auf X zurückgeführt. Die Konstante a_y beträgt 11.68. Das heißt, dass für eine Person, die null Punkte im Intelligenztest erzielt, ein Wert von durchschnittlich etwa zwölf Punkten in der Statistikklausur vorhergesagt wird. Dieser Wert stellt gleichzeitig den Schnittpunkt der Regressionsgeraden mit der y-Achse dar. Die Steigung der Regressionsgeraden Y auf X beträgt b_{xy} = 0.82 Punkte. Das heißt, wenn sich die Leistung im Intelligenztest um einen Punkt erhöht, wird für die Leistung in der Statistikklausur ein durchschnittlicher Zuwachs von 0.82 Punkten vorhergesagt. Sind die Maßeinheiten der Variablen inhaltlich interpretierbar, stellt bereits die unstandardisierte Steigung (Regressionsgewicht b) ein anschauliches Maß dar.

X wird auf Y zurückgeführt. Die Konstante a_x beträgt 7.48. Das heißt, für eine Person, die null Punkte in der Statistikklausur erreicht, wird ein Wert von durchschnittlich etwa sieben Punkten im Intelligenztest vorhergesagt. Dieser Wert stellt gleichzeitig den Schnittpunkt der Regressionsgeraden mit der x-Achse bei einem y-Wert von null dar. Die Steigung der Regressionsgeraden X auf Y beträgt b_{yx} = 0.53 Punkte. Das heißt, wenn sich die Leistung in der Statistikklausur um einen Punkt erhöht, wird für die Leistung im Intelligenztest ein durchschnittlicher Zuwachs von 0.53 Punkten vorhergesagt.

Grafische Darstellung der Regressionsgeraden von X auf Y und Y auf X. Nun können wir beide Geraden in ein Streudiagramm eintragen, wie in ▶*Abbildung 2.35* eingezeichnet: Beachten Sie dabei, dass die jeweiligen Koordinatenachsen nicht durch den Ursprung gehen. Dies ist insbesondere für die Ermittlung der Konstanten wichtig, da diese von null verschieden sind. Aufgrund der verwendeten Formeln sind die Geraden so in die Punktewolke gelegt, dass die Summe der quadrierten Abweichungen zwischen beobachteten und vorhergesagten Werten über alle Beobachtungen (Personen) jeweils minimal ist.

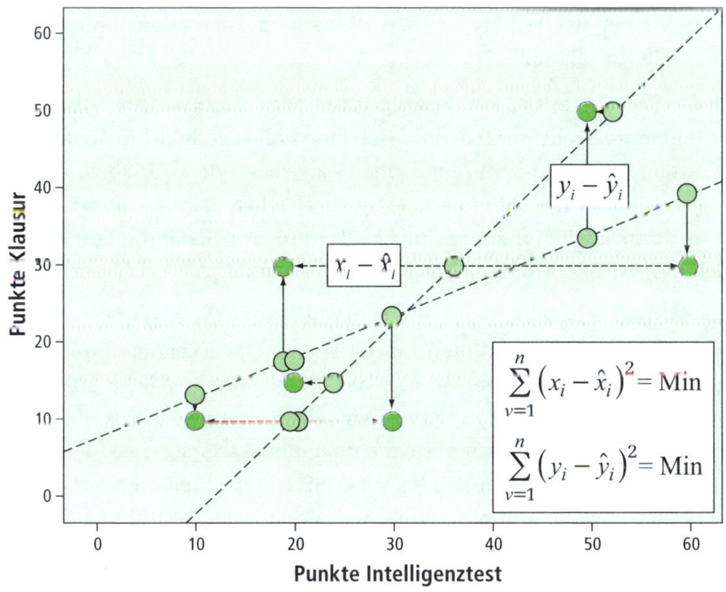

Abbildung 2.35: Regressionsgeraden von X auf Y und von Y auf X

Die eine Gerade minimiert die Summe der quadrierten Abweichungen zwischen y_v und $\hat{y}_v$, die andere Gerade minimiert die Summe der quadrierten Abweichungen zwischen x_v und $\hat{x}_v$. Der Schnittpunkt der beiden Geraden markiert die Koordinaten der Mittelwerte der beiden Variablen X (Intelligenztestpunkte) und Y (Statistikklausurleistung). Die Konstanten geben den jeweiligen Schnittpunkt mit der x- bzw. y-Achse an, an dem die jeweilige andere Variable den Wert null aufweist.

Perfekter Zusammenhang. Wenn nun die beobachteten Werte exakt auf der Regressionsgeraden liegen, also genau mit den vorhergesagten Werten übereinstimmen, liegt ein perfekter Zusammenhang vor. In diesem Fall wären auch die beiden Regressionsgeraden deckungsgleich. Das heißt, dass X aus Y perfekt vorhergesagt werden kann, und ebenso Y aus X. Bei einem perfekten Zusammenhang spricht man auch von einem **deterministischen Zusammenhang**. Deterministisch würde bedeuten, dass beispielsweise aus der Kenntnis des Intelligenzwerts der Punktwert in der Klausur ohne Fehler bestimmt werden könnte und umgekehrt.

Perfekte Korrelation auf Basis *z*-standardisierter Variablen. Betrachten wir z-standardisierte Variablen und einen perfekten Zusammenhang, ergibt sich für den Winkel zwischen beiden Regressionsgeraden ein Wert von 0°. Es lässt sich zeigen, dass der Cosinus des Winkels der Regressionsgeraden der Korrelation entspricht. Demnach zeigt ein Winkel von 0° eine Korrelation von eins an. Das heißt, dass beobachtete und vorhergesagte Werte übereinstimmen und damit ein perfekter oder auch deterministischer Zusammenhang zwischen den beiden Variablen X und Y besteht.

Nullkorrelation auf Basis *z*-standardisierter Variablen. Stehen beide Geraden jedoch senkrecht aufeinander und bilden einen 90°-Winkel, besteht kein linearer Zusammenhang zwischen den beiden Variablen und die Korrelation ist null $\left(\cos(90°) = 0\right)$. In diesem Fall kann aufgrund der einen Variablen keine Aussage über die andere getroffen werden. Aus dem Winkel zwischen den beiden Geraden lässt sich die Höhe des Zusammenhangs grob abschätzen. Je kleiner der Winkel ist, den die beiden Regressionsgeraden einschließen, desto höher ist die Korrelation.

Voraussetzung der Linearität zur Interpretation der Produkt-Moment-Korrelation. Es muss jedoch immer bedacht werden, dass sich eine hohe Produkt-Moment-Korrelation nur dann ergibt, wenn ein linearer Zusammenhang zwischen den Variablen vorliegt. Andere Zusammenhänge, wie ein kubischer oder quadratischer, können mithilfe des Produkt-Moment-Korrelationskoeffizienten gar nicht oder nur unvollständig beschrieben werden. Er eignet sich nur zur Beschreibung linearer Zusammenhänge.

Berechnungsbeispiel. Nachdem wir uns nun die Korrelation grafisch veranschaulicht haben, berechnen wir die Korrelation für unser Beispiel. Wir kennen die Varianz der Klausurleistung ($s_y^2 = 317.92$) und die Varianz des Intelligenztests ($s_x^2 = 203.47$), sowie die Kovarianz von beiden ($\text{cov}(x,y) = 167.08$). Wir müssen nun noch jeweils die Wurzel aus den Varianzen ziehen und erhalten so die Standardabweichungen der Klausurpunkte ($s_y = 17.83$) und der Intelligenzpunkte ($s_x = 14.26$). Die maximale Kovarianz beträgt demnach $17.83 \cdot 14.26 = 254.26$. Teilt man nun die aus den Daten resultierende Kovarianz von 167.08 durch die maximal mögliche Kovarianz von 254.26, erhält man eine Korrelation bzw. normierte Kovarianz von 0.66.

Berechnungsbeispiel für eine Korrelation

$$r_{xy} = \frac{\text{cov}(x,y)}{s_x \cdot s_y} = \frac{\text{cov}(x,y)}{\text{cov}_{\max}} = \frac{167.08}{17.83 \cdot 14.26} = \frac{167.08}{254.26} = 0.66$$

cov (x,y) = Stichprobenkovarianz der Variablen X und Y

s_x = Stichprobenstandardabweichung von X

s_y = Stichprobenstandardabweichung von Y

r_{xy} = Korrelation zwischen X und Y

Determinationskoeffizient und seine Interpretation. Die Korrelation beträgt also $r = 0.66$. Unter Berücksichtigung des Wertebereichs von –1 bis +1 lässt sich dieser Wert zunächst deutlich einfacher interpretieren als die Kovarianz. Das heißt, dass ein Unterschied zwischen $r = 0.90$ und $r = 0.80$ nicht genauso groß ist wie zwischen $r = 0.10$ und $r = 0.20$. Erst der **Determinationskoeffizient** erlaubt Aussagen über Unterschiede zwischen Korrelationen. Der Determinationskoeffizient r^2 gibt, bezogen auf den Maximalwert eins (entspricht 100 Prozent), den gemeinsamen Varianzanteil zweier Merkmale an. Quadrieren wir die oben ermittelte Korrelation von 0.66 zwischen Klausurpunkten und Intelligenztestpunkten, erhalten wir ein r^2 von 0.44. Das heißt, 44 Prozent der Unterschiede in der Klausurleistung lassen sich durch Unterschiede in den Intelligenztestpunkten erklären und umgekehrt.

Formel 2.25 Varianzzerlegung, Regressionsanalyse und Korrelation

Im Folgenden soll erklärt werden, warum der Determinationskoeffizient als Maß der gemeinsamen Varianz zwischen zwei Variablen angesehen werden kann. Diese Interpretation bedeutet, dass ein gewisser Anteil der Gesamtvariabilität einer Variablen durch eine andere Variable erklärt wird bzw. mit ihr geteilt wird.

Betrachten wir zunächst folgendes Beispiel: Wir haben die Variable X und die Variable Y gemessen. Das Streudiagramm mit der Regressionsgeraden ist in ▶*Abbildung 2.36* dargestellt. Variable X und Y weisen einen linearen positiven Zusammenhang auf. Wäre der Zusammenhang null, würde die Regressionsgerade parallel zur x-Achse verlaufen und die y-Achse beim Wert der Konstanten schneiden. Der Mittelwert $\bar{y}$ ist durch einen grünen Pfeil eingezeichnet. Am Beispiel des y-Werts 60 und des x-Werts 30 wird die Zerlegung der Abweichungen vom Mittelwert nun genauer betrachtet. Diese Art der Zerlegung kann dann auf alle anderen Punkte im Streudiagramm übertragen werden. Betrachten wir zunächst die Abweichung $(y_v - \bar{y})$ des y-Werts 60 vom Mittelwert 31.5. Diese Abweichung d_y kennen wir von der Varianzberechnung, wo sie für alle Werte quadriert und aufsummiert wird. Diese Summe geht in den Zähler für die Varianzberechnung der Variable Y ein. Aus der Abbildung wird jedoch deutlich, dass man in einem Streudiagramm diese Abweichungen vom Mittelwert in zwei weitere Abweichungen zerlegen kann. Das bedeutet, innerhalb einer Regression von Y auf X lässt sich die Abweichung der einzelnen Messwerte vom Mittelwert in zwei Bestandteile zerlegen:

Residuum. Zum einen ist dies die Abweichung $(y_v - \hat{y}_v)$, also des vorhergesagten Werts $\hat{y}_v$ vom beobachteten *y*-Wert. Wir bezeichnen diese als e_v oder Residuum.

Systematische Abweichung. Zum anderen ist es die Abweichung $(\hat{y}_v - \overline{y})$ des Mittelwerts aller *y*-Werte vom vorhergesagten Wert $\hat{y}_v$. Dies kennzeichnet eine systematische Abweichung $\hat{d}_v$ vom Mittelwert. Jeder vorhergesagte Wert weicht also vom jeweiligen Mittelwert ab. In genau dieser Abweichung steckt nun die Information über den systematischen Zusammenhang der beiden Variablen. Dies ist der Grund dafür, dass der Determinationskoeffizient als Ausmaß der gemeinsamen Varianz angesehen werden kann.

Das heißt zusammenfassend:

$$d_v = \hat{d}_v + e_v \text{ bzw. } (y_v - \overline{y}) = (\hat{y}_v - \overline{y}) + (y_v - \hat{y}_v)$$

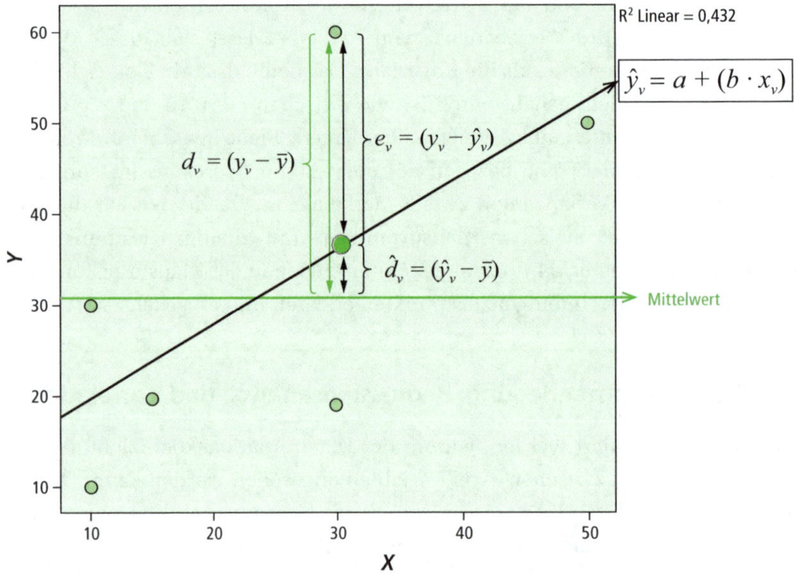

Abbildung 2.36: Varianzzerlegung im Rahmen der Regressionsanalyse

Wir können nun für alle Abweichungen vom Mittelwert diese Zerlegung vornehmen und über alle Personen aufsummieren:

$$\sum_{v=1}^{n} (y_v - \overline{y}) = \sum_{v=1}^{n} \left[(\hat{y}_v - \overline{y}) + (y_v - \hat{y}_v) \right]$$

Quadratsumme gesamt. Damit die Summe der Abweichungen nicht null ergibt, werden nun – ähnlich wie bei der Varianz – die Abweichungen quadriert und dann erst summiert. Solche quadrierten summierten Abweichungen werden auch als **Quadratsummen** bezeichnet. Wenn wir die Abweichungen der *y*-Werte von ihrem Mittelwert bilden, diese dann quadrieren und schließlich summieren, ergibt sich die folgende Formel für die **Quadratsumme gesamt. Diese Quadratsumme zeigt an, wie stark die einzelnen Werte um den Mittelwert streuen und geht daher auch in die Varianzberechnung ein.**

$$QS_{\text{gesamt}} = \sum_{v=1}^{n} (y_v - \bar{y})^2$$

QS_{gesamt} = Quadratsumme gesamt bzw. total der Variable Y

y_v = Wert y der Person v in Variable Y

$\bar{y}$ = Mittelwert der Variablen Y

Varianzzerlegung. Wir haben gezeigt, dass die Gesamtquadratsumme in zwei weitere Bestandteile aufgeteilt werden kann. Diese stellen die Abweichungen der y-Werte zu vorhergesagten Werten dar sowie die Abweichungen zwischen dem Mittelwert und den vorhergesagten Werten. Die Gesamtquadratsumme wird nun mit diesen beiden „Bestandteilen“ gleichgesetzt. Da aber bei der Quadratsumme gesamt quadriert wird, muss dies mit der Summe der beiden Abweichungen $\left[(\hat{y}_v - \bar{y}) + (y_v - \hat{y}_v)\right]$ über alle Personen ebenfalls geschehen:

$$\sum_{v=1}^{n} (y_v - \bar{y})^2 = \sum_{v=1}^{n} \left[(\hat{y}_v - \bar{y}) + (y_v - \hat{y}_v)\right]^2$$

Man kann durch das Auflösen der Klammer auf der rechten Seite weiterhin zeigen, dass sich die Summe der quadrierten Abweichungen über alle Personen aus der Summe beider Quadratsummen plus zweimal dem quadrierten Produkt beider Abweichungen ergibt:

$$\sum_{v=1}^{n} (y_v - \bar{y})^2 = \sum_{v=1}^{n} \left[(\hat{y}_v - \bar{y}) + (y_v - \hat{y}_v)\right]^2$$

$$\sum_{v=1}^{n} (y_v - \bar{y})^2 = \sum_{v=1}^{n} (\hat{y}_v - \bar{y})^2 + \sum_{v=1}^{n} (y_v - \hat{y}_v)^2 + 2 \cdot \sum_{v=1}^{n} \left[(\hat{y}_v - \bar{y}) \cdot (y_v - \hat{y}_v)\right]$$

Der Term in der Klammer $\left[(\hat{y}_v - \bar{y}) \cdot (y_v - \hat{y}_v)\right]$ stellt die Kovarianz des Residuums $(y_v - \hat{y}_v)$ und der Abweichung der vorhergesagten Werte vom Mittelwert $(\hat{y}_v - \bar{y})$ dar. Die Anwendung der Kleinsten-Quadrate-Methode zur Ermittlung der Regressionsgeraden führt jedoch dazu, dass die systematische Abweichung vom Mittelwert und die Residuen nicht miteinander kovariieren (Beweis hier nicht dargestellt). Das heißt, das Ergebnis des Terms in der Klammer ist null.

$$\sum_{v=1}^{n} (y_v - \bar{y})^2 = \sum_{v=1}^{n} (\hat{y}_v - \bar{y})^2 + \sum_{v=1}^{n} (y_v - \hat{y}_v)^2 + 2 \cdot 0$$

$$\sum_{v=1}^{n} (y_v - \bar{y})^2 = \sum_{v=1}^{n} (\hat{y}_v - \bar{y})^2 + \sum_{v=1}^{n} (y_v - \hat{y}_v)^2$$

Damit kann die Quadratsumme gesamt von Y in die Quadratsumme der Residuen und die Quadratsumme der Abweichungen der vorhergesagten Werte vom Mittelwert zerlegt werden.

$QS_{\text{gesamt}} = QS_{\text{sys}} + QS_{\text{res}}$

QS_{gesamt} = Quadratsumme gesamt der Variable Y

QS_{sys} = Quadratsumme systematischer Abweichungen $\hat{d}_v = \hat{y}_v - \bar{y}$

QS_{res} = Quadratsumme der Residuen $e_v = y_v - \hat{y}_v$

Quadratsumme Residuum. Die **Quadratsumme gesamt** gibt demnach die Abweichungen der y-Werte vom Mittelwert $\bar{y}$ an und stellt die **Gesamtvariabilität des Merkmals** dar. Diese Quadratsumme kann nun in zwei weitere Quadratsummen aufgespalten werden. Zum einen in die Quadratsumme der Residuen. Diese Quadratsumme enthält Abweichungen, die in der durchgeführten Regression nicht erklärt werden können. Sie gehen also nicht auf den Zusammenhang zwischen X und Y zurück.

$$QS_{\text{res}} = \sum_{v=1}^{n} \left(y_v - \hat{y}_v\right)^2$$

QS_{res} = Quadratsumme der Residuen $e_v = y_v - \hat{y}_v$

y_v = Wert y der Person v in Variable Y

$\hat{y}_v$ = vorhergesagter Wert $\hat{y}$ für Person v

Quadratsumme erklärt bzw. systematisch. Zum anderen geht in die Quadratsumme gesamt eine **systematische bzw. erklärte Quadratsumme** ein. Die Annahme ist hier, dass diese Abweichungen des einzelnen Werts vom Gesamtmittelwert den Zusammenhang von X und Y widerspiegeln. Daher wird diese Quadratsumme auch als systematisch bezeichnet:

$$QS_{\text{sys}} = \sum_{v=1}^{n} \left(\hat{y}_v - \bar{y}\right)^2$$

QS_{sys} = Quadratsumme systematischer Abweichungen $\hat{d}_v = \hat{y}_v - \bar{y}$

$\bar{y}$ = Mittelwert der Variablen Y

$\hat{y}_v$ = vorhergesagter Wert $\hat{y}$ für Person v

Die Gesamtvariabilität in Form der Gesamtquadratsumme lässt sich also in einen systematischen Anteil, der auf dem Zusammenhang von X und Y beruht, und einen unsystematischen Anteil, der nicht durch diesen Zusammenhang erklärt werden kann, aufspalten.

Determinationskoeffizient. Diesen Sachverhalt macht man sich nun beim Determinationskoeffizienten zunutze. Dabei ist Folgendes zu beachten: Wäre die Summe der quadrierten Abweichungen der vorhergesagten Werte vom Mittelwert über alle Personen null, würden beide Variablen X und Y nicht kovariieren und würden keinen Zusammenhang aufweisen. Insofern drückt die erklärte oder systematische Quadratsumme auch das Gemeinsame zwischen beiden Variablen aus. Man kann diese Quadratsummen nun nutzen, um den Zusammenhang zwischen beiden Variablen zu quantifizieren. Dazu wird folgende Formel verwendet:

$$r^2 = \frac{QS_{\text{sys}}}{QS_{\text{sys}} + QS_{\text{res}}} = \frac{QS_{\text{sys}}}{QS_{\text{gesamt}}} = \frac{\sum_{v=1}^{n}(\hat{y}_v - \bar{y})^2}{\sum_{v=1}^{n}(y_v - \bar{y})^2}$$

Aus der Formel wird ersichtlich, dass, wenn die Quadratsumme der Residuen null beträgt, die gesamte Quadratsumme des y-Merkmals durch die Variable X erklärt werden kann. Der Determinationskoeffizient hat nun zwei mögliche Interpretationen: Es handelt sich (1) um den Anteil der von X in Y erklärten Varianz bzw. (2) die gemeinsam geteilte Varianz von X und Y. Streng genommen handelt es sich hier ja um Quadratsummen und nicht um Varianzen. Um Varianzen zu erhalten, müssen die Quadratsummen jeweils noch durch die Anzahl der Personen der Stichprobe geteilt werden:

$$\frac{\sum_{v=1}^{n}(y_v - \bar{y})^2}{n} = \frac{\sum_{v=1}^{n}(\hat{y}_v - \bar{y})^2}{n} + \frac{\sum_{v=1}^{n}(y_v - \hat{y}_v)^2}{n}$$

Durch folgende Formel kann gezeigt werden, dass im Falle des Determinationskoeffizienten Varianz und Quadratsumme zum selben Ergebnis führen:

$$r^2 = \frac{\frac{\sum_{v=1}^{n}(\hat{y}_v - \bar{y})^2}{n}}{\frac{\sum_{v=1}^{n}(y_v - \bar{y})^2}{n}} = \frac{\sum_{v=1}^{n}(\hat{y}_v - \bar{y})^2}{\sum_{v=1}^{n}(y_v - \bar{y})^2}$$

Da sich n, und damit die Stichprobengröße, kürzen lässt, bleibt die Formel für die Quadratsumme übrig.

Lineare Zusammenhänge, die keine sind. Bevor man eine Korrelation oder Regression zur Beschreibung eines Zusammenhangs berechnet, empfiehlt es sich, diesen Zusammenhang einmal im Streudiagramm zu betrachten. Es kann sich nämlich auch ein linearer Zusammenhang ergeben, obwohl eigentlich ein ganz anderer Zusammenhang vorliegt. Daneben kann sich kein linearer Zusammenhang ergeben, obwohl ein nicht-linearer Zusammenhang vorliegt. Dies ist in ▶*Abbildung 2.37* dargestellt.

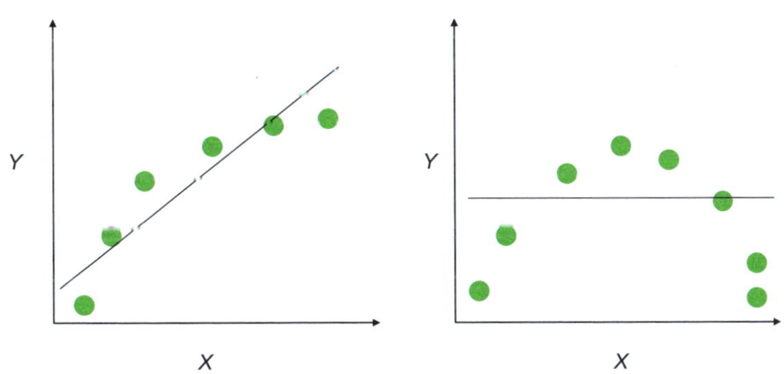

Abbildung 2.37: Nicht-lineare Zusammenhänge

In *Abbildung 2.37* sind zwei Streudiagramme vereinfacht dargestellt. Auf der x-Achse ist die Variable X und auf der y-Achse die Variable Y aufgetragen. Die Punkte stellen Messwertkombinationen von Personen auf den beiden Variablen dar. Aus der linken Abbildung kann man erkennen, dass der dort dargestellte Zusammenhang zwar einen linearen Anteil besitzt (siehe Gerade), jedoch durch einen quadratischen Zusammenhang besser beschrieben werden könnte. Der rechten Abbildung kann man entnehmen, dass dieser Zusammenhang zwar keinen linearen Anteil hat (siehe Gerade), jedoch ebenfalls durch einen quadratischen Zusammenhang gut beschrieben werden könnte. Das heißt, wenn sich rechnerisch eine Korrelation ergibt, bedeutet dies nicht unbedingt, dass ein linearer Zusammenhang vorliegt. Wenn rechnerisch keine Korrelation vorliegt, heißt dies nicht unbedingt, dass generell kein Zusammenhang besteht. Daher empfiehlt es sich, vor der Berechnung von Korrelationen oder Regressionen stets das Streudiagramm zu betrachten.

In den vorherigen Abschnitten haben wir gezeigt wie sich Statistiken nutzen lassen, um einzelne Variablen zu beschreiben, aber auch den Zusammenhang zwischen zwei Variablen zu explorieren. In den nächsten Abschnitten werden wir darlegen, wie diese Statistiken beziehungsweise Grafiken mittels Software ermittelt werden können.

2.3 Vorgehen in SPSS und R

In den vorhergehenden Abschnitten haben wir verschiedene deskriptive Statistiken und grafische Darstellungen erläutert. In diesem Abschnitt soll beschrieben werden, wie sich diese in **SPSS** oder **R** erzeugen lassen. Darüber hinaus wird gezeigt, wo die Information im Output gefunden werden kann. Es sei hier angemerkt, dass sich die Ausführungen auf das Notwendigste beschränken.

2.3.1 Deskriptive Statistiken

Deskriptive Statistiken in SPSS. Um deskriptive Statistiken in SPSS zu erzeugen, muss im Menü die Option ANALYSIEREN → DESKRIPTIVE STATISTIKEN → DESKRIPTIVE STATISTIK gewählt werden. Danach öffnet sich das Fenster, das in ▸*Abbildung 2.38* dargestellt ist. Auf der linken Seite des Fensters befindet sich die Liste der im Datensatz vorhandenen Variablen. Per Mausklick können nun die Variablen ausgewählt werden, für die deskriptive Statistiken berechnet werden sollen ①. Durch das gedrückt halten der SHIFT-TASTE bei gleichzeitigem Betätigen der PFEIL NACH OBEN-ODER-UNTEN-TASTE auf der Tastatur kann eine zusammenhängende Liste von Variablen ausgewählt werden. Hierzu müssen lediglich die erste und die letzte Variable in der Liste markiert werden. Alle Variablen dazwischen werden dann automatisch ebenfalls markiert. Es können auch selektiv Variablen ausgewählt werden. Dazu muss die STRG-TASTE bzw. bei Mac CMD gedrückt gehalten und auf die entsprechenden Variablen geklickt werden. Durch das Drücken der Steuerungstaste auf der Tastatur lassen sich also mehrere Variablen auswählen, die nicht direkt untereinander stehen.

Nachdem die entsprechenden Variablen markiert sind, müssen sie in die rechte Hälfte des Fensters mit der Überschrift VARIABLE(N) bewegt werden ③. Dazu muss per Mausklick der PFEIL aktiviert werden ②. Alternativ lassen sich die Variablen auch direkt per doppeltem Mausklick bewegen.

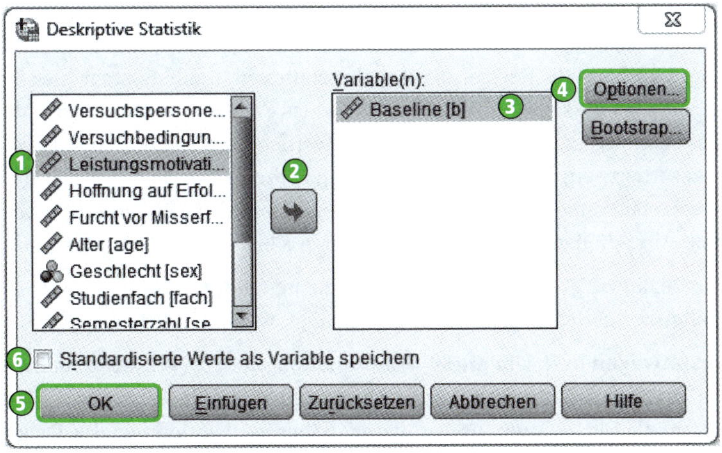

Abbildung 2.38: Fenster Deskriptive Statistik

Eine hilfreiche Option ist es manchmal, die *z*-standardisierten Werte der Variablen in einen Datenfile schreiben zu lassen. Dazu muss in dem Kästchen vor STANDARDISIERTE WERTE ALS VARIABLE SPEICHERN ein Häkchen gesetzt werden (6).

Nach dem Klick auf das Feld OPTIONEN (4) lässt sich bestimmen, welche deskriptiven Statistiken berechnet werden sollen. Das entsprechende SPSS-Fenster kann durch Klicken der linken Maustaste geöffnet werden. Es öffnet sich das Fenster wie in ▶ *Abbildung 2.39* abgebildet.

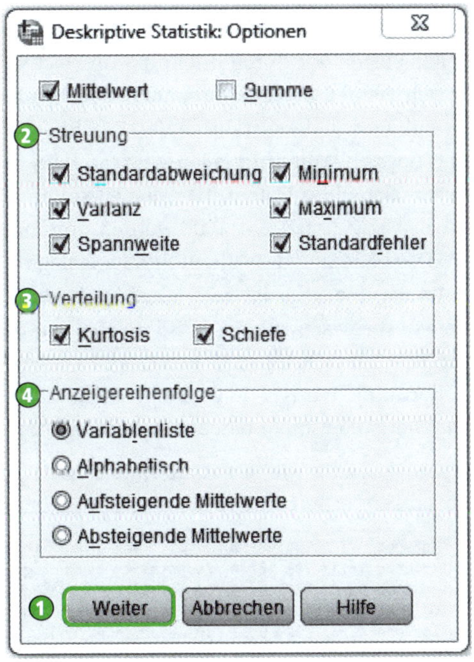

Abbildung 2.39: Optionsfenster bei Deskriptiven Statistiken

In diesem Fenster finden sich die meisten deskriptiven Statistiken, die wir besprochen haben. Dabei wird noch einmal aufgeschlüsselt, ob es sich um ein Streuungsmaß ❷ oder ein Verteilungsmaß ❸ handelt. Bei den Maßen der zentralen Tendenz steht hier lediglich der Mittelwert zur Auswahl (siehe *Abschnitt 2.2.3* für das Erzeugen weiterer Maße der zentralen Tendenz). Schließlich kann auch noch festgelegt werden, in welcher Reihenfolge die Variablen im Output sortiert sein sollen, wenn es sich um mehrere Variablen handelt ❹. Durch Klicken in das entsprechende Kästchen vor der Option kann der gewünschte Kennwert ausgewählt werden. Abschließend wird das Fenster durch Klicken auf WEITER ❶ geschlossen.

Jetzt kann der Befehl zur Ausführung durch Klicken auf OK ❺ (*Abbildung 2.38*) gegeben werden. Die Ergebnisse werden dann im Output angezeigt, wie in ▶*Abbildung 2.41* dargestellt.

Deskriptive Statistiken in R. Um dieselbe Information mit R zu erzeugen, müssen zunächst ebenfalls die Variablen ausgewählt werden. Im ersten Schritt lesen wir dazu den Datensatz ein. Dieser steht als SPSS-Datei zur Verfügung, daher verwenden wir das Package `foreign` (Team, 2014) zum Einlesen. Die Syntax lautet:

```
setwd("/Users/Matthias/Dropbox/Statistikbuch 2. Auflage")
library(foreign)
kap2 <- read.spss("Kapitel 2.sav", to.data.frame = TRUE, use.value.labels = TRUE)
head(kap2)
```

Durch den Befehl `setwd` (`set working directory`) legen wir zum einen fest, in welchem Ordner die Daten liegen, und zum anderen, in welchen Ordner etwaige Outputs exportiert werden sollen. Die in Anführungszeichen zu findende Pfadangabe muss dabei natürlich individuell angepasst werden (z. B. "C:/Eigene Dateien/Statistik").

Nun öffnen wir das Package `foreign`. Im nächsten Schritt definieren wir das Objekt `kap2`. Den Inhalt des neuen Objekts legen wir durch die Funktion `read.spss` fest. In dieser Funktion geben wir zunächst den Namen der einzulesenden Datei (`Kapitel 2.sav`) an. Nähere Angaben sind nicht notwendig, da ja der Ort durch den Befehl `setwd` festgelegt wurde (hier sollte die Datei dann auch liegen). Weiterhin legen wir fest, dass die einzulesenden Daten die Form eines `data frames`, also eines Datensatzes, haben sollen (`to.data.frame = TRUE`). Durch die Spezifikation `use.value.labels = TRUE` werden nominale und ordinale Variablen in Faktoren überführt. Das bedeutet, dass die in SPSS angelegten Variablenlabel als Stufen eines Faktors betrachtet werden. Dies ist bei vielen Analysen (z. B. ANOVA) sehr hilfreich. Werden jedoch Items eingelesen, die in SPSS gelabelt sind, empfiehlt es sich, bei dieser Option `FALSE` zu wählen, da viele Operationen (z. B. Korrelationen) ansonsten beeinträchtigt sein könnten. Hierdurch wird in R versucht, sicherzustellen, dass dem Datenniveau nicht angemessene Statistiken nicht berechnet werden können.

Der Befehl erzeugt dann eine Ausgabe, die in ▶*Abbildung 2.40* dargestellt ist.

```
> head(kap2)
  vpn         gruppe     b lmi he fm age      sex        fach sem mot1
1  24    Faking Good 55.33 208 12  4  20 weiblich Psychologie   1    4
2  48    Faking Good 62.33 205 12  0  19 weiblich   Pädagogik   1    6
3  95    Faking Good 69.00 202  8  1  23 weiblich Psychologie   1    5
4  58 Kontrollgruppe 71.67 202  9  3  19 weiblich Psychologie   1    7
5  23    Faking Good 74.33 197  4  1  30 weiblich Psychologie  10    5
6  88 Kontrollgruppe 60.00 197 12  3  22 männlich         BWL   1    7
```

Abbildung 2.40: Erste Übersicht über die in R eingelesenen Daten

In der Abbildung sehen wir für die ersten 6 Personen im Datensatz die jeweiligen Variablenausprägungen. Durch die Überführung einiger Variablen zu Faktoren stehen dann entsprechend keine numerischen Werte, sondern die entsprechenden Variablenlabel.

Im nächsten Schritt wählen wir die Variablen aus, für die wir deskriptive Statistiken erzeugen wollen. Hierzu stehen unterschiedliche Möglichkeiten zur Verfügung. Eine Möglichkeit ist der folgende Befehl:

```
vars <- kap2[, c("b", "lmi", "he")]
```

Hierdurch legen wir ein neues Objekt (`vars`) an. Inhalt des Objekts sollen die Variablen `b`, `lmi` und `he` aus dem Objekt `kap2` sein.

R bietet viele unterschiedliche Packages zur Berechnung deskriptiver Statistiken an. Hier soll das Package **psych** (Revelle, 2015) genutzt werden, da es auch für viele Methoden der Testtheorie nützlich ist.

```
library(psych)
desc <- describe(vars, type = 2)
print(desc)
```

Die Ergebnisse legen wir im Objekt `desc` ab und erzeugen sie durch die Funktion **`describe`**, die auf die Variablen im Objekt `vars` zugreift. Die Spezifikation `type = 2` sorgt dafür, dass mit SPSS vergleichbare Formeln zur Berechnung von Schiefe und Exzess genutzt werden.

Diese Ergebnisse lassen sich nun direkt in R anzeigen (`print(desc)`) oder durch folgende Befehle in eine spezifizierte Exceldatei (Dragulescu, 2014) überführen.

```
library(xlsx)
write.xlsx(desc, "Deskriptive Statistiken.xlsx")
```

Der Output besteht aus einer Tabelle, in der die gewünschten Informationen spaltenweise aufgeführt sind. ▶ *Abbildung 2.41* beinhaltet die Tabellen sowohl für SPSS (oben), als auch für R (unten). Die Spaltenreihenfolge variiert dabei, die im Folgenden angegebenen Zahlen verweisen jedoch immer auf denselben Kennwert. In der Spalte ① findet sich die Liste der ausgewählten Variablen. In unserem Beispiel sind das Leistungsmotivationsmaße aus drei verschiedenen Tests.

Deskriptive Statistik

	N	Spannwei	Minimum	Maximum	Mittelwert		Standard	Varianz	Schiefe		Kurtosis	
	Statistik	Statistik	Statistik	Statistik	Statistik	Standardfehler	Statistik	Statistik	Statistik	Standardfehler	Statistik	Standardfehler
Baseline	119	75.33	6.00	81.33	54.8820	1.44300	15.74128	247,788	-1,130	,222	,615	,440
Leistungsmotivationsindex	119	[illegible]	[illegible]	[illegible]	142,87	3,112	[illegible]	[illegible]	[illegible]	,222	[illegible]	,440
Hoffnung auf Erfolg	119	11	1	12	6,46	,262	2,858	8,166	-,045	,222	-,756	,440
Gültige Werte (Listenweise)	119											

```
> desc <- describe(vars, type=2)
> print(desc)
    var   n   mean    sd median trimmed   mad min    max  range  skew kurtosis   se
b     1 119  54.88 15.74     60   56.65  9.38   6  81.33  75.33 -1.13     0.61 1.44
lmi   2 119 142.87 33.95    148  143.59 41.51  63 208.00 145.00 -0.16    -0.84 3.11
he    3 119   6.46  2.86      7    6.46  2.97   1  12.00  11.00 -0.05    -0.76 0.26
```

Abbildung 2.41: Outputs deskriptive Statistiken, oben SPSS, darunter R

In der Spalte ② ist die Anzahl N der Versuchspersonen in der Stichprobe angegeben, bei denen für die jeweilige Variable ein Messwert vorliegt; das bedeutet, bei einem fehlenden

Wert wird die Person nicht gezählt. In unserem Beispiel ist die Anzahl der Versuchspersonen bei jeder Variablen $n = 119$ (in SPSS wird abweichend zu unserer Notation statt dem kleinen n für die Stichprobengröße das große N verwendet). Sollte die Zahl zwischen den einzelnen Variablen schwanken, liegt dies daran, dass bei einzelnen Variablen fehlende Werte vorkommen. Daher empfiehlt es sich immer, auch auf diese Spalte einen Blick zu werfen, um eventuelle Eingabefehler zu entdecken.

Unter ③ ist die Spannweite der Variablen aufgeführt. So hat die Variable „Hoffnung auf Erfolg“ (`he`) eine Spannweite von 11. Daneben sind die Auflistungen der Minima und Maxima der einzelnen Variablen zu finden ④. Demnach ist der kleinste Messwert beim Leistungsmotivationsindex (`lmi`) 63 und der größte 208. Minimum und Maximum sollten immer betrachtet werden, um etwaige Eingabefehler zu entdecken. So sollte sich in unserem Fall kein Leistungsmotivationsindex kleiner als 30 oder größer als 210 ergeben (30 Items mit 7-stufiger Antwortskala).

Neben diesen Angaben zum Ergebnisbereich erfolgt auch die Angabe des Mittelwerts ⑤. Im SPSS-Output wird hierfür auch direkt daneben der dazugehörige Standardfehler angegeben. In R findet sich dieser in der letzten Spalte des Outputs. Demnach ist das arithmetische Mittel der Baseline aus dem OLMT (b) 54.882 bei einem Standardfehler (siehe *Kapitel 4*) von 1.443. SPSS nutzt bei der Angabe der Werte meist mehr als zwei Dezimalstellen. Hiermit wird jedoch eine hohe Messgenauigkeit impliziert, die bei den meisten psychologischen Messungen nicht vorliegt. Daher ist oft die Angabe von zwei Dezimalstellen ausreichend.

Exkurs

Runden

An dieser Stelle ist es wichtig, auf die Möglichkeit des Rundens in SPSS hinzuweisen. In der Regel reicht es aus, zwei Nachkommastellen anzugeben. Klicken Sie dazu auf die SPSS-Ausgabe doppelt, dann zeigt SPSS einen gestrichelten Rand um die entsprechende Tabelle an. Klicken Sie dann in die entsprechenden Zeilen oder Spalten der Tabelle, in denen die Zahlen stehen, die Sie verändern wollen. Sie müssen dabei die linke Maustaste gedrückt halten. Klicken Sie nun mit der rechten Maustaste in die schwarz markierte Fläche. Es öffnet sich ein Kontextmenü. Klicken Sie in diesem Menü auf „Zelleneigenschaften“ und geben Sie unter Dezimalstellen 2 an. Klicken Sie abschließend auf die Schaltfläche OK.

In R lassen sich Ergebnisse, die in Objekten gespeichert sind, häufig durch folgenden Befehl gerundet abrufen:

```
format(OBJEKTNAME, nsmall = 2)
```

In SPSS werden für jede Variable die Standardabweichung und die Varianz angegeben ⑥, in R nur die Standardabweichung. Die Standardabweichung bei „Hoffnung auf Erfolg“ (`he`) beträgt 2.86, was einer Varianz von 8.17 entspricht. Es sei an dieser Stelle noch darauf hingewiesen, dass es sich hierbei um Schätzungen für die Populationsstreuung aus der Stichprobenstreuung handelt (vgl. *Abschnitt 3.1.1*), dabei wird anstatt durch n durch $n - 1$ dividiert.

Abschließend erfolgt die Angabe der Schiefe ❼ und der Kurtosis ❽ mit den jeweiligen Standardfehlern (in R werden die Standardfehler im psych-Package nicht angegeben). Da alle Schiefen kleiner als null sind, kann vermutet werden, dass alle Verteilungen rechtssteil und linksschief sind. Dabei wird die größte Abweichung von der Normalverteilung bei der Baseline beobachtet. Diese ist zudem im Gegensatz zu den anderen beiden Maßen, die eher platykurtisch sind (Kurtosis < 0), leptokurtisch (Kurtosis > 0). Die Ausgabe in R beinhaltet zusätzlich den Median (median), den getrimmten Mittelwert (trimmed) und den Median der Beträge aller Abweichungen zum Median (mad). Letzteres ist ein Dispersionsmaß. Will man in R den Standardfehler zur Schiefe und der Kurtosis bestimmen, bietet sich die folgende Alternative an:

```
library(pastecs)
desc2 <- stat.desc(vars, basic = TRUE, desc = TRUE, norm = TRUE, p=.95)
format(desc2, nsmall = 2)
```

Die Funktion `stat.desc` aus dem Package pastecs (Grosjean & Etienne, 2014) berechnet zudem Tests auf Normalverteilung (norm=TRUE).

Um Variablen in R zu standardisieren, kann der folgende Befehl genutzt werden:

```
vars_z <- scale(vars, center=TRUE, scale=TRUE)
```

Die Funktion scale standardisiert nun alle Variablen im Objekt vars und legt die neuen Variablen in das Objekt vars_z. Wird die Option scale durch die Angabe von FALSE negiert, wird die Variable nur zentriert.

2.3.2 Grafische Darstellungen

Zur Erstellung grafischer Darstellungen stehen in SPSS und R jeweils mehrere Optionen zur Verfügung. Eine Übersicht über verschiedene Grafiken und wann diese angezeigt sein könnten gibt ▶*Abbildung 2.42*. Am komfortabelsten lassen sich grafische Darstellungen in SPSS durch die Option GRAFIKEN → DIAGRAMMERSTELLUNG erstellen (siehe ▶*Abbildung 2.43*).

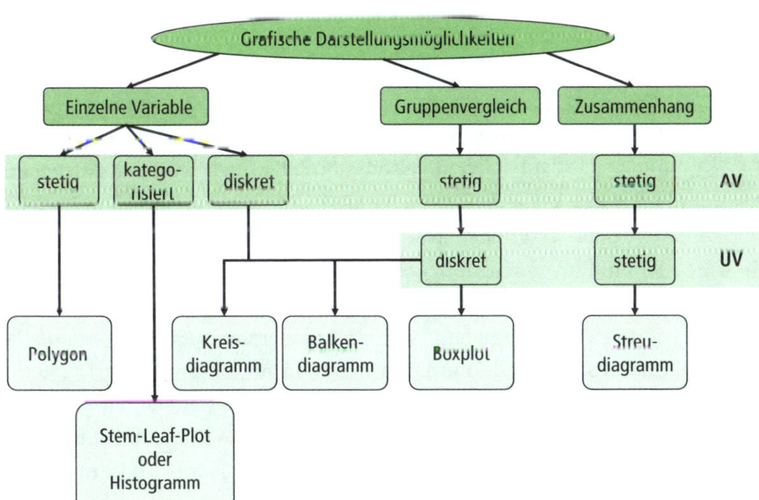

Abbildung 2.42: Optionen für die Diagrammerstellung

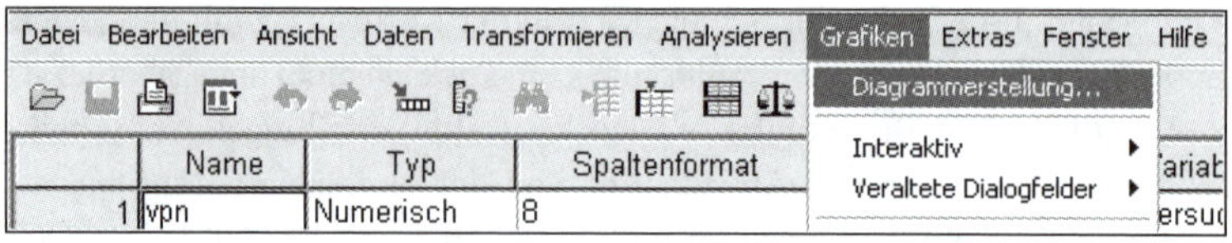

Abbildung 2.43: Auswahl Menü Diagrammerstellung

Grafische Darstellungen in SPSS. Beim ersten Öffnen der Option in SPSS erfolgt der Hinweis, dass das Skalenniveau der Daten korrekt spezifiziert sein muss (siehe ▶*Abbildung 2.44*). Falls dies nicht direkt bei der Eingabe erfolgte, sollte es jetzt geschehen. Das Skalenniveau lässt sich in der Variablenansicht in der Spalte MESSNIVEAU festlegen. Dabei unterscheidet SPSS zwischen metrisch, ordinal und nominal. In SPSS werden unter metrisch alle Skalenniveaus oberhalb des Ordinalskalenniveaus gefasst.

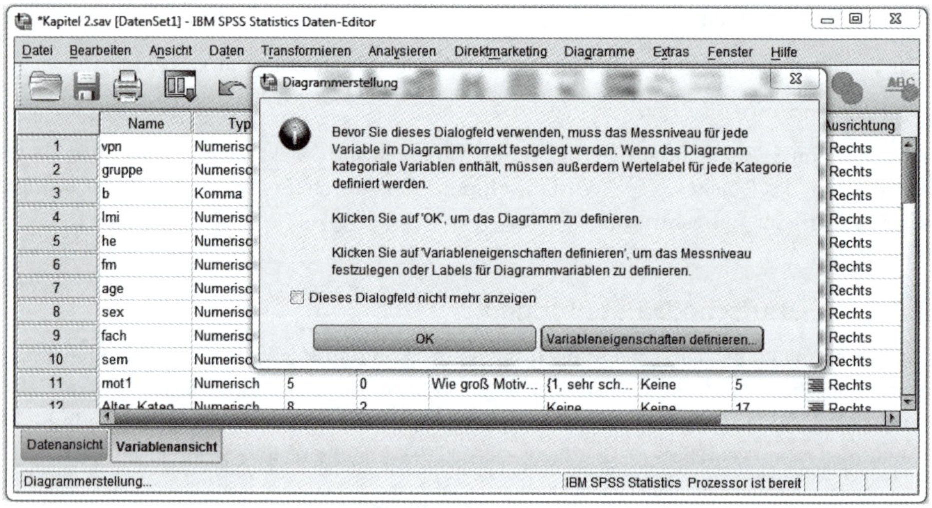

Abbildung 2.44: Hinweis zur Diagrammerstellung

Nach Auswahl der Option DIAGRAMMERSTELLUNG öffnet sich das Fenster aus *Abbildung 2.45*. Zunächst hat der Benutzer in diesem Fenster die Möglichkeit, aus einer Liste verschiedener grafischer Darstellungen zu wählen. Nehmen wir einmal an, wir wollen das Histogramm der Variable „Hoffnung auf Erfolg" erstellen. Es handelt sich um eine einzelne Variable und es sollen auch keine Gruppen verglichen werden. Wie in der Übersicht von *Abbildung 2.42* ersichtlich, wäre hier ein Polygonzug möglich. Da wir aber nicht von einer stetigen Variablen ausgehen können (zwischen den einzelnen Punktwerten sind schließlich Lücken) sondern eher von kategorisierten Daten ausgehen, soll ein Histogramm erstellt werden. Dazu muss mit der Maus auf die entsprechende Funktion in der Liste der grafischen Darstellungsmöglichkeiten geklickt werden ①. Es öffnet sich die Liste der verschiedenen möglichen Histogramme direkt rechts daneben. Aus dieser Liste muss nun eine Möglichkeit gewählt und per Maus in das Fenster oberhalb der Liste gezogen werden. Ein leeres Koordinatensystem entsteht. Je nach Auswahl der Darstellungsmöglichkeit öffnet sich hier eine Maske für die Grafik. Beim Histogramm ist dies das abgebildete Koordinatensystem. Gleichzeitig öffnet sich ein weiteres Fenster mit dem Titel ELEMENTEIGENSCHAFTEN. Vor der Auswahl dieser Eigenschaften bestücken wir das Koordinatensystem. Sollen Gruppen verglichen werden, müssen die Gruppenvariable auf die *x*-Achse ③ und die abhängige Variable auf die *y*-Achse gezogen werden ④. In diesem Fall repräsentieren die Balken dann die Gruppenmittelwerte. Da wir aber lediglich das Histogramm über alle Gruppen betrachten wollen, wird die Variable „Hoffnung auf Erfolg" aus der Variablenliste ⑤ in das Feld *x*-Achse gezogen. Automatisch steht im Feld der *y*-Achse nun Histogramm. Im Feld Statistik ⑥ kann nun festgelegt werden, welche Information abgetragen werden soll. So kann auch festgelegt werden, dass anstelle der absoluten Häufigkeit einer Messwertausprägung bzw. Kategorie Varianzen oder Prozentzahlen abgetragen werden. Wird im Kästchen NORMALVERTEILUNGSKURVE ANZEIGEN ein Häkchen gesetzt ⑦, wird in das Histogramm auch eine Normalverteilungskurve eingezeichnet. So lassen sich Abweichungen direkt visuell abschätzen. In der Auswahlliste BALKENART ⑧ lässt sich nun noch festlegen, ob die Balken mit einem Whisker oder als Doppel-T dargestellt werden sollen. Nachdem alle Optionen ausgewählt wurden, können diese durch Klicken auf das Feld ZUWEISEN ⑨ aktiviert werden. Schließlich wird die Grafik durch Klicken auf das Feld OK erstellt ⑩.

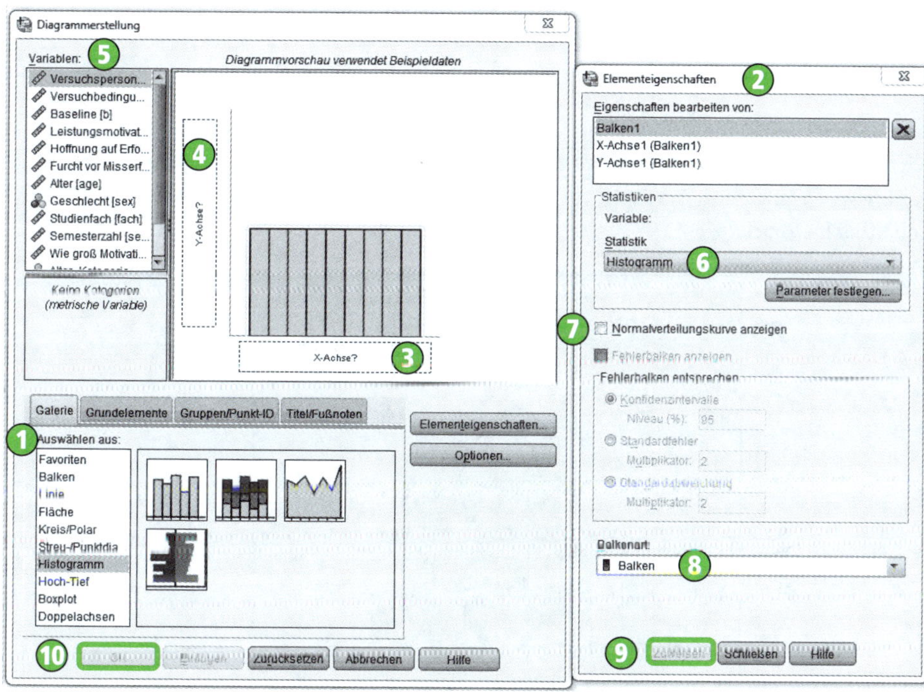

Abbildung 2.45: Fenster Diagrammerstellung

Eine weitere Option besteht darin, die Balkenbreite bezüglich der jeweils dargestellten Messwerte zu beeinflussen. Hierzu wird das Feld PARAMETER FESTLEGEN angeklickt und es öffnet sich ein weiteres Fenster (siehe ▶*Abbildung 2.46*).

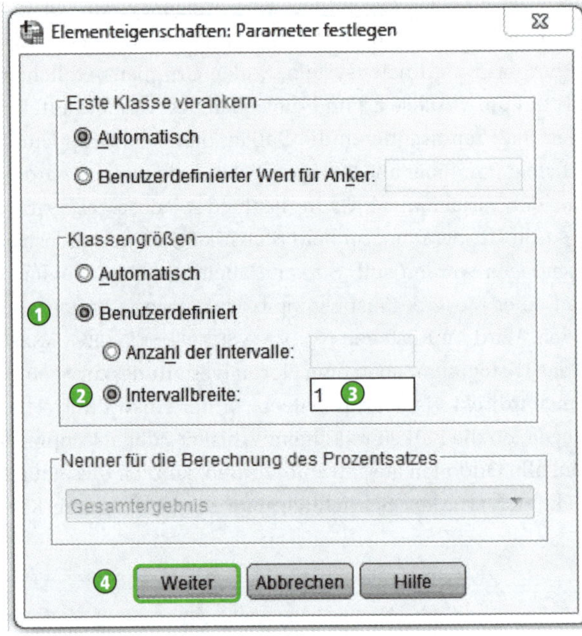

Abbildung 2.46: Kategorienbreite festlegen

Da wir jeden einzelnen Punktwert als Balken im Histogramm darstellen wollen, wählen wir die Option BENUTZERDEFINIERT ① bei Klassengrößen. Schließlich geben wir die Intervallbreite ② mit dem Wert „1" vor ③. Die Einstellung wird beendet durch Klicken der Schaltfläche WEITER ④.

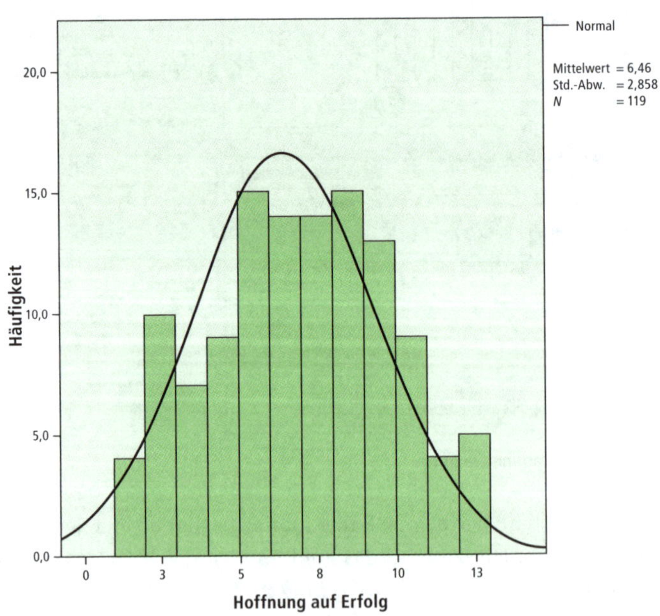

Abbildung 2.47: Histogramm für die Variable „Hoffnung auf Erfolg"

Das resultierende Histogramm sehen wir in ▶*Abbildung 2.47*. Rechts neben dem Histogramm sind noch einmal der Mittelwert, die Standardabweichung sowie die Stichprobengröße aufgeführt. Deutlich zu erkennen ist auch die Normalverteilungskurve.

Grafische Darstellungen in R. Eine ähnliche Grafik lässt sich in R erzeugen. Zunächst aber der Code für das einfache Histogramm:

```
library(ggplot2)
Abb2.47a <- ggplot(kap2, aes(he)) + geom_histogram(breaks = seq(.5,13.5, by=1),
   colour = "Black", fill = "dark green")

Abb2.47a + labs(x = "Hoffnung auf Erfolg", y = "Häufigkeit")+ scale_x_continuous
   (breaks = seq(0,13, by = 1)) + scale_y_continuous(breaks = seq(0,15, by = 1))
```

Nach dem Öffnen des Packages `ggplot2` definieren wir das Objekt `Abb2.47a`. Zu diesem fügen wir dann ein Histogramm hinzu, welches Balken von Null bis 13 im Abstand von jeweils einer Einheit haben soll. Damit die Balken wie in SPSS jeweils genau auf der 2 etc. stehen, müssen wir hier einen Bereich von 0.5 bis 13.5 angeben. Andernfalls beginnen die Balken bei 1 und gehen bis 2. Das Argument `by = 1` bewirkt, dass jeder Balken die Breite von einem Punkt hat. In der nächsten Zeile wird festgelegt, dass die Trennlinien schwarz und die Balken grün sein sollen. Abschließend sind noch die Achsenbeschriftungen sowie die Achsenmarkierungen definiert worden. Auch hier wird vorgegeben, dass die *x*-Achse Werte von 0 bis 13 darstellen soll und jeder Punkt abgetragen sein soll (`scale_x_continuous(breaks = seq(0, 13, by = 1))`). Eine entsprechende Skalierung der *y*-Achse wird ebenfalls vorgenommen.

Der folgende Code kann genutzt werden, um eine Normalverteilungskurve in ein Histogramm einzufügen.

```
library(ggplot2)
Abb2.47b <- ggplot(kap2, aes(he))
Abb2.47b + geom_histogram(aes(y = ..density..), colour = "black", fill =
   "dark green", breaks = seq(0, 13, by = 1)) + stat_function(fun = dnorm,
   args = list(mean = mean(kap2$he), sd = sd(kap2$he)), colour = "black") +
   labs(x = "Hoffnung auf Erfolg", y = "Dichte")
```

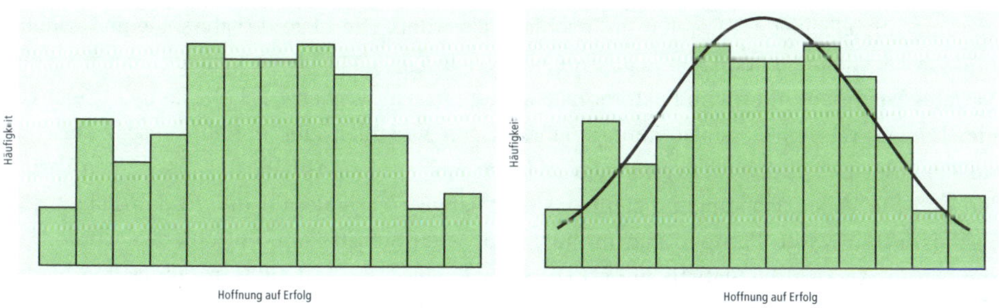

Abbildung 2.48: Histogramm „Hoffnung auf Erfolg" a) ohne und b) mit Normalverteilungskurve

Das Erzeugen der anderen Grafiken folgt dem gleichen Muster und wird daher hier nicht weiter dargestellt. Für R finden sich im Internet zahlreiche hilfreiche Anleitungen. Daneben empfehlen wir zu diesem Thema für R das Buch von Hatzinger, Hornik, Nagel und Maier (2014) und für SPSS das Buch von Bühl (2014).

2.3.3 Deskriptive Statistiken und grafische Darstellungen

Deskriptive Statistiken und grafische Darstellungen in SPSS und R. In SPSS besteht auch die Möglichkeit, deskriptive Statistiken und bestimmte grafische Darstellungen gemeinsam erzeugen zu lassen. Hierzu muss die Option ANALYSIEREN → DESKRIPTIVE STATISTIKEN → EXPLORATIVE DATENANALYSE gewählt werden. Diese Option eignet sich auch, um gruppenvergleichende Darstellungen zu erhalten.

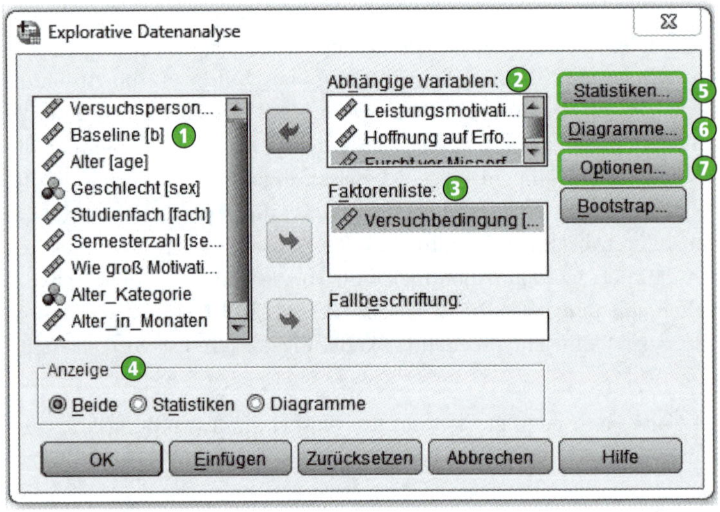

Abbildung 2.49: Explorative Datenanalyse

Es öffnet sich das Fenster in ▶*Abbildung 2.49*. Auf der linken Seite befindet sich eine Liste aller Variablen im Datensatz ①. Hier können wiederum einzelne Variablen oder Variablenlisten ausgewählt werden und mittels Mausklick auf die Pfeile in der Mitte in eine der Kategorien auf der rechten Seite übertragen werden. Bei der Auswahl kann nun zwischen abhängigen und unabhängigen Variablen unterschieden werden. Die Liste der abhängigen Variablen muss in die entsprechende Spalte übertragen werden ②. Als Nächstes kann eine unabhängige Variable bestimmt und in die Faktorenliste aufgenommen werden ③. Falls kein Gruppenvergleich angestrebt wird, es also keine unabhängigen Variablen gibt, entfällt dieser Schritt. In unserem Beispiel bilden die verschiedenen Leistungsmotivationsmaße die abhängigen Variablen und die Versuchsbedingung stellt die unabhängige Variable mit den Stufen Fake-Good, Fake-Bad und Kontrollgruppe dar. In einem nächsten Schritt kann entschieden werden, ob der Output deskriptive Statistiken und Diagramme enthalten soll, oder nur eines von beiden ④. Wir entscheiden uns für beide Informationsarten. Nun können für die deskriptiven Statistiken ⑤ beziehungsweise für die Diagramme ⑥ weitere Einstellungen vorgenommen werden. Unter dem Feld OPTIONEN ⑦ kann festgelegt werden, wie mit fehlenden Werten zu verfahren ist. Dabei kann zwischen einem LISTENWEISEN und einem PAARWEISEN Ausschluss, beziehungsweise der Option WERTE EINBEZIEHEN gewählt werden. Bei einem listenweisen Fallausschluss werden Personen, die in mindestens einer der ausgewählten Variablen einen fehlenden Wert aufweisen, aus allen Analysen ausgeschlossen. Bei einem paarweisen Ausschluss wird die Person nur bei den Berechnungen nicht berücksichtigt, bei denen die entsprechende Variable mit einem fehlenden Wert besetzt ist (bei SPSS z. B. häufig der Wert 99). Die letzte Option schließlich nimmt keinerlei Fallausschluss vor. Bei einer großen Anzahl von fehlenden Werten sollte zunächst über den Umgang mit diesen Werten und eventuelle Schätzmethoden entschieden werden (siehe Lüdtke, Robitzsch, Trautwein & Köller, 2007).

Bei den Statistiken hat man die Wahl zwischen DESKRIPTIVE STATISTIK, M-SCHÄTZER, AUSREIßER und PERZENTILE. Voreingestellt sind die deskriptiven Statistiken. Hier kann auch festgelegt werden, wie groß das Konfidenzintervall ist, das um den Mittelwert gelegt werden soll (siehe *Kapitel 4*). Wir verzichten hier jedoch darauf. Wir wählen die Option AUSREIßER aus. Hier werden jeweils die fünf Personen mit den höchsten und niedrigsten Werten in einer Variablen angezeigt.

Die letzte Option bietet die Möglichkeit, Perzentilgrenzen berechnen zu lassen. So können die Grenzwerte für das 5.-, 10.-, 25.-, 50.-, 75.-, 90.- und 95 -Perzentil automatisch berechnet werden. Diese Option wählen wir auch aus. In R erzeugen wir die Perzentilgrenzen durch den folgenden Befehl (hier am Beispiel der Variable `lmi`, dem Leistungsmotivationsindex):

```
lmi_per <- quantile(kap2$lmi, probs = seq(0, 1, by = .05))
lmi_per
```

Das Objekt `lmi_per` soll also die Perzentilgrenzen beinhalten. Der Befehl **`quantile`** greift dann auf die Variable `lmi` im Datensatz `kap2` zu und zerlegt sie in Perzentile. Dabei geben wir einen Bereich von 0 bis 1 vor und lassen alle fünf Prozent den Perzentilwert berechnen. Durch die Eingabe des Objektnamens werden dann die Perzentilgrenzen aufgezeigt. Um exakt den SPSS-Output zu erhalten, müsste stattdessen `probs = c(.05, .1, .25, .5, .75, .9, .95)` eingegeben werden. ▶*Abbildung 2.50* beinhaltet die Ergebnisse.

```
> lmi_per <- quantile(kap2$lmi, probs=c(.05, .1, .25, .5, .75, .9, .95))
> lmi_per
   5%   10%   25%   50%   75%   90%   95%
 83.9 100.0 117.5 148.0 171.5 183.2 194.3
> lmi_per1 <- quantile(kap2$lmi, probs=seq(0,1, by=.05))
> lmi_per1
   0%    5%   10%   15%   20%   25%   30%   35%   40%   45%   50%   55%   60%   65%   70%   75%
 63.0  83.9 100.0 105.0 111.8 117.5 120.0 126.0 130.4 139.0 148.0 150.9 155.0 159.7 166.0 171.5
  80%   85%   90%   95%  100%
174.8 180.3 183.2 194.3 208.0
```

Abbildung 2.50: Perzentilbestimmung in R

Fahren wir im SPSS-Beispiel (*Abbildung 2.49*) fort. Wenn wir die Option DIAGRAMME ⑥ wählen, öffnet sich ein weiteres Optionsfenster (siehe ▶*Abbildung 2.51*). Es stehen drei Diagrammtypen zur Auswahl. Zunächst besteht die Option, einen BOXPLOT ① zu erstellen. Hierbei kann zum einen entschieden werden, dass in einem Diagramm für alle Gruppen zusammen der Boxplot einer abhängigen Variablen erzeugt wird (Faktorstufen, d. h. UV-Stufen zusammen). Alternativ können auch alle abhängigen Variablen für jede Gruppe separat in ein Diagramm gesetzt werden (abhängige Variablen zusammen). Wir wählen die erste Option, da wir die Gruppen in jeder der Variablen vergleichen wollen und nicht die Variablen innerhalb jeder Gruppe. Unter der Rubrik DESKRIPTIV ② kann zwischen einem STENGEL-BLATT-Diagramm und einem HISTOGRAMM gewählt werden. Aus Gründen der Übersichtlichkeit wählen wir das Histogramm.

Nun sind alle Einstellungen vorgenommen und die Berechnung kann durch Klicken auf das in *Abbildung 2.49* zu sehende Feld OK gestartet werden.

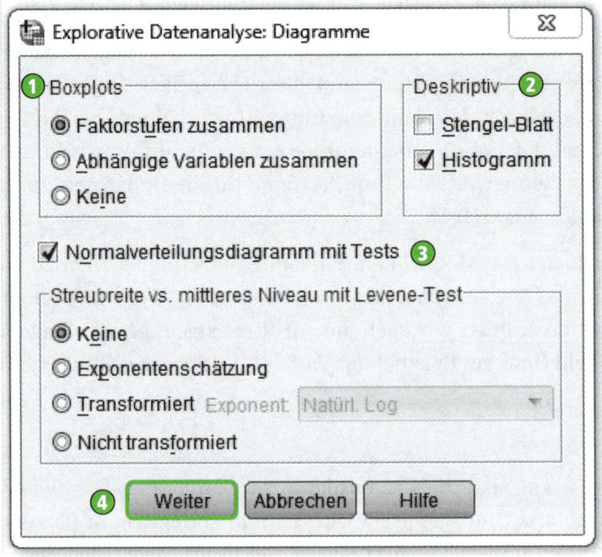

Abbildung 2.51: Diagrammoptionen in der explorativen Datenanalyse

Um für die deskriptiven Statistiken ebenfalls eine nach Gruppen sortierte Ausgabe in R zu erzeugen, nutzen wir wieder das psych-Package und den Befehl describeBy:

```
library(psych)
descbygroup <- describeBy(vars, group = kap2$gruppe, type = 2)
descbygroup
```

Im Objekt descbygroup legen wir die Ergebnisse der Funktion **describeBy** ab. Die Funktion ist identisch aufgebaut zur describe-Funktion, hat aber den Zusatz, dass eine Gruppenvariable definiert wird (group=). Der Ausdruck kap2$gruppe zeigt nun an, dass aus dem Datensatz kap2 die Variable gruppe als Faktor herangezogen werden soll.

Um gruppierte Histogramme zu erzeugen, können wir den vorher genutzten Befehl erneut heranziehen und einfach einen weiteren Befehl anfügen:

```
Abb2.49 <- ggplot(kap2, aes(he)) + geom_histogram(breaks = seq(.5, 12.5, by = 1),
   colour = "Black", fill = "dark green")

Abb2.49 + labs(x = "Hoffnung auf Erfolg", y = "Häufigkeit") + scale_x_continuous
   (breaks = seq(0, 13, by = 1)) + scale_y_continuous(breaks = seq(0, 15, by = 1))
   + facet_wrap(~gruppe, ncol = 3, nrow = 1)
```

Durch den Befehl `facet_wrap` werden nach `gruppe` getrennte Diagramme erzeugt und in 3 Spalten (`ncol = 3`) und einer Zeile (`nrow = 1`) angeordnet.

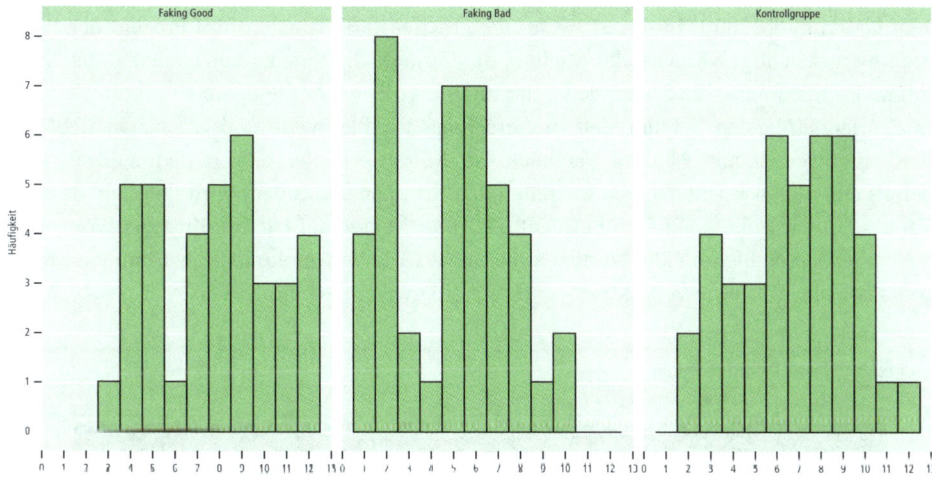

Abbildung 2.52: Nach Gruppen sortierte Histogramme

Kommen wir auf SPSS zurück und betrachten wir die Ausgabe. Der Output der explorativen Datenanalyse ist sehr umfangreich und wird hier nur in Ausschnitten dargestellt. Zunächst enthält der SPSS-Output eine Tabelle, in der für jede Gruppe die Anzahl der gültigen und der fehlenden Fälle sowie die Gesamtanzahl an Personen aufgeführt ist. Da in unserem Datensatz keine fehlenden Werte auftraten, verzichten wir auf die Darstellung der Tabelle.

Deskriptive Statistik

①	② Versuchsbedingung	③		④ Statistik	Standardfehler
Leistungsmotivationsindex	Faking Good	Mittelwert		172,54	3,324
		95% Konfidenzintervall des Mittelwerts	Untergrenze	165,80	
			Obergrenze	179,28	
		5% getrimmtes Mittel		173,18	
		Median		173,00	
		Varianz		408,866	
		Standardabweichung		20,220	
		Minimum		126	
		Maximum		208	
		Spannweite		02	
		Interquartilbereich		25	
		Schiefe		−,544	,388
		Kurtosis		,000	,759
	Faking Bad	Mittelwert		109,49	3,643
		95% Konfidenzintervall des Mittelwerts	Untergrenze	102,12	
			Obergrenze	116,85	

Abbildung 2.53: Angabe der deskriptiven Statistiken in der explorativen Datenanalyse

Der nächste Teil des SPSS-Outputs sowie der R-Output enthalten eine Tabelle der deskriptiven Statistiken (siehe ▸*Abbildung 2.53* für SPSS). Die R-Ausgabe folgt dabei demselben Schema, das wir oben bereits erläutert haben, daher lassen wir es hier weg.

Im SPSS-Output sind in der linken Spalte ① die einzelnen abhängigen Variablen aufgelistet. In dem hier dargestellten Ausschnitt ist nur der Leistungsmotivationsindex zu sehen. In der nächsten Spalte ② sind die Stufen der unabhängigen Variablen zu sehen. In diesem Ausschnitt sind die Kennwerte der Fake-Good- und Teile der Fake-Bad-Gruppe dargestellt. Die verschiedenen Kennwerte, die berechnet wurden, folgen in der nächsten Spalte ❸. Im Einzelnen sind dies der Mittelwert, das dazugehörige 95%-Konfidenzintervall, das um fünf Prozent getrimmte Mittel (Mittelwert, wenn die größten und kleinsten fünf Prozent der Werte nicht berücksichtigt werden), der Median, die Varianz, die Standardabweichung, das Minimum, das Maximum, die Spannweite, der Interquartilbereich, die Schiefe und die Kurtosis. In den letzten beiden Spalten sind die errechneten Zahlenwerte und gegebenenfalls Standardfehler verzeichnet ❹. Ein Vergleich der Mittelwerte der beiden Bedingungen zeigt bereits einen großen Unterschied zwischen den Gruppen an. Zudem wird deutlich, dass die Variable in der Fake-Good-Gruppe rechtssteil und linksschief ist. Die Kurtosis (Wert null) weicht jedoch nicht von einer Normalverteilung ab. Die Verwendung des getrimmten Mittelwerts ist beim Vorliegen von Extrem- und Ausreißerwerten zu empfehlen.

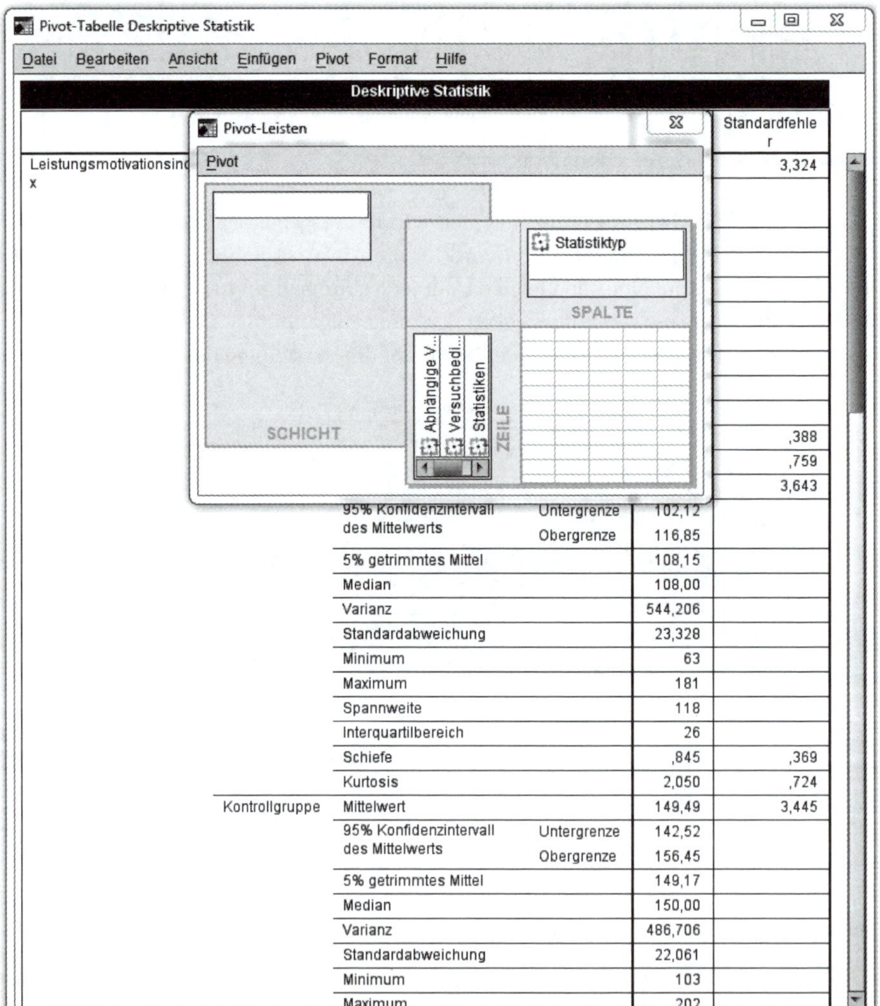

Abbildung 2.54: Pivot-Leisten

Durch ein Doppelklicken auf die Tabelle im Output öffnet sich ein neues Fenster. Hier lässt sich die Schrift sowie die Rahmung der Tabelle ändern. Daneben gibt es aber auch die Option, die Spalteneinträge zu verschieben. Dies ist hier sehr sinnvoll und in ▶*Abbildung 2.54* dargestellt. Im unteren Bereich befinden sich Platzhalter für die ersten drei Tabellenspalten. Der zweite Platzhalter ist die unabhängige Variable. Diese ziehen wir mit der Maus in die rechte Leiste ganz nach oben. Dadurch verändert sich der Tabellenaufbau und die Gruppen stehen direkt nebeneinander.

So lassen sich in dieser Tabelle bereits auf einen Blick Unterschiede zwischen den einzelnen Gruppen finden.

Deskriptive Statistik

			Versuchbedingung						
			Faking Good		Faking Bad		Kontrollgruppe		
			Statistik	Standardfehler	Statistik	Standardfehler	Statistik	Standardfehler	
Leistungsmotivationsindex	Mittelwert		172,54	3,324	109,49	3,643	149,49	3,445	①
	95% Konfidenzintervall des Mittelwerts	Untergrenze	165,80		102,12		142,52		
		Obergrenze	179,28		116,85		156,45		
	5% getrimmtes Mittel		173.18		108,15		149,17		②
	Median		173,00		108,00		150,00		
	Varianz		408,866		544,206		486,706		③
	Standardabweichung		20,220		23,328		22,061		
	Minimum		126		63		103		
	Maximum		208		181		202		
	Spannweite		82		118		99		
	Interquartilbereich		25		26		27		
	Schiefe		–,544	,388	,845	,369	,091	,369	④
	Kurtosis		,000	,759	2,050	,724	,094	,724	⑤

Abbildung 2.55: Veränderte Tabelle der deskriptiven Statistiken aus der explorativen Datenanalyse

In dieser Darstellungsform (siehe ▶*Abbildung 2.55*) sind die Mittelwertunterschiede ①, die auch durch Abschneiden der extremsten 10 Prozent ② erhalten bleiben, auf einen Blick ersichtlich. Ebenso lässt sich durch einen Blick auf die Varianzen schnell das Ausmaß der Unterschiede zwischen den Personen innerhalb der Gruppen ersehen ③. So wird die höchste Streuung mit der Fake-Bad-Bedingung und die geringste mit Fake-Good-Bedingung erzielt. Schließlich zeigen die letzten beiden Zeilen Unterschiede in Schiefe ④ und Breite ⑤ der Verteilung. Während die Verteilung in der Gruppe mit Fake-Good-Bedingung rechtssteil ist, ist sie in der Fake-Bad-Gruppe eher linkssteil und in der Kontrollgruppe fast symmetrisch verteilt. Auch bei der Breite gibt es Unterschiede zwischen den Gruppen.

Im nächsten Outputteil sind bestimmte Perzentile abgetragen (siehe ▶*Abbildung 2.56*).

In der ersten Spalte der Tabelle ist die Art der Information angegeben ①. Dabei handelt es sich entweder um die Perzentilgrenze oder um Quartilgrenzen (Tukey-Angelpunkte). Danach folgt der Aufbau der Tabelle demselben Schema wie zuvor. Zunächst werden die abhängigen Variablen aufgelistet ②, bevor die Stufen der unabhängigen Variablen aufgeführt werden ③. Schließlich folgen die Spalten für die einzelnen Perzentilgrenzen ④. Hinterlegt sind die Quartilgrenzen.

Perzentile

(1)	(2)	(3) Versuchbedingung	(4) Perzentile 5	10	25	50	75	90	95
Gewichtetes Mittel (Definition 1)	Leistungsmotivationsindex	Faking Good	127,80	139,80	160,50	173,00	185,00	198,00	205,30
		Faking Bad	72,00	82,00	94,50	108,00	120,00	131,20	169,40
		Kontrollgruppe	108,70	119,20	134,50	150,00	161,50	176,80	195,00
	Hoffnung auf Erfolg	Faking Good	3,90	4,00	5,00	8,00	10,00	12,00	12,00
		Faking Bad	1,00	1,20	2,00	5,00	7,00	8,00	9,90
		Kontrollgruppe	2,10	3,00	5,00	7,00	9,00	10,00	10,90
	Furcht vor Misserfolg	Faking Good	,00	,00	1,00	2,00	4,50	7,00	8,10
		Faking Bad	2,00	3,00	4,00	6,00	8,00	9,80	10,90
		Kontrollgruppe	,10	1,00	3,00	4,00	5,50	7,00	9,90
Tukey-Angelpunkte	Leistungsmotivationsindex	Faking Good			162,00	173,00	184,00		
		Faking Bad			95,00	108,00	120,00		
		Kontrollgruppe			136,00	150,00	161,00		
	Hoffnung auf Erfolg	Faking Good			5,00	8,00	10,00		
		Faking Bad			2,00	5,00	7,00		
		Kontrollgruppe			5,00	7,00	9,00		
	Furcht vor Misserfolg	Faking Good			1,00	2,00	4,00		
		Faking Bad			4,00	6,00	8,00		
		Kontrollgruppe			3,00	4,00	5,00		

Abbildung 2.56: Output Perzentile aus der explorativen Datenanalyse

In der nächsten Tabelle mit der Überschrift EXTREMWERTE sind für jede Bedingung und jede Variable jeweils die fünf kleinsten und die fünf größten Werte aufgelistet.

Extremwerte

(1)	(2) Versuchsbedingung			(5) Fallnummer	(6) Wert
Leistungsmotivationsindex	Faking Good	Größte Werte (3)	1	80	208
			2	100	205
			3	32	202
			4	3	197
			5	18	194
		Kleinste Werte (4)	1	54	126
			2	57	128
			3	56	139
			4	1	140
			5	13	142
	Faking Bad	Größte Werte	1	81	181
			2	25	172
			3	58	146
			4	104	132
			5	86	128
		Kleinste Werte	1	47	63
			2	63	71
			3	62	81
			4	109	82
			5	26	82
	Kontrollgruppe	Größte Werte	1	112	202
			2	42	197
			3	30	177
			4	67	177
			5	7	176
		Kleinste Werte	1	90	103
			2	89	108
			3	113	115
			4	98	119
			5	2	120
Hoffnung auf Erfolg	Faking Good	Größte Werte	1	70	12
			2	71	12
			3	80	12
			4	100	12
			5	8	11[a] (7)

Abbildung 2.57: Extremwerttabelle aus der explorativen Datenanalyse

Es folgt nun ein Blick auf Ausreißer- und Extremwerte (siehe ▶*Abbildung 2.57*). Die Überschrift ist jedoch irreführend, da es sich nicht um Extremwerte handelt, wie wir sie weiter oben beschrieben haben. Dort galt ein Wert als Ausreißer beziehungsweise als Extremwert, wenn er mehr als 1.5- beziehungsweise 3-mal den Interquartilabstand ober- oder unterhalb der Box des Boxplots liegt. Aus den Informationen in der Perzentiltabelle lassen sich diese Grenzen berechnen. Einfacher ist sicher ein Blick auf den Boxplot.

Ansonsten erfolgt der Aufbau der Tabelle wie gewohnt. Zunächst werden die abhängigen ① und daneben die unabhängigen ② Variablen aufgelistet. Dann erfolgt die Angabe der fünf größten ③ und der fünf kleinsten ④ Messwerte in jeder Bedingung und für jede der Variablen. Hierzu sind zum einen die konkrete Fallnummer ⑤ und zum anderen der eigentliche Messwert ⑥ eingetragen. Da es vorkommen kann, dass ein Messwert durch mehr als eine Person besetzt ist, wird diese Information durch eine Fußnote angezeigt ⑦. So liegen hier elf Personen mit dem gleichen Messwert von 11 vor. Lediglich Person 16 ist aufgeführt (Fußnote nicht abgebildet). Die Fallnummern richten sich dabei nach den Zeilennummern in der Datenansicht. Liegen Versuchspersonencodes vor, kann die Fallnummer durch diese ersetzt werden, wenn beim Festlegen der Einstellungen die entsprechende Variable in das Feld FALLBESCHRIFTUNG überführt wird (siehe *Abbildung 2.54*).

Der nächste Teil des Outputs beschäftigt sich mit der Prüfung der Annahme, dass die Verteilungen der abhängigen Variablen in den Gruppen einer Normalverteilung folgen. Hierzu gibt es einen Signifikanztest und eine grafische Darstellung. An dieser Stelle gehen wir nur auf den Test ein.

Tests auf Normalverteilung

		Kolmogoroff-Smirnoff[a] ④			Shapiro-Wilk		
	Versuchbedingung	Statistik ①	*df* ②	Signifikanz ③	Statistik	*df*	Signifikanz
Leistungsmotivationsindex	Faking Good	,130	37	,114	,964	37	,271
	Faking Bad	,135	41	,058	,936	41	,023
	Kontrollgruppe	,107	41	,200*	,984	41	,823
Hoffnung auf Erfolg	Faking Good	,143	37	,055	,939	37	,042
	Faking Bad	,163	41	,008	,934	41	,020
	Kontrollgruppe	,118	41	,163	,966	41	,248
Furcht vor Misserfolg	Faking Good	,201	37	,000	,894	37	,002
	Faking Bad	,078	41	,200*	,987	41	,907
	Kontrollgruppe	,154	41	,016	,956	41	,117

*. Dies ist eine untere Grenze der echten Signifikanz.
a. Signifikanzkorrektur nach Lilliefors

Abbildung 2.58: Test auf Normalverteilung in der explorativen Datenanalyse

Die Ergebnisse des Tests sind in ▶*Abbildung 2.58* dargestellt. Der Aufbau der Tabelle folgt wiederum demselben Schema. Zunächst kommen die abhängigen, dann folgen die unabhängigen Variablen. In den nächsten zwei großen Spalten sind die Ergebnisse des Kolmogorow-Smirnow-Tests (im Englischen Kolmogorov-Smirnov) und des Shapiro-Wilk-Tests eingetragen. Letzterer eignet sich immer, sollte aber vor allem verwendet werden, wenn die Gruppengröße kleiner als $n = 30$ ist. Dies ist hier nicht der Fall. Für beide Tests werden die Prüfgröße ①, die Freiheitsgrade (*df*) ② und die Überschreitungswahrscheinlichkeit, hier als Signifikanz bezeichnet (siehe *Kapitel 4*), angegeben ③. Dabei nutzt SPSS die Signifikanzkorrektur nach Lilliefors ④, die berücksichtigt, dass weder der Populationsmittelwert noch die Populationsstreuung bekannt sind. Die Korrektur, die durch den Shapiro-Wilk-Test vorgenommen wird, macht den Test konservativer. Das bedeutet, das Ergebnis wird weniger schnell signifikant. Die Nullhypothese (siehe *Kapitel 4*) der Tests lautet, dass die Verteilung einer Normalverteilung entspricht. Ist das Ergebnis signifikant (liegt also in der Spalte Signifikanz ein *p*-Wert von kleiner 0.05 vor), muss diese Annahme verworfen werden. Die farbig hinterlegten Zeilen zeigen die Ergebnisse für die Fake-Good-Bedingung. Zudem zeigt die Tabelle, dass bei der Fake-Bad-Gruppe die Normalverteilungsannahme nur im Kennwert ‚Hoffnung auf Erfolg' verletzt ist. Bei beiden anderen Gruppen treten Verletzungen bei der Variablen ‚Furcht vor Misserfolg' auf.

Um in R den Shapiro-Wilk-Test für die Variablen und die einzelnen Gruppen zu erzeugen, hilft diese Syntax:

```
sw <- by(data=kap2[, c("b", "lmi", "he", "fm")], INDICES = kap2$gruppe,
   FUN = stat.desc, basic = FALSE, norm = TRUE)

sw
```

Das Objekt mit den Ergebnissen nennen wir `sw`. Die **by**-Funktion legt fest, dass im Folgenden ein Befehl kommt, der nach einer Gruppenvariable sortiert ausgegeben werden soll. Zunächst geben wir an, welche Daten aus welchem Datensatz wir nutzen wollen. Durch INDICES legen wir die Gruppenvariable fest. FUN definiert die eigentlich auszuführende Berechnung, in unserem Fall `stat.desc` aus dem Package `pastecs`. Die weiteren Befehle haben wir weiter oben schon erklärt. ▶*Abbildung 2.59* zeigt einen Ausschnitt des Outputs.

```
kap2$gruppe: Kontrollgruppe
                       b          lmi         he        fm
median       61.33000000 150.00000000  7.0000000 4.0000000
mean         62.68243902 149.48780488  6.8048780 4.3658537
SE.mean       0.90443917   3.44541441  0.4015511 0.3821571
CI.mean.0.95  1.82793975   6.96344227  0.8115651 0.7723682
var          33.53841890 486.70609756  6.6109756 5.9878049
std.dev       5.79123639  22.06141649  2.5711818 2.4469992
coef.var      0.09239009   0.14758004  0.3778439 0.5604858
skewness      0.33655540   0.08451662 -0.1591317 0.5328660
skew.2SE      0.45542022   0.11436624 -0.2153339 0.7210639
kurtosis     -0.09339176  -0.20128160 -0.9178718 0.3002970
kurt.2SE     -0.06445407  -0.13891396 -0.6334668 0.2072492
normtest.W    0.95527729   0.98401415  0.9656945 0.9563079
normtest.p    0.10732884   0.82313004  0.2476249 0.1166846
```

Abbildung 2.59: Test auf Normalverteilung in R

Die Angaben im Kästchen beinhalten zunächst die Prüfgröße des Tests (`normtest.W`) und dann die Überschreitungswahrscheinlichkeit (`normtest.p`). Die Ergebnisse decken sich mit den Angaben aus SPSS.

Im Output folgen nun die Histogramme der abhängigen Variablen in den verschiedenen Gruppen. Dies wird für SPSS hier nicht dargestellt und wurde für R bereits weiter oben beschrieben. Ebenso verzichten wir auf eine Erläuterung der Normalverteilungsplots. Der geneigte Leser sei auf Tabachnik und Fidell (2006) verwiesen.

Zum Abschluss findet sich für jede abhängige Variable ein Boxplotdiagramm, in dem die drei Gruppen verglichen werden (siehe ▶*Abbildung 2.60*).

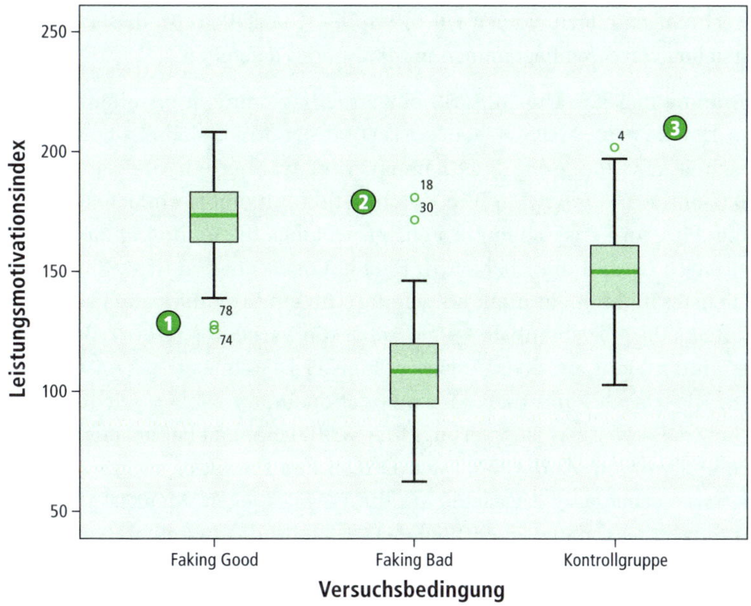

Abbildung 2.60: Boxplot aus der explorativen Datenanalyse

Auf der *x*-Achse sind die drei Stufen der unabhängigen Variablen abgetragen und auf der *y*-Achse die möglichen Messwertausprägungen der abhängigen Variablen Leistungsmotivationsindex. Ein Vergleich der Mediane zeigt wiederum die Unterschiede in der zentralen Tendenz. Auch die Ausreißer sind in den drei Gruppen durch die Fallnummern gekennzeichnet (❶, ❷, ❸).

Eine vergleichbare Grafik lässt sich in R durch diesen Befehl erzeugen:

```
library(ggplot2)
Abb2.59 <- ggplot(kap2, aes(gruppe, lmi))

Abb2.59 + geom_boxplot(outlier.size = 3, outlier.shape = 1, outlier.colour =
   "Black", fill = "dark green", width = .3) + labs(x = "Versuchsbedingungen",
   y = "Leistungsmotivationsindex")
```

Da wir diesen Befehl schon weiter oben erklärt haben, gehen wir hier nicht noch einmal darauf ein.

Somit bietet die explorative Datenanalyse in einem Schritt eine Vielzahl an Informationen, die es ermöglichen, sich schnell einen Überblick über die Daten zu verschaffen und so gut gerüstet für die weiteren Analysen zu sein.

Auch in R stehen viele informative deskriptive Statistiken bereit, um sich über die Daten zu informieren.

Darstellung von Zusammenhängen. Im Laufe des Kapitels haben wir auch dargestellt, wie wichtig es ist, bivariate Zusammenhänge zu betrachten. Dabei haben wir zum einen die Kovarianz und Korrelation und zum anderen die einfache lineare Regression betrachtet. Die quantitativen Berechnungen hierzu werden wir in *Kapitel 7* darstellen. An dieser Stelle wollen wir aber das Erstellen von Streudiagrammen in SPSS und R darstellen.

Streudiagramme in SPSS. Um in SPSS ein Streudiagramm zu erstellen, klicken wir auf die Option DIAGRAMME → DIAGRAMMERSTELLUNG. Es öffnet sich ein neues Fenster, welches wir schon aus *Abbildung 2.45* kennen. Hier wählen wir die Kategorie STREUDIAGRAMM ① (siehe ▶*Abbildung 2.61*) in Kombination mit einem einfachen Streudiagramm ②. Es öffnet sich nun zusätzlich ein Fenster, welches in *Abbildung 2.61* in der rechten Hälfte dargestellt ist und die Überschrift Elementeigenschaften trägt. Für unsere Zwecke ist dieses Fenster im Moment nicht notwendig. Um ein Streudiagramm zu erstellen, wählen wir nun aus der Variablenliste ③ zunächst die Variable *b* (OLMT Baseline) aus und ziehen sie mit der Maus auf die *x*-Achse im Fenster DIAGRAMMVORSCHAU VERWENDET BEISPIELDATEN. Die Variable *lmi* (Leistungsmotivationsindex) ziehen wir in gleicher Weise auf die *y*-Achse. Diese Zuweisung erfolgt hier willkürlich, da keine kausalen Zusammenhänge vermutet werden. Andernfalls würde man den Prädiktor auf die *x*-Achse und die abhängige bzw. vorhergesagte Variable auf die *y*-Achse legen. Mehr ist im Moment nicht nötig, und durch Klicken der Schaltfläche OK ④ wird das Erstellen des Diagramms ausgelöst.

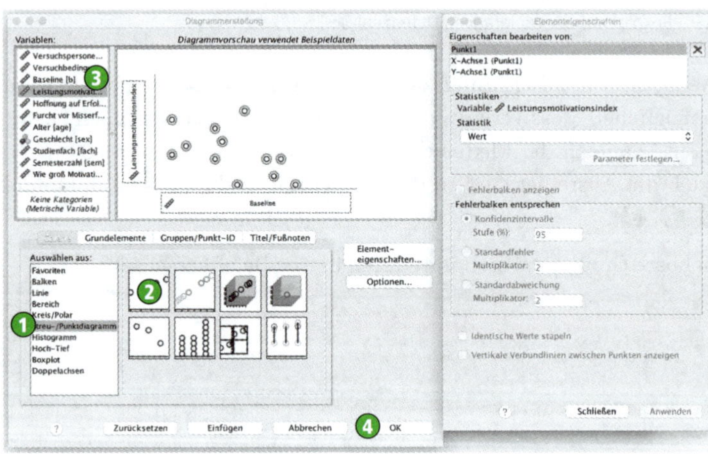

Abbildung 2.61: Eingabemaske Streudiagramm in SPSS

▶*Abbildung 2.62* enthält vier kleine Bilder. In der unteren Reihe findet sich links das Streudiagramm, so wie es direkt durch SPSS erstellt wird. Es kann nun hilfreich sein, in dieses Diagramm direkt auch die Regressionsgerade einzuzeichnen. Dazu müssen wir zunächst doppelt auf das Diagramm in der Ausgabe klicken. Es öffnet sich das Fenster links oben in der Abbildung. Hier klicken wir auf die Option ① ANPASSUNGSLINIE BEI GESAMTWERT EINFÜGEN. Es öffnet sich das Fenster rechts oben in der Abbildung, wo wir die Option LINEAR ② auswählen und das Fenster wieder schließen. Es gäbe hier auch eine Option, um ein KONFI-

DENZINTERVALL um die Regressionsgerade zu zeichnen (siehe *Kapitel 7*) ❸. Um die Zeilennummer zu erfahren, in der diese Person im Datensatz ist, kann man durch Klicken auf das Feld ❺ direkt die Nummer anzeigen lassen.

In dem von uns ausgewählten Beispiel zeigt sich ein mittlerer bis starker Zusammenhang zwischen den beiden Variablen, der in SPSS durch Angabe des Determinationskoeffizienten ❹ auch quantifiziert wird. Bezogen auf bivariate Ausreißer ist zunächst kein wirklich auffälliger Befund zu erkennen. Lediglich die Person mit dem geringsten LMI-Wert weicht mehr als andere ab.

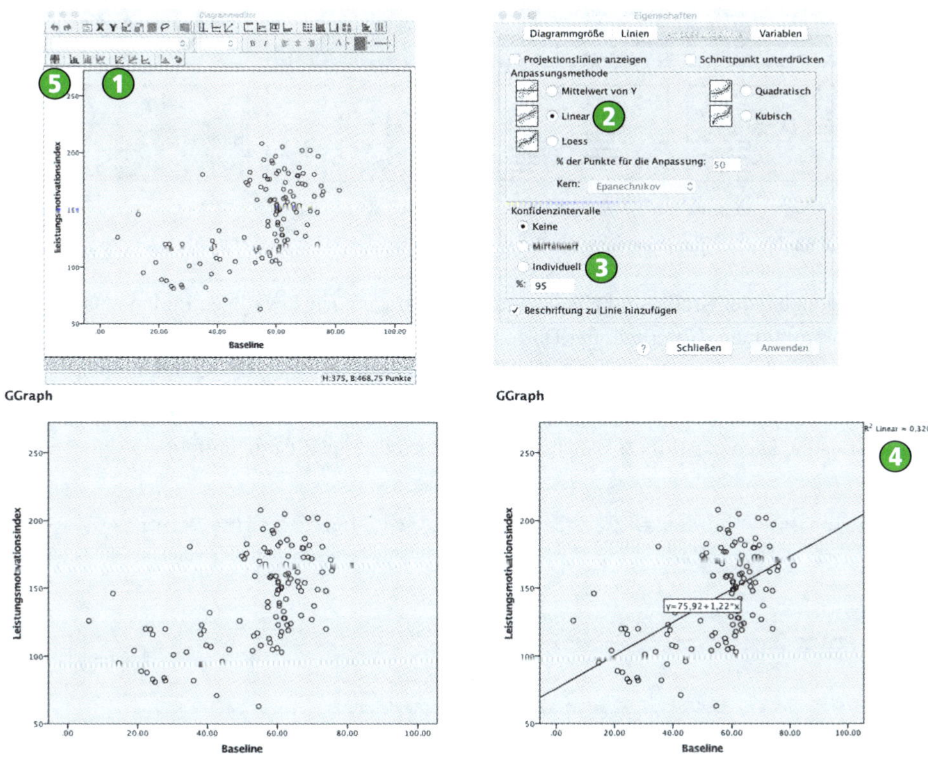

Abbildung 2.62: Streudiagramm und Bearbeitungsmasken in SPSS

Streudiagramme in R. In R lassen sich bivariate Zusammenhänge auch schnell inspizieren. Ein möglicher Befehl lautet `pairs.panels` und ist im `psych`-Package zu finden:

```
vars2 <- kap2[c("b", "lmi", "ho", "fm")]

library(psych)
pairs.panels(vars2, lm = TRUE)
```

In das Objekt `vars2` legen wir die zu analysierenden Variablen. Der Befehl erzeugt dann die Grafik in ▶*Abbildung 2.63*. Das Argument `lm = TRUE` bewirkt dabei, dass in die Streudiagramme Regressionsgeraden eingefügt werden.

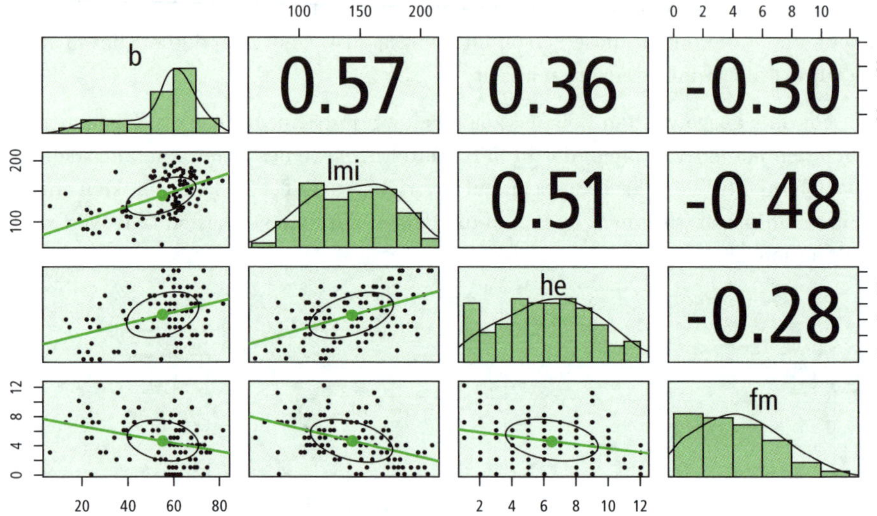

Abbildung 2.63: bivariate Zusammenhänge in R

In der Diagonalen der Grafik sind Histogramme eingetragen. Die jeweiligen Linien entsprechen den Dichtefunktionen. Unterhalb der Diagonalen sind die Streudiagramme mit den jeweiligen Regressionsgeraden angegeben. Oberhalb der Diagonalen finden sich die Korrelationen.

Um eine Abbildung ähnlich der vorher beschriebenen SPSS-Ausgabe zu erstellen, greifen wir auf das Package car (Fox & Weisberg, 2011) zurück. Der R-Code lautet:

```
library(car)
scatterplot(lmi ~ b, data=kap2, smooth=FALSE, reg.line=lm, main="Streudiagramm in
   R", xlab = "Baseline", ylab = "Leistungsmotivationsindex", id.method =
   "identify", labels = row.names(kap2), boxplots = "xy")
```

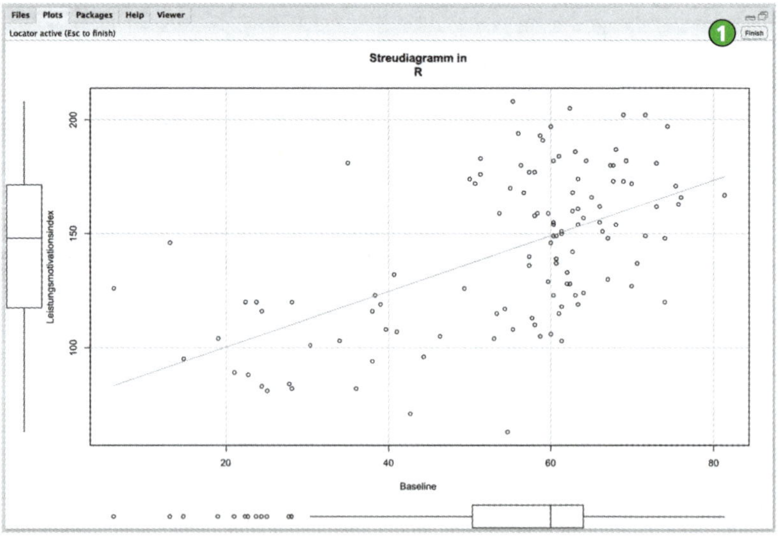

Abbildung 2.64: bivariate Zusammenhänge in R

Die genutzte Funktion lautet `scatterplot`, und zunächst geben wir an, mit welchen Variablen das Streudiagramm erstellt werden soll. Dabei wird hier zunächst die *y*-Achsen-Variable angegeben und danach die *x*-Achsen-Variable, durch das ~-Zeichen verbunden. Im nächsten Schritt geben wir den Datensatz an (`data=kap2`) und verzichten auf die Anpassung einer geglätteten Funktion (`smooth=FALSE`). Durch die Festlegung `reg.line=lm` legen wir fest, dass eine Regressionsgerade basierend auf einer einfachen linearen Regression eingezeichnet wird. In den nächsten Zeilen geben wir dem Diagramm einen Titel (`main`) und beschriften die Achsen. Nun kommen die Befehle, die es erlauben, die einzelnen Personen zu identifizieren. Durch das Argument `labels = row.names(kap2)` legen wir fest, dass die Zeilennummern der ausgewählten Datenpunkte ausgegeben werden sollen. Schließlich können durch das Hinzufügen der letzten Zeile auch noch die jeweiligen Boxplots der beiden Variablen in das Diagramm eingezeichnet werden. Das resultierende Diagramm ist in ▶*Abbildung 2.64* dargestellt.

Durch Anklicken der einzelnen Punkte können nun auffällige Personen identifiziert werden. Nach Klicken der Finish-Schaltfläche (1) werden diese in der Konsole mit der Zeilennummer ausgegeben.

Um ein Streudiagramm mit einem Konfidenzintervall in R zu zeichnen (siehe *Kapitel 7* für eine Erklärung zum Konfidenzintervall für Regressionsgeraden), kann der folgende Code mit dem Package **ggplot2** genutzt werden.

```
library(ggplot2)
Abb2.65 <- ggplot(data=kap2, aes(x=b, y=lmi))

Abb2.65 + geom_point() + labs(x = "Baseline", y = "Leistungsmotivationsindex") +
   geom_smooth(method = "lm", se = TRUE , level = .95)
```

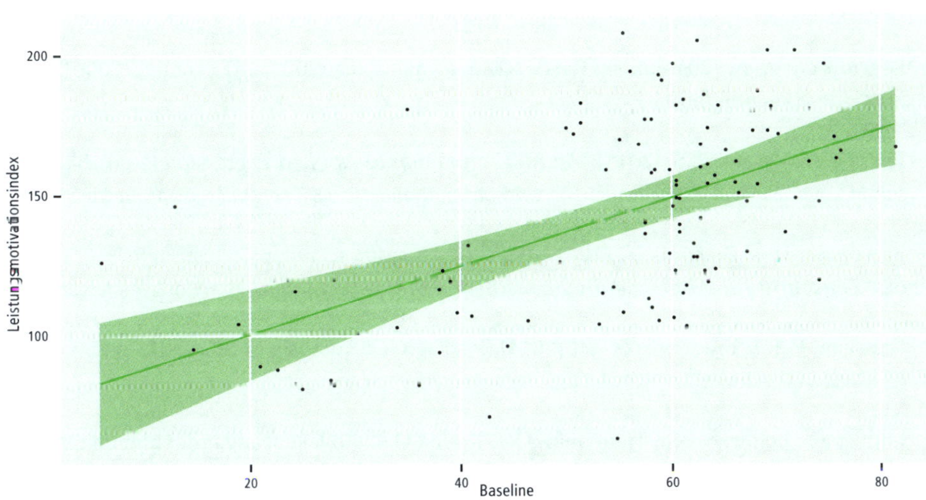

Abbildung 2.65: Bivariate Zusammenhänge in R

Nach dem Öffnen des Pakets definieren wir zunächst den Namen des Objekts, in dem wir die Abbildung ablegen wollen (`Abb2.65`). Diesem Objekt weisen wir nun die zu verwendenden Daten zu. Dabei greifen wir auf die Funktion `ggplot` zurück und legen Datensatz, *x*-Variable und *y*-Variable fest. In der nächsten Zeile wird diesem Objekt nun eine weitere Schicht aufgelegt. In dieser Schicht legen wir fest, dass die Zusammenhänge zwischen *x* und *y* durch Punkte abgetragen werden sollen (`geom_point`). Hiernach beschriften wir die Achsen mit der Funktion `labs`. Schließlich wird durch den Befehl `geom_smooth` festgelegt, dass eine Anpassungslinie eingetragen werden soll. Die Spezifikation `method = "lm"` legt fest, dass es eine lineare Regressionsgerade sein soll. Durch das Argument `se = TRUE` legen wir fest, dass ein Konfidenzintervall um die Regressionsgerade gezeichnet wird. Das letzte Argument `level = .95` legt dann fest, dass es ein Konfidenzintervall mit der Sicherheitswahrscheinlichkeit von 95 Prozent sein soll.

Literatur

Aquino, J. Includes R source code and/or documentation written by Dirk Enzmann, Marc Schwartz, Nitin Jain and Stefan Kraft (2016). descr: Descriptive Statistics. R package version 1.1.3. *https://CRAN.R-project.org/package=descr*

Bühl, A. (2014). *SPSS Version 22: Einführung in die moderne Datenanalyse.* München: Pearson.

Bühner, M. (2011). *Einführung in die Test- und Fragebogenkonstruktion* (3. ed.). München: Pearson.

Cleveland, W. S. & McGill, R. (1984). Graphical Perception: Theory, Experimentation, and Application to the Development of Graphical Methods. *Journal of the American Statistical Association,* 79, 531–554.

Dragulescu, A. A. (2014). xlsx: Read, write, format Excel 2007 and Excel 97/2000/XP/2003 files (Version 0.5.7).

Fox, J.W. & Weisberg, S. (2011). *An {R} Companion to Applied Regression* (2 ed). Thousand Oaks CA: Sage. URL: *http://socserv.socsci.mcmaster.ca/jfox/Books/Companion*

Freedman, D. & Diaconis, F. (1981). On the histogram as a density estimator: L_2 Theory. *Zeitschrift für Wahrscheinlichkeitstheorie und verwandte Gebiete,* 57, 453–476.

Grosjean, P. I. & Frederick; E. M. (2014). Package for Analysis of Space-Time Ecological Series (Version 1.3-18).

Lüdtke, O., Robitzsch, A., Trautwein, U. & Köller, O. (2007). Umgang mit fehlenden Werten in der psychologischen Forschung. Probleme und Lösungen. *Psychologische Rundschau,* 58, 103–117.

Michell, J. (1997). Quantitative science and the definition of measurement in psychology. *British Journal of Psychology,* 88, 355–383.

Revelle, W. (2015). psych: Procedures for Personality and Psychological Research (Version 1.5.4). Evanston, Illinois, USA.

Schuler, H. & Prochaska, M. (2001). *LMI. Leistungsmotivationsinventar.* Göttingen: Hogrefe.

Schmidt-Atzert, L. (2005). *Objektiver Leistungsmotivations-Test.* Wien: Schuhfried.

Stern, W. (1912). *Die psychologischen Methoden der Intelligenzprüfung und deren Anwendung an Schulkindern.* Paper presented at the 5. Kongress der experimentellen Psychologie, Berlin.

Stevens, S. S. (1946). On the Theory of Scales of Measurement. *Science, 103,* 677–680.

Steyer, R. & Eid, M. (2001). *Messen und Testen.* Berlin: Springer.

Tabachnik, B. G. & Fidell, L. S. (2006). *Using multivariate statistics.* New York: Harpor Collins College Publishers.

Team, R. C. (2014). foreign: Read Data Stored by Minitab, S, SAS, SPSS, Stata, Systat, Weka, dBase R package (Version 0.8-61).

Wechsler, D. A. (1939). *Wechsler Bellevue Intelligence Scale.*

Wickham, H. (2009). ggplot2: elegant graphics for data analysis. New York: Springer.

Ziegler, M., Schmidt-Atzert, L., Bühner, M. & Krumm, S. (2007). Fakability of Different Measurement Methods for Achievement Motivation: Questionnaire, Semi-projective, and Objective. *Psychology Science, 49,* 291–307.

Übungsaufgaben mit Lösungen sowie Datenfiles zum Nachvollziehen der Beispiele und weitere Informationen zu diesem Buchkapitel finden Sie auf der Website zum Buch unter *http://www.pearson-studium.de.*

EXTRAS ONLINE

Wahrscheinlichkeit

3

ÜBERBLICK

» In diesem Kapitel erfolgt eine Einführung in die Grundlagen der Wahrscheinlichkeitsrechnung, die unter anderem die in *Kapitel 4* dargestellte Hypothesentestung vorbereiten soll.

Wahrscheinlichkeitsrechnung erscheint vielen Studierenden auf den ersten Blick doch sehr fern von den vermeintlich interessanteren Inhalten ihres Studiums. Doch die Grundlagen des Hypothesentests und des Begriffs Signifikanz sind eng mit Wahrscheinlichkeiten verknüpft. Empirische Analysen, die mithilfe von Hypothesentests ausgewertet werden, findet man in einschlägigen Fachzeitschriften, beispielsweise der „Zeitschrift für Klinische Psychologie und Psychotherapie". Die Ergebnisse der dort dargestellten Analysen beziehen sich fast nie auf eine Population, beispielsweise eine Grundgesamtheit von Depressiven. Um etwas über die Wirksamkeit einer Intervention zu erfahren, wird eine Stichprobe gezogen. Das an der Stichprobe gewonnene Untersuchungsergebnis wird dann auf die zugrundeliegende Grundgesamtheit verallgemeinert. Um auf den Effektivitätsunterschied einer neuen Therapie gegenüber einer Nicht-Behandlung in der Grundgesamtheit schließen zu können, benötigt man ein stochastisches Modell, dessen Grundlagen in der Wahrscheinlichkeitsrechnung liegen. Daher ist es notwendig, die entsprechenden Grundlagen zu erlernen. Darüber hinaus sollte klar werden, dass die wissenschaftlichen Aussagen aber auch die diagnostischen Entscheidungen in der Psychologie fast ausschließlich Wahrscheinlichkeitsaussagen sind.

Daher ist der sichere Umgang mit bestimmten Grundbegriffen der Wahrscheinlichkeitsrechnung notwendig. Dies ist auch in der Praxis, vor allem der klinischen Praxis, ein wichtiger Aspekt. Der erste Abschnitt dieses Kapitels beschäftigt sich folgerichtig mit der Erläuterung von Grundbegriffen. Im Anschluss wird erklärt, auf welche Weise sich Wahrscheinlichkeiten für Zufallsereignisse bestimmen lassen. In der Forschung geht es oft nicht um isolierte Ereignisse, sondern um das gemeinsame Auftreten verschiedener Ereignisse. Daher wird anschließend dargestellt, wie sich Wahrscheinlichkeiten für solche Ereignisse bestimmen lassen, beispielsweise zugleich sehr intelligent und hoch extravertiert zu sein.

Abschließend möchten wir an dieser Stelle betonen, dass wir in den Sozialwissenschaften zwar meistens Daten beobachten (es handelt sich um empirische Wissenschaften), jedoch basieren die Grundlagen für die Auswertung und Analyse dieser Daten auf mathematischen Modellen. Daher verwenden auch wir mathemathische Hilfsmittel und formale Darstellungen aus der Mathematik (einer theoretischen Wissenschaft). Die Modelle stellen Idealisierungen dar und werden verwendet, um empirische Beobachtungen zu beschreiben. «

3.1 Begriffsklärung

Im Folgenden werden ausgewählte Grundbegriffe vorgestellt, die das Verständnis der Wahrscheinlichkeitsrechnung erleichtern. Die gewählten Beispiele sollen zur Logik des Hypothesentests in *Kapitel 4* hinführen. Die wichtigen Grundbegriffe sind also nicht nur im Rahmen der Wahrscheinlichkeitsrechnung relevant, sondern werden auch in den folgenden Kapiteln immer wieder verwendet. Zu diesen Grundbegriffen gehören Parameter, Schätzwert, Schätzer, Schätzmethode und Zufallsvariable. Mithilfe dieser Begriffe kann der Zweck eines Zufallsexperiments verdeutlicht werden. Das Zufallsexperiment ist eine wichtige Grundlage für das Verstehen des Hypothesentests.

3.1.1 Parameter, Schätzwert, Schätzer, Schätzmethode, Stichprobenstatistik

Kenngrößen. **Statistiken**, **Kennzahlen** bzw. **Kenngrößen** beschreiben Eigenschaften von empirischen Verteilungen. Beispielsweise kennzeichnet der Mittelwert einer Stichprobe die zentrale Tendenz einer Verteilung von Messwerten, und die Varianz zeigt die Variabilität bzw. Streuung der Werte einer Verteilung (siehe *Kapitel 2*).

Parameter beschreiben Eigenschaften von theoretischen Verteilungen. Was eine theoretische Verteilung ist, lernen wir in *Abschnitt 3.6*.

Definition **Statistiken und Parameter**

Kennwerte von empirischen Verteilungen werden als **Statistiken**, **Kennzahlen** bzw. **Kenngrößen** bezeichnet.

Kennwerte von **theoretischen Verteilungen** werden als **Parameter** bezeichnet.

Beispiel. Für viele Untersuchungen wird eine **Stichprobe** per Zufall aus der interessierenden **Population** (bzw. synonym **Grundgesamtheit**) gezogen, da die Erhebung der ganzen Population aufgrund des zeitlichen Aufwands und aus Kostengründen fast nie möglich ist. Angenommen, wir evaluieren die Statistikvorlesung und wenden dazu einen kleinen Fragebogen an. Das Antwortformat des Fragebogens ist eine 5-stufige Ratingskala, mit den Kategorien „1“ = „stimme gar nicht zu“, „2“ = „stimme nicht zu“, „3“ = „neutral“, „4“ = „stimme zu“ und „5“ = „stimme voll und ganz zu“. Eine der Fragen, die von besonderem Interesse für die Lehrenden ist, lautet: „Die Vorlesung hat mein Interesse am Thema geweckt“. In der **Testtheorie** bezeichen wir eine solche Frage in einem Fragebogen auch als **Item**. Wir gehen der Einfachheit halber davon aus, dass die Messung intervallskaliert ist (siehe *Kapitel 2*). Im Folgenden beziehen wir uns immer wieder auf dieses Item. Um den Auswertungsaufwand möglichst klein zu halten, wollen wir nicht alle $N = 250$ Personen der Vorlesung befragen, obwohl es hier sogar relativ leicht wäre, alle Personen dieser Grundgesamtheit zu erheben.

Populationsparameter. Zieht man keine Stichprobe, sondern kann die ganze Population erheben, z. B. alle Mitarbeiter eines Betriebs, können alle deskriptiven Statistiken direkt berechnet werden, z. B. Mittelwerte und Varianzen. Sie werden durch kleine griechische Buchstaben dargestellt, wie z. B. Sigma (σ) für die Standardabweichung der Population oder Mü (μ) für den Populationsmittelwert. In unserer Population von Teilnehmern der Statistikvorlesung betrage der Populationsmittelwert $\mu = 3.5$ und die Varianz $\sigma^2 = 2.09$. In vielen Fällen werden Populationsgrößen auch als Populationsparameter bezeichnet. Dies ist dadurch gerechtfertigt, dass Verteilungen in der Population oft nicht bekannt sind und durch theoretische Verteilungen beschrieben werden müssen.

Stichprobenstatisiken. Wir ziehen nun eine **Stichprobe** von zehn Personen aus der Vorlesung und berechnen den Stichprobenmittelwert für das Item „Die Vorlesung hat mein Interesse am Thema geweckt". Der Mittelwert beträgt für unsere Stichprobe beispielsweise $\bar{x} = 3.3$ und die Varianz $s^2 = 2.0$. Häufig ist nun nicht der Mittelwert der Stichprobe von Interesse, sondern wir möchten mithilfe der **Stichprobenstatistik** auf den Mittelwert der **Population** und damit aller Personen der Vorlesung, **verallgemeinern**. Dieser Schluss wird als **Inferenz** bezeichnet.

Schätzfunktionen. Um Parameter der Grundgesamtheit mithilfe von Stichprobenergebnissen zu schätzen, stehen bestimmte **Schätzer** bzw. **Schätzfunktionen** zur Verfügung. Diese Schätzfunktionen oder Schätzer werden mit großen lateinischen Buchstaben bezeichnet und sind hier für Mittelwert und Varianz dargestellt.

Für den Schätzer Mittelwert: $\bar{X} = \frac{\sum_{v=1}^{n} X_v}{n}$

Für den Schätzer der Varianz: $S^2 = \frac{\sum_{v=1}^{n} \left(X_v - \bar{X}\right)^2}{n-1}$

Schätzwerte. Aus solchen **Schätzfunktionen** resultieren konkret berechnete Werte für eine Zufallsstichprobe, die als **Schätzwerte** bezeichnet werden. Schätzwerte für **Populationsparameter**, die auf **Ergebnissen** aus **Zufallsstichproben** beruhen, werden mit griechischen Buchstaben angegeben, auf die ein Dach gesetzt wird, beispielsweise für die geschätzte Varianz: $\hat{\sigma}^2$. Die Formeln für Schätzwerte unterscheiden sich häufig von den Formeln für Stichprobenstatistiken, wie beispielsweise für dieVarianz:

$$s^2 = \frac{\sum_{v=1}^{n} \left(x_v - \bar{x}\right)^2}{n} = 1.9 \quad \text{versus} \quad \hat{\sigma}^2 = \frac{\sum_{v=1}^{n} \left(x_v - \hat{\mu}\right)^2}{n-1} = 2.11$$

In unserer Stichprobe von $n = 10$ beträgt $s^2 = 1.9$, während $\hat{\sigma}^2 = 2.11$ beträgt. Die Formeln für Schätzfunktionen und Schätzwerte sind bis auf die Bezeichnungen der verwendeten Parameter gleich:

$$S^2 = \frac{\sum_{v=1}^{n} \left(X_v - \bar{X}\right)^2}{n-1} \quad \text{versus} \quad \hat{\sigma}^2 = \frac{\sum_{v=1}^{n} \left(x_v - \hat{\mu}\right)^2}{n-1}$$

Beide Formeln drücken jedoch inhaltlich nicht das gleiche aus! Soll ein konkret für die Grundgesamtheit geschätzter Wert angegeben werden, gibt man die Formel für den Schätzwert an (rechte Formel). Soll kein konkreter Wert geschätzt werden, sondern lediglich die Berechnungsvorschrift angegeben werden, wird die Formel für die Schätzfunktion verwendet (linke Formel). Die Darstellungen in der Literatur sind diesbezüglich oft nicht konsistent. Wir werden in den folgenden Abschnitten noch genauer auf die Unterscheidung Schätzfunktion, Schätzwert und Stichprobensatistik eingehen.

Stichprobenmittelwert entspricht dem Schätzwert für den Populationsmittelwert. Im Fall des Mittelwerts werden Stichprobenstatistik $\bar{x}$ und Schätzwert $\hat{\mu}$ gleich berechnet und betragen in unserem Beispiel $\bar{x} = \hat{\mu} = 3.33$:

$$\hat{\mu} = \bar{x} = \frac{\sum_{v=1}^{n} x_v}{n} \qquad \text{versus} \qquad \bar{X} = \frac{\sum_{v=1}^{n} X_v}{n}$$

Definition **Parameterschätzung, Schätzer, Schätzwert**

Unter einer **Schätzung** bzw. **Parameterschätzung** versteht man die näherungsweise Bestimmung eines Parameters der Population mithilfe von Stichprobendaten.

Ein **Schätzer** oder eine **Schätzfunktion** für einen unbekannten Populationsparameter (z. B. die Formel für den Mittelwert) ist eine Berechnungsvorschrift für die Schätzung dieses Populationsparameters aus einer Zufallsstichprobe. Mithilfe einer Schätzfunktion wird versucht, sich dem unbekannten Populationsparameter anzunähern. Schätzer oder Schätzfunktionen werden durch große lateineische Buchstaben dargestellt, z.B für den Mittelwert $\bar{X}$.

Schätzwerte sind mithilfe der Schätzfunktion berechnete Werte und werden als kleinen griechischen Buchstaben mit Dach dargestellt, z. B. für einen geschätzten Mittelwert $\hat{\mu}$.

Schätzmethoden. Die Schätzer, die zur Schätzung von Populationsparametern herangezogen werden, basieren auf Schätzmethoden. Diese Schätzmethoden (z. B. die Minimierung der Summe der quadrierten Abweichungen bei der Regression) stellen sicher, dass die resultierenden Schätzwerte nach bestimmten Kriterien (Konsistenz, Effizienz, Erwartungstreue bzw. Unverzerrtheit, siehe unten) „bestmögliche" Schätzungen der entsprechenden Populationsparameter darstellen. Solche Methoden, um einen Schätzer bzw. eine Schätzfunktion zu bestimmen, stellen beispielsweise die **Methode der kleinsten Quadrate** oder die **Maximum-Likelihood-Methode** dar. Die Methode der kleinsten Quadrate kann auch zur Schätzung des unbekannten Populationsmittelwerts verwendet werden. Der Mittelwert stellt den Wert einer Verteilung dar, von dem die durchschnittlichen quadrierten Abweichungen zu jedem beliebigen anderen Messwert der Stichprobe minimal sind (siehe *Abschnitt 2.2.3*). Die Schätzfunktion „Mittelwert" kann folglich mithilfe der Methode der kleinsten Quadrate ermittelt werden.

Definition Schätzmethoden

Methoden zur Ermittlung von Schätzfunktionen haben zum Ziel, die für die Schätzung von bestimmten Populationsparametern optimale Schätzfunktion nach bestimmten Kriterien (**Erwartungstreue**, **Konsistenz**, **Effizienz**) herauszufinden. Beispielsweise wenn die Summe der quadrierten Abweichungen zu einem Schätzwert ein Minimum ergeben soll. Bekannte **Schätzmethoden** sind die **Methode der kleinsten Quadrate** oder die **Maximum-Likelihood-Methode.**

Anforderungen an Schätzer. Wenn man Schätzer verwendet, sollten diese bestimmte Eigenschaften aufweisen, damit sie **brauchbare** Schätzwerte für die Grundgesamtheit liefern. In der Regel reicht es, wenn Schätzer diese Anforderungen asymptotisch bzw. näherungsweise erfüllen. Näherungsweise bezieht sich hier auf zunehmenden Stichprobenumfang. Folgende drei Anforderungen gelten als ausschlaggebend und werden im Folgenden näher erläutert: (1) Erwartungstreue, (2) Konsistenz, (3) Effizienz.

(1) **Erwartungstreue.** Schätzer, wie beispielsweise die Funktionen zur Berechnung des arithmetischen Mittels oder der Varianz, sollen eine unverzerrte Schätzung des Populationsparameters liefern, das heißt, den Populationsparameter nicht systematisch über- oder unterschätzen. Wird beispielsweise unendlich oft eine Stichprobe von $n = 10$ aus einer unendlich großen Grundgesamtheit gezogen und der Mittelwert angegeben, ergibt sich aus diesen unendlich vielen Mittelwerten wiederum eine Verteilung. Das Mittel dieser Verteilung sollte den Populationsparameter weder unter- noch überschätzen. Dies gilt für alle möglichen Stichprobengrößen, z. B. $n = 10$, $n = 20$, $n = 100$, $n = 1000$. Während dies für den Mittelwert zutrifft, gilt diese Eigenschaft für die Stichprobenvarianz nicht, deshalb wird zur Schätzung der Varianz für die Grundgesamtheit nicht durch n, sondern durch $n - 1$ geteilt, um so einen erwartungstreuen Schätzer der Varianz in der Grundgesamtheit zu erhalten. Erwartungstreue bedeutet also, dass die verwendeten Schätzer die Populationsparameter nicht systematisch über- oder unterschätzen.

(2) **Konsistenz.** Ein konsistenter Schätzer strebt mit steigender Stichprobengröße (n gegen unendlich) gegen den Populationsparameter und seine Varianz strebt gegen null. Das heißt, je größer die Stichprobe ist, desto genauer wird der Wert der Grundgesamtheit geschätzt. Auf das Beispiel mit den unendlich vielen Stichproben der Größe $n = 10$ bezogen, bedeutet dies, dass die Mittelwerte aus den gezogenen Stichproben wahrscheinlich noch stark um den tatsächlichen Mittelwert streuen können. Sie sind keine genauen Parameterschätzungen und ihre Verteilung hat wahrscheinlich eine hohe Varianz. Je größer die einzelnen gezogenen Stichproben aber nun sind ($n = 1000$ oder $n = 10000$ oder $n = 10000000$), desto näher liegen die Stichprobenmittelwerte am tatsächlichen Mittelwert. Die Verteilung dieser Mittelwerte hat demnach eher eine geringe Varianz.

(3) Effizienz bzw. Wirksamkeit. Unter allen erwartungstreuen Schätzern sind diejenigen zu bevorzugen, die die geringste Varianz aufweisen. Varianz entsteht, wenn wiederholt Stichproben gezogen werden und in jeder Stichprobe ein Schätzwert ermittelt wird. Die Schätzwerte aus diesen Zufallsstichproben werden durch die jeweils unterschiedliche Zusammensetzung der Stichprobe variieren. Je geringer der Unterschied zwischen Schätzwerten ausfällt, desto kleiner ist auch die Varianz dieser Schätzwerte und damit der durchschnittliche Fehler bei der Schätzung. Mit geringerem Fehler bei der Schätzung steigt die Effizienz bzw. Wirksamkeit. Das arithmetische Mittel ist beispielsweise ein effizienter Schätzer für die zentrale Tendenz.

3.1.2 Zufallsexperiment

Definition Zufallsexperiment. Nun haben wir ohne eine genauere Erklärung bereits den Begriff Zufallsexperiment in den vorherigen Abschnitten verwendet. An dieser Stelle soll er nun definiert werden. Betrachten wir zur Einführung zunächst das Würfeln. Das Würfeln stellt ein Zufallsexperiment dar. Vor der Durchführung des Zufallsexperiments „Würfeln" ist das **Ergebnis** des Wurfs **unbekannt**. Alle **möglichen Ergebnisse**, nämlich die Augenzahlen von eins bis sechs, sind jedoch im Voraus **bekannt**. Das Ergebnis hängt (auch) vom Zufall ab. Erst nach dem Wurf des Würfels kennen wir das Ergebnis des Zufallsexperiments und damit welche Augenzahl aus der Menge von sechs möglichen Augenzahlen geworfen bzw. realisiert wurde. Wir können das Würfeln eines Würfels beliebig oft **wiederholen**.

Definition **Zufallsexperiment**

Zufallsexperimente sind (1) **wiederholbar**, besitzen (2) ein **nicht vorhersagbares Ergebnis** allerdings ist (3) die **Menge der möglichen Ergebnisse bekannt**.

Beispiel Parameterschätzung. Nach der Definition des Begriffs Parameter haben wir ein Beispiel eingeführt, dass wir hier wieder aufgreifen. Um das Interesse an der Vorlesung bei einer Grundgesamtheit von $N = 250$ Personen zu evaluieren, haben wir eine Stichprobe von $n = 10$ Personen gezogen. Diese 10 Personen evaluieren die Veranstaltung anhand von Items mit einer fünfstufigen Antwortskala. Wir gehen der Einfachheit halber davon aus, dass diese Antwortkategorien intervallskaliert sind und berechnen den Stichprobenmittelwert für die folgende Frage: „Die Vorlesung hat mein Interesse am Thema geweckt". Der Schätzwert des Populationsmittelwerts, den wir auf Basis der Stichprobe erhalten, ist vor der Ziehung einer Zufallsstichprobe und der Befragung der Personen **unbekannt**. Erst nach der Ziehung der Zufallsstichprobe und der Befragung der Personen, also nach dem Zufallsexperiment, ist der Schätzwert bekannt bzw. das Ergebnis realisiert und beträgt beispielsweise $\hat{\mu} = 3.3$. Wir können dieses Zufallsexperiment auch **wiederholen** und erneut Schätzwerte von Zufallsstichproben angeben. Der **Wertebereich** der möglichen Mittelwerte ist jedoch im Voraus **bekannt**: Es können nur Mittelwerte im Wertebereich von 1 bis 5 auftreten, da die Werte 1 und 5 die untere und obere Grenze unserer Ratingskala darstellen.

3.1.3 Ergebnisraum

Beim einmaligen Würfeln können wir vor dem Wurf alle möglichen Ergebnisse des Zufallsexperiments angeben: Die sechs Augenzahlen von eins bis sechs sind mögliche Ergebnisse des Zufallsexperiments. Die Menge der möglichen Ergebnisse eines Zufallsexperiments nennt man **Ergebnisraum** oder **Ergebnismenge**. Man beachte, dass hier nicht die realisierten oder umgesetzen Ergebnisse gemeint sind, sondern die vor dem Zufallsexperiment prinzipiell möglichen Ergebnisse.

Einstufiges oder mehrstufiges Zufallsexperiment. Würde man zwei Würfel gleichzeitig werfen, handelt es sich im Gegensatz zum einmaligen Werfen eines Würfels um ein **mehrstufiges** (bzw. zweistufiges) **Zufallsexperiment**. Wirft man bloß einen Würfel, handelt es sich um ein **einstufiges Zufallsexperiment**. Man kann dies auch auf die Stichprobenziehung übertragen. Aus einer Grundgesamtheit von 250 Personen könnte eine Stichprobe vom Umfang eins gezogen werden (einstufiges Zufallsexperiment) oder eine Stichprobe vom Umfang zwei (zweistufiges Zufallsexperiment). Ein weiteres Beispiel für ein zweistufiges Zufallsexperiment ist die wiederholte Untersuchung einer Person mit einem Intelligenztest. Gehen wir davon aus, dass ein Intelligenztest genauso wie eine Waage nicht 100-prozentig messgenau ist, werden die Ergebnisse dementsprechend über verschiedene Messungen hinweg zufällig schwanken. Das Ergebnis der Testung selbst ist vor der Untersuchung der Person nicht bekannt. Dieses Experiment in Form einer erneuten Testung kann beliebig oft wiederholt werden. Die möglichen Werte, die die Intelligenz operationalisiert durch einen Test annehmen kann, sind im Voraus bekannt.

Definition **Ergebnisraum Ω**

Der **Ergebnisraum** (oder die **Ergebnismenge**) umfasst alle möglichen Ergebnisse eines Zufallsexperiments. Das Symbol Ω (großer griechischer Buchstabe Omega) bezeichnet diesen Ergebnisraum.

Beispiel Parameterschätzung. Für die Parameterschätzung werden Zufallsstichproben verwendet. Die Ziehung einer einzelnen Person entspricht einem einstufigen Zufallsexperiment. Die Ziehung einer größeren **Stichprobe** (n Personen) entspricht einem **mehrstufigen** (n-stufigen) **Zufallsexperiment**. Zum Zweck der Parameterschätzung berechnen wir jedoch nur den Mittelwert der Stichprobe. Wenn wir nun als Ergebnisraum die möglichen Realisationen des Mittelwerts auffassen, haben wir dadurch wieder ein einstufiges Zufallsexperiment definiert. Die möglichen Ergebnisse liegen zwischen eins und fünf.

3.1.4 Elementarereignis

Ein Elementarereignis ist eine **ein-elementige Teilmenge** des **Ergebnisraums**. Die Augenzahl fünf, die eines von sechs möglichen Ergebnissen des Zufallsexperiments „Würfeln" darstellt, wird daher als Elementarereignis bezeichnet (siehe ▸*Abbildung 3.1*).

Sind die **Elementarereignisse** im Ergebnisraum abzählbar, spricht man auch von diskreter Ergebnismenge bzw. diskretem Ergebnisraum.

Abbildung 3.1: Mögliche Elementarereignisse beim Würfeln

Definition **Elementarereignis**

Elementarereignisse sind ein-elementige Teilmengen des Ergebnisraums und stellen damit einen der möglichen Ausgänge (Realisationen) eines Zufallsexperiments dar.

Unterschied zwischen Elementarereignis und Ergebnis. Der Unterschied zwischen einem Ergebnis (z. B. 3) und einem Elementarereignis (z. B. $\{3\}$) eines Zufallsexperiments ist zunächst nur ein mathematischer: Ein Ergebnis ist ein Element (z. B. 3) der Ergebnismenge, während ein Elementarereignis eine Teilmenge (z. B. $\{3\}$) der Ergebnismenge ist, die nur ein Element enthält. Dies ist insofern wichtig, da nur für Teilmengen von Ergebnismengen (sogenannte Ereignisse, siehe nächsten Abschnitt) Wahrscheinlichkeiten definiert werden können. In unserem Evaluationsbeispiel stellt jeder realisierbare Mittelwert innerhalb der definierten Grenzen sowohl ein Ergebnis als auch ein Elementarereignis dar.

3.1.5 Ereignis

Ein **Ereignis** ist eine **Teilmenge** des **Ergebnisraums**. Ein Elementarereignis stellt somit ein Ereignis dar. In einem Ereignis können aber auch mehrere Elementarereignisse zusammengefasst sein, beispielsweise, eine gerade Zahl zu würfeln, das heißt $\{2, 4, 6\}$. Werden Elementarereignisse zusammengefasst, wird von einer Vereinigungsmenge gesprochen. Für das Auftreten von Ereignissen lassen sich Wahrscheinlichkeiten bestimmen.

Definition **Ereignis**

Ein **Ereignis** ist eine Teilmenge der Ergebnismenge. Es setzt sich aus einem oder mehreren Elementarereignissen zusammen.

Beispiel Parameterschätzung. Ein Ereignis lässt sich auch für unser Beispiel der Parameterschätzung finden. So könnte man fragen, wie wahrscheinlich es ist, einen Mittelwert kleiner oder gleich $\hat{\mu} = 3.3$ zu erhalten.

Definition besondere Ereignisse

Sichere Ereignisse. Wie die Bezeichnung andeutet, hat ein sicheres Ereignis A in einem Zufallsexperiment eine Auftretenswahrscheinlichkeit von $p(A) = 1$. Wirft man eine Münze, wird mit einer Wahrscheinlichkeit von eins Kopf oder Zahl auftreten. Das Ereignis $\{$Kopf, Zahl$\}$ ist also ein sicheres Ereignis. Im Lehrevaluationsbeispiel wäre ein Mittelwert zwischen 1 und 5 ein sicheres Ereignis.

Unmögliche Ereignisse. Genauso wie es sichere Ereignisse gibt, gibt es auch unmögliche Ereignisse. Ein unmögliches Ereignis A tritt in einem Zufallsexperiment nie auf und hat damit eine Wahrscheinlichkeit von $p(A) = 0$. So lässt sich beim Würfeln keine Zahl größer als sechs oder kleiner als eins erzielen. Im Lehrevaluationsbeispiel wäre beispielsweise ein Mittelwert von 6 ein unmögliches Ereignis.

Komplementärereignis. Schließt das Auftreten eines Ereignisses A das Auftreten eines Ereignisses $\overline{A}$ aus und ergibt die Vereinigung dieser beiden Ereignisse den gesamten Ergebnisraum, spricht man von Komplementärereignissen (siehe ▶*Abbildung 3.2*). Sie können daher als Ergebnis eines Zufallsexperiments nie gleichzeitig auftreten und haben demnach auch keine Schnittmenge. Die Verknüpfung mit einem logischen *UND* (siehe *Abschnitt 3.1.7*) ist also nicht möglich: Die Schnittmenge aus Ereignis A und $\overline{A}$ ist eine leere Menge.

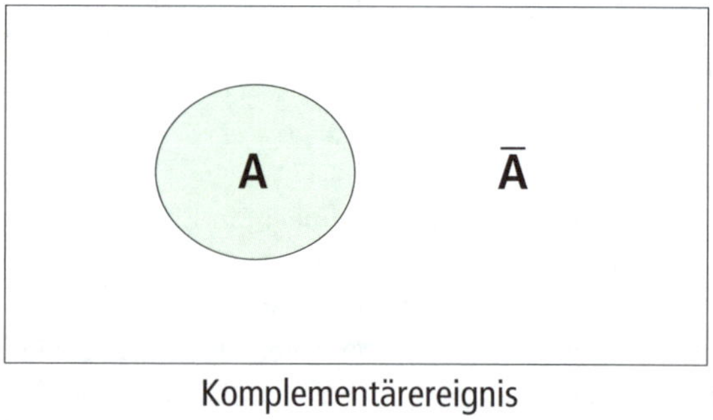

Abbildung 3.2: Komplementärereignis

Die Wahrscheinlichkeiten beider Ereignisse $p(A)$ und $p(\overline{A})$ addieren sich zu eins. Das heißt, die Wahrscheinlichkeit $p(A)$, eine Zahl kleiner oder gleich zwei zu würfeln, und die Wahrscheinlichkeit $p(\overline{A})$, eine Zahl größer als zwei zu würfeln, ergibt eins. Eine Verknüpfung beider Ereignisse durch das logische *ODER* (siehe Additionssatz) ergibt ein sicheres Ereignis. Ein sicheres Ereignis tritt auf jeden Fall ein. Im Lehrevaluationsbeispiel wären ein Mittelwert kleiner gleich drei und ein Itemmittelwert größer drei Komplementärereignisse. Das Ergebnis des Zufallsexperiments wird sicher eines dieser Ereignisse realisieren, da sie den gesamten Ereignisraum abdecken.

Disjunkte Ereignisse. Zwei Ereignisse A und B werden disjunkt genannt, wenn sie einander ausschließen. Dies ist in ▶*Abbildung 3.3* veranschaulicht. Die Ereignisse A

und B können nicht gleichzeitig auftreten und haben damit keine Schnittmenge. Der Unterschied zwischen Komplementärereignissen und disjunkten Ereignissen ist, dass die Vereinigungsmenge von disjunkten Ereignissen nicht zwingend der Ergebnisraum sein muss. Komplementärereignisse sind somit ein Spezialfall disjunkter Ereignisse. Im Lehrevaluationsbeispiel wären ein Mittelwert zwischen eins und zwei und ein Mittelwert größer drei disjunkte Ereignisse. Das Ergebnis des Zufallsexperiments wird jedoch nicht sicher eines dieser Ereignisse realisieren. Es wäre auch ein Mittelwert größer zwei und kleiner drei möglich. Somit schließen sich die beiden Ereignisse zwar aus, decken aber nicht den gesamten Ergebnisraum ab. Sie sind also disjunkt aber nicht komplementär. Schließlich sei noch erwähnt, dass Elementarereignisse immer disjunkt sind.

Nicht-disjunkte Ereignisse. Teilen zwei Ereignisse eine Schnittmenge und lassen sich daher mit einem *UND* (siehe Additionssatz) verknüpfen, dann spricht man von nicht-disjunkten Ereignissen. Zwei Ereignisse A und B sind folglich nicht-disjunkt, wenn sie zusammen auftreten könnten. Im Lehrevaluationsbeispiel wären ein Mittelwert zwischen zwei und vier und ein Mittelwert größer drei nicht-disjunkte Ereignisse. Alle Mittelwerte zwischen drei und vier fallen in beide Ereignisse. Diese überlappen also teilweise und sind daher nicht-disjunkt. Erneut ist eine Abdeckung des gesamten Ereignisraums nicht notwendig.

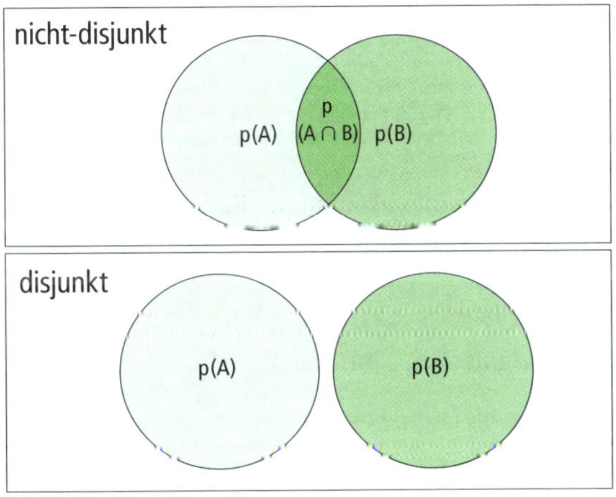

Abbildung 3.3: Nicht-disjunkte und disjunkte Ereignisse

3.1.6 Additionssatz

Additionssatz disjunkter Ereignisse. Handelt es sich um **disjunkte** Ereignisse, bedeutet dies: Wenn das Ereignis A auftritt, dann ist das gleichzeitige Auftreten von Ereignis B unmöglich (siehe Exkurs). Werden disjunkte Ereignisse zu einem Ereignis zusammengefasst, wird eine **ODER-Verknüpfung** angewandt (siehe ▸*Abbildung 3.4*).

Der Additionssatz wird also bei der Zusammenfassung disjunkter Elementarereignisse oder Ereignisse angewandt. In *Abbildung 3.4* ist ein Beispiel für Elementarereignisse dargestellt.

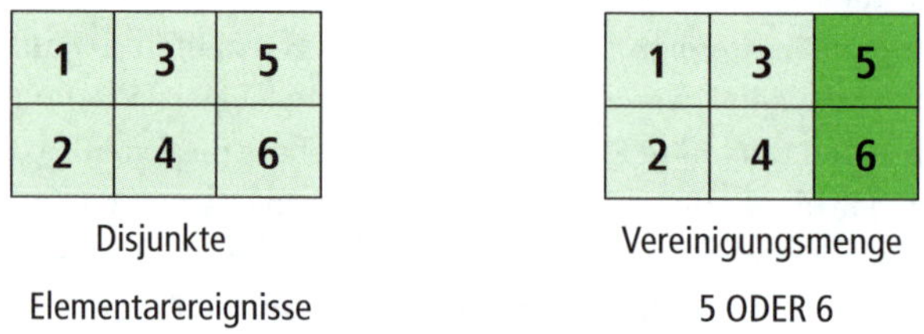

Abbildung 3.4: Disjunkte Elementarereignisse und die Vereinigungsmenge „5 *ODER* 6"

Auf der linken Seite der Abbildung ist der Ergebnisraum des Zufallsexperiments „einmaliges Würfeln" dargestellt. Jedes der sechs möglichen Elementarereignisse ist zu den anderen Elementarereignissen disjunkt. Auf der rechten Seite sind die Elementarereignisse 5 und 6 zu einem Ereignis zusammengefasst. Das Ereignis ist, bei einem einmaligen Wurf eine Zahl größer oder gleich 5 zu würfeln. Würden wir dieses Ereignis in Worte fassen, würden wir dies als „den Wurf der Zahl fünf *ODER* sechs" ausdrücken. Wollen wir nun die Wahrscheinlichkeit π (sprich pi) für das Eintreten des Ereignisses 5 *ODER* 6 ermitteln, können wir für disjunkte Ereignisse den **Additionssatz** der Wahrscheinlichkeit anwenden (siehe *Formel 3.1*).

Formel 3.1 Additionssatz disjunkter Ereignisse

$$\pi(A_1 \cup A_2 \ldots \cup A_k) = \pi(A_1) + \pi(A_2) + \ldots + \pi(A_k) = \sum_{i=1}^{k} \pi(A_i)$$

$\pi(A_1 \cup A_2 \ldots \cup A_k)$ = Wahrscheinlichkeit für das Eintreten von k disjunkten Ereignissen

$\pi(A_1)$ = Wahrscheinlichkeit für das Eintreten von Ereignis A_1

k = Anzahl der Ereignisse

i = Index der Ereignisse A_i, von 1 bis k

$\sum_{i=1}^{k} \pi(A_i)$ = Summe der Ereignisse A_1 bis A_k

In Beispielen mit diskreten Elementarereignissen könnten wir die Wahrscheinlichkeit für alle Ereignisse durch die Addition der Wahrscheinlichkeiten der Elementarereignisse nach der obigen Formel bestimmen: Die Wahrscheinlichkeit, als Ergebnis eine fünf oder eine sechs bei einem Wurf zu würfeln, wäre zum Beispiel

$$\frac{1}{6} + \frac{1}{6} = \frac{2}{6} = \frac{1}{3}.$$

Beispiel Parameterschätzung. Betrachten wir nun ein Beispiel, in dem wir die Wahrscheinlichkeiten für zwei disjunkte Ereignisse addieren. Gehen wir zu unserem Evaluationsbeispiel mit der Bewertung der Frage „Die Vorlesung hat mein Interesse am Thema geweckt" zurück. Nehmen wir an, wir ziehen eine Stichprobe von $n = 5$ Personen aus der Grundgesamtheit aller $N = 250$ Studierenden und lassen dieses Item bewerten. Man könnte sich nun für die Auftretenswahrscheinlichkeit von extremen Mittelwerten interessieren: (1) Das erste Ereignis ist das Auftreten von geschätzten Mittelwerten kleiner als 1.5 und (2) das zweite Ereignis ist das Auftreten von Mittelwerten größer als 3.5. Es handelt sich um disjunkte Ereignisse. Deren Vereinigungsmenge (ODER-Verknüpfung) könnte man als extreme geschätzte Mittelwerte bezeichnen. Die Wahrscheinlichkeit des zusammengefassten Ereignisses wird auch hier durch Addition der Wahrscheinlichkeiten für beide Ereignisse bestimmt. Wie die Wahrscheinlichkeit für zwei Ereignisse und die Vereinigungsmenge ermittelt werden, wird in *Kapitel 4* näher beschrieben.

Additionssatz nicht-disjunkter Ereignisse. Der Vollständigkeit halber sei hier erwähnt, dass auch für nicht-disjunkte Ereignisse (siehe Exkurs) ein Additionssatz existiert. Dabei ist darauf zu achten, dass die Schnittmenge von der Summe der beiden Wahrscheinlichkeiten abgezogen wird: $\pi(A_1 \cup A_2) = \pi(A_1) + \pi(A_2) - \pi(A_1 \cap A_2)$. Inhaltlich wird angegeben, mit welcher Wahrscheinlichkeit das Ereignis A_1 oder A_2 eintritt. Die Schnittmenge $A_1 \cap A_2$ muss abgezogen werden, da sie sonst durch die Summation doppelt mitgerechnet würde (siehe *Abbildung 3.3* oben).

3.1.7 Multiplikationssatz

Multiplikationssatz nicht-disjunkter Ereignisse. In der praktischen Anwendung wird oft die Frage gestellt, wie wahrscheinlich das gemeinsame Auftreten **mehrerer Ereignisse** ist: Beispielsweise, wie wahrscheinlich es ist, dass eine Person gleichzeitig zu den fünf Prozent der intelligentesten **und** den fünf Prozent der gewissenhaftesten Personen einer Population gehört. Um diese Wahrscheinlichkeit anzugeben, wird der Multiplikationssatz der Wahrscheinlichkeit angewandt. In diesem Fall sind die Ereignisse mit **UND** verknüpft. Bedingung für die Anwendung des Multiplikationssatzes ist, dass die Ereignisse unabhängig sind. Das bedeutet: Ist das eine Ereignis aufgetreten, ändert dies die Auftretenswahrscheinlichkeit des anderen Ereignisses nicht. Die Wahrscheinlichkeit für das gemeinsame Eintreten unabhängiger Ereignisse wird in *Formel 3.2* dargestellt. Unabhängige Ereignisse werden auch als **stochastisch unabhängig** bezeichnet.

Formel 3.2 Multiplikationssatz der Wahrscheinlichkeit für stochastisch unabhängige Ereignisse

$$\pi(A_1 \cap A_2 \ldots \cap A_k) = \pi(A_1) \cdot \pi(A_2) \cdot \ldots \cdot \pi(A_k) = \prod_{i=1}^{k} \pi(A_i)$$

$\pi(A_1 \cap A_2 \ldots \cap A_k)$ = Wahrscheinlichkeit für das gemeinsame Eintreten von k stochastisch unabhängigen Ereignissen

$\pi(A_i)$ = Wahrscheinlichkeit für das Eintreten von Ereignis i

k = Anzahl der Ereignisse

i = Index der Ereignisse i von 1 bis k

Praktisches Beispiel. Aus den einzelnen Wahrscheinlichkeiten wird also deren Produkt $\prod \pi(A_i)$ gebildet: Die Wahrscheinlichkeiten der Ereignisse i (von 1 bis k) werden miteinander multipliziert. Stellen wir uns vor, ein Unternehmen möchte eine Person einstellen, die zu den fünf Prozent der intelligentesten und gleichzeitig zu den fünf Prozent der gewissenhaftesten Personen der Bewerberpopulation gehört, und es lädt zu diesem Zweck eine einzige Person zu einem Bewerbungsgespräch ein. Nehmen wir zunächst an, die Ausprägung beider Eigenschaften würde durch die jeweils angewandten Testverfahren perfekt gemessen. Nehmen wir zusätzlich an, dass es sich beim Abschneiden in den Testverfahren um unabhängige Ereignisse handelt. Empirisch ist beides leider nicht ganz der Fall. Die Wahrscheinlichkeit, in einem Intelligenztest zu den besten fünf Prozent zu gehören, beträgt $\pi = 0.05$. Die gleiche Wahrscheinlichkeit ergibt sich auch dafür, beim Persönlichkeitstest auf der Skala Gewissenhaftigkeit zu den fünf Prozent mit der höchsten Ausprägung zu gehören. In diesem Fall beträgt unter Annahme der Unabhängigkeit also die Wahrscheinlichkeit, die gewünschte Person eingeladen zu haben, die jeweils zu den fünf Prozent intelligentesten und gewissenhaftesten Personen gehört: $0.05 \cdot 0.05 = 0.05^2 = 0.0025$. Dies bedeutet, dass das gemeinsame Auftreten von eher unwahrscheinlichen Ereignissen noch unwahrscheinlicher ist. In der Psychologischen Diagnostik wird dies auch **Multiple-Hurdle-Problem** genannt (Ziegler & Bühner, 2012).

Disjunkt und unabhängig? Im Exkurs haben wir gesehen, dass disjunkte Ereignisse keine Schnittmenge haben. Dies wirft die Frage auf, ob disjunkte Ereignisse daher auch stochastisch unabhängig sind? Die Antwort ist nein – es sei denn, die Wahrscheinlichkeit für mindestens eines der disjunkten Ereignisse ist null. Woran liegt das? Wenn wir uns die Definition von unabhängigen Ereignissen ansehen, stellen wir fest, dass gelten muss: $\pi(A_1 \cap A_2) = \pi(A_1) \cdot \pi(A_2)$. Für disjunkte Ereignisse muss jedoch die Wahrscheinlichkeit der Schnittmenge null betragen ($\pi(A_1 \cap A_2) = 0$). Dies wird in der unteren Teilabbildung in *Abbildung 3.3* deutlich. Wenn nun aber die beiden disjunkten Ereignisse A_1 und A_2 jeweils eine von null verschiedene Auftretenswahrscheinlichkeit besitzen, kann das Produkt der Einzelwahrscheinlichkeiten nicht mehr null sein. Demnach können die beiden disjunkten Ereignisse die Bedingungen für stochastisch unabhängige Ereignisse nicht erfüllen. Wir wissen also, dass disjunkte Ereignisse nicht gemeinsam auftreten können und die Wahrscheinlichkeit für das gemeinsame Auftreten beider Ereignisse daher null sein muss. Da dies aber nicht der Fall ist, sind disjunkte Ereignisse per Definition abhängig. Die Situation ändert sich, wenn eines der disjunkten Ereignisse ein unmögliches Ereignis ist. In diesem Fall ist das Produkt der Einzelwahrscheinlichkeiten wieder null und entspricht der Definition von unabhängigen Ereignissen $\pi(A_1 \cap A_2) = \pi(A_1) \cdot \pi(A_2)$, da $0 = \pi(A_1) \cdot 0$. Inhaltlich kann man sich dies wie folgt vorstellen: Nehmen wir an, es gibt eine bestimmte Wahrscheinlichkeit für einen Studierenden, an der Universität zu sein, und eine bestimmte Wahrscheinlichkeit, zu Hause zu sein. Beide Ereignisse sind disjunkt: Man kann nicht gleichzeitig an der Universität und zu Hause sein. Wir wissen nun, wenn der Studierende zu Hause ist, dann kann er nicht an der Universität sein und ist er an der Universität, kann er nicht zu Hause sein. Beide Ereignisse sind abhängig. Man kann sich nun überlegen, ob die Ereignisse, auf dem Mars zu sein und an der Universität zu sein, disjunkte unabhängige Ereignisse darstellen. Dies ist in der Tat so, denn auf dem Mars zu sein ist (noch) ein unmögliches Ereignis.

3.2 Wahrscheinlichkeit für Ereignisse

In diesem Kapitel werden unterschiedliche **Wahrscheinlichkeitsbegriffe** eingeführt. Die Wahrscheinlichkeitsbegriffe finden in der Psychologie oder den Sozialwissenschaften in unterschiedlichen Teilgebieten Anwendung. Man unterscheidet einen frequentistischen und einen bayesianischen Wahrscheinlichkeitsbegriff. Zunächst gehen wir auf den frequentistischen Wahrscheinlichkeitsbegriff und dann auf den bayesianischen Wahrscheinlichkeitsbegriff ein.

3.2.1 Frequentistische Wahrscheinlichkeit

Der frequentistische Wahrscheinlichkeitsbegriff ist eng an den Begriff des Zufallsexperiments geknüpft: Wahrscheinlichkeiten können allen Ereignissen zugewiesen werden. Sie sind definiert als die relative Häufigkeit der Durchgänge eines Zufallsexperiments in denen das Ereignis auftritt, wenn das Zufallsexperiment unendlich oft durchgeführt wird. Wenn wir also zum Beispiel sagen: „Die Wahrscheinlichkeit, dass die Münze auf Kopf landet, beträgt 50 %", dann bedeutet dies im frequentistischen Sinne, dass wir davon ausgehen, dass in 50 % der Fälle das Ereignis „Kopf" auftritt, wenn wir die Münze unendlich oft werfen.

Wichtig ist, dass frequentistische Wahrscheinlichkeiten nur für Ereignisse von Zufallsexperimenten definiert sind und nicht für unbekannte Populationsparameter. Aus frequentistischer Sicht ergibt zum Beispiel eine Aussage wie „Die Wahrscheinlichkeit, dass der Mittelwert in der Population kleiner als 3.5 ist, beträgt 50 %" keinen Sinn. Die Aussage „Die Wahrscheinlichkeit, dass der Mittelwert einer Stichprobe von 20 Personen aus der Population kleiner als 3.5 sein wird, beträgt 50 %" ist hingegen sinnvoll, da die Ziehung der Stichprobe ein Zufallsexperiment darstellt und „Mittelwert kleiner als 3.5" ein Ereignis desselben ist.

3.2.2 Bayesianische Wahrscheinlichkeit

Der bayesianische Wahrscheinlichkeitsbegriff ist insofern allgemeiner als der frequentistische, als hier nicht nur Ereignissen eines Zufallsexperiments Wahrscheinlichkeiten zugeordnet werden können, sondern auch Teilmengen der Menge aller möglichen unbekannten Populationsparameter. Wollen wir Wahrscheinlichkeiten auch für unbekannte Populationsparameter definieren, können sie natürlich nicht mehr als relative Häufigkeiten bei unendlicher Durchführung eines Zufallsexperiments aufgefasst werden, da ja hier gar kein Zufallsexperiment durchgeführt wird. Vielmehr wird Wahrscheinlichkeit hier als Maß für **Plausibilität** verstanden. Die Aussage „Die Wahrscheinlichkeit, dass die Münze auf Kopf landet, beträgt 50 %" bedeutet, dass wir einen Münzwurf mit Kopf für gleich plausibel halten wie einen Münzwurf mit Zahl. Analog bedeutet die Aussage „Die Wahrscheinlichkeit, dass der Mittelwert in der Population kleiner als 3.5 ist, beträgt 50 %", dass wir einen Mittelwert in der Population von kleiner als 3.5 für genauso plausibel halten wie einen Mittelwert gleich oder größer 3.5.

Der bayesianische Wahrscheinlichkeitsbegriff liegt näher an unserem alltäglich intuitiv verwendeten Wahrscheinlichkeitsbegriff.

3.3 Zufallsvariable

Schätzfunktion als Zufallsvariablen. Betrachten wir, um das Konzept der Zufallsvariable näher zu erläutern, folgendes Beispiel: Eine zufällig gezogene Stichprobe von zehn Personen aus der Grundgesamtheit aller Personen der Vorlesung ergab als Ergebnis bzw. Schätzwert einen Mittelwert von $\hat{\mu} = 3.3$. Wenn wir dieses Zufallsexperiment wiederholen, ergibt sich für eine zweite Zufallsstichprobe von zehn Personen sehr wahrscheinlich ein anderer geschätzer Mittelwert. Der Grund dafür liegt darin, dass sich die Zusammensetzung der zweiten Zufallsstichprobe aus zehn Personen durch die zufällige Ziehung aus der Grundgesamtheit von der Zusammensetzung der ersten Zufallsstichprobe sehr wahrscheinlich unterscheidet. Die Zuweisung eines realisierten Ergebnisses aus einem Zufallsexperiment hängt also vom Zufall, genauer von der jeweiligen Zusammensetzung der Zufallsstichprobe ab. Um dieses Phänomen zu beschreiben, konstruiert man mithilfe von Schätzmethoden (z. B. Kleinste-Quadrate-Methode) eine Schätzfunktion (z. B. Mittelwert), die den Ergebnissen von Zufallsexperimenten (z. B. Ziehung von jeweils zehn Personen aus der Grundgesamtheit) eine Zahl zuweist. Eine solche **Schätzfunktion** wird als **Zufallsvariable** bezeichnet. Die Schätzfunktion, die wir in diesem Beispiel betrachten, ist der Mittelwert $\bar{X}$. Wir könnten auch eine andere Funktion betrachten wie beispielsweise die Standardabweichung S. In der folgenden Formel wird jedoch der Mittelwert als Zufallsvariable dargestellt. Da wir den Mittelwert als Schätzfunktion angeben und ausdrücken wollen, dass wir damit Zufallsstichproben einen Wert zuweisen wollen, verwenden wir den lateinischen Großbuchstaben $\bar{X}$ (n stellt die Stichprobengröße dar):

$$\bar{\mathrm{X}} = \frac{\sum_{v=1}^{n} X_v}{n}$$

Merkmale als Zufallsvariablen. Die Merkmalsausprägung (X_v) einer aus der Population zufällig gezogenen Person (v), z. B. deren Antwort auf eine bestimmte Frage, stellt ebenfalls eine Zufallsvariable dar. Die Zufallsvariable „Antwort auf die Evaluationsfrage" wird folglich mit dem lateinischen Großbuchstaben X bezeichnet. Wir wissen vor der Erhebung der gezogenen Person nicht, welchen Wert sie bei der Evaluationsfrage ankreuzt. Weiterhin können wir die Ziehung von Personen aus einer entweder unendlich großen Grundgesamtheit oder aus einer endlich großen Grundgesamtheit, bei der wir mit Zurücklegen ziehen, beliebig oft wiederholen. Schließlich sind als letztes Kennzeichen eines Zufallsexperiments die möglichen Werte, die die Personen ankreuzen können, im Voraus bekannt, z. B. die fünf Antwortkategorien auf die Evaluationsfrage mit den Stufen 1 = „stimme nicht zu", 2 = „stimme eher nicht zu", 3 = „neutral", 4 = „stimme eher zu" und 5 = „stimme zu".

Erwartungswert einer Zufallsvariablen. Zufallsexperimente sind beliebig oft wiederholbar. Wenn wir Zufallsexperimente theoretisch unendlich oft wiederholen, würden wir nach jeder Realisation eines Zufallsexperiments wieder einen Wert der Zufallsvariablen erhalten. Nun könnten wir theoretisch auch den Mittelwert dieser unendlich vielen Werte bilden. Man bezeichnet diesen Mittelwert einer Zufallsvariablen auch als **Erwartungswert**. Der Erwartungswert ist ein Maß der zentralen Tendenz für die theoretische Verteilung einer Zufallsvariablen und wird daher auch als **Erwartungswert einer Verteilung** bezeichnet.

Zusammenfassung. Schätzfunktionen für unbekannte Populationsparameter sind Zufallsvariablen. Wir haben die Schätzfunktion bzw. Zufallsvariable Mittelwert betrachtet. Realisierte, anhand von konkreten Zufallsstichproben berechnete Mittelwerte stellen Schätzwerte dar. Die Zufallsexperimente sind in diesem Fall mehrstufig, da zehn Personen aus der Population gezogen wurden. Die Schätzfunktion bzw. Zufallsvariable Mittelwert $\overline{X}$ weist damit dem mehrstufigen Zufallsexperiment „Ziehung von zehn Personen aus der Grundgesamtheit" einen Schätzwert zu. Dieser Schätzwert beträgt beispielsweise $\hat{\mu} = 3.3$ und entspricht in diesem speziellen Fall numerisch der Stichprobenstatistik $\overline{x}$. Die möglichen Werte der Zufallsvariablen sind dabei vorab bekannt und liegen im Werteereich zwischen eins und fünf.

Eine weitere Zufallsvariable stellt die „Antwort auf die Evaluationsfrage" dar. Die konkrete Antwort einer Person auf die Evaluationsfrage ist erst nach der Ziehung und Befragung der Person bekannt. Man kann unendlich oft aus einer unendlich großen Grundgesamtheit oder aus einer endlich großen Grundgesamtheit mit Zurücklegen Personen ziehen. Damit ist die Wiederholbarkeit des Zufallsexperiments gegeben. Es handelt sich um ein einstufiges Zufallsexperiment, da eine Person aus der Grundgesamtheit entnommen wird und dann befragt wird. Auch hier sind alle möglichen Werte der Zufallsvariablen im Voraus bekannt: die Werte für die fünf Antwortkategorien.

Werte der Zufallsvariablen beinhalten alle möglichen realisierbaren Werte der Zufallsvariable: Beipielsweise alle möglichen Mittelwerte aus gleichgroßen Zufallsstichproben. Da man die Verteilung dieser Werte in der Population in Wirklichkeit nicht ermitteln kann, verwendet man theoretische Verteilungen für Zufallsvariablen. Das Mittel einer Zufallsvariablen bzw. der Verteilung von möglichen Werten einer Zufallsvariablen bezeichnet man als Erwartungswert.

Definition **Zufallsvariable**

Eine **Zufallsvariable**, dargestellt als lateinischer Großbuchstabe X, ist eine Funktion, die den Ergebnissen eines Zufallsexperiments eine reelle Zahl zuordnet. Reelle Zahlen stellen die Menge der Punkte der Zahlengerade dar. Die möglichen Realisationen einer Zufallsvariable können diskret, wie z. B. Augenzahlen beim Würfeln, oder stetig (siehe *Abschnitt 2.1.1*), wie z. B. Stichprobenmittelwerte, sein.

Neben Zufallsvariablen, die im Englischen auch als **random variables** bezeichnet werden, ist im Deutschen auch der Begriff **Zufallsgröße** gebräuchlich. **Zufallsvariable (random variable)** und **Zufallsgröße** sind austauschbare Begriffe.

3.4 Unabhängige und identisch verteilte Zufallsvariablen

In den vergangenen und folgenden Abschnitten war bzw. wird immer wieder von Zufallsstichproben bzw. vom „Ziehen per Zufall" aus einer Population die Rede sein. Nun wurden wir zunächst intuitiv davon ausgehen, zuerst eine Person aus einer endlichen Population zu ziehen und dann im zweiten Schritt eine weitere Person, ohne aber die zuvor gezogene Person vor der nächsten Ziehung wieder in die Population zurückzugeben. Dieses „Zurücklegen" der gezogenen Person ist jedoch notwendig. Dies wird im Folgenden am Beispiel endlicher und theoretisch unendlich gedachter Grundgesamtheiten verdeutlicht. Zunächst erläutern wir jedoch wichtige Anforderungen an Zufallsziehungen.

iid. In den *Kapiteln 4* bis *7* behandeln wir stochastische Modelle zur Prüfung von Zusammenhangs- und Unterschiedshypothesen. **Stochastische Modelle** beschäftigen sich mit dem Zufall. Manche von uns vorgestellten stochastischen Modelle setzen voraus, dass die Zufallsvariablen **unabhängig** und **identisch verteilt** sind. Im Englischen wird von einer *independent and identically distributed random variable* (abgekürzt: **iid**) gesprochen. Was unter Unabhängigkeit in diesem Fall zu verstehen ist, wird direkt im folgenden Abschnitt genauer erläutert. Ob Unabhängigkeit vorliegt oder nicht, ist eng mit dem Ziehungsvorgang verknüpft. Auf die Bedingung der identischen Verteilung der Zufallsvariablen wird im nächsten Abschnitt näher eingegangen.

3.4.1 Unabhängigkeit

Bevor wir mit der Durchführung einer Untersuchung beginnen, definieren wir in der Regel die uns interessierende Population. Solche **Populationen sind endlich groß**. Im Rahmen sogenannter **stochastischer Modelle** ist es jedoch zunächst günstig, von einer Population auszugehen, die theoretisch unendlich viele Personen umfasst. Betrachten wir dies an einem einfachen Urnenbeispiel. Nehmen wir an, es gäbe unendlich viele schwarze, rote und goldene Kugeln in einer Urne. Wir könnten auch sagen, die Kugeln stellen drei Ausprägungen eines Merkmals dar: 1 = „niedrig", 2 = „mittel", 3 = „hoch". Jede Kugel würde eine Person darstellen. Die Zusammensetzung der Kugeln (das Mischungsverhältnis) sei so, dass jede Kugelfarbe ein Drittel der Gesamtkugeln ausmacht. Damit ist die Wahrscheinlichkeit, eine rote Kugel zu ziehen, 1 : 3. Dieselbe Wahrscheinlichkeit gilt für die Ziehung einer schwarzen beziehungsweise einer goldenen Kugel. Zieht man zuerst eine rote Kugel aus der Urne, ändert sich das Mischungsverhältnis der Kugeln (bzw. Merkmalsausprägungen) für den zweiten Zug nicht. Es liegen immer noch unendlich viele weitere rote Kugeln in der Urne. Dieser Sachverhalt ist gemeint, wenn wir von unabhängigen Ziehungen sprechen. Eine vorangegangene Ziehung beeinflusst die nachfolgende Ziehung nicht, da das ursprüngliche Mischungsverhältnis der Kugeln in der Grundgesamtheit nach jeder Ziehung unverändert bleibt. Die Ziehungen erfolgen unabhängig voneinander.

Endliche bzw. finite Grundgesamtheit. Nehmen wir nun an, in einer Urne befindet sich eine Population von neun Kugeln: drei schwarze (1 = „niedrig"), drei rote (2 = „mittel") und drei goldene Kugeln (3 = „hoch"). Nun wird die erste Kugel entnommen: Es handelt sich um eine rote Kugel, die nicht zurückgelegt wird. Dieser Zug beeinflusst nun die nachfolgenden Züge derart, dass nur noch zwei rote Kugeln verbleiben und sich damit das Mischungsverhältnis der verbleibenden Kugeln (Merkmalsausprägungen) ändert: Es verbleiben zwei rote Kugeln (2 = „mittel") und jeweils drei goldene (3 = „hoch") und drei schwarze Kugeln (1 = „niedrig") in der Urne. Das Ergebnis des ersten Ziehungsvorgangs beeinflusst das Mischungsverhältnis der Kugeln (bzw. Merkmalsausprägungen) für nachfolgende Ziehungsvorgänge. Stellen wir uns weiter vor, wir hätten in der Urne eine Population von einer Million roten, goldenen und schwarzen Kugeln. In diesem Beispiel würde sich zwar immer noch das Mischungsverhältnis nach der Entnahme einer Kugel ändern, aber die Auswirkungen wären viel geringer als für das Beispiel mit einer Population mit neun Kugeln. Wir sehen an dem Beispiel, dass die Auswirkungen des Ziehens ohne Zurücklegen auf das Mischungsverhältnis der Kugeln in kleinen Grundgesamtheiten gravierender als in großen Grundgesamtheiten sind.

Ziehen mit Zurücklegen. Erst wenn nach jedem Ziehungsvorgang die gezogene Kugel wieder zurückgelegt wird, liegt immer dasselbe Mischungsverhältnis der Kugeln (bzw. Merkmalsausprägungen in der Population) bei jedem weiteren Zug vor und eine nachfolgende Ziehung ist von der vorausgegangenen Ziehung nicht beeinflusst. Nun sind Populationen aber nicht unendlich groß. Geht man aber von einer Stichprobenziehung **mit Zurücklegen** aus, kann man von **unabhängigen Ziehungsvorgängen** ausgehen, auch wenn die Population endlich groß ist. Das heißt jedoch praktisch, dass jede Person, nachdem wir sie in die Stichprobe aufgenommen haben, wieder in die Population zurückgelegt werden muss, und erst dann erneut gezogen werden kann.

Exkurs

Kombinatorik – Ziehen mit Zurücklegen ohne Reihenfolge

Es ist möglich, zu berechnen, wie viele ungeordnete Stichproben man mit Zurücklegen aus einer endlichen Grundgesamtheit ziehen kann, ohne dass sich eine bestimmte Stichprobenkonstellation wiederholt. Die genaue Anordnung der Personen in der Stichprobe spielt dabei keine Rolle und es wird daher von ungeordneten Stichproben gesprochen. Für solche Berechnungen stellt die Kombinatorik Formeln bereit. In unserem Fall möchten wir aus $N = 250$ Personen Stichproben der Größe $n = 5$ mit Zurücklegen ziehen. Das heißt, nachdem wir eine Person aus der endlichen Population gezogen und befragt haben, geben wir sie in die Grundgesamtheit zurück und geben ihr die Chance, erneut gezogen und befragt zu werden. Die Anzahl der möglichen Stichproben lässt sich dann wie folgt berechnen:

$$\frac{(N+n-1)!}{n! \cdot (N-1)!}$$

Um die Anzahl der möglichen verschiedenen Stichprobenzusammensetzungen zu ermitteln, benötigen wir unter anderem die mathematische Operation Fakultät. Ausgedrückt wird die Operation durch ein ! nach der Zahl. Die Fakultät einer Zahl bedeutet, dass jede Zahl, die kleiner als die genannte Zahl vor dem ! ist, als Faktor in eine multiplikative Gleichung aufgenommen wird, bis zur Zahl 1.

$$\frac{(N+n-1)!}{n! \cdot (N-1)!} = \frac{(250+5-1)!}{5! \cdot (250-1)!} = \frac{254 \cdot 253 \cdot \ldots \cdot 1}{5 \cdot 4 \cdot 3 \cdot 2 \cdot 1 \cdot 249 \cdot 248 \cdot \ldots \cdot 1}$$

Durch Kurzen der obenstehenden Formel erhält man:

$$\frac{254 \cdot 253 \ldots 250}{5 \cdot 4 \cdot 3 \cdot 2 \cdot 1} = 8468125050$$

Es gibt also 8468125050 verschiedene Stichproben, die sich durch Ziehen mit Zurücklegen, ohne Beachtung der Reihenfolge, aus einer Grundgesamtheit von 250 Personen und einer Stichprobengröße von fünf Personen ergeben können.

Liegt also eine endliche Population vor, lassen sich unabhängige Ziehungen als Voraussetzung für die Anwendung stochastischer Modelle bzw. Parameterschätzungen für die Population dadurch sicherstellen, dass bei der Stichprobenziehung die Methode **Ziehen mit**

Zurücklegen angewandt wird. Ist diese Voraussetzung nicht erfüllt, liefern die angewandten stochastischen Modelle (siehe *Kapitel 5* bis *7*) fehlerhafte Ergebnisse.

Ziehen ohne Zurücklegen. In den Sozialwissenschaften und der Psychologie wird jedoch bei fast allen Stichprobenziehungen **ohne Zurücklegen** aus der Grundgesamtheit gezogen: Das heißt, eine einmal aus der Population entnommene Person wird nach der Ziehung nicht mehr in die Grundgesamtheit zurückgelegt und erhält damit nicht mehr die Möglichkeit, erneut gezogen zu werden. Je größer die Population ist, desto weniger fällt aber die nicht gegebene Unabhängigkeit ins Gewicht. Wird nur ein kleiner Bruchteil, $n < 5\%$, der Population als Stichprobe gezogen, kann man sogar näherungsweise von Unabhängigkeit ausgehen.

Einfache Zufallsstichprobe. Eine einfache Zufallsstichprobe zeichnet sich dadurch aus, dass jede Person aus der Grundgesamtheit dieselbe Ziehungswahrscheinlichkeit aufweist. Gehen wir von einer Population von vier Personen aus und bezeichnen die Personen der Population mit den Buchstaben A, B, C, D, dann ergibt sich eine einfache Zufallsstichprobe dadurch, dass jede Person mit einer Wahrscheinlichkeit von 1 : 4 mit Zurücklegen gezogen wird.

Unabhängigkeit von Zufallsvariablen. Werden Personen unabhängig voneinander gezogen und ein Merkmal von diesen Personen jeweils durch eine Zufallsvariable beschrieben (z. B. *IQ*), dann sind auch diese Zufallsvariablen unabhängig. Das heißt, die Ausprägung des *IQ*s der zweiten Person hängt nicht von der Ausprägung des *IQ*s der ersten Person ab.

Exkurs

Kombinatorik – Ziehen ohne Zurücklegen ohne Reihenfolge

Man kann konkret berechnen, wie viele ungeordnete Stichproben einer bestimmten Größe mittels der Methode „Ziehen ohne Zurücklegen" aus einer endlichen Grundgesamtheit gezogen werden können. Erneut greifen wir dazu auf Formeln der Kombinatorik zurück. In diesem Fall wird die Formel auch als 2. Kombinationsregel bezeichnet. In unserem Beispiel möchten wir aus $N = 250$ Personen Stichproben der Größe $n = 5$ ohne Zurücklegen ziehen. Die Anzahl der möglichen Stichproben lässt sich dann mithilfe des **Binomialkoeffizienten** wie folgt berechnen (dabei spielt die Ziehungsreihenfolge keine Rolle):

$$\binom{N}{n} = \frac{N!}{n!(N-n)!}$$

Für unser Beispiel von Stichproben der Größe $n = 5$ aus einer Population von $N = 250$ heißt das konkret:

$$\frac{N!}{n!(N-n)!} = \frac{250!}{5! \cdot 245!}$$

Schreibt man die obenstehende Formel aus, ergibt sich:

$$\frac{250!}{5! \cdot 245!} = \frac{250 \cdot 249 \cdot 248 \cdot \ldots \cdot 3 \cdot 2 \cdot 1}{5 \cdot 4 \cdot 3 \cdot 2 \cdot 1 \cdot 245 \cdot 244 \cdot 243 \cdot \ldots \cdot 3 \cdot 2 \cdot 1}$$

Durch Kürzen der obenstehenden Formel erhält man schließlich:

$$=\frac{250\cdot 249\cdot 248\cdot 247\cdot 246}{5\cdot 4\cdot 3\cdot 2\cdot 1}=7817031300$$

Zieht man ohne Zurücklegen (7817031300), gibt es deutlich weniger mögliche unterschiedliche Stichproben als beim Ziehen mit Zurücklegen (8468125050). Zu beachten ist jedoch folgendes: Könnte man man tatsächlich alle diese Stichproben ziehen, deren Mittelwerte schätzen, würde man eine diskrete Verteilung der Werte erhalten, unabhängig davon ob das Merkmal diskret oder stetig ist. Mithilfe dieses resultierenden Histogramms könnte man dann auf eine theoretische Verteilung des Merkmals schließen.

3.4.2 Identische Verteilung

Identische Verteilungen. Bei der Einführung des Begriffs **iid** haben wir zunächst auf die Bedeutung der Unabhängigkeit der Zufallsvariablen aufmerksam gemacht. Nun wollen wir uns mit der identischen Verteilung beschäftigen. Was bedeutet es, dass beim Ziehen mit und ohne Zurücklegen die resultierenden Zufallsvariablen identisch verteilt sind? Identisch verteilt bedeutet, dass bei der Wiederholung eines Zufallsexperiments, also bei der wiederholten Ziehung die Zufallsvariable dieselbe Verteilung mit denselben Parametern, z. B. Erwartungswerten und Varianzen, aufweist.

Unabhängigkeit und Inferenz. Die Unabhängigkeitsannahme gilt uneingeschränkt nur für das Ziehen mit Zurücklegen bzw. bei Ziehungen ohne Zurücklegen für eine theoretisch infinite Population. In den meisten Fällen, insbesondere, wenn nur wenige Personen aus einer vergleichsweise großen Grundgesamtheit entnommen werden, ist auch beim Ziehen ohne Zurücklegen die Forderung nach Unabhängigkeit gegeben (siehe dazu auch *Kapitel 4*). Als Daumenregel ist Unabhängigkeit dann gegeben, wenn weniger als fünf Prozent der Grundgesamtheit durch die Stichprobe gezogen werden. Dies ist in der Psychologie und den Sozialwissenschaften sehr oft der Fall. Damit eignen sich in den meisten Fällen beide Zugänge als Basis für Schlüsse aus Stichprobendaten auf die zugrundeliegende Grundgesamtheit (**Inferenz**).

Exkurs

Weitere Kombinatorikregeln

Der Vollständigkeit halber sollen hier auch noch weitere, in der Psychologie und den Sozialwissenschaften häufige Kombinatorikregeln aufgeführt werden.

Permutationsregel. Die **Permutationsregel** wird angewandt, um zu bestimmen, in wie viele unterschiedliche Reihenfolgen sich eine bestimmte Anzahl von Ereignissen bringen lassen kann. Es wird also nicht zurückgelegt, die Reihenfolge spielt aber eine Rolle. Bezogen auf das Beispiel der Grundgesamtheit von $N = 250$ Studierenden in der Vorlesung ginge es darum, in wie viele unterschiedliche Reihenfolgen sich die Studierenden kombinieren lassen. Hierzu wird einfach die Fakultät bestimmt:

$$n! = 250!$$

Die sich ergebende Zahl ist so groß, dass wir an dieser Stelle darauf verzichten, sie darzustellen. Beim Beispiel mit den vier Personen ergeben sich $4! = 24$ unterschiedliche Reihenfolgen.

1. Variationsregel. Die **1. Variationsregel** ist relevant, wenn die Reihenfolge eine Rolle spielt und zurückgelegt wird. Nehmen wir an, jeder der $N = 250$ Personen wird zufällig eine von zwei unterschiedlichen Fragebogenversionen zur Lehrevaluation zugelost. Dabei ist es egal, wie viele Personen am Ende die Fragebogenversion A und wie viele die Fragebogenversion B erhalten. Wie viele unterschiedliche Kombinationen gibt es? Die Zahl der möglichen Ereignisse k bei jeder Ziehung beträgt also zwei (Version A oder B). Hier spielt die Reihenfolge eine Rolle und die Wahrscheinlichkeit, Fragebogenversion A oder B zu bekommen, ist für alle gleich (1 : 2). Die Regel lautet nun:

$$k^n = 2^{250}$$

3.5 Verteilungen von Zufallsvariablen

Verteilungen diskreter Merkmalswerte. Wenn uns endlich viele, abzählbare diskrete Werte für Personen einer Stichprobe vorliegen, beispielsweise die Noten in einer Statistikklausur oder die Antworten der Studierenden auf ein Lehrevaluationsitem mit einer 5-stufigen Antwortskala, können wir für jede Note oder Antwortkategorie die Häufigkeit angeben. Die Häufigkeit gibt an, wie oft jede Note in der Stichprobe auftritt, und wird bei der grafischen Darstellung auf der y-Achse aufgetragen (siehe *Kapitel 2*). Wir sprechen hier von einer **diskreten Häufigkeitsverteilung**. Anstatt absoluter Häufigkeiten können auch die relativen Häufigkeiten angegeben sein. Nehmen wir beispielsweise an, in einer Stichprobe von 250 Studierenden haben ein Zehntel der Studierenden bzw. 25 Studierende die Note „sehr gut" erhalten, ein Fünftel bzw. 50 Studierende die Note „gut" und so weiter. Insgesamt ergibt die Summe der relativen Häufigkeiten den Wert eins, da die Stichprobe 100 Prozent der Noten enthält, die sich unterschiedlich auf die Studierenden verteilen. Bei der grafischen Darstellung ist auf der x-Achse die Notenstufe aufgetragen. Sie reicht von eins bis sechs. Wird nun die relative Häufigkeit eingezeichnet, mit der eine Note in der Stichprobe beobachtet wurde, trägt man beispielsweise für die Note zwei 0.20 und damit 20 Prozent in das Diagramm ein. Es handelt sich um eine sogenannte **Rohwertverteilung** der Personen in der **Stichprobe**. Natürlich wäre es auch kein Problem, für die 250 Personen der Grundgesamtheit der Vorlesung eine solche Verteilung aufzustellen. Es würde sich dann um die **Rohwertverteilung** der Personen der **Population** handeln.

Verteilung stetig gemessener realisierter Merkmalswerte. Wir haben gesehen, dass nicht alle Variablen diskret sind. Wir könnten nun auch die Körpergröße oder das Gewicht als Variable heranziehen. Solche stetigen Variablen weisen Verteilungen auf, auf deren x-Achse die Werte der Variablen angegeben werden und auf der y-Achse die sogenannte Wahrscheinlichkeitsdichte. Grund für die Angabe der Dichte ist, dass es beliebig viele Werte innerhalb eines Intervalls gibt, beispielsweise eines Gewichts von 70.10 bis 70.11 Kilogramm. Praktisch hat wahrscheinlich jeder Mensch ein individuelles Gewicht, könnte man das Gewicht ganz exakt auf beliebig viele Kommastellen angeben. Über Integrale könnten wir mithilfe der Fläche unter der Dichte zwischen zwei Werten die Wahrscheinlichkeit für die Werte im Intervall angeben.

Definition Rohwertverteilung

Rohwertverteilung von Merkmalsausprägungen. Die Merkmalsausprägungen von Personen in der Stichprobe werden häufig auch als Rohwerte bezeichnet. Die Verteilung der Rohwerte in der Stichprobe kann man abbilden, beispielsweise für die Körpergröße mit einem Histogramm oder für die Noten einer Klausur mit einer Häufigkeitsverteilung. Eine solche Verteilung wird Rohwertverteilung genannt. Eine **Rohwertverteilung** der Merkmale erhält man für die **Stichprobe** genauso wie für die **Population**, wenn alle Mitglieder der Population erhoben wurden. Betrachten wir als Beispiel die Notenverteilung in einer Stichprobe von zehn Personen und in der Population (siehe ▶*Abbildung 3.5*).

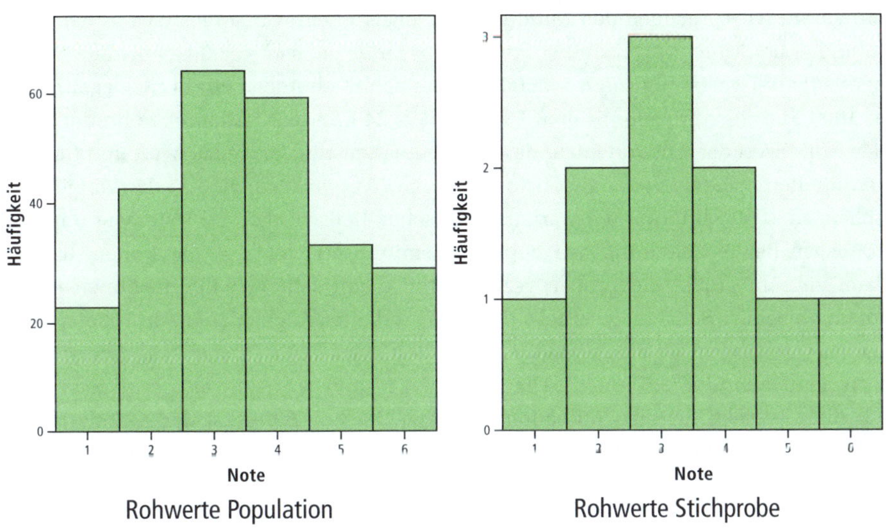

Abbildung 3.5: Histogramm der Rohwertverteilung der Noten in der Population von $N = 250$ und in einer Stichprobe von $n = 10$

Theoretische Verteilung von Merkmalen. Von der Rohwertverteilung diskreter Ausprägungen stetiger oder diskreter Merkmale wird häufig auf eine theoretische Verteilung der Merkmale bzw. der Zufallsvariable geschlossen. Man würde beispielsweise aufgrund der Verteilung der Rohwerte des Merkmals Körpergröße der Stichprobe darauf schließen, dass die Körpergröße in der Grundgesamtheit normalverteilt ist.

Verteilung von Schätzfunktionen als Zufallsvariablen. Bei einer Stichprobenkennwerteverteilung, die im Englischen als **Sampling Distribution** bezeichnet wird, handelt es sich um eine Verteilung der möglichen Werte einer **Schätzfunktion** bzw. einer **Zufallsvariablen**. Alle möglichen Werte einer Schätzfunktion aus gleichgroßen Zufallsstichproben ergeben eine theoretische Verteilung, z. B. für Mittelwert, Varianz oder Korrelation. Nehmen wir an, wir würden aus einer unendlich großen Grundgesamtheit unendlich oft Stichproben einer bestimmten Größe ziehen und den Wert der Zufallsvariablen bestimmen. Aufgrund bestimmter Gesetzmäßigkeiten (siehe zentraler Grenzwertsatz im nächsten Abschnitt) kann dann angegeben werden, wie die Verteilung der möglichen Werte dieser Zufallsvariablen (z. B. der Mittelwerte der einzelnen Stichproben) theoretisch aussehen müsste. Es ist also aufgrund von Gesetzmäßigkeiten oder aufgrund der Erfüllung von bestimmten Bedingungen möglich, die theoretische Verteilung von Zufallsvariablen anzugeben.

3.6 Schätzgenauigkeit und Stichprobengröße

Schätzgenauigkeit und große Stichproben. Bei der Definition der Konsistenz haben wir bereits gesehen, dass es für sinnvolle Schätzfunktionen einen Zusammenhang zwischen der Stichprobengröße und der Schätzgenauigkeit unbekannter Parameter in der Grundgesamtheit gibt. Wir verdeutlichen diesen anhand realisierter Werte von Schätzfunktionen. Nehmen wir an, wir berechnen den Mittelwert für unsere Lehrevaluationsfrage in der Population und er beträgt $\mu = 3.5$ bei einer Populationsvarianz von $\sigma^2 = 2.09$. Nun ziehen wir aus einer Statistik-I-Vorlesung von $n = 250$ Studierenden Stichproben mit Zurücklegen. Wir ziehen 1000 Mal Stichproben mit dem Umfang $n = 249$. In jeder Stichprobe bestimmen wir einen Mittelwert der Antworten auf das Lehrevaluationsitem als Schätzwert und tragen alle so ermittelten Schätzwerte in ein Histogramm ein. Was würden wir von der Verteilung der geschätzten 1000 Mittelwerte erwarten? Wahrscheinlich würden die Mittelwerte in einem ganz engen Bereich nahe um den Populationsmittelwert von $\mu = 3.5$ streuen. Immerhin haben wir sehr große Stichproben gezogen und damit sehr viel Informationen über die Population bei der Schätzung berücksichtigt. Wir erhalten folglich eine sehr schmale Verteilung der geschätzten Mittelwerte aus den Zufallsstichproben mit einer sehr geringen Streuung (vgl. ▶*Abbildung 3.6* unten). Die einzelnen Mittelwerte sind also sehr genau, wenn auch nicht perfekt, für die Population geschätzt. Im Folgenden ist der R-Code für diese Simulation aufgeführt (das Datenfile ist auf der Companion Website erhältlich):

```
library (foreign)
stat<- data.frame(read.spss("/Users/buehner/Desktop/Unbenannt1.sav"))
stat
note<-stat[,2]
note
density5 <- vector(length = 1000000000)
for (i in 1 : 1000000000) {
 density5[i] <- mean(sample(note, 5, replace = TRUE))}
hist(density5, xlim = c(1, 6))
plot(density(density5),xlim = c(1, 6))
hist(NormalSamples$mean, xlim = c(1, 63))
plot(density (NormalSamples$mean),xlim = c(1, 63))
```

Schätzgenauigkeit und kleine Stichproben. Nehmen wir weiter an, wir ziehen aus einer Grundgesamtheit von $N = 250$ Studierenden 1000 Mal Stichproben des Umfangs $n = 5$ mit Zurücklegen (vgl. *Abbildung 3.6*, oben). Dann könnten wir, durch die Ziehung bedingt, in der einen oder anderen Stichprobe extreme Mittelwerte erhalten, weil wir gerade fünf Personen gezogen haben, die die Statistikvorlesung hassen oder lieben. Womöglich haben wir sogar eine Person, die die Vorlesung hasst, gezogen, zurückgelegt und wieder gezogen. Nehmen wir weiter an, fünf Personen in der Population kreuzen den niedrigsten Wert im Fragebogen an. Theoretisch wäre es nun möglich, diese fünf Personen per Zufall zu ziehen. Es würde sich dadurch ein niedriger geschätzter Mittelwert ergeben. Die Verteilung der Mittelwerte aus kleinen Zufallsstichproben ist folglich im Vergleich zu großen Zufallsstichproben breiter und die Standardabweichung dieser Mittelwerte größer im Vergleich zu großen Zufallsstichproben.

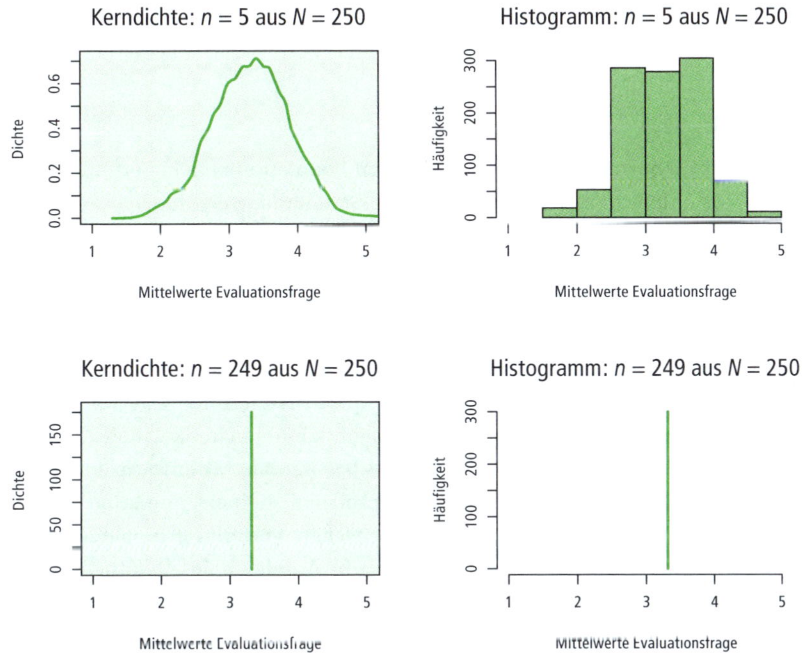

Abbildung 3.6: Darstellung der Verteilungen (Kerndichte und Histogramm) der mittleren Evaluation basierend auf unterschiedlichen Stichprobengrößen, gezogen mit Zurücklegen aus einer Population von $N = 250$

Betrachtet man *Abbildung 3.6*, liefert diese folgende Erkenntnisse: In beiden Beispielen stellt der Mittelwert aller geschätzten Mittelwerte einen guten Schätzwert des Populationsmittelwerts dar, da in beiden Fällen der Mittelwert der Mittelwerte jeweils dicht am wahren Wert liegt: Die beiden Mittelwerte der Mittelwerte fallen für die Stichproben $n = 249$ mit 3.328 und für die Stichproben mit $n = 5$ mit 3.311 ähnlich wie in der Population aus. Der Mittelwert der Population hatte $\mu = 3.5$ betragen. Die Variation der realisierten Schätzwerte der Verteilung $n = 5$ ist größer als die der Verteilung $n = 249$. Die Variation der realisierten geschätzten Mittelwerte in Form ihrer Standardabweichung der geschätzten Mittelwerte spiegelt die Schätzgenauigkeit wieder (Berechnung nicht dargestellt): Für geschätzte Mittelwerte aus Zufallsstichproben der Größe $n = 5$ mit Zurücklegen ist die Standardabweichung 0.55. Für geschätzte Mittelwerte aus Zufallsstichproben der Größe $n = 249$ mit Zurücklegen ist die Standardabweichung 0.005. In unserem Beispiel sinkt demnach die Standardabweichung der Verteilung der Mittelwerte mit zunehmender Stichprobengröße. Dies ist gleichbedeutend mit einer höheren Schätzgenauigkeit bei höherem Stichprobenumfang. Die Standardabweichung einer solchen Stichprobenverteilung, also in unserem Beispiel der Verteilung von Mittelwerten aus Stichproben gleicher Größe, ist also ein Indikator für die Schätzgenauigkeit der jeweils betrachteten Schätzfunktion unter den Gegebenheiten des durchgeführten Zufallsexperiments.

Theoretische Verteilungen. In fast allen Fällen können Populationen nicht oder nur mit sehr großem Aufwand erfasst werden. In diesen Fällen behilft man sich mit einer theoretischen Verteilung einer infiniten Population, um Wahrscheinlichkeiten von Ereignissen zu bestimmen. Eine Grundlage für die Verwendung theoretischer Verteilungen ergibt sich aus dem zentralen Grenzwertsatz. Dieser wird im Folgenden näher erläutert.

3.6.1 Zentraler Grenzwertsatz

Nun können wir nicht immer aus einer bekannten Population beliebig oft mit Zurücklegen ziehen. Es ist also nicht immer möglich, über die Standardabweichung der Stichprobenverteilung auf die Genauigkeit der Schätzung zu schließen. In den meisten Fällen liegt zunächst nur eine Stichprobe vor. Das heißt, wir benötigen Information über die Form der Stichprobenkennwerteverteilung auf Basis der Schätzwerte einer einzigen Stichprobe. Nehmen wir im Folgenden an, bei dem Zufallsexperiment soll der Mittelwert einer Population mithilfe einer Stichprobe geschätzt werden. Wüsste man, wie sich alle geschätzten Mittelwerte theoretisch verteilen, also wie die Stichprobenverteilung von Mittelwerten aus unendlich vielen gleichgroßen Stichproben aussieht, könnte man natürlich Aussagen darüber treffen, wie wahrscheinlich die Ziehung eines bestimmten Mittelwerts oder eines geringeren Mittelwerts von gleichgroßen Zufallsstichproben aus einer Population ist. Das heißt, wir könnten mithilfe einer sogenannten **theoretischen Verteilung** feststellen, wie wahrscheinlich das Ergebnis einer Stichprobenziehung im Vergleich zu allen theoretisch möglichen Stichprobenergebnissen ist. Wenn man den eben geschilderten Ziehungsvorgang mit sehr großen Stichproben sehr oft wiederholt, ergibt sich eine Verteilung von Mittelwerten in Form einer Normalverteilung. Dies kann durch den zentralen Grenzwertsatz gezeigt werden und ist in der folgenden Definition nochmals genau erklärt. Theoretische Verteilungen gibt es viele – eine davon wird im nächsten Kapitel exemplarisch näher beschrieben. Weitere Verteilungen werden in *Kapitel 4* dargestellt.

Definition **zentraler Grenzwertsatz**

Nach dem zentralen Grenzwertsatz nähert sich die Verteilung der Summe (bzw. mittleren Summe bzw. Mittelwerte) unabhängiger und identisch verteilter Zufallsvariablen mit gegen unendlich strebender Anzahl von Summanden einer Normalverteilung an. Die Anzahl der Summanden ist in unserem Fall gleichbedeutend mit der Anzahl der Ziehungen von Personen, denn jede Person steuert einen Wert für die Schätzung eines Mittelwerts oder einer Summe bei.

3.6.2 Normalverteilung

Normalverteilung von Merkmalen. Bei vielen psychologischen Konstrukten, wie Intelligenz, Extraversion oder Leistungsmotivation wird davon ausgegangen, dass die Werte von Personen in der Population normalverteilt sind.

Normalverteilung als theoretische Verteilung. Die Normalverteilung geht auf den Mathematiker Gauß zurück. Es handelt sich um eine **theoretische Verteilung**. Die Form der Verteilung ergäbe sich, wenn man beispielsweise unendlich oft sehr große Stichproben aus einer unendlich großen Population zieht, und die stetigen Mittelwerte jeder Ziehung berechnen könnte, um dann die Verteilung dieser Mittelwerte ermitteln zu können. Empirisch kann eine solche Verteilung nicht konstruiert werden, sie existiert nur theoretisch. Wie wir in *Formelkasten 3.3* sehen werden, ist die Normalverteilung durch zwei Parameter definiert: Erwatungswert μ und Varianz σ.

Eigenschaften der Normalverteilung. Bereits in *Kapitel 2* sind wir beim Besprechen von Schiefe und Exzess kurz auf symmetrische Verteilungen eingegangen. Die Normalverteilung ist **symmetrisch** und besitzt nur **ein Maximum** bzw. einen Gipfel. Daher spricht man auch von einer symmetrischen unimodalen Verteilung. Besäße eine Verteilung zwei Maxima, wäre die Verteilung bimodal bzw. hätte zwei Gipfel. Bei einer Normalverteilung entspricht der Bereich um den Mittelwert dem Bereich mit der höchsten Wahrscheinlichkeitsdichte. Zudem entspricht bei der Normalverteilung der Mittelwert sowohl dem Modalwert als auch dem Median.

Funktion der Normalverteilung. Die im Folgenden aufgeführte Funktionsgleichung gibt für jeden beliebigen x-Wert einen Dichtewert bzw. y-Wert an. Würde man theoretisch alle möglichen x-Werte einsetzen (es wären unendlich viele) und diese dann gemeinsam mit dem jeweiligen y-Wert in ein Koordinatensystem einzeichnen, erhielte man die charakteristische Form der Normalverteilung (wie in ▸*Abbildung 3.7* dargestellt), die einer Glockenkurve gleicht. Die genaue **Funktionsgleichung der Normalverteilung** ist in *Formel 3.3* dargestellt.

Formel 3.3 Funktionsgleichung Normalverteilung

$$f(x) = \frac{1}{\sqrt{(2 \cdot \pi \cdot \sigma^2)}} \cdot e^{-\frac{(x-\mu)^2}{2 \cdot \sigma^2}}$$

$f(x)$ = Funktionswert (= y-Wert) des Messwerts x

x = Messwert x

μ = Populationsmittelwert

σ^2 = Varianz des Messwerts in der Population

e = Exponentialfunktion zur Basis $e = 2.72$

π = Kreiszahl Pi, entspricht der Konstanten $\pi = 3.14159 \ldots$

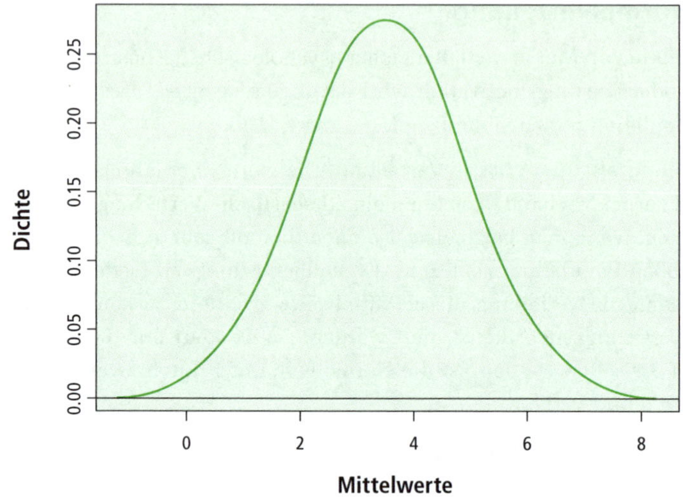

Abbildung 3.7: Darstellung einer Normalverteilung mit einem Mittelwert von 3.5 und einer Standardabweichung von 1.446 (Varianz von 2.09)

Nutzen der Normalverteilung. Wie bereits beschrieben, lässt sich mithilfe von Integralrechnung eine Fläche unter der Dichte berechnen. Die gesamte Fläche unter der Verteilung beträgt eins. Die Fläche innerhalb der Grenzen eines Integrals gibt die Wahrscheinlichkeit des Auftretens eines Wertes innerhalb der Integralgrenzen an. Man kann beispielsweise die Fläche zwischen dem niedrigsten definierten Wert (minus unendlich) unter der Normalverteilungsdichte bis zu einem Wert x berechnen. So könnten wir berechnen, wie wahrscheinlich es unter der Annahme eines wahren Wertes von $\mu = 3.5$ ist, geschätzte Mittelwerte von kleiner oder gleich $\hat{\mu} = 3.3$ zu erhalten. Ist die Wahrscheinlichkeit für dieses Ereignis gering, obwohl es als Stichprobenergebnis beobachtet wurde, würden wir, wenn wir nichts weiter wüssten, nicht davon ausgehen, dass unsere gezogene Stichprobe aus dieser Population mit dem Populationsmittelwert von $\mu = 3.5$ stammt. Ist die Wahrscheinlichkeit hoch, könnte es tatsächlich zutreffen, dass unsere Stichprobe aus dieser Population mit einem Populationsmittelwert von $\mu = 3.5$ gezogen wurde. Auf dieses Prinzip werden wir in *Kapitel 4* zurückkommen.

Grenzen der Normalverteilung. Leider kann die Normalverteilung nicht immer zur Entscheidung, wie wahrscheinlich ein Stichprobenergebnis ist, herangezogen werden. Dies ist nur unter bestimmten Bedingungen möglich, zum Beispiel ab einer bestimmten Stichprobengröße. Sind diese Bedingungen nicht erfüllt, müssen andere Wahrscheinlichkeitsdichteverteilungen verwendet werden, um herauszufinden, wie wahrscheinlich ein bestimmter Schätzwert oder ein extremerer Schätzwert unter dieser theoretischen Verteilung ist.

Statistischer Durchschnitt. Es ist besonders hilfreich, sich bestimmte Werte zu merken, beispielsweise, wie viel Prozent der Werte innerhalb einer Standardabweichung um den Mittelwert einer Normalverteilung liegen. Dieser Bereich ist als **statistischer Durchschnitt** definiert. So lässt sich zeigen, dass sich im Bereich innerhalb plus und minus einer Standardabweichung um den Mittelwert rund 68.28 Prozent der Werte befinden: Beispielsweise etwa zwei Drittel aller gemessenen *IQ*-Werte. Im Bereich plus und minus zwei Standardabweichungen um den Mittelwert der Normalverteilung befinden sich ca. 95.44 Prozent der Werte (vgl. ▶*Abbildung 3.8*). Betrachtet man diskrete Werte, die annähernd normalverteilt sind, wie z. B. Intelligenztestwerte, ist zu beachten, dass die Grenzen zum Durchschnittsbereich gezählt werden. Diese Einteilung wird beispielsweise bei der Normierung von psychologischen Tests genutzt (vgl. Bühner, 2010, S. 261 ff.) oder der psychometrischen Einzelfalldiagnostik (Ziegler & Bühner, 2012). Wichtige Normen in der Psychologie sind beispielsweise die *IQ*-Norm (mit einem Mittelwert von 100 *IQ*-Punkten und einer Standardabweichung von 15 *IQ*-Punkten) oder die *T*-Werte (mit einem Mittelwert von 50 *T*-Punkten und einer Standardabweichung von 10 *T*-Punkten).

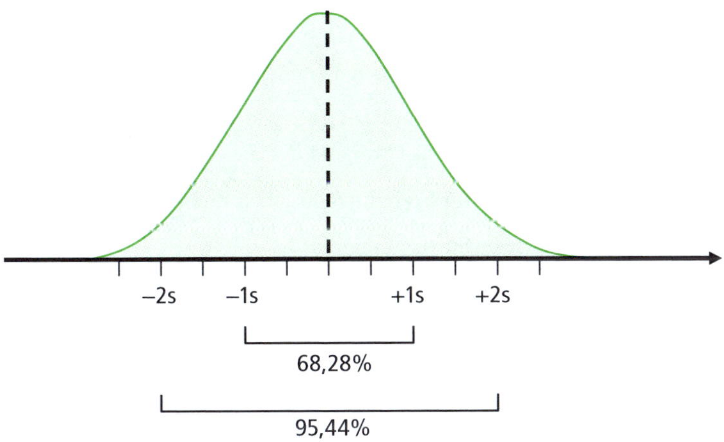

Abbildung 3.8: Darstellung einer Normalverteilung

Standardnormalverteilung. Eine Normalverteilung kann in eine **Standardnormalverteilung** (vgl. auch *Abschnitt 4.4.2*) überführt werden, wenn man alle möglichen Werte standardisiert

$$\text{(vgl. } \textit{Abschnitt 2.2.7}\text{: } z_v = \frac{x_v - \bar{x}}{s_x}\text{).}$$

Es ergäbe sich dann für so transformierte Werte eine Standardnormalverteilung mit einem Mittelwert von null und einer Standardabweichung von eins (vgl. *Abschnitt 2.2.7*).

Die nächsten Ausführungen beziehen sich auf die Frage, wie wahrscheinlich ein bestimmtes Ereignis ist, wenn ein anderes Ereignis bekannt ist. Dies ist die Frage nach der bedingten Wahrscheinlichkeit.

3.7 Bedingte Wahrscheinlichkeit

Stellen wir uns zur Veranschaulichung des Themas zunächst vor, dass die Wahrscheinlichkeit bestimmt werden soll, mit der eine Person das Lehrevaluationsitem mit der Antwortkategorie fünf bewertet, **wenn** die Person männlich ist. Das „wenn“ in diesem Satz verdeutlicht, dass als Bedingung für das Eintreten des Ereignisses ein anderes Ereignis vorgeschaltet wird. Die Formel der **bedingten Wahrscheinlichkeit** ist in *Formel 3.4* dargestellt.

Formel 3.4 Bedingte Wahrscheinlichkeit

$$\pi(A|B) = \frac{\pi(A \cap B)}{\pi(B)}$$

bzw.

$$\pi(B|A) = \frac{\pi(A \cap B)}{\pi(A)}$$

$\pi(A|B)$ = Wahrscheinlichkeit für Ereignis *A*, gegeben Ereignis *B*

$\pi(A \cap B)$ = Wahrscheinlichkeit für das gemeinsame Auftreten von Ereignis *A* und Ereignis *B*

$\pi(B)$ = Wahrscheinlichkeit für das Ereignis *B*

$\pi(B|A)$ = Wahrscheinlichkeit für Ereignis *B*, gegeben Ereignis *A*

$\pi(A)$ = Wahrscheinlichkeit für das Ereignis *A*

Für die Berechnung (siehe ▶*Abbildung 3.9*) der bedingten Wahrscheinlichkeit für das Ereignis *A*, gegeben Ereignis $B(\pi(A|B))$, bestimmt man zunächst die Wahrscheinlichkeit für die Schnittmenge der beiden Ereignisse $\pi(A \cap B)$. Die Wahrscheinlichkeit für diese Schnittmenge wird an der Wahrscheinlichkeit für das Ereignis *B* relativiert. In der Formel wird „gegeben" mit dem Zeichen | dargestellt. Alle Personen des Überlappungsbereichs $(A \cap B)$ haben eine Merkmalskombination, die günstig im Sinne der Fragestellung ist. Im Nenner ist die Wahrscheinlichkeit von B aufgeführt. Daran wird deutlich, dass die bedingte Wahrscheinlichkeit „*A* gegeben *B*" nicht notwendigerweise der Wahrscheinlichkeit „*B* gegeben *A*" entspricht, denn im Nenner wird jeweils entweder $\pi(B)$ oder $\pi(A)$ aufgeführt, je nachdem, welches Ereignis als gegeben betrachtet wird.

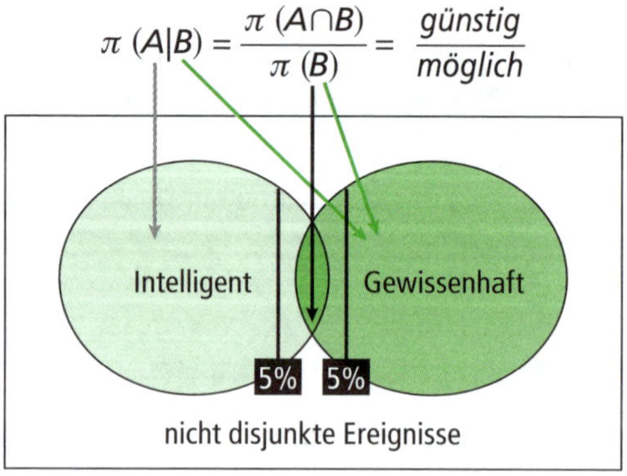

Abbildung 3.9: Grafische Veranschaulichung bedingte Wahrscheinlichkeit

Beispiel. In der Psychologie und der Medizin sind bedingte Wahrscheinlichkeiten sehr interessant, da man mit ihrer Hilfe Erkrankungsrisiken für unterschiedliche Gruppen gut bestimmen kann. Nehmen wir an, Deutschland hat 80 Millionen Einwohner und 15 Millionen Menschen leiden an einer Depression. Damit ist die Wahrscheinlichkeit, an einer Depression zu leiden:

$$\pi(A) = \frac{15.000.000}{80.000.000} = 0.1875.$$

Wir wissen, dass Frauen in etwa doppelt so häufig an einer Depression leiden wie Männer (vgl. Busch, Maske, Ryl, Schlack & Hapke, 2013). Ist dies der Fall, leiden 5 Millionen Männer und 10 Millionen Frauen an einer Depression. Die Wahrscheinlichkeit $\pi(A \cap B)$, als Frau an einer Depression zu leiden, beträgt demnach

$$\pi = \frac{10.000.000}{80.000.000} = 0.125.$$

Etwa die Hälfte der Einwohner in Deutschland sind Frauen:

$$\pi(B) = \frac{40.000.000}{80.000.000} = 0.50.$$

Nun können wir die Formel für bedingte Wahrscheinlichkeiten nutzen und die Wahrscheinlichkeit bestimmen, an einer Depression zu leiden, wenn man eine Frau ist:

$$\pi(A|B) = \frac{\pi(A \cap B)}{\pi(B)} = \frac{.125}{.50} = 0.25$$

Wir sehen, das Risiko, an einer Depression zu leiden, ist für Frauen höher als für Männer und Frauen gemeinsam (0.25 > 0.1875). Wir können nun auch das Risiko bestimmen, eine Frau zu sein, wenn eine Depression diagnostiziert ist: $\pi(B|A)$. Wir wissen, dass die Wahrscheinlichkeit, an einer Depression zu leiden ($\pi(A)$), 18.75 Prozent beträgt und setzen nun die Werte in die Formel ein:

$$\pi(B|A) = \frac{\pi(A \cap B)}{\pi(A)} = \frac{.125}{.1875} = 0.67$$

3.7.1 Bayes-Wahrscheinlichkeit

Um bedingte Wahrscheinlichkeiten angeben zu können, benötigt man, wie aus *Formel 3.4* hervorgeht, die Wahrscheinlichkeit der Schnittmenge sowie die Wahrscheinlichkeit des bedingenden Ereignisses. Die Wahrscheinlichkeit der Schnittmenge ist jedoch nicht immer bekannt. Um dennoch die bedingte Wahrscheinlichkeit angeben zu können, kann das **Bayes-Theorem** – wie in *Formel 3.5* angegeben – verwendet werden.

Formel 3.5 Bayes-Wahrscheinlichkeit

$$\pi(A|B) = \frac{\pi(A) \cdot \pi(B|A)}{\pi(B)}$$

$\pi(A)$ = Wahrscheinlichkeit für das Ereignis A

$\pi(A|B)$ = Wahrscheinlichkeit für Ereignis A, gegeben Ereignis B

$\pi(B)$ = Wahrscheinlichkeit für das Ereignis B

$\pi(B|A)$ = Wahrscheinlichkeit für Ereignis B, gegeben Ereignis A

Beispiel 1. Wir wissen, wie viele Personen unter den Erwerbstätigen weniger als eine Million Euro pro Jahr verdienen: 99 Prozent: $\pi(A) = 0.99$. Die Quote der fehlerhaft abgegebenen Steuererklärungen bei einem Einkommen unter einer Million Euro wird auf 15 Prozent geschätzt: $\pi(B|A) = 0.15$. Das Finanzamt gibt an, dass etwa jede dritte Steuererklärung Unregelmäßigkeiten aufweist: $\pi(B) = 0.33$. Nun ergibt sich für die Steuerprüfer die Frage, wie wahrscheinlich es ist, dass eine Person weniger als eine Million Euro verdient, wenn die zugehörige Steuererklärung fehlerhaft ist $\pi(A|B)$.

- Weniger als eine Million Verdienst: $\pi(A) = .99$
- Prozentsatz fehlerhafter Steuererklärungen: $\pi(B) = .33$
- Fehlerhafte Steuererklärungen, wenn Einkommen kleiner als eine Million Euro: $\pi(\text{B} \mid \text{A}) = .15$

Daraus ergibt sich eine Wahrscheinlichkeit von 45 %, dass die vorliegende Steuererklärung von einer Person mit einem geringeren Verdienst als einer Million Euro stammt, wenn die Erklärung auffällig ist:

$$\pi(A|B) = \frac{\pi(A) \cdot \pi(B|A)}{\pi(B)} = \frac{.99 \cdot .15}{.33} = .45$$

Beispiel 2. Im Folgenden soll ein Beispiel von Gigerenzer und Hoffrage (1995) zu weiterführenden Veranschaulichung dienen. Es ist eine allgemeine Formulierung der Formel von Bayes. Gehen wir von folgender Ausgangslage aus: Die Wahrscheinlichkeit für eine Frau, im Alter von 40 Jahren im Rahmen einer Routineuntersuchung die Diagnose Brustkrebs zu erhalten, beträgt 1 Prozent: $\pi(A+) = 0.01$. Die Komplementärwahrscheinlichkeit beträgt 99 Prozent: $\pi(A-) = 0.99$. Die Ereignisse $A+$ bzw. $A-$ stehen für „Frau hat Brustkrebs" bzw. „Frau hat keinen Brustkrebs". Hat eine Frau Brustkrebs, gibt die Methode der Mammographie (B) bei 80 Prozent einen auffälligen Befund: $\pi(B+|A+) = 0.80$. Wenn eine Frau gesund ist, wird in 9.6 Prozent der Mammographieuntersuchungen fälschlicherweise ein auffälliger Befund festgestellt: $\pi(B+|A-) = 0.096$. Nun möchten wir wissen, wie hoch die Wahrscheinlichkeit ist, dass eine Frau tatsächlich Brustkrebs hat, wenn die Mammographie einen auffälligen Befund aufweist. Die Formel hierfür lautet:

$$\pi(A+|B+) = \frac{\pi(A+) \cdot \pi(B+|A+)}{\pi(A+) \cdot \pi(B+|A+) + \pi(A-) \cdot \pi(B+|A-)}$$

$$\pi(A+|B+) = \frac{0.01 \cdot 0.80}{0.01 \cdot 0.80 + 0.99 \cdot 0.096} = 0.078$$

Dieses Beispiel zeigt, wie schwer es uns fällt, aus vorgegebenen Wahrscheinlichkeiten Risiken richtig abzuschätzen. Die Wahrscheinlichkeit, bei einem positiven Befund tatsächlich Krebs zu haben, beträgt nur 7.8 Prozent.

Zusammenfassung. Bei der bedingten Wahrscheinlichkeit besteht die Verknüpfung der beiden Ereignisse also darin, dass das Auftreten des einen Ereignisses an das Auftreten des anderen Ereignisses gebunden wird. Der Satz von Bayes hilft uns, eine uns unbekannte Wahrscheinlichkeit mithilfe von bekannten Wahrscheinlichkeiten zu erschließen.

Literatur

Busch, M. A., Maske U. E., Ryl, L. Schlack, R & Hapke, U. (2013). Prävalenz von depressiver Symptomatik und diagnostizierter Depression bei Erwachsenen in Deutschland: Ergebnisse der Studie zur Gesundheit Erwachsener in Deutschland (DEGS1). *Bundesgesundheitsblatt* (56), 733–739.

Ziegler, M. & Bühner, M. (2012). *Grundlagen der psychologischen Diagnostik.* Heidelberg, Berlin: Springer-Verlag.

Weiterführende Literatur

Gigerenzer, G. (2004). *Das Einmaleins der Skepsis: Über den richtigen Umgang mit Zahlen und Risiken.* Berlin: Berliner Taschenbuch Verlag.

Übungsaufgaben mit Lösungen sowie Datenfiles zum Nachvollziehen der Beispiele und weitere Informationen zu diesem Buchkapitel finden Sie auf der Website zum Buch unter *http://www.pearson-studium.de.*

EXTRAS ONLINE

Inferenzstatistik

4

ÜBERBLICK

» Bisher haben wir uns mit der Beschreibung von Stichprobendaten und der Wahrscheinlichkeit von Ereignissen beschäftigt. Wir haben Mittelwert, Median, Modus sowie Varianz, Interquartilabstand und weitere Maße der zentralen Tendenz und Dispersion kennengelernt. Maße der zentralen Tendenz dienen beispielsweise dazu, einen ersten Eindruck davon zu bekommen, ob sich eine bestimmte klinische Symptomatik (z. B. Depression) in einer Stichprobe, die eine Therapie erhalten hat, gegenüber einer unbehandelten Gruppe verändert hat. In den meisten Fällen möchten wir jedoch anhand der Stichprobenergebnisse auf eine Grundgesamtheit schließen. Man bezeichnet ein solches Vorgehen auch als schließende Statistik bzw. Inferenzstatistik. Kern der schließenden Statistik sind der sogenannte **Hypothesentest** (bzw. **Signifikanztest** oder **Statistischer Test**) und die Schätzung von Parametern aus der Grundgesamtheit (z. B. Schätzung des Mittelwerts der Grundgesamtheit). Im Rahmen eines Hypothesentests werden statistische Hypothesen aufgestellt. Statistische Hypothesen sind Vermutungen darüber, wie die Verhältnisse in der Population aussehen könnten. Dabei ist es wichtig, zu betonen, dass es sich um A-priori-Hypothesen handelt, die vor der eigentlichen Datenerhebung aufgestellt wurden. Statistische Hypothesen werden anhand eines bestimmten Vorgehens überprüft. Um beispielsweise von Unterschieden zwischen Mittelwerten einer Stichprobe (Frauen versus Männer in einer Stichprobe) auf Mittelwertsunterschiede in einer Grundgesamtheit (Frauen versus Männer in der Population) schließen zu können, sind verschiedene Schritte und Voraussetzungen nötig. Hierzu zählen die Art der Stichprobenziehung, die Zuweisung der gezogenen Personen zu bestimmten Untersuchungsgruppen, die Entscheidung für einen Hypothesentest, das Aufstellen von Entscheidungsregeln, die Datenauswertung und schließlich die Entscheidung für oder gegen eine Hypothese (vgl. in *Abschnitt 4.3.3* das Vorgehen nach Neyman-Pearson).

Dieses Kapitel behandelt die einzelnen notwendigen Schritte. Im ersten Teil werden grundlegende Prinzipien des Hypothesentests beschrieben. Dies erfolgt am Beispiel eines speziellen Hypothesentests, des *t*-Tests. Neben dem Hypothesentest wird ergänzend auch ein Maß zur Abschätzung der praktischen Bedeutsamkeit für Mittelwertsunterschiede vorgestellt, eine Effektgröße bzw. Effektstärke. Die Kombination aus praktischer Bedeutsamkeit, Präzision der Schätzung und Anwendung eines Hypothesentests mit einem Urteil über die statistische Signifikanz führt gemeinsam zu sinnvoll interpretierbaren Entscheidungen über die aufgestellten Hypothesen. Nun könnte man sich fragen, wozu man eigentlich eine statistische Absicherung benötigt, wenn einem doch Maße der praktischen Bedeutsamkeit vorliegen. Die Antwort ist leicht: Ein anscheinend praktisch bedeutsamer Effekt kann auch durch Zufall zustande gekommen sein. Genauso wenig ist es sinnvoll, nur auf die Signifikanz zu achten, da ein signifikantes Ergebnis zwar für einen Unterschied zweier Populationsmittelwerte sprechen könnte, dieser Unterschied praktisch gesehen jedoch nicht relevant ist. Diese Problematiken werden im folgenden Kapitel dargestellt. Wir haben versucht, die Inhalte dieses Kapitels sehr ausführlich darzustellen. Dabei greifen wir auch immer wieder bereits erklärte Inhalte auf, auch wenn dies als Wiederholung erscheinen mag. Dieses Vorgehen hat sich allerdings, aus unserer Erfahrung, das Verständnis als hilfreich erwiesen. «

4.1 Hypothesentests

Hypothesen entwickeln. In ▶*Abbildung 4.1* wird ein möglicher Weg zum **Erkenntnisgewinn** beschrieben. Zunächst wird ein Phänomen beobachtet und genauer untersucht bzw. beschrieben. Diese explorative oder Hypothesen generierende Forschung führt zur Formulierung einer Theorie (1). Eine Theorie liefert Antworten auf Fragen, an deren Beantwortung ein praktisches oder theoretisches Interesse besteht. Ab diesem Schritt befinden wir uns in der Hypothesen testenden Forschung. Aus einer Theorie lässt sich eine Hypothese ableiten (2). Diese **Hypothese** ist nichts anderes als eine Vermutung über die Beschaffenheit eines Phänomens (z. B. der Depression). Die Hypothese wird einer empirischen Prüfung (3) oder auch einem Realitätstest unterzogen. Die empirische Untersuchung führt zu einer Entscheidung über Hypothesen (4): Sie werden entweder nicht verworfen (5) oder verworfen (6). Wird eine Hypothese verworfen, müssen die Theorie und demzufolge auch die Hypothesen revidiert und die revidierten Hypothesen erneut geprüft werden. Sowohl überprüfte Theorien (7) als auch die Beobachtung von Phänomenen tragen zum Erkenntnisgewinn bei. Ein Erkenntnisgewinn liegt dann vor, wenn Hypothesen widerlegt werden können. Diese Haltung geht auf Karl Popper (1934) zurück. Er war ein sehr bedeutender Wissenschaftstheoretiker. Er hat angenommen, dass Erkenntnisgewinn nur durch das **Prinzip der Falsifikation**, das Widerlegen einer Hypothese, erreicht werden kann. Berühmt geworden ist Poppers Veranschaulichung mithilfe weißer und schwarzer Schwäne. Angenommen, man stellt eine Theorie zur Federfarbe von Schwänen auf und man stellt dabei die Hypothese auf, es gäbe nur weiße Schwäne. Diese Behauptung ist sofort widerlegt, wenn ein schwarzer Schwan beobachtet wird. Die Behauptung ist jedoch nicht bewiesen, wenn wir einen weiteren weißen Schwan entdecken. An diesem Beispiel wird deutlich, dass sich der Erkenntnisgewinn erst durch die Falsifikation der Hypothese einstellt.

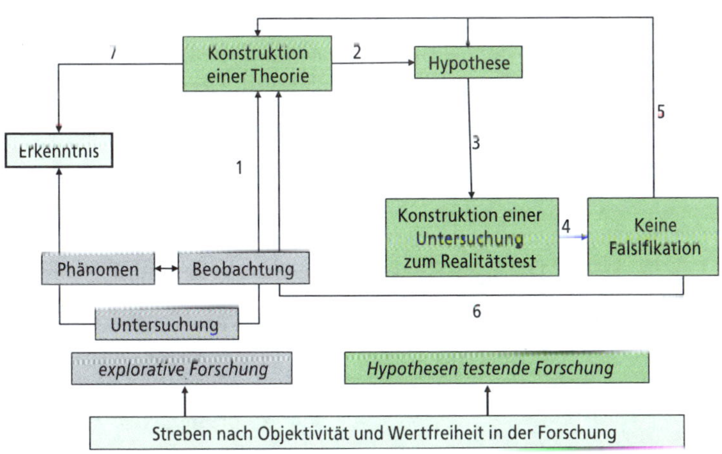

Abbildung 4.1: Der Prozess des Erkenntnisgewinns

Hypothesen prüfen. Ausgangspunkt der **Hypothesentestung** ist, wie oben bereits beschrieben, eine Theorie. Eine Theorie muss so angelegt sein, dass ihre Vorhersagen empirisch überprüfbar sind. Dazu werden auf Basis der theoretischen Überlegungen Hypothesen formuliert, die in statistische Hypothesen überführt werden. An dieser Stelle sei bereits angemerkt, dass häufig ein **Hypothesenpaar** formuliert wird, welches sich ausschließt bzw. komplementär zueinander zu stehen scheint. Zum einen ist dies die **Nullhypothese** (z. B. zwei Populationsmittelwerte in der Depressionssymptomatik sind gleich) und zum anderen die **Alternativhypothese** (z. B. zwei Populationsmittelwerte unterscheiden sich). Auf Basis der Hypothesen kann der Prozess, der im Rahmen der schließenden Statistik abläuft (siehe ▸*Abbildung 4.2*), feiner untergliedert werden: (1) Sind die statistischen Hypothesen formuliert, werden (2) Entscheidungsregeln definiert, sodass am Ende des Prozesses eine der aufgestellten statistischen Hypothesen abgelehnt oder nicht abgelehnt werden kann. Nun erfolgt die (3) Stichprobenziehung und Datensammlung. Diese Schritte dienen dazu, belastbare Informationen zu sammeln. Dabei ist noch zu definieren, was „belastbar“ meint (siehe *Abschnitt 4.1.3*). Mithilfe der gesammelten Daten (4) können sogenannte **Prüfgrößen** bzw. **Teststatistiken** ermittelt werden, die als Grundlage einer Entscheidung über die Hypothesen (5) nach den vorher aufgestellten Regeln dienen. Jede Entscheidung ist jedoch mit der Möglichkeit eines Fehlers behaftet. Der gesamte Prozess ist in *Abbildung 4.2* grafisch dargestellt.

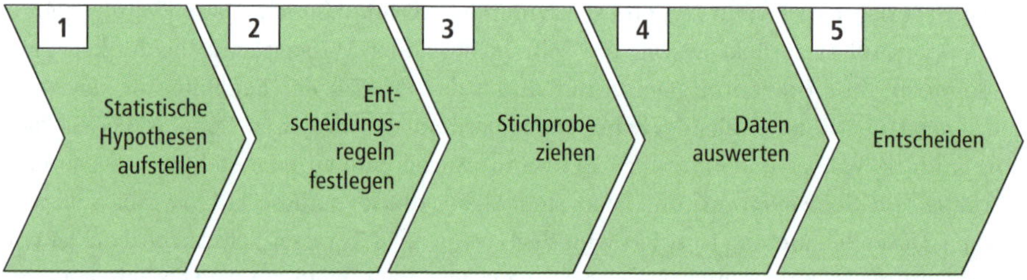

Abbildung 4.2: Ablauf eines Hypothesentests

Im Kapitel verwendetes Beispiel. In den folgenden Darstellungen gehen wir immer vom selben Beispiel aus. Nehmen wir an, aufgrund einer neuen Theorie wurde eine neue Therapieform zur Behandlung von Depression entwickelt. In einer empirischen Untersuchung soll nun die Wirksamkeit dieser neuen Therapie überprüft werden. Dazu wird zunächst ein Versuchsdesign entwickelt und es werden Null- und Alternativhypothese aufgestellt. Das Versuchsdesign halten wir an dieser Stelle, aus didaktischen Gründen, sehr einfach und gehen lediglich davon aus, dass es eine Experimental- und eine Kontrollgruppe gibt.

4.1.1 Statistische Hypothesen aufstellen

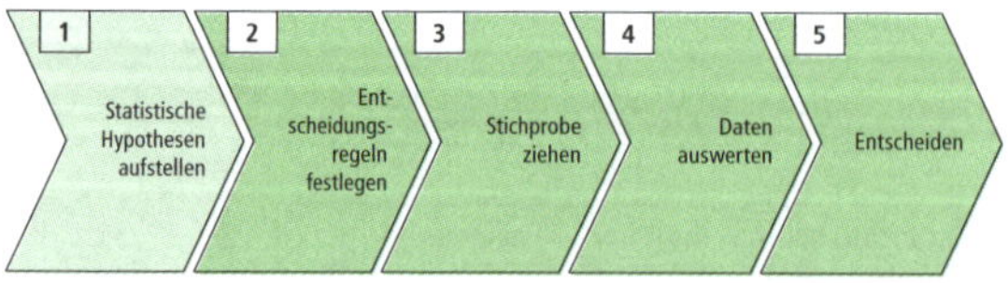

In unserem Beispiel geht es um die Wirksamkeit einer neuen Depressionstherapie. Um die Hypothesen zu prüfen, wird zunächst eine Stichprobe von Patienten aus einer Grundgesamtheit der depressiven Patienten aus Deutschland zufällig entnommen und auf zwei Gruppen aufgeteilt. Nehmen wir an, dies wären insgesamt $n = 80$ Patienten. 40 Patienten, die behandelt werden sollen, werden dabei der sogenannten **Experimentalgruppe (EG)** zugewiesen, und 40 Patienten, die nicht behandelt werden sollen, der sogenannten **Kontrollgruppe (KG)**.

Formulierung statistischer Hypothesen. Man unterscheidet zwei Arten von Hypothesen, die sich immer auf **Parameter** (z. B. Mittelwert, Varianz, Korrelation) der **Grundgesamtheit** (z. B. alle depressiven Personen in Deutschland) beziehen: **Unterschiedshypothesen** (weiteres in den *Kapiteln 5* und *6*) und **Zusammenhangshypothesen** (in *Kapitel 7* genauer besprochen):

- *Hypothesen über Unterschiede:* Eine Depressionstherapie hat in der Grundgesamtheit eine Wirkung.
- *Hypothesen über Zusammenhänge:* Es besteht ein Zusammenhang zwischen der Dauer der Depressionstherapie und dem Therapierfolg.

Alle weiteren Ausführungen verzichten auf die Unterscheidung von Unterschieds- und Zusammenhangshypothesen. Es werden lediglich am Beispiel von Unterschiedshypothesen alle Begriffe erklärt. Die Erklärungen lassen sich allerdings auf Zusammenhangshypothesen übertragen (siehe *Abschnitt 7.1.1*).

Null- und Alternativhypothese. Es gibt verschiedene Arten des Hypothesentestens. Häufig werden zwei Hypothesen formuliert: die **Nullhypothese (H_0)** und die **Alternativhypothese (H_1)**.

Nullhypothese. Die **Nullhypothese** nimmt an, dass es in der Grundgesamtheit **keinen** Effekt der **unabhängigen Variable** „Behandlung" (Experimentalgruppe erhält die neue Therapie und die Kontrollgruppe nicht) auf die **abhängige Variable** „Schwere der Depressionssymptome" gibt. Die Nullhypothese nimmt also an, dass die Behandlung von Patienten in der Grundgesamtheit aller Patienten keine Wirkung hat und damit die zwei Populationsmittelwerte (Behandlung versus Nichtbehandlung) gleich sind.

Alternativhypothese. Als Gegenstück wird die **Alternativhypothese** formuliert. Diese nimmt an, dass die unabhängige Variable eine Wirkung auf die abhängige Variable in der Grundgesamtheit hat. Die unterschiedliche Behandlung von Patienten hat also laut dieser Alternativhypothese einen Effekt auf die Ausprägung der Depressionssymptome in der Grundgesamtheit und damit unterscheiden sich die Populationsmittelwerte (Behandlung versus Nichtbehandlung) in der Grundgesamtheit.

Gerichtete und ungerichtete Hypothesen. Eine Besonderheit mancher statistischer Verfahren ist, dass die Alternativhypothese gerichtet (**Hypothese einseitig, gerichtet**) oder **ungerichtet** (**Hypothese zweiseitig, ungerichtet**) formuliert werden kann. Wenn man eine ungerichtete Alternativhypothese formuliert, geht man zwar davon aus, dass sich die unabhängige Variable auf die abhängige Variable auswirkt, es ist aber **unklar**, in welche **Richtung** der Effekt geht: Eine Therapie könnte also nützen oder aber auch schaden. Wird eine **spezifische Effektrichtung** angenommen, wird beispielsweise eine **gerichtete** Alternativhypothese in der Art formuliert: Die Therapie bewirkt eine Verbesserung der Symptomatik in der Grundgesamtheit.

Statistische Hypothese. Bisher haben wir beim Aufstellen der Hypothesen immer ganze Sätze aufgeschrieben. Häufig werden die so ausformulierten Hypothesen jedoch auch in Form sogenannter statistischer Hypothesen festgehalten. Dabei gibt man den Unterschied bzw. den Zusammenhang als Gleichung an und verwendet den jeweiligen Parameter der Grundgesamtheit (z. B. μ bei der Betrachtung von Mittelwerten). Die aufgestellte Gleichung besteht aus zwei Termen, die mit einem Gleichheitszeichen (Nullhypothese), Ungleichheitszeichen (= oder ≠; ungerichtete Alternativhypothese) oder einem Relationszeichen (⟨oder ⟩; gerichtete Alternativhypothese) verbunden sind. Wie die ausformulierten Hypothesen sollen auch die statistischen Hypothesen die vermuteten Relationen bei Geltung einer bestimmten Hypothese in der Grundgesamtheit ausdrücken.

Diese Prinzipien sollen hier beispielhaft für Unterschiedshypothesen demonstriert werden.

- *Nullhypothese* (H_0)*:*

  Die mittlere Symptomatik von Behandelten und Unbehandelten, die an depressiven Symptomen leiden, unterscheiden sich in der Grundgesamtheit nicht.
  Die statistische Hypothese lautet: $\mu_{Behandelte} = \mu_{Unbehandelte}$.
- *Ungerichtete Alternativhypothese* (H_1)*:*

  Die mittlere Symptomatik von Behandelten unterscheidet sich in der Grundgesamtheit von der von Unbehandelten (geringer oder höher).
  Die statistische Hypothese lautet: $\mu_{Behandelte} \neq \mu_{Unbehandelte}$.
- *Gerichtete Alternativhypothese* (H_1)*:*

  Die mittlere Symptomatik von Behandelten ist in der Grundgesamtheit geringer als die von Unbehandelten.
  Die statistische Hypothese lautet: $\mu_{Behandelte} < \mu_{Unbehandelte}$.
  Es ist hier zu beachten, dass die Nullhypothese dann wie folgt formuliert wird: $\mu_{Behandelte} \geq \mu_{Unbehandelte}$. Hier gehören alle Fälle, in denen die Unbehandelten weniger Depressionssymptome als die Behandelten aufweisen, zum Annahmebereich der Nullhypothese.

Entscheidung und Wirklichkeit. Im Rahmen des Hypothesentests besteht immer das Risiko einer **Fehlentscheidung**. Der Grund dafür ist, dass unsere Entscheidung nur auf einem Teil der Information der Grundgesamtheit beruht, nämlich auf Zufallsstichproben einer bestimmten Größe. Wie es sich in der Population in Wirklichkeit verhält, wissen wir leider nicht, da die Grundgesamtheit zur Ermittlung der Populationsmittelwerte in fast allen Fällen nicht erhoben werden kann. Würden wir die Untersuchung wiederholen und erneut eine Stichprobe ziehen und auf eine Experimental- und Kontrollgruppe verteilen, würden sich Mittelwerte für beide Gruppen sehr wahrscheinlich ändern, da wir andere Personen zu Rate „ziehen" würden, um etwas über die Verhältnisse in der Grundgesamtheit zu erfahren (siehe *Abschnitt 3.6*). Offensichtlich gibt es also Verhältnisse in der Grundgesamtheit, die wir nicht kennen, über die wir aber Aussagen treffen wollen. Wir tun dies anhand unvollständiger Informationen, die wir mithilfe einer Stichprobe generieren. Anhand dieser Informationen entscheiden wir uns, eine Hypothese abzulehnen oder nicht abzulehnen, die sich auf Parameter (z. B. Populationsmittelwerte) von Grundgesamtheiten bzw. Populationen bezieht. Wenn man die Realität in der Grundgesamtheit und die Entscheidung auf Basis unvollständiger Information einer Stichprobe systematisiert gegenüberstellt, ergibt sich die Vier-Felder-Tafel, die in ▶*Abbildung 4.3* dargestellt ist. Die hier angewandte Systematik unterscheidet zwei Fälle.

Bevor jetzt die Fehlerwahrscheinlichkeiten genauer erläutert werden, sollen hier drei Arten des Hypothesentestens dargestellt werden, die im Folgenden immer wieder aufgegriffen werden.

Entscheidungen im Hypothesentest		In der Grundgesamtheit gilt	
		H_0	H_1
Entscheidung aufgrund des Stichprobenergebnisses	für H_0	Richtige Entscheidung	Fehler 2. Art
	für H_1	Fehler 1. Art	Richtige Entscheidung

Fehlerwahrscheinlichkeiten im Hypothesentest		In der Grundgesamtheit gilt	
		H_0	H_1
Stichprobenergebnis fällt in	Annahme-bereich	Sicherheits-wahrscheinlichkeit $(1-\alpha)$	Fehler-wahrscheinlichkeit 2.Art (β-Fehler)
	Ablehnungs-bereich	Fehler-wahrscheinlichkeit 1.Art (α-Fehler)	Teststärke bzw. Power $(1-\beta)$

Abbildung 4.3: Darstellung der Entscheidungsfehler und Fehlerwahrscheinlichkeiten im Rahmen des Hypothesentests

Nullhypothesentestung. Der erste Fall bezieht sich darauf, dass nur eine Nullhypothese aufgestellt wird und lediglich über diese Hypothese eine Entscheidung getroffen wird. Dieser Hypothesentest wird auch als **Nullhypothesentest nach Fisher** bezeichnet (vgl. ausführlicher *Abschnitt 4.3.1*).

Nullhypothesentesten. In vielen Fällen wird eine Nullhypothese aufgestellt und über diese im Sinne von Ablehnung oder Nicht-Ablehnung entschieden.

Null- und Alternativhypothesentestung. Der zweite Fall bezieht sich darauf, dass eine Null- und eine Alternativhypothese aufgestellt werden und über beide gemeinsam entschieden wird. Dies ist im Rahmen der Hypothesentestung nach **Neyman-Pearson** möglich. In diesem Falle wird die ganze Vier-Felder-Tafel aus *Abbildung 4.3* mit beiden Hypothesen gemeinsam betrachtet. Es gibt auch Entscheidungen nach dem sogenannten **Hybridmodell**, bei dem über jede Hypothese einzeln entschieden wird. Beide Vorgehensweisen werden in den *Abschnitten 4.3.2* und 4.3.3 näher beschrieben.

Dichotome Entscheidungen. Entscheidungen beim Hypothesentest sind dichotom: Es wird eine Entscheidung für oder gegen eine Hypothese getroffen. Jede dieser Ja-Nein-Entscheidungen ist mit dem Risiko einer Fehlentscheidung verbunden. Risiken sind im Gegensatz zu Entscheidungen nicht dichotom: Viele Personen würden wahrscheinlich keinen Regenschirm mit auf einen Spaziergang nehmen (dichotome Entscheidung), wenn das Niederschlagsrisiko sieben Prozent (stetige Größe) beträgt.

Richtige Entscheidungen. In *Abbildung 4.3* ist in den Spalten abgetragen, was in der Grundgesamtheit, also in der Realität, die wir nicht kennen, gilt. In den Zeilen ist unsere Entscheidung auf Basis von Stichprobendaten dargestellt. Welche Möglichkeiten ergeben sich nun? Zum einen können wir uns dafür entscheiden, keinen Unterschied in der Grundgesamtheit anzunehmen, also für die Nullhypothese, und in der Grundgesamtheit liegt auch tatsächlich kein Unterschied vor: Richtige Entscheidung. Zum anderen könnten wir einen Unterschied in der Grundgesamtheit annehmen und es liegt auch tatsächlich ein Unterschied in der

Grundgesamtheit vor: Richtige Entscheidung. Davon abzugrenzen ist die Frage, wie man zu einer Entscheidung gelangt. Dies geschieht anhand von **Hypothesentests**.

Fehlentscheidungen. Andererseits könnten wir uns auch dafür entscheiden, die Nullhypothese, dass kein Unterschied in der Population vorliegt, abzulehnen, obwohl in Wahrheit kein Unterschied in der Population vorliegt: **Fehler 1. Art**[1]. Es kann aber auch vorkommen, dass wir uns dafür entscheiden, die Alternativhypothese abzulehnen, dass ein Unterschied in der Grundgesamtheit vorliegt, in der Realität liegt aber ein Unterschied in der Population vor: **Fehler 2. Art**. Ein Risiko wird in der Regel als Wahrscheinlichkeit ausgedrückt. Im Fall des Hypothesentestens handelt es sich bei den Risiken für die Fehlentscheidungen um Wahrscheinlichkeiten (siehe *Abschnitt 3.7*), denn sie gelten unter der Annahme, dass entweder die Null- oder die Alternativhypothese in der Grundgesamtheit zutrifft.

Wahrscheinlichkeiten im Rahmen des Hypothesentests. Wenn man Wahrscheinlichkeiten im Rahmen des Hypothesentests unabhängig von der Hypothesenart (gerichtet oder ungerichtet) und unserem Beispiel formulieren möchte, lauten die Definitionen wie im folgenden Kasten angegeben:

Definition Wahrscheinlichkeiten im Rahmen des Hypothesentests

Sicherheitswahrscheinlichkeit. Wahrscheinlichkeit $1-\alpha$, die Nullhypothese aufgrund der Stichprobendaten nicht abzulehnen (bzw. sprachlich einfacher „zu akzeptieren"), wobei die Nullhypothese in der Grundgesamtheit auch gilt.

Teststärke oder Power. Wahrscheinlichkeit $1-\beta$, die Alternativhypothese aufgrund der Stichprobendaten nicht abzulehnen (bzw. sprachlich einfacher „zu akzeptieren"), wobei die Alternativhypothese in der Grundgesamtheit auch gilt.

Fehlerwahrscheinlichkeit 1. Art. Wahrscheinlichkeit α, die Nullhypothese aufgrund der Stichprobendaten abzulehnen, obwohl sie in der Grundgesamtheit gilt.

Fehlerwahrscheinlichkeit 2. Art. Wahrscheinlichkeit β, die Alternativhypothese aufgrund der Stichprobendaten abzulehnen, obwohl sie in der Grundgesamtheit gilt.

Zusammenfassung. Wir stellen also ein Hypothesenpaar aus Null- und Alternativhypothese auf, um eine Entscheidung über Aussagen, die in den Hypothesen formuliert sind, treffen zu können. Hypothesen beziehen sich immer auf Parameter (z. B. Mittelwerte) in der Grundgesamtheit bzw. Population). Hypothesen können je nach statistischem Verfahren dabei gerichtet oder ungerichtet sein, je nachdem, ob wir eine Vermutung über die Wirkrichtung des Effekts (z. B. Auswirkung einer Therapie auf die mittlere Symptombelastung) haben oder nicht. Jede Entscheidung über die Hypothesen birgt die Gefahr einer Fehlentscheidung. Beide Hypothesen können zu Unrecht verworfen werden. Die Wahrheit werden wir wahr-

1 Der Begriff α-Fehler hat sich in der Psychologie eingebürgert. Man bezeichnet diesen in der mathematischen Statistik als Fehler 1. Art. Ein Fehler 1. Art ist also synonym zu der Bezeichnung α-Fehler zu verstehen. Analoges gilt für den β-Fehler, der als Fehler 2. Art bezeichnet wird.

scheinlich nie erfahren, da wir bis auf wenige überschaubare seltene Krankheiten fast nie die gesamte Population erheben können. Es ist also wichtig, sich immer bewusst zu machen, dass das Ergebnis eines Signifikanztests eine Wahrscheinlichkeitsaussage ist, die wir unter bestimmten Rahmenbedingungen treffen.

In unserem Beispiel geht es darum, die Wirksamkeit einer Therapie zu prüfen. Bevor wir mit der Datenerhebung anfangen, müssen wir nun festlegen, unter welchen Bedingungen wir uns für oder gegen eine der Hypothesen entscheiden (siehe *Abbildung 4.2*). Das Festlegen dieser Rahmenbedingungen ist gleichbedeutend damit, festzulegen ab wann wir bereit sind, an eine Hypothese zu glauben.

4.1.2 Entscheidungsregeln festlegen

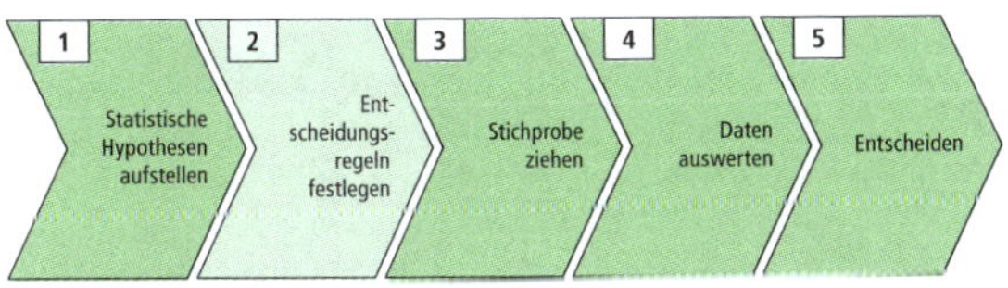

Nachdem die statistischen Hypothesen aufgestellt worden sind, werden Entscheidungsregeln festgelegt, die bestimmen, ab wann man eine Hypothese ablehnt oder nicht ablehnt. Diese Regeln aufzustellen, bedeutet, Werte für die Wahrscheinlichkeiten für den **Fehler 1. Art** und den **Fehler 2. Art** festzulegen. Konkret wird vor jeder Untersuchung festgelegt, welches Risiko man eingehen will, sich fälschlicherweise für eine der beiden Hypothesen zu entscheiden.

Abwägung der Fehlerwahrscheinlichkeiten. Wir müssen uns vor einer Untersuchung im Klaren darüber sein, welche Fehlentscheidung die schwerer wiegenden Konsequenzen hat und dann die Wahrscheinlichkeiten für den Fehler 1. Art und den Fehler 2. Art dementsprechend vor der Untersuchung festlegen.

Fehler 1. Art. Es hat sich eingebürgert, die Wahrscheinlichkeit für den **Fehler 1. Art** auf **fünf Prozent** festzulegen. **Diese Festlegung für den Fehler 1. Art auf fünf Prozent ist jedoch nicht für jede Situation angemessen.** Unter bestimmten Bedingungen können auch Festlegungen kleinerer oder größerer Fehlerwahrscheinlichkeiten 1. Art sinnvoll sein: Nehmen wir an, eine Therapie ist teuer und hat viele Nebenwirkungen, die Krankheit hingegen verläuft nicht tödlich und ohne Medikament stellt sich auch eine Besserung nach einer gewissen Zeit ein. Hier würden wir den Fehler 1. Art sehr gering wählen. Das bedeutet, wir lehnen die Nullhypothese so lange wie möglich nicht ab. Wir wollen das Risiko minimieren, diese Therapie auf Basis eines signifikanten Ergebnisses anzuwenden, wenn sie in der Grundgesamtheit keinen Effekt hat, da die Kosten und die starken Nebenwirkung den Nutzen der Therapie überwiegen.

Fehler 2. Art. Häufig wird nur der Fehler 1. Art und nicht der Fehler 2. Art betrachtet. Dabei lohnt es sich auch diesen Fehler zu betrachten. Wird der Fehler 2. Art durch den Hypothesentest mitbetrachtet, erlaubt der Test die Ablehnung der Nullhypothese mit einer vorher festgelegten Fehlerwahrscheinlichkeit 1. Art und die statistische Absicherung eines vorher festgelegten Effekts (bzw. Unterschieds) mit einer vorher festgelegten Fehlerwahrscheinlichkeit 2. Art. Wird die Alternativhypothese ebenfalls Gegenstand des Hypothesentests, wird per Konvention meist eine Fehlerwahrscheinlichkeit 2. Art von **20 Prozent** gewählt.

Nehmen wir nun an, eine neue kostengünstige Angsttherapie ohne auffällige Nebenwirkungen soll untersucht werden. Wir würden hier den Fehler 2. Art gering halten und damit das Risiko, eine wirksame Therapie ohne große Nebenwirkungen zu Unrecht zu verwerfen.

Entscheidungsregeln für den Fehler 1. Art. Im Folgenden sind zunächst nur die Entscheidungsregeln für den Fehler 1. Art dargestellt. Im weiteren Verlauf gehen wir dann auch auf die Entscheidungsregeln für den Fehler 2. Art ein (*Abschnitt 4.3*). Die Wahrscheinlichkeit, mit deren Hilfe wir über die Nullhypothese entscheiden, wird als **Überschreitungswahrscheinlichkeit** p bezeichnet. Diese Überschreitungswahrscheinlichkeit wird mithilfe der Stichprobendaten ermittelt. Ist diese Überschreitungswahrscheinlichkeit p kleiner oder gleich einer von uns vor der Untersuchung festgelegten Fehlerwahrscheinlichkeit 1. Art, dann lehnen wir die Nullhypothese ab. Ist die Überschreitungswahrscheinlichkeit p größer als der von uns vorher festgelegte Wert für den Fehler 1. Art, entscheiden wir uns dafür, die Nullhypothese beizubehalten:

- Lehne die Nullhypothese ab, wenn $p \leq \alpha$
- Behalte die Nullhypothese bei, wenn $p > \alpha$

Überschreitungswahrscheinlichkeit *p* keine Effektstärke. Häufig wird für die Überschreitungswahrscheinlichkeit p folgende Klassifikation verwendet:

- $p \leq 0.05$
- $p \leq 0.01$
- $p \leq 0.001$

Diese Darstellung ist irreführend. Der p-Wert stellt keine **Effektstärke** oder Effektgröße über die **praktische Bedeutsamkeit** eines Unterschieds dar (siehe *Abschnitt 4.2*). Das wird aber durch diese Darstellung suggeriert. Warum ist diese Darstellung irreführend? Der Fehler 1. Art wird vor der Untersuchung festgelegt. Nach der Untersuchung vergleichen wir den p-Wert mit diesem Wert. Entweder ist dann ein Ergebnis signifikant im Sinne der vorher festgelegten Bedingungen, das heißt im Falle der Nullhypothese, dass die Überschreitungswahrscheinlichkeit p kleiner oder gleich der vorher gewählten Fehlerwahrscheinlichkeit 1. Art ist. Oder aber dies ist eben nicht der Fall.

Analogie zum Fußballtor. Hier lässt sich eine schöne Analogie zum Fußballspielen herstellen: Es ist nicht wichtig, wo der Ball im Tor einschlägt, es ist wichtig, dass er im Tor einschlägt. Das Tor wird ja nicht nach dem Schuss eines Spielers vergrößert oder verkleinert und zählt dadurch doppelt. Bei der Darstellung der statistischen Signifikanz reicht aus, ob das Ergebnis signifikant ist oder nicht. Daher lässt sich am p-Wert nicht ablesen, wie bedeutsam ein Befund ist. Etwas als signifikant, signifikanter oder hochsignifikant zu bezeichnen, macht genauso wenig Sinn wie die Aussage, dass ein Ball drin, drinner oder am drinnsten war.

Was jedoch möglich ist, ist eine Aussage darüber, wie wahrscheinlich der Torwart den Ball gehalten hätte bzw. wie unhaltbar der Torschuss wohl gewesen ist. Ebenso kann man sagen, je geringer der p-Wert ausfällt, desto mehr spricht ein Stichprobenergebnis gegen die Nullhypothese.

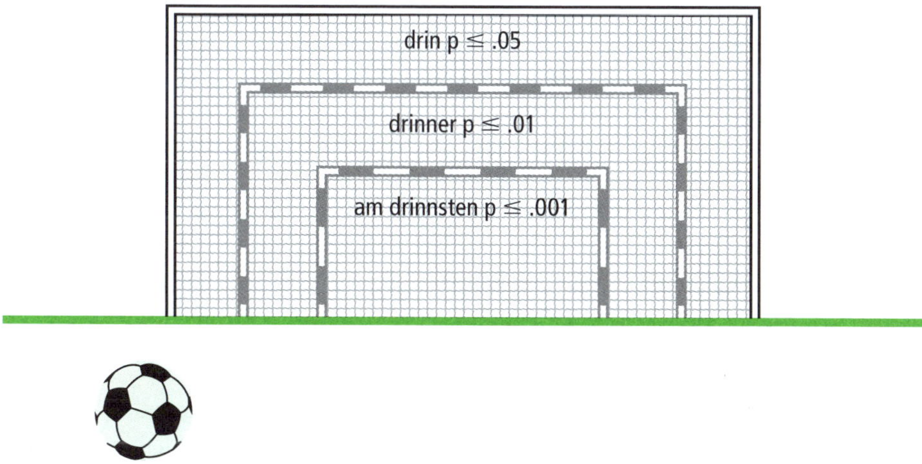

Abbildung 4.4: Fußballtor und Hypothesentest

Zusammenfassung. Vor der Untersuchung wird je nach Art des statistischen Hypothesentests eine Fehlerwahrscheinlichkeit 1. und/oder 2. Art festgelegt. Die Festlegung der Fehlerwahrscheinlichkeit sollte sich daran orientieren, welche Fehlentscheidung gravierender für die inhaltliche Fragestellung ist. In der Regel wird in der Forschung eine Fehlerwahrscheinlichkeit 1. Art von fünf Prozent und eine Fehlerwahrscheinlichkeit 2. Art von 20 Prozent gewählt. Diese starren Regeln sind nicht immer sinnvoll. Es ist günstiger, Fehlerwahrscheinlichkeiten nach Kosten-Nutzen-Überlegungen festzulegen. Wenn man zunächst nur über die Nullhypothese entscheiden will, wird die gewählte Fehlerwahrscheinlichkeit 1. Art mit der sogenannten Überschreitungswahrscheinlichkeit p verglichen. Die Überschreitungswahrscheinlichkeit wird mithilfe der Stichprobendaten bzw. des Stichprobenergebnisses gewonnen. Dies soll an dieser Stelle zu den Entscheidungsregeln genügen.

Wir werden in den folgenden Kapiteln sehen, was unter Stichprobenergebnissen zu verstehen ist. Im Folgenden werden wir uns auch zunächst nur mit dem Fehler 1. Art näher beschäftigen, auf den Fehler 2. Art wird später in diesem Kapitel (*Abschnitt 4.3*) noch genauer eingegangen. Bevor nun jedoch eine Entscheidung über die Hypothesen herbeigeführt werden kann, müssen wir zunächst eine Stichprobe ziehen. Was dabei zu beachten ist, wird im folgenden Abschnitt erläutert.

4.1.3 Stichprobenziehung

Zufallsgesteuerte und nicht zufallsgesteuerte Stichprobenziehung. Man unterscheidet grob zwei Arten von Stichproben: Stichproben, die zufallsgesteuert ausgewählt wurden, und solche, die nicht zufallsgesteuert ausgewählt wurden. Weitere und detailliertere Beschreibungen von Stichprobenziehungen erläutern Kauermann und Küchenhoff (2011) in ihrem Lehrbuch „Stichproben“. Beide Ziehungsarten werden im Folgenden kurz beschrieben.

Zufallsgesteuerte Auswahl

- **Einfache Zufallsstichproben.** Aus der Grundgesamtheit werden Teilmengen ohne Zurücklegen erhoben. Dies ist ein eher seltener Fall, denn die Grundgesamtheit muss bekannt sein. Beispielsweise werden aus allen Schülern in Deutschland 1000 Schüler gezogen. Praktisch heißt das: Alle Schüler in Deutschland sind bekannt, jeder Schüler erhält eine unterschiedliche Nummer. Ein Zufallsgenerator zieht zufällig so viele Nummern, wie Schüler erhoben werden sollen. Bei Zufallsstichproben haben alle denkbaren Stichproben eines bestimmten Umfangs n dieselbe Wahrscheinlichkeit aus der Grundgesamtheit gezogen zu werden.
- **Geschichtete Stichprobe.** Die Grundgesamtheit wird nach relevanten Merkmalen (z. B. Alter, Geschlecht, Bildung) in Teilpopulationen (nicht überlappende Schichten) aufgeteilt. Beispielsweise werden im Rahmen einer pädagogischen Studie folgende Schularten unterschieden: Hauptschule, Realschule, Gymnasium und Berufsschule. Aus jeder Schicht wird eine Zufallsstichprobe gezogen. Diese Zufallsstichproben werden dann zu einer Stichprobe zusammengeführt. Das Merkmal, nach dem geschichtet wird, soll dabei mit dem untersuchten Merkmal (z. B. Motivation in Mathematik) in einem engen Zusammenhang stehen. Eine Variante dieses Auswahlverfahrens ist die proportional geschichtete Stichprobe. Dabei wird jede Schicht beim Ziehen entsprechend ihrer Größe in der Grundgesamtheit gewichtet. Beispielsweise werden mehr Gymnasiasten als Hauptschüler gezogen, da sie in der Grundgesamtheit häufiger vorkommen.
- **Klumpenstichprobe.** Eine Klumpenstichprobe ist eine Teilmenge der Grundgesamtheit, die natürlich vorliegt und vollständig erhoben wird. Bleiben wir bei unserem Schulbeispiel. Aus der Menge aller Städte mit Schulen werden zufällig mehrere Schulen ausgewählt und aus diesen Schulen alle Schüler erhoben. Wichtig ist, dass die Klumpen der Zusammensetzung der Grundgesamtheit möglichst ähnlich sind, da sonst mit Verzerrungen zu rechnen ist.

Nicht zufallsgesteuerte Auswahl

- **Quotenstichprobe.** Die Stichprobe wird so ausgewählt, dass die prozentualen Anteile relevanter Merkmale (z. B. Alter, sozialer Status, Bildung) den Anteilen in der Grundgesamtheit entsprechen. Die Quotenmerkmale werden mehr oder weniger theoriegeleitet gewählt. Die Auswahl innerhalb der Quote ist willkürlich, das heißt nicht zufallsgesteuert. Beispielsweise bekommt ein Interviewer die Aufgabe, eine 35-jährige Frau mit vier Kindern aus der Mittelschicht in einer Kleinstadt zu befragen. Er wird solange telefonieren, bis er die entsprechende Frau gefunden hat. Diese Methode wird häufig in der Meinungsforschung angewandt.
- **Theoriegeleitete Auswahl.** Ein Spezialfall der Quotenstichprobe ist, wenn die Stichprobe nicht nur nach deskriptiven Merkmalen einer Grundgesamtheit zusammengesetzt wird, sondern nach theoretisch interessierenden Merkmalen. Beispielsweise ist von Interesse, wie blutdrucksenkende Medikamente bei Männern zwischen 50 und 65 Jahren die Fahrtauglichkeit beeinflussen.
- **Ad-hoc-Auswahl.** Es werden die ersten zur Verfügung stehenden Personen, z. B. 50 Studierende, in die Stichprobe aufgenommen. Beispielsweise werden vor der Mensa alle Studierenden bekniet, doch an dem spannenden Experiment zur Bachelorarbeit teilzunehmen. Man spricht hier auch Englisch von einem „Convenience Sample".

Stichprobenziehung und -zuweisung am Beispiel

Auswahl aus der Grundgesamtheit. Die zufallsgesteuerte Auswahl für unser Beispiel setzt voraus, dass wir die Namen aller depressiven, unbehandelten Patienten in Deutschland kennen. Diese Namen würden dann in eine Lostrommel oder eine elektronische Datenbank gelegt und schließlich zufällig 80 Patienten gezogen – in der Datenbank beispielsweise per Zufallsgenerator. Wir haben das Ziel, auf alle depressiven Patienten in Deutschland zu verallgemeinern. Die von uns ausgewählten 80 unbehandelten Patienten nehmen dann an unserer Studie teil. Ob wir die Patienten aus der Grundgesamtheit mit Zurücklegen ziehen oder ohne Zurücklegen ziehen, ist für die hier gewählte Fragestellung vernachlässigbar (vgl. *Abschnitt 3.1.4*). Wenn wir davon ausgehen, dass von 80 Millionen Deutschen zehn Prozent im Laufe ihres Lebens an einer Depressiven Erkrankung leiden, ist die Ziehung von nur 80 Personen aus 8 Millionen Depressiven für die Anwendung von Hypothesentests unproblematisch. Nur wenn aus kleinen Populationen viele Personen gezogen werden, ist die Frage nach der Ziehung relevant (siehe auch *Abschnitt 4.1.5*, mehr als fünf Prozent Ausgewählte aus der Population).

Daher erfolgt die Ziehung aus der Grundgesamtheit, wie es in ▸*Abbildung 4.5* schematisch dargestellt ist. Wir gehen weiterhin davon aus, dass das Mischungsverhältnis an Merkmalen in unserer Stichprobe wie beispielsweise Geschlecht, Alter und Schulbildung dem der Grundgesamtheit depressiver Patienten in Deutschland entspricht. Dieses Mischungsverhältnis versuchen wir durch die Zufallsauswahl sicherzustellen. Dieser Prozess wird **Randomisierung** genannt. Ob das wirklich gelungen ist, könnte man bei Kenntnis der Personenmerkmale in der Grundgesamtheit tatsächlich prüfen. Da jedoch in den meisten Fällen darüber keine Informationen vorliegen, ist diese Prüfung in der Praxis oft unmöglich. Wir ziehen im ersten Schritt eine Zufallsstichprobe, um eine Generalisierung der Ergebnisse auf die Population zu erzielen.

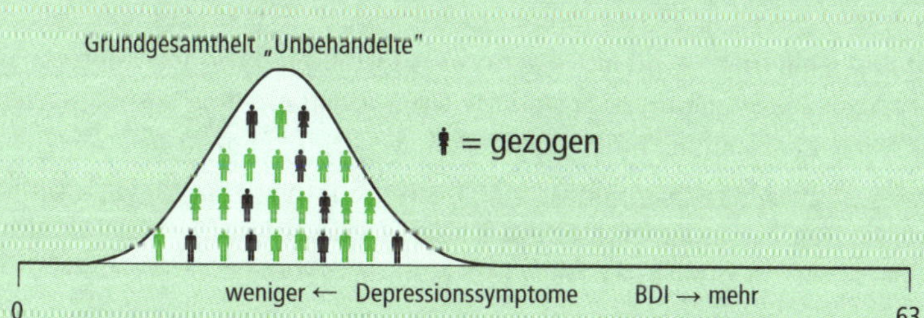

Abbildung 4.5: Personen werden aus einer unbehandelten Grundgesamtheit gezogen. BDI steht für das Beck-Depressions-Inventar, ein Instrument zur Feststellung der Symptomschwere.

Zuweisung zu den Gruppen. Im folgenden Schritt bilden wir zwei Gruppen wie in ▸*Abbildung 4.6* dargestellt, indem wir jeden der 80 zufällig ausgewählten Patienten wiederum zufällig einer Gruppe zuteilen, z. B. durch ein erneutes Ziehen ohne Zurücklegen der 80 Namen aus einer Lostrommel. Die zufällige Zuweisung soll wiederum sicherstellen, dass die Merkmale wie beispielsweise Alter oder Geschlecht der Personen in der Stichprobe auf beide Gruppen annähernd „gleichmäßig" verteilt werden. Eine

Gruppe erhält dann eine Therapie bzw. ein **Treatment**, die andere Gruppe erhält keine Therapie bzw. kein Treatment. Die Therapiegruppe wird wie bereits erwähnt auch als **Experimentalgruppe** bezeichnet und die Gruppe ohne Therapie als **Kontrollgruppe**. Die **unabhängige Variable** ist die Variable, die verändert wird, um einen Einfluss auf das untersuchte Merkmal zu erreichen. In unserem Beispiel ist die unabhängige Variable die Manipulation der Therapie: Therapie ja, Therapie nein. Um die beiden Gruppen eindeutig zu kennzeichnen, werden beiden Gruppen numerische Werte zugeordnet: Therapie entspricht dem Wert eins bzw. keine Therapie dem Wert null (es wäre auch "1" und "2" als Bezeichnung oder Label möglich, vgl. Nominalskalenniveau in *Kapitel 2*). Als Messinstrument der Ausprägung depressiver Symptomatik verwenden wir das Beck-Depressions-Inventar (BDI) von Hautzinger, Bailer, Worall und Keller (1995). Das Beck-Depressions-Inventar enthält 21 Fragen mit jeweils vier Ausprägungen von null bis drei. Je höher der Wert im BDI ausfällt, desto stärker sind Depressionssymptome bei einer Person ausgeprägt. Die Variable, auf welche die unabhängige Variable wirken soll, wird als **abhängige Variable** bezeichnet. In den Werten der abhängigen Variablen sollen sich die unterschiedlichen Behandlungen der beiden Gruppen zeigen.

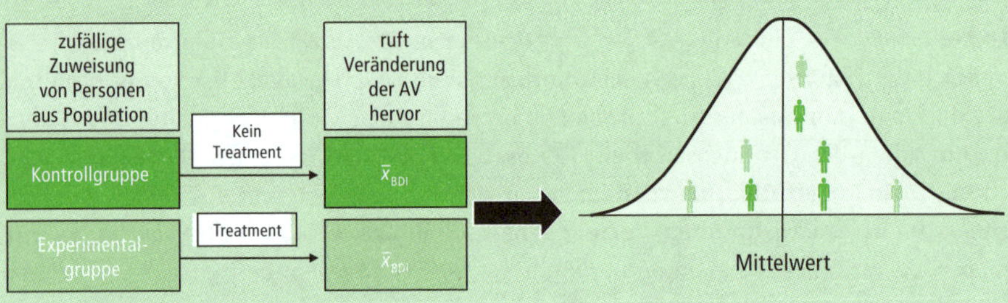

Abbildung 4.6: Aufteilung der zufällig gezogenen Patienten auf die Experimental- und die Kontrollgruppe

Verallgemeinerung auf eine fiktive Grundgesamtheit. Will man auf eine *fiktive Grundgesamtheit* verallgemeinern, sind alle Stichproben prinzipiell für den inferenzstatistischen Zugang brauchbar. Fiktiv meint, dass sich die Grundgesamtheit so zusammensetzt wie die Stichprobe. Allerdings stellt sich die Frage, ob man wirklich auf Basis einer Ad-hoc-Stichprobe auf alle vor der Mensa stehenden, motivierten Studierenden in der Leopoldstraße 13 in München am Tag X verallgemeinern möchte. Das heißt, die Art der Stichprobe beeinflusst unmittelbar die mögliche Generalisierbarkeit der gefundenen Ergebnisse.

Interne und externe Validität. Wenn die Mitglieder der Stichprobe zufällig, wie in unserem Beispiel, aus der Grundgesamtheit der Depressiven ausgewählt wurden, spricht man von einer hohen **externen Validität** bzw. Gültigkeit. Damit ist die Generalisierbarkeit der Ergebnisse auf die Grundgesamtheit gemeint. Davon ist die **interne Validität** abzugrenzen, unter der die Eindeutigkeit der Ergebnisinterpretation einer Studie verstanden wird. In unserem oben angeführten Beispiel würde man sich fragen, ob Verbesserungen in der klinischen Symptomatik wirklich eindeutig auf die Therapie zurückgehen oder auch auf andere Erklärungsmöglichkeiten. Wenn wir eine Stichprobe gezogen haben, benötigen wir konkrete Schätzer für die Schätzung von Populationsparametern aus Stichprobendaten. Diese sogenannten Schätzer (vgl. *Abschnitt 3.1*) müssen bestimmte Eigenschaften (z. B. Erwartungstreue oder

Effizienz, vgl. *Abschnitt 3.1.1*) besitzen, damit man zu gültigen Schlüssen kommt. Dies wird im nächsten Abschnitt noch einmal erläutert.

Definition **Externe und interne Validität**

Externe Validität meint, inwieweit Ergebnisse einer Untersuchung auf Personen der Grundgesamtheit, auf ähnliche Treatments bzw. Behandlungen, andere abhängige Variablen bzw. andere Untersuchungsbedingungen generalisierbar sind (vgl. Renner, Heydasch & Ströhlein, 2012, S. 80). **Interne Validität** meint, inwiefern ein eindeutiger Rückschluss der Veränderung einer abhängigen Variablen durch die Variation einer unabhängigen Variable möglich ist (vgl. Renner, Heydasch & Ströhlein, 2012, S. 82).

4.1.4 Standardfehler des Mittelwerts und Konfidenzintervalle

In unserem Beispiel haben wir bisher Hypothesen aufgestellt, Entscheidungsregeln für den Fehler 1. Art festgelegt, eine Stichprobe gezogen, die unbehandelten Patienten auf zwei Versuchsbedingungen aufgeteilt und nach Ablauf der Therapien bei jedem Patienten die Schwere der Depressionssymptome mit dem Beck-Depressions-Inventar erhoben. Es liegt nun nahe, in jeder der Stichproben nach der Behandlung den Mittelwert im Beck-Depressions-Inventar zu bestimmen und die Mittelwerte zu vergleichen. Dabei gibt es aber ein Problem. Wir haben bereits gesehen, dass sich Stichprobenmittelwerte zufällig unterscheiden können, selbst wenn sie aus derselben Grundgesamtheit stammen (vgl. *Abschnitt 3.1.3*). Selbst wenn die Therapie in der Grundgesamtheit nicht wirkt oder beide Gruppen keine Therapie erhalten hätten, werden die Gruppenmittelwerte sehr wahrscheinlich nie exakt gleich ausfallen. Der Grund dafür liegt darin, dass die beiden Mittelwerte als Schätzwerte aufgrund der Ziehung einer Stichprobe keine exakte Angabe des Populationsparameters darstellen. Diese Genauigkeit der Schätzung des Mittelwerts muss bei der Interpretation von Mittelwertsunterschieden mitberücksichtigt werden. Eine Größe, die den Fehler bei der Schätzung eines Mittelwerts beziffert, ist der **Standardfehler des Mittelwerts**.

Standardfehler finiter bzw. endlicher Populationen. Es gibt in den Sozialwissenschaften nur endliche Populationen, da es sich um eine empirische Wissenschaft handelt. Es existieren zwei Definitionen von Standardfehlern für endliche Populationen, die sich in einem Korrekturfaktor unterscheiden. Der Korrekturfaktor wird dann benötigt, wenn das Verhältnis von Stichprobe und Grundgesamtheit ungünstig ausfällt. Ungünstig meint, wenn der Umfang der Stichprobe mehr als fünf Prozent des Umfangs der Grundgesamtheit beträgt. Dies kann beim Ziehen ohne Zurücklegen, so wie es hier durchgeführt wird, problematisch sein (wie in *Abschnitt 3.4* beschrieben). Der Standardfehler ist ein Baustein, der für die Hypothesenprüfung notwendig ist – er wird im Folgenden kurz dargestellt.

Standardfehler finiter Populationen ohne Korrekturfaktor. Rufen wir uns unser Beispiel mit den unbehandelten Depressiven ins Gedächtnis zurück. Wir haben per Zufall 80 unbehandelte Depressive aus allen unbehandelten Depressiven in Deutschland ohne Zurücklegen gezogen und zufällig einer Kontroll- und Experimentalgruppe zugeteilt. Wir haben im vorherigen *Abschnitt 4.1.3* darauf hingewiesen, dass für dieses Beispiel quasi Bedingungen gelten wie beim Ziehen mit Zurücklegen. Nehmen wir an, die Kontrollgruppe hat einen Wert von 17 Depressionssymptomen im Durchschnitt angegeben und die Experimentalgruppe einen durchschnittlichen Wert von 10 Depressionssymptomen. Die geschätzte Standardabweichung betrage in beiden Gruppen 10. **Unter geschätzter Standardabweichung verstehen wir im Folgenden immer den Schätzwert für die Grundgesamtheit.** Da in diesem Beispiel der Einfachheit halber in beiden Gruppen die geschätzte Varianz und die Stichproben gleich groß sind, ergibt sich für beide Gruppen derselbe geschätzte Standardfehler des Mittelwerts. Betrachten wir zunächst die Formel für die Schätzung des **Standardfehlers des Mittelwerts** unter diesen Bedingungen im folgenden Kasten.

Formel 4.1 Standardfehler des Mittelwerts ohne Endlichkeitskorrektur

$$\text{Im Beispiel: } \widehat{SE}_{M_{KG}} = \widehat{SE}_{M_{EG}} = \frac{\hat{\sigma}}{\sqrt{n}} = \frac{10}{\sqrt{40}} = 1.58$$

KG = Kontrollgruppe

EG = Experimentalgruppe

$\widehat{SE}_M$ = geschätzter Standardfehler des Mittelwerts

$\hat{\sigma}$ = geschätzte Standardabweichung

n = Stichprobengröße

Standardfehler bei Kenntnis der Standardabweichung der Population. In manchen Fällen ist das Merkmal in der Grundgesamtheit annähernd normalverteilt und die Standardabweichung der Population bekannt, z. B. durch Erhebungen des statistischen Bundesamts. In solchen Fällen kann diese Information genutzt werden, um den Standardfehler zu bestimmen und ihn nicht schätzen zu müssen. Dazu wird in den Formeln in *Kasten 4.1* einfach die aus der Stichprobe geschätzte Standardabweichung für die Population $\hat{\sigma}$ durch die Populationsstandardabweichung σ ersetzt. Es handelt sich dann bei diesem Standardfehler nicht mehr um $\widehat{SE}$ (den geschätzten Standardfehler) sondern um SE (den Standardfehler der Population).

Standardfehler finiter Populationen mit Korrekturfaktor. Wie sieht es nun aber aus, wenn die Population klein ist und wir eine beträchtliche Anzahl an Personen aus der Population ziehen? Dies wird im Folgenden dargestellt. Der in *Formel 4.2* dargestellte Term

$$\sqrt{\frac{N-n}{N-1}}$$

wird als **Endlichkeitskorrektur** bezeichnet.

Formel 4.2 Standardfehler des Mittelwerts mit Endlichkeitskorrektur

$$\text{Formel allgemein: } \widehat{SE}_M = \frac{\hat{\sigma}}{\sqrt{n}} \cdot \sqrt{\frac{N-n}{N-1}}$$

$$\text{Im Beispiel: } \widehat{SE}_{\mathrm{M_{KG}}} = \widehat{SE}_{\mathrm{M_{EG}}} = \frac{\hat{\sigma}}{\sqrt{n}} \cdot \sqrt{\frac{N-n}{N-1}} = \frac{10}{\sqrt{40}} \cdot \sqrt{\frac{8000000-40}{8000000-1}}$$

$$1.58 \cdot \sqrt{\frac{7999960}{7999999}} = 1.58 \cdot 0.999997562496725 = 1.58$$

KG = Kontrollgruppe

EG = Experimentalgruppe

$\widehat{SE}_{\mathrm{M}}$ = geschätzter Standardfehler des Mittelwerts

$\hat{\sigma}$ = geschätzte Standardabweichung

n = Anzahl der Personen der Stichprobe

N = Anzahl der Personen der Population

Welchen Standardfehler verwenden? Nach Polasek (2008) sind die Auswirkungen der Korrektur bei einer Ziehung von weniger als fünf Prozent der Personen gering. Nehmen wir nun aber an, wir hätten als Population 250 Patienten einer Klinik definiert, von denen wir nun mindestens zehn Patienten zufällig ziehen. Wie ist nun der Unterschied zwischen den geschätzten Standardfehlern mit und ohne Endlichkeitskorrektur? Wir stellen in ▶*Abbildung 4.7* die Ergebnisse für Stichproben von zehn Personen bis 240 Personen dar. An diesem Beispiel sieht man, dass die oben formulierte Endlichkeitskorrektur durchaus sinnvoll ist.

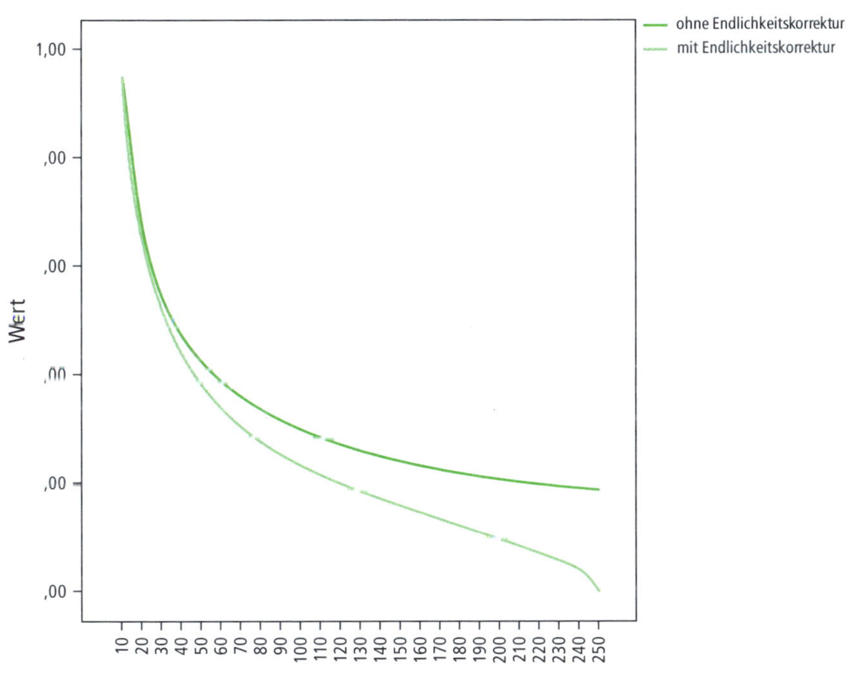

Abbildung 4.7: Vergleich Standardfehler (Wert) mit und ohne Endlichkeitskorrektur (mit Korrektur entspricht unterer und ohne Korrektur oberer Linie)

Ohne die Korrektur fallen die geschätzten Standardfehler deutlich größer aus als mit Endlichkeitskorrektur. Je mehr Personen in die Stichprobe aufgenommen werden, desto größer ist die Abweichung. Nur bei kleinen Stichprobengrößen ist der Unterschied sehr gering (vgl. Polasek, 2008).

Definition **Standardfehler Mittelwert**

Der **Standardfehler** des Mittelwerts, wie wir ihn definiert haben, gibt an, wie stark Mittelwerte gleich großer Zufallsstichproben um den Populationsmittelwert streuen. Er gibt die Standardabweichung einer Verteilung aus Mittelwerten aus gleich großen Zufallsstichproben an. Kennt man die Populationsstandardabweichung kann man den **Populationsstandardfehler** (SE) exakt angeben. Kennt man die Populationsstandardabweichung nicht, muss er mithilfe der Schätzfunktion für die Standardabweichung geschätzt werden. Es handelt sich dann um einen **geschätzten Standardfehler** ($\widehat{SE}$).

Zusammenfassung. Wir können also mithilfe des geschätzten Standardfehlers Aussagen darüber treffen, wie genau der Populationsmittelwert geschätzt wurde. Kennt man die Standardabweichung der Grundgesamtheit nicht, muss geschätzt werden. Dazu wird in der Formel die Populationsstandardabweichung durch die aus der Stichprobe für die Grundgesamtheit geschätzte Standardabweichung ersetzt. Je geringer nun der geschätzte Standardfehler des Mittelwerts ausfällt, desto genauer schätzt ein realisierter Mittelwert den tatsächlichen Populationsmittelwert. Dies gilt für geschätzte Standardfehler mit und ohne Endlichkeitskorrektur. Diesen geschätzten Standardfehler des Mittelwerts verwenden wir im Rahmen des statistischen Hypothesentests bei bestimmten Fragestellungen. Den geschätzten Standardfehler ohne Endlichkeitskorrektur wendet man an, wenn der Umfang der Stichprobe weniger als fünf Prozent des Umfangs der Grundgesamtheit beträgt, ansonsten verwendet man den geschätzten Standardfehler mit Endlichkeitskorrektur. Kennt man die Standardabweichung der Population, kann man den Standardfehler exakt angeben.

In den folgenden Abschnitten erklären wir dies noch genauer. Grob gesagt zeigt der geschätzte Standardfehler des Mittelwerts an, wie stark Stichproben**mittelwerte** um einen Populationsmittelwert streuen können. Neben dem Signifikanztest ist eine weitere Anwendung des geschätzten Standardfehlers die Berechnung von Konfidenzintervallen, mithilfe derer die Genauigkeit einer Parameterschätzung sichtbar gemacht werden kann. Die Logik wird im Exkurs erklärt.

Exkurs

Konfidenzintervalle

Man unterscheidet **Punkt-** und **Intervallschätzungen**. **Punktschätzungen** sind Schätzfunktionen für einen Parameter der Grundgesamtheit, z. B. einen Populationsmittelwert oder eine Populationsstandardabweichung. Wir wissen, dass uns bei der Schätzung eines Parameters der Grundgesamtheit ein gewisser Fehler unterläuft. Dieser Fehler kommt dadurch zustande, dass wir keine vollständige Information über die Grundgesamtheit besitzen, sondern nur unvollständige Stichprobeninformationen zur Schätzung des Parameters in der Grundgesamtheit heranziehen können. Konfidenzintervalle dienen dazu, die Ungenauigkeit bei der Schätzung eines Populationsparameters sichtbar zu machen.

Intervallschätzung. Wir können anhand der Schätzung aus der Stichprobe den genauen Wert des Parameters in der Grundgesamtheit nicht ermitteln (vgl. *Kapitel 3*, Wahrscheinlichkeit für einzelne Werte stetiger Variablen). Man kann nun Bereiche bzw. Intervalle (deshalb Intervallschätzung) angeben, um die Genauigkeit der Parameterschätzung zu berücksichtigen. Man bezeichnet ein solches Intervall als **Konfidenzintervall (KI)** oder **Vertrauensintervall (VI)**. Mithilfe des geschätzten Standardfehlers des Mittelwerts kann ein Konfidenzintervall mit einer unteren und oberen Grenze gebildet werden, dessen Mittelpunkt der Stichprobenmittelwert ist. Konfidenzintervalle lassen sich nicht nur für den Mittelwert, sondern auch für andere Schätzwerte (beispielsweise für die Effektstärke, siehe *Abschnitt 4.2*) angeben. Nehmen wir an, dass sich für unser Beispiel folgende Werte ergeben haben: Der Stichprobenmittelwert in der Kontrollgruppe beträgt $\hat{\mu} = 17$ und der in der Experimentalgruppe $\hat{\mu} = 10$. Die Standardabweichung ist in beiden Gruppen gleich und beträgt $\hat{\sigma} = 10$. Damit ergeben sich die Konfidenzintervalle für eine Sicherheitswahrscheinlichkeit

$$(1 - \frac{\alpha}{2})$$

von 95 Prozent für beide Gruppen wie im folgenden Kasten dargestellt.

Formel 4.3 Konfidenzintervall Mittelwert

$$\widehat{SE}_{\mathrm{M_{KG}}} = \widehat{SE}_{\mathrm{M_{EG}}} = \frac{\hat{\sigma}}{\sqrt{n}} = \frac{10}{\sqrt{40}} = 1.58$$

$$\mathrm{KI} = \hat{\mu} \pm \widehat{SE}_{\mathrm{M}} \cdot t_{df, 1-\frac{\alpha}{2}}$$

$$t_{39,\, 1-\frac{\alpha}{2}=0.95} = 2.02$$

$$\mathrm{KI}_{\mathrm{EG}} = 10 \pm 1.58 \cdot 2.02 = [6.81; 13.19]$$

$$\mathrm{KI}_{\mathrm{KG}} = 17 \pm 1.58 \cdot 2.02 = [13.81; 20.19$$

KI = Konfidenzintervall

$\widehat{SE}_{\mathrm{M}}$ = geschätzter Standardfehler des Mittelwerts

$\hat{\mu}$ = Mittelwert der Stichprobe als erwartungstreuer Schätzer des Populationsmittelwerts

t_{df} = *t*-Wert aus der *t*-Verteilung bei dem Quantil $1 - \frac{\alpha}{2}$ zweiseitig für n = 40, einer Sicherheitswahrscheinlichkeit von 95 Prozent und degrees of freedom df = 39: (siehe *Abschnitt 4.1.6*)

$\hat{\sigma}$ = geschätzte Standardabweichung

Definition **Quantile**

Bezeichnen Werte auf der x-Achse (z. B. t-Wert), die eine bestimmte Fläche (entspricht der Wahrscheinlichkeit) einer Verteilung begrenzen. Es handelt sich dabei um die Verteilungen von Zufallsvariablen bzw. einer theoretischen Verteilung. In unserem Beispiel ist es eine t-Verteilung.

Interpretation der Überdeckungswahrscheinlichkeit. Leider entspricht der geschätzte Mittelwert nicht unbedingt dem Mittelwert der Grundgesamtheit. Wir erhalten wahrscheinlich bei 100 Ziehungen von Zufallsstichproben 100 unterschiedliche Mittelwerte und damit 100 unterschiedliche obere und untere Grenzen der Konfidenzintervalle.

Als optimale Schätzfunktion (im Sinne von Erwartungstreue, Konsistenz und Effizienz) für den Populationsmittelwert ziehen wir den Stichprobenmittelwert heran und bilden um diesen Stichprobenmittelwert nun das Konfidenzintervall.

Die Formel für die Berechnung der Konfidenzintervalle nutzt Eigenschaften einer t-Verteilung (siehe *Abschnitt 4.1.6*), bei der es sich um eine theoretische Verteilung (siehe *Abschnitt 3.3.3*) handelt. Der Wert 2.02 stammt dabei aus einer theoretischen t-Verteilung, die unter der Annahme, dass unendlich oft Mittelwert aus Zufallsstichproben der Größe $n = 40$ gebildet wurden entsteht. Zur Berechnung benötigen wir zwei Grenzwerte. Innerhalb der Grenzwerte sollen sich 95 Prozent der t-Werte von gleichgroßen Zufallsstichproben befinden. Wenn wir nun den Standardfehler des Mittelwerts mit 2.02 multiplizieren, erhalten wir sogenannte feste Grenzen eines Intervalls.

Man kann nun folgende Interpretation für **ein** Konfidenzintervall aufstellen:

Mit einer Wahrscheinlichkeit von 95 Prozent überdeckt ein so konstruiertes Konfidenzintervall mit seinen zufälligen Grenzen den Mittelwert der Grundgesamtheit.

Dass wir hier abstrakt von den, durch die obere Formel bestimmten, zufälligen Grenzen sprechen, hat einen bestimmten Grund: Wir wissen tatsächlich nicht, ob der Populationsmittelwert in einem konkret aus einer Stichprobe angegebenen Konfidenzintervall mit sogenannten **festen Grenzen** liegt oder nicht, woher auch. Die angegebene Wahrscheinlichkeit bezieht sich auf die Anzahl der Fälle, in denen Konfidenzintervalle berechnet werden, die dann den Populationsparameter, z. B. den Populationsmittelwert, wirklich enthalten bzw. überdecken. Betrachten wir dazu folgendes Beispiel: Ziehen wir also gedanklich 100 Stichproben vom Umfang n aus der Grundgesamtheit. Dann geben wir jeweils die oberen und unteren Grenzen der Konfidenzintervalle (vgl. ▶*Abbildung 4.8*) um die berechneten Mittelwerte an. In diesem Fall **erwarten** wir, dass in 95 von 100 Konfidenzintervallen bei einer Fehlerwahrscheinlichkeit 1. Art von fünf Prozent der Populationsmittelwert enthalten ist oder das Intervall den feststehenden Populationsmittelwert in dieser Anzahl von Fällen überdeckt (genau 95 Prozent werden theoretisch nur dann erreicht, wenn wir unendlich oft ziehen). In der Praxis wird häufig die aus **frequentistischer Sicht** nicht ganz korrekte, aber anschaulichere Formulierung verwendet: „Mit einer Wahrscheinlichkeit von 95 Prozent liegt der Mittelwert in der Grundgesamtheit zwischen 6.90 und 13.10". Diese

Formulierung ist aus frequentistischer Sicht nicht korrekt, da der wahre Populationsmittelwert zwar unbekannt ist aber feststeht. Die **zufälligen Grenzen des Konfidenzintervalls** bei wiederholter Ziehung gleichgroßer Stichproben sind variabel und können den Populationsparameter so lediglich mit einer bestimmten Wahrscheinlichkeit überdecken. Die Grenzen eines konkret an einer Stichprobe berechneten **Konfidenzintervalls** sind dagegen **feststehend**. Das heißt, es liegen ein feststehender Populationsparameter und ein feststehendes Konfidenzintervall mit konkreten Grenzen (6.90 bis 13.10) vor. Damit kann das Intervall mit den feststehenden Grenzen entweder den Populationsparameter überdecken oder nicht: Die Wahrscheinlichkeit dafür ist entweder null oder eins.

Interpretation als Präzision. In jedem Fall interpretierbar ist die Breite des Intervalls: Je enger das Intervall ausfällt, desto genauer wird der Mittelwert der Grundgesamtheit geschätzt. Je breiter das Intervall, desto ungenauer wird der Mittelwert der Grundgesamtheit geschätzt.

Etwas salopper, vielleicht nicht exakt formuliert, sind in dem Intervall mit den konkreten Grenzen die plausibelsten Werte (bezogen auf die gewählte Sicherheitswahrscheinlichkeit) für den unbekannten Populationsmittelwert auf Basis der bekannten Stichprobendaten enthalten.

In unserem Rechenbeispiel entstehen zwei Konfidenzintervalle, die sich nur minimal überlappen. Ob dies ein Hinweis darauf ist, dass sich die beiden Gruppen tatsächlich unterscheiden, wird im Folgenden geklärt.

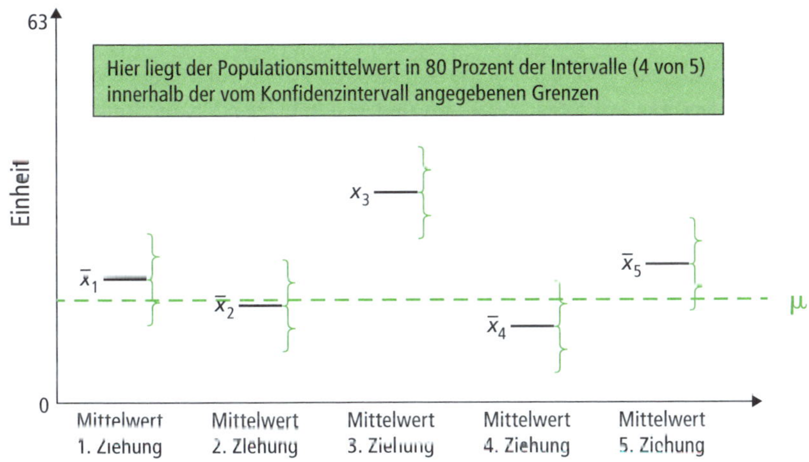

Abbildung 4.8: Konfidenzintervalle aus fünf Ziehungen von Stichproben des Umfangs von 80 Personen in der Kontrollgruppe von $n = 40$

Definition Überdeckungswahrscheinlichkeit

Die **Überdeckungswahrscheinlichkeit** gibt an, mit welcher Wahrscheinlichkeit die zufälligen Grenzen des Konfidenzintervalls den Populationsmittelwert überdecken.

4.1.5 Daten auswerten

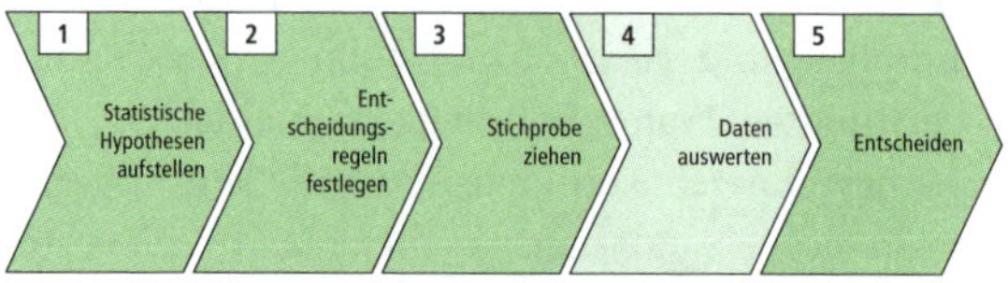

Die vorausgegangenen Abschnitte haben veranschaulicht, wie Hypothesentests funktionieren, Entscheidungsregeln festgelegt werden und Stichproben gezogen werden können. Um nun eine Entscheidung über die aufgestellten Hypothesen treffen zu können, wird im nächsten Schritt eine sogenannte **Prüfgröße** ermittelt. Anhand der Prüfgröße kann auf Basis der bereits aufgestellten Entscheidungsregeln die Nullhypothese abgelehnt oder nicht abgelehnt werden. Wie können wir so eine Prüfgröße aus unseren Daten ermitteln? Dies wird im Folgenden beschrieben.

Konstruktion einer Prüfgröße. Wir haben zwei Stichproben gezogen, in jeder jeweils den Populationsmittelwert mithilfe der Stichprobendaten geschätzt und dabei die Schätzwerte $\hat{\mu}_1$ und $\hat{\mu}_2$ erhalten. In einem nächsten Schritt berechnen wir die Differenz zwischen den beiden Schätzwerten bzw. Mittelwerten, um uns ein Bild davon zu machen, wie weit die Ergebnisse der beiden Gruppen auseinander liegen: $\hat{\delta} = \hat{\mu}_1 - \hat{\mu}_2$. Wir gehen davon aus, dass diese wiederum geschätzte Differenz unter Geltung der Nullhypothese in der Population theoretisch null ($\delta_{H0} = \mu_1 - \mu_2 = 0$) beträgt. Wir können nun die Abweichung dieser geschätzten Differenz $\hat{\delta}$ von der theoretisch zu erwarteten Differenz unter Geltung der Nullhypothese bestimmen: $\hat{\delta} - \delta_{H_0} = (\hat{\mu}_1 - \hat{\mu}_2) - (\mu_1 - \mu_2) = 7 - 0$. Diese wird an der geschätzten Standardabweichung $\widehat{SE}_\delta$ der theoretischen Verteilung von Differenzen unter Geltung der Nullhypothese standardisiert. Dies ist ein **generelles Prinzip der Konstruktion von Prüfgrößen**, dass die Differenz zwischen dem empirischen Schätzwert und dem theoretischen Populationswert unter Geltung der Nullhypothese meist durch die geschätzte oder seltener auch durch die bekannte Standardabweichung der Prüfverteilung dividiert wird. Da wir in den meisten Fällen die Standardabweichung der theoretischen Verteilung der Differenz $\left(\hat{\delta} - \delta_{H_0}\right)$ nicht kennen, schätzen wir sie mithilfe des Standardfehlers der Differenz. Das Ergebnis zeigt nun an, wie viele geschätzte Standardabweichungen unsere geschätzte Differenz vom Mittelwert der Verteilung von Differenzen gleichgroßer Zufallsstichproben unter Geltung der Nullhypothese entfernt liegt. Dieser Wert wird dann als **Prüfgröße** bzw. **Teststatistik** bezeichnet.

Formel 4.4 *t*-Werte

$$t_{emp} = \frac{\hat{\delta} - \delta_{H_0}}{\widehat{SE}_\delta} = \frac{\hat{\delta} - \delta_{H0}}{\widehat{SE}_\delta} = \frac{\hat{\mu}_1 - \hat{\mu}_2 - 0}{\widehat{SE}_\delta} = \frac{\hat{\mu}_1 - \hat{\mu}_2}{\widehat{SE}_\delta}$$

$$t_{emp} = \frac{\hat{\mu}_1 - \hat{\mu}_2}{\widehat{SE}_\delta} = \frac{\hat{\mu}_1 - \hat{\mu}_2}{\sqrt{\left(\frac{1}{n_1} + \frac{1}{n_2}\right) \cdot \frac{(n_1 - 1) \cdot \hat{\sigma}_1^2 + (n_2 - 1) \cdot \hat{\sigma}_2^2}{(n_1 - 1) + (n_2 - 1)}}} = \frac{\hat{\delta}}{\widehat{SE}_\delta}$$

$$t_{emp} = \frac{17 - 10}{\sqrt{\left(\frac{1}{40} + \frac{1}{40}\right) \cdot \frac{39 \cdot 10^2 + 39 \cdot 10^2}{(39) + (39)}}} = \frac{7}{\sqrt{(0.025 + 0.025) \cdot 100}}$$

$$t_{emp} = \frac{7}{\sqrt{0.05 \cdot 100}} = \frac{7}{\sqrt{5}} = 3.13$$

t_{emp} = empirischer t-Wert

$\hat{\mu}_1$ = Mittelwert der Stichprobe 1 oder der Kontrollgruppe (KG) als erwartungstreuer Schätzer des Populationsmittelwerts

$\hat{\mu}_2$ = Mittelwert der Stichprobe 2 oder der Experimentalgruppe (EG) als erwartungstreuer Schätzer des Populationsmittelwerts

n_1 = Anzahl der Personen der Stichprobe 1

n_2 = Anzahl der Personen der Stichprobe 2

$\hat{\sigma}_1$ = Kontrollgruppe (KG) geschätzte Standardabweichung

$\hat{\sigma}_2$ = Experimentalgruppe (EG) geschätzte Standardabweichung

$\hat{\delta}$ = geschätzte Differenz der für die Populationen geschätzten Mittelwerte der Stichprobe 1 (KG) und Stichprobe 2 (EG)

$\widehat{SE}_\delta$ = geschätzter Standardfehler der Differenz Delta Dach

Existenz mehrerer Prüfgrößen für unterschiedliche Hypothesentests. Es gibt **viele verschiedene Prüfgrößen**, beispielsweise um Häufigkeitsunterschiede (χ^2-Prüfgröße) oder Varianzunterschiede (F-Prüfgröße) zu prüfen. Die Prüfgröße in unserem Beispiel der Depressionstherapie entspricht der geschätzten Mittelwertsdifferenz, dividiert durch den geschätzten Standardfehler der Differenz (Standardabweichung der Prüfverteilung). Eine theoretische Verteilung aus den so ermittelten Prüfgrößen wird als ***t*-Verteilung** bezeichnet. Die in *Kasten 4.4* dargestellte Formel gilt für gleiche Varianzen in der Population und die daraus resultierende Prüfgröße wird t-Prüfgröße genannt.

Zusammenfassung. Ausgangspunkt der Überlegungen war, dass wir anhand von Stichprobendaten Schätzwerte für die Grundgesamtheit ermitteln, z. B. Mittelwerte. Mithilfe der geschätzten Mittelwerte können wir eine Differenz bilden, die wiederum einen Schätzwert für den entsprechenden Parameter der Grundgesamtheit darstellt. Die Differenz ermöglicht es uns, zu prüfen, ob sich zwei Populationsmittelwerte unterscheiden. Mithilfe dieses Schätzwerts der Differenz können wir eine sogenannte **Prüfgröße** ermitteln, z. B. in unserem Fall eine t-Prüfgröße oder einen t-Wert. Die Prüfgröße gibt an, wie weit unser aus der Stichprobe resultierender **empirischer *t*-Wert** vom Mittelwert des t-Werts der Population, der null entspricht, abweicht. Als Maßeinheit dient dabei der geschätzte Standardfehler der Differenz, der angibt, wie stark die Mittelwertsdifferenzen verschiedener gleichgroßer Zufallsstichproben um eine Populationsdifferenz von null typischerweise streuen. Der geschätzte Standardfehler der Differenz entspricht der Standardabweichung aller Differenzen gleichgroßer Zufallsstichproben mit dem Erwartungswert null. Der empirische t-Wert wird extrem hoch oder niedrig ausfallen, wenn eine hohe geschätzte Mittelwertsdifferenz auftritt und/oder der geschätzte Standardfehler der Differenz gering ausfällt. Der empirische t-Wert wird hingegen gering ausfallen, wenn die geschätzte Mittelwertsdifferenz gering ausfällt und/oder sich ein hoher **geschätzter Standardfehler der Differenz** ergibt.

Die bisherigen Ausführungen beziehen sich auf gleichgroße Gruppengrößen, auf ungleich große Gruppengrößen wird in *Abschnitt 5.13* noch genauer eingegangen.

Nun benötigt man nur noch eine Grenze, ab wann der Wert, der aus dieser Formel resultiert, so extrem ausfällt, dass wir uns dafür entscheiden, die Nullhypothese abzulehnen.

4.1.6 Eine Entscheidung beim Nullhypothesentesten treffen

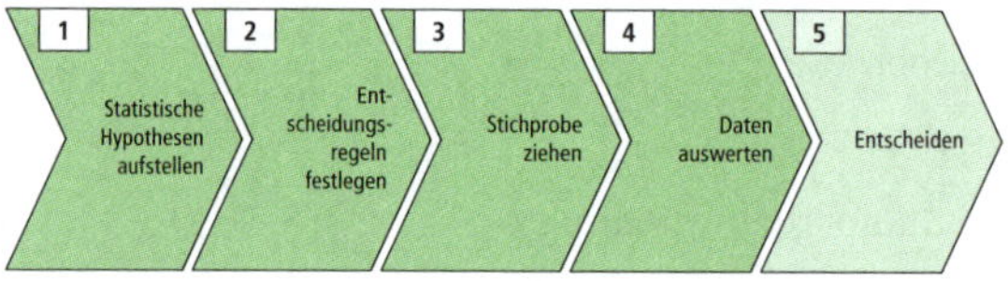

In diesem Abschnitt wird dargestellt, wie man nun mithilfe der aus den Stichproben ermittelten Prüfgrößen eine Entscheidung für oder gegen die Nullhypothese treffen kann.

Stand vor der Entscheidung. In unserem Beispiel zur Prüfung einer Depressionstherapie haben wir bis jetzt ein Hypothesenpaar bestehend aus Null- und Alternativhypothese formuliert und Entscheidungsregeln für das Verwerfen der Nullhypothese aufgestellt. Dann wurden aus einer Grundgesamtheit unbehandelter Personen per Zufall 80 Personen gezogen, die auf die Kontrollgruppe und die Experimentalgruppe zufällig aufgeteilt wurden. Nach Durchführung der Therapie wurden die Mittelwerte des BDI in beiden Gruppen berechnet. Für die Experimentalgruppe ergab sich ein geschätzter Mittelwert von $\hat{\mu}_1 = 10$ und für die Kontrollgruppe ein geschätzter Mittelwert von $\hat{\mu}_2 = 17$, die zur Schätzung der unbekannten Populationsmittelwerte herangezogen werden. Würden beide Schätzwerte ähnlich hoch ausfallen, würde man davon ausgehen, dass die Therapie in der Grundgesamtheit keine Wirkung aufweist. Je weiter die beiden Schätzwerte in der erwarteten Richtung auseinanderliegen, desto wahrscheinlicher ist eine Wirkung der Therapie. Allerdings besteht die Gefahr, dass sich Schätzwerte von Stichproben aus der gleichen Grundgesamtheit der unbehandelten Patienten schon allein aufgrund der zufälligen Ziehung der Personen unterscheiden. Das Ausmaß dieser zufälligen Schwankungen kann man, wie bereits erwähnt, mithilfe des geschätzten Standardfehlers der Differenz angeben. Wir haben schließlich die Mittelwertsdifferenz an diesem standardisiert und eine empirische *t*-Prüfgröße von $t_{\text{emp}} = 3.13$ erhalten.

Wir wissen nun zwei Dinge aufgrund der Prüfgröße von $t_{\text{emp}} = 3.13$, die unter der Bedingung, dass die Nullhypothese gilt, ermittelt wurde:

1. Zum einen ist unsere empirisch geschätzte Mittelwertsdifferenz $\hat{\delta} = 7$ etwa 3.13-mal höher als der durchschnittliche geschätzte Standardfehler der Differenz $\widehat{SE}_\delta$:

$$t_{\text{emp}} = \frac{\hat{\mu}_1 - \hat{\mu}_2}{\widehat{SE}_\delta} = \frac{\hat{\delta}}{\widehat{SE}_\delta}$$

2. Zum anderen liegt unsere empirisch geschätzte Mittelwertsdifferenz $\hat{\delta} = 7$ etwa 3.13 geschätzte Standardabweichungen vom Mittelwert der theoretischen Verteilung (vgl. *Abschnitt 3.3.3*) aus *t*-Prüfgrößen gleichgroßer Zufallsstichproben mit $n = 80$ entfernt.

Generieren einer Verteilung realisierter Mittelwerte aus gleichgroßen Zufallsstichproben unter der Nullhypothese. Stellen wir uns nun vor, wir hätten die Möglichkeit, aus allen unbehandelten Patienten mit einer depressiven Erkrankung in Deutschland 2000 Mal $n = 80$ Personen mit Zurücklegen zu ziehen. Wir teilen diese jeweils per Zufall in eine Experimental- und eine Kontrollgruppe mit einer Stichprobengröße pro Gruppe von je $n = 40$ auf, erteilen aber keiner Gruppe eine Therapie. In diesem Experiment stellen **beide Gruppen Kontrollgruppen** dar, da keine der beiden Gruppen eine Therapie erhält: **Dieses Experiment spiegelt also die Verhältnisse wider, die bei Geltung der Nullhypothese in der Grundgesamtheit vorliegen**.

Wir sind an den geschätzten Mittelwertsunterschieden interessiert. Folglich bilden wir die Differenzen zwischen den Mittelwerten der Kontrollgruppe $\hat{\mu}_{KG}$ und der Experimentalgruppe $\hat{\mu}_{EG}$. Wir ziehen 2000 Mal eine Stichprobe von 80 Patienten mit Zurücklegen aus der Population, teilen diese per Zufall auf Experimental- und Kontrollgruppe auf und bilden jeweils die entsprechende geschätzte Differenz. Da sowohl Kontroll- als auch Experimentalgruppe unbehandelt sind, liegt in der Population kein Unterschied vor und die Populationsdifferenz ist null. Die **Differenz**, die anhand von Zufallsstichproben ermittelt wird, stellt eine **Zufallsvariable** dar, die je nach Zusammensetzung der Stichprobe unterschiedlich ausfallen wird.

Betrachten wir nun die Verteilung der Differenzen über die 2000 Zufallsstichproben hinweg (vgl. *Abschnitt 3.2.3*). Die am häufigsten beobachtete Differenz unter der Annahme, dass die Nullhypothese gilt, sollte null sein bzw. um null liegen. Extreme Differenzen, besonders hohe oder niedrige, liegen an den Rändern der Verteilung und sind eher unwahrscheinlich. Wir haben also eine Verteilung von geschätzten Mittelwertsdifferenzen unter Geltung der Nullhypothese aus Zufallsstichproben generiert. Wir könnten nun den empirischen Mittelwert der geschätzten Differenzenverteilung durch Mittelung der 2000 Mittelwertsdifferenzen bestimmen und erwarten, dass dieser null ist oder nahe bei null liegt, da wir wissen, dass er in der Population null ist. Wir können auch hier einen Bereich bestimmen, in dem 95 Prozent der geschätzten Differenzen unter Geltung der Nullhypothese liegen. Mittelwertsdifferenzen gleichgroßer Zufallsstichproben außerhalb dieses Bereichs kommen unter Geltung der Nullhypothese in der Population selten vor. **Wenn wir die Wahrheit in der Population nicht kennen würden, würden wir beim Auftreten einer solchen extremen geschätzten Differenz *nicht* annehmen, dass kein Unterschied vorliegt.** Mit anderen Worten, unter Geltung der Nullhypothese ist eine solche extreme Differenz sehr unwahrscheinlich, immerhin fallen hier 95 Prozent der Differenzen vom Betrag her kleiner aus. Daher würden wir die Nullhypothese verwerfen. Sollte die Nullhypothese dennoch gültig sein, wäre uns ein Fehler 1. Art unterlaufen.

Einfluss der Stichprobengröße auf die Form der Verteilung. Stellen wir uns vor, unsere Verteilung bestünde entweder aus zehn oder aus 2000 Mittelwertsdifferenzen (vgl. ►*Abbildung 4.9*), und wir müssten nun die beiden 95-Prozent-Quantile der Verteilung bestimmen. Die tatsächliche theoretische Verteilung wird mit 2000 Mittelwertsdifferenzen natürlich genauer angenähert als mithilfe von Mittelwertsdifferenzen aus zehn Zufallsstichproben. Bei Stichproben von zehn Personen die Verteilung breiter ausfallen wird als bei Stichprobengrößen von $n = 2000$ (vgl. *Abschnitt 3.6*).

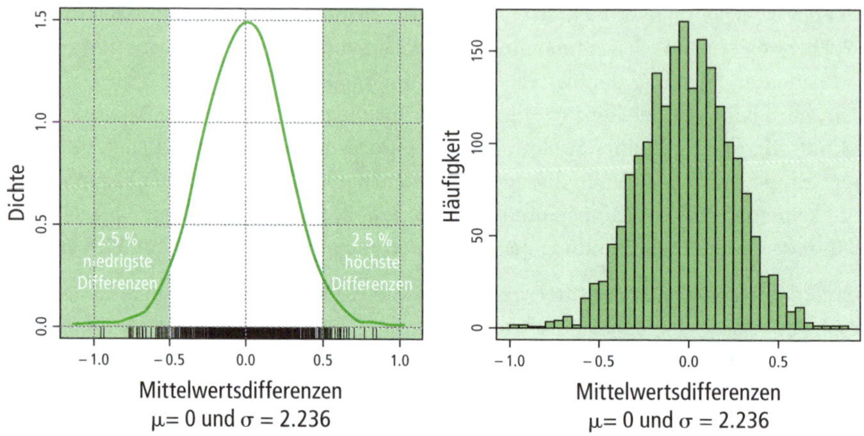

Abbildung 4.9: Differenzenverteilung aus 2000 Zufallsstichproben

Theoretische Verteilung. Das gerade eben geschilderte Vorgehen ist leider nicht realistisch: Denn zum einen können wir nicht beliebig Stichproben aus der Grundgesamtheit ziehen, um eine Prüfverteilung zu generieren, und zum anderen wissen wir nicht, ob in der Grundgesamtheit die Nullhypothese gilt. Wir benötigen also einen anderen Weg, um zu einer Entscheidung über die Hypothesen zu kommen. Ein anderer Weg besteht nun darin, zu betrachten, welche Verteilung sich ergäbe, wenn man unendlich oft Zufallsstichproben gleichen Umfangs aus der Grundgesamtheit zöge. Man bezeichnet solche Verteilungen als **theoretische Verteilungen** oder **Prüfverteilungen** (siehe *Abschnitte 3.5*, *3.6* und *3.6.2*).

Voraussetzung der Anwendung einer theoretischen Verteilung. Unter bestimmten Voraussetzungen kann man angeben, welche Verteilung sich für geschätzte Mittelwertsdifferenzen aus verschiedenen Zufallsstichproben eines bestimmten Umfangs ergibt, wenn man unendlich oft Stichproben gleichen Umfangs ziehen würde. Die Voraussetzungen sind, dass die **Zufallsvariable unabhängig** und **identisch verteilt** sowie **kontinuierlich** ist und die **Zufallsvariable** in beiden betrachteten Populationen (hier Behandelte und Unbehandelte) die **gleiche Varianz** aufweist. Um dies noch einmal zu verdeutlichen: Wir ziehen aus der Population der Unbehandelten und weisen die Personen zwei Gruppen zu. Nachdem die Gruppen gebildet wurden, gehen wir davon aus, dass es zwei Grundgesamtheiten gibt, die der Unbehandelten und die der Behandelten. Danach wird mithilfe des Hypothesentests eine Entscheidung über die Nullhypothese getroffen: Ablehnung oder Nicht-Ablehnung.

Standardnormalverteilung als theoretische Verteilung. Wir haben bereits eine theoretische Verteilung, nämlich die **Standardnormalverteilung** kennengelernt (siehe *Abschnitt 3.2.4*). Diese Verteilung könnten wir zur Hypothesentestung verwenden, wenn das untersuchte Merkmal in der Grundgesamtheit annähernd **normalverteilt** ist und die **Standardabweichung der Messwerte in der Population bekannt** wäre.

Form von *t*-Verteilungen. Während die Standardabweichung der Population aus der Stichprobe erst geschätzt werden muss, verwendet man die *t*-Verteilung zur Hypothesentestung beim Vergleich von Mittelwerten zweier unabhängiger Stichproben unter der Voraussetzung intervallskalierter, unabhängiger, normalverteilter Zufallsvariablen. In diesem Fall kann man die theoretische ***t*-Verteilung** ermitteln. Die Form der Verteilung hängt, im Falle von *t*-Werten, von der Anzahl der **Freiheitsgrade** ab. Die Verteilung wird als *t*-Verteilung bezeichnet und mit der entsprechenden Anzahl von Freiheitsgraden angegeben, z. B. t_{df}, wobei *df* für die Anzahl der Freiheitsgrade steht.

Definition **Freiheitsgrade**

Freiheitsgrade stellen die **unabhängigen** Informationen in einer Stichprobe dar, die zur Schätzung eines Parameters oder der Berechnung einer Prüfgröße bzw. Teststatistik notwendig sind (vgl. Everett, 2005, S. 111).

Wir können aus ▶*Abbildung 4.10* nur ansatzweise erkennen, dass die *t*-Verteilung minimal breiter als die entsprechende Normalverteilung ist. Die Freiheitsgrade in unserem Beispiel der Überprüfung einer Depressionstherapie ergeben sich aus der Anzahl der Personen in beiden Stichproben minus zwei, also 80 − 2 = 78 Freiheitsgrade. Die Anzahl der Freiheitsgrade hängt im Falle der *t*-Verteilung also von der Stichprobengröße ab.

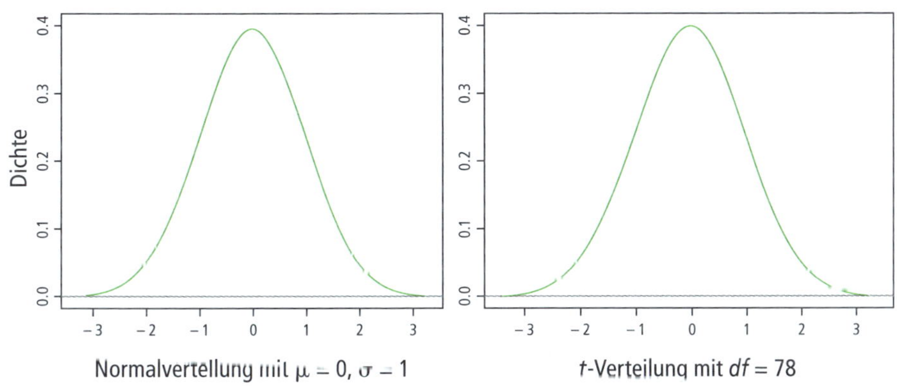

Abbildung 4.10: Normalverteilung mit dem Mittelwert null und der Standardabweichung eins und eine *t*-Verteilung mit 78 Freiheitsgraden im Vergleich

Freiheitsgrade

Das folgende Beispiel ist angelehnt an Eisenhauer (2008). Es soll die Varianz aus einer Stichprobe für die Grundgesamtheit geschätzt werden. Die gezogene Stichprobe enthält zehn Personen. Ziehen wir nun wiederholt Stichproben aus der Grundgesamtheit, sind für die jeweils zehn gezogenen Personen der Stichprobe prinzipiell alle Werte im definierten Wertebereich der Variablen denkbar, z. B. IQ-Werte. Bei jeder Ziehung von zehn Personen aus der Population können damit die **Messwerte der Personen frei** im Rahmen des Wertebereichs der Variablen **variieren**. Die Anzahl der frei variierbaren (unabhängigen) Messwerte stellt dabei die Anzahl der Freiheitsgrade dar. Zur Schätzung der Standardabweichung für die Population wird der Mittelwert benötigt (siehe *Formel 2.8*).

Nehmen wir an, der Mittelwert der IQ-Punkte bei einer gezogenen Stichprobe würde 100 betragen. Dies stellt nun eine Einschränkung bei der Schätzung der Standardabweichung dar. Die Messwerte der zehn Personen können nicht mehr beliebig variieren, da lediglich neun Personenmesswerte frei variieren können bis der Stichprobenmittelwert von 100 feststeht. Die 10. Person kann keinen frei variierenden Wert mehr erhalten, sondern muss einen Wert haben, der einen Mittelwert von 100 für die Stichprobe ergibt. Der Mittelwert, den wir nun aus den Stichprobendaten erhalten, ist nämlich eine Funktion der $n = 10$ Beobachtungen. Nehmen wir an, die ersten neun gezogenen Personen haben alle einen Wert von 100 erzielt, dann steht der Wert der zehnten Person automatisch fest, er muss ebenfalls 100 betragen, da ja der Mittelwert 100 betragen muss:

$$\frac{(900+x)}{10}=100 \rightarrow x=100 \cdot 10-900=100.$$

Damit geht durch die Festlegung des Mittelwerts, bei der Schätzung der Standardabweichung für die Grundgesamtheit, ein Freiheitsgrad verloren. Ein Messwert ist nicht mehr frei variierbar oder unabhängig. Dadurch reduziert sich die Stichprobengröße für die Schätzung der Standardabweichung um eins.

$$\hat{\sigma}=\sqrt{\frac{\sum_{v=1}^{n}(x_v-\hat{\mu})^2}{n-1}}$$

$\hat{\sigma}$ = geschätzte Standardabweichung

x_v = Wert x der Person v

$\hat{\mu}$ = Mittelwert der Stichprobe als erwartungstreuer Schätzer des Populationsmittelwerts

n = Anzahl der Personen der Stichprobe

Diese hier vorgestellte Darstellung ist sehr knapp, reicht aber für das erste Verständnis von Freiheitsgraden an dieser Stelle völlig aus.

Empirische Prüfgröße. Den t-Wert, den wir anhand unserer Stichprobe ermitteln, bezeichnen wir auch als **empirische Prüfgröße**. Es sei an dieser Stelle darauf hingewiesen, dass es auch andere Prüfgrößen gibt als t-Werte (siehe *Abschnitte 4.1.5* und 4.6). Der empirische t-Wert gibt die Abweichung vom Erwartungswert der t-Verteilung unter Geltung der Nullhypothese in Standardabweichungseinheiten an. Unter Geltung der Nullhypothese ist der Erwartungswert der t-Verteilung null. Beeinflusst wird er durch die Einflussgrößen, die in der Formel verwendet werden:

(1) Mittelwertsdifferenz,

(2) geschätzte Standardabweichungen,

(3) Stichprobengröße.

In unserem Depressionstherapiebeispiel entspricht der empirische t-Wert 3.13.

Kritische Prüfgröße. Wir haben bereits gesehen (vgl. *Abschnitt 4.1.2*), dass wir in der Prüfgrößenverteilung im Voraus einen Ablehnungsbereich festlegen. Fällt die anhand unserer Stichprobe ermittelte Prüfgröße, z. B. der empirische t-Wert, in diesen Ablehnungsbereich, lehnen wir die Nullhypothese ab. Üblicherweise umfasst dieser Bereich die extremsten fünf Prozent der Werte einer Prüfgrößenverteilung. Die beiden t-Werte, welche die extremsten 2.5 Prozent der Verteilung auf beiden Seiten abschneiden, werden als **kritische Prüfgrößen** bzw. in unserem Beispiel als **kritische t-Werte** bezeichnet. Kritische Prüfgrößen stellen die Grenzen des Ablehnungsbereichs der Nullhypothese dar. Die kritischen t-Werte ändern sich in Abhängigkeit der Freiheitsgrade und damit in Abhängigkeit der Breite der t-Verteilung sowie in Abhängigkeit des gewählten Fehlers 1. Art.

Überschreitungswahrscheinlichkeit p. Kennt man die empirische Prüfgröße, lässt sich auch sagen, welche Auftretenswahrscheinlichkeit diese Prüfgröße oder eine extremere Prüfgröße unter der theoretischen Verteilung hat. Dazu betrachten wir die Fläche links **und/oder** rechts vom empirischen t-Wert zu den Enden der Verteilung hin. Die Überschreitungswahrscheinlichkeit p ergibt sich demzufolge mithilfe des empirischen t-Werts, wie man aus der Definition erkennen kann.

Warum verwenden wir den Ausdruck „empirische Prüfgröße oder eine extremere"? Man benötigt deshalb die empirische Prüfgröße oder eine extremere Prüfgröße, weil wir wissen möchten, wie wahrscheinlich dieses oder ein unter Geltung der Nullhypothese unwahrscheinlicheres Stichprobenergebnis ist.

Definition — p, t-kritisch, t-empirisch

Die **empirische Prüfgröße** bzw. t-**empirisch** gibt direkt die Abweichung in geschätzten Standardabweichungen von geschätzten Differenzen bezogen auf die Nullhypothesenverteilung auf der x-Achse an.

Die **kritische Prüfgröße** bzw. t-**kritisch** schneidet eine Fläche unter der Prüfgrößenverteilung t-Verteilung ab, zu der die extremsten α Prozent (α entspricht der Fehlerwahrscheinlichkeit 1. Art) der t-Werte gehören.

Die **Überschreitungswahrscheinlichkeit** p zeigt an, wie wahrscheinlich der empirische t-Wert oder ein extremerer t-Wert ist, wenn man die Werte der Nullhypothesenverteilung betrachtet. Sie wird anhand der empirischen Prüfgröße ermittelt. Es ist die Fläche, die der empirische t-Wert oder ein extremerer t-Wert der Prüfgrößenverteilung (Nullhypothesenverteilung) abschneidet. Dabei wird die Form bzw. die Breite der t-Verteilung durch die Anzahl der Freiheitsgrade, also die Stichprobengröße, bestimmt.

Vergleich kritische und empirische Prüfgröße und Bestimmung der Überschreitungswahrscheinlichkeit. Kritischer und empirischer *t*-Wert werden nun miteinander verglichen. Wir lehnen die Nullhypothese bei einseitiger bzw. ungerichteter Testung ab, wenn der empirische *t*-Wert extremer oder gleichhoch wie die kritischen *t*-Werte ausfällt, bzw. wenn die Überschreitungswahrscheinlichkeit geringer oder gleich der gewählten Fehlerwahrscheinlichkeit 1. Art ausfällt. Diese Regeln müssen nun weiter differenziert für gerichtete Alternativhypothesen formuliert werden. Dies wird in den nächsten Abschnitten genauer erklärt. Die kritischen *t*-Werte bzw. die Überschreitungswahrscheinlichkeit *p* lassen sich mithilfe von Tabellen oder Computerprogrammen herausfinden. Dies wird im folgenden Exkurs kurz dargestellt.

Exkurs

Ermittlung von kritischen und empirischen *t*-Werten

t-Wert-Tabelle. Den kritischen *t*-Wert kann man in Tabellen nachlesen. In ▶*Abbildung 4.11* ist eine solche Tabelle dargestellt. Leider finden wir dort nicht den kritischen *t*-Wert für $df = 78$ zweiseitig aufgeführt. Wir haben nun zwei Möglichkeiten: Wir nehmen den kritischen Wert für $df = 60$, weil er am nächsten von den verzeichneten Werten an $df = 78$ liegt, oder wir interpolieren und nehmen den Mittelwert des kritischen *t*-Werts für $df = 120$ und $df = 60$, weil der interpolierte Wert noch näher an $df = 78$ liegt. Für die zweiseitige Testung müssen wir in der Tabelle unter FLÄCHE 0.975 (entspricht 97.5 Prozent) den *t*-Wert für $df = 60$ und $df = 120$ heraussuchen: $(1.997 + 1.980)/2 = 1.9895$ (vgl. *Abbildung 4.11*). Wenn wir einen einseitigen Ablehnungsbereich vorliegen haben, müssen wir in der Tabelle unter FLÄCHE 0.950 (95 Prozent) den kritischen *t*-Wert für $df = 60$ und $df = 120$ betrachten: $(1.671+1.658)/2=1.66$ (vgl. *Abbildung 4.11*). Der Unterschied zwischen 95 und 97.5 geht darauf zurück, dass wir im ersten Fall einen einseitigen Ablehnungsbereich und im zweiten Fall einen zweiseitigen Ablehnungsbereich annehmen. Bei einem einseitigen Ablehnungsbereich reicht es aus, das Fehlerrisiko auf der entsprechenden Seite der Nullhypothesenverteilung zu berücksichtigen, auf welcher ein „extremes" empirisches Ergebnis erwartet wird. Bei einem zweiseitigen Ablehnungsbereich muss die Fehlerwahrscheinlichkeit 1. Art auf beide Enden der Nullhypothesenverteilung aufgeteilt werden.

t-Verteilung

df \ Fläche	0,800	0,850	0,900	0,950	0,975	0,990	0,995
1	1,377	1,964	3,078	6,314	12,706	31,821	63,657
2	1,001	1,386	1,886	2,920	4,303	6,965	9,925
3	0,978	1,250	1,638	2,353	3,182	4,541	5,841
4	0,941	1,190	1,533	2,132	2,776	3,747	4,604
5	0,920	1,156	1,476	2,015	2,571	3,365	4,032
6	0,906	1,134	1,440	1,943	2,447	3,143	3,707
7	0,896	1,119	1,415	1,895	2,305	2,998	3,500
8	0,889	1,108	1,397	1,860	2,306	2,896	3,355
9	0,883	1,100	1,383	1,833	2,262	2,821	3,250
10	0,879	1,093	1,372	1,813	2,228	2,764	3,169
11	0,876	1,088	1,363	1,796	2,201	2,718	3,106
12	0,873	1,083	1,356	1,782	2,179	2,681	3,055
13	0,870	1,079	1,350	1,771	2,160	2,050	3,012
14	0,868	1,076	1,345	1,761	2,145	2,625	2,977
15	0,866	1,074	1,341	1,753	2,131	2,602	2,947
16	0,865	1,071	1,337	1,746	2,120	2,584	2,921
17	0,863	1,069	1,333	1,740	2,110	2,567	2,898
18	0,862	1,067	1,330	1,734	2,101	2,552	2,878
19	0,861	1,066	1,328	1,729	2,093	2,540	2,861
20	0,860	1,064	1,325	1,725	2,086	2,528	2,845
21	0,859	1,063	1,323	1,721	2,080	2,518	2,831
22	0,858	1,061	1,321	1,717	2,074	2,508	2,819
23	0,858	1,060	1,319	1,714	2,069	2,500	2,807
24	0,857	1059	1,318	1,711	2,064	2,492	2,797
25	0,856	1,058	1,316	1,708	2,060	2,485	2,787
26	0,856	1,058	1,315	1,706	2,056	2,479	2,779
27	0,855	1,057	1,314	1,703	2,052	2,473	2,771
28	0,855	1,056	1,313	1,701	2,048	2,467	2,763
29	0,854	1,055	1,311	1,699	2,045	2,462	2,756
30	0,854	1,055	1,310	1,697	2,042	2,459	2,750
40	0,851	1,050	1,303	1,684	2,021	2,423	2,705
60	0,848	1,046	1,296	**1,671**	1,997	2,390	2,860
120	0,845	1,041	1,289	**1,658**	1,980	2,358	2,617
∞	0,843	1,039	1,282	1,645	1,960	2,326	2,576

Abbildung 4.11: Darstellung einer Tabelle zur Ermittlung kritischer *t*-Werte

EXTRAS ONLINE

Kritische und empirische *t*-Werte in Excel. Die Überschreitungswahrscheinlichkeit *p* kann durch Excel sehr leicht ermittelt werden. Klicken Sie nach dem Start von Excel auf FORMELN und dann auf FORMELGENERATOR (siehe ▶*Abbildung 4.12*). Geben Sie unter FORMEL SUCHEN den Begriff TVERT (nicht T.VERT) ein. Klicken Sie anschließend auf TVERT doppelt. Nun benötigt man lediglich die Freiheitsgrade und den empirischen *t*-Wert. Dies wird im Folgenden kurz dargestellt. Geben Sie unter ① X den Wert 3.13 und unter FREIHEITSGRADE ② den Wert 78 ein. In das Feld SEITEN ③ geben Sie die Zahl „2“ für einen zweiseitigen Test ein. Alternativ kann man auch direkt in eine Zelle den folgenden Befehl eingeben: =TVERT(3,13; 78; 2). In beiden Fällen erhalten Sie im Feld ERGEBNIS ④ die zweiseitige Überschreitungswahrscheinlichkeit *p*.

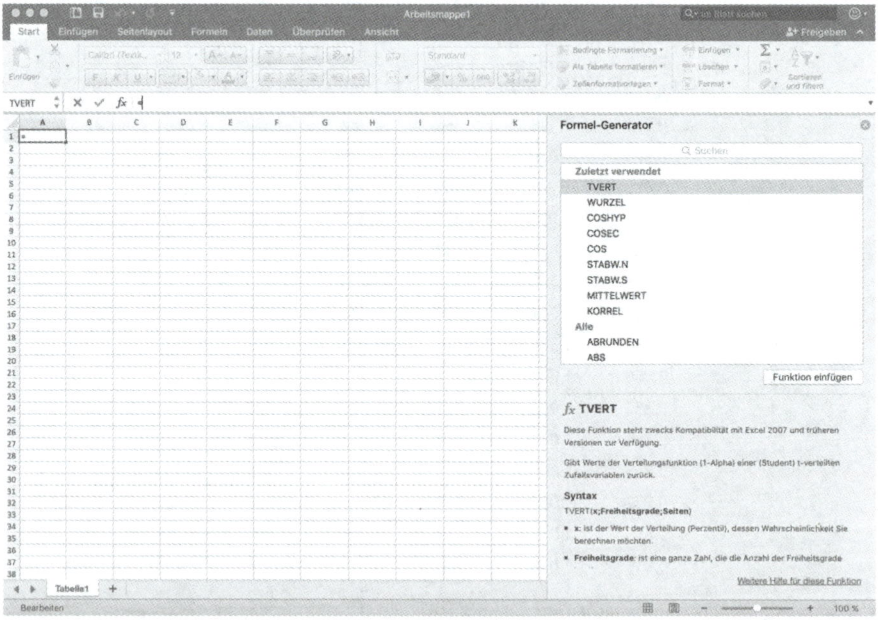

Abbildung 4.12: Überschreitungswahrscheinlichkeit *p* mit Excel

***t*-Werte in R.** In R gestaltet sich die Angabe von Quantilen besonders einfach. Sie sind im Folgenden für die *t*-Verteilung angegeben:

```
qt(c(.975), df=78, lower.tail=TRUE)
```

R gibt dann folgende Ausgabe: `[1] 1.990847`. Man kann den Wert von .975 in der Befehlszeile beliebig verändern und auch den Werte für das 10-Prozent-Quantil bei zweiseitiger Testung (.95), das Ein-Prozent-Quantil (.995) oder andere Grenzen angeben. Bei entsprechend einseitiger Testung wird die Wahrscheinlichkeit für einen Fehler 1. Art für fünf Prozent mit .95 und für ein Prozent mit .99 angegeben (siehe folgende Abschnitte).

Zweiseitiger Ablehnungsbereich. Betrachten wir wiederum die Verteilung der t-Werte unter der Nullhypothese. Bei einem **zweiseitigen Ablehnungsbereich** gehen wir davon aus, dass ein extrem hoher **oder** niedriger t-Wert gegen die Nullhypothese spricht. Diese lautet „Der Mittelwertsunterschied in der Population ist null". Wenn wir also in der Prüfgrößenverteilung unter Geltung der Nullhypothese den Ablehnungsbereich definieren, müssen wir an beiden Enden der t-Verteilung eine bestimmte Fläche abschneiden. Die Größe der Fläche drückt eine Wahrscheinlichkeit aus. Der Irrtum bezieht sich auf beide Seiten der Verteilung. Daher wird die gewählte Fehlerwahrscheinlichkeit 1. Art von der Größe fünf Prozent auf beide Seiten mit jeweils 2.5 Prozent aufgeteilt.

Wie bereits erwähnt, lassen sich t-Verteilungen für jede beliebige Anzahl an Freiheitsgraden angeben. Betrachten wir nun in ▶*Abbildung 4.13* die t-Verteilung, die sich für $df = 78$ Freiheitsgrade ergibt. Die t-Werte von plus bzw. minus 1.99 schneiden in dieser Verteilung jeweils 2.5 Prozent der Fläche links und rechts in der t-Verteilung ab. Sie stellen somit unsere kritischen t-Werte dar. Das heißt, ein empirischer t-Wert von minus 1.99 oder ein von der Höhe her geringerer t-Wert wird unter der Nullhypothesenverteilung nur in 2.5 Prozent der Fälle beobachtet, genauso wie ein t-Wert von plus 1.99 oder größer. Da die t-Verteilung symmetrisch ist, sind beide t-Werte numerisch gleich, jedoch unterscheidet sich ihr Vorzeichen. Addiert man die Wahrscheinlichkeiten, die durch beide Flächen repräsentiert werden, erhält man wieder die gewählte Fehlerwahrscheinlichkeit 1. Art. In unserer Darstellung sind dies die fünf Prozent der extremsten (niedrigsten und höchsten) t-Werte unter der Nullhypothesenverteilung.

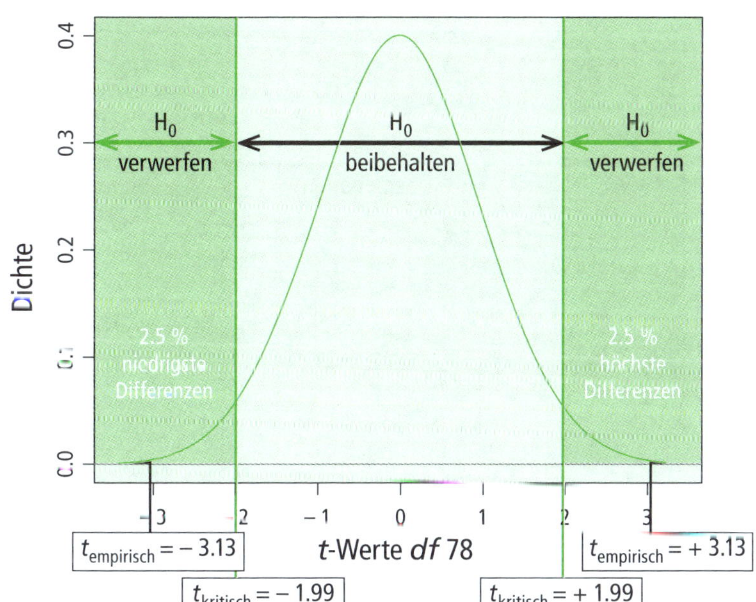

Abbildung 4.13: Darstellung einer theoretischen Verteilung (hier t-Verteilung mit $df = 78$) bei zweiseitiger Testung (in dunkelgrün jeweils die Bereiche mit Prüfgrößen, die extremer als der Betrag des empirischen t-Werts von 3.13 ausfallen).

Zweiseitiger Ablehnungsbereich im Beispiel. Der empirische t-Wert in unserem Beispiel beträgt plus 3.13 und ist ebenfalls in *Abbildung 4.13* eingezeichnet. Die Fläche rechts dieses Werts zum Verteilungsende hin gibt an, wie wahrscheinlich dieser oder ein höherer t-Wert unter der Nullhypothesenverteilung auftritt. Die Fläche links zum Verteilungsende des t-Werts von minus 3.13 hin gibt an, wie wahrscheinlich dieser oder ein niedrigerer t-Wert unter der Nullhypothesenverteilung auftritt. Beide Flächen werden addiert und ergeben die Überschreitungswahrscheinlichkeit p von 0.005.

Einseitiger Ablehnungsbereich. Einen **zweiseitigen Ablehnungsbereich** würde kein klinischer Psychologe bezüglich des Therapie*erfolgs* annehmen. Er würde einen **einseitigen Ablehnungsbereich** wählen. Er hat besonderes Interesse daran, zu zeigen, dass sich die Depressionssymptome reduzieren. Er interessiert sich also für ein bestimmtes Ende der Nullhypothesenverteilung. Die Fehlerwahrscheinlichkeit 1. Art wird dann nur auf einer Seite aufgetragen (siehe ▶*Abbildung 4.14*).

Weiterhin gehen wir von einer Reduktion der Depressionssymptome in der Population durch die Therapie aus. Daher erwarten wir vor der Therapie einen höheren Populationsmittelwert für die depressive Symptomatik als danach.

In diesem Fall gibt es einen einseitigen Ablehnungsbereich und wir erwarten einen positiven t-Wert. Wenn wir jedoch nun einen extrem hohen negativen t-Wert als empirische Prüfgröße erhalten würden, müssten wir unsere einseitig formulierte Hypothese verwerfen, jedoch nicht die Nullhypothese.

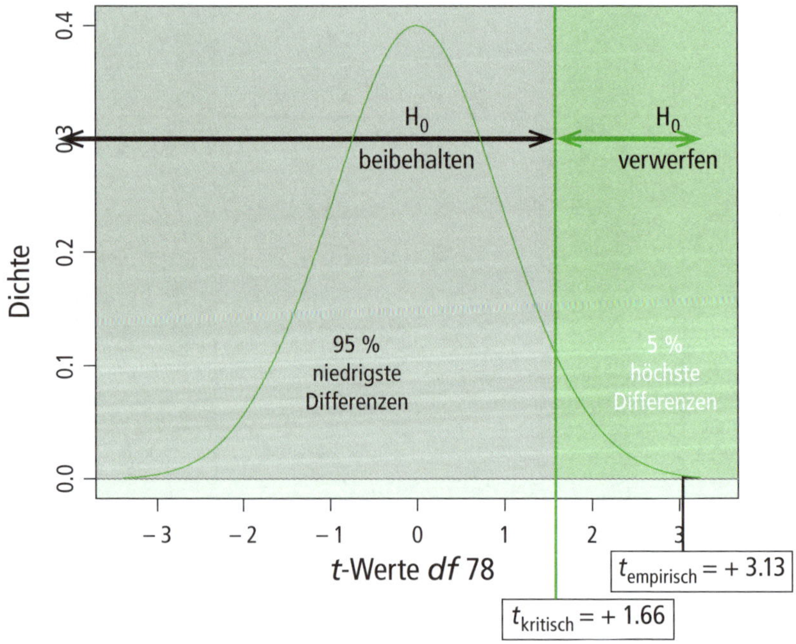

Abbildung 4.14: Darstellung einer theoretischen Verteilung (hier t-Verteilung mit df = 78) bei einseitiger Testung

Definition

Konsequenz einseitiger und zweiseitiger Ablehnungsbereich

Wenn wir einen Fehler 1. Art von fünf Prozent bei einseitiger Testung oder gerichteter Hypothese wählen, ergibt sich ein einseitiger kritischer *t*-Wert von 1.66. Gleichzeitig beträgt die Überschreitungswahrscheinlichkeit 0.0025. Sie ist, wenn man sie mit den Bedingungen einer zweiseitigen Testung bzw. einer ungerichteten Hypothese vergleicht, **halb so hoch**. Der kritische *t*-Wert fällt bei einseitiger Testung ebenfalls niedriger als bei zweiseitiger Testung aus. Das liegt daran, dass wir bei einseitiger Testung die fünf Prozent Irrtumswahrscheinlichkeit nicht auf beide Seiten der Verteilung auftragen müssen, sondern nur auf eine Seite. Liegt ein einseitiger Ablehnungsbereich vor, wird also „leichter" statistische Signifikanz erreicht als bei einem zweiseitigen Ablehnungsbereich. Betrachtet man *Abbildung 4.13* und *Abbildung 4.14*, dann wird am kritischen *t*-Wert ($df = 78$) deutlich (1.99 versus 1.66), dass dieser Wert bei einem einseitigen Ablehnungsbereich geringer ausfällt als bei einem zweiseitigen. Die kritische Hürde, die man mit hilfe des empirischen *t*-Werts überspringen muss, um ein signifikantes Ergebnis zu erhalten, ist niedriger. Das heißt, man wird für die zugrundeliegende theoretische Arbeit, eine genauere und gerichtete Alternativhypothese aufzustellen, belohnt.

Konsequenzen eines ein- oder zweiseitigen Ablehnungsbereichs. In unserem Beispiel hat die Definition des Ablehnungsbereichs keine Auswirkungen, da sowohl bei einem einseitig definierten als auch bei einem zweiseitig definierten Ablehnungsbereich ein signifikantes Ergebnis resultiert. Wenn jedoch unser empirischer *t*-Wert $t_{78} = 1.90$ betragen hätte, wäre es für die Prüfung auf statistische Bedeutsamkeit entscheidend gewesen, ob wir uns zu Beginn der Untersuchung für einen einseitigen oder zweiseitigen Ablehnungsbereich entschieden hätten. Bei diesem Wert würden wir die Nullhypothese nur bei einem einseitig definierten Ablehnungsbereich verwerfen können.

Definition

Bedeutet die Ablehnung der Nullhypothese die Annahme der Alternativhypothese?

Die Antwort ist ja und nein. Einerseits ja, denn man kann bei einem signifikanten Ergebnis des Hypothesentests sagen, dass es auf Basis der Daten plausibler ist, anzunehmen, dass es von null verschiedene Populationsdifferenzen gibt. Anderseits nein, denn wie wahrscheinlich der empirisch aufgetretene geschätzte Effekt (Hybridmodell, *Abschnitt 4.3.2*) oder ein beliebiger anderer Populationseffekt (vgl. Neyman-Pearson, *Abschnitt 4.3.3*) unter der Alternativhypothesenverteilung ist, muss erst geprüft werden.

Anwenden der Entscheidungsregeln. Es gibt zwei Möglichkeiten zu entscheiden, ob ein Ergebnis statistisch signifikant ist. Die eine Möglichkeit besteht darin, den kritischen *t*-Wert mit dem empirischen *t*-Wert zu vergleichen. Die zweite Möglichkeit besteht darin, die Fehlerwahrscheinlichkeit für den Fehler 1. Art mit der Überschreitungswahrscheinlichkeit p zu vergleichen. Für beide Fälle lassen sich Entscheidungsregeln formulieren.

Entscheidungsregeln *t*-Werte. Gerade haben wir geschildert, wie durch das Festlegen eines Fehlers 1. Art ein kritischer *t*-Wert definiert wird, der wiederum einen Ablehnungsbereich in der Nullhypothesenverteilung begrenzt. Fällt nun der empirische *t*-Wert in diesen Ablehnungsbereich, verwerfen wir die Nullhypothese. Bei einem zweiseitig definierten Ablehnungsbereich heißt das: Ist – bezogen auf unser Beispiel – der empirische *t*-Wert größer oder gleich 1.99 oder kleiner oder gleich minus 1.99, entscheiden wir uns dafür, die Nullhypothese abzulehnen. Allgemein ausgedrückt wird nach folgenden **Entscheidungsregeln für *t*-Werte** verfahren:

Definition **Entscheidungsregeln für *t*-Werte**

$$\left|t_{empirisch}\right| \geq t_{kritisch,1-\frac{\alpha}{2}} \text{ bzw. } t_{kritisch,1-\alpha}, \text{ dann } H_0 \text{ verwerfen}$$

$$\left|t_{empirisch}\right| < t_{kritisch,1-\frac{\alpha}{2}} \text{ bzw. } t_{kritisch,1-\alpha}, \text{ dann } H_0 \text{ beibehalten}$$

Wir haben folgende Situation: 3.13≥1.99. Daher entscheiden wir uns dafür, die Nullhypothese abzulehnen. Für eine einseitige Testung kann diese Regel ebenfalls angewandt werden, es muss jedoch darauf geachtet werden, dass bei Erwartung eines positiven *t*-Werts sich ein solcher auch ergibt und bei Erwartung eines negativen *t*-Werts auch tatsächlich ein negativer *t*-Wert auftritt.

Entscheidungsregeln *p*-Werte. Wir können **Entscheidungsregeln** nun auch **für Wahrscheinlichkeiten** formulieren:

Definition **Entscheidungsregeln für *t*-Werte**

$p > \alpha$, dann H_0 beibehalten

$p \leq \alpha$, dann H_0 verwerfen

Ist die Überschreitungswahrscheinlichkeit *p* gleich oder geringer als die vorher gewählte Fehlerwahrscheinlichkeit 1. Art, dann lehnen Sie die Nullhypothese ab. Liegt hingegen die Überschreitungswahrscheinlichkeit *p* über der vorher gewählten Fehlerwahrscheinlichkeit 1. Art, dann behalten Sie die Nullhypothese bei. In unserem Beispiel wurde die Fehlerwahrscheinlichkeit 1. Art auf fünf Prozent festgelegt und die Überschreitungswahrscheinlichkeit *p* für den *t*-Wert von 3.13 beträgt 0.0025. Damit gilt folgende Entscheidungsregel: 0.005 ≤ 0.05 und die Nullhypothese wird somit abgelehnt. Im Rahmen einer zweiseitigen Testung gehen wir davon aus, dass unsere Therapie im Durchschnitt nicht wirkungslos ist. Das heißt, dass sich die sich die Erwartungswerte unterscheiden.

Definition

Wahrscheinlichkeiten im Rahmen des Nullhypothesentestens

Sicherheitswahrscheinlichkeit (1 – α): Wahrscheinlichkeit, mit der eine weniger extreme Prüfgröße als die kritische unter der Nullhypothesenverteilung auftritt → Fläche innerhalb der kritischen *t*-Werte unter der Nullhypothesenverteilung

Fehlerwahrscheinlichkeit 1. Art (α): Wahrscheinlichkeit, mit der eine gleich hohe oder extremere Prüfgröße als die kritische Prüfgröße unter der Nullhypothesenverteilung auftritt → Fläche außerhalb mit den kritischen *t*-Werten unter der Nullhypothesenverteilung

Andere Prüfgrößen. Nun gibt es nicht nur *t*-Werte als **Prüfgrößen**, anhand derer man Mittelwertsunterschiede prüfen kann. Es gibt beispielsweise auch *F*-Werte oder *z*-Werte, mit deren Hilfe auf Unterschiede zwischen Mittelwerten in der Grundgesamtheit geschlossen werden kann.

Effektstärke als Voraussetzung zur Ermittlung des Fehlers 2. Art. Wir haben uns bis jetzt vor allem mit der Nullhypothese beschäftigt. Das heißt, wir wissen nun, wie wahrscheinlich ein Stichprobenergebnis oder ein extremeres Ergebnis unter Geltung der Nullhypothese ist. Diese Überschreitungswahrscheinlichkeit *p* konnten wir mit dem Fehler 1. Art vergleichen. Zwar können wir auch einen bestimmten Wert für die Wahrscheinlichkeit eines Fehlers 2. Art festlegen, wir wissen nach dem bisherigen Vorgehen jedoch nicht, wie wahrscheinlich eine weniger extreme Prüfgröße als die kritische unter der Alternativhypothesenverteilung ist. Dies liegt – wie wir noch sehen werden – daran, dass wir die Wahrscheinlichkeit unter Geltung der Alternativhypothese nicht ermitteln können. **Wir kennen den Erwartungswert der Alternativhypothesenverteilung nicht.** Wir wissen nur dass der Erwartungswert bzw. Mittelwert nicht null ist, wie unter der Nullhypothesenverteilung. Anders als bei der Nullhypothesenverteilung, bei der wir für den Erwartungswert null annehmen können, ist für die Alternativhypothesenverteilung die Annahme eines bestimmten Erwartungswerts vor der Datenerhebung eigentlich nur dann sinnvoll möglich, wenn es bereits Voruntersuchungen gibt, anhand derer eine Erwartung gewonnen werden kann, wie groß der Mittelwertsunterschied in der Grundgesamtheit ausfallen könnte. Es wäre auch möglich, einen praktisch bedeutsamen Unterschied zu definieren. Die Erwartung, wie groß ein Unterschied ausfallen könnte, wird mithilfe von Effektstärken bzw. Effektgrößen ausgedrückt. Kennt man die Effektgröße, kann die Stichprobengröße so geplant werden, dass eine eindeutige Entscheidung über die Nullhypothese oder die Alternativhypothese möglich wird. Effektstärken werden beim Vorgehen nach Neyman-Pearson auch benötigt, um nach der Durchführung die Größe des Fehlers 2. Art und somit auch die Wahrscheinlichkeit des Stichprobenergebnisses unter Annahme der Alternativhypothese zu bestimmen. Daher wird im folgenden Abschnitt zunächst die Effektstärke dargestellt und anschließend wird auf Teststärke und den Fehler 2. Art genauer eingegangen.

Exkurs

Messgenauigkeit vs. Schätzgenauigkeit

Wir haben gesehen, dass ein Mittelwert, den wir anhand von Stichprobendaten für die Grundgesamtheit schätzen, nicht exakt geschätzt werden kann, da uns für die Schätzung weniger Werte von Personen zur Verfügung stehen, als in der Grundgesamtheit vorhanden sind. Man spricht hier von einem **Schätzfehler**.

Davon zu unterscheiden ist, dass wir stetige Merkmale wie Körpergröße nur mit einer bestimmten Genauigkeit messen können, z. B. Millimeter oder Zentimeter, auch wenn wir noch viel genauer messen könnten (z. B. Nanometer). Man spricht in diesem Zusammenhang von **Messfehlern**. In den Sozialwissenschaften haben wir es aber nicht nur mit Merkmalen zu tun, die wir mithilfe von physikalischen Messinstrumenten messen können, sondern auch mit Fragebögen oder Tests als Messinstrumenten für psychologische Merkmale. Es handelt sich beispielsweise um die Summe der Antworten auf verschiedene Fragen, die Gewissenhaftigkeit erfassen sollen. Solche Summenwerte bezeichnet man als **Skalenwerte** oder **Testwerte**. Solche Skalenwerte oder Testwerte können, wie bei physikalischen Messungen ebenfalls, nicht genau gemessen werden. Bei der Messung dieser Variablen unterlaufen uns auch **Messfehler**, die in den meisten Fällen größer sind als bei der Messung physikalischer Größen wie Gewicht oder Länge. Messfehler bei physikalischen Messungen entstehen beispielsweise durch Fehler beim Ablesen der Größe mithilfe eines Metermaßes oder durch fehlende Markierungen kleinerer Einheiten, wenn beispielsweise auf einem Metermaß nur Zentimeter und Millimeter angezeigt werden und keine Mikrometer. Darüber hinaus könnte eine Waage durch eine gewisse Fertigungstoleranz bedingt ebenfalls nicht exakt funktionieren.

Wie ist nun aber ein Messfehler bei Messungen mit Tests und Fragebögen definiert? Betrachten wir dazu folgendes Beispiel: An einem bestimmten Stichtag füllt am Ende der Therapie in der Kontroll- und der Experimentalgruppe jeder Patient das Beck-Depressions-Inventar aus. Hier stellt sich eine wichtige Frage: Kann man aus dem an diesem einen Tag beobachteten Messwert auf die tatsächliche Ausprägung der depressiven Symptomatik des jeweiligen Patienten schließen? Was wäre, wenn wir einen Patienten zwei Stunden später oder früher befragt hätten, einen Tag früher oder einen Tag später, an einem sonnigen oder trüben Tag? Würden wir zu diesen unterschiedlichen Zeitpunkten jeweils genau dieselbe Anzahl an Depressionssymptomen für diesen Patienten erhalten? Die Antwort lautet ziemlich sicher „Nein“. Der Wert, den ein Patient in verschiedenen aufeinanderfolgenden Messungen angibt, schwankt sehr wahrscheinlich über diese Messungen hinweg. Das heißt, wir messen die Ausprägung depressiver Symptomatik durch unser Messinstrument nicht hundertprozentig genau. Würde man theoretisch einen Patienten „unendlich“ oft seine Depressionssymptomatik durch das Beck-Depressions-Inventar einschätzen lassen, erhielten wir viele unterschiedliche Werte dieser Person, aus denen wiederum eine Verteilung entstünde. Dies ist in *Abbildung 4.5* dargestellt.

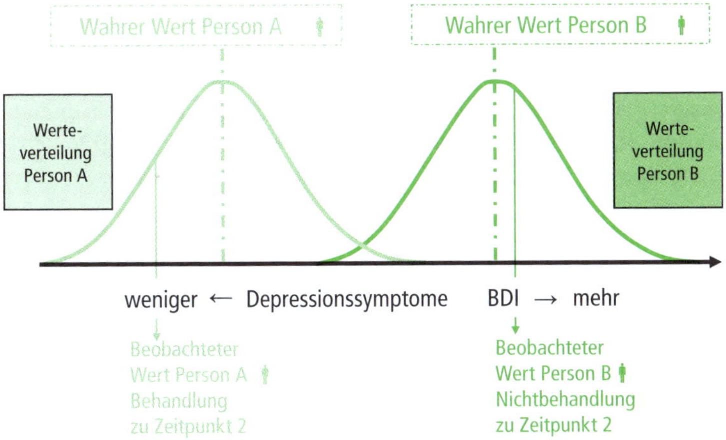

Abbildung 4.15: Darstellung von Messwertverteilungen unterschiedlicher Personen

Natürlich sind unendlich oft wiederholte Testungen praktisch nicht möglich. Dennoch sind diese Überlegungen wichtig, zeigen sie doch, dass für jeden Patienten eine hypothetische, individuelle Werteverteilung seiner Depressionssymptome vorstellbar ist. Der Erwartungswert dieser Verteilung repräsentiert laut der sogenannten **Klassischen Testtheorie** den **wahren Wert** einer Person. Man bezeichnet diese Annahme als ein **Axiom**, weil sie im Prinzip nicht widerlegbar, aber plausibel ist. Das heißt, der BDI-Wert einer Person wird nicht genau gemessen, sondern bei der Messung der Depressionssymptome durch das Messinstrument unterläuft uns ein Messfehler. Je stärker der Messwert vom wahren Wert abweicht, desto größer ist der Fehler bei der Messung. Damit gliedert sich nach der Klassischen Testtheorie der Messwert einer Person in einen **wahren Wert** und einen **Messfehler**. Dies ist das zweite Axiom der Theorie. Die Klassische Testtheorie bildet die Grundlage für die Bestimmung der Messgenauigkeit bzw. synonym Reliabilität der Kennwerte aus psychologischen Tests. Die Klassische Testtheorie geht dabei davon aus, dass die Itemantworten einer Person bereits Messwerte darstellen. Das heißt, dass die Zahlen, die aus der Antwort einer Person auf eine Frage zugewiesen werden, auch die dahinterstehenden Verhaltensrelationen strukturerhaltend abbilden können. Uns interessiert zunächst aber nur der Mittelwert aller Messwerte, das heißt, aller Personen in einer Stichprobe. In *Abbildung 4.6* sieht man, dass aus der intraindividuellen Verteilung zweier Personen jeweils ein einzelner Wert zum Zeitpunkt der Testung beobachtet wurde.

Wie hängen Mess- und Schätzgenauigkeit zusammen? Stellen wir uns vor, ein Messwert weist eine **Reliabilität** von null auf. Wenn wir dies wieder auf die intraindividuelle Werteverteilung einer Person beziehen, heißt dies, dass jeder mögliche bzw. realisierbare Wert der Person dieselbe Wahrscheinlichkeit besitzt, gezogen zu werden. Wir erhielten also bei unendlich vielen Ziehungen jeden Wert gleich häufig. Würden wir nun aus dem Wertebereich des BDI von 0 bis 63 zufällig Werte für jede Person der Kontroll- und Experimentalgruppe ziehen und anschließend die jeweiligen Gruppenmittelwerte bilden, würde sich bis auf Zufallsschwankungen kein Unterschied zwischen beiden Mittelwerten ergeben. Wir haben ja Zufallszahlen gezogen. Für uns bedeutet dies, dass bei der Auswahl des Messinstruments auf die Reliabilität geachtet werden muss und diese besonders hoch ausfallen sollte. Die Reliabilität des Messwerts eines psychologischen Tests liegt zwischen null und eins. Werte über 0.70 werden als ausreichend angesehen. Formeln zu Reliabilitätsschätzung finden sich bei Bühner (2011), *Abschnitt 4.4* (S. 161 ff.) und zur Durchführung einer Reliabilitätsanalyse mit SPSS in *Abschnitt 5.2.1*.

4.2 Effektstärke

Effektstärken geben einen Hinweis auf die praktische Bedeutsamkeit von Effekten. Effektstärken stellen geschätzte standardisierte Unterschiede zweier Populationsmittelwerte dar. Die Standardisierung einer geschätzten Mittelwertsdifferenz erfolgt mithilfe der geschätzten Standardabweichung. Das bedeutet, dass wir angeben können, wie viele geschätzte Standardabweichungen zwei Mittelwerte auseinander liegen oder indirekt auch, wie stark zwei Verteilungen nicht überlappen. Darüber hinaus gibt es aber auch geschätzte Effektstärken für andere Hypothesentests, die sich beispielsweise mit dem Zusammenhang zwischen zwei Variablen beschäftigen. An dieser Stelle beschränken wir uns bei der Einführung auf Effektstärken, die den Vergleich von zwei Mittelwerten betreffen.

Effektstärke *d* nach Cohen. Die Effektstärke d wurde von Cohen (1975) eingeführt. Eigentlich sollte d mit dem griechischen Buchstaben δ (Delta) bezeichnet werden, da es sich um einen Parameter der Grundgesamtheit handelt. Aus diesem Grund wollen wir dies hier tun. In der Literatur wird jedoch häufig d in Anlehnung an Cohen verwendet. Diese Effektstärke bezieht sich auf die Unterschiede zwischen Populationsmittelwerten, wenn wir die Mittelwertsunterschiede und die Standardabweichungen der Populationen tatsächlich kennen.

Formel 4.5 Effektstärke *d* nach Cohen für unabhängige Stichproben

$$\delta \text{ bzw. } d = \frac{\mu_1 - \mu_2}{\sigma}, \sigma_1 = \sigma_2 = \sigma$$

δ = Populationseffektstärke Delta bzw. Cohens d

μ_1 = Mittelwert der Population 1

μ_2 = Mittelwert der Population 2

σ_1 = Standardabweichung für die Grundgesamtheit 1

σ_2 = Standardabweichung für die Grundgesamtheit 2

Effektstärke *g* nach Hedges. Um Effektstärken für die Grundgesamtheit aus Stichprobendaten erwartungstreu zu schätzen, verwendet man Hedges g, das in der Literatur auch immer wieder als **Cohens** d_s bezeichnet wird. Daneben ist auch angegeben, wie **Hedges *g*** mithilfe eines empirischen t-Werts und einer Korrelation geschätzt werden kann.

Formel 4.6 Hedges *g*

Hedges *g*: $$\hat{\delta} = \frac{\hat{\mu}_1 - \hat{\mu}_2}{\hat{\sigma}}, \sigma_1^2 = \sigma_2^2 = \sigma^2$$

Hedges *g* aus dem *t*-Wert: $$\hat{\delta} = t_{emp} \cdot \sqrt{\frac{1}{n_1} + \frac{1}{n_2}}$$

Hedges *g* aus der Korrelation: $$\hat{\delta} = \frac{r}{\left(1 - r^2\right)} \cdot \sqrt{\frac{\left(n_1 + n_2\right) \cdot df}{n_1 \cdot n_2}}$$

Korrelation aus Hedges *g*: $$r = \sqrt{\frac{\hat{\delta}^2 \cdot n_1 \cdot n_2}{\left(\hat{\delta}^2 \cdot n_1 \cdot n_2\right) + \left[\left(n_1 + n_2\right) \cdot df\right]}}$$

$\hat{\delta}$ = aus der Stichprobe für die Population geschätzte Effektstärke bzw. Effektgröße Hedges *g*

t_{emp} = empirischer *t*-Wert

$\hat{\mu}_1$ = Mittelwert der Stichprobe 1 oder der Kontrollgruppe (KG) als erwartungstreuer Schätzwert des Populationsmittelwerts

$\hat{\mu}_2$ = Mittelwert der Stichprobe 2 oder der Experimentalgruppe (EG) als erwartungstreuer Schätzwert des Populationsmittelwerts

n_1 = Anzahl der Personen der Stichprobe 1

n_2 = Anzahl der Personen der Stichprobe 2

$\hat{\sigma}_1$ = aus der Stichprobe 1 oder der Kontrollgruppe (KG) geschätzte Standardabweichung für die Grundgesamtheit

$\hat{\sigma}_2$ = aus der Stichprobe 1 oder der Experimentalgruppe (EG) geschätzte Standardabweichung für die Grundgesamtheit

r = Korrelation (z. B. Korrelation zwischen Kontrollgruppe kodiert als eins sowie Experimentalgruppe kodiert als null und BMI-Wert am Therapie-Ende)

Die letzten beiden Formeln zeigen, wie man die standardisierte Mittelwertsdifferenz in eine Korrelation umrechnen kann und umgekehrt.

Intervallschätzung für Hedges *g*. Wie bereits bei den Konfidenzintervallen erwähnt, unterscheidet man in der Statistik zwischen Punktschätzungen und Intervallschätzungen. Eine Punktschätzung gibt den zu schätzenden Parameter der Grundgesamtheit an. Der Wert in der Grundgesamtheit muss jedoch nicht diesem geschätzten Punktwert entsprechen, da der geschätzte Wert nur eine begrenzte Schätzgenauigkeit aufweist. Um diesem Umstand Rechnung zu tragen, hatten wir bereits beschrieben, wie Konfidenzintervalle angegeben werden können. Standardfehler können nicht nur für Mittelwerte angegeben werden, sondern für jede Zufallsvariable, daher auch für Zufallsvariablen wie die Effektgröße Hedges *g*. Die Überdeckungswahrscheinlichkeit beträgt in der Regel $1-\frac{\alpha}{2}$. Es sei an dieser Stelle darauf hingewiesen, dass die Verteilung, die notwendig ist, um das Vertrauensintervall exakt zu bestimmen, nicht symmetrisch ist und daher die Formel im folgenden Kasten nur als Annäherung gelten kann (vgl. Howell, *http://www.uvm.edu/~dhowell/methods8/Supplements/Confidence%20Intervals%20on%20Effect%20Size.pdf*).

Formel 4.7 Standardfehler von Hedges *g*

$$\widehat{SE}_{\delta} = \sqrt{\frac{\hat{\delta}^2}{2 \cdot (n-2)} + \frac{n_1 + n_2}{n_1 \cdot n_2}}$$

$$\text{Konfidenzintervall: } \text{KI} = \hat{\delta} \pm \left(SE_{\hat{\delta}} \cdot z_{1-\frac{\alpha}{2}} \right)$$

$\hat{\delta}$ = geschätzte Effektstärke bzw. Effektgröße Hedges *g*

n_1 = Anzahl der Personen der Stichprobe 1

n_2 = Anzahl der Personen der Stichprobe 2

KI = Konfidenzintervall

$\widehat{SE}_{\delta}$ = Standardfehler von Hedges *g*

$z_{1-\frac{\alpha}{2}}$ = z-Wert aus der Standardnormalverteilung bei dem $1-\frac{\alpha}{2}$-Prozent-Quantil, in unserem Beispiel beträgt der z-Wert $z = 1.96$ (95 Prozent, zweiseitig)

Korrigierte Effektstärke *g* nach Hedges. Im Folgenden ist auch ein korrigierter Schätzer für die Effektstärke in der Grundgesamtheit angegeben, wenn die Stichprobengröße $n < 20$ pro Gruppe ist.

Formel 4.8 Korrigierte Effektstärke nach Hedges *g*

$$\hat{\delta}_{\text{kor}} = \left(1 - \frac{3}{\left[4 \cdot (n_1 + n_2 - 2)\right] - 1} \right) \cdot \hat{\delta}$$

$\hat{\delta}_{\text{kor}}$ = unverzerrter Schätzwert für die Effektstärke *g* in der Grundgesamtheit

$\hat{\delta}$ = aus der Stichprobe für die Population geschätzte Effektstärke bzw. Effektgröße Hedges *g*

n_1 = Anzahl der Personen der Stichprobe 1

n_2 = Anzahl der Personen der Stichprobe 2

Glass Delta. Eine Effektgröße, die in der klinischen Forschung häufig angewandt wird, ist **Glass Delta** δ_{Glass}. Die Annahme homogener Varianzen bzw. gleicher Varianzen in der Grundgesamtheit in den untersuchten Gruppen ist hier nicht nötig und auch oft nicht zutreffend. Man stelle sich vor, wir haben eine Gruppe, die eine Behandlung bekommt, und eine weitere, die keine Behandlung bekommt. Die Behandlung führt nun dazu, dass einige Patienten krank bleiben und einige genesen. Dies hätte zur Konsequenz, dass die Varianz in der Experimentalgruppe zunimmt. Die Varianzen der Kontrollgruppe und der Experimentalgruppe unterscheiden sich dann also. Es ist auch der umgekehrte Effekt denkbar, dass die Unterschiede aufgrund der Therapie geringer werden. Daher wird die Mittelwertsdifferenz immer an der Standardabweichung der Kontrollgruppe, also beispielsweise der Gruppe der Unbehandelten, normiert. Der Effekt zeigt dann an, um wie viele Standardabweichungen sich die Behandlungsgruppe von der Kontrollgruppe entfernt hat. Die Formeln für Glass Delta und Delta Dach lauten wie folgt:

Formel 4.9 Glass Delta δ_{Glass}

$$\delta_{\text{Glass}} = \frac{\mu_1 - \mu_2}{\sigma_1}$$

$$\hat{\delta}_{\text{Glass}} = \frac{\hat{\mu}_1 - \hat{\mu}_2}{\hat{\sigma}_1}$$

μ_1 = Mittelwert der Population 1

μ_2 = Mittelwert der Population 2

$\hat{\mu}_1$ = Mittelwert der Stichprobe 1 oder der Kontrollgruppe (KG) als erwartungstreuer Schätzer des Populationsmittelwerts

$\hat{\mu}_2$ = Mittelwert der Stichprobe 2 oder der Experimentalgruppe (EG) als erwartungstreuer Schätzer des Populationsmittelwerts

$\hat{\sigma}_1$ = aus der Stichprobe 1 oder der Kontrollgruppe (KG) geschätzte Standardabweichung

Klassifikation von Effektstärken. Nach Cohen (1988) unterscheidet man folgende **Effektstärkekonventionen**.

- $\delta = 0.20$ (beide Populationsverteilungen überlappen zu 15 Prozent nicht) → kleiner Effekt
- $\delta = 0.50$ (beide Populationsverteilungen überlappen zu 33 Prozent nicht) → mittlerer (moderater) Effekt
- $\delta = 0.80$ (beide Populationsverteilungen überlappen zu 47 Prozent nicht) → großer (starker) Effekt
- Liegt der Betrag einer Effektstärke in dem Bereich zwischen zwei Grenzen, bezeichnet man den Effekt als klein bis mittel (moderat) oder mittel (moderat) bis groß (stark).

Hintergrund der Richtlinien. Der Ursprung dieser Einteilung liegt wohl in einer Arbeit von Cohen aus dem Jahr 1962 (Cohen, 1962). In dieser Arbeit versuchte Cohen die Post-hoc-Teststärken (Erklärung folgt in *Abschnitt 4.3.2*) der Untersuchungen zu bestimmen, die im Journal of Abnormal Psychology im Jahr 1960 erschienen waren. Hierfür war es nötig, die Effektstärken der Studien zu bestimmen und zu kategorisieren. Cohen stellte in der Arbeit seine hier wiedergegebene Einteilung (später wurden die untere Grenze auf 0.20 und die obere auf 0.80 gesenkt) vor. Zur Erklärung führte er auf, dass ein kleiner Effekt etwa einem Unterschied von 4 IQ-Punkten entspricht, was nur sehr schwer zu entdecken sei. Ein mittlerer Effekt entspräche nach Cohen einem Unterschied von 8 IQ-Punkten und sei schon leichter zu entdecken. Ein großer Effekt entspräche schließlich einem Unterschied von 16 IQ-Punkten und sei auch ohne Signifikanztest gut auszumachen. Cohen hat diese Effektstärkekonventionen auch anhand von Größenunterschieden zwischen Mädchen unterschiedlichen Alters in den USA veranschaulicht (vgl. Cohen, 1969, S. 23): Die Effektstärke von $\delta = 0.20$, die als kleiner Effekt klassifiziert wird, entspricht dem Größenunterschied 15- und 16-jähriger Mädchen in den USA. Praktisch gesehen beträgt der Unterschied acht Prozentränge. Eine Effektstärke von $\delta = 0.50$, die als mittlerer Effekt beurteilt wird, entspricht dem Größenunterschied 14- und 18-jähriger Mädchen in den USA. Der Prozentrangunterschied beträgt hier 19 Prozentränge. Prozentränge geben an, wie viele Personen im Vergleich zu einer Referenzgruppe einen gleich hohen oder niedrigeren Wert aufweisen. Schließlich entspricht eine Effektstärke von $\delta = 0.80$, die als großer Effekt eingestuft wird, dem Größenunterschied 13- und 18-jähriger Mädchen in den USA. Die Prozentrangdifferenz beträgt hier 29 Prozentränge. Nutzen wir also ein Glass Delta und erhalten einen großen Effekt, bedeutet dies in Prozenträngen ausgedrückt, die Therapie bewirkt im Schnitt eine Abnahme um 29 Prozentränge in der Symptomatik.

Cohen hat die Effektstärken ursprünglich nicht entwickelt, um anhand der angegebenen Richtlinien Mittelwertsunterschiede unabhängig von der Stichprobengröße zu bewerten, sondern um die Teststärke im Rahmen des Hypothesentestens zu bestimmen. Er ging davon aus, dass sich ein Hypothesentest daran messen lassen müsse, wie gut er in der Lage ist, einen Effekt, wenn er in der Population vorliegt, zu entdecken. Nicht nur aus diesem Grund sollte Folgendes beachtet werden:

Die Konventionen von Cohen (1988) können höchstens als grobe Anhaltspunkte zur Bewertung der Effektschätzung dienen.

Effektstärke im Beispiel. Betrachten wir die Effektstärkeberechnung für unser Depressionstherapiebeispiel. Die Effektstärke beträgt $g = 0.70$. Es handelt sich bei der Effektschätzung also um einen moderaten bis starken Effekt nach Cohen. Die Mittelwerte der Behandelten und Nichtbehandelten liegen also 0.70 Standardabweichungen auseinander. Hedges g ist zwar ein Schätzer für die Effektstärke in der Grundgesamtheit, überschätzt diese jedoch leicht bei einem Stichprobenumfang von $n < 20$ pro Gruppe. Die Korrektur wird (wenn auch nicht nötig) ebenfalls an unserem Beispiel durchgeführt und führt dazu, dass sich die Effektstärke leicht reduziert und zwar von 0.70 auf 0.69. Je kleiner die Stichprobe ist, desto stärker wird die geschätzte Effektgröße für die Grundgesamtheit nach unten korrigiert.

Formel 4.10 Berechnung Hedges *g*

$$\text{Hedges } g: \quad \hat{\delta} = \frac{\hat{\mu}_1 - \hat{\mu}_2}{\hat{\sigma}} = \frac{17-10}{10} = 0.70$$

$$\text{Hedges } g \text{ aus } t_{emp}: \quad \hat{\delta} = 3.13 \cdot \sqrt{\frac{1}{40} + \frac{1}{40}} = 0.70$$

$$\widehat{SE}_\delta = \sqrt{\frac{\hat{\delta}^2}{2 \cdot (n-2)} + \frac{n_1 + n_2}{n_1 \cdot n_2}} = \sqrt{\frac{0.70^2}{2 \cdot (80-2)} + \frac{40+40}{40 \cdot 40}} =$$

$$= \sqrt{\frac{0.70^2}{2 \cdot (78)} + \frac{80}{1600}} = \sqrt{0.0076 + 0.05} = \sqrt{0.053} = 0.23$$

Um die Korrektur für kleine Stichproben von $n < 20$ zu verdeutlichen, hier die Berechnung für unser Beispiel. Eigentlich müsste man diese Formel nicht anwenden, da die Stichproben hinreichend groß sind.

$$\hat{\delta}_{kor} = \left(1 - \frac{3}{[4 \cdot (n_1 + n_2 - 2)] - 1}\right) \cdot \hat{\delta}$$

$$= \left(1 - \frac{3}{[4 \cdot (40 + 40 - 2)] - 1}\right) \cdot 0.70$$

$$= \left(1 - \frac{3}{311}\right) \cdot 0.70 = (1 - 0.01) \cdot 0.70 = 0.693$$

$\hat{\delta}_{kor}$ = unverzerrter Schätzwert für die Effektstärke in der Grundgesamtheit

$\hat{\delta}$ = aus der Stichprobe für die Population geschätzte Effektstärke bzw. Effektgröße Hedges *g*

t_{df} = empirischer *t*-Wert

$\hat{\mu}_1$ = Mittelwert der Stichprobe 1 oder der Kontrollgruppe (KG) als erwartungstreuer Schätzwert des Populationsmittelwerts

$\hat{\mu}_2$ = Mittelwert der Stichprobe 2 oder der Experimentalgruppe (EG) als erwartungstreuer Schätzwert des Populationsmittelwerts

n_1 = Anzahl der Personen der Stichprobe 1

n_2 = Anzahl der Personen der Stichprobe 2

$\hat{\sigma}_1$ = aus der Stichprobe 1 oder der Kontrollgruppe (KG) geschätzte Standardabweichung

$\hat{\sigma}_2$ = aus der Stichprobe 1 oder der Experimentalgruppe (EG) geschätzte Standardabweichung

Intervallschätzung der Effektstärke im Beispiel. Im Folgenden stellen wir dar, wie ein Konfidenzintervall um die Effektstärke gelegt werden kann (siehe *Formel 4.11*). Ein so konstruiertes Konfidenzintervall mit seinen zufälligen Grenzen überdeckt die Effektstärke der Grundgesamtheit mit einer Wahrscheinlichkeit von 95 Prozent (siehe *Formel 4.14*). Betrachten wir die konkreten Grenzen [0.24;1.16], können wir davon ausgehen, dass der Effekt größer als null und damit positiv ist. Der Effekt ist dabei nach den Effektstärkekonventionen klein bis groß und damit zumindest positiv. Die Ungenauigkeit der Schätzung ist hier aber noch sehr groß, sodass wir über die Größe des Effekts in der Population nur sehr begrenzt Angaben machen können. Hier sei noch einmal darauf hingewiesen, dass diese Berechnung nur als Annäherung gelten kann, da eine nicht-zentrale Verteilung asymmetrisch ist. Der beobachtete Effekt (umgerechnet in einen t-Wert) wird als Erwartungswert einer asymmetrischen nicht-zentralen t-Teststatistik angenommen. Liegt eine asymmetrische Verteilung vor, können die Grenzen eines Konfidenzintervalls nicht nach oben und unten gleich ausfallen. Nur für symmetrische Verteilungen ist das Vertrauensintervall nach oben und unten gleich breit.

Formel 4.11 Konfidenzintervall

$$\mathrm{KI} = \hat{\delta} \pm \left(\widehat{SE}_{\delta} \cdot z_{1-\frac{\alpha}{2}} \right) = 0.70 \pm 0.23 \cdot 1.96 = [0.24;1.16]$$

$\hat{\delta}$ = aus der Stichprobe für die Population geschätzte Effektstärke bzw. Effektgröße Hedges g

KI = Konfidenzintervall

$\widehat{SE}_{\delta}$ = geschätzter Standardfehler von Hedges g

n = Anzahl der Personen der Stichprobe

df = Freiheitsgrade

Exakte Grenzen des Konfidenzintervalls. Würde man das Intervall exakt bestimmen, läge es zwischen 0.26 und 1.18. Dies kann mit dem Programm R mit den folgenden Eingaben bestimmt werden: $pt(5.28,\ df = 78,\ ncp = 3.13)$, sowie $pt(1.17,\ df = 78,\ ncp = 3.13)$. Diese Befehlszeilen stellen bereits das Ergebnis eines Annäherungsverfahrens per Versuch und Irrtum dar. Der Befehl pt bedeutet, dass hier eine t-Verteilung erzeugt wird, 5.28 und 1.17 stellen t-Werte in einer t-Verteilung mit df = 78 Freiheitsgraden dar. Der Wert ncp = 3.13 stellt den Erwartungswert der Alternativhypothesenverteilung bzw. den **Nonzentralitätsparameter (non centrality parameter, ncp)** dar. Ausgegeben wird die Fläche, welche die t-Werte von t = 1.17 und t = 5.28 unter der Alternativhypothesenverteilung abschneidet. Diese Flächen stellen Wahrscheinlichkeiten dar. Sie lauten in unserem Beispiel 0.02528085 und 0.9754379. Addiert man 0.02528085 und 1 – 0.9754379 kommt man in etwa auf fünf Prozent: 0.04984295. Variiert werden die t-Werte, bis man am unteren und oberen Ende der t-Verteilung je 2.5 Prozent abschneidet. Die resultierenden t-Werte werden mithilfe der folgenden Formeln in Effektstärken zurückgerechnet:

$$1.17 \cdot \sqrt{\frac{1}{40} + \frac{1}{40}} = 0.26 \text{ und } 5.28 \cdot \sqrt{\frac{1}{40} + \frac{1}{40}} = 1.18.$$

Effektstärken auf Basis von Kosten-Nutzen-Überlegungen. Kosten-Nutzen-Überlegungen sollten bei der Beurteilung der Effektstärke die entscheidende Rolle spielen. Ein Beispiel von Rosnow und Rosenthal (1989) zeigt, dass der Zusammenhang zwischen der Einnahme von Aspirin und dem Erleiden eines Herzinfarkts $r = 0.032$ beträgt. Dies entspricht, wie man aus dem Kasten entnehmen kann, einem $\hat{\delta} = 0.064$ und würde nach den Konventionen von Cohen einen kleinen Effekt bedeuten. Betrachten wir dieses Beispiel genauer. Rechnen wir zunächst diese Korrelation auch in ein Effektstärkemaß δ um (bitte beachten sie, dass Cohens d_s und Hedges g dazu identisch sind).

Formel 4.12 geschätzte Effektstärke Hedges *g*

$$\hat{\delta} = \frac{r}{\sqrt{1-r^2}} \cdot \sqrt{\frac{(n_1 + n_2) \cdot df}{n_1 \cdot n_2}}$$

$\hat{\delta}$ = aus der Stichprobe für die Population geschätzte Effektstärke bzw. Effektgröße Hedges g

r = Korrelation zwischen Kontrollgruppe kodiert als eins sowie Experimentalgruppe kodiert als null und BDI-Wert am Therapie-Ende

Exkurs

Verhältnis von relativen Häufigkeiten als Effektstärke

Dieser Wert von 0.064 liegt unterhalb der Grenze für eine geringe Effektstärke gemäß den Konventionen von Cohen. Betrachtet man dieses Beispiel nun noch genauer, wie in ▶*Abbildung 4.16* dargestellt, dann stellt man fest, dass sich die relative Häufigkeit, an einem Herzinfarkt zu sterben, durch die Aspirin-Einnahme fast halbiert, nämlich von 1.70 auf 0.90 Prozent. Das heißt, dass auch sehr kleine Effektstärken wie in unserem Beispiel von $r = 0.032$ bzw. $\hat{\delta} = 0.064$ praktisch relevant sein können. Es bietet sich oft an, verschiedene Effektstärken zu betrachten, neben Hedges g oder der Korrelation auch relative Häufigkeiten bzw. Risiken (siehe *Kapitel 7*).

Auswirkungen von Aspirin auf das Herzinfarktrisiko von Männern			
Herzinfarkt in Gruppe mit Aspirin oder Placebobedingung			
Bedingung	kein Herzinfarkt	Herzinfarkt	gesamt
Aspirin	10933	104	11037
Placebo	10845	189	11034
Total	21778	293	22071
Risiko an Herzinfarkt zu sterben mit 375 mg Aspirin täglich:			104 / 11037 = 0.9 %
Risiko an Herzinfarkt zu sterben ohne Aspirin täglich:			189 / 11034 = 1.7 %
Risiko sinkt von 1.7 auf 0.9 fast um die Hälfte (!)			

Abbildung 4.16: Darstellung des Herzinfarktrisikos mit und ohne Aspirin-Einnahmen

Was haben wir bisher erfahren? In unserem Beispiel mit einer Gruppe behandelter Depressiver und einer Gruppe nicht behandelter Depressiver ist der geschätzte Effekt unter der Annahme, dass kein Effekt in der Grundgesamtheit vorliegt, sehr unwahrscheinlich: $p \leq \alpha$. Die Schätzung für die Effektstärke zeigt an, dass sich beide Mittelwerte moderat bis stark unterscheiden. Wir gehen also davon aus, dass die Therapie eine moderate bis starke, praktisch relevante Veränderung der depressiven Symptomatik erzielt. Bezieht man das Konfidenzintervall in die Interpretation mit ein, müssen wir zugeben, dass wir praktisch keine Aussage über die genaue Größe des Populationseffekts machen können. Zumindest kann davon ausgegangen werden, dass der Effekt in der Grundgesamtheit positiv ist. Das Ergebnis des statistischen Tests spricht dafür, die Nullhypothese zu verwerfen. Um über eine Alternativhypothese mit dem geschätzten Effekt als Erwartungswert entscheiden zu können (salopp formuliert: wie wahrscheinlich ist das Stichprobenergebnis unter der Alternativhypothese bei einer Fehlerwahrscheinlichkeit 1. Art von fünf Prozent), müssten wir noch wissen, wie wahrscheinlich der **kritische *t*-Wert** oder ein extremerer t-Wert unter Geltung der Alternativhypothesenverteilung ist. Dies wird im nächsten Abschnitt genauer beschrieben.

4.3 Fehler 2. Art und Teststärke

Nullhypothesentesten. Bisher haben wir nur den Fehler 1. Art betrachtet, das heißt die Wahrscheinlichkeit, irrtümlich die Nullhypothese abzulehnen, wenn diese in der Grundgesamtheit gilt. Wir haben erfahren, dass der Ablehnungsbereich, der unter der Nullhypothesenverteilung vor der Untersuchung festgelegt wird, durch die Größe des Fehlers 1. Art bestimmt wird. Die Nullhypothesenverteilung kann man sich als theoretische Verteilung von t-Werten gleichgroßer Zufallsstichproben vorstellen, die unter der Bedingung zustande gekommen sind, dass kein Unterschied zwischen den Grundgesamtheiten mit und ohne Behandlung besteht. Bei einer ungerichteten Hypothese schneiden kritische t-Werte Flächen an den Rändern der Nullhypothesenverteilung ab, welche zusammengenommen die Fehlerwahrscheinlichkeit 1. Art ausdrücken. Beide Flächen kennzeichnen den Ablehnungsbereich unter der Nullhypothese. Empirische t-Werte schneiden ebenfalls zwei Flächen an den Rändern der Nullhypothesenverteilung ab, die anzeigen, wie wahrscheinlich der empirische oder ein extremerer t-Wert unter der Nullhypothesenverteilung ist. Beide Flächen kennzeichnen die Überschreitungswahrscheinlichkeit p unter der Nullhypothesenverteilung.

Drei Arten des Hypothesentests. Das eben beschriebene Vorgehen erlaubt es also zu bestimmen, wie wahrscheinlich ein empirischer t-Wert unter Geltung der Nullhypothese ist. Allerdings wissen wir nicht, wie wahrscheinlich unser Stichprobenergebnis unter der Alternativhypothesenverteilung ist. Dies liegt daran, dass wir den Populationseffekt nicht kennen. Somit sind wir nicht in der Lage, die Alternativhypothesenverteilung anzugeben. Man unterscheidet drei Arten von Hypothesentestung, die im Folgenden dargestellt werden. Lediglich die letzten beiden Möglichkeiten berücksichtigen bei der Entscheidung auch explizit die Alternativhypothese.

4.3.1 Nullhypothesentesten nach Fisher

Das bisher in diesem Buch beschriebene Vorgehen ähnelt dem Vorgehen, wie es **Fisher (Signifikanztest nach Fisher)** für die Signifikanztestung vorgeschlagen hat. Er schlug am

Anfang (später änderte er seine Meinung) vor, eine zweiseitige Hypothese aufzustellen und lediglich die Überschreitungswahrscheinlichkeit p zu berichten. Man sollte diese Methode nach seiner Überzeugung dann verwenden, wenn über die zu testende Hypothese nicht viel bekannt ist und es keine Voruntersuchung gibt bzw. eine Effektabschätzung (z. B. durch Hedges g) im Vorhinein nicht möglich ist. Ein Vergleich mit einer festgelegten Irrtumswahrscheinlichkeit findet nicht statt. Man kann **implizit** davon ausgehen, je unwahrscheinlicher die Nullhypothese ist, desto wahrscheinlicher gibt es nicht bekannte Alternativen, die wahrscheinlicher sind als die Nullhypothese. Im Folgenden gehen wir auf alternative Modelle ein.

4.3.2 Hybridmodell

Der Name **„Hybridmodell"** leitet sich daraus ab, dass es sich bei dieser Art des Hypothesentests um eine Mischung des Vorgehens nach Fisher und Neyman-Pearson handelt. Während im Rahmen des Nullhypothesentestens nach Fisher ein zweiseitiger Ablehnungsbereich für die Veranschaulichung besonders günstig ist, kann man sich das Hybridmodell gut anhand einer **gerichteten Hypothese** bzw. **einseitigen Hypothese** veranschaulichen.

Zentrale und nicht zentrale *t*-Verteilung. Das Hybridmodell nimmt zunächst an, dass der empirische t-Wert der Erwartungswert der Alternativhypothesenverteilung ist. In ▶*Abbildung 4.17* ist der empirische t-Wert von $t = 3.13$ als Erwartungswert der Alternativhypothesenverteilung dargestellt. Die Alternativhypothesenverteilung wird auch als **nicht-zentrale *t*-Verteilung** bezeichnet. Wie man in *Abbildung 4.17* auch erkennen kann, ist die nicht-zentrale t-Verteilung eine auf der x-Achse verschobene Verteilung, die hier[2] dieselbe Form hat, wie die Nullhypothesenverteilung. Das Gegenstück dazu ist die **zentrale *t*-Verteilung**, bei der der Erwartungswert null ist (Nullhypothesenverteilung). Der **kritische *t*-Wert** teilt sowohl die zentrale als auch die nicht zentrale t Verteilung in zwei Flächen, deren Bedeutung im Folgenden genauer erläutert wird.

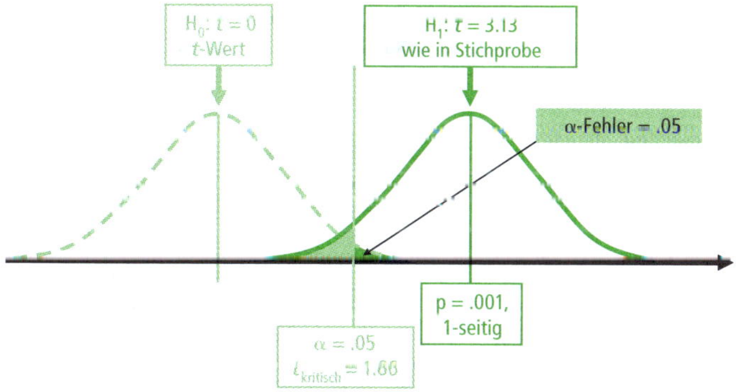

Abbildung 4.17: Darstellung einer zentralen und einer nicht-zentralen t-Verteilung (*Anmerkung: p*-Wert einseitig zeigt die Überschreitungswahrscheinlichkeit für den t-Wert 3.13 unter der Nullhypothesenverteilung an)

2 An dieser Stelle sei angemerkt, dass die nicht-zentrale t-Verteilung keine symmetrische Verteilung darstellt, jedoch hier und im Folgenden der Einfachheit halber symmetrisch dargestellt wird.

Anmerkung: Die Fläche unter der Nullhypothese für $t = 3.13$, $p = 0.001$ ist so klein, dass sie in der obigen Abbildung nicht mehr dargestellt werden kann.

Kritische und empirische Prüfgröße im Hybridmodell unter der Alternativhypothesenverteilung. Nachdem nun die Wahrscheinlichkeit für den Fehler 1. Art z. B. auf fünf Prozent festgelegt worden ist (dunkelgrüne Fläche unter der Nullhypothesenverteilung), ermitteln wir, wie wahrscheinlich ein geringerer t-Wert als der kritische t-Wert unter der Alternativhypothesenverteilung ist. In unserem Beispiel ist der kritische Wert, $t = 1.66$, einseitig. Die Fläche, die links von dem kritischen t-Wert unter der Alternativhypothese liegt, entspricht der Fehlerwahrscheinlichkeit 2. Art (hellgrüne Fläche in *Abbildung 4.17*). In unserem Beispiel beträgt diese Wahrscheinlichkeit sieben Prozent. Die Berechnung ist hier nicht dargestellt.

Post-hoc-Teststärke im Hybridmodell. Interessanter ist jedoch die komplementäre Wahrscheinlichkeit, die als **Post-hoc-Teststärke** oder **Post-hoc-Power** bezeichnet wird. Wir haben im Voraus keinen Populationseffekt für unsere Therapie angegeben. Wir hätten diesen jedoch benötigt, um die Alternativhypothesenverteilung mit einem Erwartungswert angeben zu können. Wir **schätzen** daher den Populationseffekt aus den Daten und berechnen den t-Wert, den wir wiederum als Erwartungswert der Alternativhypothesenverteilung festlegen. Die komplementäre Fläche zur grünen Fläche der Alternativhypothesenverteilung gibt die Wahrscheinlichkeit (Post-hoc-Power) an, einen höheren t-Wert als den **kritischen** ($t = 1.66$) unter der Alternativhypothesenverteilung zu beobachten, wenn der **geschätzte Effekt** den Erwartungswert (in Form des empirischen t-Werts von $t = 3.13$) der Alternativhypothesenverteilung darstellt. Diese Wahrscheinlichkeit beträgt 93 Prozent. In ▶*Abbildung 4.18* ist diese Fläche grau unterlegt.

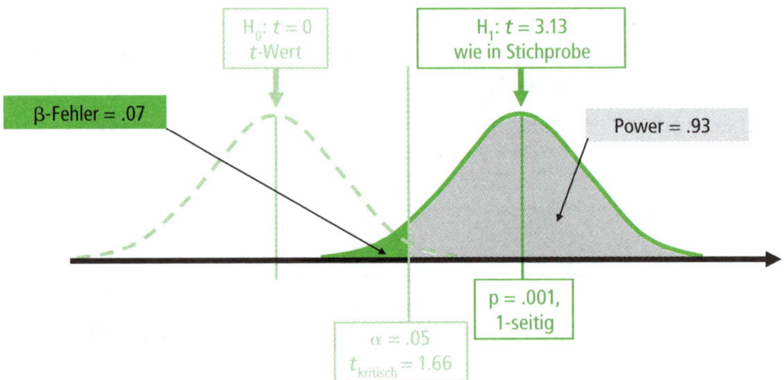

Abbildung 4.18: Schematische Darstellung einer zentralen und einer nicht-zentralen t-Verteilung für unser Beispiel (*Hinweis:* nicht-zentrale t-Verteilung ist in Wirklichkeit nicht symmetrisch)

Dabei ist der kritische t-Wert Teil der Fläche, der zur Teststärke oder Power (graue Fläche) gehört. Durch das Festlegen des kritischen t-Werts wird nicht nur die Nullhypothesenverteilung, sondern auch die Alternativhypothesenverteilung in zwei Flächen geteilt. In der Nullhypothesenverteilung entsprechen diese Flächen dem Annahme- und dem Ablehnungsbereich der Nullhypothese. Je nachdem, ob die empirische Prüfgröße in einen der Bereiche fällt, wird die Nullhypothese verworfen oder beibehalten. Die Alternativhypothesenverteilung teilt der kritische t-Wert ebenfalls in zwei Hälften: Fehlerwahrscheinlichkeit 2. Art und Teststärke. Es ist im Rahmen des Hybridmodells nicht nötig, die Lage des **empirischen** t-Werts innerhalb dieser Flächen zu bestimmen oder die Fläche links oder rechts davon, denn er dient ja als Erwartungswert dieser Verteilung. Die Fläche links oder rechts vom Erwartungswert wird je nach Schiefe der Verteilung mehr oder weniger als 50 Prozent betragen.

Zusammenfassung. In unserem Beispiel ist damit zusammenfassend der **empirische** t-Wert von 3.13 oder ein extremerer Wert unter Geltung der Nullhypothese sehr unwahrscheinlich ($t = 3.13$, $p < 0.001$) und kleiner als der vorher festgelegte kritische t-Wert ($t = 1.66$, $\alpha \leq 0.05$). Die Post-hoc-Teststärke zeigt an, dass ein gleich hoher oder extremerer t-Wert als der kritische t-Wert ($t = 1.66$) unter Geltung der Alternativhypothese mit einem Erwartungswert von $t = 3.13$ sehr wahrscheinlich ist ($1 - \beta = 0.93$). Häufig wird diese Wahrscheinlichkeit auch als $1 - \beta$ (post hoc), Post-hoc-Teststärke oder auch Post-hoc-**Fairness** bezeichnet. Salopp formuliert ist unser t-Wert oder ein höherer t-Wert unter der Nullhypothese, wenn sie in der Grundgesamtheit gilt, unwahrscheinlich und unter der spezifischen Alternativhypothese, wenn sie in der Grundgesamtheit mit dem gegebenen Erwartungswert gilt, sehr wahrscheinlich.

Einschränkungen. Allerdings muss einschränkend angemerkt werden, dass wir nur eine sehr grobe Schätzung des unbekannten Populationsparameters vorliegen haben (Effekt kann klein bis groß sein, berücksichtigt man das Konfidenzintervall). Wir verwerfen damit die Nullhypothese und entscheiden uns für die Alternativhypothese. **Allerdings ist diese Entscheidung an die entscheidende Annahme geknüpft, dass unsere sehr grob geschätzte Effektstärke in der Population (mithilfe des daraus abgeleiteten *t*-Werts) gilt.**

Berechnung der Post-hoc-Teststärke

Wir möchten nun die Wahrscheinlichkeit des Fehlers 2. Art bestimmen. Diese Wahrscheinlichkeit stellt, wie in *Abbildung 4.18* veranschaulicht, die linke Fläche unter der Alternativhypothesenverteilung dar. Die Fläche wird vom kritischen t-Wert abgeschnitten. Dieser kritische t-Wert wird nun in eine Effektstärke umgewandelt. Die Effektstärke von $\hat{\delta} = 0.70$ wird nun von der kritischen Effektstärke abgezogen. Die Formel für den gesuchten t-Wert unter der Alternativhypothesenverteilung lautet dann:

$$P\left(t \leq \frac{\hat{\delta}_{\text{krit}} - \hat{\delta}}{\sqrt{\frac{1}{n_1} + \frac{1}{n_2}}}\right) = \beta$$

n_1 = Anzahl der Personen der Stichprobe 1

n_2 = Anzahl der Personen der Stichprobe 2

t = t-Wert

β = post hoc ermittelte Fehlerwahrscheinlichkeit 2. Art

$\hat{\delta}_{\text{krit}}$ = aus dem kritischen t-Wert errechnete geschätzte Effektstärke

$\hat{\delta}$ = geschätzte Effektstärke für den Unterschied der beiden Populationsmittelwerte μ_1 und μ_2

Damit in dieser Formel das Kleiner/gleich-Zeichen stehen kann, muss eine Verteilung aus stetigen Werten vorliegen, da bei stetigen Verteilungen ein beliebiger Punktwert die Wahrscheinlichkeit null aufweist. Würden wir eine diskrete Verteilung zur Ermittlung der Fehlerwahrscheinlichkeit 2. Art verwenden, müsste hier ein Kleiner-Zeichen stehen, denn der kritische Wert gehört immer zum Ablehnungsbereich der Nullhypothese, jedoch nicht zum Ablehnungsbereich der Alternativhypothese.

Analog zum Vorgehen bei der *t*-Wert-Bestimmung unter der Nullhypothesenverteilung bestimmen wir hier also den Abstand eines Werts vom Erwartungswert der Verteilung. Dieses Mal handelt es sich eben um die Alternativhypothesenverteilung. Da wir bereits mit Effektstärken arbeiten, erübrigt sich das Standardisieren am Standardfehler des Mittelwerts.

Wir müssen, um den Abstand zwischen dem Erwartungswert und dem kritischen *t*-Wert unter der Alternativhypothesenverteilung zu bestimmen, die Effektstärke für den kritischen *t*-Wert bestimmen. Wir können dazu die Umrechnungsformel für *t*-Werte in Effektstärken verwenden:

$$\text{Hedges } g \text{ aus } t_{emp} : 1.66 \cdot \sqrt{\frac{1}{40}+\frac{1}{40}} = 0.37$$

Es ergibt sich eine „kritische" Effektstärke von 0.37. Das heißt, wir würden die Nullhypothese mit einer Fehlerwahrscheinlichkeit 1. Art von fünf Prozent einseitig ab einer Effektstärke von größer als 0.37 verwerfen. Würde man zweiseitig testen wollen, müsste man in die Formel anstatt des kritischen *t*-Werts von 1.66 für eine Fehlerwahrscheinlichkeit von fünf Prozent einseitig (95-Prozent-Perzentil) den kritischen *t*-Wert von 1.99 einsetzen ($\hat{\delta} = 0.445$). Dies ist der kritische *t*-Wert für eine Fehlerwahrscheinlichkeit 1. Art von fünf Prozent zweiseitig (97.5-Prozent-Perzentil). Letztere schneidet zweieinhalb Prozent und nicht fünf Prozent am rechten Ende der *t*-Verteilung ab. Wir testen jedoch einseitig und können nun die Werte von $\hat{\delta}_{krit} = 0.37$ und $\hat{\delta} = 0.70$ in die obere Formel einsetzen:

$$P\left(t \leq \frac{0.37-0.70}{\sqrt{\frac{1}{40}+\frac{1}{40}}}\right) = P\left(\leq \frac{-0.33}{0.224}\right) = P(t \leq -1.476) = \beta$$

t = *t*-Wert

β = post hoc ermittelte Fehlerwahrscheinlichkeit 2. Art

Wir sehen nun nach, wie viel Prozent der *t*-Werte unter dem kritischen *t*-Wert unter der Alternativhypothesenverteilung mit $df = 78$ Freiheitsgraden liegen und geben dies in Excel (T.VERT(–1,476;78;WAHR)) oder in R ($pt(-1.47,\ df = 78)$ ein und erhalten 0.072. Bei der Excelfunktion muss dieses Mal ein Punkt nach dem T stehen, da eine kumulierte Wahrscheinlichkeit berechnet werden soll. Dieser Wert kennzeichnet die Fläche unter der Alternativhypothesenverteilung mit dem Erwartungswert $t_{emp} = 3.13$, die kleiner als der aus der Nullhypothesenverteilung stammende $t_{krit} = 1.66$ ist. Es handelt sich offensichtlich um die Fehlerwahrscheinlichkeit 2. Art bei einseitiger Testung. Um nun die Teststärke zu ermitteln, müssen wir von eins 0.072 abziehen und erhalten folgende Teststärke:

$$1-\beta = 1-0.072 = 0.928$$

Definition

Wahrscheinlichkeiten (zweiseitig) im Rahmen des Hybridmodells am Beispiel des *t*-Tests

Sicherheitswahrscheinlichkeit ($1 - \alpha$): Wahrscheinlichkeit, mit der eine weniger extreme Prüfgröße als die kritische unter der Nullhypothesenverteilung auftritt, wenn die Nullhypothese in der Grundgesamtheit zutrifft.

Fehlerwahrscheinlichkeit 1. Art (α): Wahrscheinlichkeit, mit der eine gleich hohe oder eine extremere Prüfgröße als die kritische Prüfgröße unter der Nullhypothesenverteilung auftritt.

Post-hoc-Teststärke: Wahrscheinlichkeit bei gegebenem Fehler 1. Art, mit der die kritische oder eine extremere Prüfgröße unter der Alternativhypothesenverteilung auftritt, bei der die empirische Prüfgröße den Erwartungswert darstellt.

Post hoc-Wahrscheinlichkeit, bei gegebenem Fehler 1. Art, die Alternativhypothese zu Unrecht zu verwerfen: Wir betrachten die Alternativhypothesenverteilung, bei der die empirische Prüfgröße den Erwartungswert darstellt. Es handelt sich dann um die Wahrscheinlichkeit unter der Alternativhypothesenverteilung, mit der die kritische Prüfgröße oder eine extremere bei gegebener Fehlerwahrscheinlichkeit 1. Art auftritt.

Probleme bei der Interpretation der Wahrscheinlichkeiten im Rahmen des Hybridmodells. Leider sind die Entscheidungen auf Basis des Hybridmodells nicht immer so einfach zu treffen. Es können sich zwei Situationen ergeben, die mit einem Dilemma verbunden sind. Zum einen kann der Effekt zwar signifikant sein, die Post-hoc-Teststärke aber zu klein ausfallen. Das würde bedeuten, dass wir die Nullhypothese ablehnen, die Alternativhypothese mit unserem geschätzten Populationsunterschied als Erwartungswert aber nicht akzeptieren können. Schlimmer ist es, wenn der geschätzte Effekt zwar eine bestimmte Größe nach den Effektstärkekonventionen hat, jedoch weder die Signifikanz noch die Teststärke ausreichen, um diesen zu sichern. In diesem Fall dürften wir die Nullhypothese nicht verwerfen, obwohl ein praktisch bedeutsamer Effekt vorliegt. Dieser geschätzte Effekt könnte aber natürlich auch zufällig durch eine „extreme" Stichprobe bedingt so hoch ausgefallen sein, da wir nicht genügend Informationen in Form einer großen Stichprobe gesammelt haben, um über die Hypothesen zu entscheiden. In allen Fällen besteht also ein Dilemma. Der Ausweg ist immer eine ausreichende Stichprobengröße, und zwar idealerweise so hoch, dass eine eindeutige Entscheidung mithilfe des Hypothesentests getroffen werden kann und die Präzision der Schätzung so hoch wie möglich ist (unter Berücksichtigung der Belastung durch die Untersuchung für die Probanden und dem praktischen Aufwand).

Konsequenzen für die Entscheidung in unserem Beispiel

Wir haben nun mithilfe unserer Stichprobe alle relevanten Informationen berechnet bzw. geschätzt, um eine gut abgesicherte Entscheidung zu treffen. Wir erinnern uns: Wirkt die Depressionstherapie in unserem Beispiel, gehen wir davon aus, dass die Mittelwerte beider Gruppen nach der Therapie aus unterschiedlichen Populationen stammen. Wirkt die Therapie nicht, gehen wir davon aus, dass beide Mittelwerte immer noch derselben Grundgesamtheit entstammen. In ▶ *Abbildung 4.19* ist die Rohwerteverteilung jeweils für die Kontrollgruppe und die Experimentalgruppe dargestellt, einmal unter Geltung der Nullhypothese und einmal unter Geltung der Alternativhypothese. In die Rohwerteverteilung ist jeweils der geschätzte Mittelwert eingezeichnet. Mit schwarzer Linie ist die Stichprobenverteilung bestehend aus Mittelwerten angegeben.

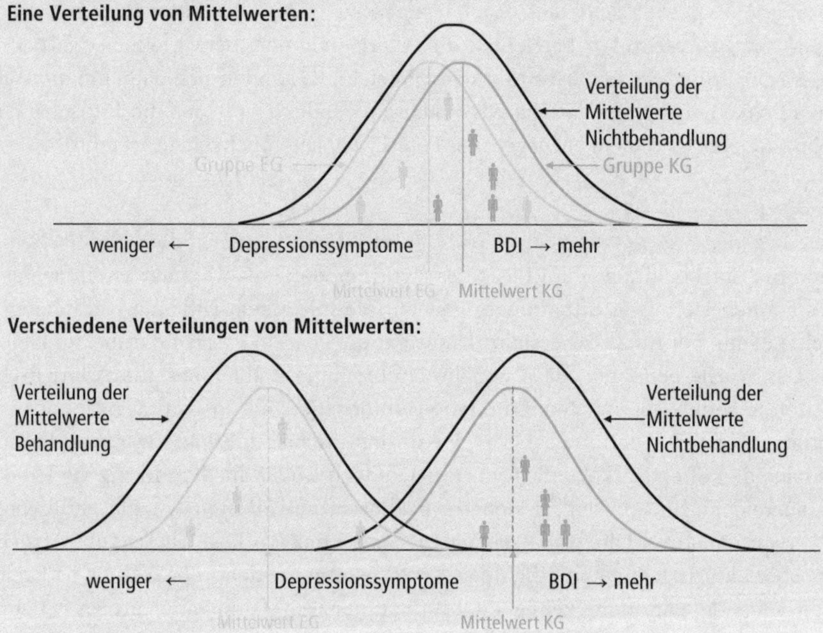

Abbildung 4.19: Darstellung eines Mittelwertsunterschieds in Kontroll- und Experimentalgruppe

Fazit. Wir gehen auf Basis unserer empirischen Ergebnisse davon aus, dass beide Gruppen aus Populationen mit unterschiedlichen Mittelwerten stammen und dass die Punktschätzung des Effekts der Therapie positiv und mittel bis hoch ist. Wir sehen an dem Konfidenzintervall der Effektstärke, dass das Intervall relativ groß ist und von einer kleinen bis zu einer großen Effektstärke reicht. Die Verwendung einer größeren Stichprobe würde es uns ermöglichen, die Effektivität der Therapie noch genauer zu schätzen.

4.3.3 Neyman-Pearson-Modell

Die optimale Möglichkeit des Hypothesentestens besteht darin, die Stichprobe vor dem Experiment so zu planen, dass ein praktisch relevanter Mittelwertsunterschied (oder Zusammenhang) statistisch auch abgesichert werden kann. Dies wird, wie oben bereits kurz dargestellt, als Vorgehen nach **Neyman-Pearson** bezeichnet. Wie bereits geschildert, schlagen Neyman und Pearson vor, zunächst die Wahrscheinlichkeit für den Fehler 1. Art und den Fehler 2. Art festzulegen, eine praktisch relevante Effektgröße zu definieren und dann anhand dieser Festlegungen die Stichprobengröße zu bestimmen, um den gewünschten Effekt statistisch abzusichern. Dazu benötigt man zuerst einen Anhaltspunkt darüber, was ein praktisch relevanter Effekt ist. Das ist manchmal nicht so einfach (siehe vorher genanntes Aspirin-Beispiel). Das Vorgehen nach Neyman-Pearson hat die positive Konsequenz, dass immer eine eindeutige Entscheidung zugunsten einer der beiden Hypothesen mit den entsprechend a priori bzw. vorher festgelegten Fehlerrisiken 1. und 2. Art getroffen worden kann, wenn der angenommene Effekt sich empirisch wiederfindet. Es kann nicht vorkommen, dass keine Entscheidung gefällt werden kann, wie dies im Hybridmodell möglich ist. Das Modell wird von vornherein so spezifiziert, dass immer eine eindeutige Entscheidung zwischen der Nullhypothese und einer a priori genau spezifizierten Alternativhypothese möglich ist. Eine Effektabschätzung sollte auf jeden Fall auf Basis einer Kosten-Nutzen-Überlegung oder bereits existierender Befunde erfolgen. Genau dieses Vorgehen schlagen **Neyman** und **Pearson** (**Hypothesentest nach Neyman-Pearson**) vor.

Beim Hypothesentest nach Neyman-Pearson wird ebenfalls eine Nullhypothese aufgestellt. Daneben wird aber auch noch eine Alternativhypothese spezifiziert. Es wird im Vorhinein sowohl die akzeptierte Wahrscheinlichkeit für den Fehler 1. Art als auch für den Fehler 2. Art festgelegt. Daneben muss auch eine Effektstärke nach Kosten-Nutzen-Überlegungen oder bereits existierenden Ergebnissen angenommen werden, ab der ein Ergebnis als praktisch relevant gelten kann. Anhand dieser Effektgröße, dem Fehler 1. und 2. Art, wird nun die notwendige Stichprobengröße für die Durchführung der Untersuchung berechnet. Die Berechnung erfolgt meist mithilfe von Computerprogrammen. Ist die Überschreitungswahrscheinlichkeit, die sich dann aus den erhobenen Daten ergibt, kleiner oder gleich der vor der Datenerhebung zur Stichprobenplanung festgelegten Fehlerwahrscheinlichkeit 1. Art, fällt eine Entscheidung zugunsten der Alternativhypothese aus – sonst zugunsten der Nullhypothese. Das heißt, mithilfe dieses Verfahrens wird über beide Hypothesen gleichzeitig entschieden. Durch die Versuchsplanung der Stichprobengröße grenzen der Fehler 1. und 2. Art direkt aneinander und damit wird eine eindeutige Entscheidung zugunsten einer der beiden Hypothesen möglich. Dieses Vorgehen ist nur dann anwendbar, wenn plausible Kosten-Nutzen-Überlegungen vor der Untersuchung möglich sind oder Annahmen über die Effektgröße aufgrund anderer Studien existieren. Das Hybridmodell und das Neyman-Pearson-Modell werden im Folgenden noch ausführlicher beschrieben.

Berechnung der optimalen Stichprobengröße bei gegebener Fehlerwahrscheinlichkeit 1. und 2. Art und angenommenem Populationseffekt

Nehmen wir folgenden Fall an: Wir wissen aus einer Metaanalyse, dass eine Effektstärke von 0.65 zu erwarten ist. Wir nehmen weiter an, es handelt sich hierbei um die Populationseffektstärke δ, die den Unterschied zwischen einer Experimental- und einer Kontrollgruppe angibt. Die Effektstärke ist positiv, was bedeutet, dass der beobachtete Mittelwert in der Experimentalgruppe in der Regel größer ist als in der Kontrollgruppe. Die Alternativhypothesenverteilung muss dann rechts von der Nullhypothesenverteilung liegen. Für die Stichprobenplanung besteht ein spezielles Problem darin, dass wir in der Regel die Standardabweichung für die Grundgesamtheit aus der Stichprobe schätzen, da die Populationsstandardabweichung nicht bekannt ist. Damit hängt die Teststärke bzw. die entsprechende Fläche unter der Alternativhypothesenverteilung von der Stichprobengröße ab, denn die Stichprobengröße bestimmt über die Freiheitsgrade die Form der t-Verteilung. Die Stichprobengröße möchten wir jedoch bestimmen. Deswegen verwenden wir zur Berechnung der optimalen Stichprobengröße zunächst eine Standardnormalverteilung, da die Form der Standardnormalverteilung unabhängig von der Stichprobengröße ist. Wir legen nun die Fehlerwahrscheinlichkeit 1. Art auf fünf Prozent ($z_{\alpha} = -1.645$) einseitig und die Teststärke auf 80 Prozent bzw. die Fehlerwahrscheinlichkeit 2. Art auf 20 Prozent ($z_{\beta} = -0.84$) fest. Da t-Verteilung und Standardnormalverteilung nicht identisch sind, müssen wir später einen Korrekturfaktor einführen.

Wir benötigen für die Bestimmung der optimalen Stichprobengröße zuerst den sogenannten **Nonzentralitätsparameter z_{ncp}**:

$$Z_{\beta} = -0.842$$

$$Z_{\alpha} = -1.645$$

$$z_{ncp} = \left|Z_{\alpha} + Z_{\beta}\right| = \left|-1.645 + (-0.842)\right| = 2.487$$

Die z-Werte Z_{α} und Z_{β} erhalten wir über die Standardnormalverteilung mit Excel für Z_{β} über =STANDNORMINV(0,2) und Z_{α} über =STANDNORMINV(0,05). In R lauten die entsprechenden Befehle: `qnorm(.05)`, `qnorm(.20)`. Sie stellen die Quantile der Standardnormalverteilung dar, an denen eine Fläche von fünf bzw. 20 Prozent jeweils am linken Ende der Verteilung abgeschnitten werden. Der Nonzentralitätsparameter z_{ncp} ist eine Hilfsgröße, die in der Regel zur Berechnung der Teststärke herangezogen wird. Je nach Verteilung unterscheidet sich die Berechnung der Nonzentralitätsparameter (z. B. für z- und t-Verteilung). Geht man von Normalverteilungen wie in unserem Beispiel aus, stellt der Nonzentralitätsparameter die standardisierte Differenz von Erwartungswerten dar.

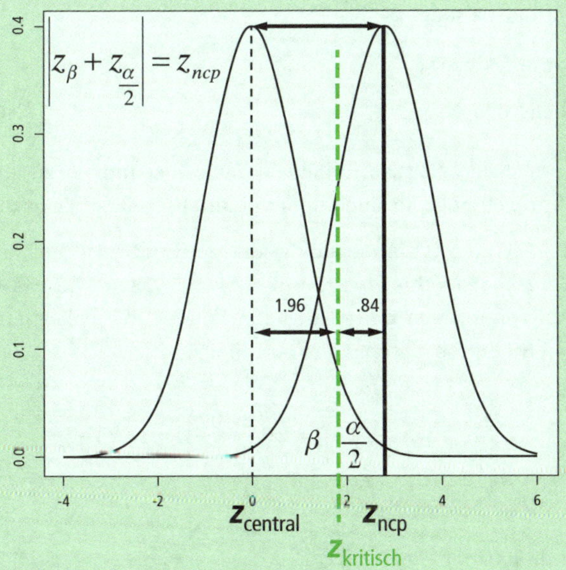

Abbildung 4.20: Veranschaulichung des Nonzentralitätsparameters

Man kann zeigen, dass der Nonzentralitätsparameter beim Vergleich zweier Populationsmittelwerte auch noch wie folgt definiert ist:

$$z_{ncp} = \frac{\mu_1 - \mu_2}{\sigma \cdot \sqrt{\frac{1}{n_1} + \frac{1}{n_2}}} = \frac{\mu_1 - \mu_2}{\sigma} \cdot \frac{1}{\sqrt{\frac{1}{n_1} + \frac{1}{n_2}}}$$

n_1 = Anzahl der Personen der Stichprobe 1

n_2 = Anzahl der Personen der Stichprobe 2

σ = Populationsstandardabweichung

μ_1 = Mittelwert Grundgesamtheit 1

μ_2 = Mittelwert Grundgesamtheit 2

Ist der Nonzentralitätsparameter bekannt, kann die obige Formel so umgeformt werden, dass die Stichprobengröße ermittelt werden kann, die sich für eine bestimmte Effektstärke und einen bestimmten Nonzentralitätsparameter mit festgelegter Fehlerwahrscheinlichkeit 1. und 2. Art ergibt. Sie kann bei gleichgroßen Gruppengrößen weiter vereinfacht werden:

$$z_{ncp} = \delta \cdot \frac{1}{\sqrt{\frac{1}{n_1} + \frac{1}{n_2}}} = \delta \cdot \sqrt{\frac{n}{2}}$$

z_{ncp} = Nonzentralitätsparameter

δ = Populationseffektstärke

n = Stichprobengröße

Um in dieser Formel den Nonzentralitätsparameter bestimmen zu können, müssten sowohl die Stichprobengröße als auch die Populationseffektgröße bekannt sein.

Uns interessiert nun die Stichprobengröße, die notwendig ist, um den Populationseffekt mit dem vergebenen Fehler 1. Art und der vorgegebenen Teststärke abzusichern. Durch Umformung ergibt sich daher folgende Formel (für balancierte Designs: das heißt mit gleichen Stichprobengrößen pro Gruppe):

$$n_{\text{opt}} = 2 \cdot \left(\frac{z_{\text{ncp}}}{\delta}\right)^2 = 2 \cdot \left(\frac{2.487}{0.65}\right)^2 = 29.28$$

n_{opt} = optimale Stichprobengröße

z_{ncp} = Nonzentralitätsparameter

δ = Populationseffektstärke

Es ergäbe sich eine Stichprobengröße von jeweils 29 Personen pro Gruppe, also von insgesamt 58 Personen.

Wir haben zur Berechnung allerdings angenommen, dass die Populationsstandardabweichungen bekannt sind und auch die Populationseffektstärke. Meistens sind diese jedoch unbekannt und werden aus den Daten geschätzt. Daher ist nun eine Korrektur nötig. Um diese Korrektur vorzunehmen, benötigen wir die Freiheitsgrade. Im Falle von $n - 58$ sind dies $n - 2$ und damit 56 Freiheitsgrade:

$$\text{korr} = \frac{(df+3)}{(df+1)} = \frac{59}{57} = 1.035$$

korr = Korrekturfaktor

df = Freiheitsgrade aus dem *t*-Test für unabhängige Stichproben $n - 2$

Der Korrekturfaktor wird mit der zuvor berechneten Stichprobengröße multipliziert und ergibt dann $n_{\text{korr}} = 1.035 \cdot 58 = 60$. Eine Berechnung mit dem Programm G*Power würde ebenfalls 60 Personen als optimale Stichprobengröße angeben. In R kann man die gerade aufgeführte Stichprobenschätzung durch eine Funktion aus dem `stats`-Package erhalten:

```
library(stats)
power.t.test (n=NULL, delta=.65, sig.level=.05, power=.8, type="two.sample",
   alternative="one.sided")
```

Hilfe bei der Effektgrößenabschätzung. Eine Hilfe bei der Festlegung praktisch bedeutsamer Effekte können die **Effektstärkekonventionen** von Cohen (1988) geben. Auch **Metaanalysen** liefern Hinweise auf Effektstärken. Schließlich können diese auch aus **vorausgehenden Untersuchungen** stammen. Wenn es möglich ist, sollten immer Kosten-Nutzen-Überlegungen angestellt werden, bevor eine Untersuchung geplant wird.

Definition **Metaanalyse**

Metaanalysen fassen verschiedene empirische Studien zusammen. Im Rahmen der Metaanalyse werden statistische Methoden angewandt, mit deren Hilfe Effektstärken verschiedener Studien zusammengefasst und auf Homogenität geprüft werden. Das heißt, es wird geprüft, ob der über viele Studien geschätzte mittlere Effekt von null verschieden (signifikant und damit statistisch bedeutsam) ist, und ob die Effektstärken aus den zusammengefassten Studien nur aufgrund von Stichprobenfehlern voneinander abweichen (Homogenität).

Verwendung eines Minimaleffekts zur Stichprobenplanung. Wenn wir eine Metaanalyse zur Effektstärkenabschätzung verwenden, sollte man nicht zwangsläufig die berichtete mittlere Effektstärke zur Stichprobenplanung heranziehen. Bei der Abschätzung des Effekts muss darauf geachtet werden, dass der Effekt nicht überschätzt wird, weil dann die Gefahr besteht, dass die Stichprobengröße nicht ausreicht, um den Effekt statistisch abzusichern. Dies gilt insbesondere auch für Effektstärken, die aus kleinen Stichproben gewonnen wurden. Wir erinnern uns, dass bei kleinen Stichproben die Wahrscheinlichkeit erhöht ist, Mittelwerte zu erhalten, die weiter vom Populationsmittelwert abweichen können. Hier können Konfidenzintervalle für die Effektstärken helfen, eine untere Schranke zu finden. Bei der Nutzung einer Metaanalyse zur Effektstärkenabschätzung helfen die Konfidenzintervallgrenzen, die um die durchschnittliche berichtete Effektstärke angegeben werden. Der in einer Studie zu erzielende Mindesteffekt könnte dann beispielsweise die untere Schranke des Konfidenzintervalls um die in der Metaanalyse berichtete Populationseffektstärke sein. Am günstigsten ist es jedoch sicherlich, als Mindesteffekt einen Effekt zu wählen, der anhand von Kosten-Nutzen-Überlegungen als praktisch bedeutsam erachtet werden kann.

Definition **Wahrscheinlichkeiten im Rahmen des Neyman-Pearson-Vorgehens am Beispiel des t-Tests**

Sicherheitswahrscheinlichkeit ($1 - \alpha$): Wahrscheinlichkeit, mit der eine weniger extreme Prüfgröße als die kritische unter der Nullhypothesenverteilung auftritt.

Fehlerwahrscheinlichkeit 1. Art (α): Wahrscheinlichkeit, mit der eine gleich hohe oder eine extremere Prüfgröße als die kritische Prüfgröße unter der Nullhypothesenverteilung auftritt.

Teststärke (1 − β): Wahrscheinlichkeit bei gegebenem Fehler 1. Art, mit der die kritische oder eine extremere Prüfgröße unter der Alternativhypothesenverteilung auftritt, bei der der vorher festgelegte Effekt (in Form des *t*-Werts) den Erwartungswert darstellt.

Fehlerwahrscheinlichkeit 2. Art (β): Wahrscheinlichkeit, mit der die kritische Prüfgröße oder eine extremere unter der Alternativhypothesenverteilung bei gegebener Fehlerwahrscheinlichkeit 1. Art auftritt, bei der der vorher festgelegte Effekt (in Form eines *t*-Werts) den Erwartungswert darstellt.

Vorteil des Neyman-Pearson-Modells. Ein Vorteil des Neyman-Pearson-Modells besteht darin, dass man einen **minimalen praktisch bedeutsamen Effekt** festlegt, den man unter Kosten-Nutzen-Überlegungen erwartet, danach legt man ebenso Werte für den Fehler 1. Art und den Fehler 2. Art fest. Mit diesen Informationen lässt sich beispielsweise mithilfe von **G*Power** 3.0 (programmiert von Franz Faul, Konzept und Design von Buchner, Erdfelder, Faul & Lang, 2009) oder R die Stichprobengröße bestimmen, die benötigt wird, um den gewünschten Effekt bei festgelegter Fehlerwahrscheinlichkeit 1. und 2. Art abzusichern. Ergibt sich nach Durchführung des Experiments ein signifikantes Ergebnis, liegt **statistische und praktische Bedeutsamkeit** vor. Das Vorgehen nach Neyman-Pearson im Rahmen der **Versuchsplanung** hat damit zusammenfassend mehrere Vorteile:

- Die Stichprobengröße kann optimal geplant werden.
- Man sichert keine Effekte statistisch ab, die nicht auch praktisch bedeutsam sind.
- Der Fehler 2. Art, die Alternativhypothese zu Unrecht zu verwerfen, ist so gering wie gewünscht.

Es gibt jedoch auch einen Nachteil des Modells, der nicht verschwiegen werden sollte:

- Die Fokussierung auf eine eindeutige Entscheidung lässt manchmal die Parameterschätzung und deren Genauigkeit in den Hintergrund treten. Erwartet man einen starken Effekt, muss man nur wenige Personen untersuchen. Die Punktschätzungen sind jedoch, auf Basis von wenigen Personen geschätzt, sehr ungenau.

Zusammenfassung. Entscheiden wir nur über die Nullhypothese in der Form $p \leq \alpha$, können wir nicht über die Alternativhypothese entscheiden. Dieses Vorgehen nach Fisher ist also am wenigsten zu empfehlen. Nutzen wir das Hybridmodell des Hypothesentestens, betrachten wir die Überschreitungswahrscheinlichkeit, den beobachteten Unterschied und die Post-hoc-Teststärke. Dabei besteht jedoch die Gefahr, dass die empirische Prüfgröße oder ein extremerer Wert zwar unter der Nullhypothesenverteilung unwahrscheinlich sind, jedoch unter der Alternativhypothesenverteilung nicht wahrscheinlich sind. Es besteht also die Gefahr in bestimmten Fällen keine Entscheidung zwischen Null- und Alternativhypothese treffen zu können. Die Untersuchung könnte allenfalls dazu dienen, bei einer anschließenden Untersuchung die Stichprobenplanung zu erleichtern. Plant man die Stichprobe nach dem Vorgehen von Neymann-Pearson, ist eine eindeutige Entscheidung für oder gegen Null- und Alternativhypothese möglich. Nun haben wir einen Überblick über drei Arten des Hypothesentestens.

Abschließend möchten wir zum vertieften Verständnis zusammenfassend die Einflussgrößen auf die Entscheidung im Hypothesentest systematisch darstellen. Danach erfolgt eine kurze Darstellung einer besonderen Fragestellung im Rahmen des Hypothesentestens, die oft vernachlässigt wird. Im Anschluss daran beschäftigen wir uns erst mit der praktischen Durchführung der Stichprobenplanung.

Exkurs

Fisher, Hybrid und Neyman-Pearson als Basis zur Entscheidung über Hypothesen: Welches Modell ist zu bevorzugen?

Nehmen wir an, eine Studie zur Überprüfung der Wirksamkeit einer Therapie ist geplant. Die Therapie ist bereits mehrmals untersucht worden und die Ergebnisse sind, wie so oft in der Forschung, widersprüchlich. Drei Untersuchungen ergaben ein signifikantes Ergebnis und drei Untersuchungen ergaben kein signifikantes Ergebnis. Ein engagierter Forscher plant nun die siebte Untersuchung, um Licht ins Dunkel zu bringen. Dabei könnte das einzige Problem des Forschungstandes sein, dass unterschiedliche Stichprobengrößen bei den Untersuchungen vorgelegen haben. In Wirklichkeit sind vielleicht die Effektstärken in allen Untersuchungen ähnlich hoch und man könnte sich die siebte Untersuchung sparen. Dieses Beispiel zeigt, dass das Vorgehen nach Fisher nicht optimal ist, betrachtet es doch nur die Nullhypothese. Auch die Anwendung des Hybridmodells könnte, wie bereits erwähnt, in manchen Fällen zu keiner eindeutigen Entscheidung führen. Lediglich das Vorgehen nach Neyman-Pearson führt zu einer eindeutigen Entscheidung und ist daher den anderen beiden Vorgehensweisen vorzuziehen. Dabei sollte nicht aus den Augen verloren werden, dass eine weitere wichtige Anforderung an Schätzwerte die Genauigkeit der Schätzung darstellt. Hier ist immer eine Abwägung zu treffen bezüglich der Belastung durch die Untersuchung, der Praktikabilität der Umsetzung bei der Untersuchung vieler Personen und dem Ziel, eine eindeutige Entscheidung über die Hypothesen zu treffen, bei gleichzeitig genauer Schätzung der Effekte und ausreichender Teststärke.

4.4 Einflussgrößen auf das Ergebnis im Hypothesentest

Im Folgenden werden vier wichtige Einflussgrößen auf die Entscheidung im Hypothesentest weiter vertieft und illustriert:

- Wahl der Größe des **Fehlers 1. Art**
- Power bzw. **Teststärke**
- Stichprobengroße
- Geschätzte Effektstärke
- Geschätzte Streuung

Zusammenhang zwischen Fehler 1. Art und Fehler 2. Art bzw. Teststärke. Beide Fehler stehen in einem Abhängigkeitsverhältnis (siehe ▶*Abbildung 4.21*): Je kleiner die Fehlerwahrscheinlichkeit 1. Art gewählt wird, desto größer wird die Fehlerwahrscheinlichkeit 2. Art und umgekehrt. Man kann sich die Linie, die die Fläche des Fehlers 1. Art und die des Fehlers 2. Art teilt, wie eine Art Schieberegler vorstellen. Wenn man die eine Fläche vergrößert, verringert sich die andere. Dies wird in *Abbildung 4.21* verdeutlicht. Erhöht man die Fehlerwahrscheinlichkeit 1. Art, z. B. von fünf auf 20 Prozent, sinkt die Wahrscheinlichkeit für einen Fehler 2. Art und die Teststärke steigt somit an.

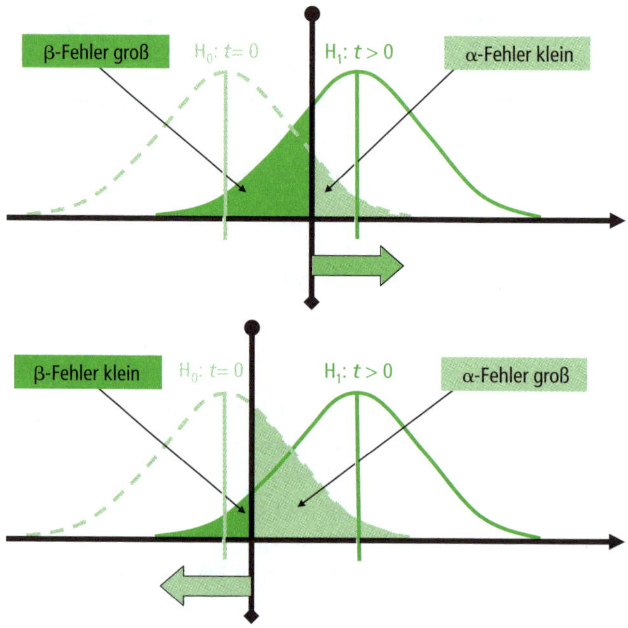

Abbildung 4.21: Abhängigkeit zwischen den Fehlerwahrscheinlichkeiten des Fehlers 1. Art und des Fehlers 2. Art

Die Abhängigkeit der beiden Fehlerarten spielt beim Hypothesentesten eine wichtige Rolle. Wie wir gesehen haben, hängt die Bedeutung der Fehler oft von Kosten-Nutzen-Überlegungen ab. Daher wird manchmal der eine, manchmal der andere Fehler minimiert. Beide Fehler auf einem Minimum zu halten, ist ebenfalls möglich. Die Grundlage dafür ist die sogenannte Stichprobenplanung, die in den folgenden Abschnitten noch genauer dargestellt wird.

Steigende Stichprobengröße und konstante geschätzte Effektstärke. Wenn die Stichprobe größer wird und die Populationsvarianz unbekannt ist, ändert sich die Form der Prüfgrößenverteilung. Wie kann man sich das vorstellen? Bleiben wir bei unserem Beispiel mit depressiven Patienten. Der geschätzte Mittelwertsunterschied beträgt für alle nachfolgend genannten Fälle sieben Punkte im BDI und die geschätzte Standardabweichung beträgt konstant 10 Punkte.

- Im *ersten Fall* ziehen wir 20 Patienten aus der Grundgesamtheit. Wir teilen diese auf, je $n = 10$ Patienten in der Kontroll- und in der Experimentalgruppe.
- Im *zweiten Fall* ziehen wir 52 Patienten aus der Grundgesamtheit. Wir teilen diese auf, je $n = 26$ Patienten in der Kontroll- und in der Experimentalgruppe.
- Im *dritten Fall* ziehen wir 80 Patienten aus der Grundgesamtheit. Wir teilen diese auf, je $n = 40$ Patienten in der Kontroll- und in der Experimentalgruppe.

Was passiert nun? Für jeden der drei Fälle ist die Grafik in ▸*Abbildung 4.22* aufgeführt. Bei unveränderter geschätzter Mittelwertsdifferenz, geschätzter Standardabweichung und damit gleichbleibender geschätzter Effektstärke wird mit zunehmender Stichprobengröße die Verteilung der Prüfgröße schmaler. Außerdem nimmt der kritische t-Wert ab, das heißt, dass es leichter wird, ein signifikantes Ergebnis zu erzielen.

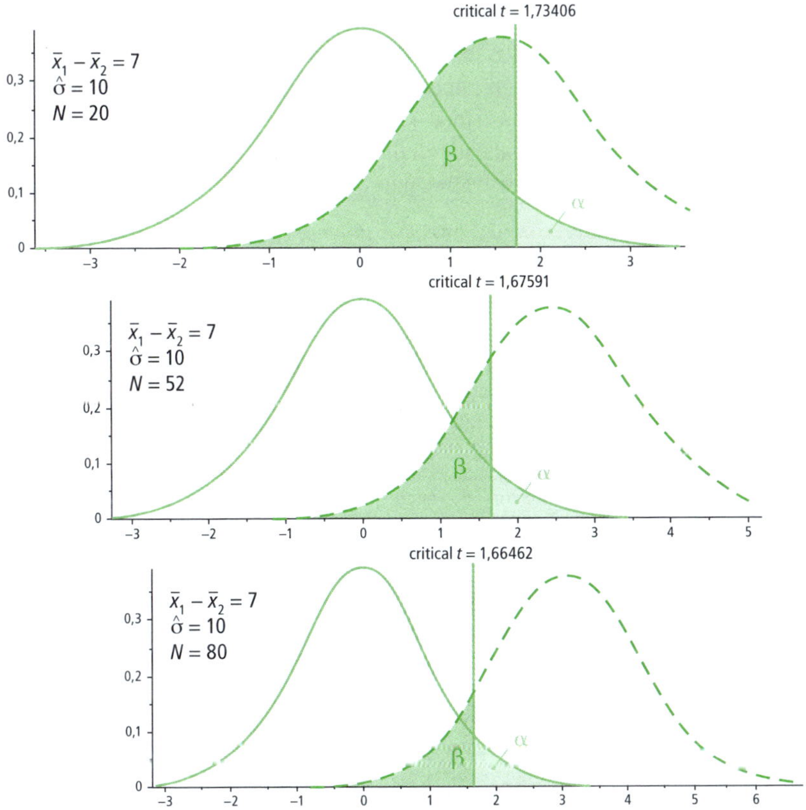

Abbildung 4.22: Kritischer t-Wert bei steigender Stichprobengröße und konstanter Effektstärke

Formel 4.13 *t*-Wert bei Anstieg der Stichprobengröße

$$t_{emp} = \frac{17-10}{\left(\frac{1}{10}+\frac{1}{10}\right)\cdot\frac{(10-1)\cdot 10^2+(10-1)\cdot 10^2}{(10-1)+(10-1)}} = 3.13$$

$$t_{emp} = \frac{17-10}{\left(\frac{1}{26}+\frac{1}{26}\right)\cdot\frac{(26-1)\cdot 10^2+(26-1)\cdot 10^2}{(26-1)+(26-1)}} = 2.52$$

$$t_{emp} = \frac{17-10}{\left(\frac{1}{40}+\frac{1}{40}\right)\cdot\frac{(40-1)\cdot 10^2+(40-1)\cdot 10^2}{(40-1)+(40-1)}} = 1.57$$

t_{emp} = empirischer t-Wert

Wie kommt dieser Effekt zustande? Wir haben bereits dargestellt, dass die Genauigkeit, mit der die Mittelwerte geschätzt werden, ansteigt, wenn die Stichprobe größer wird. Das bedeutet auch, dass die geschätzte Streuung von Mittelwerten aus gleich großen Zufallsstichproben, die aus einer Population gezogen wurden, abnimmt, wenn die Stichprobengröße zunimmt. Dies wird bei der Schätzung des Standardfehlers der Differenz deutlich, bei der im Nenner die Stichprobengröße steht. Hierdurch wird der geschätzte Standardfehler kleiner, wenn die Stichprobengröße steigt und die anderen Parameter konstant bleiben. Dieser Effekt ist in der Abbildung nachzuvollziehen. Größere Stichproben erhöhen – bei sonst gleichen Bedingungen – also die Wahrscheinlichkeit für signifikante Ergebnisse.

Steigende geschätzte Effektstärke und konstante Stichprobengröße. Betrachten wir nun ▸*Abbildung 4.23*: In dieser Abbildung sind drei Verteilungen dargestellt. Die Form der Verteilungen ist gleich, es handelt sich in allen Fällen um dieselbe Stichprobengröße. Was sich jedoch unterscheidet, ist die geschätzte Effektstärke. Sind die Stichprobengröße und die geschätzte Standardabweichung in beiden Untersuchungen gleich, hängt der t-Wert bei unabhängigen Stichproben nur noch von der Mittelwertsdifferenz ab. Greifen wir unser Beispiel wieder auf. Nehmen wir drei Untersuchungen mit derselben Stichprobengröße und geschätzter Standardabweichung an. Die drei Untersuchungen unterscheiden sich lediglich in der geschätzten Mittelwertsdifferenz: sieben, fünf oder zwei Punkte im BDI. Wie man in der Abbildung und in der Rechnung sieht, ist bei sonst gleichen Bedingungen der empirische t-Wert für die größte geschätzte Differenz auch am größten. Das heißt, dass es mit zunehmender geschätzter Mittelwertsdifferenz bzw. Effektstärke die Wahrscheinlichkeit ansteigt, den kritischen t-Wert zu übertreffen. In der Abbildung wird auch deutlich, wie sehr die Teststärke $1 - \beta$ bei zunehmender geschätzter Mittelwertsdifferenz ansteigt.

Formel 4.14 *t*-Wert bei Anstieg der Mittelwertsdifferenz

$$t_{\text{emp}} = \frac{17-10}{\left(\frac{1}{40}+\frac{1}{40}\right)\cdot\frac{(40-1)\cdot 10^2+(40-1)\cdot 10^2}{(40-1)+(40-1)}} = 3.13$$

$$t_{\text{emp}} = \frac{17-12}{\left(\frac{1}{40}+\frac{1}{40}\right)\cdot\frac{(40-1)\cdot 10^2+(40-1)\cdot 10^2}{(40-1)+(40-1)}} = 2.23$$

$$t_{\text{emp}} = \frac{17-15}{\left(\frac{1}{40}+\frac{1}{40}\right)\cdot\frac{(40-1)\cdot 10^2+(40-1)\cdot 10^2}{(40-1)+(40-1)}} = 0.89$$

t_{emp} = empirischer t-Wert

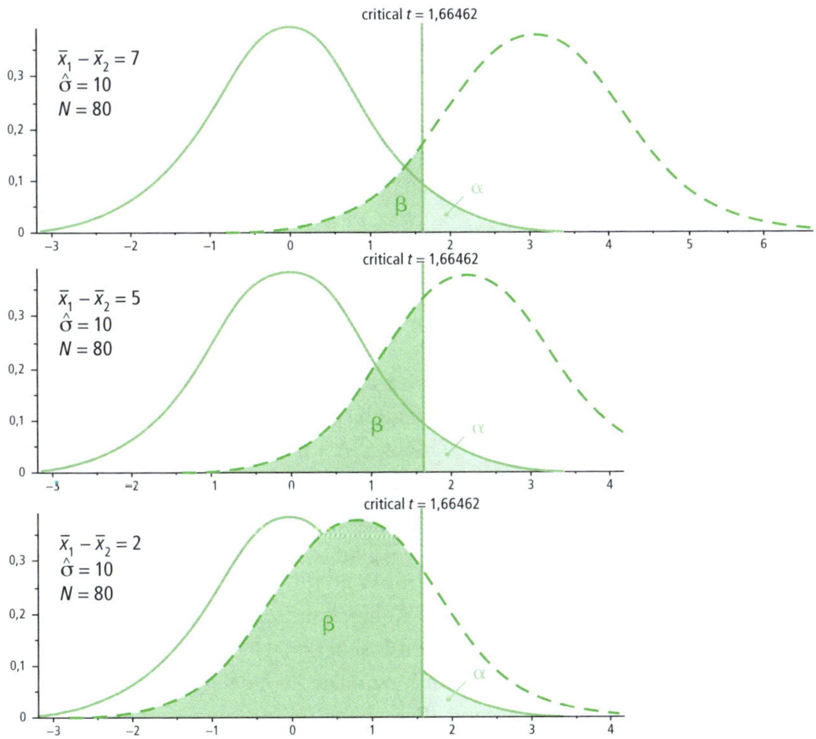

Abbildung 4.23: Auswirkungen steigender Mittelwertsdifferenz bei sonst konstant gehaltenen Bedingungen auf die Überschreitungswahrscheinlichkeit

Konstanter Mittelwertsunterschied und konstante Stichprobengröße, steigende geschätzte Streuung. Die geschätzte Streuung hat ebenfalls einen Einfluss auf die Höhe des t-Werts. Die Standardabweichung gibt an, wie stark sich die Werte der Personen einer Stichprobe oder Grundgesamtheit unterscheiden. Wir wissen auch, dass der geschätzte Standardfehler der Differenz von der geschätzten Streuung und der Stichprobengröße abhängt. Betrachten wir folgendes Beispiel: Wir prüfen verbale und numerische Intelligenz bei 17- bis 18-jährigen Gymnasiasten und fragen uns, ob Männer und Frauen sich in verbaler und numerischer Intelligenz unterscheiden. Wir haben dazu einer Stichprobe jeweils 60 numerische und verbale Intelligenztestaufgaben vorgegeben. Die Daten liegen nun vor und wir prüfen Geschlechtsunterschiede mithilfe von t-Tests. Nehmen wir an, die Mittelwerte betragen für Männer $\hat{\mu}_M = 30$ und für Frauen $\hat{\mu}_F = 33$ Punkte. Die geschätzte Standardabweichung beträgt für Männer und Frauen jeweils $\hat{\sigma}_F = \hat{\sigma}_M = 6$ Punkte. Die Stichprobengröße beträgt $n = 350$ Personen, davon sind 175 Frauen. Nehmen wir weiter an, für die numerische Intelligenz beträgt der Mittelwert für Männer $\hat{\mu}_M = 35$ und für Frauen $\hat{\mu}_F = 32$. Die geschätzte Standardabweichung beträgt $\hat{\sigma}_F = \hat{\sigma}_M = 10$ Punkte (in der Praxis sehr unwahrscheinlich, aber hier einfach angenommen). In beiden Fällen haben wir es, mit Ausnahme des Vorzeichens, mit demselben geschätzten Mittelwertsunterschied aber unterschiedlich großen geschätzten Streuungen zu tun. Es ergibt sich folgendes Bild für die t-Werte:

$$t_{348} = \frac{30-33}{\sqrt{\left(\frac{1}{175}+\frac{1}{175}\right)\cdot\frac{(175-1)\cdot 6^2+(175-1)\cdot 6^2}{(175-1)+(175-1)}}} = \frac{-3}{0.641} = -4.68$$

$$t_{348} = \frac{35-32}{\sqrt{\left(\frac{1}{175}+\frac{1}{175}\right)\cdot\frac{(175-1)\cdot 10^2+(175-1)\cdot 10^2}{(175-1)+(175-1)}}} = \frac{3}{1.07} = 2.81$$

Wir sehen, dass sich unterschiedliche Standardabweichungen bei gleicher Mittelwertsdifferenz und gleicher Stichprobengröße auf die t-Werte auswirken: Je größer die Standardabweichung, bei konstanter Stichprobengröße und gleichem Mittelwertsunterschied, desto geringer fallen die t-Werte aus.

Zusammenfassung. Zusammenfassend lässt sich also sagen, dass ein signifikantes Ergebnis wahrscheinlicher wird, wenn die Stichprobengröße steigt, die Effektstärke ansteigt oder die Streuung abnimmt. Die Bedeutung des Fehlers 1. Art haben wir in den vorangegangenen Abschnitten bereits dargestellt und wissen nun: Je höher die Wahrscheinlichkeit für den Fehler 1. Art ausfällt, desto geringer fällt die Wahrscheinlichkeit für den Fehler 2. Art aus und umgekehrt. Die Teststärke steigt – bei sonst gleichen Bedingungen –, wenn die Fehlerwahrscheinlichkeit 1. Art größer gewählt wird. Weiterhin steigt bei größerer Stichprobengröße und sonst gleichen Bedingungen die Wahrscheinlichkeit, Effekte, wenn sie in der Population vorliegen, zu entdecken (→ höhere Teststärke). Neben all diesen Vorteilen einer großen Stichprobe kommt noch ein weiterer hinzu: Die Parameterschätzungen werden präziser. In diesem Fall ist der interessierende Parameter der Mittelwertsunterschied.

Exkurs

Alternativen zum Hypothesentest: Bayes-Faktoren

Ausgangsproblem. Auch bei korrekter Versuchsplanung mithilfe des Neyman-Pearson-Ansatzes ist es möglich, dass folgendes Ergebnis auftritt: $p = 0.06$. Dies ist natürlich unbefriedigend: Die Nullhypothese kann nicht verworfen werden, da die Effektschätzung anhand der Daten knapp unter dem a priori angenommenen Effekt liegt. Dieser minimal kleinere Effekt als der ursprünglich angenommene ist jedoch trotz $p = 0.06$ plausibler als die Nullhypothese. Hier liegt ein Problem des Hypothesentestens mithilfe eines dichotomen Entscheidungskriteriums. Einen Ausweg aus diesem Dilemma bieten die sogenannten Bayes-Faktoren (BF). Dazu soll im Folgenden eine kurze Einführung gegeben werden, die sich stark an dem Artikel von Rouder, Speckman, Sun, Morey und Iverson (2009) orientiert.

Frequentistische und Bayesianische Sicht. Während die bisher dargestellten **frequentistischen Ansätze** (Vorgehen nach Fisher, Hybrid-Modell und Vorgehen nach Neyman-Pearson) Daten (D) unter einer bestimmten Hypothese betrachten (z. B. $D|H_0$), ist es in der **Bayesianischen Statistik** möglich, Wahrscheinlichkeiten für Hypothesen zu berechnen, wenn bestimmte Daten vorliegen: $H_1|D$ und $H_0|D$ (vgl. Rouder et al. 2009, S. 228). Beide Wahrscheinlichkeiten sind nicht unbedingt gleich, was folgendes Beispiel zeigen soll: Die Wahrscheinlichkeit, Zwillinge zu bekommen, wenn eine künstliche Befruchtung erfolgt ist, entspricht nicht der Wahrscheinlichkeit, einer künstlichen

Befruchtung unterzogen worden zu sein, wenn Zwillinge geboren wurden. Wenn wir dies nun auf die Entscheidung bei Hypothesen übertragen, bedeutet dies: $p(H_0|D) \neq p(D|H_0)$ und $p(H_1|D) \neq p(D|H_1)$. Über den Satz von Bayes (siehe *Abschnitt 3.7.1*) ist es möglich, $p(H_0|D)$ aus $p(D|H_0)$ unter bestimmten Vorannahmen zu berechnen:

$$p(H_1|D) = \frac{p(H_1) \cdot p(D|H_1)}{p(D)} \text{ und } p(H_0|D) = \frac{p(H_0) \cdot p(D|H_0)}{p(D)}$$

Wahrscheinlichkeiten für eine Hypothese, die auf der Basis von bereits vorliegenden Daten ermittelt werden, bezeichnet man als **A-posteriori Wahrscheinlichkeiten**. Diese werden ins Verhältnis gesetzt und ergeben einen **Wettquotienten** bzw. genauer eine **Posterior Odds** Ω (sprich Omega, großer griechischer Buchstabe).

$$\Omega = \frac{p(H_1|D)}{p(H_0|D)} = \frac{f(D|H_1)}{f(D|H_0)} \cdot \frac{p(H_1)}{p(H_0)}$$

Wenn $\Omega = 10$, ist $H_1|D$ zehnmal wahrscheinlicher als $H_0|D$.

Vorannahmen. Um die Odds

$$\frac{p(H_1|D)}{p(H_0|D)}$$

zu ermitteln, ist es nötig, bestimmte Vorannahmen zu treffen: Diese „stecken" im zweiten Teil der Formel:

$$\frac{p(H_1)}{p(H_0)}$$

Mit diesem Teil wird vor der Durchführung der Datenerhebung eine Annahme darüber getroffen, wie das Verhältnis von H_0 und H_1 a priori definiert ist. Man spricht von einer **Prior Odds**. Werden im Rahmen eines Experiments mit zwei unabhängigen Gruppen H_0 und H_1 als gleichwahrscheinlich angenommen, ergibt sich der Faktor 1. Wird erwartet, dass die H_1 wahrscheinlicher als die H_0 auftritt, wird ein Faktor größer eins verwendet.

Marginale Likelihoods. Der erste Faktor setzt sogenannte marginale Likelihoods ins Verhältnis:

$$\frac{f(D|H_1)}{f(D|H_0)}$$

Ein solcher Koeffizient wird als Bayes-Faktor BF_{10} bezeichnet, da im Zähler H_1 und im Nenner H_0 steht. Es gibt auch den Bayes-Faktor BF_{01}, bei dem im Zähler die H_0 und im Nenner die H_1 steht. Man erhält so einen Wert, der angibt, um welchen Faktor die Likelihood im Zähler die des Nenners übersteigt. Im Zähler steht in der Regel die Likelihood der Daten (D) unter H_1: $f(D|H_1)$. Im Nenner steht in der Regel die Likelihood der Daten (*D*) unter H_0: $f(D|H_0)$. Im Folgenden ist der BF_{10} dargestellt:

$$\mathrm{BF}_{10} = \frac{f(\mathrm{D}|\mathrm{H}_1)}{f(\mathrm{D}|\mathrm{H}_0)} = \frac{M_1}{M_0}$$

Die Berechnung der Likelihoods ist kompliziert und wird im Exkurs nicht dargestellt. Sie findet sich bei Rouder et al. (2009). Die Berechnung mit R ist hingegen einfach und mit dem R-Paket **Bayes Factor (Morey & Rouder, 2015)** möglich:

```
ttest.tstat(t, n1, n2, rscale = "wide")
```

Dabei sind folgende Eingaben vorzunehmen:

`t` = *t*-Wert des *t*-Tests für unabhängige Stichproben

`n1` = Stichprobengröße Gruppe 1

`n2` = Stichprobengröße Gruppe 2

`medium` = kleine a priori erwartete Effektstärke

`wide` = mittlere bis große a priori erwartete Effektstärke

`ultrawide` = große a priori erwartete Effektstärke

Der aus der Formel resultierende Bayes-Faktor gibt an, um welchen Faktor die beobachteten Daten unter der H_1 wahrscheinlicher sind als unter der H_0. Damit sind **Bayes-Faktoren unabhängig von den Prior Odds**. Unterschiedliche Wissenschaftler können bei gleichem Bayes-Faktor zu unterschiedlichen Posterior Odds kommen, abhängig davon, ob sie a priori die H_0 oder die H_1 für wahrscheinlicher halten und wie stark die jeweilige Präferenz ausfällt.

Allerdings hängt der Bayes-Faktor davon ab, ob wir unter der H_1 eher große oder eher kleine Effekte erwarten. Der Einfluss dieser Vorannahme fällt jedoch in der Regel klein aus. Die Vornahme ist subjektiv und spiegelt die „Vermutung" des Wissenschaftlers unter der gegebenen Fragestellung wider. In R wird die a priori erwartete Effektstärke indirekt mit dem **`rscale`**-Argument spezifiziert. Es stehen drei mögliche Voreinstellungen zur Verfügung. Geht man a priori von kleinen Effektstärken aus, empfiehlt sich die Einstellung „`medium`". Werden größere Effekte erwartet, ist die Einstellung „`wide`" angemessen. Je „weiter" **`rscale`** gewählt wird, desto stärker fällt der Bayes-Faktor zugunsten der H_0 aus. Möchte man also die Vorannahme möglichst so wählen, dass ein gewünschtes Ergebnis am „schwersten" realisiert wird, kann auch die Einstellung „`ultrawide`" sinnvoll sein.

Obwohl der oben beschriebene Bayes-Faktor sehr anschaulich ist, wird er in der Regel logarithmiert und anschließend bewertet. Dies wird im Folgenden kurz dargestellt.

Teilt man zwei Wahrscheinlichkeiten, setzt sie also ins Verhältnis, ergibt sich ein Wert von null bis plus unendlich. Man bezeichnet solche Koeffizienten auch als Wettquotienten oder Odds. Ist ein Wettquotient eins, bedeutet dies in unserem Fall, dass die Wahrscheinlichkeiten der Daten unter der Null- und Alternativhypothese gleich sind, z. B. jeweils $p = 0.50$. Je weiter der Wettquotient unter eins liegt, desto mehr Evidenz liegt für die Nullhypothese vor, je mehr der Wert über eins liegt, desto mehr Evidenz liegt für die Alternativhypothese vor. Werden die Wettquotienten logarithmiert, ergibt sich für den Logarithmus von eins der Wert null. Werte, die unter null liegen, sprechen für die Alternativhypothese. Werte, die über null liegen, für die Alternativhypothese. Dies ist in ▶ *Abbildung 4.24* veranschaulicht.

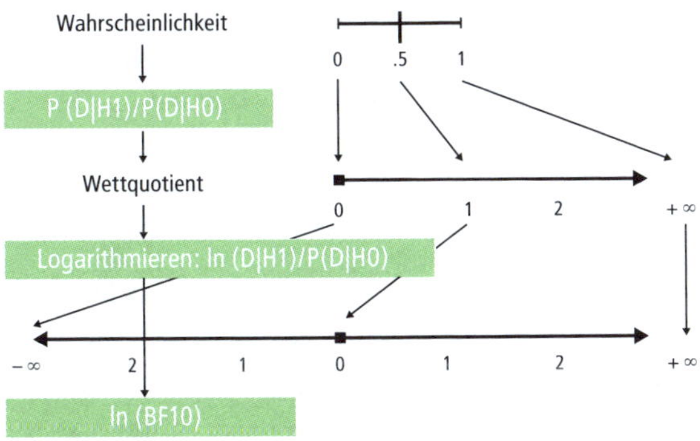

p(D|H1)	p(D|H0)	p(D|H0) /p(D|H1)	Ln(p(D|H0) /p(D|H1))
0,95	0,05	19,00	2,94
0,9	0,1	9,00	2,20
0,85	0,15	5,67	1,73
0,8	0,2	4,00	1,39
0,75	0,25	3,00	1,10
0,7	0,3	2,33	0,85
0,65	0,35	1,86	0,62
0,6	0,4	1,50	0,41
0,55	0,45	1,22	0,20
0,5	0,5	1,00	0,00
0,45	0,55	0,82	-0,20
0,4	0,6	0,67	-0,41
0,35	0,65	0,54	-0,62
0,3	0,7	0,43	-0,85
0,25	0,75	0,33	-1,10
0,2	0,8	0,25	-1,39
0,15	0,85	0,18	-1,73
0,1	0,9	0,11	-2,20
0,05	0,95	0,05	-2,94

Abbildung 4.24: Veranschaulichung des Prinzips der Bayes-Faktoren

Folgende Richtlinien haben Rouder et al. (2009) für die Interpretation der Bayes-Faktoren vorgeschlagen (Logarithmierte Grenzen des BF_{10}):

Faktor	Interpretation
> 4.6	extreme Evidenz für H_1
3.4 bis 4.6	sehr starke Evidenz für H_1
2.3 bis 3.4	starke Evidenz H_1
1.1 bis 2.3	moderate Evidenz H_1
0 bis 1.1	anekdotische Evidenz (im Sinne eines Trends) für H_1
0	keine Evidenz
−1.1 bis 0	anekdotische Evidenz (im Sinne eines Trends) für H_0
−2.3 bis −1.1	moderate Evidenz für H_0
−3.4 bis −2.3	starke Evidenz für H_0
−4.6 bis −3.4	sehr starke Evidenz für H_0
< −4.6	extreme Evidenz für H_0

Unser Beispiel führt zu folgendem Ergebnis:

```
library(BayesFactor)
ttest.tstat(3.13, 40, 40, rscale = "ultrawide")
$bf
[1] 2.377632
```

Der Wert 2.377632 stellt den logarithmierten BF_{10} dar. Es ergibt sich nach der Tabelle eine starke Evidenz für die H_1. Um den BF_{10} wieder zu erhalten, müssen wir in R folgende Syntax eingeben:

```
exp(2.377632)
```

Der in der Ausgabe resultierende Wert von 10.77935 stellt den BF_{10} dar. Damit ist, bei einer Prior Odds von 1 (H_0 und H_1 sind a priori gleich plausibel), die H_1 knapp 11-mal wahrscheinlicher als die H_0. Wir würden uns also auch mit dieser Methode für die Alternativhypothese entscheiden.

4.5 Null- oder Alternativhypothese als Wunschhypothese

Im Rahmen der Signifikanztestung müssen zwei Fälle unterschieden werden: zum einen der Fall, bei dem die Alternativhypothese die **Wunschhypothese** darstellt, und zum anderen der Fall, bei dem die Nullhypothese die Wunschhypothese darstellt. Im ersten Fall wünschen wir uns, einen Unterschied zu entdecken, und im zweiten Fall wünschen wir uns, dass kein Unterschied vorliegen möge. In beiden Fällen müssen wir unterschiedliche Fehlerwahrscheinlichkeiten entsprechend mehr beachten: Im ersten Fall muss vor allem der Fehler 1. Art kontrolliert werden und im zweiten Fall der Fehler 2. Art.

Alternativhypothese als Wunschhypothese. Beginnen wir mit dem *ersten Fall* **(Alternativhypothese als Wunschhypothese)**. Wir möchten hier darauf testen, dass es einen Effekt in der Grundgesamtheit gibt. Aus wissenschaftstheoretischer Sicht sollte man es sich besonders schwer machen, sich für die Alternativhypothese, nämlich dass es in der Grundgesamtheit einen Unterschied gibt, zu entscheiden. Ich muss also die Nullhypothese „kein Effekt in der Grundgesamtheit" so lange wie möglich beibehalten (siehe ▶*Abbildung 4.25*). Wir müssen also den Fehler 1. Art minimieren.

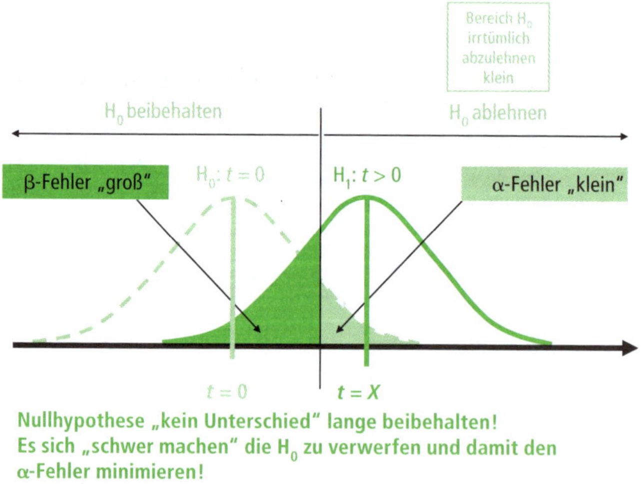

Abbildung 4.25: Alternativhypothese als Wunschhypothese

Nullhypothese als Wunschhypothese. Im *zweiten Fall* **(Nullhypothese als Wunschhypothese)** ist der Wunsch, die Annahme zu prüfen, dass es keinen Effekt in der Grundgesamtheit gibt. Daher sollte in diesem Fall die Alternativhypothese, die ausdrückt, dass ein Effekt in der Grundgesamtheit vorliegt, so lange wie möglich beibehalten werden (siehe ▶ *Abbildung 4.26*). Durch dieses Vorgehen wird die Wahrscheinlichkeit für einen Fehler 2. Art auf einem akzeptablen Minimum (z. B. fünf Prozent) gehalten.

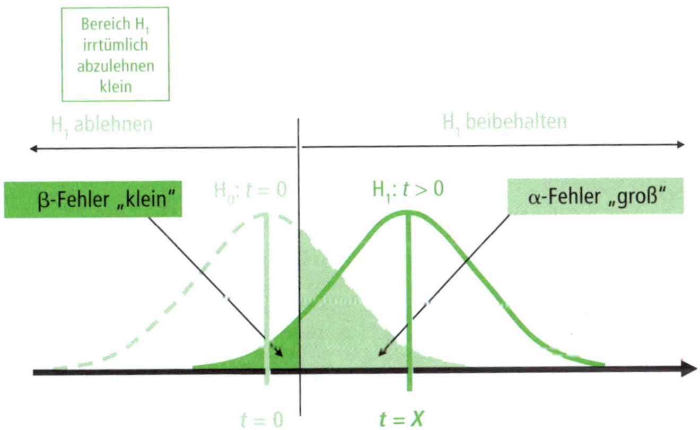

Abbildung 4.26: Nullhypothese als Wunschhypothese

Die Konsequenz ist also, dass im ersten Fall, bei dem die Alternativhypothese unsere Wunschhypothese ist, der Fehler 1. Art kleiner gewählt werden muss als der Fehler 2. Art (z. B. Fehlerwahrscheinlichkeit 1. Art: fünf Prozent, Fehlerwahrscheinlichkeit 2. Art: 20 Prozent). Im zweiten Fall, wenn die Nullhypothese unsere Wunschhypothese ist, sollte der Fehler 2. Art kleiner als der Fehler 1. Art gewählt werden (z. B. Fehlerwahrscheinlichkeit 1. Art: 20 Prozent, Fehlerwahrscheinlichkeit 2. Art: fünf Prozent). Dies ist ein wichtiges Prinzip der Hypothesentestung.

Nun haben wir uns sehr ausführlich mit den Grundlagen des Hypothesentestens auseinandergesetzt. Im Folgenden soll nun darauf eingegangen werden, wie man für verschiedene Fragestellungen eine Stichprobenplanung mithilfe eines Anwendungsprogramms durchführt.

4.6 Versuchsplanung mit G*Power und R

In diesem Unterkapitel soll an verschiedenen Beispielen gezeigt werden, wie man eine **Stichprobenplanung** durchführen und dabei die Art der Wunschhypothese berücksichtigen kann.

Praxistipp Das Programm G*Power kann unter der Internetadresse *http://www.psycho.uni-duesseldorf.de/abteilungen/aap/gpower3/* kostenlos heruntergeladen werden.

EXTRAS ONLINE

Stichprobenplanung und Berechnung der Post-hoc-Teststärke bei zwei unabhängigen Stichproben

Fall 1: Stichprobenplanung, wenn die Alternativhypothese die Wunschhypothese darstellt (G*Power). Wir möchten zunächst eine Untersuchung zur Effektivität eines Interviewtrainings für Führungskräfte planen. Eine Voruntersuchung hat folgende Ergebnisse erzielt: Der Mittelwert der $n = 5$ Führungskräfte, die das Training absolviert haben, beträgt in einem Wissenstest $\hat{\mu} = 18.5$ mit $\hat{\sigma} = 6$. Der Wert einer zweiten Gruppe von Führungskräften $n = 8$, die in der Zeit des Interviewtrainings einen Betriebsausflug absolvierten, war $\hat{\mu} = 11.5$ mit $\hat{\sigma} = 9$.

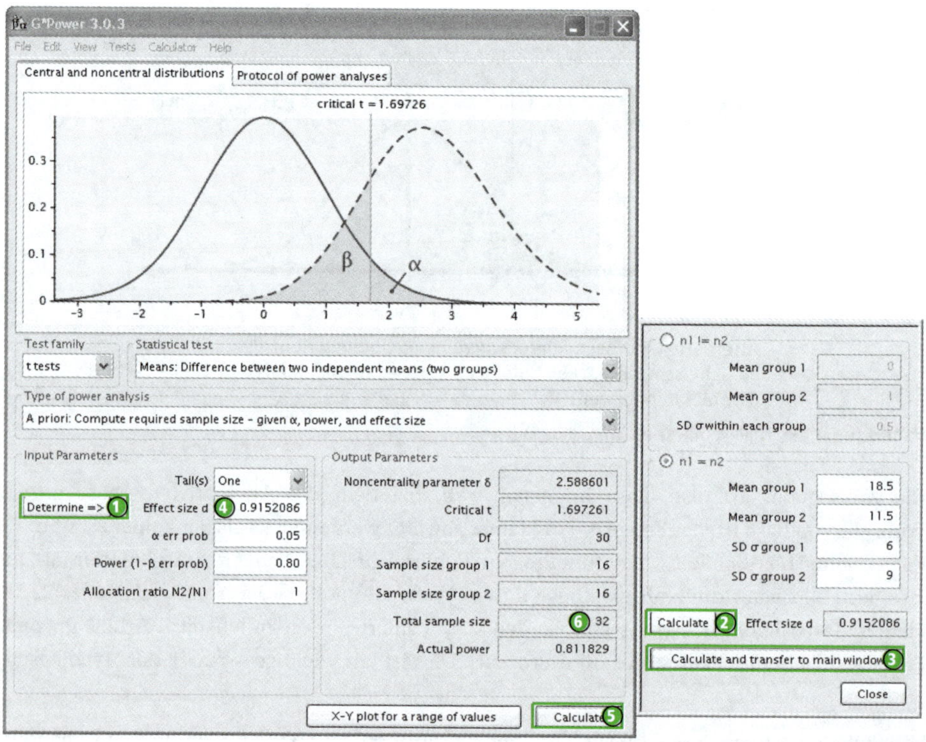

Abbildung 4.27: Berechnung der Effektstärke und der notwendigen Stichprobengröße beim *t*-Test für unabhängige Stichproben

In ▶ *Abbildung 4.27* ist die Oberfläche von G*Power dargestellt. Zunächst ist in dem Pull-Down-Menü TEST FAMILY die Option T TESTS zu wählen. In dem Menü STATISTICAL TEST wird nun MEANS: DIFFERENCE BETWEEN TWO INDEPENDENT MEANS (TWO GROUPS) ausgewählt. Danach wählen wir unter TYPE OF POWER ANALYSIS die Option A PRIORI: COMPUTE REQUIRED SAMPLE SIZE – GIVEN α, POWER, AND EFFECT SIZE. Im Anschluss daran müssen folgende Einstellungen vorgenommen werden: TAIL(S), EFFECT SIZE D (gemeint ist d_s bzw. g), α ERR PROB, POWER ($1 - \beta$ ERR PROB) und ALLOCATION RATIO N2/N1. Wenn man, wie oben empfohlen, Glass Delta verwenden möchte, muss die Effektstärke per Hand berechnet werden und dann unter EFFECT SIZE D eingesetzt werden. Im Folgenden stellen wir Überlegungen an, welche Einstellungen für unsere Fragestellung geeignet sind. Wir gehen davon aus, dass unser Training die Wissensleistung erhöht, also von einer einseitigen Testung, und setzen

TAIL(S) damit auf ONE. In diesem Fall ist die Alternativhypothese die Wunschhypothese, denn wir wollen zeigen, dass das Training wirkt. Daher müssen wir es uns schwer machen, die Nullhypothese zu verwerfen. Der schwerwiegendere Fehler wäre, zu sagen, das Training wirkt, obwohl es das nicht tut. Daher setzen wir die Fehlerwahrscheinlichkeit 1. Art (α ERR PROB) auf fünf Prozent (0.05) und nach Konvention die POWER (1 – β ERR PROB) auf 80 Prozent (0.80). Wir gehen davon aus, dass auf Kontroll- und Experimentalgruppe dieselbe Anzahl an Führungskräften aufgeteilt wird. Dies ist notwendig, da für die Eingabe entweder die Gruppengrößen oder die Standardabweichungen beider Gruppen übereinstimmen müssen. Da wir die Effektstärke noch nicht berechnet haben, können wir dies auch in G*Power tun. Um die Effektstärke zu berechnen, klicken wir auf DETERMINE => ❶. Es öffnet sich ein weiteres Menü. In diesem Menü wählen wir N1 = N2 und tragen unsere Mittelwerte und Standardabweichungen aus der Voruntersuchung in die entsprechenden Platzhalter ein. Anschließend klicken wir auf CALCULATE ❷. Dadurch wird die Effektstärke berechnet. Durch Klick auf die Schaltfläche CALCULATE AND TRANSFER TO MAIN WINDOW ❸ wird dort die berechnete Effektstärke EFFECT SIZE D ❹ automatisch an die entsprechende Stelle im Hauptfenster übertragen. Im Hauptfenster klicken wir nun auf die Schaltfläche CALCULATE ❺.

Im Fensterbereich OUTPUT PARAMETERS erscheinen nun die Stichprobengrößen (TOTAL SAMPLE SIZE) ❻, die erforderlich sind, um eine Teststärke von mindestens 80 Prozent und eine Fehlerwahrscheinlichkeit 1. Art von fünf Prozent zu erzielen: n = 32 insgesamt, dabei für n_1 = 16 und für n_2 = 16 Personen. Unter der Voraussetzung, dass sich die Effektgröße in einer weiteren Untersuchung nicht ändert, reicht eine Stichprobengröße von 32 Führungskräften (davon jeweils 16 in einer Gruppe) für die statistisch optimale Absicherung aus. Es ist jedoch ratsam, geringfügig mehr Personen zu untersuchen (z. B. zusätzlich zwei Personen je Gruppe), da mit dem Ausfall von Teilnehmern immer gerechnet werden muss.

Fall 1: Stichprobenplanung, wenn die Alternativhypothese die Wunschhypothese darstellt (R). In R lässt sich die A-priori-Stichprobenplanung, wie bereits erwähnt (*Abschnitt 4.2, Formel 4.12*), mit dem Package stats durchführen. Zuvor muss jedoch die Effektstärke, die sich in der Vorstudie ergeben hat, geschätzt werden. Dazu nutzen wir das Paket **compute.es** (Del Re, 2014):

```
library(compute.es)
mes(m.1=18.5, m.2=11.5, sd.1=6, sd.2=9, n.1=5, n.2=8, level=95)
```

Die Funktion, die wir verwenden, ist **mes** (effect size from mean). Nacheinander werden nun die Mittelwerte (m.1 und m.2), Standardabweichungen (sd.1 und sd.2) und Stichprobengrößen (n.1 und n.2) angegeben. Schließlich kann man durch den Zusatz level=95 ein Konfidenzintervall um die Effektstärke legen lassen. Neben Cohens d gibt dieser Befehl noch eine Reihe weiterer Effektstärkemaße aus, auf die wir nicht weiter eingehen. Ein Unterschied im Vergleich zu G*Power ist zu beachten. Zur Berechnung der Effektstärke verwenden beide Programme eine gepoolte Standardabweichung ($\hat{\sigma}_{\text{pooled}}$) als Schätzung der Populationsvarianz. Diese berechnet sich allgemein so:

$$\hat{\sigma}_{\text{pooled}} = \sqrt{\frac{(n_1 - 1)\cdot\hat{\sigma}_1^2 + (n_2 - 1)\cdot\hat{\sigma}_2^2}{df}}$$

$\hat{\sigma}_{pooled}$ = gepoolte Standardabweichung

n_1 = Stichprobengröße Stichprobe 1

n_2 = Stichprobengröße Stichprobe 2

$\hat{\sigma}_1$ = Standardabweichung Stichprobe 1 geschätzt für die Population

$\hat{\sigma}_2$ = Standardabweichung Stichprobe 2 geschätzt für die Population

df = Freiheitsgrade

Das Ergebnis ist, dass die geschätzte Effektstärke in G*Power größer ausfällt als in R (0.91 versus 0.87). Dies wiederum bewirkt im weiteren Verlauf, dass die geschätzte Stichprobengröße in R größer sein wird. Die entsprechende Syntax lautet:

```
library(stats) (Team, 2014)
power.t.test(n=NULL, delta=.87, sig.level=.05, power=.8, type="two.sample",
  alternative="one.sided")
```

Es kann hier auch `power` auf null (`power=Null`) gesetzt werden und n (`n=18`) auf einen bestimmten Wert festgelegt werden, dann gibt R die Power an ($1 - \beta = 0.798814$). Aus der Schätzung mit R geht hervor, dass eine Stichprobengröße von 17 Personen in jeder Gruppe, also $n = 34$ Personen insgesamt, nötig ist. In der Praxis ist ein Vorgehen mit einer kleinen Voruntersuchung nicht ohne Weiteres möglich, da nicht beliebig viele Personen zur Verfügung stehen. Manchmal kann man aber auch Effekte aufgrund von Vorüberlegungen festlegen. Solche Beispiele sind im folgenden Kasten zur Vertiefung aufgeführt.

Beispiele für Planung nach Kosten-Nutzen-Überlegungen

Abschätzbares Kosten-Nutzen-Verhältnis auf Basis der Populationsparameter. In einem Unternehmen soll ein teures Verkaufstraining durchgeführt werden. Eine Kontrollgruppe erhält das bisherige Standardverkaufstraining. Eine Experimentalgruppe das neue, teure Verkaufstraining. Man weiß, dass ein durchschnittlicher Verkäufer einen Jahresumsatz von 120000 Euro vorweisen kann. Die Standardabweichung der Jahresumsätze beträgt 20000 Euro. Die Verweildauer eines Verkäufers im Unternehmen beträgt durchschnittlich zwei Jahre. Ein Training kostet pro Mitarbeiter 5000 Euro plus 5000 Euro für Zeitausfall und zusätzliche Kosten (insgesamt 10000 Euro). Das Training würde sich also lohnen, wenn der Jahresumsatz mit dem Training durchschnittlich um mehr als 10000 Euro pro Person zunähme. Wir haben hier also eine einseitige Fragestellung. Da die Standardabweichung 20000 Euro ist, entspricht dies genau einer halben Standardabweichung. Damit muss eine Effektstärke von mindestens $\delta = 0.50$ (10000 Euro/20000 Euro) bei einseitiger Testung statistisch abgesichert werden. Legt man die genannten Einflussgrößen (neben der Effektgröße auch eine Fehlerwahrscheinlichkeit 1. Art von fünf Prozent und eine Fehlerwahrscheinlichkeit 2. Art von 20 Prozent) zugrunde, zeigen G*Power und R an, dass man in jeder Gruppe 51 Personen bei einseitiger Testung benötigen wird, um diesen Effekt statistisch abzusichern.

Abschätzbares Kosten-Nutzen-Verhältnis auf Basis kleiner Stichproben. Was würden wir aber tun, wenn die Firma nur 20 Mitarbeiter für Trainings zur Verfügung stellen könnte. Eine Möglichkeit bestünde darin, zu fordern, dass das Training deutlich effektiver sein muss, als nur die Unkosten zu decken. Und man müsste willkürlich einen Effekt annehmen, z. B. $\delta = 0.80$, ab dem man bereit ist, das Training durchzuführen. Dieser Effekt müsste jedoch sehr hoch sein, um überhaupt die Chance auf ein signifikantes Ergebnis zu erhalten, wenn die Stichprobe klein ist. Eine andere Möglichkeit bestünde darin, die nominellen Fehlerwahrscheinlichkeiten zu verändern, was durch eine Erhöhung des Fehlers 1. Art erzielt werden könnte. Man könnte also die Fehlerwahrscheinlichkeit 1. Art von fünf Prozent auf 25 Prozent erhöhen sowie die Teststärke auf 75 Prozent senken. Das bedeutet, wir nehmen eine höhere Irrtumswahrscheinlichkeit bzw. Fehlerwahrscheinlichkeit 1. Art und eine geringere Teststärke in Kauf. Die Auswirkungen beider Änderungen können mit G*Power oder R überprüft werden. Bei dem vorgeschlagenen Vorgehen würde man sechs Personen pro Gruppe benötigen, um den Effekt von $\delta = 0.80$ statistisch abzusichern.

Stellen wir uns an dieser Stelle weiter vor, eine Untersuchung mit $n = 20$ ($n = 10$ je Gruppe) ohne Stichprobenplanung und ohne Berechnung der Effektstärke hätte Folgendes ergeben: Durchschnittlicher Umsatz nach einem Jahr in der Experimentalgruppe 136000 Euro und in der Kontrollgruppe 120000 Euro, die Standardabweichung betrage 20000 Euro in beiden Gruppen. Das Ergebnis eines t-Tests würde hier wie folgt ausfallen: $t = 0.89$; $p = 0.38$. Ein Psychologe in der Human-Ressource-Abteilung kommt zu dem Ergebnis, das Training hat keinen signifikanten Effekt. Die eigentliche Effektstärke wird zwar nicht angegeben, beträgt aber

$$\frac{16000}{20000} = 0.80$$

und fällt somit groß aus. Die bloße Betrachtung der Signifikanz und die fehlende Stichprobenplanung führen dazu, dass ein sinnvolles Training möglicherweise verworfen wird. Die negative Konsequenz ist offensichtlich.

Nicht abschätzbares Kosten-Nutzen-Verhältnis ohne Restriktion der Stichprobengröße. Es soll überprüft werden, ob ein zusätzliches Entspannungstraining neben einer Angsttherapie zu einer Reduktion von Angstsymptomen führt. Die Kurztherapie dauert zwei Stunden und kostet 80 Euro. Zur Evaluation benutzt man eine Fragebogenuntersuchung, um die akute Angstsymptomatik zu erfassen. Nach der Standardtherapie liegt der Mittelwert von Patienten bei zwölf Punkten mit einer Standardabweichung von drei Punkten. Das Entspannungstraining kostet wenig Geld und ist frei von Nebenwirkungen, daher würde man es schon anwenden, wenn nur ein geringer positiver Effekt aufträte. Ein geringer Effekt läge nach Cohen (1988) bei $\delta = 0.20$ Standardabweichungen der Mittelwertsdifferenz vor. Das heißt, dass die Angstsymptomatik in einer Experimentalgruppe, die das zusätzliche Entspannungstraining bekommt, um 0.20 Standardabweichungen im Vergleich zur Kontrollgruppe, die nur die Standardtherapie bekommt, absinken müsste. Damit ist eine Reduktion von zwölf auf 11.4 Punkte nötig ($0.20 \cdot 3 = 0.60$), damit man das Entspannungstraining zusätzlich empfehlen kann:

$$\hat{\delta} = \frac{\hat{\mu}_1 - \hat{\mu}_1}{\hat{\sigma}} = \frac{12 - 11.4}{3} = 0.60\ /3 = 0.20.$$

Wenn wir von einer einseitigen Fragestellung ausgehen und die Wahrscheinlichkeit für den Fehler 1. Art auf fünf Prozent und für den Fehler 2. Art auf 20 Prozent festlegen, benötigen wir eine Stichprobe von n = 310 pro Gruppe, um einen solchen Effekt statistisch abzusichern.

Fall 2: Stichprobenplanung, wenn die Nullhypothese die Wunschhypothese darstellt (G*Power). Wir normieren einen psychologischen Konzentrationstest. Es sollen Frauen und Männer im Alter von 18 bis 40 Jahren untersucht werden. Wir legen a priori fest, dass standardisierte Mittelwertsunterschiede zwischen Frauen und Männern erst ab δ = 0.15 praktisch bedeutsam sein sollen. Aus Kostengründen wünschen wir uns natürlich, dass es tatsächlich keinen Unterschied gibt, da andernfalls getrennte Normen für jedes Geschlecht erstellt werden müssten, was insgesamt aufwendiger ist. Wir können verschiedenen Studien aus der Literatur entnehmen, dass bis jetzt keine signifikanten Mittelwertsunterschiede aufgrund des Geschlechts gefunden wurden. Im Gegensatz zum vorherigen Beispiel wählen wir jetzt eine zweiseitige Testung, da wir für keines der Geschlechter einen Vorteil annehmen. Wir wählen dann eine Fehlerwahrscheinlichkeit 1. Art von 20 Prozent. Schließlich ist in unserem Fall der Fehler 2. Art entscheidend. Wir wollen möglichst vermeiden, die Alternativhypothese abzulehnen, obwohl sie in der Grundgesamtheit gilt. Aus diesem Grund wählen wir eine Teststärke von 95 Prozent. Dies entspricht einer Fehlerwahrscheinlichkeit 2. Art von fünf Prozent. Das heißt, dass wir die Alternativhypothese so lange wie möglich beibehalten, bevor wir die Nullhypothese akzeptieren. Belassen wir das Verhältnis der beiden Stichproben bei eins, dann zeigt G*Power eine Stichprobengröße von 762 Personen pro Gruppe an. In diesem Fall beträgt die Teststärke 95 Prozent und die Fehlerwahrscheinlichkeit 1. Art 20 Prozent.

Das Vorgehen entspricht weitestgehend dem Vorgehen, wie es in *Abbildung 4.27* für das vorangegangene Beispiel bereits dargestellt ist, jedoch mit jetzt unterschiedlichen Werten für den Fehler 1. bzw. 2. Art. Zunächst sind die vorzunehmenden Programmeinstellungen gleich und es muss unter dem Pull-Down-Menü TEST FAMILY die Option T TESTS gewählt werden. Unter dem Menüpunkt STATISTICAL TEST wird dann MEANS: DIFFERENCE BETWEEN TWO INDEPENDENT MEANS (TWO GROUPS) ausgewählt. Danach wählen wir unter TYPE OF POWER ANALYSIS die Option A PRIORI: COMPUTE REQUIRED SAMPLE SIZE – GIVEN α, POWER, AND EFFECT SIZE. Abweichend vom obigen Beispiel wählen wir hier eine zweiseitige Fragestellung, da wir keine Aussagen über eine Richtung von Unterschieden treffen können (Hypothese ist, dass es keine praktisch bedeutsamen Unterschiede gibt): TAIL(S) wird auf TWO gesetzt. Die Fehlerwahrscheinlichkeit 1. Art unter α ERR PROB wird auf 20 Prozent (0.20) festgelegt und die Fehlerwahrscheinlichkeit 2. Art auf fünf Prozent durch die Einstellung POWER (1 – β ERR PROB) auf 95 Prozent (0.95). Die Stichprobengröße wird nun durch CALCULATE berechnet.

Fall 2: Stichprobenplanung, wenn die Nullhypothese die Wunschhypothese darstellt (R). Die entsprechende Befehlszeile in R lautet für dieses Beispiel:

```
power.t.test(n=NULL, delta=.15, sig.level=.20, power=.95, type="two.sample",
   alternative="two.sided")
```

Auch hier ergeben sich 762 Personen pro Gruppe.

Fall 3: Ermittlung der Teststärke post hoc (G*Power). G*Power lässt sich nicht nur dazu nutzen, um a priori eine Stichprobenplanung durchzuführen. Es lässt sich zudem auch berechnen, wie groß die Teststärke in einer bereits durchgeführten Untersuchung ausgefallen ist (Hybridmodell). Betrachten wir dazu das folgende Beispiel: Wir evaluieren ein Personalentwicklungstraining. Im Rahmen dieses Führungskräftetrainings haben 15 Führungskräfte ein soziales Kompetenztraining in der Experimentalgruppe absolviert und 15 Führungskräfte in der Kontrollgruppe an einem Vortrag zur Mitarbeiterführung teilgenommen. Zur Evaluation wurde ein Assessment Center (AC) mit drei Übungen durchgeführt. Der Mittelwert aus den drei AC-Übungen wurde für jede Gruppe ermittelt. Das heißt, dass in diesem Beispiel die Daten schon erhoben sind. Zur Leistungsbeurteilung der Übungen wurde jeweils eine verhaltensverankerte Ratingskala von 1 „starker Entwicklungsbedarf" bis 4 „Kompetenz stark ausgeprägt" verwendet und angenommen, dass für diese Skala Intervallskalenniveau vorliegt. Folgende deskriptive Statistiken haben sich ergeben: Mittelwert mit Training $\hat{\mu} = 3.58$ und $\hat{\sigma} = 0.71$ sowie Mittelwert ohne Training aber mit Vortrag $\hat{\mu} = 3.39$ und $\hat{\sigma} = 0.69$.

In ▶ *Abbildung 4.28* ist wieder die Oberfläche von G*Power dargestellt. Zunächst ist unter dem Pull-Down-Menü TEST FAMILY wie im Fall 1 die Option T TEST zu wählen. Unter STATISTICAL TEST wird nun wiederum MEANS: DIFFERENCE BETWEEN TWO INDEPENDENT MEANS (TWO GROUPS) ausgewählt. Danach wird unter TYPE OF ANALYSIS die Option POST HOC: COMPUTE ACHIEVED POWER – GIVEN α, SAMPLE SIZE, AND EFFECT SIZE gewählt. Wir gehen davon aus, dass unser Kompetenztraining die Leistung gegenüber dem Vortrag erhöht, führen also eine einseitige Testung durch und setzen daher TAIL(S) auf ONE. Die Fehlerwahrscheinlichkeit 1. Art α ERR PROB wird auf fünf Prozent (0.05) festgelegt und für beide Stichproben wird die Stichprobengröße von 15 in die Felder SAMPLE SIZE GROUP 1 und SAMPLE SIZE GROUP 2 eingetragen. Danach wählen wir DETERMINE => ❶ und tragen die Mittelwerte und Standardabweichungen in die entsprechenden Felder MEAN GROUP 1 und MEAN GROUP 2 bzw. SD σ GROUP 1 und SD σ GROUP 2 ein. Anschließend klicken wir auf die Schaltfläche CALCULATE AND TRANSFER TO MAIN WINDOW ❷ und danach im Hauptfenster auf CALCULATE ❸.

Die geschätzte Effektstärke (EFFECT SIZE D) beträgt 0.27 ❹. Der empirische t-Wert lautet für dieses Beispiel $t = 1.44$ (Berechnung ist hier nicht dargestellt), was bei 28 Freiheitsgraden im Vergleich mit dem kritischen t-Wert (CRITICAL T) ❺ nicht signifikant ist. Die Überschreitungswahrscheinlichkeit beträgt $p = 0.23$ (nicht dargestellt). Die Teststärke POWER beträgt in diesem Fall nur knapp 18 Prozent ❻. Das heißt, dass der kritische oder ein extremerer t-Wert unter der Alternativhypothesenverteilung mit dem empirischen t-Wert als Erwartungswert nicht sehr wahrscheinlich ist. Damit ist die Wahrscheinlichkeit eines Fehlers 2. Art sehr hoch ($\beta \approx 0.82$). Dies ist insgesamt kein befriedigendes Ergebnis. Die Stichprobe war also viel zu klein, um den gefundenen Effekt statistisch optimal abzusichern. Nun könnten wir aufgrund der vorangegangenen Überlegungen die Wahrscheinlichkeit für den

Fehler 1. Art als Daumenregel auf 20 Prozent setzen, um die Wahrscheinlichkeit für den Fehler 2. Art zu reduzieren. Dazu tragen wir unter α ERR PROB 0.20 ein. Als neue Power ergibt sich damit eine Power von etwa 46 Prozent. Dies ist jedoch ebenfalls unbefriedigend.

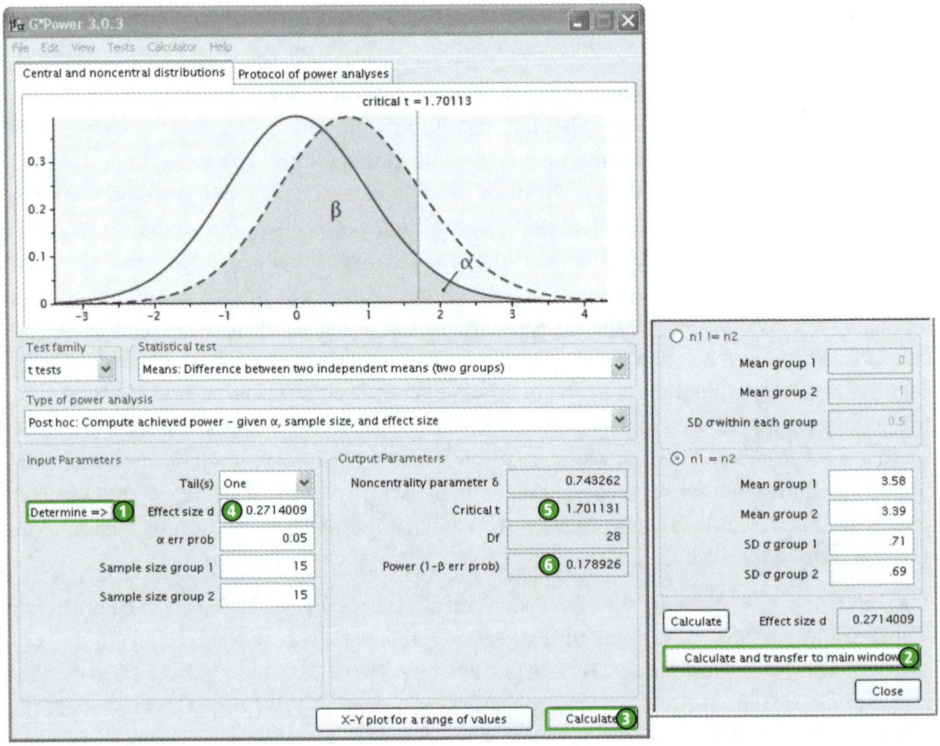

Abbildung 4.28: Berechnung der Power beim *t*-Test für unabhängige Stichproben

Fall 3: Ermittlung der Teststärke post hoc (R). Auch in R müssen wir zunächst die Effektstärke berechnen und nutzen dazu wieder den Befehl `mes` aus dem `compute.es`-Package:

```
library(compute.es)
mes(m.1=3.58, m.2=3.39, sd.1=.71, sd.2=.69, n.1=15, n.2=15, level=95)
```

Es ergibt sich ebenfalls eine Effektstärke von 0.27. Diese können wir nun mit den Beispielspezifikationen für den Befehl `power.t.test` des `stats`-Pakets benutzen:

```
power.t.test(n=30, delta=.27, sig.level=.05, power=NULL, type="two.sample",
   alternative="one.sided")
```

Da wir in diesem Beispiel nicht die Stichprobengröße sondern die Power suchen, steht hier nun `NULL`. Das Ergebnis entspricht dem Ergebnis von G*Power. Um auch in R ein alternatives α-Niveau anzunehmen, muss der R-Code entsprechend angepasst werden:

```
power.t.test(n=30, delta=.27, sig.level=.20, power=NULL, type="two.sample",
   alternative="one.sided")
```

Fall 3a: Criterion-Poweranalyse (G*Power). Es ist auch ein anderer Fall denkbar. Nehmen wir an, der Mittelwert in der Experimentalgruppe wäre 3.86 gewesen und alle anderen Werte wären gleich geblieben. Die Überschreitungswahrscheinlichkeit für einen einseitigen Test wäre in diesem Fall $p = 0.038$ (nicht dargestellt). Damit müssten wir die Nullhypothese ablehnen. Die Teststärke beträgt allerdings auch nur 0.56. Das bedeutet, der geschätzte Effekt von $\delta = 0.67$ ist signifikant, also sehr unwahrscheinlich unter Geltung der Nullhypothese. Allerdings ist die Wahrscheinlichkeit, den kritischen oder einen extremeren *t*-Wert unter der Alternativhypothesenverteilung mit dem empirischen *t*-Wert als Erwartungswert zu erhalten, nur etwas wahrscheinlicher als ein Münzwurf. Etwas vereinfachter gesagt, ist unser Stichprobenergebnis zwar unter Geltung der Nullhypothese unwahrscheinlich, aber leider auch unter Geltung der Alternativhypothese nicht sehr wahrscheinlich. In der Literatur wird die Teststärke oft gar nicht angegeben und der Leser erfährt von diesem Dilemma nichts. In Fällen wie diesen bleiben drei Möglichkeiten. Entweder man repliziert den Effekt, was ebenfalls ein Hinweis darauf wäre, dass er nicht durch Zufall zustande gekommen ist. Alternativ müssen weitere Personen nacherhoben werden, um den Effekt mit ausreichender Teststärke absichern zu können. Dies ist nicht korrekt, denn es wäre dazu ein neuer Ziehungsvorgang nötig. Möglich ist jedoch auch eine dritte Alternative: Hierbei werden die **Fehlerwahrscheinlichkeit 1. und 2. Art so verändert**, dass die **Fehlerwahrscheinlichkeit kontrolliert** wird, die eine **gravierendere Fehlentscheidung** darstellt. Wir würden also andere Irrtumswahrscheinlichkeiten in Kauf nehmen. Diese Berechnungen werden mit der **Criterion-Power-Analyse** (siehe ▸*Abbildung 4.29*) durchgeführt. Dies bedarf jedoch einer guten inhaltlichen Begründung, und das Vorgehen sollte schon a priori nach Kosten-Nutzen-Überlegungen so festgelegt werden.

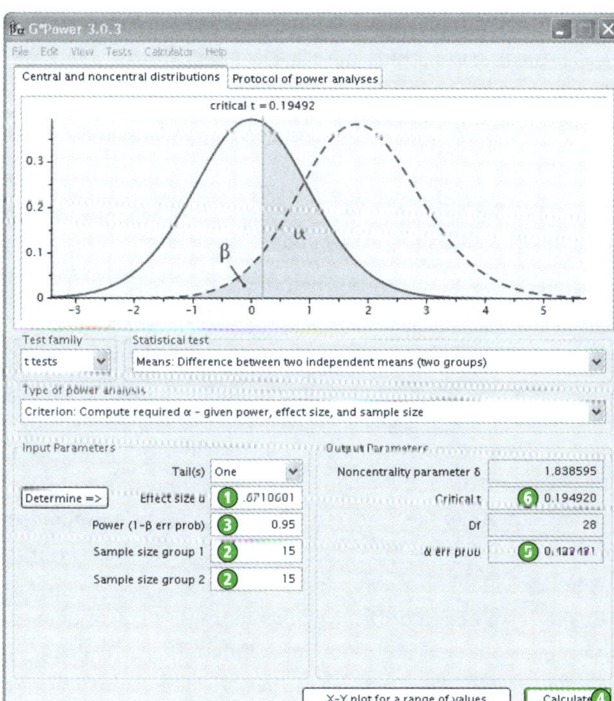

Abbildung 4.29: Criterion-Power-Analyse

Nehmen wir an, in unserem Beispiel wäre der Fehler 2. Art wichtiger. Wir wollen also nicht den Fehler begehen, zu sagen, das Training hat keinen Effekt, wenn es tatsächlich einen Effekt in der Grundgesamtheit hat. Unter diesen Umständen halten wir die Fehlerwahrscheinlichkeit 2. Art bei fünf Prozent konstant und ändern nun die Fehlerwahrscheinlichkeit 1. Art dementsprechend. G*Power bietet hierzu die Möglichkeit, eine Criterion-Power-Analyse durchzuführen. Alle Einstellungen bleiben unverändert, lediglich unter TYPE OF POWER ANALYSIS wählen wir die Option CRITERION: COMPUTE REQUIRED α – GIVEN POWER, EFFECT SIZE, AND SAMPLE SIZE. Wir wählen für die Effektstärke $\hat{\delta}$ (EFFECT SIZE D) einen Wert von 0.6713601 ❶ (ergibt sich bei einem Mittelwert von 3.86 in der Experimentalgruppe), für die POWER 0.95 ❸ und für die Stichprobengröße (SAMPLE SIZE) jeweils 15 ❷. Nach dem Betätigen der Schaltfläche CALCULATE ❹ wird ein kritischer t-Wert (CRITICAL T) angegeben, der gewährleistet, dass die Power 0.95 bei der gegebenen Effektstärke und Gruppengröße beträgt. Der berechnete kritische t-Wert beträgt 0.195 ❻ und die dazu gehörige Fehlerwahrscheinlichkeit 1. Art (α ERROR PROB) ist 0.42 ❺. Die Teststärke (POWER) beträgt nun 95 Prozent, allerdings akzeptieren wir auch eine Fehlerwahrscheinlichkeit 1. Art von 42 Prozent. Dies ist jedoch eine Fehlentscheidung, die für uns je nach Fragestellung leichter hinnehmbar ist. Der empirische t-Wert in unserer Untersuchung ist $t = 1.839$ (nicht dargestellt) und fällt somit größer als der kritische t-Wert von $t = 0.195$ aus.

Fall 3b: Criterion-Poweranalyse (R). In R passen wir die bereits mehrfach verwendete Befehlszeile entsprechend an.

```
power.t.test(n=15, delta=0.6713601, sig.level=NULL, power=.95, type="two.sample",
  alternative="one.sided")
```

Leider wird bei Verwendung dieser Befehlszeile ein Fehler produziert, der besagt, dass nicht die volle Genauigkeit erreicht wurde. Für einen zweiseitigen Test wird eine Ausgabe ohne Fehlermeldung produziert:

```
power.t.test(n=15, delta=0.6713601, sig.level=NULL, power=.95, type="two.sample",
  alternative="two.sided")
```

Hier beträgt das neue festgelegte Niveau für den Fehler 1. Art 0.84. In G*Power würde man unter den vergleichbaren Eingaben einen Wert von 0.75 erhalten.

Was zeigen die Beispiele? Eine Fehlerwahrscheinlichkeit 1. Art von fünf Prozent ist in der Wissenschaft allgemein akzeptiert. Günstiger wäre es, ohne Rücksicht auf diese Konvention zunächst festzulegen, welcher Fehler für die durchzuführende Untersuchung der schwerwiegendere ist (**Fehlerabwägung**). Betrachten wir folgendes Beispiel: Eine Multicenterstudie möchte eine extrem seltene neurologische Erkrankung mit tödlichem Verlauf untersuchen. Genau 20 Patienten erfüllen die Kriterien zur Untersuchungsteilnahme. Die neue, durch Zufall entdeckte Medikation ist relativ nebenwirkungsfrei und preisgünstig. Wenn wir diese 20 Patienten auf eine Experimental- und eine Kontrollgruppe aufteilen, bleiben lediglich zehn Personen pro Gruppe übrig. Bei einer Fehlerwahrscheinlichkeit 1. Art von fünf Prozent und einer Fehlerwahrscheinlichkeit 2. Art von 20 Prozent wäre ein Effekt von 1.16 nötig, um ein signifikantes Ergebnis zu erzielen. Das Medikament müsste also eine extreme Verbesserung erzielen. Allerdings stellt sich hier doch eine andere Frage: Welcher Fehler hat gravierendere Konsequenzen für die Patienten? Ist es hier tatsächlich für die Patienten entscheidend, dass der Fehler 1. Art so gering wie möglich ausfällt, nämlich die Nullhypothese zu Unrecht abzulehnen? Oder ist es nicht vielmehr entscheidender für die Patienten, dass der

Fehler 2. Art – also die Alternativhypothese „Das Medikament wirkt" zu Unrecht abzulehnen – so gering wie möglich ausfällt? In diesem Beispiel trifft wohl eher Letzteres zu, wenn das Medikament praktisch keine Nebenwirkungen hat. Das bedeutet, dass man an dieser Stelle die Fehlerwahrscheinlichkeit 2. Art so gering wie möglich halten muss. Auch dies ist – wie oben gezeigt – möglich: Bei einer Fehlerwahrscheinlichkeit 2. Art von fünf Prozent, einer einseitigen Alternativhypothese und der Annahme, dass ein mittlerer Effekt ($\delta = 0.50$) besteht, könnten wir die Nullhypothese bereits bei einem p-Wert kleiner oder gleich 0.71 verwerfen. Das heißt, dass wir die nominelle Fehlerwahrscheinlichkeit 1. Art in Abhängigkeit der gewünschten Fehlerwahrscheinlichkeit 2. Art festlegen würden. Das mag zunächst etwas seltsam anmuten, wäre jedoch in diesem Fall eine kluge Entscheidung. Wenn der Fehler 1. Art jedoch nach Meinung des Forschers oder eines Expertenteams zu hoch ausfällt, kann auch die Fehlerwahrscheinlichkeit 2. Art erhöht werden, wodurch die Fehlerwahrscheinlichkeit 1. Art wieder sinkt. Das hier verwendete G*Power-Verfahren wird als **Criterion-Poweranalyse** bezeichnet und wurde bereits weiter oben dargestellt.

Beide hier genannten Überlegungen sollten **vor** der Durchführung des Hypothesentests erfolgen:

(1) Welcher Effekt ist wirklich praktisch bedeutsam?

(2) Welche Fehlentscheidung wiegt schwerer?

Aus diesem Abschnitt wird deutlich, dass Hypothesentesten nicht nur eine statistische Frage, sondern auch eine Frage von Kosten-Nutzen-Erwägungen darstellt und sogar eine ethische Frage oder Entscheidung sein kann.

Stichprobenplanung für unser Depressionstherapiebeispiel

Wir haben zwei unabhängige Gruppen verglichen, eine davon hat eine Depressionstherapie bekommen. Die geschätzte Effektstärke beträgt $\hat{\delta} = 0.70$. Wie viele Personen hätten ausgereicht, um diesen Effekt statistisch abzusichern ($\alpha = 0.05$; $1 - \beta = 0.80$; einseitig)? Es wären laut Berechnung 26 Personen pro Gruppe ausreichend gewesen. Wir haben 40 Personen pro Gruppe untersucht. Wie man an unserem Beispiel sieht, ist die Stichprobenplanung bei großen erwarteten Effekten besonders effektiv, um Kosten für das Erheben von Versuchspersonen einzusparen. Der größte Vorteil liegt jedoch darin, dass ein signifikanter Effekt bei sorgfältigen Kosten-Nutzen-Überlegungen gleichzeitig auch immer praktisch bedeutsam ist. Auf der anderen Seite hat eine größere oder gar große Stichprobe immer den Vorteil, dass die Genauigkeit der Parameterschätzung höher ist. Außerdem würde unsere Stichprobenplanung davon ausgehen, dass der Effekt in der Größe auch in der Population vorliegt. Betrachten wir die Effektstärke, ist diese jedoch auch nur mit einer gewissen Präzision geschätzt. Würden wir ein Konfidenzintervall für die Effektstärke bilden und die untere Grenze zur Planung verwenden (also einen Mindesteffekt absichern), würden wir deutlich mehr Personen untersuchen müssen. Beispielsweise im Falle von Klinischen Studien, in denen die Untersuchung eine Belastung darstellt, sind solche Überlegungen genau gegeneinander abzuwägen.

4.7 Verteilungen

Bisher wurde ein Überblick über grundlegende Prinzipien des Hypothesentestens gegeben. Der folgende Abschnitt würde auch sehr gut in das *Kapitel 3 Wahrscheinlichkeit* passen. Er wird aber bewusst hier angefügt, da wir zeigen möchten, dass die dargestellten Verteilungen nötig sind, um Entscheidungen im Rahmen des Signifikanztests zu treffen. Es wurde bereits gezeigt, dass zur Überprüfung, ob ein Unterschied signifikant ist, Verteilungen von Prüfgrößen herangezogen werden. Als Beispiel wurde die stetige *t*-Verteilung gewählt. Im Folgenden werden nun weitere Verteilungen dargestellt, die für andere Hypothesentests herangezogen werden können. Man kann hier diskrete und stetige Verteilungen unterscheiden. Im Rahmen der **diskreten Verteilungen** wird hier nur auf die Binomialverteilung eingegangen. Im Rahmen **stetiger Verteilungen** werden die Normalverteilung, die χ^2-Verteilung (Chi^2-Verteilung) und die F-Verteilung näher dargestellt.

4.7.1 Diskrete Verteilungen (Binomialverteilung)

Diskrete Verteilungen. Bei einem Zufallsexperiment, bei dem einzelne, endlich oder unendlich abzählbare Werte als Ergebnis auftreten, werden diese auch diskret genannt. Die Zufallsvariable wird mit dem Großbuchstaben X bezeichnet, und die Werte, die diese Zufallsvariable annehmen kann, mit einem kleinen x. Betrachten wir folgendes Beispiel: Eine Person antwortet auf eine Frage (synonym: ein Item) in einem Intelligenztest. Es gibt nun zwei mögliche Ausgänge für dieses Zufallsexperiment: Die Person löst das Item ($x = 1$) oder sie löst das Item nicht ($x = 0$). Formal ausgedrückt bedeutet dies, dass die Itembeantwortung durch eine diskrete Zufallsvariable X definiert wird, die zwei Werte annehmen kann: $x = \{0,1\}$. Eine solche Zufallsvariable wird in der Mathematik als **Bernoulli-Variable** bezeichnet. Das heißt, dass die Wahrscheinlichkeit im Rahmen dieses Zufallsexperiments nur für die Zahlen 0 und 1 von null verschieden ist. Für alle anderen Zahlen ist die Wahrscheinlichkeit bei diesem Zufallsexperiment null: Eine Person kann z. B. keinen Wert von 0.5, 1.5 oder 2 erzielen. Solche Zahlen sind bei diesem Zufallsexperiment nicht realisierbar und stellen ein unmögliches Ereignis dar. Nun kann man für diskrete Zufallsvariablen bestimmen, mit welcher Wahrscheinlichkeit ein bestimmtes Ergebnis dieses Zufallsexperiments (z. B. das Item zu lösen) eintritt. Dazu wird für die Zufallsvariable X eine Wahrscheinlichkeitsfunktion $f(X)$ definiert, aus der man die Wahrscheinlichkeit für das Eintreten eines konkreten Ereignisses $x = 1$ oder $x = 0$ bestimmen kann. Beispiel einer solchen Wahrscheinlichkeitsfunktion ist die Binomialfunktion.

Binomialverteilung. Die **Binomialverteilung** wird durch einen Bernoulli-Prozess erzeugt: Es handelt sich um eine Folge unabhängiger Zufallsexperimente mit jeweils zwei möglichen Ausgängen. Die Binomialverteilung beschreibt also die Auftretenswahrscheinlichkeit zweier alternativer Ereignisse, beispielsweise, ob eine Person ein Item löst (p) oder nicht löst (q). Die Wahrscheinlichkeiten für die beiden Ereignisse sind bei jedem Item konstant (p bzw. q, wobei $q = 1 - p$). Bleiben wir bei unserem Beispiel. Nehmen wir an, der Test enthielte zehn Items und jedes Item hätte dieselbe Lösungswahrscheinlichkeit von $p\ (x = 1) = 0.33$. Nun könnten wir uns die Frage stellen, wie wahrscheinlich es ist, bei diesem Test genau sechs Items zu lösen. Diese Wahrscheinlichkeit hängt unter anderem von der Anzahl der Versuche N und der Wahrscheinlichkeit p für günstige Ereignisse oder Treffer (Zahl der Treffer n) ab. Wir wissen, dass die Wahrscheinlichkeiten für unabhängige Ereignisse aufmultipliziert werden (siehe *Kapitel 3*), das heißt wir suchen die Wahrscheinlichkeit dafür, bei zehn Versuchen sechsmal (p) ein Item zu lösen (Wahrscheinlichkeit p) und viermal ($N - n$) ein Item nicht zu lösen (Wahrscheinlichkeit $1 - p$):

$$\frac{1}{3}\cdot\frac{1}{3}\cdot\frac{1}{3}\cdot\frac{1}{3}\cdot\frac{1}{3}\cdot\frac{1}{3}\cdot\left(1-\frac{1}{3}\right)\cdot\left(1-\frac{1}{3}\right)\cdot\left(1-\frac{1}{3}\right)\cdot\left(1-\frac{1}{3}\right)=\left(\frac{1}{3}\right)^6\cdot\left(\frac{2}{3}\right)^4=0.00027$$

Wir multiplizieren sechsmal die Wahrscheinlichkeit für die günstigen Ereignisse (n) und viermal die Wahrscheinlichkeit für die ungünstigen Ereignisse ($N - n$, wobei N die Anzahl der möglichen Ereignisse darstellt). Wir erhalten nun aber nur die Wahrscheinlichkeit, die ersten sechs Items zu lösen und die letzten vier Items nicht zu lösen. Es könnte natürlich auch sein, dass wir die ersten vier Items nicht lösen, dafür aber die letzten sechs. Es sind auch noch weitere Kombinationen denkbar. Die Gesamtzahl möglicher Kombinationen von sechs richtigen und vier falschen Lösungen ermitteln wir über den Binomialkoeffizienten (siehe *Kapitel 3*):

$$\binom{N}{n}=\frac{N!}{n!\cdot(N-n)!}=\frac{10\cdot9\cdot8\cdot7\cdot6\cdot5\cdot4\cdot3\cdot2\cdot1}{6\cdot5\cdot4\cdot3\cdot2\cdot1\cdot(10-6)!}=\frac{10\cdot9\cdot8\cdot7}{4\cdot3\cdot2\cdot1}=210$$

N = mögliche Ereignisse

n = günstige Ereignisse

Binomialfunktion. Das heißt, dass es 210 verschiedene Reihenfolgen gibt, bei denen sechs Aufgaben richtig und vier falsch gelöst werden können. Uns interessiert nun nicht die Wahrscheinlichkeit für die Reihenfolge, wie sie oben gewählt wurde, sondern die Wahrscheinlichkeit, unabhängig von der Reihenfolge genau sechs von zehn Items zu lösen. Gerade haben wir gesehen, wie wir die Wahrscheinlichkeit bestimmen können, dass die ersten sechs richtig und die letzten vier falsch gelöst wurden. Da wir immer Wahrscheinlichkeiten multiplizieren und da Faktoren bei einer Multiplikation vertauscht werden können, ohne dass sich das Ergebnis ändert, ist dieses immer gleich, unabhängig davon, welche Reihenfolge vorliegt. Daher können wir die gerade berechnete Wahrscheinlichkeit für ein Ereignis (hier: 0.00027) einfach mit der Anzahl aller möglichen Reihenfolgen für die gewünschte Anzahl richtiger Lösungen (hier: 210) multiplizieren. Diese Wahrscheinlichkeit, unter N Versuchen bei einer Wahrscheinlichkeit p genau n günstige Ereignisse unabhängig von der Reihenfolge zu erhalten, ist dann:

Formel 4.15 Binomialfunktion

$$p(x=n|N,p)=\binom{N}{n}\cdot p^n\cdot q^{N-n}$$

$$p(x=n|N,p)=210\cdot\left(\frac{1}{3}\right)^6\cdot\left(\frac{2}{3}\right)^4=210\cdot 0.00137\cdot 0.1975=0.0569$$

N = mögliche Ereignisse

r = günstige Ereignisse

p = Wahrscheinlichkeit für ein günstiges Ereignis

q = $1-p$

Diese Formel wird auch als Binomialfunktion bezeichnet. Das bedeutet, dass sie jedem möglichen Ereignis eine Wahrscheinlichkeit zuweist. Wie wir sehen, ist die Wahrscheinlichkeit, *genau* sechs aus zehn Items in diesem Intelligenztest zu lösen, sehr gering. Informativer ist es, die Wahrscheinlichkeit zu ermitteln, sechs oder weniger Items in diesem Test zu lösen. Dazu müsste man die Wahrscheinlichkeiten, null bis sechs Items zu lösen, addieren (bzw. die Gegenwahrscheinlichkeit bilden).

Günstige	p
0	1.734153e-02
1	8.670765e-02
2	1.950922e-01
3	2.601229e-01
4	2.276076e-01
5	1.365645e-01
6	5.690190e-02

Die Summe dieser Wahrscheinlichkeiten beträgt 0.98. Bei einer Lösungswahrscheinlichkeit von 1/3 ist es also sehr wahrscheinlich sechs oder weniger als sechs Items von insgesamt 10 Items korrekt zu lösen. Hier ist der Rechenweg über die komplementäre Wahrscheinlichkeit (sieben richtige Aufgaben oder mehr korrekt zu lösen) dargestellt:

7	1.625768e-02
8	3.048316e-03
9	3.387018e-04
10	1.693509e-05

Die Summe dieser Wahrscheinlichkeiten ergibt etwa 0.02. Zieht man dies von eins ab, ergibt sich auch eine Wahrscheinlichkeit von 0.98, sechs oder weniger als sechs Items von insgesamt 10 Items korrekt zu lösen.

So lässt sich für jede mögliche Kombination aus richtigen und falschen Lösungen eine Wahrscheinlichkeit bestimmen. Diese ist von null richtigen und zehn falschen Items bis zu zehn richtigen und null falschen Items angegeben.

Erwartungswert und Varianz. Wenn wir die Anzahl der günstigen Ereignisse und deren Wahrscheinlichkeiten in ein Koordinatensystem eintragen, entsteht eine sogenannte Binomialverteilung. Die Binomialverteilung ist eingipflig und für $p = q = 0.5$ symmetrisch. Der Erwartungswert bzw. Mittelwert dieser theoretischen Verteilung ist gegeben durch $\mu_p = N \cdot p$ mit der Varianz $\sigma_p^2 = N \cdot p \cdot q$. Strebt die Stichprobengröße gegen unendlich, geht die Binomialverteilung in eine Normalverteilung mit $\mu = N \cdot p$ über. Bei $n \cdot p \cdot q \geq 9$ kann die Binomialverteilung durch eine Normalverteilung gut angenähert werden.

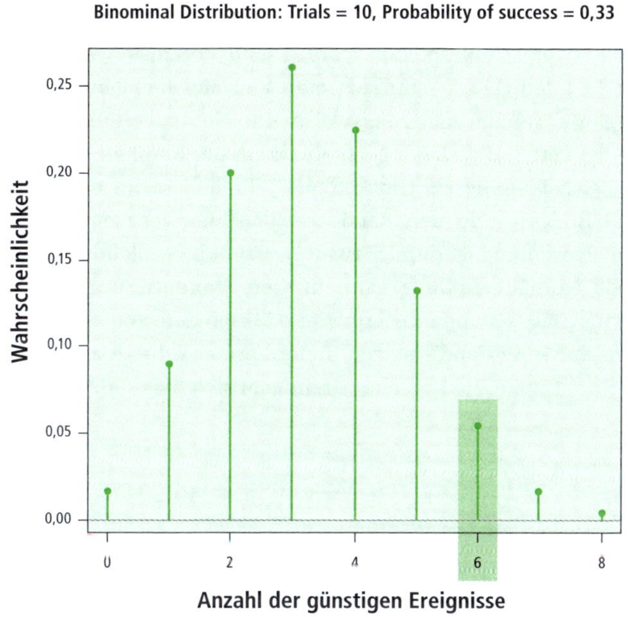

Abbildung 4.30: Beispiel für eine Binomialverteilung

In ▸*Abbildung 4.30* ist ein Beispiel für eine Binomialverteilung dargestellt. Auf der x-Achse sind die möglichen Ausgänge des gerade beschriebenen Zufallsexperiments abgetragen. Sie reichen theoretisch von keinem richtigen Item bis zu zehn richtigen Items. Dabei sind die Wahrscheinlichkeiten, neun oder zehn von zehn Items zu lösen, in der Grafik nicht mehr aufgeführt, weil sie zu gering sind. Auf der y-Achse kann die Wahrscheinlichkeit abgelesen werden, mit der eine bestimmte Anzahl richtiger Lösungen erzielt wird, wenn wir annehmen, die Lösungswahrscheinlichkeit sei konstant 0.33 für jedes Item. Der grüne Balken zeigt unser obiges Beispiel an, sechs von zehn Items richtig zu lösen. Die Wahrscheinlichkeit bei zehn Versuchen, genau sechsmal ein Item zu lösen, beträgt 0.057. Am wahrscheinlichsten ist es jedoch, drei von zehn Items zu lösen (bei $x = 0.33$). Aus der Abbildung der diskreten Verteilung geht hervor, dass es zwischen den Werten für die einzelnen Argumente (x-Werte) Lücken gibt. Dies kommt daher, dass es eben nicht möglich ist, dass das Zufallsexperiment einen Ausgang nimmt, der zwischen den Werten liegt. So ist es nicht möglich, 6.5 oder 7.329

Items richtig zu lösen. Daher wird zwischen den Werten auch keine Verbindungslinie gezogen. Bei stetigen Verteilungen ist dies anders.

4.7.2 Stetige Verteilungen

Bei einer stetigen Verteilung werden auf der *x*-Achse ebenfalls die möglichen Ausgänge eines Zufallsexperiments abgetragen, auf der *y*-Achse jedoch die Wahrscheinlichkeitsdichte. Da theoretisch unendlich viele Werte auf der *x*-Achse möglich sind, wird die Verteilung mit einer durchgezogenen Linie dargestellt. Im Folgenden werden die wichtigsten stetigen Wahrscheinlichkeitsverteilungen erläutert.

Normalverteilung. Die wichtigste Verteilung in der Psychologie ist die **Normalverteilung**. Wir haben diese bereits in den vorherigen Kapiteln immer wieder verwendet und bereits in *Abschnitt 3.6.2* kurz vorgestellt. Viele psychologische Merkmale werden als normalverteilt angenommen, z. B. Intelligenz. Wenn sich eine Vielzahl unabhängiger, zufälliger Effekte aufsummiert, ergibt sich auch näherungsweise eine Normalverteilung. Die Normalverteilung ist eine stetige Verteilung, deren Dichtefunktion der Form einer Glocke ähnelt. Daher kommt auch die Bezeichnung als Glockenkurve. Ereignisse im mittleren Bereich haben eine höhere und Ereignisse in den Randbereichen eine geringere Wahrscheinlichkeitsdichte. Die Normalverteilung ist durch Erwartungswert bzw. Standardabweichung eindeutig definiert. Jede Normalverteilung kann in eine **Standardnormalverteilung** überführt werden. Wir wissen, dass *z*-standardisierte Werte Mittelwerte von null und Standardabweichungen von eins aufweisen und ersetzen in der Formel *x* durch *z*. Setzt man diese Werte in die Formel für die Dichtefunktion ein, vereinfacht sich diese auf:

Formel 4.16 Dichtefunktion der Normalverteilung und der Standardnormalverteilung

$$f(x) = \frac{1}{\sqrt{2\pi \cdot \sigma^2}} \cdot e^{\left(-\frac{(x-\mu)^2}{2\cdot\sigma^2}\right)}, x \in \mathbb{R}$$

$$f(x) = \frac{1}{\sqrt{2\pi \cdot 1^2}} \cdot e^{\left(-\frac{(z-0)^2}{2\cdot 1^2}\right)}, z \in \mathbb{R}$$

$$f(x) = \frac{1}{\sqrt{2\pi}} \cdot e^{\left(-\frac{1}{2}\cdot z^2\right)}, z \in \mathbb{R}$$

z = Wert aus der Standardnormalverteilung

μ = Erwartungswert bzw. Mittelwert der theoretischen Verteilung

σ = Standardabweichung der theoretischen Verteilung

e = Exponentialfunktion zur Basis $e = 2.72$

π = Kreiszahl Pi, entspricht der Konstanten $\pi = 3.14159$ ...

$\mathbb{R}$ = Menge der reellen Zahlen

$\in$ = Element von

Die Normalverteilung und die Standardnormalverteilung haben besonders günstige Eigenschaften, die bereits in *Kapitel 2* besprochen wurden. In ▶*Abbildung 4.31* ist eine Standardnormalverteilung mit dem Erwartungswert von null und einer Standardabweichung von eins dargestellt.

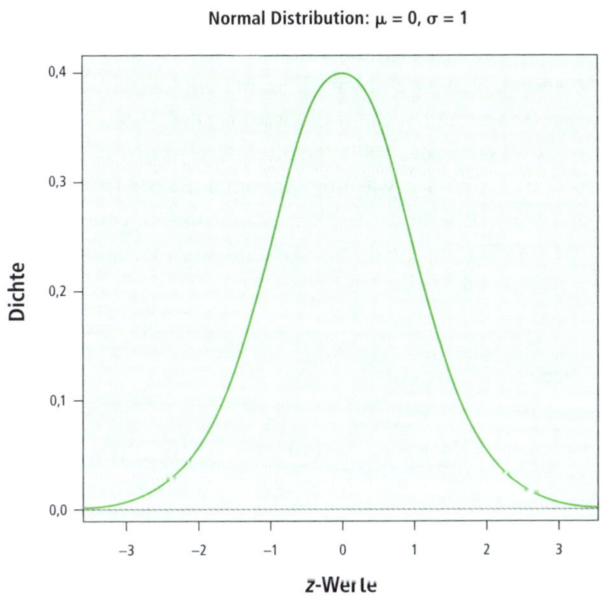

Abbildung 4.31: Standardnormalverteilung

χ^2-Verteilung (Chi²-Verteilung). Das Quadrat einer standardnormalverteilten Zufallsvariable entspricht einer χ^2-verteilten Zufallsvariable mit einem Freiheitsgrad. **χ^2-Verteilungen** benötigt man beispielsweise, um Häufigkeiten zu analysieren. Betrachten wir die Frage, ob sich die Häufigkeiten von Frauen und Männern in einer Psychologievorlesung unterscheiden. Ein sinnvolles Vorgehen ist es, zuerst einmal zu überlegen, welcher Ausgang eines Zufallsexperiments für die Nullhypothese sprechen würde. Nehmen wir an, wir haben aus den Personen der Vorlesung ($N = 250$) $n = 50$ Personen gezogen. Sind Frauen und Männer gleich häufig (p jeweils 0.5) vertreten, müssten wir 25 Männer und 25 Frauen erwarten: $E(X) = N \cdot p = 0.5 \cdot 50 = 25$ ($E(X)$= Erwartungswert von x). Wir haben aber in unserer Stichprobe 40 Frauen und 10 Männer beobachtet.

Möchten wir nun aus diesem Ergebnis ableiten, ob sich in der Grundgesamtheit die Häufigkeit von Männern und Frauen unterscheidet, also ein signifikanter Unterschied vorliegt, dann müssen wir zunächst die Differenz zwischen Beobachtung und Erwartung bilden:

$d_1 = 40 - 25 = +15$

$d_2 = 10 - 25 = -15$

Würden wir jetzt die beiden Differenzen einfach aufsummieren, erhielten wir nur eine Gesamtdifferenz von null. Das heißt, dass wir hier das Problem haben, dass sich positive und negative Differenzen aufheben. Damit sich die Abweichungen nicht aufheben können, werden die Differenzen quadriert:

$d_1^2 = (40 - 25)^2 = +225$

$d_2^2 = (10 - 25)^2 = +225$

Die Summe beträgt nun 450. Was sagt uns nun der Wert von 450? Das ist ohne die Kenntnis dessen, was man erwartet, schwer zu beurteilen. Betrachten wir noch einmal die einfache Differenz. Eine Differenz von 15 hat nicht immer dieselbe Bedeutung. Nehmen wir an, wir erwarten pro Kategorie 10 oder aber 1000 Personen. Erwarten wir 10 Personen, ist eine Differenz von 15 Personen zu dieser Erwartung erheblich. Ist die Differenz 15 und wir erwarten 1000 Personen, ist die Differenz zwischen Erwartung und Beobachtung gering. Daher wird die quadrierte Differenz zur erwarteten Häufigkeit in Relation gesetzt. Dies geschieht durch Division.

Formel 4.17 Pearson-Statistik

$$\chi^2_{\text{emp}} = \sum_{j=1}^{k} \frac{(n_b - n_e)^2}{n_e} = \frac{(40-25)^2}{25} + \frac{(10-25)^2}{25} = 18$$

χ^2_{emp} = empirischer χ^2-Wert

n_b = beobachtete Häufigkeit

n_e = erwartete Häufigkeit

j = Laufindex der Kategorien

k = Anzahl der Kategorien

Man bezeichnet diese Formel als Pearson-Statistik. Hier soll kurz der Zusammenhang zwischen einem z-Wert und einem χ^2-Wert genauer dargestellt werden. Mithilfe der Formel für einen Erwartungswert $(\mu = n \cdot p)$ einer binomialverteilten Zufallsgröße kann die erwartete Häufigkeit angegeben werden. Damit sich positive und negative Abweichungen später nicht aufheben, quadrieren wir. Dies können wir in die Formel zur Berechnung eines z-Werts einsetzen. Dabei entspricht x dem Wert n_1, also der beobachteten Häufigkeit in der ersten Kategorie (in unserem Beispiel mit der Geschlechterverteilung in der Psychologievorlesung wäre dies die Anzahl der Frauen). Betrachten wir dazu folgendes Beispiel für Parameter der Grundgesamtheit, die aus Stichprobenstatistiken geschätzt werden:

$$\chi^2_{emp} = z_1^2 = \left(\frac{x-\hat{\mu}}{\hat{\sigma}}\right)^2 = \frac{(x-\hat{\mu})^2}{\hat{\sigma}^2} = \frac{(n_1 - n\cdot p)^2}{n\cdot p\cdot(1-p)}$$

$$\chi^2_{emp} = \frac{(40-50\cdot 0.50)^2}{50\cdot 0.50\cdot(1-0.50)} = \frac{(40-25)^2}{12.5} = \frac{225}{12.5} = 18$$

$$\chi_1^2 = z_1^2 = \sum_{j=1}^{k}\frac{(n_b - n_e)^2}{n_e} = \frac{(25-40)^2}{25} + \frac{(25-10)^2}{25} = 18$$

$\hat{\mu}$ = Mittelwert aus der Stichprobe geschätzt für die Population

x = Wert der Variablen x

n_1 = beobachtete Häufigkeit der Kategorie 1

n = beobachtete Häufigkeit der Kategorie 1 und 2 bzw. Gesamtstichprobe

$\hat{\sigma}^2$ = Standardabweichung aus der Stichprobe geschätzt für die Population

z_1^2 = quadrierter z-Wert der Variablen 1

n_b = beobachtete Häufigkeit

n_e = erwartete Häufigkeit

χ^2_{emp} = empirischer χ^2-Wert

j = Kategorie j

k = Anzahl der k-Kategorien

Anmerkungen: Man beachte, dass $n \cdot p$ nur für $df = 1$ den Erwartungswert der χ^2-Verteilung darstellt.

Wie man sieht, gelangt man durch die obere Zeile zu einem quadrierten z-Wert von 18. Benutzt man anstelle der z-Wert-Formel die Pearson-Statistik, ergibt sich ebenfalls ein χ^2-Wert von 18. Bei zwei Kategorien ist es nicht von Belang, ob man 40 (n_1 = Frauen) oder 10 (n_2 = Männer) einsetzt. Rechnet man es nach, ändert sich dadurch das Ergebnis nicht, da die absolute Differenz 15 erhalten bleibt: $|40-25| = 15; |10-25| = 15$.

Mithilfe der χ^2-Verteilung kann auch hier ein kritischer χ^2-Wert ermittelt werden. Der kritische Wert gibt dann an, ab welchem Wert eine Abweichung unter Geltung der Nullhypothese unwahrscheinlich ist. Dieser χ^2-Wert liegt für einen Freiheitsgrad (siehe nächster Absatz) und α = 5 Prozent bei $\chi_1^2 = 3.84$. Da unser empirischer χ^2-Wert 18 beträgt und der kritische χ^2-Wert nur 3.84, liegt hier ein signifikantes Ergebnis vor. Wir lehnen die Hypothese ab, dass Männer und Frauen in der Grundgesamtheit der Vorlesung gleich verteilt sind.

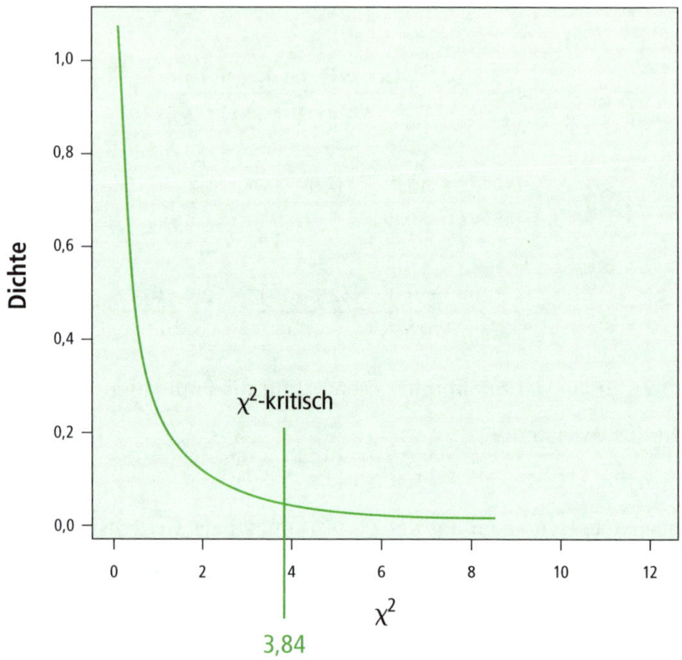

Abbildung 4.32: Beispiel einer χ^2-Verteilung mit einem Freiheitsgrad

Nun gibt es auch Variablen mit mehr als zwei Kategorien, z. B. Schulbildung, unterteilt in Hauptschule, Realschule und Gymnasium. Die Freiheitsgrade *df*, die wir benötigen, um einen kritischen χ^2-Wert bestimmen zu können, ergeben sich aus der Anzahl der Kategorien minus eins. In unserem Beispiel haben wir einen Freiheitsgrad: zwei Kategorien (Frauen, Männer) und damit zwei minus eins Freiheitsgrade. Wir haben in unserer Stichprobe $n = 50$ Personen. Wie ist die Logik hinter der Bestimmung der Freiheitsgrade? Wissen wir die Anzahl der Frauen *oder* Männer, liegt die Anzahl für das andere Geschlecht fest. Anders betrachtet: Wir berechnen in jeder Gruppe die Abweichung zur erwarteten Anzahl, unter Geltung der Nullhypothese. Diese ist in allen Gruppen gleich. Das heißt, dass wir die erwartete Anzahl als Populationsparameter annehmen. Da wir insgesamt zwei Kategorien haben und einen Parameter daraus für die Population schätzen, ergeben sich zwei minus eins Freiheitsgrade. Das heißt, dass wir hier theoretisch einen Wert frei wählen können. Die Freiheitsgrade stellen gleichzeitig den Erwartungswert und damit den Mittelwert der theoretischen **χ^2-Verteilung** dar. Die Varianz der χ^2-Verteilung ergibt sich aus $2 \cdot df$.

F-Verteilung. Die **F-Verteilung** kann durch zwei χ^2-verteilte Zufallsvariablen mit den jeweils dazugehörigen Freiheitsgraden df_1 und df_2 dargestellt werden. Sie wird benötigt, um Varianzen auf Unterschiedlichkeit zu prüfen. Man kann mithilfe von Varianzen auch auf Mittelwertsunterschiede prüfen (siehe *Kapitel 6*). Die *F*-Verteilung entsteht als Quotient zweier unabhängiger χ^2-verteilter Variablen, welche jeweils durch die Anzahl der Freiheitsgrade dividiert werden, und entspricht dem Varianzverhältnis der beiden Variablen:

Formel 4.18 *F*-Verteilung

$$F_{\text{emp}} = \frac{\frac{\chi_1^2}{df_1}}{\frac{\chi_2^2}{df_2}} = \frac{\hat{\sigma}_1^2}{\hat{\sigma}_2^2}$$

F_{emp} = empirischer F-Wert

χ_1^2 = χ^2-Wert aus Stichprobe 1

χ_2^2 = χ^2-Wert aus Stichprobe 2

df_1 = Freiheitsgrade Stichprobe 1

df_2 = Freiheitsgrade Stichprobe 2

$\hat{\sigma}_1^2$ = geschätzte Varianz aus Stichprobe 1

$\hat{\sigma}_2^2$ = geschätzte Varianz aus Stichprobe 2

Nehmen wir an, wir möchten zwei Varianzen gleich großer Stichproben auf Unterschiedlichkeit prüfen, z. B. $\hat{\sigma}_1^2 = 15$, $\hat{\sigma}_2^2 = 10$ und n sei je 100. Dieser Test wird auch als **F_{max}-Test** bezeichnet. Bei diesem Test ist die Nullhypothese, dass beide Varianzen in der Grundgesamtheit gleich sind: $\sigma_1^2 = \sigma_2^2$. Die Prüfgröße folgt unter Geltung der Nullhypothese einer F-Verteilung mit einer bestimmten Kombination aus Freiheitsgraden. Die Freiheitsgrade für den F-Test ergeben sich aus den Stichprobengrößen: $n_1 - 1$ und $n_2 - 1$. Wir haben zwei Stichproben und jede hat eine Größe $n = 100$. Dies ergibt $df_1 = 99$ und $df_2 = 99$ Freiheitsgrade. Betrachten wir dazu die Formel für die geschätzte Varianz:

Formel 4.19 Geschätzte Varianz

$$\hat{\sigma}^2 = \frac{\sum_{v=1}^{n}(x_v - \hat{\mu})^2}{n-1} = \frac{\sum_{v=1}^{n}(x_v - \hat{\mu})^2}{df}$$

$\hat{\sigma}^2$ = geschätzte Varianz

x_v = Wert x einer Person v

$\hat{\mu}$ = Mittelwert aus der Stichprobe geschätzt für die Population

n = Stichprobengröße

df = Freiheitsgrade

Die Varianz ist die quadrierte Abweichung der individuellen Werte vom Mittelwert und drückt aus, wie sehr sich Personen in einem Merkmal unterscheiden. Der Mittelwert wird für die Grundgesamtheit durch den Mittelwert $\hat{\mu}$ der Stichprobe geschätzt. Daneben gehen n Beobachtungen in die Berechnung ein. Damit ergeben sich $n - 1$ Freiheitsgrade. Nun teilen wir die größere Varianz durch die kleinere Varianz und erhalten:

$$F_{\text{emp}} = \frac{\hat{\sigma}^2_{\text{größer}}}{\hat{\sigma}^2_{\text{kleiner}}} = \frac{\frac{\sum_{v=1}^{n_1}(x_v - \hat{\mu}_1)}{n_1 - 1}}{\frac{\sum_{v=1}^{n_2}(x_v - \hat{\mu}_2)}{n_2 - 1}} = \frac{\frac{\sum_{v=1}^{n_1}(x_v - \hat{\mu}_1)}{99}}{\frac{\sum_{v=1}^{n_2}(x_v - \hat{\mu}_2)}{99}} = \frac{15}{10} = 1.5$$

F_{emp} = empirischer F-Wert

x_v = Wert x einer Person v

$\hat{\mu}_1$ = Mittelwert Stichprobe 1

$\hat{\mu}_2$ = Mittelwert Stichprobe 2

n_1 = Stichprobengröße der Stichprobe 1

n_2 = Stichprobengröße der Stichprobe 2

df_1 = Freiheitsgrade Stichprobe 1

df_2 = Freiheitsgrade Stichprobe 2

$\hat{\sigma}^2_{\text{größer}}$ = Varianz der Stichprobe 1 mit der größeren Varianz geschätzt für die Population

$\hat{\sigma}^2_{\text{kleiner}}$ = Varianz der Stichprobe 2 mit der kleineren Varianz geschätzt für die Population

Nun müssen wir nur noch betrachten, wie hoch der kritische F-Wert ausfällt. Die Freiheitsgrade für den F-Test ergeben sich, wie gezeigt, aus den Stichprobengrößen $n_1 - 1$ und $n_2 - 1$ und betragen hier $df_1 = 99$ und $df_2 = 99$ Freiheitsgrade. Der kritische F-Wert liegt bei 1.394 (Ermittlung nicht dargestellt). Unser ermittelter F-Wert von 1.5 ist größer als 1.394. Das heißt, dass sich die beiden Varianzen signifikant voneinander unterscheiden. Die Überschreitungswahrscheinlichkeit p für unseren empirischen F-Wert von 1.5 lautet $p = 0.0225$ (Ermittlung nicht dargestellt) und liegt unter einer Fehlerwahrscheinlichkeit 1. Art von 5 Prozent. Eine F-Verteilung mit $df_1 = 99$ und $df_2 = 99$ Freiheitsgraden ist in ▶*Abbildung 4.33* grafisch veranschaulicht.

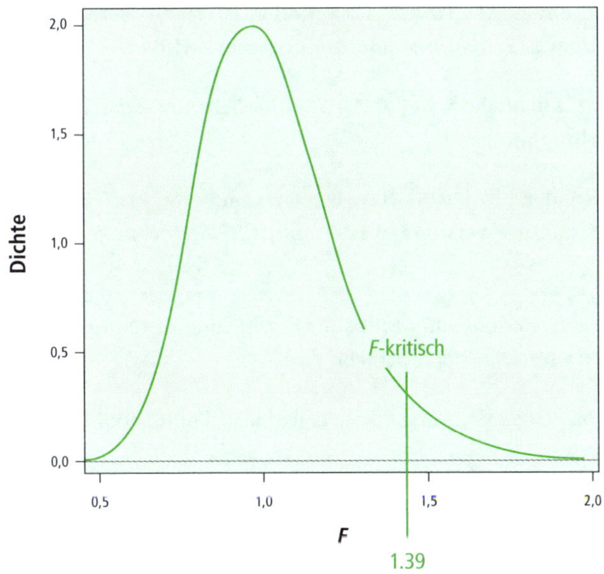

Abbildung 4.33: *F*-Verteilung

Literatur

Bühner, M. (2011). *Einführung in die Test- und Fragebogenkonstruktion, 3. Auflage.* München: Pearson.

Cohen, J. (1969). *Statistical Power Analysis for the Behavioral Sciences.* NY: Academic Press.

Cohen, J. (1988). *Statistical power analysis for the behavioural sciences*, 2nd edition. Hillsdale: Lawrence Erlbaum.

Del Re, A. (2014). Compute Effect Sizes (Version 0.2-4).

Eisenhauer, J. C. (2008). Degrees of Freedom. *Teaching Statistics, 30*, 75–78.

Everett, B.S. (2002). *The Cambridge Dictionary of Statistics (2nd edn).* Cambridge, UK: Cambridge University Press.

Faul, F., Erdfelder, E., Buchner, A. & Lang, A. G. (2009). Statistical power analyses using G*Power 3.1: Tests for correlation and regression analyses. *Behavior Research Methods, 41*, 1149–1160.

Hautzinger, M., Bailer, M., Worall, H. & Keller, F. (1995). *Beck-Depressions-Inventar (BDI). Testhandbuch (2. überarbeitete Auflage).* Bern: Huber.

Kauermann, G. & Küchenhoff, A. (2011). *Stichproben: Methoden und praktische Umsetzung mit R.* Berlin: Springer.

Morey, R.D. & Rouder, J.N. (2015). BayesFactor: Computation of Bayes Factors for Common Designs. R package version 0.9.12-2. *https://CRAN.R-project.org/package=BayesFactor*

Polasek, W. (2008). *Schließende Statistik: Einführung in die Schätz- und Testtheorie für Wirtschaftswissenschaftler.* Springer.

Popper, K. (1934). *Logik der Forschung*, 1. Auflage. Tübingen: Mohr.

Renner, K.-H., Heydasch, T. & Ströhlein, G. (2012). *Forschungsmethoden der Psychologie. Von der Fragestellung zur Präsentation.* Wiesbaden: Springer VS.

Rosnow, R. L. & Rosenthal, R. (1989). Statistical procedures and the justification of knowledge in psychological science. *American Psychologist, 44*, 1276–1284.

Team, R. C. (2014). R: A Language and Environment for Statistical Computing.

Empfohlene Literatur

Howell, D. C. (2007). *Statistical methods for Psychology, 6th edition.* Belmont: Wadsworth.

Weiterführende Literatur

Cohen, J. (1988). *Statistical power analysis for the behavioural sciences, 2nd edition.* Hillsdale: Lawrence Erlbaum.

Gigerenzer, G. (2004). Mindless statistics. *Journal of Socio-Economics, 33*, 587–606.

EXTRAS ONLINE

Übungsaufgaben mit Lösungen sowie Datenfiles zum Nachvollziehen der Beispiele und weitere Informationen zu diesem Buchkapitel finden Sie auf der Website zum Buch unter *http://www.pearson-studium.de.*

Parametrische und nonparametrische Tests zur Unterschiedsprüfung

5

ÜBERBLICK

» In diesem Kapitel werden zwei Verfahrensgruppen behandelt. Zum einen die parametrischen Tests und zum anderen die nonparametrischen Tests zur Unterschiedsprüfung einer unabhängigen Variablen mit zwei Stufen (zwei Gruppen). Die nonparametrischen Verfahren gliedern sich weiter in Verfahren für ordinale Daten und Verfahren für nominale Daten auf. «

5.1 Parametrische Verfahren bei zwei Gruppen

Unter dem Begriff der **parametrischen Testverfahren** fasst man ganz allgemein inferenzstatistische Tests zur Unterschieds- oder Zusammenhangsprüfung zusammen. Um sie anwenden zu können, werden Annahmen über die Verteilung der Variablen in der Population getroffen. Dabei gehen wir in den meisten Fällen davon aus, dass die verwendeten Messwerte der Personen unabhängig und identisch verteilt sind (vgl. *Abschnitt 3.4*), sich in den Populationen normalverteilen und kontinuierlich sind. Es handelt sich bei allen in diesem Kapitel dargestellten parametrischen Tests um verschiedene Varianten des *t*-Tests. Bei der Auswahl des für die Fragestellung angemessenen *t*-Tests kann ▶*Abbildung 5.1* hilfreich sein.

Die folgenden Verfahren werden behandelt:

- *t*-Test für eine Stichprobe
- *t*-Test für abhängige Stichproben
- *t*-Test für unabhängige Stichproben

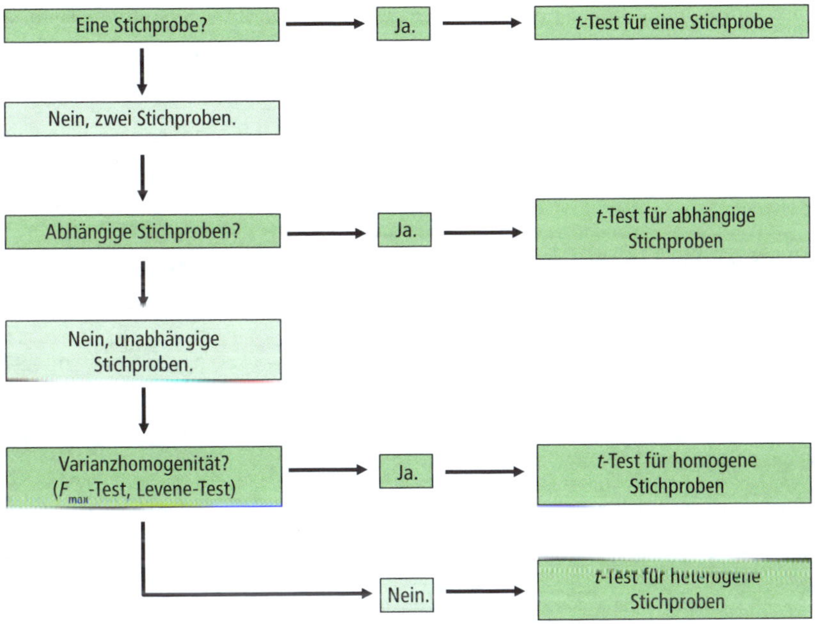

Abbildung 5.1: Auswahlschema zur Anwendung des geeigneten *t*-Tests

Abhängige und unabhängige Stichproben. Da die Begriffe von abhängigen und unabhängigen Stichproben im Folgenden immer wieder Verwendung finden, stellen wir sie hier kurz vor. Dabei gehen wir entsprechend des Kapitelinhalts von zwei Gruppen aus. Die dargestellten Prinzipien gelten aber ebenso für Untersuchungsdesigns mit mehr als zwei Gruppen.

Unabhängige Stichproben. **Unabhängige Stichproben** sind dadurch gekennzeichnet, dass zwei unterschiedliche Gruppen von Personen zu einem Messzeitpunkt untersucht werden. In ▶*Abbildung 5.2* sind zwei Gruppen mit je vier unterschiedlichen Personen dargestellt. Die eine Gruppe wurde behandelt, die andere Gruppe nicht. Wir können nun den Personen, die behandelt wurden, den Wert eins zuweisen und den Personen, die nicht behandelt wurden, den Wert zwei und bezeichnen diese Variable als „Gruppe“. Diese Gruppenvariable wird auch als unabhängige Variable bezeichnet und sie weist die zwei Stufen „Behandlung“ (Stufe 1) und „Nicht-Behandlung“ (Stufe 2) auf.

Abhängige Stichproben. **Abhängige Stichproben** sind dadurch gekennzeichnet, dass ein und dieselbe Stichprobe zu zwei unterschiedlichen Messzeitpunkten (bzw. mehrfach) untersucht wird. In *Abbildung 5.2* wurden acht Personen zu vier Messzeitpunkten mit dem BDI (siehe *Kapitel 3*) untersucht. Wir könnten nun beispielsweise die Frage stellen, ob es Mittelwertsunterschiede im BDI-Wert zwischen Zeitpunkt eins und zwei gibt.

In *Abbildung 5.2* sehen wir zunächst eine Spalte mit den Versuchspersonennummern (VP). In der zweiten Spalte ist nun die Gruppenzugehörigkeit abgetragen und in der dritten Spalte der BDI-Messwert jeder Person zum ersten Messzeitpunkt. Würde man nun untersuchen, ob sich die beiden Gruppen (Gruppe ist die unabhängige Variable) in ihrer Symptombelastung (BDI1 ist die abhängige Variable) unterscheiden, wären die Gruppen unabhängig. Gemäß *Abbildung 5.1* müssten wir einen *t*-Test für unabhängige Stichproben rechnen.

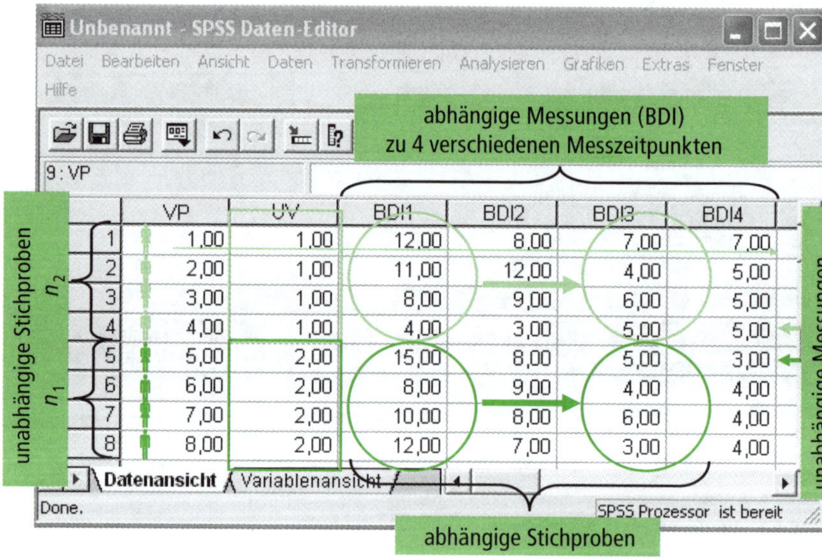

Abbildung 5.2: Darstellung abhängiger und unabhängiger Stichproben in einem SPSS-Datenfenster

In den Spalten vier bis sechs folgen weitere BDI-Messwerte aus weiteren Untersuchungen an denselben Personen. Wenn wir nun prüfen wollten, ob es zwischen dem ersten und dem zweiten BDI-Wert eine Veränderung gibt, würden wir abhängige Gruppen haben und einen *t*-Test für abhängige Stichproben durchführen.

5.1.1 *t*-Test für eine Stichprobe – Einstichprobenproblem

Fragestellung. Der ***t*-Test für eine Stichprobe** dient dem Vergleich eines Erwartungswerts, beispielsweise dem Populationsmittelwert von psychiatrischen Patienten, mit einer Konstanten, beispielsweise einem bestimmten angenommenen, relevanten Grenzwert. So ein Grenzwert könnte ein Wert sein, ab dem eine auffällige psychische Symptomatik mithilfe eines klinischen Fragebogens diagnostiziert wird. Mithilfe des ermittelten *t*-Werts wird eine Entscheidung über die Hypothese getroffen, ob der Populationsmittelwert dem festen Wert entspricht.

Beispiel. Betrachten wir folgendes Beispiel: Im Rahmen einer Studie wird untersucht, ob der Erwartungswert μ psychiatrischer Patienten im BDI vom Wert 18 signifikant abweicht. Ab einem BDI-Wert von 18 Punkten gilt die Depressionssymptomatik einer Person als klinisch auffällig. Es wird eine Stichprobe von $n = 15$ psychiatrischen Patienten untersucht. Die Standardabweichung der Grundgesamtheit ist nicht bekannt und muss daher aus den Stichprobendaten geschätzt werden. Die Stichprobe weist einen geschätzten BDI-Mittelwert von $\hat{\mu} = 15$ und eine geschätzte Standardabweichung von $\hat{\sigma} = 4$ auf. Die Testung erfolgt zweiseitig, da nur eine Abweichung ohne Annahme einer bestimmten Richtung untersucht werden soll, dabei wird die Wahrscheinlichkeit eines Fehlers 1. Art auf den Wert 0.05 festgelegt.

Hypothesen. Die **Nullhypothese** lautet, dass der mittlere BDI-Wert der Grundgesamtheit dem festgelegten Wert von 18 entspricht. Die **Alternativhypothese** lautet, dass sich der BDI-Populationsmittelwert μ der psychiatrischen Patienten von dem festgelegten BDI-Wert 18 unterscheidet. Dabei wird der jeweilige **feste Wert** auch als **Konstante** bezeichnet. Bei einer zweiseitigen Testung heißt dies, es wird angenommen, dass der Mittelwert in der Grundgesamtheit psychiatrischer Patienten entweder größer oder kleiner als der feste Wert von 18 ist bzw. sich von diesem Wert unterscheidet. Wenn wir diese Hypothesen verallgemeinern, lässt sich sagen, dass beim *t*-Test für eine Stichprobe die Prüfung der folgenden Hypothesen möglich ist.

Nullhypothesen und ungerichtete Alternativhypothesen:

Nullhypothese:

H_0: μ = bestimmter Wert in Grundgesamtheit

Alternativhypothese ungerichtet:

H_1: $\mu \neq$ bestimmter Wert (in Grundgesamtheit)

Nullhypothesen und gerichtete Alternativhypothesen:

H_0: $\mu \geq$ bestimmter Wert und H_1: $\mu <$ fester Wert

H_0: $\mu \leq$ bestimmter Wert und H_1: $\mu >$ fester Wert

Bei einer gerichteten Fragestellung muss darauf geachtet werden, dass die Differenz zwischen dem Stichprobenmittelwert und der Konstanten am Ende der Berechnungen in der erwarteten Richtung ausfällt: Also je nach vorheriger Annahme entweder positiv oder negativ. Betrachtet man *t*-Werte, heißt das: Wenn unter der Alternativhypothese ein positiver *t*-Wert (bzw. eine positive Differenz) erwartet wird, muss die Nullhypothese auch dann beibehalten werden, wenn sich ein zwar hoher aber negativer *t*-Wert ergibt.

Voraussetzungen. Voraussetzungen des *t*-Tests für eine Stichprobe:

- Die Varianz der Grundgesamtheit ist nicht bekannt und muss mithilfe der Stichprobendaten geschätzt werden.
- Die Messwerte müssen intervallskaliert sein.
- Die untersuchte abhängige Variable muss in der Grundgesamtheit normalverteilt sein (dies schließt streng genommen ein, dass die Variable intervallskaliert ist).

Varianz der Grundgesamtheit nicht bekannt. Wäre die Varianz in der Grundgesamtheit bekannt, würde man keinen *t*-Test durchführen, sondern einen *z*-Test (siehe folgende Abschnitte).

Intervallskalenniveau. Da wir bei der Berechnung des *t*-Tests Differenzen bilden, müssen die Messwerte der abhängigen Variablen intervallskaliert sein (siehe *Kapitel 2*).

Normalverteilung. Die abhängige Variable muss als normalverteilt angenommen werden, da wir eine *t*-Verteilung als Prüfverteilung heranziehen. Ob die abhängige Variable zumindest in der Stichprobe annähernd normalverteilt ist, lässt sich durch Inspektion eines Normalverteilungsdiagramms prüfen.

Berechnung der Prüfgröße. Um eine Entscheidung über die Hypothesen zu treffen, benötigt man die Freiheitsgrade, den empirischen *t*-Wert und den Schätzwert für den Standardfehler des Mittelwerts. Dabei stellt der *t*-Wert eine standardisierte Differenz dar, die angibt, wie weit der geschätzte Mittelwert von dem festgelegten Wert entfernt liegt (siehe *Kapitel 4*). Die Beispielrechnungen sind in *Formel 5.1* dargestellt.

Formel 5.1 Freiheitsgrade, Standardfehler und *t*-Wert für eine Stichprobe

$$df = n - 1 = 15 - 1 = 14$$

$$\widehat{SE}_M = \frac{\hat{\sigma}}{\sqrt{n}} = \frac{4}{\sqrt{15}} = 1.033$$

$$t_{emp} = \frac{\hat{\mu} - \mu}{\widehat{SE}_M} = \frac{15 - 18}{1.033} = \frac{-3}{1.033} = -2.9$$

n = Stichprobengröße

t_{emp} = empirischer *t*-Wert

$\hat{\mu}$ = geschätzter Mittelwert

μ = Konstante (fester Wert) bzw. Mittelwert der Grundgesamtheit (unter der Nullhypothese)

SE_M = Standardfehler des Mittelwerts

$\hat{\sigma}$ = geschätzte Standardabweichung

Interpretation *t*-Wert. Wir nehmen in unserer Nullhypothese an, dass die Differenz zwischen unserem festen Wert und dem Mittelwert der Grundgesamtheit null beträgt. Mit dem Wert, der aus der Formel für t_{emp} resultiert, geben wir den Abstand des geschätzten Populationsmittelwerts vom festen Wert in Einheiten des Standardfehlers an. Der geschätzte Standardfehler ist wiederum die geschätzte Standardabweichung der Verteilung aus Mittelwerten gleich großer Zufallsstichproben. Je extremer die t-Prüfgröße ausfällt, desto weiter liegt der für die Population geschätzte Mittelwert vom festen Wert in Einheiten des geschätzten Standardfehlers entfernt. Mit ansteigendem t-Wert wird der beobachtete Stichprobenmittelwert unter der Nullhypothese unwahrscheinlicher. Je weiter sich der empirische t-Wert null nähert, desto wahrscheinlicher wird das Stichprobenergebnis unter der Nullhypothese. Für unser Beispiel (siehe *Formelkasten 5.1*) ergibt sich ein empirischer t-Wert von $t = 2.9$. Das heißt, unser geschätzter Mittelwert liegt 2.9 Standardabweichungen (von Mittelwerten aus Zufallsstichproben der Größe $n = 15$) unter dem festen Wert von 18.

Entscheidung. Mithilfe von Tabellen oder Computerprogrammen wie Excel (Befehl lautet =T.INV.2S(0,05;14)) oder R (Befehl lautet: `qt(.975, df = 14, lower.tail = TRUE)`) kann der kritische t-Wert abgelesen werden. Er beträgt in unserem Fall bei zweiseitiger Testung $t_{\text{kritisch},\ df=14} = 2.145$. Da aber der Betrag unseres empirischen t-Werts $t_{emp} = |2.9|$ ist und damit größer als der kritische t-Wert ausfällt, lehnen wir die Nullhypothese ab. Die Überschreitungswahrscheinlichkeit beträgt $p = 0.012$ (zweiseitig). In Excel erhält man dies über die Eingabe von =TVERT(2,9;14;2) in R über den Befehl `dt(-2.9, df = 14)`. Alternativ kann man die Überschreitungswahrscheinlichkeit auch mit Tabellen oder anderen Programmen bestimmen (siehe *Abschnitt 4.1.6*). Damit entscheiden wir uns dafür, anzunehmen, dass sich der BDI-Mittelwert von psychiatrischen Patienten in der Grundgesamtheit von einem BDI-Grenzwert von 18 unterscheidet. Wir wissen allerdings noch nicht, ob der beobachtete Unterschied praktisch bedeutsam ist. Dies wird nach der Einführung des Einstichproben-z-Tests dargestellt.

Einstichproben-z-Test. In manchen Fällen ist die Standardabweichung der Population bekannt. In diesem Fall wird eine z-verteilte Prüfgröße zur Hypothesenprüfung verwendet. Dies wird kurz in *Formelkasten 5.2* dargestellt.

Formel 5.2 Einstichproben-*z*-Test

In wenigen Fällen ist die Standardabweichung aus der Population bekannt. Nehmen wir an, wir möchten testen, ob sich der Populationsmittelwert in schlussfolgerndem Denken bei Gymnasiasten von einem festen *IQ*-Wert von 115 unterscheidet. Für *IQ*-Werte wird in der Population eine Standardabweichung von 15 angenommen. Damit muss die Standardabweichung für die Population nicht mehr aus den Messwerten geschätzt werden. In diesem Fall wird kein t-Test durchgeführt, sondern ein **z-Test** angewandt. Im Prinzip handelt es sich um dieselbe Formel, nur dass anstatt der geschätzten Populationsstandardabweichung die tatsächliche Standardabweichung der Population in die Formel eingesetzt wird. Nehmen wir an, wir haben einen mittleren IQ von 112 für die Stichprobe der Gymnasiasten von $n = 100$ ermittelt.

$$z_{\text{emp}} = \frac{\hat{\mu} - \mu}{SE_{\text{M}}} = \frac{112 - 115}{1.5} = \frac{3}{1.5} = 2$$

$$SE_{\text{M}} = \frac{\sigma}{\sqrt{n}} = \frac{15}{\sqrt{100}} = \frac{15}{10} = 1.5$$

n = Stichprobengröße

$\hat{\mu}$ = geschätzter Mittelwert

μ = Mittelwert der Grundgesamtheit bzw. Konstante (fester Wert)

SE_{M} = Standardfehler des Mittelwerts

σ = Standardabweichung der Grundgesamtheit

Was bedeutet ein *z*-Wert als Prüfgröße? Eine Normalverteilung kann in eine **Standardnormalverteilung** (vgl. auch *Abschnitt 4.6.2*) überführt werden, wenn man alle Rohwerte standardisiert

(vgl. *Abschnitt 2.2.7*: $z_v = \frac{x_v - \bar{x}}{s_x}$).

Es ergibt sich dann eine Standardnormalverteilung mit einem Mittelwert von null und einer Standardabweichung von eins (vgl. *Abschnitt 2.2.7*). Wir wissen auch, dass zwischen plus und minus zwei Standardabweichungen um den Mittelwert ungefähr 95 Prozent der Personenwerte liegen (vgl. *Abschnitt 3.3.3*). Will man nun, dass genau 95 Prozent der Messwerte in einem Bereich um den Mittelwert liegen, verwendet man die Grenze von plus und minus 1.96 Standardabweichungen um den Mittelwert. Da die Standardnormalverteilung eine symmetrische Verteilung darstellt, ist der Betrag des Wertes für die obere und untere Grenze gleich.

Für die untere Grenze ergibt sich dabei der Wert

$$z_{\frac{\alpha}{2}} = -1.96.$$

Dieser Wert schneidet eine Fläche von 2.5 Prozent vom unteren Rand der Verteilung ab.

Für die obere Grenze ergibt sich der Wert

$$z_{1-\frac{\alpha}{2}} = 1.96.$$

Er schneidet vom oberen Rand der Verteilung 2.5 Prozent der Fläche ab. Wenn wir wissen möchten, ab wann ein *z*-Wert unter Geltung der Nullhypothese unwahrscheinlich ist, ziehen wir folglich als Entscheidungskriterium die extremsten fünf Prozent der *z*-Werte unter der Verteilung der Nullhypothese heran.

Praktische Bedeutsamkeit. Wie stark unterscheiden sich der geschätzte Mittelwert und die Konstante praktisch?[1] Dazu ziehen wir die Formeln für Hedges g (siehe *Kapitel 4, Formeln 4.9* bis *4.11*) in *Formelkasten 5.3* heran. Das Berechnungsbeispiel kann ebenfalls dem *Formelkasten 5.3* entnommen werden.

Formel 5.3 Hedges *g*

$$g = \frac{\hat{\mu} - \mu}{\hat{\sigma}} = \frac{15 - 18}{4} = -0.75$$

g = Hedges g

μ = fester Wert (Konstante)

$\hat{\mu}$ = geschätzter Mittelwert

$\hat{\sigma}$ = geschätzte Standardabweichung

Man sieht, dass die Mittelwertsdifferenz gemäß den Konventionen nach Cohen (1988) stark ausgeprägt ist. Da wir hier nicht die Möglichkeit hatten, eine Stichprobenplanung vorzunehmen, sollten wir noch die Post-hoc-Power bzw. Post-hoc-Teststärke ermitteln.

Teststärke mit G*Power. Wir stellen uns nun die Frage, wie wahrscheinlich die Beobachtung einer extremeren Prüfgröße als der kritischen Prüfgröße unter der Alternativhypothesenverteilung ist, wenn die empirische Prüfgröße als deren Erwartungswert angenommen wird. Zuerst starten wir G*Power. Dann wählen wir im Pull-Down-Menü TEST FAMILY die Option T TESTS und dann unter STATISTICAL TEST die Auswahl MEANS: DIFFERENCE FROM CONSTANT (ONE SAMPLE CASE). Schließlich wählen wir unter TYPE OF POWER ANALYSIS die Option POST HOC: COMPUTE ACHIEVED POWER – GIVEN α, SAMPLE SIZE, AND EFFECT SIZE. Nun können wir die entsprechenden Werte eintragen: TAIL(S) setzen wir auf TWO, als Effektstärke setzen wir EFFECT SIZE D auf 0.75, α auf 0.05 und schließlich die Stichprobengröße TOTAL SAMPLE SIZE auf 15. Klicken wir jetzt auf CALCULATE, dann erhalten wir die Teststärke im Kästchen neben POWER ($1-\beta$ ERR PROB) angezeigt. Der Wert lautet 0.77. Damit erreicht die Teststärke fast den gewünschten Wert von 80 Prozent.

Teststärke mit R. R liefert mithilfe des stats-Pakets (Team, 2014b) exakt dasselbe Ergebnis:

```
library(stats)
power.t.test(n = 15, delta = .75, sig.level = .05, power = NULL, type =
   "one.sample", alternative = "two.sided")
```

Dabei geben wir zunächst die Stichprobengröße (`n = 15`), dann die Effektstärke Hedges g (`delta`) und das Signifikanzniveau (`sig.level`) an. Da wir die Power suchen, steht hier `NULL`. Schließlich wird noch festgelegt, dass es sich um einen Einstichproben-t-Test und eine zweiseitige Testung handelt.

1 Die Interpretation von Effektstärken ist nicht unbedingt nötig, wenn die tatsächliche Differenz sinnvoll interpretierbar ist: Beispielsweise wenn eine Mittelwertsdifferenz von 30000 Euro oder ein Temperaturunterschied von 10 Grad vorliegt.

Fazit. Fasst man die Ergebnisse zusammen, entscheiden wir uns gegen die Nullhypothese. Wir gehen davon aus, dass psychiatrische Patienten in der Grundgesamtheit im Durchschnitt keinen Wert von 18 aufweisen. Der Mittelwertsunterschied fällt nach den Effektstärkekonventionen von Cohen (1988) hoch aus. Die Teststärke ist fast ausreichend.

Praxistipp In einem Artikel würden wir die Ergebnisse wie folgt berichten:

$t\,(14) = 2.9$ (zweiseitig), $p < 0.05$, $g = -0.75$, $1 - \beta = 0.77$ (post-hoc)

Fazit. Ist die Annahme der Normalverteilung grob verletzt, sollte eine mithilfe des *t*-Tests ermittelte Überschreitungswahrscheinlichkeit vorsichtig interpretiert werden. Dies gilt, obwohl der *t*-Test relativ robust gegenüber Verletzungen der Normalverteilungsannahme ist (Rasch & Guiard, 2004). Liegt die Überschreitungswahrscheinlichkeit in einem Bereich um die gewählte Fehlerwahrscheinlichkeit 1. Art, z. B. $p = 0.04$ bei $\alpha \leq 0.05$, kann die Einhaltung des Signifikanzniveaus durch ein nonparametrisches Verfahren und/oder die **Bootstrap-Prozedur** (siehe Kasten) alternativ überprüft werden. Liefert das nonparametrische Verfahren und/oder die Bootstrap-Prozedur ein signifikantes Ergebnis, wird das Ergebnis des *t*-Tests gestützt: Die Entscheidungen im Rahmen des Signifikanztests sprechen dann dafür, dass das Ergebnis auch unter Beachtung der Voraussetzungsverletzungen noch statistisch bedeutsam ist.

Kommt das nonparametrische Verfahren und/oder die Bootstrap-Prozedur zu einem anderen Ergebnis, sollte eine erneute Validierung an einer größeren Stichprobe erfolgen. Der größte Vorteil einer größeren Stichprobe ist die höhere Schätzgenauigkeit. Damit ist es möglich, exaktere Aussagen über die Verhältnisse in der Grundgesamtheit vorzunehmen.

Das korrespondierende nonparametrische Verfahren zum Einstichproben-*t*-Test ist der **Vorzeichentest**. Dieser wird in diesem Buch nicht dargestellt. Interessierte Leser seien hier an Fahrmeir, Künstler, Pigeot und Tutz (2004, S. 436) verwiesen. Im nächsten Abschnitt betrachten wir nun, wie sich der *t*-Test für eine Stichprobe mithilfe von SPSS und R durchführen lässt.

Exkurs

Bootstrap

Resampling als Oberbegriff. Die Bootstrap-Methode geht auf Efron (1979) zurück. Sie gehört zu den sogenannten **Resampling-Methoden**. Resampling-Methoden betrachten die Stichprobe als Ersatz für die Grundgesamtheit. Aus dieser Ersatzpopulation werden dann Stichproben gezogen. Die Bootstrap-Methode ist das bekannteste Resampling-Verfahren.

Bootstrap. Bootstrap bedeutet Stiefelschlaufe. Der Name ist deshalb so gewählt, da man sich quasi wie Münchhausen mithilfe der Bootstrap-Methode an den **Stiefelschlaufen** selbst aus dem Sumpf zieht. Ziel der Bootstrap-Methode ist es, Prüfverteilungen zu generieren, wenn beispielsweise die Voraussetzungen für die Verwendung theoretischer Prüfverteilungen (z. B. *t*-Verteilung) verletzt sind oder die Verteilungsarten der geschätzten Parameter unbekannt sind. Man zieht dazu wiederholt aus der erhobenen Stichprobe **mit Zurücklegen** (z. B. 1000 Mal) weitere sogenannte **Bootstrap-Stichproben** des gleichen Umfangs, z. B. $n = 50$ aus $N = 50$. Dabei kommt es vor, dass **Werte von Einzelpersonen**

mehrmals gezogen werden. Es kann auch vorkommen, dass Werte anderer Einzelpersonen der Stichprobe in der neu gezogenen Bootstrap-Stichprobe gar nicht vorkommen. Die Schätzwerte aus den wiederholt gezogenen Bootstrap-Stichproben bilden wiederum eine Verteilung. Man erhält in jeder Stichprobe einen Schätzwert (z. B. Mittelwert oder Differenz). Die Schätzwerte der gezogenen Bootstrap-Stichproben bilden die Verteilung. Die **Standardabweichung** der Verteilung stellt den **Standardfehler** der Schätzung dar. Dieser Standardfehler kann dann ebenso genutzt werden wie ein aus der ursprünglichen Stichprobe geschätzter Standardfehler, z. B. zur Berechnung von Konfidenzintervallen. Man erhält durch die Bootstrap-Methode vor allem dann **robuste Schätzungen** von Standardfehlern und Konfidenzintervallen, wenn nicht zu viele Extremwerte oder Ausreißerwerte und wenig fehlende Werte vorliegen. **Robust** meint, dass diese Schätzungen nicht von Voraussetzungsverletzungen (z. B. Normalverteilung) beeinflusst werden.

Parametrischer und nicht parametrischer Bootstrap. Man unterscheidet den **nicht-parametrischen** Bootstrap und den **parametrischen** Bootstrap. Während der nicht-parametrische Bootstrap die eben beschriebene Prozedur darstellt, unterscheidet sich der parametrische Bootstrap dadurch, dass man aus der Stichprobe Parameter schatzt, z. B. Erwartungswert und Standardabweichung. Nun wird eine bestimmte Verteilungsform (z. B. Normalverteilung) angenommen und man zieht dann mithilfe des Computers aus einer theoretischen infiniten Population mit den aus der Stichprobe geschätzten Populationsparametern eine bestimmte Anzahl von Stichproben (z. B. 1000 Stichproben) des gleichen Umfangs *n*.

Bias. Wie verzerrt ein Schätzerwert ist, kann mithilfe des Bias bestimmt werden. Der geschätzte Bias wird durch die mittlere Abweichung des Schätzwerts in einer Bootstrap-Stichprobe vom „herkömmlich" geschätzten Populationsparameter definiert. Der geschätzte Populationsparameter wird mithilfe der Stichprobe bestimmt. Die Idee dabei ist, dass $\hat{\theta} - \widehat{Bias}_{\text{bootstrap}}$ eine bessere Schätzung des wahren Populationsparameters darstellen wird als der geschätzte Populationsparameter $\hat{\theta}$ selbst, wobei hier Über- und Unterschätzungen des Populationsparameters $\hat{\theta}$ möglich sind.

Formel 5.4 Bias

$$\widehat{Bias}_{\text{bootstrap}} = \frac{\sum_{k=1}^{m}\left(\hat{\theta}_k^B - \hat{\theta}\right)}{m}$$

$\hat{\theta}_k^B$ = geschätzte Statistik in der Bootstrap-Stichprobe k

$\hat{\theta}$ = geschätzte Stichprobenstatistik

k = Bootstrap-Stichprobe

m = Anzahl der Bootstrap-Stichproben

Fehler. Der Fehler kennzeichnet die **durchschnittlichen Abweichungen** (entspricht für Mittelwerteschätzung dem Standardfehler des Mittelwerts) der einzelnen Bootstrap-Schätzwerte von ihrem Mittelwert:

Formel 5.5 Standardfehler Bootstrap

$$\text{Fehler } (SE) = \sqrt{\frac{\sum_{k=1}^{m}\left(\hat{\theta}_k^B - \hat{\mu}_\theta^B\right)^2}{m-1}}$$

SE = Standardfehler (z. B. des Mittelwerts)

$\hat{\theta}_k^B$ = geschätzte Statistik in der Bootstrap-Stichprobe k

$\hat{\mu}_\theta^B$ = geschätzter Mittelwert der m-Bootstrap-Schätzwerte

k = Bootstrap-Stichprobe

m = Anzahl der Bootstrap-Stichproben

Es ist generell zu beachten, dass je kleiner die Stichprobengröße ist ($n < 20$), desto weniger genau sind die Ergebnisse des Bootstraps. Der Bootstrap löst also nicht das Problem zu kleiner Stichproben.

***t*-Test für eine Stichprobe mit SPSS.** Auf der Pearson-Website finden Sie einen Datensatz (Buch_t_Test_eine_Stichprobe.sav) mit $n = 90$ psychiatrischen Patienten. Die Variable BDI_t1 beinhaltet die BDI-Werte vor einer Therapie. Es soll geprüft werden, ob sich der Mittelwert der psychiatrischen Patienten in der Grundgesamtheit vom Wert 18 unterscheidet ($\alpha = 0.05$, zweiseitig).

Bitte klicken Sie in SPSS auf ANALYSIEREN → MITTELWERTE VERGLEICHEN und T-TEST BEI EINER STICHPROBE. Es öffnet sich das Fenster in ▶*Abbildung 5.3*.

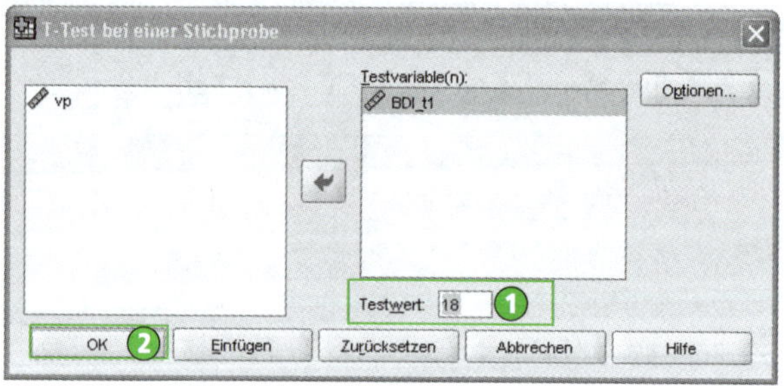

Abbildung 5.3: Darstellung der Berechnung eines *t*-Tests für eine Stichprobe in SPSS

Markieren Sie nun im linken Fenster die Variable BDI_t1 (diese ist in der Darstellung bereits in das rechte Fenster überführt) und klicken Sie dann auf den Pfeil zwischen den beiden Fenstern. Geben Sie dann den festen Wert 18 als TESTWERT ein ❶. Klicken Sie danach auf die Schaltfläche OK ❷. Daraus ergibt sich die SPSS-Ausgabe in Abbildung 5.4. Bei einer Verletzung der Voraussetzungen kann alternativ für den Einstichproben-*t*-Test auch die Schaltfläche BOOTSTRAP gewählt werden. Klicken Sie hier auf die Schaltfläche BOOTSTRAP DURCHFÜHREN und dann auf WEITER.

Statistik bei einer Stichprobe

	N	① Mittelwert	② Standardabweichung	③ Standardfehler des Mittelwertes
BDI_t1	90	17,3333	10,21565	1,07682

Abbildung 5.4: Darstellung der Ergebnisse eines *t*-Tests für eine Stichprobe in SPSS

Deskriptive Statistiken in SPSS. In ▶*Abbildung 5.4* sind der Mittelwert ① und die Standardabweichung ② angegeben, sowie der Standardfehler des Mittelwerts ③. Es zeigt sich schon deskriptiv, dass der Stichprobenmittelwert ① sehr nahe an dem gewählten festen Wert von 18 liegt.

Prüfgröße und Überschreitungswahrscheinlichkeit in SPSS. In ▶*Abbildung 5.5* sieht man, dass die mittlere Differenz zwischen psychiatrischen Patienten und dem festen Wert nur -0.67 beträgt ④. Gleichzeitig wird ein Konfidenzintervall ⑤ für die mittlere Differenz angegeben. Dieses Konfidenzintervall hat die Grenzen -2.81 und 1.47. Da dieses Konfidenzintervall den Wert null enthält (null stellt also einen plausiblen Wert für die Differenz in der Grundgesamtheit dar), kann man bereits daraus schließen, dass die mittlere Differenz von -0.67 ④ nicht signifikant vom Wert 18 abweicht.

Test bei einer Stichprobe

	Testwert = 18					
					⑤ 95 % Konfidenzintervall der Differenz	
	t	df	Sig. (2-seitig)	Mittlere Differenz	Untere	Obere
BDI_t1	① –,619	② 89	③ ,537	④ –,66667	–2,8063	1,4730

Abbildung 5.5: Darstellung von *t*-Wert und Überschreitungswahrscheinlichkeit eines *t*-Tests für eine Stichprobe in SPSS

Der empirische *t*-Wert ① in *Abbildung 5.5* beträgt etwa -0.62 bei $df = 89$;$(90 - 1)$ Freiheitsgraden ②. Die Überschreitungswahrscheinlichkeit ③ beträgt $p = 0.537$. Damit liegt sie über unserem zuvor gewählten Signifikanzniveau von $\alpha = 0.05$. Das bedeutet, dass die beobachtete Differenz statistisch nicht signifikant ist.

***t*-Test für eine Stichprobe mit R.** Auch in R lesen wir zunächst, wie in *Kapitel 1* beschrieben, den Datensatz ein. Diesen legen wir im Objekt kap5_1 ab. Um die deskriptiven Statistiken zu erhalten, nutzen wir den describe-Befehl aus dem psych-Paket (Revelle, 2015) und schreiben das Ergebnis in eine Excel-Tabelle. Dieser letzte Schritt ist nicht erforderlich, erleichtert aber später die Einarbeitung der Ergebnisse in Tabellen.

```
library(foreign) (Team, 2014a)
kap5_1 <- read.spss("Buch_t_Test_eine Stichprobe.sav", to.data.frame = TRUE)
head(kap5_1)
library(psych)
desc_1St <- describe(kap5_1$BDI_t1)
library(xlsx) (Dragulescu, 2014)
write.xlsx(desc_1St, "Deskriptive Statistiken Einstichproben t Test.xlsx")
```

Nach dem Öffnen des Pakets legen wir das Objekt desc_1St an und definieren, dass darin die deskriptiven Statistiken, die durch den describe-Befehl erzeugt werden, abgelegt werden sollen. Dabei interessieren uns aber nicht die Statistiken für alle enthaltenen Variablen, sondern nur für die Variable BDI_t1. Also begrenzen wir den describe-Befehl entsprechend. Durch die Verknüpfung des Datensatznamens (kap5_1) und des Variablennamens BDI_t1 durch ein $-Zeichen, greift das Programm nun nur auf diese Variable zu. Die nächsten beiden Zeilen geben vor, dass das Ergebnis in einer Excel-Tabelle mit dem Namen *Deskriptive Statistiken Einstichproben t Test.xlsx* ausgegeben wird.

```
              1       2                                                         3
vars  n   mean     sd median trimmed   mad min max range skew kurtosis   se
1    90 17.33 10.22   16.5   16.69 11.12   1  41    40 0.47    -0.59 1.08
```

Abbildung 5.6: Darstellung der deskriptiven Statistiken in R

Auch hier sind der Mittelwert ① und die Standardabweichung ② angegeben sowie der Standardfehler des Mittelwerts ③. Man sieht, dass der beobachtete Mittelwert nicht weit unterhalb der Grenze von 18 liegt. Nun folgt der Befehl für den eigentlichen *t*-Test. Dieser ist in den Grundfunktionen von R enthalten, daher müssen wir kein Paket öffnen.

```
t_ttest1 <- t.test(x = kap5_1$BDI_t1, mu = 18, alternative = "two.sided",
   conf.level = .95)
t_ttest1
```

Für die spätere Nutzung legen wir das Ergebnis im Objekt t_ttest1 ab. Die genutzte Funktion ist **t.test**. In Klammern folgt nun zunächst die betrachtete Variable BDI_t1, die wir erneut mit einem $-Zeichen aus der Datendatei auslesen. So ist dem Programm nicht nur der Name der Variablen, sondern auch der entsprechende Datensatz zugewiesen. Nun erfolgt die Angabe des festen Werts, hierbei steht mu für μ, also den Populationsmittelwert. Diesen geben wir mit 18 an. Schließlich können wir nun noch die Richtung der Hypothese angeben. In unserem Fall war diese ungerichtet: "two.sided". Die entsprechenden Befehle für eine gerichtete Hypothese sind "less" bzw. "greater". Dabei dürfen die Anführungszeichen nicht vergessen werden. Abschließend legen wir die Sicherheitswahrscheinlichkeit auf 0.95 fest. Das Ergebnis lassen wir uns durch Aufrufen des Objektnamens ausgeben (siehe ▶*Abbildung 5.6*). Der empirische *t*-Wert ① in ▶*Abbildung 5.7* beträgt wie in SPSS etwa −0.62 bei $df = 89$ Freiheitsgraden ②. Die Überschreitungswahrscheinlichkeit ③ beträgt ebenfalls $p = 0.537$.

```
        One Sample t-test

data:  kap5_1$BDI_t1
①t = -0.6191, ②df = 89, p-value ③= 0.5374
alternative hypothesis: true mean is not equal to 18
⑤95 percent confidence interval:
 15.19371 19.47296
sample estimates:
mean of x
④17.33333
```

Abbildung 5.7: Ergebnis des *t*-Tests für eine Stichprobe in R

Anders als in SPSS wird allerdings nicht die beobachtete Differenz, sondern der beobachtete Mittelwert ausgegeben ④. Mit diesem Wert lässt sich jedoch schnell die Differenz zu 18 bestimmen. Schließlich enthält die Ausgabe auch ein Konfidenzintervall ⑤. Dieses bezieht sich jedoch nicht auf die Differenz, sondern eben auch auf den Mittelwert. Man sieht hier, dass dieses Intervall den Wert 18 enthält (18 stellt also einen plausiblen Wert für den Mittelwert in der Grundgesamtheit dar). Damit kann ebenfalls auf ein nicht signifikantes Ergebnis geschlossen werden.

Bootstrap in SPSS. In ▶*Abbildung 5.8* sieht man ein Konfidenzintervall um die geschätzte mittlere Differenz. Anhand des Konfidenzintervalls von 95 Prozent kann man erkennen, dass die Grenzen (−2.80 ①, 1.34 ②) null mit einschließen. Das heißt, dass auch die Bootstrap-Prozedur zu einem nicht signifikanten Ergebnis führt.

Bootstrap für Test bei einer Stichprobe

		Bootstrap[a]			
				95% Konfidenzintervall	
	Mittlere Differenz	Verzerrung	Standardfehler	Untere	Obere
BDI_t1	−,66667	,00140	1,05005	① −2,79944	② 1,34275

a. Unless otherwise noted, bootstrap results are based on 1000 bootstrap samples

Abbildung 5.8: Darstellung der Ergebnisse eines *t*-Tests für eine Stichprobe in SPSS mit der Bootstrap-Prozedur

Bootstrap in R. Um in R diesen *t*-Test zu bootstrappen, müssen wir nun zum ersten Mal selbst eine Funktion schreiben (siehe *Kapitel 1*). Das Bootstrappen selbst führen wir dann mit dem Paket boot (Canty & Ripley, 2014) durch. Wir wollen hier zwei unterschiedliche Codes zeigen, die aber zum selben Ergebnis führen sollten, was die Entscheidung über die Hypothesen anbetrifft. Die Teststatistik selbst unterscheidet sich (einmal *t*-Werte, zum anderen Mittelwertsdifferenzen). Wird ein Bootstrap der Mittelwertsdifferenz durchgeführt, interessiert uns, ob null im Konfidenzintervall enthalten ist. Wenn wir die *t*-Statistik einem Bootstrap unterziehen, interessiert uns die kritische Grenze. Der vollständige Code für das Beispiel mit der *t*-Statistik lautet:

```
library(boot)
ttest1a <- function(data, i) {
  t.test(data[i], mu = 18,alternative = "two.sided", conf.level = .95)$statistic
}
boot1a <- boot(data = kap5_1$BDI_t, statistic = ttest1a, R = 1000)
boot1a
quantile(boot1a$t, c(.025, .975))
boot.ci(boot.out = boot1a, type ="bca")
```

Zunächst öffnen wir also das Paket boot. Dieses Paket erlaubt das Ziehen der Stichproben mit Zurücklegen. Allerdings muss dem Paket eine Statistik vorgegeben werden, die in den gezogenen Stichproben berechnet werden soll. Die allgemeine Form des boot-Befehls im boot-Paket ist boot(Daten, Statistik, Anzahl der Stichproben R). In unserem Beispiel wollen wir als Statistik den empirischen *t*-Wert bootstrappen. Also legen wir eine Funktion an, die wir ttest1a nennen. Wir legen fest, dass die Funktion selbst die Elemente Daten (data) und einen Index `i` enthalten soll. Der Index ist dabei fürs Bootstrappen nötig und bezieht sich auf die gezogenen Stichproben. In der geschweiften Klammer folgt nun die eigentliche Berechnung der Statistik, die wir in jedem gezogenen Sample berechnen lassen wollen. Wir nutzen hier wieder den Befehl, den wir bereits für den *t*-Test für eine Stichprobe kennengelernt haben. Allerdings ersetzen wir den konkreten Variablennamen durch die allgemeine Bezeichnung `data` und fügen den Index `i` in eckigen Klammern hinzu, um zu signalisieren, dass wir diese Variable in jedem gezogenen Sample nutzen wollen. Das Ergebnis dieses Befehls haben wir in *Abbildung 5.5* dargestellt. Von dieser Ausgabe brauchen wir hier nur den *t*-Wert. Diese Auswahl kann durch den Zusatz `$statistic` festgelegt werden. Wir schließen die Funktionsdefinition mit einer geschweiften Klammer. Nun führen wir das Bootstrappen durch. Das Ergebnis legen wir wieder in einem Objekt ab (`boot1a`). Nach dem Befehl `boot` definieren wir die zu nutzenden Daten (die Variable `BDI_t1` aus dem Datensatz `kap5_1`), die zu berechnende Statistik (hier fügen wir den Namen der von uns festgelegten Funktion ein: `ttest1a`) und die Zahl der zu ziehenden Stichproben. Das Ergebnis finden wir in ▶*Abbildung 5.9* oben links. Hier finden sich der beobachtete *t*-Wert ① der Bias ② und der Standardfehler ③. Mit dem Befehl `quantile` haben wir zudem die Grenzen angeben lassen, innerhalb derer 95 % der so erzeugten *t*-Werte liegen. Das Ergebnis ist ein Konfidenzintervall von −2.84 bis 1.31. Der kritische *t*-Wert von −1.96 ist enthalten. Somit wird auch hier ein nicht signifikantes Ergebnis angezeigt. R bietet aber auch die Möglichkeit über den Befehl `boot.ci` ein Konfidenzintervall zu schätzen, welches **bias-korrigiert** ist (`bca`). Der entsprechende Befehl benötigt das Ergebnis eines Bootstrapverfahrens (`bootout =`) und die Festlegung der Konfidenzintervallart (`"bca"`). Das Ergebnis ist in *Abbildung 5.9* oben rechts angegeben ④. Auch hier ergibt sich ein nicht signifikantes Ergebnis.

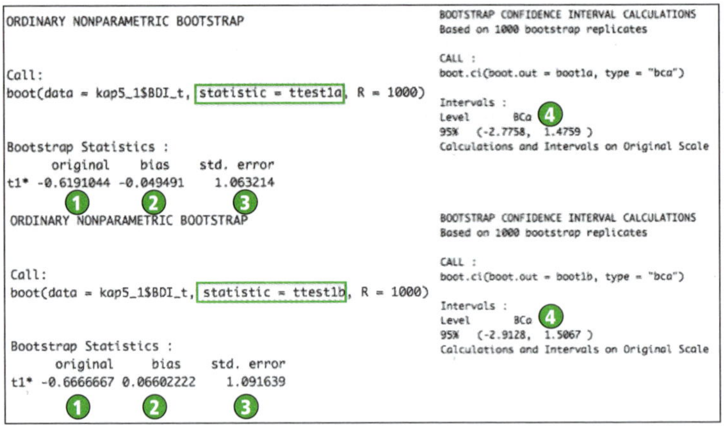

Abbildung 5.9: Darstellung der Ergebnisse eines *t*-Tests für eine Stichprobe in R mit der Bootstrap-Prozedur

Die untere Hälfte von *Abbildung 5.9* enthält die analogen Ergebnisse, wenn man nicht den *t*-Wert, sondern tatsächlich die mittlere Differenz einem Bootstrap unterzieht. Diese Werte weichen leicht von den Ergebnissen in SPSS ab. Der Bias ② und der Standardfehler ③ sind etwas größer. Das kann aufgrund der Zufallsziehungen möglich sein und ist zu erwarten. Je größer die Anzahl der gezogenen Stichproben ist, desto kleiner sollten die Unterschiede ausfallen. Dennoch ergibt sich auch hier ein nicht signifikantes Ergebnis. Schließlich ist auch hier ein bias-korrigiertes Konfidenzintervall angegeben. Der Code für dieses zweite Beispiel lautet:

```
ttest1b <- function(data, i) {
  mean(data[i])-18
}
boot1b <- boot(data = kap5_1$BDI_t, statistic = ttest1b, R = 1000)
boot1b
quantile(boot1b$t, c(.025, .975))
boot.ci(boot.out = boot1b, type = "bca")
```

Nun benötigen wir aber noch die Effektstärke als Anhaltspunkt dafür, ob die gefundene Differenz praktisch bedeutsam ist. Die Effektstärke können wir am schnellsten mit dem Taschenrechner ermitteln: Es ist die mittlere Differenz −0.67 ❶, dividiert durch die Standardabweichung 10.22 (*Abbildung 5.4* oder *Abbildung 5.6* ❷) und damit $|g| = 0.07$. Das heißt, dass ein kleiner Effekt nach den Effektstärkekonventionen vorliegt. Aufgrund dieser Ergebnisse kann man davon ausgehen, dass der mittlere BDI-Wert von psychiatrischen Patienten nicht von einem BDI-Wert von 18 abweicht. Die psychiatrischen Patienten weisen im Mittel eine klinisch auffällige Depressionssymptomatik auf. Die Post-hoc-Power wird bei der kleinen Stichprobe und dem geringen Effekt vermutlich sehr gering ausfallen.

5.1.2 *t*-Test für abhängige Stichproben

Fragestellung. In einem Untersuchungsdesign, das mithilfe eines *t*-Tests für abhängige Stichproben ausgewertet wird, werden mehrere Personen zu zwei Messzeitpunkten mit demselben Instrument untersucht. Es wird danach gefragt, ob die Differenz von Populationsmittelwerten zu zwei Testzeitpunkten null ist.

Hypothesen. Die **Nullhypothese** lautet, dass die mittlere Differenz der Messwertpaare zu den zwei Messzeitpunkten in der Grundgesamtheit null ist. Die ungerichtete **Alternativhypothese** lautet, dass die mittlere Differenz der Messwertpaare zu den beiden Messzeitpunkten in der Grundgesamtheit nicht null ist. Bei einer gerichteten Alternativhypothese bedeutet dies, dass die Differenz in der Grundgesamtheit entweder größer oder kleiner als null ist.

Beim *t*-Test für abhängige Stichproben ist also die Prüfung der folgenden Hypothesen möglich:

Nullhypothesen und ungerichtete Alternativhypothesen

Nullhypothese:

$H_0: \mu_{Diff} = 0$

Alternativhypothese ungerichtet:

$H_1: \mu_{Diff} \neq 0$

Nullhypothesen und gerichtete Alternativhypothesen

H_0: $\mu_{\text{Diff}} \geq 0$ und H_1: $\mu_{\text{Diff}} < 0$

H_0: $\mu_{\text{Diff}} \leq 0$ und H_1: $\mu_{\text{Diff}} > 0$

μ_{Diff} = mittlere Differenz in der Grundgesamtheit

Bei einer gerichteten Fragestellung ist darauf zu achten, dass der t-Wert auch in der erwarteten Richtung ausfällt. Das heißt, wenn unter der Alternativhypothese eine positive Differenz erwartet wird, wird die Nullhypothese auch dann beibehalten, wenn sich eine hohe negative Differenz ergibt.

Beispiel. Nehmen wir an, dass der geschätzte Mittelwert im BDI sechs Monate nach einer Therapie $\hat{\mu} = 8.93$ Punkte betrage. Die Stichprobengröße sei $n = 90$. Am Anfang der Therapie sei der geschätzte Mittelwert im BDI $\hat{\mu} = 17.33$ Punkte gewesen. Die Korrelation zwischen beiden Messungen betrage $r_{12} = 0.524$. Die Hypothesentestung soll einseitig erfolgen. Wir gehen davon aus, dass sich die Symptome reduzieren und erwarten einen positiven t-Wert ($\hat{\mu}_{\text{Diff}} = \hat{\mu}_1 - \hat{\mu}_2$). Die Fehlerwahrscheinlichkeit 1. Art legen wir folglich auf fünf Prozent bei einseitiger Testung fest.

Voraussetzungen. Voraussetzungen für t-Tests für abhängige Stichproben sind:

- Die Varianzen der Grundgesamtheiten sind nicht bekannt und müssen mithilfe der Stichprobe geschätzt werden.
- Die Messwerte müssen intervallskaliert sein.
- Die Differenzen zwischen beiden Messzeitpunkten müssen sich in der Grundgesamtheit normalverteilen.

Die erste Voraussetzung kennen wir in ähnlicher Form bereits vom t-Test für eine Stichprobe. Die Varianz wird aus den Stichprobendaten geschätzt und ist für die Population nicht bekannt. Die Forderung nach dem Intervallskalenniveau der Messwerte begründet sich hier wieder mit der Differenzbildung. Die Normalverteilungsannahme bezieht sich hier nicht mehr auf die Verteilung der Messwerte in der Population, sondern auf die Verteilung der Messwertdifferenzen zwischen beiden Messzeitpunkten. Dies ist gegeben, wenn die abhängige Variable in der Population zu beiden Messzeitpunkten normalverteilt ist. Um dies zu überprüfen, muss für jede Person die Messwertdifferenz zwischen Messzeitpunkt eins und zwei gebildet werden (siehe ▶ *Abbildung 5.22*. Anschließend lässt sich per Inspektion eines Histogramms in etwa abschätzen, ob eine Normalverteilung aller Messwertdifferenzen zumindest in der Stichprobe vorliegt.

Empirischer t-Wert. Um den **t-Test für abhängige Stichproben** besser zu verdeutlichen, ziehen wir das bereits beschriebene Beispiel heran. Unsere Fragestellung lautet, ob die depressive Symptomatik auch noch sechs Monate nach der Therapie signifikant unter der Ausgangslage zu Beginn der Therapie liegt. Betrachten wir den empirischen t-Wert gemäß unserem Beispiel.

Formel 5.6 empirischer *t*-Wert für den *t*-Test für abhängige Stichproben

$$df = n - 1$$

$$df = 90 - 1 = 89$$

$$\hat{\mu}_{\text{Diff}} = \hat{\mu}_1 - \hat{\mu}_2 = 17.33 - 8.93 = 8.40$$

$$\hat{\sigma}_{\text{Diff}} = \sqrt{\frac{\sum_{v=1}^{n}\left(x_{\text{Diff}_v} - \hat{\mu}_{\text{Diff}}\right)^2}{n-1}} = \sqrt{\hat{\sigma}_1^2 + \hat{\sigma}_2^2 - 2 \cdot r_{12} \cdot \hat{\sigma}_1 \cdot \hat{\sigma}_2}$$

$$\hat{\sigma}_{\text{Diff}} = \sqrt{10.22^2 + 7.15^2 - 2 \cdot 0.524 \cdot 10.22 \cdot 7.15}$$

$$\hat{\sigma}_{\text{Diff}} = \sqrt{51.12 + 104.45 - 76.58} = \sqrt{78.99} = 8.887$$

$$\widehat{SE}_{\text{Diff}} = \frac{\hat{\sigma}_{\text{Diff}}}{\sqrt{n}} = \frac{8.88}{\sqrt{90}} = 0.94$$

$$t_{\text{emp}} = \frac{\hat{\mu}_{\text{Diff}}}{\widehat{SE}_{\text{Diff}}} = \frac{8.4}{0.94} = 8.94$$

t_{emp} = empirischer *t*-Wert

$\hat{\mu}_{\text{Diff}}$ = geschätzte mittlere Differenz zwischen den Messwerten der Messzeitpunkte 1 und 2

$\hat{\sigma}_{\text{Diff}}$ = geschätzter Standardfehler der Differenz

n = Stichprobengröße

$\hat{\sigma}_{\text{Diff}}$ = geschätzte Standardabweichung der Differenz

x_{Diff_v} = Differenz der beiden Messwerte von Messzeitpunkt 1 und 2 für eine Person v

r_{12} = Korrelation der Messwerte der Testzeitpunkte

σ_1 = geschätzte Standardabweichung zu Testzeitpunkt 1

$\hat{\sigma}_2$ = geschätzte Standardabweichung zu Testzeitpunkt 2

Wir könnten den kritischen *t*-Wert in einer Tabelle nachsehen oder mit Excel =TVERT(8,94;89;1) die Überschreitungswahrscheinlichkeit ermitteln (in R `pt(8.94, df = 89, lower.tail = FALSE)`). Dazu benötigen wir die Freiheitsgrade $df = 89$. Unser Fehler 1. Art beträgt fünf Prozent und Excel gibt eine einseitige Überschreitungswahrscheinlichkeit von $p < 0.001$ ($p = 2{,}5002E - 14 = 0.000000000000025002$) aus. Damit lehnen wir die Nullhypothese ab.

Formel 5.7 Standardfehler der Mittelwertsdifferenz für abhängige Stichproben

Um den Einfluss der Korrelation zwischen den beiden Messzeitpunkten näher zu beleuchten, vereinfachen wir zunächst die Formel für die geschätzte Standardabweichung der Differenz. Hierfür ziehen wir die oben angegebene *Formel 5.6* der geschätzten **Standardabweichung der Differenz** heran:

$$\hat{\sigma}_{\text{Diff}} = \sqrt{\hat{\sigma}_1^2 + \hat{\sigma}_2^2 - 2 \cdot r_{12} \cdot \hat{\sigma}_1 \cdot \hat{\sigma}_2}$$

Gehen wir der Einfachheit halber davon aus, dass $\hat{\sigma}_1^2 = \hat{\sigma}_2^2 = \hat{\sigma}^2$, vereinfacht sich die Formel zu:

$$\hat{\sigma}_{\text{Diff}} = \sqrt{2 \cdot \hat{\sigma}^2 - 2 \cdot r_{12} \cdot \hat{\sigma}^2},$$

$$\text{da } \hat{\sigma}_1^2 + \hat{\sigma}_2^2 = 2 \cdot \hat{\sigma}^2 \text{ und} 2 \cdot r_{12} \cdot \hat{\sigma}_1 \cdot \hat{\sigma}_2 = 2 \cdot r_{12} \cdot \hat{\sigma}^2$$

$\hat{\sigma}_{\text{Diff}}$ = geschätzte Standardabweichung der Differenz

$\hat{\sigma}_1$ = geschätzte Standardabweichung zu Messzeitpunkt 1

$\hat{\sigma}_2$ = geschätzte Standardabweichung zu Messzeitpunkt 2

Nun können wir $2 \cdot \hat{\sigma}^2$ vor die Wurzel ziehen und es ergibt sich schließlich:

$$= \sqrt{2 \cdot \hat{\sigma}^2 (1 - r_{12})} = \sqrt{2} \cdot \hat{\sigma} \cdot \sqrt{(1 - r_{12})}$$

$\hat{\sigma}_{\text{Diff}}$ = geschätzte Standardabweichung der Differenz

$\hat{\sigma}$ = geschätzte Standardabweichungen zu den Messzeitpunkten 1 und 2: $\hat{\sigma}_1^2 = \hat{\sigma}_2^2 = \hat{\sigma}^2$

r_{12} = Korrelation zwischen den Messzeitpunkten

Gehen wir diese Formel einmal für drei verschiedene Korrelationen durch ($r_{12} = 0$, $r_{12} = 0.19$ und $r_{12} = 0.84$):

$$\hat{\sigma}_{\text{Diff für } r_{12}=0.00} = \sqrt{2} \cdot \hat{\sigma} \cdot \sqrt{(1-0)} = \sqrt{2} \cdot \hat{\sigma} = \sqrt{2} \cdot 10.22 = 14.45$$

$$\hat{\sigma}_{\text{Diff für } r_{12}=0.19} = \sqrt{2} \cdot \hat{\sigma} \cdot \sqrt{1-0.19} = \sqrt{2} \cdot \hat{\sigma} \cdot 0.90 = \sqrt{2} \cdot 10.22 \cdot 0.10 = 13.01$$

$$\hat{\sigma}_{\text{Diff für } r_{12}=0.84} = \sqrt{2} \cdot \hat{\sigma} \cdot \sqrt{1-0.84} = \sqrt{2} \cdot \hat{\sigma} \cdot 0.40 = \sqrt{2} \cdot 10.22 \cdot 0.40 = 5.78$$

Korrelieren die beiden Messwertreihen also gar nicht, ergibt sich die Standardabweichung der Differenz einfach durch Multiplikation der identischen Standardabweichung zu beiden Messzeitpunkten mit der Wurzel aus zwei. Nimmt die Korrelation der Messzeitpunkte zu, wird das Produkt aus der Wurzel aus zwei und der geschätzten Standardabweichung mit einem zweiten Term $\sqrt{1-r_{12}}$ multipliziert. Je höher die Korrelation ist, desto geringer wird dieser zweite Term.

Das heißt: Je stärker zwei Messwertreihen korrelieren[a], desto geringer wird die Standardabweichung der Differenz. Damit sinkt auch der geschätzte Standardfehler der Differenz. Eine konstante Mittelwertsdifferenz, z. B. von 8.4, wird bei einer hohen Korrelation durch einen geringeren Standardfehler der Differenz geteilt als bei einer niedrigen Korrelation. Damit wird der empirische t-Wert bei einer hohen Korrelation der beiden abhängigen Variablen höher ausfallen als bei einer niedrigen Korrelation. So wird es „leichter", ein signifikantes Ergebnis zu erzielen, da der kritische t-Wert „einfacher" überschritten werden kann. Die Korrelation hat so also einen Einfluss auf die Teststärke des t-Tests.

a. Korrelieren (vgl. *Abschnitt 2.2.8*) heißt, dass mit höheren Merkmalsausprägungen zu Testzeitpunkt 1 im Durchschnitt auch höhere Ausprägungen zu Testzeitpunkt 2 einhergehen. Das heißt für den t-Test für abhängige Stichproben: Wenn Mittelwertsunterschiede auftreten, gleichen sich die individuellen Differenzwerte zwischen einzelnen Personen zwischen Testzeitpunkt 1 und 2 mehr und mehr an, je höher die Korrelation ausfällt. Das bedeutet, dass bei allen Personen eine vergleichbare Veränderung auftritt.

Effektstärken unterschiedlicher Designs. Im nächsten Schritt wird wiederum die Effektstärke berechnet. Im Falle von abhängigen Stichproben ist jedoch eine Besonderheit zu beachten. Die Effektstärke berechnet sich hier als Quotient aus geschätzter Mittelwertsdifferenz und geschätzter Standardabweichung der Differenz. Die geschätzten Standardabweichungen der Differenzen und die geschätzten Standardabweichungen der Messwerte zu Testzeitpunkt 1 und 2 können sich stark unterscheiden. Um die *Effektstärken* zwischen Studiendesigns mit unabhängigen und abhängigen Designs vergleichbar zu halten, gibt es unter anderem drei Möglichkeiten:

1. Die erste Möglichkeit besteht darin, den ersten Messzeitpunkt als Baseline-Messung anzunehmen. Das ist vor allem in Therapiestudien der Fall. Nehmen wir nun die Standardabweichung dieses Messzeitpunkts zum Standardisieren der Mittelwertsdifferenz, drückt die Effektstärke aus, um wie viele Standardabweichungen (*vor* der Therapie) sich der Wert in eine bestimmte Richtung verschiebt.
2. Die zweite Möglichkeit besteht darin, zum Standardisieren der Mittelwertsdifferenz nicht die Standardabweichung der Differenz zu verwenden. Man behandelt einfach die beiden Messzeitpunkte als würden unabhängige Stichproben vorliegen und verwendet die gemeinsame bzw. gepoolte Streuung (siehe *Kapitel 4* t-Test für unabhängige Stichproben). Dies empfiehlt sich dann, wenn zu beiden Messzeitpunkten die Varianzen ungefähr gleich ausfallen. Die Mittelwertsdifferenz wird dann einfach anhand der gemittelten Standardabweichung der Messzeitpunkte normiert.
3. Die dritte Möglichkeit kann nur genutzt werden, wenn die Messwerte in Normwerte überführt werden können. Dann kann die Standardabweichung des Normwerts im Nenner der Effektstärke verwendet werden. In unserem Fall würde dies bedeuten, dass wir

8.40 durch die Standardabweichung für den T-Normwert ($\sigma = 10$) teilen. Damit erhalten wir eine starke Effektstärke von $g = 0.84$. Dieses Vorgehen ist jedoch die Ausnahme, da nicht immer geeignete Normstichproben zur Verfügung stehen. Keine der erörterten Methoden ist frei von Problemen und wir empfehlen daher, zum Standardisieren dennoch die Standardabweichung der Differenz zu nutzen. Dies entspricht immer noch der Konvention und wird in den meisten Statistikprogrammen und Lehrbüchern so gehandhabt. Betrachten wir nun weiter, wie hoch die Effektstärke für unseren beobachteten Effekt ausfällt.

Bestimmung Effektstärke. Um nun eine Idee davon zu erhalten, wie stark der Mittelwertsunterschied ausfällt, betrachten wir die Effektstärke Hedges g für abhängige Stichproben in *Formel 5.8*. Hedges g ist in der Terminologie von **Cohen d_z**.

Formel 5.8 Hegdes g bzw. Cohens d_z für abhängige Stichproben

$$g = d_z = \frac{\hat{\mu}_1 - \hat{\mu}_2}{\hat{\sigma}_D} = \frac{8.40}{8.887} = 0.95$$

d_z = Effektstärke für abhängige Stichproben von Cohen

$\hat{\mu}_1$ = geschätzter Mittelwert zu Testzeitpunkt 1

$\hat{\mu}_2$ = geschätzter Mittelwert zu Testzeitpunkt 2

$\hat{\sigma}_D$ = geschätzte Standardabweichung der Differenz für die Grundgesamtheit aus der Stichprobe

Man sieht am Ergebnis deutlich den Unterschied zu einer Berechnung basierend auf der Standardabweichung des ersten Messzeitpunkts

$$(g = \frac{8.4}{10.22} = 0.82).$$

Durch das Verwenden des geschätzten Standardfehlers des Mittelwerts wird auch die Korrelation zwischen den Messwerten berücksichtigt. Je größer diese ist, desto kleiner ist der geschätzte Standardfehler der Differenz. Eine hohe Korrelation bedeutet aber auch, dass etwaige Veränderungen bei allen Personen ähnlich hoch ausfallen. Dies spricht für einen Effekt und sollte daher auch bei der Effektstärkenberechnung berücksichtigt werden.

Konfidenzintervall der Effektstärke. Es kann auch ein Konfidenzintervall für die Effektstärke angegeben werden. In der Regel werden für dieses Konfidenzintervall symmetrische Grenzen angegeben. Es ist zu beachten, dass symmetrische Intervallgrenzen nur näherungsweise gelten, da die Verteilung von Effektstärken asymmetrisch ist. In diesen Fällen liegt die untere und obere Grenze des Konfidenzintervalls eigentlich nicht gleich weit von der Punktschätzung entfernt (und damit ergeben sich nichtsymmetrische Grenzen). Um es jedoch annäherungsweise zu berechnen, benötigt man im ersten Schritt den geschätzten Standardfehler der Effektstärke. Die Berechnung ist in *Formelkasten 5.7* dargestellt. Das resultierende Konfidenzintervall ist dann jedoch symmetrisch.

Formel 5.9 Standardfehler und Konfidenzintervall für Hedges *g* für abhängige Stichproben

$$\widehat{SE}_g = \sqrt{\frac{g^2}{2 \cdot (n-1)} + \frac{2 \cdot (1 - r_{12})}{n}}$$

$$\widehat{SE}_g = \sqrt{\frac{0.95^2}{2 \cdot (90-1)} + \frac{2 \cdot (1 - 0.524)}{90}}$$

$$\widehat{SE}_g = \sqrt{\frac{0.9025}{178} + \frac{0.952}{90}} = \sqrt{0.0005 + 0.0106} = \sqrt{0.0111} = 0.105$$

$$\mathrm{KI}_{z_{1-\frac{\alpha}{2}}} = d_z \pm \left(SE_g \cdot z_{1-\frac{\alpha}{2}} \right)$$

$$\mathrm{KI}_{z_{1-\frac{\alpha}{2}}} = 0.95 \pm (0.105 \cdot 1.96) = 0.95 \pm 0.21 = 0.74 - 1.16$$

KI = Konfidenzintervall

$z_{1-\frac{\alpha}{2}}$ = z-Wert aus der Standardnormalverteilung bei dem $1-\frac{\alpha}{2}$-Prozent-Quantil, in unserem Beispiel beträgt der z-Wert z = 1.96, 95 Prozent, zweiseitig

$\widehat{SE}_g$ = geschätzter Standardfehler von Hedges *g*

n = Stichprobengröße

r_{12} = Korrelation zwischen den Messwerten zu Testzeitpunkt 1 und 2

Das heißt, dass 95 Prozent, der mithilfe der Formel gebildeten Konfidenzintervalle gleichgroßer Zufallsstichproben, die Populationseffektstärke überdecken.

Teststärke. Wir können nun die Teststärke berechnen. Beginnen wir mit der Darstellung in G*Power (siehe ▶*Abbildung 5.10*). Nachdem G*Power gestartet wurde, wählen wir unter TEST FAMILY die Option T TESTS ❶ aus. Anschließend entscheiden wir uns unter STATISTICAL TEST für MEANS: DIFFERENCE BETWEEN TWO DEPENDENT MEANS (MATCHED PAIRS) ❷. Danach wählen wir unter TYPE OF POWER ANALYSIS die Option POST HOC: COMPUTE ACHIEVED POWER – GIVEN α, SAMPLE SIZE, AND EFFECT SIZE ❸. Nun können wir die entsprechenden Werte eintragen: TAIL(S) setzen wir auf ONE ❹, da wir eine gerichtete Hypothese formuliert hatten, und α ERR PROB auf 0.05 ❺. Die Stichprobengröße TOTAL SAMPLE SIZE beträgt in unserem Fall 90 ❻. Die Effektstärke berechnen wir über DETERMINE => ❼. Jetzt markieren wir FROM DIFFERENCES ❽ im rechten Fenster und geben als MEAN OF DIFFERENCE den Wert 8.4 und als SD OF DIFFERENCE den Wert 8.88 ein. Nun klicken wir auf CALCULATE AND TRANSFER TO MAIN WINDOW ❾. Nach diesen Schritten muss nur noch auf die Schaltfläche CALCULATE ❿ geklickt werden, und wir erhalten die Teststärke im Kästchen neben POWER ($1-\beta$ ERR PROB) angezeigt. Der Wert lautet 1.00, was aber theoretisch nicht möglich ist. Es bleibt immer ein Restrisiko, sich falsch zu entscheiden, auch wenn dieses beispielsweise 0.000000001 beträgt. Allerdings rundet das Programm dann auf den Wert eins. Das heißt, dass die Teststärke sehr hoch ist.

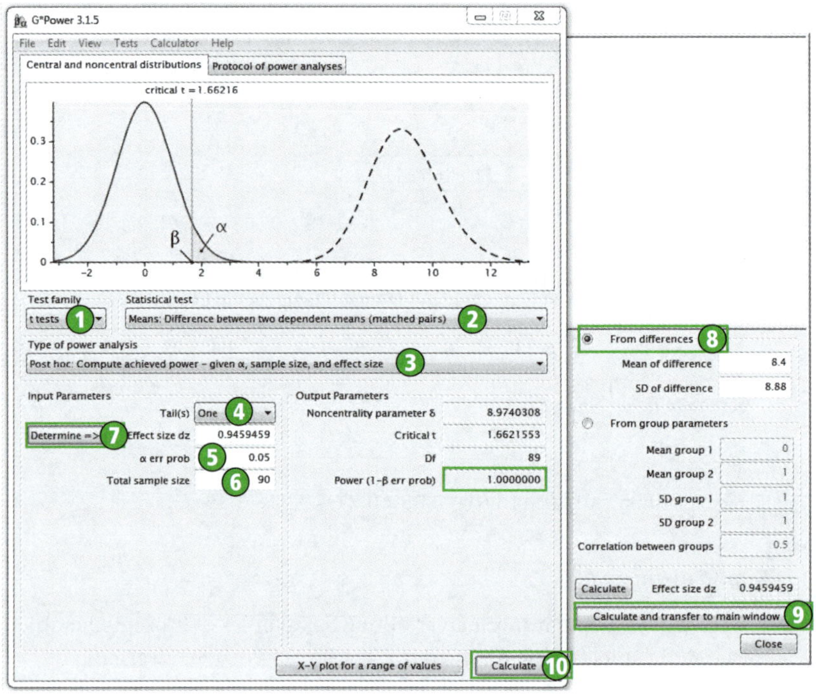

Abbildung 5.10: G*Power-Oberfläche zur Berechnung der Teststärke beim *t*-Test für abhängige Stichproben

Power mit R. R liefert mit dem folgenden Code dasselbe Ergebnis:

```
library(pwr)
pwr.t.test(n = 90, d = 8.4/8.88, sig.level = .05, power = NULL, type = "paired",
  alternative = "greater")
```

Wir haben hier das Paket **pwr** (Champeley, 2015) und daraus die Funktion `pwr.t.test` genutzt. Unsere Stichprobe bestand aus $n = 90$ Personen. Die Effektstärke Hedges g von 0.95, in diesem Paket als d bezeichnet, legen wir über das Verhältnis aus Mittelwertsdifferenz und geschätzter Standardabweichung der Differenz fest:

$$d = \frac{8.40}{8.887}.$$

Den Fehler 1. Art legen wir auf fünf Prozent fest und geben `power` mit `NULL` an. Dies signalisiert dem Programm, die Teststärke zu bestimmen. Schließlich legen wir noch fest, dass es sich um einen *t*-Test für abhängige Stichproben handelt (`"paired"`) und dass die Alternativhypothese gerichtet ist und wir annehmen, dass die Differenz zwischen erstem und zweitem Wert größer als Null ist (`"greater"`).

Stichprobenplanung mit G*Power. Auch hier kann also die Teststärke post hoc berechnet werden. Sie liegt – wie oben berechnet – für unser Beispiel knapp unter 100 Prozent. Zur

Berechnung einer optimalen Stichprobe können die Einstellungen analog zum Einstichproben-t-Test verwendet werden. Wir möchten an diesem Beispiel zunächst mittels G*Power demonstrieren wie der optimale Stichprobenumfang ausgesehen hätte. Nachdem wir G*Power gestartet haben, wählen wir unter TEST FAMILY die Option T TESTS aus. Anschließend entscheiden wir uns unter STATISTICAL TEST für MEANS: DIFFERENCE BETWEEN TWO DEPENDENT MEANS (MATCHED PAIRS). Schließlich wählen wir unter TYPE OF POWER ANALYSIS die Option A PRIORI: COMPUTE REQUIRED SAMPLE SIZE – GIVEN α, POWER, AND EFFECT SIZE. Nun können wir die entsprechenden Werte eintragen: TAIL(S) setzen wir auf ONE, als Effektstärke setzen wir EFFECT SIZE D auf 0.95, α auf 0.05 und schließlich die Teststärke POWER ($1-\beta$ ERR PROB) auf 0.80. Klicken Sie jetzt auf die Schaltfläche CALCULATE und Sie erhalten die erforderliche Stichprobengröße neben TOTAL SAMPLE SIZE angezeigt.

Vorteile der Stichprobenplanung. Der Wert für die erforderliche Stichprobengröße beträgt 9 Personen. Man hätte hier viel Aufwand einsparen können, hätte man eine Stichprobenplanung durchgeführt. Voraussetzung dafür ist natürlich die Kenntnis von Effektstärken aus Vorstudien. Selbst wenn nur ein mittlerer Effekt von 0.50 angenommen worden wäre, würden wir lediglich 27 Personen benötigen. Bedenkt man, dass jede Untersuchung, sei es auch nur mit einem Fragebogen, Patienten belastet, ist dies ein weiteres Pladoyer für die Stichprobenplanung.

Nachteile der Stichprobenplanung. Auch hier sei darauf verwiesen, dass eine große Stichprobe den Vorteil aufweist, den Effekt genauer zu schätzen. Wir gehen von einer Punktschätzung aus. Bei großen Stichprobengrößen, wird das Konfidenzintervall für die Effektstärke viel kleiner. Letztendlich ist hier immer eine Abwägung zwischen Belastung der Patienten und Anforderungen an die Präzision der Schätzung zu treffen.

Stichprobenplanung mit R. Das äquivalente Ergebnis erhält man in R durch den Code:

```
pwr.t.test(n = NULL, d = 8.4/8.88, sig.level = .05, power = .8, type = "paired",
   alternative = "greater")
```

Der Befehl entspricht dem Befehl `pwr.t.test` zur Berechnung der Post-hoc-Power. Allerdings suchen wir dieses Mal die optimale Stichprobengröße (`n = NULL`) und geben die Teststärke vor (`power = .8`).

> **Praxistipp** In einem Artikel würden wir die Ergebnisse wie folgt berichten:
>
> $t\,(89) = 8.94$ (einseitig), $p < 0.001$, $g = -0.95$, $1-\beta > 0.99$ (post-hoc).

Fazit. Wir gehen davon aus, dass die Therapie eine Veränderung der BDI-Werte in der Grundgesamtheit bewirkt. Der Therapieeffekt ist signifikant und praktisch sehr groß, zudem fällt die Teststärke sehr hoch aus. Um einen so hohen praktischen Effekt statistisch abzusichern, wäre eine weitaus kleinere Stichprobe ausreichend gewesen. Eine Stichprobenplanung wäre also günstig gewesen, um weniger Patienten mit einer zusätzlichen Befragung zu belasten. Auf der anderen Seite wäre mit weniger Personen die Genauigkeit der Schätzung der Effektstärke deutlich geringer gewesen als im aktuellen Fall ($KI_{z_{1-\frac{\alpha}{2}}} = 0.74 - 1.16$).

Eine Hilfestellung kann sein, dass man einen bestimmten Effekt vorher festlegt, z. B. einen Effekt von $g = 0.50$ und dann die Konfidenzintervalle mit verschiedenen Stichprobengrößen bildet. Die Stichprobengröße, die die gewünschte Präzision der Schätzung ermöglicht, kann dann untersucht werden.

Definition Kein Effekt bedeutet nicht KEIN Effekt

Wir gehen nun davon aus, dass wir den Schätzfehler von Mittelwerten in jeder Situation schätzen können. Weiterhin glauben wir, dass wir durch den Hypothesentest bei richtiger Anwendung zu eindeutigen Aussagen kommen. Das stimmt sicherlich auch, jedoch sollte man sich bei der Interpretation von **durchschnittlichen Effekten** über die Grenzen der **Aussagekraft** bewusst sein. Interessierte Leser seien auf Publikationen von unserem Kollegen Rolf Steyer (z.B. 2005) zu individuellen kausalen Effekten verwiesen.

Beispiel 1. Wir führen eine Untersuchung zur Effektivität einer Therapie von Wachkomapatienten durch. Dazu haben wir 200 Patienten verschiedener Kliniken untersucht. Das verblüffende Ergebnis ist, dass am Ende der Therapie Mittelwerte in Indexen zur körperlichen und kognitiven Verfassung deskriptiv nahezu gleich zu den Werten vor der Therapie ausfallen und auch der Hypothesentest nicht zur Ablehnung der Nullhypothese (es besteht kein Unterschied zwischen den Messzeitpunkten) führt. Wir entscheiden uns dafür anzunehmen, dass die Therapie in der Grundgesamtheit nicht wirkt. Sollten nun die Krankenkassen hellhörig werden und die Therapien nicht mehr bezahlen? Die Antwort ist überraschenderweise nein! Was ist passiert? Es gab Personen in der Stichprobe, deren Zustand sich, aufgrund der schlechten Ausgangslage zu Beginn der Therapie im Verlauf noch verschlechterte. Die ungünstige Ausgangslage war so gravierend, dass die Therapie nicht greifen konnte. Es gab aber auch Personen, die sich aufgrund der Therapie stark verbesserten. Im Durchschnitt hat sich nichts verändert. Der eben geschilderte Sachverhalt ist in ▶*Abbildung 5.11* in der linken Grafik noch einmal veranschaulicht. Für solche Fälle wäre es angemessener, den Therapieerfolg nicht auf Gruppenebene, sondern auf Individualebene zu betrachten. Dazu dient die klinische Signifikanz (Jacobson & Truax, 1991).

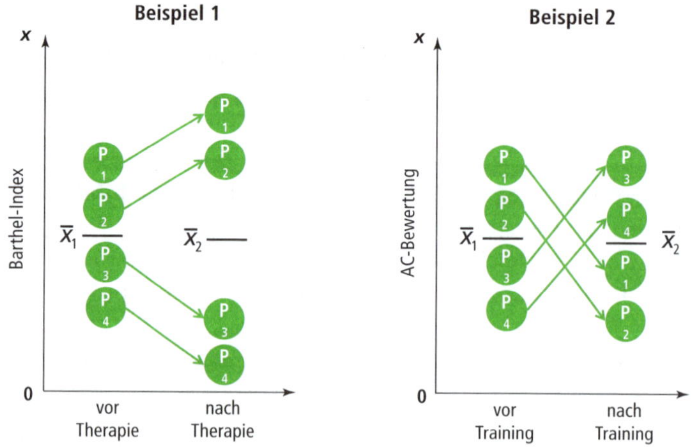

Abbildung 5.11: Beispiele schematisch im Vergleich

Beispiel 2. Wir führen eine Untersuchung zu einem Führungstraining eines großen Automobilherstellers durch. Es handelt sich um ein soziales Kompetenztraining. Wir nehmen an, dass ein Teil der Teilnehmer Führungserfahrung hat und ein anderer Teil nicht. Für Personen mit Führungserfahrung ist dieses Training – so wie es aufgebaut ist – kontraproduktiv, da es nicht an ihrer Führungserfahrung im Unternehmen anknüpft. Für Personen ohne Führungserfahrung führt es zu Trainingserfolgen. Wir beobachten am Ende des Trainings weder eine Mittelwertsveränderung noch eine Veränderung in der Varianz. Das Training erweist sich im Schnitt also als unwirksam. Was ist passiert? Personen mit Führungserfahrung haben nach dem Training in einem Assessment-Center zur Evaluation schlechter als vorher abgeschnitten und Personen ohne Führungserfahrung besser als vorher (siehe *Abbildung 5.11* rechts).

Das Beispiel macht deutlich, dass ein nicht vorhandener Effekt für die Gesamtpopulation nichts darüber aussagt, ob nicht sogenannte individuelle Effekte vorliegen und „nicht bekannte" Variablen differenziell wirken und zu einer Veränderung der Messwerte von bestimmten Unterpopulationen führen.

Im Folgenden stellen wir dar, wie ein *t*-Test für abhängige Stichproben in SPSS und R durchgeführt wird. Auf der Pearson-Website finden Sie den Datensatz `Buch_t_Test_abhängig.sav` mit $n = 90$ Personen, deren depressive Symptomatik vor und nach einer Behandlung mit dem BDI untersucht wurde. Die Variable `BDI_t1` beinhaltet die BDI-Werte zu Testzeitpunkt 1 und die Variable `BDI_t2` die BDI-Werte zu Testzeitpunkt 2. Wir gehen davon aus, dass sich der Mittelwert im BDI von Testzeitpunkt 1 zu Testzeitpunkt 2 reduziert (einseitige Hypothese: $\alpha = 0.05$).

***t*-Test für abhängige Stichproben mit SPSS.** Bitte klicken Sie in SPSS auf ANALYSIEREN → MITTELWERTE VERGLEICHEN und T-TEST BEI GEPAARTEN STICHPROBEN. Es öffnet sich das Fenster in ▶*Abbildung 5.12*.

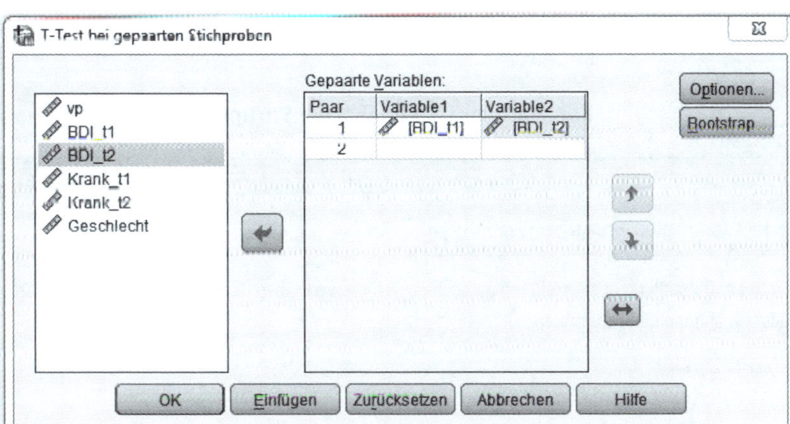

Abbildung 5.12: Darstellung der Berechnung eines *t*-Tests für abhängige Stichproben in SPSS

Halten Sie nun die Strg-Taste gedrückt und markieren Sie die Variablen `BDI_t1` und `BDI_t2`. Klicken Sie dann auf den Pfeil zwischen den beiden Fenstern. Klicken Sie nun auf OK. Es ergibt sich die SPSS-Ausgabe in ▶*Abbildung 5.13*.

Deskriptive Statistiken in SPSS. SPSS beginnt zunächst wieder mit der Darstellung der deskriptiven Statistiken. In *Abbildung 5.13* sind die Mittelwerte ①, die Stichprobengrößen ②, die Standardabweichungen ③ sowie der geschätzte Standardfehler des Mittelwerts ④ angegeben. Es zeigt sich schon rein deskriptiv eine große Mittelwertsdifferenz: Die Symptombelastung sinkt von etwa 17 auf 9 Punkte im BDI. Es zeigt sich auch, dass die Standardabweichung nach der Therapie geringer ist als vor der Therapie. Das heißt, dass die Patienten sich nach der Therapie in ihrer depressiven Symptomatik weniger stark unterscheiden als vor der Therapie.

Statistik bei gepaarten Stichproben

		① Mittelwert	② *N*	③ Standard-abweichung	④ Standard-fehler des Mittelwertes
Paaren 1	BDI_t1	17,3333	90	10,21565	1,07682
	BDI_t2	8,9333	90	7,14505	,75315

Abbildung 5.13: Darstellung der deskriptiven Statistiken der SPSS-Ausgabe für gepaarte Stichproben (*t*-Test für abhängige Stichproben)

In ▶*Abbildung 5.14* ist die Korrelation zwischen beiden Messwertreihen angegeben. Es handelt sich um eine Korrelation von $r_{12} = 0.52$ ①. Diese Korrelation ist signifikant von null verschieden ②. Das heißt, dass mit steigender Depressionsausprägung zum ersten Messzeitpunkt auch höhere Messwerte zum zweiten Messzeitpunkt einhergehen. Das dazugehörige Streudiagramm ist in ▶*Abbildung 5.15* dargestellt. Dies gehört nicht zum Standardoutput in SPSS. Wie ein Streudiagramm erstellt wird, ist in *Kapitel 2* beschrieben.

Korrelationen bei gepaarten Stichproben

		N	Korrelation	Signifikanz
Paaren 1	BDI_t1 & BDI_t2	90	① ,524	② ,000

Abbildung 5.14: Darstellung der Korrelation zwischen den Messwertreihen der SPSS-Ausgabe für gepaarte Stichproben (*t*-Test für abhängige Stichproben)

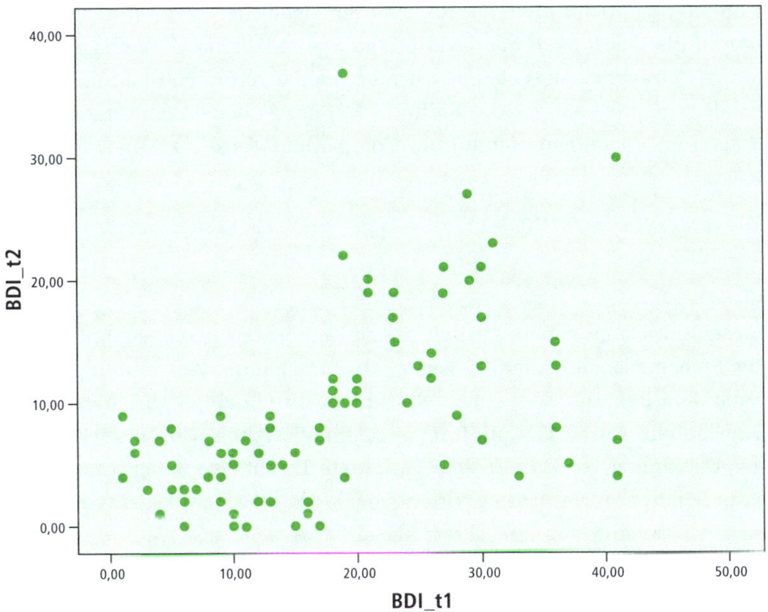

Abbildung 5.15: Darstellung des Zusammenhangs zwischen Messzeitpunkt 1 und 2 im BDI

Prüfgröße und Überschreitungswahrscheinlichkeit in SPSS. In der SPSS-Ausgabe folgt nun die Tabelle aus ▶*Abbildung 5.16*. Hier kann man entnehmen, dass die mittlere Differenz zwischen den beiden Messzeitpunkten 8.4 beträgt ①. Die Standardabweichung der Differenz ist $\hat{\sigma}_{\text{Diff}} = 8.88$ ②. Die Effektstärke können wir mit dem Taschenrechner ermitteln: Es ist die mittlere Differenz 8.4 durch die Standardabweichung der Differenz 8.88: Die Effektstärke beträgt damit etwa $d_z = 0.95$. Das heißt, es liegt ein starker Mittelwertsunterschied zwischen beiden Messzeitpunkten vor. Gleichzeitig wird ein Konfidenzintervall für die mittlere Differenz angegeben ③. Dieses Konfidenzintervall hat die Grenzen 6.54 und 10.26. Da dieses Konfidenzintervall den Wert null *nicht* enthält, kann man davon ausgehen, dass die mittlere Differenz signifikant von null abweicht. Der t-Wert beträgt $t = 8.97$ ④ bei $df = 89(90 - 1)$ ⑤ Freiheitsgraden. Der p-Wert ist kleiner als 0.001 ⑥, auch nach Halbierung (vgl. *Abschnitt 4.1.6*). Da eine gerichtete Hypothese vorliegt, liegt der p-Wert unter dem festgelegten Risiko für einen Fehler 1. Art. Damit können wir sagen, dass der von uns anhand der Stichprobe ermittelte t-Wert oder ein extremerer t-Wert unter der Annahme, dass die Nullhypothese in der Grundgesamtheit gilt, sehr unwahrscheinlich ist.

Test bei gepaarten Stichproben

		Gepaarte Differenzen							
				Standardfehler des Mittelwertes	③ 95 % Konfidenzintervall der Differenz				
		① Mittelwert	② Standardabweichung		Obere	Untere	④ t	⑤ df	⑥ Sig. (2-seitig)
Paaren 1	BDI_t1 – BDI_t2	8,40000	8,88352	,93640	6,53938	10,26062	8,970	89	,000

Abbildung 5.16: Darstellung der Signifikanz und der t-Werte der SPSS-Ausgabe für gepaarte Stichproben (t-Test für abhängige Stichproben)

t-Test für abhängige Stichproben mit R. Bevor der eigentliche *t*-Test durchgeführt wird, ist es günstig mithilfe von R auch die deskriptiven Statistiken, das Streudiagramm sowie die Korrelation zu betrachten. Dies stellen wir hier aus Platzgründen nicht mehr dar und verweisen auf die entsprechenden Abschnitte in *Kapitel 2*. Zudem sind die entsprechenden Analysen auch im Begleitmaterial auf der Companion Website zu finden. Der Befehl für den *t*-Test lautet:

```
ttest2 <- t.test(x = kap5_2$BDI_t1, y = kap5_2$BDI_t2, alternative = "greater",
   paired = TRUE, conf.level = .95)
ttest2
```

Beim Einlesen der Daten haben wir den neuen Datensatz `kap5_2` genannt (vgl. *Abschnitt 5.1.1*). Die Ergebnisse der Analyse legen wir für spätere Verwendung in das Objekt `ttest2`. Nach dem Befehl `t.test` geben wir zunächst die beiden Variablen an, die verglichen werden sollen. Durch Verknüpfung mit dem `$`-Zeichen weisen wir auch direkt den Namen der Datendatei zu. Da wir eine gerichtete Hypothese haben und damit vor der Therapie ein höherer Wert erwartet wird als nach der Therapie, legen wir die Alternativhypothese entsprechend aus und geben sie mit `"greater"` an. Wenn wir im Befehl die Reihenfolge der beiden Variablen vertauschen würden, müssten wir entsprechend `"less"` schreiben. Nun legen wir noch fest, dass es sich um einen abhängigen *t*-Test handelt und die Sicherheitswahrscheinlichkeit 0.95 betragen soll. Das Ergebnis ist in ▶*Abbildung 5.17* dargestellt.

```
        Paired t-testdata:
kap5_2$BDI_t1 and kap5_2$BDI_t2
(1) t = 8.9705, (2) df = 89, (3) p-value = 2.162e-14
alternative hypothesis: true difference in means is greater than 0
95 percent confidence interval:
 6.84355      Inf (5)
sample estimates:
mean of the differences
                    8.4 (4)
```

Abbildung 5.17: Ergebnis *t*-Test für abhängige Stichproben in R

In der Ausgabe finden sich der *t*-Wert (1), die Freiheitsgrade (2) und der *p*-Wert (3). Daneben sind die mittlere Differenz (4) und ein Konfidenzintervall für diese (5) angegeben. Bei der Angabe des Konfidenzintervalls wird nur die Grenze in Richtung der Alternativhypothese angegeben. Für ein zweiseitiges Intervall ist es günstig, den Befehl mit der Einstellung (`two.sided`) durchzuführen. Das Ergebnis entspricht dann dem Intervall, welches auch in SPSS ausgegeben wird.

Um die Effektstärke zu berechnen, müssen wir in R einen kleinen zusätzlichen Schritt gehen. Leider gibt uns R nicht standardmäßig den geschätzten Standardfehler der Differenz aus. Diesen benötigen wir jedoch für die Berechnung. Wir wissen bereits, dass der geschätzte Standardfehler der Differenz der Standardabweichung aus der Verteilung aller Mittelwertsdifferenzen entspricht. Dies machen wir uns zunutze und können durch den folgenden Code die Effektstärke Hedges *g* angeben:

```
sed <- sd(kap5_2$BDI_t1-kap5_2$BDI_t2)
diff <- ttest2$estimate
g <- diff/sed
g
```

Dabei legen wir zunächst fest, dass in dem Objekt sed die Standardabweichung sd der Differenzen der beiden Variablen BDI_t1 und BDI_t2 aus dem Datensatz kap5_2 hinterlegt werden soll. Nun benötigen wir die tatsächlich beobachtete Differenz. Diese könnten wir einfach ablesen oder durch den Befehl ttest2$estimate aus der Ausgabe auslesen lassen. Wir entscheiden uns für die zweite Option, da der Befehl nun auch für neue Datensätze ohne weiteres anwendbar ist. Den Wert legen wir in das Objekt diff. Nun müssen wir nur noch die Effektstärke *g* berechnen und das Ergebnis anzeigen lassen.

Der Befehl zur Teststärkeberechnung greift nun unter anderem auf dieses Ergebnis zurück und wir geben bei der Suche nach der Power (power = NULL) die Effektstärke als d = g an. Wieder nutzen wir den Befehl pwr.t.test aus dem Paket **pwr**.

```
pwr.t.test(n = 90, d = g, sig.level = .05, power = NULL, type = "paired",
   alternative = "greater").
```

Bootstrap in SPSS. Wir sehen in ▶*Abbildung 5.18*, dass das Bootstrap-Verfahren eine geringfügige Korrektur des *p*-Werts ① vornimmt. Wir sehen auch, dass der Bootstrap-Standardfehler von 0.93799 ② geringfügig höher ausfällt als für den *t*-Test für abhängige Stichproben (0.93640). Die Verzerrung kennzeichnet die Abweichung der Stichprobenstatistiken von der Bootstrap-Statistik. Das bedeutet, dass der Mittelwert der Differenzen aus 1000 Bootstrap-Stichproben um minus 0.00687 unter dem der Stichprobe liegt.

Bootstrap für Test bei gepaarten Stichproben

		Mittelwert	Bootstrap[a]				
			Verzerrung	Standardfehler	Sig. (2-seitig)	95% Konfidenzintervall	
						Untere	Obere
Paaren 1	BDI_t1 – BDI_t2	8,40000	–,00687	② ,93799	① ,001	6,62279	10,29774

a. Sofern nicht anders angegeben, beruhen die Bootstrap-Ergebnisse auf 1000 bootstrap samples

Abbildung 5.18: Bootstrap-Verfahren für den *t*-Test für abhängige Stichproben in SPSS.

Bootstrap in R. Wir greifen wieder auf das Paket **boot** zurück. Erneut müssen wir zunächst eine Funktion schreiben. Diese nennen wir ttest2_bfun. Wir legen fest, dass ein Datensatz angegeben werden muss, und wiederum legen wir eine Laufnummer *i* für jede gezogene Bootstrap-Stichprobe fest. Die eigentliche Statistik, die wir in den geschweiften Klammern berechnen lassen, entspricht weitestgehend dem Befehl, den wir hier bisher auch genutzt haben. Die Variablennamen zeigen an, dass für jedes Bootstrapsample *i* die 1. bzw. 2. Variable im Datensatz herangezogen werden sollen. Alle anderen Einstellungen lassen wir wie gehabt. Dies ist ein Vorteil gegenüber SPSS, wo nur ein zweiseitiges Vorgehen umgesetzt werden kann. Zu erwähnen ist noch, dass wir die Differenz bootstrappen wollen und daher den Befehl $estimate anfügen. Bevor wir die Befehle ablaufen lassen, die wir bereits beim Einstichproben-*t*-Test erläutert haben, müssen wir noch die beiden Variablen, die wir vergleichen wollen, in ein neues Datenobjekt legen. Schließlich greift der Code auf die erste und die zweite Variable im Datensatz zu. Daher lesen wir die Variablen aus dem Datensatz aus, wie in *Kapitel 1* beschrieben. Nun legen wir den boot-Befehl fest und berechnen das Konfidenzintervall sowie das bias-korrigierte Konfidenzintervall. Die Ergebnisse sind in ▶*Abbildung 5.19* zu sehen.

```
library(boot)
ttest2_bfun <- function(data,i) {
  t.test(x = data[i, 1], y = data[i, 2], paired = TRUE, alternative =
  "greater")$estimate
}
kap5_2_tt2 <- kap5_2[c(2, 3)]
boottt2 <- boot(data = kap5_2_tt2, statistic = ttest2_bfun, R = 1000)
boottt2
quantile(boottt2$t, c(.025, .975))
boot.ci(boot.out = boottt2, type ="bca")
```

```
        ORDINARY NONPARAMETRIC BOOTSTRAP
Call:boot(data = kap5_2_tt2, statistic = ttest2_bfun, R = 1000)
Bootstrap Statistics :
    original         bias      std. error
t1*     (1)8.4 (2)0.02227778    (3)0.9222575
> quantile(boottt2$t, c(.025, .975))
 (4)2.5%      97.5%
6.721944 10.289167
> boot.ci(boot.out = boottt2, type ="bca")
BOOTSTRAP CONFIDENCE INTERVAL CALCULATIONS
Based on 1000 bootstrap replicates
CALL : boot.ci(boot.out = boottt2, type = "bca")
Intervals : Level                 BCa
              95% (5)( 6.756, 10.408 )
Calculations and Intervals on Original Scale
```

Abbildung 5.19: Bootstrap-Verfahren für den *t*-Test für abhängige Stichproben in R

In der Abbildung sieht man auch zunächst die tatsächlich beobachtete Differenz (1), den Bias (2) und den Standardfehler (3). Dass diese Werte anders als in SPSS ausfallen, liegt zum einen am Unterschied zwischen einseitigem und zweiseitigem Testen und zum anderen an unterschiedlichen Zufallsziehungen. Daneben sind ein Konfidenzintervall (4) und ein bias-korrigiertes Konfidenzintervall (5) angegeben. In allen Fällen enthalten die Konfidenzintervalle nicht den Wert null, zeigen also einen signifikanten Unterschied an.

Grafische Darstellung in R. Es ist möglich, die Konfidenzintervalle als Indikator für ein signifikantes Ergebnis grafisch darzustellen. In Publikationen werden manchmal die beiden Mittelwerte mit den jeweiligen Konfidenzintervallen abgebildet. Wenn sich die Konfidenzintervalle nicht überschneiden, kann gefolgert werden, dass ein statistisch signifikanter Unterschied von null vorliegt. Dies ist nicht unbedingt der Fall und die Darstellung kann irreführend sein. Ein solches Diagramm ist in ▶*Abbildung 5.20* dargestellt.

Um eine angemessenere Grafik zu erzeugen, müssen wir die Daten jedoch zunächst transformieren.

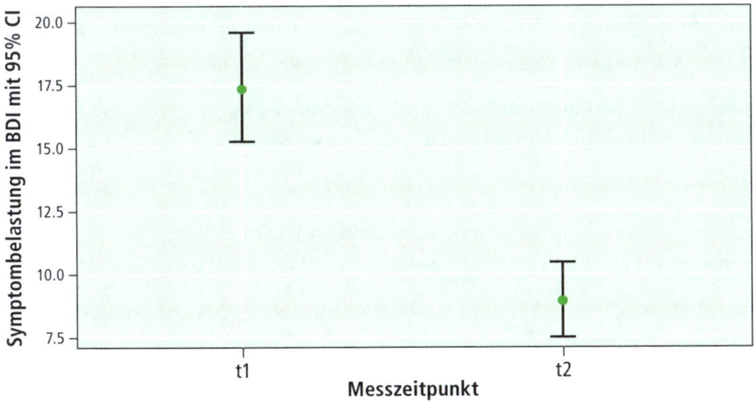

Abbildung 5.20: Darstellung von Mittelwerten aus abhängigen Stichproben mit Konfidenzintervall

Transformieren von Variablen in SPSS. Die interessierende Größe, die auch auf den Signifikanztest Einfluss hat, ist die Standardabweichung der Differenz. Diese wird bei der Version in *Abbildung 5.20* allerdings nicht verwendet. Stattdessen findet sie Berücksichtigung im Konfidenzintervall der Differenz. Es ist also besser, dieses Konfidenzintervall grafisch darzustellen. Dazu müssen die Daten jedoch erst aufbereitet werden. Klicken Sie dazu in SPSS im Hauptfenster auf TRANSFORMIEREN und wählen Sie dann VARIABLE BERECHNEN. Es öffnet sich das folgende SPSS-Fenster, wie in ▶*Abbildung 5.21* dargestellt.

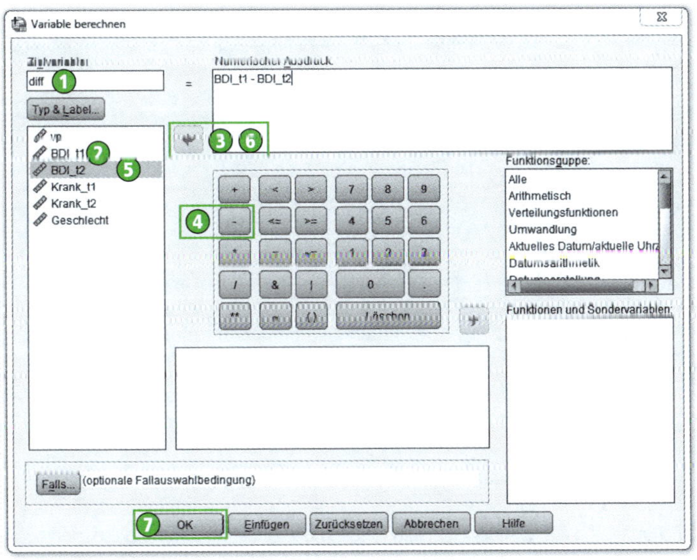

Abbildung 5.21: Berechnung der Differenz zwischen zwei Messwertpaaren in SPSS

Geben Sie nun unter ZIELVARIABLE den Namen der neuen Variablen, in unserem Fall `diff` ①, ein. Klicken Sie dann auf die Variable `BDI_t1` ② und dann auf den Pfeil ③. Jetzt müssen Sie das Minuszeichen anklicken ④ und danach die Variable `BDI_t2` markieren ⑤ und mithilfe des Pfeils ⑥ in das Fenster NUMERISCHER AUSDRUCK überführen. Klicken Sie dann auf OK ⑦ und Sie erhalten in der Datendatei eine neue Variable `diff`.

Transformieren von Variablen in R. In R gibt es viele Varianten, Variablen zu transformieren. Die Transformation hier erreicht man durch den Befehl:

```
kap5_2$diff <- kap5_2$BDI_t1 - kap5_2$BDI_t2
```

Wieder haben wir Variablen über das `$`-Zeichen mit dem Datensatz verbunden. Wir kreieren nun die neue Variable `diff` als Differenz zwischen `BDI_t1` und `BDI_t2`.

Fehlerbalkendiagramm in SPSS. Nun kann mithilfe von SPSS das Fehlerbalkendiagramm erstellt werden. Klicken Sie auf DIAGRAMME, dann VERALTETE DIALOGFELDER und schließlich FEHLERBALKEN.... Es öffnet sich das Fenster FEHLERBALKEN. Wählen Sie in diesem Fenster die Option AUSWERTUNG ÜBER VERSCHIEDENE VARIABLEN und klicken Sie dann auf DEFINIEREN. Es öffnet sich ein neues Fenster EINFACHES FEHLERBALKENDIAGRAMM DEFINIEREN. Klicken Sie hier im linken Fenster auf die Variable `diff` und wählen Sie diese durch Klicken auf den Pfeil für das Fenster FEHLERBALKEN aus. Klicken Sie nun auf die Schaltfläche OK.

In der SPSS-Ausgabe erhalten Sie die Ausgabe, wie in ▶*Abbildung 5.22* abgebildet. Man kann an dieser Abbildung erkennen, dass das Konfidenzintervall den Wert null nicht enthält, somit ist die Differenz signifikant von null verschieden.

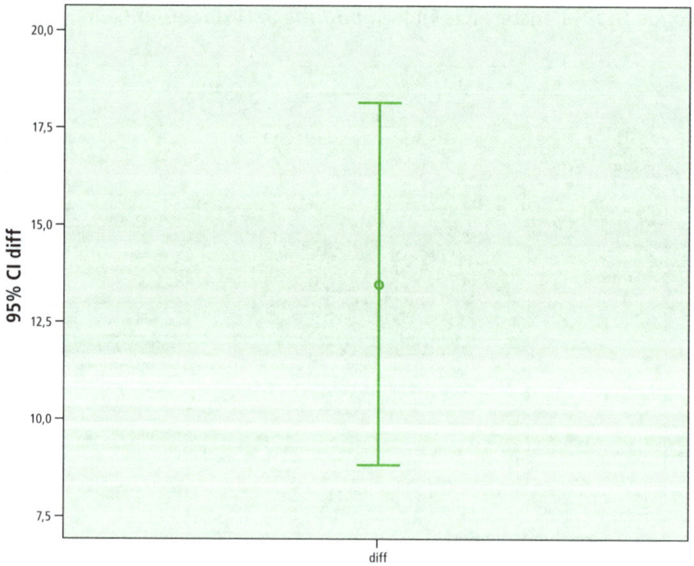

Abbildung 5.22: Darstellung des Konfidenzintervalls für die Differenz der Messwerte zwischen zwei Messzeitpunkten

Fehlerbalkendiagramm in R. Um in R dieselbe Abbildung zu erhalten, nutzen wir wieder das Paket `ggplot2` (Wickham, 2009). Hierin können Fehlerbalkendiagramme sehr einfach erstellt werden. Allerdings wird meist davon ausgegangen, dass es neben der abhängigen Variable, für die das Intervall um den Mittelwert gelegt werden soll, auch eine unabhängige Variable gibt. Dies machen wir uns zunutze:

```
kap5_2$x <- "Mittlere Differenz t1-t2"
library(ggplot2)
abb5.21 <-ggplot(data = kap5_2, aes(x = factor(x), y = diff))
abb5.21 + stat_summary(fun.data = mean_cl_normal, geom = "errorbar", width =
   .03, colour = "black") + stat_summary(fun.y = mean, geom = "point", size =
   5, colour = "dark green") + labs(x = "", y = "95% CI", size = 20) + theme
   (axis.text = element_text(size = 20, color = "black"))
```

In einem ersten Schritt definieren wir also eine neue Variable `x` im Datensatz `kap5_2`. Inhalt dieser Variablen ist bei allen Personen der Eintrag „`Mittlere Differenz t1-t2`". Nun definieren wir das Objekt `abb5.21` als `ggplot`-Grafik, die auf den Datensatz `kap5_2` zurückgreift und die Variablen `x` (haben wir gerade angelegt) und `diff` nutzt. Dabei definieren wir `x` als Faktor. So nutzt `ggplot` den konkreten Eintrag zur Beschriftung der *x*-Achse. In der nächsten Befehlszeile legen wir nun eine neue Schicht in dieses Objekt. In dieser Schicht soll eine Statistik eingetragen werden (`stat_summary`). Die Funktion `fun.data` greift auf den Datensatz zurück und errechnet durch die Festlegung (`mean_cl_normal`) ein Konfidenzintervall, welches wir als `errorbar` abtragen und schwarz einfärben (so werden die Whisker schwarz). Der Zusatz `width` legt die Breite der oberen Whiskerkante fest. Die nächste Befehlszeile sieht sehr ähnlich aus, enthält aber nicht die Festlegung `errorbar`. Vielmehr soll hier eine Sammelstatistik berechnet werden und zwar der Mittelwert, welcher als Punkt mit der Größe 5 dunkelgrün eingefärbt eingetragen werden soll. Nun beschriften wir die Achsen und legen fest, wie groß diese Beschriftung sein soll. In der letzten Zeile legen wir nun noch fest, dass auch die Achsenbeschriftungen selbst schwarz sein sollen.

5.1.3 *t*-Test für unabhängige Stichproben

Fragestellung. Das Untersuchungsdesign, das mithilfe eines ***t*-Test für unabhängige Stichproben** ausgewertet wird, besteht aus zwei unabhängigen Stichproben, die sich anhand einer dichotomen Variable, beispielsweise „Behandlung erhalten" versus „keine Behandlung erhalten", unterscheiden. Die Personen werden mit demselben Messinstrument zu einem Messzeitpunkt untersucht. Die Fragestellung lautet, ob die Populationsmittelwerte zweier Verteilungen gleich sind: $\mu_1 = \mu_2 = \mu$.

Hypothesen. Die Nullhypothese lautet, dass die Mittelwerte der Verteilungen beider Populationen gleich sind. Die Alternativhypothese lautet, dass die Mittelwerte der Verteilungen in beiden Grundgesamtheiten unterschiedlich sind. Bei einer gerichteten Alternativhypothese bedeutet dies, dass entweder angenommen wird, dass der Mittelwert der Verteilung in Grundgesamtheit 1 größer ist als der Mittelwert der Verteilung in Grundgesamtheit 2, oder umgekehrt.

Beim *t*-Test für unabhängige Stichproben ist also die Prüfung der folgenden Hypothesen möglich:

Nullhypothesen und ungerichtete Alternativhypothesen

Nullhypothese:

$H_0: \mu_1 = \mu_2$ oder $\mu_1 - \mu_2 = 0$

Alternativhypothese ungerichtet:

$H_1: \mu_1 \neq \mu_2$ oder $\mu_1 - \mu_2 \neq 0$

Nullhypothesen und gerichtete Alternativhypothesen

$H_0: \mu_1 \geq \mu_2$ und $H_1: \mu_1 < \mu_2$

$H_0: \mu_1 \leq \mu_2$ und $H_1: \mu_1 > \mu_2$

μ_1 = Mittelwert in Grundgesamtheit 1

μ_2 = Mittelwert in Grundgesamtheit 2

Bei einer gerichteten Fragestellung ist darauf zu achten, dass das Vorzeichen des empirischen *t*-Werts auch der erwarteten Richtung entspricht. Das heißt: Wird unter der Alternativhypothese ein positiver *t*-Wert erwartet (da $\mu_1 - \mu_2 > 0$), wird die Nullhypothese auch dann beibehalten, wenn sich ein hoher *t*-Wert ergibt, unabhängig davon wie hoch der negative *t*-Wert ausfällt.

Beispiel. Im Rahmen einer Studie soll die Attraktivität eines Autos anhand zweier Autoprospekte, „konservative Aufmachung" versus „sportliche Aufmachung", beurteilt werden. Dazu werden zwei Stichproben von je 15 Personen gezogen, die nach dem Lesen der Prospekte die Attraktivität des Autos mithilfe von drei Fragen bewerten. Dabei erhält eine Gruppe nur das Prospekt, welches das Auto als sportlich darstellt, und soll das Auto bewerten (Gruppe „sportliche Aufmachung"). Die Personen in der anderen Gruppe beurteilen entsprechend nur das Prospekt mit der konservativen Aufmachung (Gruppe „konservative Aufmachung"). Die Bewertungsskala der Items reicht von 1 bis 6, wobei höhere Werte ein positiveres Urteil indizieren. In der Gruppe „sportliche Aufmachung" ergibt sich ein geschätzter Mittelwert von $\hat{\mu} = 4.8$ über die drei Items und in der Gruppe „konservative Aufmachung" ein geschätzter Mittelwert von $\hat{\mu} = 4.1$. Die geschätzte Standardabweichung ist in beiden Gruppen gleich und beträgt $\hat{\sigma} = 1.01$. Die Marketingabteilung Desaster-Management möchte nun wissen, ob sich Unterschiede aufgrund der beiden Prospekte in der Attraktivitätsbeurteilung des Fahrzeugs ergeben. Es liegt also eine ungerichtete Alternativhypothese vor. Die Fehlerwahrscheinlichkeit 1. Art wird auf fünf Prozent gesetzt.

Berechnung. Zunächst wird die Formel für den *t*-Wert für unabhängige Stichproben dargestellt. Die erste Formel ist die Formel, die bei gleichen unbekannten Varianzen angewandt wird. Unbekannte Varianzen bedeutet, dass die Varianzen erst aus der Stichprobe für die Grundgesamtheit geschätzt werden, da die Populationsvarianz nicht bekannt ist. Bei der zweiten Formel handelt es sich um die *t*-Wert-Formel für ungleiche und damit heterogene, unbekannte Varianzen. Wird die Formel für ungleiche Varianzen angewandt, wird gleichzeitig auch eine Korrektur der Freiheitsgrade vorgenommen (siehe nächste Abschnitte). Die Anwendung der Formel für ungleiche Varianzen und die Korrektur der Freiheitsgrade wird als **Welch-Test** oder **Welch-Prozedur** bezeichnet und entspricht dem *t*-Test für heterogene Varianzen. Wir empfehlen, unabhängig von der Frage der Varianzgleichheit, diese Prozedur durchzuführen.

Formel 5.10 *t*-Wert für unabhängige Stichproben

***t*-Wert für homogene Varianzen:**

$$t_{emp.hom} = \frac{\hat{\mu}_1 - \hat{\mu}_2}{\sqrt{\left(\frac{1}{n_1} + \frac{1}{n_2}\right) \cdot \frac{(n_1 - 1) \cdot \hat{\sigma}_1^2 + (n_2 - 1) \cdot \hat{\sigma}_2^2}{(n_1 - 1) + (n_2 - 1)}}}$$

***t*-Wert für heterogene Varianzen:**

$$t_{emp.het} = \frac{\hat{\mu}_1 - \hat{\mu}_2}{\sqrt{\frac{\hat{\sigma}_1^2}{n_1} + \frac{\hat{\sigma}_2^2}{n_2}}}$$

Für unser Beispiel bedeutet dies:

$$t_{emp.hom} = \frac{0.7}{\sqrt{\left(\frac{1}{15} + \frac{1}{15}\right) \cdot \frac{14 \cdot 1.01^2 + 14 \cdot 1.01^2}{(15-1) + (15-1)}}} = \frac{0.7}{0.369} = 1.90$$

$$t_{emp.het} = \frac{4.80 - 4.10}{\sqrt{\frac{1.01^2}{15} + \frac{1.01^2}{15}}} = \frac{0.70}{\sqrt{0.068 + 0.068}} = \frac{0.70}{0.369} = 1.90$$

$t_{emp.hom}$ = empirischer *t*-Wert für homogene Varianzen

$t_{emp.het}$ = empirischer *t*-Wert für heterogene Varianzen

$\hat{\mu}_1$ = aus Gruppe 1 geschätzter Mittelwert

$\hat{\mu}_2$ = aus Gruppe 2 geschätzter Mittelwert

$\hat{\sigma}_1$ = aus Gruppe 1 für Grundgesamtheit geschätzte Standardabweichung

$\hat{\sigma}_2$ = aus Gruppe 2 für Grundgesamtheit geschätzte Standardabweichung

n_1 = Stichprobengröße Gruppe 1

n_2 = Stichprobengröße Gruppe 2

Bei der Formel für ungleiche Varianzen werden die Freiheitsgrade mithilfe einer Korrekturformel ermittelt, die in den folgenden Abschnitten noch näher erläutert wird. Wie man sieht, ergeben beide Formeln bei gleichen Varianzen gleiche Ergebnisse für den empirischen *t*-Wert.

Entscheidung. Der kritische t-Wert bei 28 Freiheitsgraden, zweiseitiger Testung und einer Fehlerwahrscheinlichkeit 1. Art von fünf Prozent lautet $t = 2.05$. Die Überschreitungswahrscheinlichkeit p zum empirischen t-Wert von $t = 1.90$ kann nun mithilfe von Tabellen, Excel oder R ermittelt werden. Sie beträgt $p = 0.07$. Knapp daneben ist in diesem Fall eben auch vorbei. Wir schließen also, dass sich die Attraktivitätsbeurteilungen des Fahrzeugs aufgrund der Aufmachung des Prospekts in der Grundgesamtheit nicht unterscheiden. Leider war unsere Stichprobe nicht sehr groß und die Teststärke damit wahrscheinlich gering. Wenn wir annehmen, dass dieser Effekt in der Grundgesamtheit gilt, sollte er in einer erneuten Validierung mit einer größeren Stichprobe signifikant werden. Aus diesem Grund wollen wir zunächst die Effektstärke berechnen und dann die Teststärke post hoc bestimmen. Mittels der Effektstärke ließe sich dann eine A-priori-Stichprobenplanung durchführen, um den Effekt in einer erneuten Untersuchung zu sichern. Wird ein Hypothesentest mithilfe einer neuen Stichprobe mit demselben Untersuchungsdesign wiederholt, spricht man von einer **Validierung** bzw. **Replikation** an einer **neuen Stichprobe**.

Praktische Bedeutsamkeit. Bei der Auswahl der Effektstärke stehen uns Glass Delta und Hedges g zur Verfügung (siehe *Kasten 4.6*). Da wir jedoch keine Kontrollgruppe haben, sondern beide Gruppen ein Treatment bekommen haben, verwenden wir Hedges g zur Ermittlung der Effektstärke. Zudem sind die Varianzen in beiden Gruppen gleich, so dass für dieses Beispiel sowieso kein Unterschied bestehen würde. Es ergibt sich die in *Kasten 5.11* angegebene geschätzte Effektstärke Hedges g.

Formel 5.11 Effektstärke für unabhängige Stichproben

$$\hat{\delta} = g = \frac{\hat{\mu}_1 - \hat{\mu}_2}{\hat{\sigma}} = \frac{4.8 - 4.1}{1.01} = 0.69$$

$\hat{\mu}_1$ = Mittelwert Gruppe 1

$\hat{\mu}_2$ = Mittelwert Gruppe 2

$\hat{\sigma}$ = aus beiden Gruppen geschätzte Standardabweichung für die Grundgesamtheit

Formel 5.12 Gepoolte Standardabweichung

Neben unterschiedlichen Varianzen hat man in vielen Fällen auch unterschiedlich große Stichproben vorliegen. In diesem Fall muss eine sogenannte gepoolte Standardabweichung bestimmt werden. Diese ergibt sich nach folgender Formel:

$$\hat{\sigma}_P = \sqrt{\frac{(n_1 - 1) \cdot \hat{\sigma}_1^2 + (n_2 - 1) \cdot \hat{\sigma}_2^2}{n_1 + n_2 - 2}}$$

Nehmen wir an, wir möchten untersuchen, ob sich die Intelligenztestwerte von Abiturienten und Personen ohne Abitur (Nicht-Abiturienten) in der Grundgesamtheit unterscheiden. Stichprobe eins besteht aus $n = 26$ und Stichprobe zwei aus $n = 103$ Personen. Die geschätzten Standardabweichungen (Rohwerte: richtig gelöste Intelligenztestaufgaben) betragen für die erste Gruppe $\hat{\sigma}_1 = 8.18$ und für die zweite Gruppe $\hat{\sigma}_1 = 7.53$. Die gemeinsame gepoolte Standardabweichung beträgt dann:

$$\hat{\sigma}_P = \sqrt{\frac{(26-1)\cdot 8.18^2 + (103-1)\cdot 7.53^2}{26+103-2}} = 7.66$$

$\hat{\sigma}_P$ = aus beiden Gruppen für die Grundgesamtheit geschätzte gepoolte Standardabweichung

$\hat{\sigma}_1$ = aus Gruppe 1 für die Grundgesamtheit geschätzte Standardabweichung

$\hat{\sigma}_2$ = aus Gruppe 2 für die Grundgesamtheit geschätzte Standardabweichung

n_1 = Stichprobengröße Gruppe 1

n_2 = Stichprobengröße Gruppe 2

Das Ergebnis in unserem Beispiel liegt erwartungsgemäß zwischen den beiden beobachteten Standardabweichungen. Allerdings ist die gepoolte Standardabweichung in Richtung der Standardabweichung der größeren Gruppe verschoben. In dieser Gruppe ist die Schätzung genauer und daher wird diese stärker gewichtet.

Effektstärke Omega. Die Effektstärke für das Autoprospekt-Beispiel fällt mit einem Wert von $g = 0.69$ moderat bis hoch aus. Das heißt, dass hier praktisch gesehen ein bedeutsamer Unterschied vorliegt. Man kann die Effektstärke auch in anderer Form, als erklärte Varianz, ausdrücken. Die Frage lautet: Wie viel Prozent der Unterschiede in der abhängigen Variablen können durch die Unterschiede in der unabhängigen Variablen erklärt werden? Dazu kann man die Effektgröße ω^2 (**Omega-Quadrat**) berechnen:

Formel 5.13 Effektstärke Omega-Quadrat ω^2

$$\omega^2 = \frac{t^2 - 1}{t^2 + n_1 + n_2 - 1} = \frac{1.90^2 - 1}{1.90^2 + 15 + 15 - 1} = \frac{2.61}{32.61} = 0.08$$

ω^2 = Effektstärke Omega-Quadrat

t = t-Wert

t_1 = Stichprobengröße Gruppe 1

n_2 = Stichprobengröße Gruppe 2

Für diese Formel muss $t^2 > 1$ sein, da andernfalls die Schätzung für ω^2 negativ wird ($t^2 > 1$ im Zähler). Eine (erklärte) Varianz kann aber nie negativ werden. Die Effektstärke wird dann auf null gesetzt. Daher ist die Verwendung in solchen Fällen nicht sinnvoll. Insgesamt zeigt sich, dass die Vorgabe unterschiedlicher Prospekte acht Prozent der Unterschiede in der Attraktivitätsbeurteilung des Autos erklärt. Es liegt eine kleine Stichprobe vor, bei der das

Ergebnis knapp nicht-signifikant war. Die Wahrscheinlichkeit, mit dieser kleinen Stichprobe einen mittleren bis großen Effekt zu entdecken war vermutlich sehr klein. Allerdings haben wir kein Konfidenzintervall für die Effektstärke angegeben. Dieses würde bei einer kleinen Stichprobe, möglicherweise sehr groß ausfallen. Betrachten wir nun die Teststärke.

Teststärke in G*Power. Wir berechnen nun mit G*Power (siehe ▶*Abbildung 5.23*) die Post-hoc-Teststärke. Dazu öffnen wir G*Power und wählen unter TEST FAMILY die Option T TESTS ①, unter STATISTICAL TEST die Option MEANS: DIFFERENCE BETWEEN TWO INDEPENDENT MEANS (TWO GROUPS) ② sowie unter TYPE OF POWER ANALYSIS die Option POST HOC: COMPUTE ACHIEVED POWER – GIVEN α, SAMPLE SIZE, AND EFFECT SIZE ③. Nun setzen wir TAIL(S) auf TWO ④, da wir eine ungerichtete Hypothese haben. Dann geben wir die uns bekannten Werte ein: Unter EFFECT SIZE D ⑤ tragen wir den Wert 0.69 ein, für die Fehlerwahrscheinlichkeit 1. Art ⑥ den Wert $\alpha = 0.05$ und für die Stichprobengröße jeweils $n = 15$ ⑦. Schließlich berechnen wir die Teststärke durch Klicken auf die Schaltfläche CALCULATE ⑧. Die errechnete Teststärke ⑨ liegt bei circa 45 Prozent.

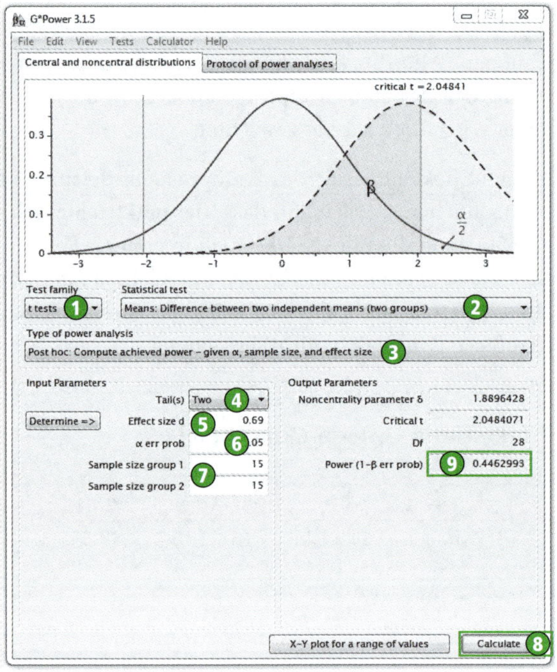

Abbildung 5.23: G*Power-Oberfläche zur Berechnung der Post-hoc-Teststärke bei unabhängigen Stichproben

Teststärke in R. Zur Berechnung der Post-hoc-Teststärke in R nutzen wir wieder das Paket `pwr`. Allerdings verwenden wir nun eine andere Funktion, die zum einen berücksichtigt, dass wir unabhängige Gruppen haben, zum anderen aber auch erlaubt, unterschiedliche Gruppengrößen anzugeben.

```
library(pwr)
pwr.t2n.test(n1 = 15, n2 = 15, d = .69, sig.level = .05, power = NULL, alternative
   = "two.sided")
```

Nach dem Öffnen des Pakets legen wir, wie bereits gesehen, die einzelnen Komponenten Stichprobengröße (`n1` und `n2`), Effektstärke (`d`), Irrtumswahrscheinlichkeit (`sig.level`) und Richtung der Alternativhypothese fest. Da wir die Power suchen, wird hier `NULL` angegeben. Das Ergebnis beträgt ebenfalls 0.45.

Zusammenfassung Teststärke. Das bedeutet, die Wahrscheinlichkeit, einen extremeren t-Wert als den kritischen t-Wert unter der Alternativhypothesenverteilung zu beobachten, wenn der empirische t-Wert als Erwartungswert dieser Verteilung angenommen wird (siehe *Abschnitt 4.3.2*), beträgt 45 Prozent. Glauben wir aber dennoch an die Existenz des Effekts, signalisiert diese Post-hoc-Teststärke auch, dass wir eine größere Stichprobe benötigten, um einen moderaten bis starken Effekt statistisch abzusichern. An dieser Stelle wird wieder deutlich, dass die A-priori-Stichprobenplanung die Interpretation der Ergebnisse deutlich vereinfachen kann. Würden wir einen mittleren Effekt annehmen ($g = 0.50$), einen Fehler 1. Art von fünf Prozent (zweiseitig) akzeptieren und die Teststärke auf 80 Prozent festlegen, ermitteln wir mit G*Power (hier nicht dargestellt) eine Gesamtstichprobengröße von $n = 128$ Personen. Glauben wir an die Effektstärke von $g = 0.69$, benötigt man unter den selben Bedingungen wie für eine Effektstärke von $g = 0.50$ immer noch eine Gesamtstichprobengröße von $n = 68$.

Fazit. Fasst man die Ergebnisse zusammen, unterscheiden sich die Mittelwerte statistisch nicht bedeutsam. So ein Pech für die Marketingabteilung, zumindest auf den ersten Blick. Betrachtet man die geschätzte Effektstärke, ist der Unterschied moderat bis stark. Die Teststärke ist jedoch zu gering, um einen praktisch bedeutsamen Effekt statistisch ausreichend abzusichern.

Praxistipp

In einem Artikel würden wir die Ergebnisse wie folgt berichten:

$$t\,(28) = 1.90 \text{ (zweiseitig)}, \; n.s., \; g = 0.69, \; 1 - \beta = 0.45 \text{ (post hoc)}$$

oder alternativ:

$$t\,(28) = 1.90 \text{ (zweiseitig)}, \; p = 0.07, \; g = 0.69, \; 1 - \beta = 0.45 \text{ (post hoc)}$$

Voraussetzungen. Voraussetzungen für t-Tests für unabhängige Stichproben.

- Die Messwerte müssen intervallskaliert sein.
- Die Messwerte der abhängigen Variablen müssen in beiden Grundgesamtheiten normalverteilt sein.
- Kein Vorliegen von Abhängigkeiten in den Daten.
- Die Varianzen müssen in beiden Grundgesamtheiten gleich sein.

Die erste Voraussetzung wurde bereits erläutert. Zur Voraussetzung der Normalverteilung der abhängigen Variablen in beiden Grundgesamtheiten ist zusätzlich noch anzumerken, dass bei großen Stichproben eine Verletzung der Normalverteilungsannahme nicht so stark ins Gewicht fällt, und dass bei kleinen Stichproben entsprechende Tests auf Normalverteilung zu wenig sensitiv sind, um Abweichungen von der Normalverteilung zu entdecken. In der Regel ist der t-Test den nonparametrischen Verfahren vorzuziehen, auch wenn eine Verletzung der Normalverteilungsannahme vorliegt. Die nonparametrische Alternative (U-Test) sollte nur dann zusätzlich durchgeführt werden, wenn die durch den t-Test angegebene Überschreitungswahrscheinlichkeit an der Signifikanzgrenze liegt, z. B. $p = 0.04$ oder 0.06. Alternativ dazu könnte auch die Bootstrap-Prozedur verwendet werden. Im Folgenden gehen wir noch einmal vertieft auf die dritte und vierte Voraussetzung ein, die beim t-Test für unabhängige Stichproben im Vergleich zu den vorher behandelten Verfahren hinzugekommen sind.

Kein Vorliegen von Abhängigkeiten in den Daten. Stellen wir uns vor, wir möchten Angst vor Mathematik bei Schülern messen. Wir vergleichen dabei zwei Lehrmethoden. Man sollte meinen, dass die Angst vor Mathematik von Moritz und Stella innerhalb derselben Schulklasse nichts miteinander zu tun hat bzw. keine gemeinsame Ursache hat. Das muss jedoch nicht so sein. Beispielsweise könnte der Mathematiklehrer durch sehr schwere Mathematikschulaufgaben Angst und Schrecken unter allen Schülern dieser Klasse verbreiten. Wenn aber die Angstmesswerte unterschiedlicher Schüler in der Klasse vom Lehrer mitbeeinflusst sind, hat dies gravierende Konsequenzen für die inhaltliche Interpretation der Ergebnisse. Untersucht man nun die abhängige Variable Angst, könnte die Angst nicht nur durch die verschiedenen Lehrmethoden, sondern auch durch die Lehrer mitbeeinflusst sein.

Man spricht davon, dass Schüler in Klassen geschachtelt sind. Solche Designs werden als **nested designs** bezeichnet. Wenn Abhängigkeiten in den Daten bzw. sogenannte Cluster-Daten wie in unserem Beispiel vorliegen, wirkt sich das auf die Unabhängigkeit der sogenannten Störterme aus. Wir wollen darauf an dieser Stelle nicht weiter eingehen und verweisen auf einschlägige Lehrbücher wie das von Fahrmeir, Kneib und Lang (2007).

Eine erste Möglichkeit, solche Daten zu analysieren, besteht darin, die Klassen als Untersuchungseinheiten zu betrachten. Nehmen wir an, wir haben acht Klassen untersucht. Wir wollen nun feststellen, ob in vier Klassen eine neue Lehrmethode in Mathematik die Angst reduziert. In diesem Fall müssten wir die Klassen zufällig einer Lehrmethode zuweisen und dann über jeweils vier Klassen die Klassenmittelwerte der Schüler für jede Lehrmethode bilden. Diese beiden Mittelwerte würden wir dann als Messwerte ansehen und zum Signifikanztest heranziehen. Das heißt, wir vergleichen mit dem t-Test zweimal je vier Mittelwerte.[2]

Es ist besondere Vorsicht geboten, wenn die neue Unterrichtsmethode von einem einzigen Lehrer durchgeführt wird und die jeweils alte Unterrichtsmethode von einem einzigen Lehrer. In diesem Fall ist keine klare Aussage über die Effektivität der Methode möglich. Die Unterschiede könnten auch durch Unterschiede in der Kompetenz der beiden Lehrer bedingt sein.

2 Wenn man diesen Vergleich rechnet, wird man auch feststellen, dass die Teststärke hier trotz der Betrachtung der acht Klassen kein Problem darstellt, da die berechnete Standardabweichung der Klassenmittelwerte geringer ausfällt als die gepoolte Standardabweichung über die Klassen.

Eine zweite Möglichkeit besteht darin, **geschachtelte Daten** mit sogenannten **gemischten linearen Modellen** zu analysieren und die Lehrer als Variable in die Analyse aufzunehmen. Die Analyse ist aufwändiger als die hier präsentierten Tests und wird nicht dargestellt. Wir empfehlen, gemischte lineare Modelle für die Analyse zu verwenden, wenn die Voraussetzungen dafür erfüllt sind und Abhängigkeiten in den Daten vorliegen.

Varianzhomogenität. Beim t-Test für unabhängige Stichproben kommt zu den bereits erörterten Voraussetzungen des t-Tests eine weitere hinzu. Bevor ein t-Test für unabhängige Stichproben durchgeführt werden kann, muss diese Voraussetzung geprüft werden. Es handelt sich um die Prüfung der Varianzhomogenität. Varianzhomogenität bedeutet, dass die Varianzen der Verteilungen in beiden Grundgesamtheiten gleich sind. Es gibt zwei Möglichkeiten, Varianzhomogenität zu prüfen. Eine besteht in der Durchführung eines ***F*-Tests**, wie in *Kapitel 4* beschrieben. Die andere Möglichkeit besteht darin, Varianzhomogenität mit dem **Levene-Test** zu prüfen. Die zweite Möglichkeit ist dabei der ersten vorzuziehen. Der Levene-Test wird hier nicht ausführlich dargestellt, sondern nur im Rahmen des SPSS- bzw. R-Beispiels besprochen. Fällt der Test signifikant aus, wird die Nullhypothese abgelehnt, dass die Varianzen in der Grundgesamtheit gleich sind. Man geht dann implizit davon aus, dass sich die Varianzen in der Grundgesamtheit unterscheiden (also heterogen sind). Für heterogene Varianzen müssen die Freiheitsgrade für den t-Wert korrigiert werden. Dadurch wird zur Ermittlung des kritischen Werts eine andere t-Verteilung mit einer geringeren Anzahl von Freiheitsgraden herangezogen (Welch-Test). Dies gleicht die Verzerrung wieder aus. Unabhängig davon, ob Verletzungen der Voraussetzungen für den t-Test vorliegen, empfehlen wir in der Regel die Verwendung des t-Tests für heterogene Varianzen sowie die Korrektur der Freiheitsgrade und nur in ganz wenigen Ausnahmefällen die Verwendung des **U-Tests** (stark unterschiedliche Varianzen, stark unterschiedliche Gruppengrößen, keine Normalverteilung und p-Wert knapp unter der Signifikanzgrenze). Die Formel für diese Korrektur lautet wie folgt:

Formel 5.14 Korrektur der Freiheitsgrade

$$c = \frac{\frac{\hat{\sigma}_1^2}{n_1}}{\frac{\hat{\sigma}_1^2}{n_1} + \frac{\hat{\sigma}_2^2}{n_2}}$$

$$df = \frac{(n_1 - 1) \cdot (n_2 - 1)}{(n_2 - 1) \cdot c^2 + (n_1 - 1) \cdot (1 - c)^2}$$

Bleiben wir bei unserem obigen Beispiel, ändern aber die Standardabweichungen und Gruppengrößen: In der Gruppe „sportliche Aufmachung“ ($n_1 = 15$) ergibt sich ein Mittewert von $\hat{\mu} = 4.8$ mit $\hat{\sigma} = 1.01$und in der Gruppe „konservative Aufmachung“ ($n_2 = 14$) ein Mittelwert von $\hat{\mu} = 4.1$ mit $\hat{\sigma} = 0.56$.

$$c = \frac{\frac{1.01^2}{15}}{\frac{1.01^2}{15} + \frac{0.56^2}{14}} = \frac{0.068}{0.068 + 0.0224} = 0.752$$

$$df = \frac{(15-1) \cdot (14-1)}{(14-1) \cdot 0.752^2 + (15-1) \cdot (1-0.752)^2} = \frac{182}{8.21} = 22.17$$

$$t_{22.17} = \frac{4.8 - 4.1}{\sqrt{\frac{1.01^2}{15} + \frac{0.56^2}{14}}} = \frac{0.7}{\sqrt{0.068 + 0.0224}} = \frac{0.7}{0.30} = 2.33$$

c = Korrekturfaktor

df = Freiheitsgrade

n_1 = Stichprobenumfang Gruppe 1

n_2 = Stichprobenumfang Gruppe 2

$\hat{\sigma}_1$ = aus Gruppe 1 für die Grundgesamtheit geschätzte Standardabweichung

$\hat{\sigma}_2$ = aus Gruppe 2 für die Grundgesamtheit geschätzte Standardabweichung

Ohne Korrektur wäre die Anzahl der Freiheitsgrade 29 − 2 = 27 gewesen. Für einen empirischen t-Wert von $t_{27} = 2.33$ mit 27 Freiheitsgraden ergibt sich eine Überschreitungswahrscheinlichkeit von $p = 0.03$. Das Ergebnis wäre also signifikant. Durch die Korrektur sinkt die Anzahl der Freiheitsgrade von 27 auf 22.17. Wenn wir zur Bestimmung des p-Werts in Excel =TVERT(2,33;22,17;2) oder in R `dt(2.33, df = 22.17)` nutzen, können wir für den korrigierten Wert der Freiheitsgrade von 22.17 und den t-Wert von 2.33 den p-Wert ermitteln: Er beträgt dann $p = 0.031$ und liegt ebenfalls unter der vorgegebenen Fehlerwahrscheinlichkeit 1. Art von $\alpha = 0.05$. Damit ist das Ergebnis in beiden Fällen signifikant. Die Korrektur hat in diesem Beispiel also keinen Effekt auf die Entscheidung. Wir sehen aber, dass die Überschreitungswahrscheinlichkeit durch die Korrektur vom Betrag her zunimmt. Das bedeutet, dass es durch die Korrektur schwieriger wird, ein signifikantes Ergebnis zu erzielen.

Grundsätzlich gilt: Werden die Freiheitsgrade reduziert, erhöht sich der kritische t-Wert, der vom empirischen t-Wert übertroffen werden muss, um ein statistisch signifikantes Ergebnis zu erzielen:

t_{kritisch} bei $df_{22.17}$, zweiseitig = 2.08 → Excel

Excel: =T.INV(0,025;22,17)

R: `qt(c(.975), df=22,17, lower.tail=TRUE)`

t_{kritisch} bei $df_{27.00}$, zweiseitig = 2.05 → Excel

Excel: =T.INV(0,025;27)

R: `qt(c(.975), df=27, lower.tail=TRUE)`

In beiden Fällen haben wir eine zweiseitige Testung angenommen, deshalb wird hier das 0.025-Quantil (links *und* rechts von der Verteilung, ergibt fünf Prozent) angegeben und bei einseitiger Testung das 0.05-Quantil der Verteilung (rechts *oder* links, je nach Richtung der Hypothese). Insgesamt bedeutet das also: Je weniger Freiheitsgrade, desto höher die Hürde, ein signifikantes Ergebnis zu erzielen. Dies ergibt auch Sinn. Bei kleinen Stichproben ist die Zahl der Freiheitsgrade geringer und damit auch die Parameterschätzungen ungenauer. Also müssen wir vorsichtig sein, einen Unterschied als signifikant zu interpretieren. Betrachten wir das Vorgehen in SPSS und R.

Daten und Beispiel. Auf der Pearson-Website finden Sie den Datensatz „`Buch_t-Tests`“ mit n = 180 Personen, die nach einer Behandlung (abhängige Variable BDI) untersucht wurden. Die unabhängige Variable „Behandlung“ zeigt an, ob die Patienten eine Behandlung erhalten haben (Wert = 1) oder nicht (Wert = 0). Wir gehen davon aus, dass der BDI-Mittelwert der Behandlungsgruppe niedriger ausfällt als der Mittelwert der nicht behandelten Gruppe (einseitige Hypothese, $\alpha = 0.05$).

t-Test für unabhängige Stichproben mit SPSS. Bitte klicken Sie in SPSS auf ANALYSIEREN → MITTELWERTE VERGLEICHEN und T-TEST BEI UNABHÄNGIGEN STICHPROBEN. Es öffnet sich das Fenster in ▶*Abbildung 5.24*.

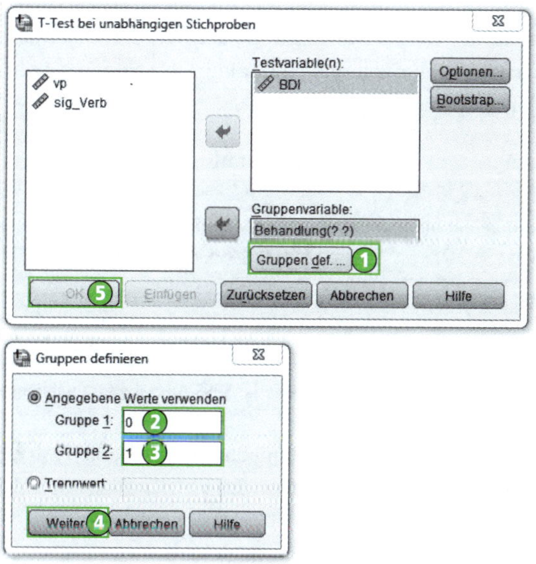

Abbildung 5.24: Darstellung der Berechnung eines *t*-Tests für unabhängige Stichproben in SPSS

In *Abbildung 5.24* sind schon einige vorbereitende Schritte vollzogen worden, bevor die Liste der in dieser Abbildung dargestellten Schritte abgearbeitet werden kann. Daher sollen die vorbereitenden Schritte zuerst erläutert werden. Im ursprünglichen Zustand enthält das Fenster auf der linken Seite noch die Variablen BEHANDLUNG und BDI. Das heißt, dass Sie zunächst die Variable BDI markieren und mithilfe des oberen Pfeils in das Fenster TESTVARIABLE(N) überführen müssen. Dann markieren Sie durch Klicken die Variable BEHANDLUNG und überführen sie durch einen Klick auf den unteren Pfeil in das Fenster GRUPPENVARIABLE. Klicken Sie nun auf die Schaltfläche GRUPPEN DEF.... ①. Im Anschluss öffnet sich das Fenster GRUPPEN DEFINIEREN. Tragen Sie hier nun die Abstufungen für die Variable Behandlung ein: 0 für keine Behandlung ② und 1 für Behandlung ③. Handelt es sich bei der Gruppenvariablen um eine nicht-dichotome Variable, kann ein Trennwert eingegeben werden, der beide Stichproben teilt, z. B. Werte in einem *IQ*-Test mit einem Trennwert 100. Durch Klicken auf WEITER ④ schließt sich das Fenster wieder. Hier kann auch auf die Schaltfläche BOOTSTRAP geklickt werden und es öffnet sich das Fenster BOOTSTRAP, in dem lediglich die Option BOOTSTRAPPING DURCHFÜHREN gewählt und anschließend auf weiter geklickt werden muss. Nun muss nur noch im offenen Fenster T-TEST BEI UNABHÄNGIGEN STICHPROBEN auf die Schaltfläche OK ⑤ geklickt werden, dann öffnet sich das SPSS-Ausgabefenster wie in ▶*Abbildung 5.25* und ▶*Abbildung 5.26*. Wie man in *Abbildung 5.25* anhand der deskriptiven Statistiken erkennen kann, handelt es sich hier um denselben Datensatz wie für den *t*-Test für abhängige Stichproben. Es ist hier lediglich zur Übung die zweite Messung als unabhängige Gruppe definiert worden. In der Praxis darf natürlich nicht so verfahren werden.

Deskriptive Statistik in SPSS. In *Abbildung 5.25* sind die Mittelwerte ① und die Standardabweichungen ② angegeben sowie der Standardfehler des Mittelwerts ③. Es zeigt sich schon rein deskriptiv eine große Mittelwertsdifferenz: Die Symptombelastung ist in der Behandlungsgruppe deutlich geringer (im Schnitt etwa neun Symptome) als in der Gruppe ohne Behandlung (im Schnitt etwa 17 Symptome). Es zeigt sich auch, dass die Standardabweichung in der Behandlungsgruppe geringer ist. Das heißt, dass die Patienten in der Behandlungsgruppe sich nach der Therapie in ihrer depressiven Symptomatik nicht so stark unterscheiden wie Unbehandelte.

Gruppenstatistiken

	Behandlung	*N*	① Mittelwert	② Standard-abweichung	③ Standardfehler des Mittelwertes
BDI	keine Behandlung	90	17,3333	10,21565	1,07682
	Behandlung	90	8,9333	7,14505	,75315

Abbildung 5.25: Darstellung der deskriptiven Statistiken der SPSS-Ausgabe für unabhängige Stichproben (*t*-Test)

Prüfgröße in SPSS. In *Abbildung 5.26* ist zunächst der Levene-Test ① aufgeführt, der die Voraussetzung der Varianzhomogenität testet: Es wird dabei ein *F*-Wert und eine Überschreitungswahrscheinlichkeit p angegeben. Ist der Levene-Test signifikant, geht man davon aus, dass in der Grundgesamtheit keine Varianzgleichheit vorliegt. Damit müssen die Freiheitsgrade adjustiert werden und die Ergebnisse in der Zeile „Varianzen sind nicht gleich" betrachtet werden (in dieser Zeile befinden sich in SPSS also die Ergebnisse der Welch-Tests). Dies ist in unserem Beispiel der Fall. Der empirische *t*-Wert beträgt 6.392 ⑤ bei zweiseitiger Testung und einem α von 0.05. Die Überschreitungswahrscheinlichkeit p ist kleiner als 0.001 ② (Vorsicht, die hier sichtbare Angabe in SPSS bedeutet nicht, dass p gleich null ist. Es sollte in solchen Fällen immer < 0.001 geschrieben werden, da p niemals genau gleich null werden kann). Unsere Hypothese war jedoch gerichtet. Dies bedeutet, dass der in SPSS angegebene p-Wert noch halbiert werden muss. Wir sehen aber schon direkt, dass ein signifikanter Unterschied vorliegt, da unser p-Wert deutlich unter 0.05 liegt. Die

Mittelwertsdifferenz beträgt 8.4 ③ und das Konfidenzintervall um die Differenz ④ mit einer Sicherheitswahrscheinlichkeit von 95 Prozent liegt zwischen 5.80 und 11.

Test bei unabhängigen Stichproben

		① Levene-Test der Varianzgleichheit		*t*-Test für die Mittelwertgleichheit						
						②	③		④ 95 % Konfidenzintervall der Differenz	
		F	Signifikanz	*t*	*df*	Sig. (2-seitig)	Mittlere Differenz	Standardfehler der Differenz	Untere	Obere
BDI	Varianzen sind gleich	14,405	,000	⑤ 6,392	178	,000	8,40000	1,31407	5,80683	10,99317
	Varianzen sind nicht gleich			6,392	159,262	,000	8,40000	1,31407	5,80474	10,99526

Abbildung 5.26: Darstellung der Signifikanz und der *t*-Werte der SPSS-Ausgabe für unabhängige Stichproben (*t*-Test)

***t*-Test für unabhängige Stichproben mit R.** Im Folgenden werden wir den Code für die entsprechenden Analysen in R angeben. Die zugehörigen Outputs werden wir nur angeben, wenn Sie sich in der Form von den SPSS-Ergebnissen unterscheiden. Andernfalls verzichten wir aus Platzgründen auf die Outputs.

Im ersten Schritt lesen wir die Daten ein und speichern sie in dem Objekt `kap5_3` (siehe *Kapitel 1* zum Einlesen von SPSS-Daten). Um im ersten Schritt die deskriptiven Statistiken zu betrachten, verwenden wir das Paket **psych** und den Befehl `describeBy`:

```
library(psych)
describeBy(kap5_3$BDI, group = kap5_3$Behandlung)
```

In dem Befehl `describeBy` geben wir zunächst die zu betrachtende Variable (BDI) und den Datensatz (`kap5_3`) verbunden mit einem `$`-Zeichen an. Im nächsten Schritt definieren wir die Gruppe nach der die Ausgabe aufgeteilt werden soll (`group =`). Dabei verbinden wir wieder Variablennamen und Datensatznamen. Die Ausgabe haben wir in *Abschnitt 2.3.1* bereits beschrieben. Sie enthält dieselben Informationen wie die SPSS-Ausgabe.

Um den Levene-Test durchzuführen, brauchen wir das Paket **lawstat** (Gastwirth et al., 2015) . Hier gibt es den Befehl `levene.test`. Im Unterschied zu SPSS gibt es hier jedoch mehrere Möglichkeiten, die Varianz in den Gruppen zu bestimmen. Neben der Berechnung der Abweichung der Messwerte vom Mittelwert lassen sich auch die Abweichungen vom Median bestimmen. Dies wird auch Brown-Forsythe-Test (Brown & Forsythe, 1974) genannt. Darüber hinaus wären ein Bootstrap-Verfahren und ein Brown-Forsythe-Test mit weiteren Korrekturen möglich. Der Brown-Forsythe-Test ist robuster, da er den Median nutzt, der weniger stark anfällig für Ausreißer ist (siehe *Abschnitt 2.2.3*). Eine zusätzliche Korrektur geht auf Hines und Hines (2000) zurück und erhöht die Teststärke des Brown-Forsythe-Tests. Wir geben hier die Codes für den normalen Levene-Test (wie in SPSS) und den Brown-Forsythe-Test mit Korrektur nach Hines und Hines an.

```
#Klassischer Levene Test
lev <- levene.test(kap5_3[, "BDI"], kap5_3[, "Behandlung"], location = "mean")
lev
```

Das Ergebnis des Tests legen wir in das Objekt `lev`. Die Funktion `levene.test` benötigt nun die Angabe der abhängigen und der unabhängigen Variablen. Dabei wird in beiden Fällen zunächst der Datensatz spezifiziert (kap5_3). Die Variable wird dann mit ihrem Namen in Anführungszeichen innerhalb eckiger Klammern angegeben. Dabei ist das Komma zu Beginn unbedingt zu berücksichtigen. Schließlich geben wir mit location an, wie die Varianzen berechnet werden sollen. Beim klassischen Levene-Test schreiben wir "mean".

```
#Brown Forsythe Test mit Hines und Hines
lev_r <- levene.test(kap5_3[, "BDI"], kap5_3[, "Behandlung"], location = "median",
   correction.method = "zero.removal")
lev_r
```

Beim Brown-Forsythe-Test ist die Syntax identisch. Allerdings geben wir location = "median" an. Durch den Zusatzbefehl correction.method = "zero.removal" legen wir fest, dass eine Korrektur nach Hines und Hines durchgeführt wird. Exemplarisch hier das Ergebnis der letzten Syntax:

```
> lev_r <- levene.test(kap5_3[,"BDI"], kap5_3[,"Behandlung"],
+ location="median", correction.method="zero.removal")
> lev_r

      modified robust Brown-Forsythe Levene-type test based on the absolute deviations
  (1) from the median with Hines-Hines structural zero removal method

data:  kap5_3[, "BDI"]                    (3)
(2) Test Statistic = 14.8352, p-value = 0.0001641
```

Abbildung 5.27: Ergebnis des Brown-Forsythe-Tests mit Hines und Hines Korrektur in R

In R wird also zunächst noch einmal die Art des durchgeführten Tests angegeben (1). Zudem finden wir die Prüfgröße (2) und den dazugehörigen *p*-Wert (3). Auch hier sehen wir, dass anscheinend keine Varianzhomogenität vorliegt.

Wir führen also einen *t*-Test für unabhängige Stichproben und ungleiche Varianzen durch:

```
ttest3 <- t.test(kap5_3$BDI~kap5_3$Behandlung, alternative = "greater", var.equal =
   FALSE)
ttest3b
```

Die t.test-Funktion kennen wir bereits. Hier nutzen wir sie nun zum ersten Mal mit einer Gruppenvariable. Daher können wir eine Art Modellgleichung angeben: kap5_3$BDI~kap5_3$Behandlung. Hier wird ausgedrückt, dass die Variable BDI aus dem Datensatz kap5_3 durch die Variable Behandlung aus demselben Datensatz erklärt werden soll. Zudem geben wir als Alternativhypothese an, dass der Mittelwertsunterschied größer als null sein soll (Mittelwert aus Gruppe 0 minus Mittelwert aus Gruppe 1 gerechnet). Schließlich legen wir fest, dass die Varianzen nicht gleich sind (var.equal = FALSE). Wenn wir hier TRUE angeben, wird ein *t*-Test für homogene Varianzen berechnet.

In der Ausgabe finden wir den *t*-Wert, die korrigierten Freiheitsgrade und den *p*-Wert in einer Zeile (1). Da wir bei der Festlegung der Alternativhypothese bereits die Richtung festgelegt haben, müssen wir den p-Wert hier nicht mehr verändern wie in SPSS. Es liegt also ein signifikanter Unterschied vor. Es wird wieder ein 95%-Konfidenzintervall um die Differenz angegeben. Da wir eine einseitige Hypothese haben, wird nur eine Grenze angegeben (2). Schließlich finden wir die Mittelwerte der beiden Gruppen (3).

```
> ttest3 <- t.test(kap5_3$BDI~kap5_3$Behandlung, alternative="greater", var.equal=FALSE)
> ttest3

        Welch Two Sample t-test

data:  kap5_3$BDI by kap5_3$Behandlung
(1) t = 6.3923, df = 159.262, p-value = 8.627e-10
alternative hypothesis: true difference in means is greater than 0
95 percent confidence interval:
 6.225893      Inf  (2)
sample estimates:
mean in group 0 mean in group 1
      17.333333  (3)  8.933333
```

Abbildung 5.28: Ergebnis des *t*-Tests für unabhängige Stichproben für heterogene Varianzen (Welch-Test) in R

Bootstrap in SPSS. In ▶*Abbildung 5.29* findet sich die SPSS-Ausgabe für das Bootstrap-Verfahren. Wichtig ist hier der korrigierte *p*-Wert. Er beträgt $p = 0.001$ (1). Auch hier ist die Verzerrung mit 0.03080 (2) gering. Das bedeutet, dass der Mittelwert der Differenzen aus den 1000 Bootstrap-Stichproben um 0.03080 höher als in der Stichprobe (8.40) ausfällt und 0.43080 beträgt.

Bootstrap für Test bei unabhängigen Stichproben

		Mittelwert-differenz	Bootstrap[a]				
			Verzerrung	Standard-fehler	Sig. (2-seitig)	95 % Konfidenzintervall	
						Unterer	Oberer
BDI	Varianzgleichheit angenommen	8,40000	,03080	1,35389	,001	5,80026	11,23062
	Varianzgleichheit nicht angenommen	8,40000	(2) ,03080	1,35389	(1) ,001	5,80026	11,23062

a. Sofern nicht anders angegeben, beruhen die Bootstrap-Ergebnisse auf 1000 Bootstrap-Stichproben

Abbildung 5.29: Bootstrap-Verfahren in SPSS

Bootstrap in R. Wir nutzen wieder das Paket boot. Der Code unterscheidet sich nur in wenigen Details von den vorher fürs Bootstrappen genutzten Codes:

```
library(boot)
ttest3_bfun <- function(data,i) {
  t.test(data[i, 2]~data[i, 1], alternative = "greater", var.equal =
  FALSE)$statistic
}
kap5_3_tt3 <- kap5_3[c(2, 3)]
boottt3 <- boot(data = kap5_3_tt3, statistic = ttest3_bfun, R = 1000)
boottt3
quantile(boottt3$t, c(.025, .975))
boot.ci(boot.out = boottt3, type = "bca")
```

Nach dem Öffnen des Pakets legen wir wieder die Funktion fest, die in jedem gezogenem Bootstrapsample durchgeführt werden soll. Dabei legen wir fest, dass in einem *t*-Test die zweite Variable eines Datensatzes auf die erste zurückgeführt werden soll. Alle anderen Einstellungen übernehmen wir von unserem Test. Schließlich geben wir noch an, dass der t-Wert aus jeder Bootstrap-Stichprobe entnommen werden soll (`$statistic`). Nun extrahieren wir aus unserem Datensatz die Variablen `2` (Behandlung) und `3` (BDI) in ein neues Objekt. Mit der `boot`-Funktion lassen wir nun 1000 Stichproben ziehen und extrahieren jeweils den t-Wert. Wie bisher lassen wir uns das Konfidenzintervall und das bias-korrigierte Konfidenzintervall angeben. Diese betragen 4.278 bzw. 8.65. Der kritische t-Wert für eine einseitige Testung (`qt(c(.95), df = 159.262, lower.tail = TRUE)`) beträgt 1.65. Dieser Wert liegt nicht im Konfidenzintervall, so dass auch hier ein signifikantes Ergebnis angezeigt wird.

Korrigierte Freiheitsgrade beim *t*-Test. Wir versuchen nun noch, die korrigierten Freiheitsgrade von 159.26 nachzuvollziehen.

$$c = \frac{\frac{10.22^2}{90}}{\frac{10.22^2}{90} + \frac{7.15^2}{90}} = \frac{1.161}{1.161 + 0.568} = 0.671$$

$$df = \frac{(90-1)\cdot(90-1)}{(90-1)\cdot 0.671^2 + (90-1)\cdot(1-0.671)^2}$$

$$df = \frac{7921}{49.70} = 159.29$$

c = Korrekturfaktor

df = Freiheitsgrade

Die Abweichung geht auf Rundungsfehler zurück. In den Programmen wird mit mehr als zwei Kommastellen gerechnet.

Effektstärke in SPSS. Die Effektstärke wird nun in SPSS nicht mehr automatisch bestimmt, da wir zur Berechnung von Hedges g die gepoolte Standardabweichung zwischen beiden Stichproben benötigen. Diese ist bei gleich großen Stichproben einfach die gemittelte Standardabweichung: $\hat{\sigma}_1 = 10.22$ plus $\hat{\sigma}_2 = 7.15$, geteilt durch 2. Damit ergibt sich eine gepoolte Standardabweichung von $\hat{\sigma}_p = 8.69$. Teilt man nun noch die Mittelwertsdifferenz (8.4) durch die gemeinsame Standardabweichung (8.69), erhält man als Effektstärke g = 0.97.

Effektstärke in R. In R steht uns zur Berechnung der Effektstärke das Paket `compute.es` **(Del Re, 2014)** zur Verfügung. Hier gibt es die Funktion `tes`, die aus einem t-Wert verschiedene Effektstärken berechnet:

```
library(compute.es)
g_tt3 <- tes(t = 6.3923, n.1 = 90, n.2 = 90, level = 95)
```

In der Funktion geben wir den empirischen t-Wert, die Stichprobengrößen und die Sicherheitswahrscheinlichkeit (`level`) an. Es ergibt sich ein g von 0.95. Auch hier beruht der Unterschied auf Rundungsfehlern.

Interpretation *g*. Das heißt, dass sich ein starker Unterschied zwischen den Gruppen zeigt. Wir können die Effektstärke auch mit G*Power ermitteln. Wir möchten in diesem Beispiel zusätzlich die Teststärke bestimmen. Dies ist in ▶*Abbildung 5.30* dargestellt.

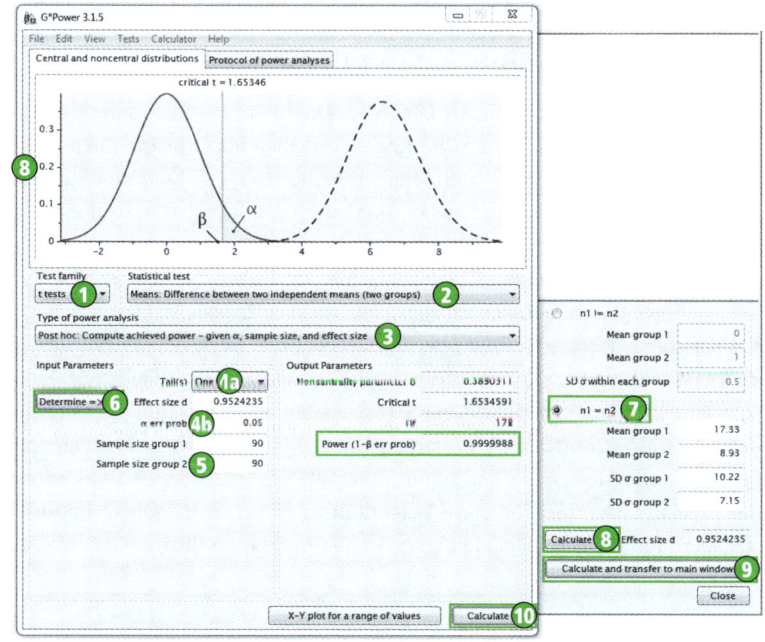

Abbildung 5.30: G*Power-Oberfläche zur Berechnung der Teststärke beim *t*-Test für unabhängige Stichproben

Teststärke in SPSS. Nach dem Öffnen von G*Power wählen wir unter TEST FAMILY die Option T TESTS (1) aus. Anschließend entscheiden wir uns unter STATISTICAL TEST für MEANS: DIFFERENCE BETWEEN TWO INDEPENDENT MEANS (TWO GROUPS) (2). Danach wählen wir unter TYPE OF POWER ANALYSIS die Option POST HOC: COMPUTE ACHIEVED POWER – GIVEN α, SAMPLE SIZE, AND EFFECT SIZE (3). Nun können wir die entsprechenden Werte eintragen: TAIL(S) setzen wir auf ONE (4a) und die α-Fehlerwahrscheinlichkeit auf 0.05 (4b). Die Stichprobengröße SAMPLE SIZE beträgt in unserem Fall jeweils 90 (5). Die Effektstärke berechnen wir über DETERMINE => (6). Jetzt wählen wir N1 = N2 (7) im rechten Fenster und geben als MEAN GROUP 1 den Wert 17.33, als SD σ GROUP 1 den Wert 10.22, als MEAN GROUP 2 den Wert 8.93 und als SD σ GROUP 2 den Wert 7.15 ein. Nun klicken wir zuerst auf die Schaltfläche CALCULATE (8) und dann auf CALCULATE AND TRANSFER TO MAIN WINDOW (9). Nach diesen Schritten muss nur noch die Schaltfläche CALCULATE im rechten Fenster (10) geklickt werden und Sie erhalten die Teststärke im Kästchen neben POWER $1-\beta$ ERR PROB angezeigt: Der Wert lautet 0.99.

Teststärke in R. Wieder nutzen wir das Paket `pwr` in der bereits mehrfach beschriebenen Art und Weise:

```
library(pwr)
pwr.t2n.test(n1 = 90, n2 = 90, d = .95, sig.level = .05, power = NULL, alternative
   = "greater")
```

Wir legen also die Stichprobengrößen fest, die Effektstärke, das Signifikanzniveau, die Richtung der Alternativhypothese und suchen die Power (= NULL). Das Ergebnis entspricht dem aus G*Power.

Fazit. Auch an diesem Beispiel wird deutlich, dass es sich um einen sehr starken Therapie-Effekt handelt. Die Behandlung wirkt deutlich stärker als die Nichtbehandlung. Der starke Effekt ist bei ausreichender Teststärke statistisch bedeutsam.

Grafische Darstellung der Ergebnisse des *t*-Tests für unabhängige Stichproben mit SPSS. Man geht zur Erstellung des Diagramms in SPSS folgendermaßen vor: Klicken Sie auf DIAGRAMME, dann VERALTETE DIALOGFELDER und schließlich FEHLERBALKEN.... Es öffnet sich das Fenster FEHLERBALKEN. Wählen Sie in diesem Fenster die Option AUSWERTUNG ÜBER KATEGORIEN EINER VARIABLEN und klicken Sie dann auf DEFINIEREN. Es öffnet sich ein neues Fenster EINFACHES FEHLERBALKENDIAGRAMM DEFINIEREN. Klicken Sie hier im linken Fenster auf die Variable BDI und wählen Sie diese durch Klicken auf den Pfeil für das Fenster VARIABLE aus. Klicken Sie dann auf die Variable BEHANDLUNG und überführen Sie diese durch einen Klick auf den Pfeil in das Fenster KATEGORIENACHSE. Klicken Sie schließlich auf die Schaltfläche OK. Es öffnet sich die SPSS-Ausgabe mit dem in ▶*Abbildung 5.31* dargestellten Diagramm. Ein alternatives Vorgehen findet sich in *Abschnitt 2.2.4* (Fehlerdiagramm). Eine Überschneidung oder Nicht-Überschneidung der Konfidenzgrenzen der beiden Intervalle spricht nicht für ein oder gegen ein signifikantes Ergebnis. Der Test für diese Fragestellung prüft, ob die Differenz null in einem Konfidenzintervall um die geschätzte Differenz in der Population liegt.

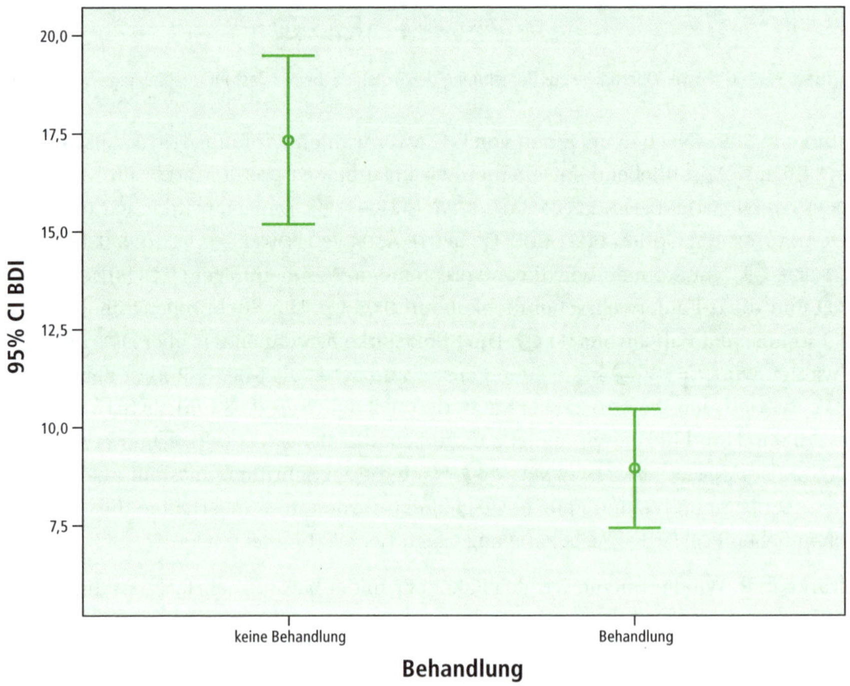

Abbildung 5.31: Abbildung der Konfidenzintervalle für die Mittelwerte aus zwei unabhängigen Stichproben in SPSS

Grafische Darstellung der Ergebnisse des *t*-Tests für unabhängige Stichproben mit R. Um das Fehlerbalkendiagramm in R zu erzeugen, gibt es viele Möglichkeiten (siehe *Abschnitt 2.3.2*). An dieser Stelle greifen wir auf das Paket ggplot2 zurück:

```
abb5.32 <- ggplot(data = kap5_3, aes(x = factor(Behandlung), y = BDI))
abb5.31 + stat_summary(fun.data = mean_cl_normal, geom = "errorbar", width =
   .1, colour = "black") + stat_summary(fun.y = mean, geom = "point", size =
   5, colour = "dark green") + labs(x = "Gruppe", y = "Symptombelastung im BDI mit
   95% CI", size = 20) + theme(axis.text = element_text(size = 20, color = "black"))
```

Zunächst erzeugen wir das Objekt abb.5.32 und weisen ihm zu, dass eine ggplot-Grafik enthalten sein soll, die auf den Datensatz kap5_3 zurückgreift und die Variablen Behandlung (*x*) und BDI (*y*) verwenden soll. Bei der Variable Behandlung handelt es sich um eine unabhängige Variable mit zwei Stufen. Man spricht hier auch von einem Faktor. Dies haben wir in der Syntax durch factor() gekennzeichnet. Wenn wir beim Einlesen der Daten use.value.labels = TRUE im read.spss-Befehl verwenden, erkennt ggplot dies von selbst und gibt auch direkt die Kategorienbezeichnungen in der Ausgabe an. Die weiteren Befehle haben wir bereits im Zusammenhang mit *Abbildung 5.22* beschrieben.

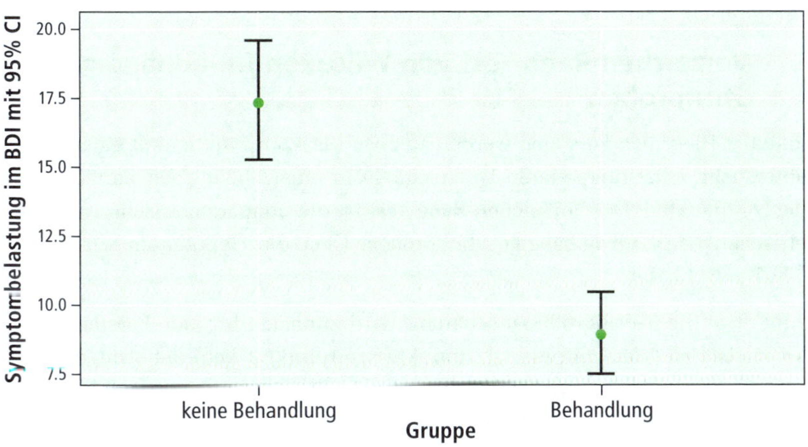

Abbildung 5.32: Fehlerbalkendiagramm in R

Interpretation Fehlerbalkendiagramme. Aus den Abbildungen wird ersichtlich, dass sich die Stichprobenmittelwerte deutlich unterscheiden. Die Konfidenzintervalle überschneiden sich hingegen nicht. Neben dem Konfidenzintervall kann auch ein Intervall aus dem Mittelwert plus/minus eine Standardabweichung verwendet werden. In R entspricht der Code hierfür dem Code, der für ▶*Abbildung 5.32* verwendet wurde. Es muss lediglich fun.data = mean_cl_normal durch fun.data = mean_sdl ersetzt werden. Dies ist hilfreich, wenn man die Effektstärke mithilfe des Diagramms abschätzen möchte.

5.2 Nonparametrische Verfahren bei zwei Gruppen für ordinale Daten

Nonparametrische Tests haben den Vorteil, dass sie keinerlei Annahmen über die Verteilung (beispielsweise eine Normalverteilung) der abhängigen Variablen benötigen. Im Rahmen nonparametrischer Tests sind auch geschätzte Parameter, wie beispielsweise Erwartungswerte, nicht direkt Gegenstand des statistischen Tests. Als nonparametrische Verfahren zur Unterschiedsprüfung bei zwei Gruppen werden der U-Test und der Wilcoxon-Vorzeichen-Rang-Test kurz dargestellt. Der U-Test ist das nonparametrische Pendant zum *t*-Test für unabhängige Stichproben und der Wilcoxon-Vorzeichen-Rang-Test das Pendant zum *t*-Test für abhängige Stichproben.

Kubinger, Rasch und Moder (2009) empfehlen immer die Anwendung des *t*-Tests für heterogene Varianzen, unabhängig von der Verteilung der abhängigen Variablen und zeigen, dass die *t*-Tests robust gegen Verteilungsverletzungen sind. Aus unserer Sicht ist es jedoch günstig, nonparametrische Tests dann anzuwenden, wenn die Voraussetzungen für parametrische Verfahren grob verletzt sind (keine Normalverteilung, keine Varianzhomogenität und ungleiche Gruppengrößen) *und* die *p*-Werte an der Signifikanzgrenze liegen.

5.2.1 Vorzeichen-Rang-Test von Wilcoxon für abhängige Stichproben

Fragestellung. Dieselben Personen werden zu zwei Messzeitpunkten mit einem Messinstrument untersucht. Uns interessieren Unterschiede in einer abhängigen Variablen zwischen zwei Messzeitpunkten. Der Vorzeichen-Rang-Test ist die nonparametrische Alternative zum parametrischen *t*-Test für abhängige Stichproben. Über die Hypothesen wird mithilfe der Prüfgröße *T* entschieden.

Grundidee. Um die *T*-Prüfgröße zu erhalten, wird zunächst für jede Person die Rohwertdifferenz zwischen Messzeitpunkt 1 und Messzeitpunkt 2 gebildet. Die resultierenden Differenzen können dann alle positiv, alle negativ oder sowohl positiv als auch negativ ausfallen. Nehmen wir an, die Nullhypothese gilt. In diesem Fall hat eine Veränderung (z. B. Behandlung), die zwischen den Messzeitpunkten stattgefunden hat, keinen Einfluss auf die Rohwertdifferenzen. Das heißt, positive und negative Differenzen treten zufällig auf. Wenn dies der Fall ist, müssten positive und negative Differenzen auch mit derselben Wahrscheinlichkeit auftreten, als ob man die Differenzen „würfeln" würde. Dieses Prinzip ist der Ansatzpunkt für die Hypothesentestung beim **Vorzeichen-Rang-Test von Wilcoxon**. Zunächst wird der Betrag der Differenzen gebildet und für jede Differenz vermerkt, ob sie ein positives oder negatives Vorzeichen hatte. Anschließend werden den Differenzbeträgen Ränge zugewiesen. Das bedeutet beispielsweise, dass Differenzen von −4 bzw. +4 den gleichen Rangplatz erhalten. Anschließend werden die Beträge der Ränge für positive und negative Vorzeichen getrennt aufsummiert. Man erhält eine Rangsumme für Ränge mit positiven Vorzeichen und eine Rangsumme für Ränge mit negativen Vorzeichen. Gilt nun die Nullhypothese, dass es in der Grundgesamtheit keinen Unterschied zwischen Messzeitpunkt 1 und Messzeitpunkt 2 in der abhängigen Variablen gibt, dann erfolgt die

Zuweisung der Ränge zu den Differenzen mit positiven und negativen Vorzeichen zufällig. Dies hätte zur Konsequenz, dass die Rangsummen auf Basis der positiven und negativen Ränge in etwa gleich hoch ausfallen. Gilt jedoch die Alternativhypothese, unterscheiden sich die Rangsummen für Differenzen mit positiven und negativen Vorzeichen überzufällig.

Hypothesen. Beim Vorzeichen-Rang-Test für abhängige Stichproben ist die Prüfung der folgenden Hypothesen bezogen auf den Median der Populationsdifferenzen Md_{Diff} (vgl. Grundidee) möglich:

Nullhypothese:

H_0: $Md_{\text{Diff}} = 0$

Ungerichtete Alternativhypothese:

H_1: $Md_{\text{Diff}} \neq 0$

Nullhypothesen und gerichtete Alternativhypothesen bezogen auf die Grundgesamtheit.

H_0: $Md_{\text{Diff}} \geq 0$ und H_1: $Md_{\text{Diff}} < 0$

H_0: $Md_{\text{Diff}} \leq 0$ und H_1: $Md_{\text{Diff}} > 0$

Beispiel. In einem Hotel wird vor und nach einem sozialen Kompetenztraining ein Test zur sozialen Kompetenz durchgeführt, um die Effektivität des Trainings zu prüfen. Im Test werden die Hotelmitarbeiter in verschiedene Situationen gebracht. Für jede Situation sind gleichwertige, sozial kompetente Verhaltensweisen definiert und es wird ausgezählt, wie oft eine Person eine dieser Verhaltensweisen zeigt. So erhält man vor und nach dem Training eine Anzahl gezeigter sozial kompetenter Verhaltensweisen pro Teilnehmer. Es nehmen acht Hotelangestellte teil. Es stellt sich die Frage, ob das Training zu einer Erhöhung sozial kompetenter Verhaltensweisen führt ($\alpha = 0.05$, einseitig).

Voraussetzungen. Voraussetzungen für den Vorzeichen-Rang-Test von Wilcoxon sind:

- Die Messwerte müssen intervallskaliert sein.
- Die Verteilung der Differenzwerte in der Population muss symmetrisch um den Populationsmedian sein.

Messwerte müssen intervallskaliert sein. Die Bildung von Differenzen zwischen den Messwerten zu Testzeitpunkt 1 und Testzeitpunkt 2 muss eine sinnvolle Verrechnungsvorschrift darstellen. Das heißt, dass Intervallskalenniveau für die abhängige Variable gelten muss, wobei die Verteilung der Messwerte hier keine Rolle spielt. Nehmen wir an, Intervallskalenniveau läge nicht vor. Was hätte dies für Konsequenzen? Versetzen wir uns in die Steinzeit zurück. Nehmen wir weiter an, wir möchten die Weite eines steinzeitlichen Weitsprungwettbewerbs zwischen Markus und Matthias mithilfe kleiner Holzstückchen messen. Nun sind leider nicht alle Holzstückchen gleich lang. Wir zählen aber die Differenz der Holzstückchen ab. Dann kann der in ▶*Abbildung 5.33* dargestellte Fall eintreten. Sicherlich ist beim ersten und beim zweiten Sprung Matthias weiter als Markus gesprungen. Schauen wir jedoch auf die Veränderung. Messen wir die Veränderung in

Holzstückchen, hat sich Matthias stärker verbessert. Die tatsächliche Weitenverbesserung ist für Markus jedoch größer. Das heißt, dass die Sinnhaftigkeit der Interpretation der Differenzen an das Intervallskalenniveau gebunden ist (siehe *Abschnitt 2.1.2* und *2.1.3*). Wenn wir dies auf unser Beispiel aus den Berechnungen übertragen, müssen wir davon ausgehen, dass die gezeigten sozial kompetenten Verhaltensweisen gleichwertig sind. Das heißt, dass nicht eine wichtiger und zentraler als die andere ist. Ist dies nicht der Fall, ist die Differenzbildung schwierig, obwohl das Abzählen der Häufigkeiten dies nicht auf den ersten Blick verrät.

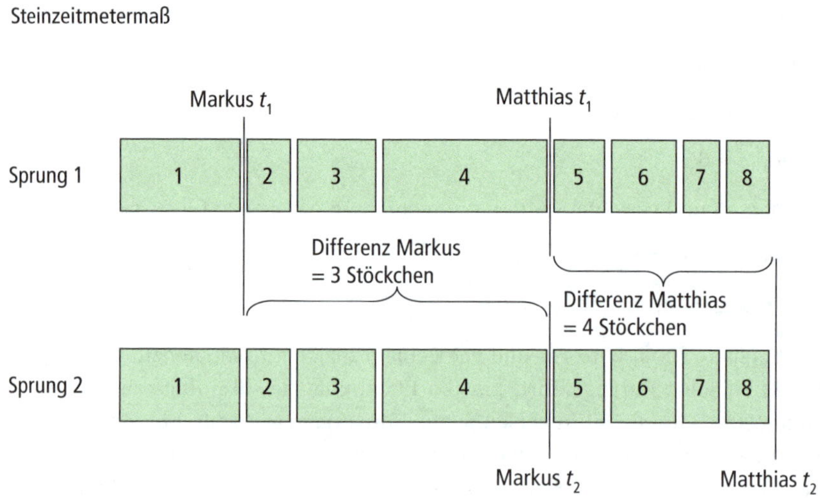

Abbildung 5.33: Darstellung von Differenzen, wenn kein Intervallskalenniveau vorliegt

Die Verteilung der Differenzwerte in der Population ist symmetrisch um den Populationsmedian. Hier ist zu beachten, dass keine Aussage über die Verteilung der Messwerte zu beiden Messzeitpunkten getroffen wird, sondern lediglich über die Verteilung der Messwertdifferenzen zwischen beiden Messzeitpunkten.

Berechnung Rangsummen. Betrachten wir ▶*Abbildung 5.34*: Zuerst werden die Beträge ① der Rohwertdifferenzen zwischen erster und zweiter Messung gebildet. Den Differenzbeträgen werden dann Rangplätze ② ③ zugeordnet. Besteht kein Unterschied zwischen den Messzeitpunkten, ist eine Differenz von +6 genauso wahrscheinlich wie eine von −6. Die Zuordnung von Rangplätzen zu positiven und negativen Differenzen erfolgt ebenfalls zufällig und damit sollte auch die Summe von positiven und negativen Rangplätzen gleich ausfallen. Die Summe der negativen Rangplätze in unserem Beispiel beträgt 19.5 ④ und die Summe für positive Rangplätze 8.5 ⑤. Dies spricht zunächst gegen die Nullhypothese. Das bedeutet, dass mehr negative Differenzen in der Stichprobe auftreten: Es werden bei der zweiten Messung häufiger sozial kompetente Verhaltensweisen gezählt als bei der ersten Messung: vgl. Person 1 mit vorher 9 gezeigten Verhaltensweisen und nachher 15 gezeigten Verhaltensweisen. Die Differenz für diese Person beträgt −6. Der Betrag ist 6.

Person	vorher	nachher	Betrag der Differenz ①	Richtung	Rang negativ ②	Rang positiv ③
1	9	15	6	–	7	–
2	14	11	3	+	–	4.5
3	9	11	2	–	2	–
4	7	10	3	–	4.5	–
5	5	9	4	–	6	–
6	9	7	2	+	–	2
7	19	19	0	0	–	–
8	3	1	2	+	–	2
Summe	–	–	–	–	④ 19.5	⑤ 8.5
M	9.38	10.38	–	–	–	–
SD	5.07	5.32	–	–	–	–

Abbildung 5.34: Vorgehen bei einem Wilcoxon-Vorzeichen-Rang-Test

Rangbindungen. Bei der Bildung von Differenzen kann es vorkommen, dass der Betrag einiger Differenzwerte gleich ausfällt. Solche Differenzen würden dann auch denselben Rangplatz erhalten. Man bezeichnet dies als **Rangbindungen**. Welcher Rangplatz gleichen Differenzen zugewiesen wird, wird im Folgenden dargestellt. Wir bilden zunächst, wie bereits beschrieben, den Betrag der Differenz zwischen vorher und nachher. Dabei müssen wir zusätzlich die Richtung der Differenz vermerken. Nun werden den Differenzen Ränge zugeteilt. Dabei werden Nulldifferenzen nicht berücksichtigt. Diese Schritte sind, wenn jeder Rang nur einmal vorkommt, sehr einfach. Treten aber sogenannte Rangbindungen auf, haben mehrere Personen dieselbe Differenz: Beispielsweise kommt eine Differenz von 2 unabhängig vom Vorzeichen bei drei Personen vor. Um den Personen Ränge zuzuteilen, sortieren wir zunächst alle Differenzen vom geringsten bis zum höchsten Betrag: 2 2 2 3 3 4 6. Unter die Differenzen schreiben wir die Rangplätze, bei denen doppelt vorkommende Differenzen außer Acht gelassen werden, von links beginnend von 1 bis 7. Nulldifferenzen werden, wie bereits gesagt, ausgelassen und sind in der Reihenfolge der aufgelisteten Beträge der Rangdifferenzen bereits weggelassen. Schließlich bilden wir für die mehrfach vorkommenden Differenzen den Mittelwert der Rangplätze: Das heißt, für die Differenzen 2, 2 und 2 bilden wir den Mittelwert aus den Rängen 1, 2 und 3. Dies ergibt einen mittleren Rang von $(1 + 2 + 3)/3 = 2$. Dieser Rang wird dann für alle Differenzen von 2 vergeben. Der nächste zu vergebende Rangplatz wäre dann nach unserer Rangliste der Rang 4. Da wir aber zweimal eine Differenz von 3 beobachtet haben, müssen wir hier wiederum den Mittelwert aus den Rängen 4 und 5 (Mittelwert 4.5) bilden und dann der nächstgrößeren Differenz folglich den Rangplatz 6 zuteilen. Dieses Vorgehen ist in *Abbildung 5.34* noch einmal dargestellt.

Art des Werts:	nach Größe geordnete Werte:						
Differenzen	2	2	2	3	3	4	6
Rangplatz ohne Bindungen	1	2	3	4	5	6	7
Rangplatz mit Bindungen	2	2	2	4.5	4.5	6	7

Abbildung 5.35: Darstellung der Rangvergabe bei Rangbindungen

Exakte Prüfgröße. Nun müssen die Rangsummen für positive und negative Werte getrennt berechnet werden. Für die negativen Differenzen ergibt sich eine Rangsumme von $T(-) = 19.5$ und für die positiven Differenzen eine Rangsumme von $T(+) = 8.5$. Wir erwarten bei einer gerichteten Hypothese (vorher minus nachher, größte Differenz höchster Rang) eine größere negative Rangsumme. Beide Rangsummen sind zur Veranschaulichung wie folgt miteinander verknüpft, wobei Nulldifferenzen nicht berücksichtigt werden:

Formel 5.15 Verknüpfung der Rangsummen

$$T(-)+T(+)=\frac{n\cdot(n+1)}{2}=19.5+8.5=\frac{7\cdot(7+1)}{2}=28$$

$T(-)$ = negative Rangsumme

$T(+)$ = positive Rangsumme

n = Anzahl der Paardifferenzen (ohne Nulldifferenzen)

$T(+)$ oder $T(-)$ selbst stellen bereits Prüfgrößen dar. Man kann nun die kleinere der beiden T-Rangsummenstatistiken mit einem kritischen Wert aus einer Tabelle vergleichen. Man kann theoretisch auch die größere Prüfgröße zur Prüfung heranziehen. Meist ist in Büchern nur die kleinere tabelliert. Wichtig ist, dass bei einer einseitigen Fragestellung die positive oder negative Rangsumme der vorher in der Hypothese ausgedrückten Erwartung entspricht. Die Prüfung einer zweiseitigen Hypothese erfordert weitere Schritte, die hier nicht dargestellt werden. Es ist jedoch nicht möglich, wie beim t-Test den p-Wert bei zweiseitiger Fragestellung einfach zu verdoppeln. Statistikprogramme ermitteln für diese Prüfgröße die exakte Wahrscheinlichkeitsverteilung und ein exakter Test wird durchgeführt sowie der p-Wert unter ein- und zweiseitiger Testung dargestellt.

Asymptotische Prüfgröße. Mit zunehmender Stichprobengröße nähert sich $T(+)$ immer mehr einer Normalverteilung an. Ist die Stichprobe größer als $n = 20$, wird in der Regel schon eine z-verteilte Prüfgröße zur Hypothesentestung herangezogen. Auch wenn die

Ermittlung der Überschreitungswahrscheinlichkeit mithilfe der z-Prüfgröße für unser Beispiel zu ungenau ist, da $n = 8$ und damit $n < 20$ ist, was wir im Folgenden noch zeigen werden, zeigen wir dennoch an diesem Beispiel die Berechnung der z-Prüfgröße. Gebildet wird dazu die z-Prüfgröße, indem von der Rangsumme der positiven Ränge die mittlere Rangsumme abgezogen wird. Sind beide Rangsummen gleich, entsprechen beide Rangsummen der mittleren Rangsumme: $T(+) = T(-) = \mu_T$. Die Prüfgröße z zeigt also an, wie viele Standardabweichungen von der mittleren Rangsumme entfernt die Rangsummen beider Gruppen liegen.

Formel 5.16 *z*-Wert der Rangsummenverteilung

$$z_{\text{emp}} = \frac{T(+) - \bar{x}_T}{\sigma_T} = \frac{8.5 - 14}{5.86} = -0.94$$

$$\bar{x}_T = \frac{n\ (n+1)}{4} = \frac{7 \cdot (7+1)}{4} = 14$$

$$s_T = \sqrt{\frac{n \cdot (n+1) \cdot (2n+1) - \sum_{i=1}^{k} \frac{t_i^3 - t_i}{2}}{24}}$$

$$s_T = \sqrt{\frac{n \cdot (n+1) \cdot (2n+1) - \sum_{i=1}^{k} \frac{t_i^3 - t_i}{2}}{24}}$$

$$s_T = \sqrt{\frac{(7 \cdot 8 \cdot 15) - 15}{24}} = \sqrt{34.375} = 5.86$$

$$\text{dabei ist } \sum_{i=1}^{k} \frac{t_i^3 - t_i}{2} = \frac{3^3 - 3}{2} + \frac{2^3 - 2}{2} = \frac{27 - 3}{2} + \frac{8 - 2}{2} = 15$$

z_{emp} = empirische z-Prüfgröße

$\bar{x}_T$ = mittlere Rangsumme

S_T = Standardabweichung der Ränge

n = Anzahl der Paardifferenzen ohne Nulldifferenzen

k = Anzahl der Rangbindungen

t_i = Länge der Rangbindung i

Entscheidung. Folgende Entscheidungsregel wird für diesen Test angewandt: Lehne die Nullhypothese ab, wenn der empirische z-Wert extremer oder gleich dem kritischen z-Wert $z_{krit_{\left(1-\frac{\alpha}{2}\right)}}$ ausfällt:

Formel 5.17 Entscheidungsregel

$$\text{2-seitig: } \left|z_{emp}\right| \geq z_{krit_{\left(1-\frac{\alpha}{2}\right)}}$$

$$\text{1-seitig: } \left|z_{emp}\right| \geq z_{krit_{(1-\alpha)}}$$

Wichtig ist, dass bei einer einseitigen Fragestellung die positive oder negative Rangsumme der vorher in der Hypothese ausgedrückten Erwartung entspricht. Erst in diesem Fall darf einfach der Betrag der Prüfgröße verwendet werden.

z_{emp} = empirischer z-Wert

z_{krit} = kritischer z-Wert

$z_{krit_{(1-\alpha)}}$ = z-Wert bei einer Sicherheitswahrscheinlichkeit von $1-\frac{\alpha}{2}$ der Standardnormalverteilung (einseitig)

$z_{krit_{\left(1-\frac{\alpha}{2}\right)}}$ = z-Wert bei einer Sicherheitswahrscheinlichkeit von $1-\alpha$ der Standardnormalverteilung (zweiseitig)

Unser kritischer z-Wert ist $z_{krit_{(1-\alpha)}} = 1.64$ bei einseitiger Testung und einer Fehlerwahrscheinlichkeit 1. Art von fünf Prozent. Der empirische z-Wert beträgt $p_{emp} = -0.94$. Damit ist das Ergebnis statistisch nicht signifikant. Die einseitige Überschreitungswahrscheinlichkeit erhalten wir in Excel durch =NORM.S.VERT(–0,949; WAHR) und in R durch `pnorm(?.949, mean = 0, sd = 1, lower.tail = TRUE)`. Sie beträgt $p = 0.17$. Bei einer zweiseitigen Fragestellung müsste der Wert verdoppelt werden. Wir entscheiden uns dafür, die Nullhypothese beizubehalten. Das Training führt zu keiner Veränderung sozial kompetenter Verhaltensweisen.

Praxistipp In einem Artikel würden wir die Ergebnisse wie folgt berichten:

$z = -0.94$ (einseitig), *n.s.*, oder $z = -0.94$ (einseitig), $p = 0.17$

Effektstärke. Als Basis für die Effektstärkenberechnung empfehlen wir Hedges g und auch für die Berechnung der Teststärke die Prozedur für den t-Test anzuwenden. Die Berechnung wird im folgenden Abschnitt dargestellt. Häufig wird aber auch die Effektstärke r angegeben (nicht mit dem Korrelationskoeffizienten r zu verwechseln). Wir werden sehen, dass diese geringfügig höher ausfällt als Hedges g. Die Richtlinien für die Interpretation unterscheiden sich jedoch. So ist $r = 0.10$ ein kleiner Effekt, $r = 0.30$ ein mittlerer Effekt und $r = 0.50$ ein starker Effekt (Cohen, 1988).

Formel 5.18 Effektstärke Vorzeichen-Rang-Test von Wilcoxon

$$r = \frac{z}{\sqrt{n}} = \frac{-0.94}{\sqrt{8}} = 0.33$$

r = Effektstärke für Vorzeichen-Rang-Test von Wilcoxon (bei Cohen als w bezeichnet)

n = Stichprobengröße

z = z-Wert der Rangsummenverteilung

Teststärke in G*Power. In G*Power könnten wir nun die Teststärke ermitteln. Wir möchten darauf verzichten, da dies bereits für mehrere Tests dargestellt wurde. Wir möchten zur Veranschaulichung zeigen, welche Stichprobe bei dem gegebenen Effekt nötig wäre, um eine ausreichende Teststärke zu erzielen. Nachdem G*Power gestartet wurde, wählen wir unter TEST FAMILY die Option T TESTS aus. Anschließend entscheiden wir uns unter STATISTICAL TEST für WILCOXON SIGNED-RANK-TEST (MATCHED PAIRS). Danach wählen wir unter TYPE OF POWER ANALYSIS die Option A PRIORI: COMPUTE REQUIRED SAMPLE SIZE – GIVEN α, POWER, AND EFFECT SIZE. Wir setzen TAIL(S) auf ONE, da wir eine gerichtete Hypothese formuliert hatten, und α auf 0.05 sowie $1-\beta$ auf 0.80. Die Effektstärke berechnen wir über DETERMINE => Jetzt wählen wir FROM GROUP PARAMETERS im rechten Fenster und können die entsprechenden Werte eintragen: $\hat{\mu}_1 = 9.38; \hat{\mu}_2 = 10.38; \hat{\sigma}_1 = 5.07; \hat{\sigma}_2 = 5.32$, (vgl. Tabelle oben) und für den Wert CORRELATION BETWEEN GROUPS geben wir 0.805 ein. Nun klicken wir auf CALCULATE AND TRANSFER TO MAIN WINDOW. Anschließend wählen wir unter PARENT DISTRIBUTION die Option MIN ARE aus. **Min ARE gibt die relative Effizienz des Wilcoxon-Vorzeichen-Rang-Tests** gegenüber dem t-Test an. Es handelt sich schlicht um einen Wert, um den die geplante Stichprobengröße aus dem t-Test nach oben korrigiert wird ($n_{Wilcoxon} = \frac{n_{t\text{-Test}}}{0.864}$). Es ist auch möglich, wenn man die Verteilung der Variablen kennt, die Verteilungsform anzugeben, z. B. logistisch, Laplace oder Normal. Nach diesen Schritten muss nur noch auf die Schaltfläche CALCULATE geklickt werden und wir erhalten eine Stichprobengröße von 78 Personen. Unter DZ können wir nun auch die Effektstärke für den t-Test nachsehen, sie beträgt aufgerundet 0.31 und ist nicht hoch.

Teststärke in R. In R gibt es einige Pakete und Funktionen, die eine Teststärkenberechnung für den Vorzeichenrangtest anbieten. Wir verzichten hier auf eine Darstellung, einen entsprechenden Code finden Sie jedoch im Begleitmaterial. Für die Berechnung der optimalen Stichprobengröße nutzen wir die Korrekturformel für den t-Test:

```
library(pwr)
pwrwilcox <- pwr.t.test(n = NULL, d = .31, sig.level = 0.05, power = .8, alternative
   = "greater", type = "paired")
pwrwilcox$n/.864
```

Nach dem Öffnen des Pakets definieren wir ein neues Objekt (`pwrwilcox`). In dieses Objekt schreiben wir das Ergebnis der Stichprobenplanung für einen t-Test für abhängige Stichproben mit den vorliegenden Annahmen für die Effektstärke, das Signifikanzniveau, die Power und die Hypothesenrichtung. In der letzten Zeile entnehmen wir diesem Objekt das Element `n` durch die Verknüpfung mit einem `$`-Zeichen. So ziehen wir praktisch aus dem Output nur die optimale Stichprobengröße heraus. Diese dividieren wir durch den Korrekturfaktor und erhalten so eine optimale Stichprobengröße von 77 Personen. Die Abweichung von einer Person im Vergleich zu G*Power liegt an Rundungsfehlern ($d = 0.31$).

Fazit. Wir erhalten eine geringe bis moderate Effektstärke. Der Effekt ist jedoch nicht signifikant. Eine Stichprobenplanung ergibt, dass wir 78 Personen untersuchen müssten, damit bei konstanter Effektstärke dieser auch ausreichend statistisch abgesichert werden kann. Würden wir einen *t*-Test für abhängige Stichproben mit denselben Werten rechnen, erhielten wir eine Stichprobengröße von

$$n = 67 \text{ Personen } (n_{\text{Wilcoxon}} = \frac{67}{0.864}).$$

Wir können an dieser Stelle den *t*-Test für abhängige Stichproben (Berechnung hier nicht dargestellt) dem Vorzeichen-Rang-Test (Durchführung mit SPSS oder R vgl. folgenden Abschnitt) mit dem asymptotischen Test und dem exakten Test gegenüberstellen und zwar mit und ohne Bootstrap-Prozedur (vgl. *t*-Test für eine Stichprobe):

Vorzeichen-Rang-Test, einseitig, *z*-Prüfgröße	$p = 0.17$
Vorzeichen-Rang-Test, einseitig, exakter Test	$p = 0.214$
t-Test, einseitig	$p = 0.207$
t-Test, Bootstrap, 1000 Stichproben	$p = 0.196$

Wir sehen, dass in diesem Fall der Vorzeichen-Rang-Test mit der asymptotischen *z*-verteilten Prüfgröße den geringsten *p*-Wert aufweist. Die *p*-Werte für den *t*-Test für abhängige Stichproben und den *t*-Test für abhängige Stichproben mit Bootstrap-Prozedur sind höher als für den Vorzeichen-Rang-Test mit der asymptotischen *z*-verteilten Prüfgröße. Wir sehen auch, dass es in diesem Beispiel nicht unerheblich ist, welchen Test man verwendet. Die Stichprobe von $n = 8$ Personen ist einfach zu klein, um den asymptotischen Test zu verwenden. Der exakte Test ist in diesem Beispiel (und auch in den meisten Fällen, außer die Stichprobe ist sehr groß) der asymptotischen Variante klar vorzuziehen. Der *t*-Test mit dem Bootstrap-Verfahren liefert den zweitniedrigsten *p*-Wert. Möchte man ganz sicher gehen, dass der Unterschied signifikant ist, wäre der exakte Test die beste Wahl. Kommt es eher darauf an, einen Effekt, wenn er in der Grundgesamtheit vorliegt, auch zu entdecken, ist der *t*-Test mit dem Bootstrap-Verfahren die teststärkste Variante. Es ist gerade bei Voraussetzungsverletzungen sinnvoll, mehrere Tests so wie hier aufgeführt durchzuführen und je nach den Ergebnissen dann vorsichtig (*p* nicht immer kleiner als 0.05) oder weniger vorsichtig (*p* immer kleiner als 0.05) für einen Unterschied zu argumentieren.

Daten. Verwenden Sie für die Beispiele mit SPSS und R wieder den Datensatz „`Buch_t_Tests_abhängig`" mit $n = 90$ Personen, die vor und nach einer Behandlung untersucht wurden. Die Variable `BDI_t1` beinhaltet die BDI-Werte zu Testzeitpunkt 1 und die Variable `BDI_t2` die BDI-Werte zu Testzeitpunkt 2. Wir gehen davon aus, dass die negative Rangsumme in der Population höher ist als die positive Rangsumme, sich also die Punktzahl im BDI von Testzeitpunkt 1 zu Testzeitpunkt 2 reduziert (einseitige Alternativhypothese $\alpha = 0.05$).

Wilcoxon-Vorzeichen-Rang-Test für abhängige Stichproben mit SPSS. Bitte klicken Sie in SPSS auf ANALYSIEREN → NICHT PARAMETRISCHE TESTS → ALTE DIALOGFELDER → ZWEI VERBUNDENE STICHPROBEN. Es öffnet sich das linke Fenster aus ▶*Abbildung 5.36.*

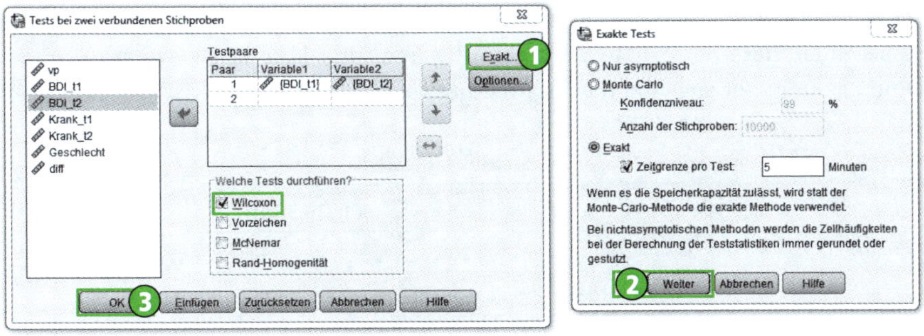

Abbildung 5.36: Darstellung der Berechnung eines Wilcoxon-Vorzeichen-Rang-Tests für abhängige Stichproben in SPSS

Halten Sie nun die [Strg]-Taste gedrückt und markieren Sie die Variablen `BDI_t1` und `BDI_t2`. Klicken Sie dann auf den Pfeil zwischen den beiden Fenstern. Klicken Sie jetzt auf die Schaltfläche EXAKT... ❶. Nun öffnet sich das linke Fenster aus *Abbildung 5.36.* Wählen Sie in diesem Fenster EXAKT und klicken Sie dann auf WEITER ❷. Das Fenster schließt sich und Sie müssen im links dargestellten Fenster nur noch mit OK ❸ bestätigen. Es ergibt sich im SPSS-Ausgabefenster zunächst folgende Tabelle (▶*Abbildung 5.37*).

Ränge

		N	Mittlerer Rang	Rangsumme
BDI_t2 – BDI_t1	Negative Ränge	❶ 78[a]	❹ 46,29	❻ 3611,00
	Positive Ränge	❷ 9[b]	❺ 24,11	❼ 217,00
	Bindungen	❸ 3[c]		
	Gesamt	90		

a. BDI_t2 < BDI_t1 ❽
b. BDI_t2 > BDI_t1 ❾
c. BDI_t2 = BDI_t1

Abbildung 5.37: Darstellung der deskriptiven Statistiken der SPSS-Ausgabe für den Wilcoxon-Test

Deskriptive Statistik in SPSS. Dargestellt ist die Anzahl der Ränge unter *N*. Es sind daher 78 negative Ränge ❶, 9 positive Ränge ❷ und 3 Nulldifferenzen (hier als Bindungen bezeichnet) ❸ aufgetreten. Der mittlere Rang der negativen Ränge ist 46.29 ❹ und der mittlere Rang der positiven Ränge ist 24.11 ❺. In der dritten Spalte sind die Rangsummen aufgeführt. Für die positiven Ränge ergibt sich eine Rangsumme von 217 ❼ und für die negativen Ränge eine Rangsumme von 3611 ❻. Beide Rangsummen weichen deutlich voneinander ab und dies spricht gegen die Nullhypothese. Negative Ränge stehen dafür, dass die BDI-Werte zu Zeitpunkt 2 kleiner als zu Zeitpunkt 1 ausfielen ❽. Das heißt, dass eine Verbesserung eingetreten ist. Positive Ränge geben an, dass die BDI-Werte zu Testzeitpunkt 2 größer als zu Testzeitpunkt 1 ausfielen ❾, also eine Verschlechterung eingetreten ist.

Prüfgröße in SPSS. In ▶*Abbildung 5.38* ist die *z*-verteilte Prüfgröße angegeben ①. Sie beträgt $|-7.188|$ und basiert auf positiven Rängen (T+) ⑤. Die Überschreitungswahrscheinlichkeit beträgt $p < 0.001$ und zwar sowohl die asymptotische (zweiseitig) ② als auch die exakte (zweiseitig) ③ Überschreitungswahrscheinlichkeit. Wir hatten jedoch eine einseitige Fragestellung und ziehen daher die exakte Signifikanz einseitig heran ④. Dabei ist zu beachten, dass der exakte Wert einseitig nur dann korrekt ist, wenn das Ergebnis deskriptiv auch in der angenommenen Richtung ist.

Statistik für Test[a.]

		BDI_t2 – BDI_t1
Z	①	–7,188[b.]
Asymptotische Signifikanz (2-seitig)	②	,000
Exakte Signifikanz (2-seitig)	③	,000
Exakte Signifikanz (1-seitig)	④	,000
Punkt-Wahrscheinlichkeit		,000

a. Wilcoxon-Test ⑤
b. Basiert auf positiven Rängen

Abbildung 5.38: Darstellung der Signifikanz und des z-Werts in der SPSS-Ausgabe für den Wilcoxon-Test

Wilcoxon-Vorzeichen-Rang-Test für abhängige Stichproben mit R. Der entsprechende Test gehört zu den im R-Basispaket enthaltenen Prozeduren, so dass wir kein Paket öffnen müssen. R gibt allerdings keine Information bezüglich der vergebenen Ränge aus. Diese kann man allerdings durch den folgenden Code auch selbst berechnen:

```
kap5_2$diff <- kap5_2$BDI_t1-kap5_2$BDI_t2
kap5_2a <- subset(kap5_2, diff != 0)
kap5_2a$rang <- rank(abs(kap5_2a$diff), ties.method = "average")
kap5_2a <- within(kap5_2a, {
  rangvor <- NA
  rangvor[diff < 0] <- "negativ"
  rangvor[diff > 0] <- "positiv"
})
describeBy(kap5_2a$rang, group = kap5_2a$rangvor)
```

Dafür berechnen wir im Datensatz `kap5_2` zunächst die Variable `diff` als Differenz zwischen `BDI_t1` und `BDI_t2`. Da bei der Rangplatzvergabe der Wert null nicht berücksichtigt werden soll, ziehen wir eine Substichprobe `kap5_2a` (`subset`) und legen fest, dass die enthaltenen Personen bei der Variable `diff` nicht den Wert null haben dürfen (`!=0`). Im nächsten Schritt erzeugen wir die Variable `rang` im Datensatz `kap5_2a`, der die Rangplätze der Differenzen enthält. Dabei sollen allerdings nur die Beträge der Differenzen berücksichtigt werden (`abs`). Die Rangplätze weisen wir diesen Beträgen mit dem Befehl `rank` zu. Hierbei müssen wir noch festlegen, wie im Falle von Rangplatzbindungen (`ties.method`) vorgegangen werden soll. Entsprechend dem Test legen wir fest, dass hier der durchschnittliche Rang vergeben werden soll (`"average"`). Nun kodieren wir die Variable `diff` in eine neue Variable (`rangvor`) um. Dazu nutzen wir den `within`-Befehl. Zunächst legen wir die neue

Variable an (`rangvor <- NA`). An dieser Stelle enthält die Variable für jede Person einen fehlenden Wert (`NA`). In den nächsten zwei Zeilen definieren wir, dass Werte kleiner als null mit dem Label `"negativ"` und Werte größer als Null mit dem Label `"positiv"` versehen werden sollen. Schließlich nutzen wir wieder den `describeBy`-Befehl aus dem **psych**-Paket, um uns die Statistiken der Ränge für negative und positive Differenzen ausgeben zu lassen.

Nun folgt der eigentliche Signifikanztest:

```
w_test <- wilcox.test(x = kap5_2$BDI_t1, y = kap5_2$BDI_t2, alternative =
   "greater", paired = TRUE, exact = TRUE, conf.level = .95, conf.int = TRUE)
w_test
```

Das Ergebnis des Tests legen wir in dem Objekt `w_test` ab (muss nicht sein). Der eigentliche Befehl lautet `wilcox.test`. Wieder geben wir die Variablennamen an, legen die Richtung der Alternativhypothese fest (in SPSS nicht möglich), spezifizieren den Typ als abhängig (`paired = TRUE`), verlangen einen exakten Test, setzen die Sicherheitswahrscheinlichkeit auf 95 % und fordern ein Konfidenzintervall. Der Befehl löst einige Warnungen aus. Dies geht darauf zurück, dass in R bei Rangbindungen kein exakter Test möglich ist. Das Ergebnis des Tests basierend auf der Prüfgröße z sieht dann aus wie in ▶*Abbildung 5.39*.

```
> w_test

        Wilcoxon signed rank test with continuity correction

data:  kap5_2$BDI_t1 and kap5_2$BDI_t2
V = 3611, (1) p-value = 3.343e-13
alternative hypothesis: true location shift is greater than 0
95 percent confidence interval:
 6.500062      Inf
sample estimates:
(pseudo)median
      8.000015
```

Abbildung 5.39: Darstellung der Signifikanz in der R-Ausgabe für den Wilcoxon-Vorzeichen-Rang-Test

Es ist nur die relevante Überschreitungswahrscheinlichkeit markiert (1). Die $3.343e - 13$ bedeuten, dass wir hinter dem Komma 12 Nullen anfügen müssen, um dann 3343 einzugeben: 0.0000000000003343. Die Überschreitungswahrscheinlichkeit können wir dann entweder mit $p \leq 0.05$ oder genauer mit $p < 0.001$ angeben.

5.2.2 *U*-Test für unabhängige Stichproben

Fragestellung. Dieselben Personen werden zu einem Messzeitpunkt mit einem Messinstrument untersucht. Uns interessieren Unterschiede in einer abhängigen Variablen zwischen den Gruppen. Der **U-Test** ist die nonparametrische Alternative zum parametrischen *t*-Test für unabhängige Stichproben.

Es können zwei Prüfgrößen zur Entscheidung über die Hypothesen verwendet werden: Die Prüfgröße U als Basis für den exakten Test oder die Prüfgröße z bei größeren Stichproben als asymptotische Prüfgröße. Der Test wurde unabhängig voneinander von Wilcoxon sowie

Mann und Whitney entwickelt. Daher wird er sowohl als **Wilcoxon-Rangsummen-Test** als auch **Mann-Whitney-U-Test** bezeichnet. Wir bezeichnen ihn im Folgenden als **U-Test**.

Grundidee. Unter der Nullhypothese erhalten Personen der Kontrollgruppe genauso oft einen höheren Rangplatz gegenüber Personen der Experimentalgruppe wie Personen der Experimentalgruppe gegenüber denen der Kontrollgruppe. Das heißt, wenn die Nullhypothese gilt, hat jeder Rangplatz in jeder der beiden Gruppen dieselbe Wahrscheinlichkeit. Weisen wir nun den Messwerten der Personen Ränge basierend auf der gesamten Stichprobe zu, können wir für jeden Rangplatz sagen, wie viele Ränge es in der anderen Gruppe gibt, die kleiner oder größer ausfallen. Man bezeichnet dies als Rangplatzüberschreitungen bzw. Rangplatzunterschreitungen. Das heißt, es spricht für die Nullhypothese, wenn in Kontroll- und Experimentalgruppe gleich viele Rangplatzüberschreitungen bzw. Rangplatzunterschreitungen auftreten. Es spricht hingegen für die Alternativhypothese, wenn sich unterschiedlich viele Rangplatzüberschreitungen und -unterschreitungen für beide Gruppen ergeben.

Hypothesen. Beim U-Test für unabhängige Stichproben ist die Prüfung der folgenden Hypothesen bezogen auf Parameter der Grundgesamtheit möglich:

Nullhypothese:

$$H_0: Md_1 = Md_2$$

Alternativhypothese ungerichtet:

$$H_1: Md_1 \neq Md_2$$

Nullhypothesen und gerichtete Alternativhypothesen:

$$H_0: Md_1 \leq Md_2 \text{ und } H_1: Md_1 > Md_2$$

$$H_0: Md_1 \geq Md_2 \text{ und } H_1: Md_1 < Md_2$$

Voraussetzungen. Voraussetzung für den U-Test ist, dass keine Abhängigkeiten in den Daten vorliegen. Auf diese Voraussetzung wurde bereits beim *t*-Test für unabhängige Stichproben eingegangen.

Beispiel. An einer klinischen Studie nehmen acht Patienten mit Rückenschmerzen teil. Der Hälfte der Personen wird ein starkes Medikament gegen Rückenschmerzen verabreicht und der anderen Hälfte ein Placebo. Die Patienten führen nun Buch, wie oft im Zeitraum von zwei Wochen nach der Einnahme der ersten Tablette Rückenschmerzen aufgetreten sind, jedoch ohne anzugeben, wie stark die Rückenschmerzen waren. Ausgezählt wird, wie oft Rückenschmerzen aufgetreten sind.

Berechnung. Folgende Schritte sind nötig: Den Rohdaten (z. B. Anzahl der Rückenschmerzvorfälle) werden zunächst Rangplätze basierend auf der gesamten Stichprobe zugewiesen (siehe ▶*Abbildung 5.40*). Dabei erhält der geringste Wert den niedrigsten Rangplatz. Danach wird ausgezählt, bei wie vielen Vergleichen eine Person der Kontrollgruppe (Gruppe 2) einen höheren Wert als eine Person der Experimentalgruppe (Gruppe 1) aufweist. Daraus wird die Prüfgröße U ermittelt. In unserem Beispiel haben alle Personen der Kontrollgruppe einen höheren Rang als Person 1 aus der Experimentalgruppe (3, 5, 6 und 8 sind alle größer als 2), aber nur drei Personen (die mit den Werten 5, 6 und 8) haben einen höheren Rangplatz als Person 2 aus der Experimentalgruppe. Wiederum alle Personen in der Kontrollgruppe weisen einen höheren Rangplatz als Person 3 aus der Experimentalgruppe (diese hat den Rangplatz 1) auf und nur eine Person einen höheren Rangplatz als Person 4 (8 > 7) aus der Experimentalgruppe: 4 + 3 + 4 + 1 = 12. Das ergibt zwölf Rangplatzüberschreitungen.

Person	Absolute Häufigkeit der Rückenschmerzen für die entsprechende VP in der Experimentalgruppe	Absolute Häufigkeit der Rückenschmerzen für die entsprechende VP in der Kontrollgruppe	Rangplätze der Personen in der Experimentalgruppe	Rangplätze der Personen in der Kontrollgruppe
1	8	15	2	5
2	12	11	4	3
3	6	20	1	8
4	17	16	7	6
Rangsumme	–	–	14 (T1)	22 (T2)

Abbildung 5.40: Beispiel für einen *U*-Test

Die Anzahl an Rangplatzunterschreitungen U_U steht mit $U_{Ü}$ (Zahl der Rangplatzüberschreitungen) in einer Beziehung, die in *Kasten 5.19* angegeben ist.

Formel 5.19 a) Berechnung der Rangplatzunterschreitungen und -überschreitungen

$$U_{Ü} = n_1 \cdot n_2 - U_U = 4 \cdot 4 - U_U = 16 - U_U$$

$$U_U = n_1 \cdot n_2 - U_{Ü} = 16 - U_{Ü} = 16 - 12 = 4$$

$U_{Ü}$ = Rangplatzüberschreitungen in der Stichprobe

U_U = Rangplatzunterschreitungen in der Stichprobe

n_1 = Stichprobenumfang Gruppe 1

n_2 = Stichprobenumfang Gruppe 2

Das zeitraubende und fehleranfällige Auszählen kann vermieden werden, wenn man folgende Beziehung kennt:

Formel 5.19 b) Berechnung der Rangplatzunterschreitungen und -überschreitungen

$$U_{\ddot{U}} = n_1 \cdot n_2 + \frac{n_1 \cdot (n_1 + 1)}{2} - T_1 = 4 \cdot 4 + \frac{4 \cdot 5}{2} - 14 = 16 + 10 - 14 = 12$$

$$U_U = n_1 \cdot n_2 + \frac{n_2 \cdot (n_2 + 1)}{2} - T_2 = 4 \cdot 4 + \frac{4 \cdot 5}{2} - 22 = 16 + 10 - 22 = 4$$

$U_{\ddot{U}}$ = Rangplatzüberschreitungen in der Stichprobe

U_U = Rangplatzunterschreitungen in der Stichprobe

n_1 = Stichprobenumfang Gruppe 1

n_2 = Stichprobenumfang Gruppe 2

T_1 = Rangsumme Gruppe 1

T_2 = Rangsumme Gruppe 2

Es treten also zwölf Rangplatzüberschreitungen $U_{\ddot{U}}$ und vier Rangplatzunterschreitungen U_U auf. Die kleinere der beiden Prüfgrößen wird für den exakten Test verwendet und als Prüfgröße U bezeichnet.

Exakter Test. Statistikprogramme ermitteln für diese Prüfgröße die exakte Wahrscheinlichkeitsverteilung. Kritische Werte könnten zudem wieder in Tabellen nachgesehen werden. Mit Rangbindungen wird wie im *Abschnitt 5.2.1* beschrieben umgegangen. Je weiter U_U und $U_{\ddot{U}}$ auseinander liegen, desto eher spricht dies für die zweiseitige Alternativhypothese. Auf eine weitere Darstellung wird an dieser Stelle verzichtet.

Approximativer Test. Ist die Stichprobe größer als $n = 20$ (n_1 und $n_2 \geq 10$), nähert sich die Prüfgröße U mit zunehmender Stichprobengröße einer Normalverteilung an. Daher kann die Prüfgröße U näherungsweise mit einem z-Wert ersetzt werden. In unserem Beispiel entspricht U der Anzahl der Rangplatzunterschreitungen U_U, da weniger Unterschreitungen als Überschreitungen vorliegen. Der Erwartungswert bzw. Mittelwert der Rangplatzunterschreitungen U_U sowie deren Standardabweichung, die zur Berechnung der z-Prüfgröße benötigt werden, ergeben sich wie in *Kasten 5.20* dargestellt.

Formel 5.20 *z*-Wert der *U*-Verteilung

$$z_{emp} = \frac{U - \bar{x}_U}{s_U} = \frac{4-8}{3.464} = -1.15$$

$$\bar{x}_U = \frac{n_1 \cdot n_2}{2} = \frac{4 \cdot 4}{2} = 8$$

$$s_U = \sqrt{\frac{n_1 \cdot n_2 \cdot (n_1 + n_2 + 1)}{12}} = \sqrt{\frac{4 \cdot 4 \cdot (4+4+1)}{12}} = 3.464$$

U = U-Wert in der Stichprobe

$\bar{x}_U$ = Mittelwert des U-Wertes

s_U = Standardabweichung des U-Wertes

n_1 = Stichprobenumfang Gruppe 1

n_2 = Stichprobenumfang Gruppe 2

Ein Problem ergibt sich, wenn verbundene Ränge vorliegen, d. h. mehrere Personen sich einen Rangplatz teilen. Dies hat zur Folge, dass die Streuung von U überschätzt wird. Daher muss bei der Berechnung der Streuung bei gleichen Rangplätzen eine Korrekturformel für die Standardabweichung verwendet werden:

Formel 5.21 Korrektur der Standardabweichung

$$s_{U_{korr}} = \sqrt{\frac{n_1 \cdot n_2}{n \cdot (n-1)}} \cdot \sqrt{\frac{n^3 - n}{12} - \sum_{i=1}^{k} \frac{t_i^3 - t_i}{12}}$$

$s_{U_{korr}}$ = korrigierte Standardabweichung des U-Wertes

n_1 = Stichprobenumfang Gruppe 1

n_2 = Stichprobenumfang Gruppe 2

n = Gesamtstichprobengröße

k = Anzahl der Rangbindungen

t_i = Länge der Rangbindung i

Entscheidung. Folgende Entscheidungsregel wird für diesen Test angewandt: Lehnen Sie die Nullhypothese ab, wenn der Betrag des empirischen z-Werts größer oder gleich dem Betrag des kritischen z-Werts ausfällt:

Formel 5.22 Entscheidungsregel

$$\text{2-seitig: } |z_{emp}| \geq z_{krit_{\left(1-\frac{\alpha}{2}\right)}}$$

$$\text{1-seitig: } |z_{emp}| \geq z_{krit_{(1-\alpha)}}$$

z_{emp} = empirischer z-Wert

z_{krit} = kritischer z-Wert

$z_{krit_{(1-\alpha)}}$ = z-Wert bei einer Sicherheitswahrscheinlichkeit von $1-\alpha$ der Standardnormalverteilung

$z_{krit_{\left(1-\frac{\alpha}{2}\right)}}$ = z-Wert bei einer Sicherheitswahrscheinlichkeit von $1-\frac{\alpha}{2}$ der Standardnormalverteilung

Unser kritischer z-Wert ist $z = 1.64$ bei einseitiger Testung und einer Fehlerwahrscheinlichkeit 1. Art von fünf Prozent. Der Betrag des empirischen z-Werts ist $z = 1.155$. Damit ist das Ergebnis statistisch nicht signifikant. Die Nullhypothese wird also beibehalten. Wir entscheiden uns dafür, anzunehmen, dass das Medikament das Auftreten von Rückenschmerzen nicht bedeutsam senkt. Allerdings müssen wir noch Effekt- und Teststärke bestimmen. Dabei gehen wir ähnlich vor wie beim Wilcoxon-Vorzeichen-Rang-Test. Es ergibt sich eine Effektstärke von $r = 0.41$ und eine Teststärke von $1 - \beta = 0.30$.

Praxistipp In einem Artikel würden wir die Ergebnisse des Tests wie folgt angeben:

$z = 1.16$, *n.s.*, $r = 0.41$, $1 - \beta = 0.30$.

Was wäre, wenn? Würde man hier einen t-Test für unabhängige Stichproben berechnen, ergäbe sich ebenfalls ein statistisch nicht bedeutsamer Unterschied: $t(6) = 1.56$, *n.s.* Man könnte auch hier die Effektstärke berechnen: Sie beträgt $g = 1.10$. Die errechnete Teststärke beträgt $1 - \beta = 0.40$. Wenn jedoch die Annahmen für den Test nicht korrekt sind, kann auch die Teststärke nicht korrekt bestimmt werden. An dieser Stelle wird unabhängig davon deutlich, dass die Stichprobe viel zu gering ist, um den beobachteten Effekt statistisch abzusichern. Betrachten wir nun das Vorgehen in SPSS und R näher.

EXTRAS ONLINE

Daten. Auf der Pearson-Website finden Sie den Datensatz Buch_t_Test mit $n = 180$ Personen, die nach einer Behandlung (unabhängige Variable) mit dem BDI (abhängige Variable) untersucht wurden. Die unabhängige Variable "Behandlung" zeigt an, ob die Patienten eine Behandlung erhalten haben (Wert = 1) oder nicht (Wert = 0). Wir gehen davon aus, dass mehr Rangplatzüberschreitungen ($P_{Ü}$) als Rangplatzunterschreitungen (P_U) vorliegen, also die

Rangsumme in der Experimentalgruppe niedriger ausfällt als in der Kontrollgruppe (einseitige Hypothese, $\alpha = 0.05$).

U-Test für unabhängige Stichproben mit SPSS. Bitte klicken Sie in SPSS auf ANALYSIEREN → NICHTPARAMETRISCHE TESTS → ALTE DIALOGFELDER und ZWEI UNABHÄNGIGE STICHPROBEN. Es öffnet sich das linke Fenster aus ▶ *Abbildung 5.41*.

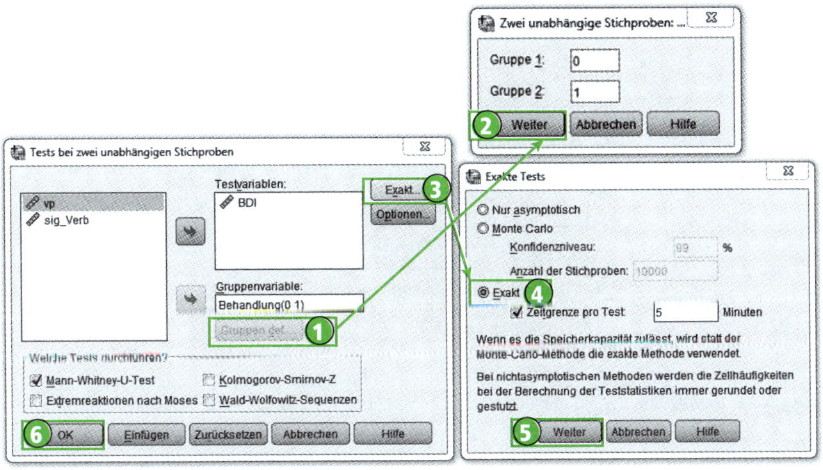

Abbildung 5.41: Darstellung der Berechnung eines *U*-Tests für unabhängige Stichproben in SPSS

Klicken Sie auf die Variable BDI und dann auf den Pfeil neben dem Fenster TESTVARIABLEN. Klicken Sie dann auf die Variable Behandlung und anschließend auf den Pfeil neben dem Fenster GRUPPENVARIABLE. Wählen Sie nun GRUPPEN DEF.... ①. Es öffnet sich das Fenster rechts oben. Geben Sie im Feld GRUPPE 1 die Zahl 0 ein und im Feld GRUPPE 2 die Zahl 1. Klicken Sie nun auf WEITER ②. Wählen Sie dann EXAKT... ③. Nun öffnet sich das Fenster EXAKTE TESTS, wie in *Abbildung 5.36* rechts unten gezeigt. Nachdem Sie die Auswahl EXAKT ④ markiert haben, klicken Sie auf WEITER ⑤. Das rechte Fenster schließt sich und Sie müssen im linken Fenster nur noch mit OK ⑥ bestätigen.

Es ergibt sich im SPSS-Ausgabefenster zunächst die in ▶ *Abbildung 5.42* dargestellte Tabelle. Dargestellt ist hier der mittlere Rang ①: Er beträgt für die Unbehandelten 113.22 ② und für die Behandlungsgruppe 67.78 ③. Das heißt, dass die Behandelten im Mittel deutlich niedrigere Ränge als die Unbehandelten haben. Da niedrige BDI-Werte auch einen niedrigen Rangplatz haben, ist dies im Sinne der Erwartung. Dies spiegelt sich auch in den Rangsummen wider ④.

Ränge

	Behandlung	N	Mittlerer Rang ①	Rangsumme ④
BDI	keine Behandlung	90	② 113,22	10189,50
	Behandlung	90	③ 67,78	6100,50
	Gesamt	180		

Abbildung 5.42: Darstellung der deskriptiven Statistiken der SPSS-Ausgabe für den *U*-Test

In ▶*Abbildung 5.43* ist die z-verteilte Prüfgröße angegeben ①. Sie beträgt $z= -5.854$. Die Überschreitungswahrscheinlichkeit beträgt $p < 0.0001$, und zwar sowohl die asymptotische (zweiseitig) ② als auch die exakte (zweiseitig) ③ Überschreitungswahrscheinlichkeit. Wir hatten jedoch eine einseitige Fragestellung und ziehen daher die exakte Signifikanz einseitig heran ④. Die exakten Tests sind den asymptotischen Tests immer vorzuziehen.

Statistik für Test[a.]

	BDI
Mann-Whitney-U	2005,500
Wilcoxon-W	6100,500
z	① –5,854
Asymptotische Signifikanz (2-seitig)	② ,000
Exakte Signifikanz (2-seitig)	③ ,000
Exakte Signifikanz (1-seitig)	④ ,000
Punkt-Wahrscheinlichkeit	,000

a. Gruppenvariable: Behandlung

Abbildung 5.43: Darstellung der Signifikanz und des z-Werts der SPSS-Ausgabe für den U-Test

U-Test für unabhängige Stichproben mit R. In R wird der U-Test auch als Wilcoxon-Test geführt. Die Beschreibung der Rangplätze in den Gruppen wird wieder nicht standardmäßig ausgegeben, kann aber über die folgenden Befehle erzeugt werden:

```
kap5_3$rang <- rank(kap5_3$BDI, ties.method = "average")
describeBy(kap5_3$rang, group = kap5_3$Behandlung)
```

Wir hatten die hier genutzten Daten bereits als Datensatz mit dem Namen `kap5_3` eingelesen. Wir erzeugen in diesem Datensatz die Variable `rang` durch die Vergabe von Rangplätzen (`rank`) für die Variable `BDI`. Rangplatzbindungen lösen wir wie weiter oben beschrieben durch die Berechnung des Mittelwerts auf. Die gruppenbezogene Ausgabe der deskriptiven Statistik erzeugen wir mit dem `describeBy`-Befehl aus dem **psych**-Paket.

Der eigentliche Test wird über den folgenden Befehl abgerufen:

```
wilcox.test(kap5_3$BDI~kap5_3$Behandlung, alternative = "greater", exact = TRUE,
   conf.level = .95, conf.int = TRUE)
```

Wir verwenden, wie weiter oben schon, die Funktion `wilcox.test` und nutzen das `~`-Zeichen, um die Beziehung zwischen der abhängigen und der unabhängigen Variablen festzulegen. Alle weiteren Bestandteile entsprechen dem Vorgehen bei abhängigen Gruppen. Wieder wird kein exakter Test aufgrund der Rangbindungen ausgegeben. Die Ausgabe entspricht ansonsten der bereits beschriebenen. Die verwendete Prüfgröße W weicht ein wenig von der in SPSS ab, da ein anderes Korrekturverfahren verwendet wird.

Fazit. Für dieses Beispiel ergibt sich dann eine Effektstärke analog zum Wilcoxon-Vorzeichen-Rang-Test von $r = -0.44$ und eine Teststärke, die größer als 0.99 ausfällt. Wir entscheiden uns dafür, die Alternativhypothese anzunehmen. Der Effekt ist moderat bis stark und die Teststärke ausreichend hoch.

5.3 Nonparametrische Verfahren für nominale Daten

Im Folgenden besprechen wir eine Reihe von Tests für nominale Daten. Dazu gehören unter anderem der χ^2-Anpassungstest sowie der χ^2-Vier-Felder-Test und der McNemar-Test. Die gerade genannten Tests sind eine Auswahl der unserer Meinung nach wichtigsten Verfahren in den Sozialwissenschaften und der Psychologie. Eine Übersicht über weitere Verfahren und die Einordnung der hier behandelten findet sich in ▶ *Abbildung 5.44*. Diese Klasse von Tests funktioniert nach dem folgenden, vereinfacht dargestellten Prinzip: Von einem beobachteten Ergebnis wird ein unter der Nullhypothese erwartetes Ergebnis abgezogen und an dem erwarteten Ergebnis normiert. Der χ^2-Test wurde bereits in *Kapitel 4* dargestellt. Er untersucht beispielsweise, ob Männer und Frauen in einer Therapiegruppe unterschiedlich häufig vorkommen.

5.3.1 χ^2-Anpassungstest

Fragestellung. Mit dem χ^2-Anpassungstest wird die Frage untersucht, ob sich Häufigkeiten unterscheiden. Wir sind in *Abschnitt 4.7.2* bereits auf diesen χ^2-Test eingegangen. Dennoch soll er hier noch einmal kurz anhand einer anderen Fragestellung erläutert werden. In *Abbildung 5.44* ist der χ^2-Test in die Verfahren für Nominaldaten eingeordnet.

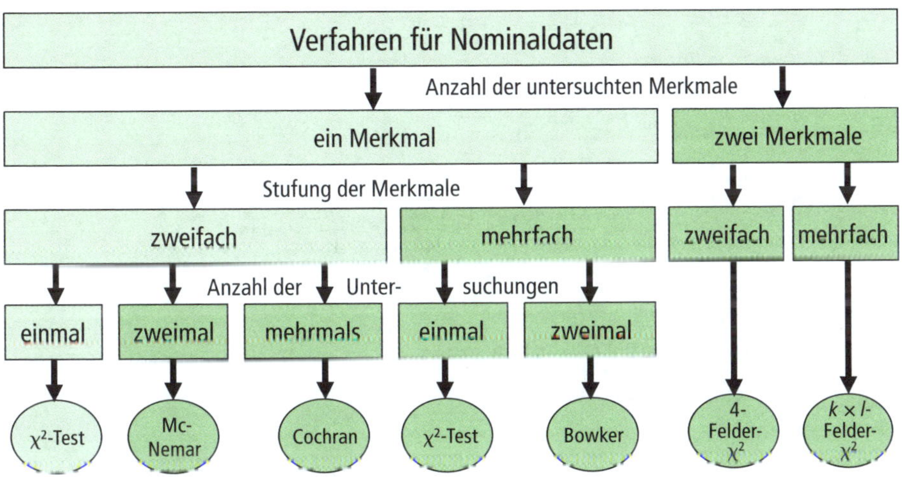

Abbildung 5.44: Einordnung des χ^2-Tests in die nonparametrischen Tests für Nominaldaten

Beispiel. Im Folgenden betrachten wir die Frage, ob die Anzahl von Mädchen und Jungen in Gymnasien verschieden ist. Wir haben zufällig eine Stichprobe von Gymnasiasten gezogen, in der sich $n = 44$ Jungen und $n = 46$ Mädchen befinden. Nun wollen wir die Hypothese testen, ob sich das Geschlechterverhältnis in der Grundgesamtheit unterscheidet.

Hypothesen. Beim χ^2-Test ist die Prüfung der folgenden Hypothesen möglich:

Nullhypothese und ungerichtete Alternativhypothese

Nullhypothese:

H_0: Es liegen keine Häufigkeitsunterschiede in der Grundgesamtheit vor: $\pi_1 = \pi_2$.

Alternativhypothese ungerichtet:

H_1: Es liegen Häufigkeitsunterschiede in der Grundgesamtheit vor: $\pi_1 \neq \pi_2$.

Gerichtete Alternativhypothesen

H_1: Die Häufigkeit der Gruppe 1 in der Grundgesamtheit ist größer als die Häufigkeit der Gruppe 2 in der Grundgesamtheit oder umgekehrt: $\pi_1 > \pi_2$ oder $\pi_1 < \pi_2$.

π = Häufigkeit in der Population

Berechnung asymptotisch. Die Logik der Formel im folgenden Kasten haben wir ebenfalls bereits in *Kapitel 4* dargestellt: Vereinfacht betrachtet man die quadrierte Differenz zwischen den unter der Nullhypothese erwarteten und den tatsächlich beobachteten Häufigkeiten und normiert diese an den erwarteten Häufigkeiten. Wenn also die Nullhypothese gilt, sollten 45 Jungen und 45 Mädchen in dem Gymnasium beobachtet werden. Tatsächlich beobachtet haben wir jedoch $n = 44$ Jungen und $n = 46$ Mädchen. In beiden Fällen tritt also eine Differenz von eins auf. Somit ergibt sich folgende Prüfgröße:

Formel 5.23 χ^2-Verteilung

$$df = k - 1 = 2 - 1 = 1$$

$$\chi^2_{\text{emp}} = \sum_{j=1}^{2} \frac{\left(n_{bj} - n_{ej}\right)^2}{n_{ej}}$$

$$\chi^2_{\text{emp}} = \frac{(44-45)^2}{45} + \frac{(46-45)^2}{45} = \frac{2}{45} = 0.044$$

k = Anzahl der Kategorien

n_{bj} = beobachtete Häufigkeit für Kategorie j

n_{ej} = erwartete Häufigkeit für Kategorie j

df = Freiheitsgrade

χ^2_{emp} = empirischer χ^2-Wert

Berechnung mit Kontinuitätskorrektur. In *Kapitel 4* haben wir gesehen, dass sich für stetige Variablen nicht die Wahrscheinlichkeit für einen bestimmten Messwert bestimmen lässt, z. B. die Wahrscheinlichkeit dafür, eine Person aus der Population zu ziehen, die 56.2456345678789900123455545466... Kilogramm wiegt. Stattdessen lässt sich nur für ein Intervall eine Wahrscheinlichkeit bestimmen (z. B. von 56.245 bis 56.246 kg). Hieraus ergibt sich nun ein Problem. Anhand der Prüfgröße soll ermittelt werden, wie wahrscheinlich das beobachtete oder ein extremeres Ergebnis unter Annahme der Nullhypothese ist. Bisher haben wir meist stetige Messwerte betrachtet, die ebenfalls eine stetige Verteilung aufweisen (z. B. Mittelwerte) oder diskrete Variablen, die eine diskrete Verteilung aufweisen. Nun besteht die Aufgabe darin, für diskrete Messwerte eine Wahrscheinlichkeit anhand einer stetigen Verteilung näherungsweise zu bestimmen. Vergleicht man nun eine diskrete Variable mit einer stetigen Verteilung, wird zunächst wieder ein Intervall gebildet. In unserem Beispiel haben wir für die Jungen eine Häufigkeit von 44 beobachtet. Der Wert 44 liegt in einem Intervall von 43.5 bis 44.5. Wir ziehen also zur Berechnung nicht die diskreten Werte heran, sondern in diesem Fall die obere Grenze des Intervalls von 44.5. Dieses Vorgehen wird als **Kontinuitätskorrektur** bezeichnet. Die **Kontinuitätskorrektur** führt zu sogenannten **konservativen Entscheidungen**. Das heißt, dass es schwerer wird, die Nullhypothese abzulehnen. In unserem Beispiel wird dies deutlich: Der Betrag der Differenz zwischen beobachteter und erwarteter Häufigkeit beträgt immer 1. Durch die Kontinuitätskorrektur wird aber der Betrag der Differenz um 0.50 verringert. Wir korrigieren also eigentlich 44 nach oben zu 44.5 und 46 nach unten zu 45.5. Das bedeutet aber, dass die Abweichung, mit der wir rechnen, kleiner ist als die Abweichung, die wir beobachtet haben. Dadurch geht uns Teststärke verloren und der Test wird konservativer. Besser als die Kontinuitätskorrektur ist es, den exakten Test anzuwenden. Bei großen Stichproben ist eine Kontinuitätskorrektur, wie oben bereits angedeutet, gar nicht nötig. Dennoch soll die Korrektur kurz in *Kasten 5.24* dargestellt werden.

Formel 5.24 Kontinuitätskorrektur

$$\chi^2_{emp} = \sum_{j=1}^{2} \frac{\left(\left|n_{bj} - n_{ej}\right| - 0.5\right)^2}{n_{ej}}$$

$$\chi^2_{emp} = \sum_{j=1}^{2} \frac{\left(\left|n_{bj} - n_{ej}\right| - 0.5\right)^2}{n_{ej}} = \frac{\left(\left|46-45\right| - 0.5\right)^2}{45} + \frac{\left(\left|44-45\right| - 0.5\right)^2}{45} = 0.011$$

n_{bj} = beobachtete Häufigkeit für Kategorie j

n_{ej} = erwartete Häufigkeit für Kategorie j

df = Freiheitsgrade

χ^2_{emp} = empirischer χ^2-Wert

Es ergibt sich ein χ^2-Wert von 0.044 ohne Korrektur. Der korrigierte χ^2-Wert beträgt hingegen nur 0.011.

Berechnung exakt. Mithilfe des Binomialtests kann die Überschreitungswahrscheinlichkeit p exakt bestimmt werden: Dabei wird angenommen, dass die Wahrscheinlichkeit, einen Jungen zu ziehen, 50 Prozent beträgt. Wir wählen also π mit 0.50, dabei beträgt $n = 90$ (davon sind $n_1 = 44$ Jungen). Folgende Formel ergibt die Wahrscheinlichkeiten für das Auftreten von $r = 0$, $r = 1$ usw. günstigen Ereignissen „Jungen am Gymnasium" von n möglichen Ereignissen „Schüler am Gymnasium". Das heißt, es wird beispielsweise die Wahrscheinlichkeit bestimmt, dass kein Junge unter den 90 Personen ist:

$$p(r = 0 | n = 90, p = 0.50) = \binom{90}{0} \cdot 0.50^0 \cdot 0.50^{90-0} = 8.08 \cdot 10^{-28}$$

Wir müssten nun für alle möglichen Ereignisse von $r = 0$ bis $r = 44$ die Wahrscheinlichkeiten mit dieser Formel berechnen und summieren. Um die exakte Überschreitungswahrscheinlichkeit im zweiseitigen Fall zu ermitteln, müssten wir zusätzlich die Wahrscheinlichkeiten für $r = 46$ bis $r = 90$ berechnen und summieren. Lediglich das Ereignis $r = 45$ ist weniger extrem als der beobachtete Wert von 44. In ▶*Abbildung 5.45* ist die Wahrscheinlichkeitsverteilung der einzelnen Ereignisse dargestellt und nur gekennzeichnet, welche Ereignisse kleiner als $r = 44$ sind. Nun müsste man noch für $99 - 44 = 46$ bis 90 die Wahrscheinlichkeiten aufsummieren.

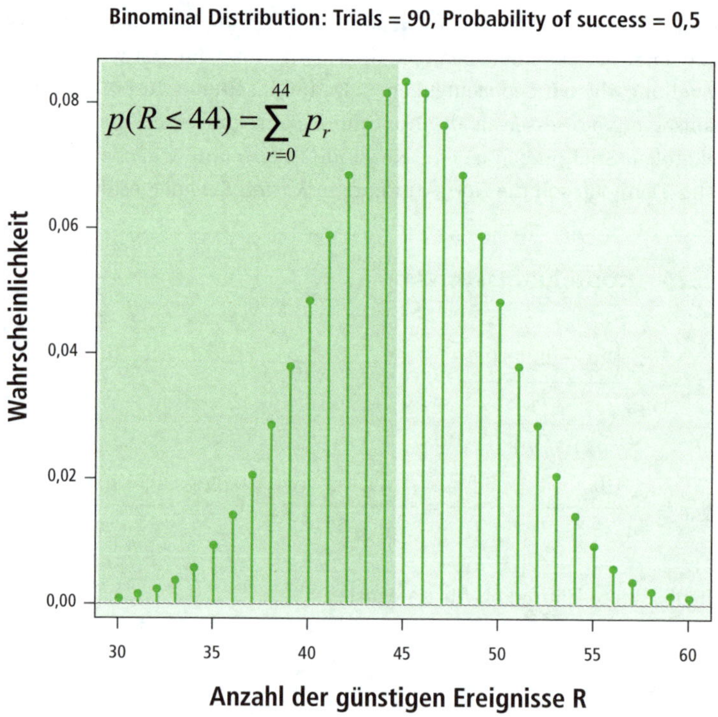

Abbildung 5.45: Wahrscheinlichkeitsverteilung der Binomialverteilung für $\pi = 0.50$ und $N = 90$

Entscheidung. Der kritische χ^2-Wert liegt bei 3.84 und der empirische χ^2-Wert bei 0.044 bzw. 0.011 mit Kontinuitätskorrektur. Damit liegt kein statistisch signifikantes Ergebnis vor. Allerdings müssen wir noch die Effektstärke und die Teststärke berechnen.

Teststärke und Effektstärke in G*Power. Die Teststärke und die Effektstärke können wir mithilfe von G*Power ermitteln (▶*Abbildung 5.46*). Nachdem G*Power gestartet wurde, wählen wir unter TEST FAMILY die Option χ^2 TESTS ❶ aus. Anschließend entscheiden wir uns unter STATISTICAL TEST für GOODNESS-OF-FIT TESTS: CONTINGENCY TABLES ❷. Danach wählen wir unter TYPE OF POWER ANALYSIS die Option POST HOC: COMPUTE ACHIEVED POWER – GIVEN α, SAMPLE SIZE, AND EFFECT SIZE ❸. Nun können wir die entsprechenden Werte eintragen und setzen α auf 0.05 ❹ und die Anzahl an Freiheitsgraden unter DF ❻ auf 1. Die Stichprobengröße TOTAL SAMPLE SIZE beträgt in unserem Fall 90 ❺. Die Effektstärke berechnen wir nun über DETERMINE => ⑦. Jetzt klicken Sie auf NUMBERS OF CELLS und geben den Wert 2 für Jungen und Mädchen ein. Geben Sie unter $p(H_0)$ die erwarteten relativen Häufigkeiten unter der Nullhypothese an und unter $p(H_1)$ die beobachteten relativen Häufigkeiten: Wir erwarten unter der Nullhypothese, dass beide Zellen gleich besetzt sind und somit die Wahrscheinlichkeit für jede Zelle jeweils 0.50 beträgt. Diese Wahrscheinlichkeiten geben wir unter $p(H_0)$ ein. Die beobachtete relative Häufigkeit für das Auftreten von Jungen am Gymnasium ist 0.488 (44/90). Damit ergibt sich eine beobachtete Wahrscheinlichkeit von $1 - 0.488$ für Mädchen am Gymnasium. Die entsprechenden relativen Häufigkeiten geben wir unter $p(H_0)$ und $p(H_1)$ ein. Nun klicken wir auf CALCULATE AND TRANSFER TO MAIN WINDOW ⑧. Nach diesen Schritten muss nur noch auf die Schaltfläche CALCULATE ⑨ geklickt werden, und wir erhalten neben der Effektstärke ⑩ auch die Teststärke im Kästchen neben POWER ($1 - \beta$ ERR PROB) angezeigt. Der Wert für die Teststärke lautet 0.056. Die Teststärke ist demnach sehr niedrig, was für die Effektstärke von r bzw. $w = 0.024$ ⑩ ebenfalls zutrifft.

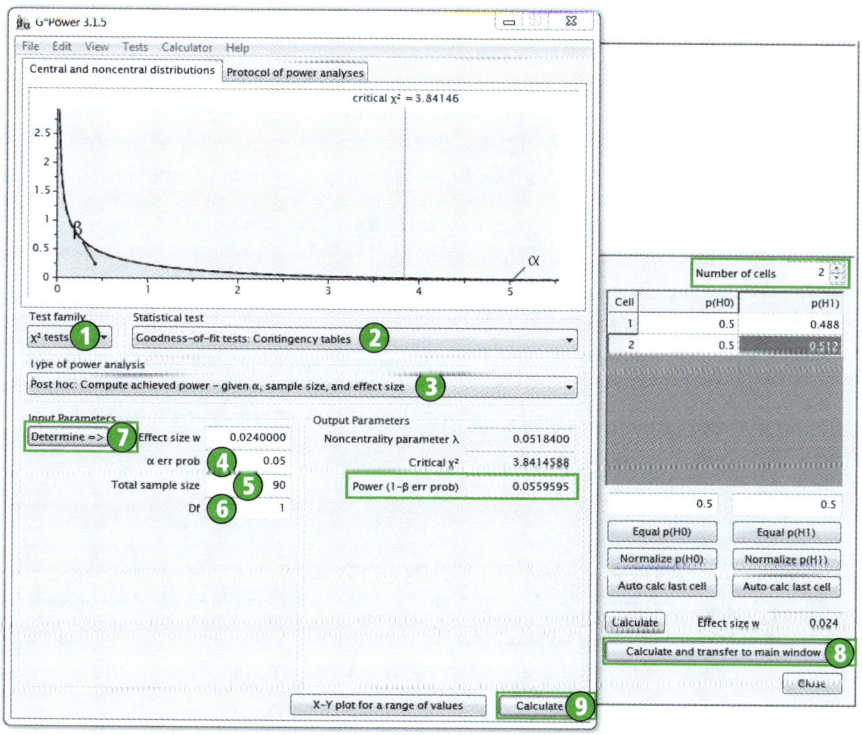

Abbildung 5.46: Berechnung der Teststärke und Effektstärke mit G*Power für den χ^2-Test

Teststärke und Effektstärke in R. Wie wir bereits gesehen haben, entspricht die Effektstärke der Wurzel aus dem Verhältnis der Prüfgröße χ^2 und der Stichprobengröße. Der entsprechende R-Code lautet:

```
w <- sqrt(.044/90)
w
```

Alternativ können wir das Paket **pwr** nutzen. Hierin ist die Funktion `ES.w1` enthalten, welche die Effektgröße *w* nach Cohen (1988) ausgibt. Der Code für unser Beispiel lautet:

```
library(pwr)
P0 <- c(.5,.5)
P1 <- c(44/90, 46/90)
w <- ES.w1(P0, P1)
w
```

Die Funktion benötigt die Zellwahrscheinlichkeiten unter Annahme der Nullhypothese (`P0`) und der Alternativhypothese (`P1`). Diese legen wir in den ersten beiden Zellen fest. In der Funktion selbst sind in Klammern die beiden Wahrscheinlichkeitsvektoren angegeben. Das Ergebnis legen wir im Objekt `w` für spätere Nutzung ab. Es entspricht dem Ergebnis aus G*Power.

Zur Teststärkebestimmung bleiben wir im Paket **pwr**. Hierin findet sich ein Powerschätzer für die Effektstärke w (entspricht G*Power):

```
pwr_w <- pwr.chisq.test(w = w, N = 90, df = 1, sig.level = 0.05, power = NULL)
pwr_w
```

Bei der Funktion `pwr.chisq.test` wird die Effektstärke `w` genutzt. Da wir diese gerade berechnet haben und im Objekt `w` abgelegt haben, können wir hier `w = w` schreiben. Alle anderen Angaben kennen wir schon. Das Ergebnis entspricht dem Ergebnis in G*Power.

Fazit: Wir entscheiden uns dafür, die Nullhypothese beizubehalten. Das von uns beobachtete Ergebnis ist unter der Alternativhypothese nicht sehr wahrscheinlich und der Effekt ist sehr gering. Wir gehen also davon aus, dass das Geschlechterverhältnis bei Gymnasiasten in der Population ausgeglichen ist.

Praxistipp In einem Artikel würden wir die Ergebnisse wie folgt berichten:

$$\chi^2\,(1) = 0.044,\ n.s.,\ r = 0.02,\ 1 - \beta = 0.06$$

Daten. Verwenden Sie für die Beispiele den Datensatz mit $n = 90$ Personen (`Buch_t_Test_abhängig.sav`), die vor und nach einer Behandlung untersucht wurden. Verwenden Sie in diesem Datensatz die Variable „Geschlecht“ (0 = männlich, 1 = weiblich). Wir möchten testen, ob es Unterschiede in der Häufigkeit zwischen Männern und Frauen in der Therapiegruppe gibt.

χ^2-Test mit SPSS. Bitte klicken Sie in SPSS auf ANALYSIEREN → NICHTPARAMETRISCHE TESTS → ALTE DIALOGFELDER → CHI-QUADRAT…. Es öffnet sich das linke Fenster aus ▶*Abbildung 5.47*.

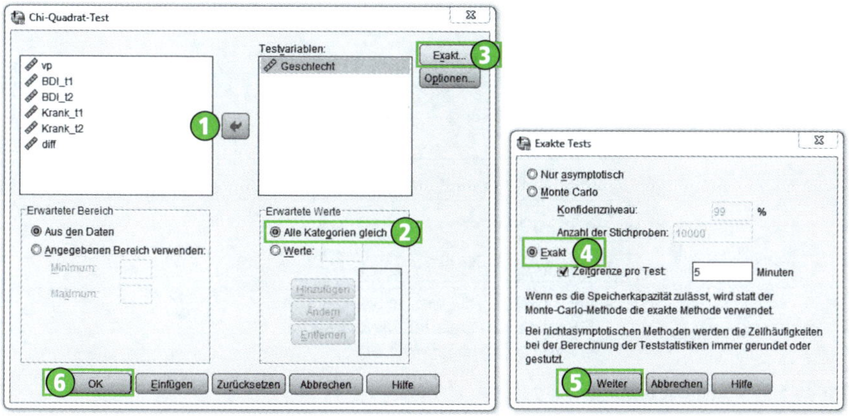

Abbildung 5.47: Darstellung der Berechnung eines χ^2-Tests mit SPSS

Die Variable `Geschlecht` steht im ursprünglichen Zustand in der linken Liste unter der Variablen `Krank_t2`. Markieren Sie die Variable `Geschlecht` in dieser Liste und klicken Sie dann auf den Pfeil ① zwischen der linken Liste und der Liste TESTVARIABLEN rechts daneben. Markieren Sie anschließend die Option ALLE KATEGORIEN GLEICH ② und klicken Sie dann auf EXAKT... ③. Es öffnet sich dann das rechte in *Abbildung 5.47* dargestellte Fenster. Markieren Sie in diesem Fenster die Option EXAKT ④ und betätigen sie dann die Schaltfläche WEITER ⑤. Nun gelangen Sie in das linke Fenster zurück und müssen nur noch mit OK ⑥ bestätigen. Es öffnen sich die folgenden Ausgaben im SPSS-Ausgabefenster (siehe ▶*Abbildung 5.48* und ▶*Abbildung 5.49*).

Geschlecht

	Beobachtetes *N*	Erwartete Anzahl	Residuum
männlich	① 44	③ 45,0	⑤ −1,0
weiblich	② 46	④ 45,0	⑥ 1,0
Gesamt	90		

Abbildung 5.48: Beobachtete und erwartete Häufigkeiten in der SPSS Ausgabe (χ^2-Test)

In *Abbildung 5.48* sind die beobachteten Häufigkeiten für die Männer $h_{\text{Männer}} = 44$ ① und Frauen $h_{\text{Frauen}} = 46$ ② in der Stichprobe angegeben sowie die unter der Nullhypothese erwarteten Häufigkeiten für Männer $h_{\text{H}_0} = 45$ ③ und Frauen $h_{\text{H}_0} = 45$ ④. Das Residuum setzt sich aus der Differenz zwischen beobachteten und erwarteten Häufigkeiten zusammen: $44 - 45 = 1$ ⑤ und $46 - 45 = 1$ ⑥.

Statistik für Test

		Geschlecht
Chi-Quadrat	❶	,044[a.]
df	❷	1
Asymptotische Signifikanz	❸	,833
Exakte Signifikanz	❹	,916
Punkt-Wahrscheinlichkeit	❺	,164

a. Bei 0 Zellen (,0 %) werden weniger als 5 Häufigkeiten erwartet. Die kleinste erwartete Zellenhäufigkeit ist 45,0.

Abbildung 5.49: Prüfgröße und Signifikanz für den χ^2-Test

In *Abbildung 5.49* sind die χ^2-Prüfgröße ❶, die Anzahl der Freiheitsgrade ❷, die asymptotische Signifikanz (zweiseitig) ❸ sowie die exakte Überschreitungswahrscheinlichkeit (zweiseitig) ❹ angegeben. Hätten wir eine gerichtete Fragestellung, beispielsweise dass mehr Frauen in der Therapiegruppe zu erwarten sind, müssten wir die zweiseitige Wahrscheinlichkeit halbieren (0.916/2 = 0.458, einseitig) und gesondert prüfen, ob sich auch wirklich mehr Frauen in der Therapiegruppe befinden. Die Überschreitungswahrscheinlichkeit ist größer als unsere vorher gewählte Fehlerwahrscheinlichkeit 1. Art von $\alpha = 0.05$. Die Punktwahrscheinlichkeit von 0.164 ❺ ist die Summe der beiden Wahrscheinlichkeiten, unter der Verteilung der Nullhypothese unter 90 Patienten 44 Männer und 46 Frauen zu beobachten. Sie kann aus *Abbildung 5.45* ermittelt werden: 44 aus 90 $\approx$ 0.08 und 46 aus 90 $\approx$ 0.08 (0.08 + 0.08 = 0.16).

χ^2-Test mit R. Die einfachste Variante, in R das richtige Ergebnis zu bekommen, besteht darin, die Variable „Geschlecht" aus dem Datensatz kap5_2 zunächst in eine Kreuztabelle zu legen und diese dann für den Test zu nutzen. Dazu benötigen wir das Paket vcd **(Meyer, 2015)** (siehe auch *Kapitel 2*). Der entsprechende Code lautet:

```
library(vcd)
Kreuztabelle <- xtabs(~Geschlecht, data = kap5_2)
Kreuztabelle
```

Es wird also ein neues Objekt mit dem Namen Kreuztabelle erzeugt. Dazu nutzen wir die Funktion xtabs und geben an, dass die Variable Geschlecht aus dem Datensatz kap5_2 genutzt werden soll.

Der eigentliche Test wird über die Funktion chisq.test durchgeführt. Dabei wird standardmäßig auf den asymptotischen Test zurückgegriffen. R bietet zudem die Möglichkeit, einen p-Wert durch einen Monte-Carlo-Test zu bestimmen. Dies ähnelt dem Bootstrapverfahren und das Ergebnis ähnelt dem exakten Test. Um die Ergebnisse ebenfalls in einer Ausgabe zusammenzufassen, nutzen wir folgenden Code:

```
asymp <- chisq.test(Kreuztabelle)
sim <- chisq.test(Kreuztabelle, simulate.p.value = TRUE, B = 10000)
beobachtet<- asymp$observed
```

```
erwartet <- asymp$expected
residuals <- asymp$residuals
Haeufig <- rbind(beobachtet, erwartet, residuals)
colnames(Haeufig)[1] <- "Keine Behandlung"
colnames(Haeufig)[2] <- "Behandlung"
Haeufig
ps <- rbind(asymp, sim)
colnames(ps)[1] <- "Keine Behandlung"
colnames(ps)[2] <- "Behandlung"
ps
```

Im ersten Schritt führen wir also einen Test mit der Kreuztabelle durch und legen das Ergebnis in das Objekt asymp. Es folgt der Test mit der Monte-Carlo-Simulation. Wir spezifizieren dies durch den Zusatz simulate.p.value = TRUE und legen fest, dass 10000 Simulationen durchgeführt werden.

Um auch die unter der Nullhypothese beobachteten und erwarteten Beobachtungen zu erhalten, lesen wir diese aus dem Objekt asymp aus ($observed bzw. $expected) und legen sie in die Objekte beobachtet bzw. erwartet. Ebenso verfahren wir mit den Residuen. Schließlich nutzen wir den rbind-Befehl (r steht für *row* also Zeile; es geht also um eine zeilenweise Zusammenfassung), um sowohl erwartete und beobachtete Häufigkeiten und Residuen als auch die Ergebnisse der Tests zu verknüpfen. Die jeweiligen neuen Tabellen legen wir in die Objekte Haeufig bzw. ps. Mit dem Befehl colnames ändern wir nun noch die Beschriftungen der Spalten (*columns*). Es ergibt sich die Ausgabe in ▶*Abbildung 5.50*.

```
  > Haeufig
              Keine Behandlung Behandlung
  beobachtet        44.0000000 46.0000000
  erwartet          45.0000000 45.0000000
(1) residuals      -0.1490712  0.1490712
  > ps
        Keine Behandlung Behandlung    p.value (2)
  asymp       0.04444444          1  0.8330289
  sim         0.04444444         NA  0.9160084
  method
```

Abbildung 5.50: Erwartete und beobachtete Häufigkeiten, Prüfgröße und Signifikanz für den χ^2-Test in R

In der Ausgabe finden wir die Übersicht über die beobachteten bzw. die erwarteten Häufigkeiten und die Residuen (1). Darunter finden wir die Prüfgrößen, Freiheitsgrade (Parameter) und *p*-Werte der Signifikanztests (2). Dabei ist zu beachten, dass für den Monte-Carlo-Test keine Freiheitsgrade angegeben werden.

Die Berechnung der Test- und Effektstärke wurde bereits dargestellt (siehe Beispiel G*Power und R in diesem Abschnitt). Damit entscheiden wir uns dafür, die Nullhypothese beizubehalten: Es gibt keine Unterschiede in den Häufigkeiten in der Grundgesamtheit.

5.3.2 χ^2-Vier-Felder-Test

Fragestellung. Eine häufig vorkommende Frage bei nominalen Daten ist, ob sich Häufigkeiten, Anteilswerte oder Prozentwerte in verschiedenen Populationen unterscheiden. Diese Frage ist gleichbedeutend mit der Frage, ob zwei qualitative Variablen unabhängig voneinander sind. Um Unterschiede zweier qualitativer Variablen bzw. Merkmale mit zwei Ausprägungen (man sagt auch zweifach gestuft) zu prüfen, verwendet man den **χ^2-Vier-Felder-Test**, der in ▶*Abbildung 5.51* zu finden ist.

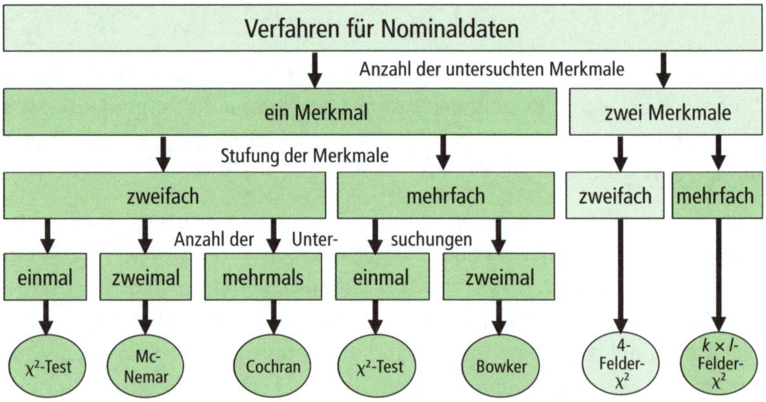

Abbildung 5.51: Einordnung χ^2-Vier-Felder-Test in die nonparametrischen Tests für Nominaldaten

Beispiel. Wir möchten untersuchen, ob der Bildungsabschluss unabhängig vom sozioökonomischen Status ist. Von 100 Kindern wurde das Einkommen der Eltern erfasst und vermerkt, welchen Schultyp das Kind besucht. Das Einkommen wurde als Marker für den sozioökonomischen Status einfach in zwei Kategorien eingeteilt: hoch versus niedrig. 60 Kinder besuchten ein Gymnasium und 40 besuchten einen anderen Schultyp (Haupt- bzw. Mittel- oder Realschule). Es ergibt sich die in ▶*Abbildung 5.52* dargestellte Vier-Felder-Tafel (Werte sind frei erfunden). Wir fragen nun, ob Schultyp und Einkommen der Eltern unabhängig voneinander sind. In der Tabelle finden sich hinter den Zahlen Buchstaben. Diese Buchstaben zeigen an, wie die jeweilige Zelle in der Logik des χ^2-4-Felder-Tests bezeichnet wird.

Schultyp	**Einkommen hoch (1)**	**Einkommen niedrig (0)**	**Zeilensumme**
Gymnasium (1)	50 (a)	10 (b)	60 (e)
anderer Schultyp (0)	10 (c)	30 (d)	40 (f)
Spaltensumme	60 (g)	40 (h)	100 (n)

Abbildung 5.52: Beobachtete Häufigkeiten für das Beispiel

Hypothesen. Die Nullhypothese lautet, wie eben beschrieben, dass beide Merkmale unabhängig voneinander sind. Diese Hypothese ist gleichbedeutend mit der Annahme, dass sich der sozioökonomische Status der Eltern nicht auf die Verteilung der Kinder innerhalb der beiden Schultypen (Gymnasium versus andere Schule) auswirkt und umgekehrt. Das heißt konkret, dass Kinder aus beiden Stufen des sozioökonomischen Status mit gleicher Häufigkeit auf dem Gymnasium bzw. auf den anderen Schultypen (Realschule und Hauptschule) auftreten. Die ungerichtete Alternativhypothese lautet, dass beide Merkmale abhängig voneinander sind. Das heißt, dass sich der sozioökonomische Status der Eltern auf die Verteilung der Kinder innerhalb der beiden Schultypen (Gymnasium versus andere Schule) auswirkt und umgekehrt. Das heißt konkret, dass Kinder aus beiden Stufen des sozioökonomischen Status mit unterschiedlicher Häufigkeit auf dem Gymnasium bzw. auf den anderen Schultypen (Realschule und Hauptschule) auftreten.

Beim χ^2-Vier-Felder-Test ist die Prüfung der folgenden Hypothesen möglich:

Nullhypothese

H_0: Beide Variablen sind in der Grundgesamtheit unabhängig voneinander.

Ungerichtete Alternativhypothese

H_1: Beide Variablen sind in der Grundgesamtheit abhängig voneinander.

In der Regel ist die Alternativhypothese des χ^2-Vier-Felder-Tests ungerichtet. Nur für eine Vier-Felder-Tafel könnte man auch eine gerichtete Hypothese formulieren, beispielsweise: Kinder von Eltern mit hohem sozioökonomischen Status finden sich häufiger auf dem Gymnasium und Kinder von Eltern mit niedrigem sozioökonomischem Status finden sich häufiger auf den anderen Schultypen. Diese Frage kann man beispielsweise mithilfe eines Korrelationskoeffizienten beantworten, dem sogenannten Phi-Koeffizienten. Darauf wird in *Kapitel 7* noch näher eingegangen. Sobald eine Kontingenztabelle mehr als vier Felder enthält, können Alternativhypothesen nicht mehr gerichtet formuliert werden.

Bei einer einseitigen Testung ist zu beachten, dass jede χ^2-Verteilung nur einen einseitigen Ablehnungsbereich aufweist (siehe schematische Darstellung in ▶*Abbildung 5.53*). In der Abbildung sind quadrierte z-Werte dargestellt. Man sieht, dass sich die Verteilung in den positiven Zahlenbereich umklappt und sich somit der Ablehnungsbereich verdoppelt. Ähnlich kann man es sich für χ^2-Werte vorstellen, die durch das Quadrieren ebenfalls nur positive Werte oder den Wert null annehmen können. Soll hier gerichtet (einseitig) getestet werden, besteht der einfachste Weg darin, die Wurzel aus dem χ^2-Wert zu ziehen und dann den daraus resultierenden z-Wert mit dem kritischen z-Wert 1.64 bei einer Fehlerwahrscheinlichkeit 1. Art von fünf Prozent und einseitiger Testung zu vergleichen. Eine andere Möglichkeit, einseitig zu testen, besteht darin, die in der Regel zweiseitige Überschreitungswahrscheinlichkeit p zu halbieren und dann mit der Fehlerwahrscheinlichkeit 1. Art von fünf Prozent zu vergleichen.

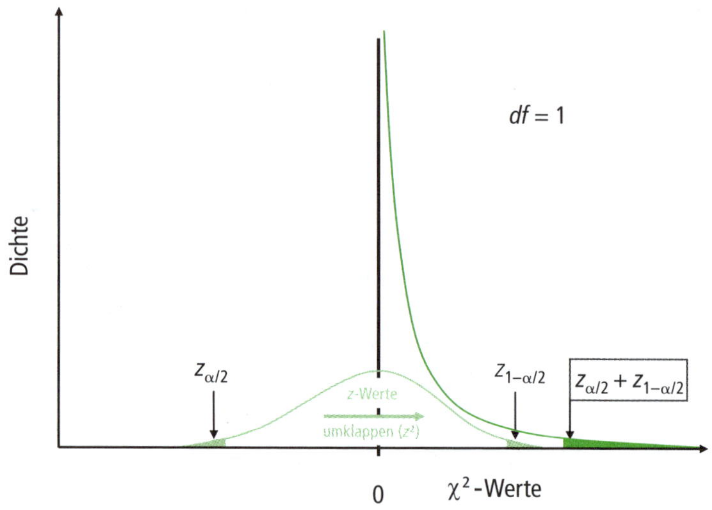

Abbildung 5.53: Schematische Darstellung einer *z*-Verteilung und einer quadrierten *z*-Verteilung im Vergleich

Prüfgröße. Wenn die Nullhypothese in der Grundgesamtheit zutrifft und die Merkmale stochastisch voneinander unabhängig sind (siehe *Kapitel 3*), welche Häufigkeiten können wir dann erwarten? Dies hängt von den Randsummen der Vier-Felder-Tafel ab. Die Randsummen der Vier-Felder-Tafel geben an, wie häufig ein bestimmtes Ereignis in der Stichprobe aufgetreten ist. Von den befragten Kindern waren 60 Kinder auf dem Gymnasium und 40 Kinder auf anderen Schulen. Die Eltern von 60 Kindern haben ein hohes Einkommen und die Eltern von 40 Kindern ein niedriges Einkommen. Wenn diese beiden Merkmale voneinander unabhängig sind, müssten in den Zellen der Vier-Felder-Tafel Häufigkeiten stehen, die sich aus der Multiplikation der Randsummen geteilt durch die Anzahl n aller Kinder ergeben. Für unsere Vier-Felder-Tafel ist dies in *Kasten 5.25* dargestellt.

Formel 5.25 Berechnung erwartete Häufigkeiten 4-Felder-Tafel

$$f_{a,\text{erwartet}} = \frac{f_e \cdot f_g}{n} = \frac{60 \cdot 60}{100} = 36$$

$$f_{b,\text{erwartet}} = \frac{f_e \cdot f_h}{n} = \frac{60 \cdot 40}{100} = 24$$

$$f_{c,\text{erwartet}} = \frac{f_f \cdot f_g}{n} = \frac{40 \cdot 60}{100} = 24$$

$$f_{d,\text{erwartet}} = \frac{f_f \cdot f_h}{n} = \frac{40 \cdot 40}{100} = 16$$

Für unsere Vier-Felder-Tafel würden wir also unter der Unabhängigkeitsannahme (entspricht der Nullhypothese) die in ▶*Abbildung 5.54* dargestellten Häufigkeiten erwarten (in Klammern sind die beobachteten Häufigkeiten angegeben).

Schultyp	Einkommen hoch (1)	Einkommen niedrig (0)	Zeilensumme
Gymnasium (1)	50 (36)	10 (24)	60
anderer Schultyp (0)	10 (24)	30 (16)	40
Spaltensumme	60	40	100

Abbildung 5.54: Vier-Felder-Tafel für unter der Nullhypothese erwartete und beobachtete Häufigkeiten (in Klammern)

Wie wir bereits am Vergleich zwischen unter der Nullhypothese erwarteten und tatsächlich beobachteten Häufigkeiten sehen können, weichen diese schon per Augenschein voneinander ab. Nun stellt sich die Frage, ob diese Abweichungen statistisch signifikant sind. Zur Prüfgrößenberechnung nutzen wir wieder das im letzten Abschnitt erläuterte Grundprinzip. Das heißt, dass wir von den beobachteten die erwarteten Häufigkeiten abziehen und diese quadrieren. Danach teilen wir die quadrierte Differenz beider Häufigkeiten durch die erwartete Häufigkeit. Wie in *Kapitel 4* dargestellt, entspricht diese Vorgehensweise der Bildung eines *z*-Werts. Die eben beschriebene Formel kann für die Vier-Felder-Tafel umgeformt werden und man muss nur noch die beobachteten Häufigkeiten der Vier-Felder-Tafel (*a*, *b*, *c* und *d*) in die Formel einsetzen. Die Freiheitsgrade ergeben sich aus der Anzahl der Spalten minus der Anzahl der Zeilen minus eins. Die Teststatistik wird mithilfe der beobachteten und erwarteten Häufigkeiten berechnet. Sie ist unter der Nullhypothese χ^2-Quadrat-verteilt mit *df* Freiheitsgraden.

Formel 5.26 Prüfgröße χ^2-Vier-Felder-Test

$$df = (i - 1) \cdot (j - 1)$$

$$\chi^2 = \sum_{i=1}^{2} \sum_{j=1}^{2} \frac{(f_b - f_e)^2}{f_e}$$

$$\chi^2 = \frac{n \cdot (a \cdot d - b \cdot c)^2}{(a+b) \cdot (c+d) \cdot (a+c) \cdot (b+d)}$$

$\sum_{i=1}^{2}$ = Zeilensumme $i = 1$ bis 2

$\sum_{j=1}^{2}$ = Spaltensumme $j = 1$ bis 2

$$f_e = \frac{\text{Zeilensumme } i \cdot \text{Spaltensumme } j}{n}$$

f_b = beobachtete Häufigkeiten

f_e = erwartete Häufigkeiten

n = Stichprobenumfang

a, b, c, d = beobachtete Häufigkeit in der jeweiligen Zelle der Vier-Felder-Tafel

Exkurs

Likelihood

Die Prüfgrößen von **Likelihood-Ratio-Tests** folgen asymptotisch ebenfalls einer χ^2-Verteilung. Dieser Test führt bei großen Stichproben zu ähnlichen Ergebnissen wie der gerade erklärte χ^2-Test nach Pearson. Bei kleinen Stichproben soll der Pearson-χ^2-Test die exakte Verteilung besser approximieren.

Formel 5.27 Likelihood-Ratio-Test

$$\chi^2 = 2\sum_{i=1}^{2}\sum_{j=1}^{2} f_{b(i,j)} ln\left(\frac{f_b}{f_e}\right)$$

$\sum_{i=1}^{2}$ = Zeilensumme i = 1 bis 2

$\sum_{j=1}^{2}$ = Spaltensumme j = 1 bis 2

f_b = beobachtete relative Häufigkeiten

f_e = beobachtete relative Häufigkeiten $\frac{\text{Zeilensumme } i \cdot \text{ Spaltensumme } j}{n}$

ln = Logarithmus

Wahrscheinlichkeit und Likelihood. Der Begriff der **Likelihood** wird bei vielen statistischen Analysen verwendet. Er wird häufig mit **Plausibilität** oder **Mutmaßlichkeit** übersetzt. Die Idee der **Likelihood** (siehe auch *Kapitel 3*) kann an unserem Beispiel zunächst wie folgt erklärt werden: Wir sammeln zuerst Daten und gruppieren diese in unserer Vier-Felder-Tafel, dann berechnen wir die relativen beobachteten Häufigkeiten für jede Zelle und die relativen erwarteten Häufigkeiten unter Annahme der Nullhypothese.

Schultyp	Einkommen hoch (1)	Einkommen niedrig (0)	Zeilensumme
Gymnasium (1)	(a) 50/100 (36/100) = .50 (.36)	(b) 10/100 (24/100) = .10(.24)	60
anderer Schultyp (0)	(c) 10/100 (24/100) = .10 (.24)	(d) 30/100 (16/100) = .30 (.16)	40
Spaltensumme	60	40	100

Abbildung 5.55: Erwartete und beobachtete Häufigkeiten in Klammern bzw. die entsprechenden relativen Häufigkeiten

Berechnung. Um die Likelihood zu berechnen, benötigen wir zunächst die Wahrscheinlichkeiten unter der Nullhypothese:

$$p_a|\mathrm{H}_0 = 0.36,\ p_b|\mathrm{H}_0 = 0.24,\ p_c|\mathrm{H}_0 = 0.24,\ p_d|\mathrm{D} = 0.16$$

Die zweite Wahrscheinlichkeit, die wir benötigen, ergibt sich unter dem sogenannten saturierten Modell, einem Model, das die Daten so beschreibt, wie sie aufgetreten sind, bzw. unter Bedingung der Daten:

$$p_a|\mathrm{D} = 0.50,\ p_b|\mathrm{D} = 0.10,\ p_c|\mathrm{D} = 0.10,\ p_d|\mathrm{D} = 0.30$$

Die Likelihood bezieht sich auf *alle* Daten (Personen und Häufigkeiten). Zuerst benötigen wir die Wahrscheinlichkeit für die Zugehörigkeit einer Person zu einer Zelle. Diese Wahrscheinlichkeit entspricht der relativen beobachteten Häufigkeit dieser Zelle. In unserem Fall ist die Wahrscheinlichkeit beispielsweise für das saturierte Modell für die Zelle a $p_a|\mathrm{D} = 0.50$. In jeder Zelle ij haben wir aber nicht nur eine Person beobachtet, sondern n Personen. Um nun die Likelihood jeder Zelle zu bestimmen, müssen wir die Wahrscheinlichkeit für die n Personen der Zelle ij aufmultiplizieren, da es sich um unabhängige Beobachtungen handelt. Wir haben 50 Personen in der Zelle a beobachtet, daher multiplizieren wir 50 Mal die Wahrscheinlichkeit von $p = 0.50$ auf, was 0.50 ergibt. Dieses Vorgehen wird für die anderen Zellen b, c und d wiederholt. Schließlich werden die vier Werte, die sich für die Likelihood in den Zellen ergeben haben, miteinander multipliziert. Nach diesem Vorgehen ergibt sich folgende Likelihood unter dem saturierten Modell L_{sat} bzw. $L|\mathrm{D}$ (vereinfachte Darstellung):

$$L_{\text{sat}}\ \text{bzw.}\ L|\mathrm{D} = 0.50^{50} \cdot 0.10^{10} \cdot 0.10^{10} \cdot 0.30^{30} = 1.82868E-51$$

Dieses Vorgehen wird dann für die Wahrscheinlichkeiten unter Annahme der Nullhypothese wiederholt:

$$L_{\text{null}}\ \text{bzw.}\ L|H_0 = 0.36^{36} \cdot 0.24^{24} \cdot 0.24^{24} \cdot 0.16^{26} = 3.491E-59$$

Beide Likelihoods fallen verschwindend klein aus, beispielsweise $1.82868E - 51$ (= 0.0000000000000000000000000000000000000000000000000182868). Sind sie beispielsweise mithilfe eines Tabellenkalkulationsprogramms wie Excel berechnet, bildet man den Quotienten aus den beiden Likelihoods unter der Nullhypothese $L|H_0$ bzw. L_{null} und Annahme der beobachteten Daten L_{sat} bzw. $L|D$:

$$L_{Quotient} = \frac{L|H_0}{L|D} = \frac{L_{null}}{L_{sat}} = \frac{3.491E-59}{1.82868E-51} = 1{,}90902E-08$$

Wird dieser Wert logarithmiert und dann mit –2 multipliziert, ergibt sich eine annähernd χ^2-verteilte Prüfgröße:

$$\chi^2 = -2ln \cdot \frac{L_{null}}{L_{sat}} = 35.54817677$$

Auch die bereits eingeführte Rechenformel, welche beobachtete und erwartete Häufigkeiten verwendet, führt zu einem hohen χ^2-Wert:

$$df = (i-1)\cdot(j-1) = (2-1)\cdot(2-1) = 1$$

$$\chi^2 = \frac{n\cdot(a\cdot d - b\cdot c)^2}{(a+b)\cdot(c+d)\cdot(a+c)\cdot(b+d)}$$

$$\chi^2 = \frac{100\cdot(50\cdot 30 - 10\cdot 10)^2}{(50+10)\cdot(10+30)\cdot(50+10)\cdot(10+30)}$$

$$\chi^2 = \frac{169000000}{5760000} = 34.028$$

Entscheidungsregel. Ein statistisch signifikantes Ergebnis liegt vor, wenn der empirische χ^2-Wert größer oder gleich dem kritischen (tabellierten) χ^2-Wert ausfällt:

Formel 5.28 Entscheidungsregel für die χ^2-Verteilung

$$\chi^2_{empirisch} \geq \chi^2_{kritisch,\ df,\ 1-\alpha}$$

In unserem Beispiel haben wir die erwarteten Häufigkeiten aus den Daten geschätzt. Die Anzahl der Freiheitsgrade beträgt dabei $(i-1)\cdot(j-1)$. Alternativ könnte man die erwarteten Häufigkeiten auch konkret vorgeben, zum Beispiel auf der Basis von Vorstudien oder theoretischen Annahmen, ohne sie aus den Daten zu schätzen. Die Prüfgröße folgt dann einer χ^2-Verteilung mit $(i\cdot j)-1$ Freiheitsgraden.

Der kritische χ^2-Wert lautet bei $df = 1$ für eine Fehlerwahrscheinlichkeit 1. Art von fünf Prozent $\chi^2_{1,\ 95\ Prozent} = 3.84$. Da unsere Prüfgröße höher ausfällt, entscheiden wir uns dafür, die

Nullhypothese abzulehnen. Die Schultypen weisen unterschiedliche Anteile an Kindern mit unterschiedlichen sozioökonomischen Hintergründen auf.

Wenn wir einseitig testen wollen, müssen wir aus 34.028 die Wurzel ziehen, was einen z-Wert von $z = 5.84$ ergibt. Für die Prüfgröße z gelten wieder die folgenden Entscheidungsregeln wie in *Kasten 5.29* dargestellt.

Formel 5.29 Entscheidungsregeln für die *z*-Verteilung

$$\text{2-seitig:} \left|z_{\text{emp}}\right| \geq z_{krit_{\left(1-\frac{\alpha}{2}\right)}}$$

$$\text{1-seitig:} \left|z_{\text{emp}}\right| \geq z_{krit_{(1-\alpha)}}$$

z_{emp} = empirischer z-Wert

z_{krit} = kritischer z-Wert

$z_{\text{krit}_{(1-\alpha)}}$ = z-Wert bei einer Sicherheitswahrscheinlichkeit von $1-\alpha$ der Standardnormalverteilung

$z_{\text{krit}_{\left(1-\frac{\alpha}{2}\right)}}$ = z-Wert bei einer Sicherheitswahrscheinlichkeit von $1-\frac{\alpha}{2}$ der Standardnormalverteilung

Der empirische z-Wert von $z = 18.45$ ist größer als der kritische z-Wert $z_{\text{krit}_{(1-\alpha)}} = 1.64$ und damit bei einseitiger Testung statistisch signifikant. Das heißt, dass sich auf dem Gymnasium mehr Kinder von Eltern mit hohem Einkommen als auf den anderen Schultypen finden. Bitte denken Sie daran, dass die Daten frei erfunden sind.

Effektstärke. Nun stellt sich die Frage nach der praktischen Bedeutsamkeit. Dies kann mithilfe der Effektstärke r bzw. w überprüft werden. Es gelten dabei folgende Konventionen nach Cohen (1988):

1. 0.10 = kleiner Effekt
2. 0.30 = mittlerer Effekt
3. 0.50 = starker Effekt

Die Effektstärke berechnet sich wie folgt:

Formel 5.30 Effektstärke für den χ^2-Vier-Felder-Test

$$r \text{ bzw. } w = \sqrt{\frac{\chi^2}{n}} = \sqrt{\frac{34.027}{100}} = 0.583$$

Das heißt, dass hier ein Unterschied von hoher praktischer Bedeutsamkeit vorliegt. Die Effektstärke *r* bzw. *w* entspricht dem Phi-Korrelationskoeffizienten (ϕ). Dieser wird in *Kapitel 7* noch näher beschrieben. Weitere in der Medizin häufig angewandte Effektstärken sind das Risiko bzw. die Differenz des Risikos, das relative Risiko und das Odds Ratio. Auf diese Begriffe soll an dieser Stelle kurz eingegangen werden.

Relatives Risiko. In unserem Beispiel ist das Risiko nur schwer zu definieren. Daher soll auf das Beispiel der Aspirin-Einnahme aus *Abschnitt 4.2* zurückgegriffen werden. In dem Beispiel ging es darum, ob Aspirin-Einnahme die Wahrscheinlichkeit für einen Herzinfarkt beeinflusst. Das Risiko in diesem Beispiel ist jeweils der Anteil an Patienten mit einem Herzinfarkt in der Gruppe, die das Medikament eingenommen hat bzw. der Gruppe, die das Placebo bekam:

$$\text{Risiko Placebo} = \frac{\text{Günstige}}{n} = \frac{189}{11034} = 1.71\ \%$$

und

$$\text{Risiko Aspirin} = \frac{\text{Günstige}}{n} = \frac{104}{11037} = 0.94\ \%.$$

Die **Risikodifferenz** beträgt 0.77 %. Nun, dies erscheint auf den ersten Blick nicht viel zu sein, jedoch sind die Konsequenzen eines Herzinfarkts gravierend und die Nebenwirkungen des Medikaments gering. Man kann die beiden Risiken ins Verhältnis setzen:

$$\frac{1.71}{0.94} = 1.819.$$

Das heißt, dass in der untersuchten Stichprobe das **relative Risiko**, einen Herzinfarkt zu bekommen, ohne Aspirin-Einnahme fast doppelt so hoch ist als mit Aspirin-Einnahme.

Odds Ratio. Bestandteil eines weiteren Effektstärkemaßes ist die sogenannte **Odds** (Chance = odds). Sie ist folgendermaßen definiert: Die Chance stellt einen Faktor dar, der sich aus zwei Häufigkeiten ergibt, z. B. der Häufigkeit, unter Aspirin-Einnahme einen Herzinfarkt zu bekommen, gegenüber der Häufigkeit, unter Aspirin-Einnahme keinen Herzinfarkt zu bekommen. Diese Chance ist für die Aspirin-Gruppe

$$\frac{\text{Günstige}}{\text{Nicht-Günstige}} = \frac{104}{10933} = 0.0095.$$

Nimmt die Odds den Wert eins an, dann würde man in der Gruppe mit Aspirin-Einnahme gleich viele Personen mit und ohne Herzinfarkt beobachten. Wir beobachten aber einen Wert kleiner eins in der Experimentalgruppe. Daher ist in dieser Gruppe (Aspirin eingenommen) die Anzahl der Personen mit Herzinfarkt deutlich geringer als die Anzahl der Personen ohne einen Herzinfarkt.

Diese Odds kann auch für die Placebogruppe bestimmt werden:

$$\frac{\text{Günstige}}{\text{Nicht-Günstige}} = \frac{189}{10845} = 0.0174.$$

Nun kann mithilfe beider Odds ein **Ratio** (Verhältnis) gebildet werden, das sogenannte **Odds Ratio**: Es ergibt sich aus der Odds in der Placebogruppe, dividiert durch die Odds in der Aspirin-Gruppe:

$$\frac{0.0174}{0.0095}=1.832.$$

Oft wird gesagt, dass die Wahrscheinlichkeit, einen Herzinfarkt zu bekommen, in der Placebogruppe ungefähr zweimal höher als in der Experimentalgruppe ist. Korrekt ist jedoch, dass die Odds, einen Herzinfarkt zu bekommen, in der Placebo-Gruppe fast zweimal so groß wie in der Aspirin-Gruppe ist.

Nimmt das Odds Ratio den Wert eins an, ist in beiden Gruppen die Häufigkeit, einen Herzinfarkt zu bekommen, gleich der Häufigkeit, keinen Herzinfarkt zu bekommen. Das spricht dann dafür, dass beide Merkmale unabhängig voneinander sind.

In unserem Fall ist der Unterschied zwischen relativem Risiko und Odds Ratio nicht groß, was daran liegt, dass wir es mit extrem geringen relativen Häufigkeiten zu tun haben. Bei höheren relativen Häufigkeiten fallen die Unterschiede größer aus.

Teststärke in G*Power. In G*Power können wir nun die **Teststärke für den χ^2-Vier-Felder-Test** ermitteln (siehe ▶*Abbildung 5.56*). Nachdem G*Power gestartet wurde, wählen wir unter TEST FAMILY die Option χ^2 TESTS ❶ aus. Anschließend entscheiden wir uns unter STATISTICAL TEST für GOODNESS-OF- FIT TESTS: CONTINGENCY TABLES ❷. Danach wählen wir unter TYPE OF POWER ANALYSIS die Option POST HOC: COMPUTE ACHIEVED POWER – GIVEN α, SAMPLE SIZE, AND EFFECT SIZE ❸. Nun können wir die entsprechenden Werte eintragen und setzen die Fehlerwahrscheinlichkeit 1. Art α auf 0.05 ❹ und die Stichprobengröße bei TOTAL SAMPLE SIZE auf 100 ❺. Die Anzahl an Freiheitsgraden DF beträgt in unserem Fall 1 ❻. Die Effektstärke berechnen wir über DETERMINE => ❼. Im rechten Fenster, das sich jetzt öffnet, klicken Sie auf NUMBERS OF CELLS und geben den Wert 4 für die vier Zellen in unserer Vier-Felder-Tafel ein. Geben Sie jetzt unter P(H0) die erwarteten relativen Häufigkeiten unter der Nullhypothese an und unter P(H1) die beobachteten relativen Häufigkeiten. Alternativ können Sie auch w gleich eingeben mit 0.583. Nun klicken Sie auf CALCULATE AND TRANSFER TO MAIN WINDOW ❽. Nach diesen Schritten muss nur noch die Schaltfläche CALCULATE ❾ betätigt werden und Sie erhalten neben der Effektstärke ❿ auch die Teststärke im Kästchen neben POWER (1 – β ERR PROB) angezeigt.

Teststärke in R. In R nutzen wir wieder das Paket pwr und den bereits erläuterten Befehl pwr.chisq.test:

```
pwr.chisq.test(w = sqrt(34.028/100), N = 100, df = 1, sig.level = 0.05, power = NULL)
```

In diesem Beispiel haben wir bei der Angabe der Effektstärke w direkt die Funktion eingegeben, mit der die Effektstärke berechnet werden kann. Der Wert für die Power lautet in beiden Programmen 0.9999463.

Fazit. Es liegt ein signifikantes Ergebnis vor, Teststärke und Effektstärke sind sehr hoch. Daher entscheiden wir uns dafür, die Nullhypothese abzulehnen.

Praxistipp In einem Artikel würden wir die Ergebnisse wie folgt berichten:

$$z = 0.18.45,\ p = 0.001\ \text{(einseitig)},\ r = 0.583, 1-\beta = 0.99$$

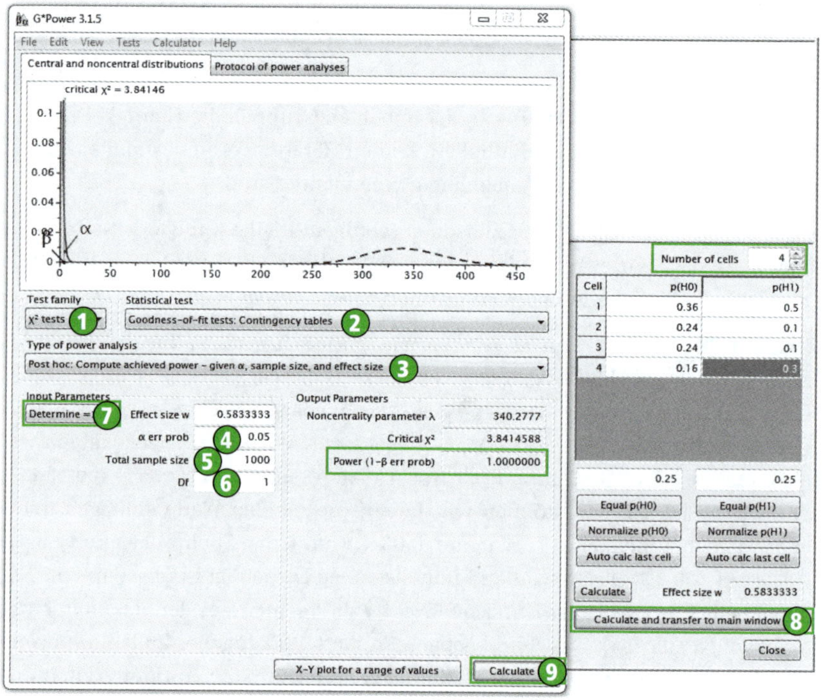

Abbildung 5.56: Teststärkeberechnung mithilfe von G*Power bei einem χ^2-Vier-Felder-Test

Anhand dieser Daten könnten wir nun für eine Folgeuntersuchung ausrechnen, wie groß die Stichprobe denn ausfallen muss, um den gefundenen starken Effekt statistisch optimal abzusichern. Wir gehen dabei von einer Effekterwartung von r bzw. $w = 0.583$ aus, einer Fehlerwahrscheinlichkeit 1. Art von fünf Prozent und einer Fehlerwahrscheinlichkeit 2. Art von 20 Prozent. Folgende Einstellungen sind in G*Power nun vorzunehmen (siehe ▶*Abbildung 5.57*): Nachdem G*Power gestartet wurde, wählen wir unter TEST FAMILY wieder die Option χ^2 TESTS ① aus. Anschließend klicken wir unter STATISTICAL TEST auf GOODNESS-OF-FIT TESTS: CONTINGENCY TABLES ②. Danach wählen wir unter TYPE OF POWER ANALYSIS die Option A PRIORI: COMPUTE REQUIRED SAMPLE SIZE – GIVEN α, POWER, AND EFFECT SIZE ③. Nun können wir die entsprechenden Werte eintragen. Die Effektstärke von r bzw. $w = 0.583$ ④ geben wir direkt ein und setzen α auf 0.05 ⑤ sowie die POWER $1-\beta$ ERR PROB auf 0.80 ⑥. Die Freiheitsgrade DF betragen $df = 1$ ⑦. Jetzt klicken wir auf CALCULATE ⑧.

In R erhalten wir die Schätzung der optimalen Stichprobe über den Befehl:

```
pwr.chisq.test(w = sqrt(34.027/100), N - NULL, df = 1, sig.level = 0.05, power = .8)
```

Es ergibt sich eine Stichprobengröße von $n = 23.06659$ (9) und damit 24 Personen. Selbst mit einer sehr aufwändigen Vorstudie, um die Effektgröße zu bestimmen, hätten wir sehr viele Befragungen einsparen können, um einen so starken Effekt statistisch abzusichern. Allerdings muss bedacht werden, dass dann die Präzision der Schätzung nur gering ausfällt. Das heißt, um die Punktschätzung ergibt sich ein breites Konfidenzintervall.

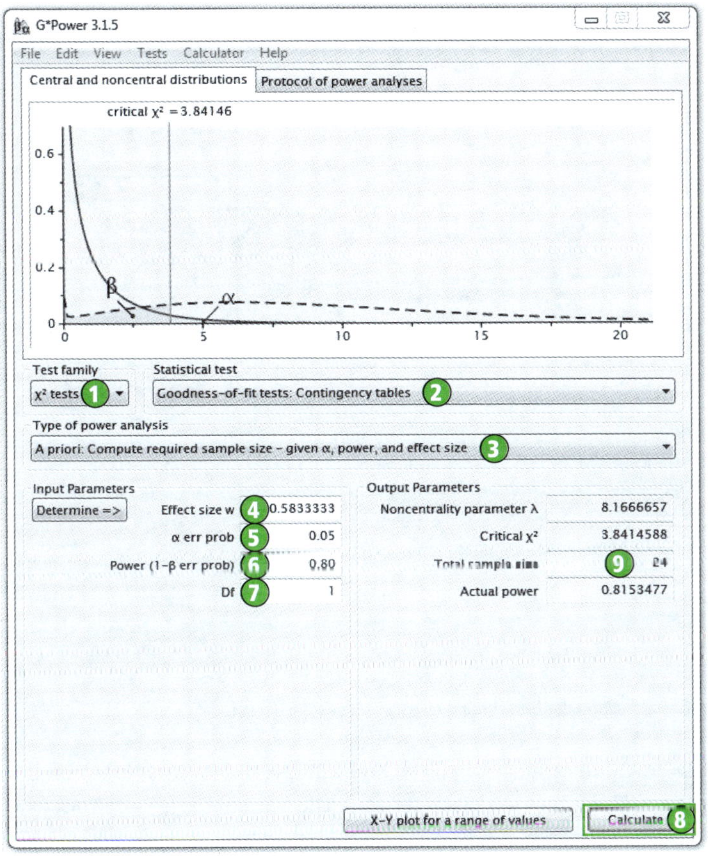

Abbildung 5.57: Stichprobenplanung beim χ^2-Vier-Felder-Test

Voraussetzungen.

- In jeder Zelle sollte mindestens eine Beobachtung vorliegen.
- Die Beobachtungen müssen unabhängig voneinander sein.
- Jede Person muss einer Zelle eindeutig zuzuweisen sein.

Beispiel und Daten. Verwenden Sie für das Beispiel den Datensatz „Buch_t-Test" mit n = 180 Patienten, bei denen nach der Therapie diagnostiziert wurde, ob sie sich gegenüber der Eingangsmessung verbessert haben. Die Variable lautet sig_Verb (keine Besserung = 0, Besserung = 1). Wir gehen davon aus, dass in der Therapiegruppe die Häufigkeit gebesserter Patienten größer ist als in der Kontrollgruppe, was eine einseitige Hypothese darstellt. Wir wählen eine Fehlerwahrscheinlichkeit 1. Art von $\alpha = 0.05$.

χ^2-Vier-Felder-Test für unabhängige Stichproben mit SPSS.

Bitte klicken Sie in SPSS auf ANALYSIEREN → DESKRIPTIVE STATISTIKEN → KREUZTABELLEN. Es öffnet sich das linke Fenster in ▶*Abbildung 5.58*.

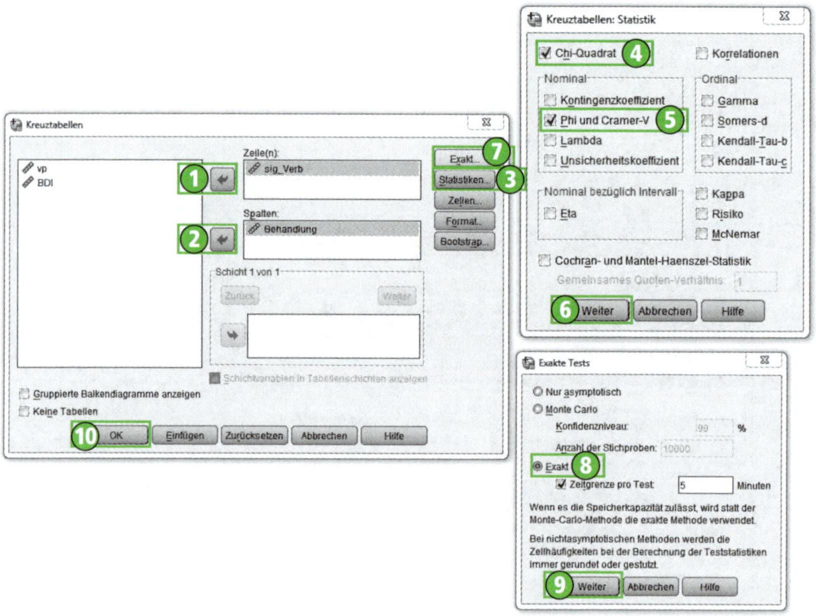

Abbildung 5.58: Darstellung der Berechnung eines χ^2-Vier-Felder-Tests in SPSS

Markieren Sie dort die Variable sig_Verb und klicken Sie dann auf den Pfeil ❶ zwischen der linken Liste und der rechten Liste ZEILE(N). Die Variable sig_Verb findet sich ursprünglich links und wird durch Klicken in die Liste ZEILE(N) verschoben. Markieren Sie anschließend die Variable Behandlung (ursprünglich auch links) und klicken Sie auf den Pfeil ❷ zwischen der linken Liste und der Liste SPALTEN rechts. Klicken Sie dann auf die Schaltfläche STATISTIKEN... ❸. Es öffnet sich das rechte obere Fenster in *Box 5.58*. Klicken Sie dort in das Kästchen neben CHI-QUADRAT ❹, anschließend auf das Kästchen PHI UND CRAMER-V ❺ und schließlich auf WEITER ❻. Nun gelangen Sie zum linken Fenster in *Abbildung 5.58* zurück. Klicken Sie nun auf die Schaltfläche EXAKT... ❼. Jetzt öffnet sich das rechte untere Fenster in *Abbildung 5.58*. Markieren Sie in diesem Fenster den Punkt vor EXAKT ❽ und klicken Sie dann auf WEITER ❾. Das Fenster schließt sich und Sie müssen im linken Fenster nur noch mit OK ❿ bestätigen. Es ergibt sich im SPSS-Ausgabefenster zunächst folgende Ausgabe (▶*Abbildung 5.59*).

sig_Verb * Behandlung Kreuztabelle

Anzahl				
		Behandlung		
		keine Behandlung	Behandlung	Gesamt
sig_Verb	,00	① 50	③ 30	80
	1,00	② 40	④ 60	100
	Gesamt	90	90	180

Abbildung 5.59: Darstellung einer Kreuztabelle in der SPSS-Ausgabe für den χ^2-Vier-Felder-Test

In *Abbildung 5.59* ist eine Kreuztabelle dargestellt. Wir sehen, dass sich in der Kontrollgruppe die Symptomatik bei 50 Patienten ① nicht klinisch gebessert, aber bei 40 Patienten ② verbessert hat. In der Experimentalgruppe trat keine Verbesserung bei 30 Patienten ③ auf, bei 60 Patienten ④ fand eine Verbesserung statt.

In ▶*Abbildung 5.60* ist zuerst die χ^2-Prüfgröße nach Pearson ① ohne Kontinuitätskorrektur dargestellt. In den Zeilen darunter sind die χ^2-Prüfgröße mit Kontinuitätskorrektur ② und die χ^2-Prüfgröße des Likelihood-Quotienten-Tests ③ abgetragen. Die zweiseitigen Überschreitungswahrscheinlichkeiten sind in der Spalte ASYMPTOTISCHE SIGNIFIKANZ (2-SEITIG) ④ angegeben. Die Spalte daneben enthält die exakten zweiseitigen Überschreitungswahrscheinlichkeiten ⑤. Da wir hier jedoch eine einseitige Fragestellung vorliegen haben, betrachten wir die Überschreitungswahrscheinlichkeit bei EXAKTE SIGNIFIKANZ (1-SEITIG). Sie beträgt $p = 0.002$ ⑥. Damit ist die exakte einseitige Überschreitungswahrscheinlichkeit p kleiner als unsere vorher gewählte Fehlerwahrscheinlichkeit 1. Art.

Chi-Quadrat-Tests

	Wert	df	Asymptotische Signifikanz (2-seitig) ④	Exakte Signifikanz (2-seitig) ⑤	Exakte Signifikanz (1-seitig)	Punkt-Wahrscheinlichkeit
Chi-Quadrat nach Pearson	① 9,000[a]	1	,003	,004	⑥ ,002	
Kontinuitätskorrektur[b]	② 8,122	1	,004			
Likelihood-Quotient	③ 9,081	1	,003	,004	,002	
Exakter Test nach Fisher				,004	,002	
Zusammenhang linear-mit-linear	8,950[c]	1	,003	,004	,002	,001
Anzahl der gültigen Fälle	180					

a. 0 Zellen (0,0%) haben eine erwartete Häufigkeit kleiner 5. Die minimale erwartete Häufigkeit ist 40,00.

b. Wird nur für eine 2×2-Tabelle berechnet.

c. Die standardisierte Statistik ist 2,992.

Abbildung 5.60: Darstellung der Signifikanz und des χ^2-Werts der SPSS-Ausgabe für den χ^2-Vier-Felder-Test

χ^2-Vier-Felder-Test für unabhängige Stichproben mit R. Für diesen wie für alle folgenden Tests für nominale Daten, die in diesem Kapitel vorgestellt werden, bietet R viele Möglichkeiten an. Wir werden versuchen, die verschiedenen Optionen darzustellen. Generell gilt, dass die einfachste und schnellste Lösung für den Test selbst über den Befehl crossTable aus dem Paket vcd erzielt werden kann. Allerdings bieten sich die anderen gezeigten Wege auch an, da sie verschiedene Zusatzanalysen erlauben. Im Laufe des Kapitels werden wir aber auf die unterschiedlichen Testvarianten eingehen.

Nach dem Einlesen der Daten in das Objekt kap5_4 (siehe *Kapitel 1*), wollen wir zunächst auch eine Tabelle mit den Veränderungen in den Behandlungsgruppen erzeugen. Dazu nutzen wir wieder den Befehl xtabs aus dem Paket vcd:

```
Kreuztabelle2 <- xtabs(~sig_Verb + Behandlung, data = kap5_4)
```

In Klammern hinter dem Befehl werden die beiden zu verwendenden Variablen nach dem ~-Zeichen angegeben und durch ein Plus verbunden. Schließlich wird noch der Datensatz angegeben.

Für den eigentlichen Test können wir dann dieselbe Funktion nutzen wie im vorherigen Beispiel:

```
chisq.test(Kreuztabelle2)
```

Ebenso ist auch wieder das Simulieren des p-Werts möglich, um ein Ergebnis ähnlich zum exakten Test zu bekommen. Es können aber auch alternative Funktionen genutzt werden:

```
chisq.test(x = kap5_4$Behandlung, y = kap5_4$sig_Verb)
```

oder für das Simulieren des p-Werts:

```
chisq.test(x = kap5_4$Behandlung, y = kap5_4$sig_Verb, simulate.p.value = TRUE,
  B = 10000)
```

Die Ergebnisse entsprechen denen in SPSS. Die p-Werte müssen demnach beim einseitigen Testen analog zum Vorgehen in SPSS halbiert werden.

Eine einfache Variante, die dem SPSS-Output sehr ähnelt, bietet das Paket gmodels **(Warnes, 2015)**. Hier gibt es den Befehl CrossTable (siehe auch *Kapitel 2*), der auf unser Beispiel bezogen mit den folgenden Angaben nicht nur den Signifikanztest sondern auch eine Kreuztabelle mit zahlreichen Angaben liefert:

```
library(gmodels)
Kreuztabelle2a <- CrossTable(x = kap5_4$Behandlung, y = kap5_4$sig_Verb, digits = 1,
format = "SPSS", chisq = TRUE)
```

Wenn man hier anstelle von chisq = TRUE die Anweisung fisher = TRUE schreibt, erhält man einen exakten Test, inklusive der ein- und zweiseitigen p-Werte.

Fazit. Es liegt ein statistisch signifikantes Ergebnis vor. Nun müssen wir noch die Effektstärke und die Teststärke ermitteln.

Teststärke und Effektstärke mit G*Power. Nachdem G*Power gestartet wurde, wählen wir unter TEST FAMILY wieder einmal die Option „χ^2 TESTS" ❶ aus (▶*Abbildung 5.61*). Anschließend entscheiden wir uns unter STATISTICAL TEST für GOODNESS-OF-FIT TESTS: CONTINGENCY TABLES ❷. Danach wählen wir unter TYPE OF POWER ANALYSIS die Option POST HOC: COMPUTE ACHIEVED POWER – GIVEN α, SAMPLE SIZE, AND EFFECT SIZE ❸. Nun können wir den entsprechenden Wert für α eintragen und setzen α auf 0.10 ❹. Wir müssen den Wert für den α-

Fehler verdoppeln, da wir einseitig testen wollen. Nun tragen wir unter TOTAL SAMPLE SIZE ⑤ die Stichprobengröße von $n = 180$ ein. Sie entspricht der Summe aller Zellhäufigkeiten. Bei DF ⑥ geben wir die Freiheitsgrade ein, in unserem Beispiel den Wert 1. Die Effektstärke berechnen wir über DETERMINE => ⑦. Danach klicken wir auf NUMBERS OF CELLS und geben den Wert 4 für die Anzahl der Zellen ein. Jetzt geben wir unter P(H0) die erwarteten relativen Häufigkeiten unter der Nullhypothese an und unter P(H1) die beobachteten relativen Häufigkeiten unter der Alternativhypothese. Die erwarteten relativen Häufigkeiten ergeben sich durch Multiplikation der jeweiligen Randsummen, geteilt durch die Stichprobengröße n. Die beobachteten relativen Häufigkeiten für die Zellen ergeben sich aus der beobachteten Häufigkeit, geteilt durch die Stichprobengröße n. Nun klicken wir auf CALCULATE AND TRANSFER TO MAIN WINDOW ⑧. Nach diesen Schritten muss nur noch die Schaltfläche CALCULATE ⑨ angeklickt werden und wir erhalten neben der Effektstärke ⑩ auch die Teststärke im Kästchen neben POWER ($1 - \beta$ ERR PROB) angezeigt.

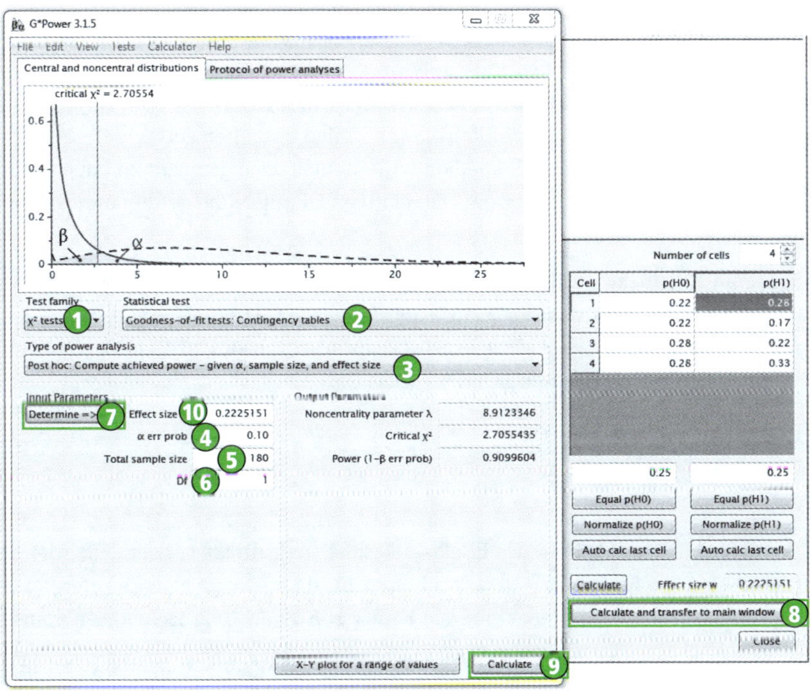

Abbildung 5.61: Ermittlung der Post-hoc-Teststärke mit G*Power für das SPSS-Beispiel

Teststärke und Effektstärke mit R. Wieder nutzen wir zur Bestimmung der Effektstärke und der Teststärke das Paket pwr. Um die Effektstärke zu ermitteln, müssen wir zunächst die Zellwahrscheinlichkeiten unter Annahme der Alternativhypothese festlegen. Da es sich hier nun um eine Kontingenztabelle handelt, machen wir das in Form einer Matrix.

```
a1 <- 50/180
b1 <- 30/180
c1 <- 40/180
d1 <- 60/180
```

oder:

```
a1 <- Kreuztabelle2[1,1]/180
b1 <- Kreuztabelle2[1,2]/180
c1 <- Kreuztabelle2[2,1]/180
d1 <- Kreuztabelle2[2,2]/180
```

dann weiter mit:

```
p_h1 <- matrix(c(a1, b1, c1, d1), nrow = 2, byrow = TRUE)
w_h1 <- ES.w2(p_h1)
```

Zunächst nutzen wir also die Häufigkeitsangaben, um die unter der Alternativhypothese erwarteten Häufigkeiten in Form von relativen Häufigkeiten zu ermitteln. Die einfachste Variante ist, sich die Werte aus der Kreuztabelle aufzuschreiben und die Verhältnisse zu definieren. Wir geben hier aber auch eine weitere Variante an. Die Zahlen stehen in der Kreuztabelle, die wir angelegt haben. Diese ist eine Matrix. In R können wir auf die Elemente der Matrix zugreifen, indem wir den Namen der Matrix mit einer eckigen Klammer folgen. Die Zahlenkombinationen hierin geben die Zellen in der Matrix an. In beiden Fällen kombinieren wir die vier relativen Häufigkeiten dann in einer weiteren Matrix. Die Zusätze `nrow = 2` und `byrow = TRUE` legen fest, dass die Matrix zwei Zeilen enthalten soll und die Angaben zeilenweise gemacht wurden. Wer sicher gehen will, nichts falsch gemacht zu haben, kann sich das Objekt `p_h1` einfach ausgeben lassen. Die relativen Häufigkeiten sollten nun in den richtigen Zellen stehen.

Der eigentliche Befehl zur Effektstärkenberechnung lautet dann `ES.w2`. Hier müssen wir lediglich noch den Namen mit der Matrix der unter der Alternativhypothese erwarteten relativen Zellhäufigkeiten angeben. Die Abweichungen (ab der dritten Dezimalstelle) zu G*Power entstehen durch Rundungsfehler.

Um nun die Teststärke zu schätzen, nutzen wir den Befehl

```
pwr_p_h1 <- pwr.chisq.test(w = w_h1, N = 180, df = 1, sig.level = 0.10, power = NULL)
pwr_p_h1
```

Wieder können wir das Ergebnis der Effektstärkeschätzung direkt verwenden. Alle anderen Angaben sind bereits mehrfach erläutert. Wichtig ist für dieses Beispiel, dass aufgrund des einseitigen Tests eine Wahrscheinlichkeit für den Fehler 1. Art von 10 Prozent angenommen wird.

Der Wert für die Teststärke lautet 0.91. Die Teststärke ist demnach ausreichend hoch, die Effektstärke mit 0.22 jedoch nur gering bis moderat.

Fazit. Wir entscheiden uns, die Nullhypothese zu verwerfen und anzunehmen, dass die Therapie wirkt. Im Falle der Anwendung eines exakten Tests wird lediglich die Überschreitungswahrscheinlichkeit p angegeben.

Praxistipp In einem Artikel würden wir die Ergebnisse so zusammenfassen:

$p = 0.002$ (exakter Test), einseitig, r bzw. $w = 0.22$, $1-\beta = 0.91$.

5.3.3 McNemar-Test

Fragestellung. Dieser Test betrachtet nur die Personen einer Stichprobe, die zwischen zwei Messzeitpunkten die Kategorie gewechselt haben. Er wird als Test zur Messung der Veränderung nominalskalierter Variablen herangezogen („test for significance of change"), beispielsweise wenn sich das Verhalten von Personen geändert hat (▶*Abbildung 5.62*).

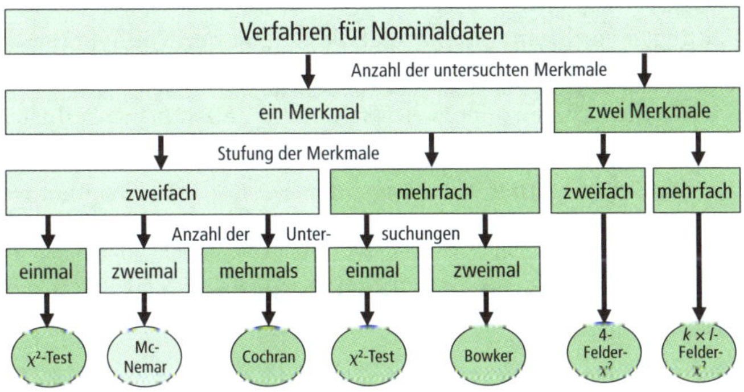

Abbildung 5.62: Einordnung des McNemar-Tests in die nonparametrischen Tests für nominale Daten

Beispiel. Im Rahmen einer Therapie-Evaluation wird ermittelt, wie viele Angstpatienten nach einer 25 Sitzungen andauernden Therapie als klinisch relevant gebessert gelten können. Es wurden 40 Angstpatienten untersucht. Es ergab sich die in ▶*Abbildung 5.63* dargestellte Vier-Felder-Tafel.

		nach der Therapie		
	Diagnose	gesund	krank	Summe
vor der Therapie	gesund	10 (a)	2 (b)	12 (e)
	krank	13 (c)	15 (d)	28 (f)
	Summe	23 (g)	17 (h)	40 (N)

Abbildung 5.63: Beispiel für einen McNemar-Test

Hypothesen. Die Hypothesen beim McNemar-Test beziehen sich auf die Zellen b und c. Man geht davon aus, dass unter Annahme der Nullhypothese diese Zellen gleich besetzt sind. Das heißt, dass genauso viele Gesunde durch die Therapie krank werden wie Kranke durch die Therapie gesund. In diesem Fall hat die Therapie keinen Effekt. Beim McNemar-Test ist die Prüfung der folgenden Hypothesen möglich:

- *Nullhypothese:* Die Zellhäufigkeiten b und c sind in der Grundgesamtheit gleich. Das heißt, dass die Therapie keinen Effekt hat.
- *ungerichtete Alternativhypothese:* Die Zellhäufigkeiten b und c sind in der Grundgesamtheit nicht gleich. Das heißt, dass die Therapie einen Effekt hat.

- *gerichtete Alternativhypothesen:* Die Zellhäufigkeit für Zelle b ist in der Grundgesamtheit höher als für Zelle c oder die Zellhäufigkeit für Zelle c ist in der Grundgesamtheit höher als für Zelle b: Die Therapie führt zu einer Genesung der Patienten ($c > b$) oder die Therapie hat einen negativen Effekt ($b > c$).

Prüfgröße. Im Prinzip geht es um die Frage, ob sich die grün markierten Felder b und c in der Tafel unterscheiden: Falls die Änderungen zufällig sind, sollten etwa gleich viele Änderungen in beide Richtungen vorliegen. Daraus folgt, dass unter der Nullhypothese in beiden Zellen dieselbe Anzahl von Personen zu finden ist. Anders ausgedrückt, spricht es für die Nullhypothese, wenn die Differenz der Häufigkeiten der Zellen $b - c$ null ist. Es werden nur die Personen betrachtet, die ihr Verhalten geändert haben (Zellen b und c). Die erwartete Häufigkeit der beiden Zellen kann mit der folgenden *Formel 5.31* errechnet werden.

Formel 5.31 Erwartungswert der Zellen *b* und *c*

$$f_{e(b)} = f_{e(c)} = \frac{b+c}{2}$$

$f_{b(j)}$ = beobachtete Häufigkeiten in der Zelle j

$f_{e(j)}$ = erwartete Häufigkeiten in der Zelle j

Der McNemar-Test hat eine χ^2-verteilte Prüfgröße, die dem bekannten Grundprinzip folgt, jedoch weiter vereinfacht werden kann:

Formel 5.32 McNemar-Test

$$\chi^2 = \sum_{j=1}^{2} \frac{\left(f_{b(j)} - f_{e(j)}\right)^2}{f_{e(j)}} = \frac{\left(b - \frac{b+c}{2}\right)^2}{\frac{b+c}{2}} + \frac{\left(c - \frac{b+c}{2}\right)^2}{\frac{b+c}{2}} = \frac{(b-c)^2}{b+c}$$

$$f_{e(b)} = f_{e(c)} = \frac{b+c}{2} = \frac{2+13}{2} = 7.5$$

$$\chi^2 = \sum_{j=1}^{2} \frac{\left(f_{b(j)} - f_{e(j)}\right)^2}{f_{e(j)}} = \frac{(2-7.5)^2}{7.5} + \frac{(13-7.5)^2}{7.5}$$

$$\chi^2 = \frac{(2-13)^2}{15} = 8.07$$

$f_{b(j)}$ = beobachtete Häufigkeiten in der Zelle j

$f_{e(j)}$ = erwartete Häufigkeiten in der Zelle j

Die Kontinuitätskorrektur nach Yates berücksichtigt, dass Häufigkeiten diskret, χ^2-Werte hingegen stetig verteilt sind. Mit zunehmender Stichprobengröße fällt diese Korrektur geringer aus. Sie ist dann sinnvoll, wenn die Summe der Häufigkeiten in den Zellen $b + c$ kleiner als 20 ausfällt.

Formel 5.33 Kontinuitätskorrektur

$$\chi^2 = \frac{(|b-c|-0.5)^2}{b+c} = \frac{(|2-13|-0.5)^2}{15} = 7.35$$

Exakter Test. Da es heute ohne viel Rechenaufwand möglich ist, exakte Tests zu rechnen, sollte diese Option wenn möglich allen anderen vorgezogen werden. Der exakte Test ist im Falle des McNemar-Tests der Binomialtest. Dabei wird im Rahmen des Binomialtests π mit 0.50 angegeben und N als Summe aus b und c. Wir kennen folgende Formel für die Wahrscheinlichkeit des Auftretens r günstiger Ereignisse von N möglichen Ereignissen:

Formel 5.34 Binomialverteilung

$$p(x = r; N, p) = \binom{N}{r} \cdot p^r \cdot q^{N-r}$$

Diese Formel lässt sich für $\pi = 0.50$ wie folgt vereinfachen:

$$p(x = r; N, p = 0.50) = 0.5^N \binom{N}{r}$$

Wir benötigen aber die Wahrscheinlichkeit für $r = 13$ und $r = 14$ und $r = 15$ Günstige aus den $N = 15$ Möglichen, da die Alternativhypothese gerichtet ist und wir annehmen, dass sich mindestens 13 Personen verbessert haben. Dazu müssen wir die Einzelwahrscheinlichkeiten ermitteln und schließlich aufsummieren (es sind sich ausschließende Ergebnisse):

$$p(x = 13; 15, p = 0.50) = 0.5^{15} \binom{13}{14} = 0.0032043$$

$$p(x = 14; 15, p = 0.50) = 0.5^{15} \binom{15}{14} = 0.00045776$$

$$p(x = 15; 15, p = 0.50) = 0.5^{15} \binom{15}{15} = 0.000031$$

$$p = 0.0032043 + 0.00045776 + 0.000031 = 0.00369$$

Da die Verteilung symmetrisch ist, erhält man, wenn man 15 über 2, 15 über 1 und 15 über 0 berechnet, dasselbe Ergebnis wie für 15 über 13, 15 über 14 und 15 über 15. Angegeben ist hier die Wahrscheinlichkeit für den einseitigen Test. Möchten wir jedoch zweiseitig testen, dann muss der p-Wert einfach verdoppelt werden. Es ergibt sich dann ein p-Wert von $p \approx 0.007$.

Entscheidung. Der exakte Test zeigt ein statistisch signifikantes Ergebnis ($p < 0.01$ (einseitig)) an. Die Überschreitungswahrscheinlichkeit p beträgt für einen $\chi^2_{df=1}$ von 7.35 oder größer $p = 0.0067$ (zweiseitig). Wenn wir den p-Wert halbieren, erhalten wir den einseitigen p-Wert $p = 0.0035$. Es liegt also ein statistisch signifikantes Ergebnis vor und wir lehnen die Nullhypothese ab. Wir nehmen daher an, dass die Therapie wirkt. Allerdings sollten wir noch die Effektstärke und die Teststärke bestimmen, um die Aussagekraft unserer Studie besser beurteilen zu können.

Effektstärke. Die Effektstärke für die Therapiewirkung fällt mit r bzw. $w = 0.70$ hoch aus.

Formel 5.35 Effektstärke

$$r \text{ bzw. } w = \sqrt{\frac{\chi^2}{n}} = \sqrt{\frac{7.35}{15}} = 0.70$$

Teststärke in G*Power. Die Teststärke kann wiederum mithilfe von G*Power bestimmt werden (siehe ▶*Abbildung 5.64*). Nachdem G*Power gestartet wurde, wählen wir unter TEST FAMILY die Option χ^2 TESTS ① aus. Anschließend entscheiden wir uns unter STATISTICAL TEST für GOODNESS-OF-FIT TESTS: CONTINGENCY TABLES ②. Danach wählen wir unter TYPE OF POWER ANALYSIS die Option POST HOC: COMPUTE ACHIEVED POWER – GIVEN α, SAMPLE SIZE, AND EFFECT SIZE ③. Nun können wir die entsprechenden Werte eintragen und setzen α auf 0.05 ④ und die Stichprobengröße bei TOTAL SAMPLE SIZE auf 15 ⑤. Diese entspricht der Summe der Häufigkeiten aus den Zellen b und c. Die Anzahl an Freiheitsgraden beträgt in unserem Fall $df = 1$ ⑥. Die Effektstärke berechnen wir über DETERMINE => ⑦. Jetzt klicken Sie auf NUMBERS OF CELLS und geben den Wert 2 für die beiden Zellen b und c ein. Geben Sie jetzt unter P(H0) die erwarteten relativen Häufigkeiten unter der Nullhypothese an und unter P(H1) die beobachteten relativen Häufigkeiten unter der Alternativhypothese. Wir erwarten unter der Nullhypothese, dass beide Zellen gleich besetzt sind und die Wahrscheinlichkeit für jede Zelle jeweils 0.50 beträgt. Diese Wahrscheinlichkeiten geben wir unter P(H0) ein. Die beobachtete Häufigkeit für Zelle c ist 13. Damit ergibt sich eine beobachtete Wahrscheinlichkeit von $\frac{13}{15} = 0.867$. Die Wahrscheinlichkeit für Zelle b ist dann $1 - 0.867 = 0.133$. Diese Werte geben wir unter P(H1) ein. Nun klicken wir auf CALCULATE AND TRANSFER TO MAIN WINDOW ⑧. Nach diesen Schritten muss nur noch auf die Schaltfläche CALCULATE ⑨ geklickt werden und wir erhalten neben der Effektstärke ⑩ auch die Teststärke im Kästchen neben POWER ($1 - \beta$ ERR PROB) angezeigt. Der Wert lautet 0.81. Die Teststärke ist damit ausreichend hoch.

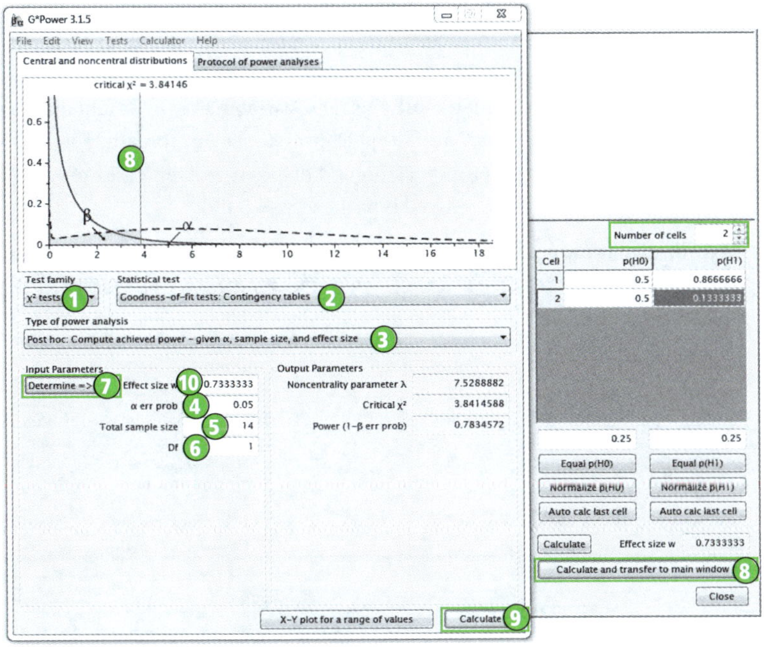

Abbildung 5.64: Ermittlung der Post-hoc-Teststärke mit G*Power

Effektstärke und Teststärke in R. Wir nutzen hier wieder das Vorgehen, welches wir bereits für nominale Daten beschrieben haben:

```
P0 <- c(.5, .5)
P1 <- c(13/15, 2/15)
w_mcn <- ES.w1(P0, P1)
w_mcn
pwr_w_mcn <- pwr.chisq.test(w = w_mcn, N = 15, df = 1, sig.level = 0.05, power = NULL)
pwr_w_mcn
```

Nachdem wir die Zellwahrscheinlichkeiten unter der Null- und der Alternativhypothese festgelegt haben, nutzen wir den `ES.w1`-Befehl zur Berechnung der Effektstärke. Das Ergebnis legen wir in einem Objekt ab, das wir dann in der Teststärkeberechnung wieder aufgreifen. Beide Maße entsprechen den Angaben aus G*Power bis auf Rundungsfehler.

Fazit In diesem Fall lehnen wir die Nullhypothese ab. Ein praktisch bedeutsamer Effekt kann statistisch mit ausreichender Teststärke und einer geringen Überschreitungswahrscheinlichkeit abgesichert werden.

Praxistipp In einem Artikel würden wir die Ergebnisse wie folgt berichten:

$$p = 0.003, \text{ einseitig}, \; r = 0.70, \; 1-\beta = 0.81.$$

$$p = .003, \text{ einseitig}, \; w = .70, \; 1-\beta = .81.$$

Daten und Beispiel. Verwenden Sie für das SPSS-Beispiel den Datensatz „`Buch_t-Test_abhängig.sav`" mit $n = 90$ Personen, die vor und nach einer Behandlung untersucht wurden. Die Variable `Krank_t1` beinhaltet die Information, ob ein Patient zum Testzeitpunkt 1 eine klinisch auffällige Depressionssymptomatik aufwies. Die Variable `Krank_t2` gibt an, ob eine Person zum Testzeitpunkt 2 eine klinisch auffällige Depressionssymptomatik zeigte. Wir gehen davon aus, dass sich nach der Therapie weniger Personen mit einer klinisch auffälligen Depressionssymptomatik finden (einseitige Hypothese, $\alpha = 0.05$).

McNemar-Test für abhängige Stichproben mit SPSS. Bitte klicken Sie in SPSS auf ANALYSIEREN → DESKRIPTIVE STATISTIKEN → KREUZTABELLEN. Es öffnet sich das linke Fenster in ▶*Abbildung 5.65*.

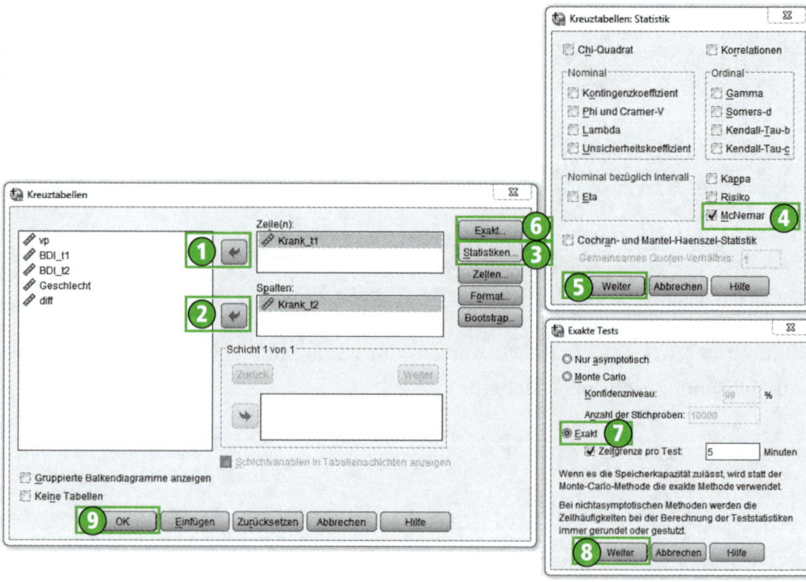

Abbildung 5.65: Darstellung der Berechnung eines McNemar-Tests für abhängige Stichproben in SPSS

Markieren Sie nun die Variable `Krank_t1` und klicken Sie dann auf den Pfeil ❶ zwischen der linken Liste und der Liste ZEILE(N) rechts. Markieren Sie anschließend die Variable `Krank_t2` und klicken Sie auf den Pfeil ❷ zwischen der linken Liste und der Liste SPALTEN rechts. Klicken Sie dann auf die Schaltfläche STATISTIKEN... ❸. Es öffnet sich das rechte obere Fenster in *Abbildung 5.65*. Klicken Sie dann in das Kästchen neben MCNEMAR ❹ und anschließend auf WEITER ❺. Nun gelangen Sie zum linken Fenster in *Abbildung 5.65* zurück. Klicken Sie auf die Schaltfläche EXAKT... ❻. Daraufhin öffnet sich das rechte untere Fenster in *Abbildung 5.65*. Markieren Sie in diesem Fenster den Punkt EXAKT ❼ und klicken Sie dann auf WEITER ❽. Das Fenster schließt sich und Sie müssen im linken Fenster nur noch mit OK ❾ bestätigen. Es ergibt sich im SPSS-Ausgabefenster zunächst die folgende Ausgabe (▶*Abbildung 5.66*).

Krank_t1 * Krank_t2 Kreuztabelle

Anzahl				
		Krank_t2		
		,00 (6)	1,00 (4)	Gesamt
Krank_t1	,00 (3)	40	(1) 0	40
	1,00 (5)	(2) 34	16	50
	Gesamt	74	16	90

Abbildung 5.66: Darstellung der deskriptiven Statistiken der SPSS-Ausgabe für den McNemar-Test

In *Abbildung 5.66* ist eine Kreuztabelle dargestellt. Für uns interessant sind nur die Zellen (1) und (2). Sie zeigen, dass kein zum Zeitpunkt 1 gesunder Patient (3) durch die Therapie krank geworden ist (4) und 34 Patienten, die zum Zeitpunkt 1 krank waren (5), zum Zeitpunkt 2 zu den gesunden Patienten gehörten (6).

In ▶*Abbildung 5.67* ist die exakte Signifikanz angegeben, einmal zweiseitig (1) und einmal einseitig (2). Die Überschreitungswahrscheinlichkeit ist kleiner als $p = 0.001$.

Chi-Quadrat-Tests

	Wert	Exakte Signifikanz (2-seitig)	Exakte Signifikanz (1-seitig)	Punkt-Wahrscheinlichkeit
McNemar-Test		(1) ,000[a]	(2) ,000[a]	,000[a]
Anzahl der gültigen Fälle	90			

a. Verwendete Binomialverteilung

Abbildung 5.67: Darstellung der Signifikanz und des *z*-Werts der SPSS-Ausgabe für den McNemar-Test

McNemar-Test für abhängige Stichproben mit R. Um mit R denselben Output zu erzeugen, nutzen wir den Befehl `CrossTable` aus dem Paket `gmodels`:

```
library(gmodels)
Kreuztabelle3 <- CrossTable(x = kap5_2$Krank_t1, y = kap5_2$Krank_t2, digits =
   1, format = "SPSS", mcnemar = TRUE, fisher = TRUE)
Kreuztabelle3
```

Wir erstellen also eine Kreuztabelle aus den beiden Variablen `Krank_t1` und `Krank_t2` aus dem Datensatz `kap5_2`. Die Kreuztabelle soll Angaben mit einer Dezimalstelle enthalten und wie in SPSS formatiert sein. Schließlich verlangen wir noch den McNemar-Test und den exakten Test.

Fazit. Es liegt ein statistisch signifikantes Ergebnis vor. Nun müssen wir noch die Effektstärke und die Teststärke ermitteln.

Teststärke und Effektstärke in G*Power. Nachdem G*Power gestartet wurde, wählen wir unter TEST FAMILY die Option χ^2 TESTS (1) aus (siehe ▶*Abbildung 5.68*). Anschließend entscheiden wir uns unter STATISTICAL TEST für GOODNESS-OF-FIT TESTS: CONTINGENCY TABLES (2). Danach wählen wir unter TYPE OF POWER ANALYSIS die Option POST HOC: COMPUTE ACHIEVED POWER – GIVEN α, SAMPLE SIZE, AND EFFECT SIZE (3). Nun können wir die entsprechenden Werte eintragen, α auf 0.05 (4) setzen und die Stichprobengröße bei TOTAL SAMPLE SIZE auf 34 (5). Diese entspricht der Summe der Häufigkeiten aus den Zellen, in denen sich von Zeitpunkt 1 auf Zeitpunkt 2 Änderungen ergeben haben. Die Anzahl an Freiheitsgraden beträgt in unserem Fall $df = 1$ (6). Die Effektstärke berechnen wir über DETERMINE => (7). Jetzt klicken Sie auf NUMBERS OF CELLS und geben den Wert 2 für die beiden Zellen ein. Wir erwarten unter der Nullhypothese, dass beide Zellen gleich besetzt sind und die Wahrscheinlichkeit für jede Zelle jeweils 0.50 beträgt. Diese Wahrscheinlichkeiten geben wir unter P(H0) ein. Die beobachtete Häufigkeit für Zelle $c(1,0)$ ist 34. Damit ergibt sich eine beobachtete Wahrscheinlichkeit von 34 / 34 = 1. Die Wahrscheinlichkeit für Zelle $b(0,1)$ ist dann $1 - 1 = 0$. Diese Werte geben wir unter P(H1) ein. Nun klicken wir auf CALCULATE AND TRANSFER TO MAIN WINDOW (8). Nach diesen Schritten muss nur noch die Schaltfläche CALCULATE (9) angeklickt werden und wir erhalten neben der Effektstärke (10) auch die Teststärke im Kästchen neben POWER ($1 - \beta$ ERR PROB) angezeigt. Der Wert lautet 0.999946. Die Teststärke ist demnach sehr hoch und die Effektstärke mit 1.0 ebenfalls sehr groß.

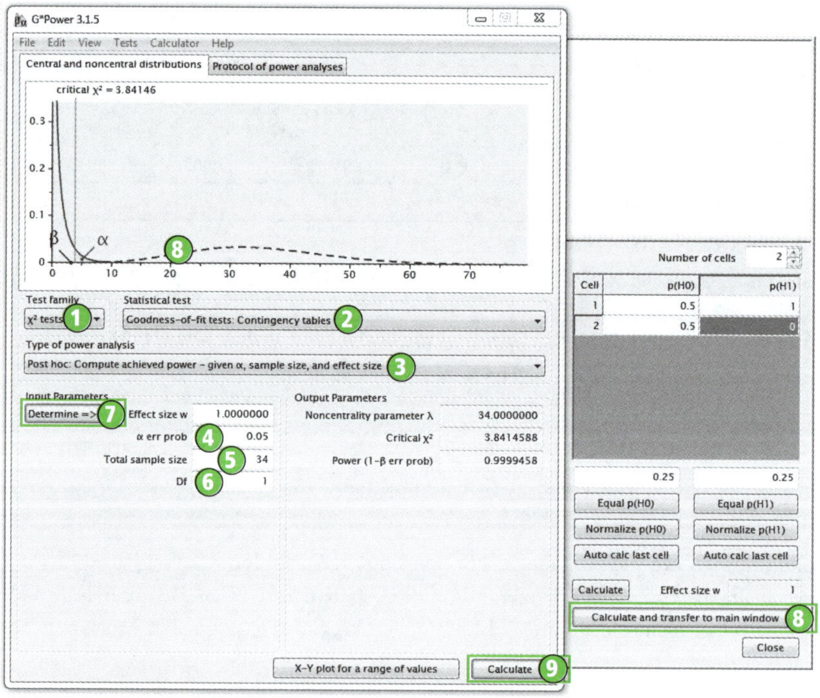

Abbildung 5.68: Ermittlung der Post-hoc-Teststärke mit G*Power für das SPSS-Beispiel

Effekt- und Teststärke in R. Hier wollen wir nun auch das Ergebnis aus dem `CrossTable`-Befehl nutzen. Prinzipiell greifen wir wieder auf das Paket **`pwr`** und die Befehle `ES.w1` sowie `pwr.chisq.test` zurück. Zunächst müssen wir also wieder die Wahrscheinlichkeiten der Zellen b und c unter Annahme der Alternativ- und Nullhypothese festlegen. Letzteres ist einfach und entspricht jeweils 0.50. Die Wahrscheinlichkeiten unter Annahme der Alternativhypothese entsprechen den relativen Häufigkeiten. Diese könnten wir nun einfach berechnen, oder aber wir nutzen die bereits erstellten Angaben in R:

```
p_b <- Kreuztabelle3$t[1, 2] / (Kreuztabelle3$t[1, 2] + Kreuztabelle3$t[2, 1])
p_c <- Kreuztabelle3$t[2, 1] / (Kreuztabelle3$t[1, 2] + Kreuztabelle3$t[2, 1])
P0 <- c(.5, .5)
P1 <- c(p_b, p_c)
w_mcn <- ES.w1(P0, P1)
w_mcn
pwr_w_mcn <- pwr.chisq.test(w = w_mcn, N = 34, df = 1, sig.level = 0.05, power = NULL)
pwr_w_mcn
```

Zunächst berechnen wir die Wahrscheinlichkeit für die Zelle b (`p_b`). Dazu müssen wir rechnen: $b/(b + c)$. Den Wert für b erhalten wir aus dem Objekt `Kreuztabelle3`, in dem wir unsere Kreuztabelle abgelegt haben. Die einzelnen Elemente eines solchen Objekts kann man sich über den Befehl `str` (siehe *Kapitel 1*) ausgeben lassen. So wissen wir, dass im Objektelement t eine Matrix mit den absoluten Zellhäufigkeiten liegt. Diese Information lesen wir nun aus, indem wir den Namen des Objekts und des Objektelements mit einem `$`-Zeichen verbinden. In den eckigen Klammern ist die jeweilige Zelle der Matrix angegeben. So verfahren wir auch für die Wahrscheinlichkeit der Zelle c. Nun können wir die jeweiligen Zellwahrscheinlichkeiten unter Annahme der Nullhypothese (P0) und der Alternativhypothese (P1) festlegen. Mithilfe der folgenden Formeln können wir dann die Effektstärke und die Teststärke berechnen.

Fazit. Wir entscheiden uns, die Nullhypothese abzulehnen, und nehmen an, die Therapie wirkt.

Praxistipp

In einem Artikel würden wir die Ergebnisse so zusammenfassen: $p < 0.001$, einseitig, $w = 1.0$, $1 - \beta = 0.99$.

Literatur

Brown, M. B. & Forsythe, A. B. (1974). Robust tests for the equality of variances. *Journal of the American Statistical Association*, 69, 364–367.

Canty, A. & Ripley, B. (2014). boot: Bootstrap R (S-Plus) Functions (Version 1.3-11).

Champeley, S. (2015). pwr: Basic Functions for Power Analysis (Version 1.1-3).

Cohen, J. (1988). *Statistical power analysis for the behavioural sciences, 2nd edition*. Hillsdale: Lawrence Erlbaum.

Del Re, A. (2014). Compute Effect Sizes (Version 0.2-4).

Dragulescu, A. A. (2014). xlsx: Read, write, format Excel 2007 and Excel 97/2000/XP/2003 files (Version 0.5.7).

Fahrmeir, L., Kneib, T. und Lang, S. (2007). *Regression: Modelle, Methoden und Anwendungen*. Berlin: Springer.

Fahrmeier, L., Künstler, R., Pigeot, I. & Tutz, G. (2004). Statistik. *Der Weg zur Datenanalyse, 5. Auflage*. Berlin: Springer.

Gastwirth, J. L. G., Yulia R.; Wallace Hui, W. L.; Lyubchich, Vyacheslav; Miao, Weiwen; Noguchi, Kimihiro. (2015). lawstat: Tools for Biostatistics, Public Policy, and Law. R package version 3.0. *https://CRAN.R-project.org/package=lawstat*

Hines, W. G. S. & Hines, R. J. (2000). Increased power with modified forms of the Levene (med) test for heterogeneity of variance. *Biometrics*, 56, 451–454.

Jacobson, N. S. & Truax, P. (1991). Clinical-Significance – a Statistical Approach to Defining Meaningful Change in Psychotherapy-Research. *Journal of Consulting and Clinical Psychology*, 59, 12–19.

Kubinger, K. D., Rasch, D. & Moder, K. (2009). Zur Legende der Voraussetzungen des *t*-Tests für unabhängige Stichproben. *Psychologische Rundschau*, 60, 26–27.

Meyer, D., Zeileis, A., Hornik, K. (2015). vcd: Visualizing Categorical Data. R package version 1.4-3.

Rasch, D. & Guiar, V. (2004). The robustness of parametric statistical methods. *Psychology Science*, 46, 175–208.

Revelle, W. (2015). psych: Procedures for Personality and Psychological Research (Version 1.5.4). Evanston, Illinois, USA.

Team, R. C. (2014a). foreign: Read Data Stored by Minitab, S, SAS, SPSS, Stata, Systat, Weka, dBase R package (Version 0.8-61).

Team, R. C. (2014b). R: A Language and Environment for Statistical Computing.

Warnes, G. R., Bolker, B., Lumley, T., Johnson, R. C. (2015). gmodels: Various R Programming Tools for Model Fitting. R package version 2.16.2. *https://CRAN.R-project.org/package=gmodels*.

Wickham, H. (2009). ggplot2: elegant graphics for data analysis. New York: Springer New York.

Empfohlene Literatur

Fahrmeier, L., Künstler, R., Pigeot, I. & Tutz, G. (2004). Statistik. *Der Weg zur Datenanalyse, 5. Auflage.* Berlin: Springer.

Hays, W. L. (1994). *Statistics, 5th edition.* Belmont: Wadsworth.

Howell, D. C. (2007). *Statistical methods for Psychology, 6th edition.* Belmont: Thompson Wadsworth.

Sedlmeier, P. und Renkewitz, F. (2008). *Forschungsmethoden und Statistik in der Psychologie.* München: Pearson.

Steyer, R. (2005). Analyzing Individual and Average Causal Effects via Structural Equation Models. *Methodology European Journal of Research Methods for the Behavioral and Social Sciences, 1*, 39–54.

Übungsaufgaben mit Lösungen sowie Datenfiles zum Nachvollziehen der Beispiele und weitere Informationen zu diesem Buchkapitel finden Sie auf der Website zum Buch unter *http://www.pearson-studium.de.*

Verfahren zur Prüfung von Mittelwertsunterschieden bei mehr als zwei Gruppen

6

ÜBERBLICK

» In den vorangegangenen Kapiteln wurden Methoden vorgestellt, um Mittelwertsunterschiede zwischen zwei Gruppen auf statistische Signifikanz zu prüfen. Diese Verfahren eignen sich zwar für Fragestellungen wie: „Unterscheiden sich Frauen und Männer in ihrer Intelligenz?“ oder „Erzielen extrem hoch leistungsmotivierte Personen bessere Ergebnisse in Statistikklausuren als extrem niedrig leistungsmotivierte?“. In der sozialwissenschaftlichen Forschung werden allerdings sehr oft mehr als nur zwei Gruppen betrachtet. So gibt es bei Therapiestudien in der klinischen Psychologie oft zwei Behandlungsgruppen (alte und neue Therapie) und eine Kontrollgruppe. Auch in dem Beispiel, das wir bereits in *Kapitel 2* und *Kapitel 3* verwendet haben, sind die Versuchspersonen auf insgesamt drei verschiedene Gruppen aufgeteilt worden: Fake-Good-Gruppe, Fake-Bad-Gruppe und Kontrollgruppe. Wie wir bereits wissen, sind dies drei Stufen einer unabhängigen Variablen. Im Rahmen der in diesem Kapitel vorgestellten Varianzanalyse wird die unabhängige Variable auch als **Faktor** bezeichnet. Um nun die Frage zu beantworten, ob sich die drei Gruppen in ihren Mittelwerten signifikant unterscheiden, kann kein *t*-Test durchgeführt werden. Es sind auch Versuchspläne möglich, in denen es nicht nur eine unabhängige Variable gibt. So könnte im Rahmen einer klinischen Studie auch untersucht werden, ob Männer mehr oder weniger von einer Therapie profitieren als Frauen. In diesem Fall liegen dann zwei unabhängige Variablen vor: die Interventionsart (alte Therapie, neue Therapie, Kontrollgruppe) und das Geschlecht (Mann, Frau). Auch diese Frage kann mit einem *t*-Test nicht beantwortet werden. In manchen Fällen möchte man untersuchen, ob sich Veränderungen einer Variablen über die Zeit ergeben. Beispielweise wird ein Training am Ende des Trainings und nach sechs bzw. nach zwölf Wochen untersucht (zu drei Messzeitpunkten). Hier bezieht sich das Training auf die abhängige Variable zu drei Messzeitpunkten. Die Messzeitpunkte stellen die unabhängige Variable dar. Die Beispiele zeigen die Notwendigkeit einer weiteren statistischen Verfahrensgruppe auf, der Varianzanalyse. Im folgenden Flussdiagramm in ▶ *Abbildung 6.1* ist noch einmal eine Übersicht der hier behandelten Verfahren zur Unterschiedsprüfung gegeben. «

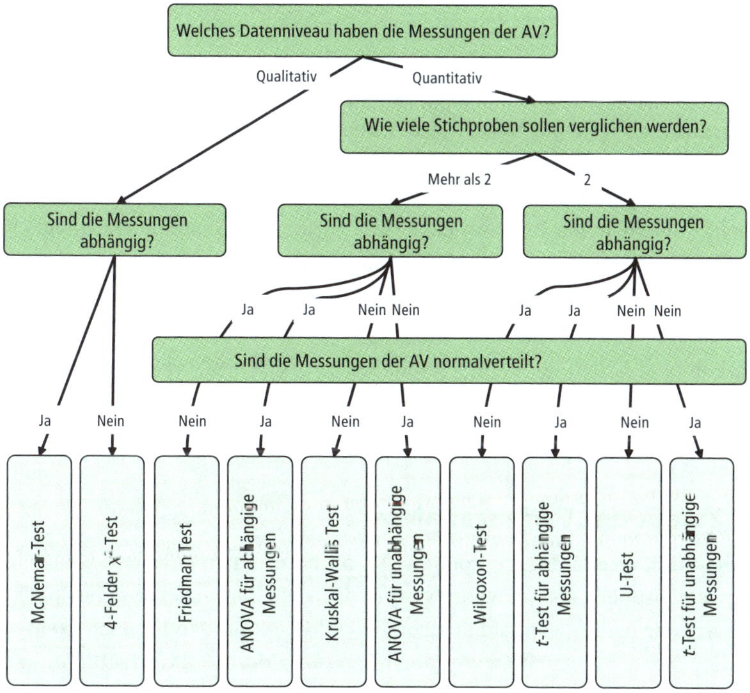

Abbildung 6.1: Flussdiagramm zu Entscheidungen beim Testen auf Mittelwertsunterschiede

Die *univariate Varianzanalyse*, auch *ANOVA* (**An**alysis **o**f **Va**riance) genannt, ist die Methode der Wahl für Versuchspläne, die mehr als eine unabhängige Variable haben oder bei denen die unabhängige oder abhängige Variable mehr als zwei Stufen aufweist. Dabei bezieht sich „univariat" darauf, dass nur eine abhängige Variable vorliegt. Da solche Versuchspläne sehr häufig in der experimentellen Forschung gewählt werden, ist die ANOVA das klassische Verfahren zur Analyse von Experimenten.

In diesem Kapitel wird zunächst das Grundprinzip der Varianzanalyse dargestellt. In den folgenden Abschnitten werden dann die einzelnen varianzanalytischen Verfahren erläutert. Dabei wird zunächst jeweils ein Überblick über die theoretischen Grundlagen gegeben. Diese werden an einem Beispiel erläutert. Abschließend zeigen wir, wie die Umsetzung in SPSS und R erfolgt und worauf bei der Interpretation der Ergebnisse zu achten ist.

Es sei jedoch bereits an dieser Stelle erwähnt, dass die Varianzanalyse selten den Abschluss der Analysen bildet. So zeigt das Ergebnis der ANOVA zwar an, ob sich die Mittelwerte von mindestens zwei Gruppen signifikant unterscheiden, jedoch ist noch kein Rückschluss darauf möglich, zwischen welchen Gruppen der Unterschied besteht. Um dies herauszufinden, sind weitere Analysen notwendig, die ebenfalls hier dargestellt werden.

6.1 Grundidee

Um die Grundidee der Varianzanalyse zu verdeutlichen, verwenden wir wieder unser Beispiel aus *Kapitel 2*. In diesem Beispiel wurden die Versuchspersonen per Zufall auf eine von drei Versuchsbedingungen aufgeteilt. In jeder Bedingung bearbeiteten die Personen verschiedene Leistungsmotivationstests. Allerdings erhielt nur die Kontrollgruppe (KG) die in den Testhandbüchern angegebenen Instruktionen. Die Fake-Bad-Gruppe (FB) wurde instruiert, sich schlechter darzustellen und die Fake-Good-Gruppe (FG) sollte sich möglichst positiv darstellen. Eine genauere Beschreibung des Versuchsplans findet sich bei Ziegler et al. (2007). Unter anderem wurde auch die Kurzversion des Leistungsmotivationsinventars, LMI-K (Schuler & Prochaska, 2001), durchgeführt. Eine Frage bei dieser Untersuchung lautete dementsprechend, ob sich die Mittelwerte der drei Gruppen im LMI-K unterscheiden. Zur Beantwortung dieser Frage wurde eine ANOVA durchgeführt. Aber warum kann dies nicht mit einem *t*-Test geprüft werden?

6.1.1 Zweck der Varianzanalyse

Mehr als zwei Gruppen oder Messzeitpunkte. Während mit dem *t*-Test auf einen Unterschied zwischen zwei Gruppen getestet werden kann, prüft die Varianzanalyse beispielsweise den Einfluss einer oder mehrerer unabhängiger Variablen auf eine (oder auch mehrere) abhängige Variablen. Dieser Unterschied wird auch in ▶*Abbildung 6.2* verdeutlicht. In der linken Abbildung sind die Mittelwerte von zwei Gruppen abgetragen. In der rechten Abbildung sind im Gegensatz dazu die Mittelwerte von drei Gruppen abgetragen. Will man nun in beiden Fällen alle Mittelwerte miteinander vergleichen, so ergeben sich ein Vergleich für den im linken Diagramm dargestellten Fall (*Fake-Good vs. Fake-Bad*) aber drei Vergleiche für den rechts dargestellten Fall (*Fake-Good vs. Fake-Bad*, *Fake-Good vs. Kontrollgruppe* und *Fake-Bad vs. Kontrollgruppe*).

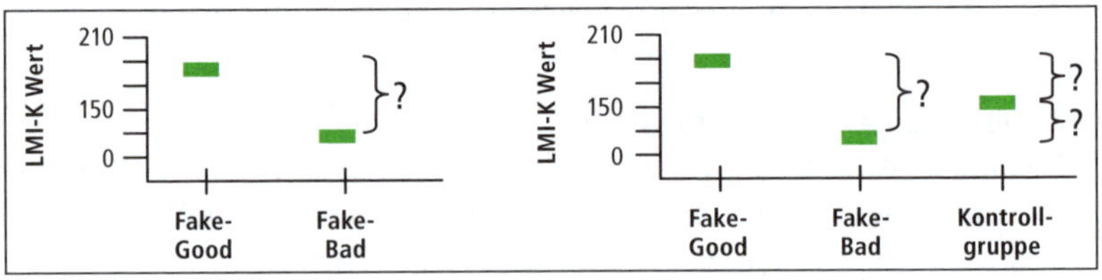

Abbildung 6.2: Grafischer Vergleich *t*-Test und ANOVA

Lokales Singifikanzniveau. Das Problem könnte auch durch separate *t*-Tests gelöst werden. Verwirft jeder einzelne Signifikanztest die Nullhypothese mit der vorher festgelegten Fehlerwahrscheinlichkeit 1. Art, spricht man davon, dass das **lokale Signifikanzniveau** eingehalten wird. Für jeden einzelnen Test gilt also, dass die Fehlerwahrscheinlichkeit 1. Art, die Nullhypothese zu Unrecht zu verwerfen, wenn sie in der Population gilt, mit dem vorher festgelegten Fehler 1. Art auch tatsächlich übereinstimmt. Die Wahrscheinlichkeit für einen solchen Fehler wird auch als *comparison-wise error rate* bezeichnet.

Globales Signifikanzniveau. Nun muss aber neben der Betrachtung der Einzeltests auch die Situation beachtet werden, wenn mehrere Tests gemeinsam durchgeführt werden: Man spricht hier auch vom *multiplen Testen* bzw. einer *Testfamilie*. Da wir in einem solchen Fall nicht nur einen t-Test durchführen, sondern mehrere, besteht bei jedem Test die Gefahr eines Fehlers 1. Art. Das **globale Signifikanzniveau** wird eingehalten, wenn die Wahrscheinlichkeit für einen Fehler 1. Art, mindestens eine einzelne Nullhypothese von mehreren zu Unrecht abzulehnen, tatsächlich höchstens so hoch ist wie vorher festgelegt. Wir gehen dabei immer davon aus, dass die Nullhypothese in der Popualtion gilt. Wir können nicht davon ausgehen, dass bei mehreren t-Tests die Irrtumswahrscheinlichkeit für die Testfamilie, die sogenannte *family-wise error rate*, insgesamt nur bei fünf Prozent läge. Die Wahrscheinlichkeit für einen Fehler 1. Art für die Gesamtzahl der durchgeführten Tests bezüglich einer Hypothese, also der Testfamilie, bezeichnet man auch mit dem griechischen Buchstaben π. Es lässt sich nun zeigen, dass diese globale Fehlerwahrscheinlichkeit 1. Art mit der Anzahl der durchgeführten Tests ansteigt und somit nicht mehr fünf Prozent, wie eigentlich angenommen wurde, entspricht. Dabei ist weiterhin zu beachten, ob es sich bei den Tests um *unabhängige Signifikanztests* oder um *abhängige Signifikanztests* handelt.

Unabhängige Signifikanztests. Stellen wir uns vor, dass eine große Stichprobe von Männern und Frauen gezogen wurde, um Intelligenzunterschiede zu untersuchen. Anstatt einen Vergleich mit den Daten der Gesamtstichprobe vorzunehmen, wird die Stichprobe nach dem Alter in mehrere Teilstichproben aufgeteilt. Beispielsweise könnte man Frauen und Männer in die Altersgruppen von 20 bis 29 Jahren, 30 bis 39 Jahren, 40 bis 49 Jahren und so weiter aufteilen und dann t-Tests in diesen unabhängigen Altersgruppen durchführen. Da die Daten, die in den einzelnen t-Tests verwendet werden, immer andere sind, keine der Gruppen also in mehr als einem t-Test auftaucht, sind die Signifikanztests unabhängig voneinander. Wer so die Gruppen lange genug variiert, wird irgendwann wahrscheinlich einen signifikanten Unterschied finden. Von dem signifikanten Ergebnis kann man jedoch nicht ohne Bedenken darauf schließen, dass auch ein Effekt in der Grundgesamtheit vorliegt. Es könnte sich auch nur um ein Stichprobenergebnis handeln, das unter der Nullhypothese zwar extrem unwahrscheinlich ist, dennoch liegt in der Grundgesamtheit kein Unterschied vor. Je häufiger nun kein Unterschied in der Population vorliegt und wir weiter und weiter testen, desto wahrscheinlicher wird es, ein signifikantes Ergebnis mithilfe des Tests zu erhalten. Gegen dieses zufällige Finden statistischer Signifikanzen kann man sich nur mithilfe theoretisch gut hergeleiteter Hypothesen oder mithilfe einer Adjustierung schützen. Bevor wir hierauf eingehen, wollen wir die Wahrscheinlichkeit betrachten, mindestens einen Fehler 1. Art zu begehen, wenn mehrere unabhängige Signifikanztests durchgeführt werden:

Formel 6.1

$1-(1-\alpha)^k$

α = gewählte Irrtumswahrscheinlichkeit

k = Anzahl der Signifikanztests

Beispiel

$1-(1-0.05)^3 = 0.1426$

Das heißt, gilt immer die Nullhypothese, steigt bei drei unabhängigen Signifikanztests die Wahrscheinlichkeit für mindestens einen Fehler 1. Art für die Testfamilie (alle Einzeltests gemeinsam betrachtet) von den angenommenen fünf Prozent auf mehr als 14 Prozent an. Die *Fehlerkumulierung 1. Art* fällt mit der Anzahl an Einzelvergleichen immer drastischer aus. Dies ist in ▶*Abbildung 6.3* veranschaulicht.

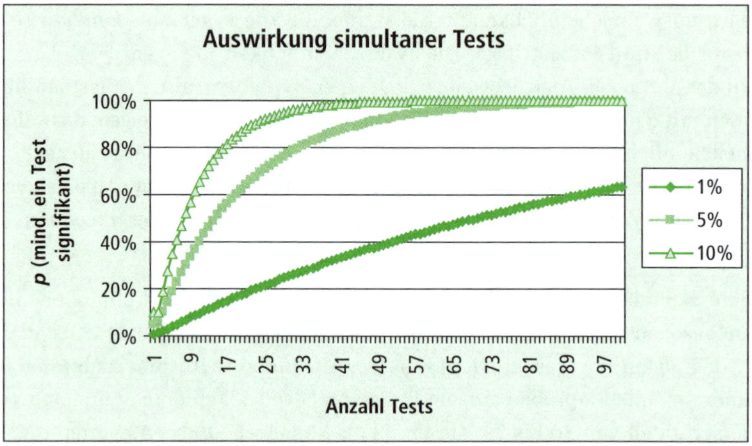

Abbildung 6.3: Auswirkung mehrerer Einzelvergleiche auf die α-Fehlerwahrscheinlichkeit

Auf der *y*-Achse ist die Wahrscheinlichkeit abgetragen, mit der mindestens einer der durchgeführten *t*-Tests fälschlicherweise signifikant wird. Auf der *x*-Achse ist die Anzahl der durchgeführten Vergleiche abgetragen. Die drei Linien stellen jeweils die Wahrscheinlichkeit, mindestens einen Fehler 1. Art zu begehen, für unterschiedliche nominelle Irrtumswahrscheinlichkeiten dar. Es zeigt sich, dass die Kumulation des Fehlers 1. Art steiler ist, wenn die akzeptierte Irrtumswahrscheinlichkeit höher ausfällt. Außerdem wird deutlich, dass sich die Anzahl der durchgeführten Tests auf die Wahrscheinlichkeit für einen Fehler 1. Art auswirkt.

Abhängige Signifikanztests. In unserem Beispiel (KG, FB, FG) könnten wir zur Überprüfung möglicher Mittelwertsunterschiede mehrere *t*-Tests durchführen. Bei diesen Vergleichen sind die Signifikanztests, wie bereits geschildert, nicht mehr unabhängig voneinander, da zum Teil dieselben Daten zur Hypothesenprüfung genutzt werden. So ist bei den Vergleichen zwischen der Fake-Good-Gruppe und der Kontrollgruppe bzw. der Fake-Bad-Gruppe und der Kontrollgruppe immer die Kontrollgruppe Teil der Analyse. Die oben angegebene Formel, mindestens einen Fehler 1. Art zu begehen, ist jedoch nur für unabhängige Signifikanztests exakt. Liegen abhängige Signifikanztests vor, führt die genannte Formel zu keinem exakten Ergebnis. Die Auswirkung dieser Abhängigkeit ist, dass ein signifikantes Ergebnis in einem Test die Wahrscheinlichkeit für ein signifikantes Ergebnis in einem anderen Test erhöht. Wären die Tests komplett abhängig, dann bräuchten wir nur einen Test durchzuführen und wüssten, was bei den anderen herauskommt. Dennoch sollte auch bei abhängigen Tests eine Korrektur vorgenommen werden. Diese ist zwar dann eher konservativ, aber dafür ist man auf der sicheren Seite.

Korrektur. Es gibt verschiedene Möglichkeiten, um sich gegen eine Fehlerinflation 1. Art zu schützen. Eine davon besteht darin, für die Anzahl der durchgeführten Signifikanztests zu korrigieren. Dazu verwendet man folgende Formel, die für unabhängige Signifikanztests exakt ist und für abhängige Tests zu konservativen Entscheidungen führt:

Formel 6.2

$$\alpha_{\text{adjustiert}} = \frac{\pi}{k}$$

$\alpha_{\text{adjustiert}}$ = adjustierte Fehlerwahrscheinlichkeit 1. Art für jeden Einzelvergleich
π = gewählte Wahrscheinlichkeit für den Fehler 1. Art für den Omnibus-Test
k = Anzahl der Einzelvergleiche

Nun müsste für jeden Signifikanztest mit der neuen adjustierten Fehlerwahrscheinlichkeit 1. Art eine Entscheidung herbeigeführt werden. Bei drei Tests beträgt die adjustierte Fehlerwahrscheinlichkeit 1. Art 0.05/3 = 0.0167. Das heißt, erst wenn die Überschreitungswahrscheinlichkeit p bei einem einzelnen *t*-Test unter der adjustierten Fehlerwahrscheinlichkeit 1. Art von 0.0167 liegt, gehen wir für diesen Test von einem statistisch signifikanten Unterschied aus. Wendet man diese Formel auf abhängige Signifikanztests an, führt sie zu konservativen Entscheidungen und damit wird die Nullhypothese zu oft beibehalten, obwohl sie in der Grundgesamtheit nicht zutreffend ist. Dieses Korrekturprinzip sollte nicht nur im Rahmen mehrerer *t*-Tests durchgeführt werden, sondern gilt grundsätzlich immer, wenn mehrere Signifikanztests unter der gleichen Hyptohese vorgenommen werden. Diese Korrekturmöglichkeit wird als Bonferroni-Korrektur bezeichnet. Es gibt auch eine Reihe anderer Korrekturmöglichkeiten, auf die später noch eingegangen wird. Weitere Ausführungen dazu finden Sie in *Abschnitt 6.8*.

Zusammenfassung Es besteht bei jedem Einzelvergleich die Gefahr eines Fehlers 1. Art. Diese Gefahr kumuliert, wenn mehrere Einzelvergleiche durchgeführt werden, daher spricht man auch von **α-Fehlerinflation** bzw. Kumulation des Fehlers 1. Art. Die Wahrscheinlichkeit, bei k unabhängigen Einzelvergleichen einen oder mehrere Fehler 1. Art zu begehen, beträgt:

$$1-(1-\alpha)^k$$

Die Varianzanalyse hilft, die Inflation durch mehrere Einzeltests zu vermeiden. Es wird lediglich ein Signifikanztest (Omnibus-Test oder Globaltest) durchgeführt, und die Wahrscheinlichkeit des Fehlers 1. Art bleibt so bei fünf Prozent. Allerdings zeigt ein signifikantes Ergebnis dann auch lediglich an, dass sich mindestens zwei der Mittelwerte unterscheiden. Welche Mittelwerte das sind, bleibt unklar. So würde ein signifikantes Ergebnis in unserem Beispiel bedeuten, dass sich die Erwartungswerte im LMI-K von mindestens zwei der drei Populationen unterscheiden. Welche das sind, bliebe offen. Es gibt jedoch eine Reihe von Verfahren, die im Anschluss an eine ANOVA durchgeführt werden können, um zu testen, zwischen welchen Bedingungen Unterschiede bestehen (siehe *Abschnitt 6.8*). Bei den meisten dieser Verfahren wird die α-Fehlerinflation berücksichtigt.

Nachdem die Notwendigkeit der ANOVA dargestellt wurde, stellt sich die Frage, nach welchem Prinzip sie funktioniert.

6.1.2 Prinzip der Varianzanalyse

Wie bei allen inferenzstatistischen Verfahren wird auch bei der ANOVA eine Zufallsstichprobe aus einer Population gezogen (siehe ▸*Abbildung 6.4*). Das Vorliegen einer solchen Zufallsstichprobe stellt bereits eine wichtige Voraussetzung für die ANOVA dar.

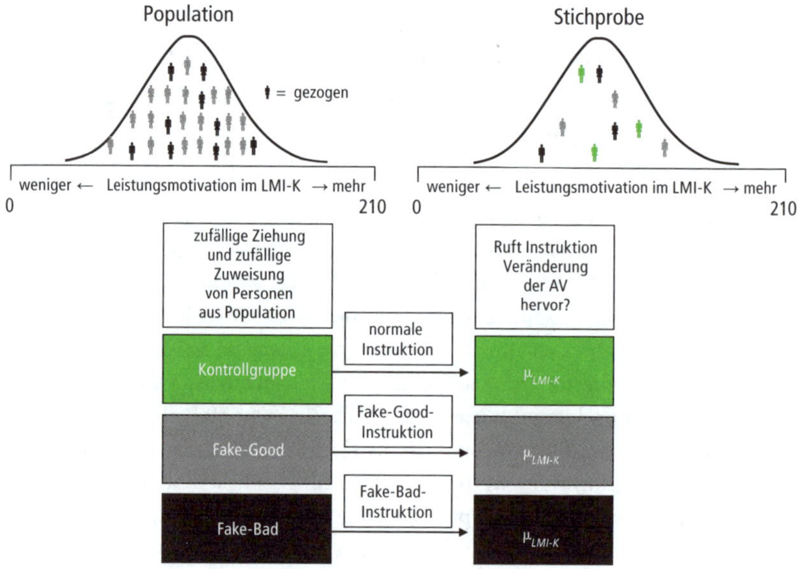

Abbildung 6.4: Ziehung einer Zufallsstichprobe und zufällige Gruppenzuweisung

An dieser Stelle ist es wichtig, sich klar zu machen, dass alle Personen in der Zufallsstichprobe derselben Population entstammen. In unserem Beispiel wurden alle Versuchspersonen aus der Population der Marburger Studenten gezogen. Die abhängige Variable ist die Leistungsmotivation, gemessen durch das LMI-K. Da jede Person in der Population eine bestimmte Ausprägung der latenten Variablen Leistungsmotivation hat, gibt es auch einen Populationsmittelwert (in unserem Fall das arithmetische Mittel) und eine Populationsstandardabweichung. Hier wird der Summenwert der Items aus dem LMI-K als Indikator für die Ausprägung der latenten Variablen Leistungsmotivation verwendet.

Die Personen in der Zufallsstichprobe werden, wiederum per Zufall, einer der Versuchsbedingungen zugeteilt. In unserem Beispiel wurde per Los entschieden, ob eine Person der Fake-Good-Gruppe, der Fake-Bad-Gruppe oder der Kontrollgruppe zugewiesen wurde (siehe *Abbildung 6.4*). Aus dem linken Teil der Abbildung wird deutlich, dass sich die Gruppen vor der unterschiedlichen „Behandlung" aufgrund der Zufallszuweisung in ihren Merkmalen kaum unterscheiden dürften. Je nachdem, in welcher Gruppe die Personen dann sind, werden sie jedoch einem anderen Treatment bzw. einer anderen „Behandlung" unterzogen. Das bedeutet in unserem Beispiel, dass jede Gruppe eine andere Instruktion erhält. Diese unterschiedlichen Instruktionen sollten sich nun auf die Gruppenmittelwerte auswirken, wenn die theoretischen Überlegungen korrekt sind. Die Personen mit der Fake-Bad-Bedingung sollten sich also schlechter darstellen, die mit der Fake-Good-Bedingung besser, und die Kontrollgruppe wurde aufgefordert, ehrlich zu antworten. Vor der Instruktion gehörten alle Personen derselben Population an. Hat das Treatment tatsächlich eine Wirkung, gehören die Personen nach einem Treatment zu unterschiedlichen Populationen mit unterschiedlichen Populationsmittelwerten. Dies wird in ▶*Abbildung 6.5* dargestellt.

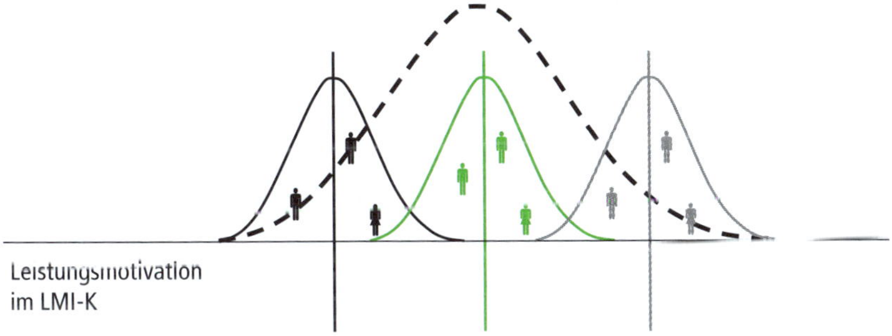

Abbildung 6.5: Auswirkung der unterschiedlichen Treatments

Es zeigen sich aber auch weitere Annahmen der ANOVA in der Abbildung. Es wird vorausgesetzt, dass die Verteilung der abhängigen Variablen innerhalb jeder Gruppe einer Normalverteilung folgt und die Varianzen innerhalb der Gruppen gleich sind. Zusätzlich muss gewährleistet sein, dass alle Beobachtungen (Messungen) unabhängig voneinander sind. Sind diese Voraussetzungen erfüllt, unterscheiden sich die Gruppen lediglich noch in ihrem Mittelwert. Die gestrichelte Linie zeigt die Verteilung der Mittelwerte in der Population der Marburger Studenten mit LMI-K-Werten ohne Treatment an. Aus dieser Population haben wir die Probanden gezogen.

Fragestellung. Es wird mithilfe der ANOVA untersucht, ob sich mindestens zwei Populationsmittelwerte nach dem Treatment unterscheiden.

Hypothesen. In der Varianzanalyse wird also geprüft, ob sich die verschiedenen Stufen einer unabhängigen Variablen unterschiedlich auf eine abhängige Variable auswirken. Die entsprechenden Hypothesen lauten:

Nullhypothese und Alternativhypothese

Nullhypothese. Die Populationsmittelwerte sind gleich.

$$H_0: \mu_1 = \mu_2 = \mu_3 = \ldots = \mu_I$$

Alternativhypothese: Mindestens zwei Populationsmittelwerte unterscheiden sich.

$$H_1: \mu_i \neq \mu_j \qquad \text{für mindestens eine Kombination } (i, j)$$

Beispiel:

Die Gruppen unterscheiden sich *nicht* in ihrer mittleren Leistungsmotivation und entstammen daher derselben Population

$$H_0: \mu_{FG} = \mu_{FB} = \mu_{KG}$$

Mindestens zwei Gruppen unterscheiden sich in ihrer mittleren Leistungsmotivation und entstammen daher verschiedenen Populationen.

$$H_1: \mu_{FG} \neq \mu_{FB}, \mu_{FG} \neq \mu_{KG}, \mu_{FB} \neq \mu_{KG} \text{ für mindestens einen Vergleich}$$

Voraussetzungen. Zu den Voraussetzungen der Varianzanalyse ohne Messwiederholung zählen Varianzhomogenität, Normalverteilung, die Unabhängigkeit der Daten (bzw. keine Abhängigkeiten in den Daten) und Intervallskalenniveau der abhängigen Variablen. Für die Varianzanalysen mit Messwiederholung gehen wir in *Abschnitt 6.5* auf die Voraussetzungen ein.

Normalverteilung. Eine *Voraussetzung für die einfaktorielle Varianzanalyse* ist, dass alle Stichproben (Faktorstufen) aus Grundgesamtheiten mit normalverteilter abhängiger Variable stammen. Das bedeutet auch, dass die abhängige Variable in allen Gruppen annähernd eine ähnliche Form wie eine Normalverteilung aufweisen muss. Die Varianzanalyse ist jedoch stabil gegenüber Verletzungen der Normalverteilung[1], sodass es nicht ratsam ist, sofort ein anderes Verfahren anzuwenden, das eventuell weniger teststark ist (Schmider, Ziegler, Beyer & Bühner, 2010), wenn die anhängige Variable in der Stichprobe als nicht normalverteilt erscheint. Dennoch werden wir das der einfaktoriellen Varianzanalyse entsprechende nonparametrische Verfahren, den Kruskal-Wallis-Test, später vorstellen (siehe *Abschnitt 6.3*). Der Ausdruck nonparametrisch bezieht sich darauf, dass die abhängige Variable keine bestimmte Verteilung aufweisen muss. Die Überprüfung der Normalverteilungsvoraussetzung kann mit dem Kolmogorow-Smirnow-Test oder per grafischer Inspektion erfolgen. Dies wurde in *Kapitel 2* bereits erläutert.

Varianzhomogenität: Levene-Test. Eine wichtige Voraussetzung der Varianzanalyse ist, dass die Varianzen in den Populationen gleich ausfallen müssen. Man kann die Hypothese, ob Varianzhomogenität vorliegt oder nicht, mithilfe verschiedener Tests prüfen, auf die im Folgenden noch näher eingegangen wird. Allerdings kann man auch bei der Varianzhomogenität anmerken, dass die ANOVA robust gegenüber Voraussetzungsverletzungen ist, vor allem, wenn die Stichproben gleich groß sind. Kann also aufgrund des Versuchsaufbaus davon ausgegangen werden, dass die Gruppenvarianzen heterogen ausfallen werden, sollte besonders darauf geachtet werden, dass die Gruppengrößen gleich ausfallen. In jedem Fall

---

1 An dieser Stelle wollen wir nicht verschweigen, dass es auch eine abweichende Meinung gibt. So vertreten Erceg-Hurn & Mirosevich (2008) die Meinung, dass die meisten der in diesem Buch vorgestellten Verfahren keineswegs robust gegenüber Verletzungen der Voraussetzungen sind bzw. nur unter ganz bestimmten Rahmenbedingungen. Zudem raten sie davon ab, Verfahren wie den Kolmogoroff-Smirnoff-Test oder den Levene-Test zu verwenden. Auch die hier vorgestellten nonparametrischen Verfahren sollen keine adäquate Lösung sein. Vielmehr wird zur Verwendung von robusten Statistiken geraten, die in manchen Softwarepaketen integriert sind. Obwohl diese Meinung sicher äußerst fundiert ist, haben wir entschieden, in diesem Buch keine robusten Statistiken vorzustellen. Sie mögen die adäquateren Techniken sein, aber dennoch sind sie in den wenigsten Bachelorprogrammen vorgesehen. Dennoch möchten wir den interessierten Leser auf die oben genannte Quelle verweisen.

sollte eine Überprüfung der Varianzhomogenität erfolgen. Dies geschieht meist mithilfe des **Levene-Tests** (Levene, 1960). Dieser Test führt eine Varianzanalyse durch, allerdings nicht mit den Messwerten der Personen, sondern mithilfe der Beträge der Abweichungswerte der Personen vom jeweiligen Gruppenmittelwert.

Varianzhomogenität: andere Tests. Der Levene-Test wurde jedoch wiederholt aufgrund seiner Anfälligkeit gegenüber kleinen Stichproben oder schiefen Verteilungen kritisiert. Daher schlugen Brown und Forsythe eine robuste Alternative vor, den nach ihnen benannten **Brown-Forsythe-Test**. Hier wird statt der Abweichung zum Gruppenmittelwert der Betrag der Abweichung zum Gruppenmedian verwendet (Brown & Forsythe, 1974a). SPSS bietet dieses robuste Verfahren nicht an. In R ist es jedoch verfügbar und wird weiter unten dargestellt. Die Nullhypothese in beiden Verfahren ist, dass die Gruppenvarianzen gleich sind. Ein signifikantes Ergebnis weißt also auf eine Verletzung dieser Voraussetzung hin. Es sei jedoch auch hier angemerkt, dass beide Verfahren von anderen Autoren als ungeeignet angesehen werden (Glass & Hopkins, 1996). In der Praxis empfiehlt sich bei Verdacht auf eine Verletzung der Varianzhomogenität, verschiedene Tests (siehe nächster Abschnitt) zu vergleichen. Konvergieren die Ergebnisse, dann scheint der gefundene Effekt robust. Andernfalls sind alternative Verfahren zur ANOVA zu bevorzugen.

Es bieten sich verschiedene Alternativen an: Tomarken und Serlin (1986) empfehlen den **Welch-Test für mehr als zwei Gruppen** (Welch, 1951) und unter bestimmten Bedingungen (wenn Gruppen mit den extremsten Mittelwerten auch die größten Varianzen aufweisen) eine Variante des **Brown-Forsythe-Tests** (Brown & Forsythe, 1974b). Beide sind in SPSS implementiert. In R findet sich ein Paket (`stats`), welches den Welch-Test beinhaltet. Eine klassische Alternative zur ANOVA ohne Messwiederholung ist der **Kruskal-Wallis-Test** (Kruskal & Wallis, 1952), den wir weiter unten ausführlicher erläutern und dessen Durchführung wir für beide Programme darstellen werden (siehe *Abschnitt 6.3*).

Exkurs

Hartleys *F*-max-Test

In der Literatur wird an verschiedenen Stellen (z. B. Tabachnik & Fidell, 2006) darauf hingewiesen, dass sich Varianzhomogenität mit Hartleys *F*-max-Test (Hartley, 1950) prüfen lässt. Der *F*-max-Test von Hartley setzt ein balanciertes Design, also gleich große Gruppen, voraus. Der eigentliche Test besteht darin, die größte Varianz einer Gruppe mit der kleinsten Varianz einer Gruppe zu vergleichen. Liegt Varianzhomogenität vor, weichen die beiden Varianzen nur zufällig voneinander ab. Das Verhältnis der beiden Varianzen sollte also nahe an 1 liegen. Hartley hat nun Tabellen zur Verfügung gestellt, die angeben, ab welchem Wert das Verhältnis aus beiden Varianzen überzufällig von 1 abweicht (bei einer angenommenen Wahrscheinlichkeit des Fehlers 1. Art von 0.05). Mit anderen Worten, die Werte in den Tabellen zeigen an, ab welchem Verhältnis zwischen den beiden Varianzen die Annahme der Varianzhomogenität verletzt ist. Um aus den Tabellen den Wert abzulesen, benötigt man die Anzahl der Gruppen sowie die Anzahl der Personen pro Gruppe. Einfacher ist es jedoch, das Paket `SuppDists` (Wheeler, 2013) in R zu verwenden, um den *F*-Wert zu bestimmen, ab dem die Varianzen nicht mehr als homogen angesehen werden können. Der entsprechende Befehl lautet dann:

```
library(SuppDists)
Hartley_F <- qmaxFratio(p=.95, df=4, k=3)
Hartley_F
```

Nach dem Laden des Pakets nutzen wir die Funktion `qmaxFratio`, um das Objekt `Hartley_F` zu erzeugen. In Klammern muss hier zunächst angegeben werden, welche Sicherheitswahrscheinlichkeit man wählen will. Diese ist mit `p` abgekürzt. Im Beispiel wählen wir 0.95. Als Nächstes wird nach den `df` gefragt. Gemeint ist hier die Anzahl der Personen in jeder Gruppe minus 1, was in unserem Beispiel der Faking-Gruppen mit einer Anzahl von fünf Beobachtungen pro Gruppe 4 ergibt, also die Anzahl der Freiheitsgrade pro Gruppe. An dieser Stelle noch einmal der Hinweis, dass dieses Vorgehen nur bei balancierten Designs sinnvoll ist. Schließlich muss noch die Anzahl der Gruppen `k` angegeben werden. Um das Ergebnis abzurufen, geben wir schließlich noch einmal den Objektnamen an. In unserem Beispiel ergibt sich so ein kritisches Varianzverhältnis von 15.46. Dies bedeutet, dass die größte Varianz maximal 15.46-fach größer als die kleinste sein darf, ohne dass die Hypothese der Varianzgleichheit mit einer Sicherheitswahrscheinlichkeit von 95 % abgelehnt werden muss.

Formel 6.3

$$F_{\text{max}} = \frac{\hat{\sigma}^2_{\text{max}}}{\hat{\sigma}^2_{\text{min}}}$$

F_{max} = Prüfgröße von Hartleys F-max-Test

$\hat{\sigma}^2_{\text{max}}$ = größte Gruppenvarianz

$\hat{\sigma}^2_{\text{min}}$ = kleinste Gruppenvarianz

Für unser Beispiel ergibt sich somit:

$\hat{\sigma}^2_{\text{max}}$ in FG = 61.05

$\hat{\sigma}^2_{\text{max}}$ in KG = 56.12

$$F_{\text{max}} = \frac{61.05}{56.12} = 1.09$$

kritisches Varianzverhältnis gemäß Hartley = 15.46

$1.09 < 15.46$

Demzufolge liegt für unser Beispiel Varianzhomogenität gemäß Hartleys F-max-Test vor. In der R-Dokumentation finden sich ein entsprechendes Codebeispiel sowie eine Funktion, die nach Angabe von Datensatz, unabhängiger Variablen, abhängiger Variablen und gewünschter Sicherheitswahrscheinlichkeit alle weiteren Berechnungen vornimmt und ein Ergebnis ausgibt. Diese Funktion ist auch für die zweifaktorielle Varianzanalyse anwendbar.

Keine Abhängigkeiten in den Daten. Dies ist bei Varianzanalysen ohne Messwiederholung in der Regel gegeben. Schließlich wird jede Versuchsperson nur einmal untersucht. Allerdings kann es Umstände geben, die dazu führen, dass selbst dann Abhängigkeiten in den Daten vorliegen. So kann es sein, dass sich Personen innerhalb einer Klasse stärker ähneln, da sie befreundet sind, gleiche Interessen teilen und dieselben Lehrer haben. Unterzieht man diese Schüler einem Schulleistungstest, so kann nicht unbedingt von unabhängigen Messungen ausgegangen werden, da sich die Schüler in der Klasse gegenseitig in ihrer Lernleistung beeinflussen oder diese von der Effektivität des gemeinsamen Lehrers abhängt. Klarheit über das Vorliegen dieser Voraussetzung liefert ein Blick auf den Versuchsplan. Im Gegensatz zu den anderen beiden Voraussetzungen ist die Varianzanalyse sehr anfällig für Verletzungen der Unabhängigkeitsvoraussetzung. Schnell steigt hier die tatsächliche Irrtumswahrscheinlichkeit (Wahrscheinlichkeit für einen Fehler 1. Art) drastisch an. Bei Varianzanalysen mit Messwiederholung ergibt sich eine andere Voraussetzung, auf die wir in *Abschnitt 6.5* eingehen.

Intervallskalenniveau der abhängigen Variablen. Ein kurzer Blick auf die verschiedenen Rechenformeln zeigt, dass im Rahmen der einfaktoriellen Varianzanalyse immer wieder Differenzen berechnet werden, z. B. zwischen den Gruppenmittelwerten und dem Gesamtmittelwert. Diese Differenzen werden als Abweichungen interpretiert und zum Teil addiert. Voraussetzung für dieses Zusammenfassen ist jedoch, dass numerisch gleiche Differenzen auch empirisch die gleiche Bedeutung haben. Aus *Kapitel 2* wissen wir, dass die Interpretation von Messwertdifferenzen (und deren Vergleich) mindestens Intervallskalenniveau voraussetzt. Daher ist es notwendig, dass die abhängige Variable, mit deren Messwerten wir die Differenzen berechnen, mindestens intervallskaliert ist.

Überprüfung Skalenniveau. Eine Überprüfung dieser Voraussetzung erfolgt jedoch meist nicht. Daher wird auch oft von einer **Per-fiat-Messung** gesprochen. Das bedeutet, das Skalenniveau wird vorausgesetzt, ohne dass es geprüft wird. Es existieren jedoch Möglichkeiten, das Skalenniveau zu überprüfen. Diese Überprüfung des Skalenniveaus kann beispielsweise mithilfe des so genannten Rasch-Modells erfolgen (siehe Bühner, 2010, *Kapitel 7*). Im Rahmen dieses Modells werden auch Messwerte ermittelt, die mindestens Intervallskalenniveau aufweisen.

Grundprinzip der ANOVA. Wie lässt sich nun feststellen, ob die Mittelwerte der Gruppen mit verschiedenen Instruktionen immer noch zur selben Population oder zu unterschiedlichen Populationen gehören? Überlegen wir dazu zunächst, woraus sich der individuelle Messwert einer Person zusammensetzt. Bleiben wir bei unserem Beispiel. Aus *Kapitel 2* wissen wir bereits, dass der Mittelwert der beste Schätzwert für den Messwert einer Person ist, wenn wir keine weitere Information vorliegen haben. Wenn wir also für eine beliebige Person aus der Untersuchung den LMI-K-Wert vorhersagen wollten, wäre der Populationsmittelwert ein guter Startpunkt. Aus *Abbildung 6.5* sehen wir allerdings, dass sich die einzelnen Gruppenmittelwerte aufgrund der Instruktionen unterscheiden. Gerade die Fake-Bad-Gruppe und die Fake-Good-Gruppe liegen mit ihren Poulationsmittelwerten nicht sehr nahe am Populationsmittelwert ohne Treatment. Wir könnten also vermuten, dass sich die Instruktionen und damit das Treament auf die LMI-K-Werte ausgewirkt haben (Treatmenteffekt). Schließlich sehen wir in der Abbildung auch, dass nicht alle Personen innerhalb einer Gruppe denselben Messwert erzielen. Vielmehr gibt es auch innerhalb der Gruppen eine Varianz. Im varianzanalytischen Kontext wird diese Varianz auch als Fehlervarianz bezeichnet. Schließlich soll lediglich die Auswirkung der unterschiedlichen Treatments dazu führen, dass Personen vom Populationsmittelwert abweichen. Abweichungen, die innerhalb der Gruppen auftreten, können allerdings nicht mit dem Treatment erklärt werden, da alle Personen innerhalb einer Gruppe dasselbe Treatment erhalten haben.

Modell. Um also den Wert einer Person vorhersagen zu können, gehen wir zunächst vom Populationsmittelwert aus. Daneben berücksichtigen wir die Abweichung des Gruppenmittelwerts vom Populationsmittelwert, den sogenannten **Effektterm**, sowie einen **Fehlerterm** (bzw. eine **Störgröße**), um A-priori-Unterschiede zwischen den Personen innerhalb einer Gruppe darzustellen. Zusammengefasst ergibt sich dann folgendes Modell:

Formel 6.4

$$x_{vi} = \mu + \alpha_i + e_{vi}$$

x_{vi} = Messwert der Person v aus Gruppe i
μ = Populationsmittelwert
α_i = Gruppeneffekt der Gruppe i
e_{vi} = Fehlerterm e der Person v aus Gruppe i
v = Index für die Person
i = Index für die Gruppe

Der Messwert x der Person v aus der Gruppe i setzt sich also zusammen aus dem Populationsmittelwert μ, dem Gruppeneffekt α_i der jeweiligen Gruppe i und einem Fehlerterm e_{vi} für die Person v aus der Gruppe i.

Varianz Innerhalb. Betrachtet man das Modell, wird deutlich, dass Abweichungen vom Populationsmittelwert aus zwei Quellen stammen. Zum einen wird eine Abweichung vom Populationsmittelwert durch den Effekt der unterschiedlichen Instruktionen erzielt und zum anderen durch die zufällige Variabilität innerhalb der Gruppen. Diese Variabilität wird wie bereits erwähnt als Fehlervarianz bezeichnet, da sie nicht auf das Treatment zurückgeht. Doch was repräsentiert diese Fehlervarianz? Unterschiede in den Gruppen können zum einen auf a-priori vorhandene Unterschiede zwischen den Personen in einer Gruppe, aber auch auf zufällige Einflüsse zurückgeführt werden. In anderen Worten, es handelt sich um dieselben Einflüsse, die dazu führen, dass Messwerte einer Stichprobe von Personen aus einer Population (zufällig) variieren. Somit handelt es sich bei dieser Fehlervarianz um eine Schätzung der Populationsvarianz. Eine Voraussetzung der Varianzanalyse ist die Varianzhomogenität. Dies bedeutet, dass sich die Gruppen nur in Bezug auf ihren Mittelwert unterscheiden dürfen, nicht jedoch in Bezug auf die Varianzen. Somit sollte die Fehlervarianz in den Gruppen in etwa gleich groß sein. Um nun die *Varianz Innerhalb* zu schätzen, muss zunächst die *Quadratsumme Innerhalb* berechnet werden. Diese ergibt sich als die Summe der quadrierten Abweichungen der Messwerte vom jeweiligen Gruppenmittelwert über alle Gruppen. Die *Quadratsumme Innerhalb* als Vorstufe der Varianz wird dann durch die Division durch die Freiheitsgrade zur geschätzten *Varianz Innerhalb*. Die *Freiheitsgrade Innerhalb* tauchen demzufolge im Nenner auf ($df_{\text{inn}} = p\ [n - 1]$). Erst das Dividieren durch die Freiheitsgrade ergibt die so genannte *geschätzte mittlere Quadratsumme* und damit die *geschätzte Varianz Innerhalb* (siehe Formel 6.5). Die Zahl der Freiheitsgrade ergibt sich dadurch, dass in jeder Gruppe der Gruppenmittelwert als Populationsschätzwert angenommen wird. Dieser Wert ist fest. Folglich können $n - 1$ Werte frei gewählt werden, während der letzte Wert einen bestimmten Wert annehmen muss, damit sich der feste Gruppenmittelwert ergibt.

Formel 6.5

$$QS_{\text{inn}} = \sum_{i=1}^{p} \sum_{v=1}^{n_i} \left(x_{vi} - \hat{\mu}_i\right)^2$$

$$\hat{\sigma}^2_{\text{inn}} = M\hat{Q}S_{\text{inn}} = \frac{\sum_{i=1}^{p} \sum_{m=1}^{n_i} \left(x_{vi} - \hat{\mu}_i\right)^2}{p \cdot (n-1)} = \frac{1}{p} \cdot \frac{\sum_{i=1}^{p} \sum_{v=1}^{n_i} \left(x_{vi} - \hat{\mu}_i\right)^2}{(n-1)} = \frac{\sum_{i=1}^{p} \hat{\sigma}^2_i}{p}$$

$\hat{\sigma}^2_{\text{inn}}$ = Varianz innerhalb
QS_{inn} = Quadratsumme innerhalb
x_{vi} = Messwert der Person v in Gruppe i
MQS_{inn} = Mittlere Quadratsumme innerhalb
$\hat{\mu}_i$ = geschätzter Mittelwert in der Gruppe i
i = Index der Gruppe
v = Index der Person
$\hat{\sigma}^2_i$ = Varianz der AV in der Gruppe i
p = Anzahl der Gruppen
i = Index für die Gruppe

Varianz Zwischen. Die zweite relevante Abweichung in der Modellgleichung ist die Abweichung des Populationsmittelwerts der Gruppen vom Gesamtpopulationsmittelwert. Diese Abweichung beinhaltet die Größe des spezifischen Populationseffekts, den ein bestimmtes Treatment bewirkt, und wird auch als Wirkung der entsprechenden Faktorstufe bezeichnet. Um einen Schätzwert aus den Daten für die Populationsgrößen zu berechnen, verwenden wir die *Formel 6.6*. Dabei ist wichtig, zu bedenken, dass die Größe dieses Effekts in jeder Gruppe verschieden sein kann. Das bedeutet, auch hier kommt es zu Unterschieden, und damit zu einer Varianz. Diese Varianz nennt man auch *Varianz Zwischen*.

Formel 6.6

Modell:
$\alpha_i = \mu - \mu_i$

α_i = Populationseffekt für Gruppe i
μ = Populationsmittelwert
μ_i = Populationsmittelwert der AV in der Gruppe i
i = Index der Gruppe

Schätzwerte für den Effekt:

$$\hat{\alpha}_i = \hat{\mu} - \hat{\mu}_i$$

$\hat{\alpha}_i$ = geschätzter Populationseffekt für Gruppe i
$\hat{\mu}$ = geschätzter Gesamtmittelwert der AV über alle Gruppen
$\hat{\mu}_i$ = geschätzter Populationsmittelwert der AV in der Gruppe i

Um nun die *Varianz Zwischen* zu bestimmen, benötigen wir im ersten Schritt wieder die *Quadratsumme Zwischen* (siehe Formel 6.7). Diese Quadratsumme ergibt sich als die Summe der quadrierten Abweichungen der Gruppenmittelwerte vom Gesamtmittelwert. Da jede Gruppe aber aus n Personen besteht, wird an dieser Stelle mit der Gruppengröße gewichtet. Die Quadratsumme wird dann durch die Division durch die Freiheitsgrade ($df_{zw} = p - 1$) zur *geschätzten mittleren Quadratsumme Zwischen* bzw. zur *geschätzten Varianz Zwischen*. Die Zahl der Freiheitsgrade ergibt sich durch die Verwendung des Gesamtmittelwerts als Schätzwert des Populationsmittels. Dieser Wert ist fest. Folglich können $p - 1$ Mittelwerte frei gewählt werden, während der letzte Wert einen bestimmten Wert annehmen muss, damit sich der als fest angenommene Mittelwert ergibt.

Formel 6.7

$$QS_{zw} = \sum_{i=1}^{p} n_i \cdot (\hat{\mu} - \hat{\mu}_i)^2$$

QS_{zw} = Quadratsumme Zwischen
n_i = Anzahl der Personen in Gruppe i
$\hat{\mu}_i$ = geschätzter Mittelwert in der Gruppe i
$\hat{\mu}$ = geschätzter Gesamtmittelwert
i = Index der Gruppe

$$\hat{\sigma}^2_{zw} = M\hat{Q}S_{zw} = \frac{\sum_{i=1}^{p} n_i \cdot (\hat{\mu}_i - \hat{\mu})^2}{(p-1)}$$

$\hat{\sigma}^2_{zw}$ = Varianz Zwischen
$M\hat{Q}S_{zw}$ = geschätzte mittlere Quadratsumme Zwischen
$\hat{\mu}_i$ = geschätzter Mittelwert in der Gruppe i
$\hat{\mu}$ = geschätzter Gesamtmittelwert
p = Anzahl der Gruppen
i = Index für die Gruppe

Situation unter Geltung der Nullhypthese in der Population. Was passiert nun, wenn die Nullhypothese zutrifft und es keine Unterschiede zwischen den Gruppen gibt? Im extremsten Fall würde der Populationsmittelwert in jeder Gruppe dann dem Gesamtpopulationsmittelwert entsprechen und die *Varianz Zwischen* wäre gleich null, da es keine Abweichungen gäbe.

Situation unter Geltung der Nullhypothese in der Stichprobe. In der Stichprobe ist es unwahrscheinlich, dass alle Stichprobenmittelwerte exakt gleich ausfallen. Sie werden sich vielmehr – selbst wenn die Nullhyptohese in der Population gilt – durch die Ziehung von Stichproben unterscheiden. Das würde jedoch bedeuten, dass die *Varianz Zwischen* genauso wie die *Varianz Innerhalb* eine zufällige Variation, bedingt durch die Ziehung von Stichproben, darstellt.

Situation unter Geltung einer beliebigen Alternative in der Population. Je größer jedoch die Effekte in der Grundgesamtheit sind – je unwahrscheinlicher also das Zutreffen der Nullhypothese wird – desto stärker werden die Gruppenpopulationsmittelwerte vom Gesamtpopulationsmittelwert abweichen. Dies wiederum würde bedeuten, dass die *Varianz Zwischen* bei den Gruppen größer werden würde als die *Varianz Innerhalb*. Genau dieses Prinzip macht man sich nun bei der Varianzanalyse zunutze.

Prüfung der Effekte. Mithilfe der Stichprobendaten werden nun Schätzwerte für die unbekannten Populationsgrößen ermittelt und das Verhältnis der *geschätzten mittleren Quadratsummen Zwischen* und *Innerhalb* betrachtet. Sind die Schätzungen beider Quadratsummen gleich, spricht dies für die Geltung der Nullhypothese. Je weiter die *Quadratsumme Zwischen* die *Quadratsumme Innerhalb* übersteigt, desto mehr spricht dies gegen die Nullhypothese. Zur Hypothesentestung werden folglich die *geschätzte Varianz Zwischen* und die *geschätzte Varianz Innerhalb* im Rahmen des so genannten *F-Tests* ins Verhältnis gesetzt.

Formel 6.8

$$F_{emp} = \frac{M\hat{Q}S_{zw}}{M\hat{Q}S_{inn}} = \frac{\hat{\sigma}^2_{zw}}{\hat{\sigma}^2_{inn}}$$

F_{emp} = empirischer F-Wert

$M\hat{Q}S_{zw}$ = geschätzte mittlere Quadratsumme Zwischen

$M\hat{Q}S_{inn}$ = geschätzte mittlere Quadratsumme Innerhalb

$\hat{\sigma}^2_{zw}$ = geschätzte Varianz Zwischen

$\hat{\sigma}^2_{inn}$ = geschätzte Varianz Innerhalb

Lehne die Nullhypothese ab, wenn

$F_{emp} \geq F_{krit}$

F_{krit} = Kritischer F-Wert nach Festlegung der Sicherheitswahrscheinlichkeit und unter Berücksichtigung der Freiheitsgrade

Interpretation der Prüfgröße. Es wird also berechnet, um welchen Faktor die *geschätzte Varianz Zwischen* größer als die *geschätzte Varianz Innerhalb* ausfällt. Aus *Kapitel 3* wissen wir bereits, dass der Quotient aus zwei Varianzen einer F-Verteilung folgt. Trifft die Nullhypothese zu, dann sollten beide Varianzschätzungen gleich groß sein, da beide eine Schätzung für die Populationsvarianz sind. Damit ergäbe sich ein F-Wert von 1. Trifft jedoch die Nullhypothese nicht zu, dann sollte der Quotient, und somit der F-Wert, von 1 abweichen. Gemäß dem Prinzip des Hypothesentests wird nun ein Bereich in der relevanten F-Verteilung festgelegt, in dem die F-Werte liegen, von denen man annimmt, dass sie überzufällige Abweichungen der beiden Varianzschätzungen darstellen. Dies geschieht durch das Festlegen eines kritischen F-Werts (F_{krit}).

Oft ist dies der F-Wert des 95-Prozent-Perzentils der jeweiligen F-Verteilung. Größere F-Werte als der kritische F-Wert treten unter der Annahme dieser Verteilung nur noch mit einer Wahrscheinlichkeit von weniger als fünf Prozent auf. Liegt nun der beobachtete F-Wert (F_{emp} für empirischer F-Wert) in einer Analyse in diesem Bereich, ist also größer als F_{krit}, würde man die Nullhypothese ablehnen.

Quadratsummen. An dieser Stelle ist es wichtig, etwas über den Begriff der **Quadratsumme** zu sagen. Quadratsummen sind, wie bereits beschrieben, Vorstufen von geschätzten Varianzen. Sie entstehen immer durch die Berechnung von quadrierten Abweichungen, daher wird auch von Abweichungsquadraten gesprochen. Der Vorteil der Quadratsummen besteht darin, dass sich die verschiedenen Quadratsummen additiv zur Gesamtquadratsumme zusammensetzen. Daraus ergibt sich verallgemeinert für die einfaktorielle Varianzanalyse ohne Messwiederholung, dass die Summe aus *Quadratsumme Zwischen* und *Quadratsumme Innerhalb* die *Quadratsumme Total* ergibt. Formal lässt sich das wie folgt ausdrücken:

Formel 6.9

$$QS_{tot} = QS_{zw} + QS_{inn}$$

QS_{tot} = Quadratsumme Total
QS_{zw} = Quadratsumme Zwischen
QS_{inn} = Quadratsumme Innerhalb

Berechnung der Quadratsumme Total:

$$QS_{tot} = \sum_{i=1}^{p} \sum_{v=1}^{n} (x_{vi} - \hat{\mu})^2$$

x_{vi} = Messwert x der Person v aus Gruppe i
$\hat{\mu}$ = geschätzter Gesamtmittelwert der AV über alle Gruppen

Berechnung der Varianz Total:

$df_{\text{tot}} = df_{\text{zw}} + df_{\text{inn}}$

$$\hat{\sigma}^2_{\text{tot}} = \hat{MQS}_{\text{tot}} = \frac{\sum_{i=1}^{p}\sum_{v=1}^{n}(x_{vi} - \hat{\mu})^2}{n-1}$$

df_{tot} = Freiheitsgrade Total
df_{zw} = Freiheitsgrade Zwischen
df_{inn} = Freiheitsgrade Innerhalb
$\hat{\sigma}^2_{\text{tot}}$ = geschätzte Varianz Total
$\hat{MQS}_{\text{tot}}$ = geschätzte mittlere Quadratsumme Total
n = Anzahl der Personen insgesamt
p = Anzahl der Gruppe

Bei den Quadratsummen handelt es sich also um Summen von quadrierten Abweichungen zwischen den Messwerten der Personen und Mittelwerten (siehe auch Formel 6.5 und Formel 6.7). Bei der einfaktoriellen Varianzanalyse ohne Messwiederholung können wir nun sagen, dass die Gesamtquadratsumme der Summe aus der *Quadratsumme Zwischen* und der *Quadratsumme Innerhalb* entspricht. Das Prinzip der Quadratsummenzerlegung findet sich bei allen varianzanalytischen Methoden wieder.

Zusammenfassung In einem univariaten varianzanalytischen Design gibt es, wenn die Nullhyptohese gilt, zwei Populationsvarianzen, die gleich ausfallen. Die **Varianz Innerhalb** der Gruppen erklärt die Abweichungen der individuellen Werte aller Personen der Grundgesamtheit vom Populationsmittelwert. Es handelt sich hierbei um bereits vor dem Treatment bestehende interindividuelle Unterschiede zwischen den Personen und/oder um Messfehler bei der Messung der abhängigen Variablen.

Die **Varianz Zwischen** den Gruppen beziffert die Abweichungen der Populationsmittelwerte der Gruppen vom Gesamtpopulationsmittelwert. Die *Varianz Zwischen* entspricht der *Varianz Innerhalb*, wenn es keinen Effekt des Treatments gibt, also die Nullhyptohese in der Population gilt: Alle Populationsmittelwerte sind gleich. Damit gibt es auch nur eine Population mit demselben Populationsmittelwert. Trifft die Nullhypothese nicht zu, unterscheiden sich die Populationsmittelwerte der Gruppen aufgrund des Treatments: Es gibt mindestens einen oder auch mehrere Populationsmittelwerte, die unterschiedlich ausfallen.

Wir können nun mithilfe der Stichprobendaten die *Varianz Innerhalb* und die *Varianz Zwischen* schätzen. Sind beide Schätzungen annähernd gleich, entscheiden wir uns für die Beibehaltung der Nullhypothese. In diesem Fall nehmen wir an, dass alle Gruppen derselben Population entstammen und auch die Mittelwerte nicht systematisch voneinander verschieden sind. Sind beide Schätzungen unterschiedlich, spricht dies gegen die Nullhypothese. Es ist jedoch aufgrund der Stichprobenziehung immer damit zu rechnen, dass sich die beiden geschätzten Varianzen bis zu einem gewissen Grad unterscheiden. Erst wenn das gefundene Stichprobenergebnis unter einer Verteilung von Stichprobenergebnissen gleichgroßer Zufallsstichproben unter der Nullhypthese unwahrscheinlich ist (*F*-Verteilung, deren Form durch die Freiheitsgrade bestimmt wird), wird die Nullhypothese verworfen. Der Name „**Varianzanalyse**" stammt also vom Vergleich verschiedener Varianzen zur Überprüfung möglicher Mittelwertsunterschiede.

Das Grundprinzip des Varianzvergleichs findet sich in jeder Art der Varianzanalyse wieder. Es gibt immer eine systematische Varianzquelle (z. B. Varianz *Zwischen den Gruppen*) und eine unsystematische Varianzquelle (z. B. Varianz *Innerhalb der Gruppen*). Die systematische Varianz wird auch als **Effektvarianz** oder **Treatmentvarianz** bezeichnet, da sie dadurch zustande kommt, dass die Bedingungen systematisch manipuliert werden. Die unsystematische Quelle wird generell als **Fehlervarianz** bezeichnet, auch wenn nicht immer die Varianz *Innerhalb der Gruppen* gemeint ist (siehe abhängige Designs, *Abschnitt 6.5*).

Der eigentliche Hypothesentest, um zu prüfen, ob sich die beiden Varianzschätzungen tatsächlich signifikant unterscheiden, ist dann ein *F*-Test. *F*-Tests werden standardmäßig zum Vergleich von geschätzten Varianzen genutzt. Dabei wird bei der ANOVA immer getestet, ob die geschätzte mittlere Quadratsumme des Effekts signifikant größer ist als die geschätzte mittlere Fehlerquadratsumme. Als Index des *F*-Werts werden immer die Freiheitsgrade des Zählers (df_1) und die des Nenners (df_2) angegeben. Das heißt also, dass aus dem Index des *F*-Werts die Freiheitsgrade der *Varianz Zwischen* bzw. *Varianz Innerhalb* ablesbar sind. Diese wiederum ermöglichen einen Rückschluss auf die Gruppengröße und -anzahl. Wenn die Nullhypothese zutrifft, sind beide geschätzten mittleren Quadratsummen ähnlich groß. Je stärker die *Quadratsumme Zwischen* die *Quadratsumme Innerhalb* übersteigt, desto weniger plausibel ist die Nullhypothese. Um eine Entscheidung mithilfe des Hypothesentests zu erhalten, muss der empirische *F*-Wert (F_{emp}) mit einem kritischen *F*-Wert (F_{krit}) verglichen werden. Fällt der empirische *F*-Wert höher als der kritische *F*-Wert aus, entscheiden wir uns dafür, die Nullhypothese abzulehnen.

Am Ende der Berechnung gehen wir bei einem signifikanten Ergebnis davon aus, dass sich mindestens zwei der Populationsmittelwerte voneinander unterscheiden. Es ließe sich auch sagen, dass das gefundene Stichprobenergebnis unwahrscheinlich ist, wenn wir annehmen, dass alle Stichproben denselben Populationmittelwert besitzen. Wir wissen jedoch nicht, welche Populationsmittelwerte sich unterscheiden, und auch nicht, ob der Unterschied auch praktisch bedeutsam ist. Um zu erfahren, welche Gruppen sich unterscheiden, müssen wir weitere Analysen durchführen, die im *Abschnitt 6.8* dargestellt sind. Um die praktische Bedeutsamkeit zu beurteilen, muss eine Effektstärke geschätzt werden. Effektstärken geben wir für jede Art der Varianzanalyse an. Schließlich wollen wir eigentlich auch wissen, wie groß die Teststärke ist. Auch deren Berechnung werden wir für jede Art der Varianzanalyse aufzeigen.

Exkurs

ANOVA – Typen von Quadratsummenzerlegungen

Im letzten Abschnitt haben wir gesehen, dass das Zerlegen der Gesamtvariabilität in Quadratsummen ein Grundprinzip der ANOVA ist. Dabei ist die Idee, dass die Unterschiede, die auf die unabhängigen Variablen zurückgehen, als Treatmentvarianz und die übrigen Unterschiede als Fehlervarianz angesehen werden. Um die Signifikanz zu bestimmen, werden beide Varianzen ins Verhältnis gesetzt. Wenn es nun aber mehr als eine unabhängige Variable gibt, dann gibt es auch mehr als einen Effekt. Typisch ist das Beispiel einer 3×2-ANOVA, wobei der erste Faktor drei Therapiearten und der zweite Faktor das Geschlecht darstellt. In diesem Design gibt es nun zwei Haupteffekte: einen Haupteffekt Therapieart (Unterscheiden sich die Therapiearten, unabhängig vom Geschlecht?) und einen Haupteffekt Geschlecht (Unterscheiden sich die beiden Geschlechter, unabhängig von der Therapieart?). Zusätzlich gibt es einen Interaktionseffekt (Wirkt eine Therapie besonders in Abhängigkeit des Geschlechts, unabhängig von den beiden Haupteffekten?). Um nun die Quadratsummen als Grundlage dieser Effekte zu berechnen, kann man unterschiedliche Wege einschlagen (Herr, 1986; Shaw & Mitchell-Olds, 1993). Von Bedeutung ist dabei vor allem, ob das Design balanciert ist oder nicht. Es kann drei Fälle geben, die dazu führen, dass ein Design nicht balanciert ist: (1) Im ersten Fall sind die Gruppengrößen nicht gleich. In unserem Beispiel würde das bedeuten, dass es beispielsweise in der Gruppe der Männer, die Gesprächstherapie erhalten, mehr Personen gibt als in den anderen Gruppen. Lediglich wenn alle Gruppen gleich groß sind, wäre das Design balanciert. (2) Im zweiten Fall entsteht eine Imbalance durch fehlende Zellen. Das bedeutet, eine der Kombinationen aus den unterschiedlichen Versuchsbedingungen wurde nicht realisiert. Für unser Beispiel könnte dies bedeuten, dass keine Frauen Gesprächstherapie erhalten haben. (3) Schließlich kann es den dritten Fall geben, bei dem fehlende Werte für einige Personen vorliegen. Alle drei Fälle führen dazu, dass die betrachteten Effekte nicht mehr unabhängig voneinander sind. In diesen Fällen kann es nun eine große Rolle spielen, welchen Typ der Quadratsummenzerlegung man wählt. Auf das Statistikprogramm SAS geht dabei die Bezeichnung „Typ I“ bis „Typ IV“ zurück. Am geläufigsten sind die Typen I und III.

Bei unbalancierten Designs kann es nun vorkommen, dass die Signifikanz der Effekte vom verwendeten Typ abhängt. Herr (1986) zeigt den historischen Verlauf der Debatte um die verschiedenen Typen auf.

Typ I. Bei dieser Art der Quadratsummenzerlegung wird eine Reihenfolge der Effekte bestimmt. Gemäß dieser Reihenfolge erfolgt dann die Varianzzerlegung. In unserem Beispiel könnten wir also festlegen, dass zunächst der Effekt Therapie, dann der Effekt Geschlecht und dann die Interaktion geprüft werden sollen. Wir könnten aber auch festlegen, dass zuerst der Effekt Geschlecht, dann der Effekt Therapie und schließlich die Interaktion berücksichtigt werden sollen. Bei Nutzung der zuerst genannten Reihenfolge der Quadratsummenzerlegung würde man nun zunächst nur den Anteil der Gesamtquadratsumme berechnen, der auf den Effekt Therapie zurückgeht. Der Anteil des Effekts Geschlecht würde dann nicht mehr an der totalen Quadratsumme geschätzt, sondern am Residuum, also dem Anteil der Quadratsumme, der durch den Effekt Therapie nicht mehr erklärt werden kann. Ebenso verhält es sich bei der Interaktion, deren Anteil nun vom Residuum geschätzt wird, das nach Berechnung beider Haupteffektsquadratsummen übrig bleibt. Durch dieses sequenzielle Vorgehen kann die fehlende Unabhängigkeit der Effekte aufgrund eines nichtbalancierten Designs dazu führen, dass die Höhe der Quadratsumme für einen Effekt durch die Position in der Rangreihe mitbestimmt wird. An dieser Stelle sei angemerkt, dass diese Art der Quadratsummenzerlegung (Typ I) in R die Grundeinstellung ist.

Typ II. Auch bei diesem Typ der ANOVA wird sequenziell vorgegangen. Im Unterschied zu Typ I wird jedoch davon ausgegangen, dass es keine Interaktion gibt.

Typ III. Dieser Typ der ANOVA scheint in den Sozialwissenschaften am weitesten verbreitet (in SPSS ist dies die Voreinstellung). Im Gegensatz zu den vorherigen Methoden wird hier nicht sequenziell vorgegangen. Vielmehr erfolgt die Quadratsummenzerlegung simultan. Dabei erfolgt die Berechnung einer Quadratsumme über die jeweils anderen Stufen der unabhängigen Variablen. Laut Speed, Hocking und Hackney (1978) ist dieser Typ der ANOVA besonders gut zu interpretieren, wenn die Nullhypothesen der Haupteffekte getestet werden. Allerdings wurde auch kritisiert, dass dieses Vorgehen für die Tests der Interaktion nicht sinnvoll ist (Langsrud, 2003). Zudem scheint die Methode besonders dann anfällig, wenn die Gruppengrößen besonders stark voneinander abweichen. In diesen Fällen sind vor allem die Tests der Haupteffekte zu konservativ (Shaw & Mitchell-Olds, 1993).

Typ IV. Dieser Typ entspricht weitestgehend Typ III, es wird aber angenommen, dass es keine Interaktion gibt.

Welchen Typ nehmen? Diese Frage ist nur schwer zu beantworten. Kompliziert wird die Antwort zusätzlich durch die Bedeutung der Interaktion. Einige Wissenschaftler gehen sogar so weit, dass sie empfehlen, bei einer vorliegenden Interaktion auf die Interpretation der Haupteffekte zu verzichten (siehe auch *Abschnitt 6.2.3*). In vielen psychologischen Untersuchungen ist jedoch von Interesse, alle Effekte zu betrachten. Einige Autoren empfehlen daher beispielsweise immer die Verwendung von Typ II (Langsrud, 2003) oder eben Typ I. Hector, von Felten und Schmid (2010) schlagen vor, dass man eine gewisse Flexibilität zeigen sollte. Damit meinen sie nicht, dass man alles einfach ausprobieren sollte, sondern das genaue Überlegen, welcher Typ zum jeweiligen Design am besten passt.

6.1.3 Ausblick

Wie bereits erwähnt, werden wir in den nächsten Abschnitten auf die einzelnen varianzanalytischen Methoden eingehen. Dabei orientieren wir uns an einem einfachen Schema, welches in ▶*Abbildung 6.6* dargestellt ist. In ihm wird zunächst unterschieden, ob es eine oder mindestens zwei abhängige Variablen (AV) gibt. Liegt nur eine AV vor, handelt es sich um univariate Varianzanalysen. Liegen mindestens zwei AVs vor, spricht man von multivariaten Varianzanalysen (**M**ultivariate **AN**alysis **O**f **VA**riance → MANOVA). In diesem Buch werden wir auf MANOVAs nicht eingehen. Bei den univariaten Varianzanalysen wird dann unterschieden, ob es eine oder mehrere unabhängige Variablen (UV) gibt. Der linke Ast im Schema beinhaltet univariate Varianzanalysen mit einer unabhängigen Variablen. Daher spricht man auch von univariaten, einfaktoriellen Varianzanalysen. Der rechte Zweig fasst univariate Varianzanalysen mit mehr als einer unabhängigen Variablen zusammen. Hier wird auch von univariaten, mehrfaktoriellen Varianzanalysen gesprochen. Unser zu Beginn des Kapitels erwähntes Beispiel mit drei Therapiegruppen und der Unterscheidung zwischen Männern und Frauen ergibt ein sogenanntes 3×2-Design. Jeder der Faktoren stellt eine der unabhängigen Variablen dar, und die Zahlen zeigen an, wie viele Stufen jede unabhängige Variable aufweist. Dieses Design kann auch als zweifaktorielles Design bezeichnet werden, da zwei unabhängige Variablen vorliegen. Im Rahmen dieses Buches werden wir lediglich solche zweifaktoriellen Pläne erläutern. Schließlich können die Versuchspläne und damit auch die Varianzanalysen danach unterschieden werden, ob die abhängige Variable nur einmal oder mehrere Male gemessen wird. Im zweiten Fall spricht man dann von Varianzanalysen mit Messwiederholung, z. B. univariate, zweifaktorielle Varianzanalyse mit Messwiederholung.

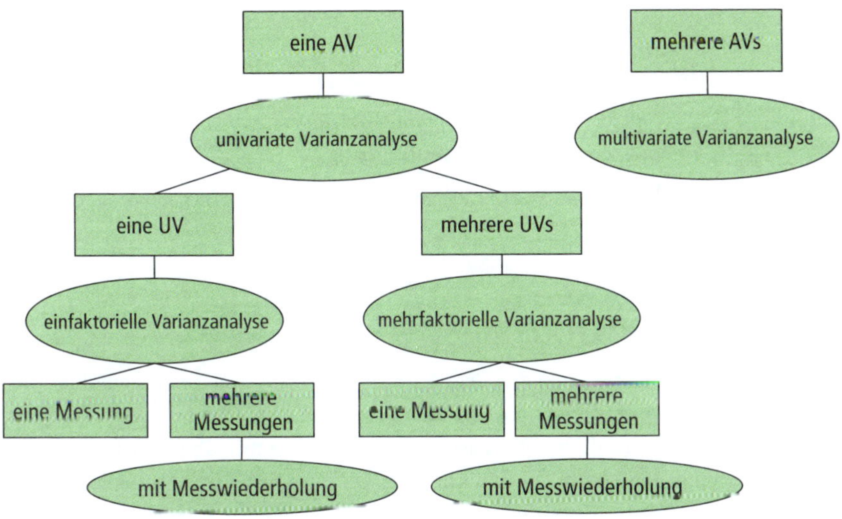

Abbildung 6.6: Aufteilung der varianzanalytischen Methoden

Für jede der Arten von Varianzanalysen wird auch immer das entsprechende non-parametrische Verfahren erläutert. Wie bereits erwähnt, setzen Varianzanalysen die Normalverteilung der abhängigen Variablen in den Gruppen voraus. Daher spricht man auch von parametrischen Verfahren. Liegt die Normalverteilung nicht vor, gibt es inferenzstatistische Verfahren, die es erlauben, auch dann die Daten auf Mittelwertsunterschiede zu prüfen. Diese Verfahren werden als nonparametrische Verfahren bezeichnet und für die beiden einfaktoriellen ANOVAs mit und ohne Messwiederholung dargestellt.

In der ▶*Abbildung 6.7* ist noch einmal der Fahrplan für die nächsten Abschnitte veranschaulicht. Dabei werden wir zunächst die Verfahren ohne Messwiederholung und dann erst die Verfahren mit Messwiederholung erklären. Bei den Verfahren ohne Messwiederholung sollen Mittelwertsunterschiede untersucht werden, die zwischen den einzelnen untersuchten Gruppen auftreten, daher spricht man auch von **Between-subject-Designs**. Es geht also um die Unterschiede zwischen den Personen. Im Falle der Messwiederholung sind jedoch die Unterschiede relevant, die zwischen den verschiedenen Messungen einer Person über die Zeit auftreten. Daher wird auch von einem **Within-subject-Design** gesprochen.

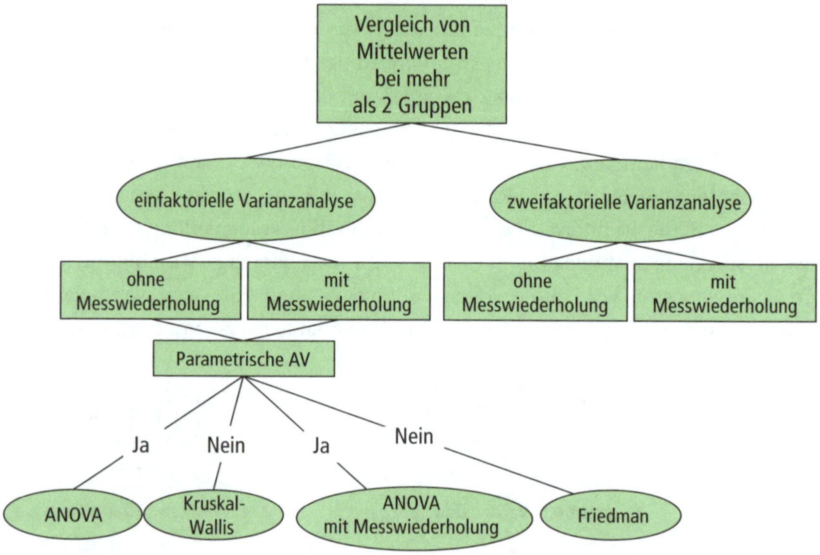

Abbildung 6.7: Übersicht der varianzanalytischen Methoden, die in diesem Kapitel besprochen werden sollen.

6.2 Einfaktorielle Varianzanalyse ohne Messwiederholung

Nachdem wir erläutert haben, wie das Prinzip der Varianzanalyse im Allgemeinen funktioniert, wenden wir uns nun der ersten Variante der ANOVA zu, der einfaktoriellen Varianzanalyse ohne Messwiederholung. Die zusätzliche Bezeichnung „ohne Messwiederholung" findet sich in den meisten Lehrbüchern nicht. Dort wird mit der Bezeichnung Varianzanalyse immer das Verfahren ohne Messwiederholung angesprochen. Da dies aber gelegentlich zu Verwirrung führen kann, werden wir hier den Zusatz „ohne Messwiederholung" bzw. „mit Messwiederholung" mitführen. Wie der Name bereits andeutet, liegt in diesem Fall eine unabhängige Variable (UV) vor, die allerdings mehr als zwei Stufen hat. Da wir die unabhängige Variable auch als Faktor bezeichnen, handelt es sich also um eine einfaktorielle Varianzanalyse. Generell ließe sich das Verfahren auch auf Studiendesigns mit lediglich zwei Stufen der UV anwenden, allerdings ist in diesen Fällen der *t*-Test eher das Verfahren der Wahl.

Bei welchen Fragestellungen ist die einfaktorielle ANOVA also die Methode der Wahl? Grundsätzlich sollte dieses Verfahren angewandt werden, wenn sich die Frage stellt, ob sich mindestens zwei Mittelwerte von mehr als zwei Gruppen in der gemessenen abhängigen Variablen in der Grundgesamtheit unterscheiden. Kommen wir hier auf unser Beispiel zurück. Gehen wir davon aus, dass aus der Grundgesamtheit der Marburger Studierenden $n = 119$ Personen per Zufall gezogen und auf die Bedingungen Fake-Good, Fake-Bad und eine Kontrollgruppe aufgeteilt wurden. Unter anderem wurde der Objektive Leistungsmotivationstest (OLMT; Schmidt-Atzert, 2004) eingesetzt. Mithilfe der einfaktoriellen Varianzanalyse kann nun geprüft werden, welchen Einfluss die unabhängige Variable (Instruktion) auf die abhängige Variable (OLMT – Baselinewert) hat. Dies ist für unser Beispiel auch noch einmal in ▶*Abbildung 6.8* dargestellt.

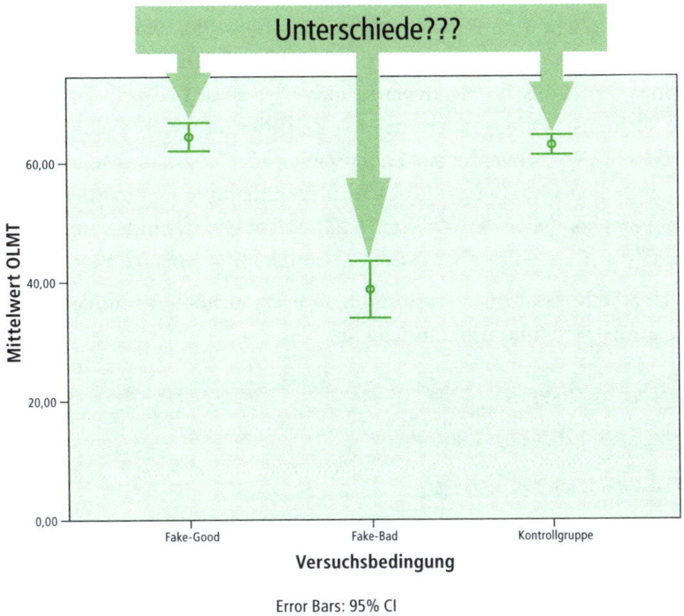

Abbildung 6.8: Zweck der ANOVA

In der Abbildung sind auf der *x*-Achse die drei Versuchsbedingungen abgetragen. Auf der y-Achse ist der Wertebereich der abhängigen Variablen abgetragen. Die Punkte im Diagramm stellen dann jeweils den Mittelwert der drei Gruppen dar. Um die Punkte herum ist jeweils das 95-Prozent-Konfidenzintervall angegeben. Es zeigt sich, dass vor allem der Mittelwert der Fake-Bad-Bedingung von den Werten der anderen beiden Gruppen abweicht. Wie können wir nun testen, ob diese Abweichung signifikant ist? Schauen wir dazu auf ein kleines Datenbeispiel, das wir gemäß dem Schema in ▶*Abbildung 6.9* anlegen.

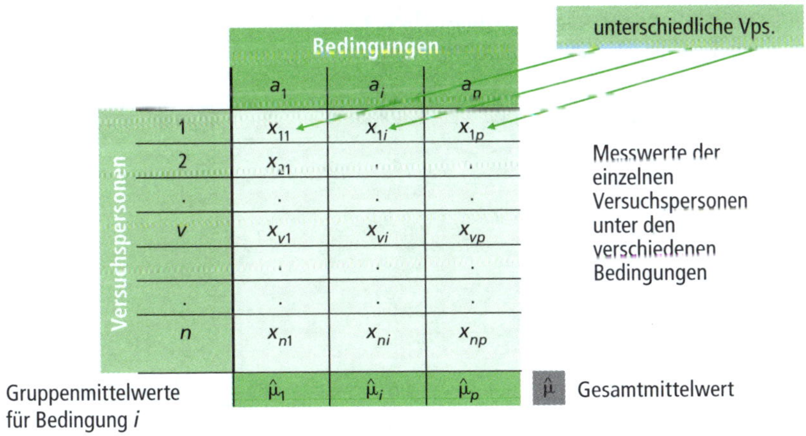

Abbildung 6.9: Schema der ANOVA-Datenmaske

In den Spalten der Tabelle befinden sich die Stufen der unabhängigen Variablen, die mit dem Buchstaben a versehen sind. Der Index zeigt jeweils an, um welche Stufe es sich handelt. In dieser Abbildung sind drei Stufen dargestellt, es ließen sich aber theoretisch beliebig viele Abstufungen untersuchen. Zum Ende einer jeden Spalte ist der geschätzte Gruppenmittelwert $\hat{\mu}_i$ angegeben sowie der geschätzte Gesamtmittelwert $\hat{\mu}$. In den Zeilen sind jeweils die Versuchspersonen von 1 bis n eingetragen. Hierbei ist darauf zu achten, dass in einer Zeile nicht nur eine Versuchsperson, sondern in jeder Zelle der Messwert x einer Person v enthalten ist. Das heißt, dass in nebeneinander stehenden Zellen einer Zeile die Messwerte unterschiedlicher Personen enthalten sind. Bei der Eingabe zur Verarbeitung für ein Statistikprogramm würden wir anders vorgehen (siehe ▶*Abbildung 6.25*). Dabei gibt der Index am Messwert x an, um welche Person v ($v = 1$ bis n Personen) aus der Gruppe i ($i = 1$ bis p Gruppen) es sich handelt.

Die folgende Übersicht fasst diese Terminologie noch einmal zusammen und gibt darüber hinaus bereits einige wichtige Gleichungen an.

Anzahl der Faktorstufen	p
Anzahl der Probanden pro Faktorstufe i	n_i
Index der Vp. (geht von 1 bis n)	v
Index der Faktorstufe (geht von 1 bis p)	i
Messwert der Vp. v in Faktorstufe i	x_{vi}
Summe der Messwerte pro Faktorstufe i	$X_i = \sum_{v=1}^{n} x_{vi}$
Mittelwert der Messwerte pro Faktorstufe i	$\hat{\mu}_i = \frac{1}{n_i}\sum_{v=1}^{n} x_{vi}$
Gesamtsumme der Messwerte	$G = \sum_{v=1}^{n}\sum_{i=1}^{p} x_{vi}$
Gesamtmittelwert der Messwerte	$\hat{\mu} = \frac{1}{n_i \cdot p}\sum_{v=1}^{n}\sum_{i=1}^{p} x_{vi} = \frac{G}{n_i \cdot p}$

Abbildung 6.10: Terminologie

Um das Grundprinzip einfacher verdeutlichen zu können, entnehmen wir nun unserem Datensatz jeweils fünf Personen aus jeder Gruppe.

Personen	Fake-Good	Fake-Bad	Kontrollgruppe
1	55.33	19.00	62.67
2	62.33	34.00	58.33
3	69.00	30.33	51.33
4	73.00	39.00	64.00
5	56.00	35.00	71.67
$\hat{\mu}_i$	63.13	31.47	61.60
$\hat{\sigma}_i$	7.81	7.62	7.49
$\hat{\sigma}_i^2$	61.05	58.09	56.12

Tabelle 6.1: Beispieldaten

Auch bei dieser Auswahl unterscheiden sich die Mittelwerte. Die Streuungen scheinen hingegen weitestgehend gleich zu sein, was man daran erkennt, das der unterste und jeweils der oberste Punkt pro Gruppe in etwa gleich weit auseinanderliegen. In ▶*Abbildung 6.11* sind die Daten noch einmal als Streudiagramm dargestellt.

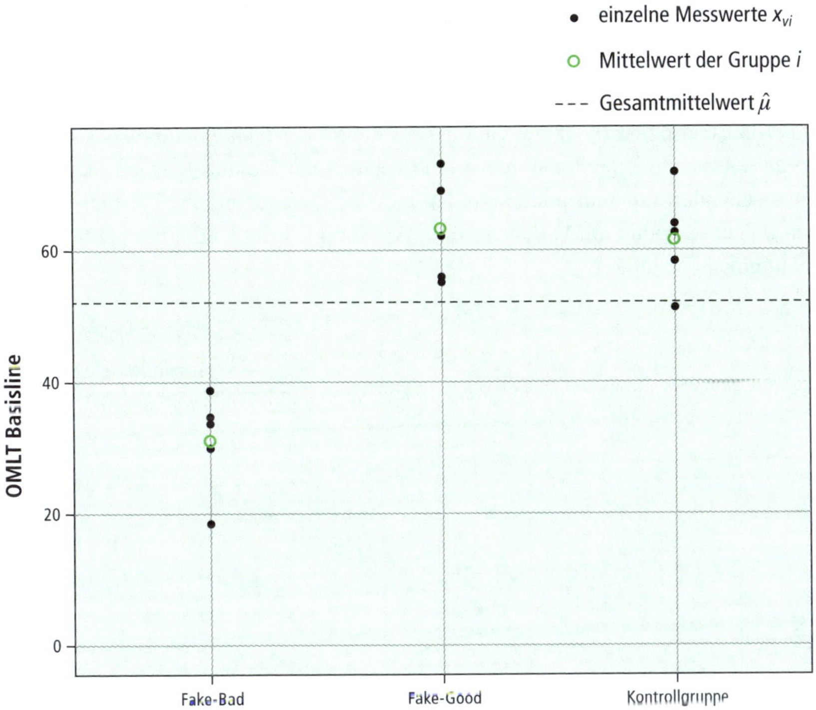

Abbildung 6.11: Streudiagramm für die Beispieldaten

Jeder Punkt verdeutlicht den Messwert einer Versuchsperson. Die großen Kreise geben an, wo sich die jeweiligen Gruppenmittelwerte befinden, und die waagerechte, gestrichelte Linie zeigt schließlich den Gesamtmittelwert an. Unterschiede zwischen den Mittelwerten sind auch hier erkennbar. Zudem wird noch einmal deutlich, dass nicht nur die Mittelwerte um den Gesamtmittelwert schwanken, sondern auch die Messwerte innerhalb der einzelnen Gruppen um ihren gruppenspezifischen Mittelwert streuen. Die Frage ist nun: Wie kann man diese Information nutzen, um einen Signifikanztest durchzuführen?

6.2.1 Grundprinzip der einfaktoriellen ANOVA ohne Messwiederholung

Aus *Abschnitt 3.1*, in dem das Grundprinzip der Varianzanalyse dargestellt wurde, wissen wir bereits, dass bei dieser Verfahrensgruppe die Gesamtvarianz durch zwei Varianzquellen erklärt wird: systematische Treatmentvarianz (*Varianz Zwischen*) und unsystematische Fehlervarianz (*Varianz Innerhalb*).

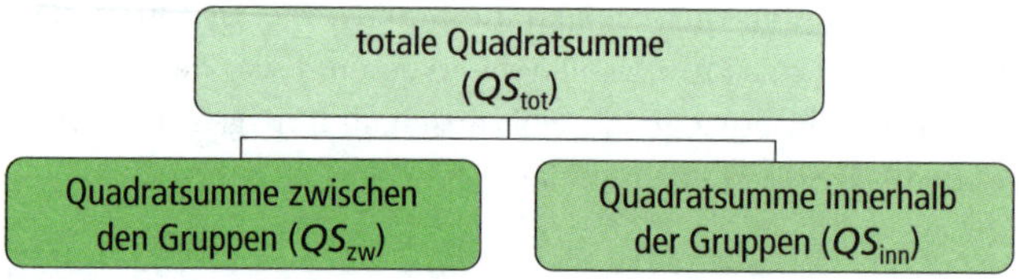

Abbildung 6.12: Quadratsummenzerlegung bei der einfaktoriellen ANOVA

Quadratsummenzerlegung. In ▶*Abbildung 6.12* ist diese Aufteilung noch einmal veranschaulicht. Allerdings wird hier nicht von Varianzen, sondern von Quadratsummen gesprochen. Wie wir bereits wissen, sind Quadratsummen eine Vorstufe der Varianzen. Durch die Division mit den entsprechenden Freiheitsgraden werden aus den Quadratsummen mittlere Quadratsummen, die gleichbedeutend mit Varianzen sind. Wie kann man sich nun diese unterschiedlichen Quadratsummen vorstellen?

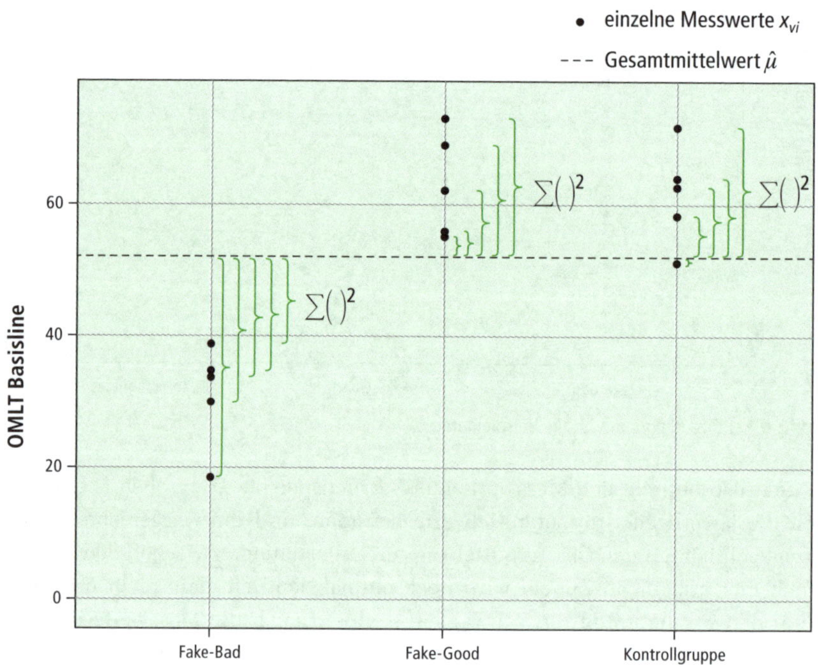

Abbildung 6.13: Prinzip der *Quadratsumme Total*

Quadratsumme Total. Aus der ▶*Abbildung 6.13* geht die Idee der totalen Quadratsumme, auch Gesamtquadratsumme oder Gesamtvariabilität genannt, hervor. In ihr sind die quadrierten Abweichungen aller Messwerte vom geschätzten Gesamtmittelwert enthalten. Diese quadrierten Abweichungen werden aufsummiert. Dadurch entsteht die *Quadratsumme Total.* Das Quadrieren verhindert, dass sich positive und negative Abweichungen gegenseitig aufheben. Die totale Quadratsumme spiegelt also die Gesamtvariabilität in der abhängigen Variablen wider.

Die Unterschiede, die sich in der totalen Quadratsumme niederschlagen, gehen auf Unterschiede zwischen und innerhalb der Gruppen zurück. Die *Quadratsumme Zwischen* enthält auch, wie bereits beschrieben, die Unterschiede, die auf die Wirkung der unabhängigen Variablen zurückgehen. Dies sind systematische Effekte, die zu einer Verschiebung der geschätzten Gruppenmittelwerte führen sollten.

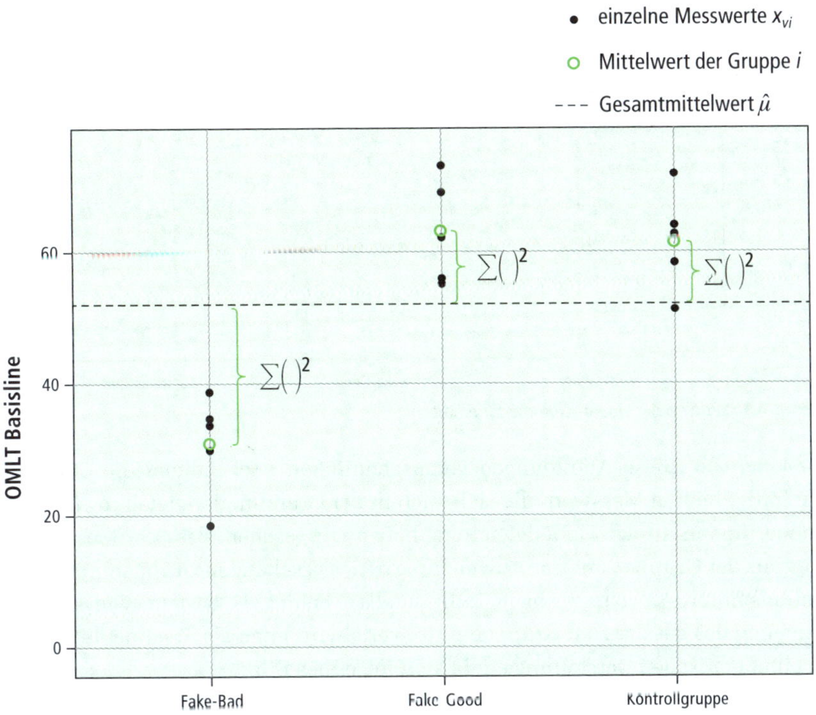

Abbildung 6.14: Prinzip der *Quadratsumme Zwischen*

Quadratsumme Zwischen. Demzufolge wird die *Quadratsumme Zwischen* durch die quadrierten Abweichungen der geschätzten Gruppenmittelwerte vom geschätzten Gesamtmittelwert beschrieben (siehe ▶*Abbildung 6.14*). Auch hier werden die Abweichungen zunächst quadriert und dann aufsummiert. Die *Quadratsumme Zwischen* ist also auch von der Wirkung der Manipulation der unabhängigen Variablen abhängig. Schließlich zeigt ▶*Abbildung 6.15* das Prinzip der *Quadratsumme Innerhalb*. Hier werden die Abweichungen der einzelnen Messwerte der Personen in einer Gruppe vom jeweiligen geschätzten Gruppenmittelwert quadriert und aufsummiert.

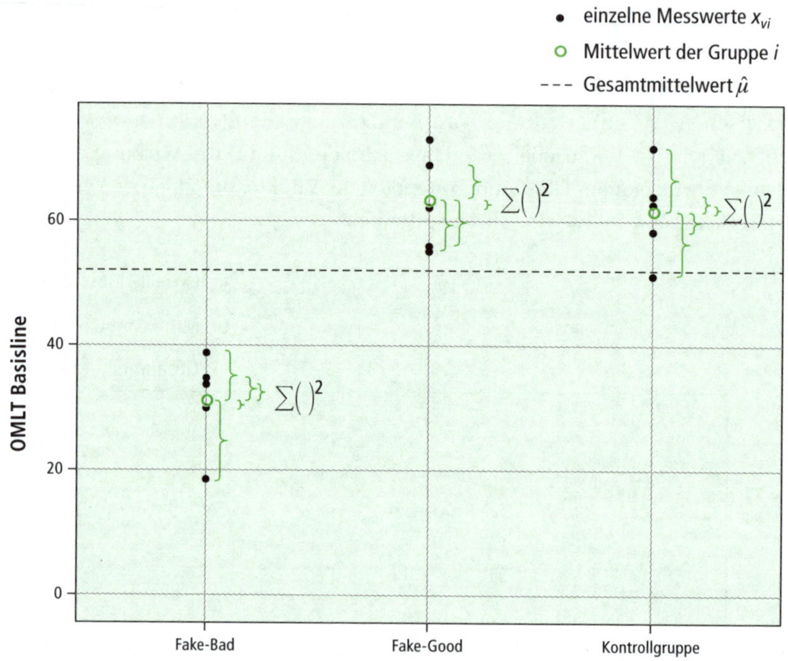

Abbildung 6.15: Prinzip der *Quadratsumme Innerhalb*

Varianz Innerhalb. Diese Abbildungen veranschaulichen noch einmal die Einflussgrößen auf den individuellen Messwert, die sich auch in der Grundmodellgleichung (siehe Formel 6.4) wieder finden. In der Modellgleichung haben wir gesehen, dass der Messwert x einer Person v aus der Gruppe i aus der Abweichung α_i des geschätzten Gruppenmittelwerts vom Populationsmittelwert μ und einem individuellen Fehler e_{vi} besteht. Die systematische Verschiebung des geschätzten Gruppenmittelwerts wird auch als Treatmenteffekt bezeichnet. In einer grafischen Darstellung ergibt sich folgendes Bild:

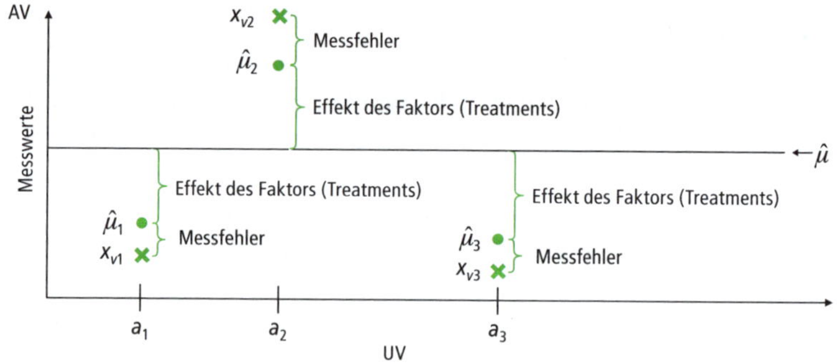

$\hat{\mu}$	=	Gesamtmittelwert
$\hat{\mu}_i$	=	Mittelwert der Faktorstufe i
x_{vi}	=	Messwert von Vp. v in Faktorstufe i
a_1, a_2, a_3	=	Messwert von Vp. v in Faktorstufe

Abbildung 6.16: Veranschaulichung der Modellgleichung

Am Beispiel einer dreistufigen unabhängigen Variablen ist hier dargestellt, wie zunächst der Gruppenmittelwert durch das Treatment verschoben ist und dann noch wie sich der beobachtete Messwert der Person aus der individuellen Abweichung vom geschätzten Gruppenmittelwert (im Modell als Fehlerterm bezeichnet) und dem Gruppenmittelwert zusammensetzt. Insgesamt bedeutet das in unserem Beispiel, dass zwar die unabhängige Variable vermutlich zu einer Veränderung führt, aber trotzdem nicht alle Personen in einer Gruppe exakt denselben Messwert in der abhängigen Variablen erzielen.

Prinzip. Das Grundprinzip für den Hypothesentest, das sich aus dieser Varianzaufspaltung ableitet, kennen wir bereits aus der Kapiteleinleitung. Die Idee ist hier nur noch einmal kurz aufgeführt. Um herauszufinden, ob der Effekt des Faktors signifikant ist, müssen wir die *Varianz Zwischen* oder die Effektvarianz mit der Fehlervarianz vergleichen. Wird die Fehlervarianz aus den Daten geschätzt, spricht man auch von Residualvarianz. Es handelt sich um die Varianz, die nicht durch den Effekt erklärt werden kann. Die Idee hierbei war, dass beim Zutreffen der Nullhypothese die mittleren quadrierten Abweichungen der Gruppenmittelwerte vom Gesamtmittelwert ebenso wie mittlere quadrierte Abweichungen der individuellen Personenmesswerte vom Gesamtmittelwert dieselbe Schätzung der Populationsvarianz darstellen. Allerdings gehen in die Berechnung der *mittleren Quadratsumme Innerhalb* zunächst mehr Fälle ein. Um die korrekte *mittlere Quadratsumme* zu schätzen, wird daher eine Gewichtung der mittleren quadrierten Abweichungen zum Gesamtmittelwert (*mittlere Quadratsumme Zwischen*) durch Multiplikation mit der Anzahl der Personen pro Gruppe (vorausgesetzt, in jeder Gruppe sind gleich viele Personen) durchgeführt (siehe ▶*Abbildung 6.17*). Im Endergebnis müssten sich also, unter Gültigkeit der Nullhypothese, beide mittleren quadrierten Abweichungen (*mittlere Quadratsumme Zwischen* und *mittlere Quadratsumme Innerhalb*) bis auf Fehler bei der Schätzung der enstprechenden Populationsgrößen entsprechen. Erst in dem Ausmaß, in dem in der Grdundgesamtheit ein Effekt vorliegt, sollten die geschätzten Gruppenmittelwerte zunehmend vom Gesamtmittelwert abweichen. Es sollte dann die *Varianz Zwischen* deutlich größer als die *Varianz Innerhalb* ausfallen. In einem solchen Fall gewinnen wir mehr und mehr Hinweise bzw. Evidenz dahingehend, dass die Nullhypothese in der Grundgesamtheit nicht gilt. In der *Abbildung 6.17* sind die einzelnen Quadratsummen, die Formeln zu ihrer Berechnung und die jeweilige Grundidee zusammengefasst.

QS_{tot} =	QS_{zw} +	QS_{inn}
Gesamtabweichung	Abweichung durch Faktor	Abweichung durch Fehler
$\sum_{i=1}^{p}\sum_{v=1}^{n}(x_{vi}-\hat{\mu})^2$ =	$n_i \cdot \sum_{i=1}^{p}(\hat{\mu}_i-\hat{\mu})^2$ +	$\sum_{i=1}^{p}\sum_{v=1}^{n}(x_{vi}-\hat{\mu}_i)^2$
Summe der quadrierten Gesamtabweichungen	Summe der quadrierten Abweichungen zwischen den Faktorstufen (Bedingungen der UV, Gruppen)	Summe der quadrierten Abweichungen innerhalb der Faktorstufen

$\hat{\mu}$ = Gesamtmittelwert
$\hat{\mu}_i$ = Mittelwert der Faktorstufe i

x_{vi} = Messwert von Vp. v in Faktorstufe i
n_i = Stichprobenumfang in Faktorstufe i

Abbildung 6.17: Gleichungen und Grundideen der Quadratsummen

Ermittlung der Prüfgröße. Der eigentliche Signifikanztest besteht dann aus einem Vergleich der beiden geschätzten Varianzen *Varianz Zwischen* und *Varianz Innerhalb*. Diese entstehen durch das Dividieren der Quadratsummen durch die jeweiligen Freiheitsgrade. Im Folgenden wollen wir das konkrete Vorgehen und die Berechnung der einzelnen Quadratsummen an unserem Beispiel verdeutlichen.

6.2.2 Vorgehen bei der einfaktoriellen ANOVA

Im *Exkurs oben* haben wir auf die Bedeutung eines balancierten Designs und die Möglichkeit unterschiedlicher Typen der Quadratsummenzerlegung hingewiesen. Im Folgenden gehen wir aus Gründen der Einfachheit davon aus, dass alle Gruppen aus gleich vielen Personen bestehen.

Fragestellung. Bei der einfaktoriellen Varianzanalyse ohne Messwiederholung geht es darum, herauszufinden, ob sich die verschiedenen Stufen einer unabhängigen Variablen (UV) auf die Werte der abhängigen Variablen (AV) auswirken. Es soll also getestet werden, ob sich mindestens zwei Mittelwerte in der Grundgesamtheit voneinander unterscheiden.

Beispiel. Wie zu Beginn des Kapitels nutzen wir das Beispiel aus Ziegler, Schmidt-Atzert, Bühner und Krumm (2007). In dieser Studie wurden die Versuchspersonen zufällig einer von drei Bedingungen zugewiesen: Fake-Bad (FB), Fake-Good (FG) oder Kontrollgruppe (KG). Je nach Bedingung bearbeiteten die Versuchspersonen Leistungsmotivationstests mit unterschiedlichen Instruktionen. Unter anderem wurde auch ein Kennwert aus dem Objektiven Leistungsmotivationstest (Schmidt-Atzert, 2004) erhoben. Es wird nun angenommen, dass sich die unterschiedlichen Instruktionen auf die Höhe des Kennwerts auswirken. Für die folgenden Berechnungen haben wir aus dem Datensatz mit $N = 119$ Personen fünf Personen pro Gruppe gezogen (siehe ▶ *Tabelle 6.1*).

Hypothesen. Im *Abschnitt 3.1* haben wir bereits allgemein die Hypothesen in einer ANOVA erläutert sowie diese auch auf unser Beispiel bezogen. Hier noch einmal zur Wiederholung:

Nullhypothese: Die Gruppen unterscheiden sich *nicht* in ihrer mittleren Leistungsmotivation.

$$H_0: \mu_{FB} = \mu_{FG} = \mu_{KG}$$

Alternativhypothese: Mindestens zwei Gruppen unterscheiden sich in ihrer mittleren Leistungsmotivation.

$$H_1: \mu_{FG} \neq \mu_{FB},\ \mu_{FG} \neq \mu_{KG},\ \mu_{FB} \neq \mu_{KG} \quad \text{für mindestens einen Vergleich.}$$

Die Hypothesen lassen sich auch über die Populationseffekte der Bedingungen ausdrücken. In der Modellgleichung (siehe Formel 6.4) sind die Treatmenteffekte α_i als die Differenzen zwischen den Gruppenmittelwerten μ_i und dem Populationsmittelwert μ enthalten ($\alpha_i = \mu_i - \mu$). Gilt nun die Nullhypothese, dann sind diese Abweichungen in der Population null. Wird die Nullhypothese abgelehnt, sind nicht alle Treatmenteffekte in der Population gleich null. Auch dies lässt sich formal ausdrücken:

Formel 6.10

Nullhypothese: $\alpha_i = 0$

Alternativhypothese: mindestens zwei $\alpha_i \neq 0$

Berechnung. Um die aufgestellten Hypothesen auf Signifikanz zu prüfen, müssen wir die geschätzte *Varianz Zwischen* und die geschätzte *Varianz Innerhalb* berechnen. Dazu brauchen wir zunächst die Quadratsummen als Vorstufen dieser Varianzen. WIr beginnen mit der Berechnung der Gesamtstreuung. Zunächst benötigen wir eine Rechenformel. Wie wir bereits wissen, entsteht die QS_{total} aus der Summe der quadrierten Abweichungen aller Messwerte vom Gesamtmittelwert (siehe *Abbildung 6.13* und *Formel 6.9*). Alternativ lässt sich auch die Summe aus der $QS_{zwischen}$ und der $QS_{innerhalb}$ berechnen. Um dann aus der Quadratsumme die geschätzte mittlere Quadratsumme und damit die geschätzte *Varianz Total* zu erhalten, muss durch die Freiheitsgrade (*df*) dividiert werden. Insgesamt stehen uns p (Anzahl der Gruppen) mal n (Anzahl der Personen je Gruppe) Messwerte zur Verfügung. In unserem Beispiel sind das also 3 × 5 = 15 Personen. Aus der Differenz zwischen der Anzahl der beobachteten Messwerte und der Anzahl des einen festen geschätzten Gesamtmittelwerts, ergibt sich dann die Anzahl der Freiheitsgrade. Dies haben wir bereits in *Formel 6.9* dargestellt. Für unser Beispiel ergibt sich so eine Freiheitsgradzahl von 14 ($n - 1$). Fünfzehn Messwerte haben wir beobachtet und für den geschätzten Gesamtmittelwert ziehen wir eins ab. Diese Anzahl an Freiheitsgraden ergibt sich auch aus der Summe der Freiheitsgrade für die beiden anderen Quadratsummen, deren Berechnung wir später beschreiben. In ▶*Abbildung 6.18* ist die Berechnung für unser kleines Datenbeispiel aus *Tabelle 6.1* dargestellt.

$VP_{in\ Gruppe\ i}$	Fake Good	Fake Bad	Kontroll-gruppe
1	55.33	19.00	62.67
2	62.33	34.00	58.33
3	69.00	30.33	51.33
4	73.00	39.00	64.00
5	56.00	35.00	71.67
Summen (A_i)	315.66	157.33	308.00
Mittelwerte ($\hat{m}$)	63.13	31.47	61.60

$$\hat{\mu} = \frac{315.66 + 157.33 + 308.00}{3 \cdot 5} = 52.07$$

$$(x_{vi} - \hat{\mu})^2 = (55.33 - 52.07)^2 = 10.65$$

Abweichungsquadrate der Messwerte vom Gesamtmittel

VP	Fake Good	Fake Bad	Kontroll-gruppe
1	10.65	1093.36	112.44
2	105.35	326.38	39.24
3	286.76	472.45	0.54
4	438.23	170.72	142.42
5	15.48	291.25	384.32
Summe	856.47	2354.16	678.96

$$QS_{tot} = 856.47 + 2354.16 + 678.96 = 3889.59$$

$$df_{tot} = 3 \cdot 5 - 1 = 14$$

$$\hat{\sigma}^2_{tot} = \frac{3889.59}{14} = 277.83$$

Abbildung 6.18: Berechnung der *Quadratsumme Total* an Beispieldaten[2]

2 Wir nutzen hier und in den folgenden Berechnungen mehr als 2 Dezimalstellen beim Gesamtmittelwert, um zu vermeiden, dass sich die Quadratsummen später nicht mehr aufsummieren aufgrund von Rundungsfehlern.

Berechnung Quadratsumme Total. In *Abbildung 3.18* ist gezeigt, dass zunächst der geschätzte Gesamtmittelwert $\hat{\mu}$ berechnet werden muss. Dazu müssen die Summen der Messwerte in jeder Gruppe ermittelt werden. Diese werden dann wiederum über die Gruppen aufsummiert und durch die Anzahl aller Versuchspersonen geteilt. Im nächsten Schritt muss die Differenz zwischen jedem Messwert und dem Gesamtmittelwert bestimmt und quadriert werden. Diese quadrierten Abweichungen werden in jeder Gruppe erneut aufsummiert. Die Summe dieser drei Abweichungsquadratsummen ergibt schließlich die *Quadratsumme Total*. Die Anzahl der Freiheitsgrade ist wie bereits erläutert 14. Der Quotient aus der *Quadratsumme Total* und den Freiheitsgraden ergibt dann die *geschätzte mittlere Quadratsumme Total* oder eben die geschätze totale Varianz. Diese ist mit einem Dach versehen, da es sich um eine Schätzung der unbekannten Populationsvarianz handelt. Sie fällt erwartungstreu aus, da wir hier durch die Anzahl der Freiheitsgrade teilen und nicht durch die Anzahl der Personen (siehe *Kapitel 3*).

Eigentlich ist die totale Quadratsumme an dieser Stelle von untergeordnetem Interesse, da wir sie nicht für den Signifikanztest benötigen. Wir werden allerdings sehen, dass sie später im Rahmen der Effektstärkeberechnung notwendig sein wird. Dann ließe sie sich aber auch aus der Summe der *Quadratsumme Zwischen* und der *Quadratsumme Innerhalb* berechnen. Beide Quadratsummen werden als Vorstufe für die Schätzung der mittleren Quadratsumme benötigt. Zunächst wird die Berechnung nun für die *Quadratsumme Zwischen* erläutert, anschließend für die *Quadratsumme Innerhalb*.

Berechnung Quadratsumme Zwischen. Die Grundidee bei der *Quadratsumme Zwischen* war es, die Unterschiede zu erklären, die auf die UV bzw. das Treatment zurückgehen. Unterschiede zwischen den Personen in einer Gruppe sind an dieser Stelle nicht von Interesse. Daher wird bei der Berechnung der *Quadratsumme Zwischen* angenommen, dass es diese Unterschiede gar nicht gibt und alle Personen in einer Gruppe denselben Messwert erzielt haben (daher wird in der Formel auch mit der Gruppengröße gewichtet). Uns interessiert hier also nur, wie stark die Gruppenmittelwerte um den Gesamtmittelwert streuen. Die Variation der Messwerte innerhalb der Gruppen wird nicht in die Berechnung einbezogen. Die Berechnung der *Quadratsumme Zwischen* und der *geschätzten mittleren Quadratsumme* bzw. *geschätzten Varianz Zwischen* kann dann anhand der unter *Formel 6.7* angegebenen Formeln erfolgen.

Zunächst muss also in jeder Gruppe die Differenz zwischen Gruppenmittelwert und Gesamtmittelwert berechnet und quadriert werden. Da wir in jeder Gruppe nicht nur eine Person haben, sondern eben n Personen, multiplizieren wir diese Abweichung jeweils mit der Gruppengröße und summieren die Ergebnisse auf, um die *Quadratsumme Zwischen* zu erhalten. Die Anzahl der *Freiheitsgrade Zwischen* entspricht der Anzahl der Gruppen p minus eins ($df = p - 1$). Um die *Quadratsumme Zwischen* zu berechnen, müssen wir den geschätzten Populationsmittelwert als fest annehmen. Für die Berechnung der *Quadratsumme Zwischen* benötigen wir die p geschätzten Gruppenmittelwerte. In unserem Beispiel sind es drei Mittelwerte. Zwei dieser Werte könnten theoretisch frei variieren. Der dritte Wert würde sich dann automatisch ergeben und zwar so, dass sich der Gesamtmittelwert nicht verändert. Daher sind es $p - 1$ Freiheitsgrade. Erneut entsteht die mittlere Quadratsumme, sprich die Varianz, durch die Division der Quadratsumme durch die Freiheitsgrade. Die Berechnung ist schematisch für unser Beispiel in ▶ *Abbildung 6.19* dargestellt.

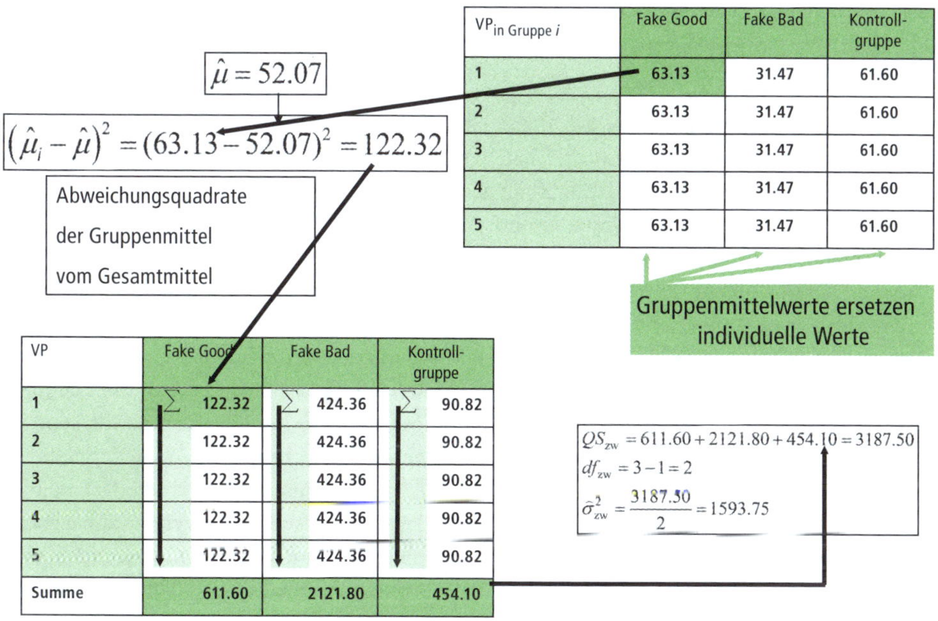

Abbildung 6.19: Berechnung der *Quadratsumme Zwischen* an Beispieldaten

Durch Verwendung einer Rechenformel, die bei gleichgroßen Gruppen angewandt werden kann, ergibt sich eine Vereinfachung, die in ▶*Abbildung 6.20* dargestellt ist.

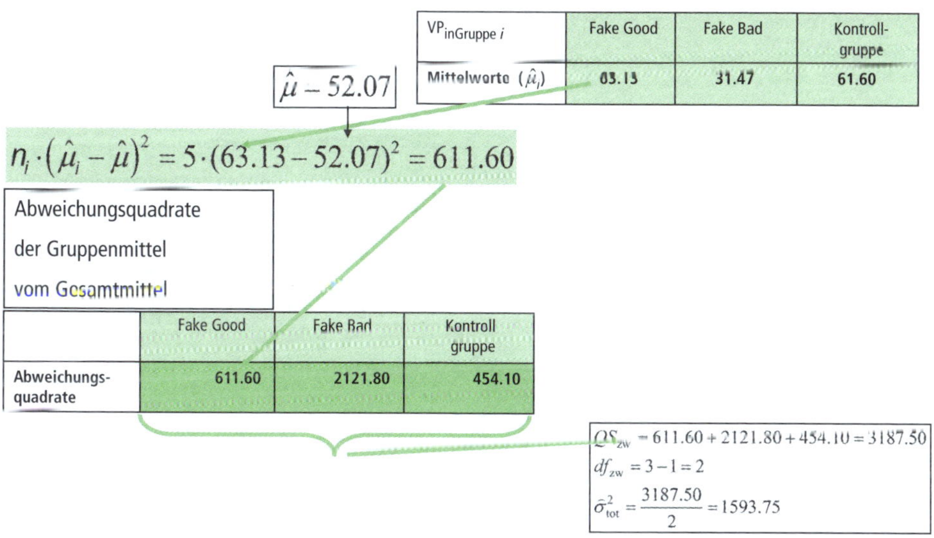

Abbildung 6.20: Berechnung der *Quadratsumme Zwischen* mit der Rechenformel

Bei der Rechenformel muss die quadrierte Abweichung zwischen dem jeweiligen Gruppenmittelwert und dem Gesamtmittelwert nur einmal bestimmt werden und wird dann mit der Gruppengröße multipliziert. Dies vereinfacht das Vorgehen. In beiden Fällen zeigt sich, dass die Fake-Bad-Gruppe den größten Beitrag zur QS_{zwischen} leistet. Dies spiegelt wider, dass in dieser Gruppe der geschätzte Mittelwert am stärksten vom geschätzten Gesamtmittelwert abweicht.

Berechnung Quadratsumme Innerhalb. Schließlich muss noch die *Quadratsumme Innerhalb* berechnet werden. Die Berechnung haben wir unter Formel 6.5 bereits erläutert. Aus der vorangegangenen Beschreibung ist deutlich geworden, dass die *Quadratsumme Innerhalb* die Abweichungen widerspiegelt, die aufgrund von Messfehlern und individuellen Eigenheiten dafür sorgen, dass der individuelle Messwert vom geschätzten Gruppenmittelwert abweicht. Um die *Quadratsumme Innerhalb* zu berechnen, muss in jeder Gruppe die quadrierte Abweichung der Personenmesswerte in einer Gruppe vom jeweiligen Gruppenmittelwert gebildet werden. Wir erinnern uns, dass die *Varianzen Innerhalb* der Gruppen wiederum Schätzwerte darstellen und daher nicht einfach durch die Gruppengröße n, sondern durch die Gruppengröße n minus 1 dividiert werden müssen. Allerdings liegt nicht nur eine Gruppe vor, sondern p Gruppen. In unserem Beispiel sind es drei Gruppen. In allen Gruppen wird die Populationsvarianz geschätzt. Fasst man diese drei Schätzwerte zusammen, erhöht sich die Genauigkeit der Schätzung. Daher wird bei der Berechnung der *Quadratsumme Innerhalb* zunächst in jeder Gruppe die Summe der quadrierten Abweichungen der individuellen Messwerte x_{vi} vom geschätzten Gruppenmittelwert berechnet. Diese Abweichungsquadrate werden dann über alle p Gruppen erneut aufsummiert. In jeder Gruppe müsste die Berechnung der geschätzten Varianz durch die Division mit n minus 1 erfolgen. Da die einzelnen Abweichungsquadratsummen bereits zusammengefasst sind, werden auch die Nenner, also die Freiheitsgrade der Gruppen, zusammengefasst. Demzufolge steht im Nenner p mal n minus 1. In ▶*Abbildung 6.21* ist an unserem kleinen Beispieldatensatz dargestellt, wie die *Quadratsumme Innerhalb* und auch die geschätzte *Varianz Innerhalb* berechnet werden.

$VP_{\text{inGruppe } i}$	Fake Good	Fake Bad	Kontrollgruppe
1	55.33	19.00	62.67
2	62.33	34.00	58.33
3	69.00	30.33	51.33
4	73.00	39.00	64.00
5	56.00	35.00	71.67
Summen (X_i)	315.66	157.33	308.00
Mittelwerte ($\hat{m}$)	63.13	31.47	61.60

$$\left(x_{vi} - \hat{\mu}_i\right)^2 = (55.33 - 63.13)^2 = 60.84$$

Abweichungsquadrate der Messwerte vom Gruppenmittel

VP	Fake Good	Fake Bad	Kontrollgruppe
1	Σ 60.84	Σ 155.50	Σ 1.14
2	0.64	6.40	10.69
3	34.46	1.30	105.47
4	97.42	56.70	5.76
5	50.84	12.46	101.40
Summe	244.19	232.4	224.5

$$QS_{\text{inn}} = 244.19 + 232.36 + 224.48 = 701.03$$
$$df_{\text{inn}} = 3 \cdot (5-1) = 12$$
$$\hat{\sigma}^2_{\text{inn}} = \frac{701.03}{12} = 58.42$$

Abbildung 6.21: Berechnung der *Quadratsumme Innerhalb*

Aus der Abbildung geht noch einmal hervor, dass für jeden individuellen Messwert die Abweichung zum jeweiligen Gruppenmittelwert gebildet und quadriert wird. Diese Abweichungsquadrate werden dann für jede Gruppe aufsummiert und die Summen erneut addiert. Das Ergebnis repräsentiert die *Quadratsumme Innerhalb*. Die Freiheitsgrade ergeben sich aus der Gruppengröße n minus eins, multipliziert mit der Gruppenanzahl p. Ursprünglich standen 15 Messwerte zur Verfügung. Um in jeder Gruppe die Varianz für die Population zu schätzen, benötigen wir jeweils einen Parameter als Populationsschätzwert. Dies ist in jedem Fall der Gruppenmittelwert. Daher können in jeder Gruppe n minus eins Werte frei variieren. Der letzte Wert steht dann fest, sodass sich der Mittelwert nicht ändert. Im Beispiel sind dies immer vier Werte. Da drei Gruppen mit jeweils fünf Personen vorliegen, geht drei Mal jeweils ein Freiheitsgrad verloren, sodass sich zwölf Freiheitsgrade ergeben.

Prüfgröße. Um die Berechnungen zu überprüfen, kann einfach die Summe aus der *Quadratsumme Zwischen* und *Quadratsumme Innerhalb* gebildet werden. Diese sollte der *Quadratsumme Total* entsprechen. Für unser Beispiel zeigt sich: 3188.57 + 701.03 = 3889.60. Beim Vergleich der geschätzten *Varianz Zwischen* und *Varianz Innerhalb* fällt bereits auf, dass die Unterschiede zwischen den Gruppen deutlich größer ausfallen als innerhalb der Gruppen. Würde die Nullhypothese gelten und die Mittelwertsunterschiede wären durch die Ungenauigkeit der Schätzung der Populationsgrößen aufgrund unvollständiger Stichprobendaten verursacht, dann müssten die beiden Varianzen, wie oben beschrieben, ähnlich hoch ausfallen. Um nun zu prüfen, ob der Unterschied signifikant ist, führen wir einen F-Test durch.

Formel 6.11

$$F_{\text{emp}} = \frac{\hat{\sigma}^2_{\text{zw}}}{\hat{\sigma}^2_{\text{inn}}} = \frac{1594.28}{58.42} = 27.29$$

F_{emp} = empirischer F-Wert

$\hat{\sigma}^2_{\text{zw}}$ = Varianz Zwischen

$\hat{\sigma}^2_{\text{inn}}$ = Varianz Innerhalb

Die Varianz zwischen den Mittelwerten ist also mehr als 27 Mal größer als die Varianz innerhalb der Gruppen.

Entscheidung. Die Frage ist allerdings, ob dieser anscheinend große deskriptive Unterschied *für* oder *gegen* die Nullhypothese spricht. Wir brauchen neben dem empirischen F-Wert also auch den kritischen F-Wert, der uns angibt, ab welchem Wert das Verhältnis der beiden Varianzen unter Einhaltung des vorher gewählten Fehlers 1. Art gegen die Nullhypothese spricht. Die Entscheidungsregel ist, dass wir die Nullhypothese ablehnen, wenn der empirische F-Wert größer oder gleich dem kritischen ist. Der empirische oder ein größerer F-Wert werden unter der Annahme, dass die Nullhypothese gilt, mit einer Wahrscheinlichkeit von genau fünf Prozent oder weniger als fünf Prozent beobachtet. Der F-Wert wird in Publikationen oft mit einem Index versehen. Dieser Index beinhaltet zunächst die Zählerfreiheitsgrade, also die Freiheitsgrade der *Varianz Zwischen*. Dann werden die Nennerfreiheitsgrade, also die der *Varianz Innerhalb* aufgeführt. Die Nullhypothese wird abgelehnt, wenn der empirische F-Wert größer als der kritische F-Wert ist.

Für unser Beispiel ist der kritische F-Wert 3.89, und der empirische F-Wert von 27.29 damit deutlich größer. Somit lehnen wir die Nullhypothese ab. Um den kritischen F-Wert zu bestimmen, benötigen wir die Verteilung der F-Werte unter Annahme der Nullhypothese für die durch unsere Stichprobe und unser Modell spezifizierten Freiheitsgrade. Zusätzlich müssen wir eine Wahrscheinlichkeit für den Fehler 1. Art festlegen. Üblicherweise wird auch angegeben, wie wahrscheinlich der empirische F-Wert unter Geltung der Nullhypothese ist. Diese Wahrscheinlichkeit wird auch Überschreitungswahrscheinlichkeit genannt und als p bezeichnet. Die F-Verteilung findet sich auszugsweise im Anhang oder aber auch im Internet *http://eswf.uni-koeln.de/glossar/surfstat/fvert.htm*). In ▶*Abbildung 6.22* ist für die Webseite dargestellt, wie die Überschreitungswahrscheinlichkeit p beziehungsweise der kritische F-Wert berechnet werden können. Das Ganze lässt sich jedoch auch leicht in R berechnen. Die Syntax zur Berechnung des kritischen F-Wertes lautet:

```
qf(p= ❶, df1= ❷, df2= ❸, lower.tail=FALSE)
```

Dabei muss für ❶ das gewünschte Signifikanzniveau (p), in unserem Fall 0.05, eingetragen werden. Die Zählerfreiheitsgrade müssen bei ❷ und die Nennerfreiheitsgrade bei ❸ eingetragen werden. Der Befehl gibt nun also den kritischen F-Wert aus, der das gewünschte Quantil (❶) der F-Verteilung angibt.

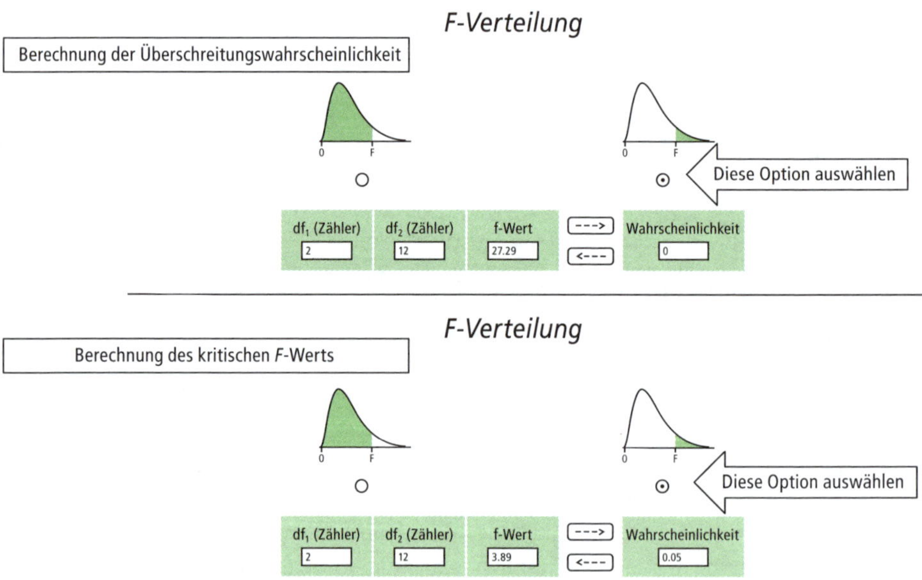

Abbildung 6.22: Eingabemaske zur Berechnung des kritischen F-Werts sowie der Überschreitungswahrscheinlichkeit

Die Überschreitungswahrscheinlichkeit p lässt sich ebenfalls mit R berechnen. Die entsprechende R-Syntax lautet:

```
pf(q= ❶, df1= ❷, df2= ❸, lower.tail=FALSE)
```

Dabei muss für ① der entsprechende empirische F-Wert (q), in unserem Fall 27.29, eingetragen werden. Wie bei der eben beschriebenen Syntax müssen die Zählerfreiheitsgrade bei ② und die Nennerfreiheitsgrade bei ③ eingetragen werden. Diese Funktion gibt also die Wahrscheinlichkeit aus (unsere Überschreitungswahrscheinlichkeit), mit der unser empirischer F-Wert oder ein höherer F-Wert unter der Prüfverteilung beobachtet wird.

Für unser Beispiel ergibt sich $p = 0.00003$. Es ist also sehr unwahrscheinlich, diesen oder einen größeren F-Wert unter Geltung der Nullhypothese zu beobachten. Somit lehnen wir die Nullhypothese ab.

Wir wissen also, dass sich mindestens zwei Mittelwerte signifikant unterscheiden. Nun stellen sich aber zunächst mindestens zwei weitere Fragen: zum einen, wie groß die praktische Bedeutsamkeit des Effekts ist, und zum anderen, wie hoch die Teststärke (siehe *Kapitel 4*) in unserem Beispiel ausfällt. Das in *Kapitel 4* gezeigte Vorgehen zur Bestimmung der Post-hoc-Teststärke bestand darin, eine Nullhypothesen- und eine Alternativhypothesenverteilung anzunehmen. Als Mittelwert der Alternativhypothesenverteilung wurde die empirische Prüfgröße verwendet. Sie war also unser Erwartungswert für die Alternativhypothesenverteilung. Nun konnten wir einen Cutoff so einzeichnen, dass der Fehler 1. Art eine bestimmte Fläche (z. B. fünf Prozent) unter der Nullhypothesenverteilung ausmachte. Dadurch ergab sich automatisch auch die Größe des Fehlers 2. Art und somit die Teststärke. Analog gehen wir hier auch vor, nutzen lediglich eine F-Verteilung und keine t-Verteilung. Die Frage der praktischen Bedeutsamkeit beantwortet die Effektstärke. Beides wird im Folgenden erläutert.

6.2.3 Effektstärken bei der einfaktoriellen Varianzanalyse ohne Messwiederholung

Effektstärken im t-Test. Nach der Berechnung der statistischen Signifikanz interessiert nun die *praktische Bedeutsamkeit*. Bereits im *Abschnitt 4.2* haben wir über Effektstärken gesprochen. Das Effektstärkemaß Cohens d verwendet zur Berechung die Differenz der beiden Populationsmittelwerte der Gruppen, die durch die Populationsstandardabweichung geteilt wird. Wir haben in *Kapitel 4* auch kennengelernt, wie sich d in eine Korrelation umrechnen lässt.

Effektstärke eta² in der Varianzanalyse. Bei der Varianzanalyse untersuchen wir aber mehr als zwei Gruppen und somit müssen wir mehr als zwei Mittelwerte betrachten. Die Effektstärke im Rahmen der Varianzanalyse gibt nun an, wie stark die Variation der unabhängigen Variablen die Mittelwerte der abhängigen Variablen beeinflusst. Das heißt, wie sehr die Zugehörigkeit zu einer Gruppe, die Varianz der Mittelwerte beeinflusst und welchen Anteil diese Variation an der Gesamtvariation der abhängigen Variablen erklärt. Das Effektstärkemaß, welches im Rahmen der einfaktoriellen Varianzanalyse am häufigsten Verwendung findet, ist eta² (η^2). Eta² gibt an, wie groß der Anteil an der Gesamtvariabilität der abhängigen Variablen ist, der durch das Wirken der unabhängigen Variablen erklärt werden kann. Es soll also (ähnlich wie beim Determinationskoeffizienten, siehe *Kapitel 7*) ausgedrückt werden, wie viel Variation in der abhängigen Variablen auf die Unterschiede in der unabhängigen Variablen, also die Gruppenzugehörigkeit, zurückgeht. Die Formel lautet:

Formel 6.12

$$\eta^2 = \frac{QS_{zw}}{QS_{tot}}$$

η^2 = Effektstärke eta Quadrat
QS_{zw} = Quadratsumme Zwischen
QS_{tot} = Quadratsumme Total

$$\eta^2_{partial} = \frac{QS_{zw(Faktor)}}{QS_{zw(Faktor)} + QS_{inn}}$$

$\eta^2_{partial}$ = Effektstärke partial eta Quadrat oder partielles eta Quadrat
$QS_{zw(Faktor)}$ = Quadratsumme Zwischen nur für den betrachteten Faktor
QS_{inn} = Quadratsumme Innerhalb

Für das Beispiel ergibt sich:

$$\eta^2 = \frac{QS_{zw}}{QS_{tot}} = \frac{3188.57}{3889.60} = 0.82$$

Effektstärke partial eta^2 in der Varianzanalyse. Bei der Formel ist darauf zu achten, dass nicht mit den mittleren Quadratsummen sondern mit deren Vorstufen, den Quadratsummen, gerechnet wird. Wird eta^2 mit 100 multipliziert, ergibt sich der Anteil der erklärten Variation in Prozent. Dabei lässt sich bei zwei Gruppen die Wurzel aus eta^2 auch als eine punktbiseriale Korrelation zwischen der Gruppenzugehörigkeit und der abhängigen Variablen interpretieren. Bevor wir zum Beispiel übergehen, sei abschließend gesagt, dass in SPSS kein eta^2, sondern vielmehr ein partial eta^2 ($\eta^2_{partial}$) angegeben wird. Für die einfaktorielle Varianzanalyse (ohne Messwiederholung) stellt dies kein Problem dar, da sich hier eta^2 und partial eta^2 entsprechen.

Unterschiede eta^2 und partial eta^2. Auf den ersten Blick fallen zwei Unterschiede zwischen den beiden Effektstärkemaßen auf. Im Zähler des partiellen eta^2 ist mit „Faktor“ ein weiterer Index hinzugekommen. Den Begriff Faktor haben wir bereits zu Beginn des Kapitels gebraucht. Hiermit ist die unabhängige Variable gemeint. Das bedeutet, dass im Zähler lediglich die Quadratsumme für eine einzelne unabhängige Variable (UV) angegeben wird. Bei einer einfaktoriellen ANOVA gibt es nur eine unabhängige Variable (UV) und daher besteht hier kein Unterschied zu eta^2. Bei zwei- und mehrfaktoriellen Designs ohne Messwiederholung existiert jedoch für jeden Faktor, also jede unabhängige Variable (UV), eine Quadratsumme sowie für die Interaktion(en) der Haupteffekte. Im Zähler steht dann jeweils die Quadratsumme des entsprechenden Faktors (UV: jeweils einmal Faktor A, Faktor B und Faktor A × B). Der zweite Unterschied besteht im Nenner. Hier steht beim partiellen eta^2 nicht mehr die totale Quadratsumme, sondern lediglich die Summe aus der jeweiligen Quadratsumme aus dem Zähler und der Fehlerquadratsumme (in unserem Beispiel QS_{inn}). Dies entspricht bei der einfaktoriellen ANOVA genau der *Quadratsumme Total* (QS_{tot}). Gibt es aber mehrere unabhängige Variablen, dann wird beim partiellen eta² immer nur die Quadratsumme einer unabhängigen Variablen berücksichtigt. Die anderen unabhängigen Variablen werden nicht berücksichtigt. Das partielle eta² ist also immer nur die Effektvariation eines einzigen Faktors, relativiert an dieser Effektvariation plus der Residualvariation. Das partielle eta² gibt also lediglich an, wie groß der Anteil der Effektvariation an der Summe aus dieser und der Residualvarianz ist. Demzufolge fällt das partielle eta² meist größer aus als eta², wenn mehr als eine unabhängige Variable vorliegt und die Variation der anderen Variablen größer als null ist (siehe *Abschnitt 6.4.2*).

Wenden wir die Formel für eta Quadrat auf unser Beispiel an, ergibt sich eine Effektstärke von 0.82. Mit anderen Worten können 82 Prozent der Unterschiede zwischen den Personen in ihrem OLMT-Kennwert durch die Gruppenzugehörigkeit erklärt werden. Ist das nun viel oder wenig? Auch für dieses Effektstärkemaß liegen Interpretationsvorschläge von Cohen (1988) vor.

Praxistipp

Kleiner Effekt: $\eta^2 \approx 0.01$

Mittlerer Effekt: $\eta^2 \approx 0.06$

Großer Effekt: $\eta^2 \approx 0.14$

An dieser Stelle sei noch einmal der Hinweis erlaubt, dass diese Konventionen nicht umumstößlich sind. Vielmehr können Kosten-Nutzen-Überlegungen dazu führen, dass auch deutlich kleinere Effekte bedeutsam sein können (siehe Aspirin-Beispiel in *Kapitel 4*). Varianzaufklärungen zwischen 0.01 und 0.06 können wiederum als gering bis mittel (moderat) bzw. Varianzaufklärungen von 0.06 bis 0.14 als mittel (moderat) bis hoch bezeichnet werden.

In unserem Beispiel liegt also ein statistisch signifikanter und großer Effekt vor.

Die Effektstärke *f* in der Varianzanalyse. Eta² lässt sich auch in eine andere Effektstärke umrechnen, die zur Stichprobenplanung mit G*Power notwendig ist. Dies ist die Effektstärke f^2.

Formel 6.13

$$f = \sqrt{\frac{\eta^2}{1-\eta^2}}$$

f = Effektstärkemaß f

η^2 = Effektstärkemaß eta Quadrat

Für unser Beispiel ergibt sich ein f von:

$$f = \sqrt{\frac{\eta^2}{1-\eta^2}} = \sqrt{\frac{0.82}{1-0.82}} = 2.13$$

Für unser Beispiel ergibt sich ein f von: 2.13 (Dies macht eigentlich keinen Sinn, da der quadrierte Wert eine Varianzaufklärung darstellt. Das liegt jedoch an der geringen Stichprobengröße.)

Allerdings ist die Interpretation von eta^2 auf die Stichprobe beschränkt. Aus der Berechnungsformel geht hervor, dass lediglich die Quadratsummen zur Berechnung verwendet werden und keine Populationsschätzwerte. Es wird also keine Generalisierung auf den Effekt in der Population vorgenommen, sondern es werden lediglich die Stichprobenverhältnisse beschrieben.

Die Effektstärke omega in der Varianzanalyse. Daher benötigen wir ein Effektstärkemaß, das aus den Stichprobenverhältnissen auf die Populationsverhältnisse schließt. Ein solches Maß ist $omega^2$ ($\hat{\omega}^2$). Die folgende Formel dient zur Berechnung von $omega^2$ im Rahmen einer einfaktoriellen Varianzanalyse für unabhängige Messungen:

Formel 6.14

$$\hat{\omega}^2 = \frac{QS_{zw} - df_{zw} \cdot \hat{\sigma}^2_{inn}}{QS_{tot} + \hat{\sigma}^2_{inn}}$$

$\hat{\omega}^2$ = Effektstärkemaß omega Quadrat
QS_{zw} = Quadratsumme Zwischen
df_{zw} = Freiheitsgrade Zwischen
$\hat{\sigma}^2_{inn}$ = Varianz Innerhalb
QS_{tot} = Quadratsumme Total

Für unser Beispiel ergibt sich ein $\hat{\omega}^2$ von:

$$\hat{\omega}^2 = \frac{QS_{zw} - df_{zw} \cdot \hat{\sigma}^2_{inn}}{QS_{tot} + \hat{\sigma}^2_{inn}} = \frac{3188.57 - 2 \cdot 58.42}{3889.60 + 58.42} = 0.78$$

Da wir die Effektstärke für die Population schätzen, wird ein Dach über ω geschrieben.

Zusammenfassung Zusammenfassend lässt sich sagen, dass wir nach der Durchführung der Varianzanalyse nun wissen, dass sich mindestens zwei Mittelwerte signifikant unterscheiden. Somit gehen wir davon aus, dass die drei Gruppen nicht mehr einer Population angehören. Der beobachtete Unterschied kann zudem als stark erachtet werden, gemäß der dargestellten Effektstärkekonventionen. Es stellt sich nun die Frage, wie wahrscheinlich es ist, eine gleich große oder größere kritische Prüfgröße zu finden, wenn wir annehmen, der Erwartungswert der Alternativhypothesenverteilung sei die empirische Prüfgröße.

6.2.4 Teststärke und Stichprobenplanung bei der einfaktoriellen Varianzanalyse

Aus *Abschnitt 4.1* wissen wir, dass sich eine Post-hoc-Teststärke berechnen lässt, die angibt, wie wahrscheinlich die kritische Prüfgröße oder eine extremere Prüfgröße ist, wenn die empirische Prüfgröße den Erwartungswert unter der Alternativhypothesenverteilung darstellt. Analog zum dort beschriebenen Vorgehen wird auch bei der Varianzanalyse die Post-hoc-Teststärke bestimmt. Die Berechnung der Post-hoc-Teststärke lässt sich sowohl mit dem Programm G*Power als auch direkt in SPSS oder R durchführen. Da wir in den folgenden Abschnitten auch die Ermittlung der Post-hoc-Teststärke mit SPSS und R beschreiben, soll hier zunächst kurz die Berechnung mit G*Power dargestellt werden.

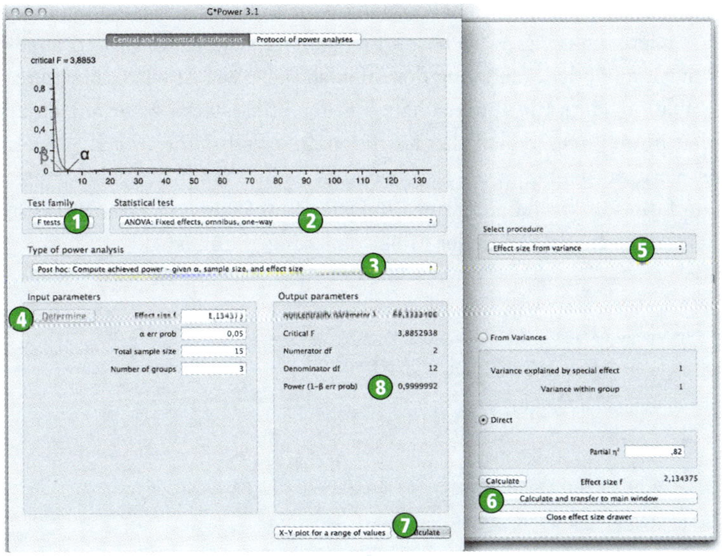

Abbildung 6.23: Berechnung der Post-hoc-Teststärke mit G*Power

In ▸ *Abbildung 6.23* ist die Oberfläche von G*Power dargestellt. Zunächst wählen wir bei TEST FAMILY die Option F TESTS aus ❶ und bei STATISTICAL TEST: ANOVA: FIXED EFFECTS, OMNIBUS, ONE-WAY ❷. Schließlich bestimmen wir den TYPE OF POWER ANALYSIS als POST HOC: COMPUTE ACHIEVED POWER – GIVEN α, SAMPLE SIZE, AND EFFECT SIZE ❸. Um die beobachtete Effektstärke anzugeben, können wir entweder den selbst berechneten Wert eingeben oder durch Drücken der Taste DETERMINE ❹ ein weiteres Fenster öffnen und G*Power den Wert berechnen lassen. In diesem Fenster wählen wir zunächst unter SELECT PROCEDURE: EFFECT SIZE FROM VARIANCE ❺ und geben dann das PARTIAL η^2 (entspricht hier eta^2) von 0.82 ein. Dazu wählen wir vorher die Option DIRECT. Nach dem Drücken der Taste CALCULATE AND TRANSFER TO MAIN WINDOW ❻ erscheint der *f*-Wert bei EFFECT SIZE *f*. Nun spezifizieren wir noch die anderen Gegebenheiten unseres Designs (α ERR PROB: Wahrscheinlichkeit für einen Fehler 1. Art = 0.05; TOTAL SAMPLE SIZE = 15 und NUMBER OF GROUPS = 3). Schließlich drücken wir die Taste CALCULATE ❼. Neben einigen anderen Informationen sehen wir, dass die Teststärke 0.99 beträgt ❽.

Die Wahrscheinlichkeit, die kritische oder eine größere Prüfgröße zu beobachten, wenn die empirische Prüfgröße den Erwartungswert unter der Alternativhypothesenverteilung darstellt, beträgt demzufolge bei einer Wahrscheinlichkeit für einen Fehler 1. Art von fünf Prozent mehr als 99 Prozent. Somit haben wir eine ausreichend hohe Teststärke.

Exkurs

Statistische Absicherung von Effekten ohne hinreichende Präzision

An dieser Stelle sei darauf hingewiesen, dass auch die Präzision der Schätzung wichtig für die Beurteilung der Effektstärke ist. So könnten nun neben der Effektstärke und der Teststärke noch die Konfidenzintervalle für die Effektstärken betrachtet werden. Wir empfehlen, dies für die Einzelvergleiche zu tun und die jeweiligen Konfidenzintervalle zu berechnen. Es wäre besonders günstig, schon im Vorfeld abzuschätzen, welche Präzision bei der Schätzung der Effektstärke erwartet wird. In *Kapitel 4* hatten wir die Situation, dass die Punktschätzung der Effektstärke zwar auf einen starken Unterschied hindeutete, jedoch das Konfidenzintervall dafür sprach, dass der Effekt gering bis stark ausgeprägt war. Das bedeutet, selbst wenn die Power ausreichend hoch ist und die Punktschätzung der Effektstärke auf einen starken Effekt hindeutet, kann es sein, dass die Präzision der Effektschätzung gering ist.

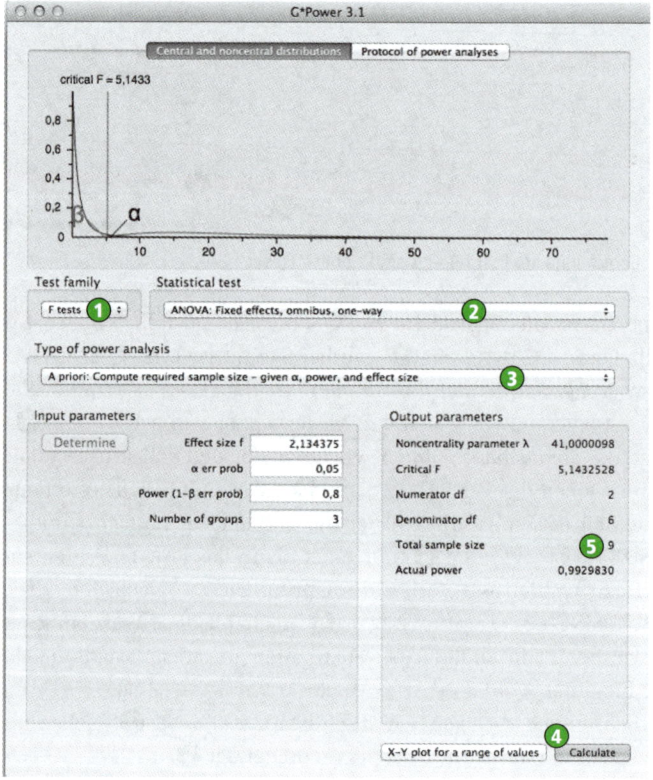

Abbildung 6.24: Stichprobenplanung mit G*Power

Für die Stichprobenplanung bleiben die Grundeinstellungen (1 und 2) gleich. Allerdings wählen wir einen anderen TYPE OF POWER ANALSYSIS: A PRIORI: COMPUTE REQUIRED SAMPLE SIZE – GIVEN α, POWER, AND EFFECT SIZE 3. Danach geben wir unsere Zielvorstellungen bezüglich

Effektstärke, Fehler 1. Art, Teststärke und Anzahl der Gruppen ein, bevor wir die Taste CALCULATE betätigen ④. Der Ausgabe auf der rechten Seite in ▶*Abbildung 6.24* können wir jetzt entnehmen, dass eine Gesamtstichprobengröße von neun Personen ⑤, also drei per Gruppe, ausgereicht hätte, um einen solchen starken Effekt mit ausreichender Teststärke statistisch abzusichern. Allerdings haben wir hier per Zufall nur jeweils fünf Personen gezogen und dadurch den Effekt sehr ungenau geschätzt. Im Folgenden besprechen wir, welche Voraussetzungen zur Durchführung einer einfaktoriellen Varianzanalyse ohne Messwiederholung gegeben sein müssen.

6.2.5 Voraussetzungen

Für gültige Ergebnisse aus einer ANOVA müssen folgende Voraussetzungen erfüllt sein, die bereits zu Beginn des Kapitels erläutert wurden:

- Normalverteilung
- Varianzhomogenität
- Unabhängigkeit der Beobachtungen
- Intervallskalenniveau der abhängigen Variablen

Im folgenden Abschnitt werden wir die Durchführung einer einfaktoriellen Varianzanalyse mit SPSS und R zeigen. Dabei beginnen wir mit der Eingabe und der Prüfung der Varianzhomogenität. Anschließend erläutern wir die interaktive Bedienoberfläche in SPSS beziehungsweise den Code in R, bevor wir die jeweiligen Ausgaben erklären und die Effekt- und Teststärkeberechnungen zeigen.

6.2.6 Beispiel mit SPSS und R

Zu Beginn der Analyse steht die Eingabe in die Datenmaske (siehe Datendatei „`ANOVAomWvoll.sav`" auf der Website zum Buch). In ▶*Abbildung 6.25* ist die Eingabemaske auf der linken Seite dargestellt. Für Freunde von R lässt sich beispielsweise mittels Excel eine ähnliche Anordnung erreichen. Das Einlesen entsprechender Dateien ist in *Kapitel 1* dargestellt. Wenn wir die hier angelegte SPSS-Datei in R einlesen und dabei berücksichtigen, dass die unabhängige Variable (*gruppe*) ein Faktor ist, dann ergibt sich das Datenbild in der rechten Seite der Abbildung.

Der Abbildung ist zu entnehmen, dass drei Variablen erstellt wurden. Zum einen die Variable *vpn* ①, welche die Versuchspersonennummer angibt. Im Datensatz beginnt diese erst bei Nummer 7, da die ersten sechs Personen genutzt wurden, um den Ablauf der Testung auf Stimmigkeit zu prüfen. Die zweite Variable *gruppe* ② zeigt an, welcher Versuchsbedingung die Person zugewiesen wurde. Hierfür benötigen wir eine eigene Spalte. Jede Gruppe ist in der SPSS-Datei durch eine Zahl kodiert. Dabei steht 1 für Fake-Good, 2 für Fake-Bad und 3 für die Kontrollgruppe. Es empfiehlt sich, diese Kodierung auch als Wertelabels anzugeben, damit die Gruppennamen in der Ausgabe angezeigt werden. Diese Wertelabel werden bei R direkt eingelesen. Schließlich beinhaltet die dritte Variable *b* ③ den Messwert jeder einzelnen Person im OLMT (Schmidt-Atzert, 2004). Es wird hier ein b verwendet, da es sich um den Kennwert „Baseline" handelt. Im Rahmen des OLMT lassen sich noch drei weitere Kennwerte erstellen, auf die wir an dieser Stelle aber nicht weiter eingehen. Die grün umrandete Zeile zeigt die Eingabe für eine Person an. Es handelt sich um die Versuchsperson neun. Diese wurde der Gruppe zwei, also der Fake-Bad-Gruppe zugewiesen. Die Person erzielte einen Baselinewert von 24.33. Auf diese Art muss nun für alle $n = 119$ Personen eine Zeile mit Werten angelegt werden.

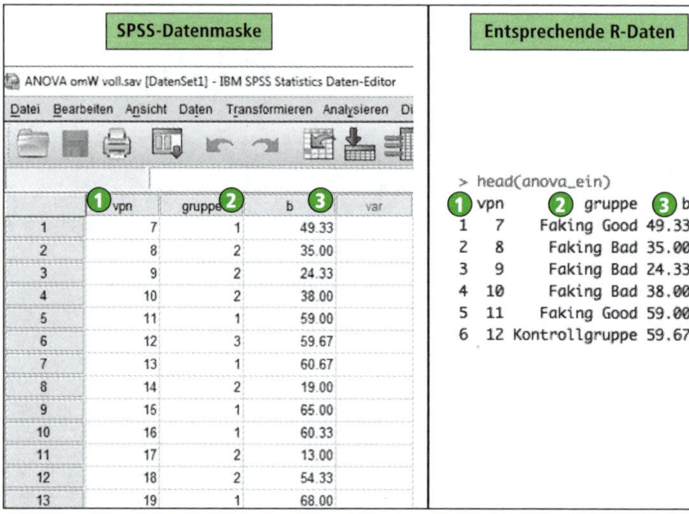

Abbildung 6.25: Dateneingabemaske in SPSS

Im nächsten Schritt in SPSS erfolgt die Auswahl der einfaktoriellen Varianzanalyse als Analysemethode. Die Auswahl ist in ▶*Abbildung 6.26* dargestellt.

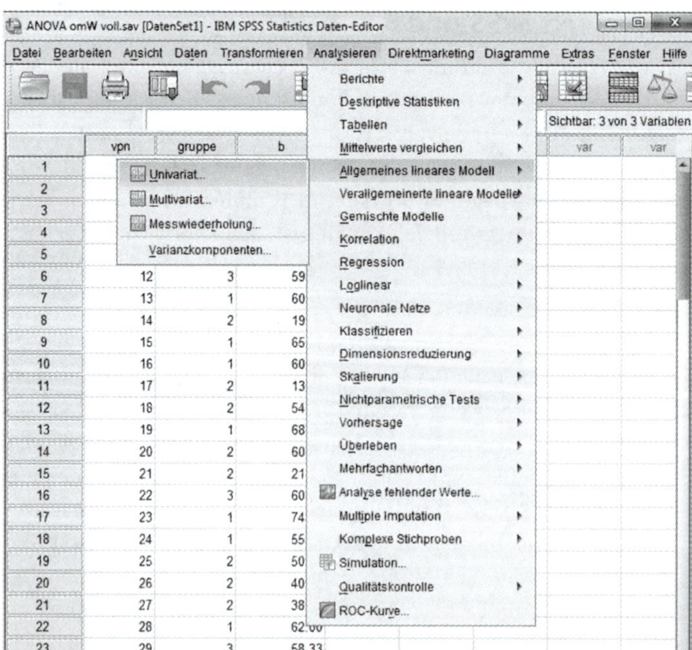

Abbildung 6.26: Auswahl der einfaktoriellen Varianzanalyse

Durch das Wählen der Option ANALYSIEREN → ALLGEMEINES LINEARES MODELL → UNIVARIAT... öffnet sich das Fenster zur Auswahl der Optionen im Rahmen der ANOVA. Der Überbegriff Allgemeines Lineares Modell (ALM) resultiert daher, dass dieses Modell das Obermodell für alle ANOVAs und eine Reihe anderer Verfahren darstellt. Das ALM beruht auf der Regressionsanalyse (siehe *Kapitel 7*) stellt aber einen integrativen Rahmen für alle linearen Zusammenhangsanalysen dar. Somit lässt sich jedes der hier dargestellten varianzanalytischen Verfahren auch als Regressionsanalyse im Rahmen des ALMs durchführen.

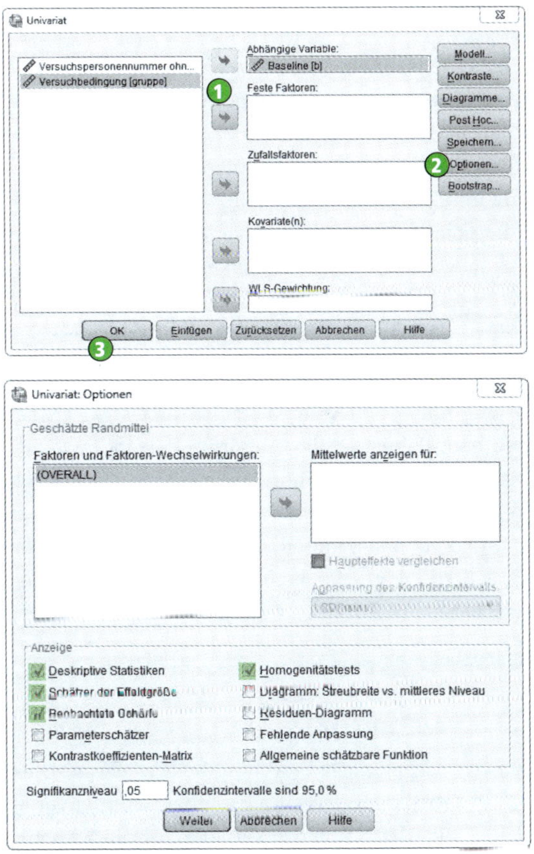

Abbildung 6.27: Festlegen der Einstellungen bei der einfaktoriellen ANOVA

▸ *Abbildung 6.27* zeigt die beiden Fenster, die wir im nächsten Schritt benötigen. Zunächst ist lediglich das linke Fenster geöffnet und wir müssen die abhängige und die unabhängige Variable festlegen. Dazu klicken wir in der Liste auf der linken Seite jeweils auf die gewünschte Variable und markieren sie. In der Abbildung sieht man, dass die Variable *gruppe* markiert ist. Anschließend muss sie zugewiesen werden. Dies geschieht durch Klicken auf den Button mit dem Pfeil ① entweder vor ABHÄNGIGE VARIABLE, vor FESTE FAKTOREN oder vor ZUFALLSFAKTOREN. So weisen wir *b* als abhängige und *gruppe* als unabhängige Variable zu. Dabei finden wir hier den Ausdruck „unabhängige Variable" nicht. Stattdessen gibt es FESTE FAKTOREN, ZUFALLSFAKTOREN, KOVARIATE(N) und WLS-GEWICHTUNG. „Feste Faktoren" und „Zufallsfaktoren" beziehen sich auf die Unterscheidung zwischen festen und zufälligen Faktoren, hierauf wird im Verlaufe des Kapitels noch näher eingegangen (siehe Exkurs weiter unten). Die Kategorie „Kovariate" benötigen wir für eine Kovarianzanalyse, die wir im Rahmen dieses Buches nicht darstellen. Nachdem wir die Variablen zugewiesen haben, benutzen wir die Schaltfläche OPTIONEN ❷. Es öffnet sich das rechte Fenster. Hier setzen wir durch einen Mausklick ein Häkchen in die grau hinterlegten Kästchen: DESKRIPTIVE STATISTIKEN, SCHÄTZER DER EFFEKTGRÖSSE (ergibt partial eta^2) BEOBACHTETE SCHÄRFE (Teststärke) und HOMOGENITÄTSTESTS (Levene-Test). Anschließend benutzen wir die Schaltfläche WEITER. Zum Start der Analyse wird nun auf OK geklickt ❸.

In R muss zunächst der Datensatz eingelesen werden (siehe *Kapitel 1*). Bevor die Analyse durchgeführt werden kann, müssen die dafür notwendigen Pakete installiert und geladen werden. Um eine Varianzanalyse in R auszuführen, bieten sich verschiedene Pakete an. Wir beschreiben hier das Paket afex (Singmann & Bolker, 2014), da es unserer Ansicht nach die einfachste Handhabung für alle hier vorgestellten Arten der Varianzanalyse bietet. Zu beachten ist, dass in SPSS automatisch auch immer verschiedene deskriptive Statistiken erstellt werden. Um diese auch in R zur Verfügung zu haben, benutzen wir das Paket psych (Revelle, 2014), wie in *Kapitel 2* beschrieben. Im Folgenden findet sich der komplette R-Code, der neben den Befehlen für die ANOVA auch die Befehle für die deskriptiven Statistiken, den Test für Varianzhomogenität sowie die Teststärkeberechnung beinhaltet.

Zu Beginn haben wir wie immer ein Arbeitsverzeichnis festgelegt (setwd), in dem sich die relevanten Dateien befinden. Daher verzichten wir im Folgenden auf die Angabe kompletter Pfade. Der Datensatz ist an dieser Stelle schon eingelesen und im Objekt anova_ein abgelegt. Zudem sind alle Pakete (psych, afex, lawstat [Hui, Gel, & Gastwirth, 2008], pwr [Hui, Gel, & Gastwirth, 2008]), die im Folgenden benötigt werden, geöffnet. Beginnen wir mit den Befehlen für die deskriptiven Statistiken. Wir benutzen hier die Funktion **describeBy** aus dem psych-Paket, welche wir bereits in *Kapitel 2* beschrieben haben.

```
desc_anova_ein <- describeBy(anova_ein$b, anova_ein$gruppe, mat=T)
desc_anova_ein
```

In der ersten Zeile sehen wir, dass ein Objekt mit dem Namen desc_anova_ein erstellt wird. Dem Objekt weisen wir das Ergebnis der Funktion describeBy zu. Diese Funktion bestimmt verschiedene deskriptive Statistiken getrennt nach einer Gruppenvariablen. In der Klammer hinter der Funktion findet sich der Name der Variable, für die Statistiken berechnet werden sollen. Es handelt sich um die Variable *b* (Kennwert „Baseline" aus dem OLMT) aus dem Datensatz anova_ein. Um der Funktion anzuzeigen, in welchem Datensatz die Variable zu finden ist, wird der Name des Objekts, in dem die Daten abgelegt sind (hier: anova_ein), verbunden mit einem $-Zeichen vorangestellt. Im nächsten Schritt wird auf dieselbe Art die Gruppenvariable angegeben, nach der die Ausgabe getrennt werden soll. In unserem Beispiel ist dies die Variable *gruppe*, ebenfalls zu finden im Objekt anova_ein. Schließlich geben wir noch an, dass die Ausgabe als Matrix erfolgen soll, da dies übersichtlicher ist. In der zweiten Zeile rufen wir das Objekt auf, um den Output zu sehen.

Im nächsten Schritt kommen die Codes zum Test der Varianzhomogenität. Dazu nutzen wir das Paket lawstat. Schauen wir zunächst auf die Befehlszeile für den Levene-Test:

```
Levene <- levene.test(anova_ein$b, anova_ein$gruppe, location="mean")
print(Levene)
```

Hier haben wir ein Objekt mit dem Namen `Levene` angelegt, in das wir das Ergebnis der Funktion `levene.test` ablegen. In Klammern werden nun die Namen der abhängigen Variablen (*b*) und der unabhängigen Variablen (*gruppe*) angegeben. Wiederum ist der Datensatz durch die Verknüpfung mit dem `$`-Zeichen angegeben. Das Argument `location` bezieht sich darauf, wie die beobachteten Werte ersetzt werden sollen (siehe *Abschnitt 6.2.5*). Beim Levene-Test werden die Abweichungen zum Gruppenmittelwert eingesetzt, was durch die Angabe `mean` festgelegt wird. Durch den Befehl `print` wird das Ergebnis angezeigt. Der Befehl `print` ist dabei nicht zwingend notwendig, der Name des Objekts alleine würde ausreichen. Wir verwenden den Befehl hier aus didaktischen Gründen.

Der Code für den robusteren Brown-Forsythe-Test ist äquivalent. Allerdings werden hier die Abweichungen zum Median genutzt, was durch die entsprechende Angabe mit `location` definiert wird:

```
Forsythe <- levene.test(anova_ein$b, anova_ein$gruppe, location="median")
print(Forsythe)
```

Im Exkurs auf S. 381 haben wir Hartleys *F*-max-Test vorgestellt. Im Online-Material befindet sich eine Funktion, die die einfache Durchführung des Tests erlaubt. Ist diese Funktion in R bereits aktiviert, ergibt die folgende Befehlszeile das Ergebnis des Tests. Angegeben werden müssen der Datensatz (`data=`), die Namen der unabhängigen (`uv1=`) und abhängigen Variablen (`av=`), sowie die Sicherheitswahrscheinlichkeit (`p=`). Darüber hinaus muss auch das Argument `uv2` angegeben werden. Dieses bezieht sich auf den Fall einer zweifaktoriellen ANOVA. Daher lassen wir die Angabe hier leer.

```
fmax(x=anova_ein, uv1="gruppe", uv2="", av="b", p=.95)
```

Nun folgt der Code für die eigentliche ANOVA. Das Paket `afex` erwartet, dass man zur Berechnung eine Modellgleichung inklusive Fehlerterm angibt.

Aus dem `afex`-Paket nutzen wir nun die Funktion `aov_car`.

```
out1 <- aov_car(b~gruppe+Error(vpn), data=anova_ein, return="Anova")
```

Zunächst legen wir also ein Objekt mit dem Namen `out1` an, in dem sich die Ergebnisse der Funktion `aov_car` befinden. Diese Funktion benötigt wie angekündigt eine Modellgleichung. Hier wird angegeben, wie sich die abhängige Variable (*b*) aus systematischer und unsystematischer Varianz zusammensetzt. Diese Verknüpfung wird durch das `~`-Zeichen angegeben. Die erste vorhersagende Variable ist die unabhängige Variable `gruppe`. Dieser folgt dann der Fehlerterm (`Error`). Der Fehlerterm muss nun noch genau spezifiziert werden. In der Modellgleichung hatten wir die Indizes *v* und *i* genutzt. Der Index *v* bezog sich auf die Person. Dem entspricht hier die Angabe von `vpn`. Zudem beinhaltet die Befehlszeile die Angabe des Namens des Datensatzes. Es kann hier auch die Art der Quadratsummen gewählt werden. Voreinstellung ist Typ III. Will man jedoch keine Analyse nach diesem Modell, kann man durch das Argument `type=1` beispielsweise eine Typ-I-ANOVA wählen. Der Zusatz `return` bezieht sich auf die Inhalte der Ausgabe. Hier wurde die Option `Anova` gewählt. Diese beinhaltet leider einige wichtige Informationen nicht, daher wiederholen wir das Ganze mit einer anderen

Option (`anova_table = list(es = c("ges", "pes"))`). Das Ergebnis legen wir in das Objekt `out2`:

```
out2 <- aov_car(b~gruppe+Error(vpn), data=anova_ein, anova_table = list(es =
c("ges", "pes"))))
```

Schließlich rufen wir beide Ausgaben auf:

```
out1
out2
```

Leider beinhaltet keiner der Befehle die Teststärke. Diese kann jedoch durch die Funktion `pwr.f2.test` aus dem Paket `pwr` berechnet werden:

```
pwr.f2.test(u=2, v=116, sig.level=.05, f2=.56/(1-.56))
```

Zum Ausführen der Funktion muss die Zahl der Freiheitsgrade aus dem *F*-Test der ANOVA angegeben werden. Die Zählerfreiheitsgrade (*Varianz Zwischen*) sind durch `u` und die Nennerfreiheitsgrade (*Varianz Innerhalb*) durch `v` abgekürzt. Beide Werte haben wir an dieser Stelle bereits den Ausgaben entnommen. Schließlich müssen das gewünschte Signifikanzniveau (hier 0.05) und eine Effektstärke festgelegt werden. Diese Effektstärke ist jedoch nicht das partielle eta^2, sondern die quadrierte Effektstärke f (siehe *Formel 6.13*). Diese lässt sich aus dem partiellen eta^2 berechnen. Dazu nutzen wir die oben angegebene Formel, verzichten hier aber auf die Wurzel, da wir ja das quadrierte f berechnen wollen. Die Ausgaben der Befehle erläutern wir jeweils gemeinsam mit den SPSS-Ausgaben.

In ▸*Abbildung 6.28* sind die ersten beiden Ergebnistabellen aus dem SPSS-Output sowie der vergleichbare R-Output abgebildet. Der Code für die R-Ausgabe ist in der Zeile darüber angegeben.

Die Tabelle „Zwischensubjektfaktoren" der SPSS-Ausgabe gibt an, wie viele Abstufungen die unabhängige Variable *gruppe* hat ❶ und wie groß die Stichprobengröße jeder einzelnen Gruppe ausfällt ❹. Wir sehen, dass die Gruppen weitestgehend gleich groß ausfallen. Lediglich in der Fake-Good-Gruppe sind vier Personen weniger als in den anderen beiden Gruppen. Die nächste Tabelle in der SPSS-Ausgabe heißt „Deskriptive Statistiken" und besteht aus vier Spalten. In der ersten Spalte sind noch einmal der Name der unabhängigen Variablen und die einzelnen Abstufungen aufgeführt. In jeder Zeile steht also eine der Stufen der unabhängigen Variablen. Der Aufbau der R-Ausgabe ist analog. In der letzten Zeile stehen bei SPSS die Angaben für die Gesamtstichprobe. In der zweiten Spalte ist für jede Gruppe der Mittelwert angegeben ❷. Hier sehen wir noch einmal, dass sich für unsere am Anfang des Kapitels verwendeten kleineren Gruppen aus jeweils nur fünf Personen etwas andere Werte ergeben hatten. In der nächsten Spalte ist dann für jede Gruppe die Standardabweichung aufgeführt ❸. Der Vergleich der drei Gruppen zeigt, dass die Fake-Bad-Gruppe numerisch eine höhere Standardabweichung aufweist als die beiden anderen Gruppen. Dies könnte bereits ein Hinweis auf die Verletzung der Varianzhomogenitätsannahme sein. Schließlich stehen in der letzten Spalte der SPSS-Ausgabe noch einmal die Anzahl der Versuchspersonen pro

Bedingung sowie für die Gesamtstichprobe ❹. Die R-Ausgabe zeigt die Anzahl der Versuchspersonen pro Bedingung unter *n* in der fünften Spalte und beinhaltet zudem zahlreiche weitere beschreibende Statistiken (siehe *Kapitel 2*).

SPSS-Ausgabe

Zwischensubjektfaktoren

		Wertelabel ❶	N
Versuchsbedingung	1	Faking Good	37
	2	Faking Bad	41
	3	Kontrollgruppe	41

Deskriptive Statistiken

Abhängige Variable: Baseline

Versuchsbedingung	Mittelwert ❷	Standard-abweichung ❸	N ❹
Faking Good	64.0716	7.34793	37
Faking Bad	38.7885	15.58476	41
Kontrollgruppe	62.6824	5.79124	41
Gesamt	54.8820	15.74128	119

R-Ausgabe

```
> desc_anova_ein ❶ ❷ ❸
   item          group1 vars  n     mean        sd median  trimmed       mad   min   max range        skew    kurtosis        se
11    1     Faking Good    1 37 64.07162  7.347935  63.00 63.98903  7.413000 49.33 81.33 32.00  0.14967276 -0.58680790 1.2079930
12    2      Faking Bad    1 41 38.78854 15.584761  38.33 39.11121 20.756400  6.00 63.00 57.00 -0.05982304 -1.12585919 2.4339308
13    3 Kontrollgruppe    1 41 62.68244  5.791236  61.33 62.51455  3.958542 50.00 75.67 25.67  0.33655540 -0.09339176 0.9044392
```

Abbildung 6.28: SPSS- und R-Ausgaben der deskriptiven Statistiken

Der nächste Schritt ist die Prüfung der Voraussetzungen für eine Varianzanalyse. Dabei sind die Überprüfungen der Normalverteilung mithilfe eines Histogramms und des Kolmogorow-Smirnow-Tests nicht dargestellt, da diese bereits in *Kapitel 2* erläutert wurden. Stattdessen beginnen wir mit der Prüfung der Varianzhomogenität. Diese erfolgt mithilfe des Levene-Tests in SPSS, und in R wird zusätzlich der Brown-Forsythe-Test angewandt. In beiden Tests zeigt ein signifikantes Ergebnis eine Verletzung der Voraussetzung an. Zusätzlich ist aus der R-Analyse noch Hartleys *F*-max-Test angegeben. ▶*Abbildung 6.29* enthält die entsprechenden SPSS- und R-Ausgaben für unser Beispiel.

Die SPSS-Ausgabe besteht aus vier Spalten. In der ersten Spalte befindet sich ein *F*-Wert ❶, der die Prüfgröße des Levene-Tests ist. Dieser ist nicht mit dem *F*-Wert aus der eigentlichen Varianzanalyse zu verwechseln. In den nächsten beiden Spalten stehen die dazugehörigen Zähler- und Nennerfreiheitsgrade ❷. In der letzten Spalte steht schließlich die Überschreitungswahrscheinlichkeit *p* für diesen *F*-Wert ❸. Wir sehen, dass die Nullhypothese abgelehnt wird. Wir gehen also davon aus, dass in der Grundgesamtheit Varianzhomogenität nicht vorliegt. Die entsprechenden Ergebnisse finden sich auch in der R-Ausgabe. Zudem sehen wir hier, dass auch der robustere Brown-Forsythe-Test sowie Hartleys *F*-max-Test zum selben Ergebnis führen. Die Freiheitsgrade werden hier jedoch nicht angegeben, entsprechen aber den Freiheitsgraden der nun dargestellten ANOVA.

SPSS-Ausgabe

Levene-Test auf Gleichheit der Fehlervarianzen[a]

Abhängige Variable:b

F ❶	df1 ❷	df2	Signifikanz
24,276	2	116 ❸	,000

Prüft die Nullhypothese, daß die Fehlerkovarianz der abhängigen Variablen über die Gruppen hinweg gleich ist.

a. Design: Konstanter Term + gruppe

R-Ausgabe

```
> print(Levene)
Levene's Test for Homogeneity of Variance (center = "mean")
       Df F value❶Pr(>F)❸
group   2  24.276 1.56e-09 ***
      116
---
Signif. codes:  0 '***' 0.001 '**' 0.01 '*' 0.05 '.' 0.1 ' ' 1
> print(Forsythe)
Levene's Test for Homogeneity of Variance (center = "median")
       Df F value❶ Pr(>F)❸
group   2  23.649 2.429e-09 ***
      116
---
Signif. codes:  0 '***' 0.001 '**' 0.01 '*' 0.05 '.' 0.1 ' ' 1
> anova_ein_f_max <- fmax(x=anova_ein, uv1="gruppe", uv2="", av="b", p=.95)
[1] "Varianzhomogenität liegt nicht vor"
    Varmin   Varmax      Fmax Hartley_F
1 33.53842 242.8848 7.241987  2.166224 ❶
```

Abbildung 6.29: SPSS- und R-Ausgaben zu Levene-Test, Brown-Forsythe-Test sowie Hartleys F-max-Test im Rahmen der einfaktoriellen Varianzanalyse

Insgesamt müssen wir also feststellen, dass die Voraussetzung der Varianzhomogenität nicht gewährleistet und ein robusteres Verfahren in Erwägung zu ziehen ist. Wie weiter oben beschrieben, werden wir die Ergebnisse der ANOVA mit den alternativen Verfahren vergleichen. An dieser Stelle belassen wir es beim Welch-Test und dem Brown-Forsythe-Test. Wenn wir noch einmal auf *Abbildung 6.28* schauen, sehen wir, dass die extremsten Varianzen auch tatsächlich mit den extremsten Mittelwerten einhergehen, was für einen Brown-Forsythe-Test sprechen würde (Tomarken & Serlin, 1986). Den Kruskal-Wallis-Test stellen wir in *Abschnitt 6.3* vor, betrachten aber zunächst in ▸*Abbildung 6.30* die Ausgaben beider Programme für die ANOVA.

Die Ergebnistabelle in SPSS trägt den Titel „Tests der Zwischensubjekteffekte". Hiermit ist gemeint, dass geprüft wird, ob die Unterschiede zwischen den Gruppen signifikant sind. In der ersten Spalte der Tabelle stehen die möglichen Varianzquellen. Dabei interessieren uns lediglich die farbig hinterlegten Zeilen, die die Varianz Zwischen (gruppe), die Varianz Innerhalb (Fehler) und die totale Varianz (korrigierte Gesamtvariation) beinhalten. In den R-Ausgaben finden sich korrespondierende Zeilen, jedoch keine Angabe zum Gesamtmodell. In der zweiten Spalte der SPSS-Ergebnistabelle stehen die Quadratsummen ❶. Hierauf folgen die Freiheitsgrade in der dritten Spalte ❷. Beide Angaben finden sich auch in der R-Ausgabe. Wir sehen, dass sich die Freiheitsgrade für die Quadratsumme Zwischen im Vergleich zu unserem Rechenbeispiel nicht verändert haben. Dies liegt daran, dass die Gruppenanzahl unverändert geblieben ist.

SPSS-Ausgabe

Tests der Innersubjekteffekte

Abhängige Variable: Baseline

Quelle	Quadratsumme vom Typ III (1)	df (2)	Mittel der Quadrate (3)	F (4)	Signifikanz (5)	Partielles Eta-Quadrat (6)	Nichtzentralitäts-Parameter	Beobachtete Schärfe[a] (7)
Korrigiertes Modell	16238,321[a]	2	8119,161	72,444	,000	,555	144,889	1,000
Konstanter Term	361499,141	1	361499,141	3225,525	,000	,965	3225,525	1,000
gruppe	16238,321	2	8119,161	72,444	,000	,555	144,889	1,000
Fehler	13000,645	116	112,075					
Gesamt	387671,223	119						
Korrigierte Gesamtvariation	29238,967	118						

a. R-Quadrat = ,555 (korrigiertes R-Quadrat = ,548)

b. Unter Verwendung von Alpha = ,05 berechnet

R-Ausgabe

```
> out1
Anova Table (Type III tests)

Response: cbind(olmt)
            Sum Sq  Df  F value    Pr(>F)
(Intercept) 361499   1 3225.525 < 2.2e-16 ***
gruppe       16238   2   72.444 < 2.2e-16 ***
Residuals    13001 116
---
Signif. codes:  0 '***' 0.001 '**' 0.01 '*' 0.05 '.' 0.1 ' ' 1
> out2
  Effect     df    MSE         F ges p.value
1 gruppe 2, 116 112.07 72.44 *** .56  <.0001
> pwr.f2.test(u=2, v=116, sig.level=.05, f2=.56/(1-.56))

     Multiple regression power calculation

              u = 2
              v = 116
             f2 = 1.272727
      sig.level = 0.05
          power = 1
```

Abbildung 6.30: Ergebnisse der einfaktoriellen Varianzanalyse in SPSS und R

Sehr wohl haben sich aber die Freiheitsgrade der Quadratsumme Innerhalb geändert, da die Gruppengrößen deutlich höher ausfallen. So ist auch die Anzahl der Freiheitsgrade höher. Es lässt sich also aus der Anzahl der Freiheitsgrade immer direkt auf die Anzahl der Gruppen und die Stichprobengröße schließen. In der vierten Spalte der SPSS-Ergebnistabelle stehen dann die mittleren Quadratsummen (Varianzen), die sich bei R als Ergebnis der Funktion `nice.anova` in der Ausgabe `out2` ergeben (3). Erneut fällt die geschätzte Varianz Zwischen deutlich höher aus als die geschätzte Varianz Innerhalb. Der empirische *F*-Wert aus dem *F*-Test findet sich in den Ausgaben unter (4). Er beträgt 72.44. Das Verhältnis aus geschätzter Varianz Zwischen und geschätzter Varianz Innerhalb fällt also im Gesamtdatensatz noch wesentlich größer aus als im Rechenbeispiel, wo es lediglich 27.27 betrug. Allerdings ist aus dieser Zahl kein direkter Rückschluss möglich, da sich aufgrund der verschiedenen Freiheitsgrade auch die Form der Prüfverteilung verändert (siehe *Kapitel 4*). Dem Punkt (5) ist schließlich die Überschreitungswahrscheinlichkeit p zugeordnet. Der p-Wert ist kleiner als 0.05 und wir verwerfen somit die Nullhypothese. Der Effekt ist also auch im vollen Datensatz signifikant. Es folgt die Angabe der Effektstärke partial eta² (6). Das hier angegebene partial eta² entspricht eta², da nur eine unabhängige Variable in die Varianzanalyse einging. Der Wert beträgt 0.56. Somit lassen sich 56 Prozent der Unterschiede zwischen den Personen in ihrem OLMT-Baselinewert durch die Gruppenzugehörigkeit erklären. Dies ist gemäß der Konventionen von Cohen ein starker Effekt. Die Teststärke ist unter (7) zu finden. Sie trägt in SPSS den Namen „Beobachtete Schärfe“ und beträgt gerundet 1. Es ist also sehr wahrscheinlich die kritische oder eine größere Prüfgröße zu beobachten, wenn die empirische Prüfgröße den Erwartungswert unter der Alternativhypothese darstellt. Somit ist der starke Effekt mit geringen Fehlern 1. Art und 2. Art signifikant. Das bedeutet, dass sich mindestens zwei Populationsmittelwerte unterscheiden. Unterhalb der Tabelle in SPSS finden sich zwei Fußnoten. Die erste ist ein Hinweis darauf, dass hier ein ALM und damit eigentlich eine Regressionsanalyse durchgeführt wurde (vgl. *Abschnitt 7.2*). Das Effektstärkemaß der Regression ist R^2 und hier ebenfalls angegeben. Bei einfaktoriellen Varianzanalysen entspricht R^2 eta^2 und partial eta^2.

Wir wollen aber auch noch zeigen, wie aus den Angaben, die hier stehen, die Effektstärke omega^2 berechnet werden kann, die die Varianzverhältnisse in der Population schätzt. Dazu nutzen wir erneut Formel 6.13:

Formel 6.15

$$\hat{\omega}^2 = \frac{QS_{zw} - df_{zw} \cdot \hat{\sigma}^2_{inn}}{QS_{tot} + \hat{\sigma}^2_{inn}}$$

$\hat{\omega}^2$ = Effektstärkemaß omega Quadrat
QS_{zw} = Quadratsumme Zwischen
df_{zw} = Freiheitsgrade Zwischen
$\hat{\sigma}^2_{inn}$ = geschätzte Varianz Innerhalb
QS_{tot} = Quadratsumme Total

Für unser Beispiel ergibt sich ein $\hat{\omega}^2$ von:

$$\hat{\omega}^2 = \frac{QS_{zw} - df_{zw} \cdot \hat{\sigma}^2_{inn}}{QS_{tot} + \hat{\sigma}^2_{inn}} = \frac{16238.32 - 2 \cdot 112.08}{29238.97 + 112.08} = 0.55$$

Dieser Wert ist fast identisch mit dem eta^2. Im Rechenbeispiel fiel das omega^2 kleiner als das eta^2 aus (0.78 vs. 0.82). Hier wird noch einmal deutlich, dass bei größeren Stichproben bessere Populationsschätzungen möglich sind und daher weniger korrigiert werden muss.

Abschließend können wir also für unser SPSS- und R-Beispiel sagen, dass wir einen starken, signifikanten Effekt haben, der mit ausreichender Teststärke und einem geringen Fehler 1. Art abgesichert werden konnte.

Praxistipp In einem Artikel oder einer Abschlussarbeit würden wir den Effekt so berichten:

Es trat ein signifikanter und starker Haupteffekt auf ($F_{(2,\ 116)} = 72.44$, $p < 0.001$, $\eta^2 = 0.56$, $1-\beta > 0.99$).

Robustere Alternativen

Wie bereits erwähnt, bieten sowohl SPSS als auch R robustere Alternativen zur ANOVA an, die vor allem dann interessant sind, wenn die Voraussetzung der Normalverteilung und die Voraussetzung der Varianzhomogenität verletzt sind. Liegt jeweils nur eine Verletzung vor, dann ist die ANOVA relativ robust. Wir empfehlen dennoch, einfach die Ergebnisse verschiedener Verfahren zu vergleichen. Bei widersprüchlichen Ergebnissen sollten die robusteren Verfahren bevorzugt werden. Diese Verfahren sind der Brown-Forsythe-Test und der Welch-Test. In SPSS sind beide Verfahren implementiert, in R lediglich der Welch-Test. Weitere Alternativen sind nonparametrische Tests. Ein entsprechendes Verfahren, den Kruskal-Wallis-Test, stellen wir im nächsten Unterkapitel vor.

Um in SPSS die entsprechenden Tests durchzuführen, wählen wir das Menü ANALYSIEREN und hier den Unterpunkt MITTELWERTE VERGLEICHEN. Aus den angebotenen Alternativen wählen wir EINFAKTORIELLE VARIANZANALYSE. Im sich öffnenden Fenster weisen wir die Variable *gruppe* als FAKTOR und die Variable *b* als ABHÄNGIGE VARIABLE zu. Unter OPTIONEN können wir nun neben DESKRIPTIVE STATISTIKEN und TEST AUF HOMOGENITÄT DER VARIANZEN auch die Felder BROWN-FORSYTHE und WELCH auswählen. Das Ergebnis ist in ▶*Abbildung 6.31* zu sehen. Schauen wir aber zunächst auf die Vorgehensweise in R.

In R lässt sich der Welch-Test mit Hilfe des Pakets `stats` ausführen. Der entsprechende Code lautet:

```
Welch <- oneway.test(b~gruppe, data=anova_ein, var.equal=F)
print(Welch)
```

Wir legen also ein Objekt mit dem Namen `Welch` an, das das Ergebnis der Funktion **`oneway.test`** beinhaltet. Diese Funktion löst eine Modellgleichung, ähnlich der bereits aufgestellten. Zusätzlich ist angegeben, wo sich die Daten finden. Schließlich erfolgt durch die Spezifikation `var.equal=F` die Festlegung, dass ein Welch-Test für ungleiche Varianzen durchzuführen ist.

SPSS-Ausgabe

Zuverlässige Tests auf der Gleichheit der Mittelwerte

Baseline

	Statistik[a] (1)	df1 (2)	df2 (3)	Sig. (4)
Welch	46,126	2	70,549	,000
Brown-Forsythe	74,355	2	69,712	,000

a. Asymptotisch F-verteilt.

R-Ausgabe

```
> print(Welch)

        One-way analysis of means (not assuming equal variances)

data:  b and gruppe
F = 46.1259, num df = 2.000, denom df = 70.549, p-value = 1.547e-13
```

(1) F, (2) num df, (3) denom df, (4) p-value

Abbildung 6.31: Ergebnisse des Welch-Tests

In den Ausgaben der beiden Programme finden sich die Prüfgröße des jeweiligen Verfahrens ❶ sowie die dazugehörigen Freiheitsgrade ❷, ❸. Schließlich wird auch die Überschreitungswahrscheinlichkeit ❹ angegeben. Für unser Beispiel zeigt sich, dass der Effekt der Instruktionsmanipulation auch durch die robusteren Verfahren als signifikant ausgewiesen wird.

6.3 Kruskal-Wallis-Test

Fragestellung. Im letzten Abschnitt sind wir ausführlich auf die einfaktorielle Varianzanalyse ohne Messwiederholung eingegangen. Dabei haben wir gesehen, dass die abhängige Variable normalverteilt und intervallskaliert sein sollte (Es sei hier angemerkt, dass es auch die Ansicht gibt, das Skalenniveau spiele keine Rolle bei der Wahl zwischen parametrischen und nonparametrischen Verfahren, Nanna & Sawilowsky, 1998, S. 57). In unserem Beispiel haben wir einen Kennwert aus dem OLMT, einem objektiven Leistungsmotivationstest, verwendet. Bei diesem Test müssen die Personen in zehn Durchgängen durch Drücken zweier Tasten einen Cursor über eine definierte Strecke auf einem Computer-Bildschirm steuern. Aus der Leistung wird ein Kennwert für Leistungsmotivation berechnet. Differenzen zwischen den Kennwerten drücken Unterschiede in den bewältigten Feldern aus. So bedeutet der Unterschied zwischen 50 und 60, dass zehn Felder weniger zurückgelegt wurden. Es stellt sich allerdings die Frage, ob dieser Unterschied von zehn Feldern denselben Abstand bedeutet wie ein Unterschied von zehn Feldern zwischen 100 und 110 (siehe Skalenniveaus in *Kapitel 2*)? Wenn eine symmetrische Verteilung, vor allem eine Normalverteilung, vorliegt, kann dies angenommen werden. Ist die abhängige Variable jedoch nicht normalverteilt, können die Differenzen völlig unterschiedliche Bedeutungen haben. In diesem Abschnitt wollen wir zeigen, wie auf Unterschiede in den zentralen Tendenzen von mehr als zwei Gruppen geprüft werden kann, wenn keine Normalverteilung vorliegt. Das nonparametrische Alternativverfahren für eine ANOVA ohne Messwiederholung ist der Kruskal-Wallis-Test. Für diesen Test reicht es aus, wenn Ordinalskalenniveau vorliegt. Auf Ordinaldatenniveau können aber Differenzen zwischen den Messwerten nicht mehr interpretiert werden, vielmehr sind nur noch vergleichende Aussagen möglich: 115 ist größer als 110 oder 60 größer als 50. Nonparametrischen Verfahren verwenden nicht die Messwerte selbst, sondern Rangplätze. Das bedeutet, dass die Messwerte zunächst in Rangplätze transformiert werden, die dann wiederum miteinander verglichen werden. Daher wird hier auch von der *Rangvarianzanalyse nach Kruskal und Wallis* gesprochen. Der Kruskal-Wallis-Test ist also das verteilungsfreie Gegenstück zur einfaktoriellen ANOVA ohne Messwiederholung. Der Zweck der Rangvarianzanalyse besteht darin, Unterschiede in der abhängigen Variablen bei mehr als zwei (k) Stichproben zu prüfen. Für eine Einordnung dieses Tests in die hier dargestellten Verfahren siehe *Abbildung 6.1* bzw. *Abbildung 6.7*.

Im Folgenden werden wir zunächst das Grundprinzip der Rangvarianzanalyse erläutern, bevor wir dies wiederum am Beispiel aus dem letzten Abschnitt verdeutlichen. Abschließend wird die Umsetzung in SPSS und R dargestellt.

Praxistipp Prüfung mit verschiedenen Singifikanztests Im letzten Unterkapitel haben wir bereits weitere Alternativen vorgestellt, die bei einer Verletzung der Normalverteilungsannahme bzw. der Varianzhomogenität gewählt werden können. Die klassische Ansicht ist, bei einer Verletzung der Normalverteilung der abhängigen Variablen direkt auf ein nonparametrisches Verfahren zurückzugreifen. Dies ist jedoch nicht unbedingt notwendig (Schmider, Ziegler, Danay, Beyer, & Bühner, 2010). Daher empfehlen wir, sollten nach der Prüfung der Voraussetzungen Bedenken bestehen, ist es sinnvoll, verschiedene Verfahren zu verwenden (z. B. ANOVA, Welch-Test und Kruskal-Wallis-Test), insbesondere dann, wenn das Ergebnis an der Signifikanzgrenze liegt, z. B. $p = 0.048$. Konvergieren die Ergebnisse in dem Sinne, dass unabhängig vom gewählten Singifikanztest dieselbe Testentscheidung resultiert, dann scheint die Voraussetzungsverletzung nicht weiter relevant und das ANOVA-Ergebnis kann ohne Weiteres berichtet werden. Dabei sollte darauf hingewiesen werden, dass auch ein nonparametrisches Verfahren zur gleichen Testentscheidung kommt. Stimmen die Ergebnisse jedoch nicht überein, sollte das Verfahren berichtet werden, das am stärksten gegen die vorher festgelegte Wunschhypothese spricht.

6.3.1 Grundprinzip bei der Rangvarianzanalyse nach Kruskal und Wallis

Die Logik der Rangvarianzanalyse ist ähnlich der Logik des U-Tests, dem verteilungsfreien Gegenstück zum *t*-Test (siehe *Kapitel 5*). Dies bedeutet, dass die Berechnungen nicht auf den eigentlichen Messwerten basieren, sondern vielmehr auf deren Rangplätzen. Um die Messwerte in eine Rangreihe zu bringen, werden diese zunächst über alle Personen, also über die verschiedenen Gruppen hinweg, der Größe nach sortiert. Wie dabei mit Rangplatzbindungen, also gleichen Rangplätzen aufgrund gleicher Messwerte, verfahren wird, wird weiter unten dargestellt.

Grundidee. Nehmen wir zunächst einmal an, die Nullhypothese gilt und die drei Populationen, die durch die Gruppen abgebildet werden sollen, unterscheiden sich nicht. Wenn dies der Fall ist, müssten sich gute und schlechte Messwerte der Personen in allen drei Populationen gleich verteilen. Weisen wir nun jedem Messwert einen Rangplatz zu, dann müssten sich niedrige und hohe Ränge ebenfalls gleich über alle drei Populationen verteilen. Es darf also nicht vorkommen, dass in einer Population alle hohen und in einer anderen Population alle niedrigen Rangplätze beobachtet werden. Das heißt, die Wahrscheinlichkeit, dass ein bestimmter Rangplatz einer Population zugewiesen wird, sollte für alle Populationen gleich hoch sein. Mitteln wir nun die Rangplätze in jeder Gruppe, sollten daher auch die mittleren Ränge gleich sein, da ja die Nullhypothese gilt.

Hypothesen. In einem ersten Schritt müssen wie immer die Nullhypothese und die Alternativhypothese aufgestellt werden. Wir formulieren die Hypothesen für den Fall, dass sich die Verteilungen in den Populationen unterscheiden. Allgemein formuliert lauten diese:

Nullhypothese:

$$H_0: RS_1 = RS_2 = RS_3 = RS_k = \ldots = RS_i$$

Die k Populationen besitzen die gleiche mittlere Rangsumme.

Alternativhypothese:

$$H_1: RS_i \neq RS_j, \text{ für mindestens ein Paar } ij$$

Mindestens eine der k Populationen hat nicht die gleiche mittlere Rangsumme wie die anderen $k-1$ Populationen.

Berechnung. Um die Berechnungen darzustellen, verwenden wir wieder das Beispiel, welches wir bereits zur Erläuterung der Berechnung der einfaktoriellen ANOVA genutzt haben. Es geht also um den Vergleich der Ergebnisse in einem Leistungsmotivationstest in drei unterschiedlichen Versuchsbedingungen (Fake-Bad, Fake-Good und Kontrollgruppe).

Unter Annahme der Nullhypothese sind die mittleren Ränge in den drei Populationen gleich. Es würde nun für die Nullhypothese sprechen, wenn wir in den Gruppen unserer Stichprobe auch in etwa gleiche mittlere Rangsummen beobachten würden. Da aufgrund des Untersuchungsdesigns klar ist, wie viele Personen insgesamt teilgenommen haben, ist auch klar, wie viele Rangplätze zu vergeben sind. Es lässt sich damit die mittlere Rangsumme in der gesamten Stichprobe berechnen sowie die Standardabweichung.

Formel 6.16

$$RS = \frac{n+1}{2} = \frac{15+1}{2} = 8$$

$$s^2 = \frac{n^2-1}{12} = \frac{15^2-1}{12} = 18.67$$

RS = Mittlere Rangsumme

s^2 = Varianz der Rangplätze

n = Anzahl der Versuchspersonen in der Stichprobe

Die mittlere Rangsumme der Gesamtstichprobe entspricht also der Hälfte der Anzahl der Versuchspersonen plus eins. Diese mittlere Rangsumme wird nun mit den berechneten mittleren Rangsummen in jeder Gruppe verglichen: Es werden die quadrierten Differenzen zwischen dem mittleren Rang der Gesamtstichprobe und den mittleren Rängen der Gruppen berechnet. Die Summe aller quadrierten Differenzen drückt dabei aus, wie stark die mittleren Rangplätze insgesamt vom mittleren Rangplatz der Gesamtstichprobe abweichen. Das Quadrieren erfolgt, um zu vermeiden, dass positive und negative Abweichungen sich gegenseitig aufheben. Sind die mittleren Rangsummen der Gruppen und der Gesamtstichprobe gleich, spricht dies für die Nullhypothese. Je weiter sich diese unterscheiden, desto größer wird die quadrierte Abweichung zwischen der mittleren Rangsumme der Gesamtstichprobe und den mittleren Rangsummen der Gruppen und dies spricht wiederum gegen die Nullhypothese.

Wie in *Kapitel 4* beim Prinzip des Signifikanztests besprochen, können auch unter Geltung der Nullhypothese Abweichungen zwischen den mittleren Rangsummen der Gesamtstichprobe und der Gruppen auftreten, obwohl die Nullhypothese in der Grundgesamtheit gilt. Dies ist darauf zurückzuführen, dass durch die Ziehung von Stichproben nicht die volle Information zur Schätzung der Populationsgrößen zur Verfügung steht. Wir benötigen deshalb eine hypothetische Verteilung, die angibt, ob die Unterschiede zwischen den mittleren Rangsummen noch mit der Nullhypothese vereinbar sind oder gegen sie sprechen. Dazu benötigen wir eine Prüfgröße, die im Folgenden dargestellt wird (Kruskal & Wallis, 1952, S. 587):

Formel 6.17

$$H_{\text{emp}} = \frac{n-1}{n} \cdot \sum_{i=1}^{p} \frac{n_i \cdot \left[RS_i - \frac{n+1}{2}\right]^2}{\frac{n^2-1}{12}}$$

H_{emp} = empirische Prüfgröße (entspricht einem χ^2-Wert)

RS_i = mittlere Rangsumme in Gruppe i

n = Anzahl der Versuchspersonen in der Stichprobe

n_i = Anzahl der Versuchspersonen in Gruppe i

i = Gruppenindex

p = Anzahl der Gruppen

Ignorieren wir zunächst den ersten Term. Im zweiten Term, der Summe über alle Gruppen von 1 bis p, finden wir im Zähler wieder die Summe der Abweichungsquadrate zwischen den mittleren Rangsummen in den Gruppen und der Gesamtstichprobe:

$$\left[RS_i - \frac{n+1}{2}\right]^2 = (RS_i - RS)^2$$

Allerdings wird jede Abweichung der mittleren Rangsumme der Gruppe von der Gesamtstichprobe nochmals mit der Gruppengröße multipliziert:

$$n_i \cdot \left[RS_i - \frac{n+1}{2}\right]^2.$$

Dies ist ähnlich wie bei der Berechnung der Varianz Zwischen in der einfaktoriellen Varianzanalyse ohne Messwiederholung. Auch dort haben wir die quadrierte Abweichung zwischen dem jeweiligen Gruppenmittelwert und dem Gesamtmittelwert noch einmal mit der Stichprobengröße multipliziert. Es wird angenommen, dass die quadrierte Abweichung, die sich im Mittel findet, für jede Person der Stichprobe gleich ausfällt. Im Nenner finden wir schließlich die Varianz (Kruskal & Wallis, 1952, S. 587):

$$\frac{n^2-1}{12}$$

Da hier die Differenz zwischen einem beobachteten Wert und dem Gesamtmittelwert im Zähler steht, handelt es sich vereinfacht gesagt um quadrierte z-Werte, die summiert werden. Diese Summe wird noch einmal mit einem Faktor (erster Term) gewichtet, in den die Stichprobengröße eingeht. Dabei ist der Faktor immer kleiner als 1 und bewirkt so, dass die

Prüfgröße insgesamt kleiner wird. Mit steigender Stichprobengröße nähert er sich eins an und verliert an Bedeutung. Stellen wir diese Formel noch einmal um, ergibt sich die übliche Formel für die Prüfgröße des Kruskal-Wallis-Tests:

Formel 6.18

$$H_{\text{emp}} = \left(\frac{12}{n(n+1)} \cdot \sum_{i=1}^{p} \frac{\bar{R}_i^2}{n_i} \right) - 3 \cdot (n+1)$$

H_{emp} = empirische Prüfgröße (entspricht einem χ^2-Wert)

$\bar{R}_i$ = mittlere Rangsumme in Gruppe i

n = Anzahl der Versuchspersonen in der Stichprobe

n_i = Anzahl der Versuchspersonen in Gruppe i

i = Gruppenindex

p = Anzahl der Gruppen

Fällt die Prüfgröße groß aus, ist dies ein Hinweis darauf, dass sich die mittleren Rangsummen in der Population stark unterscheiden. Was beeinflusst nun die Prüfgröße von H? Neben der Stichprobengröße sind es vor allem die Abweichungen der mittleren Rangsummen der Gruppen von der mittleren Rangsumme der Gesamtstichprobe. Nehmen wir einmal an, die Nullhypothese gilt nicht. Dann sollten sich die Rangplätze nicht zufällig über die Gruppen verteilen, sondern in einer Gruppe nur die hohen und einer anderen nur die niedrigen Ränge vorkommen.

Diese Grundidee ist noch einmal in ▶*Abbildung 6.32* aufgezeigt. In der oberen und unteren linken Bildhälfte sind jeweils Wertetabellen dargestellt. In beiden Fällen sind drei unabhängige Gruppen mit drei Personen enthalten. Für jede Person sind der individuelle Messwert und der Rangplatz in der Gesamtstichprobe abgebildet. Am Ende jeder Spalte sind sowohl die Summe der Rangplätze als auch die mittlere Rangsumme aufgeführt. In der oberen Tabelle zeigt sich, dass sich die Messwerte und damit auch die Rangplätze gleich über die Gruppen verteilen. Dadurch ist die Rangsumme in den Gruppen identisch. In der rechten oberen Tabelle findet sich zunächst die mittlere Rangsumme der Gesamtstichprobe. Diese beträgt fünf. Daneben sehen wir, dass die Summe der quadrierten Abweichungen der mittleren Rangsumme der Gruppen von dieser mittleren Rangsumme der Gesamtstichprobe null ist. Es kann auf Basis der Stichprobendaten davon ausgegangen werden, dass die Nullhypothese in der Population gilt. In der unteren linken Tabelle sind die gleichen Messwerte enthalten. Allerdings verteilen sie sich unterschiedlich auf die Gruppen. So sind die geringsten Messwerte komplett in der dritten Gruppe enthalten. Hier werden dadurch auch die drei untersten Rangplätze (7 bis 9) vergeben. Die Rangsumme dieser Gruppe weicht von den anderen beiden Gruppen ab. In der unteren rechten Tabelle sehen wir wieder die mittlere Rangsumme der Gesamtstichprobe, die sich nicht verändert hat. Allerdings fallen die quadrierten Abweichungen von der mittleren Rangsumme in der Gesamtstichprobe jetzt deutlich stärker aus. Vergleichen wir die Summen der quadrierten Abweichungen aus der oberen und der unteren Tabelle, wird deutlich, welchen Effekt die systematische Manipulation der unabhängigen Variablen (*Instruktion*) hatte. Die quadrierten Abweichungen fallen für die untere Tabelle deutlich größer aus.

	Gruppe 1	Gruppe 2	Gruppe 3	Mittlere Rangsumme in Gesamtstichprobe (R)	$\sum[R_i-E(R)]^2$
Messwert	31	25	24		
Rangplatz	1	2	3		
Messwert	15	21	18		
Rangplatz	6	4	5		
Messwert	9	2	13		
Rangplatz	8	9	7		
Rangsumme	15	15	15	$(n+1)/2=5$	$0^2+0^2+0^2=0$
Mittlere Rangsumme R_i	5	5	5		

	Gruppe 1	Gruppe 2	Gruppe 3	Mittlere Rangsumme in Gesamtstichprobe (R)	$\sum[R_i-E(R)]^2$
Messwert	31	25	13		
Rangplatz	1	2	7		
Messwert	21	24	9		
Rangplatz	4	3	8		
Messwert	18	15	2		
Rangplatz	5	6	9		
Rangsumme	10	11	24	$(n+1)/2=5$	$(-1.67^2)+(-1.33)^2+3^2=13.56$
Mittlere Rangsumme	3 33	3 67	8		

Abbildung 6.32: Grundidee der Rangvarianzanalyse

Im Falle von Rangplatzbindungen muss eine Korrekturformel angewandt werden. Rangplatzbindungen bedeuten, dass es mehrere Personen gibt, die denselben Messwert erreicht haben, also auch denselben Rangplatz bekämen. Ist das Ergebnis mit der obigen Rechenformel bereits signifikant, wird die Korrekturformel nicht benötigt. Andernfalls lautet die Formel.

Formel 6.19

$$H_{\text{Korr}} = \frac{H}{\left[1 - \frac{\sum_{k=1}^{r}\left(t_k^3 - t_k\right)}{n^2 - n}\right]}$$

H_{Korr} = für Rangplatzbindungen korrigierte Prüfgröße (entspricht einem χ^2 Wert)

H = Prüfgröße ohne Rangbindungskorrektur

n = Anzahl der Versuchspersonen in der Stichprobe

k = Index für die Gruppe von Personen mit gleichen Rängen (läuft bis r)

t_k = Anzahl der Personen mit gleichem Rangplatz in der Gruppe k

Schauen wir wieder auf unser einfaches Beispiel mit drei Gruppen (Fake-Bad, Fake-Good und Kontrollgruppe) und jeweils fünf Personen.

$VP_{\text{in Gruppe } i}$	Fake Good	Fake Bad	Kontrollgruppe
1 Messwert (Rangplatz)	**55.33 (9)**	**19.00 (15)**	**62.67 (5)**
2 Messwert (Rangplatz)	**62.33 (6)**	**34.00 (13)**	**58.33 (7)**
3 Messwert (Rangplatz)	**69.00 (3)**	**30.33 (14)**	**51.33 (10)**
4 Messwert (Rangplatz)	**73.00 (1)**	**39.00 (11)**	**64.00 (4)**
5 Messwert (Rangplatz)	**56.00 (8)**	**35.00 (12)**	**71.67 (2)**
Rangsummen (R_i)	**27**	**65**	**28**
Quadrierte Rangsummen (R^2_i)	**729**	**4225**	**784**
Mittlere quadrierte Rangsumme	**145.8**	**845**	**156.8**

Abbildung 6.33: Beispiel Kruskal-Wallis mit 3 Gruppen und 5 Personen

In ▶*Abbildung 6.33* sind die Messwerte der Personen in den einzelnen Gruppen sowie die jeweiligen Rangplätze tabellarisch dargestellt. Zudem finden sich bereits die Rangsummen, quadrierten Rangsummen und mittleren quadrierten Rangsummen pro Gruppe. Die letzte Information benötigen wir für die Rechenformel. Setzen wir alle Informationen in diese Formel ein, erhalten wir folgende empirische Prüfgröße:

Formel 6.20

In unserem Beispiel ergibt sich somit eine Prüfgröße von:

$$H_{\text{emp}} = \left(\frac{12}{n\cdot(n+1)}\cdot\sum_{i=1}^{p}\frac{\bar{R}_i^2}{n_i}\right) - 3\cdot(n+1) = \left(\frac{12}{15\cdot(15+1)}\cdot(145.8+845+156.8\right)$$

$$-3\cdot(15+1) = 9.38$$

Entscheidung. Dann stellt sich die Frage, ob die beobachtete Abweichung unter der Prüfverteilung zu den höchsten fünf Prozent gehört. Bei dieser Entscheidung wird zwischen kleinen und großen Stichproben unterschieden. Bei kleinen Stichproben (k = 3 und n in keiner Gruppe größer als 5) müssen spezielle Tabellen herangezogen werden (siehe Bortz & Lienert, 2003). Bei größeren Stichproben (k > 3 oder in mindestens einer Stichprobe n > 5) folgt die Verteilung der Prüfgröße einer χ^2-Verteilung mit $k-1$ Freiheitsgraden. Die Entscheidungsregel lautet dann, dass die Nullhypothese abgelehnt werden muss, wenn:

Formel 6.21

$$H_{emp} \geq \chi^2_{(p-1,\ 1-\alpha)}$$

Das heißt, wenn die Prüfgröße H_{emp} größer ausfällt als der mit einer Sicherheitswahrscheinlichkeit von $1-\alpha$ gewählte kritische χ^2-Wert in einer χ^2-Verteilung mit $k-1$ Freiheitsgraden, muss die Nullhypothese verworfen werden.

Um für unser Beispiel eine Entscheidung treffen zu können, benötigen wir eine kritische Prüfgröße. Diese erhalten wir am schnellsten mittels R über den Befehl:

```
qchisq(p=.05, df=2, lower.tail=F)
```

Es ergibt sich ein Wert von 5.991465, der kleiner ist als die empirische Prüfgröße von 9.38. Wir lehnen also die Nullhypothese ab. Zur Berechnung der Überschreitungwahrscheinlichkeit nutzen wir den Befehl:

```
pchisq(q=9.38, df=2, lower.tail=F)
```

und erhalten einen Wert von 0.009186686. Das Ergebnis ist demnach signifkant.

Praktische Bedeutsamkeit. Bereits im Kapitel zu den nonparametrischen Verfahren bei zwei Stichproben (*Abschnitt 5.2*) haben wir gezeigt, dass die Formel für die Effektstärke w folgendermaßen lautet:

Formel 6.22

$$w = \sqrt{\frac{\chi^2}{n}}$$

w = Effektstärkemaß w

χ^2 = empirische Prüfgröße H

n = Anzahl der Versuchspersonen in der Stichprobe

Für unser Beispiel ergibt sich:

$$w = \sqrt{\frac{\chi^2}{n}} = \sqrt{\frac{9.38}{15}} = 0.70$$

Dabei gelten folgende Konventionen:

$w = 0.10 \rightarrow$ kleiner Effekt

$w = 0.30 \rightarrow$ mittlerer Effekt

$w = 0.50 \rightarrow$ großer Effekt

Somit liegt in unserem Beispiel also ein starker signifikanter Effekt vor. Schauen wir uns nun an, wie sich die Teststärke mit G*Power bzw. R bestimmen lässt.

Teststärke. Die Teststärke lässt sich mit G*Power oder mit R angeben. Dazu müssen wir in G*Power die Einstellungen vornehmen, wie in ▶*Abbildung 6.34* angezeigt. Wir wählen also χ^2 TESTS bei TEST FAMILY ①, GENERIC χ^2 TEST bei STATISTICAL TEST ② und POST HOC: COMPUTE POWER – GIVEN α, AND NONCENTRALITY PARAMETER bei TYPE OF POWER ANALYSIS ③. Auf den *Nichtzentralitäts-Parameter* sind wir bisher nicht weiter eingegangen. Beim χ^2-Test entspricht der beobachtete χ^2-Wert diesem Parameter. Daher setzen wir hier 9.38 ein ④. Danach setzen wir α auf fünf Prozent und geben die Anzahl der Freiheitsgrade (2) an.

In R nutzen wir das Paket `pwr` (Champely, 2009). Hieraus wählen wir den Befehl:

```
pwr.chisq.test(w = sqrt(9.38/15), N = 15, df = 2, sig.level = 0.05, power = NULL)
```

In der Klammer mit den Argumenten des Befehls finden wir also die Effektstärke `w`, die Stichprobengröße `N`, die Freiheitsgrade `df` und das gewählte Signifikanzniveau wieder. Der Wert für `power` ist auf `NULL` gesetzt, wird also geschätzt. In beiden Programmen ergibt sich eine Teststärke von 0.79 ⑤.

Zur Stichprobenplanung lässt sich G*Power leider hier nicht verwenden. In R nutzen wir denselben Befehl des Pakets `pwr`. Dieses Mal geben wir jedoch die gewünschte `power` (0.8) an und setzen die Stichprobengröße `N` auf `NULL`:

```
pwr.chisq.test(w = sqrt(9.38/15), N = NULL, df = 2, sig.level = 0.05, power = .8)
```

Es ergibt sich eine A-priori-Stichprobenschätzung von 15.40, also rund 5 Personen pro Gruppe.

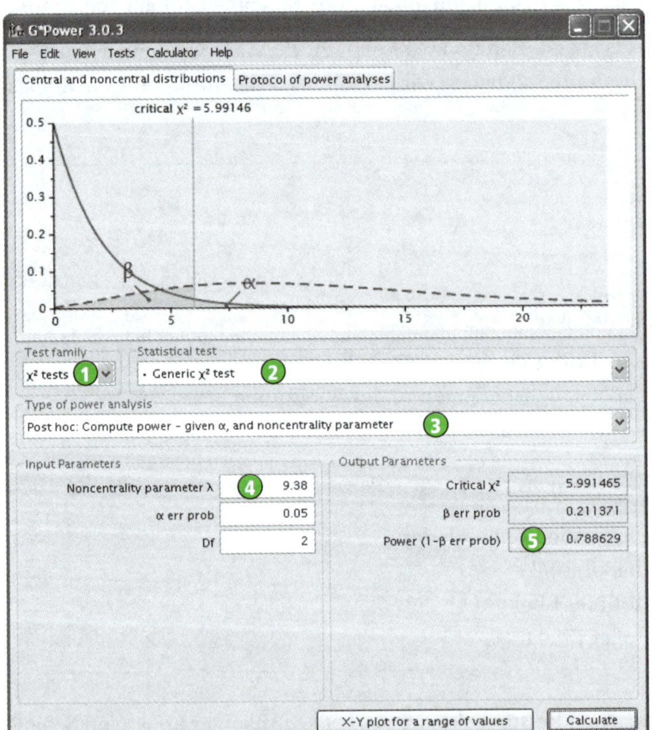

Abbildung 6.34: Bestimmung der Teststärke mit G*Power

6.3.2 Voraussetzungen

Die Liste der *Voraussetzungen für die Rangvarianzanalyse nach Kruskal und Wallis* ist eher kurz. So müssen lediglich die Unabhängigkeit der Messungen sowie das Ordinalskalenniveau der abhängigen Variablen gegeben sein. Auf die Unabhängigkeit der Messungen ist bereits an verschiedenen Stellen eingegangen worden (siehe *Kapitel 4* sowie *Abschnitt 6.2.5*). Das Ordinalskalenniveau der abhängigen Variablen muss gegeben sein, da wir den Messwerten Rangplätze zuweisen und mit diesen Rangplätzen die Prüfgröße berechnen.

6.3.3 Beispiel mit SPSS und R

An dieser Stelle greifen wir auf den gesamten Datensatz zurück, wie bereits bei der entsprechenden Darstellung der einfaktoriellen ANOVA. Es liegt also eine Stichprobe mit $n = 119$ Personen vor, die auf drei Gruppen verteilt worden sind. Die Eingabe in SPSS erfolgt analog zur einfaktoriellen Varianzanalyse (siehe *Abbildung 6.25*). Die Auswahl des interaktiven Eingabefensters erfolgt über ANALYSIEREN → NICHTPARAMETRISCHE TESTS → K UNABHÄNGIGE STICHPROBEN. Die notwendigen Eingaben sind in den jeweiligen Fenstern in ▶ *Abbildung 6.35* dargestellt.

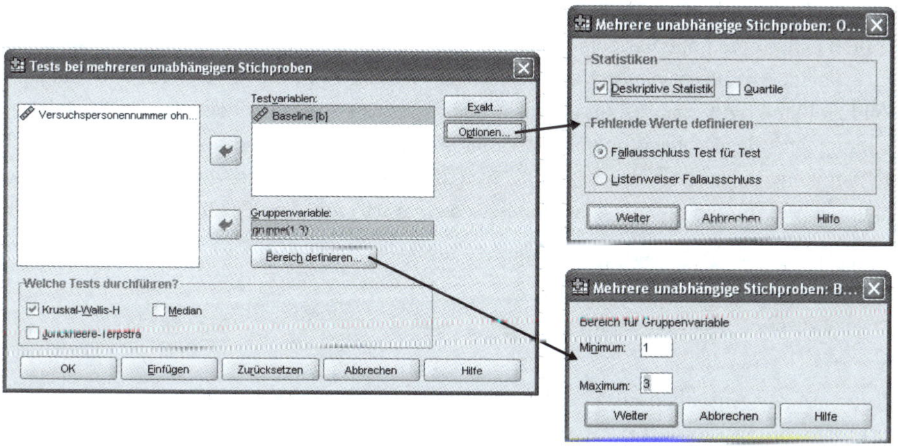

Abbildung 6.35: Einstellungen in SPSS bei der Rangvarianzanalyse nach Kruskal & Wallis

Es öffnet sich zunächst das linke Fenster. Erneut müssen wir die abhängige (AV) und die unabhängige Variable (UV) zuweisen. Die AV, die hier als TESTVARIABLE bezeichnet wird, wird im linken Feld markiert und durch Klicken auf die obere Schaltfläche mit dem Pfeil definiert. Ebenso wird mit der GRUPPENVARIABLE verfahren. Der Kruskal-Wallis-Test ist bereits voreingestellt (KRUSKAL WALLIS-H). Es lassen sich aber auch alternative Verfahren wählen, die hier nicht dargestellt werden. Nun benutzen wir die Schaltfläche OPTIONEN, und das obere, rechte Fenster öffnet sich. Aus den Optionen wählen wir lediglich die DESKRIPTIVE STATISTIK, bevor wir das Fenster über den Button WEITER schließen. Zuletzt müssen wir den Bereich der Gruppenvariablen definieren. Hierzu nutzen wir die Schaltfläche BEREICH DEFINIEREN..., und es öffnet sich das untere rechte Fenster. Hier geben wir die kleinste (in das Feld MINIMUM) und die größte (in das Feld MAXIMUM) Gruppennummer ein. Es können hier auch Gruppen ausgelassen werden, wenn das gewünscht ist. Auch dieses Fenster schließen wir durch Klicken auf WEITER und starten die Analyse durch Klick auf das Feld OK im Hauptfenster.

Um in R einen Kruskal-Wallis-Test durchzuführen, nutzen wir das Paket stat und darin den Befehl **kruskal.test**. Zur Erinnerung: Wir haben den Datensatz eingelesen und im Objekt anova_ein abgelegt. Die abhängige Variable im Datensatz trägt den Variablennamen *b*. Der Befehl für den Kruskal-Wallis-Test lautet dann:

```
kruskal <- kruskal.test(b~gruppe, data=anova_ein)
kruskal
```

Wir legen also ein neues Objekt mit dem Namen kruskal an. So können wir später immer wieder darauf zugreifen. Dieses Objekt beinhaltet das Ergebnis des Befehls kruskal.test. Diesem Befehl wiederum sind als Argumente die Gleichung b~gruppe und der Datensatz anova_ein gegeben.

Um SPSS entsprechende deskriptive Statistiken der Ränge pro Gruppe zu erhalten, müssen die beobachteten Messwerte noch in Ränge transformiert werden. Dazu nutzen wir den Befehl **rank**, der im Basispaket von R enthalten ist. Wir verwenden folgenden Befehl zur Rangplatztransformation:

```
anova_ein$b_rank <- rank(anova_ein$b)
```

Wir bilden also eine neue Variable mit dem Namen b_rank, die wir ebenfalls im Datensatz anova_ein speichern. Dieser neuen Variablen weisen wir das Ergebnis des Befehls rank zu. Dieser Befehl greift auf die Variable *b* im Datensatz anova_ein zu und weist der neuen Variable b_rank die Rangplätze der Beobachtungen der Variable *b* zu. Dabei ist bereits voreingestellt, dass bei geteilten Rängen der Mittelwert vergeben wird. Die gewünschten deskriptiven Statistiken erhalten wir durch die Befehle **describe** bzw. **describeBy** aus dem Paket psych (Revelle, 2014):

```
desc_kruskal1 <- describe(anova_ein$b)
desc_kruskal1
desc_kruskal2 <- describeBy(anova_ein$b_rank, group=anova_ein$gruppe)
desc_kruskal2
```

Die jeweiligen Ausgaben der beiden Programme sind in ▶*Abbildung 6.36* dargestellt. Zunächst werden die deskriptiven Statistiken angegeben. In der ersten SPSS-Tabelle und der entsprechenden R-Ausgabe sind nur Werte enthalten, die über die gesamte Stichprobe ermittelt wurden. So finden sich für die AV, also den OLMT-Kennwert Baseline, Mittelwert ❶, Standardabweichung ❷, Minimum und Maximum ❸. Bei R sind noch weitere Werte angegeben, die in *Kapitel 2* besprochen wurden. Die gleichen beschreibenden Statistiken finden sich auch für die UV in den darunterliegenden Zeilen bzw. Tabellen. An dieser Stelle ist anzumerken, dass diese deskriptiven Statistiken aufgrund des Skalenniveaus nicht immer sinnvoll interpretierbar sind. In diesen Ausgaben finden wir jedoch auch die Informationen bezüglich der Ränge. Hier ist zunächst für jede Gruppe angegeben, wie groß sie ist ❹, und schließlich, welchen Wert der mittlere Rang ❺ aufweist. Hier sehen wir bereits, dass die Fake-Bad-Gruppe im Vergleich zu den anderen beiden Gruppen abweicht. Schließlich folgt eine Tabelle mit dem Titel *Statistik für Test*. Hierin findet sich zunächst der χ^2-Wert, der sich aus den Berechnungen ergeben hat. Dies ist die empirische Prüfgröße H ❻. Dazu finden wir auch die Freiheitsgrade, die sich im Vergleich zu unserem kleineren

Rechenbeispiel nicht verändert haben, da wiederum drei Gruppen verwendet wurden. Schließlich ist die asymptotische Überschreitungswahrscheinlichkeit p aufgeführt ⑦. Nehmen wir eine Wahrscheinlichkeit für einen Fehler 1. Art von fünf Prozent in Kauf, ist das Ergebnis auch für den gesamten Datensatz signifikant. Auch hier unterscheiden sich also mindestens zwei Gruppen voneinander und wir lehnen die Nullhypothese ab.

SPSS-Ausgabe

Deskriptive Statistiken

	N	① Mittelwert	② Standardabweichung	Minimum	③ Maximum
Baseline	119	54.88	15.74	6.00	81.33
Versuchsbedinung	119	2.03	0.81	1	3

Ränge

	Versuchsbedingung	④ N	⑤ Mittelwert
Baseline	Faking Good	37	79,97
	Faking Bad	41	26,59
	Kontrollgruppe	41	75,39
	Gesamt	119	

R-Ausgabe

```
> desc_kruskal1
  vars   n  mean    sd median trimmed  mad min   max range skew kurtosis   s
1    1 119 54.88 15.74     60   56.65 9.38   6 81.33 75.33 -1.1     0.48 1.4
> desc_kruskal2
group: Faking Good
  vars  n  mean    sd median trimmed   mad min max range  skew kurtosis   se
1    1 37 79.97 28.27   83.5   80.92 31.88  29 119    90 -0.33    -1.36 4.65
-----------------------------------------------------------------------------
group: Faking Bad
  vars  n  mean    sd median trimmed   mad min  max range skew kurtosis   se
1    1 41 26.59 21.53     21   23.68 17.05   1 83.5  82.5 1.08     0.29 3.36
-----------------------------------------------------------------------------
group: Kontrollgruppe
  vars  n  mean    sd median trimmed  mad min max range skew kurtosis   se
1    1 41 75.39 23.88   73.5   75.62 25.2  30 117    87    0    -1.03 3.73
```

SPSS-Ausgabe

Statistik für Test[a,b]

	Baseline
Chi Quadrat	59,051 ⑥
df	2
Asymptotische Signifikanz ⑦	,000

a. Kruskal-Wallis-Test

b. Gruppenvariable: Versuchbedingung

R-Ausgabe

```
> kruskal

        Kruskal-Wallis rank sum test

data:  b by gruppe
Kruskal-Wallis chi-squared = 59.0513, df = 2, p-value = 1.504e-13
```

Abbildung 6.36: SPSS- und R-Ausgaben des Kruskal-Wallis-Tests

Mit der obigen Formel ergibt sich eine Effektstärke von 0.70, was einem großen Effekt entspricht. Die Teststärke liegt bei über 99 Prozent (Befehl für R: `pwr.chisq.test(w = .7044357, N = 119, df = 2, sig.level = 0.05)`). Der starke und statistisch signifikante Effekt kann also mit ausreichender Fehelrwahrscheinlichkeit 1. und 2. Art abgesichert werden.

Praxistipp In einem Artikel oder einer Abschlussarbeit würden wir den Effekt so berichten:

Es trat ein signifikanter und starker Haupteffekt auf ($H_{(2)} = 59.05$, $p < 0.001$, $w = 0.7$, $1-\beta < 1$), der mit ausreichender Teststärke gesichert werden konnte.

Nachdem wir nun dargestellt haben, wie Mittelwertsunterschiede bei einer UV und mehr als zwei Gruppen mit parametrischen bzw. nonparametrischen Verfahren analysiert werden können, erweitern wir im Folgenden den Versuchsplan und nehmen eine zweite unabhängige Variable auf.

6.4 Zweifaktorielle Varianzanalyse ohne Messwiederholung

Studiendesigns mit einer unabhängigen Variablen finden sich in der sozialwissenschaftlichen Forschung immer noch sehr häufig. Daneben werden aber auch zunehmend Studiendesigns umgesetzt, die mehr als eine unabhängige Variable beinhalten. Zu Beginn dieses Kapitels haben wir auf die Therapiestudie hingewiesen, die nicht nur die Behandlungsform als unabhängige Variable nutzt, sondern auch das Geschlecht. In solch einem Design kann nun geprüft werden, welchen Einfluss beide Variablen unabhängig voneinander auf die abhängige Variable (im Beispiel Genesung von Depression) haben. Ein weiterer Vorteil ist, dass auch die Wechselwirkung zwischen den Variablen, also deren kombinierte Wirkung, analysiert werden kann. Es ist natürlich auch möglich, mehr als zwei unabhängige Variablen zu realisieren. Aus Gründen der Übersichtlichkeit beschränken sich die folgenden Ausführungen aber nur auf zwei unabhängige Variablen. Wir werden das Vorgehen bei einer zweifaktoriellen Varianzanalyse sowie dem entsprechenden nonparametrischen Gegenstück erläutern und zunächst die relevante Datenmaske definieren und daran anschließend die genutzte Terminologie veranschaulichen. In diesem Schritt führen wir auch ein Beispiel ein, welches wir im Laufe des Abschnitts immer wieder aufgreifen. Anschließend erläutern wir das Grundprinzip und das Vorgehen bei der Analyse. Danach wenden wir uns der Effektstärke, der Teststärke und den Voraussetzungen zu. Den Abschluss bildet dann wieder ein SPSS- bzw. R-Beispiel.

Zur Durchführung der notwendigen Berechnungen bzw. zur Definition der relevanten Terminologie benötigen wir zwei Datenmasken. Zunächst ist hier eine Datenmaske mit den individuellen Messwerten in ▶ *Abbildung 6.37* dargestellt.

unterschiedliche Vpn.

		Bedingung A			
		a_1	a_i	a_p	
b_1	1	x_{111}	x_{1i1}	x_{1p1}	$\hat{m}_1$
	2	x_{211}	.	.	
	.	.	.	.	
	v	x_{v11}	x_{vi1}	x_{vp1}	
	.	.	.	.	
	n	x_{n11}	x_{ni1}	x_{np1}	
b_j	n	x_{n1j}	x_{nij}	x_{npj}	$\hat{m}_j$
b_q	1	x_{11q}	x_{1iq}	x_{1pq}	$\hat{m}_q$
	2	x_{21q}	.	.	
	.	.	.	.	
	v	x_{v1q}	x_{viq}	x_{vpq}	
	.	.	.	.	
	n	x_{n1q}	x_{niq}	x_{npq}	
		$\hat{m}_1$	$\hat{m}_i$	$\hat{m}_p$	$\hat{m}$

Messwerte der einzelnen Versuchspersonen unter den verschiedenen Bedingungen

Abbildung 6.37: Datenmaske mit den individuellen Messwerten zur Berechnung der zweifaktoriellen Varianzanalyse

Dabei verwenden wir folgende Terminologie:

Anzahl der Probanden pro Faktorstufe *i*	n
Index der Vp. (geht von 1 bis *n*)	v
Index der Faktorstufe A (geht von 1 bis *p*)	i
Index der Faktorstufe B (geht von 1 bis *q*)	j
Messwert der Vp. *v* in Faktorstufe *ij*	x_{vij}
Mittelwert der Messwerte pro Faktorstufe *i*	$\hat{\mu}_{i} = \frac{1}{n_i}\sum_{v=1}^{n} x_{vij}$
Mittelwert der Messwerte pro Faktorstufe *j*	$\hat{\mu}_{j} = \frac{1}{n_j}\sum_{v=1}^{n} x_{vij}$
Gesamtmittelwert der Messwerte	$\hat{\mu}_{..} = \frac{1}{n_i \cdot p \cdot q}\sum_{v=1}^{n}\sum_{i=1}^{p}\sum_{j=1}^{q} x_{vij}$

Abbildung 6.38: Terminologie für die erste Datenmaske

Mit dieser Datenmaske lassen sich die Mittelwerte für jede einzelne Bedingung berechnen. Die einzelnen Bedingungen werden im Rahmen der Varianzanalyse auch als Faktoren bezeichnet. Die Mittelwerte der Personenmesswerte der einzelnen Stufen der Faktoren stellen Schätzwerte der unbekannten Populationsgrößen dar. Es fällt auf, dass bei der Berechnung der Mittelwerte für die Stufen des Faktors A über die Stufen des Faktors B gemittelt wird und umgekehrt. Das bedeutet, dass der Einfluss des jeweiligen anderen Faktors sozusagen herausgemittelt bzw. konstant gehalten wird. Mithilfe dieser Datenmaske ließen sich schon einige Berechnungen anstellen. Wir benötigen aber noch eine zweite Datenmaske, die in ▶*Abbildung 6.39* gemeinsam mit der Terminologie dargestellt ist.

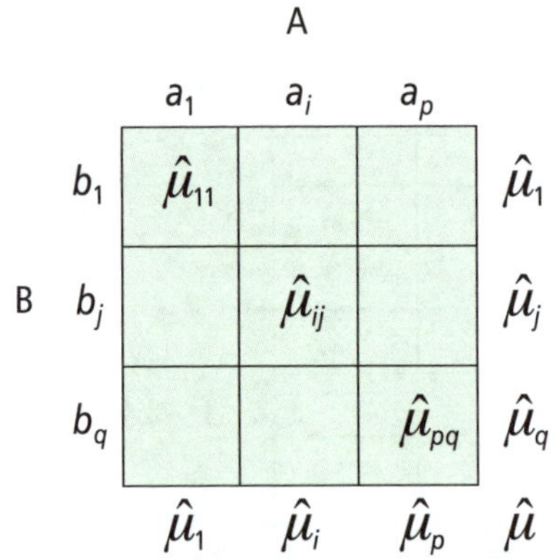

$$\hat{\mu} = \frac{1}{npq} \sum_i \sum_j \sum_v x_{vij} \quad = \text{Gesamtmittelwert}$$

$$\hat{\mu}_i = \frac{1}{nq} \sum_j \sum_v x_{vij} \quad = \text{geschätzter Mittelwert der Stufe } i \text{ des Faktors A}$$

$$\hat{\mu}_j = \frac{1}{np} \sum_i \sum_v x_{vij} \quad = \text{geschätzter Mittelwert der Stufe } j \text{ des Faktors B}$$

$$\hat{\mu}_{ij} = \sum_v \frac{x_{vij}}{n} \quad = \text{geschätzter Mittelwertder Faktorenstufenkombination } ij$$

Abbildung 6.39: Zweite Datenmaske für die Berechnung der zweifaktoriellen Varianzanalyse

Die Tabelle in der linken Hälfte der Abbildung enthält in den Zellen nicht mehr die individuellen Messwerte, sondern die Mittelwerte aller Messwerte innerhalb jeder Zelle. Bei unserem Beispiel mit Therapieform und Geschlecht als unabhängige Variablen könnte ein solcher Zellenmittelwert dann beispielsweise der Mittelwert der Frauen aus der Verhaltenstherapiegruppe sein. Anhand dieser Tabelle wird auch noch einmal deutlich, dass die Mittelwerte der einzelnen Stufen immer über alle Stufen des anderen Faktors berechnet werden. Das heißt also, dass bei der Berechnung des Mittelwerts einer Stufe des Faktors A die Ausprägungen von B keine Rolle spielen. Wir betrachten also die Auswirkungen eines Faktors immer unter Nichtberücksichtigung des anderen Faktors. Im Beispiel betrachten wir also den Effekt der unterschiedlichen Therapien, ohne Geschlecht als Einflussgröße zu berücksichtigen und umgekehrt. Allerdings ermöglicht die zweifaktorielle Varianzanalyse auch die Betrachtung der Wechselwirkung zwischen beiden Faktoren, worauf wir noch genauer eingehen werden.

Beispiel. Beziehen wir nun wieder unser Beispiel aus den vorherigen Kapiteln ein. Dort hatten wir untersucht, ob sich unterschiedliche Bearbeitungsinstruktionen (Fake-Good, Fake-Bad und Kontrollgruppe) auf die Leistung im OLMT auswirken. Das Ergebnis hat gezeigt, dass sich die Mittelwerte tatsächlich signifikant voneinander unterscheiden, die Instruktion also einen Effekt hat. Was ist nun, wenn uns auch interessiert, ob sich Männer und Frauen in ihrer Leistungsmotivation unterscheiden? Und damit verbunden, ob Männer und

Frauen unterschiedlich auf die Instruktion reagieren? Wir erweitern das Beispiel also auf ein sogenanntes 3×2-Design. Das bedeutet, dass zwei unabhängige Variablen vorliegen. Die erste hat drei Stufen und die zweite hat zwei Stufen. Daraus ergeben sich weitere Fragestellungen.

Fragestellung. Die Fragestellungen spezifisch für unser Beispiel lauten aus einer experimentalpsychologischen Perspektive:

1. Erzeugt Faktor A Unterschiede in den Mittelwerten der AV?

   Auf unser Beispiel bezogen lautet die Frage: Gibt es Unterschiede in der mittleren Leistungsmotivation bei den unterschiedlichen Instruktions Gruppen: Fake-Good-, Fake-Bad- und Kontrollgruppe?
2. Erzeugt Faktor B Unterschiede in den Mittelwerten der AV?

   Auf unser Beispiel bezogen lautet die Frage: Gibt es Unterschiede in der mittleren Leistungsmotivation zwischen Männern und Frauen?
3. Gibt es eine wechselseitige Beeinflussung der beiden Faktoren? Oder anders formuliert: Ist die Wirkung der Stufe eines Faktors davon abhängig, welche Stufe des anderen Faktors vorliegt? → Interaktion der Faktoren

   Auf unser Beispiel bezogen könnte die Frage lauten: Wirken die unterschiedlichen Instruktionen bei Männern anders als bei Frauen?

Experimentalpsychologisch bedeutet, dass hier eine Manipulation der unabhängigen Variablen vorgenommen wird, nämlich welche Instruktion vorgegeben wird. Es wird untersucht, welche Auswirkungen die Manipulation der Instruktion auf das Testergebnis im OLMT hat. Anders verhält es sich mit der im Datensatz enthaltenen unabhängigen Variable „geschlecht". Sie liegt natürlich vor. Wir haben also zwei unabhängige Variablen vorliegen, zum einen die Instruktion (in drei Stufen: Fake-Good, Fake-Bad und Kontrollgruppe) und zum anderen das Geschlecht mit den Stufen weiblich und männlich. Die mit diesen unabhängigen Variablen verbundenen Effekte auf die Leistung im OLMT werden als Haupteffekte bezeichnet. Das heißt, dass die Wirkung der Instruktion bzw. des Geschlechts jeweils als *Haupteffekt* angesehen wird, während die Wirkung der Kombination aus beiden (Instruktion x Geschlecht) als *Wechselwirkung* bezeichnet wird. Fasst man die Fragestellung in Hypothesen, unterscheiden wir Null- und Alternativhypothese. Bei der zweifaktoriellen Varianzanalyse gibt es drei Hypothesenpaare. Für jeden möglichen Effekt (zwei Haupteffekte, eine Interaktion) werden jeweils wieder eine *Nullhypothese* und eine dazugehörige *Alternativhypothese* formuliert.

Nullhypothese Haupteffekt A:

Die Populationsmittelwerte μ_i sind alle gleich: alle $\mu_i = \mu_p$. Die Populationsmittelwerte in den drei Grundgesamtheiten sind gleich und es gibt keine Unterschiede zwischen den unterschiedlichen Instruktionen auf die OLMT-Leistung.

Alternativhypothese Haupteffekt A:

Wenigstens zwei Populationsmittelwerte μ_i sind verschieden. Mindestens ein Populationsmittelwert unterscheidet sich von den anderen, und damit führt mindestens eine Instruktion zu unterschiedlichen Leistungen im OLMT.

Nullhypothese Haupteffekt B:

Die Populationsmittelwerte μ_j sind alle gleich: alle $\mu_j = \mu_q$. Die Populationsmittelwerte von Männern und Frauen sind gleich und es gibt keine Unterschiede zwischen den beiden Geschlechtern in der OLMT-Leistung.

Alternativhypothese Haupteffekt B:

Mindestens zwei μ_j sind verschieden. Männer und Frauen unterscheiden sich in ihren Populationsmittelwerten, sie erzielen unterschiedliche Leistungen im OLMT.

Nullhypothese Wechselwirkung A × B:

Die Populationsmittelwerte für Männer und Frauen unter den verschiedenen Instruktionen μ_{ij} setzen sich additiv aus den Haupteffekten zusammen: alle $\mu_{ij} = \mu_i + \mu_j - \mu$ was gleichbedeutend damit ist, dass alle μ_{ij} gleich ausfallen. Das bedeutet, dass die unterschiedlichen Kombinationen aus Geschlecht und Instruktion keine Auswirkungen auf die OLMT-Leistung haben.

Alternativhypothese Wechselwirkung A × B:

Wenigstens ein μ_{ij} setzt sich nicht additiv aus den Haupteffekten zusammen: mindestens ein $\mu_{ij} \neq \mu_i + \mu_j - \mu$ was gleichbedeutend damit ist, dass mindestens ein $\mu_{ij} \neq \mu$ ist. Das bedeutet, dass mindestens eine Kombination aus Geschlecht und Instruktion eine Auswirkung auf die OLMT-Leistung hat, die nicht durch beide Haupteffekte allein erklärbar ist.

Daten für Beispiel. Um die Berechnungen der zweifaktoriellen ANOVA zu verdeutlichen, ziehen wir wieder aus dem gesamten Datensatz einige Personen heraus. Diesmal ziehen wir für jede Bedingung der unabhängigen Variablen Instruktion jeweils fünf Männer und fünf Frauen. Es ergibt sich dann zunächst folgende Datenmaske:

			Bedingung A			
			Fake Good	Fake Bad	Kontrollgruppe	
Bedingung B	Frauen	1	49.33	35.00	66.00	50.82
		2	59.00	24.33	63.33	
		3	60.67	19.00	60.00	
		4	55.33	60.00	62.67	
		5	60.33	21.00	66.33	
	Männer	1	68.00	38.00	58.33	53.24
		2	62.00	13.00	60.00	
		3	76.00	54.33	58.00	
		4	61.00	39.00	70.00	
		5	73.00	6.00	62.00	
			62.44	30.97	62.67	52.03

Abbildung 6.40: Beispieldatenmaske mit den Personenmesswerten und den jeweiligen Mittelwerten für die Haupteffekte sowie dem Gesamtmittelwert für die zweifaktorielle Varianzanalyse (vgl. Fußnote 2 auf S. 403)

Aus der Abbildung wird ersichtlich, dass sich die Mittelwerte der Fake-Good-Gruppe und der Kontrollgruppe nur geringfügig unterscheiden, während der Mittelwert der Fake-Bad-Gruppe von den beiden anderen deutlich abweicht. Auch bezüglich der Geschlechter findet sich deskriptiv ein Unterschied. Die zweite Datenmaske, die wir benötigen, ist in ▸*Abbildung 6.41* aufgeführt.

	Fake Good	Fake Bad	Kontroll-gruppe	
Frau	56.93	31.87	63.67	50.82
Mann	68.00	30.07	61.67	53.24
	62.47	30.97	62.67	52.03

Abbildung 6.41: Zweite Datenmaske mit den Gruppenmittelwerten und Mittelwerten für die Haupteffekte sowie für die Gesamtstichprobe für das Beispiel zur Berechnung der zweifaktoriellen Varianzanalyse

In dieser Datenmaske sind in den Zellen nun die Mittelwerte der jeweiligen Kombinationen aus beiden Bedingungen angegeben. Zudem befinden sich am Spalten- bzw. am Zeilenende die Mittelwerte der jeweiligen Faktorstufe. Der Vergleich innerhalb einer Spalte kann nun sehr informativ sein. So sehen wir bei der Fake-Good-Bedingung sehr unterschiedliche Mittelwerte für Männer und Frauen. Es scheint, als ob in unserer Stichprobe Männer die Instruktion anders umgesetzt hätten. Das würde bedeuten, dass die Instruktion sich je nach Art des Geschlechts in unserer Stichprobe unterschiedlich auswirkt. Diese Stichprobendaten sprechen dafür, dass eine Wechselwirkung vorliegen könnte. Das sind jedoch nur deskriptive Beobachtungen, die erst noch statistisch geprüft werden müssen. Dazu benötigen wir wieder einen Signifikanztest.

6.4.1 Grundprinzip und Vorgehen bei der zweifaktoriellen Varianzanalyse ohne Messwiederholung

Betrachten wir das Modell der zweifaktoriellen Varianzanalyse. Es gibt vier unterschiedliche Quellen, die dazu führen, dass ein individueller Messwert x einer Person v aus der Bedingungskombination ij vom Populationsmittelwert μ abweicht. Zum einen sind dies der Effekt des Faktors A(α_i) und der Effekt des Faktors B (β_j). Weiterhin trägt auch deren Wechselwirkung ($\alpha\beta_{ij}$[3]) zu einer Verschiebung bei. Schließlich gibt es auch hier Messfehler und individuelle Unterschiede (e_v). Als Modellgleichung ergibt sich dann:

3 Der Effekt der Wechselwirkung wird auch oft mit dem griechischen Buchstaben γ bezeichnet. Wir nutzen hier $\alpha\beta$, um einen deutlicheren Bezug zu den beiden Haupteffekten zu symbolisieren. Wichtig ist jedoch, klar zu machen, dass die Wechselwirkung eben nicht einfach die Addition der beiden Haupteffekte darstellt, sondern darüber hinausgeht.

Formel 6.23

$x_{vij} = \mu + \alpha_i + \beta_j + \alpha\beta_{ij} + e_{vij}$

x_{vij} = Messwert der Person v in der Zelle ij

μ = Populationsmittelwert

α_i = Effekt des Faktors A

β_j = Effekt des Faktors B

$\alpha\beta_{ij}$ = Wechselwirkungseffekt der Faktoren A und B

e_{vij} = Fehler bei der Vorhersage des Messwerts bei Person v

v = Index der Person

i = Gruppenindex für UV 1 (Faktor A)

j = Gruppenindex für UV 2 (Faktor B)

Nun muss geprüft werden, inwieweit die einzelnen Effekte in der Population von null verschieden sind. Wären alle Effekte null, würde sich ein Personenmesswert nur aus dem Populationsmittelwert und einem Fehler zusammensetzen.

Zur Prüfung der Effekte benötigen wir zunächst die Quadratsummen. Aus *Abschnitt 6.2* wissen wir bereits, dass sich die totale Quadratsumme bei der einfaktoriellen Varianzanalyse in eine Quadratsumme „zwischen den Gruppen“ und eine Quadratsumme „innerhalb der Gruppen“ zerlegen lässt (▶*Abbildung 6.42*). Durch Division dieser Quadratsummen mit den jeweiligen Freiheitsgraden ergeben sich dann die entsprechenden geschätzten Varianzen als eine Größe, die wir für die Berechnung der Prüfgröße benötigen.

Die *Varianz innerhalb der Gruppen* spiegelt auch bei der zweifaktoriellen Varianzanalyse die interindividuellen Unterschiede der Personen wider. Anders verhält es sich jedoch bei der *Varianz zwischen den Gruppen*. Zu den Unterschieden zwischen den einzelnen Gruppen trägt nun nicht mehr nur eine unabhängige Variable bei. Vielmehr sind es beide unabhängigen Variablen und ihre Wechselwirkung, die einen Einfluss haben können. Somit ergibt sich folgendes Bild:

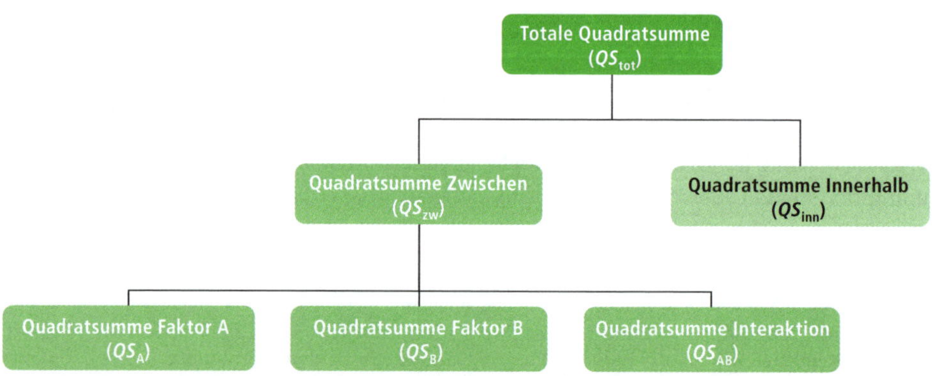

Abbildung 6.42: Quadratsummenzerlegung bei der zweifaktoriellen Varianzanalyse ohne Messwiederholung

Die Quadratsumme Zwischen kann also in drei verschiedene Bestandteile zerlegt werden. Denken Sie bitte daran, dass die Quadratsumme eine Vorstufe der Varianz ist. Durch die Additivität von Quadratsummen sowie Freiheitsgraden lässt sich das Verhältnis beider mithilfe folgender Gleichungen ausdrücken:

Formel 6.24

$$QS_{\text{tot}} = QS_{\text{zw}} + QS_{\text{inn}} = QS_{\text{A}} + QS_{\text{B}} + QS_{\text{AB}} + QS_{\text{inn}}$$

$$df_{\text{tot}} = df_{\text{zw}} + df_{\text{inn}} = df_{\text{A}} + df_{\text{B}} + df_{\text{AB}} + df_{\text{inn}}$$

Bei der einfaktoriellen Varianzanalyse hatten wir angenommen, dass unter Geltung der Nullhypothese die Varianz der Gruppenmittelwerte (= Varianz Zwischen) ebenso einen Schätzwert der Populationsvarianz darstellt wie die Varianz innerhalb der Gruppen. Ein Vergleich der beiden geschätzten Varianzen durch den F-Test sollte dann anzeigen, ob das Stichprobenergebnis für oder gegen die Nullhypothese spricht. Analog hierzu muss jede „Unter"-Quadratsumme bzw. jede geschätzte Effektvarianz in der zweifaktoriellen ANOVA auf Signifikanz getestet werden. Nur so lässt sich sagen, ob beide Haupteffekte und der Effekt der Wechselwirkung statistisch bedeutsam sind. Daher wird jede der drei geschätzten Varianzen durch die geschätzte Varianz Innerhalb geteilt, um einen F-Wert zu erhalten. Auch hier kann angenommen werden, dass jede der drei Varianzen für sich eine Schätzung der Populationsvarianz darstellt, wenn die Nullhypothese gilt. Wie wir bei den Berechnungen sehen werden, ergeben sich die Quadratsummen der beiden Haupteffekte als quadrierte Abweichungen der jeweiligen Faktorstufenmittelwerte vom Gesamtmittelwert multipliziert mit ihrer Gruppengröße. Trifft die Nullhypothese zu, stammen alle Mittelwerte aus einer Grundgesamtheit (und nicht aus verschiedenen Populationen) und deren geschätzte Varianz stellt eine Schätzung der Populationsvarianz dar. Bei der Wechselwirkung ist das Prinzip etwas anders und wird bei der Berechnung des F-Werts noch genauer beleuchtet. Die Unterschiedlichkeit, die sich allein aufgrund von individuellen A-priori-Unterschieden zeigt, wird wieder durch die Varianz Innerhalb erfasst. Somit kann jede der potenziell systematischen geschätzten Varianzen (Haupteffekte und Wechselwirkung) durch die geschätzte Varianz Innerhalb geteilt werden, um einen F-Wert zu erhalten. Dieser kann wiederum mithilfe einer Prüfverteilung (F-Verteilung) mit den entsprechenden Freiheitsgraden und einer gewählten Sicherheitswahrscheinlichkeit $1-\alpha$ einer Entscheidungsregel zugeführt werden.

Berechnung *QS* Total. Die Quadratsumme Total spiegelt die gesamte Variation aller Messwerte wider. Das heißt, dass für jeden individuellen Messwert (x_{vij}) die quadrierte Abweichung vom Gesamtmittelwert errechnet und dann aufsummiert wird.

Berechnen wir die Quadratsumme für unseren kleinen Beispieldatensatz. Bei dieser Berechnung nutzen wir wiederum den Gesamtmittelwert. Dieser stellt gleichzeitig einen Schätzwert für den unbekannten Populationsmittelwert dar, was wir bei der Berechnung der Freiheitsgrade berücksichtigen. Die Division der Quadratsumme durch die Anzahl der Freiheitsgrade ergibt dann einen Schätzwert für die totale Varianz oder die Gesamtvarianz in der Population.

Formel 6.25

$$QS_{\text{tot}} = \sum_{v=1}^{n}\sum_{i=1}^{p}\sum_{j=1}^{q}\left(x_{vij} - \hat{\mu}\right)^2$$

mit $df_{\text{tot}} = df_{\text{zw}} + df_{\text{inn}} = (n \cdot p \cdot q) - 1$

$QS_{\text{tot}} = QS_{\text{zw}} + QS_{\text{inn}}$

$$\hat{\sigma}^2_{\text{tot}} = \frac{QS_{\text{tot}}}{df_{\text{tot}}}$$

QS_{tot} = Quadratsumme Total
QS_{zw} = Quadratsumme zwischen den Gruppen
QS_{inn} = Quadratsumme innerhalb der Gruppen
x_{vij} = individueller Messwert der Person v in der Bedingungskombination ij
$\hat{\mu}$ = Gesamtmittelwert
$\hat{\sigma}^2_{\text{tot}}$ = geschätzte Varianz Total
df_{tot} = Freiheitsgrade der QS_{tot}
df_{zw} = Freiheitsgrade der QS_{zw}
df_{inn} = Freiheitsgrade der QS_{inn}
i = Index des Faktors A
j = Index des Faktors B
p = Anzahl der Stufen des Faktors A
q = Anzahl der Stufen des Faktors B
n = Anzahl der Personen der Stichprobe

			Bedingung A			
			Fake Good	Fake Bad	Kontrollgruppe	
Bedingung B	Frau	1	49.33	35.00	66.00	50.82
		2	59.00	24.33	63.33	
		3	60.67	19.00	60.00	
		4	55.33	60.00	62.67	
		5	60.33	21.00	66.33	
	Mann	1	68.00	38.00	58.33	53.24
		2	62.00	13.00	60.00	
		3	76.00	54.33	58.00	
		4	61.00	39.00	70.00	
		5	73.00	6.00	62.00	
			62.46	30.97	62.67	52.03

$QS_{\text{tot}} = (49.33 - 52.03)^2 + (59.00 - 52.03)^2 + \ldots + (62.00 - 52.03)^2 = 10113.44$

$df_{\text{tot}} = (5 \cdot 3 \cdot 2) - 1 = 29$

$$\hat{\sigma}^2_{\text{tot}} = \frac{10113.44}{29} = 348.74$$

Abbildung 6.43: Berechnung der totalen Varianz bei der zweifaktoriellen Varianzanalyse[4]

Berechnung *QS* Zwischen. Die Quadratsumme Zwischen ist mitbeeinflusst durch den Anteil der Unterschiedlichkeit der Messwerte, der auf die unterschiedlichen Stufen der beiden unabhängigen Variablen und der Interaktion dieser beiden Variablen zurückgeführt werden kann. Konkret wird die Abweichung der Gruppenmittelwerte (in jeder Zellenkombination Instruktion × Geschlecht) vom Gesamtmittelwert betrachtet. Bitte beachten Sie, dass wir immer von gleich großen Gruppen ausgehen. Dies vereinfacht die Darstellung. Weiterhin ist anzumerken, dass man in der Stichprobe für die Quadratsumme Zwischen – falls die Nullhypothese in der Grundgesamtheit gilt – einen ähnlich hohen Wert erwarten würde wie für die Varianz Innerhalb. Die Stichprobendaten würden gegen die Nullhypothese sprechen, je weiter sich Quadratsumme Zwischen und Quadratsumme Innerhalb unterscheiden.

Formel 6.26

$$QS_{zw} = n \cdot \sum_{i=1}^{p} \sum_{j=1}^{q} (\hat{\mu}_{ij} - \hat{\mu})^2$$

$$\text{mit } df_{zw} = (p \cdot q) - 1$$

$$\hat{\sigma}^2_{zw} = \frac{QS_{zw}}{df_{zw}}$$

QS_{zw} = Quadratsumme zwischen den Gruppen
$\hat{\mu}_{ij}$ = Mittelwert der Faktorstufenkombination der Faktoren A und B
$\hat{\mu}$ = Gesamtmittelwert
$\hat{\sigma}^2_{zw}$ = geschätzte Varianz Zwischen
df_{zw} = Freiheitsgrade der QS_{zw}
i = Index des Faktors A
j = Index des Faktors B
p = Anzahl der Stufen des Faktors A
q = Anzahl der Stufen des Faktors B
n_{ij} = Anzahl der Personen je Gruppe

Berechnen wir die Quadratsumme für unseren kleinen Beispieldatensatz: Aus der Formel wird deutlich, dass zur Berechnung berücksichtigt wird, wie stark die Gruppenmittelwerte vom Gesamtmittelwert abweichen. Die geschätzte Gesamtvarianz ergibt sich dann aus der Quadratsumme geteilt durch die Freiheitsgrade.

4 Zur Darstellung wurden hier Rundungen durchgeführt, welche die Additivität der Quadratsummen erhalten. Sollten Sie beim Nachrechnen auf leicht andere Dezimalstellen kommen, kann das am Runden liegen.

	Fake Good	Fake Bad	Kontrollgruppe	
Frau	56.93	31.87	63.67	50.82
Mann	68.00	30.07	61.67	53.24
	62.47	30.97	62.67	52.03

$$QS_{zw} = 5 \cdot [(56.93 - 52.03)^2 + (31.87 - 52.03)^2 + ... + (61.67 - 52.03)^2] = 6981.62$$

$$df_{zw} = (3 \cdot 2) - 1 = 5$$

$$\hat{\sigma}^2_{zw} = \frac{6981.62}{5} = 1396.32$$

Abbildung 6.44: Berechnung der Varianz Zwischen für Beispieldatensatz

Berechnung QS Faktor A und B. Die Quadratsumme Zwischen enthält Anteile in der Variation, die auf beide Haupteffekte und auch die Wechselwirkung zurückgehen. Würden wir lediglich mit der Varianz Zwischen rechnen, ließen sich die unterschiedlichen Variationsquellen nicht voneinander trennen. Daher müssen wir die Quadratsumme Zwischen weiter zerlegen, gemäß *Abbildung 6.42*:

Formel 6.27

$$QS_{zw} = QS_A + QS_B + QS_{AB}$$

Zunächst betrachten wir die beiden Quadratsummen für die Haupteffekte. Es soll also der Anteil an der Gesamtvariabilität der abhängigen Variablen bestimmt werden, der auf den Einfluss der beiden Faktoren zurückgeht. Dabei spielt der jeweils andere Faktor keine Rolle, er wird bei der Berechnung quasi „ignoriert“, denn über seine Stufen wird gemittelt: Konkret wird bei der Berechnung der Quadratsumme des Faktors A jeder Person der Mittelwert des Faktors A der jeweiligen Zelle, gemittelt über die Stufen von B, zugewiesen. Ebenso verfahren wir für den Faktor B. Jede Person bekommt den Mittelwert des Faktors B der jeweiligen Zelle, gemittelt über die Stufen von Faktor A, zugewiesen. Das bedeutet, dass der Effekt des jeweils anderen Faktors ausgemittelt wird.

Formel 6.28

$$QS_A = n_{ij} \cdot q \cdot \sum_{i=1}^{p} (\hat{\mu}_i - \hat{\mu})^2$$

mit $df_A = p - 1$

$$\hat{\sigma}_A^2 = \frac{QS_A}{df_A}$$

$$QS_B = n_{ij} \cdot p \cdot \sum_{j=1}^{q} (\hat{\mu}_j - \hat{\mu})^2$$

mit $df_B = q - 1$

$$\hat{\sigma}_B^2 = \frac{QS_B}{df_B}$$

QS_A = Quadratsumme des Faktors A
QS_B = Quadratsumme des Faktors B
$\hat{\mu}$ = Gesamtmittelwert
$\hat{\mu}_i$ = Mittelwert des Faktors A in Gruppe i
$\hat{\mu}_j$ = Mittelwert des Faktors B in Gruppe j
$\hat{\sigma}_A^2$ = geschätzte Varianz des Faktors A
$\hat{\sigma}_B^2$ = geschätzte Varianz des Faktors B
df_A = Freiheitsgrade der QS_A
df_B = Freiheitsgrade der QS_B
i = Index des Faktors A
j = Index des Faktors B
p = Anzahl der Stufen des Faktors A
q = Anzahl der Stufen des Faktors B
n_{ij} = Anzahl der Personen je Gruppe

Auch hier wollen wir zunächst die Berechnung am Beispieldatensatz skizzieren.

Wir betrachten also jeweils die quadrierten Abweichungen der Faktorstufenmittelwerte vom Gesamtmittelwert. Die Quadratsumme des Haupteffekts A (in unserem Beispiel Instruktion) setzt sich so aus den quadrierten Abweichungen der Mittelwerte der einzelnen Faktorstufen A vom Gesamtmittelwert zusammen. Es wird also im Prinzip die Streuung der Mittelwerte der Faktorstufen berechnet. Da in jeder Zelle n_{ij} Personen stehen, wird mit n_{ij} multipliziert, und da alle Gruppen gleich groß sind, nochmal mit der Anzahl der q Stufen (zwei Stufen: Frauen und Männer) des Faktors B. Dann wird die Summe der quadrierten Abweichungen über die 3 Stufen des Faktors A gebildet. Das heißt nichts anderes, als dass auf jeder Stufe des Faktors A n_{ij} mal q Personen betrachtet werden und dann die quadrierten Abweichungen für jede Stufe aufsummiert werden. Das Vorgehen für den Faktor B ist analog zu dem für Faktor A. Die jeweilige Varianz ergibt sich dann für beide Haupteffekte wieder aus der Division der Quadratsumme durch die Anzahl der Freiheitsgrade.

	Fake Good	Fake Bad	Kontrollgruppe	
Frau	56.93	31.87	63.67	50.82
Mann	68.00	30.07	61.67	53.24
	62.47	30.97	62.67	52.03

$$QS_A = 5 \cdot 2[(62.47-52.03)^2+(30.97-52.03)^2+(62.67-52.03)^2] = 6657.27$$

$$df_A = 3-1 = 2$$

$$\hat{\sigma}^2_A = \frac{6657.27}{2} = 3328.63$$

$$QS_B = 5 \cdot 3[(50.82-52.03)^2+(53.24-52.03)^2] = 44.02$$

$$df_B = 2-1 = 1$$

$$\hat{\sigma}^2_B = \frac{44.02}{1} = 44.02$$

Abbildung 6.45: Berechnung der Varianzen der Haupteffekte

Die Stichprobenergebnisse zeigen, dass deskriptiv die Abweichungen aufgrund der unterschiedlichen Instruktionen wesentlich stärker ausfallen als die aufgrund des Geschlechts.

Berechnung QS A×B. Bei der Wechselwirkung stellt sich die Frage, wie die Gruppenmittelwerte in jeder Zelle ausfallen müssten, wenn angenommen wird, dass beide Faktoren unabhängig (keine Wechselwirkung A×B) bzw. beide Faktoren abhängig sind (es gibt eine Wechselwirkung A×B). Verwenden wir dazu Überlegungen anhand der Population. Gehen wir zunächst davon aus, dass „hinter" jeder Gruppe eine Population steckt. Wir haben also so viele Populationen wie Gruppen vorliegen – und zwar insgesamt sechs Populationen. Wenn jeder Effekt nur für sich wirkt und keine Wechselwirkung vorliegt, dann ergibt sich jeder dieser 6 Populationsmittelwerte durch die Addition der Mittelwerte für die beiden Haupteffekte abzüglich des Gesamtmittelwerts. Das heißt, dass jeder der Populationsmittelwerte vollständig durch die beiden Populationsmittelwerte der Haupteffekte erklärt werden könnte. Können die einzelnen Populationsmittelwerte jedoch nicht durch die Haupteffekte erklärt werden, dann muss ein Interaktionseffekt mitberücksichtigt werden, um die Populationsmittelwerte zu erhalten. Je größer in der Stichprobe die geschätzte Varianz der Interaktion (A×B) ausfällt, desto wahrscheinlicher spricht dies für das Vorliegen eines Interaktionseffekts in der Population.

Formel 6.29

$$QS_{\text{AB}} = QS_{\text{zw}} - QS_{\text{A}} - QS_{\text{B}} = n_{ij} \cdot \sum_{i=1}^{p} \sum_{j=1}^{q} \left(\hat{\mu}_{ij}' - \hat{\mu}_{ij}\right)^2$$

$$\hat{\mu}_{ij}' = \hat{\mu}_i + \hat{\mu}_j - \hat{\mu}$$

$$\hat{\sigma}^2_{\text{AB}} = \frac{QS_{\text{AB}}}{df_{\text{AB}}}$$

mit $df_{\text{AB}} = (p-1) \cdot (q-1)$

QS_{A} = Quadratsumme des Faktors A
QS_{B} = Quadratsumme des Faktors B
QS_{AB} = Quadratsumme der Faktorstufenkombination der Faktoren A und B
QS_{zw} = Quadratsumme zwischen den Gruppen
$\hat{\mu}$ = Gesamtmittelwert
$\hat{\mu}_i$ = geschätzter Mittelwert des Faktors A in Gruppe i
$\hat{\mu}_j$ = geschätzter Mittelwert des Faktors B in Gruppe j
$\hat{\mu}_{ij}$ = geschätzter Mittelwert der Faktorstufenkombination der Faktoren A und B
$\hat{\mu}_{ij}'$ = erwarteter Mittelwert der Faktorstufenkombination der Faktoren A und B
$\hat{\sigma}^2_{\text{AB}}$ = geschätzte Varianz der Faktorstufenkombination der Faktoren A und B
df_{AB} = Freiheitsgrade der QS_{AB}
i = Index des Faktors A
j = Index des Faktors B
p = Anzahl der Stufen des Faktors A
q = Anzahl der Stufen des Faktors B
n_{ij} = Anzahl der Personen je Gruppe

Wir berechnen die Quadratsumme der Wechselwirkung QS_{AB} also als Differenz aus der kompletten Quadratsumme Zwischen QS_{zw} und den Quadratsummen der beiden Haupteffekte QS_{A} und QS_{B}.

Für unser Beispiel ist die Berechnung in der folgenden Abbildung aufgezeigt. Dabei zeigen die gestrichelten Pfeile zunächst die Berechnung der Zellenmittelwerte an, wenn keine Interaktion vorliegt, also der unter der Nullhypothese erwarteteten Zellenmittelwerte. Die durchgezogenen Pfeile dienen der Veranschaulichung der Berechnung der beobachteten Wechselwirkungsvarianz.

Beobachtete Zellenmittelwerte

	Fake Good	Fake Bad	Kontrollgruppe	
Frau	56.93	31.87	63.67	50.82
Mann	68.00	30.07	61.67	53.24
	62.47	30.97	62.67	52.03

Erwartete Zellenmittelwerte

$$\overline{AB}'_{11} = \overline{A}_1 + \overline{B}_1 - \overline{G} = 62.47 + 50.82 - 52.03 = 61.26$$

	Fake Good	Fake Bad	Kontrollgruppe
Frau	61.26	29.76	61.46
Mann	63.68	32.18	63.88

$$QS_{AB} = QS_{zw} - QS_A - QS_B = 6981.62 - 6657.27 - 44.02 = 280.33$$

$$QS_{AB} = 5 \cdot [(61.26 - 56.93)^2 + \ldots + (63.88 - 61.67)^2] = 280.33$$

$$df_{AB} = (3-1) \cdot (2-1) = 2$$

$$\hat{\sigma}^2_{AB} = \frac{280.33}{2} = 140.17$$

Abbildung 6.46: Berechnung der Wechselwirkungsvarianz

Die weiteren Varianz erzeugenden Quellen sind Messfehler und individuelle Unterschiede zwischen den Personen, die in der Quadratsumme Innerhalb ausgedrückt werden.

Formel 6.30

$$QS_{\text{inn}} = \sum_{v=1}^{n} \sum_{i=1}^{p} \sum_{j=1}^{q} \left(x_{vij} - \hat{\mu}_{ij}\right)^2$$

$$\hat{\sigma}^2_{\text{inn}} = \frac{QS_{\text{inn}}}{df_{\text{inn}}}$$

mit $df_{\text{inn}} = p \cdot q \cdot (n_{ij} - 1)$

QS_{inn} = Quadratsumme innerhalb der Gruppen
x_{vij} = Messwert x der Person v aus der Bedingungskombination i und j
$\hat{\mu}_{ij}$ = Mittelwert der Faktorstufenkombination der Faktoren A und B
$\hat{\sigma}^2_{\text{inn}}$ = geschätzte Varianz innerhalb der Gruppen
df_{inn} = Freiheitsgrade der QS_{inn}
i = Index des Faktors A
j = Index des Faktors B
p = Anzahl der Stufen des Faktors A
q = Anzahl der Stufen des Faktors B
n_{ij} = Anzahl der Personen je Gruppe

Es wird mit der Formel also im Prinzip die Varianz der Messwerte in jeder Zelle berechnet und diese wird dann über alle Zellen aufsummiert. Hier ist die Berechnung für unser Beispiel.

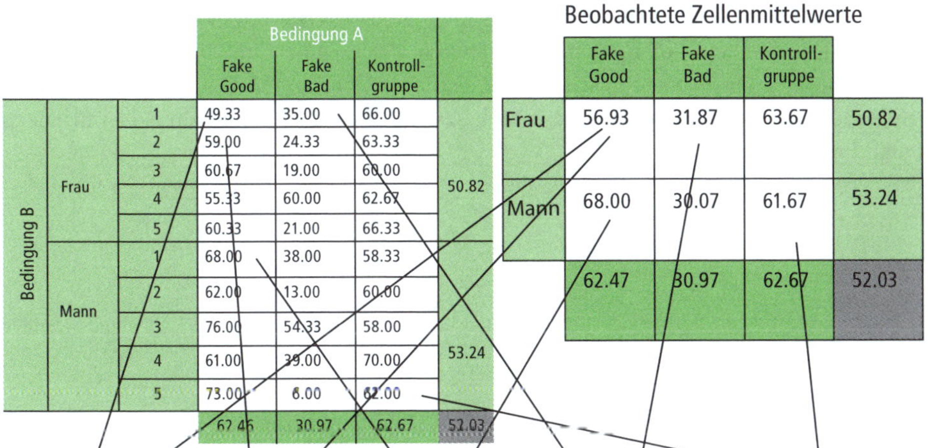

$$QS_{inn} = (49.33-56.93)^2+(59.00-56.93)^2+...(68.00-68.00)^2+...+(35.00-31.87)^2+...+(62.00-61.67)^2 = 3131.82$$

$$df_{inn} = 3 \cdot 2 \cdot (5-1) = 24$$

$$\hat{\sigma}^2_{inn} = \frac{3131.82}{24} = 130.49$$

Abbildung 6.47: Berechnung der Varianz Innerhalb

Nun haben wir alle Quadratsummen und auch die dazugehörigen geschätzten Varianzen ermittelt. Fassen wir diese noch einmal in einer Tabelle zusammen.

Varianzquelle	Quadratsumme	df	geschätzte mittlere Quadratsumme
Faktor A: Instruktion	6657.27	2	3328.63
Faktor B: Geschlecht	44.02	1	44.02
Wechselwirkung	280.33	2	140.17
Zwischen	6981.62	5	1396.32
Fehler (Innerhalb)	3131.82	24	130.49
Gesamt	10113.44	29	348.74

Tabelle 6.2: Übersicht über die Quadratsummen, Freiheitsgrade und mittleren Quadratsummen

Die ▶*Tabelle 6.2* verdeutlicht noch einmal sehr schön das Prinzip der Additivität der Quadratsummen und der Freiheitsgrade. Die Quadratsummen der Haupteffekte und der Wechselwirkung ergeben die Quadratsumme Zwischen. Aus dieser und der Quadratsumme innerhalb ergibt sich dann die gesamte Quadratsumme. Analog funktioniert dies auch bei den Freiheitsgraden. Beachten Sie bitte noch einmal, dass dieses Additivitätsprinzip bei den mittleren Quadratsummen (Varianzen) nicht funktioniert.

Die Varianz Innerhalb stellt immer eine Schätzung der Populationsvarianz dar. Trifft die Nullhypothese in der Population zu, entsprechen auch die Varianzen der Haupteffekte exakt der Populationsvarianz. Sind die Varianz Innerhalb und die Varianzen der Haupteffekte nicht gleich, trifft die Nullhypothese nicht zu. Die Wechselwirkungsvarianz ist hingegen null, wenn sich die Populationsmittelwerte der Gruppen aus den Mittelwerten der beiden Haupteffekte ergeben ($\mu_i + \mu_j - \mu$). Aus diesen Überlegungen ergeben sich dann die Prüfgrößen. Wie bei der einfaktoriellen Varianzanalyse wird auch hier ein *F*-Test für jeden Effekt durchgeführt.

Formel 6.31

$$F_{\text{A}} = \frac{\hat{\sigma}^2_A}{\hat{\sigma}^2_{\text{inn}}}$$

$$df_1 = df_A = p-1,\ df_2 = df_{\text{inn}} = p \cdot q \cdot (n_{ij} - 1)$$

$$F_{\text{B}} = \frac{\hat{\sigma}^2_{\text{B}}}{\hat{\sigma}^2_{\text{inn}}}$$

$$df_1 = df_{\text{B}} = q-1,\ df_2 = df_{\text{inn}} = p \cdot q \cdot (n_{ij} - 1)$$

$$F_{\text{AB}} = \frac{\hat{\sigma}^2_{AB}}{\hat{\sigma}^2_{\text{inn}}}$$

$$df_1 = df_{\text{AB}} = (p-1) \cdot (q-1),\ df_2 = df_{\text{inn}} = p \cdot q \cdot (n_{ij} - 1)$$

F_{A} = empirischer *F*-Wert für den Test des Effekts A
F_{B} = empirischer *F*-Wert für den Test des Effekts B
F_{AB} = empirischer *F*-Wert für den Test der Wechselwirkung aus A und B
$\hat{\sigma}^2_{\text{A}}$ = geschätzteVarianz aufgrund des Faktors A
$\hat{\sigma}^2_{\text{B}}$ = geschätzte Varianz aufgrund des Faktors B
$\hat{\sigma}^2_{\text{AB}}$ = geschätzte Varianz aufgrund der Wechselwirkung zwischen A und B
df_{A} = Freiheitsgrade der QS_{A}
df_{B} = Freiheitsgrade der QS_{B}
df_{AB} = Freiheitsgrade der QS_{AB}
df_{inn} = Freiheitsgrade der QS_{inn}
i = Index des Faktors A
j = Index des Faktors B
p = Anzahl der Stufen des Faktors A
q = Anzahl der Stufen des Faktors B
n_{ij} = Anzahl der Personen je Gruppe

Betrachten wir die Berechnung der Prüfgrößen (empirische F-Werte) für unser Beispiel. Die entsprechenden Werte finden Sie in *Tabelle 6.2*.

Formel 6.32

$$F_A = \frac{3328.63}{130.49} = 25.51$$
$$df_A = 3 - 1 = 2$$
$$df_{inn} = 3 \cdot 2 \cdot (5-1) = 24$$
$$F_B = \frac{44.02}{130.49} = 0.34$$
$$df_B = 2 - 1 = 1$$
$$F_{AB} = \frac{140.17}{130.49} = 1.07$$
$$df_{AB} = (3-1) \cdot (2-1) = 2$$

Bei allen *F*-Tests wird also geprüft, ob die Varianz, die auf den Effekt (Haupteffekte oder Wechselwirkung) zurückgeht, signifikant größer ausfällt als die Varianz, die auf Personenunterschiede zurückgeht (Varianz Innerhalb). Auf den ersten Blick zeigt sich bei unserem Beispiel, dass die beiden Haupteffekte eine sehr unterschiedliche Wirkung haben. So fällt die Varianz für den Haupteffekt der Instruktion deutlich größer als die Residualvarianz aus. Die Varianz, die auf das Geschlecht zurückgeführt werden kann, ist jedoch geringer als die Residualvarianz. Die Wechselwirkungsvarianz ist nur etwas größer als die Residualvarianz. Wie gelange ich nun von den empirischen *F*-Werten zu Entscheidungen?

Exkurs

Feste und zufällige Effekte.

Die Problematik der festen (bzw. fixen) und der zufälligen Effekte soll hier noch einmal kurz aufgegriffen werden, da sie einen Einfluss auf die zur Entscheidungsfindung genutzten F-Tests hat. Bei einem fixen Effekt sind alle möglichen Stufen der unabhängigen Variablen im Studiendesign umgesetzt. Der Unterschied bei einem zufälligen Effekt ist, dass lediglich eine Zufallsauswahl aus allen möglichen Stufen der unabhängigen Variablen im Studiendesign umgesetzt wurde. Bei einem zweifaktoriellen Design gibt es insgesamt drei Kombinationsmöglichkeiten: vollständiger faktorieller Versuchsplan mit zwei fixen Faktoren, vollständiger faktorieller Versuchsplan mit zwei zufälligen Faktoren („random factors") und schließlich ein Design mit einem fixen und einem zufälligen Faktor.

Betrachten wir dazu ein Beispiel. In ▶ *Tabelle 6.3* sind die Ergebnisse eines 3×3-Versuchsplans eingetragen. In den Spalten stehen die drei Stufen des Faktors A (z. B. Instruktion) und in den Zeilen die drei Stufen des Faktors B (z. B. Altersstufe). In den Zellen stehen jeweils nur die Mittelwerte (z. B. Ergebnis im LMI-K).

	a_1	a_2	a_3	
b_1	$\hat{\mu}_{11} = 2$	$\hat{\mu}_{21} = 12$	$\hat{\mu}_{31} = 4$	$\hat{\mu}_{i.1} = 6$
b_2	$\hat{\mu}_{12} = 4$	$\hat{\mu}_{22} = 8$	$\hat{\mu}_{32} = 6$	$\hat{\mu}_{i.2} = 6$
b_3	$\hat{\mu}_{13} = 6$	$\hat{\mu}_{23} = 4$	$\hat{\mu}_{33} = 8$	$\hat{\mu}_{i.3} = 6$
	$\hat{\mu}_{1.j} = 4$	$\hat{\mu}_{2.j} = 8$	$\hat{\mu}_{3.j} = 6$	$\hat{\mu} = 6$

Tabelle 6.3: Beispiel für zwei fixe Effekte

Zusätzlich sind jeweils die Mittelwerte für die einzelnen Faktorstufen am Spalten- bzw. Zeilenende angegeben (Beachten Sie, dass der Index $.i$ bzw. $.j$ andeutet, dass hier jeweils über die Stufen des anderen Faktors gemittelt wurde.) sowie der Gesamtmittelwert. Nehmen wir einmal an, dies wäre ein vollständiger faktorieller Versuchsplan mit zwei festen Faktoren. Bei der Berechnung der Mittelwerte für die jeweiligen Faktorstufen haben wir über die Stufen des anderen Faktors gemittelt. So wurde der Effekt des Faktors B bei der Berechnung der Mittelwerte für die Stufen des Faktors A sozusagen auf null gesetzt. Dadurch können wir die Unterschiede, die wir zwischen den Mittelwerten des Faktors A finden, über die Stufen des Faktors B generalisieren. Ebenso funktioniert die Generalisierung der Unterschiede im Faktor B über die Stufen des Faktors A hinweg.

Was passiert nun, wenn wir aus diesem Design nicht alle Stufen eines Faktors hätten, sondern lediglich eine Auswahl der Stufen? Wenn wir einmal annehmen, dass vom Faktor A die mittlere Stufe nicht umgesetzt wurde, dann ergibt sich das Bild in ▶ *Tabelle 6.4*.

	a_1	a_2	a_3	
b_1	$\hat{\mu}_{11} = 2$	$\hat{\mu}_{21} = 12$	$\hat{\mu}_{31} = 4$	$\hat{\mu}_{i.1} = 3$
b_2	$\hat{\mu}_{12} = 4$	$\hat{\mu}_{22} = 8$	$\hat{\mu}_{32} = 6$	$\hat{\mu}_{i.2} = 5$
b_3	$\hat{\mu}_{13} = 6$	$\hat{\mu}_{23} = 4$	$\hat{\mu}_{33} = 8$	$\hat{\mu}_{i.3} = 7$
	$\hat{\mu}_{1.j} = 4$	$\hat{\mu}_{2.j} = 8$	$\hat{\mu}_{3.j} = 6$	$\hat{\mu} = 5$

Tabelle 6.4: Beispiel eines fixen und eines zufälligen Faktors

Durch das Weglassen der zweiten Stufe des Faktors A, das hier durch eine dunkelgraue Hinterlegung angedeutet ist, verändern sich die Mittelwerte der anderen beiden Faktorstufen des Faktors A nicht. Allerdings sehen wir, dass sich die Mittelwerte der Stufen des Faktors B sowie der Gesamtmittelwert verändert haben. Wo sich vorher bei Faktor B keine Unterschiede fanden, zeigen sich nun welche. Die Tatsache, dass Faktor A also nun ein zufälliger Faktor ist, hat sich auf die Mittelwerte des festen Faktors B ausgewirkt. Wenn wir diese Mittelwerte also nun vergleichen, können wir nicht mehr sagen, dass die Unterschiede unabhängig von Faktor A sind. Wir können die

Ergebnisse also nicht mehr einfach über die Stufen des zufälligen Faktors hinweg generalisieren. Mit anderen Worten ausgedrückt, variieren die Mittelwerte des festen Faktors B in Abhängigkeit der umgesetzten Stufen des zufälligen Faktors A.

Das Zusammenspiel der beiden Faktoren wird in der zweifaktoriellen Varianzanalyse durch die Interaktion berücksichtigt. Ein Interaktionseffekt zeigt an, dass beide Haupteffekte zur Erklärung der Gruppenmittelwerte nicht ausreichen. Das heißt, dass die Variation der Gruppenmittelwerte nicht allein durch die Haupteffekte erklärt werden kann. Liegt eine Wechselwirkung vor, wird der Effekt in der Quadratsumme der Interaktion ausgedrückt. Wenn nun der beobachtete Effekt des festen Faktors B tatsächlich unabhängig vom zufälligen Faktor A sein sollte, dann müsste die Variation der Gruppenmittelwerte, die auf diesen Effekt zurückgeht, höher sein als die Variation der Mittelwerte, die nur aufgrund der Wechselwirkung erwartet werden kann. Ist dies nicht der Fall, dann wirkt der Faktor B allein nicht, sondern die Unterschiede basieren auf der Kombination beider Faktoren. Demzufolge wird beim *F*-Test die Varianz des fixen Haupteffekts nicht durch die Residualvarianz, sondern durch die Wechselwirkungsvarianz geteilt.

	a_1	a_2	a_3	
b_1	$\hat{\mu}_{11} = 2$	$\hat{\mu}_{21} = 12$	$\hat{\mu}_{31} = 4$	$\hat{\mu}_{i.1} = 3$
b_2	$\hat{\mu}_{12} = 4$	$\hat{\mu}_{22} = 8$	$\hat{\mu}_{32} = 6$	$\hat{\mu}_{i.2} = 5$
b_3	$\hat{\mu}_{13} = 6$	$\hat{\mu}_{23} = 4$	$\hat{\mu}_{33} = 8$	$\hat{\mu}_{i.3} = 7$
	$\hat{\mu}_{1.j} = 4$	$\hat{\mu}_{2.j} = 8$	$\hat{\mu}_{3.j} = 6$	$\hat{\mu} = 5$

Tabelle 6.5: Beispiel für zwei zufällige Faktoren

▸*Tabelle 6.5* zeigt schließlich das Bild bei zwei zufälligen Faktoren. Im Vergleich zur vorherigen Tabelle sehen wir nun, dass sich bei beiden Faktoren die jeweiligen Mittelwerte der Faktorstufen geändert haben (sowie der Gesamtmittelwert). Nun ist bei keinem der Faktoren eine Generalisierung der Effekte über die Stufen des jeweiligen anderen Faktors hinweg möglich. Es gilt dasselbe Prinzip, das bereits beschrieben wurde. Ist ein Haupteffekt vorhanden, muss er zu einer größeren Variation der Mittelwerte führen, als es lediglich bedingt durch die Wechselwirkung allein zu erwarten wäre. Daher muss die jeweilige Varianz größer als die Varianz der Wechselwirkung sein.

Zusammenfassend kann also gesagt werden, dass sich das Design auf die Prüfvarianz im *F*-Test, also den Nenner, auswirkt. Je nachdem, welcher Effekt fest oder zufällig ist, muss die Prüfvarianz (also die Varianz im Nenner) entweder die Residualvarianz oder eben die Wechselwirkungsvarianz sein. Eine Übersicht ist in ▸*Tabelle 6.6* dargestellt.

Design		A fest und B fest	A fest und B zufällig	A zufällig und B zufällig
Zu prüfender Effekt	Haupteffekt A	Fehlervarianz	Wechselwirkungsvarianz	Wechselwirkungsvarianz
	Haupteffekt B	Fehlervarianz	Fehlervarianz	Wechselwirkungsvarianz
	Wechselwirkung A × B	Fehlervarianz	Fehlervarianz	Fehlervarianz

Tabelle 6.6: Prüfvarianzen (Nenner im *F*-Test) für die einzelnen Effekte abhängig vom Design

Entscheidung. Es gilt die gleiche Entscheidungsregel wie bei der einfaktoriellen Varianzanalyse. Die Nullhypothese kann abgelehnt werden, wenn der empirische *F*-Wert größer oder gleich einem kritischen Wert ausfällt.

Formel 6.33

Lehne die Nullhypothese ab, wenn $F_{\text{emp}} \geq F_{(1-\alpha;\ df_1;\ df_2)}$.

$$F_{(0.95;\ 2;\ 24)} = 3.40$$
$$F_{(0.95;\ 1;\ 24)} = 4.26$$
$$F_{\text{A}} > F_{(0.95;\ 2;\ 24)}$$
$$F_{\text{B}} < F_{(0.95;\ 1;\ 24)}$$
$$F_{\text{AB}} < F_{(0.95;\ 2;\ 24)}$$
$$p_{\text{A}} = 0.000001$$
$$p_{\text{B}} = 0.57$$
$$p_{\text{AB}} = 0.14$$

Um die dargestellten kritischen *F*-Werte zu erlangen, benötigen wir jeweils eine *F*-Wert-Verteilung, deren Form sich aus den entsprechenden Zähler- und Nennerfreiheitsgraden ergibt. Die Nennerfreiheitsgrade sind für alle drei *F*-Tests gleich, die Zählerfreiheitsgrade sind jedoch, zumindest bei den beiden Haupteffekten, verschieden. Die kritischen *F*-Werte können nun entweder aus Tabellen oder mithilfe von R herausgesucht werden. Das Vorgehen wird hier nicht noch einmal dargestellt, sondern findet sich in ▶*Abbildung 6.59*. Wir wählen als Wahrscheinlichkeit für einen Fehler 1. Art wieder $\alpha = 0.05$. Daraus ergeben sich die angegebenen kritischen *F*-Werte. Es sind auch die Vergleiche mit den empirischen *F*-Werten aufgelistet. Abschließend sind die jeweiligen Überschreitungswahrscheinlichkeiten p aufgeführt. Es zeigt sich, dass lediglich der Haupteffekt A, also die Wirkung der unterschiedlichen Instruktionen, signifikant ausfällt. Auch hier stellt sich wieder die Frage nach der praktischen Bedeutsamkeit der Effekte. Daher wenden wir uns im nächsten Abschnitt der Berechnung der Effektstärken zu.

6.4.2 Effektstärken bei der zweifaktoriellen Varianzanalyse

Aus dem *Abschnitt 6.2.3* kennen wir bereits die Effektstärken eta², partial eta² und omega². Bereits dort haben wir gesagt, dass eta² und partial eta² lediglich die Verhältnisse in der Stichprobe widerspiegeln, wohingegen omega² einen Schätzwert für die unbekannte Effektstärke in der Population angibt. Der Unterschied zwischen beiden Varianten von eta² liegt darin begründet, welche Quadratsumme im Nenner berücksichtigt wird. Während es bei eta² die gesamte Variation in der Stichprobe ist, wird beim partial eta² lediglich die Effektvariation plus die Fehlervariation berücksichtigt. Hier finden Sie noch einmal die Formeln für die Effektstärken, angepasst an die Terminologie der zweifaktoriellen Varianzanalyse sowie die Ergebnisse für den Haupteffekt A anhand unseres Beispiels:

Formel 6.34

$$\hat{\omega}^2 = \frac{QS_A - df_A \cdot \hat{\sigma}^2_{inn}}{QS_{tot} + \hat{\sigma}^2_{inn}} = \frac{6657.27 - 2 \cdot 130.49}{10113.4 + 130.49} = 0.62$$

$$\eta^2_{partial} = \frac{QS_A}{QS_A + QS_{inn}} = \frac{6657.27}{6657.27 + 3131.82} = 0.68$$

$$\eta^2 = \frac{QS_A}{QS_{tot}} = \frac{6657.27}{10113.44} = 0.66$$

$\hat{\omega}^2$ = Effektstärkemaß omega

$\eta^2_{partial}$ = Effektstärkemaß partial eta Quadrat

η^2 = Effektstärkemaß eta Quadrat

QS_A = Quadratsumme des Haupteffekts A

df_A = Freiheitsgrade des Haupteffekts A

$\hat{\sigma}^2_{inn}$ = geschätzte Varianz innerhalb der Gruppen

QS_{tot} = Quadratsumme total

Wenn wir diese Formeln für unsere Beispieldaten nutzen, ergeben sich folgende Effektstärken:

Effekt	η^2	partial η^2	$\hat{\omega}^2$
Haupteffekt Instruktion	0.66	0.68	0.62
Haupteffekt Geschlecht	0.004	0.01	−0.01 → 0
Wechselwirkung	0.03	0.08	0.002

Tabelle 6.7: Übersicht über die Effektstärken im Beispiel

In den Formeln ist der Index „Zwischen“ also nun durch den Index des jeweiligen Effekts ersetzt. Das heißt, dass an diesen Stellen die Quadratsumme des betrachteten Haupteffekts oder der Wechselwirkung eingetragen werden muss.

Beurteilen wir die Effekte für unser Beipiel entsprechend der Klassifikationen für die Effektstärken, sehen wir, dass der Effekt der Instruktion nicht nur signifikant, sondern auch groß ausfällt. Für den zweiten Haupteffekt Geschlecht ist die praktische Bedeutsamkeit sehr gering, wenn wir eta^2 zugrunde legen. Bei der Wechselwirkung zeigt sich schließlich ein kleiner Effekt. Die Gegenüberstellung von eta^2 und partial eta^2 zeigt jetzt auch den Unterschied zwischen den beiden, der sich ergibt, sobald mehr als eine unabhängige Variable verwendet wird. Durch die Vernachlässigung der anderen systematischen Unterschiede im Nenner von partial eta^2 fällt dieser immer kleiner aus als die Gesamtvariation, die bei eta^2 im Nenner steht. Dadurch fällt das partial eta^2 größer als das eta^2 aus. Bei der Interpretation muss dieser Unterschied unbedingt berücksichtigt werden. So zeigt eta^2 immer noch an, wie viel von der Gesamtvariation durch einen Effekt erklärt wird. Beispielsweise erklären die unterschiedlichen Instruktionen ungefähr 66 Prozent der Unterschiede in den Werten des LMI. Partial eta^2 hingegen zeigt lediglich an, wie viel Prozent die unterschiedlichen Instruktionen an der Effekt- und Residualvarianz erklären. Die Variation der anderen Effekte wird nicht berücksichtigt. Man kann auch sagen, diese werden auf null gesetzt. Es kommt auf die spezifische Fragestellung an, welche dieser Effektstärken angegeben werden soll. Wichtig ist, dass SPSS und R zunächst nur partial eta^2 ausgeben. Die Berechnung von eta^2 muss dann per Hand bzw. in R mit der bereitgestellten Funktion erfolgen. Diese Berechnung wird aber zumindest für die Varianzanalyse ohne Messwiederholung nachdrücklich empfohlen.

Omega^2 ist für den Geschlechtseffekt negativ. Dies kommt dadurch zustande, dass die Quadratsumme A kleiner ausfällt als das Produkt aus dazugehörigen Freiheitsgraden und geschätzter Fehlervarianz. Der daraus resultierende *F*-Wert (hier nicht dargestellt) wäre also kleiner als eins. Da eine negative Varianzaufklärung nicht möglich ist, wird der Wert auf null gesetzt, wie in der Tabelle angedeutet.

6.4.3 Interpretation von Wechselwirkungen

Obwohl die Wechselwirkung hier nicht signifikant ausgefallen ist, müssen wir bedenken, dass in jeder Gruppe nur fünf Personen sind. Die Teststärke ist wahrscheinlich sehr gering. Die Effektgröße eta^2 beträgt 0.03. Eigentlich müssten wir davon ausgehen, dass kein Effekt in der Population vorliegt.

Wir wollen dieses Beispiel dennoch nutzen, um uns das Prinzip der Interpretation von Haupteffekten und Wechselwirkungen in einer zweifaktoriellen Varianzanalyse mit Messwiederholung zu verdeutlichen. Zunächst wollen wir festlegen, wann eine Wechselwirkung eigentlich interpretiert werden sollte. Hierbei unterscheiden wir zwei Fälle, zum einen den Fall, dass a priori eine Stichprobenplanung stattfand, und zum anderen den Fall ohne diese Stichprobenplanung. Im ersten Fall richtet sich das weitere Vorgehen danach, ob die Wechselwirkung signifikant wird. Im zweiten Fall sollte das im Anschluss beschriebene Vorgehen auch durchgeführt werden, wenn das Ergebnis zwar nicht signifikant ist, die Effektstärke aber auf eine mögliche praktische Bedeutsamkeit hinweist. In ▶*Abbildung 6.48* ist schematisch dargestellt, wie die Analyse ablaufen soll.

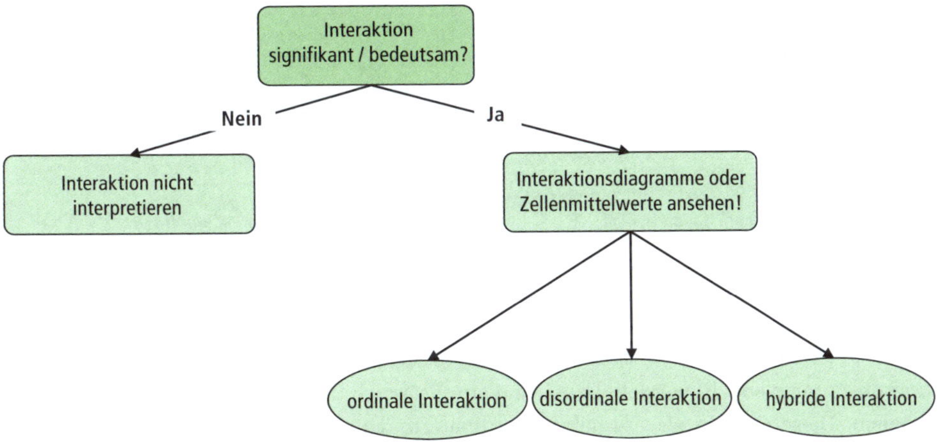

Abbildung 6.48: Vorgehen bei der Analyse einer Wechselwirkung

Zunächst hängt das Vorgehen also davon ab, ob die Interaktion signifikant bzw. bedeutsam ist. Sollte dies nicht der Fall sein, endet die Analyse hier.

Zur Interpretation der Interaktion betrachtet man Interaktionsdiagramme. Bei der zweifaktoriellen Varianzanalyse werden dabei in einem der Diagramme die Stufen des Faktors A als Einteilung der *x*-Achse verwendet und die Mittelwerte der abhängigen Variablen mittels der *y*-Achse für die Stufen des Faktors B als Linien abgetragen. In einem zweiten Diagramm werden die Stufen des Faktors B auf der *x*-Achse abgetragen und die Mittelwerte der abhängigen Variablen für die Stufen des Faktors A mittels *y*-Achse abgetragen. In ▶ *Abbildung 6.49* sind beispielhaft Interaktionsdiagramme dargestellt. Nutzen wir diese, um den Aufbau der Interaktionsdiagramme näher zu erläutern: Auf der *x*-Achse sind wie beschrieben die Stufen einer unabhängigen Variablen aufgetragen, zum Beispiel *a*1 und *a*2. Auf der *y*-Achse ist der Wertebereich der abhängigen Variablen angegeben. In das Diagramm werden nun für jede Stufe des anderen Faktors, in der linken Abbildung *b*1 und *b*2, Linien eingezeichnet. Um den Verlauf der Linie zu definieren, wird jeweils der Mittelwert für den Faktor *b*1 bzw. *b*2 auf der Stufe *a*1 abgetragen. Nehmen wir einmal an, dass der Faktor A für Geschlecht stünde und der Faktor B für Studienfach (*b*1 = psychologiestudierend vs. *b*2 = nicht psychologiestudierend). Die abhängige Variable wäre ein Statistikwissenstest. In diesem Fall würden wir für das Interaktionsdiagramm des Haupteffekts Geschlecht, die Kategorien Mann (*a*1) und Frau (*a*2) auf der *x*-Achse abtragen. Um nun die Linie für die Psychologiestudierenden zu zeichnen, tragen wir zunächst den Mittelwert der männlichen und dann den Mittelwert der weiblichen Psychologiestudierenden im Statistiktest ein. Anschließend tragen wir den Mittelwert der männlichen und weiblichen Nicht-Psychologiestudierenden ein. Die beiden Mittelwerte, hinter denen Psychologiestudierende stehen, werden dann ebenso zu einer Linie verbunden wie die Mittelwerte der Nicht-Psychologiestudierenden. Beim Diagramm für den Haupteffekt B erfolgt das Vorgehen analog, nur dass diesmal auf der *x*-Achse die Kategorien Psychologiestudierende und Nicht-Psychologiestudierende stehen und für Männer und Frauen getrennte Linien gezeichnet werden. Die Variable, die auf der *x*-Achse steht, definiert also das Diagramm. In der Abbildung haben wir nun den Fall dargestellt, dass keine Interaktion vorliegt, daher zeigen sich einfach zwei parallele Linien.

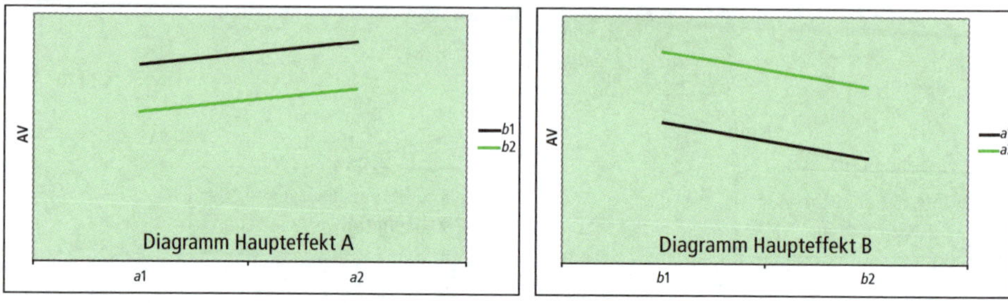

Abbildung 6.49: Interaktionsdiagramme, wenn keine Wechselwirkung vorliegt

Ist die Interaktion aus beiden unabhängigen Variablen signifikant, dann müssen Interaktionsdiagramme erstellt werden. Dabei sind grundsätzlich drei Ausgänge für eine Interaktion möglich. Diese werden als ordinale, disordinale und hybride Interaktion bezeichnet und jeweils in einem Diagramm veranschaulicht. Je nachdem welche dieser Interaktionen vorliegt, ergeben sich Implikationen für die Interpretierbarkeit der Haupteffekte. Nicht in jedem Fall dürfen diese dann weiterhin interpretiert werden. Dazu im Folgenden mehr.

Welchem Muster Interaktionsdiagramme für die einzelnen Interaktionsarten folgen, ist in ▶*Abbildung 6.50* abgebildet. Zur Veranschaulichung nutzen wir dasselbe 2×2-Design wie in *Abbildung 6.49*. Zusätzlich sind in diesen Diagrammen auch die Rangplätze der einzelnen Mittelwerte in der jeweiligen Bedingung angegeben. Bei jeder Linie bekommt jeweils der Mittelwert mit der höchsten Ausprägung den Rangplatz 1, gefolgt vom zweitgrößten Wert mit dem Rangplatz 2 usw.

Betrachten wir nun die Unterschiede zwischen den Diagrammen.

Ordinale Wechselwirkung. Bei der ordinalen Interaktion ist die Reihenfolge der Rangplätze der Mittelwerte der jeweiligen anderen unabhängigen Variablen gleich. Bei der ordinalen Interaktion im Diagramm für den Haupteffekt A sehen wir, dass unabhängig von der Ausprägung der unabhängigen Variablen B die Stufe $a1$ immer schlechter abschneidet als die Stufe $a2$. Auch im Diagramm des Haupteffekts B herrscht immer die gleiche Rangordnung der Stufen. Wenn wir wieder das Beispiel *Geschlecht* × *Psychologiestudierende* nehmen, würde das bedeuten, dass Frauen immer über größeres Statistikwissen verfügen, egal ob sie Psychologie studieren oder nicht. Allerdings ist der Unterschied zwischen Frauen und Männern größer, wenn es sich um Psychologiestudierende handelt. Hierin besteht dann die Wechselwirkung. Die Größe des Mittelwertsunterschieds zwischen den Geschlechtern hängt vom Studienfach ab. Beim Haupteffekt Studienfach schneiden die Psychologiestudierenden immer besser ab, unabhängig davon, welches Geschlecht sie aufweisen. Allerdings ist die Größe des Mittelwertsunterschieds bei Frauen größer. Auch hier liegt eine Wechselwirkung vor, da die Unterschiede zwischen den Studienfächern auch vom Geschlecht abhängen. Wichtig ist, dass ganz im Sinne der Berechnungen bei den Quadratsummen die Aussage stimmt, dass die Interpretation des Haupteffekts immer zutrifft, unabhängig von der Stufe des anderen Effekts.

Zusammenfassend können wir also sagen, dass trotz der Wechselwirkung beide Haupteffekte sinnvoll interpretierbar sind. Das heißt, dass für die Interpretation eines Haupteffekts die Ausprägung der anderen unabhängigen Variablen keine Rolle spielt.

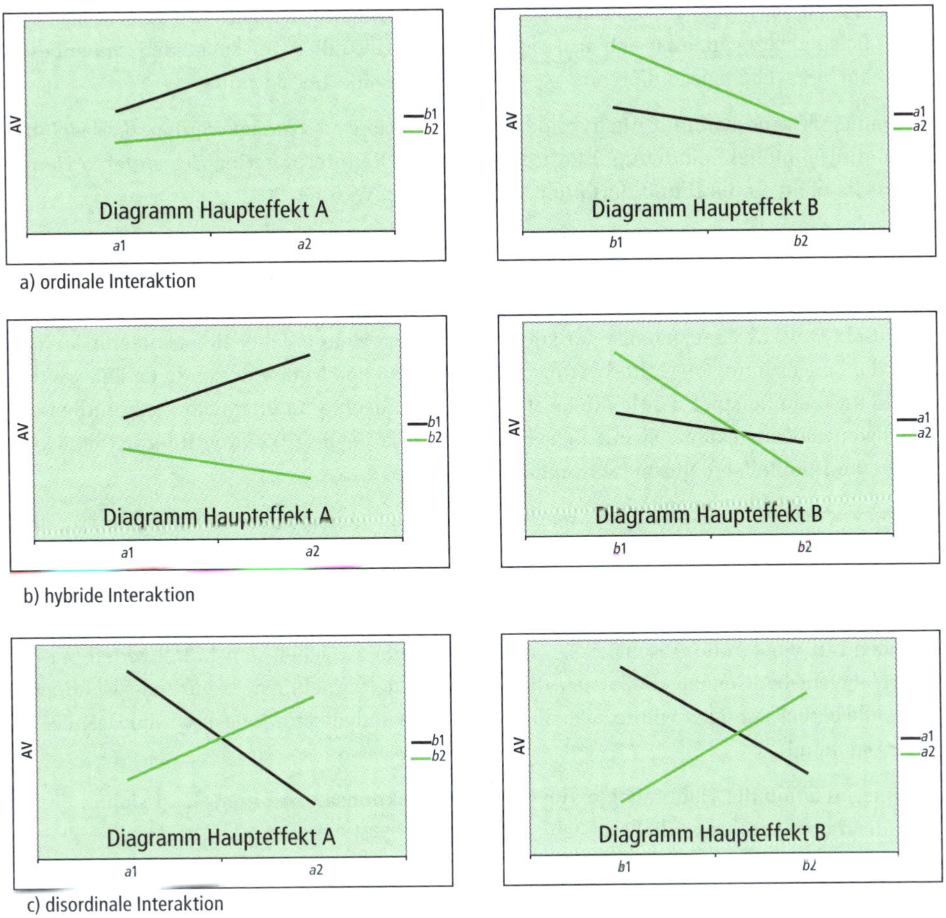

Abbildung 6.50: Mögliche Interaktionsdiagramme

Hybride Wechselwirkung. In der Abbildung für die hybride Wechselwirkung überschneiden sich die Linien beim Haupteffekt B. Das ist aber nicht das ausschlaggebende Kriterium zur Klassifizierung. Die Rangplätze der Mittelwerte für die Stufen $a1$ und $a2$ sind nicht gleich. Beim Haupteffekt A ist der Mittelwert der Stufe $a1$ nur dann höher als der Mittelwert der Stufe $a2$, wenn gleichzeitig zutrifft, dass die Personen zur Stufe $b2$ des Faktors B gehören. Für Personen, die zur Stufe $b1$ gehören, ist die Rangreihe der Mittelwerte des Faktors A genau umgekehrt. In unserem Beispiel bedeutet dies, dass Frauen nur dann besser als Männer in Statistik abschneiden, wenn sie gleichzeitig Psychologie studieren. Es lässt sich also bezüglich des Haupteffekts A keine klare Aussage treffen im Sinne von: Frauen besitzen immer mehr Statistikwissen als Männer. Vielmehr zeigt sich eine Wechselwirkung und der Vorteil des Geschlechts hängt vom Studienfach ab. Das bedeutet, dass aufgrund der Wechselwirkung eine Interpretation des Haupteffekts A ohne Berücksichtigung der Wechselwirkung nicht sinnvoll ist und nicht vorgenommen werden darf, selbst wenn der Effekt signifikant ausfallen sollte. Auf Seiten des Haupteffekts B zeigt sich jedoch wieder eine klare Rangordnung. Die Stufe $b1$

schneidet immer besser als die Stufe *b2* ab, egal welche Ausprägung der Faktor A hat. Auf unser Beispiel bezogen, lässt sich also sagen, Psychologiestudierende schneiden immer besser ab als Nicht-Psychologiestudierende, egal, welchen Geschlechts sie sind.

Zusammenfassend kann für die hybride Wechselwirkung also gesagt werden, dass sich nur noch ein Haupteffekt eindeutig interpretieren lässt. Die Interpretation des anderen Haupteffekts ist nicht sinnvoll und darf nicht vorgenommen werden.

Disordinale Wechselwirkung. Bei der von uns dargestellten disordinalen Wechselwirkung überkreuzen sich die Linien in beiden Diagrammen, wobei dies nicht zwingend so sein muss. Entscheidend ist, dass in jedem Diagramm die Rangplätze auf den einzelnen Linien vertauscht sind. Es lässt sich also für keinen der beiden Haupteffekte eine generelle Aussage über die Rangordnung der Mittelwerte, unabhängig von den Stufen des anderen Faktors treffen. In unserem Beispiel würde die Leistung der Geschlechter immer auch vom Studienfach abhängen und umgekehrt. Damit ließe sich nur diese Wechselwirkung interpretieren und keiner der Haupteffekte dürfte interpretiert werden.

Zusammenfassung Je nach Art der Wechselwirkung gibt es also Grenzen für die Interpretierbarkeit der Haupteffekte. Daher sollten Haupteffekte erst nach Betrachtung der Interaktionsdiagramme interpretiert oder eben nicht interpretiert werden. Berücksichtigt werden dabei nur signifikante Wechselwirkungen. Die hier dargestellten Interaktionsdiagramme erlauben nur eine grobe Abschätzung der Unterschiede zwischen den Mittelwerten bei der Rangplatzvergabe. Genauer ließe sich diese Zuordnung vornehmen, wenn man Konfidenzintervalle berücksichtigen würde. Wie dies umgesetzt werden kann, zeigen wir im Beispiel für das Programm R.

Die Interpretation der Haupteffekte, die aus der Interaktionsart resultiert, lässt sich in einem Flussdiagramm veranschaulichen (siehe ▶*Abbildung 6.51*).

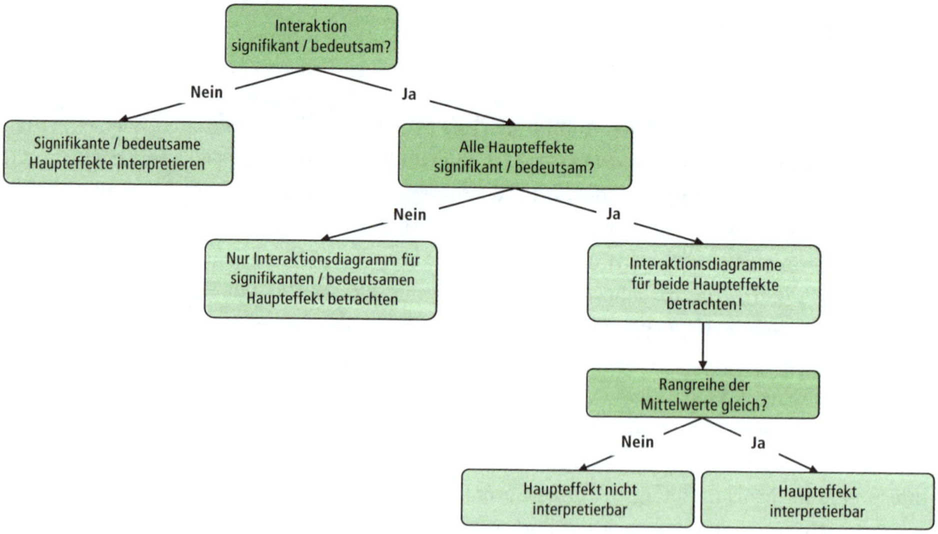

Abbildung 6.51: Interpretation der Haupteffekte in Abhängigkeit von der Interaktion

Für unseren kleinen Beispieldatensatz mit drei Instruktionen und den beiden Geschlechtern ergeben sich die folgenden Interaktionsdiagramme (▶*Abbildung 6.52*). Signifikant war nur der Haupteffekt Instruktion, daher gehen wir auf diesen näher ein (linke Abbildung). Es sei noch einmal darauf hingewiesen, dass hier zwar keine signifikante Wechselwirkung vorlag, aber trotzdem ein kleiner, ggf. praktisch bedeutsamer Effekt.

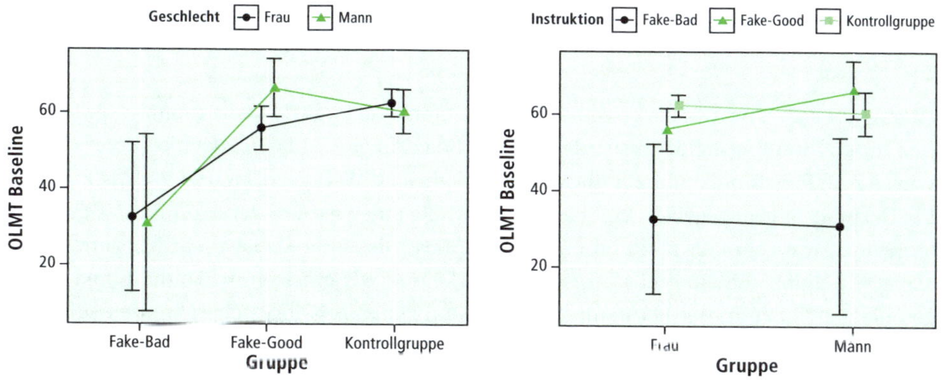

Abbildung 6.52: Wechselwirkungsdiagramme für Beispieldaten

Aus der linken Abbildung (eine vollständige R-Syntax für die Abbildung findet sich im Online-Material auf der Website zum Buch) geht hervor, dass die Rangplätze nicht immer geordnet sind. Bei den Männern erzielte die Fake-Good-Gruppe den höchsten Wert und bei den Frauen die Kontrollgruppe. Mit anderen Worten hängt die Reihung bezüglich der Instruktion auch vom Geschlecht ab. Damit ist der Haupteffekt nicht interpretierbar, wenn wir die Wechselwirkung als praktisch bedeutsam erachten. Zusätzlich beinhaltet dieses Diagramm die 95-Prozent-Konfidenzintervalle um die jeweiligen Mittelwerte. Diese überlappen sich sehr stark, was nahelegt, dass die Mittelwertsunterschiede wohl eher nicht signifikant ausfallen. Wir werden sehen, welche Resultate sich nach Analyse des gesamten Datensatzes und mithilfe der angemessen Hypothesentests zeigen.

Insgesamt zeigt das Datenbeispiel jetzt einen signifikanten und starken Haupteffekt Instruktion auf. Wir müssen jedoch noch die Post-hoc-Teststärke ermitteln. Daher wenden wir uns jetzt der Berechnung der Teststärke zu.

6.4.4 Teststärke und Stichprobenplanung bei der zweifaktoriellen Varianzanalyse

In SPSS wird die Teststärke durch einen einfachen Befehl, den wir weiter unten erklären, ausgegeben. Zuerst zeigen wir noch einmal das Vorgehen in G*Power bzw. R beispielhaft für die Wechselwirkung in unserem Beispiel auf (siehe Abbildung 1.17). Zunächst wählen wir bei Test family (1) F tests aus. Dann wählen wir als Statistical test die ANOVA: Fixed effects, special, main effects and interactions (2). Schließlich wählen wir als Type of power analysis den Eintrag Post hoc: Compute achieved power – given α, sample size, and effect size (3). Nun müssen wir die Effektstärke *f* berechnen. Dazu klicken wir auf Determine → (4) und das rechte Fenster öffnet sich. Hier können wir die Option Direct wählen und geben unser Partial

η^2 ein ❺. Anschließend klicken wir auf CALCULATE AND TRANSFER TO MAIN WINDOW ❻, wodurch der f-Wert automatisch übertragen wird. Jetzt definieren wir noch die weiteren Spezifikationen, die gewünschte α-Fehlerwahrscheinlichkeit (0.05), die Gesamtstichprobengröße ($n = 30$), die Zählerfreiheitsgrade (2) und die Anzahl der Gruppen bzw. Zellen (6 Gruppen). Als Letztes klicken wir auf die Schaltfläche CALCULATE ❼ und die POWER wird berechnet ❽. Es ergibt sich eine Power von 0.25. In R nutzen wir wie in den vorherigen Kapiteln das Paket `pwr` und den Befehl, den wir bereits für die einfaktorielle ANOVA erklärt haben:

```
pwr.f2.test(u=2, v=24, sig.level=.05, f2=(0.08/(1-0.08)))
```

Hier ergibt sich eine Teststärke von 0.23. Der Unterschied zu G*Power kommt wahrscheinlich durch Rundungsfehler zustande. Während das Paket `pwr` als Effektstärke f^2 verwendet, wird bei G*Power noch einmal die Wurzel aus diesem Wert gezogen und nur bis zur siebten Dezimalstelle angegeben. In R haben wir bereits einen gerundeten Wert für das partielle η^2 genutzt, was ebenfalls zu Rundungsfehlern führt. Die Differenz ist allerdings vernachlässigbar. Es ergibt sich eine sehr geringe Teststärke und wir müssten, wenn der Effekt in der geschätzten Größe in der Population vorliegt und statistisch abgesichert werden soll, eine deutlich größere Stichprobe untersuchen. Wie groß diese Stichprobe ausfallen müsste, können wir ebenfalls angeben.

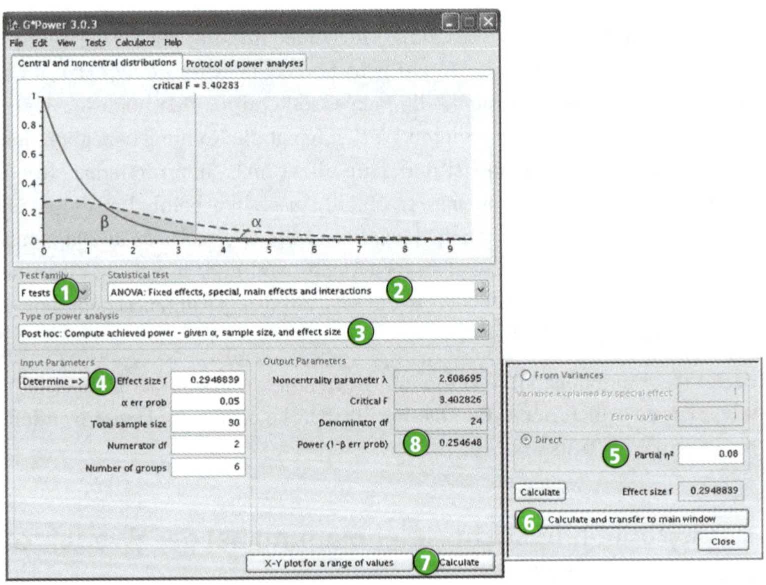

Abbildung 6.53: Berechnung der Teststärke für das Datenbeispiel mit G*Power

Die Grundeinstellungen in G*Power bleiben hierbei zunächst gleich ❶, ❷ (▶*Abbildung 6.54*). Allerdings wählen wir einen anderen TYPE OF POWER ANALYSIS mit A PRIORI: COMPUTE REQUIRED SAMPLE SIZE – GIVEN α, POWER, AND EFFECT SIZE ❸. Die Effektstärke übernehmen wir von der Analyse zuvor, ebenso die meisten anderen Spezifikationen. Lediglich die POWER müssen wir jetzt noch festlegen auf 0.80. Dann klicken wir auf CALCULATE ❹ und es wird angezeigt, wie groß die gesamte Stichprobe (TOTAL SAMPLE SIZE) sein müsste, um den

Effekt, wenn er in gleicher Größe wieder beobachtet wird, mit ausreichender Teststärke statistisch sichern zu können ⑤. Dazu würden wir n = 114 Personen, also ca. 19 Personen pro Gruppe benötigen. In R nutzen wir den folgenden Befehl:

```
powr <- pwr.f2.test(u=2, v=NULL, sig.level=.05, f2=0.08/(1-0.08), power=.8)
powr$v/2/3+1
```

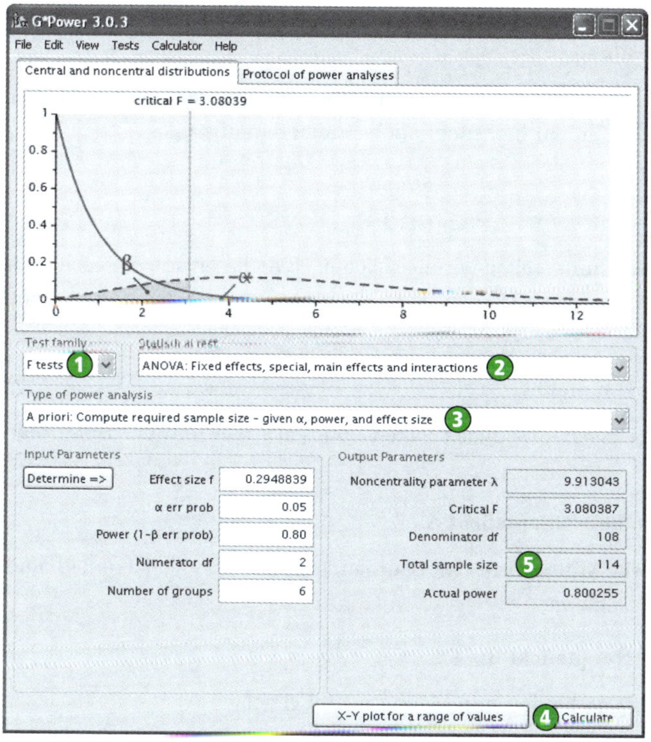

Abbildung 6.54: A-priori-Stichprobenplanung mit G*Power

In der ersten Zeile legen wir das Objekt powr an und weisen ihm das Ergebnis der Funktion pwr.f2.test zu. Aus den Argumenten sehen wir, dass dieses Mal der Wert für die Freiheitsgrade des Nenners auf null gesetzt wurde. Diese Zahl wird also bestimmt. Die Power haben wir auf 0.8 festgelegt. Ein Blick auf die Formel zur Berechnung der Freiheitsgrade für die Varianz innerhalb zeigt, dass darin die Zahl der Versuchspersonen pro Gruppe (n) enthalten ist. Stellen wir die Formel um, müssen wir die Anzahl der Freiheitsgrade durch die Anzahl der Stufen des Faktors A (im Beispiel sind es 3) und die Anzahl der Stufen des Faktors B (im Beispiel 2) teilen und 1 addieren. Dies wird in der zweiten Zeile umgesetzt. Es ergibt sich eine Anzahl von ebenfalls ca. n_i = 20 Personen pro Gruppe, also n = 120 insgesamt.

Wir werden in der Analyse des Gesamtdatensatzes sehen, ob sich der Effekt tatsächlich wieder in der Größe zeigt und dann sichern lässt, oder eben nicht. Zuvor wollen wir aber noch die Voraussetzungen der zweifaktoriellen ANOVA besprechen.

6.4.5 Voraussetzungen

Grundsätzlich gelten die gleichen Voraussetzungen, die bereits im *Abschnitt 6.2.5* besprochen wurden:

- Intervallskalenniveau
- Unabhängigkeit der Messungen
- Varianzhomogenität
- Normalverteilung

Die Erklärungen zu allen Punkten entsprechen denen, die bereits weiter oben aufgeführt wurden, daher gehen wir hier nicht noch einmal darauf ein.

6.4.6 Beispiel mit SPSS und R

Im folgenden Abschnitt greifen wir die gleichen Hypothesen auf, die auch im Laufe der vorherigen Abschnitte an einem kleinen Datensatz untersucht wurden und hier noch einmal wörtlich aufgeführt sind:

Nullhypothese Haupteffekt A:

Die Mittelwerte der Bedingungen Fake-Good, Fake-Bad und der Kontrollgruppe sind alle gleich.

Alternativhypothese Haupteffekt A:

Mindestens zwei Mittelwerte der Bedingungen Fake-Good, Fake-Bad und der Kontrollgruppe sind verschieden.

Nullhypothese Haupteffekt B:

Die Mittelwerte von Frauen und Männern sind gleich.

Alternativhypothese Haupteffekt B:

Die Mittelwerte von Frauen und Männern sind verschieden.

Nullhypothese Wechselwirkung A×B:

Die Mittelwerte der Kombination aus allen Faktorstufen setzen sich additiv aus den Haupteffekten zusammen.

Alternativhypothese Wechselwirkung A×B:

Mindestens eine Kombination aus Instruktion und Geschlecht setzt sich nicht additiv aus den beiden Haupteffekten zusammen.

EXTRAS ONLINE

Der Unterschied zu unserem Rechenbeispiel besteht darin, dass wir jetzt den gesamten Datensatz mit $n = 119$ Versuchspersonen verwenden. Ziel dieses Abschnittes ist es nicht nur, das Vorgehen in SPSS und R zu zeigen, sondern auch zu prüfen, ob sich die Wechselwirkung, die wir im kleinen Datensatz gefunden haben, jetzt mit ausreichender Stichprobengröße auch statistisch absichern lässt.

Zunächst müssen die Daten eingegeben werden. Das Bild, das sich für SPSS ergibt, ist in ▶*Abbildung 6.55* dargestellt und sieht für eine R-Datenmaske entsprechend aus.

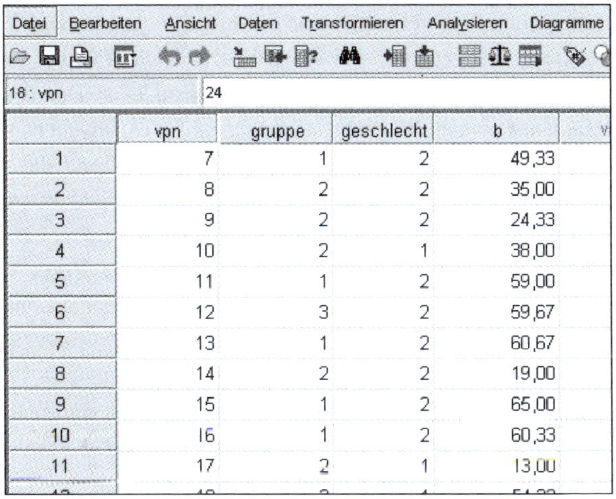

Abbildung 6.55: Dateneingabemaske bei der zweifaktoriellen ANOVA

Es zeigt sich eigentlich nur ein wesentlicher Unterschied zur Maske bei der einfaktoriellen Varianzanalyse, und das ist die hinzugekommene Spalte *geschlecht*. Hierin ist für jede Versuchsperson kodiert, ob sie männlich oder weiblich ist. Dabei wurde hier für Frauen eine 2 (2 X-Chromosomen) und für Männer eine 1 (1 X-Chromosom) vergeben. Im ersten Analyseschritt müssen wir nun wieder die Option UNIVARIAT... im Untermenü ALLGEMEINES LINEARES MODELL des Menüs ANALYSIEREN auswählen, wie in ▶*Abbildung 6.56* gezeigt.

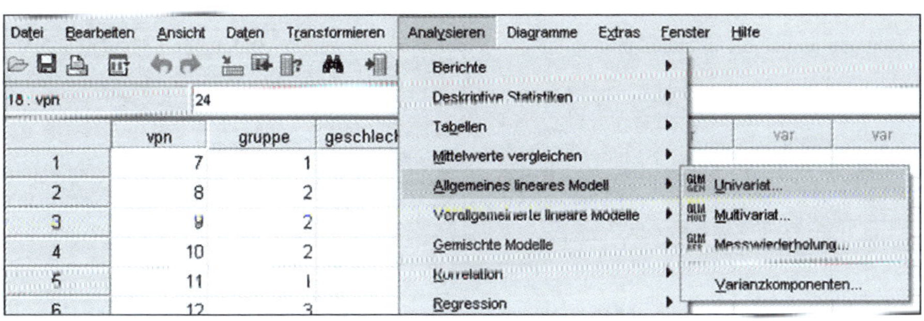

Abbildung 6.56: Auswahl der univariaten Varianzanalyse

Durch Wählen dieser Option öffnet sich das Fenster, das wir auch schon aus der einfaktoriellen Varianzanalyse kennen. Allerdings können wir diesmal zwei unabhängige Variablen zuweisen. Die weiteren Einstellungen sind in ▶*Abbildung 6.57* zu sehen.

Zunächst weisen wir wieder die abhängige Variable zu. Es handelt sich wieder um den Kennwert *Baseline (b)* aus dem OLMT. Die unabhängigen Variablen (FESTE FAKTOREN) sind die drei Instruktionsarten (*gruppe*) sowie *geschlecht*. Es gibt auch hier wieder die Möglichkeit, eine oder mehrere unabhängige Variablen als ZUFALLSFAKTOREN zu klassifizieren. Das

Zuweisen geschieht jeweils durch Markieren der Variablen mit der linken Maustaste und durch Zuordnung in das jeweilige Feld durch Klicken auf den davorstehenden Pfeil. Neben der Definition der Variablen nutzen wir zwei weitere Felder. Zunächst klicken wir auf OPTIONEN. In dem sich öffnenden Fenster setzen wir durch einen Mausklick einen Haken vor DESKRIPTIVE STATISTIKEN, SCHÄTZER DER EFFEKTGRÖSSE (Ausgabe von partial eta^2), BEOBACHTETE SCHÄRFE (Teststärke) und HOMOGENITÄTSTESTS (Levene-Test). Danach schließen wir das Fenster durch Klicken auf das Feld WEITER. Im Zuge der Analyse werden wir auch die Interaktionsdiagramme näher betrachten. Daher klicken wir jetzt auf das Feld DIAGRAMME... (das resultierende Fenster ist dargestellt in ▶*Abbildung 6.57* rechts oben). In dem sich öffnenden Fenster sind die beiden UVs in der Liste links aufgeführt. Zunächst wählen wir eine der beiden UVs und definieren durch Klicken auf den Pfeil mit dieser Variablen die HORIZONTALE ACHSE, also die *x*-Achse. Die verbliebene UV weisen wir dem Feld SEPARATE LINIEN zu. Diese Kombination muss nun durch Klicken auf HINZUFÜGEN bestätigt werden. Im DIAGRAMME-Feld unten erscheint dann zum Beispiel *gruppe*geschlecht*. Die andere Paarung weisen wir auf dieselbe Art zu und schließen dann das Fenster durch Klicken auf WEITER. Jetzt können wir die Analyse durch Klicken auf die Schaltfläche OK starten.

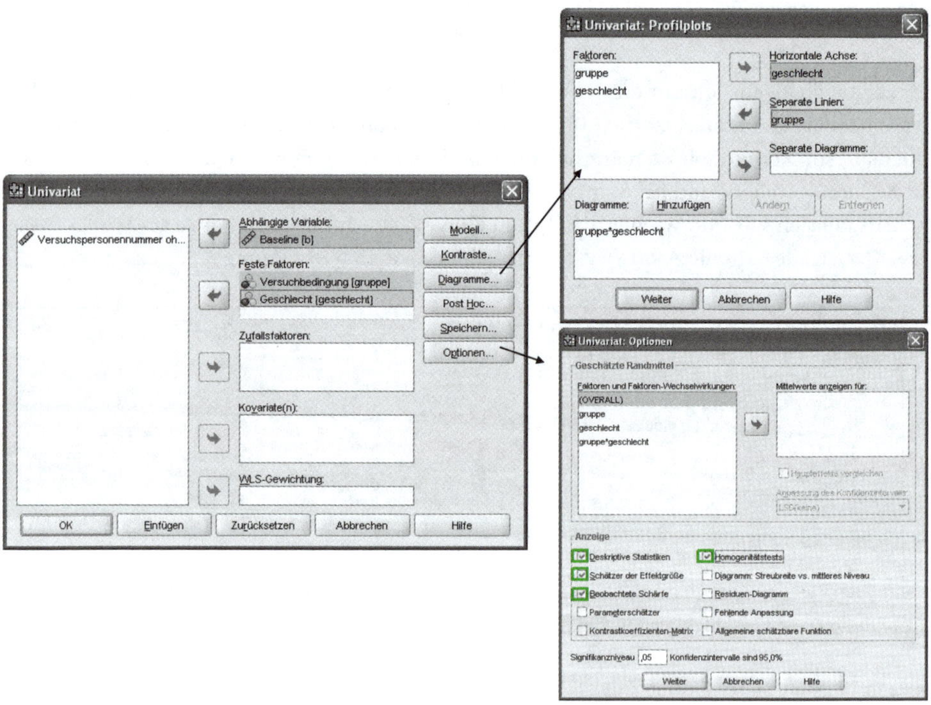

Abbildung 6.57: Einstellungen bei der zweifaktoriellen Varianzanalyse in SPSS

Die Darstellung für R beschränkt sich auf die eigentliche Analyse. Um eine SPSS-vergleichbare Tabelle der deskriptiven Statistiken zu erhalten, kann eine Syntax wie im Exkurs auf S. 472 dargestellt angewandt werden. Wenn es lediglich darum geht, die deskriptiven Angaben für jede unabhängige Variable, jede Kombination aus unabhängigen Variablen sowie die Gesamtstichprobe zu erhalten, können folgende Befehle genutzt werden:

```
library(psych)
gesamt <- describe(anova_zwei$b)
uv1 <- describeBy(anova_zwei$b, group=anova_zwei$gruppe)
uv2 <- describeBy(anova_zwei$b, group=anova_zwei$gruppe)
uv1
uv2
```

Wir nutzen also das `psych`-Paket (Revelle, 2015) und den `describe`- sowie den `describeBy`-Befehl. Diese haben wir bereits in *Kapitel 2* ausführlich erläutert. Wir erhalten so jedoch nicht die Angaben für die Kombination der Stufen der unabhängigen Variablen. Dazu nutzen wir diesen Befehl:

```
uv12 <- as.matrix(with(anova_zwei, aggregate(b~gruppe+geschlecht, FUN = function(x)
   c(N=length(x), M=round(mean(x),2), SD=round(sd(x),2)))))
colnames(uv12) <- c("Gruppe", "Geschlecht", "N", "M", "SD")
uv12 <- as.data.frame(uv12)
uv12
```

Im ersten Schritt legen wir das Objekt `uv12` an, dem wir das Ergebnis der Kombination verschiedener Befehle zuordnen. Der Befehl `aggregate` erlaubt die zusammenfassende Auswertung über Variablen hinweg. Die Art der Zusammenfassung haben wir durch eine Modellgleichung angegeben. Die Formel entspricht dem Prinzip abhängige Variable ~ unabhängige Variable. Wir fassen also die Variable *b* über die Kombination der Faktorstufen der unabhängigen Variablen *gruppe* und *geschlecht* zusammen. Im Anschluss ist angegeben, welche Art der Zusammenfassung erfolgen soll. Dazu nutzen wir den Befehl `function`. Es handelt sich um eine Funktion, die nichts weiter bewirkt als die Ermittlung der Zahl der Versuchspersonen (`length`), des auf zwei Dezimalstellen gerundeten Mittelwerts und der ebenso auf zwei Stellen gerundeten Standardabweichung für alle Kombinationen von Faktorstufen. Vor dem `aggregate`-Befehl steht schließlich noch der Datensatzname und dass das Ergebnis in Form einer Matrix ausgestaltet werden soll. Durch den Befehl `colnames` weisen wir den Spalten der Matrix dann ihre Namen zu. Damit das Ergebnis etwas schöner aussieht und auch leichter exportiert werden kann, wandeln wir die Matrix schließlich noch in ein Datenframe um, bevor wir das Ergebnis aufrufen.

Es gibt noch weitere Alternativen, deren Syntax sich auch im Online-Material findet. Im folgenden Exkurs zeigen wir, wie eine Tabelle mit all den gerade erstellten Informationen erstellt werden kann.

Exkurs

Um eine Übersicht aller deskriptiven Statistiken in einer gemeinsamen Tabelle zu erstellen, nutzen wir zum einen das gerade erstellte Objekt uv12 und zum anderen die folgenden Befehle:

```
uv_1 <- as.matrix(with(anova_zwei, aggregate(b~gruppe, FUN = function(x)
   c(N=length(x), M=round(mean(x),2), SD=round(sd(x),2)))))
```

Zunächst legen wir das Objekt uv_1 an. Dessen Inhalt bestimmen wir mit einem Befehl, der identisch ist mit dem zur Erstellung des Objekts uv12. Einzige Ausnahme ist die Formel, die angibt, über welche Variablen zusammengefasst werden soll. Hier taucht nun nur eine unabhängige Variable gruppe auf. Alle weiteren Vorgaben bleiben gleich. Dieses Objekt verarbeiten wir aber nun weiter, um es schließlich mit dem Objekt uv12 verbinden zu können. Dazu wandeln wir das Format des Objekts zunächst in einen Datensatz um:

```
uv_1 <- as.data.frame(uv_1)
```

Diesem Datensatz fügen wir nun eine neue Variable hinzu, die wir Geschlecht nennen. Zudem lassen wir in alle Felder dieser Variablen den Wert *gesamt* eintragen:

```
uv_1$Geschlecht <- "gesamt"
```

Schließlich nutzen wir den Befehl colnames, um die einzelnen Spalten im Datensatz korrekt zu benennen:

```
colnames(uv_1) <- c("Gruppe", "N", "M", "SD", "Geschlecht")
```

Abschließend bringen wir diese Variablen nun in dieselbe Reihenfolge wie die entsprechenden Variablen im Objekt uv12:

```
uv_1 <- uv_1[,c(1,5,2:4)]
```

Diese Schritte wiederholen wir nun für die zweite unabhängige Variable geschlecht:

```
uv_2 <- as.matrix(with(anova_zwei, aggregate(b~geschlecht, FUN = function(x)
   c(N=length(x), M=round(mean(x),2), SD=round(sd(x),2)))))
uv_2 <- as.data.frame(uv_2)
uv_2$Gruppe <- "gesamt"
colnames(uv_2) <- c("Geschlecht", "N", "M", "SD", "Gruppe")
uv_2 <- uv_2[,c(5,1,2:4)]
```

Nun fehlen lediglich noch die Angaben zur Gesamtstichprobe. Um diese zu generieren, nutzen wir den apply-Befehl. Das Ergebnis legen wir in das Objekt Gesamt. Das erste Argument in der Klammer nach dem Befehl bezieht sich auf die zu analysierende Variable. Im zweiten Argument (Margin) legen wir durch die Angabe des Werts 2 fest, dass eine spaltenweise Auswertung vorgenommen wird. Schließlich folgt wieder die kleine Funktion, welche die gewünschten deskriptiven Statistiken enthält:

```
Gesamt <- apply(anova_zwei["b"], 2, function(x) c(N=length(x),
M=round(mean(x),2),SD=round(sd(x),2)))
```

Das Objekt `Gesamt` beinhaltet jetzt die gewünschten deskriptiven Statistiken. Um nun alle Objekte zusammenfügen zu können, müssen wir diesem Objekt noch zwei Spalten voranstellen. In den anderen Objekten stehen nämlich jeweils die Stufen der unabhängigen Variablen, über die aggregiert wurde. Daher setzen wir vor die drei deskriptiven Angaben zweimal den Wert *gesamt*, um zu signalisieren, dass wir über alle Stufen, beider unabhängigen Variablen aggregiert haben:

```
Zeile12 <- c("gesamt", "gesamt", Gesamt)
```

Nun erstellen wir eine Tabelle, die alle Objekte zusammenfasst. Dazu nutzen wir den Befehl `rbind`. Zudem müssen wir das Datenformat zweimal wechseln, um Kompatiblität zu gewährleisten. In der letzten Zeile rufen wir die Tabelle auf, welche auch in ▶*Abbildung 6.59* dargestellt ist:

```
Tabelle <- as.data.frame(rbind(as.matrix(rbind(uv12,uv_1,uv_2)), Zeile12))
Tabelle
```

Die eigentliche Analyse beginnt zunächst wieder mit einem Test der Varianzhomogenität. Dazu nutzen wir wieder den Levene-Test sowie den Brown-Forsythe-Test dieses Mal aus dem `car`-Paket (Fox & Weisberg, 2010) sowie den *F*-max-Test. Die Befehle haben wir bereits im Kapitel einfaktorielle ANOVA beschrieben (siehe *Abschnitt 6.2.6*):

```
library(car)
Levene2 <- leveneTest(b~gruppe*geschlecht, data=anova_zwei,center="mean")
Forsythe2 <- leveneTest(b~gruppe*geschlecht, data=anova_zwei, center="median")
print(Levene2)
print(Forsythe2)
fmax(x=anova_zwei, uv1="geschlecht", uv2="gruppe", av="b", p=.95)
```

Für die Durchführung der ANOVA nutzen wir wieder das Paket `afex` (Singmann, Bolker & Westfall, 2015). Der vollständige Code, der alle entsprechenden SPSS-Werte (mit Ausnahme der Teststärke, welche wir im Anschluss erläutern) beinhaltet und bereits im Kapitel einfaktorielle ANOVA ausführlich erläutert wurde, lautet:

```
library(afex)
anova_zwei$test <- "ohne"
out3 <- aov_car(b~gruppe*geschlecht+Error(vpn), data=anova_zwei,
   return="Anova")
out4 <- aov_car(b~gruppe*geschlecht+Error(vpn), data=anova_zwei,
anova_table = list(es = c("ges", "pes")))
out3
out4
```

Wie man sieht, wird für die zweifaktorielle ANOVA die zweite unabhängige Variable durch ein `*`-Zeichen in die Gleichung aufgenommen. Durch dieses Zeichen wird festgelegt, dass sowohl Haupteffekt als auch Wechselwirkung berechnet werden.

Um die einzelnen Effektstärken zu berechnen, stellen wir eine Funktion zur Verfügung, die wir im folgenden Exkurs erläutern. Wer diesen Exkurs überspringen will, der sollte den dargestellten Code (siehe Online-Material) laufen lassen und dann den folgenden Befehl nutzen: EXTRAS ONLINE

```
es_anova2 <- eta_all(out3, out4)
es_anova2
```

Hier wird die im Exkurs dargestellte Funktion eta_all aufgerufen und auf die Outputs out3 und out4, welche die relevanten Informationen enthalten, angewandt. Durch den zusätzlichen Befehl round können die Angaben auf drei Dezimalstellen gerundet werden (siehe Exkurs).

Exkurs

In diesem Exkurs erstellen wir eine Funktion, die für alle Ausgaben des Pakets afex die Effektstärken eta², partial eta² und omega² berechnet. Dazu weisen wir der Funktion zunächst den Namen eta_all zu und geben an, welche Informationen für die Berechnung gebraucht werden. Wie bei der Darstellung der einfaktoriellen ANOVA erläutert, erstellen wir mit dem Paket afex immer zwei Ausgaben, um alle relevanten Informationen zu erhalten. Diese beiden Ausgaben müssen als Argumente der selbstgeschriebenen Funktion angegeben werden. In der geschweiften Klammer wird dann die eigentliche Funktion definiert. Es wird also angegeben, was mit den Informationen in den Ausgaben geschehen soll. Wir haben jeweils in der Zeile direkt hinter einem #-Zeichen kommentiert, was der Befehl bewirkt:

```
eta_all <- function(aov_result1, aov_result2){
  SS=aov_result1$Sum # Vektor mit den Quadratsummen
  SS_length=length(SS) # Länge des Vektors
  SS_ef=SS[2:c(SS_length-1)] # Vektor mit den SS Effekt
  residual=tail(SS,n=1) # SS Residual
  denominator_part.eta <- SS_ef+residual # Nenner für partial eta
  denominator_eta <- sum(SS_ef)+residual # Nenner für die etas
  part.etas <- SS_ef/denominator_part.eta # partielle etas
  etas <- SS_ef/denominator_eta # etas
  df=aov_result1$Df # Ab hier für Omega quadrat
  df_length=length(df)
  df_ef=df[2:c(df_length-1)]
  residual=tail(SS,n=1)
  residual_df=tail(df, n=1)
  MSS_res=residual/residual_df
  denominator_omega <- sum(SS_ef)+residual+MSS_res # Nenner für die omegas
  nominator_omega=SS_ef-df_ef*MSS_res
  omegas<- nominator_omega/denominator_omega
    results <- matrix(c(part.etas, etas, omegas), ncol=length(SS_ef_length),
byrow=TRUE)
  rownames(results) <- c("partial eta", "eta", "omega")
  names <- rownames(aov_result2$anova_table)
  colnames(results) <- names

  results <- round(as.table(results), digits=3)
  print(results)
}
```

Die Teststärkeberechnung erfolgt wieder mit dem Paket pwr (Champely, 2009). In den folgenden Befehlen haben wir bereits die Effektstärken aus den Ausgaben der Analysen eingesetzt:

```
library(pwr)
pwr_gruppe <- pwr.f2.test(u=2, v=113, sig.level=.05, f2=.52/(1-.52))
pwr_geschlecht <- pwr.f2.test(u=1, v=113, sig.level=.05, f2=.001/(1-.001))
pwr_interaktion <- pwr.f2.test(u=2, v=113, sig.level=.05, f2=.03/(1-.03))
rbind(pwr_gruppe, pwr_geschlecht, pwr_interaktion)
```

Schließlich müssen noch die Interaktionsdiagramme erstellt werden. Hierzu nutzen wir das Paket ggplot2 (Wickham, 2009). Da die Syntax auf den ersten Blick komplex erscheint, erläutern wir sie hier etwas ausführlicher. Zudem stellen wir zwei Varianten vor: zum einen die Variante, die Linien zwischen den Mittelwerten erzeugt (wie in SPSS), und zum anderen eine Variante, die Balken verwendet. Letzteres ist bei Publikationen sicher häufiger zu finden. Zudem enthalten beide Diagramme Konfidenzintervalle um die Mittelwerte. Beginnen wir mit dem Balkendiagramm. Wir nutzen wieder das Paket ggplot2, welches wir bereits in *Kapitel 2* vorgestellt haben. Die Logik in diesem Paket ist ähnlich einem Overhead-Projektor. Jeder neue Befehl legt auf die bereits auf dem Projektor liegende Folie mit einer Grafik eine neue Folie und so setzt sich Stück für Stück das Gesamtschaubild zusammen. Nach dem Öffnen des Pakets, legen wir zunächst ein Obekt an (abb6.58a1), welches alle Informationen bezüglich der verwendeten Variablen beinhaltet. Dazu nutzen wir den Befehl **ggplot**. Als Argumente werden dann zunächst der Datensatz (anova_zwei) und dann die sogenannten aesthetics (aes) aufgeführt. Hierbei handelt es sich zunächst um den Namen der Variablen, die auf der *x*-Achse abgetragen wird, gefolgt vom Namen der Variablen auf der *y*-Achse und schließlich dem Namen der Variablen für die die Auswertungen getrennt erfolgen sollen (fill=):

```
abb6.58a1 <- ggplot(anova_zwei, aes(x=gruppe, y=b, fill=geschlecht))
```

Im Folgenden erstellen wir nun Schritt für Schritt die einzelnen Elemente der Grafik. Im ersten Schritt erstellen wir die Balkendiagramme der Mittelwerte der einzelnen Gruppen:

```
abb6.58a1+stat_summary(fun.y=mean, geom="bar", position="dodge", aes(width=0.5))+
```

Wir verbinden diesen Teil mit den vorhergehenden Angaben durch ein +-Zeichen. Der eigentliche Befehl lautet nun **stat_summary**. Es soll also eine zusammenfassende Statistik erstellt werden. In Klammern dahinter legen wir nun fest, dass dies der Mittelwert für die *y*-Variable sein soll (fun.y=mean). Wir legen auch fest, dass diese Parameter als Balken abgetragen werden sollen (geom="bar"). Schließlich nutzen wir noch das position-Argument, um festzulegen, dass die Balken nebeneinander (dodge) abgetragen werden sollen. Die weitere Angabe (aes(width=.5)) legt die Breite der nebeneinander dargestellten Balken fest. Das +-Zeichen verbindet nun den nächsten Schritt, in dem wir Konfidenzintervalle um die jeweiligen Mittelwerte legen:

```
stat_summary(fun.data=mean_cl_normal, geom="errorbar", position=position_dodge
   (width=.5), width=.2)+
```

Wieder nutzen wir den Befehl **stat_summary**, wollen also eine Statistik zunächst berechnen und dann abtragen. Hierbei nutzen wir nun die Funktion mean_cl_normal. Diese stammt aus dem Paket Hmisc (dieses sollte also auch installiert und geladen sein) und berechnet das 95-Prozent-Konfidenzintervall um den Mittelwert mittels des Standardfehlers des Mittelwerts. Um dieses abzutragen, wählen wir das geom (also die Grafik) "errorbar". So entsteht ein Fehlerbalken. Schließlich müssen wir auch hier die Fehlerbalken im selben Ausmaß wie die Balken selbst verschieben (position=position_dodge(width=.5)) und die Breite der Whiskers der Fehlerbalken festlegen (width=.2). Das abschließende +-Zeichen verbindet wieder mit dem nächsten Schritt, in dem wir die Achsen beschriften:

```
labs(x="Gruppe", y="OLMT Baseline", fill="Geschlecht")+
```

Hierzu nutzen wir den Befehl **labs** und weisen den Achsen die gewünschten Namen zu. Zusätzlich geben wir hier an, welche Informationen für die Legende (fill=) genutzt werden sollen. Dadurch finden sich in der Legende dann die Label der Variablen. Im nächsten Schritt legen wir Farben und Schrift fest:

```
theme_bw(base_size = 18, base_family="Times New Roman")+
```

Wir haben hier das Thema schwarz-weiß (theme_bw; black & white) gewählt. Als Schriftgröße wählen wir 18 und als Schriftart Times New Roman. Das sollte in den meisten Publikationen den Vorgaben entsprechen. Im nächsten Schritt wählen wir die Balkenfarben aus:

```
scale_fill_manual(values=c("grey40", "grey60"))+
```

Im letzten Schritt legen wir die Position der Legende fest:

```
theme(legend.position="top")
```

Das Ergebnis findet sich in der linken oberen Hälfte von ▶*Abbildung 6.58*. Im Folgenden ist die Syntax für das daneben abgebildete Diagramm dargestellt, in dem die Variablen auf den *x*- und *y*-Achsen vertauscht wurden:

```
abb6.58a2 <- ggplot(anova_zwei, aes(x=geschlecht, b, fill=gruppe))
abb6.58a2+stat_summary(fun.y=mean, geom="bar", position="dodge", aes(width=.5))+
  stat_summary(fun.data=mean_cl_normal, geom="errorbar", position=positi-
on_dodge(width=.5), width=.2)+
  labs(x="Geschlecht", y="OLMT Baseline", fill="Gruppe")+
  theme_bw(base_size = 18, base_family="Times New Roman")+
  scale_fill_manual(values=c("grey40", "grey80", "grey60"))+
  theme(legend.position="top")
```

Unter diesen beiden Balkendiagrammen finden sich entsprechende Liniendiagramme, die dieselbe Information transportieren. Hierzu erklären wir den Code der linken Abbildung. Dieser gleicht in großen Teilen dem gerade erläuterten Code. Dennoch wollen wir auf die einzelnen Schritte kurz eingehen. Zunächst legen wir wieder ein Objekt an, welches alle relevanten Informationen enthält. Im Vergleich zu den Balkendiagrammen müssen wir nun zusätzlich angeben, für welche Variablen getrennte Zeichen (shape=) abgetragen werden sollen. Dadurch enthält der Plot später für jede der relevanten Gruppen (in diesem Code geschlecht) unterschiedliche Symbole für die Mittelwerte:

```
abb6.58b1 <- ggplot(anova_zwei, aes(x=gruppe, y=b, colour=geschlecht,
   shape=geschlecht))
```

Im nächsten Schritt tragen wir wieder die Mittelwerte ab, dieses Mal allerdings als Punkte. Durch den Befehl shape werden automatisch unterschiedliche Symbole für Frauen und Männer gewählt. Zudem legen wir die Größe dieser Symbole fest (size=3). Auch hier wollen wir, dass die Mittelwerte leicht nebeneinander abgetragen werden, damit die Abbildung übersichtlicher wird. Dies erreichen wir wieder durch das Argument position. Hier sieht das Argument etwas anders aus, da es auf einen Liniengraph abgestimmt ist:

```
abb6.58b1+stat_summary(fun.y=mean, geom="point", size=3, position=
  position_dodge(width=.2))+
```

Nun werden die Mittelwerte durch Linien verbunden, die entsprechend der Positionen der Mittelwerte angeordnet werden:

```
stat_summary(fun.y=mean, geom="line", aes(group=geschlecht), position=
  position_dodge(width=.2))+
```

Im nächsten Schritt folgen wieder die Konfidenzintervalle, die ebenfalls entsprechend der Mittelwerte angeordnet werden:

```
stat_summary(fun.data=mean_cl_normal, geom="errorbar", width=.1, size=.25,
  position=position_dodge(width=.2))+
```

Die nächsten Schritte entsprechen dem Vorgehen bei den Balkendiagrammen. Lediglich die Farbauswahl ist hier eine andere. Zudem müssen wir im letzten Schritt noch die Informationen angeben, die in der Legende für die Symbole auftauchen sollen. Ist dies identisch mit der Information bei fill=, wird nur eine Legende abgetragen:

```
labs(x="Gruppe",y="OLMT Baseline", colour="Geschlecht")+
scale_color_manual(values=c("black", "darkgreen"))+
theme_bw(base_size = 18, base_family="Times New Roman")+
theme(legend.position="top")+
scale_shape_discrete(name="Geschlecht")
```

Der Code für die rechte untere Abbildung findet sich im Online-Material.

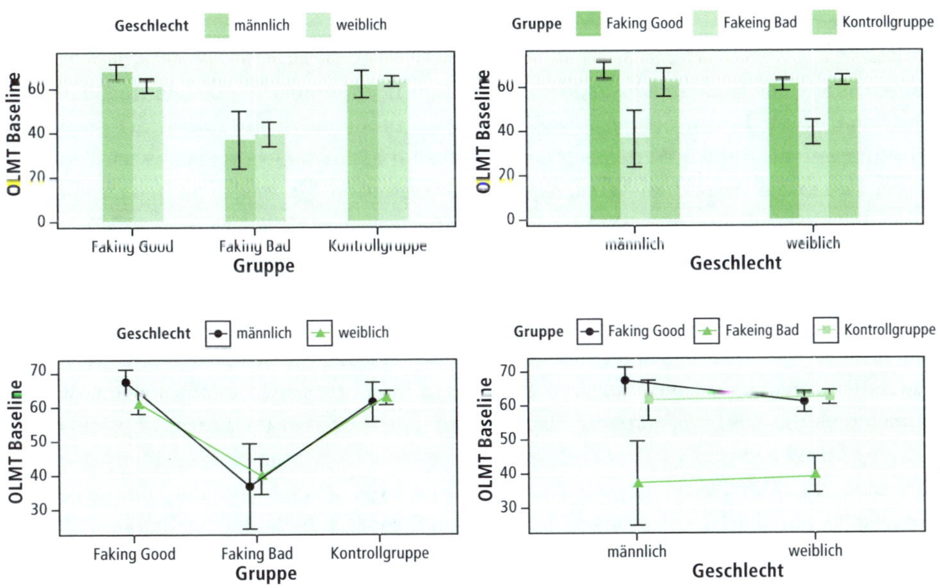

Abbildung 6.58: Interaktionsdiagramme in 4 Varianten

In der SPSS-Ausgabe finden sich wieder vier Tabellen. Wir haben die entsprechenden Ausgaben von R jeweils mit in die folgenden Abbildungen integriert. Neu im Vergleich zur einfaktoriellen ANOVA sind die bereits dargestellten Interaktionsdiagramme. In SPSS sehen diese ungefähr aus wie die beiden unteren Interaktionsdiagramme, nur ohne Konfidenzintervalle. Betrachten wir zunächst die ersten beiden Tabellen (siehe *Abbildung 6.59*).

SPSS-Ausgabe

Zwischensubjektfaktoren

		Wertelabel ❶	N ❷
gruppe	1	Faking Good	37
	2	Faking Bad	41
	3	Kontrollgruppe	41
geschlecht	1	männlich	35
	2	weiblich	84

Deskriptive Statistiken

Abhängige Variable: b

gruppe ❸	❹ geschlecht	Mittelwert ❺	Standardabweichung ❻	N
1 Faking Good	1 männlich	67,81	6,70	16
	2 weiblich	61,22	6,62	21
	Gesamt	64,07	7,35	37
2 Faking Bad	1 männlich	36,76	19,04	11
	2 weiblich	39,53	14,42	30
	Gesamt	38,79	15,58	41
3 Kontrollgruppe	1 männlich	61,75	7,15	8
	2 weiblich	62,91	5,52	33
	Gesamt	62,68	5,79	41
Gesamt	1 männlich	56,67	18,16	35
	2 weiblich	54,14	14,67	84
	Gesamt	54,88	15,74	119

R-Ausgabe

```
> Tabelle
         Gruppe Geschlecht     N     M    SD
    Faking Good   männlich 16.00 67.81  6.70
     Faking Bad   männlich 11.00 36.76 19.04
 Kontrollgruppe   männlich  8.00 61.75  7.15
    Faking Good   weiblich 21.00 61.22  6.62
     Faking Bad   weiblich 30.00 39.53 14.42
 Kontrollgruppe   weiblich 33.00 62.91  5.52
    Faking Good     gesamt 37.00 64.07  7.35
     Faking Bad     gesamt 41.00 38.79 15.58
 Kontrollgruppe     gesamt 41.00 62.68  5.79
         gesamt   männlich 35.00 56.67 18.16
         gesamt   weiblich 84.00 54.14 14.67
         gesamt     gesamt   119 54.88 15.74
```

Abbildung 6.59: SPSS-Ausgabe Zwischensubjektfaktoren und Deskriptive Statistiken und die entsprechende Ausgabe in R

In der SPSS-Tabelle *Zwischensubjektfaktoren* sind noch einmal die beiden unabhängigen Variablen in der linken Spalte aufgeführt. In der mittleren Spalte folgen die jeweiligen Abstufungen, die hier als Wertelabels bezeichnet sind ❶. In der letzten Spalte wird zu jeder dieser Zellen die Anzahl an Versuchspersonen angegeben ❷. In der darunter stehenden SPSS-Tabelle sind einige deskriptive Statistiken angegeben. Wiederum ist in der linken Spalte zunächst eine der unabhängigen Variablen, in unserem Beispiel die Instruktionsart ❸, aufgeführt. In der nächsten Spalte steht dann jeweils die zweite unabhängigen Variable, hier Geschlecht ❹. Aus der Kombination ergeben sich wieder die sechs Zellen. In der letzten Zeile ist auch die Zusammenfassung über alle Gruppen hinweg aufgeführt (*Gesamt*). Zusätzlich findet sich zum Abschluss einer jeden Stufe der ersten unabhängigen Variable immer auch die Zusammenfassung über die Stufen der zweiten UV hinweg. So sehen wir, dass der Mittelwert in der Fake-Good-Gruppe insgesamt 64.07 war. In der dritten Spalte finden sich die Mittelwerte der einzelnen Gruppen ❺, gefolgt von den dazugehörigen geschätzten Standardabweichungen in der vierten Spalte ❻. In der letzten Spalte sind noch einmal die Gruppengrößen angegeben. In der Tabelle daneben finden sich die entsprechenden Informationen auch in der Ausgabe von R, die wir durch den oben aufgeführten Code erstellt haben.

Im nächsten Schritt schauen wir auf die Ergebnisse des Levene-Tests (siehe ▶*Abbildung 6.60*). Dieser prüft die Voraussetzung gleicher Gruppenvarianzen. In R haben wir zudem den Brown-Forythe-Test durchgeführt.

SPSS-Ausgabe

Levene-Test auf Gleichheit der Fehlervarianzen[a]

Abhängige Variable: Baseline

(1) F	(2) df1	(3) df2	Signifikanz
11,636	5	113	(4) ,000

Prüft die Nullhypothese, daß die Fehlervarianz der abhängigen Variablen über die Gruppen hinweg gleich ist.

a. Design: Konstanter Term + gruppe + geschlecht + gruppe * geschlecht

R-Ausgabe

```
> print(Levene2)
Levene's Test for Homogeneity of Variance (center = "mean")
       Df F value (1) Pr(>F) (4)
group (2) 5  11.636 4.432e-09 ***
   (3) 113
---
Signif. codes:  0 '***' 0.001 '**' 0.01 '*' 0.05 '.' 0.1 ' ' 1
> print(Forsythe2)
Levene's Test for Homogeneity of Variance (center = "median")
       Df F value (1) Pr(>F) (4)
group (2) 5   11.05 1.12e-08 ***
   (3) 113
---
Signif. codes:  0 '***' 0.001 '**' 0.01 '*' 0.05 '.' 0.1 ' ' 1
```

Abbildung 6.60: Levene- und Brown-Forsythe-Tests bei der zweifaktoriellen ANOVA

In beiden Ausgaben findet sich der *F*-Wert des Levene-Tests (bzw. des Brown-Forsythe-Tests) (1). Da auch hier ein *F*-Test durchgeführt wird, gibt es Zählerfreiheitsgrade (2) und Nennerfreiheitsgrade (3). Zudem ist die Überschreitungswahrscheinlichkeit *p* (4) angegeben. Wenn wir eine Wahrscheinlichkeit für einen Fehler 1. Art von fünf Prozent wählen, muss die Annahme der Varianzhomogenität in der Population verworfen werden. Auch hier empfiehlt sich ein F_{max}-Test. Die kleinste geschätzte Varianz trat bei den Frauen in der Kontrollgruppe (5.52^2) und die größte bei den Männern mit der Fake-Dad-Bedingung (19.04^2) auf. Daraus ergibt sich ein F_{max}-Test-Ergebnis von 11.9. Nutzen wir zur Berechnung des kritischen Werts das Paket SuppDists (Wheeler, 2013) (siehe Code im Online-Material), dann erhalten wir einen Wert von 4.04.

Das heißt, auch dieser Test legt eine Verletzung der Varianzhomogenität nahe. Daher sollte eigentlich ein robusterer Test, welcher die Varianzheterogenität direkt berücksichtigt, genutzt werden. Allerdings bieten sich hier keine weitgehend akzeptierten Verfahren an. Daher gehen wir hier nicht weiter auf die verschiedenen Alternativen ein und berichten stattdessen die Ergebnisse der ANOVA (▶*Abbildung 6.61*).

Der Aufbau der jeweiligen Ausgaben entspricht dem bereits im *Abschnitt 6.2.6* beschriebenen. In der ersten Spalte der SPSS-Ausgabe sind die verschiedenen Varianzquellen aufgeführt. Uns interessieren allerdings lediglich die farblich dunkler hinterlegten Zeilen, die auch in R ausgegeben werden. In den Ausgaben finden wir die jeweiligen Quadratsummen (1), die Anzahl der Freiheitsgrade (2), die geschätzten mittleren Quadratsummen (3), die *F*-Werte (4), die Überschreitungswahrscheinlichkeiten *p* (5), die partiellen eta^2 (6) und die Teststärken (7). In R haben wir zudem das eta^2 und $omega^2$ direkt ausgeben lassen. Es zeigen sich bei der Teststärke die bereits besprochenen leichten Abweichungen zwischen den Programmen.

SPSS-Ausgabe

Tests der Zwischensubjekteffekte

Abhängige Variable: Baseline

Quelle	Quadratsumme vom Typ III	df	Mittel der Quadrate	F	Signifikanz	Partielles Eta-Quadrat	Nichtzentralitäts-Parameter	Beobachtete Schärfe[b]
Korrigiertes Modell	16703,33[a]	5	3340,67	30,11	,000	,571	150,569	1,000
Konstanter Term	279441,54	1	279441,54	2518,97	,000	,957	2518,970	1,000
gruppe	13818,31	2	6909,16	62,28	,000	,524	124,562	1,000
geschlecht	18,09	1	18,09	0,16	,687	,001	,163	,069
gruppe * geschlecht	426,72	2	213,36	1,92	,151	,033	3,847	,392
Fehler	12535,64	113	110,93					
Gesamt	387671,22	119						
Korrigierte Gesamtvariation	29238,97	118						

a. R-Quadrat = ,571 (korrigiertes R-Quadrat = ,552)
b. Unter Verwendung von Alpha = ,05 berechnet

R-Ausgabe

```
> out3
Anova Table (Type III tests)

Response: cbind(olmt)
                  Sum Sq  Df   F value  Pr(>F)
(Intercept)       279442   1 2518.9700 <2e-16 ***
gruppe             13818   2   62.2812 <2e-16 ***
geschlecht            18   1    0.1631 0.6871
gruppe:geschlecht    427   2    1.9233 0.1509
Residuals          12536 113
---
Signif. codes:  0 '***' 0.001 '**' 0.01 '*' 0.05 '.' 0.1 ' ' 1
> out4
             Effect     df    MSE          F   pes      p
1       (Intercept) 1, 113 110.93 2518.97 ***  .96 <.0001
2            gruppe 2, 113 110.93   62.28 ***  .52 <.0001
3        geschlecht 1, 113 110.93       0.16 .001    .69
4 gruppe:geschlecht 2, 113 110.93       1.92  .03    .15
```

```
> rbind(pwr_gruppe, pwr_gender, pwr_interaktion)
                   u v   f2          sig.level power
pwr_gruppe         2 113 1.083333    0.05      1
pwr_gender         1 113 0.001001001 0.05      0.0630
pwr_interaktion    2 113 0.03092784  0.05      0.3684

> round(eta_all(out3, out4), digits=3)
             gruppe geschlecht gruppe:geschlecht
partial eta  0.524      0.001             0.033
eta          0.516      0.001             0.016
omega        0.505     -0.003             0.008
```

Abbildung 6.61: Ergebnisse der zweifaktoriellen ANOVA in SPSS und R

Die Überschreitungswahrscheinlichkeiten *p* zeigen an, dass auch im großen Datensatz lediglich der Effekt *Gruppe* signifikant geworden ist. Die Gruppen unterscheiden sich in der vorgegebenen Instruktion (Fake-Bad, Fake-Good, Kontrollgruppe). Der Haupteffekt *Geschlecht* ist ebenso wenig signifikant wie die Interaktion beider unabhängigen Variablen *Gruppe* × *Geschlecht*. Ein Blick auf die Effektstärke zeigt, dass der Effekt der Instruktion stark ausfällt. Der Geschlechtseffekt ist hingegen sehr gering. Die Wechselwirkung hat eine kleine Effektstärke. Bei den Teststärken kann lediglich der Haupteffekt *Gruppe* einen Wert über 0.80 erzielen. Beide anderen Effekte haben eine deutlich geringere Teststärke. Um so kleine Effekte statistisch abzusichern, wäre eine weitaus größere Stichprobe notwendig gewesen. Man könnte nun mithilfe der gewonnen Effektstärken eine weitere Untersuchung planen.

Im kleinen Datensatz hatten wir eine kleine bis moderate Interaktion beobachtet, die aber nicht signifikant ausfiel. Eine Stichprobenplanung zeigte, dass der Effekt bei einem *n* von 114 bis 119 gesichert werden könnte. Die Ergebnisse im gesamten Datensatz zeigen jetzt, dass der Effekt in der kleineren Stichprobe überschätzt wurde. Die größere Stichprobe liefert eine genauere Schätzung des Effekts für die Grundgesamtheit. Dieser fällt kleiner aus und konnte damit nicht gesichert werden. Wie wir bereits erwähnt haben, ist es im Rahmen der Stichprobenplanung daher sinnvoll, einen Mindesteffekt festzulegen und nicht unbedingt die beobachtete Effektstärke zu nutzen. Dennoch wollen wir die Interaktionsdiagramme (siehe *Abbildung 6.58*) kurz zur Übung betrachten. In den linken Diagrammen erkennen wir wieder die Wechselwirkung, die wir bereits im kleinen Datensatz beobachtet haben. Die Rangplätze der Fake-Good-Gruppe und der Kontrollgruppe variieren mit dem Geschlecht. Allerdings ist der

Effekt sehr klein und wie die Ergebnisse des Signifikanztests zeigen, könnten die Unterschiede zufällig durch die Stichprobenziehung bedingt sein, jedoch in der Population null sein. Die Konfidenzintervalle zeigen an, wie präzise jeder Mittelwert geschätzt wurde. Daher stünde, selbst wenn der Interaktionseffekt signifikant wäre (was er nicht ist), der Interpretation des Haupteffekts Instruktion nichts im Weg.

Nun erinnern wir uns, dass das partielle eta^2 nicht die Gesamtvariation berücksichtigt. Daher wollen wir hier noch das eta^2 bzw. omega^2 berechnen, falls dies in R nicht bereits geschehen ist.

Formel 6.35

$$\hat{\omega}^2 = \frac{13818.31 - 2 \cdot 110.93}{387671.22 + 110.93} = 0.505$$

$$\eta^2_{\text{Instruktion}} = \frac{13818.31}{387671.22} = 0.516$$

Es zeigt sich lediglich ein geringer Unterschied zwischen partiellem eta^2 (0.524) und eta^2 (0.516). Obwohl die beiden anderen Effekte weder signifikant noch groß ausfallen, tragen sie natürlich zur Gesamtvariation bei. Durch die Berücksichtigung der beiden anderen Effekte sinkt die Effektstärke eta^2 im Vergleich zu partial eta^2 leicht ab. Der Unterschied fällt umso größer aus, je größer die anderen Effekte in der Varianzanalyse ausfallen und je geringer die Quadratsumme Fehler ausfällt. Es bleibt ein dennoch bedeutsamer und großer Effekt für eta^2 bestehen. Dieser zeigt an, wie viel Prozent der Unterschiede in der Gesamtstreuung durch die unterschiedlichen Instruktionen (*Gruppe*) erklärt werden kann. Einen Schätzwert für die unbekannte Populationeffektstärke liefert omega^2. Es beträgt 0.505.

Praxistipp In einem Artikel oder einer Abschlussarbeit würden wir den Effekt so berichten:

Es trat ein signifikanter und starker Haupteffekt der Instruktion auf ($F_{(2, 113)} = 62.28$, $p < 0.001$, $\eta^2_{\text{partial}} = 0.52$, $1-\beta > 0.99$), der mit ausreichender Teststärke gesichert werden konnte. Weder der Haupteffekt Geschlecht ($F_{(1, 113)} = 0.16$, $p = 0.69$, $\eta^2_{\text{partial}} = 0.001$, $1-\beta = 0.06$) noch die Wechselwirkung ($F_{(2, 113)} = 1.92$, $p = 0.15$, $\eta^2_{\text{partial}} = 0.03$, $1-\beta = 0.37$) wurden signifikant.

Fazit. Als Fazit können wir also festhalten, dass der Haupteffekt Instruktion stark und signifikant ausfällt und mit ausreichender Teststärke gesichert werden konnte. Hier muss die Nullhypothese verworfen werden. Bei den anderen beiden Effekten wird die Nullhypothese beibehalten.

In den bisherigen Abschnitten dieses Kapitels haben wir gezeigt, wie Mittelwertsunterschiede auf statistische Signifikanz getestet werden können, wenn die untersuchten Gruppen unabhängig voneinander sind. Dabei ist die einfaktorielle Varianzanalyse die Erweiterung des t-Tests auf mehr als zwei Gruppen. Der Kruskal-Wallis-Test wurde als nonparametrisches Pendant der einfaktoriellen Varianzanalyse vorgestellt. Schließlich haben wir die zweifaktorielle Varianzanalyse erläutert, die die Wirkung zweier unabhängiger Variablen auf eine abhängige Variable prüft. All diese Verfahren werden auch als *Between-subject-Designs* bezeichnet, da es darauf ankommt, die Unterschiede zwischen den Personen verschiedener Gruppen zu untersuchen. Es gibt jedoch auch Untersuchungsdesigns, bei denen es darauf ankommt, Unterschiede, die innerhalb der Personen über die Zeit (bei wiederholten Messungen) auftreten, zu untersuchen. Solchen *Within-subject-Designs* wenden wir uns in den nächsten drei Unterkapiteln zu.

Das gemeinsame dieser Designs ist, dass die abhängige Variable nicht nur einmal untersucht wird, sondern wiederholt. Es liegen also abhängige Messungen vor. Das bedeutet, dass die Personen, die zu den verschiedenen Messzeitpunkten untersucht werden, immer dieselben sind. Ein Beispiel hierfür wäre, dass eine Gruppe depressiver Patienten vor einer Therapie, direkt nach Abschluss und dann noch einmal sechs Monate nach Ende der Therapie mit demselben Messinstrument untersucht wird. Die Messungen sind abhängig, da es sich immer um dieselben Personen handelt. Es gibt jedoch auch ein anderes Szenario, bei dem es sich um abhängige Messungen handelt. Stellen Sie sich vor, Sie haben eine Zufallsstichprobe und teilen diese auf zwei Gruppen auf. Dabei gehen Sie aber nicht zufällig vor, sondern bilden sogenannte Zwillinge. Das heißt, dass Sie jeweils zwei Personen finden, die sich z. B. in Alter, Geschlecht, Bildung usw. stark ähneln, und jede Person einer Gruppe zuteilen. Man spricht hier auch von *gematchten Stichproben*. Auch hier liegen dann abhängige Messungen vor, da die Personen nicht mehr zufällig den Bedingungen zugewiesen wurden. Im Folgenden nutzen wir aber immer den ersten Fall als Beispiel für abhängige Messungen.

Das Gemeinsame der beiden Szenarien ist, dass die Stichproben abhängig sind. Somit benötigen wir andere Verfahren als bisher beschrieben. In diesem Buch werden wir uns auf die einfaktorielle Varianzanalyse mit Messwiederholung als Erweiterung des t-Tests für abhängige Stichproben beschränken. Als nonparametrisches Pendant werden wir die Rangvarianzanalyse nach Friedman besprechen (siehe *Abschnitt 6.6*). Schließlich wenden wir uns dann noch einem gemischten Design zu, in dem sowohl der Unterschied zwischen Gruppen als auch der Unterschied über die Zeit hinweg untersucht werden soll (siehe *Abschnitt 6.7*).

6.5 Einfaktorielle Varianzanalyse mit Messwiederholung

Die einfaktorielle Varianzanalyse mit Messwiederholung ist die Erweiterung des t-Tests für abhängige Stichproben auf mehr als zwei Messzeitpunkte. Ein mögliches Design, das mithilfe dieses Hypothesentests überprüft werden könnte, stellt eine Therapiestudie dar, in der dieselben Patienten zu drei Messzeitpunkten mit demselben Messinstrument untersucht wurden. Es wird die Hypothese überprüft, ob die Populationsmittelwerte über die Messzeitpunkte hinweg gleich sind. Würde man diese Hypothese mithilfe von t-Tests untersuchen, müssten drei t-Tests für abhängige Stichproben (zwischen den Messzeitpunkten 1 und 2, 2 und 3 sowie 1 und 3) durchgeführt werden.

Bei der einfaktoriellen Varianzanalyse mit Messwiederholung wird eine abhängige Variable (z. B. Ausprägung depressiver Symptomatik) auf verschiedenen Stufen der unabhängigen Variablen (vor der Therapie, nach der Therapie und sechs Wochen nach der Therapie) untersucht. Die unabhängige Variable ist in unserem Design die Zeit. Betrachten wir das Beispiel der Therapiestudie, das wir bereits vorher verwendet haben. Hier sehen wir, dass eine Gruppe mit demselben Instrument (z. B. BDI) zu drei Messzeitpunkten (Therapiebeginn, Therapieende, Follow-up) untersucht wird. Verglichen werden die Mittelwerte der drei Testzeitpunkte. Die Behandlung zwischen den Messzeitpunkten 1 und 2 soll zu einer Veränderung der Symptomatik führen und bei entsprechender Nachsorge im Verlauf zum Messzeitpunkt 3 zu einer weiteren Reduktion der depressiven Symptomatik.

Beispiel. Auch in diesem Abschnitt verwenden wir wieder ein empirisches Beispiel, um die Berechnungen zunächst in einem kleinen und später im gesamten Datensatz erläutern zu können. Allerdings eignet sich das bisher genutzte Beispiel nicht, da keine Messwiederholung vorliegt. Daher führen wir ein neues Beispiel ein, das auch bei den anderen Verfahren zur Unterschiedsprüfung bei abhängigen Messungen genutzt wird.

In einer Untersuchung von Ziegler und Bühner (2009) wurde überprüft, inwieweit sich situative Einflüsse auf die psychometrische Qualität eines Fragebogens auswirken. An dieser Stelle wollen wir auf den genauen Zweck der Studie nicht weiter eingehen. Stattdessen begnügen wir uns damit, kurz die Stichprobe und das Messinstrument zu beschreiben. Aus der Untersuchung liegen vollständige Daten von $n = 339$ Personen vor. Als Messinstrument wurde das NEO-PI-R (Ostendorf & Angleitner, 2004) genutzt. Dieser Fragebogen ist ein Selbsteinschätzungsverfahren und erfasst die Persönlichkeitseigenschaften Neurotizismus bzw. Emotionale Stabilität, Extraversion, Offenheit für Erfahrungen, Verträglichkeit und Gewissenhaftigkeit. In diesem Beispiel wollen wir lediglich die Messwerte der Domäne Neurotizismus verwenden. Neurotizismus beschreibt Unterschiede zwischen emotionaler Robustheit auf der einen und emotionaler Empfindsamkeit bzw. Ansprechbarkeit auf der anderen Seite. Diese Domäne beinhaltet Eigenschaften wie Ängstlichkeit, Reizbarkeit, soziale Befangenheit, Depressivität und Impulsivität. Im Fragebogen wird Neurotizismus mit insgesamt 48 Items erfasst. Das Antwortformat reicht jeweils von 0 (Starke Ablehnung) bis 4 (Starke Zustimmung). Somit ist das Maximum der erreichbaren Punkte 192. Hohe Werte sprechen dafür, dass sich Personen eher als emotional instabil einschätzen. In der Untersuchung bekamen die Versuchspersonen den Fragebogen zweimal vorgelegt. Zunächst sollten sie ehrlich antworten (Ehrlich). Beim zweiten Mal bekam ein Teil die Aufforderung, das Inventar positiv zu verfälschen (Fake Good). Aus Gründen der Einfachheit nehmen wir hier an, alle hätten diese Aufforderung erhalten. Da in der Untersuchung kein dritter Messzeitpunkt vorgesehen war, haben wir die Daten eines dritten Messzeitpunkts simuliert. Nehmen wir einmal an, die Ergebnisse des dritten Messzeitpunkts wären nach einem emotionalen Priming beobachtet worden (Primed), in dem die Versuchspersonen Angst auslösende Filme gesehen hätten. Es liegen also drei Messzeitpunkte vor, die nahe aufeinander folgen und denen jeweils ein anderes Treatment vorausging: Ehrlich, Fake Good und Primed.

Fragestellung. Die einfaktorielle Varianzanalyse mit Messwiederholung überprüft, welchen Einfluss eine unabhängige Variable, in unserem Fall verschiedene Messzeitpunkte in drei Stufen, auf eine abhängige Variable haben. Um dies zu veranschaulichen, haben wir aus unserem Beispieldatensatz zufällig fünf Personen entnommen und deren Werte in den drei Messzeitpunkten in ▶*Abbildung 6.62* abgetragen (aus Gründen der Übersichtlichkeit haben wir die Punkte, die eigentlich alle zu einem Messzeitpunkt erhoben wurden, jeweils räumlich etwas getrennt). Aus der Abbildung geht auch noch einmal die Fragestellung der einfaktoriellen ANOVA hervor.

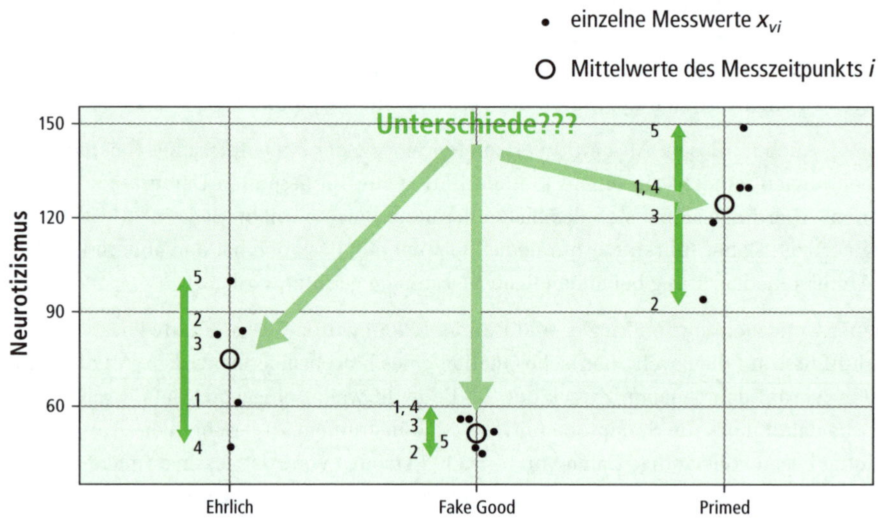

Abbildung 6.62: Fragestellung bei der einfaktoriellen Varianzanalyse mit Messwiederholung

Datenmaske. Betrachten wir, wie die Datenmaske allgemein aussieht und welche Terminologie wir hier verwenden.

	Faktorstufen							
Person	1	2	…	i	…	p	$\sum$	M
1	x_{11}	x_{12}		x_{1i}		x_p	P_1	$\hat{\mu}_1$
2	x_{21}	x_{22}		x_{2i}		x_p	P_2	$\hat{\mu}_2$
…	…	…	…	…	…	…	…	…
v	x_{v1}	x_{v2}		x_{vi}		x_{vp}	P_v	$\hat{\mu}_v$
…	…	…	…	…	…	…	…	…
n	x_{n1}	x_{n2}		x_{ni}		x_{np}	P_n	$\hat{\mu}_n$
$\sum$	x_1	x_2	…	x_i	…	x_p	G	
Mittelwerte	$\hat{\mu}_1$	$\hat{\mu}_2$	…	$\hat{\mu}_i$	…	$\hat{\mu}_p$		$\hat{\mu}$

v = 1 … n = Index der VP
i = 1 … p = Index der Messzeitpunkte
x_{vi} = i-ter Messwert der Person v
X_i = Summe aller Messwerte unter Faktorstufe i
$\hat{\mu}_i$ = Mittelwert aller Messwerte unter Faktorstufe i
P_v = Summe aller Messwerte der Person v
$\hat{\mu}_v$ = Mittelwert aller Messwerte der Person v
G = Gesamtsumme der Messwerte
$\hat{\mu}$ = Gesamtmittelwert der Messwerte

Abbildung 6.63: Datenmaske und Terminologie bei der einfaktoriellen Varianzanalyse mit Messwiederholung

Wir sehen zunächst, dass es wieder einen Index *v* gibt, der anzeigt, um welche Versuchsperson es sich handelt. Daneben gibt es einen Index *i*, der angibt, um welchen Messzeitpunkt es sich handelt. Die Summen bzw. Mittelwerte der Messzeitpunkte, die am Ende jeder Spalte aufgeführt sind, werden als X_i bzw. $\hat{\mu}_i$ (mü Dach *i*) bezeichnet. In diesem Design wird von einem Messwiederholungsfaktor gesprochen (unabhängige Variable) mit drei Stufen bzw. Faktorstufen. Die Zeilensummen und Mittelwerte hingegen tragen die Bezeichnungen P_v und $\hat{\mu}_v$ (mü Dach *v*) und geben jeweils den Mittelwert der Messergebnisse einer Person an. Folgende Hypothesen werden überprüft:

Hypothesen. Zunächst formulieren wir die Null- und die Alternativhypothese.

Nullhypothese und Alternativhypothese

Nullhypothese:

$$H0: \mu_1 = \mu_2 = \mu_3 = \ldots = \mu_i$$

Alternativhypothese:

$$H1: \mu_i \neq \mu_j \quad \text{für mindestens eine Kombination } (i, j)$$

Für unser Beispiel bedeutet dies:

$$H0: \mu_{\text{Ehrlich}} = \mu_{\text{Fake Good}} = \mu_{\text{Primed}}$$

$$H1: \mu_{\text{Ehrlich}} \neq \mu_{\text{Fake Good}}; \mu_{\text{Ehrlich}} \neq \mu_{\text{Primed}}; \mu_{\text{Fake Good}} \neq \mu_{\text{Primed}} \quad \text{für mindestens einen Vergleich}$$

Wollen wir das Ganze in Worten ausdrücken, ergeben sich die folgenden Formulierungen.

Die Nullhypothese lautet:

Alle μ_i sind gleich.

Es wird also angenommen, dass die zu den einzelnen Messzeitpunkten auftretenden Mittelwerte alle aus derselben Grundgesamtheit stammen und daher denselben Populationsmittelwert schätzen.

Für unser Beispiel mit den drei Messzeitpunkten des Neurotizismus lautet die Nullhypothese dann:

Die mittleren Neurotizismusausprägungen sind zu allen drei Messzeitpunkten gleich. Anders formuliert: Die unterschiedlichen Zeitpunkte, verbunden mit einer unterschiedlichen Bedingung (*Fake Good*, *Ehrlich*, *Primed*) haben keinen Einfluss auf die Ausprägungen der Populationsmittelwerte.

Die Alternativhypothese lautet:

Nicht alle μ_i sind gleich bzw. wenigstens zwei μ_i sind verschieden.

Die Alternativhypothese für unser Beispiel lautet dann:

Die unterschiedlichen Messzeitpunkte mit unterschiedlichen Bedingungen wirken sich auf die mittlere Ausprägung des Neurotizismuswerts derart aus, dass sich mindestens zwei Populationsmittelwerte unterscheiden.

Wenn wir die Datenmaske für die fünf zufällig aus der Stichprobe gezogenen Personen betrachten, ergibt sich folgendes Bild (siehe ▶*Abbildung 6.64*).

Person	Ehrlich	Fake Good	Primed	P_v	$\hat{\mu}_v$
1	61	56	130	247	82.33
2	84	45	94	223	74.33
3	83	52	119	254	84.67
4	47	56	130	233	77.67
5	100	47	149	296	98.67
X_i	375	256	622	1253	
$\hat{\mu}_i$	75.00	51.20	124.40		83.53

Abbildung 6.64: Beispieldaten für die einfaktorielle ANOVA mit Messwiederholung

Ein Vergleich der Spaltenmittelwerte zeigt, dass diese deskriptiv in der Stichprobe unterschiedlich ausfallen. Der Hypothesentest muss nun Aufschluss darüber geben, ob die Unterschiede signifikant sind oder nicht.

Bisher haben wir im Rahmen der Varianzanalyse immer Quadratsummen berechnet. Für die Gesamtquadratsumme ergab sich diese immer als die Summe der quadrierten Abweichungen der Messwerte der Personen vom Gesamtmittelwert. Diese wiederum lies sich in weitere Quadratsummen aufspalten, die additiv die Gesamtquadratsumme gebildet haben. Die Quadratsummen wurden durch die Anzahl der Freiheitsgrade geteilt und so die geschätzten Varianzen bestimmt. Die geschätzten Varianzen wurden ins Verhältnis gesetzt und ergaben eine F-verteilte Prüfgröße, die zur Signifikanztestung unter Berücksichtigung der Freiheitsgrade herangezogen werden konnte. Im Folgenden wird dargestellt, wie die Quadratsummenzerlegung in der einfaktoriellen Varianzanalyse mit Messwiederholung erfolgt.

6.5.1 Grundprinzip

Um das Grundprinzip der Varianzanalyse mit Messwiederholung zu erläutern, beginnen wir noch einmal mit der Zerlegung der Gesamtstreuung in die Quadratsumme Zwischen und in die Quadratsumme Innerhalb.

Um das Prinzip anschaulicher darzustellen, betrachten wir zunächst die jeweiligen geschätzten Streuungen zu den unterschiedlichen Messzeitpunkten genauer. Dazu nutzen wir unseren kleinen Datensatz und erstellen ein Streudiagramm. Auf der x-Achse tragen wir die drei Messzeitpunkte ab und auf der y-Achse die Neurotizismuswerte der fünf Personen (siehe ▶*Abbildung 6.65*). Für jeden Punkt im Diagramm ist angegeben, um welche Versuchsperson es sich handelt. Dadurch sehen wir, dass wir auch hier zwei Varianzquellen unterscheiden können: (1) Zum einen variieren die Messwerte der Personen innerhalb eines jeden Messzeitpunkts. (2) Zum anderen schwanken die Messwerte einer Person über die verschiedenen Messzeitpunkte hinweg.

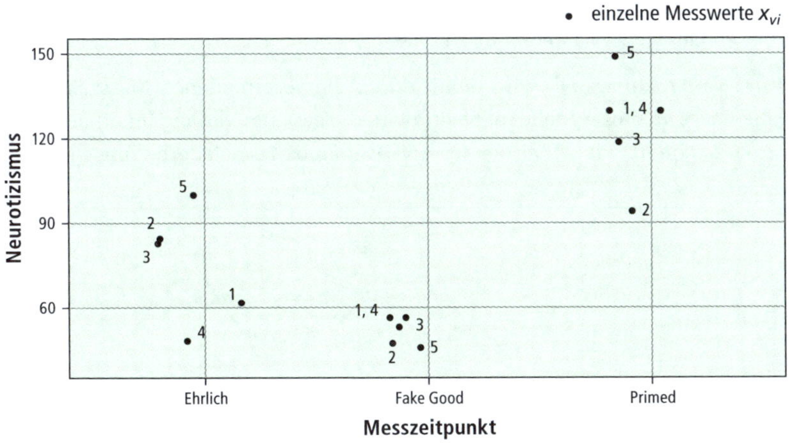

Abbildung 6.65: Streudiagramm für Beispieldaten

Die Unterschiede zwischen den Personen zu einem gegebenen Zeitpunkt sind nicht auf den jeweiligen Messzeitpunkt zurückzuführen. Es kann angenommen werden, dass es sich hierbei um schon im Voraus bestehende Unterschiede der Personen in diesem Merkmal handelt. Diese Unterschiede stehen daher für die *Varianz Zwischen* den Personen. Wir interessieren uns aber nur für Unterschiede, die durch die unterschiedlichen Messzeitpunkte verursacht werden. Demzufolge sind diese Unterschiede zwischen den Personen für unsere Fragestellung nicht von Belang.

Wenden wir uns nun den Unterschieden der Messwerte einer Person über die Messzeitpunkte zu. Diese Schwankungen zeigen, wie stark sich die individuellen Messwerte der Personen über die Messzeitpunkte hinweg verändern. Damit repräsentieren sie die *Quadratsumme Innerhalb*. Wenn wir den Verlauf der Pfeile in ▶*Abbildung 6.66* betrachten, sehen wir einen generellen Trend. Dieser besagt, dass die Messwerte zum zweiten Messzeitpunkt abfallen und zum dritten wieder ansteigen. Dieser generelle Trend ist der systematische Effekt der Messwiederholung. In unserem Beispiel wird zu jedem Messzeitpunkt eine andere Instruktion (Ehrlich vs. Fake Good) bzw. Situation (Angstpriming) geschaffen. Daher glauben wir, dass die Mittelwertsunterschiede in Neurotizismus (abhängige Variable) durch diese Variation der unabhängigen Variablen erzeugt werden. Allerdings wäre es auch möglich, dass es eine andere systematische Einflussquelle gibt. Vielleicht war beim zweiten Messzeitpunkt zufällig extremer Lärm im Untersuchungsraum und lenkte die Personen ab. Auch das wäre ein systematischer Effekt, der alle gleich betreffen würde. Dieser ließe sich aber vom Effekt der Instruktion nicht trennen. Das bedeutet, alle systematischen Einflüsse der Messzeitpunkte sind in der geschätzten Varianz Innerhalb enthalten und werden dem Treatment, also den variierten Bedingungen bzw. dem Messzeitpunkt, zugeschlagen. Bei der Diskussion der Ergebnisse ist daher unbedingt darauf zu achten, andere Variablen als Erklärung für die Veränderung auszuschließen oder in die Diskussion einzubeziehen. Ist die Veränderung der Mittelwerte der abhängigen Variablen nicht eindeutig auf die unterschiedlichen Treatments (Stufen der unabhängigen Variablen) bzw. Messzeitpunkte zurückzuführen, spricht man davon, dass die *interne Validität* der Untersuchung gering ist. Das heißt, dass wir nicht eindeutig davon ausgehen können, dass unser Treatment die Veränderung in der abhängigen Variablen bewirkt hat.

Ein Teil der Varianz Innerhalb wird damit durch die verschiedenen Messzeitpunkte verursacht. Daher ist es an dieser Stelle nicht sinnvoll, die gesamte Varianz Innerhalb als Residualvarianz zu bezeichnen, wie wir es bei der ANOVA ohne Messwiederholung getan haben.

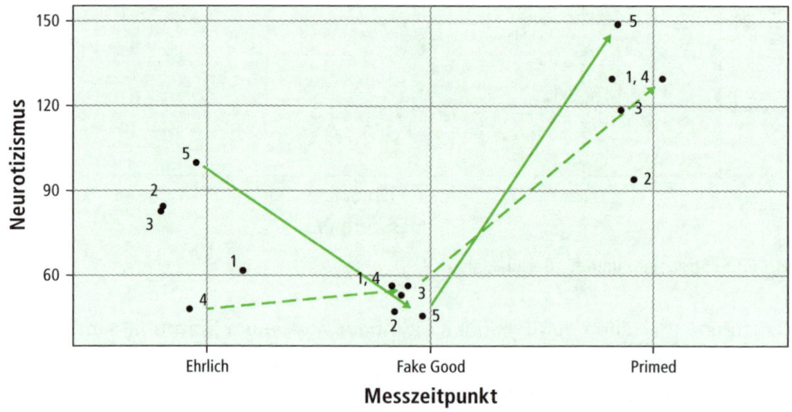

Abbildung 6.66: Veranschaulichung der Varianz Innerhalb bei der einfaktoriellen Varianzanalyse mit Messwiederholung

Die Varianz Innerhalb wird folglich in zwei Varianzquellen zerlegt. In der Klassischen Testtheorie (Bühner, 2011) wird definiert, dass jeder beobachtete Messwert aus dem wahren Wert einer Person und einem unsystematischen Messfehler besteht. Diese Messfehler bewirken, dass Personen, wenn sie wiederholt mit demselben Messinstrument untersucht werden, nicht immer exakt den gleichen Wert erzielen. Man kann sich das gedanklich so vorstellen, dass mithilfe eines Würfels zu jedem Messzeitpunkt für jede Person auf den wahren Wert ein zufällig gewürfelter Wert addiert bzw. subtrahiert wird. Unser Ziel muss es nun sein, die wahre, also systematische Veränderung (Veränderung der wahren Werte) von der unsystematischen Veränderung (zufällig gewürfelte Werte, die hinzuaddiert wurden) zu trennen.

Das heißt, dass es zwei Varianzquellen innerhalb der Personen gibt: (1) Unterschiede, die auf die Behandlung (Treatment), also die Veränderungen über die Zeit, zurückgehen, und (2) Unterschiede, die auf andere Einflüsse, beispielsweise Messfehler, zurückgeführt werden können. Aus *Abbildung 6.66* können wir entnehmen, dass für die einzelnen Personen die Verläufe über die Messzeitpunkte nicht parallel verlaufen. So ist der Abfall im Messwert von Zeitpunkt 1 (Ehrlich) zu Zeitpunkt 2 (Fake Good) bei Person 5 deutlich ausgeprägter als beispielsweise bei Person 4, bei der sogar ein leichter Anstieg auftritt. Das heißt, nicht alle Personen reagieren auf das Treatment gleich. Etwas anders formuliert, gibt es eine Interaktion zwischen der Person und dem Messzeitpunkt. Jede Person reagiert anders auf die Instruktion, die jeweils zu einem anderen Zeitpunkt gegeben wird: Interaktion Person × Messzeitpunkt (Treatment).

Es existieren also theoretisch drei Einflussgrößen, die dazu führen, dass die Messwerte der Personen über die Messzeitpunkte hinweg schwanken: (1) systematische Effekte der Messzeitpunktbedingungen, (2) unsystematische Einflüsse bzw. Fehler und (3) eine Interaktion zwischen Versuchsperson und Messzeitpunktbedingungen.

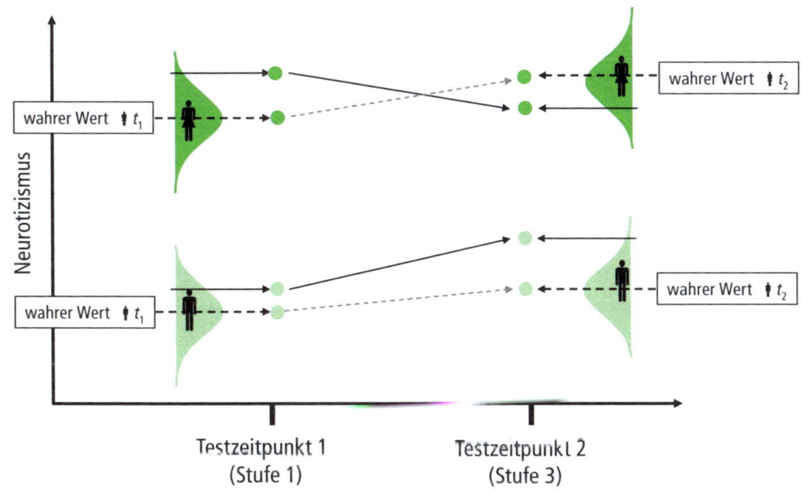

Abbildung 6.67: Veranschaulichung des Problems bei der Trennung von Messfehlervarianz und Interaktionsvarianz

Allerdings lassen sich die letzten beiden Varianzquellen (2) und (3) mit dem hier beschriebenen Versuchsdesign nicht trennen. Um den Grund hierfür zu veranschaulichen, betrachten wir ▶*Abbildung 6.67*. In dieser Grafik sind die Messwerte derselben zwei Personen zu zwei unterschiedlichen Messzeitpunkten dargestellt. Wir gehen davon aus, dass jede Person einen wahren Wert in der gemessenen Variablen Neurotizismus besitzt. Dieser ist durch den jeweils helleren Punkt veranschaulicht. Allerdings entspricht ein beobachteter Messwert nicht immer dem wahren Wert. Vielmehr schwanken die beobachteten Messwerte einer Person aufgrund von Fehlern bei der Messung um den wahren Wert. Man könnte also sagen, dass für jede Person eine theoretische intraindividuelle Verteilung existiert, deren Mittelwert den wahren Wert der Person darstellt und deren Streuung durch unsystematische Messfehler verursacht wird. Im Rahmen einer Untersuchung testen oder befragen wir eine Person zu einem bestimmten Messzeitpunkt und ziehen somit aus der möglichen Verteilung aller Messwerte dieser Person an einem Tag X einen Messwert heraus. Zu den beiden Messzeitpunkten veranschaulicht der durchgezogene Strich jeweils den beobachteten Messwert der Person. Dieser kann nun aufgrund unsystematischer Messfehler von Zeitpunkt zu Zeitpunkt unterschiedlich ausfallen. Der wahre Wert ändert sich hingegen nur durch die Wirkung des Treatments. Die Abbildung zeigt für die wahren Werte der beiden Personen, dass beide zum Messzeitpunkt 2 einen höheren Punktwert als zum Messzeitpunkt 1 haben. Das Treatment hat also eine Erhöhung des wahren Werts bewirkt. Allerdings entspricht der beobachtete Messwert nicht diesem durch das Treatment veränderten wahren Wert, sondern ist aufgrund des Messfehlers verschoben. Bei der oberen Person bewirkt der Messfehler sogar, dass der beobachtete Wert zum zweiten Messzeitpunkt kleiner ausfällt als zum ersten Messzeitpunkt. Der Messfehler bewirkt also auch eine Veränderung der Messwerte über die Zeit. Betrachten wir noch einmal die Veränderung des wahren Werts. Die „wahre" Erhöhung fällt bei der oberen Person deutlich größer aus. Die Personen haben also unterschiedlich auf die veränderte Situation reagiert. Dies ist die

Interaktion zwischen Person und Situation. Auch diese Interaktion bewirkt nun eine Veränderung der Messwerte über die Zeit. Allerdings haben wir in der Realität keine Kenntnis über die Lage des wahren Werts. Zudem haben wir auch zu jedem Messzeitpunkt nur eine Messung, wir kennen also weder den Erwartungswert (Mittelwert der theoretischen Verteilung) noch den Parameter für die Streuung. Somit können wir nicht bestimmen, ob die Veränderungen von Zeitpunkt 1 zu Zeitpunkt 2 nur auf den Messfehler, die Interaktion von Person und Messzeitpunkt oder beides zurückzuführen sind. Diese Varianzquellen lassen sich in diesem Untersuchungsdesign also nicht trennen und werden daher zusammen betrachtet.

Da beide Varianzquellen nicht trennbar sind, werden sie zu einem Term zusammengefasst. Dieser Term wird dann in der Population als Fehlervarianz (nicht Messfehlervarianz!) bezeichnet und heißt, wenn diese Varianz aus den Daten für die Population geschätzt wird, geschätzte Residualvarianz. Für die Quadratsummenzerlegung als Vorstufe der geschätzten Varianzen ergibt sich daher das folgende Schema (siehe ▶*Abbildung 6.68*).

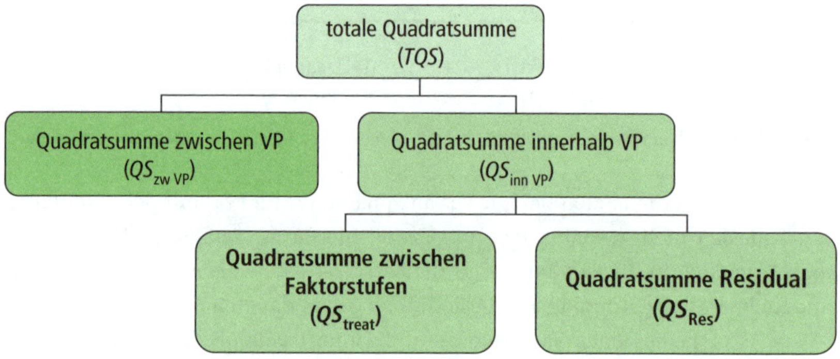

Abbildung 6.68: Quadratsummenzerlegung bei der einfaktoriellen Varianzanalyse mit Messwiederholung

An der Spitze in der Abbildung steht wie immer die Gesamtvariation, also die totale Quadratsumme. Diese wird, wie gehabt, in eine Quadratsumme Zwischen den Personen und eine Quadratsumme Innerhalb der Personen zerlegt. Dabei spiegelt die Quadratsumme Zwischen den Personen den Anteil an der Gesamtstreuung wider, der auf A-priori-Unterschiede zwischen den Personen und Fehler zurückgeht. Diese Streuung ist für uns im Moment nicht interessant. Die Quadratsumme Innerhalb wiederum repräsentiert die Unterschiede innerhalb der Personen über die Messzeitpunkte hinweg. Sie kann in eine Quadratsumme Zwischen den Faktorstufen und eine Residualquadratsumme zerlegt werden. Die Variation zwischen den Faktorstufen zeigt an, wie stark die Messwerte aufgrund des systematischen Einflusses der Messzeitpunktbedingungen schwanken. Trifft die Nullhypothese in der Population zu, dann gibt es diesen Einfluss nicht. In diesem Fall würden die Mittelwerte der Messzeitpunkte alle aus einer Grundgesamtheit stammen und somit wäre die Varianz der Faktorstufen eine Schätzung der Populationsstreuung. Die Residualquadratsumme hingegen beinhaltet Schwankungen, die auf die Variation durch einen Fehler und die Variation aufgrund der Interaktion zwischen den Personen und den Messzeitpunktbedingungen zurückgehen. Beides kann nicht auf das Wirken der Messwiederholung zurückgeführt werden. Beim Fehler ist dies offensichtlich. Aber auch eine Interaktion aus Messzeitpunkt und Person kann aufgrund spezifischer Personencharakteristika zustande kommen oder aber auch auf systematische Unterschiede zwischen den Zeitpunkten zurückgehen. Beispielsweise könnte als abhängige Variable die Hautleitfähigkeit gemessen werden. Es könnte nun sein, dass zum zweiten Messzeitpunkt die Temperatur im Raum bei der Abnahme der Hautleitfähigkeit bei einigen Personen erhöht war und damit die Messung verzerrt. Daher reagiert ein Teil der Personen zu Messzeitpunkt zwei anders als die anderen Personen. Auch solche Störgrößen können mit den Messzeitpunktbedingungen interagieren, sind aber nicht auf das einheitliche Wirken des Treatments zurückzuführen. Daher werden beide Varianzquellen als unsystematisch angesehen, da sie nicht durch eine generelle, also über alle Personen gleich funktionierende, Wirkung des Treatments zwischen den unterschiedlichen Messzeitpunkten erklärt werden können. Die mittlere geschätzte Residualquadratsumme repräsentiert immer eine Schätzung der Populationsvarianz und zwar unabhängig davon, ob sich ein Unterschied über die Populationsmittelwerte vorliegt oder nicht. Somit ergeben sich wieder zwei Varianzschätzungen für die Populationsvarianz. Dabei hängt jedoch eine vom Zutreffen der Nullhypothese ab (geschätzte Treatmentvarianz) und die andere nicht (geschätzte Residualvarianz). Gibt es mindestens einen Mittelwertsunterschied in der Population, sollte sich dies nicht auf die geschätzte Residualvarianz auswirken. Die geschätzte Treatmentvarianz sollte sich hingegen schon ändern, wenn ein Mittelwertsunterschied in der Population besteht. Folglich kann der Vergleich beider Varianzschätzungen Aufschluss darüber geben, ob die Nullhypothese verworfen werden muss.

Es ergibt sich folgendes Modell für die einfaktorielle Varianzanalyse mit Messwiederholung:

Formel 6.36

$$x_{vi} = \mu + \pi + \alpha_i + e_{vi}$$

x_{vi} = Messwert der Person v zum Zeitpunkt i
μ = Populationsmittelwert
π = Abweichung aufgrund individueller A-priori-Unterschiede zwischen den Personen
α_i = Treatmenteffekt (Effekt der Messwiederholung)
e_{vi} = Fehlerterm der Person v zum Messzeitpunkt i
v = Index der Person
i = Index für den Messzeitpunkt

Der individuelle Messwert x einer Person v zu einem Messzeitpunkt i setzt sich also zusammen aus dem Populationsmittelwert μ, der Abweichung aufgrund individueller a-priori-Unterschiede π, dem Effekt α des Messzeitpunkts i und einem Fehler e für die Person v zum Messzeitpunkt i. Letzterer beinhaltet den Fehler und die Wechselwirkung zwischen der Person und dem Messzeitpunkt.

Im nächsten Abschnitt schauen wir uns nun an, wie die einzelnen Quadratsummen berechnet werden und führen die Berechnungen für unser Beispiel durch. Anschließend erläutern wir den Entscheidungsprozess.

6.5.2 Vorgehen bei der einfaktoriellen Varianzanalyse mit Messwiederholung

Aus dem vorherigen Abschnitt wissen wir, dass bei der einfaktoriellen Varianzanalyse mit Messwiederholung die totale Quadratsumme (QS_{tot}) wieder in eine Quadratsumme Zwischen den Personen (QS_{zw}) und eine Quadratsumme Innerhalb der Personen (QS_{inn}) zerlegt werden kann. Dabei lässt sich die Quadratsumme Innerhalb noch einmal in die Quadratsumme des Treatments, also der Messwiederholung (QS_{treat}), und eine Residualquadratsumme (QS_{Res}) unterteilen. Es ergibt sich folgende Zusammenfassung:

Formel 6.37

$$QS_{tot} = QS_{zw} + QS_{inn} = QS_{zw} + QS_{treat} + QS_{Res}$$
$$df_{tot} = df_{zw} + df_{inn} = df_{zw} + df_{treat} + df_{Res}$$

Diese Formeln zeigen noch einmal das Prinzip der Additivität der Quadratsummen und der Freiheitsgrade. Im Folgenden werden wir die Berechnung aller Quadratsummen erklären.

Berechnung. Die totale Quadratsumme repräsentiert die Gesamtvariation der Messwerte. Genau dieselbe Definition haben wir auch bei der einfaktoriellen Varianzanalyse ohne Messwiederholung genutzt. Daher ist auch die Berechnung identisch.

Formel 6.38

$$QS_{tot} = \sum_{v=1}^{n} \sum_{i=1}^{p} (x_{vi} - \hat{\mu})^2$$
$$df_{tot} = (n \cdot p) - 1$$
$$\hat{\sigma}^2_{tot} = \frac{QS_{tot}}{df_{tot}}$$

QS_{tot} = Quadratsumme Total
x_{vi} = Messwert x der Person v zum Zeitpunkt i
$\hat{\mu}$ = Gesamtmittelwert
$\hat{\sigma}^2_{tot}$ = Varianz Total
df_{tot} = Freiheitsgrade der Varianz Total
v = Index der Person
i = Index für den Messzeitpunkt
p = Anzahl der Messzeitpunkte
n = Anzahl der Personen

Wir ermitteln also die Schwankung der individuellen Messwerte um den Gesamtmittelwert. Das heißt, dass wir die Summe der quadrierten Abweichungen der individuellen Messwerte vom Gesamtmittelwert aller Messwerte berechnen. Dabei müssen wir wieder einen Parameter, den Gesamtmittelwert, als Populationsschätzwert annehmen. Dadurch verlieren wir einen Freiheitsgrad. Dividieren wir dann die totale Quadratsumme durch die Freiheitsgrade, ergibt sich die geschätzte Gesamtvarianz.

Für unser Beispiel ist die Berechnung in ▶*Abbildung 6.69* skizziert.

Person	Ehrlich	Fake Good	Primed	P_v	$\hat{\mu}_v$
1	61	56	130	247	82.33
2	84	45	94	223	74.33
3	83	52	119	254	84.67
4	47	56	130	233	77.67
5	100	47	149	296	98.67
X_i	375	256	622	1253	
$\hat{\mu}_i$	75.00	51.20	124.40		83.53

$$QS_{tot} = (61-83.53)^2 + (84-83.53)^2 + \ldots + (149-83.53)^2 = 17415.73$$

$$df_{tot} = (3 \cdot 5) - 1 = 14$$

$$\hat{\sigma}^2_{tot} = \frac{17415.73}{14} = 1243.98$$

Abbildung 6.69: Berechnung der *Varianz Total* bei der einfaktoriellen ANOVA mit Messwiederholung

Die geschätzte Varianz Zwischen den Versuchspersonen stellt Unterschiede dar, die nicht auf die Messwiederholung zurückzuführen und für unsere Fragestellung eigentlich nicht interessant sind. Die Berechnung sieht wie folgt aus:

Formel 6.39

$$QS_{zw} = p \cdot \sum_{v=1}^{n} (\hat{\mu}_v - \hat{\mu})^2$$

$$df_{zw} = n - 1$$

$$\hat{\sigma}^2_{zw} = \frac{QS_{zw}}{df_{zw}}$$

QS_{zw} = Quadratsumme Zwischen den Personen
$\hat{\mu}_v$ = individueller Mittelwert der Person v über alle Messzeitpunkte i
$\hat{\mu}$ = Gesamtmittelwert
$\hat{\sigma}^2_{zw}$ = Varianz Zwischen
df_{zw} = Freiheitsgrade der Varianz Zwischen
v = Index der Person
i = Index für den Messzeitpunkt
p = Anzahl der Messzeitpunkte
n = Anzahl der Personen

Wir ermitteln die Summe der quadrierten Abweichungen der Mittelwerte jeder Person über alle drei Messzeitpunkte vom Gesamtmittelwert. Wir ersetzen also die unterschiedlichen beobachteten Messwerte einer Person zu den drei Messzeitpunkten durch den Mittelwert dieser Person über die drei Messzeitpunkte, da wir davon ausgehen, dass die A-priori-Unterschiede zwischen den Personen am besten durch die Mittelwerte der Personen über die Messzeitpunkte repräsentiert werden. Da allerdings p Messzeitpunkte (in unserem Beispiel drei Messzeitpunkte), also eigentlich auch p individuelle Messwerte einer Person vorliegen, multiplizieren wir noch das Abweichungsquadrat mit der Anzahl der Stufen der abhängigen Variablen p. Da die Anzahl der Messzeitpunkte bei allen Personen gleich ist, kann p vor die Summe gezogen werden. Bei der Berechnung nehmen wir wiederum den Gesamtmittelwert als fest an und verlieren somit einen Freiheitsgrad. Für unser Beispiel ergibt sich die in ▶*Abbildung 6.70* dargestellte Berechnung.

Ein Vergleich der totalen Quadratsumme und der Quadratsumme Zwischen zeigt bereits, dass der größere Teil der Gesamtvariation durch die Variation innerhalb der Person erklärt werden kann. So müsste sich die Quadratsumme Innerhalb als Differenz der beiden Werte auf 16363.33 belaufen.

Person	Ehrlich	Fake Good	Primed	P_v	$\hat{\mu}_v$
1	61	56	130	247	82.33
2	84	45	94	223	74.33
3	83	52	119	254	84.67
4	47	56	130	233	77.67
5	100	47	149	296	98.67
X_i	375	256	622	1253	
$\hat{\mu}_i$	75.00	51.20	124.40		83.53

$$QS_{zw} = 3 \cdot [(82.33 - 83.53)^2 + (74.33 - 83.53)^2 + \ldots + (98.67 - 83.53)^2] = 1052.40$$

$$df_{zw} = 5 - 1 = 4$$

$$\hat{\sigma}^2_{zw} = \frac{1052.40}{4} = 263.10$$

Abbildung 6.70: Berechnung der *Varianz Zwischen* bei der einfaktoriellen ANOVA mit Messwiederholung[5]

Betrachten wir zunächst, wie sich die Quadratsumme Innerhalb berechnen lässt, bevor wir uns ihren beiden Bestandteilen zuwenden.

5 Auch in diesem Beispiel haben wir tatsächlich mit mehr als zwei Dezimalstellen gerechnet, um die Additivität der Quadratsummen besser zeigen zu können.

Formel 6.40

$$QS_{\text{inn}} = \sum_{i=1}^{p}\sum_{v=1}^{n}(x_{vi} - \hat{\mu}_v)^2$$

$$df_{\text{inn}} = n \cdot (p-1)$$

$$\hat{\sigma}^2_{\text{inn}} = \frac{QS_{\text{inn}}}{df_{\text{inn}}}$$

QS_{inn} = Quadratsumme Innerhalb der Personen
x_{vi} = Messwert x der Person v zum Zeitpunkt i
$\hat{\mu}_v$ = individueller Mittelwert der Person v über alle Messzeitpunkte i
$\hat{\sigma}^2_{\text{inn}}$ = Varianz Innerhalb
df_{inn} = Freiheitsgrade der Varianz Innerhalb
v = Index der Person
i = Index für den Messzeitpunkt
p = Anzahl der Messzeitpunkte
n = Anzahl der Personen

Wir ermitteln also die Abweichungen der Messwerte einer Person, die zu den unterschiedlichen Messzeitpunkten erhoben wurden, vom jeweiligen Mittelwert der Person über die Messzeitpunkte hinweg. Dabei nehmen wir an, dass der individuelle Mittelwert eine Schätzung der „wahren" Ausprägung der Person darstellt. Bei jeder Person führen wir diese Berechnung durch und verlieren somit jeweils einen Freiheitsgrad. Insgesamt haben wir bei jeder Person p Messwerte. Demzufolge ergibt sich die Zahl der Freiheitsgrade als $n \cdot (p-1)$. Bei unserem Beispiel ergibt sich die Berechnung in ▶ *Abbildung 6.71*. Der Vergleich mit der Differenz aus der totalen Quadratsumme und der Quadratsumme Zwischen zeigt, dass kein Rechenfehler vorliegt.

$$QS_{\text{inn}} = (61-82.33)^2 + (56-82.33)^2 + (130-82.33)^2 + \ldots + (149-98.67)^2 = 16363.33$$

Person	Ehrlich	Fake Good	Primed	P_v	$\hat{\mu}_v$
1	61	56	130	247	82.33
2	84	45	94	223	74.33
3	83	52	119	254	84.67
4	47	56	130	233	77.67
5	100	47	149	296	98.67
X_i	375	256	622	1253	
$\hat{\mu}_i$	75.00	51.20	124.40		83.53

$$df_{\text{inn}} = 5 \cdot (3-1) = 10$$

$$\hat{\sigma}^2_{\text{inn}} = \frac{16363.33}{10} = 1636.33$$

Abbildung 6.71: Berechnung der *Varianz Innerhalb* bei der einfaktoriellen Varianzanalyse mit Messwiederholung

Diese Quadratsumme Innerhalb lässt sich nun noch auf die QS_{treat} und die QS_{Res} verteilen. Die QS_{treat} spiegelt den Anteil der Unterschiedlichkeit aller Messwerte wider, der auf das Treatment zurückgeht. Das heißt, dass es sich um die systematischen Veränderungen der Personenmesswerte aufgrund des Treatments zwischen den Messzeitpunkten handelt. Die Berechnung ist im Folgenden dargestellt:

Formel 6.41

$$QS_{\text{treat}} = n \cdot \sum_{i=1}^{p} (\bar{X}_i - \hat{\mu})^2$$

$$df_{\text{treat}} = (p-1)$$

$$\hat{\sigma}^2_{\text{treat}} = \frac{QS_{\text{treat}}}{df_{\text{treat}}}$$

QS_{treat} = Quadratsumme des Treatments (der Messwiederholung)
$\bar{X}_i$ = Mittelwert aller Messwerte zum Messzeitpunkt i
$\hat{\mu}$ = Gesamtmittelwert
$\hat{\sigma}^2_{\text{treat}}$ = Varianz des Treatments
df_{treat} = Freiheitsgrade der Varianz des Treatments
i = Index für den Messzeitpunkt
p = Anzahl der Messzeitpunkte
n = Anzahl der Personen

Die Quadratsumme Treatment entsteht also durch das Aufsummieren der quadrierten Abweichungen der jeweiligen Mittelwerte zu jedem Messzeitpunkt vom Gesamtmittelwert. Wir verwenden nicht die quadrierte Abweichung der beobachteten Messwerte der Personen oder deren Mittelwerte über alle Stufen der unabhängigen Variable vom Gesamtmittelwert, weil diese nicht vom Treatment abhängig sind. Vom Treatment abhängig sind die Mittelwerte über die Messwiederholungsstufen. Betrachtet werden daher nur die quadrierten Abweichungen des Mittelwerts einer Messwiederholungsstufe vom Gesamtmittelwert. Da wir aber nicht nur einen Messwert haben, wird dieses Abweichungsquadrat mit der Anzahl der Versuchspersonen multipliziert. In unserem Beispiel gehen wir vor, wie in ▸*Abbildung 6.72* gezeigt.

Person	Ehrlich	Fake Good	Primed	P_v	$\hat{\mu}_v$
1	61	56	130	247	82.33
2	84	45	94	223	74.33
3	83	52	119	254	84.67
4	47	56	130	233	77.67
5	100	47	149	296	98.67
X_i	375	256	622	1253	
$\hat{\mu}_i$	75.00	51.20	124.40		83.53

$$QS_{\text{treat}} = 5 \cdot [(75-83.53)^2 + (51.2-83.53)^2 + (124.4-83.53)^2] = 13941.73$$

$$df_{\text{treat}} = 3-1 = 2$$

$$\hat{\sigma}^2_{\text{treat}} = \frac{13941.73}{2} = 6970.87$$

Abbildung 6.72: Berechnung der Treatmentvarianz bei der einfaktoriellen ANOVA mit Messwiederholung

Es bleibt schließlich die Residualvarianz übrig. Die Berechnungen erfolgen anhand dieser Formeln:

Formel 6.42

$$QS_{\text{Res}} = \sum_{i=1}^{p} \sum_{v=1}^{n} (x_{vi} - \hat{\mu}_i - \hat{\mu}_v + \hat{\mu})^2$$

$$df_{\text{Res}} = (n-1) \cdot (p-1)$$

$$\hat{\sigma}^2_{\text{Res}} = \frac{QS_{\text{Res}}}{df_{\text{Res}}}$$

QS_{Res} = Quadratsumme des Residuums
x_{vi} = Messwert x der Person v zum Zeitpunkt i
$\hat{\mu}_i$ = Mittelwert aller Messwerte zum Messzeitpunkt i
$\hat{\mu}_v$ = Mittelwert der Person v über alle Messzeitpunkte i
$\hat{\mu}$ = Gesamtmittelwert
$\hat{\sigma}^2_{\text{Res}}$ = geschätzte Varianz des Residuums
df_{Res} = Freiheitsgrade der Varianz des Residuums
v = Index der Person
i = Index i für den Messzeitpunkt
p = Anzahl der Messzeitpunkte
n = Anzahl der Personen

Wenn wir den Ausdruck in der Klammer betrachten, sehen wir, dass vom beobachteten Messwert der Person v zu einem Messzeitpunkt i der Mittelwert des jeweiligen Messzeitpunkts sowie der Mittelwert der Person über alle Messwiederholungsstufen hinweg abgezogen werden. Zu diesem Ergebnis wird wiederum der Gesamtmittelwert addiert und anschließend das Quadrat gebildet. Diese Berechnung wird dann über alle Personen und alle Messzeitpunkte hinweg vorgenommen. Diese Gleichung ähnelt stark der Berechnung der Wechselwirkung bei der zweifaktoriellen Varianzanalyse. In der Residualvarianz sind aber nicht nur die Effekte aufgrund der Interaktion zwischen Person und Messzeitpunkt, sondern auch die Fehler enthalten. Bei der Schätzung der mittleren Quadratsumme nehmen wir jeweils den individuellen Mittelwert und den Messzeitpunktmittelwert als fest an und verlieren so jeweils einen Freiheitsgrad. Allerdings sind der Messzeitpunkteffekt und der Personeneffekt in dieser Quadratsumme multiplikativ verknüpft, da es sich um eine Interaktion handelt. Demzufolge werden auch bei der Berechnung der Freiheitsgrade $(n-1)$ und $(p-1)$ multipliziert.

Auch hier ist die Berechnung für unseren Beispieldatensatz exemplarisch dargestellt (siehe ▶ *Abbildung 6.73*).

Person	Ehrlich	Fake Good	Primed	P_v	$\hat{\mu}_v$
1	61	56	130	247	82.33
2	84	45	94	223	74.33
3	83	52	119	254	84.67
4	47	56	130	233	77.67
5	100	47	149	296	98.67
X_i	375	256	622	1253	
$\hat{\mu}_i$	75.00	51.20	124.40		83.53

$$QS_{\text{Res}} = (61 - 75 - 82.33 + 83.53)^2 + \ldots + (149 - 124.4 - 98.67 + 83.53)^2 = 2421.60$$

$$df_{\text{Res}} = (5-1)\cdot(3-1) = 8$$

$$\hat{\sigma}^2_{\text{Res}} = \frac{2421.60}{8} = 302.70$$

Abbildung 6.73: Berechnung der Residualvarianz bei der einfaktoriellen ANOVA mit Messwiederholung

Die einzelnen Varianzquellen und die dazugehörigen Quadratsummen, Freiheitsgrade und mittleren Quadratsummen sind noch einmal in ▶ *Tabelle 6.8* zusammengefasst. Auch hier wird das Prinzip der Additivität der Quadratsummen bzw. der Freiheitsgrade deutlich.

Varianzquelle	Quadratsumme	df	mittlere Quadratsumme
Treatment	13941.73	2	6970.87
Residuum	2421.60	8	302.70
Innerhalb	16363.33	10	1636.33
Zwischen	1052.40	4	263.10
Gesamt	17415.73	14	1243.98

Tabelle 6.8: Quadratsummenzerlegung bei der einfaktoriellen Varianzanalyse mit Messwiederholung

Anhand der Tabelle kann man erkennen, dass die Unterschiede, die auf die Variation innerhalb der Personen zurückgehen (Innerhalb), deutlich größer ausfallen als die Unterschiede zwischen den Personen (Zwischen). Bei der Varianz Innerhalb wiederum fällt die Variation des Treatments größer als die Variation des Residuums aus. Aber ist dieser Unterschied auch signifikant?

Entscheidung. Weiter oben haben wir erläutert, dass die geschätzte Residualvarianz unabhängig vom Zutreffen der Nullhypothese eine Schätzung der Populationsstreuung darstellt. Die geschätzte Treatmentvarianz hingegen stellt nur dann eine Schätzung der Populationsvarianz dar, wenn die Nullhypothese zutrifft. Der Vergleich der geschätzten Varianzen zeigt dann an, ob das Treatment statistisch signifikant ist. Mit anderen Worten: Je stärker die geschätzte Varianz der Mittelwerte zwischen den Messzeitpunkten die geschätzte Varianz, die unabhängig vom Treatmenteffekt zu erwarten ist, übersteigt, desto mehr spricht dies gegen die Nullhypothese. Das heißt, wir entscheiden uns dann dafür, anzunehmen, dass mindestens zwei Mittelwerte unterschiedlichen Grundgesamtheiten angehören. Um das Ausmaß der Abweichung zu bestimmen und damit den eigentlichen Signifikanztest durchzuführen, wird wieder ein F-Test genutzt und der empirische F-Wert (F_{emp}) bestimmt.

Formel 6.43

$$F_{emp} = \frac{\hat{\sigma}^2_{treat}}{\hat{\sigma}^2_{Res}}$$

$$df_{treat} = p - 1$$

$$df_{Res} = (n-1) \cdot (p-1)$$

F_{emp} = empirischer F-Wert (Prüfgröße)

$\hat{\sigma}^2_{treat}$ = Varianz des Treatments

$\hat{\sigma}^2_{Res}$ = Varianz des Residuums

df_{treat} = Freiheitsgrade der Varianz des Treatments

df_{Res} = Freiheitsgrade der Varianz des Residuums

p = Anzahl der Messzeitpunkte

n = Anzahl der Personen

Für unser Beispiel ergeben sich ein empirischer F-Wert und dazugehörige Freiheitsgrade von:

$$F_{emp} = \frac{\hat{\sigma}^2_{treat}}{\hat{\sigma}^2_{Res}} = \frac{6970.87}{302.70} = 23.03$$

$$df_{treat} = p - 1 = 3 - 1 = 2$$

$$df_{Res} = (n-1) \cdot (p-1) = (5-1) \cdot (3-1) = 8$$

Mittels des F-Tests ergibt sich ein empirischer F-Wert. Anhand der dazugehörigen Zähler- und Nennerfreiheitsgrade wird wieder die Prüfgrößenverteilung bestimmt und der kritische F-Wert herausgesucht. Aus dem Vergleich zwischen empirischem und kritischem F-Wert ergibt sich dann, ob die Nullhypothese verworfen werden muss. Dabei wenden wir folgende Entscheidungsregel an:

Formel 6.44

Lehne die Nullhypothese ab, wenn $F_{emp} \geq F_{(1-\alpha;\, df_1;\, df_2)}$.

Aus der entsprechenden F-Wert-Verteilung lassen sich nun der kritische F-Wert für ein α von 0.05 und die Überschreitungswahrscheinlichkeit des empirischen F-Werts ablesen. Wir nutzen dazu und zur Berechnung der Überschreitungswahrscheinlichkeit wieder die bereits weiter oben eingeführten Vorgehensweisen (siehe *Abschnitt 6.2.2*). Es ergibt sich ein kritischer F-Wert von 4.46.

Der Vergleich zwischen empirischem und kritischem F-Wert in unserem Beispiel zeigt, dass der empirische F-Wert größer als der kritische ausfällt ($F_{\text{emp}} = 23.03$ ist größer als $F_{\text{krit}} = 4.46$). Damit muss die Nullhypothese verworfen werden. Die Wahrscheinlichkeit, diesen oder einen extremeren F-Wert bei Stichproben gleicher Größe zu beobachten, wenn die Nullhypothese gilt, beträgt zudem weniger als 5 Prozent (Überschreitungswahrscheinlichkeit $p < 0.001$). Das Ergebnis ist also statistisch signifikant. Wir nehmen damit weiter an, dass die Variationen bei den Messzeitpunkten bewirkt haben, dass sich mindestens zwei Messzeitpunktmittelwerte in der Population unterscheiden. Wie groß ist aber nun die praktische Bedeutsamkeit des Unterschieds?

6.5.3 Effektstärken bei der einfaktoriellen Varianzanalyse mit Messwiederholung

Bei den bisherigen Varianzanalysen haben wir auf den Unterschied zwischen eta^2 und partiellem eta^2 hingewiesen. Während bei eta^2 angegeben wird, wie viel der Gesamtvariation durch einen Effekt erklärt wird, ist es beim partiellen eta^2 lediglich der Anteil der Effektvariation an der Summe aus Effekt- und Residualvariation. Daher haben wir bisher empfohlen, eta^2 zu berechnen. Bei der Varianzanalyse mit Messwiederholung kann dies nun anders sein. In der Gesamtvariation sind auch Unterschiede zwischen den Personen enthalten, die unabhängig vom Treatment auftreten. Diese Unterschiede werden durch die Quadratsumme Zwischen quantifiziert. Von Interesse im Untersuchungsdesgin sind jedoch nur die Veränderungen der Personen über die Messzeitpunkte hinweg, die durch die Quadratsumme Innerhalb erklärt werden. Es ist also nur von Interesse, wie groß der Anteil der Treatmentvariation an der Variation Innerhalb ist. Es ist also in einem solchen Fall nicht sinnvoll, ein eta^2 zu berechnen, da wir es mit dem Treatment gar nicht darauf abgesehen haben, Unterschiede zwischen den Personen zu erklären. Vielmehr geht es um die Unterschiede innerhalb der Personen über die Messzeitpunkte hinweg. Um nun die Größe des Treatmenteffekts abschätzen zu können, sollte daher auch nur die Variation Innerhalb betrachtet werden. Wenn also tatsächlich nur die Unterschiede innerhalb der Personen über die Zeit interessieren, empfiehlt sich als Effektstärke für die Varianzanalyse mit Messwiederholung das partielle eta^2, da hier im Nenner genau diese Quadratsumme eingesetzt wird.

Formel 6.45

$$\eta^2_{\text{partial}} = \frac{QS_{\text{treat}}}{QS_{\text{inn}}} = \frac{QS_{\text{treat}}}{QS_{\text{treat}} + QS_{\text{Res}}}$$

η^2_{partial} = Effektstärkemaß partial (partielles) eta Quadrat
QS_{treat} = Quadratsumme Treatment
QS_{inn} = Quadratsumme Innerhalb der Personen
QS_{Res} = Quadratsumme Residuum

Für unser Beispiel erhalten wir so:

$$\eta^2_{\text{partial}} = \frac{QS_{\text{treat}}}{QS_{\text{inn}}} = \frac{13941.73}{16363.33} = 0.85$$

Das bedeutet, dass sich 85 Prozent der Messwertveränderungen über die Messzeitpunkte durch die Variation der Messzeitpunktbedingungen erklären lassen.

Praxistipp In einem Artikel oder einer Abschlussarbeit würden wir den Effekt so berichten:

Es trat ein signifikanter und starker Messwiederholungseffekt auf ($F_{(\text{Greenhouse/Geisser korrigierte df: } 1.65,\, 557.54)} = 383.89$, $p < 0.001$, $\eta^2 = 0.53$, $1-\beta \approx 1$), der mit ausreichender Teststärke gesichert werden konnte.

Der Effekt in unserem Beispiel ist also stark und statistisch signifikant. Wenn wir an dieser Stelle aber nur das partielle eta² betrachten, laufen wir dennoch Gefahr, den Effekt falsch einzuschätzen. Warum dies so sein kann, ist in ▶*Abbildung 6.74* dargestellt.

In der Abbildung sind die drei Quellen, die Unterschiede verursachen (*QS* zwischen den Personen, *QS* aufgrund des Messwiederholungseffekts, *QS* Residual), für drei Fälle abgebildet. Die geschweiften Klammern zeigen jeweils an, welche der Quadratsummen bei der Berechnung von eta² bzw. partial eta² berücksichtigt werden. Wir sehen, dass bei eta² stets die gesamte Quadratsumme Berücksichtigung findet, wohingegen es beim partiellen eta² immer nur die Quadratsumme des Effekts plus die Residualquadratsumme ist. Betrachten wir nun genauer die beiden partiellen eta² der oberen beiden Fälle. In beiden Fällen sind die Quadratsummen des Messwiederholungseffekts und des Residuums gleich groß. Das partielle eta² ist also in beiden Fällen 50 Prozent. Im oberen Fall ist aber die Quadratsumme Zwischen deutlich geringer als im unteren Fall. Das hat Auswirkungen auf eta². Eta² wäre für den oberen Fall größer als für den unteren der beiden, da hier der Messwiederholungseffekt einen größeren Anteil an der Gesamtstreuung erklärt. Das Ganze ließe sich auch auf die Spitze treiben, wie im dritten Fall in der Abbildung dargestellt. Auch hier sind die Quadratsummen des Messwiederholungseffekts und des Residuums gleich groß. Das heißt, dass auch hier die Variation der Messzeitpunktbedingungen 50 Prozent der Veränderung erklärt. Wir sehen aber auch, dass der Anteil der Veränderung an der Gesamtstreuung sehr gering ist. Der Großteil der Variation stammt aus den Unterschieden zwischen den Personen. Diese berücksichtigen wir aber nur bei der Berechnung von eta^2. Wenn wir also hier das partielle eta^2 angeben, erklären wir von einem geringen Variationsanteil 50 Prozent. Dieser geringe Anteil stellt aber gleichzeitig alle Veränderungen innerhalb der Personen über die Messungen hinweg dar. Hierbei handelt es sich also um genau die Veränderungen, die wir eigentlich im Rahmen der Varianzanalyse mit Messwiederholung untersuchen wollen.

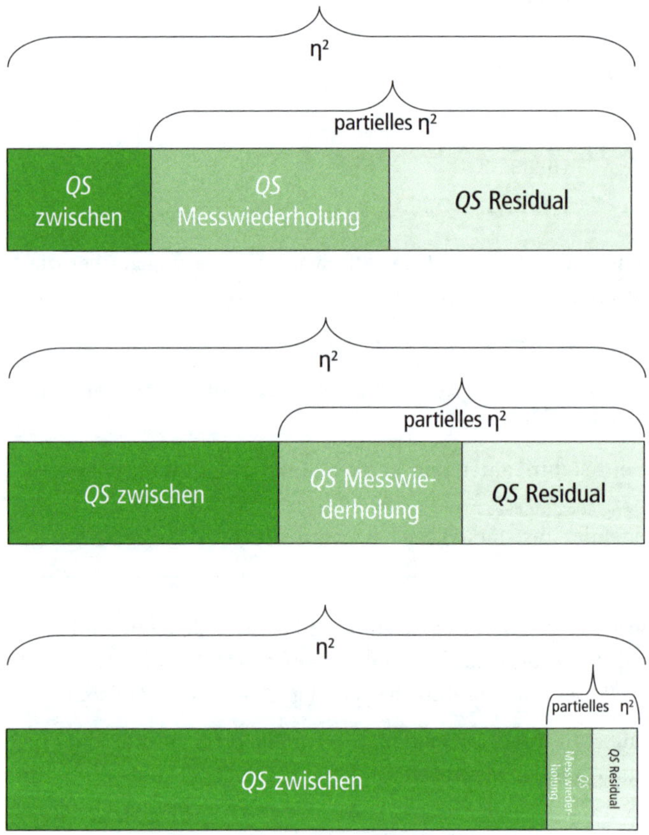

Abbildung 6.74: Unterschied eta^2 und partielles eta^2 bei der Varianzanalyse mit Messwiederholung

Auch bei der Varianzanalyse mit Messwiederholung empfiehlt es sich also, genau zu überlegen, ob es sinnvoll ist, lediglich den Anteil anzugeben, den der Effekt an der Veränderung erklärt (partielles eta^2) oder ob es besser ist, auch hier den Anteil an der Gesamtvariation anzugeben (eta^2). Allerdings wissen wir nach der Betrachtung von Signifikanz und Effektstärke noch nicht, wie hoch die Teststärke ist.

6.5.4 Teststärke und Stichprobenplanung bei der einfaktoriellen Varianzanalyse mit Messwiederholung

SPSS bietet die Berechnung der Teststärke als Option direkt an. In R können wir wieder den Befehl `pwr.f2.test` aus dem Paket `pwr` nutzen, wie bereits dargestellt (siehe *Abschnitt 6.2.4*). Im Rahmen von G*Power lässt sich die Teststärke ebenfalls bestimmen; allerdings muss hierfür die Korrelation (siehe *Kapitel 7*) der Messwerte zwischen den Messzeitpunkten angegeben werden. Die Berechnung dieses Werts wird hier nicht dargestellt. Wir haben dafür als Approximation lediglich die drei Korrelationen bestimmt und gemittelt. Es hat sich ein Wert von $r = -0.16$ ergeben. Für unser Beispiel zeigen wir hier das weitere Vorgehen in G*Power (siehe ▶ *Abbildung 6.75*).

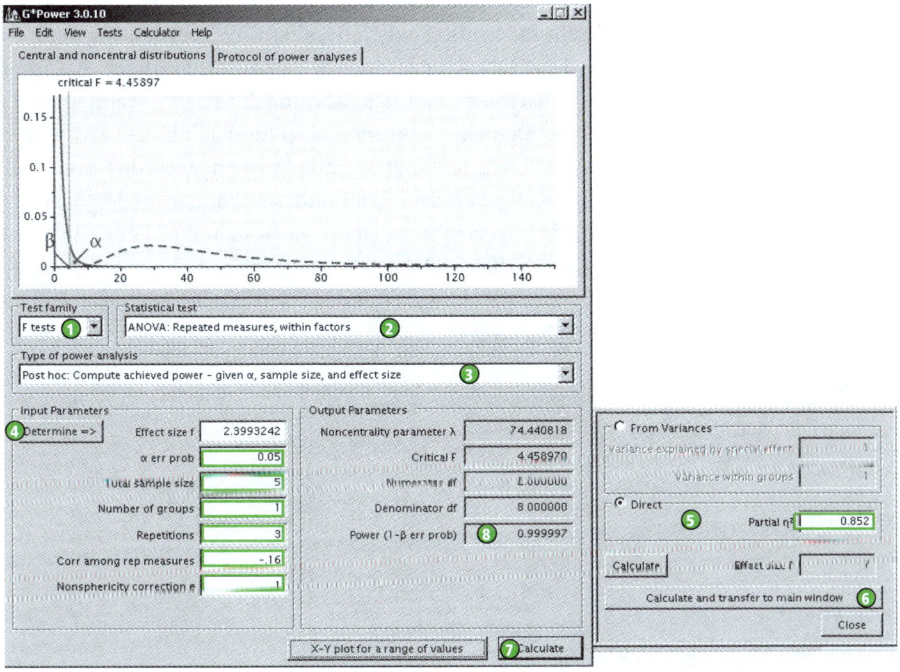

Abbildung 6.75: Bestimmung der Teststärke in G*Power

Zunächst müssen wir in G*Power F TESTS als TEST FAMILY ① festlegen sowie ANOVA: REPEATED MEASURES, WITHIN FACTORS als STATISTICAL TEST ②. Als TYPE OF POWER ANALYSIS wählen wir POST HOC: COMPUTE ACHIEVED POWER – GIVEN α, SAMPLE SIZE, AND EFFECT SIZE ③. Nun müssen wir die Effektstärke f ermitteln. Diese bestimmen wir wieder über die Eingabe von partial eta². Dazu klicken wir DETERMINE => ④ und wählen im sich öffnenden Fenster die Option DIRECT ⑤. Hier geben wir unser partielles eta² an (hier mit drei Dezimalstellen dargestellt). Danach klicken wir auf CALCULATE AND TRANSFER TO MAIN WINDOW ⑥. Jetzt müssen wir in den grün hinterlegten Feldern noch die Wahrscheinlichkeit für einen Fehler 1. Art (α ERR PROB = 0.05), die Stichprobengröße (TOTAL SAMPLE SIZE = 5), die Anzahl der Gruppen (NUMBER OF GROUPS = 1), die Anzahl der Wiederholungen (REPETITIONS = 3), die Korrelation zwischen den Messzeitpunkten (CORR AMONG REP MEASURES = −0.16) sowie ggf. einen Korrekturfaktor ($\varepsilon = 1$) eingeben. Der Korrekturfaktor wird im *Abschnitt 6.5.5* erklärt. Nun starten wir die Analyse durch Klicken auf CALCULATE ⑦. Das Ergebnis ist eine Teststärke, die annähernd den Wert 1 erreicht ⑧. Das bedeutet, dass die Wahrscheinlichkeit, einen gleich großen oder größeren *F*-Wert als den kritischen *F*-Wert unter der Alternativhypothesenverteilung zu beobachten, wenn der empirische *F*-Wert als Erwartungswert der Alternativhypothesenverteilung angenommen wird, 99,99...9 Prozent beträgt.

Fazit. Der Effekt in unserem Beispiel ist also groß und signifikant und kann mit ausreichender Teststärke gesichert werden. Somit können wir sagen, dass die Variation der Messzeitpunktbedingungen einen starken Effekt auf die Neurotizismuswerte hatte.

Wir sehen aber auch, dass die Teststärke sehr hoch ausfällt. Bei einer erneuten Durchführung des Experiments würde also auch eine kleinere Stichprobe genügen, wenn wir annehmen, dass der Effekt in dieser Größe tatsächlich existiert. Allerdings würden wir dann den Effekt für die Population nicht so präzise schätzen wie wir es mithilfe dieser Stichprobe erreicht haben. Die Präzision der Schätzwerte ist nicht zu vernachlässigen. Wenn wir einerseits einen hohen Effekt mit einer kleinen Stichprobe absichern können, ist dies zwar zunächst vorteilhaft, da wenige Personen benötigt werden. Jedoch wird das Konfidenzintervall um die Effektschätzung damit auch sehr groß und wir können nicht sagen, wie groß der Effekt in der Grundgesamtheit tatsächlich ausfällt. Zieht man eine neue Stichprobe gleichen Umfangs, fällt er vielleicht deutlich geringer aus. Dennoch wird hier zu Demonstrationszwecken die Stichprobenplanung erläutert. Dazu nutzen wir wieder G*Power. Die Eingabemaske ist in ▸*Abbildung 6.76* abgebildet.

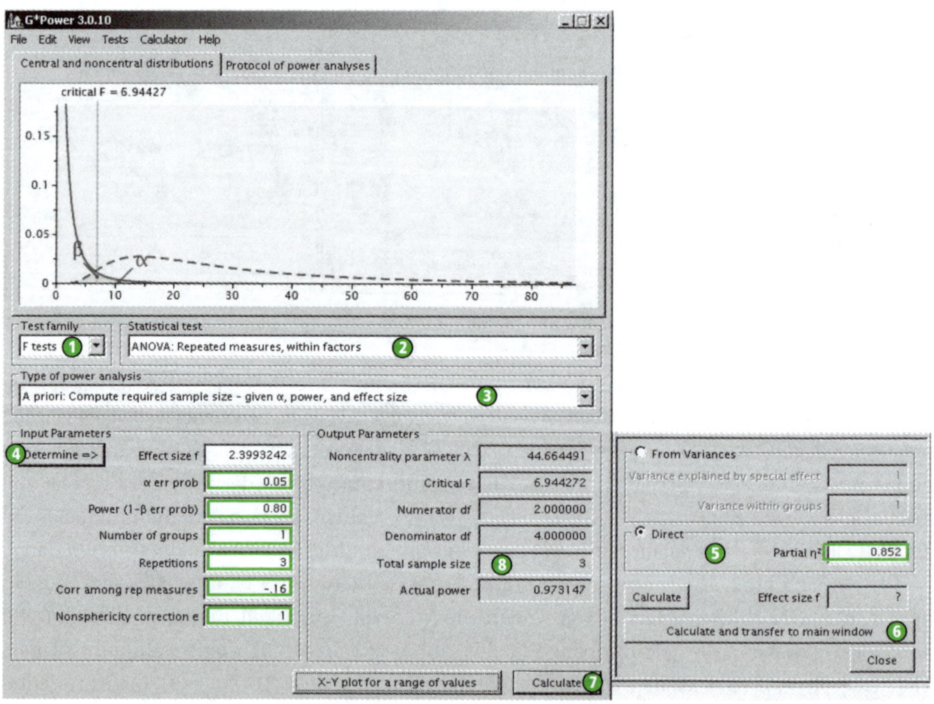

Abbildung 6.76: A-priori-Planung der Stichprobengröße bei der einfaktoriellen ANOVA mit Messwiederholung

Wir wählen in G*Power wieder F TESTS als TEST FAMILY ① sowie ANOVA: REPEATED MEASURES, WITHIN FACTORS als STATISTICAL TEST ②. Als TYPE OF POWER ANALYSIS wählen wir A PRIORI: COMPUTE REQUIRED SAMPLE SIZE – GIVEN α, POWER, AND EFFECT SIZE ③. Nun müssen wir die Effektstärke f angeben. Diese bestimmen wir erneut über die Eingabe von partial eta^2 oder geben f direkt ein. Zum Bestimmen von f klicken wir auf DETERMINE => ④ und wählen im sich öffnenden Fenster die Option DIRECT ⑤. Hier geben wir unser partielles eta^2 an (mit drei Dezimalstellen abgebildet). Danach klicken wir auf CALCULATE AND TRANSFER TO MAIN WINDOW ⑥. Jetzt müssen wir in den grün hinterlegten Feldern noch den α-Fehler (α ERR PROB = 0.05), die gewünschte Teststärke (POWER (1–β err prob) = 0.80), die Anzahl der Gruppen (NUMBER OF GROUPS = 1), die Anzahl der Wiederholungen (REPETITIONS = 3), die Korrelation zwischen den Messzeitpunkten (CORR AMONG REP MEASURES = −0.16) sowie ggf. einen Korrekturfaktor (ε = 1) eingeben. Der Korrekturfaktor wird im *Abschnitt 6.5.5* erklärt. Wir geben für unser Beispiel den Wert 1 ein. Nun starten wir die Analyse durch Klicken von CALCULATE ⑦. Das Ergebnis zeigt, dass bei diesen Annahmen eine Stichprobe von drei Personen ausreichen würde ⑧, um das Ergebnis statistisch optimal abzusichern. Ein vergleichbares Ergebnis erhält man mit folgendem R-Befehl, den wir weiter oben bereits erklärt haben (siehe *Abschnitt 6.4.4*).

```
pwr.f2.test(u=2, v=8, sig.level=.05, f2=.85/(1-.85))
```

Es muss an dieser Stelle unbedingt darauf geachtet werden, dass die Größen der Grundgesamtheit auch mit einer ausreichenden Genauigkeit geschätzt werden, was ebenfalls für eine wesentlich größere Stichprobe spricht.

Bisher haben wir den Signifikanztest angewendet, ohne vorher die Voraussetzungen zu prüfen. Daher wenden wir uns nun den Voraussetzungen zu.

6.5.5 Voraussetzungen

Die Liste der Voraussetzungen ist auf den ersten Blick ähnlich wie bei den bisherigen varianzanalytischen Verfahren:

- Intervallskalenniveau der AV
- Normalverteilung der AV zu jedem Messzeitpunkt in der Population
- Homogenität der Varianzen und Kovarianzen
- Die Beobachtungen (bzw. die Fehler) müssen unabhängig sein
- Balanciertheit des Designs.

Das Intervallskalenniveau der abhängigen Variablen ist aufgrund der zahlreichen Berechnungen von Differenzen notwendig. Auch die Annahme der Normalverteilung der abhängigen Variablen zu jedem Messzeitpunkt in der Population kennen wir bereits aus der Varianzanalyse, wo es zwar keine Messzeitpunkte waren, aber dafür Gruppen. In beiden Fällen handelt es sich um Stufen der UV. Allerdings hatten wir bei den varianzanalytischen Verfahren ohne Messwiederholung bisher lediglich Varianzhomogenität angenommen. Nun kommt auch noch die Homogenität der Kovarianzen hinzu.

Homogenität der Varianzen und Kovarianzen. Diese Voraussetzung wird auch als *compound symmetry* bezeichnet. Hiermit ist zum einen gemeint, dass die Varianzen der einzelnen Messzeitpunkte gleich groß ausfallen müssen. Diese Annahme kennen wir aus den varianzanalytischen Verfahren ohne Messwiederholung, bei denen die Gruppenvarianzen gleich ausfallen mussten. Zusätzlich wird aber auch angenommen, dass alle Kovarianzen homogen sind. Unter Homogenität der Kovarianzen versteht man, dass auch alle Zusammenhänge zwischen den Messzeitpunkten gleich hoch ausfallen müssen. Dies erklärt auch, warum in G*Power nur eine Korrelation eingegeben werden muss. Was bedeutet diese Homogenitätsannahme aber nun? In der ▶*Abbildung 6.77* ist die Varianz-Kovarianz-Matrix für unser Datenbeispiel aufgeführt.

	Ehrlich	Fake Good	Primed
Ehrlich	437,50	−89,00	15,75
Fake Good	−89,00	25,70	33,65
Primed	15,75	33,65	405,30

Abbildung 6.77: Varianz-Kovarianz-Matrix für Datenbeispiel

Die grün hinterlegten Felder oberhalb der Diagonalen enthalten die geschätzten Kovarianzen zwischen jeweils zwei Messzeitpunkten. Die Kovarianz gibt an, wie stark die Werte einer Variablen sich verändern, wenn sich auch die Werte der anderen Variablen verändern, und ist somit ein Zusammenhangsmaß (siehe *Kapitel 7*). Für unsere Betrachtung ist lediglich wichtig, dass wir annehmen müssen, dass diese Zusammenhänge alle gleich hoch ausfallen. Ein Blick auf die Abbildung zeigt, dass dies zumindest deskriptiv nicht der Fall ist.

Die Felder in der Diagonale sind die geschätzten Varianzen der drei Messzeitpunkte. Auch diese müssen bei der einfaktoriellen ANOVA mit Messwiederholung für alle Grundgesamtheiten gleich ausfallen. Hier fällt deskriptiv die deutlich geringere, geschätzte Varianz des Messzeitpunkts Fake Good auf.

Die Überprüfung dieser beiden Homogenitätsannahmen erfolgt nun nicht direkt. Stattdessen wird anstelle der *compound symmetry* die Sphärizität der Matrix geprüft. Sphärizität bedeutet, dass die Varianzen aller Differenzen zwischen den Messzeitpunkten in der Population gleich hoch ausfallen. Bei drei Messzeitpunkten gibt es insgesamt drei Differenzen: zwischen erstem und zweitem, erstem und drittem und zweitem und drittem Messzeitpunkt. Huynh und Feldt (1976) konnten zeigen, dass die Varianzanalysen robuste Ergebnisse aufweist, wenn anstelle der Annahme der *compound symmetry* die Annahme der Sphärizität gilt. Standardmäßig wird daher in der Regel die Sphärizitätsannahme mittels des Mauchly-W-Tests geprüft. Dieser wird auch Mauchly-W-Test auf Sphärizität genannt. Die Nullhypothese des Tests ist, dass Sphärizität vorliegt. Somit bedeutet ein signifikantes Ergebnis die Verletzung beider Homogenitätsannahmen. Liegt keine Sphärizität vor, folgt die Prüfgröße in der ANOVA nicht mehr einer F-Verteilung. Da wir aber eine F-Verteilung nutzen, um den kritischen F-Wert zu bestimmen, kann die Verletzung dazu führen, dass die angegebene Überschreitungswahrscheinlichkeit zu gering ausfällt, wir uns also auf Basis der Stichprobendaten für die Alternativhypothese entscheiden, obwohl in der Population die Nullhypothese gilt. Man sagt auch, der Test sei dann zu liberal (Box, 1954). Daher sollte bei einem signifikanten Mauchly-W-Test auf jeden Fall eine Korrektur der Überschreitungswahrscheinlichkeit p vorgenommen werden, die wiederum über eine Adjustierung der Freiheitsgrade mithilfe eines Korrekturfaktors erfolgt. In den meisten Fällen wird eine der beiden folgenden Korrekturen angewandt: (1) Greenhouse-Geisser oder (2) Huynh-Feldt. Der Unterschied zwischen der Greenhouse-Geisser- und der Huynh-Feldt-Korrektur ist, dass die Greenhouse-Geisser-Korrektur strenger (konservativer) ausfällt. Beide Korrekturen funktionieren nach demselben Prinzip. Je nach der Schwere der Verletzung wird ein Korrekturfaktor ε (Epsilon) bestimmt (dieser wird auch bei G*Power angegeben). Der Korrekturfaktor beträgt 1, wenn keine Verletzung der Sphärizitätsannahmen vorliegt, und wird kleiner, je größer die Verletzung ist. Mit diesem Faktor werden dann die Freiheitsgrade aus dem F-Test multipliziert. Dies bewirkt, dass eine andere Verteilung der Prüfgröße zur Bestimmung des kritischen F-Werts herangezogen wird. Da der Faktor kleiner als 1 ist, reduzieren sich die Freiheitsgrade durch die Multiplikation. Zur Entscheidungsfindung wird nun die F-Verteilung herangezogen, die sich für die korrigierten Freiheitsgrade ergibt. Diese neue Prüfgrößenverteilung ist aufgrund der geringen Zahl an Freiheitsgraden strenger. Das heißt, dass ein größerer F-Wert erreicht werden muss, um ein signifikantes Ergebnis zu erzielen. Dies wird klar, wenn wir bedenken, dass in den Freiheitsgraden auch die Stichprobengröße verrechnet wird. Sinkt diese, was durch die Korrektur quasi bewirkt wird, sinkt auch die Teststärke und damit die Wahrscheinlichkeit, den Effekt statistisch zu sichern, wenn er in der Population existiert. Dadurch wird das Ansteigen des tatsächlichen α-Fehlers wieder ausgeglichen (siehe ▶*Abbildung 6.78* im folgenden *Exkurs*).

Exkurs

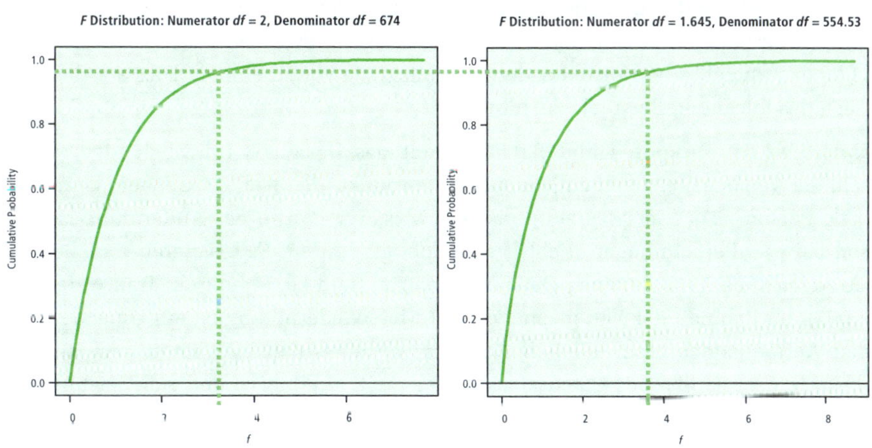

Abbildung 6.78. Veranschaulichung des Korrekturprinzips

In der Abbildung sind zwei kumulative F-Verteilungen dargestellt. Das Beispiel stammt aus dem Abschnitt zur SPSS-Analyse in der zweifaktoriellen Varianzanalyse mit Messwiederholung (gemischtes Design) und soll hier zur Veranschaulichung dienen. Auf der x-Achse sind F-Werte aufgetragen (F-Wertebereich) und auf der y-Achse die Wahrscheinlichkeit, einen festgelegten oder geringeren F-Wert zu erhalten. In der bisher verwendeten Abbildung einer F-Verteilung befanden sich auf der y-Achse Wahrscheinlichkeitsdichten.

Über die Integralrechnung ließ sich die Wahrscheinlichkeit bestimmen, einen bestimmten F-Wert oder einen geringeren zu erhalten. Bei der kumulativen F-Verteilung sind nun die Wahrscheinlichkeiten direkt auf der y-Achse abgetragen. Die linke Verteilung ergibt sich, wenn für fehlende Sphärizität nicht korrigiert und einfach mithilfe des F-Werts und der Freiheitsgrade der Signifikanztest durchgeführt wird. Ohne Korrektur betragen die Zählerfreiheitsgrade 2 und die Nennerfreiheitsgrade 674. In diesem Beispiel liegt jedoch keine Sphärizität vor. Daher müssen die Freiheitsgrade korrigiert werden, und es ergibt sich auch ein neuer kritischer F-Wert. Der Korrekturfaktor ε nach Greenhouse-Geisser ist in diesem Beispiel 0.823. Multiplizieren wir die Freiheitsgrade jeweils mit diesem Faktor, ergeben sich im Zähler 1.645 und im Nenner 554.53 Freiheitsgrade. Die dazugehörige kumulative F-Verteilung ist nun in der rechten Hälfte abgebildet. Wenn wir eine Fehlerwahrscheinlichkeit 1. Art von fünf Prozent annehmen und den kritischen F-Wert suchen, müssen wir bei einer Wahrscheinlichkeit von 0.95 auf der y-Achse eine Gerade parallel zur x-Achse ziehen. An dem Punkt, wo diese Gerade die Verteilung schneidet, fällen wir das Lot auf die x-Achse und erhalten so den kritischen F-Wert. Wir sehen, dass dieser Wert in der rechten Verteilung näher an 4 liegt als in der linken Verteilung. Das bedeutet, dass der kritische F-Wert durch die Korrektur ansteigt. Somit muss der empirische F-Wert größer sein, um ein signifikantes Ergebnis zu erzielen, wenn wir die rechte Prüfverteilung zugrunde legen.

An dieser Stelle sei angemerkt, dass der Mauchly-Test kein besonders robustes Verfahren ist. Vor allem eine Verletzung der Sphärizität führt dazu, dass der Test nicht mehr besonders sensitiv ist für das Erkennen von Sphärizitätsverletzungen. Das heißt, dass der Test anfällig ist für eine Verletzung der Voraussetzung, die er eigentlich testen soll. Daher wird empfohlen, generell eine Korrektur der Freiheitsgrade vorzunehmen. Dies werden wir im Rahmen des folgenden Beispiels auch tun.

Balanciertheit des Designs. Unter Balanciertheit des Designs wird verstanden, dass die Anzahl der Versuchspersonen zu jedem Messzeitpunkt identisch ist. Genauer gesagt, muss für jede Person zu jedem Messzeitpunkt ein Messwert vorliegen. Andernfalls kann eine Person bei den Berechnungen nicht berücksichtigt werden. Es existieren zwar leistungsstarke Algorithmen, um fehlende Daten zu schätzen (Lüdtke, Robitzsch, Trautwein & Koeller, 2007), im Rahmen der Varianzanalyse mit Messwiederholung ist ein Umgang mit fehlenden Werten jedoch nicht möglich. Schätzungen für fehlende Werte müssen also vorab erfolgen. Je nach Größe des Datensatzes stehen auch alternative und sehr leistungsstarke Alternativen zur ANOVA zur Verfügung (Werheid, 2015; McArdle, 2009).

6.5.6 Beispiel mit SPSS und R

EXTRAS ONLINE

In unserem Beispiel nutzen wir nun den gesamten Datensatz mit $n = 339$ Personen. Die Hypothesen bleiben unverändert. Um in SPSS die einfaktorielle ANOVA mit Messwiederholung zu starten, müssen wir aus dem interaktiven Menü die richtige Prozedur auswählen. Dazu klicken wir auf ANALYSIEREN → ALLGEMEINES LINEARES MODELL → MESSWIEDERHOLUNG. Es öffnet sich nun ein Fenster, in dem wir den Messwiederholungsfaktor definieren müssen (siehe ▶*Abbildung 6.79*).

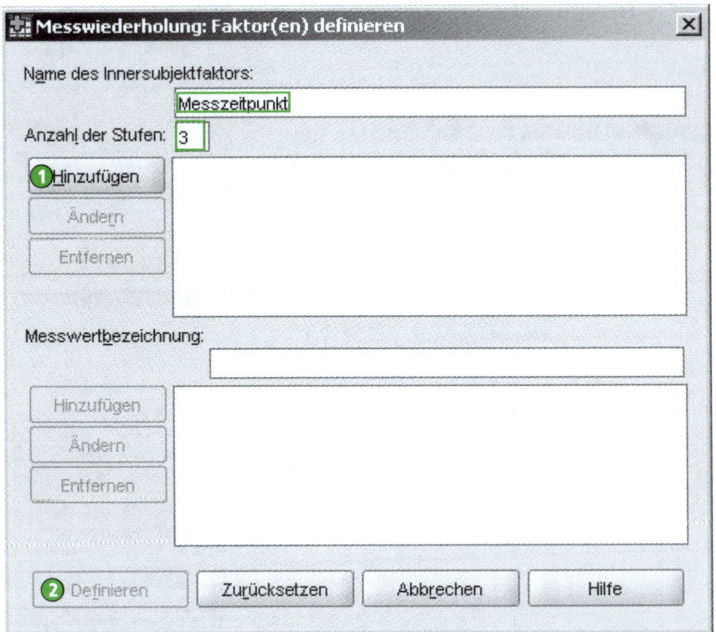

Abbildung 6.79: Definition des Messwiederholungsfaktors in SPSS

In diesem Fenster kann zunächst ein Name für den Messwiederholungsfaktor in das grün hinterlegte obere Feld (Name des Innersubjektfaktors) eingegeben werden. Wir wählen den Begriff *Messzeitpunkt*. Danach muss die Anzahl der Messwiederholungen, also die Anzahl der Stufen des Messwiederholungsfaktors, angegeben werden. Das sind bei uns drei. Durch Klicken auf Hinzufügen (1) ist die Definition abgeschlossen, und wir schließen das Feld durch Klicken auf die Schaltfläche Definieren (2). Es öffnet sich wiederum ein Fenster, das in der linken Hälfte der ▸*Abbildung 6.80* dargestellt ist.

In diesem Fenster müssen wir den Stufen der Messwiederholung nun die Variablen zuweisen. Im linken Feld sind die Variablen, die im Datensatz enthalten sind, aufgelistet. Diese können einzeln oder auch gemeinsam markiert werden und durch Klicken des entsprechenden Pfeils in das Feld Innersubjektvariablen bewegt werden (1). Prinzipiell sind nun schon alle Einstellungen vorgenommen. Dennoch wollen wir einige weitere Optionen wählen. Zunächst klicken wir dazu auf Diagramme.... Es öffnet sich das in der Abbildung oben rechts gezeigte Fenster. Dort ist auf der linken Seite der Messwiederholungsfaktor aufgeführt. Diesen markieren wir und setzen ihn durch Klicken auf den Pfeil ins Feld Horizontale Achse (2). Danach klicken wir auf Hinzufügen und schließen das Fenster durch die Schaltfläche Weiter. Jetzt wählen wir im linken Fenster die Optionen... und es öffnet sich das in der Abbildung unten rechts gezeigte Fenster. In diesem setzen wir durch einen Mausklick einen Haken in die Kästen Deskriptive Statisitken (für Mittelwerte und Standardabweichungen), Schätzer der Effektgrösse (für das partielle eta^2) und Beobachtete Schärfe (für die Teststärke) und schließen das Fenster durch Klicken auf Weiter. Nun starten wir die Analyse durch Klicken auf die Schaltfläche OK im linken Fenster.

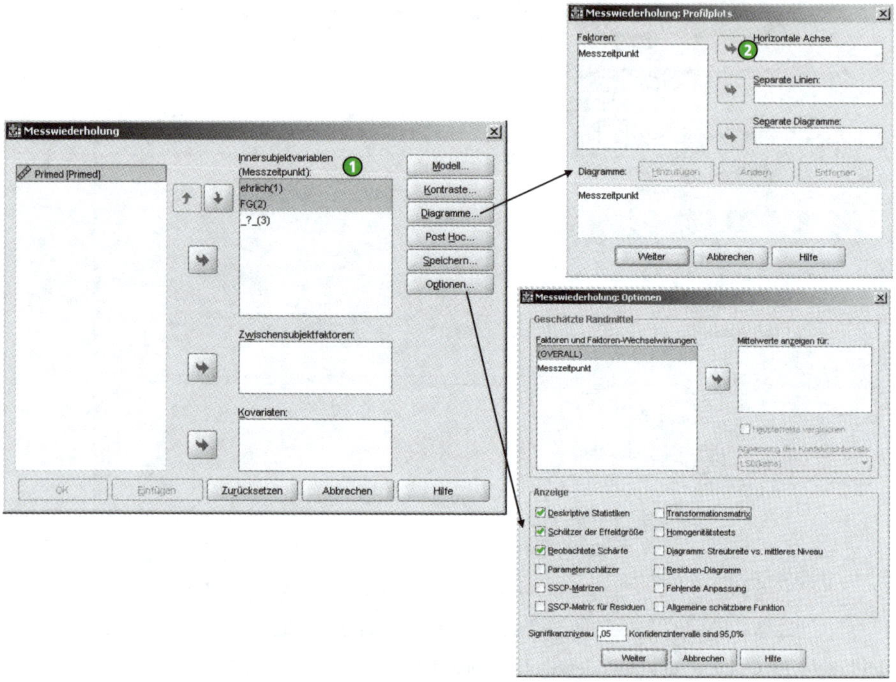

Abbildung 6.80: Menüauswahl bei der einfaktoriellen ANOVA mit Messwiederholung

Um dieselben Ergebnisse auch in R zu erzielen, laden wir zunächst den Datensatz. Dieser ist jedoch im sogenannten *wide*-Format. Das bedeutet, in jeder Zeile befinden sich die Werte einer Versuchsperson und jede Spalte stellt eine eigene Variable dar. In R erwarten die meisten Befehle, die auf Messwiederholungsdaten angewandt werden, jedoch ein sogenanntes *long*-Format. Bei diesem werden die Angaben einer Person in den Messwiederholungsvariablen gruppiert. Das bedeutet, es wird lediglich eine Spalte für die Variable (in unserem Fall Neurotizismus) angelegt und die Werte aller Personen über alle Messzeitpunkte befinden sich darin. Um nun jeder Person nicht nur die eigenen Werte, sondern auch den jeweils korrekten Messzeitpunkt zuweisen zu können, benötigen wir zwei Identifikationsvariablen. Eine Variable beinhaltet die Versuchspersonennummer und die andere einen Messzeitpunkt. So ist es möglich, jeder Person für jeden Messzeitpunkt den korrekten Neurotizismuswert zuzuweisen. Die Datenmaske sieht dann aus wie in ▶*Abbildung 6.81*. Ein entsprechender Datensatz befindet sich auch im Online-Material auf der Website zum Buch. Wer jedoch selbst gerne Daten aus dem *wide*-Format ins *long*-Format transferieren will, der kann die Angaben im folgenden Exkurs nutzen.

```
> head(anova.mw.long)
    VP geschlecht Messzeitpunkt Neurotizismus
1    1   männlich       Ehrlich      88.00000
340  1   männlich     Fake_Good      88.00000
679  1   männlich        Primed     131.39926
2    2   männlich       Ehrlich     106.00000
341  2   männlich     Fake_Good      70.00000
680  2   männlich        Primed      89.42068
```

Abbildung 6.81: Datenmaske im *long*-format

Exkurs

Zur Datentransformation nutzen wir das Paket reshape2 und daraus den Befehl melt. Die Daten, die wir transferieren wollen, sind im *wide*-Format und befinden sich im Objekt anova.mw. Darin enthalten sind die Variablen: Ehrlich, Fake_Good, Primed, geschlecht und VP. Wichtig zur Identifikation der Personen ist die Variable VP. Damit diese im folgenden Befehl korrekt genutzt wird, muss es sich bei der Variablen um den Datentyp factor handeln. Das testen wir mit dem folgenden Befehl:

```
is.factor(anova.mw$VP)
```

In diesem Fall ist die Antwort TRUE, was bedeutet, die Variable ist bereits ein factor. Wäre dies nicht so, würden wir folgenden Befehl anwenden, um den Datentyp zu ändern:

```
anova.mw$VP <- factor(anova.mw$VP)
```

Um nun den Datensatz zu transformieren, öffnen wir zunächst das Paket reshape2 und legen dann das Objekt anova.mw.long an, welches das Ergebnis des melt-Befehls beinhalten soll.

Der melt-Befehl erwartet als erstes Argument den Namen des zu transformierenden Datensatzes. Im nächsten Argument, id.vars, werden die namen der Variablen angegeben, bei denen es sich nicht um Messwiederholungsvariablen handelt. Die Messwiederholungsvariablen, die im *wide*-Format ja jeweils eine Variable darstellen, werden im Argument measure.vars zusammengefasst. Wichtig ist hier, dass die dargestellten Namen jeweils Stufen desselben Messwiederholungsfaktors sind. In den letzten beiden Argumenten geben wir schließlich zunächst an, wie die Spalte benannt werden soll, in der die Namen der Stufen des Messwiederholungsfaktors aufgeführt werden sollen (hier Messzeitpunkt). Automatisch werden dann die Namen der Variablen aus dem *wide*-Format, die im Argument measure.vars angegeben sind, als Werte eingetragen. Abschließend geben wir den Namen der Variablen an, in der die eigentlichen Messwerte aufgeführt werden:

```
library(reshape2)
anova.mw.long <-  melt(anova.mw,
                  id.vars=c("VP","geschlecht"),
                  measure.vars=c("Ehrlich", "Fake_Good", "Primed"),
                  variable.name="Messzeitpunkt",
                  value.name="Neurotizismus")
```

Wenn wir den Datensatz anhand der VP-Nummer ordnen, ergibt sich das Bild aus *Abbildung 6.81*:

```
anova.mw.long <- anova.mw.long[order(anova.mw.long$VP),]
head(anova.mw.long)
```

Um nun die eigentliche ANOVA inklusive Mauchly-Test durchzuführen, nutzen wir wieder das afex-Paket und dieselben Befehle, wie bereits bei der ein- und zweifaktoriellen ANOVA. Wir erinnern uns, dass bei diesen Verfahren zusätzliche Spalten angelegt werden mussten, um im eigentlichen Befehl einen Fehlerterm angeben zu können. Dies ist nun nicht mehr notwendig. Der Datensatz im *long*-Format beinhaltet bereits alle notwendigen Variablen. Der entsprechende Code lautet:

```
library(afex)
out5a <- aov_car(Neurotizismus~Error(VP/Messzeitpunkt),
data=anova.mw.long,  return="univariate")
out5b <- aov_car(Neurotizismus~Error(VP/Messzeitpunkt),
              data=anova.mw.long)
out6a <- anova(out5b, es="pes", correction="none", intercept=T)
out6b <- anova(out5b, es="pes", correction="GG")
out6c <- anova(out5b, es="pes", correction="HF")

out5a
out6 <- rbind(out6a, out6b, out6c)
out6
```

Wir öffnen also zunächst das Paket afex. Im ersten Analyseschritt legen wir ein neues Objekt an (hier out5a, da die Outputs in diesem Kapitel durchlaufend nummeriert sind). In diesen Output legen wir das Ergebnis des Befehls aov_car. Die hinter diesem Befehl aufgeführten Informationen sind weitestgehend identisch zu dem bereits beschriebenen Vorgehen bei den anderen varianzanalytischen Verfahren. Neu ist jedoch die angegebene Modellgleichung sowie der Wert des Arguments return. Die Modellgleichung beinhaltet zunächst wieder den Namen der abhängigen Variablen gefolgt von einem ~-Zeichen. Nun folgt jedoch kein Name einer unabhängigen Variablen, sondern direkt der Fehlerterm. Da es in dem Design keine unabhängige Variable gibt, die zwischen den Personen variiert, fehlt dieser Teil der Modellgleichung. Der Fehlerterm (Error) macht nun auch mehr Sinn. Angegeben ist der Name der Variablen VP, also die Versuchspersonennummer. Im *long*-Format befinden sich hier für jede Person jeweils so viele Einträge wie Messzeitpunkte. Um diese nun genau zu identifizieren, bedarf es des Namens der Variable, die die Messzeitpunkte kodiert (hier Messzeitpunkt). Somit ist im Fehlerterm genau angegeben, wodurch die Schwankungen innerhalb der Personen hervorgerufen werden. Im Argument return finden wir nicht wie gewohnt "Anova", sondern "univariate". Dadurch rufen wir unter anderem das Ergebnis des Mauchly-Tests ab.

Um nun Ergebnisse mit unterschiedlichen Korrekturen für den Fall der Verletzung der Sphärizitätsannahme zu erhalten, müssen wir ein paar Zwischenschritte einlegen. Dazu erzeugen wir zunächst ein Obermodell, welches wir im Objekt out5b ablegen. Der Befehl ist identisch zu dem vorherigen, beinhaltet aber nicht das Argument return. Dieses Objekt nutzen wir nun im Befehl anova, welcher es erlaubt, neben den verschiedenen Korrekturen der Freiheitsgrade (correction=) auch die Effektstärke partial eta^2 berechnen zu lassen. Um, wie in SPSS, eine Ausgabe zu erhalten mit keiner (correction="none") sowie der

Greenhouse-Geyser (`correction="GG"`) und der Huynh-Feldt-Korrektur (`correction="HF"`), führen wir den Befehl dreimal durch und legen drei verschiedene Objekte (`out6a` bis `out6c`) an. Die einzigen Unterschiede sind dabei die Angaben im Argument `correction` sowie die Entscheidung für die Angabe des Intercepts, welches wir nur einmal benötigen. Diese drei Objekte binden wir schließlich mithilfe des Befehls `rbind` zusammen.

Die deskriptiven Statistiken haben wir wieder mit dem `describeBy`-Befehl aus dem `psych`-Paket erstellt. Die Teststärkeberechnung erfolgte über das Paket `pwr` und den Befehl `pwr.f2.test` und wurde bereits erläutert. Im Online-Material findet sich die vollständige Syntax. Für die Darstellung des Verlaufs nutzen wir folgende Syntax und das Paket `ggplot2`:

```
abb6.85 <- ggplot(anova.mw.long, aes(Messzeitpunkt, Neurotizismus))
abb6.85+stat_summary(fun.y=mean, geom="point")+
  stat_summary(fun.y=mean, geom="line", aes(group=1))+
  stat_summary(fun.data=mean_cl_normal, geom="errorbar", width=.1, size=.25)+
  theme_bw(base_size = 18, base_family="Times New Roman")+
  theme(legend.position="top")
```

Eine ähnliche Syntax haben wir bereits verwendet, um die Interaktionsdiagramme bei der zweifaktoriellen ANOVA zu zeichnen. Der Code hier ist identisch mit einer Ausnahme: Im Argument `stat_summary`, welches sich auf die Linie bezieht, die die Mittelwerte verbindet, taucht zusätzlich der Befehl `aes(group=1)` auf. Dies ist notwendig, wenn die Variable auf der x-Achse ein Faktor ist.

Die SPSS-Ausgabe enthält zahlreiche Tabellen, von denen nicht alle für die Fragestellung relevant sind. Daher werden hier nur die relevanten Tabellen und die Äquivalente in R erörtert.

Zunächst ist in der SPSS-Tabelle „Innersubjektfaktoren" aufgeführt, wie viele Stufen die Messwiederholung hat ❶ und wie die einzelnen Stufen bezeichnet sind ❷ (siehe ▶ *Abbildung 6.82*).

In der darunterstehenden Tabelle „Deskriptive Statistiken" sind für jede der Faktorstufen ❸ der Mittelwert ❹, die geschätzte Standardabweichung ❺ und die Stichprobengröße ❻ angegeben. Die entsprechenden Angaben finden sich auch in den R-Ausgaben, die ebenfalls in der Abbildung enthalten sind. Auch hier sehen wir den generellen Trend, der auch im kleinen Datensatz auftrat. Die Messwerte fallen zum zweiten Messzeitpunkt und steigen dann zum dritten wieder stark an. Die geschätzten Standardabweichungen sind zwar verschieden, aber die Unterschiede weniger stark als im kleinen Datensatz.

Eine weitere Tabelle trägt den Titel „Multivariate Tests". Diese Tabelle zeigt an, ob eine Kombination aus allen enthaltenen systematischen Effekten, also sowohl systematische Unterschiede zwischen als auch innerhalb der Personen, signifikant von null verschieden ist. Dies ist für uns jedoch nicht interessant, vor allem da es keine Variation im Sinne einer Gruppenvariablen gibt, die systematische Unterschiede zwischen den Personen erzeugen könnte. Daher lassen wir diese Tabelle bei unseren Erklärungen aus.

SPSS-Ausgabe

Innersubjektfaktoren

Maß:MASS_1

(1) Messzeitpunkt	(2) Abhängige Variable
1	Ehrlich
2	Fake Good
3	Primed

Deskriptive Statistiken

(3)	Mittelwert (4)	Standardabweichung (5)	N (6)
Ehrlich	93,53	24,42	339
Fake Good	71,27	29,59	339
Primed	121,61	19,03	339

R-Ausgabe

```
> lev <- levels(anova.mw.long$Messzeitpunkt)
> lev
[1] "Ehrlich"   "Fake_Good" "Primed"  (2)
> length(lev)
[1] 3  (1)
> desc_mw <- describeBy(anova.mw.long$Neurotizismus, group=anova.mw.long$Messzeitpunkt)
> desc_mw
group: Ehrlich (3)  (5)
  vars(6)n  mean(4) sd median trimmed   mad min max range skew kurtosis   se
1    1 339 93.53 24.42     91   93.27 23.72  28 156   128  0.1    -0.26 1.33
------------------------------------------------------------------------------
group: Fake_Good (3) (5)
  vars(6)n  mean(4) sd median trimmed   mad min max range skew kurtosis   se
1    1 339 71.27 29.59     66    69.9 29.65   9 155   146 0.42    -0.43 1.61
------------------------------------------------------------------------------
group: Primed (3)  (5)
  vars(6)n   mean(4) sd median trimmed   mad   min    max  range  skew kurtosis   se
1    1 339 121.61 19.03 121.97  121.96 20.06 65.46 181.27 115.81 -0.15    -0.16 1.03
```

Abbildung 6.82: Tabellen Innersubjektfaktoren und Deskriptive Statistiken aus der SPSS-Ausgabe und entsprechende R-Ausgaben

Die nächste relevante Tabelle ist in ▶*Abbildung 6.83* aufgeführt und stellt das Ergebnis des Mauchly-Tests dar. In R finden wir das Ergebnis in der Ausgabe des Objekts `out5a`.

In der SPSS-Tabelle ist in der ersten Spalte noch einmal der Name der Messwiederholungs-Variablen aufgeführt, den wir zu Beginn vergeben haben. In der zweiten Spalte der SPSS-Tabelle ist die Prüfgröße des Tests, das Mauchly-W, aufgeführt (1). Dieser Wert kann in eine Prüfgröße überführt werden, die annähernd einer χ^2-Verteilung folgt (2). Somit ist ein Signifikanztest möglich. Die Anzahl der dazugehörigen Freiheitsgrade (3) entspricht der Anzahl der Messwiederholungen minus 1. Schließlich ist die Überschreitungswahrscheinlichkeit p (4) aufgeführt. In der entsprechenden R-Ausgabe finden sich diese Angaben ebenfalls, mit Ausname des χ^2-Werts und der Freiheitsgrade. In unserem Datensatz ist die Überschreitungswahrscheinlichkeit kleiner als die Fehlerwahrscheinlichkleit 1. Art von 0.05 und wir müssen die Annahme der Sphärizität (homogener Varianzen und Kovarianzen in der Population) verwerfen. In den nächsten beiden Spalten der SPSS-Ausgabe sind die Korrekturfaktoren für eine Greenhouse-Geisser-Korrektur (5) bzw. für eine Huynh-Feldt-Korrektur (6) angegeben. Entsprechende Angaben finden sich auch in der R-Ausgabe. Wir sehen hier noch einmal, dass der erste Korrekturfaktor etwas geringer ist, was gleichbedeutend mit einer strengeren Korrektur ist.

SPSS-Ausgabe

Mauchly-Test auf Sphärizität[b]

Maß:MASS_1

Innersubjekteffekt	(1) Mauchly-W	(2) Approximiertes Chi-Quadrat	(3) df	(4) Signifikanz	Epsilon[a]		
					Greenhouse-Geisser (5)	(6) Huynh-Feldt	Untergrenze
Messzeitpunkt	,788	80,489	2	,000	,825	,828	,500

Prüft die Nullhypothese, daß sich die Fehlerkovarianz-Matrix der orthonormalisierten transformierten abhängigen Variablen proportional zur Einheitsmatrix verhält.

a. Kann zum Korrigieren der Freiheitsgrade für die gemittelten Signifikanztests verwendet werden. In der Tabelle mit den Tests der Effekte innerhalb der Subjekte werden korrigierte Tests angezeigt.

b. Design: Konstanter Term
Innersubjektdesign: Messzeitpunkt

R-Ausgabe

```
> out5a

Univariate Type III Repeated-Measures ANOVA Assuming Sphericity

                   SS num Df Error SS den Df        F    Pr(>F)
(Intercept)   9268815      1   240051    338 13050.81 < 2.2e-16 ***
Messzeitpunkt  431449      2   379872    676   383.89 < 2.2e-16 ***
---
Signif. codes:  0 '***' 0.001 '**' 0.01 '*' 0.05 '.' 0.1 ' ' 1


Mauchly Tests for Sphericity
                          (1)           (4)
               Test statistic    p-value
Messzeitpunkt         0.78754 3.3262e-18


Greenhouse-Geisser and Huynh-Feldt Corrections
 for Departure from Sphericity
                  (5)
                GG eps Pr(>F[GG])
Messzeitpunkt 0.82477  < 2.2e-16 ***
---
Signif. codes:  0 '***' 0.001 '**' 0.01 '*' 0.05 '.' 0.1 ' ' 1
                   (6)
                 HF eps    Pr(>F[HF])
Messzeitpunkt 0.8282934 2.034798e-93
```

Abbildung 6.83: SPSS-Ausgabe zum Mauchly-Test auf Sphärizität

In der SPSS-Tabelle mit dem Titel „Tests der Innersubjekteffekte“ finden wir nun das Ergebnis des eigentlichen Signifikanztests (siehe ▶ *Abbildung 6.84*, die auch eine entsprechende R-Ausgabe beinhaltet). Uns interessieren zunächst nur die grün hinterlegten Zeilen. Hier sind die Angaben für den Effekt *Messzeitpunkte* aufgeführt. In der gleichen Tabelle befinden sich auch Angaben für die anderen Variationsquellen: die Variation innerhalb der Personen und das Residuum (in SPSS als Fehler bezeichnet), also die Variation, die sich aus der Fehlervariation und der Variation ergibt, die sich aus der Interaktion zwischen Person und Messzeitpunktbedingungen ergibt. Beide Kategorien unterteilen sich noch einmal in jeweils vier Zeilen: Sphärizität angenommen, Greenhouse-Geisser, Huynh-Feldt und Untergrenze.

In der entsprechenden R-Ausgabe haben wir uns darauf beschränkt, die Angaben nur für die systematischen Effekte darzustellen. In den grün hinterlegten Zeilen finden sich dieselben Angaben wie in der entsprechenden SPSS-Tabelle. Auch hier sind Ergebnisse für folgende Berechnungen: Sphärizität angenommen, Greenhouse-Geisser, Huynh-Feldt. Die entsprechenden Einträge in der R-Tabelle heißen Messzeitpunkt, Messzeitpunkt1, Messzeitpunkt2.

Zunächst werden sowohl in der SPSS- als auch in der R-Ausgabe die Werte aufgeführt, die sich ergeben, wenn Sphärizität (homogene Varianzen und Kovarianzen) angenommen werden kann. Danach folgen die beiden besprochenen Korrekturen Greenhouse-Geisser bzw. Huynh-Feldt sowie in SPSS eine Untergrenze ❶. In den nächsten Spalten der SPSS-Tabelle sind jeweils die Quadratsummen ❷, die Freiheitsgrade ❸, die mittleren Quadratsummen ❹, die empirischen F-Werte ❺, die Überschreitungswahrscheinlichkeit p ❻, das partielle eta^2 ❼ und die beobachtete Schärfe (Teststärke) ❽ aufgeführt.

Diese Angaben finden sich auch in der R-Ausgabe. Sie sind wie in der SPSS-Ausgabe mit denselben Zahlen versehen. Bei ❸ handelt es sich in beiden Ausgaben um die Freiheitsgrade. Unterschiede zwischen den einzelnen Zeilen bestehen in diesem Beispiel dabei lediglich bei den Freiheitsgraden und den mittleren Quadratsummen. Ein Vergleich der Freiheitsgrade ohne und mit Korrektur zeigt noch einmal, wie die Multiplikation mit dem Korrekturfaktor die Zahl der Freiheitsgrade absenkt (z. B. 2 > 1.65 oder 676 > 557.54).

SPSS-Ausgabe

Tests der Innersubjekteffekte

Maß:MASS_1

Quelle		❶ Quadratsumme vom Typ III	❷ df	❸ Mittel der Quadrate	❹ F	❺ Signifikanz	❻ Partielles Eta-Quadrat	❼ Nichtzentralitäts -Parameter	❽ Beobachtete Schärfe[a]
Messzeitpunkt	Sphärizität angenommen	431449,23	2,00	215724,61	383,89	,000	,532	767,785	1,000
	Greenhouse-Geisser	431449,23	1,65	261557,45	383,89	,000	,532	633,245	1,000
	Huynh-Feldt	431449,23	1,66	260444,68	383,89	,000	,532	635,951	1,000
	Untergrenze	431449,23	1,00	431449,23	383,89	,000	,532	383,892	1,000
Fehler(Messzeitpunkt)	Sphärizität angenommen	379871,70	676,00	561,94					
	Greenhouse-Geisser	379871,70	557,54	681,33					
	Huynh-Feldt	379871,70	559,93	678,43					
	Untergrenze	379871,70	338,00	1123,88					

a. Unter Verwendung von Alpha = ,05 berechnet

R-Ausgabe

```
> out6
Anova Table (Type  tests)
                ❶             ❸    ❹          ❺ ❼       ❻
Response:
              num Df den Df    MSE        F     pes    Pr(>F)
(Intercept)   1.0000 338.00 710.21 13050.81 0.97476 < 2.2e-16 ***
Messzeitpunkt  2.0000 676.00 561.94   383.89 0.53179 < 2.2e-16 ***
Messzeitpunkt1 1.6495 557.54 681.33   383.89 0.53179 < 2.2e-16 ***
Messzeitpunkt2 1.6566 559.93 678.43   383.89 0.53179 < 2.2e-16 ***

> out5a

Univariate Type III Repeated-Measures ANOVA Assuming Sphericity
                   ❷       ❸                          ❺     ❻
                   SS num Df Error SS den Df        F    Pr(>F)
(Intercept)   9268815      1   240051    338 13050.81 < 2.2e-16 ***
Messzeitpunkt  431449      2   379872    676   383.89 < 2.2e-16 ***
---
Signif. codes:  0 '***' 0.001 '**' 0.01 '*' 0.05 '.' 0.1 ' ' 1


> pwr.f2.test(u=2, v=667, sig.level=.05, f2=.53/(1-.53))

     Multiple regression power calculation

              u = 2
              v = 667
             f2 = 1.12766
      sig.level = 0.05
          power = 1 ❽
```

Abbildung 6.84: SPSS-Ausgabe Tests der Innersubjekteffekte sowie entsprechende R-Ausgaben

An dieser Stelle möchten wir darauf hinweisen, dass SPSS zur Bestimmung der Teststärke bei Varianzanalysen mit Messwiederholung andere Werte liefert als G*Power. Meist wird eine geringere Teststärke als in G*Power angegeben. Daher empfiehlt sich eigentlich die Teststärkebestimmung mit G*Power. Allerdings haben wir hier bereits eine Teststärke von annähernd eins, da der Effekt des Treatments (in unserem Fall der Instruktionen und des Primings) so groß ausfällt. Daher verzichten wir in diesem Fall darauf, die Teststärke mit G*Power zu ermitteln.

Es folgen in SPSS zwei Tabellen, die wir an dieser Stelle nur kurz besprechen. In der Tabelle „Test der Innersubjektkontraste" wird geprüft, ob der Verlauf der Veränderung durch eine lineare oder quadratische Funktion beschrieben werden kann (siehe *Abschnitt 6.8*). Die zweite Tabelle („Test der Zwischensubjekteffekte") enthält die Ergebnisse der Tests, ob die Unterschiede zwischen den Personen signifikant von null verschieden sind. Da allerdings keine Gruppenvariable vorliegt, wird hier nur ein Fehlerterm bestimmt. Daher verzichten wir hier auf die Darstellung dieser Tabelle. Im Rahmen der zweifaktoriellen Varianzanalyse mit gemischtem Design kommen wir hierauf zurück.

Abschließend enthält die SPSS-Ausgabe noch ein Diagramm, das den Verlauf der Veränderung über die Messzeitpunkte hinweg angibt. Dieses findet sich in der linken Hälfte der ▶*Abbildung 6.85*. In der rechten Hälfte befindet sich eine entsprechende R-Grafik.

SPSS-Ausgabe **R-Ausgabe**

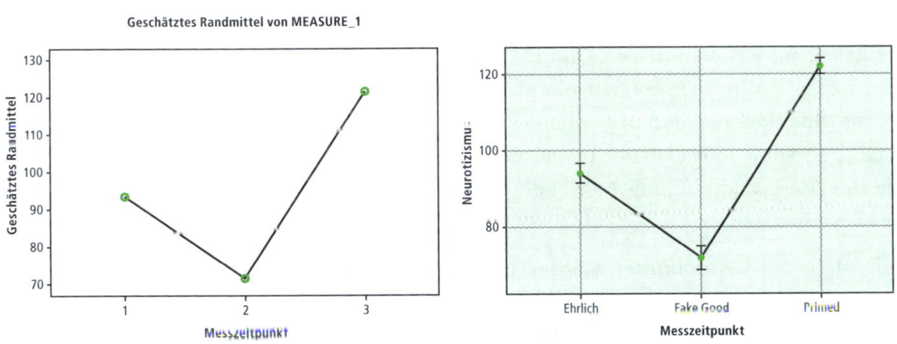

Abbildung 6.85: SPSS-Ausgabe Diagramm der Veränderung sowie entsprechende R-Variante

Auf der x-Achse des Diagramms sind die Messzeitpunkte angegeben und auf der y-Achse der Wertebereich des Neurotizismus. Für jeden Messzeitpunkt ist dann der Mittelwert abgetragen und diese werden verbunden. So ergibt sich eine Verlaufskurve. Hier wird noch einmal der zunächst absteigende und dann wieder ansteigende Verlauf deutlich. In der R-Grafik sind zudem die Konfidenzintervalle um die jeweiligen Mittelwerte gelegt (95 % Sicherheitswahrscheinlichkeit).

Fazit. Die Ergebnisse zeigen, dass der Treatmenteffekt (Messwiederholung) stark und statistisch signifikant ausfällt und mit ausreichender Teststärke gesichert werden kann. Es sind immerhin 53.2 Prozent der Veränderungen im Neurotizismuswert über die Messzeitpunkte hinweg, die durch die unterschiedlichen Instruktionen bzw. das Priming erklärt werden können.

Eine alternative Technik zur Überprüfung eines Messwiederholungseffekts sind gemischte lineare Modelle (auch „Mixed Models“ genannt). Diese Technik ist auch unter dem Begriff Mehrebenenanalyse bekannt. Hierbei bilden die Personen die Ebene höherer Ordnung und die Messzeitpunkte sind auf darunter liegenden Ebenen angesiedelt. Mehrebenenanalysen bieten eine Vielzahl weiterer Möglichkeiten, die im Rahmen einer Varianzanalyse nicht möglich sind. Die zugrunde liegende Idee basiert dabei grob gesagt auf Regressionsanalysen. Eine tiefere Einführung würde an dieser Stelle allerdings zu weit führen und daher verzichten wir darauf.

6.6 Friedman-Test

Im letzten Unterkapitel haben wir erläutert, wie die Mittelwertsdifferenzen zwischen abhängigen Messungen mithilfe der einfaktoriellen Varianzanalyse mit Messwiederholung auf Signifikanz getestet werden können. Eine Voraussetzung für diesen Test ist jedoch, dass die Werte der abhängigen Variablen zu jedem Messzeitpunkt in der Population normalverteilt sind und zumindest Sphärizität vorliegt. In diesem Abschnitt stellen wir den Friedman-Test vor. Dieser Test (auch Rangvarianzanalyse für abhängige Stichproben genannt) ist das nonparametrische Pendant zur einfaktoriellen Varianzanalyse mit Messwiederholung. Sphärizität und Normalverteilung in der Population zu den Messzeitpunkten müssen für diesen Signifikanztest nicht als Voraussetzungen vorliegen.

Fragestellung. Beim Friedman-Test wird also geprüft, ob sich die zentralen Tendenzen mehrerer aufeinander folgender Messungen signifikant unterscheiden.

Wir haben im Rahmen dieses Kapitels bereits ein weiteres nonparametrisches Verfahren, den Kruskal-Wallis-Test, kennengelernt. Dieser war das Pendant zur einfaktoriellen Varianzanalyse ohne Messwiederholung und die Erweiterung des U-Tests auf mehr als zwei Gruppen. Der Friedman-Test ist, wie bereits erwähnt, das Pendant zur einfaktoriellen Varianzanalyse mit Messwiederholung und stellt die Erweiterung des Wilcoxon-Tests auf mehr als zwei Gruppen dar.

In den folgenden Abschnitten werden wir zunächst das Grundprinzip des Friedman-Tests darstellen. Im Anschluss erläutern wir das Vorgehen anhand eines Beispiels. Danach gehen wir auf die Voraussetzungen und die Durchführung in SPSS bzw. R ein.

6.6.1 Grundprinzip und Vorgehen beim Friedman-Test

Das Grundprinzip der parametrischen varianzanalytischen Verfahren besteht darin, dass zwei Varianzquellen miteinander verglichen werden. Dabei schätzt die Varianz Zwischen die Populationsvarianz nur dann, wenn die Nullhypothese in der Grundgesamtheit gilt. Die zweite Varianz, die Varianz Innerhalb, schätzt auch dann die Populationsvarianz, wenn die Nullhypothese in der Population nicht gilt. Der Vergleich ermöglicht dann einen Rückschluss auf das Zutreffen der Nullhypothese. Bei den nonparametrischen Verfahren muss keine Normalverteilung vorliegen. Zum einen bedeutet dies, dass wir nicht direkt die Mittelwerte miteinander vergleichen, sondern allgemein von zentraler Tendenz sprechen. Zum anderen ist eine Varianz für Ränge schwer interpretierbar. Wir kennen bereits ein nonparametrisches Verfahren, den Kruskal-Wallis-Test. Bei diesem Verfahren wurden die individuellen Messwerte durch Rangplätze ersetzt. Falls die Nullhypothese gilt, sollten sich die Rangplätze zufällig auf die verschiedenen Gruppen verteilen. Daher sollten sich auch die mittleren Rangsummen der Gruppen nicht allzu stark unterscheiden. Die Abweichungen dieser Rangsummen von den unter Annahme der Nullhypothese zu erwartenden Rangsummen haben wir dann in einer Prüfgröße zusammengefasst und anhand der Lage in einer hypothetischen Verteilung auf Signifikanz getestet. Die Rationale beim Kruskal-Wallis war also, dass unter Geltung der Nullhypothese die Rangplätze in allen Gruppen die gleiche Wahrscheinlichkeit haben sollten. Beim Friedman-Test liegen allerdings keine Gruppen vor. Vielmehr haben wir für jede Person in unserem Datensatz mehrere Messwerte zu verschiedenen Messzeitpunkten vorliegen. Wir brauchen also eine andere Idee.

Beispiel. Nutzen wir auch hierfür wieder unser Beispiel aus dem letzten Kapitel. Dort hatten wir Neurotizismus zu drei Messzeitpunkten erfasst (Ehrlich, Fake Good, Primed). Die Messwerte der Personen finden sich in ▶*Abbildung 6.86*. Wie lauten nun unsere Hypothesen?

Hypothesen. Auch hier gibt es wieder eine Null- und eine dazugehörige Alternativhypothese. Wie wir es bereits beim Kruskal-Wallis-Test gesehen haben, wird die mittlere Tendenz über den mittleren Rangplatz geschätzt.

Nullhypothese und Alternativhypothese

Nullhypothese:

$$H_0\text{: } Md_1 = Md_2 = Md_3 = Md_k = \ldots = Md_i$$

Alternativhypothese:

$$H_1\text{: } Md_1 \neq Md_2 \neq Md_3 \neq Md_k \neq \ldots \neq Md_I \quad \text{für mindestens einen Paarvergleich}$$

In Worten ausgedrückt könnte man die Hypothesen wie folgt formulieren:

Nullhypothese

Die *k* Messungen aus der Stichprobe unterscheiden sich nicht in ihren zentralen Tendenzen bzw. im Median und stammen daher aus derselben Grundgesamtheit.

Für unser Beispiel lautet die Nullhypothese dann:

Die zentralen Tendenzen bzw. die Mediane der drei Neurotizismusmessungen unterscheiden sich nicht und stammen aus derselben Grundgesamtheit.

Alternativhypothese

Mindestens zwei zentrale Tendenzen der *I* Messungen aus der Stichprobe unterscheiden sich und stammen aus verschiedenen Grundgesamtheiten.

Für unser Beispiel lautet die Alternativhypothese dann:

Mindestens zwei zentrale Tendenzen der drei Neurotizismusmessungen unterscheiden sich und stammen aus verschiedenen Grundgesamtheiten.

Anhand der Hypothesen sieht man noch einmal, dass eine Stichprobe gezogen wird, an der zu verschiedenen Messzeitpunkten k Messungen vorgenommen werden. Gilt die Nullhypothese und die Messzeitpunktbedingungen haben keinen Einfluss auf die Messwerte, dann unterscheiden sich auch die zentralen Tendenzen in der Grundgesamtheit nicht.

Welche Möglichkeit liefert uns diese Annahme für den Signifikanztest? Beim Kruskal-Wallis-Test haben wir angenommen, dass jeder Rangplatz in allen Populationen gleich wahrscheinlich ist. Daher haben wir dort die Rangplätze über alle Gruppen hinweg verteilt. Wenn wir dieses Prinzip auch beim Friedman-Test anwenden würden, hieße das, Rangplätze für jeden Messwert über alle Messzeitpunkte und Personen hinweg zu vergeben. Damit würden wir aber sowohl Unterschiede zwischen den Personen als auch zwischen den Messzeitpunkten betrachten. Die Unterschiede zwischen den Personen sind für uns aber unter der beim Friedman-Test gewählten Fragestellung nicht interessant. Vielmehr wollen wir lediglich die Unterschiede jeder Person über die Messzeitpunkte hinweg analysieren, wie auch bei der Varianzanalyse mit Messwiederholung. Daher vergeben wir die Rangplätze beim Friedman-Test bei jeder Person über die Messzeitpunkte hinweg. Liegen beispielsweise drei Messzeitpunkte vor, bekommt der größte Messwert bei jeder Person den Rangplatz 1, der zweitgrößte den Rangplatz 2 und der kleinste den Rangplatz 3 zugewiesen. Dies ist in *Abbildung 6.86* dargestellt.

VP	Ehrlich	Fake Good	Primed
1	(2.) 61	(3.) 56	(1.) 130
2	(2.) 84	(3.) 45	(1.) 94
3	(2.) 83	(3.) 52	(1.) 119
4	(3.) 47	(2.) 56	(1.) 130
5	(2.) 100	(3.) 47	(1.) 149
$\sum$	11	14	5

Abbildung 6.86: Zuweisung von Rangplätzen zu den individuellen Messwerten. Die Rangplätze stehen in den Klammern vor den Messwerten.

Nun lässt sich für jeden Messzeitpunkt die Rangsumme berechnen, was ebenfalls in der Abbildung bereits getan wurde. Wenn nun die Nullhypothese gilt und die verschiedenen Messzeitpunktbedingungen keinen Einfluss auf die Messwerte hätten, dann sollte in der Population für jede Person die Zuordnung eines jeden Rangplatzes zu jedem Messzeitpunkt gleich wahrscheinlich sein. Wenn demnach die Rangsummen für jeden Messzeitpunkt in der Stichprobe von ihrem Betrag her nahe beieinander liegen, spricht das Stichprobenergebnis für die Nullhypothese. Je mehr sich die Beträge der Rangsummen unterscheiden, desto mehr spricht dies gegen die Nullhyptohese. Nun lässt sich für jede Person der erwartete Rangplatz zu jedem der k Messzeitpunkte berechnen $[(k + 1)/2]$. Da wir insgesamt n Personen haben, ist der Erwartungswert der Summe der Rangplätze pro Messzeitpunkt dann:

Formel 6.46

$$E(R_i) = \frac{n \cdot (k+1)}{2}$$

$E(R_i)$ = Erwartungswert der Rangplätze zum Messzeitpunkt i
n = Anzahl der Versuchspersonen
k = Anzahl der Messzeitpunkte

Nun ließe sich ähnlich wie beim Kruskal-Wallis-Test eine Herleitung der Rechenformel aufführen (siehe *Abschnitt 6.3*). An dieser Stelle verzichten wir jedoch aus Platzgründen auf die Herleitung und führen direkt die Formel zur Berechnung der Prüfgröße ein. Auch in dieser Formel wird die Abweichung der Rangsummen vom Erwartungswert unter Annahme der Nullhypothese berechnet. Die Formel lautet:

Formel 6.47

$$\chi_R^2 = \left(\frac{12}{N \cdot k \cdot (k+1)} \cdot \sum_{i=1}^{k} R_i^2 \right) - 3 \cdot n \cdot (k+1)$$

χ_R^2 = empirischer χ^2-Wert (Prüfgröße)
n = Anzahl der Versuchspersonen
k = Anzahl der Messzeitpunkte

Die Prüfgröße trägt den Index R, um zu zeigen, dass es sich um einen Friedman-Test für Ränge handelt.

Für unser Beispiel ergibt sich:

$$\chi_R^2 = \left(\frac{12}{5 \cdot 3 \cdot (3+1)} \cdot (11^2 + 14^2 + 5^2) \right) - 3 \cdot 5 \cdot (3+1) = 8.4$$

Die Logik ist also ähnlich wie beim Kruskal-Wallis-Test. In beiden Fällen nehmen wir zunächst an, dass die Nullhypothese gilt und bestimmen die Abweichung der empirisch beobachteten Rangsummen von dem Wert, den wir unter der Nullhypothese erwarten würden. Je größer die Abweichung zwischen beiden Werten ausfällt, desto eher spricht dies gegen die Nullhypothese.

Berechnung. Der erste Schritt bei der Berechnung ist die Zuweisung von Rangplätzen zu den Messwerten einer jeden Person. Das haben wir bereits getan. Dann muss die Summe der Rangplätze zu jedem Messzeitpunkt bestimmt werden. Auch dies haben wir bereits getan. Nun berechnen wir die Rangsumme (siehe Formelkasten).

Die χ^2-Prüfgröße ist, wenn alle empirisch beobachteten Rangsummen gleich ausfallen, null. Wir müssen nun mithilfe der χ^2-Verteilung und den entsprechenden Freiheitsgraden ermitteln, ob unsere empirische Prüfgröße über der kritischen Prüfgröße liegt oder nicht.

Entscheidung. Es handelt sich bei der Prüfgröße um eine annähernd χ^2-verteilte Prüfgröße. Um die richtige Verteilung auszuwählen, benötigen wir die Anzahl der Freiheitsgrade. Wir haben $k-1$ Freiheitsgrade. Für unser Beispiel besitzt also die χ^2-Verteilung zwei Freiheitsgrade. Als Fehlerwahrscheinlichkeit 1. Art haben wir vor der Untersuchung fünf Prozent festgelegt. Jetzt müssen wir aus der χ^2-Verteilung mit $k-1$ Freiheitsgraden den kritischen χ^2-Wert heraussuchen. Die Entscheidungsregel lautet:

Formel 6.48

Lehne die Nullhypothese ab, wenn $\chi^2_R \geq \chi^2_{(k-1,\,1-\alpha)}$.

In unserem Beispiel ist der beobachtete Wert der Prüfgröße 8.4. Den kritischen Wert sowie die Überschreitungswahrscheinlichkeit bestimmen wir wieder wie bereits beim Kruskal-Wallis-Test gezeigt (siehe *Abschnitt 6.3*). Er beträgt 5.99 und entstammt einer χ^2-Verteilung mit $3 - 1 = 2$ Freiheitsgraden. Die empirische Prüfgröße (8.4) ist damit größer als die kritische und wir lehnen die Nullhypothese ab. Die Überschreitungswahrscheinlichkeit beträgt $p = 0.015$. Das bedeutet, dass wir uns dafür entscheiden, anzunehmen, dass zwischen mindestens zwei Messzeitpunkten Populationsunterschiede in der zentralen Tendenz der Neurotizismuswerte bestehen.

Auch hier muss eine Unterscheidung zwischen kleinen ($k = 3$ und $3 \leq N \leq 9$ oder $k = 4$ und $3 \leq N \leq 4$) und großen Stichproben ($k > 4$ oder $k = 4$ und $N > 4$ oder $k = 3$ und $N > 9$) getroffen werden. Bei großen Stichproben gilt die gerade beschriebene Vorgehensweise. Bei kleinen Stichproben muss der kritische Wert aus speziellen Tabellen abgelesen werden (siehe Bortz & Lienert, 2003).

Im Weiteren betrachten wir nun die Effektstärke.

6.6.2 Effektstärken beim Friedman-Test

Bereits im Kapitel zu den nonparametrischen Verfahren bei zwei Stichproben und auch beim Kruskal-Wallis-Test haben wir gezeigt, dass die Formel für die Effektstärke w bei χ^2-verteilten Prüfgrößen folgendermaßen lautet:

Formel 6.49

$$w = \sqrt{\frac{\chi^2_R}{n}}$$

w = Effektstärkemaß w

χ^2_R = empirischer χ^2-Wert (Prüfgröße)

n = Anzahl der Versuchspersonen

Dabei gelten folgende Konventionen (Cohen, 1988):

$w \geq 0.10 \rightarrow$ kleiner Effekt

$w \geq 0.30 \rightarrow$ moderater Effekt

$w \geq 0.50 \rightarrow$ starker Effekt

Auch beim Friedman-Test können wir diese Formel anwenden. Für unser Beispiel ergibt sich:

$$w = \sqrt{\frac{8.4}{5}} = 1.30$$

Diese Effektstärke überschreitet den Wertebereich und kann daher nicht verwendet werden. Das Problem resultiert aus der geringen Stichprobengröße. In der Praxis tritt diese Schwierigkeit seltener auf, da die Stichproben meist deutlich größer sind. Vor allem bei einer durchgeführten A-priori-Stichprobenplanung ist es unwahrscheinlich, dieses Problem zu haben. An dieser Stelle ist eine Teststärkeberechnung und Stichprobenplanung aufgrund der Wertebereichsüberschreitung leider nicht möglich. Alternativ lässt sich der Test als parametrisches Verfahren wiederholen und auf Basis der dortigen Ergebnisse eine Effekt- bzw. Teststärkeberechnung sowie A-priori-Stichprobenplanung machen. Das haben wir im vorherigen Kapitel bereits beschrieben.

6.6.3 Teststärke und Stichprobenplanung beim Friedman-Test

Die Teststärke lässt sich leider nicht mit SPSS bestimmen. Daher zeigen wir hier, wie sie sich mithilfe von G*Power sowie R generieren lässt. Da die Effektstärke nicht interpretiert werden kann, nutzen wir das Ergebnis aus dem Beispiel aus *Abschnitt 6.4.5*, welches im Folgenden noch beschrieben wird. In G*Power müssen wir die Einstellungen vornehmen wie in ▶*Abbildung 6.87* angezeigt. Wir wählen also χ^2 TESTS bei TEST FAMILY ①, GENERIC χ^2 TEST bei STATISTICAL TEST ② und POST HOC: COMPUTE POWER – GIVEN α, AND NONCENTRALITY PARAMETER bei TYPE OF POWER ANALYSIS ③. Auf den Nichtzentralitäts-Parameter sind wir schon kurz eingegangen (siehe S. 434). Dieser Parameter gibt im Prinzip den Mittelwert, besser Erwartungswert, der Alternativhypothesenverteilung an. Beim χ^2-Test entspricht der beobachtete χ^2-Wert diesem Parameter. Daher setzen wir hier 8.4 ein ④. Danach setzen wir die Fehlerwahrscheinlichkeit 1. Art auf fünf Prozent (0.05) und geben die Anzahl der Freiheitsgrade (2) an. Es ergibt sich dann eine gerundete Teststärke von 1 ⑤. In R erhalten wir dasselbe Ergebnis mit dem bereits beim Kruskal-Wallis-Test erläuterten Befehl aus dem Paket `pwr`:

```
pwr.chisq.test(w = sqrt(308.9034/339), N = 339, df = 2, sig.level = 0.05, power =
NULL)
```

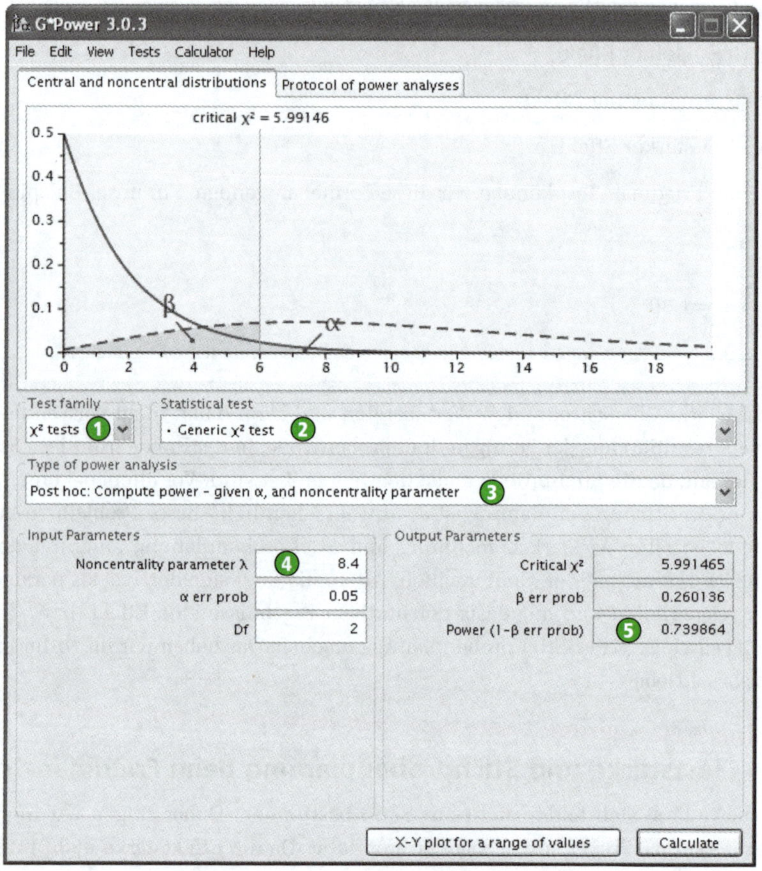

Abbildung 6.87: Bestimmung der Teststärke beim Friedman-Test mit G*Power

Zur Stichprobenplanung lässt sich G*Power in diesem Fall leider nicht verwenden. In R nutzen wir den folgenden Befehl, den wir ebenfalls bereits im Rahmen des Kruskal-Wallis-Tests erläutert haben:

```
pwr.chisq.test(w = sqrt(308.9034/339), N = NULL, df = 2, sig.level = 0.05, power = .8)
```

Als Ergebnis wird eine Stichprobengröße von ca. 11 Personen vorgeschlagen.

Alternativ ließe sich die Stichprobenplanung für das äquivalente parametrische Verfahren, das heißt für eine Varianzanalyse mit Messwiederholung, durchführen. Falls später dennoch ein nonparametrisches Verfahren genutzt werden soll, sollten dann aber mehr Versuchspersonen untersucht werden, da diese Verfahren meist weniger teststark sind.

Auch hier ist wiederum zu beachten, dass die Teststärke bei 11 Personen zwar ausreicht, um eine Entscheidung mit den gewählten Fehlerrisiken zu treffen. Dennoch ist die Präzision der Schätzung des Populationseffekts wahrscheinlich sehr gering. Man muss hier trennen, ob man lediglich Evidenz für oder gegen eine Nullhypothese statistisch absichern möchte, was mithilfe der Festlegung des Fehlers 1. und 2. Art geschehen kann, oder an einer wirklich belastbaren Schätzung des Populationseffekts interssiert ist. Letzters führt dazu, dass auch bei großen Effektgrößen wesentlich mehr Personen als durch die die Stichprobenplanung ermittelt getestet werden müssen, um eine präzise Schätzung des Populationseffekts zu erhalten.

6.6.4 Voraussetzungen

Als Voraussetzung für den Friedman-Test müssen die Messwerte der abhängigen Variablen unabhängig sein. Das bedeutet hier, dass sich die Personen zu jedem Messzeitpunkt nicht gegenseitig beeinflussen dürfen. Außerdem müssen die Messwerte mindestens Ordinalskalenniveau haben, da wir den Messwerten Rangplätze zuweisen.

- Unabhängige Messungen
- Mindestens Ordinalskalenniveau der Messwerte

6.6.5 SPSS- und R-Beispiel

Zur Demonstration des Vorgehens in SPSS und R nutzen wir nun den gesamten Datensatz mit $N = 339$ Personen, wie bereits bei der einfaktoriellen ANOVA mit Messwiederholung. Die Hypothesen bleiben dieselben und wir legen wieder eine Fehlerwahrscheinlichkeit 1. Art von fünf Prozent fest. Nach dem Einlesen der Daten in SPSS müssen wir aus dem Menü die entsprechende Option für den Friedman-Test heraussuchen, wie in ▶*Abbildung 6.88* angegeben.

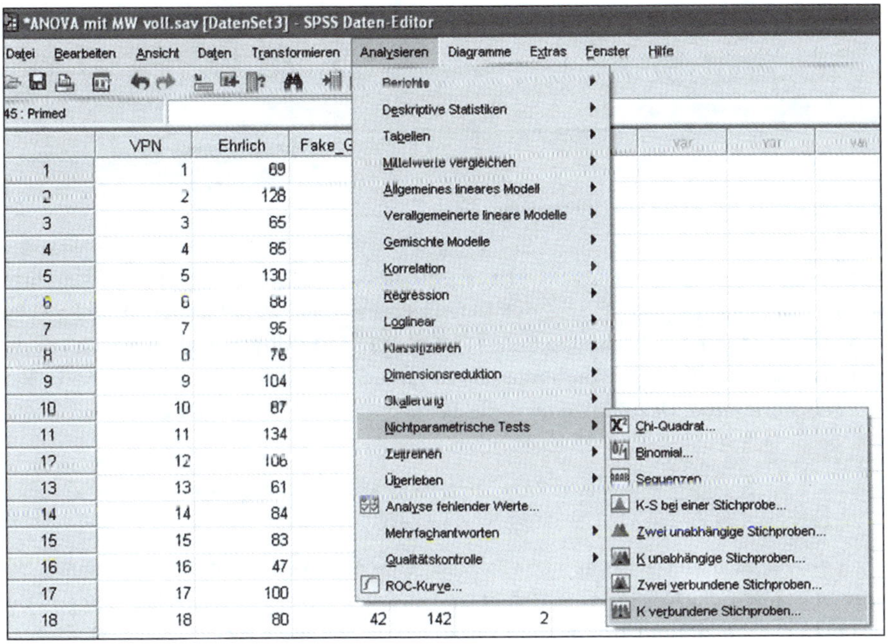

Abbildung 6.88: Auswahl des Friedman-Tests

Es öffnet sich ein Eingabefenster, in dem wir die zu testenden Variablen und dann einige weitere Optionen auswählen (siehe ▶*Abbildung 6.89*). Zunächst markieren wir die Variablen im linken Feld und bewegen sie durch Klicken auf die Schaltfläche mit dem Pfeil ❶ in das rechte Feld TESTVARIABLEN. Der Friedman-Test selbst ist bereits voreingestellt (siehe Haken unten links ❹). Nun klicken wir auf die Schaltfläche EXAKT... ❷ und es öffnet sich das rechts oben dargestellte Fenster. Hier wählen wir die Option EXAKT aus und schließen das Fenster durch Klicken auf WEITER. Durch Auswahl dieser Option kann es bei älteren, nicht so leistungsstarken Rechnern oder bei sehr großen Datensätzen zu einer Fehlermeldung kommen. Ist dies der Fall, nutzen wir statt der exakten Überschreitungswahrscheinlichkeit die asymptotische. Anschließend klicken wir im links dargestellten Fenster auf die Schaltfläche STATISTIKEN... ❸. In dem sich öffnenden Fenster, das rechts unten dargestellt ist, wählen wir die Option DESKRIPTIVE STATISTIK und schließen das Fenster durch Klicken auf WEITER. Abschließend starten wir die Analyse durch Klicken auf die Schaltfläche OK im linken Fenster ❺.

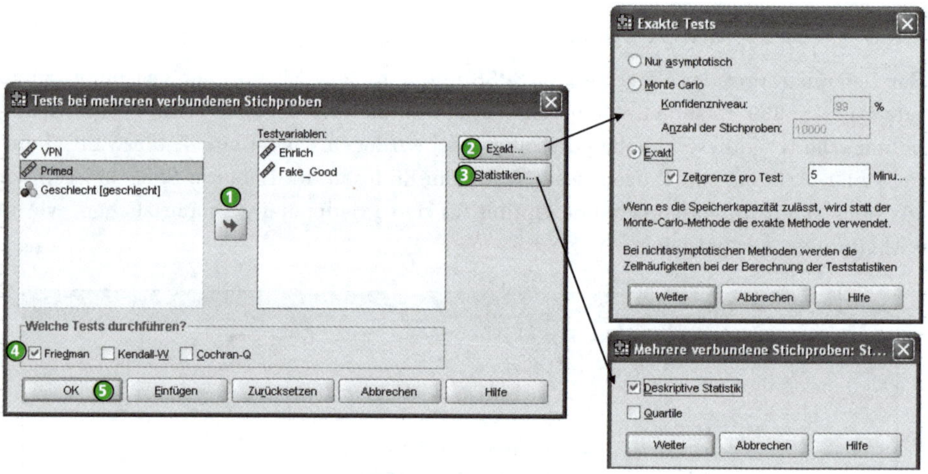

Abbildung 6.89: Einstellungen beim Friedman-Test

Um in R vergleichbare Ausgaben zu erhalten, benötigen wir den Datensatz im *long*-Format. Wir haben bereits dargestellt, wie der Datensatz aus dem *wide*-Format ins *long*-Format übertragen werden kann (siehe Exkurs 511). Um die deskriptiven Statistiken zu erhalten, nutzen wir das Paket psych. Vorab müssen wir jedoch die Messwerte pro Person in Rangplätze transformieren. Dazu nutzen wir das Paket stats und den folgenden Code:

```
library(stats)
anova.mw.long$N_rank <- ave(anova.mw.long$Neurotizismus, anova.mw.long$VP,
   FUN=rank)
```

Wir generieren also im Datensatz anova.mw.long eine neue Variable mit dem Namen N_rank. Dieser weisen wir das Ergebnis des Befehls ave aus dem Paket stats zu. Dieser Befehl nutzt als Argumente die zu transformierende Variable (anova.mw.long$Neurotizismus), die Variable, innerhalb derer die Ränge jeweils verteilt werden sollen (anova.mw.long$VP) und schließlich eine Funktion, hier rank.

Der Code für die deskriptiven Statistiken nutzt den describeBy-Befehl und wurde bereits mehrfach erläutert:

```
desc_fried1 <- describeBy(anova.mw.long$Neurotizismus, group=anova.mw.long$
   Messzeitpunkt)
desc_fried1

desc_fried2 <- describeBy(anova.mw.long$N_rank, group=anova.mw.long$Messzeitpunkt)
desc_fried2
```

Für den eigentlichen Friedman-Test nutzen wir auch wieder das Paket stats und daraus den Befehl friedman.test:

```
fried <- friedman.test(Neurotizismus~Messzeitpunkt | VP, anova.mw.long)
fried
```

In das Objekt fried legen wir das Ergebnis des Tests. Dieser erwartet als Argumente eine Modellgleichung. Wichtig hierbei ist, dass neben der abhängigen und unabhängigen Variablen hinter einem |-Zeichen auch eine Variable angegeben wird, die die Personen, also die Objekte der Messwiederholung identifiziert. Dabei ist darauf zu achten, dass sowohl die unabhängige Variable als auch die Identifikationsvariable Faktoren sind. Schließlich wird noch der Datensatz angegeben.

Der gesamte Ergebnis-Output ist in ▶ *Abbildung 6.90* abgebildet.

Wie gewohnt zeigt die Abbildung zunächst die SPSS-Ausgaben und darunter die entsprechenden R-Ausgaben. In der ersten SPSS-Tabelle mit dem Titel „Deskriptive Statistiken" finden sich für jeden der drei Messzeitpunkte die Anzahl der Versuchspersonen, hier mit großem *N* bezeichnet, in der zweiten Spalte. Die Werte sind alle gleich, da wir keine fehlenden Werte vorliegen haben. Im Anschluss kommen der Mittelwert ①, die Standardabweichungen ② sowie das jeweilige Minimum und Maximum ③. Hier sehen wir wieder den Trend, den wir bereits bei der einfaktoriellen Varianzanalyse beobachtet haben. Der Mittelwert des zweiten Messzeitpunkts weicht nach unten ab. In der zweiten Tabelle mit dem Titel „Ränge" findet sich für jeden der drei Messzeitpunkte der mittlere Rang ④. Hier wiederholt sich auch der Trend, den wir bei den Mittelwerten beobachtet haben. In der letzten Tabelle mit dem Titel „Statistik für Test" findet sich schließlich die Überschreitungswahrscheinlichkeit in der Zeile *Exakte Signifikanz* ⑤. Die gleichen Angaben finden wir auch in den entsprechenden R-Outputs.

Das Ergebnis zeigt, dass die Nullhypothese auch im gesamten Datensatz verworfen werden muss. Anders formuliert gehen wir davon aus, dass die unterschiedlichen Messzeitbedingungen einen Effekt auf mindestens zwei zentrale Tendenzen der Selbsteinschätzung in der Population haben.

Aus diesen Angaben können wir nun auch anhand der dargestellten Formel die Effektstärke bestimmen.

SPSS-Ausgabe

Deskriptive Statistiken ① ② ③

	N	Mittelwert	Standardabweichung	Minimum	Maximum
Ehrlich	341	93,27	24,60	28	156
Fake_Good	341	71,23	29,51	9	155
Primed	341	121,70	19,07	65	181

Ränge ④

	Mittlerer Rang
Ehrlich	341
Fake_Good	341
Primed	341

Statistik für Test[a]

N	339
Chi-Quadrat	308,903
df	2
Asymptotische Signifikanz	,000
Exakte Signifikanz	⑤ ,000
Punkt-Wharscheinlichkeit	,000

a. Friedman-Test

R-Ausgabe

```
> desc_fried1
group: Ehrlich ① ②                                  ③
  vars   n  mean    sd median trimmed   mad min max range skew kurtosis   se
1    1 339 93.53 24.42     91   93.27 23.72  28 156   128  0.1    -0.26 1.33
------------------------------------------------------------------------------
group: Fake_Good ① ②
  vars   n  mean    sd median trimmed   mad min max range skew kurtosis   se
1    1 339 71.27 29.59     66    69.9 29.65   9 155   146 0.42    -0.43 1.61
------------------------------------------------------------------------------
group: Primed ① ②
  vars   n   mean    sd median trimmed   mad   min    max  range  skew kurtosis   se
1    1 339 121.61 19.03 121.97  121.96 20.06 65.46 181.27 115.81 -0.15    -0.16 1.03
> desc_fried2 <- describeBy(anova.mw.long$N_rank, group=anova.mw.long$Messzeitpunkt)
> desc_fried2
group: Ehrlich ④
  vars   n mean   sd median trimmed mad min max range skew kurtosis   se
1    1 339 2.05 0.57      2    2.06   0   1   3     2 0.04    -0.07 0.03
------------------------------------------------------------------------------
group: Fake_Good ④
  vars   n mean   sd median trimmed mad min max range skew kurtosis   se
1    1 339  1.3 0.52      1    1.22   0   1   3     2  1.5     1.33 0.03
------------------------------------------------------------------------------
group: Primed ④
  vars   n mean   sd median trimmed mad min max range  skew kurtosis   se
1    1 339 2.65  0.7      3     2.8   0   1   3     2 -1.66      1.1 0.04
> fried <- friedman.test(Neurotizismus~Messzeitpunkt | VP, anova.mw.long)
> fried

        Friedman rank sum test

data:  Neurotizismus and Messzeitpunkt and VP ⑤
Friedman chi-squared = 308.9034, df = 2, p-value < 2.2e-16
```

Abbildung 6.90: Ergebnisse des Friedman-Tests

Formel 6.50

$$w = \sqrt{\frac{308.9}{339}} = 0.96$$

Zur Bestimmung der Teststärke nutzen wir das bereits dargestellte Vorgehen und erhalten einen Wert für die Teststärke von mehr als 99 Prozent.

Der beobachtete Effekt ist also stark, signifikant und konnte mit ausreichender Teststärke gesichert werden.

Fazit. Im gesamten Datensatz kann der starke Effekt also mit ausreichender Teststärke statistisch gesichert werden.

Praxistipp In einem Artikel oder einer Abschlussarbeit würden wir den Effekt so berichten:

Es trat ein signifikanter und starker Haupteffekt auf ($\chi^2_{(2)} = 308.90$, $p < 0.001$, $w = 0.95$, $1-\beta \approx 1$), der mit ausreichender Teststärke gesichert werden konnte.

Nun haben wir besprochen, wie Mittelwertsunterschiede bei abhängigen und unabhängigen Stichproben untersucht werden können. Daneben haben wir auch Verfahren vorgestellt, die angewandt werden können, wenn die Voraussetzungen für parametrische Verfahren nicht erfüllt sind.

Es gibt jedoch auch Untersuchungsdesigns, in denen eine mehrfach gestufte unabhängige Variable und gleichzeitig eine Messwiederholung bei allen Personen vorkommen. Mit diesem gemischten Design beschäftigen wir uns im nächsten Abschnitt.

6.7 Zweifaktorielle Varianzanalyse mit Messwiederholung (gemischtes Design)

Stellen Sie sich eine klinische Therapiestudie bei Patienten mit einer Angststörung vor. In der Studie haben wir drei verschiedene Gruppen, zum einen eine Gruppe, die eine Gesprächstherapie bekommt, eine zweite Gruppe, die eine Verhaltenstherapie bekommt, und eine dritte Gruppe, die keine Therapie bekommt und als Kontrollgruppe dient. In diesem Design stellt die Gruppenvariable eine dreistufige unabhängige Variable dar. Diese UV wird auch Gruppenfaktor genannt. Um den Einfluss dieses Gruppenfaktors auf die abhängige Variable (Angstsymptome) zu prüfen, könnten wir eine einfaktorielle Varianzanalyse durchführen. Allerdings messen wir die Angstsymptome nicht nur zu einem Messzeitpunkt. Vielmehr erfassen wir die Symptome zu Beginn der Therapie, um eine Baselinemessung zu erhalten. Dann machen wir noch einmal unmittelbar nach Beendigung der Therapie eine Erhebung, um den Erfolg zu erfassen. Schließlich messen wir die Symptome noch einmal nach Ablauf weiterer sechs Monate (Katamnese), um zu sehen, wie stabil oder nachhaltig die Therapie-Erfolge sind. Damit liegen drei Messzeitpunkte vor. Auch die Variation der Messzeitpunkte ist ein Faktor (Messwiederholungsfaktor) im Untersuchungsdesign. Dieser Messwiederholungsfaktor ist ebenfalls dreistufig. Das bedeutet, dass drei Messzeitpunkte für die abhängige Variable vorliegen. Somit haben wir zwei Faktoren, die die Messwerte der Personen systematisch beeinflussen. Zum einen sind dies die unterschiedlichen Therapieformen (drei Stufen) und zum anderen die verschiedenen Messzeitpunkte (drei Stufen). Daher spricht man hier auch von einem zweifaktoriellen Design. Allerdings ist einer der Faktoren ein Gruppenfaktor und der andere ein Messwiederholungsfaktor. Deswegen wird der Name noch durch den Zusatz gemischtes Design ergänzt. Wir mischen also ein Between-subject-Design und ein Within-subject-Design. Die vollständige Bezeichnung des Analyseverfahrens lautet dann: Zweifaktorielle Varianzanalyse mit Messwiederholung (gemischtes Design).

Fragestellung. Der Zweck dieses Verfahrens besteht zum einen darin, den Einfluss des Gruppenfaktors sowie den Einfluss des Messwiederholungsfaktors auf die abhängige Variable zu überprüfen. Die abhängige Variable in unserem Beispiel ist die Zahl der Angstsymptome, die beispielsweise mithilfe eines Angstfragebogens erfasst werden kann. Weiterhin wollen wir erfahren, ob es eine Veränderung der Symptomatik über die Zeit gibt. Als letzte Fragestellung schließlich ergibt sich, ob die Veränderung über die Zeit abhängig von der Therapieform variiert. Diese Frage kann auch in die andere Richtung formuliert werden. Dann würden wir fragen, ob der Einfluss der Therapie je nach Messzeitpunkt variiert.

Anders ausgedrückt bedeutet dies:

1. Erzeugt der Gruppenfaktor (Faktor A) Unterschiede in den Mittelwerten der abhängigen Variablen (AV)?
2. Erzeugt der Messwiederholungsfaktor (Faktor B) Unterschiede in den Mittelwerten der abhängigen Variablen (AV)?
3. Gibt es eine wechselseitige Beeinflussung des Gruppenfaktors und des Messwiederholungsfaktors?

Aus den Fragen wird ersichtlich, dass wir wieder zwei Haupteffekte haben, für jeden Faktor einen. Daneben gibt es eine Wechselwirkung zu prüfen. Diese Terminologie kennen wir bereits aus der zweifaktoriellen Varianzanalyse mit zwei Gruppenfaktoren.

Es ließen sich auch Designs denken, in denen zwei Messwiederholungsfaktoren vorliegen. So kann bei Patienten zu jedem Messzeitpunkt die Schwere der Symptomatik und zusätzlich auch die Therapiemotivation erfasst werden. Dann hätten wir auch ein zweifaktorielles Design mit Messwiederholung, allerdings ohne Gruppenfaktor. Da diese Designs relativ selten sind, beschränken wir uns hier auf die Darstellung des gemischten Designs. Auch hier wollen wir wieder ein Beispiel nutzen.

Beispiel. Wir greifen die Untersuchung aus den letzten Unterkapiteln auf. Da hatten wir von einer Stichprobe zu drei Messzeitpunkten eine Selbsteinschätzung für Neurotizismus erhoben. Die Messzeitpunktbedingungen wurden dabei variiert. Zuerst wurden die Personen nach einer ehrlichen Selbsteinschätzung gefragt (Ehrlich), dann nach einer verfälschten (Fake Good) und schließlich wurden sie vorab emotional manipuliert (Primed). Die Frage lautete, ob die verschiedenen Messzeitpunktbedingungen einen Einfluss auf die Mittelwerte der AV haben. Nun erweitern wir das Design und nehmen einen Gruppenfaktor hinzu. Als Gruppenfaktor bietet sich hier Geschlecht an. Wir haben also potenziell zwei Haupteffekte (Messzeitpunkt und Geschlecht) sowie die Wechselwirkung aus beiden (Messzeitpunkt × Geschlecht). Bevor wir uns den möglichen Hypothesen zuwenden können, müssen wir an dieser Stelle die verschiedenen Datenmasken und die dazugehörige Terminologie einführen.

Die Datenmaske zur Berechnung per Hand sieht zunächst so aus (siehe ▶*Abbildung 6.91*):

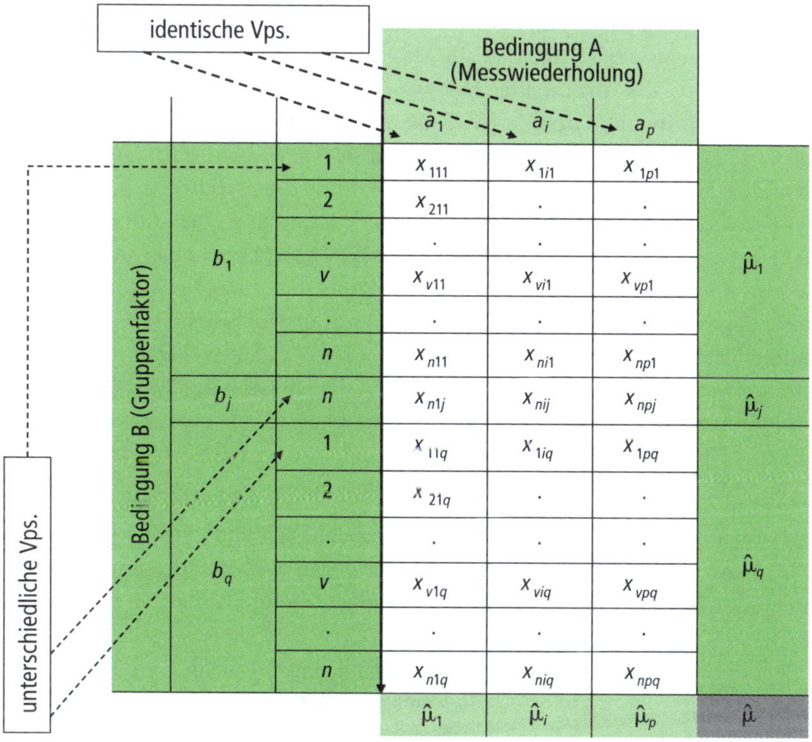

Abbildung 6.91: Datenmaske 1 zur Berechnung per Hand

Die dazugehörige Terminologie ist:

Anzahl der Probanden pro Faktorstufe *i*	n
Index der Vp. (geht von 1 bis *n*)	v
Index der Faktorstufe A (geht von 1 bis *p*)	i
Index der Faktorstufe B (geht von 1 bis *q*)	j
Messwert der Vp. *v* in Faktorstufe *ij*	x_{vij}
Mittelwert der Messwerte pro Faktorstufe *i*	$\hat{\mu}_i = \frac{1}{n_j \cdot q} \sum_{v=1}^{n} \sum_{j=1}^{q} x_{vij}$
Mittelwert der Messwerte pro Faktorstufe *j*	$\hat{\mu}_j = \frac{1}{n_i \cdot p} \sum_{v=1}^{n} \sum_{i=1}^{p} x_{vij}$
Gesamtmittelwert der Messwerte	$\hat{\mu} = \frac{1}{n \cdot p \cdot q} \sum_{v=1}^{n} \sum_{i=1}^{p} \sum_{j=1}^{q} x_{vij}$

Abbildung 6.92: Terminologie bei der zweifaktoriellen ANOVA mit Messwiederholung (gemischtes Design)

Wir sehen in der Datenmaske also, dass wir einen Messwiederholungsfaktor A und einen Gruppenfaktor B haben. Der Messwiederholungsfaktor hat den Index i und p Stufen und der Gruppenfaktor hat den Index j und q Stufen. Um nun den Mittelwert für einen bestimmten Messzeitpunkt i zu berechnen, müssen alle Messwerte zu diesem Messzeitpunkt addiert und anschließend durch die Anzahl aller Messwerte (Anzahl der Personen in jeder Gruppe n_j mal Anzahl der Gruppen q) dividiert werden. Beim Mittelwert für eine beliebige Gruppe j müssen zunächst die Messwerte aller Personen in der Gruppe über die Messzeitpunkte hinweg addiert werden. Diese Summe wird dann durch die Anzahl aller Messungen in dieser Gruppe (Anzahl der Personen zu jedem Messzeitpunkt n_i mal Anzahl der Messzeitpunkte p) dividiert. An dieser Stelle sehen wir bereits, dass bei der Berechnung der jeweiligen Mittelwerte wieder über die verschiedenen Stufen des anderen Faktors gemittelt wird. Das heißt, dass wir wie bei der zweifaktoriellen Varianzanalyse ohne Messwiederholung die Haupteffekte unter Vernachlässigung des jeweils anderen Faktors betrachten. Der Gesamtmittelwert ermittelt sich wie immer durch die Division der Summe aller Personenmesswerte durch die Gesamtanzahl aller Personenmesswerte. Aus Gründen der Einfachheit haben wir bei den Formeln angenommen, dass die Anzahl der Versuchspersonen in jeder Gruppe gleich ist und sich auch über die Messzeitpunkte hinweg nicht verändert.

Um die Datenmaske mit realen Zahlen zu füllen, ziehen wir aus unserem Beispieldatensatz per Zufall fünf Männer und fünf Frauen und übertragen die Neurotizismus-Selbsteinschätzungen der drei Messzeitpunkte. Es ergibt sich folgendes Bild (siehe ▶*Abbildung 6.93*):

			Bedingung A (Messwiederholung)			
			Ehrlich	Fake Good	Primed	
Bedingung B (Gruppenfaktor)	Männer	1	88	88	131	89.40
		2	106	70	89	
		3	146	31	136	
		4	63	42	122	
		5	67	58	104	
	Frauen	1	140	61	107	99.00
		2	84	49	111	
		3	92	81	131	
		4	136	66	130	
		5	107	60	130	
			102.90	60.60	119.10	94.20

Abbildung 6.93: Beispieldatenmaske

Anhand der Mittelwerte sehen wir, dass Männer deskriptiv niedrigere Neurotizismuswerte erzielten als Frauen. Ebenso zeigt sich ein Trend der Messwiederholung, den wir bereits in den vorherigen Kapiteln gesehen haben.

Diese Datenmaske lässt sich aber auch weiter vereinfachen, wenn wir in jeder Zelle nur noch den Zellenmittelwert angeben. Das heißt, dass wir für jede Kombination aus Messzeitpunkt und Geschlecht den Mittelwert berechnen. Dieser wird durch den Term $\hat{\mu}_{ij}$ dargestellt. Hinzu kommt ein Index, der die Position in der Tabelle angibt. Dadurch ergibt sich die folgende Datenmaske (siehe ▶*Abbildung 6.94*):

		Bedingung A (Messwiederholung)			
		a_1	a_i	a_p	
Bedingung B (Gruppenfaktor)	b_1	$\hat{\mu}_{11}$	$\hat{\mu}_{1i}$	$\hat{\mu}_{1p}$	$\hat{\mu}_1$
	b_j	$\hat{\mu}_{1j}$	$\hat{\mu}_{ij}$	$\hat{\mu}_{pj}$	$\hat{\mu}_j$
	b_q	$\hat{\mu}_{1q}$	$\hat{\mu}_{iq}$	$\hat{\mu}_{pq}$	$\hat{\mu}_q$
		$\hat{\mu}_1$	$\hat{\mu}_i$	$\hat{\mu}_p$	$\hat{\mu}$

Abbildung 6.94: Datenmaske 2 (allgemein)

Für unser Beispiel sieht die zusammengefasste Datenmaske dann so aus (siehe ▶*Abbildung 6.95*):

		Bedingung A (Messwiederholung)			
		Ehrlich	Fake Good	Primed	
Bedingung B (Gruppenfaktor)	Männer	94.00	57.80	116.40	89.40
	Frauen	111.80	63.40	121.80	99.00
		102.90	60.60	119.10	94.20

Abbildung 6.95: Datenmaske 2 für Beispiel

Aus dieser Tabelle können wir bereits eine Wechselwirkung erahnen. So fällt der Wert bei den Frauen zum zweiten Messzeitpunkt deskriptiv deutlich stärker ab. Wenden wir uns jedoch zunächst den Hypothesen zu.

Normalerweise müssen Hypothesen aufgestellt werden, bevor Daten erhoben werden. Allerdings benötigen wir die gerade eingeführte Terminologie und haben daher die Daten vorgezogen. In der Praxis ist dies jedoch nicht zulässig. Welche Hypothesen können wir nun aufstellen?

Hypothesen. Wie weiter oben bereits beschrieben, gibt es auch hier jeweils eine Null- und eine Alternativhypothese. Allgemein formuliert lauten diese:

Nullhypothese Haupteffekt A (Messwiederholung – die Spaltenpopulationsmittelwerte werden verglichen)

$H_0: \mu_1 = \mu_2 = \mu_i = \ldots = \mu_p$

In Worten ausgedrückt bedeutet dies:

Die Populationsmittelwerte zu verschiedenen Messzeitpunkten unterscheiden sich nicht und gehören daher einer Grundgesamtheit an. Das würde bedeuten, dass die Messzeitpunktbedingungen keinen Einfluss auf die abhängige Variable haben.

Alternativhypothese Haupteffekt A (Messwiederholung – die Spaltenpopulationsmittelwerte werden verglichen)

$H_1: \mu_i \neq \mu_p$ für mindestens einen Paarvergleich *i,p*

In Worten ausgedrückt bedeutet dies:

Mindestens zwei Populationsmittelwerte zu den verschiedenen Messzeitpunkten unterscheiden sich. Das würde bedeuten, dass die unterschiedlichen Messzeitpunkte einen Einfluss auf die abhängige Variable haben.

Nullhypothese für den Haupteffekt B (Gruppenfaktor – die Zeilenpopulationsmittelwerte werden verglichen)

$H_0: \mu_1 = \mu_2 = \mu_j = \ldots = \mu_q$

In Worten ausgedrückt bedeutet dies:

Die Populationsmittelwerte der verschiedenen Gruppen unterscheiden sich nicht und gehören daher einer Grundgesamtheit an. Das würde bedeuten, dass die Gruppenbedingungen keinen Einfluss auf die abhängige Variable haben.

Alternativhypothese für den Haupteffekt B (Gruppenfaktor – die Zeilenpopulationsmittelwerte werden verglichen)

$H_1: \mu_j \neq \mu_q$ für mindestens einen Paarvergleich *j,q*

In Worten ausgedrückt bedeutet dies:

Mindestens zwei Populationsmittelwerte zwischen den Gruppen unterscheiden sich. Das würde bedeuten, dass die Gruppenbedingungen einen Einfluss auf die abhängige Variable haben.

Nullhypothese für die Wechselwirkung A × B (Zellenpopulationsmittelwerte werden mit erwarteten Zellenmittelwerten verglichen):

$H_0: \mu_{11} = \mu_{12} = \mu_{ij} = \ldots = \mu_{pq}$

In Worten ausgedrückt bedeutet dies:

Die Zellenpopulationsmittelwerte μ_{ij} setzen sich additiv aus den beiden Haupteffekten zusammen. Anders formuliert bedeutet dies, alle $\mu_{ij} = \mu_i + \mu_j - \mu$. Das würde bedeuten, dass es kein Zusammenwirken der beiden Faktoren in der Grundgesamtheit gibt.

Alternativhypothese für die Wechselwirkung A × B (Zellenpopulationsmittelwerte werden mit erwarteten Zellenmittelwerten verglichen)

H_1: $\mu_{ij} \neq \mu_{pq}$ für mindestens einen Paarvergleich *ij,pq*

In Worten ausgedrückt bedeutet dies:

Mindestens ein Zellenpopulationsmittelwert μ_{ij} setzt sich nicht additiv aus den beiden Haupteffekten zusammen. Anders formuliert bedeutet dies, nicht alle μ_{ij} setzen sich additiv aus $\mu_i + \mu_j - \mu$ zusammen. Das würde bedeuten, dass es ein Zusammenwirken der beiden Faktoren in der Grundgesamtheit gibt.

Für unser Beispiel können wir nun auch die Hypothesen formulieren:

Nullhypothese für den Haupteffekt A (Messwiederholung)

Die Populationsmittelwerte der Persönlichkeitseigenschaft Neurotizismus zu den verschiedenen Messzeitpunkten (Ehrlich, Fake Good, Primed) unterscheiden sich nicht und gehören daher einer Grundgesamtheit an.

Alternativhypothese für den Haupteffekt A (Messwiederholung)

Mindestens zwei Populationsmittelwerte der Persönlichkeitseigenschaft Neurotizismus unterscheiden sich zu den verschiedenen Messzeitpunkten (Ehrlich, Fake Good, Primed).

Nullhypothese für den Haupteffekt B (Gruppenfaktor Geschlecht)

Die Populationsmittelwerte von Männern und Frauen im Persönlichsmerkmal Neurotizismus unterscheiden sich nicht und gehören daher einer Grundgesamtheit an.

Alternativhypothese für den Haupteffekt B (Gruppenfaktor Geschlecht)

Die Populationsmittelwerte von Männern und Frauen im Persönlichkeitsmerkmal Neurotizismus unterscheiden sich.

Nullhypothese für die Wechselwirkung A × B (Messzeitpunkt × Geschlecht)

Die Zellenpopulationsmittelwerte μ_{ij} setzen sich additiv aus den beiden Populationsmittelwerten für Geschlecht μ_j und Messzeitpunkt μ_i zusammen: $\mu_{ij} = \mu_i + \mu_j - \mu$

Alternativhypothese für die Wechselwirkung A × B (Messzeitpunkt × Geschlecht):

Die Zellenpopulationsmittelwerte μ_{ij} setzen sich nicht additiv aus den beiden Populationsmittelwerten für Geschlecht μ_j und Messzeitpunkt μ_i zusammen: $\mu_{ij} = \mu_i + \mu_j - \mu$. Anders formuliert bedeutet dies, dass die Populationsmittelwerte des Persönlichkeitsmerkmals Neurotizismus aufgrund der Messwiederholung bzw. der unterschiedlichen Instruktionen in Abhängigkeit des Geschlechts unterschiedlich ausfallen.

Nachdem wir uns nun mit der Terminologie und den Hypothesen vertraut gemacht haben, wollen wir im nächsten Abschnitt das Grundprinzip der zweifaktoriellen Varianzanalyse mit Messwiederholung (gemischtes Design) erläutern.

6.7.1 Grundprinzip und Vorgehen bei der zweifaktoriellen Varianzanalyse mit Messwiederholung (gemischtes Design)

In den bisherigen Abschnitten haben wir beim Grundprinzip immer auf die Quadratsummenzerlegung geachtet. Die Idee bestand darin, dass es eine Variationsquelle gibt, die immer eine Schätzung der Populationsvariation darstellt, unabhängig davon, ob ein Effekt in der Population vorliegt, und eine andere Variationsquelle, die davon beeinflusst ist, wenn ein Unterschied in den Populationsmittelwerten existiert. Aus dem Vergleich dieser geschätzten Varianzen war dann eine Entscheidung über die Nullhypothese möglich. Auch bei der hier dargestellten Variante der ANOVA wollen wir das Grundprinzip über die Quadratsummenzerlegung als Vorstufe der geschätzten Varianzen deutlich machen. Betrachten wir dazu zunächst das Streudiagramm für unser kleines Beispiel.

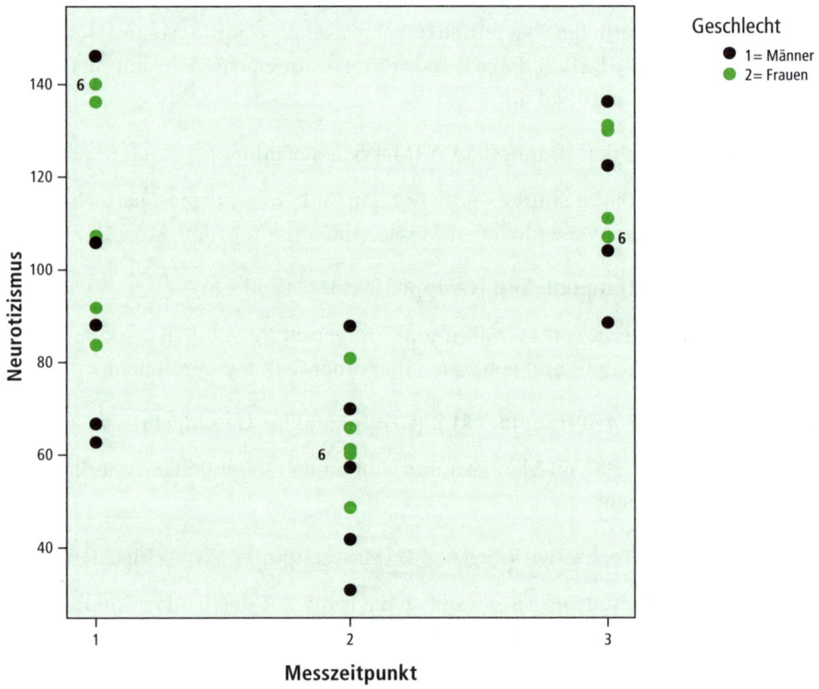

Abbildung 6.96: Streudiagramm der Beispieldaten

In der ▸*Abbildung 6.96* sehen wir auf der *x*-Achse die drei Messzeitpunkte (1 = Ehrlich, 2 = Fake Good, 3 = Primed) und auf der *y*-Achse den Wertebereich der Neurotizismus-Selbsteinschätzung. Die eingetragenen Punkte symbolisieren die Versuchspersonen. Dabei sind Männer mit schwarzen Punkten und Frauen mit grünen dargestellt. Wir müssen beachten, dass zu jedem Messzeitpunkt dieselben Personen betrachtet wurden. Wenn wir das Diagramm betrachten, sehen wir, dass die Personen zu einem beliebigen Messzeitpunkt nicht alle denselben Messwert haben. Es gibt also deskriptiv Unterschiede zwischen den Messwerten der Personen innerhalb eines jeden Messzeitpunkts. Bei einer Versuchsperson im Diagramm in ▸*Abbildung 6.97* ist die Versuchspersonennummer vermerkt. Es handelt sich um die Person mit der Versuchspersonennummer 6 (die erste Frau im Datensatz). Am Verlauf der

Messwerte der Person 6 sehen wir, dass sich auch die Messwerte der anderen Personen über die drei Messzeitpunkte hinweg unterscheiden. Auf der linken Seite verdeutlichen die senkrechten Pfeile die Unterschiede zwischen den Personen. In der rechten Hälfte zeigen die hellgrünen Pfeile die intraindividuelle Veränderung einer Person über die Messzeitpunkte hinweg.

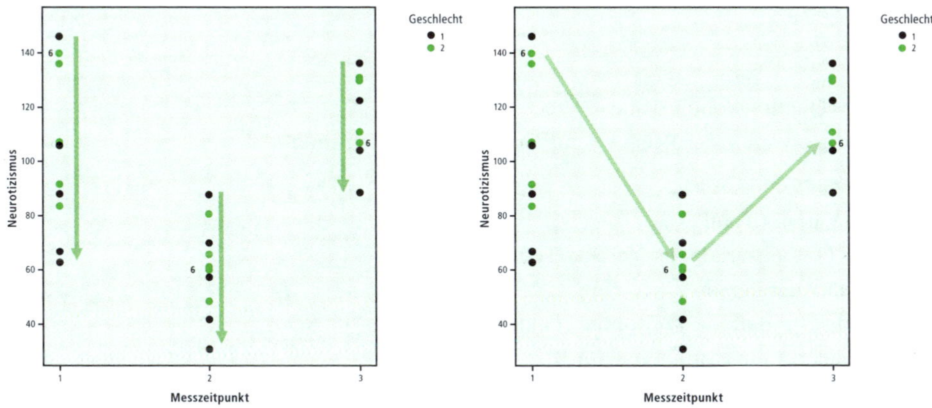

Abbildung 6.97: Veranschaulichung der Varianz Zwischen den Personen und der Varianz Innerhalb

Grundsätzlich können wir also sagen, dass sich die gesamte Streuung auf Unterschiede zwischen den Personen und Unterschiede innerhalb einer Person verteilen lässt. Dies ist in *Abbildung 6.97* zusammengefasst.

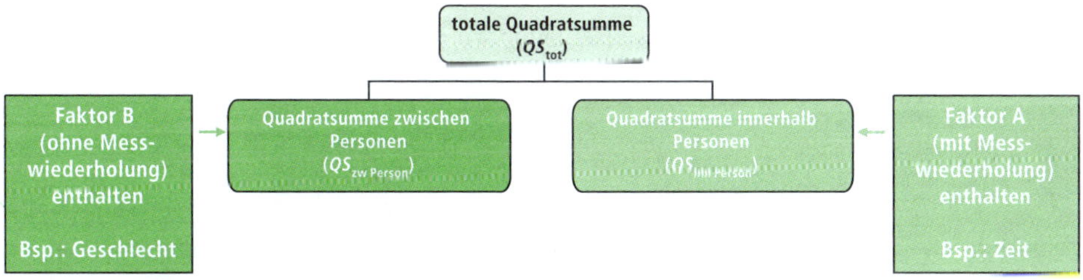

Abbildung 6.98: Quadratsummenzerlegung Schritt 1

Wir haben bereits bei der zweifaktoriellen Varianzanalyse ohne Messwiederholung gesehen, dass sich die Quadratsumme Zwischen den Personen weiter zerlegen lässt, wenn mehr als eine unabhängige Variable vorhanden ist. Bei der Varianzanalyse mit Messwiederholung haben wir gesehen, dass sich die Quadratsumme Innerhalb der Versuchspersonen weiter zerlegen lässt, wenn wiederholte Messungen vorliegen. Prinzipiell haben wir aber auch gesehen, dass die Quadratsummen immer aus systematischen und unsystematischen Anteilen bestanden haben. Im gemischten Design haben wir nun eine mehrfach gestufte Gruppenvariable und zusätzlich eine mehrfach gestufte Messwiederholungsvariable. Wie wirkt sich das auf die weitere Quadratsummenzerlegung aus?

Totale Quadratsumme. Die quadratischen Abweichungen aller Messwerte vom Gesamtmittelwert spiegeln die Gesamtvariation der Messwerte wider. Als Formel ausgedrückt ergibt sich:

Formel 6.51

$$QS_{\text{tot}} = \sum_{v=1}^{n} \sum_{i=1}^{p} \sum_{j=1}^{q} (x_{vij} - \hat{\mu})^2$$

$$df_{\text{tot}} = (n \cdot p \cdot q) - 1$$

$$\hat{\sigma}^2_{\text{tot}} = \frac{QS_{\text{tot}}}{df_{\text{tot}}}$$

QS_{tot} = Quadratsumme Total

x_{vij} = Messwert x der Person v aus Gruppe j zum Zeitpunkt i

$\hat{\mu}$ = Gesamtmittelwert

$\hat{\sigma}^2_{\text{tot}}$ = Varianz Total

df_{tot} = Freiheitsgrade der Varianz Total

v = Index der Person

i = Index für den Messzeitpunkt (Faktor A)

j = Index für die Gruppe (Faktor B)

p = Anzahl der Messzeitpunkte

q = Anzahl der Gruppen

n = Anzahl der Personen

Bei der Berechnung liegt der Gesamtmittelwert fest. Daher verlieren wir einen Freiheitsgrad. Wir müssen also von der Anzahl aller Messwerte einen Freiheitsgrad abziehen, um die Freiheitsgrade für die totale Quadratsumme zu erhalten. Teilen wir die Quadratsumme Total durch die entsprechenden Freiheitsgrade, erhalten wir die geschätzte totale Varianz. Für unser Beispiel ergibt sich dann folgende Berechnung:

			Bedingung A (Messwiederholung)			
			Ehrlich	Fake Good	Primed	
Bedingung B (Gruppenfaktor)	Männer	1	88	88	131	89.40
		2	106	70	89	
		3	146	31	136	
		4	63	42	122	
		5	67	58	104	
	Frauen	1	140	61	107	99.00
		2	84	49	111	
		3	92	81	131	
		4	136	66	130	
		5	107	60	130	
			102.90	60.60	119.10	94.20

$$QS_{\text{tot}} = (88-94.20)^2 + (106-94.20)^2 + \ldots + (130-94.20)^2 = 30990.80$$

$$df_{\text{tot}} = (5 \cdot 3 \cdot 2) - 1 = 29$$

$$\hat{\sigma}^2_{\text{tot}} = \frac{30990.80}{29} = 1068.65$$

Abbildung 6.99: Berechnung der totalen Varianz

Quadratsumme Zwischen. Die Quadratsumme Zwischen den Personen besteht auch aus aus zwei Variationsquellen. Zum einen spiegelt die Quadratsumme Zwischen den Anteil an der Variabilitiät wider, der auf Unterschiede in der Gruppenzugehörigkeit, beispielsweise dem Geschlecht, zurückzuführen ist. Wenn theoretisch die Gruppenzugehörigkeit die einzige Variationsquelle darstellen würde, müssten alle Männer bzw. alle Frauen zu jedem Messzeitpunkt denselben Messwert aufweisen. Wir sehen an den Streudiagrammen jedoch, dass weder alle Männer noch alle Frauen jeweils denselben Messwert zu einem gegebenen Zeitpunkt haben. Vielmehr gibt es auch innerhalb der Gruppen eine Variation. Die quadrierten Abweichungen von den jeweiligen Gruppenmittelwerten kennen wir bereits. Sie gehen auf bestehende A-priori-Unterschiede zwischen den Personen zurück, teilweise sind auch Messfehler für die Unterschiede verantwortlich. Es handelt sich also um Einflüsse, die nicht durch eine von uns vorgenommene Manipulation der unabhängigen Variablen hervorgerufen wurden. Die Varianz Zwischen den Personen besteht also aus den Effekten der Gruppenvariablen (Geschlecht), A-priori-Unterschieden in der AV sowie Messfehlern. Sie spiegelt damit die gesamten beobachteten interindividuellen Unterschiede zwischen den Personen wider.

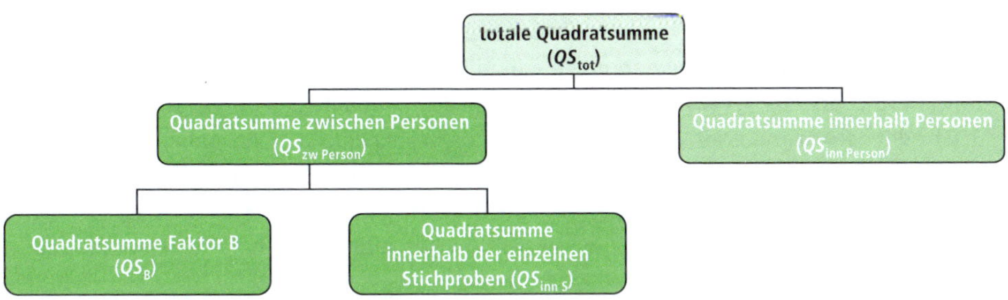

Abbildung 6.100: Quadratsummenzerlegung Schritt 2

Berechnung. Wir können die *Quadratsumme zwischen den Versuchspersonen* ($QS_{\text{zw Person}}$) aufteilen in eine Variation, die auf den Faktor B (Geschlecht) zurückgeht und die Variation zwischen dessen Stufen repräsentiert (QS_B), und daneben eine Quadratsumme Innerhalb der einzelnen Stufen des Gruppenfaktors, also z. B. innerhalb der Männer oder Frauen. Diese stellen A-priori-Unterschiede zwischen den Personen und Messfehler dar und gehen in die *Quadratsumme innerhalb der einzelnen Gruppen* ($QS_{\text{inn S}}$) ein. Die entsprechende Berechnung geht wie folgt:

Formel 6.52

$$QS_{\text{zw Person}} = p \cdot \sum_{j=1}^{q} \sum_{v=1}^{n} (\hat{\mu}_{vj} - \hat{\mu})^2$$

$$df_{\text{zw Person}} = (n \cdot q) - 1$$

$$\hat{\sigma}^2_{\text{zw Person}} = \frac{QS_{\text{zw Person}}}{df_{\text{zw Person}}}$$

$QS_{\text{zw Person}}$ = Quadratsumme zwischen den Versuchspersonen

$\hat{\mu}_{vj}$ = individueller Mittelwert der Person v aus Gruppe j über alle Zeitpunkte

$\hat{\mu}$ = Gesamtmittelwert

$\hat{\sigma}^2_{\text{zw Person}}$ = geschätzte Varianz zwischen den Versuchspersonen

$df_{\text{zw Person}}$ = Freiheitsgrade der Varianz zwischen den Versuchspersonen

v = Index der Person

i = Index für den Messzeitpunkt (Faktor A)

j = Index für die Gruppe (Faktor B)

p = Anzahl der Messzeitpunkte

q = Anzahl der Gruppen

n = Anzahl der Personen

Wir bestimmen also zunächst für jede Person v den Mittelwert über alle Messzeitpunkte p hinweg. Dadurch mitteln wir den Effekt der Messwiederholung aus und betrachten sozusagen nur noch den Effekt der Gruppenzugehörigkeit. Diesen Mittelwert ziehen wir dann für jede Person vom Gesamtmittelwert ab und quadrieren die Differenz. Wir erhalten so also die quadrierten Abweichungen der individuellen Mittelwerte vom Gesamtmittelwert. Da wir bei jeder Person nicht nur eine Messung, sondern p Messungen haben, wird die Summe der quadrierten Abweichungen mit der Anzahl der Messwiederholungen noch multipliziert, um die Quadratsumme Zwischen den Versuchspersonen zu ermitteln. Die Anzahl der Messwerte ergibt sich als Produkt aus der Anzahl der Versuchspersonen n pro Stufe mal der Anzahl q der Stufen des Gruppenfaktors. Ziehen wir hiervon 1 ab, erhalten wir die Freiheitsgrade. Die Division der Quadratsumme durch die Freiheitsgrade ergibt dann wieder den Schätzwert für die Varianz Zwischen den Personen in der Population.

Für unser Beispiel erhalten wir:

			Bedingung A (Messwiederholung)			
			Ehrlich	Fake Good	Primed	Personenmittelwert $\hat{\mu}_{vj}$
Bedingung B (Gruppenfaktor)	Männer	1	88	88	131	102.33
		2	106	70	89	88.33
		3	146	31	136	104.33
		4	63	42	122	75.67
		5	67	58	104	76.33
	Frauen	1	140	61	107	102.67
		2	84	49	111	81.33
		3	92	81	131	101.33
		4	136	66	130	110.67
		5	107	60	130	99.00
			102.90	60.60	119.10	94.20

$$QS_{\text{zw Person}} = 3 \cdot [(102.33 - 94.20)^2 + (88.33 - 94.20)^2 + \ldots + (99.00 - 94.20)^2] = 4344.80$$

$$df_{\text{zw Person}} = (2 \cdot 5) - 1 = 9$$

$$\hat{\sigma}^2_{\text{zw Person}} = \frac{4344.80}{9} = 482.76$$

Abbildung 6.101: Berechnung der *Varianz Zwischen* den Versuchspersonen

Wie geschildert, lässt sich die Quadratsumme Zwischen den Personen noch weiter aufschlüsseln. Betrachten wir den systematischen Anteil, die Quadratsumme des Faktors B. Diese Quadratsumme stellt die Unterschiede zwischen den Personen dar, die auf die jeweilige Gruppenzugehörigkeit zurückzuführen ist. Wenn es nur diesen systematischen Einfluss gäbe, hätte jede Person zu jedem Messzeitpunkt den Mittelwert ihrer jeweiligen Gruppe als Messwert. Das Ausmaß, in dem diese q Gruppenmittelwerte um den Gesamtmittelwert streuen, beziffert den Einfluss des Faktors Gruppe. Es ergeben sich dann folgende Berechnungschritte:

Formel 6.53

$$QS_{\text{B}} = n_j \cdot p \cdot \sum_{j=1}^{q} (\hat{\mu}_j - \hat{\mu})^2$$

$$df_{\text{B}} = q - 1$$

$$\hat{\sigma}^2_{\text{B}} = \frac{QS_{\text{B}}}{df_{\text{B}}}$$

QS_{B} = Quadratsumme des Faktors B (Gruppenfaktor)
$\hat{\mu}_j$ = Mittelwert der Faktorstufe j des Faktors B
$\hat{\mu}$ = Gesamtmittelwert
$\hat{\sigma}^2_B$ = geschätzte Varianz des Faktors B
df_B = Freiheitsgrade der Varianz des Faktors B
j = Index für die Gruppe (Faktor B)
p = Anzahl der Messzeitpunkte
q = Anzahl der Gruppen
n = Anzahl der Personen

Wir bilden also insgesamt q Abweichungsquadrate, für jede Stufe der Gruppenvariablen. Da wir innerhalb einer jeden Stufe aber nicht nur einen Messwert haben, wird noch mit der Anzahl der Messwerte pro Stufe multipliziert. Diese Anzahl ergibt sich aus dem Produkt der Anzahl der Personen n und der Anzahl der Messwiederholungen p. Wenn wir die Berechnung darstellen, ergibt sich dann:

		Bedingung A (Messwiederholung)			
		Ehrlich	Fake Good	Primed	
Bedingung B (Gruppenfaktor)	Männer	94.00	57.80	116.40	89.40
	Frauen	111.80	63.40	121.80	99.00
		102.90	60.60	119.10	94.20

$$QS_{\text{B}} = 5 \cdot 3 \cdot [(89.40 - 94.20)^2 + (99.00 - 94.20)^2] = 691.20$$

$$df_{\text{B}} = 2 - 1 = 1$$

$$\hat{\sigma}^2_{\text{B}} = \frac{691.20}{1} = 691.20$$

Abbildung 6.102: Berechnung der Varianz des Gruppeneffekts B

Nun wird die Berechnung der Quadratsumme innerhalb der einzelnen Gruppen ($QS_{\text{inn S}}$) dargestellt. Diese Quadratsumme stellt die Summe der quadrierten Abweichungen zwischen den gemittelten individuellen Messwerten der Personen über die drei Messzeitpunkte und den jeweiligen Gruppenmittelwerten des Faktors B (in unserem Beispiel Mittelwert der Männer oder der Frauen) dar. Da wir für jede Person nicht nur einen sondern eigentlich p Messwerte – für jede Messwiederholung einen Messwert – haben, multiplizieren wir am Schluss noch mit p. Inhaltlich stellt diese Quadratsumme die Abweichungen zwischen den Personen dar, die auf Fehlereinflüsse und A-priori-Unterschiede der Personen zurückzuführen sind. Es ergeben sich folgende Formeln:

Formel 6.54

$$QS_{\text{inn S}} = p \cdot \sum_{j=1}^{q} (\hat{\mu}_{vj} - \hat{\mu}_j)^2$$

$$df_{\text{inn S}} = q \cdot (n_j - 1)$$

$$\hat{\sigma}^2_{\text{inn S}} = \frac{QS_{\text{inn S}}}{df_{\text{inn S}}}$$

$QS_{\text{inn S}}$ = Quadratsumme innerhalb der Stichproben
$\hat{\mu}_j$ = Mittelwert des Faktors B in der Stufe j
$\hat{\mu}_{vj}$ = Mittelwert der Person v in der Stufe j
$\hat{\sigma}^2_{\text{inn S}}$ = Varianz innerhalb der Stichproben
$df_{\text{inn S}}$ = Freiheitsgrade der Varianz innerhalb der Stichproben
v = Index der Person
j = Index für die Gruppe (Faktor B)
p = Anzahl der Messzeitpunkte
q = Anzahl der Gruppen
n = Anzahl der Personen

Wir haben in jeder Gruppe n_j Personen. Von jeder Gruppe ziehen wir eins ab, also q Mal (Anzahl der Gruppen) die Anzahl der Personen je Gruppe minus eins (unter der Annahme gleicher Gruppengrößen): $n \cdot q - q = q \cdot (n - 1)$. Die Varianz errechnet sich dann wieder aus dem Quotienten von Quadratsumme und Freiheitsgraden. Für unser Beispiel sieht die Berechnung wie folgt aus:

			Bedingung A (Messwiederholung)				
			Ehrlich	Fake Good	Primed	$\hat{\mu}_{vj}$	$\hat{\mu}_j$
Bedingung B (Gruppenfaktor)	Männer	1	88	88	131	102.33	
		2	106	70	89	88.33	
		3	146	31	136	104.33	89.40
		4	63	42	122	75.67	
		5	67	58	104	76.33	
	Frauen	1	140	61	107	102.67	
		2	84	49	111	81.33	
		3	92	81	131	101.33	99.00
		4	136	66	130	110.67	
		5	107	60	130	99.00	
			102.90	60.60	119.10		94.20

$$QS_{\text{inn S}} = 3 \cdot [(102.33 - 89.40)^2 + (88.33 - 89.40)^2 + \ldots + (99.00 - 99.00)^2] = 3653.60$$

$$df_{\text{inn S}} = 2 \cdot (5 - 1) = 8$$

$$\hat{\sigma}^2_{\text{inn S}} = \frac{3653.60}{8} = 456.70$$

Abbildung 6.103: Berechnung der *Varianz Innerhalb* der Stichproben

Fassen wir die Ergebnisse in ▶*Tabelle 6.9* zusammen:

Varianzquelle	Quadratsumme	*df*	mittlere Quadratsumme
Faktor B	691.20	1	691.20
Unterschiede innerhalb der Stichproben	3653.60	8	456.70
Zwischen	4344.80	9	482.76

Tabelle 6.9: Übersicht über die Quadratsummen zwischen

An der Tabelle sieht man auch noch einmal sehr schön das Prinzip der Additivität von Quadratsummen und Freiheitsgraden, das sich formal so ausdrückt:

Formel 6.55

$$QS_{\text{zw Person}} = QS_{\text{Gruppenfaktor}} + QS_{\text{inn S}} \qquad df_{\text{zw Person}} = df_{\text{Gruppenfaktor}} + df_{\text{inn S}}$$

Wir haben hier den Index B durch das Wort Gruppenfaktor ersetzt, um darauf hinzuweisen, dass die Buchstaben A und B einfach nur beliebige Indizes der beiden Faktoren darstellen.

In welchem Zusammenhang stehen die beiden Varianzquellen, die zusammen die Varianz Zwischen den Personen ausmachen, zur Nullhypothese? Die Nullhypothese lautet, dass sich die Mittelwerte der Populationen, geschätzt durch die unterschiedlichen Gruppenmittelwerte, nicht unterscheiden und daher einer Grundgesamtheit angehören. Wenn die Nullhypothese in der Population gilt, dann schätzt die Varianz der Gruppenmittelwerte (geschätzte Varianz des

Gruppenfaktors) die Populationsvarianz. Dieses Prinzip kennen wir bereits. Das zweite Prinzip besagt, dass die geschätzte Varianz innerhalb einer der Gruppen (geschätzte Varianz Innerhalb) immer eine Schätzung der Populationsvarianz darstellt, unabhängig davon, ob die Nullhypothese in der Grundgesamtheit gilt oder nicht. Diese Unterschiede repräsentieren Fehlereinflüsse und a priori vorhandene Unterschiede zwischen den Personen. Den Einfluss des Gruppenfaktors können wir also wieder durch den Vergleich dieser beiden geschätzten Varianzen und die entsprechenden Freiheitsgrade auf Signifikanz testen. Betrachten wir nun zunächst, wie sich die Unterschiede innerhalb der Personen aufschlüsseln lassen.

Varianz innerhalb der Personen. Die Unterschiede innerhalb der Personen spiegeln den Anteil an der Gesamtstreuung wider, der auf Unterschiede zwischen den Messzeitpunkten, auf Unterschiede der Interaktion zwischen Gruppe und Messzeitpunkt und Fehlereinflüsse zurückgeht. Ermittelt wird diese Variation dadurch, dass die einzelnen Messwerte zu jedem Messzeitpunkt vom Gesamtmittelwert der jeweiligen Person über alle drei Messzeitpunkte hinweg abgezogen und quadriert werden. Die Veränderungen, die auf die jeweiligen Messzeitpunktbedingungen zurückzuführen sind, stellen systematische Einflüsse dar, da die Messzeitpunkte meist die experimentelle Manipulation beinhalten. Das bedeutet, dass der Zeitpunkt der Erhebung oder die Umstände zu den Erhebungszeitpunkten systematisch variiert wurden, um Veränderungen in der abhängigen Variablen zu erzeugen. Diese systematischen Unterschiede werden durch die geschätzte Varianz des Messwiederholungsfaktors ausgedrückt. In unserer hier gewählten Terminologie ist das Faktor A. In ▸*Abbildung 6.104* sehen wir, dass die intraindividuellen Veränderungen für die Gruppen der Männer und Frauen deskriptiv nicht gleich ausfallen.

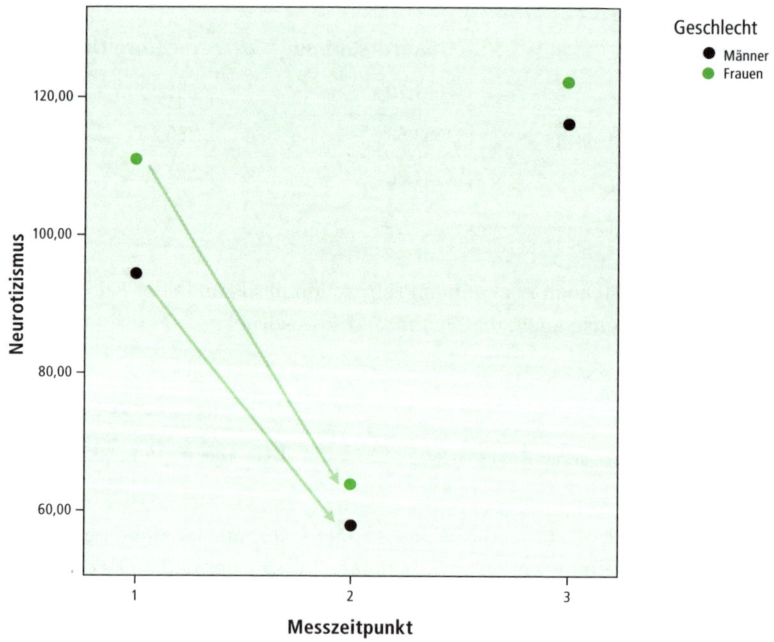

Abbildung 6.104: Veranschaulichung der Wechselwirkung zwischen Gruppen- und Messwiederholungsfaktor

Auf der *x*-Achse sind wiederum die drei Messzeitpunkte abgetragen und auf der *y*-Achse der Wertebereich des Neurotizismus. Allerdings sind in diesem Streudiagramm nicht die individuellen Messwerte, sondern die Gruppenmittelwerte für beide Geschlechter eingetragen. Es zeigt sich, dass sich der Mittelwert der Frauen vom ersten auf den zweiten Messzeitpunkt stärker reduziert als der Mittelwert der Männer. Dies stellt deskriptiv eine Wechselwirkung zwischen dem Gruppen- und dem Messwiederholungsfaktor dar (würde keine Interaktion vorliegen, wären die Linien parallel). Dies kann einen systematischen Effekt darstellen, der den Einfluss der Faktorkombination Messzeitpunkt × Geschlecht repräsentiert. Da es sich dabei um Unterschiede handelt, die nur dann sichtbar werden, wenn wir die einzelnen Messwiederholungen betrachten, wird der Effekt zur Varianz Innerhalb der Personen addiert. Schließlich wissen wir aus der einfaktoriellen Varianzanalyse mit Messwiederholung, dass es zwischen den Messzeitpunkten auch zu Veränderungen aufgrund von Fehlern bei der wiederholten Messung einer Person und der Wechselwirkung zwischen den Messzeitpunktbedingungen und den individuellen Eigenheiten der Personen kommen kann (beispielsweise reagiert eine Person auf Hitze bei der zweiten Messung mit einer besonders hohen Hautleitfähigkeit, während eine andere Person keine erhöhte Sensibilität zeigt). Da sich diese beiden Varianzquellen nicht trennen lassen, bilden sie gemeinsam die Fehlervarianz (siehe *Abschnitt 6.5.1*). Wird diese Fehlervarianz aus den Daten für die Grundgesamtheit geschätzt, sprechen wir von geschätzter Residualvarianz. Die Unterschiede innerhalb der Versuchspersonen lassen sich also in drei Bestandteile aufgliedern: Unterschiede aufgrund des Messwiederholungsfaktors (QS_{A}), Unterschiede aufgrund der Wechselwirkung zwischen Messwiederholungs- und Gruppenfaktor ($QS_{\text{A x B}}$) sowie Unterschiede aufgrund von Fehlereinflüssen bzw. unterschiedlichen individuellen Wechselwirkungen zwischen Person und Messzeitpunkt (QS_{Res}). Dies ist in ▶ *Abbildung 6.105* noch einmal zusammengefasst.

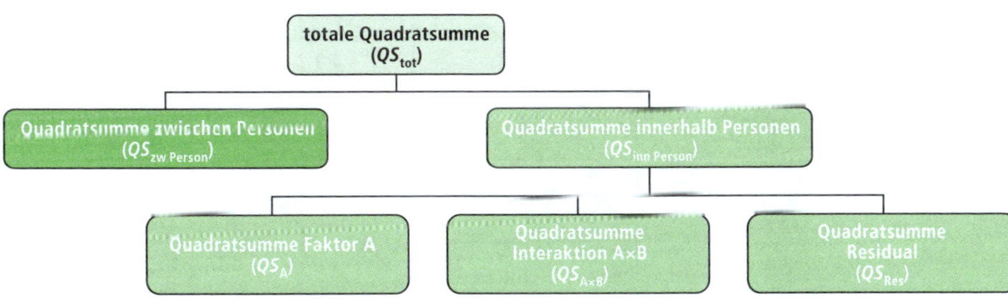

Abbildung 6.105: Quadratsummenzerlegung Schritt 3

Betrachten wir nun die Berechnung der einzelnen Quadratsummen bzw. Varianzen.

Berechnung. Um die Messwertschwankungen innerhalb der Personen zu berechnen, betrachten wir, wie stark die individuellen Messwerte um den jeweiligen individuellen Mittelwert schwanken. Dies lässt sich mit folgenden Formeln erfassen:

Formel 6.56

$$QS_{\text{inn Person}} = \sum_{i=1}^{p}\sum_{j=1}^{q}\sum_{v=1}^{n}(x_{vij} - \hat{\mu}_{vj})^2$$

$$df_{\text{inn Person}} = q \cdot n \cdot (p-1)$$

$$\hat{\sigma}^2_{\text{inn Person}} = \frac{QS_{\text{inn Person}}}{df_{\text{inn Person}}}$$

$QS_{\text{inn Person}}$ = Quadratsumme innerhalb der Versuchspersonen
x_{vij} = Messwert x der Person v aus Gruppe j zum Zeitpunkt i
$\hat{\mu}_{vj}$ = individueller Mittelwert der Person v aus der Gruppe j über alle Zeitpunkte
$\hat{\sigma}^2_{\text{inn Vpn}}$ = Varianz innerhalb der Versuchspersonen
$df_{\text{inn Vpn}}$ = Freiheitsgrade der Varianz innerhalb der Versuchspersonen
v = Index der Person
i = Index für den Messzeitpunkt (Faktor A)
j = Index für die Gruppe (Faktor B)
p = Anzahl der Messzeitpunkte
q = Anzahl der Gruppen
n = Anzahl der Personen

Für jede Person liegen p Messwerte vor, von denen wir eins abziehen. Es können zwei Messwerte pro Person (entspricht p minus eins) frei variieren bis der beobachtete Mittelwert der Person feststeht bzw. der dritte Personenmesswert nicht mehr frei wählbar wäre, ohne einen anderen Mittelwert zu erhalten. Insgesamt haben wir q Mal n Personen untersucht. Das Produkt aus der Anzahl der Personen n und p minus 1 ergibt dann die Freiheitsgrade. Für unser Beispiel erhalten wir so folgendes Rechenschema:

			Bedingung A (Messwiederholung)			
			Ehrlich	Fake Good	Primed	$\hat{\mu}_{vj}$
Bedingung B (Gruppenfaktor)	Männer	1	88	88	131	102.33
		2	106	70	89	88.33
		3	146	31	136	104.33
		4	63	42	122	75.67
		5	67	58	104	76.33
	Frauen	1	140	61	107	102.67
		2	84	49	111	81.33
		3	92	81	131	101.33
		4	136	66	130	110.67
		5	107	60	130	99.00
			102.90	60.60	119.10	94.20

$$QS_{inn\ Person} = (88-102.33)^2 + (88-102.33)^2 + \ldots + (130-99.00)^2 = 26646.00$$

$$df_{inn\ Person} = 2 \cdot 5 \cdot (3-1) = 20$$

$$\hat{\sigma}^2_{inn\ Person} = \frac{26646.00}{20} = 1332.30$$

Abbildung 6.106: Berechnung der *Varianz Innerhalb* der Versuchspersonen

Wie oben bereits erläutert, besteht diese Quadratsumme aus drei Teilen. Betrachten wir zunächst die systematischen Bestandteile und beginnen dabei mit der geschätzten Varianz des Messwiederholungsfaktors.

Die geschätzte Varianz des Messwiederholungsfaktors repräsentiert den Anteil der intraindividuellen Veränderung, der auf die Manipulation der Messzeitpunkte zurückgeht. Diese Variation ermitteln wir durch die Abweichung der Mittelwerte zu jedem Messzeitpunkt vom Gesamtmittelwert. Bei der Betrachtung spielt der Gruppenfaktor also keine Rolle und wird nicht beachtet. Wir mitteln die Messwerte der Gruppen, und dadurch werden mögliche Gruppenunterschiede, die hier ja nicht von Interesse sind, ausgemittelt. Es ergeben sich folgende Formeln:

Formel 6.57

$$QS_{\text{A}} = n \cdot q \cdot \sum_{i=1}^{p} (\hat{\mu}_i - \hat{\mu})^2$$

$$df_{\text{A}} = p - 1$$

$$\hat{\sigma}^2_{\text{A}} = \frac{QS_{\text{A}}}{df_{\text{A}}}$$

QS_{A} = Quadratsumme des Faktors A (Messwiederholungsfaktor)
$\hat{\mu}_i$ = Mittelwert des Messzeitpunkts i über alle Gruppen j
$\hat{\mu}$ = Gesamtmittelwert
$\hat{\sigma}^2_{\text{A}}$ = Varianz des Faktors A
df_{A} = Freiheitsgrade der Varianz des Faktors A
v = Index der Person
i = Index für den Messzeitpunkt (Faktor A)
p = Anzahl der Messzeitpunkte
q = Anzahl der Gruppen
n = Anzahl der Personen

Das Abweichungsquadrat zwischen dem Mittelwert des Messzeitpunkts und dem Gesamtmittelwert wird also für jeden Messzeitpunkt i ermittelt und dann aufsummiert. Da wir zu jedem Messzeitpunkt aber nicht nur einen Personenmesswert vorliegen haben, wird noch mit der Anzahl der Messungen multipliziert. Die Anzahl der Messungen ergibt sich als Produkt aus der Anzahl der Personen n und der Anzahl der Gruppenfaktorstufen q. Ziehen wir davon eins ab, erhalten wir die Freiheitsgrade. Die geschätzte Varianz ergibt sich wie immer aus dem Quotienten der Quadratsumme und der Freiheitsgrade.

Übertragen wir das auf unser Beispiel, ergibt sich folgende Berechnung:

		Bedingung A (Messwiederholung)			
		Ehrlich	Fake Good	Primed	
Bedingung B (Gruppenfaktor)	Männer	94.00	57.80	116.51	89.40
	Frauen	111.80	63.40	122.08	99.00
		102.90	60.60	119.19	94.20

$$QS_A = 5 \cdot 2 \cdot [(102.90 - 94.20)^2 + (60.60 - 94.20)^2 + (119.19 - 94.20)^2] = 18246.60$$

$$df_A = 3 - 1 = 2$$

$$\hat{\sigma}_A^2 = \frac{18246.60}{2} = 9123.30$$

Abbildung 6.107: Berechnung der Varianz des Messwiederholungsfaktors A

Im nächsten Schritt betrachten wir die zweite systematische Varianzquelle, die Wechselwirkung zwischen beiden Faktoren. In der Nullhypothese haben wir formuliert, dass sich die Zellenpopulationsmittelwerte lediglich aus der Addition beider Haupteffekte ergeben, wenn die Nullhypothese gilt. Da wir beide Effekte bereits durch Formeln definiert haben, lässt sich für jede Zelle der erwartete Mittelwert $\hat{\mu}'_{ij}$ unter Annahme der Nullhypothese folgendermaßen bestimmen:

Formel 6.58

$$\hat{\mu}'_{ij} = \hat{\mu}_i + \hat{\mu}_j - \hat{\mu}$$

$\hat{\mu}'_{ij}$ = erwarteter Mittelwert der Faktorstufenkombination ij

$\hat{\mu}_i$ = Mittelwert des Faktors A in der Stufe i

$\hat{\mu}_j$ = Mittelwert des Faktors B in der Stufe j

$\hat{\mu}$ = Gesamtmittelwert

i = Index für den Messzeitpunkt (Faktor A)

j = Index für die Gruppe (Faktor B)

Die Summe der quadrierten Abweichungen zwischen empirischen bzw. beobachteten Zellenmittelwerten und den unter der Nullhypothese erwarteten Zellenmittelwerten zeigt dann den Einfluss der Wechselwirkung an. Da wir in jeder Zelle aber nicht nur einen Messwert haben, sondern so viele Messwerte wie Personen n, wird die Summe der Abweichungsquadrate mit der Anzahl der Personen n multipliziert. Die Gesamtzahl der Freiheitsgrade ergibt sich aus dem Produkt der Anzahl der Messwiederholungsstufen minus eins und der Anzahl der Gruppen minus eins. Die geschätzte Varianz der Wechselwirkung ergibt sich wieder durch die Division der Quadratsumme durch die Freiheitsgrade. Die Berechnung ist im Folgenden dargestellt.

Formel 6.59

$$QS_{A\times B} = n_{ij} \cdot \sum_{i=1}^{p} \sum_{j=1}^{q} (\hat{\mu}_{ij}' - \hat{\mu}_{ij})^2$$

$$df_{A\times B} = (p-1)\cdot(q-1)$$

$$\hat{\sigma}^2_{A\times B} = \frac{QS_{A\times B}}{df_{A\times B}}$$

$QS_{A\times B}$ = Quadratsumme der Wechselwirkung zwischen Faktor A und B

$\hat{\mu}'_{ij}$ = erwarteter Mittelwert der Faktorstufenkombination *ij*

$\hat{\mu}_{ij}$ = beobachteter Mittelwert der Faktorstufenkombination *ij*

$\hat{\sigma}^2_{A\times B}$ = Varianz der Wechselwirkung zwischen Faktor A und B

$df_{A\times B}$ = Freiheitsgrade der Varianz der Wechselwirkung zwischen Faktor A und B

i = Index für den Messzeitpunkt (Faktor A)

j = Index für die Gruppe (Faktor B)

p = Anzahl der Messzeitpunkte

q = Anzahl der Gruppen

n_{ij} = Anzahl der Personen in Zelle *ij*

Wenn wir dies auf unser kleines Datenbeispiel beziehen, erhalten wir folgende Varianzschätzungen:

Beobachtete Zellenmittelwerte

		Bedingung A (Messwiederholung)			
		Ehrlich	Fake Good	Primed	
Bedingung B (Gruppenfaktor)	Männer	94.00	57.80	116.40	89.40
	Frauen	111.80	63.40	121.80	99.00
		102.90	60.60	119.10	94.20

$$\hat{\mu}'_{11} = 102.90 + 89.40 - 94.20 = 98.10$$

Erwartete Zellenmittelwerte

		Bedingung A (Messwiederholung)		
		Ehrlich	Fake Good	Primed
Bedingung B (Gruppenfaktor)	Männer	98.10	55.80	114.30
	Frauen	107.70	65.40	123.90

$$QS_{A\times B} = 5\cdot[(98.10-94)^2 + (55.80-57.80)^2 + \ldots + (123.90-121.80)^2] = 252.20$$

$$df_{A\times B} = (3-1)\cdot(2-1) = 2$$

$$\hat{\sigma}^2_{A\times B} = \frac{252.20}{2} = 126.10$$

Abbildung 6.108: Berechnung der Wechselwirkungsvarianz

In der ▶*Abbildung 6.108* sind zwei Tabellen abgebildet. In der oberen Tabelle sind die beobachteten und in der unteren die erwarteten Zellenmittelwerte dargestellt. Die gestrichelten Pfeile zeigen die verwendeten Werte für die Berechnung der erwarteten Zellenmittelwerte und die durchgezogenen Pfeile zeigen die verwendeten Werte für die Berechnung der Quadratsumme.

Abschließend bleibt die Schätzung der Residualvarianz als letzte Variationsquelle. Diese Varianz drückt Fehlereinflüsse sowie die indviduellen Wechselwirkungen zwischen Person und Messzeitpunkt aus. Anders gesagt werden vom individuellen Messwert der Person v aus der Gruppe j zum Messzeitpunkt i der Zellenmittelwert und der Mittelwert der Person über die Messzeitpunkte abgezogen. Zu diesem Wert wird der Mittelwert der jeweiligen Stufe des Messwiederholungsfaktors addiert. Wenn es keine Fehlereinflüsse gibt, lässt sich der Wert einer Person in jeder Zelle, durch die die jeweiligen Mittelwerte erklären. Das heißt, der individuelle Wert in jeder Zelle ergibt sich exakt aus der Formel. Die Residualvarianz stellt somit die Variation dar, die durch systematische Effekte nicht erklärt werden kann. Die Berechnung ist im Folgenden dargestellt:

Formel 6.60

$$QS_{\text{Res}} = \sum_{i=1}^{p} \sum_{j=1}^{q} \sum_{v=1}^{n} (x_{vij} - \hat{\mu}_{ij} - \hat{\mu}_{vj} + \hat{\mu}_{j})^2$$

$$df_{\text{Res}} = q \cdot (p-1) \cdot (n-1)$$

$$\hat{\sigma}^2_{\text{Res}} = \frac{QS_{\text{Res}}}{df_{\text{Res}}}$$

QS_{Res} = Quadratsumme des Residuums

x_{vij} = Messwert x der Person v aus Gruppe j zum Zeitpunkt i

$\hat{\mu}_{ij}$ = Mittelwert der Faktorstufenkombination ij

$\hat{\mu}_{j}$ = Mittelwert der Stufe j des Faktors B

$\hat{\sigma}^2_{\text{Res}}$ = Varianz des Residuums

df_{Res} = Freiheitsgrade der Varianz des Residuums

v = Index der Person

i = Index für den Messzeitpunkt (Faktor A)

j = Index für die Gruppe (Faktor B)

p = Anzahl der Messzeitpunkte

q = Anzahl der Gruppen

n = Anzahl der Personen

Die Freiheitsgrade ergeben sich aus der Anzahl der Personen minus eins ($n - 1$) und der Anzahl der Gruppen minus eins ($p - 1$). Insgesamt tritt diese Kombination in allen q Gruppen auf. Aus dem Produkt dieser drei Terme ergeben sich die Freiheitsgrade. Die geschätzte

Varianz ergibt sich wiederum aus dem Quotienten der Quadratsumme und der Freiheitsgrade.

Bei unserem kleinen Beispiel ergibt sich folgende Berechnung:

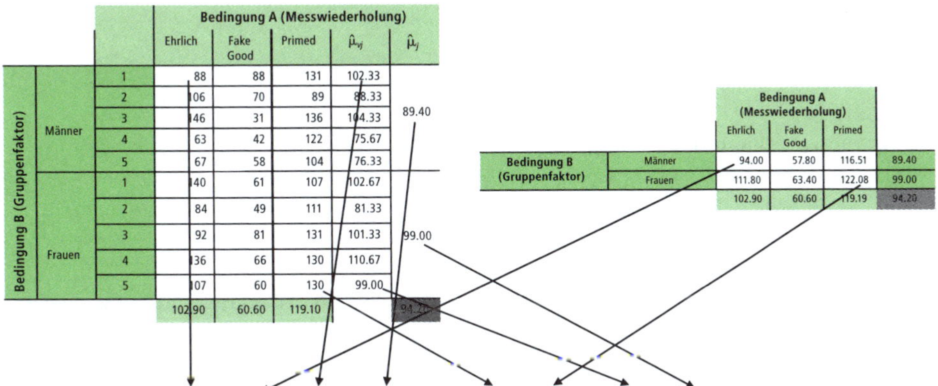

$$QS_{\text{Res}} = (88 - 94.00 - 102.33 + 89.40)^2 + \ldots + (130 - 122.08 - 99.00 + 99.00)^2 = 8147.20$$

$$df_{\text{Res}} = 2 \cdot (3-1) \cdot (5-1) = 16$$

$$\hat{\sigma}^2_{\text{Res}} = \frac{8147.20}{16} = 509.20$$

Abbildung 6.109: Berechnung der Residualvarianz

Wenn wir diese Berechnungen zu *Tabelle 6.9*: Übersicht über die Quadratsummen zwischen hinzufügen, ergibt sich folgendes Gesamtbild:

Varianzquelle	**Quadratsumme**	***df***	**mittlere geschätzte Quadratsumme**
Faktor B	691.20	1	691.20
Unterschiede innerhalb der Stichproben	3653.60	8	456.70
Zwischen	4344.80	9	482.76
Faktor A	18246.60	2	9123.30
Wechselwirkung A×B	252.20	2	126.10
Residuum	8147.20	16	509.20
Innerhalb	26646.00	20	1332.30
Total	30990.80	29	1068.65

Tabelle 6.10: Übersicht über alle Quadratsummen, Freiheitsgrade und Varianzen

In der Tabelle sind die systematischen Varianzquellen grau hinterlegt und die unsystematischen grün. Zudem sieht man in der Tabelle die Additivität der Quadratsummen und Freiheitsgrade innerhalb sowie die Additivität der Quadratsummen und Freiheitsgrade insgesamt. Formal lässt sich das Ganze so ausdrücken:

Formel 6.61

$$QS_{\text{tot}} = QS_{\text{zw Person}} + QS_{\text{inn Person}}$$
$$df_{\text{tot}} = df_{\text{zw Person}} + df_{\text{inn Person}}$$
$$QS_{\text{zw Person}} = QS_{\text{B}} + QS_{\text{inn S}}$$
$$df_{\text{zw Person}} = df_{\text{B}} + df_{\text{inn S}}$$
$$QS_{\text{inn Person}} = QS_{\text{A}} + QS_{\text{A}\times\text{B}} + QS_{\text{Res}}$$
$$df_{\text{inn Person}} = df_{\text{A}} + df_{\text{A}\times\text{B}} + df_{\text{Res}}$$
$$QS_{\text{tot}} = QS_{\text{B}} + QS_{\text{inn S}} + QS_{\text{A}} + QS_{\text{A}\times\text{B}} + QS_{\text{Res}}$$
$$df_{\text{tot}} = df_{\text{B}} + df_{\text{inn S}} + df_{\text{A}} + df_{\text{A}\times\text{B}} + df_{\text{Res}}$$

Die gesamte Zerlegung ist auch noch einmal in ▶*Abbildung 6.110* grafisch zusammengefasst.

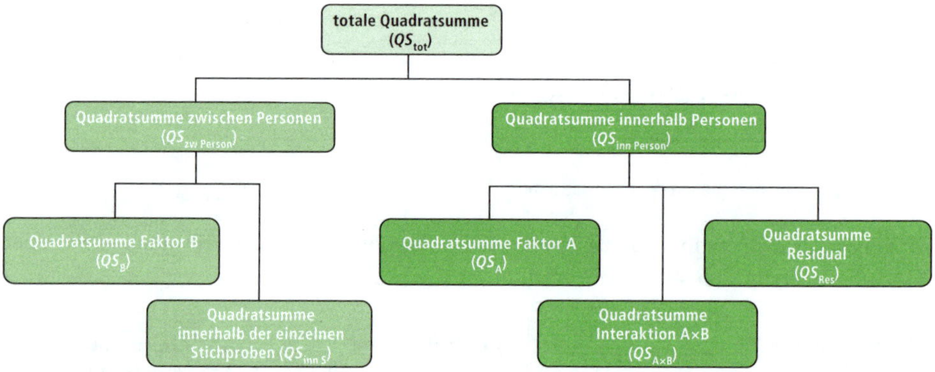

Abbildung 6.110: Veranschaulichung der Quadratsummenzerlegung bei der zweifaktoriellen ANOVA mit Messwiederholung (gemischtes Design)

Bleiben wir noch einen Augenblick bei den einzelnen „Varianzen innerhalb“ und ihrem Bezug zur Nullhypothese. Die geschätzte Varianz des Messwiederholungsfaktors zeigt die Variation der Mittelwerte der einzelnen Messzeitpunkte um den Gesamtmittelwert an. Wenn die Nullhypothese gilt, dann gehören alle Mittelwerte derselben Grundgesamtheit an. Damit würde diese Varianz eine Schätzung der Populationsvarianz darstellen. Bei der geschätzten Residualvarianz hingegen handelt es sich um Variationen zwischen den Messzeitpunkten, die aus Fehlern und der individuellen Wechselwirkung zwischen Person und Messzeitpunkten resultieren und damit durch die systematischen Effekte der Messwiederholung nicht erklärt werden können. Wir können also wieder die systematische geschätzte Varianz, die auf unseren Messwiederholungsfaktor zurückgeht, mit der Residualvarianz vergleichen, um über die Nullhypothese zu entscheiden. Die geschätzte Varianz der Wechselwirkung hingegen zeigt an, wie stark der Effekt ist, der durch das Zusammenwirken von Gruppen- und Messwiederholungsfaktor entsteht. Bei der Berechnung ermitteln wir die Abweichungen von dem Wert, der sich ergeben würde, wenn lediglich beide Haupteffekte wirken würden. Um systematisch zu sein, muss sie ebenfalls größer ausfallen als die Abweichung, die lediglich aufgrund der Populationsvarianz erwartet werden kann. Diese Varianz beinhaltet wie beschrieben unsystematische, also zufällige, Abweichungen. Daher können wir die Varianz der Wechselwirkung auch mit der Residualvarianz vergleichen, um eine Aussage über die Nullhypothese treffen zu können.

Zusammenfassend können wir nun sagen, dass sowohl die geschätzte Varianz Zwischen den Personen als auch die geschätzte Varianz Innerhalb der Personen in systematische (von uns bewusst manipulierte Effekte) und unsystematische Anteile (nicht durch die Manipulation erklärte Effekte) aufgeteilt wird. Der Vergleich der geschätzten systematischen Varianz mit der jeweiligen geschätzten unsystematischen Varianz ermöglicht die Durchführung eines Signifikanztests. Da wir wieder zwei geschätzte Varianzen ins Verhältnis zueinander setzen, handelt es sich um einen *F*-Test. Um den empirischen *F*-Wert, also die Prüfgröße, zu berechnen, ergeben sich dann folgende *F*-Tests und dazugehörige Freiheitsgrade:

Formel 6.62

$$F_{\text{A}} = \frac{\hat{\sigma}^2_{\text{A}}}{\hat{\sigma}^2_{\text{Res}}}$$

$$F_{\text{B}} = \frac{\hat{\sigma}^2_{\text{B}}}{\hat{\sigma}^2_{\text{inn S}}}$$

$$F_{\text{A}\times\text{B}} = \frac{\hat{\sigma}^2_{\text{A}\times\text{B}}}{\hat{\sigma}^2_{\text{Res}}}$$

$$df_{\text{A}} = p-1$$

$$df_{\text{B}} = q-1$$

$$df_{\text{A}\times\text{B}} = (p-1)\cdot(q-1)$$

$$df_{\text{inn S}} = q\cdot(n-1)$$

$$df_{\text{Res}} = q\cdot(p-1)\cdot(n-1)$$

F_{A} = empirischer *F*-Wert des Faktors A (Prüfgröße)
F_{B} = empirischer *F*-Wert des Faktors B (Prüfgröße)
$F_{\text{A}\times\text{B}}$ = empirischer *F*-Wert der Wechselwirkung aus Faktor A und B (Prüfgröße)
$\hat{\sigma}^2_{\text{A}}$ = Varianz des Faktors A
$\hat{\sigma}^2_{\text{B}}$ = Varianz des Faktors B
$\hat{\sigma}^2_{\text{A}\times\text{B}}$ = Varianz der Wechselwirkung aus Faktor A und B
$\hat{\sigma}^2_{\text{Res}}$ = Varianz des Residuums
$\hat{\sigma}^2_{\text{inn S}}$ = Varianz innerhalb der Stichproben
df_{A} = Freiheitsgrade der Varianz des Faktors A
df_{B} = Freiheitsgrade der Varianz des Faktors B
$df_{\text{A}\times\text{B}}$ = Freiheitsgrade der Varianz der Wechselwirkung aus Faktor A und B
$df_{\text{inn S}}$ = Freiheitsgrade der Varianz innerhalb der Stichproben
df_{Res} = Freiheitsgrade der Varianz des Residuums
p = Anzahl der Messzeitpunkte
q = Anzahl der Gruppen
n = Anzahl der Personen

Bei unserem kleinen Beispieldatensatz finden wir die folgenden empirischen F-Werte und Freiheitsgrade:

Formel 6.63

$$F_{\mathrm{A}} = \frac{9123.30}{509.20} = 17.92$$
$$F_{\mathrm{B}} = \frac{691.20}{456.70} = 1.51$$
$$F_{\mathrm{A \times B}} = \frac{126.10}{509.20} = 0.25$$
$$df_{\mathrm{A}} = 3 - 1 = 2$$
$$df_{\mathrm{B}} = 2 - 1 = 1$$
$$df_{\mathrm{A \times B}} = (3-1) \cdot (2-1) = 2$$
$$df_{\mathrm{inn\ S}} = 2 \cdot (5-1) = 8$$
$$df_{\mathrm{Res}} = 2 \cdot (3-1) \cdot (5-1) = 16$$

Somit liegen die empirischen F-Werte vor. Was müssen wir nun tun, um eine Entscheidung treffen zu können?

Entscheidung. Um eine Entscheidung über die Hypothesen herbeiführen zu können, müssen wir den empirischen F-Wert mit einem kritischen F-Wert vergleichen. Anhand der Freiheitsgrade können wir zu jedem F-Wert den kritischen F-Wert für die vor der Untersuchung festgelegte Fehlerwahrscheinlichkeit 1. Art suchen. Dies ist hier nicht noch einmal im Einzelnen dargestellt. Wir nutzen dasselbe Vorgehen wie in den vorherigen Abschnitten. Die Entscheidungsregel lautet dann allgemein formuliert:

Formel 6.64

Lehne die Nullhypothese ab, wenn $F_{\mathrm{emp}} \geq F_{\mathrm{krit}\ (1-\alpha;\ df_{\mathrm{Effekt}};\ df_{\mathrm{Fehler}})}$.

Mit dem Index-Fehler ist jeweils die unsystematische geschätzte Varianz im Nenner des F-Tests gemeint und mit Index-Effekt die systematische geschätzte Varianz im Zähler.

Für unser Beispiel ergeben sich für die Freiheitsgrade bzw. die empirischen F-Werte die folgenden kritischen F-Werte und Überschreitungswahrscheinlichkeiten:

- Haupteffekt A (Messwiederholung): Kritischer F-Wert = 3.63, $p < 0.001$
- Haupteffekt B (Geschlecht): Kritischer F-Wert = 5.32, $p = 0.25$
- Wechselwirkung A×B: Kritischer F-Wert = 3.63, $p = 0.78$

Interpretation der Haupteffekte bei Vorliegen einer Wechselwirkung. Somit ist nur der Haupteffekt der Messwiederholung signifikant. An dieser Stelle ist eine Anmerkung zur Wechselwirkung wichtig. Im Abschnitt zur zweifaktoriellen Varianzanalyse haben wir drei Arten der

Wechselwirkung vorgestellt: ordinal, hybrid und disordinal (siehe *Abschnitt 6.4.3*). Zudem haben wir gesehen, dass die Art der Wechselwirkung einen Einfluss auf die Interpretation der Haupteffekte haben kann. Während bei der ordinalen Wechselwirkung beide Haupteffekte interpretierbar sind, ist es bei der hybriden Wechselwirkung nur noch ein Haupteffekt und bei der disordinalen keiner der Haupteffekte. Die Bestimmung der Wechselwirkungsart haben wir mit der Vergabe von Rangplätzen im Interaktionsdiagramm vorgenommen. An dieser Stelle wollen wir nicht noch einmal das gesamte Vorgehen erklären, sondern nur darauf hinweisen, dass dieselben Einschränkungen auch bei der zweifaktoriellen Varianzanalyse mit Messwiederholung (gemischtes Design) gelten. Das heißt, dass auch hier bei einer signifikanten bzw. bedeutsamen Wechselwirkung die Interaktionsdiagramme inspiziert werden müssen, gegebenenfalls ergeben sich daraus Konsequenzen für die Interpretierbarkeit der Haupteffekte.

Bei unserem Beispiel ist lediglich der Haupteffekt der Messwiederholung signifikant. Das bedeutet, dass mindestens zwei der drei Mittelwerte sich signifikant unterscheiden. Allerdings wissen wir noch nichts über die Größe der Effekte. Ebenso wenig kennen wir die Teststärke. Zunächst wenden wir uns jedoch den Effektstärken zu.

6.7.2 Effektstärken bei der zweifaktoriellen Varianzanalyse

Aus den vorherigen Kapiteln kennen wir bereits die Effektstärken eta^2 und partial eta^2. Bei der Berechnung von eta^2 wird die durch den Effekt erklärte Variation ins Verhältnis zur Gesamtvariation der abhängigen Variablen gesetzt. Nach einer Multiplikation mit 100 erlaubt dieser Quotient eine Aussage darüber, wie viel Prozent der Gesamtvariation in der abhängigen Variablen durch den Effekt erklärt werden können. Bei der einfaktoriellen Varianzanalyse mit Messwiederholung haben wir gesehen, dass bei Messwiederholungsdesigns ein partielles eta^2 besser interpretiert werden kann als ein eta^2. Der Grund dafür liegt darin, dass die Quadratsumme Zwischen den Personen, die für die Interpretation des Messwiederholungseffekts uninteressant ist, bei der Effektberechnung nicht berücksichtigt wird. Bei der zweifaktoriellen Varianzanalyse mit Messwiederholung *(gemischtes Design)* haben wir nun einen Messwiederholungsfaktor *(within subject)* und einen Gruppenfaktor *(between subject)*. Wiederum werden bei der Betrachtung des Messwiederholungsfaktors die Unterschiede zwischen den Personen außer Acht gelassen. Diese finden sich in der Quadratsumme Zwischen den Personen, d. h. gehen auf den Gruppenfaktor zurück. Bei der Quadratsumme Zwischen den Personen werden die Mittelwerte der Personen über die Messzeitpunkte gebildet und diese dann für alle Personen vom Gesamtmittelwert abgezogen, quadriert und summiert. Das heißt, dass die Variation über die Messzeitpunkte bei der Betrachtung der Quadratsumme Zwischen gar nicht berücksichtigt wird. Das wird auch aus der Quadratsummenzerlegung ersichtlich. Wenn wir die Effektstärken berechnen, ziehen wir nicht die gesamte Variation dafür heran. Bei der Effektstärke, die auf den Gruppenfaktor zurückgeht, nutzen wir die Variation Innerhalb und bei der Effektstärke für den Messwiederholungsfaktor sowie der Wechselwirkung die Variation Zwischen den Personen. Daher ist auch hier in den meisten Fällen die Verwendung des partiellen eta^2 der Verwendung von eta^2 vorzuziehen.

Betrachten wir zunächst die Unterschiede zwischen den Personen. Diese bestehen aus dem systematischen Gruppenfaktoreffekt und der unsystematischen Variation innerhalb der Stichproben. Die Formel für dieses partielle eta^2 lautet:

Formel 6.65

$$\eta^2_{\text{partial}} = \frac{QS_{\text{Gruppenfaktor}}}{QS_{\text{Gruppenfaktor}} + QS_{\text{inn S}}} = \frac{QS_{\text{Gruppenfaktor}}}{QS_{\text{zw Person}}}$$

η^2_{partial} = Effektstärkemaß partial (partielles) eta Quadrat
$QS_{\text{Gruppenfaktor}}$ = Quadratsumme des Gruppenfaktors (Faktor B)
$QS_{\text{inn S}}$ = Quadratsumme innerhalb der Stichproben
$QS_{\text{zw Person}}$ = Quadratsumme zwischen den Versuchspersonen

Für unser Beispiel ergibt sich dann ein partielles eta^2 von:

$$\eta^2_{\text{partial}} = \frac{QS_{\text{B}}}{QS_{\text{zw Person}}} = \frac{691.20}{4344.80} = 0.16$$

Effektstärke für den Gruppenfaktor. Aus der Formel wird ersichtlich, dass wir hier im Nenner die Variation zwischen den Personen insgesamt betrachten: Quadratsumme des Gruppenfaktors plus die Quadratsumme innerhalb der Stichproben. Die Effektstärke zeigt also, wie groß der Anteil an den Unterschieden zwischen den Versuchspersonen ist, der auf die Gruppenzugehörigkeit zurückgeht.

Das heißt, dass 16 Prozent der Unterschiede in der Neurotizismus-Selbsteinschätzung durch das Geschlecht erklärt werden können. Damit liegt ein starker Effekt vor. Allerdings ist der Effekt nicht signifikant geworden. Das heißt, dass der starke Effekt mit der vorhandenen Stichprobengröße nicht statistisch gesichert werden konnte. Unsere Stichprobe ist vermutlich zu klein, um einen solchen Populationseffekt zu entdecken.

Effektstärke für den Messwiederholungsfaktor. Betrachten wir nun die Unterschiede innerhalb der Personen, also die Variation der Messwiederholung, die Variation der Wechselwirkung und die Variation des Residuums. Die Formel für das partielle eta^2 lautet:

Formel 6.66

$$\eta^2_{\text{partial}} = \frac{QS_{\text{Effekt}}}{QS_{\text{Effekt}} + QS_{\text{Res}}}$$

η^2_{partial} = Effektstärkemaß partial (partielles) eta Quadrat
QS_{Effekt} = Quadratsumme des Effekts (Faktor A oder Wechselwirkung)
QS_{Res} = Quadratsumme des Residuums

Für unser Beispiel ergibt sich:

$$\eta^2_{\text{partial}} = \frac{QS_{\text{A}}}{QS_{\text{A}} + QS_{\text{Res}}} = \frac{18246.60}{18246.60 + 8147.20} = 0.69$$
$$\eta^2_{\text{partial}} = \frac{QS_{\text{A}\times\text{B}}}{QS_{\text{A}\times\text{B}} + QS_{\text{Res}}} = \frac{252.20}{252.20 + 8147.20} = 0.03$$

Dabei bezieht sich der Index-Effekt entweder auf den Messwiederholungsfaktor oder auf die Wechselwirkung. Das partielle eta^2 drückt also aus, wie groß die Effektvariation an der Variation ist, die auf den Effekt selbst sowie die Residualvariation innerhalb der Personen zurückgeht.

Der Effekt der Messwiederholung, der auch signifikant geworden ist, fällt im Beispiel also sehr groß aus, während der Effekt der Wechselwirkung nur klein ausfällt. An dieser Stelle müssen wir aber bedenken, dass bei der Berechnung der Effektgröße der andere systematische Effekt innerhalb der Personen jeweils vernachlässigt wird. Vielleicht wäre es angemessener, im Nenner die gesamten Unterschiede innerhalb der Personen zu betrachten. Die Effektgröße würde dann ausdrücken, wie groß der Anteil des jeweiligen Effekts an den gesamten Unterschieden innerhalb der Personen ist. Die Formel würde dann lauten:

Formel 6.67

$$\eta^2_{\text{partial}} = \frac{QS_{\text{Effekt}}}{QS_{\text{inn Person}}} = \frac{QS_{\text{Effekt}}}{QS_{\text{A}} + QS_{\text{B}} + QS_{\text{Res}}}$$

η^2_{partial} = Effektstärkemaß partial (partielles) eta Quadrat
QS_{Effekt} = Quadratsumme des Effekts (Faktor A oder Wechselwirkung)
$QS_{\text{inn Person}}$ = Quadratsumme innerhalb der Personen
QS_{A} = Quadratsumme der Messwiederholung
QS_{B} = Quadratsumme des Gruppenfaktors
QS_{Res} = Quadratsumme des Residuums

Für unser Beispiel erhalten wir dann folgende Werte:

$$\eta^2_{\text{partial}} = \frac{QS_{\text{A}}}{QS_{\text{inn Person}}} = \frac{18246.60}{26646.00} = 0.69$$
$$\eta^2_{\text{partial}} = \frac{QS_{\text{A}\times\text{B}}}{QS_{\text{inn Person}}} = \frac{252.20}{26646.00} = 0.0095$$

Der Index-Effekt bezieht sich dabei entweder auf den Messwiederholungsfaktor oder die Wechselwirkung. Wir sehen, dass die Auswirkung auf den Haupteffekt der Messwiederholung kaum spürbar ist. Das liegt daran, dass die Quadratsumme der Wechselwirkung sehr klein ausfällt. Allerdings verringert sich die Effektgröße für die Wechselwirkung deutlich. Waren es eben noch drei Prozent Varianzaufklärung, beträgt die Varianzaufklärung jetzt nicht einmal mehr ein Prozent. Das bedeutet, dass die Wechselwirkung zwischen Geschlecht und

Messzeitpunktbedingung weniger als ein Prozent der Veränderung der Neurotizismus-Selbsteinschätzungen über die Zeit erklärt. Somit verfehlt der Effekt nicht nur die statistische Signifikanz, sondern ist auch von der Größe her eher zu vernachlässigen.

Wenn wir die Effektstärken noch einmal zusammenfassen, ergibt sich die zweite Spalte in der folgenden Tabelle:

Varianzquelle	**partial η^2**	η^2
Gruppenfaktor	0.16	0.02
Messwiederholung	0.69	0.59
Wechselwirkung	0.0095	0.008

Tabelle 6.11: Übersicht über die Effektstärken aus dem Beispiel

An dieser Stelle sehen wir, dass sich die Summe der Effektgrößen nicht zu eins addiert. Das liegt zum einen daran, dass wir im Nenner immer jeweils andere Quadratsummen als die Gesamtquadratsumme betrachten. Zum anderen ist in der Tabelle der Anteil der Residualvariation nicht abgebildet, der auch zur Gesamtvariation beiträgt. Daher ist auch ein Vergleich der Effektgröße des Gruppenfaktors mit den anderen beiden Effektgrößen nicht möglich. Dazu muss dann doch eta^2 berechnet werden. Die Formel dafür lautet:

Formel 6.68

$$\eta^2 = \frac{QS_{\text{Effekt}}}{QS_{\text{tot}}}$$

η^2 = Effektstärkemaß eta Quadrat
QS_{Effekt} = Quadratsumme des Effekts (Faktor A, B oder Wechselwirkung)
QS_{tot} = Quadratsumme Total

Wir haben die jeweiligen Ergebnisse in ▶ *Tabelle 6.11* bereits in der dritten Spalte eingetragen. Die Berechnungen sind:

$$\eta^2 = \frac{QS_{\text{Gruppenfaktor}}}{QS_{\text{tot}}} = \frac{691.20}{30990.80} = 0.02$$

$$\eta^2 = \frac{QS_{\text{Messwiederholung}}}{QS_{\text{tot}}} = \frac{18246.60}{30990.80} = 0.59$$

$$\eta^2 = \frac{QS_{\text{A}\times\text{B}}}{QS_{\text{tot}}} = \frac{252.20}{30990.80} = 0.008$$

Die Messwiederholung erklärt also 59 Prozent der gesamten Variation in den Neurotizismus-Selbsteinschätzungen. Der zweite Haupteffekt, das Geschlecht, erklärt deutlich weniger, nämlich nur zwei Prozent. Bei der Wechselwirkung ist es weniger als ein Prozent. Zusammengenommen erklären die systematischen Effekte damit ungefähr 62 Prozent der Unterschiede in den Neurotizismus-Selbsteinschätzungen.

Welche Effektstärke man nun nimmt, muss anhand der Fragestellung entschieden werden. Dabei muss der Kontext genau angegeben werden, das heißt, wie viel Prozent wovon erklärt werden. In SPSS wird wie immer das partial eta^2 angegeben, wie wir es berechnet haben. Wir empfehlen zumindest bei den Effekten, die sich auf die Veränderung beziehen, im Nenner auch die gesamte Variation innerhalb der Versuchspersonen zu verwenden.

Nachdem wir für unsere Effekte nun die Signifikanz und die Effektgröße kennen, wenden wir uns der Teststärke und der Stichprobenplanung zu.

6.7.3 Teststärke und Stichprobenplanung bei der zweifaktoriellen Varianzanalyse (gemischtes Design)

Wie bei den anderen Varianzanalysen lässt sich die Teststärke in SPSS ermitteln. Allerdings gilt hier ebenso wie bei der einfaktoriellen Varianzanalyse mit Messwiederholung, dass SPSS eine andere Berechnung zur Bestimmung der Teststärke nutzt, wodurch diese meist geringer ausfällt. Daher wollen wir an dieser Stelle kurz zeigen, wie die Berechnung mit G*Power funktioniert. In G*Power müssen wir die mittlere Korrelation zwischen den Messzeitpunkten zur Teststärkeberechnung verwenden.

Wir haben bei der zweifaktoriellen Varianzanalyse mit Messwiederholung (gemischtes Design) einen Effekt, der Unterschiede zwischen den Personen behandelt (Haupteffekt Gruppe), einen Effekt, der Unterschiede innerhalb der Personen behandelt (Haupteffekt Messwiederholung) und die Wechselwirkung. Für jeden dieser Effekte gibt es in G*Power eine eigene Einstellung. Wir beginnen mit dem Gruppenfaktor.

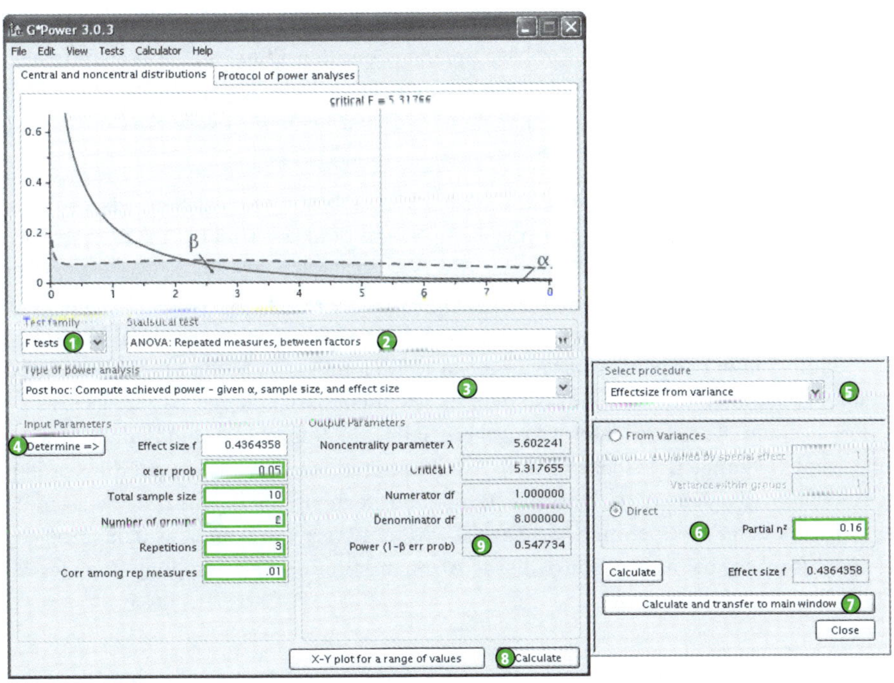

Abbildung 6.111: G*Power-Einstellungen für die Berechnung der Teststärke des Gruppenfaktors

In ▶*Abbildung 6.111* sehen wir die notwendigen Einstellungen und Schritte. Zunächst wählen wir bei TEST FAMILY die F TESTS ①, bei STATISTICAL TEST wählen wir ANOVA: REPEATED MEASURES, BETWEEN FACTORS ②, und bei TYPE OF POWER ANALYSIS wird POST HOC: COMPUTE ACHIEVED POWER – GIVEN α, SAMPLE SIZE, AND EFFECT SIZE ③ ausgewählt. Nun müssen wir die Effektstärke angeben. Dazu klicken wir auf DETERMINE => ④ und das rechte Fenster öffnet sich. Hier treffen wir zunächst für die SELECT PROCEDURE die Auswahl EFFECTSIZE FROM VARIANCE ⑤ und geben dann bei DIRECT das partielle eta^2 (hier 0.16) ein ⑥. Anschließend klicken wir auf CALCULATE AND TRANSFER TO MAIN WINDOW ⑦. Hier erscheint die Effektstärke nun bei EFFECT SIZE F. Jetzt geben wir noch die entsprechenden Kennwerte bei α ERR PROB ($\alpha = 0.05$), TOTAL SAMPLE SIZE ($n = 10$), NUMBER OF GROUPS (Anzahl der Gruppen = 2), REPETITIONS (Anzahl der Wiederholungen = 3) sowie bei CORR AMONG REP MEASURES (Korrelation zwischen den Messzeitpunkten: $r_{12} = -0.14$, $r_{13} = 0.21$, $r_{23} = -0.04$, durchschnittliches $r = 0.01$)[6] ein. Die Berechnung der einzelnen Korrelationen ist hier nicht dargestellt (siehe *Kapitel 7*). Die Analyse wird durch Klicken auf CALCULATE ⑧ gestartet. Als Ergebnis sehen wir eine Teststärke von $1-\beta = 0.55$ ⑨. In SPSS wird hingegen eine Teststärke von 0.19 angegeben. In R gibt es ebenfalls keinen einfachen Weg, um die korrekte Teststärke zu schätzen. Vielmehr müsste ein eigener recht aufwändiger Code geschrieben werden. Daher verzichten wir hier darauf und verweisen auf G*Power.

Für den Gruppeneffekt wissen wir nun, dass er zwar eine große Effektstärke hat, aber nicht signifikant ist. Darüber hinaus ist die Wahrscheinlichkeit für eine Prüfgröße, die größer oder gleich der kritischen Prüfgröße ist, wenn die empirische Prüfgröße als Erwartungswert der Alternativhypothesenverteilung angenommen wird, 55 Prozent. Das heißt, die Teststärke ist nicht ausreichend hoch. Haben wir Vertrauen in die Größe des Effekts und glauben, dass er in dieser Größe in der Population vorliegt, dann müssen wir in der nächsten Untersuchung eine größere Stichprobe einplanen, um den Effekt statistisch optimal mit einem ausreichend geringen Fehler 1. Art und ausreichend hoher Teststärke abzusichern. Dazu kommen wir gleich. Zunächst berechnen wir aber noch die Teststärke für die beiden anderen Effekte.

Um die Teststärke des Messwiederholungseffekts zu bestimmen, gehen wir prinzipiell genauso vor. Allerdings wählen wir hier beim STATISTICAL TEST nicht ANOVA: REPEATED MEASURES, BETWEEN FACTORS ② sondern ANOVA: REPEATED MEASURES, WITHIN FACTORS. Das weitere Vorgehen ist identisch bis auf zwei kleine Unterschiede. Der erste Unterschied besteht darin, dass wir als partial eta^2 den Wert 0.69 angeben. Bitte beachten Sie, dass an dieser Stelle immer das partial eta^2 angegeben werden muss, nicht die Effektstärke mit der gesamten Quadratsumme (eta^2) im Nenner. Es ist zudem möglich, bei NONSPHERICITY CORRECTION ε einen Korrekturfaktor anzugeben, falls die Sphärizitätsannahme verletzt ist (siehe Voraussetzungen, *Abschnitt 6.7.4*). An dieser Stelle verzichten wir auf die Korrektur. Die Teststärke, die sich ergibt, beträgt 1. Es sei hier noch einmal darauf hingewiesen, dass dies ein gerundeter Wert ist. In SPSS bzw. R wird ein Wert von 0.99 bzw. 0.98 angegeben. Das bedeutet, dass bei einem Effekt dieses Ausmaßes die Berücksichtigung der Messzeit-

---

6 Dieses Vorgehen ist nicht ganz korrekt. Eigentlich dürfen Korrelationen nicht ohne Weiteres gemittelt werden. Zuvor müssen sie Fisher-z-transfomiert werden (siehe *Kapitel 7*).

punktinterkorrelation, die nur in G*Power vorgenommen wird, kaum eine Rolle spielt. Die Teststärke ist somit ausreichend hoch.

Es bleibt der Wechselwirkungseffekt übrig. Die Einstellungen sind wie bereits beschrieben. Hier muss bei STATISTICAL TEST die Auswahl ANOVA: REPEATED MEASURES, WITHIN-BETWEEN INTERACTION getroffen werden. Das weitere Vorgehen ist wiederum gleich. Als Effektstärke geben wir das partielle eta^2 von 0.03 an. Es ergibt sich eine Teststärke von 0.11 (bei SPSS 0.08 und in R 0.09). Hier ist also die Teststärke nicht ausreichend. Auch hier müssen wir mit einer größeren Stichprobe planen, wenn wir an einen solchen Effekt in der Population glauben und ihn in einer weiteren Untersuchung statistisch optimal absichern wollen. Daher wenden wir uns nun der Stichprobenplanung zu.

Bei der Stichprobenplanung sind die Grundeinstellungen identisch zu den gerade beschriebenen mit einer Ausnahme: In der Rubrik TYPE OF POWER ANALYSIS wählen wir jetzt die Option A PRIORI: COMPUTE REQUIRED SAMPLE SIZE – GIVEN α, POWER, AND EFFECT SIZE. Zusätzlich zu den übrigen Einstellungen müssen wir hier also auch die gewünschte Teststärke bei POWER ($1-\beta$ ERR PROB) angeben. Wir wählen eine Teststärke von 80 Prozent aus. Für den Haupteffekt Geschlecht ($\eta^2 = 0.16$) müsste die Stichprobe insgesamt $n = 12$ Personen umfassen. Bei der Wechselwirkung ($\eta^2 = 0.03$) ergibt sich eine Stichprobengröße von $n = 106$ Personen.

Bei den Berechnungen mit dem gesamten Datensatz werden wir sehen, ob sich die Effekte auch in der größeren Stichprobe zeigen. Ein nicht zu vernachlässigender Aspekt an dieser Stelle ist die mittlere Korrelation zwischen den Messzeitpunkten. Sollte diese in der großen Stichprobe kleiner ausfallen, hat das auch eine Auswirkung auf die Teststärke. Diese würde sich reduzieren und wir würden wiederum mehr Personen in unserem Design benötigen. Daher ist es ratsam, direkt mehr Personen zu erheben, wenn bei der Stichprobenplanung eine sehr geringe Korrelation angenommen wurde oder mit einem geringeren Effekt (Mindesteffekt) zu rechnen ist.

Nachdem wir nun ausführlich auf die Berechnung von Signifikanz, Effektstärke und Teststärke eingegangen sind, wenden wir uns den notwendigen Voraussetzungen für diese Berechnungen zu.

6.7.4 Voraussetzungen

Die Liste der Voraussetzungen für die zweifaktorielle Varianzanalyse mit Messwiederholung (gemischtes Design) kombiniert die Voraussetzungen der Varianzanalyse ohne Messwiederholung mit denen der Varianzanalyse mit Messwiederholung. Es ergibt sich folgende Liste:

- Normalverteilung von kontinuierlichen Messwerten in allen Teilstichproben
- Unkorreliertheit der Messfehler
- Homogenität der Gruppenvarianzen
- Homogenität der Varianzen und Kovarianzen der Messwiederholungen (Sphärizität)
- Balanciertheit des Designs

Kontinuierliche Variable und Normalverteilung. Es muss eine kontinuierliche, normalverteilte abhängige Variable vorliegen. Die Normalverteilungsannahme, die sich auf die Grundgesamtheiten bezieht, lässt sich deskriptiv per Inspektion des Histogramms prüfen (siehe *Kapitel 2*).

Bei der Inspektion des Histogramms muss jede Zelle als „einzelne Stichprobe" angesehen werden. Das heißt, in unserem Beispiel sollten die Neurotizismuswerte in allen sechs Stichproben aus der Kombinationen von Geschlecht und Messzeitpunkt deskriptiv normalverteilt sein. Es gilt auch hier, dass das Verfahren relativ robust gegenüber einer Verletzung der Normalverteilungsannahme ist, wenn die Gruppen gleich groß sind.

Homogenität. Die Voraussetzung der Homogenität der Gruppenvarianzen in den Grundgesamtheiten kennen wir aus der ein- und zweifaktoriellen Varianzanalyse ohne Messwiederholung. Zur Überprüfung kann ein Levene-Test oder ein ähnliches Verfahren eingesetzt werden. Dieser prüft die Gruppenvarianzen getrennt für die Messzeitpunkte auf Gleichheit.

Sphärizität. Die Sphärizitätsannahme (homogene Varianzen und Kovarianzen in der Population) kennen wir aus der Varianzanalyse mit Messwiederholung. Die Idee ist, dass nicht nur die Varianzen der Messzeitpunkte gleich sein sollen, sondern auch die Zusammenhänge in Form der Kovarianzen zwischen den Messungen der abhängigen Variablen zu den verschiedenen Messzeitpunkten. Diese sogenannte Sphärizitätsannahme wird mit dem Mauchly-Test geprüft. Allerdings haben wir bereits darauf hingewiesen, dass dieser Test dann nicht gut funktioniert, wenn eine Verletzung der Sphärizitätsannahme in der Grundgesamtheit vorliegt. Daher empfiehlt sich eigentlich immer eine der angebotenen Korrekturen, zum Beispiel die Greenhouse-Geisser-Korrektur.

Balanciertheit des Designs. Da wir auch hier wieder eine Messwiederholung haben, gilt dasselbe wie bereits bei der einfaktoriellen Varianzanalyse mit Messwiederholung. Für jede Person muss ein Messwert für jeden Messzeitpunkt vorliegen. Das Design muss also balanciert sein. Personen mit fehlenden Messwerten werden nicht berücksichtigt.

Im nächsten Abschnitt gehen wir nun der Frage nach, wie die Berechnungen in SPSS bzw. R funktionieren und ob sich die Ergebnisse aus dem kleinen Datensatz auch mithilfe des großen Datensatzes replizieren lassen.

6.7.5 Beispiel mit SPSS und R

Wir nutzen hier den Datensatz `Gemischtes Design.sav`. Der Datensatz enthält $n = 339$ Personen. Die Variablen sind dieselben wie bisher in diesem Kapitel. Wir haben nun zwei Gruppen (Männer und Frauen), die an drei Messzeitpunkten (Ehrlich, Fake Good und Primed) eine Selbsteinschätzung bezüglich Neurotizismus abgegeben haben. Die Hypothesen sind dieselben wie zu Beginn des Abschnitts aufgeführt.

Um die zweifaktorielle Varianzanalyse mit Messwiederholung (*gemischtes Design*) aus dem Menü auszuwählen, gehen wir auf ANALYSIEREN → ALLGEMEINES LINEARES MODELL → MESSWIEDERHOLUNG. Es öffnet sich ein Fenster, in dem wir zunächst den Messwiederholungsfaktor definieren müssen, wie wir es bereits aus der einfaktoriellen ANOVA mit Messwiederholung kennen.

In diesem Fenster geben wir einen Namen für den Messwiederholungsfaktor ein (NAME DES INNERSUBJEKTFAKTORS). Wir wählen hier den Begriff *Messzeitpunkt*. Dann müssen wir die ANZAHL DER STUFEN eintragen (3). Diese Kombination muss nun durch Klicken auf HINZUFÜGEN festgelegt werden. Danach fahren wir mit der Analyse durch Klicken auf die Schaltfläche DEFINIEREN fort.

Es öffnet sich nun wieder ein Fenster. Hier nehmen wir alle weiteren Einstellungen vor, wie in ▶*Abbildung 6.112* gezeigt. Zunächst müssen wir den drei Messzeitpunkten Variablen zuordnen (INNERSUBJEKTVARIABLEN) ❶. Dazu markieren wir die Variablen (Ehrlich, Fake_Good, Primed) im linken Feld und weisen sie durch Klicken auf den entsprechenden Pfeil ❷ zu. Nun müssen wir den Gruppenfaktor (ZWISCHENSUBJEKTFAKTOR) festlegen ❸. Wir markieren die Variable *Geschlecht* und klicken erneut auf den entsprechenden Pfeil ❹. Unter der Rubrik DIAGRAMME... können wir die Interaktionsdiagramme definieren. Dazu wählen wir einmal *Messzeitpunkt* als Markiervariable auf der HORIZONTALEN ACHSE und *geschlecht* als SEPARATE LINIEN ❺ und definieren diese Kombination durch Klicken auf die Schaltfläche HINZUFÜGEN ❻. Dasselbe machen wir dann für die entsprechende andere Kombination *Messzeitpunkt*geschlecht*. Danach schließen wir das Fenster durch Klicken auf WEITER ❼. Unter der Rubrik OPTIONEN... nehmen wir die Einstellungen vor, die in der rechten unteren Grafik grün umrandet sind und schließen dann das Fenster durch Klicken auf die Schaltfläche WEITER ❽. Nun können wir die Analyse starten, indem wir OK ❾ wählen.

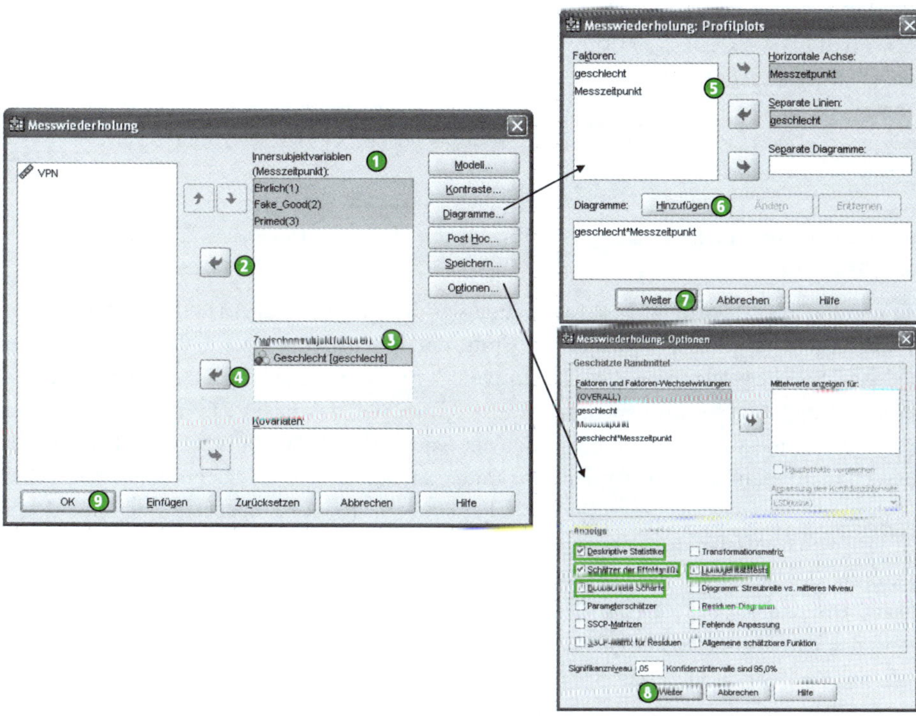

Abbildung 6.112: Einstellungen bei der zweifaktoriellen ANOVA mit Messwiederholung (gemischtes Design)

Der Code, den wir in R benutzen, ähnelt stark dem Code, den wir bereits bei der zweifaktoriellen ANOVA erläutert haben. Dies liegt vor allem daran, dass wir den Datensatz wieder ins *long*-Format kippen, wie bei der einfaktoriellen ANOVA gesehen. Da dieser Code bereits ausführlich erläutert wurde, führen wir ihn hier nur kurz auf:

```
library(reshape2)
gd.long <-  melt(gd,
             id.vars=c("VP","geschlecht"),
             measure.vars=c("Ehrlich", "Fake_Good", "Primed"),
             variable.name="Messzeitpunkt",
             value.name="Neurotizismus")
```

Wir nutzen also den melt-Befehl aus dem Paket reshape2 und bestimmen die Variablen, die zwischen den Personen variieren (id.vars) und diejenigen, die innerhalb der Personen variieren (measure.vars). Schließlich geben wir die Variable an, die die Messwerte beinhalten soll (value.name) und die Variable, in der die Messwiederholungsstufen erscheinen (variable.name).

Bei der zweifaktoriellen ANOVA hatten wir zur Bestimmung der deskriptiven Statistiken einen relativ ausführlichen Weg gewählt, um die SPSS-Ausgabe zu imitieren. Bereits dort hatten wir auf eine Alternative hingewiesen, die wir nun darstellen. Der entsprechende Code ist wesentlich kürzer, der Output enthält dafür wesentlich mehr deskriptive Statistiken. Wir nutzen dazu das Paket reshape und den Befehl cast sowie das Paket psych.

```
levels(gd.long$Messzeitpunkt)
table(gd$geschlecht)
library(reshape)
desc_gd1 <- cast(gd.long, geschlecht~Messzeitpunkt, value="Neurotizismus",
   fun.aggregate=describe)
desc_gd1
desc_gd2 <- describeBy(gd.long$Neurotizismus, group=gd.long$Messzeitpunkt)
desc_gd2
```

Mit den Befehlen **levels** und **table** erhalten wir die Angaben zur Anzahl der Messwiederholungsstufen sowie der Fallzahl pro Stufe der unabhängigen Variable *Geschlecht*. Im nächsten Schritt wollen wir die deskriptiven Statistiken für jede Kombination aus *Messzeitpunkt* und *Geschlecht* berechnen. Dazu öffnen wir das Paket reshape und legen ein neues Objekt (desc_gd1) an. In dieses Objekt legen wir das Ergebnis des Befehls **cast** ab. Dieser Befehl kann genutzt werden, um Daten zu aggregieren. Zunächst muss angegeben werden, in welchem Datensatz die Variablen sind (gd.long). Im nächsten Argument legen wir fest, wie die Daten zusammengefasst werden sollen. Hier legen wir fest, dass über die Faktoren *Geschlecht* und *Messzeitpunkt* aggregiert werden soll (geschlecht~Messzeitpunkt). Optional ist das nächste Argument, in dem wir festlegen, welche Werte aggregiert werden sollen (value=). Hier geben wir den Namen der abhängigen Variablen, *Neurotizismus*, an. Schließlich folgt das Argument fun.aggregate. Hier kann eine Funktion angegeben werden, die zur Aggregation genutzt wird. So ließe sich hier mean eintragen, um den Mittelwert der Faktorstufenkombinationen zu bestimmen. Wir geben jedoch den Befehl describe aus dem Paket psych (muss vorher geöffnet werden) an, und erhalten so für jede Faktorstufenkombination die gesamte Ergebnispalette an deskriptiven Statistiken, die dieser Befehl zur Verfügung stellt (siehe *Kapitel 2*). Es kann sein, dass an dieser Stelle eine Fehlermeldung erscheint. In diesem Fall sollten die Pakete lastat und Hmisc vorab geschlossen werden. Schließlich nutzen wir den describeBy-Befehl aus dem Paket psych, um für jede Stufe des Messwiederholungsfaktors die deskriptiven Statistiken ausgeben zu lassen. Das Ergebnis legen wir in das Objekt gd_desc2. Dasselbe ließe sich nun auch für die Variable *Geschlecht* vollziehen, wird hier aber nicht dargestellt.

Der Code für den Levene-Test bzw. den Brown-Forsythe-Test zur Überprüfung der Varianzhomogenität der Stufen des Zwischensubjektfaktors *Geschlecht* entspricht dem Code, den wir in der zweifaktoriellen ANOVA erläutert haben:

```
library(lawstat)
Levene2a <- levene.test(gd$Ehrlich, gd$geschlecht, location="mean")
Levene2b <- levene.test(gd$Fake_Good, gd$geschlecht, location ="mean")
Levene2c <- leveneTest(gd$Primed, gd$geschlecht, center ="mean")
Forsythe2a <- leveneTest(gd$Ehrlich, gd$geschlecht, center ="median")
Forsythe2b <- leveneTest(gd$Fake_Good, gd$geschlecht, center ="median")
Forsythe2c <- leveneTest(gd$Primed, gd$geschlecht, center ="median")
lev <- rbind(Levene2a, Levene2b, Levene2c)
fors <- rbind(Forsythe2a, Forsythe2b, Forsythe2c)
rbind(lev, fors)
```

Wir öffnen also das Paket lawstat und legen pro Stufe des Messwiederholungsfaktors ein Ergebnisobjekt an. Die unabhängige Variable hier ist *Geschlecht*. Allerdings müssen wir die Testverfahren für jede Stufe der Messwiederholungsvariablen durchführen. Alle weiteren Angaben sind wie gewohnt. Anzumerken ist hier, dass zur Berechnung der Datensatz im *wide*-Format genutzt wird. Neu sind die letzten drei Befehlszeilen, in denen wir die sechs Ausgaben zu einer Gesamtübersicht zusammenfassen mittels des Befehls **rbind** (row bind).

Die eigentliche Analyse nutzt wieder das Paket afex und beinhaltet auch den Mauchly-Test. Der Code setzt sich nun zusammen aus den bei der zweifaktoriellen ANOVA und der einfaktoriellen ANOVA mit Messwiederholung bereits erläuterten Elementen:

```
out7 <- aov_car(Neurotizismus~geschlecht+Error(VP/Messzeitpunkt), data=gd.long,
   return="univariate")
out8a <- anova(out7b, es="pes", intercept=T, correction = ("none"))
out8b <- anova(out7b, es="pes", intercept=T, correction = ("GG"))
out8c <- anova(out7b, es="pes", intercept=T, correction = ("HF"))
out7a
out8 <- as.data.frame(rbind(out8a, out8b, out8c))
out8 <- out8[-c(1,5,8),]
out8 <- out8[c(2:7,1),]
row.names(out8) <-
c("Messzeitpunkt (Sphärizität angenommen)", "geschlecht:Messzeitpunkt (Sphärizität
   angenommen)", "Messzeitpunkt (Greenhouse Geisser)", "geschlecht:Messzeitpunkt
   (Greenhouse Geisser)", "Messzeitpunkt (Huynh-Feldt)", "geschlecht:Messzeitpunkt
   (Huynh-Feldt)", "geschlecht (Gruppeneffekt)")
out8
```

Wir legen also zunächst das Objekt out7a an und verankern darin das Ergebnis des Befehls aov_car. Die Angaben in Klammern dahinter sind bereits bekannt. Neu ist nun in der Modellgleichung, dass es eine unabhängige Variable gibt, die zwischen den Personen variiert (geschlecht) und eine, die innerhalb der Personen variiert (Messzeitpunkt). Beide tauchen in der Modellgleichung auf. Die Wechselwirkung aus beiden wird automatisch berechnet, ebenso wie der Mauchly-Test. Die weiteren Objekte (out8a bis out8c) erzeugen jeweils eine Ausgabe, die eine Effektstärke enthält und zudem Korrekturen für mögliche Verletzung der Sphärizität, wie wir es bereits bei der einfaktoriellen ANOVA mit Messwiederholung gesehen haben. Diese drei Objekte binden wir schließlich zum Objekt out8 mittels des rbind-Befehls zu einem Objekt, welches wir als Datensatz formatieren (as.data.frame). Aus diesem neuen Objekt entfernen wir im nächsten Schritt die Zeilen 1, 5, und 8. Danach sortieren wir die Spalten um. Mit dem Befehl row.names geben wir den einzelnen Zeilen nun neue Namen, die unmittelbar einen Rückschluss auf den dargestellten Effekt, inklusive Korrektur zulassen. Schließlich rufen wir das so erzeugte und formatierte Objekt out8 auf.

Um die Teststärken zu schätzen, nutzen wir wieder das Paket pwr und den Befehl pwr.f2.test, wie wir es bereits bei der einfaktoriellen ANOVA mit Messwiederholung gesehen haben. Die Angaben in den folgenden Befehlen haben wir bereits mehrfach erläutert. Die Zahlen stammen aus den Ergebnissen der Analysen, die weiter unten berichtet werden, und sind in der Reihenfolge Teststärke für den Effekt *Geschlecht*, den Effekt *Messzeitpunkt* und die Wechselwirkung angeordnet:

```
pwr.f2.test(u=1, v=337, sig.level=.05, f2=.07/(1-.07))
pwr.f2.test(u=2, v=674, sig.level=.05, f2=.45/(1-.45))
pwr.f2.test(u=2, v=674, sig.level=.05, f2=.01/(1-.01))
```

Schließlich wollen wir noch die Interaktionsdiagramme anschauen. Dabei nutzen wir denselben Code wie bei der zweifaktoriellen ANOVA:

```
abb6.126a <- ggplot(gd.long, aes(geschlecht, Neurotizismus, shape=Messzeitpunkt,
colour=Messzeitpunkt))
abb6.126a+stat_summary(fun.y=mean, geom="point", size=3, position=positi-
on_dodge(width=.2))+
  stat_summary(fun.y=mean, geom="line", aes(group=Messzeitpunkt), position=
     position_dodge(width=.2))+
  stat_summary(fun.data=mean_cl_normal, geom="errorbar", width=.1, size=.25,
     position=position_dodge(width=.2))+
  labs(x="Geschlecht",y="Neurotizismus", colour="Messzeitpunkt")+
  scale_color_manual(values=c("black", "darkgreen", "darkblue"))+
  theme_bw(base_size = 18, base_family="Times New Roman")+
  theme(legend.position="top")+
  scale_shape_discrete(name="Messzeitpunkt")

abb6.126b <- ggplot(gd.long, aes(Messzeitpunkt, Neurotizismus, shape=geschlecht,
colour=geschlecht))
abb6.126b+stat_summary(fun.y=mean, geom="point", size=3, position=
   position_dodge(width=.2))+
  stat_summary(fun.y=mean, geom="line", aes(group=geschlecht), position=
   position_dodge(width=.2))+
  stat_summary(fun.data=mean_cl_normal, geom="errorbar", width=.1, size=.25,
   position=position_dodge(width=.2))+
  labs(x="Messzeitpunkt",y="Neurotizismus", colour="Geschlecht")+
  scale_color_manual(values=c("black", "darkgreen"))+
  theme_bw(base_size = 18, base_family="Times New Roman")+
```

```
theme(legend.position="top")+
scale_shape_discrete(name="Geschlecht")
```

In der SPSS-Ausgabe finden sich nun wieder zahlreiche Tabellen. Wir beschränken uns auf die Darstellung der hier relevanten Tabellen und erläutern diese sowie die entsprechenden R-Ausgaben. Die ersten drei Tabellen dienen der Stichprobenbeschreibung und sind in ▶*Abbildung 6.113* abgebildet.

SPSS-Ausgabe

Innersubjektfaktoren

Maß:MASS_1

Messzeitpunkt	Abhängige Variable
1	Ehrlich
2	Fake_Good
3	Primed

Zwischensubjektfaktoren

		Wertelabel	N
Geschlecht	1	männlich	69
	2	weiblich	270

Deskriptive Statistiken

	Geschlecht	Mittelwert	Standardabweichung	N
Ehrlich	männlich	80,62	21,03	69
	weiblich	96,83	24,16	270
	Gesamt	93,53	24,42	339
Fake_Good	männlich	63,00	23,21	69
	weiblich	73,38	30,69	270
	Gesamt	71,27	29,59	339
Primed	männlich	118,65	17,55	69
	weiblich	122,36	19,35	270
	Gesamt	121,61	19,03	339

R-Ausgabe

```
> levels(gd.long$Messzeitpunkt)
[1] "Ehrlich"   "Fake_Good" "Primed"
> table(gd$geschlecht)

männlich weiblich
      69      270
> desc_gd1
  geschlecht Ehrlich_vars Ehrlich_n Ehrlich_mean Ehrlich_sd Ehrlich_median Ehrlich_trimmed Ehrlich_mad Ehrlich_min Ehrlich_max Ehrlich_range Ehrlich_skew
1   männlich            1        69     [illegible]  [illegible]          81        80.08772     19.2738          30         116           116  0.329563050
2   weiblich            1       270     96.82593   24.15831          [illegible]  [illegible]     25.2042          28         156           128  0.003605785
  Ehrlich_kurtosis Ehrlich_se Fake_Good_vars Fake_Good_n Fake_Good_mean Fake_Good_sd Fake_Good_median Fake_Good_trimmed Fake_Good_mad Fake_Good_min Fake_Good_max
1        0.5173562   2.531145              1          69       63.00000     23.20940               65          62.59649       26.6868            19           119
2       -0.2653164   1.470228              1         270       73.37815     30.69388               68          72.09259       29.6520             9           155
  Fake_Good_range Fake_Good_skew Fake_Good_kurtosis Fake_Good_se Primed_vars Primed_n Primed_mean Primed_sd Primed_median Primed_trimmed Primed_mad Primed_min
1             100      0.1501073         -0.4382585     2.794084           1       69    118.6492  17.55212      116.6003       118.8565   18.00271   76.07309
2             146      0.3736967         -0.6069136     1.867970           1      270    122.3618  19.35346      123.5232       122.7801   [illegible]  [illegible]
  Primed_max Primed_range Primed_skew Primed_kurtosis Primed_se
1   162.9206     86.84751 -0.04207808     [illegible]  [illegible]
2   [illegible]  [illegible] 0.10050773   -0.17649600   1.177814
> desc_gd2
group: Ehrlich
  vars   n  mean    sd median trimmed  mad min max range skew kurtosis   se
1    1 339 93.53 24.47     91 [illegible] [illegible] 28 156   128  0.1    -0.26 1.33
-------------------------------------------------------------------------------
group: Fake_Good
  vars   n  mean    sd median trimmed  mad min max range skew kurtosis   se
1    1 339 71.27 29.59     66 [illegible] [illegible] 9 155   146 0.42    -0.43 1.61
-------------------------------------------------------------------------------
group: Primed
  vars   n   mean    sd median trimmed   mad   min    max  range  skew kurtosis   se
1    1 339 121.61 19.03 [illegible] [illegible] [illegible] 65.46 181.27 115.81 -0.15    -0.16 1.03
```

Abbildung 6.113: SPSS- und R-Ausgabe – Stichprobenbeschreibung

In der oberen Tabelle „Innersubjektfaktoren" ist noch einmal aufgeführt, wie viele Stufen der Messwiederholungsfaktor (Messzeitpunkt) hat. Außerdem finden wir für jede Stufe den zuvor eingegebenen Namen wieder (1). Die mittlere Tabelle trägt den Namen „Zwischensubjektfaktoren". Jede Zeile der Tabelle stellt eine Stufe des Gruppenfaktors dar. Zusätzlich ist der Name angegeben (männlich und weiblich), den wir in SPSS bei den Wertelabels eingetragen haben.

In R haben wir den Datensatz mit dem Befehl `read.spss` eingelesen und dabei das Argument `use.value.labels=T` spezifiziert. Dadurch wird die Variable automatisch als Faktor gelesen und die Label als Werte der Variablen eingetragen. In der letzten Spalte der SPSS-Tabelle sehen wir dann die Anzahl der Personen in jeder Bedingung ②. In unserem Datensatz sind es deutlich mehr Frauen als Männer. In der dritten Tabelle „Deskriptive Statistiken" finden wir für jede Zelle Mittelwert ⑤, Standardabweichung ⑥ und Anzahl der Versuchspersonen ⑦. Die Zellen ergeben sich aus der Kombination der Messzeitpunktbedingungen ③ und der Gruppenfaktorstufen ④. Zusätzlich finden wir jeweils in der Zeile *Gesamt* die deskriptiven Statistiken eines jeden Messzeitpunkts. In der erzeugten R-Ausgabe finden wir neben diesen deskriptiven Statistiken noch eine ganze Reihe weiterer Statistiken, die in *Kapitel 2* erläutert wurden.

Die nächsten beiden SPSS-Tabellen („Box-M-Test auf Gleichheit der Kovarianzmatrizen" und „Multivariate Tests") sind für uns nicht wichtig. Die darauf folgende Tabelle mit dem Titel „Mauchly-Test auf Sphärizität" prüft die Voraussetzung homogener Messzeitpunktvarianzen und Kovarianzen (siehe ▶*Abbildung 6.114*).

SPSS-Ausgabe

Mauchly-Test auf Sphärizität[b]

Maß:MASS_1

Innersubjekteffekt	① Mauchly-W	② Approximiertes Chi-Quadrat	③ df	④ Signifikanz	Epsilon[a]		
					Greenhouse-Geisser ⑤	⑥ Huynh-Feldt	Untergrenze
Messzeitpunkt	,785	81,524	2	,000	,823	,829	,500

Prüft die Nullhypothese, daß sich die Fehlerkovarianz-Matrix der orthonormalisierten transformierten abhängigen Variablen proportional zur Einheitsmatrix verhält.

a. Kann zum Korrigieren der Freiheitsgrade für die gemittelten Signifikanztests verwendet werden. In der Tabelle mit den Tests der Effekte innerhalb der Subjekte werden korrigierte Tests angezeigt.

b. Design: Konstanter Term + geschlecht
Innersubjektdesign: Messzeitpunkt

R-Ausgabe

```
Mauchly Tests for Sphericity
                                  ①           ④
                            Test statistic   p-value
Messzeitpunkt                      0.78456 1.9824e-18
geschlecht:Messzeitpunkt           0.78456 1.9824e-18

Greenhouse-Geisser and Huynh-Feldt Corrections
 for Departure from Sphericity
                            ⑤       ⑥
                            GG eps Pr(>F[GG])
Messzeitpunkt              0.82275    < 2e-16 ***
geschlecht:Messzeitpunkt 0.82275    0.02935 *
```

Abbildung 6.114: SPSS- und R-Ausgabe Mauchly-Test auf Sphärizität

Die Abbildung zeigt sowohl in SPSS als auch in der R-Ausgabe die Prüfgröße Mauchly-W ①, den dazugehörigen χ^2-Wert ② (nur in SPSS), die Freiheitsgrade (nur in SPSS) ③ und die Überschreitungswahrscheinlichkeit ④. Da diese kleiner als fünf Prozent ausfällt, muss die Annahme homogener Varianzen und Kovarianzen verworfen werden. Es bieten sich nun Korrekturen der Freiheitsgrade bei den Tests des Messwiederholungseffekts und der Wechselwirkung an. Dazu müssen wie bereits beschrieben die Freiheitsgrade mit einem Korrekturfaktor ε multipliziert werden. Zur Auswahl stehen die Korrekturfaktoren nach Greenhouse-Geisser ⑤ und Huynh-Feldt ⑥. Hier sehen wir noch einmal, dass die Korrektur nach Greenhouse-Geisser strenger ist, da der Korrekturfaktor kleiner ausfällt, die Freiheitsgrade also stärker reduziert werden.

Kommen wir nun zu den Ergebnissen des Signifikanztests für die Effekte innerhalb der Personen. Diese finden sich in der SPSS-Tabelle „Tests der Innersubjekteffekte“ bzw. den erstellten R-Objekten (siehe ▶*Abbildung 6.115*).

SPSS-Ausgabe

Tests der Innersubjekteffekte

Maß:MASS_1

Quelle		Quadratsumme vom Typ III	df	Mittel der Quadrate	F	Signifikanz	Partielles Eta-Quadrat	Nichtzentralitäts-Parameter	Beobachtete Schärfe[a]
Messzeitpunkt	Sphärizität angenommen	305461,66	2,00	152730,83	274,09	,000	,449	548,171	1,000
	Greenhouse-Geisser	305461,66	1,65	185635,15	274,09	,000	,449	451,006	1,000
	Huynh-Feldt	305461,66	1,66	184299,67	274,09	,000	,449	454,274	1,000
	Untergrenze	305461,66	1,00	305461,66	274,09	,000	,449	274,085	1,000
Messzeitpunkt * geschlecht	Sphärizität angenommen	4293,15	2,00	2146,58	3,85	,022	,011	7,704	,698
	Greenhouse-Geisser	4293,15	1,65	2609,04	3,85	,029	,011	6,339	,637
	Huynh-Feldt	4293,15	1,66	2590,27	3,85	,029	,011	6,385	,640
	Untergrenze	4293,15	1,00	4293,15	3,85	,051	,011	3,852	,499
Fehler(Messzeitpunkt)	Sphärizität angenommen	375578,54	674,00	557,24					
	Greenhouse-Geisser	375578,54	554,53	677,29					
	Huynh-Feldt	375578,54	558,55	672,42					
	Untergrenze	375578,54	337,00	1114,48					

a. Unter Verwendung von Alpha = ,05 berechnet

R-Ausgabe

```
> out7a

Univariate Type III Repeated-Measures ANOVA Assuming Sphericity

                              SS num Df Error SS den Df         F    Pr(>F)
(Intercept)              5639293      1   223240    337 8512.9923 < 2.2e-16 ***
geschlecht                 16811      1   223240    337   25.3774 7.701e-07 ***
Messzeitpunkt             305462      2   375579    674  274.0854 < 2.2e-16 ***
geschlecht:Messzeitpunkt    4293      2   375579    674    3.8522    0.0217 *

> out8
                                                 num Df   den Df      MSE          F        pes       Pr(>F)
Messzeitpunkt (Sphäizität angenommen)           2.000000 674.0000 557.2382 274.085354 0.44852221 7.851356e-88
geschlecht:Messzeitpunkt (Sphäizität angenommen) 2.000000 674.0000 557.2382   3.852171 0.01130159 2.170265e-02
Messzeitpunkt (Greenhouse Geisser)              1.645495 554.5317 677.2896 274.085354 0.44852221 8.054645e-73
geschlecht:Messzeitpunkt (Greenhouse Geisser)   1.645495 554.5317 677.2896   3.852171 0.01130159 2.935095e-02
Messzeitpunkt (Huynh-Feldt)                     1.652512 556.8964 674.4137 274.085354 0.44852221 4.063196e-73
geschlecht:Messzeitpunkt (Huynh-Feldt)          1.652512 556.8964 674.4137   3.852171 0.01130159 2.917612e-02
geschlecht (Gruppeneffekt)                      1.000000 337.0000 667.4337  25.377377 0.07003025 7.701020e-07

> pwr.f2.test(u=1, v=337, sig.level=.05, f2=.07/(1-.07))

     Multiple regression power calculation

              u = 1
              v = 337
             f2 = 0.07526882
      sig.level = 0.05
          power = 0.9989543

> pwr.f2.test(u=2, v=674, sig.level=.05, f2=.45/(1-.45))

     Multiple regression power calculation

              u = 2
              v = 674
             f2 = 0.8181818
      sig.level = 0.05
          power = 1

> pwr.f2.test(u=2, v=674, sig.level=.05, f2=.01/(1-.01))

     Multiple regression power calculation

              u = 2
              v = 674
             f2 = 0.01010101
      sig.level = 0.05
          power = 0.6424524
```

Abbildung 6.115: SPSS- und R-Ausgabe Ergebnisse der Effekte innerhalb der Personen

EXTRAS ONLINE

Hier finden wir in der linken Spalte der SPSS-Tabelle die Bezeichnung für die Varianzquelle ❶. Hinter *Messzeitpunkt* verbirgt sich der Haupteffekt der Messwiederholung, hinter *Messzeitpunkt*geschlecht* die Wechselwirkung und hinter *Fehler (Messzeitpunkt)* der Fehler. In der R-Ausgabe benötigen wir drei Ausgaben, um alle Informationen, die in SPSS aufgeführt sind, zu erhalten. Es sei aber angemerkt, dass eine davon (out7a) nur benötigt wird, um die Quadratsummen ❸ anzusehen. Wie relevant dies ist, kann jeder selbst entscheiden. Die wohl bedeutendere Ausgabe ist out8. Diese haben wir der Übersicht halber ein wenig angepasst (siehe R Code im Online-Material). In der Ausgabe sind bereits alle Effekte (unkorrigierte und korrigierte für den Messwiederholungsfaktor sowie der Gruppenfaktor) in einer Tabelle zusammengefasst, sodass wir hier neben den Angaben zu den Messwiederholungsfaktoren auch die Angaben für den Gruppenfaktor *Geschlecht* finden. Nun können wir uns sowohl in SPSS als auch in R für eine Zeile entscheiden, je nachdem, ob wir für die Verletzung der Sphärizitätsannahme korrigieren wollen oder nicht. In SPSS sind die verschiedenen Optionen in der Spalte ❷. In der R-Ausgabe haben wir diese Optionen in Klammern hinter dem Effekt aufgeführt ❷. Wir wählen die Greenhouse-Geisser-Korrektur (farbig hinterlegt). Wir finden nun für jede Quelle die Quadratsumme ❸, die Anzahl der Freiheitsgrade (bei Korrektur multipliziert mit ε) ❹ und die mittlere Quadratsumme ❺. Für die systematischen Effekte finden wir außerdem noch den empirischen F-Wert ❻, die Überschreitungswahrscheinlichkeit p ❼, das partielle eta^2 ❽ und die Teststärke ❾. Um Letztere in R zu erhalten, müssen wir zunächst weitere Befehle ausführen. Diese sind in der Abbildung wiedergegeben. Für unser Beispiel sehen wir, dass der Messwiederholungseffekt signifikant ist (Überschreitungwahrscheinlichkeit $p < 0.05$), wenn wir eine Fehlerwahrscheinlichkeit 1. Art von fünf Prozent festlegen (die Interpretation des Effekts *Geschlecht* erfolgt weiter unten). Das Gleiche gilt für die Wechselwirkung *Geschlecht* × *Messzeitpunkt*. Wir müssen also auf jeden Fall die Wechselwirkungsdiagramme betrachten, um zu klären, ob alle Haupteffekte interpretierbar sind. Die A-priori-Stichprobenplanung hatte einen Wert von $n = 106$ Personen ergeben, um die Wechselwirkung mit dem gewünschen Fehler 1. Art und der gewählten Teststärke statistisch abzusichern. Der Effekt, welcher der Stichprobenplanung zugrunde lag, war aber auch größer als das hier auftretende partial eta^2 von 0.01. Da die Stichprobe, mit der wir nun gerechnet haben, größer ist, ist das Ergebnis trotz des kleineren Effekts signifikant. Die Effektstärke für den Messwiederholungsfaktor ist mit partial eta^2 = 0.45 groß. Hier ist auch die erzielte Teststärke zufriedenstellend. Das kann man für die Teststärke der Wechselwirkung nicht behaupten. Diese beläuft sich nur auf $1-\beta = 0.64$. Allerdings wurde hier die mittlere Korrelation zwischen den Messzeitpunkten nicht berücksichtigt. Diese beträgt $r = 0.01$. Mit G*Power ermitteln wir für die Wechselwirkung eine Teststärke von $1-\beta = 0.82$. Dieser Wert ist zufriedenstellend und exakter als die Angaben in SPSS bzw. R.

Aus den hier aufgeführten Angaben lässt sich auch berechnen, wie groß der Anteil des jeweiligen Effekts an der gesamten Variation innerhalb der Personen ist. Die Summe der drei Quadratsummen beträgt $305461.66 + 4293.15 + 375578.54 = 685333.35$. Setzen wir nun jeweils die Quadratsumme der systematischen Effekte zu diesem Wert ins Verhältnis, erhalten wir für den Messwiederholungsfaktor $\eta^2 = 0.45$ und für die Wechselwirkung $\eta^2 = 0.006$. Die Messzeitpunktbedingungen erklären also 45 Prozent der Variation innerhalb der Personen, während die Wechselwirkung lediglich 0.6 Prozent erklärt.

Für die Effekte innerhalb der Personen können wir nun sagen, dass sie beide signifikant sind und mit ausreichender Teststärke gesichert werden konnten. Der Haupteffekt fällt stark, der

Wechselwirkungseffekt jedoch nur gering aus. Auf die Art der Wechselwirkung gehen wir noch einmal ein, wenn wir uns die Wechselwirkungsdiagramme anschauen. Vor der Interpretation des Haupteffekts sollte dies unbedingt getan werden.

In der nächsten SPSS-Tabelle finden wir die Tests der Innersubjektkontraste. Hierauf gehen wir im Abschnitt Trendtests (siehe *Abschnitt 6.8.3*) näher ein. Es schließt sich der Levene-Test auf Gleichheit der Fehlervarianzen an. Hier prüfen wir also die Annahme, dass die Gruppenvarianzen homogen sind (siehe ▶*Abbildung 6.116*).

SPSS-Ausgabe

Levene-Test auf Gleichheit der Fehlervarianzen[a]

(1)	F (2)	df1 (3)	df2	Signifikanz (4)
Ehrlich	3,472	1	337	,063
Fake_Good	10,597	1	337	,001
Primed	1,392	1	337	,239

Prüft die Nullhypothese, daß die Fehlerkovarianz der abhängigen Variablen proportional über die Gruppen hinweg gleich ist.

a. Design: Konstanter Term + geschlecht
Innersubjektdesign: Messzeitpunkt

R-Ausgabe

```
> rbind(lev, fors)
         Df  F value     Pr(>F)  Df   F value     Pr(>F)  Df  F value    Pr(>F)
group     1 3.472347 0.06327234   1 10.597013 0.00124767   1 1.391925 0.2389125
        337       NA         NA 337        NA         NA 337       NA        NA
group1    1 3.384896 0.06667567   1  8.695531 0.00341271   1 1.465496 0.2269060
 1      337       NA         NA 337        NA         NA 337       NA        NA
```

Abbildung 6.116: SPSS- und R-Ausgabe Ergebnis der Levene-Tests

In der SPSS-Tabelle sind zunächst die Messzeitpunkte aufgeführt (1). Im Anschluss finden sich jeweils der empirische *F*-Wert (2), die Freiheitsgrade für Zähler und Nenner (3) sowie die Überschreitungswahrscheinlichkeit (4) für den jeweiligen Levene-Test. Wir sehen, dass bei uns die Annahme gleicher Varianzen in der Grundgesamtheit der Frauen und Männern zum Zeitpunkt 2 (*Fake Good*) verletzt ist. In der R-Ausgabe sind die drei Tests nacheinander aufgeführt. Auch der Brown-Forsythe-Test aus der R-Ausgabe bestätigt die Verletzung der Voraussetzung. Es wäre also denkbar, für die Überprüfung des Haupteffekts *Geschlecht* eine robuste Alternative, wie den Welch-Test durchzuführen. Darauf verzichten wir an dieser Stelle jedoch und verweisen den Leser auf die entsprechende Stelle im Abschnitt einfaktorielle ANOVA ohne Messwiederholung. In der nächsten SPSS-Tabelle finden wir nun den „Test der Zwischensubjekteffekte“ (siehe ▶*Abbildung 6.117*). Die entsprechenden Angaben in R haben wir bereits in der *Abbildung 6.115* gesehen.

Tests der Zwischensubjekteffekte

Maß:MASS_1
Transformierte Variable:Mittel

Quelle (1)	Quadratsumme vom Typ III (2)	df (3)	Mittel der Quadrate (4)	F (5)	Signifikanz (6)	Partielles Eta-Quadrat (7)	Nichtzentralitäts-Parameter	Beobachtete Schärfe[a] (8)
Konstanter Term	5639292,95	1	5639292,95	8512,99	,000	,962	8512,992	1,000
geschlecht	16810,83	1	16810,83	25,38	,000	,070	25,377	,999
Fehler	223240,16	337	662,43					

a. Unter Verwendung von Alpha = ,05 berechnet

Abbildung 6.117: SPSS-Ausgabe Ergebnisse der Tests der Zwischensubjekteffekte

Hier finden wir in der linken Spalte wieder die Bezeichnung für die Varianzquelle ➊. In der Zeile *geschlecht* finden wir die Angaben zum Haupteffekt *Geschlecht* und darunter in der Zeile *Fehler* die Angaben zur Varianz Innerhalb der Gruppen. Daneben ist nun für jede Quelle die Quadratsumme ➋, die Anzahl der Freiheitsgrade ➌ und die geschätzte mittlere Quadratsumme ➍ angegeben. Für den systematischen Effekt finden wir außerdem noch den empirischen F-Wert ➎, die Überschreitungswahrscheinlichkeit p ➏, das partielle eta^2 ➐ und die Teststärke ➑. Wir sehen, dass der Haupteffekt signifikant ist, wenn wir die α-Fehlerwahrscheinlichkeit auf fünf Prozent festlegen. Die Effektstärke ist zwar deutlich geringer als in der kleinen Stichprobe (0.07 vs. 0.16), aber immer noch moderat. Die Teststärke ist sehr hoch. Daher verzichten wir hier auf eine Berechnung mit G*Power, die einen noch höheren Wert ergeben würde. Dies liegt daran, dass trotz des Between-subjects-Designs in G*Power bei diesem Effekt auch die Messzeitpunktkorrelationen berücksichtigt werden. Wir können also sagen, dass es einen signifikanten Unterschied zwischen Männern und Frauen in der Neurotizismus-Selbsteinschätzung gibt, der moderat ausfällt. Ein Blick auf die Mittelwerte zeigt, dass sich Männer als weniger neurotisch einschätzen. Wir müssen jedoch erst noch die Wechselwirkungsdiagramme inspizieren, um sicher zu gehen, dass wir tatsächlich beide Haupteffekte interpretieren dürfen. Diese Diagramme sind in ▶*Abbildung 6.118* dargestellt.

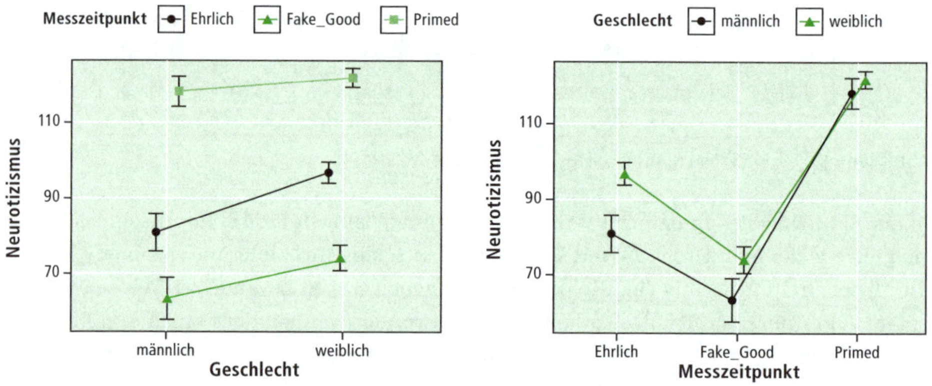

Abbildung 6.118: R-Ausgabe Wechselwirkungsdiagramme

Im linken Diagramm sehen wir, dass die Rangordnung des Haupteffekts *Geschlecht* immer gleich ausfällt, egal welchen Messzeitpunkt wir heranziehen. Männer erzielen immer einen geringeren Wert in der Neurotizismus-Selbsteinschätzung. Wir sehen aber auch, dass der Unterschied in der dritten Bedingung am geringsten ausfällt. Auf der rechten Seite ist das Diagramm für den Haupteffekt der Messwiederholung. Hier sehen wir, dass die kleinsten Werte immer in der Fake-Good-Bedingung erzielt werden, gefolgt von der ehrlichen Bedingung. Die höchsten Werte finden sich unter der Priming-Bedingung. Das heißt, dass auch hier keine Rangplatzvertauschung vorliegt und der Haupteffekt eindeutig interpretiert werden kann. Somit liegt eine ordinale Wechselwirkung vor. Diese besteht darin, dass der Unterschied zwischen den Geschlechtern in der Bedingung *Primed* weniger stark ausfällt als in den anderen beiden Bedingungen. An dieser Stelle ist es wichtig, noch einmal zu betonen, dass die Ergebnisse zum Teil auf simulierten Daten basieren.

Wenn wir an dieser Stelle einen Blick zurückwerfen auf die bisher behandelten Verfahren, dann stellen wir fest, dass am Ende der Analyse häufig die Aussage steht, mindestens zwei der Mittelwerte unterscheiden sich. Es bleibt aber unklar, welche Mittelwerte das sind. Um dies zu klären, sind weitere Analysen notwendig. Dabei wird zwischen A-priori-Kontrasten, Post-hoc-Tests und Trendtests unterschieden. Diese sind im nächsten Unterkapitel dargestellt. Im Prinzip ließe sich zu diesem Thema ein eigenes Kapitel schreiben. Wir möchten uns an dieser Stelle jedoch auf einige wichtige Verfahren beschränken und diese vor allem am Beispiel der ein- und zweifaktoriellen Varianzanalyse erläutern.

6.8 A-priori-Kontraste, Post-hoc-Tests und Trendtests

In dem bereits bei der einfaktoriellen ANOVA verwendeten Beispiel haben wir $n = 119$ Personen auf drei Gruppen (Fake Good, Fake Bad und Kontrollgruppe) verteilt. Jede Gruppe bearbeitete verschiedene Leistungsmotivationstests, unter anderem den *Objektiven Leistungsmotivationstest* (*OLMT*). Als Ergebnis der einfaktoriellen Varianzanalyse haben wir gesehen, dass sich mindestens zwei Gruppenmittelwerte signifikant unterscheiden. Aber welche? Im zweiten Beispiel haben wir $n = 339$ Personen zu drei verschiedenen Messzeitpunkten einen Neurotizismusfragebogen ausfüllen lassen. Dabei haben wir die Bedingungen variiert (Test ehrlich bearbeiten [*Ehrlich*], Test mit einer Fake-Good-Instruktion bearbeiten [*Fake Good*], Test nach einem Priming [*Primed*] bearbeiten). Hier haben wir mit der einfaktoriellen Varianzanalyse mit Messwiederholung gesehen, dass sich wiederum mindestens zwei Mittelwerte unterscheiden. Das Ergebnis der ANOVAs wird auch als *Overall-Significance* oder Omnibus-Test (von lat. *omnibus* = alles, jeder) bezeichnet, da es eine Signifikanz ist, die über alle Gruppen hinweg ermittelt wird. Erneut stellt sich aber die Frage: Welche Gruppen unterscheiden sich denn nun? Zudem können wir uns bei beiden Beispielen den Verlauf der Mittelwerte über die Gruppen bzw. über die Messzeitpunkte ansehen und uns fragen, ob sich der Verlauf durch eine mathematische Funktion beschreiben lässt. Nimmt beispielsweise die Leistungsmotivation über die Gruppen hinweg linear ab? Oder folgt die Veränderung über die Messzeitpunkte vielleicht einer quadratischen Funktion? Auch diese Fragen können wir bisher nicht befriedigend beantworten. Daher wenden wir uns in diesem Abschnitt Methoden zu, die es erlauben, zu testen, zwischen welchen Gruppen sich die Unterschiede zeigen bzw. ob der Verlauf der Mittelwerte durch eine Funktionsgleichung beschrieben werden kann.

Zunächst widmen wir uns der Frage, zwischen welchen Gruppen sich die Unterschiede ergeben haben. Es geht also darum, einzelne Stufen der unabhängigen Variable(n) aus dem Design miteinander zu vergleichen. Daher sprechen wir auch von *Einzelvergleichen*. Hierbei sind zwei Szenarien denkbar. Zum einen ist es möglich, dass wir bereits vor der Untersuchung eine genaue Vermutung haben, welche Gruppen sich unterscheiden. So könnte es sein, dass wir bei der Studie zur Verfälschung der Leistungsmotivation annehmen, dass die Fake-Bad-Bedingung sich signifikant von der Kontrollgruppe unterscheidet und auch die Fake-Good-Gruppe einen signifikanten Unterschied zur Kontrollgruppe aufweist. In diesem Fall liegen zwei A-priori-Vermutungen vor. Genauer gesagt wollen wir das Ergebnis der Fake-Good-Gruppe bzw. der Fake-Bad-Gruppe jeweils mit dem Ergebnis der Kontrollgruppe kontrastieren. Das heißt, dass bereits vor der Untersuchung (a priori) gezielte Unterschiedshypothesen aufgestellt wurden. Diese können wir dann mit einem so genannten

A-priori-Kontrast testen. Da uns nicht interessiert, ob sich die Mittelwerte insgesamt unterscheiden, kann der A-priori-Kontrast sogar den *F*-Test der Varianzanalyse ersetzen. Als Ergebnis erhalten wir dann die Information, ob sich die Gruppen so unterscheiden, wie wir es angenommen haben.

Es ist aber auch möglich, dass wir keine Vermutung haben. Daher berechnen wir zunächst eine Varianzanalyse. Diese zeigt uns dann gegebenenfalls ein signifikantes Ergebnis an. Also unterscheiden sich mindestens zwei Mittelwerte. Da wir keine genaue Hypothese für die Einzelvergleiche aufgestellt haben, müssen wir im Anschluss an die Varianzanalyse nun alle theoretisch möglichen Vergleiche anstellen. In unserem Beispiel würden wir also jetzt insgesamt drei Vergleiche berechnen müssen (Fake Good vs. Fake Bad, Fake Good vs. Kontrollgruppe und Fake Bad vs. Kontrollgruppe). Da diese Einzelvergleiche im Anschluss an eine ANOVA und ohne genaue Vermutung durchgeführt werden, spricht man auch von *Post-hoc-Tests*.

Im folgenden Abschnitt werden wir zunächst die A-priori-Kontraste vorstellen. Danach wenden wir uns den Post-hoc-Tests zu. In beiden Abschnitten werden wir ein Beispiel für unabhängige und eines für abhängige Messungen darstellen. Nachdem wir beide Methoden vorgestellt haben, werden wir noch einmal die jeweiligen Vor- und Nachteile miteinander vergleichen. Abschließend wenden wir uns den Trendtests zu. Dabei gehen wir bei jeder Methode auf die Grundidee ein, verdeutlichen diese an einem Beispiel und demonstrieren das Vorgehen in SPSS bzw. R.

6.8.1 A-priori-Kontraste

Zweck. Wie bereits erwähnt, dienen A-priori-Kontraste dazu, vor der Untersuchung aufgestellte, spezifische Hypothesen bezüglich der Gruppenunterschiede zu testen. Diese Tests ersetzen die eigentliche Varianzanalyse. Dabei ist es bei A-priori-Kontrasten möglich, zwei einzelne Gruppen miteinander zu vergleichen (Fake Good gegen Kontrollgruppe). Es ist aber auch möglich, einzelne Gruppen zusammenzufassen und miteinander zu vergleichen (Gruppe A und B gemeinsam gegen Gruppe C und D gemeinsam). Schließlich können wir auch eine einzelne Gruppe mit mehreren anderen Gruppen vergleichen (z. B. Fake Bad gegen Fake Good und Kontrollgruppe). Egal, ob es sich nun um zwei einzelne Gruppen oder Kombinationen handelt, als Resultat eines Kontrasts vergleichen wir letztendlich immer Mittelwerte miteinander.

Beispiel für unabhängige Messungen. Wir greifen an dieser Stelle auf unser Beispiel aus dem Abschnitt zur einfaktoriellen Varianzanalyse ohne Messwiederholung zurück. In dem Beispiel hatten wir drei Gruppen (Fake Good, Fake Bad und Kontrollgruppe), die alle unter anderem den OLMT bearbeitet haben. In der einfaktoriellen ANOVA haben wir einen starken, signifikanten Effekt mit ausreichender Teststärke absichern können. Gehen wir hier einmal einen Schritt zurück und überlegen uns vorab, welche Unterschiede zu erwarten sind. Der OLMT ist ein objektiver Test, bei dem die Versuchspersonen durch Tastendruck eine Wegstrecke auf dem Bildschirm zurücklegen müssen. Dabei spielt die Schnelligkeit, in der man die Tasten drückt, eine Rolle. Die motorische Fähigkeit setzt hier jedoch eine Obergrenze, sodass ein Unterschied zwischen der Fake-Good-Gruppe und der Kontrollgruppe unwahrscheinlich erscheint: Vereinfacht lässt sich sagen, schneller als schnell ist nicht möglich. Eine Verfälschung nach unten, sich also schlechter darstellen als man ist, sollte aber möglich sein, da eine Person nur bewusst ihr Bearbeitungstempo reduzieren muss. Daher könnten wir vermuten, dass sich die Fake-Bad-Gruppe von beiden anderen Gruppen unterscheidet.

Beispiel für abhängige Messungen. Im Unterkapitel zur einfaktoriellen Varianzanalyse mit Messwiederholung haben wir eine Gruppe von Personen ($n = 339$) Selbsteinschätzungen in Neurotizismus in drei Situationen abgeben lassen (Ehrlich, Fake Good, Primed). Auch hier zeigte die ANOVA einen starken, signifikanten Effekt an, den wir mit ausreichender Teststärke absichern konnten. Wenn wir auch hier einen Schritt zurück machen und uns überlegen, welche Unterschiede wohl bedeutsam sein werden, ließe sich vermuten, dass es die Vergleiche der ehrlichen Bedingung mit den beiden anderen Bedingungen sind.

An dieser Stelle wollen wir noch einmal darauf hinweisen, dass das Vorgehen, das wir hier wählen, Kontraste aufzustellen, nachdem die Ergebnisse bekannt sind, nicht der Idee der A-priori-Kontraste entspricht und nur zum Zweck der Veranschaulichung genutzt wird. A-priori-Kontraste bauen explizit darauf, dass die Vermutungen vor der Datenerhebung aufgestellt werden.

Hypothesen. An dieser Stelle werden wir für beide Beispiele lediglich allgemein die Hypothesen formulieren. Wie diese im Rahmen von A-priori-Kontrasten aussehen, werden wir später darstellen. Im Gegensatz zu den bisher formulierten Hypothesenpaaren im Rahmen der Varianzanalyse müssen wir nun in manchen Fällen die Nullhypothese anders formulieren. Dies ist immer dann der Fall, wenn die Alternativhypothese gerichtet ist. Wenn also beispielsweise die Alternativhypothese lautet, dass der Populationsmittelwert der Personen in der Fake-Good-Gruppe größer ist als der Populationsmittelwert der Personen in der Fake-Bad-Gruppe (H_1: $\mu_{FG} > \mu_{FB}$), dann kann die Nullhypothese nicht einfach lauten, die Populationsmittelwerte sind gleich. Vielmehr muss die Nullhypothese nun den gesamten Bereich abdecken, der nicht durch die Alternativhypothese abgedeckt wird (siehe *Kapitel 4*). Für das Beispiel würde dies bedeuten, die Nullhypothese lautet: Der Populationsmittelwert der Fake-Good-Personen ist kleiner oder gleich dem Populationsmittelwert der Fake-Bad-Personen (H_0: $\mu_{FG} \leq \mu_{FB}$).

Beim Beispiel für unabhängige Messungen lauten die Nullhypothesen dann entsprechend:

- Der Populationsmittelwert der Fake-Bad-Personen ist größer oder gleich den zusammengenommenen Populationsmittelwerten der Fake-Good-Personen und der Personen der Grundgesamtheit, die ehrlich geantwortet haben.
- Der Populationsmittelwert der Fake-Good-Personen ist kleiner oder gleich dem Populationsmittelwert der Personen, die ehrlich geantwortet haben.

Die Alternativhypothesen wären dann:

- Der Populationsmittelwert der Fake-Bad-Personen ist kleiner als die zusammengenommenen Populationsmittelwerte der Fake-Good-Personen und der Personen, die ehrlich geantwortet haben.
- Der Populationsmittelwert der Fake-Good-Personen ist größer als der Populationsmittelwert der Personen, die ehrlich geantwortet haben.

Beide Alternativhypothesen sind gerichtet. Es wäre auch denkbar, ungerichtete Alternativhypothesen zu formulieren. Beim ersten Hypothesenpaar ist die Alternativhypothese unsere Wunschhypothese, da wir einen Unterschied zeigen wollen. Hier sollte der Fehler 1. Art kontrolliert werden, d. h. eine geringe Fehlerwahrscheinlichkeit 1. Art sollte gewählt werden. Beim zweiten Hypothesenpaar wollen wir aber eigentlich zeigen, dass kein Unterschied besteht, und somit ist die Nullhypothese unsere Wunschhypothese. Hier muss dann der Fehler 2. Art kontrolliert und damit die Fehlerwahrscheinlichkeit 2. Art möglichst gering gewählt werden (siehe *Kapitel 4*).

Beim zweiten Beispiel mit der Messwiederholung lauten die Nullhypothesen:

- Es besteht kein Unterschied zwischen dem Populationsmittelwert der Personen, die ehrlich geantwortet haben, und dem Populationsmittelwert der Fake-Good-Personen.
- Es besteht kein Unterschied zwischen dem Populationsmittelwert der Personen, die ehrlich geantwortet haben, und den zusammengenommenen Populationsmittelwerten der Fake-Good- und Fake-Bad-Personen.

Die dazugehörigen Alternativhypothesen sind dann:

- Es besteht ein Unterschied zwischen dem Populationsmittelwert der Personen, die ehrlich geantwortet haben, und dem Populationsmittelwert der Fake-Good- und Fake-Bad-Personen.
- Es besteht ein Unterschied zwischen dem Populationsmittelwert der Personen, die ehrlich geantwortet haben, und den zusammengenommenen Populationsmittelwerten der Fake-Good- und Fake-Bad-Personen.

In diesem Beispiel wählen wir ungerichtete Alternativhypothesen, die jeweils auch die Wunschhypothesen sind.

Grundprinzip und Vorgehen. Bei den A-priori-Kontrasten werden also einzelne Mittelwerte verglichen. Nehmen wir einmal an, die Nullhypothese gilt. In diesem Fall stammen alle Mittelwerte aus einer Grundgesamtheit. Das heißt, alle Mittelwerte stellen Schätzwerte des Populationsmittelwerts dar. Im *Kapitel 2* haben wir das gewichtete arithmetische Mittel (GAM) besprochen. Das GAM haben wir benötigt, wenn wir die Mittelwerte aus verschieden großen Gruppen zusammenfassen wollten. In diesem Fall haben wir jeden Mittelwert mit der jeweiligen Gruppengröße gewichtet. Eine ähnliche Idee verwenden wir auch bei den A-priori-Kontrasten. Auch hier mitteln wir die Gruppenmittelwerte und schätzen damit einen Kontrast.

Mit Kontrast ist hier gemeint, dass wir den Unterschied zwischen verschiedenen Populationsmittelwerten definieren. Wir gewichten daher hier die Populationsmittelwerte nicht mit der Gruppengröße (wie wir es bei der Schätzung von Mittelwerten tun), sondern mit so genannten Kontrastgewichten oder Kontrastkoeffizienten c. Allgemein können wir dies so ausdrücken:

Formel 6.69

$$\hat{\psi} = c_1 \cdot \hat{\mu}_1 + c_2 \cdot \hat{\mu}_2 + \ldots + c_p \cdot \hat{\mu}_p = \sum_{i=1}^{p} c_p \cdot \hat{\mu}_p$$

$$\text{mit } \sum_{i=1}^{p} c_i = 0$$

$\hat{\psi}$ = Kontrast Psi
c_i = Kontrastkoeffizient
$\hat{\mu}_i$ = geschätzter Populationsmittelwert der Population i
p = Anzahl der Stichproben / Gruppen
i = Index des Faktors A

Aus der Gleichung sehen wir, dass sie für Populationsmittelwerte angegeben ist, schließlich werden griechische Buchstaben verwendet.

Wir schätzen also den Unterschied zwischen den durch die Gewichtung ausgewählten Gruppenmittelwerten. Dabei muss immer gelten, dass die Summe der Kontrastgewichte aller Gruppen null ergibt und mindestens zwei Kontrastkoeffizienten von null verschieden sind.

Was ist nun, wenn die Nullhypothese gilt? In diesem Fall unterscheiden sich die Mittelwerte eigentlich nicht und gehören derselben Grundgesamtheit an. Das würde bedeuten, dass der Kontrast null wäre. Schauen wir uns an, wie sich dies für unsere oben formulierten Hypothesen auswirkt und beginnen mit den unabhängigen Messungen:

- Der Mittelwert der Grundgesamtheit (FB) der Fake-Bad-Personen ist größer oder gleich den zusammengenommenen Populationsmittelwerten der Fake-Good-Personen (FG) und der Grundgesamtheit der Personen, die ehrlich geantwortet haben:

  $$\hat{\psi} = 1 \cdot \hat{\mu}_{FB} + \left(-\frac{1}{2}\right) \cdot \hat{\mu}_{FG} + \left(-\frac{1}{2}\right) \cdot \hat{\mu}_{KG} \geq 0$$

  $$\text{mit } \sum_{i=1}^{3} c_i = 1 - \frac{1}{2} - \frac{1}{2} = 0$$

  $\hat{\psi}$ = Kontrast Psi
  c = Kontrastkoeffizient
  $\hat{\mu}_{FB}$ = geschätzter Populationsmittelwert der Fake-Bad-Personen
  $\hat{\mu}_{FG}$ = geschätzter Populationsmittelwert der Fake-Good-Personen
  $\hat{\mu}_{KG}$ = geschätzter Populationsmittelwert der ehrlich antwortenden Personen
  i = Index des Faktors A

Die Alternativhypothese wäre dann:

- Der Mittelwert der Fake-Bad-Grundgesamtheit ist kleiner als die Populationsmittelwerte der Fake-Good-Personen und der Personen, die ehrlich geantwortet haben, zusammengenommen.

$$\hat{\psi} = 1 \cdot \hat{\mu}_{FB} + \left(-\frac{1}{2}\right) \cdot \hat{\mu}_{FG} + \left(-\frac{1}{2}\right) \cdot \hat{\mu}_{KG} < 0$$

$$\text{mit } \sum_{i=1}^{3} c_i = 1 - \frac{1}{2} - \frac{1}{2} = 0$$

$\hat{\psi}$ = Kontrast Psi
c = Kontrastkoeffizient
$\hat{\mu}_{FB}$ = geschätzter Populationsmittelwert der Fake-Bad-Personen
$\hat{\mu}_{FG}$ = geschätzter Populationsmittelwert der Fake-Good-Personen
$\hat{\mu}_{KG}$ = geschätzter Populationsmittelwert der ehrlich antwortenden Personen
i = Index des Faktors A

Definition. Sowohl bei der Null- als auch bei der Alternativhypothese summieren sich die Kontrastkoeffizienten zu null auf. Wir sehen zudem, dass wir den Populationsmittelwert der Fake-Bad-Personen mit dem Wert 1 gewichten. Bei den anderen beiden Populationen ist der Betrag des Kontrastgewichts nur ½. Das heißt, dass wir diese beiden Populationsmittelwerte noch einmal mitteln. Wir prüfen also, ob sich der Mittelwert der Fake-Bad-Grundgesamtheit von dem gemittelten Mittelwert der beiden anderen Grundgesamtheiten unterscheidet. Außerdem ist das Vorzeichen des Kontrastkoeffizienten für die Mittelwerte dieser beiden Grundgesamtheiten negativ, was wiederum bewirkt, dass wir die Abweichung zwischen dem Mittelwert der Fake-Bad-Grundgesamtheit und dem gemeinsamen Mittelwert der Fake-Good-Grundgesamtheit und der Grundgesamtheit unter Kontrollbedingungen betrachten. Besteht kein Unterschied, ist die Differenz null. Erzielt, wie von uns angenommen, die Fake-Bad-Grundgesamtheit den geringsten Mittelwert, erhalten wir eine negative Differenz für den Kontrast.

Vorteile eines gerichteten Kontrasts gegenüber einer Varianzanalyse. Hier sei nochmal darauf hingewiesen, dass eine gerichtete Hypothese eine höhere Teststärke besitzt als eine ungerichtete Hypothese. Das heißt konkret, dass die Prüfgröße, die übertroffen werden muss, geringer ausfällt als bei einer zweiseitigen Testung. Dies ist ebenfalls ein Vorteil bei der Formulierung von Kontrasten gegenüber der Varianzanalyse, bei der nur zweiseitige Fragestellungen geprüft werden können (mit Ausnahme einer einfaktoriellen Varianzanalyse mit zwei Stufen, die allerdings äquivalent zum t-Test ist).

Das zweite Hypothesenpaar mit den entsprechenden Kontrastformulierungen lautet:

- H_0: Der Mittelwert der Fake-Good-Grundgesamtheit ist kleiner oder gleich dem Mittelwert der Grundgesamtheit unter der Kontrollbedingung.

  $$\hat{\psi} = 0 \cdot \hat{\mu}_{FB} + (-1) \cdot \hat{\mu}_{FG} + (1) \cdot \hat{\mu}_{KG} \leq 0$$

  $$\text{mit } \sum_{i=1}^{3} c_i = 0 - 1 + 1 = 0$$

  $\hat{\psi}$ = Kontrast Psi
  c = Kontrastkoeffizient
  $\hat{\mu}_{FB}$ = geschätzter Populationsmittelwert der Fake-Bad-Personen
  $\hat{\mu}_{FG}$ = geschätzter Populationsmittelwert der Fake-Good-Personen
  $\hat{\mu}_{KG}$ = geschätzter Populationsmittelwert der ehrlich antwortenden Personen
  i = Index des Faktors A

- H_1: Der Mittelwert der Fake-Good-Grundgesamtheit ist größer als der Mittelwert der Grundgesamtheit unter der Kontrollbedingung.

  $$\hat{\psi} = 0 \cdot \hat{\mu}_{FB} + (-1) \cdot \hat{\mu}_{FG} + (1) \cdot \hat{\mu}_{KG} > 0$$

  $$\text{mit } \sum_{i=1}^{3} c_i = 0 - 1 + 1 = 0$$

  $\hat{\psi}$ = Kontrast Psi
  c = Kontrastkoeffizient
  $\hat{\mu}_{FB}$ = geschätzter Populationsmittelwert der Fake-Bad-Personen
  $\hat{\mu}_{FG}$ = geschätzter Populationsmittelwert der Fake-Good-Personen
  $\hat{\mu}_{KG}$ = geschätzter Populationsmittelwert der ehrlich antwortenden Personen
  i = Index des Faktors A

In diesem Beispiel gewichten wir den Mittelwert der Fake-Bad-Grundgesamtheit mit null. Er fällt also eigentlich aus der Berechnung des Kontrasts heraus. Die anderen beiden Mittelwerte haben zwar vom Betrag her das gleiche Kontrastgewicht, aber unterschiedliche Vorzeichen. Somit berechnen wir nun den Unterschied zwischen beiden Populationsmittelwerten, der Fake-Good-Personen und der Personen, die ehrlich geantwortet haben.

Beim Beispiel mit den abhängigen Messungen erhalten wir folgende Hypothesenpaare:

- H_0: Es besteht kein Unterschied zwischen dem Populationsmittelwert der Personen, die ehrlich geantwortet haben und dem Mittelwert der Grundgesamtheit der Fake-Good-Personen.

  $$\hat{\psi} = 1 \cdot \hat{\mu}_{\text{Ehrlich}} + (-1) \cdot \hat{\mu}_{\text{FG}} + 0 \cdot \hat{\mu}_{\text{Primed}} = 0$$

  $$\text{mit } \sum_{i=1}^{3} c_i = 1 - 1 + 0 = 0$$

  $\hat{\psi}$ = Kontrast Psi
  c = Kontrastkoeffizient
  $\hat{\mu}_{\text{Ehrlich}}$ = geschätzter Populationsmittelwert des Messzeitpunkts Ehrlich
  $\hat{\mu}_{\text{FG}}$ = geschätzter Populationsmittelwert des Messzeitpunkts Fake Good
  $\hat{\mu}_{\text{Primed}}$ = geschätzter Populationsmittelwert des Messzeitpunkts Primed
  i = Index des Faktors A

- H_1: Es besteht ein Unterschied zwischen dem Populationsmittelwert unter der ehrlichen Bedingung und dem Populationsmittelwert unter der Fake-Good-Bedingung.

Hier haben wir wieder einen Populationsmittelwert (Primed) mit dem Kontrastgewicht null versehen und schauen somit auf den Unterschied zwischen den anderen beiden Populationsmittelwerten (Ehrlich und Fake Good).

Für das zweite Hypothesenpaar ergibt sich:

- H_0: Es besteht kein Unterschied zwischen dem Populationsmittelwert unter der ehrlichen Bedingung und dem Populationsmittelwert unter der Priming-Bedingung.

  $$\hat{\psi} = 1 \cdot \hat{\mu}_{\text{Ehrlich}} + 0 \cdot \hat{\mu}_{\text{FG}} + (-1) \cdot \hat{\mu}_{\text{Primed}} = 0$$

  $$\text{mit } \sum_{i=1}^{3} c_i = 1 + 0 - 1 = 0$$

  $\hat{\psi}$ = Kontrast Psi
  c = Kontrastkoeffizient
  $\hat{\mu}_{\text{Ehrlich}}$ = geschätzter Populationsmittelwert des Messzeitpunkts Ehrlich
  $\hat{\mu}_{\text{FG}}$ = geschätzter Populationsmittelwert des Messzeitpunkts Fake Good
  $\hat{\mu}_{\text{Primed}}$ = geschätzter Populationsmittelwert des Messzeitpunkts Primed
  i = Index des Faktors A

- H_1: Es besteht ein Unterschied zwischen dem Populationsmittelwert unter der ehrlichen Bedingung und dem Populationsittelwert unter der Priming-Bedingung.

$$\hat{\psi} = 1 \cdot \hat{\mu}_{\text{Ehrlich}} + 0 \cdot \hat{\mu}_{\text{FG}} + (-1) \cdot \hat{\mu}_{\text{Primed}} \neq 0$$

$$\text{mit } \sum_{i=1}^{3} c_i = 1 + 0 - 1 = 0$$

$\hat{\psi}$ = Kontrast Psi
c = Kontrastkoeffizient
$\hat{\mu}_{\text{Ehrlich}}$ = geschätzter Populationsmittelwert des Messzeitpunkts Ehrlich
$\hat{\mu}_{\text{FG}}$ = geschätzter Populationsmittelwert des Messzeitpunkts Fake Good
$\hat{\mu}_{\text{Primed}}$ = geschätzter Populationsmittelwert des Messzeitpunkts Primed
i = Index des Faktors A

Auch hier geben wir den Vergleich zwischen zwei Populationsmittelwerten (Ehrlich und Primed) an, indem wir das Kontrastgewicht des dritten Populationsmittelwerts (Fake Good) auf null setzen.

Entweder greifen wir in unserem Beispiel aus allen Populationen zwei Mittelwerte heraus oder wir kombinieren die zwei Populationsmittelwerte durch die Gewichtung zu einem. In der Konsequenz bedeutet dies aber, dass wir hier bei den Kontrasten in unserem Beispiel immer zwei Populationsmittelwerte miteinander vergleichen.

Das Prinzip der Kontraste beruht auf dem Prinzip der Varianzanalyse. Das heißt, dass auch hier zwei Varianzen geschätzt werden. Zum einen ist dies wiederum die Varianz Innerhalb[7], die in der folgenden Formel im Nenner steht. Im Zähler steht aber jetzt die geschätzte Varianz des Kontrasts. Diese Varianz schätzt, wie stark die ausgewählten Populationsmittelwerte um einen gewichteten Gesamtmittelwert streuen. Unterscheiden sich die Populationsmittelwerte nicht, ist diese Varianz wiederum eine Schätzung der Populationsvarianz, wenn die Nullhypothese gilt. Das heißt, wenn die geschätzten Varianzen Innerhalb und Zwischen gleich groß sind, spricht dies für die Nullhypothese.

Wie berechnen wir nun die geschätzte Varianz Zwischen, die hier im Nenner steht? Zunächst muss wieder eine Quadratsumme berechnet werden. Die Quadratsumme haben wir bisher bei der Varianzanalyse durch die Summe der quadrierten Abweichungen der Mittelwerte vom Gesamtmittelwert bestimmt. Bei den Kontrasten betrachten wir aber nicht mehr einfach nur die Mittelwerte, sondern vielmehr gewichten wir diese mit den Kontrastkoeffizienten c_i. Es lässt sich nun zeigen, dass der quadrierte Kontrast $\hat{\psi}$ der Quadratsumme Zwischen entspricht, wenn die Summe der Kontrastkoeffizienten null ergibt. Betrachten wir dazu folgendes Beispiel (siehe ▶*Tabelle 6.12*):

7 Bei Varianzanalysen mit Messwiederholung wird analog die Residualvarianz verwendet. Der Einfachheit halber gehen wir im Folgenden von der Varianzanalyse ohne Messwiederholung aus. Ein Beispiel für Messwiederholung folgt.

	Gruppe 1	Gruppe 2	Gruppe 3	Gruppe 4	
Mittelwerte $\hat{\mu}_i$	5	4	1	2	Gesamt-mittelwert: 3
Kontrastkoeffizienten c_i	1	1	−1	−1	Summe: 0
$c_i \cdot \hat{\mu}_i$	5	4	−1	−2	Summe: 6 *QS*: 36
$c_i \cdot (\hat{\mu}_i - \hat{\mu})$	2	1	2	1	Summe: 6 *QS*: 36

Tabelle 6.12: Veranschaulichung Quadratsumme Kontrast

Um die Quadratsumme in eine geschätzte Varianz zu überführen, muss noch durch die Anzahl der Freiheitsgrade geteilt werden. Da wir bei einem Kontrast durch die Koeffizienten zwei Mittelwerte miteinander vergleichen, ergibt sich ein Freiheitsgrad. Die Quadratsumme entspricht damit numerisch der geschätzten Varianz. Allerdings bestünde jetzt ein Problem, wenn wir diese Varianz in einem F-Test mit der geschätzten Varianz Innerhalb vergleichen würden. Das Problem ist, dass die Höhe der Kontrastquadratsumme von der Höhe der gewählten Kontrastkoeffizienten mitbestimmt wird. Wenn wir in unserem Beispiel alle Kontrastkoeffizienten mit 5 multiplizieren, ergibt sich eine Quadratsumme von 900. Daher ist es notwendig, die Quadratsumme noch zu standardisieren, sodass die Wahl, wie hoch ein Kontrastkoeffizient ausfällt, die Quadratsumme nicht mehr beeinflusst. Dabei wird auch gleich berücksichtigt, dass sich die Mittelwerte jeweils aus n_i Messwerten zusammensetzen. Es ergibt sich dann folgende Formel:

Formel 6.70

$$QS_{\text{Kontrast}} = \frac{\left(\sum_{i=1}^{p} c_i^2 \cdot \hat{\mu}_i\right)^2}{\sum_{i=1}^{p} \frac{c_i^2}{n_i}}$$

QS_{Kontrast} = Quadratsumme des Kontrasts Psi
c_i = Kontrastkoeffizient in der Gruppe i
$\hat{\mu}_i$ = geschätzter Populationsmittelwert der Gruppe i
i = Index des Faktors A
n_i = Stichprobengröße der Gruppe i

Die geschätzte Varianz ist in diesem Fall wie gesagt immer mit der Quadratsumme identisch, da wir nur einen Freiheitsgrad haben. Der F-Test mit der geschätzten Varianz Innerhalb lautet dann:

Formel 6.71

$$F_{emp} = \frac{\hat{\sigma}^2_{Kontrast}}{\hat{\sigma}^2_{inn}} = \frac{\frac{QS_{Kontrast}}{1}}{\hat{\sigma}^2_{inn}} = \frac{\left(\sum_{i=1}^{p} c_i^2 \cdot \hat{\mu}_i\right)^2}{\hat{\sigma}^2_{inn} \cdot \sum_{i=1}^{p} \frac{c_i^2}{n_i}} = \frac{\hat{\psi}^2}{\hat{\sigma}^2_{inn} \cdot \sum_{i=1}^{p} \frac{c_i^2}{n_i}}$$

F_{emp} = empirischer F-Wert (Prüfgröße)
$\hat{\sigma}^2_{Kontrast}$ = geschätzte Varianz des Kontrasts Psi
$\hat{\sigma}^2_{inn}$ = geschätzte Varianz Innerhalb
$QS_{Kontrast}$ = Quadratsumme des Kontrasts Psi
$\hat{\psi}$ = geschätzter Kontrast Psi
c_i = Kontrastkoeffizient in der Gruppe i
$\hat{\mu}_i$ = geschätzter Populationsmittelwert der Gruppe i
p = Anzahl der Gruppen
i = Index des Faktors A
n_i = Stichprobengröße der Gruppe i

An dieser Stelle kann die Gleichung jedoch deutlich vereinfacht werden. Wir wissen aus *Kapitel 4*, dass die Wurzel aus dem F-Wert einen t-Wert ergibt. Wir wissen zudem, dass die t-Verteilung genutzt werden kann, um den Unterschied zwischen zwei Mittelwerten auf Signifikanz zu prüfen (siehe *Kapitel 5*). Da wir beim Kontrast eigentlich auch nur zwei Mittelwerte miteinander vergleichen, wird aus der obigen Formel noch die Wurzel gezogen. Damit ergibt sich als Prüfgröße ein t-Wert. Die Formel lautet dann bei unabhängigen Messungen:

Formel 6.72

$$t_{df} = \frac{\hat{\psi}}{\sqrt{\hat{\sigma}^2_{inn} \sum_{i=1}^{p} \frac{c_i^2}{n_i}}}$$

t_{df} = empirischer t-Wert mit df Freiheitsgraden (Prüfgröße)
$\hat{\sigma}^2_{inn}$ = geschätzte Varianz Innerhalb
$\hat{\psi}$ = Kontrast Psi
c_i = Kontrastkoeffizient in der Gruppe i
p = Anzahl der Gruppen
i = Index des Faktors A
n_i = Stichprobengröße der Gruppe i

Die Formel für abhängige Messungen ist äquivalent. Wir tauschen lediglich die Varianz Innerhalb durch die Residualvarianz aus:

$$t_{df} = \frac{\hat{\psi}}{\sqrt{\hat{\sigma}^2_{\text{Res}} \cdot \sum_{i=1}^{p} \frac{c_i^2}{n_i}}}$$

t_{df} = empirischer t-Wert mit df Freiheitsgraden (Prüfgröße)

$\hat{\sigma}^2_{\text{Res}}$ = geschätzte Varianz des Residuums
(evtl. korrigiert z.B. nach Greenhouse-Geisser)

$\hat{\psi}$ = Kontrast Psi

c_i = Kontrastkoeffizient des Messzeitpunkts i

p = Anzahl der Messzeitpunkte

i = Index des Faktors A

n_i = Stichprobengröße des Messzeitpunkts i

Nun erhalten wir die empirische Prüfgröße t_{df}. Damit kann die Überschreitungswahrscheinlichkeit p bestimmt und mit der vorher festgelegten Fehlerwahrscheinlichkeit 1. Art verglichen werden. Ebenso können wir auch einen kritischen t-Wert aus der entsprechenden Prüfgrößenverteilung heraussuchen. Dafür benötigen wir die Anzahl der Freiheitsgrade. Die Anzahl der Freiheitsgrade lautet $n - p$. Wir nutzen gleichzeitig in jeder der p Gruppen den Mittelwert als Schätzwert, haben somit p Parameter. Aus der Differenz erhalten wir die Anzahl der Freiheitsgrade. Die Entscheidungsregel lautet dann:

Formel 6.73

Lehne die Nullhypothese ab, wenn $\left|t_{\text{emp}}\right| \geq \left|t_{(df;\, 1-\alpha)}\right|$

Das heißt, wenn der Betrag des empirischen t-Werts größer oder gleich dem Betrag des kritischen t-Werts ist, dann lehnen wir die Nullhypothese ab. Wichtig an dieser Stelle ist, dass die beobachtete Abweichung auch in die angenommene Richtung geht, wenn eine gerichtete Alternativhypothese formuliert wurde. Nehmen wir beispielsweise eine negative Abweichung an, dann ist unsere Hypothese widerlegt, wenn wir eine positive beobachten, auch, wenn der Betrag des empirischen t-Werts größer oder gleich dem Betrag des kritischen t-Werts ist.

Berechnung. Wir wollen die Berechnung jeweils an einer der Hypothesen zeigen. Die zweite Hypothese testen wir dann in SPSS bzw R. Beginnen wir mit der ersten Hypothese der unabhängigen Messungen. Hier wollen wir zeigen, dass die Fake-Bad-Gruppe signifikant schlechter ist als das Mittel der beiden anderen Gruppen. Die Gruppenmittelwerte sowie die Varianz Innerhalb finden wir in *Abschnitt 6.2.6*:

Formel 6.74

$$\hat{\mu}_{\text{FB}} = 38.79$$
$$\hat{\mu}_{\text{FG}} = 64.07$$
$$\hat{\mu}_{\text{KG}} = 62.68$$
$$\hat{\sigma}^2_{\text{inn}} = 112.08$$

Setzen wir dies zunächst in den formulierten Kontrast ein:

$$\hat{\psi} = 1 \cdot \hat{\mu}_{\text{FB}} + \left(-\frac{1}{2}\right) \cdot \hat{\mu}_{\text{FG}} + \left(-\frac{1}{2}\right) \cdot \hat{\mu}_{\text{KG}} = 1 \cdot 38.79 + \left(-\frac{1}{2}\right) \cdot 64.07 + \left(-\frac{1}{2}\right) \cdot 62.68 = -24.59$$

Die Richtung des Kontrasts entspricht der Erwartung und wir berechnen daher nun die Prüfgröße:

$$t_{df} = \frac{\hat{\psi}}{\sqrt{\hat{\sigma}^2_{\text{inn}} \cdot \sum_{i=1}^{p} \frac{c_i^2}{n_i}}} = \frac{-24.59}{\sqrt{112.08 \cdot \left(\frac{1^2}{41} + \frac{(-.5)^2}{37} + \frac{(-.5)^2}{41}\right)}} = -12.04$$

Die Anzahl der Freiheitsgrade ist 119 − 3 = 116. Der kritische *t*-Wert für eine einseitige Testung ist 1.66. Somit können wir die Nullhypothese ablehnen. Auch hier sollte neben der Signifikanz die Effektstärke berechnet werden. Da es sich um ein Kontrollgruppendesign handelt, wählen wir Glass' Delta (siehe *Kapitel 4*). Es ergibt sich eine Effektstärke von −24.59 / 5.79 = −4.25. Der Mittelwert der Fake-Bad-Gruppe liegt also mehr als vier Standardabweichungen (der Kontrollgruppe) unter dem gemeinsamen Mittelwert der beiden anderen Gruppen. Es liegt also ein extrem großer, signifikanter Unterschied im OLMT-Wert zwischen der Fake-Bad-Gruppe und dem Mittelwert beider anderer Gruppen vor.

Bei unserem Beispiel mit abhängigen Messungen wollten wir zeigen, dass ein Unterschied zwischen dem Mittelwert unter der ehrlichen Bedingung und dem Mittelwert unter der Fake-Good-Bedingung besteht. Die drei Mittelwerte und die Residualvarianz finden sich in *Abschnitt 6.5.6*:

Formel 6.75

$$\hat{\mu}_{\text{Ehrlich}} = 03.53$$
$$\hat{\mu}_{\text{FG}} = 71.27$$
$$\hat{\mu}_{\text{Primed}} = 121.61$$
$$\hat{\sigma}^2_{\text{Res}} = 681.33$$

Bei der ANOVA mit Messwiederholung haben wir empfohlen, immer eine Korrektur der Freiheitsgrade vorzunehmen, um einer Verletzung der Sphärizitätsannahme vorzubeugen. Daher verwenden wir hier die Residualvarianz nach Greenhouse-Geisser-Korrektur. Das heißt, dass die Quadratsumme Residual durch die korrigierten Freiheitsgrade dividiert wurde.

Als Kontrast ergibt sich dann:

$$\hat{\psi} = 1 \cdot \hat{\mu}_{\text{Ehrlich}} + (-1) \cdot \hat{\mu}_{\text{FG}} + 0 \cdot \hat{\mu}_{\text{Primed}} = 1 \cdot 93.53 + (-1) \cdot 71.27 + 0 \cdot 121.61 = 22.26$$

Da wir hier keine Richtung angenommen haben, können wir direkt fortfahren und die Prüfgröße berechnen:

$$t_{df} = \frac{\hat{\psi}}{\sqrt{\hat{\sigma}^2_{\text{Res}} \cdot \sum_{i=1}^{p} \frac{c_i^2}{n_i}}} = \frac{22.26}{\sqrt{681.33 \cdot \left(\frac{1^2}{339} + \frac{(-1)^2}{339} + \frac{0^2}{339} \right)}} = 11.10$$

Die Anzahl der Freiheitsgrade ist 339 − 3 = 336. Somit lautet der kritische *t*-Wert 1.97. Das heißt, dass die Nullhypothese verworfen werden kann. Unter der Fake-Good-Bedingung wird also eine signifikant niedrigere Selbsteinschätzung des Neurotizismus abgegeben. Auch hier wählen wir als Effektstärke Glass' Delta. Es ergibt sich 22.26 / 24.42 = 0.91. Der statistisch signifikante Effekt geht auch hier mit einem praktisch starken Effekt einher.

Voraussetzungen. Eine wichtige Voraussetzung haben wir bereits genannt. Die Summe der Kontrastkoeffizienten muss immer null ergeben. Dies lässt sich sehr einfach prüfen, indem man die Kontrastkoeffizienten aufsummiert. Eine zweite wichtige Voraussetzung ist, dass die verschiedenen Kontraste orthogonal zueinander sind. Das bedeutet nichts anderes, als dass die Kontraste unabhängig voneinander sein müssen. Wie kann man sich das vorstellen? Denken wir an unser Beispiel mit drei Gruppen (Fake Bad, Fake Good und Kontrollgruppe) und den folgenden Kontrasten 1, −½, −½ sowie 0, −1, 1. Diese Kontrastkoeffizienten können auch jeweils als Vektor verstanden werden. Vielleicht erinnert sich die eine oder andere Leserin an dieser Stelle an den Mathematikunterricht in der Schule und die Vektorrechnung. Dort heißt es, dass zwei Vektoren dann unabhängig voneinander sind, wenn ihr Skalarprodukt null ergibt. Das Skalarprodukt wiederum ist die Produktsumme aus den Vektorkoordinaten. Auch ist dabei schön die Verbindung zur Korrelation zweier Variablen zu erkennen: Ist das Produkt der korrespondierenden Abweichungen beider Variablen vom Mittelwert gleich null, ist es die Korrelation ebenso und es besteht Unabhängigkeit. Was zunächst schwierig klingt, kann jedoch anschaulich dargestellt werden. Hinter den Vektorkoordinaten verstecken sich die Kontrastkoeffizienten. Das bedeutet, dass die Produktsumme der Kontrastkoeffizienten null ergeben muss. Die Produktsumme erhalten wir, wenn wir jeweils die Kontrastkoeffizienten der beiden Hypothesen für eine Gruppe multiplizieren und diese Produkte dann aufsummieren. Diesen Prozess haben wir in ▶*Abbildung 6.119* dargestellt:

Hypothesen	Fake Bad	Fake Good	Kontrollgruppe	Summe
1.	1	−½	−½	0
2.	0	−1	1	0
Produkt	0	½	−½	0

Voraussetzung 1

Voraussetzung 2

Abbildung 6.119: Prüfung der Kontraste auf Orthogonalität

In der Abbildung sehen wir in den ersten beiden Zeilen jeweils die Kontrastkoeffizienten der Gruppen. In der letzten Spalte sehen wir zudem, dass die Summe der Kontrastkoeffizienten bei jeder Hypothese null ergibt. Die erste Voraussetzung ist also erfüllt. Die senkrechten Pfeile deuten nun an, dass innerhalb einer jeden Gruppe die Kontrastkoeffizienten multipliziert werden. Es ergeben sich die Produkte in der letzten Zeile. Hier zeigt der waagerechte Pfeil an, dass wir diese Produkte nun aufsummieren. Auch diese Summe findet sich in der letzten Spalte und beträgt null. Das heißt, dass die Kontraste unabhängig voneinander sind (orthogonal).

Wenn wir diese Berechnungen mithilfe unserer Beispiele durchführen, erfüllen die Kontraste bei den unabhängigen Messungen beide Voraussetzungen. Bei den abhängigen Messungen sind ebenfalls beide Voraussetzungen erfüllt (nicht dargestellt).

Die Voraussetzungen begrenzen allerdings die Anzahl der möglichen unabhängigen Kontraste. Denken wir noch einmal an die Tabelle. Die beiden eingetragenen Kontraste stehen senkrecht zueinander. Wenn wir jetzt noch einen weiteren Kontrast eintragen, kann dieser nicht mehr gleichzeitig senkrecht auf beiden anderen Kontrasten stehen und eine Kontrastkoeffizientensumme von null erzielen. Die Anzahl möglicher Kontraste ist also auf die Anzahl der Gruppen minus 1 ($p - 1$) begrenzt.

Praxistipp

Es ist zunächst nicht unmittelbar einsichtig, wieso wir bei beiden Hypothesen innerhalb der unabhängigen bzw. abhängigen Messungen eine Fehlerwahrscheinlichkeit 1. Art von fünf Prozent annehmen können. Bei der Einführung der Varianzanalyse haben wir doch ausdrücklich darauf hingewiesen, dass bei mehreren Signifikanztests die Gefahr der α-Fehler-Inflation besteht. Diese Inflation wird offensichtlich bei A-priori-Kontrasten vernachlässigt werden. Der Grund hierfür liegt darin, dass nicht alle möglichen Vergleiche angestellt werden, sondern lediglich theoretisch begründete, die bereits vor der Untersuchung aufgestellt wurden. Man kann sich das auch anders vorstellen. Stellen Sie sich vor, Sie müssen eine Leiter hinaufsteigen. Jede Sprosse der Leiter ist ein Signifikanztest, den Sie durchführen. Einige der Sprossen sind jedoch kaputt. Das sind die signifikanten Ergebnisse, die sich mit der Fehlerwahrscheinlichkeit 1. Art irrtümlicherweise einstellen. Wenn Sie nun die Leiter hinaufsteigen, machen Sie immer mehr Tests und somit steigt auch die Gefahr, dass Sie auf eine der kaputten Stufen steigen. Bei den Kontrasten steigen Sie aber nicht die gesamte Leiter hinauf, machen also nicht alle möglichen Tests. Vielmehr überlegen Sie sich vorher, welche der Sprossen wohl solide sind und steigen dann auch nur auf diese Sprossen. So vermeiden Sie die kaputten Sprossen und einen Absturz. Aus diesem Grund wird empfohlen, bei den A-priori-Kontrasten keine Korrektur der Fehlerwahrscheinlichkeit 1. Art vorzunehmen.

Zusammenfassung. Bei den A-priori-Kontrasten wird also vor der Untersuchung eine gewisse Anzahl an Einzelvergleichen zwischen den Gruppen festgelegt. Dabei können einzelne Gruppen (bzw. Messzeitpunkte), aber auch Kombinationen von Gruppen (bzw. Messzeitpunkten), miteinander verglichen werden. Die Abweichung zwischen den Mittelwerten wird in einem Kontrast ausgedrückt. Den Kontrast setzen wir dann ins Verhältnis zur Varianz Innerhalb und erhalten so eine Prüfgröße, die wir auf Signifikanz testen können. Der Vorteil bei diesem Vorgehen liegt in einer höheren Teststärke, da einseitig getestet werden kann, und eine Adjustierung nicht nötig ist, da A-priori-Hypothesen bestehen.

Vorgehen in SPSS und R. Wir nutzen wieder dieselben Beispiele wie bisher. Zunächst müssen wir in SPSS in das entsprechende Menü gehen. Das heißt, dass wir bei den unabhängigen Messungen wie in *Abbildung 6.64* beschrieben aus dem Menü ANALYSIEREN → ALLGEMEINES LINEARES MODELL → UNIVARIAT... auswählen und bei den abhängigen Messungen dann entsprechend ANALYSIEREN → ALLGEMEINES LINEARES MODELL → MESSWIEDERHOLUNG. Hier müssen wir dann zunächst den Messwiederholungsfaktor definieren (siehe *Abbildung 6.94*). Bei der einfaktoriellen Varianzanalyse ohne Messwiederholung kann man in SPSS auch selbst die Kontrastkoeffizienten eingeben. Bei Analysen mit Messwiederholung ist dies nicht möglich. Betrachten wir zunächst, wie sich die Koeffizienten selbst eingeben lassen. Dazu wählen wir aus dem Menü ANALYSIEREN → MITTELWERTE VERGLEICHEN → EINFAKTORIELLE ANOVA.... In dem sich öffnenden Fenster bestimmen wir zunächst die unabhängige ❷ und die abhängige Variable ❶ durch Markieren der Variablen und Klicken auf den Pfeil ❸ (siehe ▶*Abbildung 6.120*).

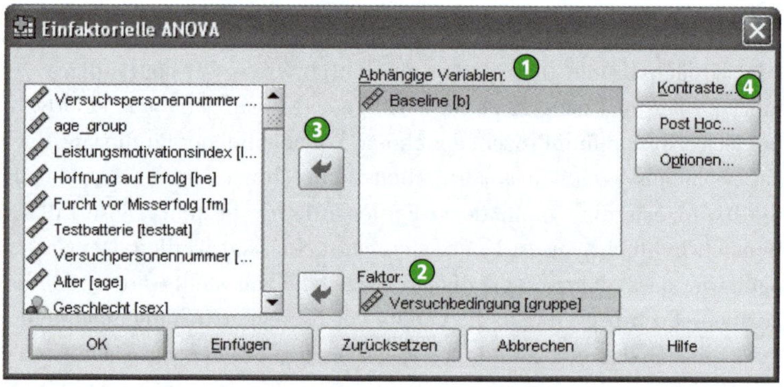

Abbildung 6.120: SPSS-Fenster einfaktorielle ANOVA

In dem Fenster finden wir auch die Option KONTRASTE... ❹. Diese Option wählen wir durch einen Mausklick aus und können nun in dem sich öffnenden Fenster (siehe ▶*Abbildung 6.121*) direkt die Kontrastkoeffizienten eingeben.

Bei der Eingabe ist darauf zu achten, dass man die Reihenfolge einhält, in der die Gruppen in SPSS angegeben sind. In unserem Datensatz ist die Reihenfolge Fake Good, Fake Bad und dann Kontrollgruppe. In dieser Reihenfolge müssen wir jetzt die Kontrastkoeffizienten eingeben ❶ und in die Liste durch Drücken von HINZUFÜGEN aufnehmen ❷. SPSS berechnet bei jedem Schritt die Summe der Koeffizienten ❸. Am Ende muss der Wert null resultieren. Wenn drei Kontrastkoeffizienten (−0.5, 1, −0.5) eingetragen sind, können wir einen weiteren Kontrast (1, 0, −1) spezifizieren, indem wir auf WEITER klicken ❹. Nachdem alle Kontraste definiert sind, schließen wir das Fenster durch Klicken auf die Schaltfläche WEITER ❺. Im Hauptfenster können wir nun die Analyse starten, indem wir auf OK klicken.

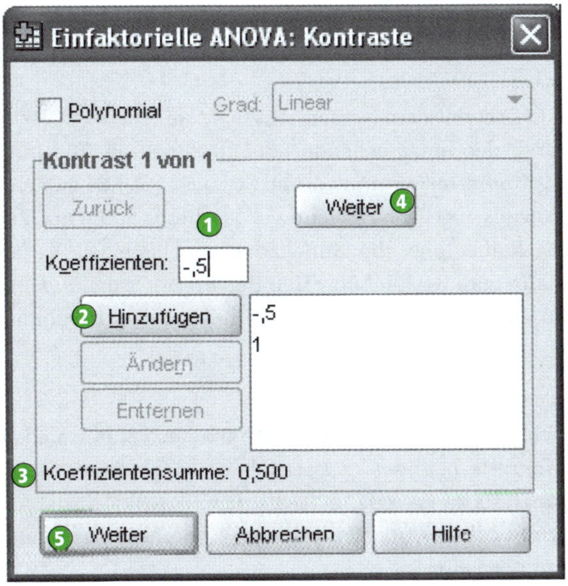

Abbildung 6.121: Eingabe der Kontrastkoeffizienten

Um in R dieselbe Kontrastanalyse durchzuführen, nutzen wir das Paket `lsmeans` in Kombination mit dem bereits bekannten Paket `afex`. Schließlich nutzen wir nach dem Öffnen der Pakete den folgenden Code:

```
out9 <- aov_ez(id="vpn", dv="b", data=anova_ein, between = "gruppe", return = "aov")
```

Im ersten Schritt legen wir ein neues Objekt mit dem Namen `out9` an. Darin legen wir das Ergebnis des Befehls `aov_ez` ab. Dieser wird wieder im Rahmen des Pakets `afex` genutzt und vollzieht eine Varianzanalyse. Er stellt auch eine Alternative zu den bereits dargestellten Befehlen (z. B. `anova.car`) dar. Mit den entsprechenden Angaben im Argument `return` lassen sich ebenfalls alle Ergebnisse reproduzieren. An dieser Stelle gehen wir darauf aber nicht weiter ein. Das erste Argument des Befehls erfordert die Angabe des Namens der Variable, die die Versuchspersonennummer beinhaltet. Sollte es eine solche Variable noch nicht geben, müsste sie an dieser Stelle wie oben gezeigt, erstellt werden. In weiteren Argumenten werden die Namen der abhängigen Variablen (`dv`), des Datensatzes (`data`) und der unabhängigen Variablen (`between`) angegeben. Schließlich erfolgt die Angabe des gewünschten Ausgabeformats. Das eigentliche Objekt `out9` müssen wir uns an dieser Stelle nicht anzeigen lassen, da wir ja bereits das Ergebnis der ANOVA kennen. Stattdessen wollen wir aber Kontraste berechnen. Wie bereits dargestellt, arbeiten die Kontraste unter anderem mit den Mittelwerten der einzelnen Stufen der UV. Diese und weitere Informationen generieren wir nun im nächsten Schritt mit dem Befehl `lsmeans` aus dem gleichnamigen Paket:

```
means <- lsmeans(out9, ~gruppe)
```

Dazu legen wir ein neues Objekt an, das wir `means` nennen. Darin legen wir das Ergebnis des Befehls ab. Dieser Befehl hat als erstes Argument die soeben erstellte Ausgabe und als zweites Argument die Angabe der unabhängigen Variablen. Nun ist es an der Zeit, die Kontraste zu definieren:

```
contrasts <- list(
  Kontrast_1=c(-1, 0, 1),
  Kontrast_2=c(-.5, 1, -.5))
```

Dazu legen wir ein Objekt mit dem Namen `contrasts` an. Dieses Objekt soll eine Liste enthalten, was wir durch den entsprechenden Befehl zuweisen. Die Inhalte der Liste sind dann unsere beiden Kontraste (`Kontrast_1` und `Kontrast_2`). Die entsprechenden Kontrastkoeffizienten sind jeweils angegeben. Wichtig ist an dieser Stelle noch einmal, sich zu versichern, in welcher Reihenfolge die Stufen der unabhängigen Variablen im Datensatz kodiert sind. Dies kann zum Beispiel über den Befehl `table`, den Befehl `colnames` oder den Befehl `head` erfolgen. Im letzten Schritt erfolgt schließlich die Berechnung der Kontraste:

```
con1 <- contrast(means, contrasts, adjust = "none")
con1
```

Wir nutzen den Befehl **contrast** und geben als Argumente an, in welchen Objekten sich die Mittelwerte und Kontraste befinden. Zusätzlich ist es an dieser Stelle möglich, für die Anzahl an Signifikanztests zu korrigieren (siehe dazu Post-hoc-Tests). Da wir davon ausgehen, dass die Kontraste auf theoretisch fundierten Hypothesen beruhen, verzichten wir an dieser Stelle auf eine Korrektur.

Im SPSS-Output finden wir zunächst eine Tabelle mit dem Namen „Oneway Anova". Hierin finden wir noch einmal die Quadratsummen, den *F*-Wert sowie die Overall-Signifikanz der ANOVA. Diese Tabelle stellen wir hier nicht dar. Dieselbe Information erhalten wir in R, wenn wir uns das Objekt `out9` anzeigen lassen, was wir hier ebenfalls nicht tun. In SPSS finden sich dann Tabellen, in denen die relevanteren Informationen zur Kontrastanalyse enthalten sind. Die entsprechenden R-Ausgaben haben wir ebenfalls abgebildet (siehe ▶*Abbildung 6.122*).

SPSS-Ausgabe

Kontrast-Koeffizienten

Kontrast	Versuchsbedingung: 1 Faking Good	2 Faking Bad	3 Kontrollgruppe
1	−1	0	1
2	−,5	1	−,5

Kontrast-Tests

		Kontrast	(3) Kontrastwert	(4) Standardfehler	(5) T	(6) df	(7) Signifikanz (2-seitig)
Baseline	(1) Varianzen sind gleich	1	−1.39	2.40	−0,58	116	,564
		2	−24.59	2.04	−12,04	116	,000
	(2) Varianzen sind nicht gleich	1	−1.39	1.51	−0,92	68,345	,361
		2	−24.59	2.55	−9,65	47,799	,000

R-Ausgabe

```
> contrasts
$Kontrast_1
[1] -1 0 1

$Kontrast_2
[1] -0.5 1.0 -0.5

> con1 <- contrast(means, contrasts, adjust = "none")
> con1
                   (3)       (4)  (6)  (5)     (7)
 contrast     estimate        SE  df t.ratio p.value
 Kontrast_1  -1.389183 2.400535 116  -0.579  0.5639
 Kontrast_2 -24.588494 2.043078 116 -12.035  <.0001
```

Abbildung 6.122: SPSS- und R-Output Kontraste

In der oberen SPSS-Tabelle „Kontrast-Koeffizienten" sind in den Zeilen noch einmal die Koeffizienten für unsere beiden Kontraste für jede Gruppe aufgeführt. Diese finden wir auch im R-Code und haben daher keine entsprechende Ausgabe erzeugt. Die Ergebnisse der eigentlichen Tests finden sich in SPSS in der unteren Tabelle „Kontrast-Tests". Da es sich um einen *t*-Test handelt, müssen wir zunächst sicherstellen, ob die Varianzen homogen sind. Das haben wir bereits bei der einfaktoriellen ANOVA gezeigt (siehe *Abschnitt 6.2.6*). Die Tabelle liefert Ergebnisse für die Annahme gleicher ① und ungleicher Populationsvarianzen ②. Um in R einen Kontrast für ungleiche Varianzen zu erzeugen, steht leider keine Fertiglösung zur Verfügung und der Nutzer wäre angehalten, selbst einen entsprechenden Code zu schreiben. Für jeden Kontrast finden wir nun in beiden Ausgaben den geschätzten Kontrastwert ③, also die Abweichung zwischen den Mittelwerten (steht im Zähler des Bruches zur Errechnung des *t*-Werts), den geschätzten Standardfehler ④ (steht im Nenner), den resultierenden empirischen *t*-Wert ⑤, die Freiheitsgrade ⑥ und schließlich die Überschreitungswahrscheinlichkeit ⑦. Der zweite Kontrast, ob sich die Populationsmittelwerte der Fake-Good-Personen und der Personen, die ehrlich geantwortet haben, unterscheiden, entspricht unserem Beispiel, das wir weiter oben vorgerechnet haben. Unser Ergebnis bestätigt sich hier. In der ersten Zeile sehen wir das Ergebnis für den Kontrast mit der Hypothese, dass sich die Populationsmittelwerte der Fake-Good-Personen und der Personen, die ehrlich geantwortet haben, unterscheiden. Das Ergebnis ist nicht signifikant. Dabei ist zu beachten, dass ein A-priori-Kontrast in der Regel von einer gerichteten Alternativhypothese ausgeht. Daher muss in solchen Fällen unbedingt daran gedacht werden, die von R und SPSS angegebene Überschreitungswahrscheinlichkeit noch zu halbieren. Aber auch dann bleibt der Wert in unserem Beispiel über den fünf Prozent. Allerdings tritt beim ersten Kontrast ein besonderer Fall auf. Wir nehmen ja eigentlich an, dass sich die beiden Populationsmittelwerte nicht unterscheiden. Demzufolge ist unsere Wunschhypothese nicht die Alternativhypothese, sondern die Nullhypothese. In *Kapitel 4* haben wir gesehen, dass es in diesem Fall wichtiger ist, den Fehler 2. Art gering zu halten. Mithilfe der Criterion-Power-Analyse lässt sich in G*Power für den beobachteten Effekt, die gegebene Stichprobengröße und eine Teststärke von 95 Prozent ein Wert für eine festgelegte Fehlerwahrscheinlichkeit 1. Art bestimmen, ab dem die Nullhypothese verworfen werden muss. Der Unterschied zum Vorgehen, wenn die Alternativhypothese die Wunschhypothese ist, besteht darin, dass wir solange wie möglich die Alternativhypothese beibehalten, es uns also schwer machen wollen, unsere *Wunschhypothese* anzunehmen. Die notwendigen Analysen haben wir bereits in *Kapitel 4* erläutert. An dieser Stelle nur noch einmal der entsprechende R-Code. Zunächst berechnen wir die gepoolte Standardabweichung und mit deren Hilfe die Effektgröße Hedges' *g*. Die Effektstärke beträgt 0.21. Bei einer einseitigen Testung (Fake Good führt zu höherem Wert), ergibt sich so eine Wahrscheinlichkeit für den Fehler 1. Art von 0.76.

```
n1 <- 37
n2 <- 41
sd1 <- 7.35
sd2 <- 5.79
sd_pooled <- sqrt(((n1-1)*sd1^2+(n2-1)*sd2^2)/(n1+n2-2))
sd_pooled

g <- (64.07-62.68)/sd_pooled
library(pwr)
pwr.t2n.test(n1=37, n2=41, d=g, sig.level=NULL, power=.95, alternative="greater")
```

Unsere Überschreitungswahrscheinlichkeit für eine einseitige Testung ist $p = 0.282$. Damit liegt der Wert unterhalb der von uns neu errechneten Fehlerwahrscheinlichkeit 1. Art von 0.76. Wir müssen also unsere Wunschhypothese, die Nullhypothese, verwerfen, wenn wir den Fehler 2. Art auf fünf Prozent festlegen. Das Resultat des Vorgehens ist bemerkenswert. Wenn wir lediglich auf den Fehler 1. Art achten, kommen wir hier zu einem anderen Schluss bezüglich unserer Hypothesen, nämlich dass sich beide Populationsmittelwerte nicht unterscheiden.

An dieser Stelle ist anzumerken, dass es gerade in solchen Fällen besonders angebracht ist, a priori die Stichprobengröße so zu planen, dass für einen Mindesteffekt (also Abweichung zwischen den Mittelwerten), den man bereit ist zu tolerieren, und eine gewünschte Fehlerwahrscheinlichkeit 1. Art eine Teststärke von 95 Prozent resultiert.

Fazit. Beim Beispiel mit den unabhängigen Messungen kommen wir also mithilfe der Ergebnisse nach Kontrastberechnung zum Schluss, dass ein starker, signifikanter Unterschied zwischen Populationsmittelwerten der Fake-Bad-Bedingung und beiden anderen Bedingungen im OLMT besteht. Die Populationsmittelwerte der Fake-Good-Bedingung und der Kontrollbedingung sind nicht gleich, wenn wir von einer Wahrscheinlichkeit für den Fehler 2. Art von 5 Prozent ausgehen. In der Fake-Good-Stichprobe ergibt sich ein leicht größerer Mittelwert.

In SPSS hat man auch die Möglichkeit, Kontrastkoeffizienten aus einer Liste auszuwählen. Bei abhängigen Messungen ist dies die einzige Möglichkeit, um Kontraste zu prüfen. Wir haben bereits für unabhängige und abhängige Messungen beschrieben, welche Optionen aus dem Menü ausgewählt werden müssen, um zur Auswahl der Kontrastoptionen zu gelangen: ANALYSIEREN → ALLGEMEINES LINEARES MODELL → UNIVARIAT... bei unabhängigen Messungen und ANALYSIEREN → ALLGEMEINES LINEARES MODELL → MESSWIEDERHOLUNG bei abhängigen Messungen (hier müssen dann noch die Messwiederholungsfaktoren definiert werden). In den sich öffnenden Fenstern findet sich dann jeweils die Option KONTRASTE... ① (siehe ▶*Abbildung 6.123*). Auf der linken Seite der Abbildung sehen Sie das Fenster bei unabhängigen und auf der rechten Seite das Fenster bei abhängigen Messungen. Wir haben bereits jeweils die abhängige Variable und die unabhängige Variable festgelegt.

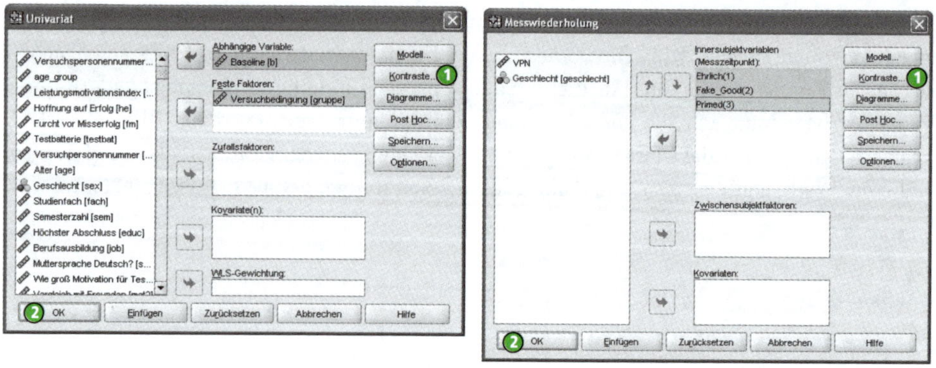

Abbildung 6.123: Auswählen der Option KONTRASTE... in SPSS

Durch Auswahl der Option KONTRASTE... ① mittels eines Mausklicks öffnet sich wiederum ein Fenster, in dem der Benutzer nun aus einer Liste von Kontrasten auswählen kann (siehe ▸*Abbildung 6.124*). Nachdem die Kontrastoption gewählt wurde, kann die Analyse gestartet werden, indem wir auf OK klicken ❷.

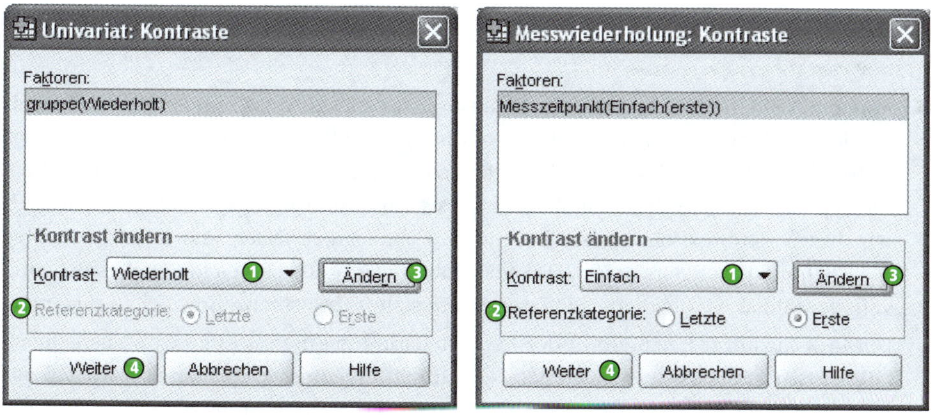

Abbildung 6.124: Liste der Kontrastoptionen in SPSS

Bevor wir auf die einzelnen Kontraste eingehen, wollen wir kurz das Vorgehen schildern. Auf der linken Seite der Abbildung finden wir wieder das Fenster für unabhängige Messungen und auf der rechten Seite das entsprechende Fenster für abhängige Messungen. Beachten Sie bitte, dass im linken Fenster nun nicht mehr das Variablenlabel (*Versuchsbedingung*), sondern der Variablenname (*gruppe*) verwendet wird. Zunächst wird nun aus der Liste ❶ ein KONTRAST ausgewählt. Bei manchen Kontrasten ist es zudem notwendig, eine REFERENZKATEGORIE ❷ festzulegen. Dabei können zwei Optionen gewählt werden: Alle Gruppen werden entweder mit der ersten oder mit der letzten Gruppe verglichen. Gegebenenfalls ist es nötig, die Anordnung der Gruppen bzw. Messzeitpunkte in SPSS zu ändern, damit der gewünschte Vergleichspunkt an die erste oder letzte Stelle rückt. Durch Klicken auf ÄNDERN ❸ wird die Auswahl festgelegt. Während bei unabhängigen Messungen kein Kontrast voreingestellt ist, wählt SPSS automatisch die Einstellung POLYNOMIAL bei abhängigen Messungen. Dies entspricht einem Trendtest, auf den wir später noch eingehen werden. Werden die Messzeitpunkte vertauscht (siehe Referenzkategorie), muss geprüft werden, ob Trendtests noch sinnvoll durchgeführt werden können. Nach Auswahl des Wunschkontrasts starten wir die Analyse durch Klicken auf WEITER ❹.

Auch in R entspricht das Vorgehen weitgehend diesen Schilderungen. Wichtig ist auch hier, dass die Reihenfolge der Gruppen bzw. Messzeitpunkte entsprechend sortiert ist.

Wenden wir uns nun den verschiedenen Kontrastoptionen zu, die SPSS und R bieten. Die Liste in SPSS umfasst die im Folgenden aufgeführten Kontraste. Dazu ist jeweils der entsprechende Befehl in R angegeben:

- *Abweichung:* Bei diesem Kontrast muss eine Referenzkategorie gewählt werden. SPSS bildet den Gesamtmittelwert über alle Gruppen bzw. Messzeitpunkte. Dann wird jeder Mittelwert (mit Ausnahme der Referenzkategorie) mit dem Gesamtmittelwert verglichen. Das Festlegen der Referenzkategorie nimmt also eine Gruppe vom Vergleich aus. Das ist notwendig, da – wie bereits beschrieben – nur eine begrenzte Anzahl an Kontrasten möglich ist (Anzahl der Gruppen minus 1).

In R bietet das Paket lsmeans eine vergleichbare Funktion. Allerdings wird hier keine Referenzkategorie ausgeschlossen. Daher sollte der Nutzer dies sozusagen selbst tun. Der entsprechende R-Code nutzt wieder das Objekt means, welches wir weiter oben erstellt haben, und lautet:

```
contrast(means, method = "eff")
```

- *Einfach:* Auch hier wird eine Referenzkategorie festgelegt. Allerdings dient diese hier als Vergleichsmittelwert. Das heißt, dass die Mittelwerte aller anderen Gruppen bzw. Messzeitpunkte mit dem Mittelwert der Referenzkategorie verglichen werden. Dieser Kontrasttyp ist vor allem dann nützlich, wenn es eine Kontrollgruppe gibt. Daher wählen wir diesen Kontrast in unserem Beispiel mit abhängigen Daten und legen den ersten Messzeitpunkt als Referenz fest. Dieselbe Option wäre auch beim anderen Beispiel sinnvoll, da wählen wir aber einen anderen Kontrast, um ein weiteres Beispiel zu zeigen.

  Um in R für unser Beispiel mit der Messwiederholung diesen Kontrast zu berechnen, müssen wir zunächst wieder ein Objekt mit den Ergebnissen des Befehls aov_ez aus dem afex-Paket erstellen. Dieses Objekt nennen wir out10 und nutzen es bei der Kontrastberechnung:

```
out10 <- aov_ez(id="VP", dv="Neurotizismus", data=anova.mw.long,
within="Messzeitpunkt", return="aov")
means2 <- lsmeans(out10, ~Messzeitpunkt)
con2 <- contrast(means2, method="trt.vs.ctrl", ref=1)
con2
```

Neu beim contrast-Befehl ist, dass wir die Methode trt.vs.ctrl verwenden. Diese bewirkt den gewünschten Kontrast. Zudem geben wir im Argument ref die gewünschte Referenzkategorie an.

- *Differenz:* Dieser Kontrast wird auch als umgekehrter Helmert-Kontrast bezeichnet. Bei diesem Kontrast vergleicht SPSS den Mittelwert einer jeden Gruppe bzw. eines jeden Messzeitpunkts (außer der/dem ersten) mit dem Mittelwert der vorhergehenden Gruppe. Der dazugehörige R-Code entspricht in unserem Beispiel dem Code, den wir bei dem Kontrast *Wiederholt* darstellen.
- *Helmert:* Hier wird der Mittelwert einer jeden Gruppe bzw. eines jeden Messzeitpunkts (bis auf die/den letzten) mit dem Gesamtmittelwert der folgenden Gruppen verglichen. Für unser Beispiel der ANOVA ohne Messwiederholung ergibt sich folgender R-Code:

```
Helmert<- list(
  Eins=c(-1, .5, .5),
  Zwei=c(0, -1, 1))
contrast(means, Helmert, adjust = "none")
```

- *Wiederholt:* Vergleicht den Mittelwert einer jeden Gruppe bzw. eines jeden Messzeitpunkts (außer der/des letzten) mit dem Mittelwert der folgenden Gruppen bzw. Messzeitpunkte. Diesen Kontrast wählen wir für unser Beispiel mit den unabhängigen Messungen. Wir vergleichen also die erste Gruppe (Fake Good) mit der zweiten (Fake Bad) und die zweite (Fake Bad) mit der dritten (Kontrollgruppe). In R ergibt sich für unser Beispiel der folgende Code:

```
wiederholt <- list(
  Eins_vs_2=c(1, -1, 0),
  Zwei_vs_3=c(0, 1, -1))
con3 <- contrast(means, wiederholt, adjust = "none")
confint(con3)
```

Wir legen hier also zunächst wieder eine Liste mit den gewünschten Kontrasten an. Diese übergeben wir dann noch dem contrast-Befehl. Schließlich nutzen wir den Befehl confint, um für das Ergebnis Konfidenzintervalle anzufordern.

- *Polynomial:* Dieser Kontrast entspricht einem Trendtest. Es wird geprüft, ob sich der Verlauf der Mittelwerte beispielsweise durch einen linearen, einen quadratischen oder einen kubischen Effekt beschreiben lässt. Dabei ist die Anzahl der getesteten Effekte begrenzt auf die Anzahl der Gruppen minus 1 (siehe Trendtests). Auf Trendtests gehen wir noch gesondert ein, hier aber schon einmal der R-Code für unser Beispiel mit der Messwiederholung. Wir greifen dabei wieder auf das Objekt means2 zurück, welches wir weiter oben angelegt haben:

```
contrast(means2, method="poly", adjust = "none")
```

Wir haben nun für beide Beispiele einen Kontrast gewählt und können die Analysen starten. Als Nächstes betrachten wir zunächst die Ergebnisausgaben in SPSS bzw. R für den *Wiederholten Kontrast* bei den unabhängigen Messungen. Wir schauen also, ob die Vergleiche Fake Good vs. Fake Bad und Fake Bad vs. Kontrollgruppe signifikant ausfallen. Die Ausgabe in SPSS enthält alle Informationen, die wir auch bei der einfaktoriellen ANOVA erläutert haben. Daher gehen wir hier nicht weiter darauf ein und stellen auch nicht die entsprechenden R-Outputs dar, die ebenfalls weiter oben bereits erläutert wurden. Stattdessen wenden wir uns direkt der entscheidenden Tabelle in SPSS bzw. der Ausgabe in R zu (siehe ▶*Abbildung 6.125*).

Die Tabelle in SPSS trägt den Namen „Kontrastergebnisse (K-Matrix)“ und findet sich am Ende des Outputs. Oben links in der Tabelle sehen wir noch einmal die Art des Kontrasts ①. In der ersten Spalte finden wir dann die Mittelwertsvergleiche, die im Rahmen des Kontrasts vorgenommen wurden, ② und ③. Schließlich findet sich oben rechts in der SPSS-Ausgabe noch einmal der Name der abhängigen Variablen (Baseline aus dem OLMT) ④. Zu jedem Vergleich finden wir nun eine Reihe von Angaben, die in der R-Ausgabe grau hinterlegt sind. Der erste Wert ist jeweils der *Kontrastschätzer* (in der R-Ausgabe *estimate*). Das ist das aus den Stichprobendaten geschätzte $\hat{\psi}$. Dieser Wert entspricht der empirischen gewichteten Mittelwertsdifferenz. Darunter steht jeweils die Differenz der Populationsmittelwerte, die wir unter Geltung der Nullhypothese annehmen, hier *Hypothesenwert* genannt. Bei beiden Vergleichen beträgt dieser Wert null. Als Nächstes wird die *Differenz* zwischen den beiden Mittelwerten berichtet. In der Zeile *Standardfehler* ist jeweils die aus den Standardabweichungen der Stichproben geschätzte Standardabweichung der t-Verteilung unter Annahme der Nullhypothese angegeben ($\hat{SE}$). Danach folgt die Überschreitungswahrscheinlichkeit p (in der R-Ausgabe *p.value*). Abschließend finden wir das Konfidenzintervall mit seinen zufälligen Grenzen, das mit 95-prozentiger Wahrscheinlichkeit die Populationsmittelwertsdifferenz überdeckt (in R *lower.CL* bzw. *upper.CL* benannt). Das Konfidenzintervall berechnet sich aus dem $z_{1-\alpha/2}$-Wert der Standardnormalverteilung ($z = 1.96$) multipliziert mit dem Standardfehler. Der Wert, der sich daraus ergibt, wird zu der beobachteten Differenz addiert bzw. von ihr abgezogen, wodurch sich die Grenzen des Intervalls ergeben.

SPSS-Ausgabe

Kontrastergebnisse (K-Matrix)

Versuchsbedingung wiederholter Kontrast ①			Abhängig... Baseline ④
Stufe 1 gegen Stufe 2 ②	Kontrastschätzer		25,28
	Hypothesenwert		0,00
	Differenz (Schätzung - Hypothesen)		25,28
	Standardfehler		2,40
	Signifikanz		0,000
	95% Konfidenzintervall für die Differenz	Untergrenze	20,53
		Obergrenze	30,04
Stufe 2 gegen Stufe 3 ③	Kontrastschätzer		-23,89
	Hypothesenwert		0,00
	Differenz (Schätzung - Hypothesen)		-23,89
	Standardfehler		2,34
	Signifikanz		0,000
	95% Konfidenzintervall für die Differenz	Untergrenze	-28,52
		Obergrenze	-19,26

R-Ausgabe

①

```
> con3 <- contrast(means, wiederholt, adjust = "none")
> con3
 contrast   estimate       SE  df t.ratio p.value
 Eins_vs_2  25.28309 2.400535 116  10.532  <.0001
 Zwei_vs_3 -23.89390 2.338172 116 -10.219  <.0001

> confint(con3)
 contrast   estimate       SE  df  lower.CL  upper.CL
 Eins_vs_2  25.28309 2.400535 116  20.52852  30.03765
 Zwei_vs_3 -23.89390 2.338172 116 -28.52495 -19.26286

Confidence level used: 0.95
```

Abbildung 6.125: Ergebnisse des wiederholten Kontrasttests

Wenn wir nun unsere beiden Kontraste näher betrachten, sehen wir, dass sowohl der Unterschied zwischen der Fake-Good-Gruppe und der Fake-Bad-Gruppe als auch der Unterschied zwischen der Fake-Bad-Gruppe und der Kontrollgruppe signifikant sind. Im SPSS-Output finden wir auch die Tabelle mit den deskriptiven Statistiken (Einstellungen dafür wurden im Abschnitt zur einfaktoriellen ANOVA erklärt) und können so die Effektstärken berechnen. In *Kapitel 4* haben wir dies bereits dargestellt. Wir wählen Glass' Delta und damit die Standardabweichung der Kontrollgruppe zur Normierung der Mittelwertsdifferenz. Für den Vergleich der Fake-Good-Gruppe und der Fake-Bad-Gruppe ergibt sich so eine Effektstärke von 4.37 und für den Vergleich der Fake-Bad-Gruppe mit der Kontrollgruppe ein Effekt von −4.13. Beide Effekte weisen auf starke Unterschiede hin. Die Fake-Good-Gruppe schneidet also deutlich besser ab als die Fake-Bad-Gruppe, und diese schneidet deutlich schlechter als die Kontrollgruppe ab.

Wenden wir uns nun dem Ergebnis des *Einfachen Kontrasts* bei den abhängigen Messungen zu. Hier testen wir, ob sich die mittleren Selbsteinschätzungen in Neurotizismus ändern, wenn die Versuchspersonen eine Fake-Good-Instruktion bzw. ein emotionales Priming bekommen. Wir wählen neben den bereits beschriebenen Einstellungen alle wie bei der einfaktoriellen Varianzanalyse mit Messwiederholung. Wir betrachten hier nur die für die Kontraste relevante Tabelle in SPSS („Tests der Innersubjektkontraste") sowie die entsprechende R-Ausgabe (siehe ▶*Abbildung 6.126*).

SPSS-Ausgabe

Tests der Innersubjekteffekte

Maß:MASS_1

Quelle (1)		Quadratsumme vom Typ III (2)	df (3)	Mittel der Quadrate (4)	F (5)	Signifikanz (6)	Partielles Eta-Quadrat (7)	Nichtzentralitäts-Parameter	Beobachtete Schärfe[a] (8)
Messzeitpunkt	Stufe 2 gegen Stufe 1	168010,91	1	168010,91	259,03	,000	,434	259,03	1,000
	Stufe 3 gegen Stufe 1	267260,43	1	267260,43	225,91	,000	,401	225,91	1,000
Fehler(Messzeitpunkt)	Stufe 2 gegen Stufe 1	219228,10	338	648,60					
	Stufe 3 gegen Stufe 1	399069,56	338	1183,04					

a. Unter Verwendung von Alpha = ,05 berechnet

R-Ausgabe

```
> con2
 contrast              estimate       SE  df t.ratio p.value
 Fake_Good - Ehrlich -22.26224 1.820792 676 -12.227  <.0001
 Primed - Ehrlich     28.07808 1.820792 676  15.421  <.0001

P value adjustment: dunnettx method for 2 tests
> confint(con2)
 contrast              estimate       SE  df  lower.CL  upper.CL
 Fake_Good - Ehrlich -22.26224 1.820792 676 -26.31638 -18.20810
 Primed - Ehrlich     28.07808 1.820792 676  24.02395  32.13222

Confidence level used: 0.95
Conf-level adjustment: dunnettx method for 2 estimates
```

Abbildung 6.126: Ergebnis der einfachen Kontraste

SPSS verwendet in dieser Ausgabe die Maske der Varianzanalyse. Daher finden sich hier die Angaben zur Varianz generierenden Quelle (1), zur Quadratsumme (2), zu Freiheitsgraden (3), zu mittleren Quadratsummen (4), zu empirischen F-Werten (5), zur Überschreitungswahrscheinlichkeit (6), zum partiellen eta^2 (7) und zur Teststärke (8). Aus *Kapitel 4* wissen wir, dass die Wurzel aus dem F-Wert den t-Wert für den Einzelvergleich ergibt. Wir haben bereits den Vergleich zwischen der Kontrollgruppe und der Fake-Good-Bedingung gerechnet und dort einen t-Wort von 11.10 erhalten. Hier finden wir einen F-Wert von 259.03, was einem t-Wert von 16.09 entspricht. Der Unterschied erklärt sich dadurch, dass SPSS hier einen t-Test für abhängige Stichproben berechnet. Es wird also der Standardfehler aus dem t-Test genutzt und nicht die Residualvarianz, wie wir es oben getan haben. Unser Vorgehen hat zu einem kleineren t-Wert geführt, war also konservativer. In R wird hingegen die oben dargestellte Formel eingesetzt, und in der Ausgabe finden wir wie gewohnt t-Werte (5) sowie Überschreitungswahrscheinlichkeiten (6). Für den oben besprochenen Vergleich finden wir einen t-Wert von 12.23.

In den ersten beiden grau hinterlegten Zeilen der SPSS-Ausgabe finden wir die beiden Vergleiche. An der Überschreitungswahrscheinlichkeit sehen wir, dass beide Vergleiche signifikant sind. Auch in R zeigt sich dieses Ergebnis. Zur Bestimmung der Effektstärke berechnen wir wieder Glass' Delta mit den Angaben aus der Tabelle der deskriptiven Statistiken (siehe *Abschnitt 6.5*, einfaktorielle ANOVA mit Messwiederholung). Es zeigt sich für den

Vergleich Fake Good mit Ehrlich ein Effekt von −0.91 und für den Vergleich von Primed mit Ehrlich ein Effekt von 1.15. Beide Effektmaße zeigen starke Mittelwertsunterschiede an. Die Manipulation der Messzeitpunktbedingungen hat also starke, signifikante Veränderungen im Vergleich zur ehrlichen Selbsteinschätzung (Kontrollbedingung) bewirkt.

Anhand der A-priori-Kontraste haben wir spezifische Annahmen, die bereits vor der Untersuchung bestanden, getestet. Nun wenden wir uns dem Fall zu, dass wir entweder keine solchen Annahmen haben oder aber alle möglichen Gruppenvergleiche machen möchten.

6.8.2 Post-hoc-Tests

Zweck. Die *Post-hoc-Tests* ermöglichen es, alle theoretisch möglichen Mittelwertsvergleiche anzustellen. In unseren Beispielen haben wir jeweils drei Gruppen bzw. Messzeitpunkte. Demzufolge ergeben sich jeweils auch drei Vergleiche. An dieser Stelle sei angemerkt, dass Post-hoc-Tests eigentlich nicht der Hypothesenprüfung dienen, sondern eher der Hypothesengenerierung. Schließlich werden meist alle theoretisch möglichen Vergleiche getestet, da keine konkreten Hypothesen vorliegen. In solchen Fällen sollten die Befunde unbedingt in neuen Stichproben repliziert werden. Es kann jedoch auch vorkommen, dass tatsächlich alle Vergleiche mit einer vorher aufgestellten Hypothese hinterlegt sind. In diesen Fällen ist die Prüfung mit Kontrasten jedoch nicht möglich, da deren Anzahl begrenzt ist, wie wir gesehen haben. Wir wissen aber bereits, dass mehrere Signifikanztests an einem Datensatz zu einer α-Fehler-Inflation führen können. Dazu wollen wir kurz das Konzept der abhängigen und der unabhängigen Signifikanztests wiederholen.

Exkurs

Abhängige und unabhängige Signifikanztests

Stellen wir uns vor, es soll verglichen werden, ob sich männliche und weibliche Psychologiestudierende in ihrem Statistikwissen unterscheiden. Die Untersuchung findet zeitgleich in Berlin, Marburg und München statt. In jeder der Universitäten werden Zufallsstichproben gezogen, getestet und die Mittelwerte mit einem t-Test verglichen. Das heißt, dass wir in jeder Stichprobe die Populationsstandardabweichung der t-Verteilung unter der Nullhypothese für den Nenner des t-Tests schätzen (Standardfehler). Allerdings „beeinflusst" der geschätzte Standardfehler aus München nicht den geschätzten Standardfehler aus Berlin oder Marburg. Es handelt sich um unterschiedliche, geschätzte Standardfehler. Daher sind die drei Signifikanztests auch nicht abhängig voneinander. Es handelt sich also um *unabhängige Signifikanztests*, wenn die geschätzen Standardfehler mithilfe unterschiedlicher Stichproben geschätzt werden. Zu beachten ist aber die *family-wise error rate*, die wir zu Beginn des Kapitels bereits besprochen hatten.

Betrachten wir im Gegensatz dazu unser Beispiel mit den drei Gruppen und dem Leistungsmotivationstest als abhängige Variable. Wenn wir hier alle drei möglichen Vergleiche anstellen, können wir im Prinzip auch drei t-Tests rechnen. In jedem Test muss nun wieder der Standardfehler geschätzt werden. Allerdings werden diese Standardfehler nicht mehr unabhängig voneinander geschätzt. Vergleichen wir die Kontrollgruppe mit der Fake-Bad-Gruppe oder der Fake-Good-Gruppe, werden die Informationen aus der Kontrollgruppe bei der Schätzung beider Standardfehler verwendet. Die Tests sind also nicht mehr unabhängig, es handelt sich vielmehr um *abhängige Signifikanztests*.

Bei Post-hoc-Tests können abhängige bzw. unabhängige Signifikanztests sowohl bei abhängigen als auch bei unabhängigen Stichproben auftreten. In einem Beispiel mit drei Gruppen, in denen die Gruppe 1 mit 2 und 2 mit 3 verglichen wird, handelt es sich um abhängige Signifikanztests. Bei vier Gruppen sind beispielsweise die Signifikanztests zwischen Gruppe 1 und 2 sowie zwischen Gruppe 3 und 4 unabhängig voneinander. Man kann hier den Begriff Gruppe auch durch Messwiederholung ersetzen und dann das Beispiel auf abhängige Stichproben übertragen. Unabhängig vom Design besteht bei Post-hoc-Tests also die Gefahr der α-Fehler-Inflation. Daher ist es nicht korrekt, im Anschluss an eine signifikante Varianzanalyse einfach alle möglichen t-Tests für unabhängige oder abhängige Gruppen (bzw. U-Tests oder Wilcoxon-Tests bei nonparametrischen Verteilungen der AV) zu berechnen. Vielmehr ist es nötig, ein Verfahren zu finden, um den Fehler 1. Art zu kontrollieren.

In der Literatur und auch in SPSS und R finden sich zahlreiche Vorschläge für Post-hoc-Tests, von denen nicht alle wirklich eine Korrektur vornehmen. Zur Liste zählen:

- LSD-Test (Least significant difference)
- SNK-Test (Student Newman-Keuls)
- Duncan-Test
- Tukey-HSD-Test (Honest significant difference)
- Tukey-Kramer-Test
- Peritz-Test
- Games-Howell-Test
- Scheffé-Test
- Bonferroni-Korrektur
- Bonferroni-Holm-Korrektur

In Forschungsartikeln werden häufig die letzten drei Varianten gewählt. Daher stellen wir diese hier auch vor.

Bonferroni-Korrektur. Die *Bonferroni-Korrektur*[8] widmet sich dem Problem der α-Fehler-Inflation auf eine sehr direkte Weise. Wir kennen bereits die Formel für das inflationierte α' bei k Vergleichen:

8 In manchen Büchern wird die Bonferroni-Korrektur auch als A-priori-Korrektur verstanden und an entsprechender Stelle aufgeführt. Wir vertreten aber die Ansicht, dass es sich hierbei um eine Post-hoc-Korrektur handelt.

Formel 6.76

$$\alpha' = 1-(1-\alpha)^k$$

α' = inflationierter Alpha-Fehler
α = ursprünglich anvisierter Alpha-Fehler
k = Anzahl an Einzelvergleichen

Bei drei Vergleichen ergibt sich so ein α' von ungefähr 14 Prozent. Hier setzt die Bonferroni-Korrektur an. Die Idee ist es, das inflationierte α' wieder soweit herabzusetzen, dass es unserem nominellen (ursprünglich anvisierten) α entspricht. Daher wird α einfach durch die Anzahl der Vergleiche k dividiert. Man beachte hier, dass diese Formel bei abhängigen Signifikanztests konservativ ausfällt. Das heißt, dass die Nullhypothese fälschlicherwiese zu oft beibehalten wird. Nur bei unabhängigen Signifikanztests ist die Vorgehensweeise exakt. Betrachten wir dies genauer:

Formel 6.77

$$\alpha' = 1-(1-0.05)^3 = 0.14$$

$$\alpha' = 1-(1-\frac{0.05}{3})^3 = 0.049$$

Wir sehen also, wenn wir α einfach durch die Anzahl der Vergleiche dividieren, dann führt dies dazu, dass wir trotz der Inflation insgesamt, also für alle Vergleiche zusammengenommen, ein nominelles α von fünf Prozent einhalten.

Die Bonferroni-Korrektur besteht also darin, die Fehlerwahrscheinlichkeit 1. Art durch die Anzahl der Vergleiche zu dividieren und diesen Wert für die Einzelvergleiche heranzuziehen. Dadurch wird insgesamt, über alle Einzelvergleiche hinweg, die gewünschte Irrtumswahrscheinlichkeit eingehalten.

Für unser Beispiel müssen wir also bei jedem der drei Einzelvergleiche eine α-Fehlerwahrscheinlichkeit von $0.05 / 3 = 0.0167$ annehmen. Das Ergebnis eines Einzelvergleichs ist also nur signifikant, wenn die Überschreitungswahrscheinlichkeit des entsprechenden Vergleichs unter diesem Wert liegt.

Wenn wir dieses Vorgehen verallgemeinern, müssen wir zunächst schauen, wie viele Einzelvergleiche möglich sind. Insgesamt haben wir p Gruppen oder Messzeitpunkte. Bei einem Einzelvergleich greifen wir immer zwei Gruppen heraus. Mittels des Binomialkoeffizienten (siehe *Kapitel 3*) können wir nun schauen, wie viele Zweier-Kombinationen m aus den p Faktorstufen gebildet werden können:

Formel 6.78

$$m = \frac{p}{2}$$

m = Anzahl möglicher Kombinationen
p = Anzahl der Faktorstufen

Der Wert für m stellt dann den Nenner bei der eigentlichen Bonferroni-Korrektur dar:

$$\alpha_{adj} = \frac{\alpha}{m} = \frac{\alpha}{\binom{p}{2}}$$

α_{adj} = adjustierter Alpha-Fehler
α = ursprünglich angenommener Alpha-Fehler
m = Anzahl möglicher Kombinationen
p = Anzahl der Faktorstufen

In ▶ *Tabelle 6.13* ist dargestellt, wie sich dieses Vorgehen auf unsere beiden Beispiele auswirkt. Hier finden wir zunächst die Vergleiche der unabhängigen Gruppen und dann die der abhängigen Messzeitpunkte. Für jeden Vergleich haben wir den t-Wert, die Freiheitsgrade, die Effektstärke (Glass' Delta) und die Überschreitungswahrscheinlichkeit p aufgeführt (Berechnung an dieser Stelle nicht dargestellt).

	t	df	Δ	p
Beispiel für unabhängige Gruppen				
Fake Good vs. Fake Bad	9.31	76	4.36	<0.001
Fake Good vs. Kontrollgruppe	0.92	76	0.24	0.18
Fake Bad vs. Kontrollgruppe	9.20	80	−4.13	<0.001
Beispiel für abhängige Gruppen				
Ehrlich vs. Fake Good	16.10		0.91	<0.001
Ehrlich vs. Primed	15.03		−1.15	<0.001
Fake Good vs. Primed	−23.62		−2.06	<0.001

Tabelle 6.13: Post-hoc-Vergleiche für gewählte Beispiele

In beiden Beispielen müssen wir eine adjustierte Fehlerwahrscheinlichkeit 1. Art von 0.0167 anlegen, da wir drei Vergleiche durchführen. Wir sehen allerdings, dass sich dies hier nicht auswirkt. Die Effekte sind so stark, dass auch diese deutlich strengere Grenze durch den p-Wert unterschritten wird. Lediglich der Vergleich zwischen der Fake-Good-Gruppe und der Kontrollgruppe ist nicht signifikant. Hier ist allerdings die Nullhypothese die Wunschhypothese und wir müssen den Fehler 2. Art kontrollieren. Wir haben bereits gesehen, dass sich ein alternativer Wert für den Fehler 1. Art mithilfe der Criterion-Power-Analyse in G*Power bzw. R bestimmen lässt.

An dieser Stelle stellt sich jedoch generell die Frage, wie sich die Bonferroni-Korrektur auf die Teststärke auswirkt. Da wir die Fehlerwahrscheinlichkeit 1. Art reduzieren, sinkt auch die Wahrscheinlichkeit, einen Unterschied zu entdecken, wenn er in der Grundgesamtheit tatsächlich vorliegt. Bei der Berechnung der Post-hoc-Teststärke mit G*Power bzw. R muss dies auch berücksichtigt werden. Anstelle von fünf Prozent müssen wir nun den korrigierten Wert (im Beispiel 0.0167) unter α einfügen. Betrachten wir die Auswirkungen auf die Teststärke in ▶*Tabelle 6.14.*

	Teststärke ohne Korrektur	**Teststärke mit Korrektur**
Beispiel für unabhängige Messungen		
Fake Good vs. Fake Bad	~1	~1
Fake Good vs. Kontrollgruppe	0.28	0.14
Fake Bad vs. Kontrollgruppe	~1	~1
Beispiel für abhängige Messungen		
Ehrlich vs. Fake Good	~1	~1
Ehrlich vs. Primed	~1	~1
Fake Good vs. Primed	~1	~1

Tabelle 6.14: Post-hoc-Teststärke für gewählte Beispiele mit und ohne Korrektur

Die Auswirkung auf die Teststärke zeigt sich in den Beispielen kaum. Dies liegt aber an der Größe der Effekte. Beim Vergleich der Fake-Good-Gruppe und der Kontrollgruppe wird die Abnahme der Teststärke durch die Korrektur des Fehlers 1. Art deutlich. Allerdings müssen wir bei diesem Vergleich eine andere Teststrategie wählen, da hier die Nullhypothese (kein Unterschied) die Wunschhypothese ist. Es kommt also darauf an, den Fehler 2. Art zu kontrollieren. Daher muss hier die Fehlerwahrscheinlichkeit 2. Art durch 3 geteilt werden. Bei der Criterion-Power-Analyse, mit der wir die alternative Fehlerwahrscheinlichkeit 1. Art bestimmen, um einen bestimmtes Risiko 2. Art einzuhalten, können wir die gewünschte Teststärke also nicht auf 0.95 setzen, sondern müssen sie auf 0.9833 setzen ($1 - 0.0167 = 0.9833$). Es ergibt sich unter Berücksichtigung der weiteren Informationen eine alternative Fehlerwahrscheinlichkeit 1. Art von 0.89. Ohne die Korrektur würde diese Fehlerwahrscheinlichkeit 1. Art mit 0.76 geringer ausfallen.

In unserem Beispiel können wir so auch nach den Post-hoc-Tests sagen, dass die Fake-Bad-Gruppe sich signifikant und bedeutsam von beiden anderen Gruppen in ihrer mittleren Leistungsmotivation unterscheidet und die mittlere Leistungsmotivation zwischen Fake-Good-Gruppe und Kontrollgruppe nicht gleich ausfällt.

Zusammenfassung. Durch die Bonferroni-Korrektur ist es also möglich, beliebig viele Einzelvergleiche durchzuführen, ohne eine α-Fehler-Inflation zu riskieren. Die korrigierte Fehlerwahrscheinlichkeit 1. Art muss dann auch bei der Teststärkebestimmung genutzt werden. Es gibt jedoch auch einen gravierenden Nachteil. Mit steigender Anzahl an Gruppen wird auch die Anzahl der Einzelvergleiche immer größer. So ergeben sich bei vier Gruppen oder Messzeitpunkten bereits sechs Vergleiche und bei fünf Faktorstufen zehn Einzelvergleiche. Korrigieren wir jetzt die Wahrscheinlichkeit für den Fehler 1. Art von fünf Prozent mit der Anzahl an möglichen Vergleichen, erhalten wir schnell sehr geringe Werte für die adjustierte Fehlerwahrscheinlichkeit 1. Art. Bei fünf Gruppen und zehn Einzelvergleichen dürfte die Überschreitungswahrscheinlichkeit schon höchstens $p = 0.005$ betragen, damit wir den Effekt als statistisch signifikant beurteilen. Daher gibt es eine leicht abgewandelte Alternative zur Bonferroni-Korrektur, die Bonferroni-Holm-Korrektur.

Bonferroni-Holm-Korrektur. Um die Effekte der Bonferroni-Korrektur etwas abzumildern, wird hier nicht für alle Einzelvergleiche die komplett adjustierte Fehlerwahrscheinlichkeit 1. Art verwendet. Stattdessen werden die Effekte zunächst nach ihrer Größe absteigend sortiert. Dazu müssen nicht extra die Effektstärken berechnet werden, auch die Überschreitungswahrscheinlichkeiten oder t-Werte eignen sich zum Sortieren. Der größte Effekt hat die geringste Überschreitungswahrscheinlichkeit und den größten t-Wert. Daher werden die Überschreitungswahrscheinlichkeiten in aufsteigender und die t-Werte in absteigender Reihenfolge sortiert. Stellen wir uns vor, wir hätten vier Gruppen und müssten demzufolge sechs Vergleiche durchführen. Die adjustierte Fehlerwahrscheinlichkeit 1. Art nach Bonferroni-Korrektur beträgt also $0.05 / 6 = 0.0083$. Nehmen wir außerdem an, die Reihenfolge der Überschreitungswahrscheinlichkeiten wäre: 0.001, 0.009, 0.02, 0.025, 0.03 und 0.04. Wenn wir die volle Bonferroni-Korrektur anlegen würden, wäre lediglich der erste Vergleich signifikant. Alle weiteren Überschreitungswahrscheinlichkeiten liegen über $p = 0.0083$. Bei einer konventionellen Fehlerwahrscheinlichkeit 1. Art von fünf Prozent wären alle Einzelvergleiche signifikant, wir würden aber hier eine α-Fehler-Inflation riskieren. Bei der *Bonferroni-Holm-Korrektur* wird nun versucht, diese Inflation zu vermeiden und gleichzeitig nicht so streng wie bei der Bonferroni-Methode zu sein. Die Idee besteht in einer schrittweisen Korrektur. So wird für den Einzelvergleich mit dem größten Effekt auch die volle Korrektur angesetzt. In unserem Beispiel muss die geringste erzielte Überschreitungswahrscheinlichkeit kleiner als $p = 0.0083$ ausfallen, damit der Unterschied als statistisch signifikant bewertet werden kann. Diese Bedingung ist erfüllt. Die nächstgrößere Überschreitungswahrscheinlichkeit (und damit der zweitgrößte Effekt) wird nun nicht mehr an dieser strengen Messlatte gemessen. Stattdessen wird eine neue Adjustierung des Fehlers 1. Art vorgenommen. Wir teilen jetzt durch die verbliebene Anzahl an Vergleichen, in unserem Beispiel 5. Der Effekt muss also eine Überschreitungswahrscheinlichkeit haben, die kleiner gleich $0.05 / 5 = 0.01$ ist. Auch das ist erfüllt. Für die nächstgrößere Überschreitungswahrscheinlichkeit wird nun wieder eine neue Grenze ermittelt: Wir adjustieren nun anhand von vier verbleibenden Einzelvergleichen und erhalten so einen Wert von $0.05 / 4 = 0.0125$. Der dritte Einzelvergleich weist aber nun eine Überschreitungswahrscheinlichkeit von $p = 0.02$ auf. Damit liegt dieser p-Wert über dem korrigierten Wert von $p = 0.0125$ und der Unterschied ist statistisch nicht mehr signifikant. An dieser Stelle endet die Testprozedur.

Allgemein lässt sich das Vorgehen also so formalisieren:

1. Einzelvergleiche nach der Größe absteigend sortieren
2. Größten Effekt mit α/m vergleichen. Wenn $p < \alpha/m$, dann zum nächstkleineren Effekt übergehen
3. Nächstkleineren Effekt mit $\alpha/(m-1)$ vergleichen. Wenn $p < \alpha/(m-1)$, dann zum nächstkleineren Effekt übergehen
4. α-Fehler auf den Wert $\alpha/(m-2)$ korrigieren und mit p vergleichen. In diesem Sinne so lange fortfahren, bis $p > \alpha/(m-$ANZAHL BISHERIGER VERGLEICHE)

Auch hier muss bei der Berechnung der Post-hoc-Teststärke die adjustierte Fehlerwahrscheinlichkeit 1. bzw. 2. Art (wenn die Nullhypothese die Wunschhypothese ist) angegeben werden.

Die Basis für die Bonferroni-Korrektur und die Bonferroni-Holm-Korrektur ist also die Adjustierung der Irrtumswahrscheinlichkeit 1. Art. Als Vergleichswert wird dann die Überschreitungswahrscheinlichkeit aus dem *t*-Test für unabhängige oder abhängige Stichproben herangezogen, der für den entsprechenden Einzelvergleich durchgeführt wird. Daher ist es wichtig, dass die Daten die Voraussetzungen für diese Tests erfüllen. Wenn dies nicht der Fall ist, müssen statt der *t*-Tests U-Tests oder Wilcoxon-Vorzeichen-Rang-Tests oder die dazugehörigen exkaten nonparameterischen Tests durchgeführt werden. Wir weisen hier noch einmal darauf hin, dass der *t*-Test relativ robust gegen Verletzungen der Normalverteilungsannahme ist. Die Überschreitungswahrscheinlichkeiten aus diesen Tests werden dann mit den adjustierten Fehlerwahrscheinlichkeiten 1. Art verglichen. Dieses Prinzip lässt sich demzufolge auch auf die Rangvarianzanalyse nach Friedman bzw. den Kruskal-Wallis-Test übertragen. Liegen hier signifikante Ergebnisse vor, können mit den entsprechenden nonparametrischen Tests Post-hoc-Einzelvergleiche durchgeführt werden und durch eine Bonferroni- oder Bonferroni-Holm-Korrektur eine α-Fehler-Inflation verhindert werden. (Ein Post-hoc-Test, der in vielen Statistikprogrammen enthalten ist und der Bonferroni-Holm-Korrektur ähnelt, ist der Duncan-Test.)

Diese beiden Post-hoc-Tests setzen also direkt an der Fehlerwahrscheinlichkeit 1. Art an, um eine Inflation zu verhindern. Im nächsten Abschnitt wenden wir uns einem Verfahren zu, das eine andere Herangehensweise wählt.

Scheffé-Test. Dieser Post-hoc-Test steht eigentlich nur für unabhängige Messungen zur Verfügung. Bei abhängigen Messungen kann entweder eine Bonferroni- oder Bonferroni-Holm-Korrektur angewandt werden oder ein Trendtest. Der *Scheffé-Test* ist in der Regel das konservativste Verfahren zur Signifikanztestung und wurde von Scheffé entwickelt, um beim Testen aller denkbaren orthogonalen $(p-1)$ Kontraste die Wahrscheinlichkeit eines Fehlers 1. Art auf einen bestimmten Wert (z. B. fünf Prozent) zu beschränken. Scheffé selbst schlug vor, einen Wert von zehn Prozent zu verwenden, da das Verfahren sonst zu konservativ sei, also zu wenig teststark ausfällt. Des Weiteren konnte Scheffé zeigen, dass sein Test eher bei komplexen Kontrasten genutzt werden sollte als beim simplen Einzelvergleich zweier Mittelwerte. Solche Vergleiche werden jedoch meist a priori aufgestellt und es empfiehlt sich dann auch ein A-priori-Kontrast. Demzufolge ist die Verwendung des Scheffé-Tests auf wenige Umstände begrenzt, wenn komplexe Vergleiche (Gruppenmittelwerte werden zusammengefasst und verglichen) post hoc aufgestellt werden. Dennoch soll hier kurz die Idee verdeutlicht werden.

Die Grundidee beruht zunächst wieder auf der Formel, die wir bereits für die A-priori-Kontraste aufgestellt haben (siehe *Formel 6.79*).

Mithilfe dieser Formel konnten wir für einen aufgestellten Kontrast einen empirischen F-Wert berechnen, der dann mit einem kritischen F-Wert verglichen werden konnte, um eine Entscheidung für oder gegen die Nullhypothese zu treffen. Obwohl wir die Formel weiterentwickelt und die Prüfgröße in einen t-Wert umgeformt haben, hätten wir an der Stelle auch sagen können:

Formel 6.79

Lehne die Nullhypothese ab, wenn $F_{\text{emp}} \geq F_{(1;\, df_{\text{Fehler}};\, 1-\alpha)}$.

In diese Gleichung können wir nun die Gleichung für den empirischen F-Wert einsetzen:

Formel 6.80

$$\frac{\hat{\psi}^2}{\hat{\sigma}^2_{\text{inn}} \cdot \sum_{i=1}^{p} \frac{c_i^2}{n_i}} \geq F_{(1;\, df_{\text{Fehler}};\, 1-\alpha)}$$

$\hat{\psi}$ = Kontrast Psi
$\hat{\sigma}^2_{\text{inn}}$ = geschätzte Varianz Innerhalb
c_i = Kontrastkoeffizient der Gruppe i
n_i = Anzahl der Personen in Gruppe i

Stellen wir diese Formel zunächst einmal so um, dass auf der linken Seite die beobachtete, das heißt die zu bewertende, Differenz steht:

$$\hat{\psi} \geq \sqrt{F_{(1;\, df_{\text{Fehler}};\, 1-\alpha)} \cdot \hat{\sigma}^2_{\text{inn}} \cdot \sum_{i=1}^{p} \frac{c_i^2}{n_i}}$$

$\hat{\psi}$ = Kontrast Psi
$\hat{\sigma}^2_{\text{inn}}$ = geschätzte Varianz Innerhalb
c_i = Kontrastkoeffizient der Gruppe i
n_i = Anzahl der Personen in Gruppe i

Somit können wir sagen: Wenn in dieser Formel die Abweichung zwischen den gewichteten Mittelwerten, also $\hat{\psi}$, größer ausfällt als der Term auf der rechten Seite, dann muss die Nullhypothese verworfen werden. Daher wird hier auch oft von einer kritischen Differenz ($Diff_{\text{krit}}$) gesprochen, mit der der Kontrast $\hat{\psi}$ verglichen werden muss. Die Formel lautet dann:

Formel 6.81

$$Diff_{\text{krit}} \geq \sqrt{F_{(1;\, df_{\text{Fehler}};\, 1-\alpha)} \cdot \hat{\sigma}^2_{\text{inn}} \cdot \sum_{i=1}^{p} \frac{c_i^2}{n_i}}$$

$Diff_{\text{krit}}$ = kritische Differenz

$\hat{\sigma}^2_{\text{inn}}$ = geschätzte Varianz Innerhalb

c_i = Kontrastkoeffizient der Gruppe i

n_i = Anzahl der Personen in Gruppe i

Nun kommt aber ein Problem hinzu. Beim A-priori-Kontrast sind wir davon ausgegangen, dass die Hypothesen vor der Untersuchung aufgestellt wurden und daher keine Kontrolle der Fehlerwahrscheinlichkeit 1. Art nötig ist. Der Scheffé-Test stellt nun den Anspruch, die Wahrscheinlichkeit für einen Fehler 1. Art bei allen möglichen $p-1$ orthogonalen Kontrasten, die post hoc aufgestellt werden, auf einem bestimmten Niveau, sagen wir fünf Prozent, zu halten. Das bedeutet, dass der hier verwendete kritische F-Wert nicht benutzt werden kann. Dieser kontrolliert nicht die Gefahr einer α-Fehler-Inflation und geht zudem davon aus, dass nur ein Kontrast und nicht $p-1$ Kontraste durchgeführt werden. Scheffé konnte nun zeigen, dass der F-Wert leicht modifiziert werden muss, um die Gefahr eines Fehlers 1. Art bei allen möglichen $p-1$ orthogonalen Kontrasten auf ein bestimmtes Niveau zu begrenzen. Er schlug folgende Korrektur des kritischen F-Werts vor:

Formel 6.82

$$F_{\text{krit}} = (p-1) \cdot F_{(p-1;\, N-p;\, 1-\alpha)}$$

F_{krit} = kritischer F-Wert

p = Anzahl der Gruppen

N = Anzahl der Versuchspersonen

α = gewählte Größe des Fehlers 1. Art

Setzen wir nun diesen modifizierten F-Wert in unsere Gleichung ein, ergibt sich:

$$Diff_{\text{krit}} \geq \sqrt{(p-1) \cdot F_{(p-1;\, N-p;\, 1-\alpha)} \cdot \hat{\sigma}^2_{inn} \cdot \sum_{i=1}^{p} \frac{c_i^2}{n_i}}$$

$Diff_{\text{krit}}$ = kritische Differenz

c_i^2 = Kontrastkoeffizient für Gruppe i

p = Anzahl der Gruppen

n_i = Anzahl der Versuchspersonen in Gruppe i

N = Anzahl der Versuchspersonen

F = F-Wert

α = gewählte Größe des Fehlers 1. Art

$\hat{\sigma}^2_{\text{inn}}$ = geschätzte Varianz Innerhalb

Entscheidungsregel. Die Entscheidungsregel lautet dann:

Formel 6.83

Lehne die Nullhypothese ab, wenn $|\hat{\psi}| \geq Diff_{\text{krit}}$.

Dabei ist wieder darauf zu achten, dass die Abweichung auch in die gewünschte Richtung geht.

Betrachten wir unser Beispiel. Bei den A-priori-Kontrasten hatten wir die Hypothese geprüft, ob sich der Populationsmittelwert der Fake-Bad-Gruppe signifikant vom gemeinsamen Populationsmittelwert der beiden anderen Gruppen unterscheidet. Wir hatten für den Kontrast einen Wert von -24.59 errechnet. Diesen Wert können wir nun auch mit einer kritischen Differenz vergleichen. Die Werte, die für die Berechnung der kritischen Differenz wichtig sind, finden wir in der Ausgabe der einfaktoriellen ANOVA, der Berechnung der Kontraste und in Tabellen der F-Verteilung:

Formel 6.84

$p-1 = 3-1 = 2$

$F_{(2,\,116,\,.95)} = 3.07$

Fehlervarianz $= 112.08$

Summe der quadrierten und mit n_i gewichteten Kontrastkoeffizienten $c_i = 0.037$

Die kritische Differenz ergibt sich dann aus:

$$Diff_{\text{krit}} = \sqrt{(p-1) \cdot F_{(p-1;\, N-p;\, 1-\alpha)} \cdot \hat{\sigma}^2_{\text{inn}} \cdot \sum_{i=1}^{p} \frac{c_i^2}{n_i}} = \sqrt{(3-1) \cdot 3.07 \cdot 112.08 \cdot 0.037} = 5.05$$

Der Betrag der beobachteten Abweichung ist größer als die kritische Differenz und wir können die Nullhypothese ablehnen.

Beim Scheffé-Test wird die Gefahr der α-Fehler-Inflation also direkt bei der Berechnung der kritischen Differenz berücksichtigt, was in einem sehr konservativen Vorgehen resultiert.

Vorgehen in SPSS und R. Unabhängig davon, ob wir uns mit unabhängigen oder abhängigen Messungen beschäftigen: Nach Auswahl der entsprechenden varianzanalytischen Methode steht bei SPSS im Hauptfenster jeweils die Option POST HOC... zur Verfügung. Bei den abhängigen Messungen ist diese Option jedoch nur nutzbar, wenn ein gemischtes Design vorliegt, also eine Gruppenvariable definiert wurde. Ist dies nicht der Fall, können Post-hoc-Vergleiche zwischen den Messzeitpunkten auch durchgeführt werden, allerdings steht dann von den hier beschriebenen Varianten nur die Bonferroni-Korrektur zur Verfügung. Dazu müssen wir zunächst auf das Feld OPTIONEN... klicken. Das sich öffnende Fenster (siehe ▶*Abbildung 6.127*) kennen wir bereits aus der Varianzanalyse mit Messwiederholung. Allerdings beschäftigen wir uns nun mit der oberen Hälfte.

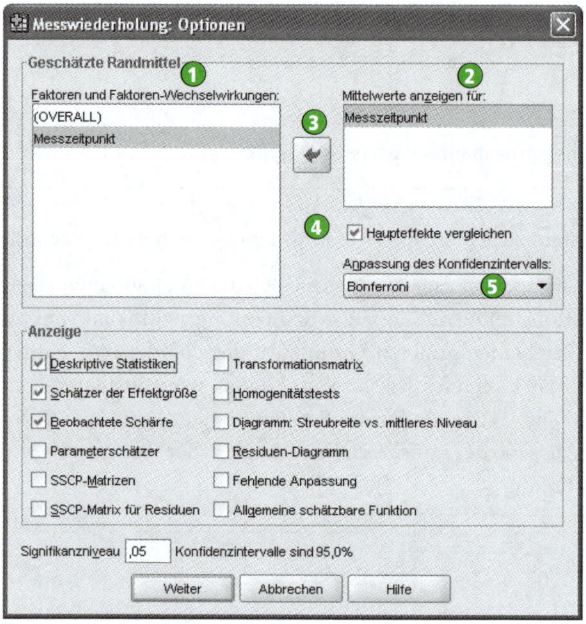

Abbildung 6.127: Auswahl der Post-hoc-Tests bei abhängigen Messungen

In dem Fenster finden sich oben links zunächst alle Haupteffekte und Wechselwirkungen innerhalb der Personen aufgeführt ①. Da wir nur einen Messwiederholungsfaktor haben, steht hier auch nur dessen Name vermerkt. Diesen Haupteffekt markieren wir und bewegen ihn in das obere rechte Feld ② durch Klicken des Pfeils ③. Nun berechnet SPSS die Mittelwerte der Faktorstufen. Unter diesem Feld setzen wir ein Häkchen in das Kästchen vor HAUPTEFFEKTE VERGLEICHEN ④. Nun können wir aus der Liste der möglichen Post-hoc-Tests wählen ⑤. Zur Auswahl stehen LSD, BONFERRONI und SIDAK. Da wir nur drei Vergleiche haben, wählen wir BONFERRONI und schließen dann das Fenster durch Klicken auf WEITER. Alternativ kann bei vielen Einzelvergleichen auch LSD gewählt werden. Hierbei wird keine Korrektur durchgeführt, und dem Nutzer steht es frei, die sich ergebenden Einzelvergleiche mit einer Bonferroni-Holm-Korrektur durchzuführen, wie oben beschrieben. Wir starten aber jetzt die Analyse durch Klicken von OK im Hauptfenster.

Um in R Post-hoc-Tests durchzuführen, nutzen wir wieder das Paket `lsmeans`. Hier stehen uns neben der dargestellten Bonferroni-Korrektur diverse andere Korrekturmethoden zur Verfügung. Der Code folgt dabei immer diesem Muster:

```
con4 <- contrast(means2, method="pairwise", adjust = "bon")
con4
confint(con4)
```

Wir nutzen also wieder den `contrast`-Befehl. Als neue Option beim Argument `method` wählen wir `"pairwise"` und als Option beim Argument `adjust` wählen wir `"bon"`, was für Bonferroni steht. Daneben gäbe es beispielsweise auch die Optionen `"holm"` (Bonferroni-Holm) oder `"none"` (keine Korrektur). Im Unterschied zu SPSS bewirkt die Angabe der Korrektur nicht nur eine Veränderung bei den *p*-Werten. Vielmehr werden alle Angaben (mit Ausnahme der mittleren

Differenz) in der Ausgabe je nach gewählter Methode für die Anzahl der Signifikanztests korrigiert. Daher entsprechen sich die SPSS-Ausgaben und die R-Ausgaben nicht in allen Werten.

In der SPSS-Ausgabe finden wir neben den schon bekannten Angaben jetzt auch eine Tabelle mit den Post-hoc-Vergleichen der Messzeitpunkte. In ▶ *Abbildung 6.128* haben wir die entsprechenden Ausgaben in R ebenfalls dargestellt. Wie bereits erläutert, entsprechen sich die Ausgaben nicht unmittelbar aufgrund der unterschiedlich vorgenommenen Korrekturen.

SPSS-Ausgabe

Paarweise Vergleiche

Maß:MASS_1

① (I) Messzeitpunkt	② (J) Messzeitpunkt	③ Mittlere Differenz (I–J)	④ Standardfehler	⑤ Signifikanz[a]	⑥ 95% Konfidenzintervall für die Differenz[a]	
					Untergrenze	Obergrenze
1	2	–22,26*	1,38	,000	18,93	25,59
	3	–28,08*	1,87	,000	–32,57	–23,58
2	1	–22,26*	1,38	,000	–25,59	–18,93
	3	–50,34*	2,13	,000	–55,47	–45,21
3	1	28,08*	1,87	,000	23,58	32,57
	2	50,34*	2,13	,000	45,21	55,47

Basiert auf den geschätzten Randmitteln

*. Die mittlere Differenz ist auf dem Niveau ,05 signifikant

a. Anpassung für Mehrfachvergleiche: Bonferroni. ⑦

R-Ausgabe

```
> con4
 contrast ①  ②       estimate       SE  df t.ratio p.value
 Ehrlich - Fake_Good  22.26224 1.820792 676  12.227  <.0001
 Ehrlich - Primed    -28.07808 1.820792 676 -15.421  <.0001
 Fake_Good - Primed  -50.34033 1.820792 676 -27.647  <.0001

P value adjustment: bonferroni method for 3 tests ⑦
> confint(con4)
 contrast             estimate       SE  df  lower.CL  upper.CL
 Ehrlich - Fake_Good  22.26224 1.820792 676  17.89243  26.63206
 Ehrlich - Primed    -28.07808 1.820792 676 -32.44790 -23.70827
 Fake_Good - Primed  -50.34033 1.820792 676 -54.71014 -45.97051
```

Abbildung 6.128: Ergebnis der Post-hoc-Tests bei abhängigen Messungen

In den ersten beiden Spalten der SPSS-Tabelle sind die jeweiligen Vergleiche kodiert. Jede Spalte steht für einen Messzeitpunkt und aus der Kombination von ① und ② ergibt sich der Einzelvergleich. In den folgenden Spalten finden sich dann die mittlere Differenz ③, der dazugehörige Standardfehler ④, die Überschreitungswahrscheinlichkeit p ⑤ und die Breite des Konfidenzintervalls der Differenz ⑥. Dieselben Angaben finden wir auch in R, mit teilweise leicht abweichenden Werten, da hier nicht nur der p-Wert korrigiert wird. Unter den jeweiligen Ausgaben sehen wir, dass die Überschreitungswahrscheinlichkeit bereits eine nach Bonferroni adjustierte ist ⑦. Das bedeutet, dass sich hier nicht mehr die Wahrscheinlichkeit findet, mit der der beobachtete Effekt unter Annahme der Nullhypothese auftritt. Vielmehr ist hier bereits die Korrektur für die Anzahl der Tests eingeflossen. Deswegen kann dieser Wert mit fünf Prozent verglichen werden und wir müssen nicht mehr selbst die adjustierte α-Fehlerwahrscheinlichkeit ausrechnen. Wir sehen, dass alle Vergleiche signifikant ausfallen. Das heißt, dass sich auch bei Einhaltung der nominellen α-Fehlerwahrscheinlichkeit von fünf Prozent alle Mittelwerte signifikant voneinander unterscheiden.

Bei den unabhängigen Gruppen können wir die Post-hoc-Tests ebenfalls über das Feld OPTIONEN... auswählen. Alternativ besteht die Möglichkeit, direkt die Option POST HOC... zu nutzen. Hier wollen wir nun dieses Vorgehen beschreiben. Nachdem wir auf die Schaltfläche POST HOC... geklickt haben, öffnet sich ein neues Fenster (siehe ▶*Abbildung 6.129*).

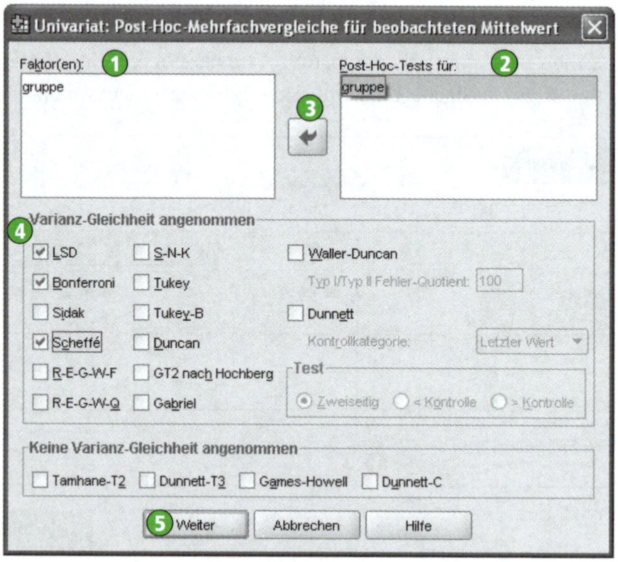

Abbildung 6.129: Einstellungen Post-hoc-Tests bei unabhängigen Messungen

In *Abbildung 6.129* sehen wir, dass es auch hier zunächst eine Liste der vorhandenen Faktoren ① gibt, die in das rechte Feld ② bewegt werden müssen, damit Post-hoc-Tests vorgenommen werden können. Dazu wird der Faktor markiert und dann der Pfeil ③ geklickt. Bei den Post-hoc-Tests stehen nun Verfahren zur Verfügung, je nachdem, ob die zu vergleichenden Gruppen homogene Varianzen haben oder nicht. Unter den Tests für homogene Varianzen wählen wir LSD, BONFERRONI und SCHEFFÉ aus ④. Wir schließen dann das Fenster und klicken dazu auf WEITER ⑤. Im Hauptfenster starten wir die Analyse mit OK (siehe *Abbildung 6.129*).

Um auch in R dieselben Post-hoc-Tests durchzuführen, nutzen wir zum einen wieder das Paket lsmeans für die Bonferroni-Korrektur bzw. LSD (was keiner Korrektur entspricht). Wir nutzen aber auch das Paket agricolae für den Scheffé-Test. Der Code für die Bonferroni-LSD bzw. Bonferroni-korrigierten Post-hoc-Tests ist bereits bekannt:

```
con5a <- contrast(means, method="pairwise", adjust = "none")
con5b <- contrast(means, method="pairwise", adjust = "bon")
con5a
con5b
confint(con5a)
confint(con5b)
```

Wir legen also jeweils ein Objekt an (con5a und con5b) und nutzen den contrast-Befehl. Wir greifen wieder auf das Objekt means zurück, welches wir weiter oben erstellt hatten. Als method wählen wir "pairwise" und zur Korrektur "none" (keine) bzw. "bon" (Bonferroni). Eine interessante Alternative bietet das Paket stats mit dem Befehl pairwise.t.test.

Um den Scheffé-Test durchzuführen, nutzen wir einen gleichnamigen Befehl aus dem Paket agricolae:

```
library(agricolae)
scheffe.test(out9, "gruppe", alpha=.05, console=TRUE)
```

Nach dem Öffnen des Pakets nutzen wir den Befehl scheffe.test. Als erstes Argument erwartet dieser Befehl das Ergebnis einer ANOVA. Dieses haben wir für die unabhängige ANOVA im Objekt out9 abgelegt. Im zweiten Argument muss der Name der unabhängigen Variablen angegeben werden. Im Anschluss wird das gewünschte Niveau für den Fehler 1. Art festgelegt. In der Ausgabe werden im Gegensatz zu SPSS nun Angaben gemacht, die der Formel entsprechen, also *F*-Werte etc. Darüber hinaus wird kein *p*-Wert spezifiziert sondern lediglich die Angabe, ob sich zwei Mittelwerte auf dem gewünschten Niveau signifikant voneinander unterscheiden. Der Nutzer kann also selbst entscheiden, wie weit er die Angabe präzisieren will, indem er immer kleinere Fehler 1. Art festlegt.

Die Tabelle der SPSS-Ausgabe sowie die R-Ausgaben finden wir in ▶*Abbildung 6.130*. In der ersten Spalte der SPSS-Tabelle sehen wir, um welche Art von Post-hoc-Test es sich handelt ❶. Diese Information verbirgt sich in R im jeweiligen Code, der für die entsprechenden Objekte (con5a und con5b) genutzt wurde. In unserem Beispiel haben wir LSD (con5a), Scheffé (auf der rechten Seite der Abbildung) und Bonferroni (con5b) gewählt und können nun die Ergebnisse vergleichen. Die Kombination der nächsten beiden Spalten ergibt jeweils einen Einzelvergleich ❷. Für jeden Einzelvergleich und jeden Post-hoc-Test finden wir dann die Differenz der Mittelwerte ❸, den Standardfehler ❹, die korrigierte Überschreitungswahrscheinlichkeit p ❺ und das Konfidenzintervall der Differenz ❻. In R finden wir diese Angaben auch für die Bonferroni-Korrektur und die LSD-Korrektur. Für den Scheffé-Test gibt es eine eigene Ausgabe. Die Logik hier ist, dass am Ende der Ausgabe die Gruppen, die sich nicht signifikant voneinander unterscheiden, mit demselben Buchstaben versehen werden. Wir sehen, dass jeweils der Vergleich der Fake-Good-Gruppe mit der Kontrollgruppe nicht signifikant wird. Allerdings müssten wir hier ein anderes α-Niveau festlegen, um zu berücksichtigen, dass die Nullhypothese die Wunschhypothese ist. Weiter oben haben wir gesehen, dass bei Berücksichtigung der drei Signifikanztests ein alternatives α-Niveau von 0.86 angesetzt werden muss (Criterion-Power-Analyse in G*Power oder R, Teststärke = 0.9833). Da wir bei der Berechnung des alternativen Alphaniveaus in der Criterion-Power-Analyse bereits für die Anzahl der Signifikanztests korrigiert haben, müssen wir nun die 0.86 mit einem unkorrigierten Wert vergleichen. Dazu nutzen wir die Überschreitungswahrscheinlichkeit aus der Zeile mit der LSD-Korrektur. Wir sehen, dass hier ein Wert von 0.564 steht. Dieser Wert ist kleiner als die 0.86. Damit könnten wir die Nullhypothese nicht beibehalten.

Ein Blick auf die Ausgaben zeigt, dass in diesem Beispiel die Korrektur bei Bonferroni am strengsten ausfällt, gefolgt von Scheffé und LSD. Bei Letzterem wird wie gesagt gar keine Korrektur vorgenommen. Daher ist es nur zu empfehlen, um Werte für eine Bonferroni-Holm-Korrektur in SPSS zu erhalten. In R kann diese ja direkt selbst vorgenommen werden. Die mittlere Differenz und der Standardfehler sind bei allen Verfahren identisch. Aber aufgrund der Korrekturen ändert sich dann die Überschreitungswahrscheinlichkeit ebenso wie die Breite des Konfidenzintervalls. An dieser Stelle müssten zu den Einzelvergleichen unbedingt auch die Effektstärken und die Teststärken berechnet werden. Das haben wir bereits weiter oben getan und verzichten daher an dieser Stelle darauf.

SPSS-Ausgabe

Mehrfachvergleiche

Abhängige Variable:Baseline

①	② (I) Versuchsbedingung	(J) Versuchsbedingung	③ Mittlere Differenz (I–J)	④ Standardfehler	⑤ Signifikanz[a]	⑥ 95% Konfidenzintervall Untergrenze	Obergrenze
Scheffé	1 Faking Good	2 Faking Bad	–25.28*	2.40	,000	19.33	31.24
		3 Kontrollgruppe	1.39	2.40	,846	–4.56	7.34
	2 Faking Bad	1 Faking Good	–25.28*	2.40	,000	–31.24	–19.33
		3 Kontrollgruppe	–23.89*	2.34	,000	–29.69	–18.10
	3 Kontrollgruppe	1 Faking Good	–1.39	2.40	,846	–7.34	4.56
		2 Faking Bad	23.89*	2.34	,000	18.10	29.69
LSD	1 Faking Good	2 Faking Bad	–25.28*	2.40	,000	20.53	30.04
		3 Kontrollgruppe	1.39	2.40	,564	–3.37	6.14
	2 Faking Bad	1 Faking Good	–25.28*	2.40	,000	–30.04	–20.53
		3 Kontrollgruppe	–23.89*	2.34	,000	–28.52	–19.26
	3 Kontrollgruppe	1 Faking Good	–1.39	2.40	,564	–6.14	3.37
		2 Faking Bad	23.89*	2.34	,000	19.26	28.52
Bonferroni	1 Faking Good	2 Faking Bad	25.28*	2.40	,000	19.45	31.11
		3 Kontrollgruppe	1.39	2.40	1,000	–4.44	7.22
	2 Faking Bad	1 Faking Good	–25.28*	2.40	,000	–31.11	–19.45
		3 Kontrollgruppe	–23.89*	2.34	,000	–29.57	–18.21
	3 Kontrollgruppe	1 Faking Good	–1.39	2.40	1,000	–7.22	4.44
		2 Faking Bad	23.89*	2.34	,000	18.21	29.57

Grundlage: beobachtete Mittelwerte
Der Fehlerterm ist Mittel der Quadrate(Fehler) = 112,075
*. Die mittlere Differenz ist auf der Stufe ,05 signifikant.

R-Ausgabe

```
> con5a          ②                    ③          ④              ⑤
 contrast                          estimate       SE  df t.ratio p.value
 Faking Good - Faking Bad         25.283085 2.400535 116  10.532  <.0001
 Faking Good - Kontrollgruppe      1.389183 2.400535 116   0.579  0.5639
 Faking Bad - Kontrollgruppe     -23.893902 2.338172 116 -10.219  <.0001

> con5b
 contrast                          estimate       SE  df t.ratio p.value
 Faking Good - Faking Bad         25.283085 2.400535 116  10.532  <.0001
 Faking Good - Kontrollgruppe      1.389183 2.400535 116   0.579  1.0000
 Faking Bad - Kontrollgruppe     -23.893902 2.338172 116 -10.219  <.0001

P value adjustment: bonferroni method for 3 tests
> confint(con5a)                                                  ⑥
 contrast                          estimate       SE  df   lower.CL   upper.CL
 Faking Good - Faking Bad         25.283085 2.400535 116  20.528524  30.037646
 Faking Good - Kontrollgruppe      1.389183 2.400535 116  -3.365379   6.143744
 Faking Bad - Kontrollgruppe     -23.893902 2.338172 116 -28.524947 -19.262857

Confidence level used: 0.95
> confint(con5b)
 contrast                          estimate       SE  df   lower.CL   upper.CL
 Faking Good - Faking Bad         25.283085 2.400535 116  19.451722  31.114448
 Faking Good - Kontrollgruppe      1.389183 2.400535 116  -4.442181   7.220546
 Faking Bad - Kontrollgruppe     -23.893902 2.338172 116 -29.573776 -18.214029

Confidence level used: 0.95
Conf-level adjustment: bonferroni method for 3 estimates

> scheffe.test(out9,"gruppe", alpha=.05, console=TRUE)

Study: out9 ~ "gruppe"

Scheffe Test for b

Mean Square Error  : 112.0745

gruppe,  means

                      b       std  r   Min   Max
Faking Bad     38.78854 15.584761 41  6.00 63.00
Faking Good    64.07162  7.347935 37 49.33 81.33
Kontrollgruppe 62.68244  5.791236 41 50.00 75.67

alpha: 0.05 ; Df Error: 116
Critical Value of F: 3.074447

Harmonic Mean of Cell Sizes  39.57391
Minimum Significant Difference: 5.901501

Means with the same letter are not significantly different.
②
Groups, Treatments and means
a        Faking Good          64.07
a        Kontrollgruppe       62.68
b        Faking Bad           38.79
```

Abbildung 6.130: Ergebnisse der Post-hoc-Tests bei den unabhängigen Gruppen

Nun haben wir eine Reihe von Möglichkeiten gesehen, Rückschlüsse zu ziehen, welche Gruppen sich eigentlich unterscheiden. Die folgende Tabelle fasst noch einmal die Vor- und Nachteile von A-priori-Kontrasten bzw. Post-hoc-Tests zusammen.

	A-priori-Kontraste	**Post-hoc-Tests**
Zeitpunkt	Hypothesen und Kontraste werden vor der Untersuchung formuliert → hypothesengeleitetes Vorgehen	Hypothesen werden nach der Untersuchung formuliert bzw. alle Vergleiche sind interessant → exploratives Vorgehen (evtl. zum Generieren neuer Hypothesen)
Vorteil	Höhere Teststärke	Uneingeschränkte Anzahl von Mittelwertsvergleichen
Nachteil	Begrenzte Anzahl von orthogonalen Mittelwertsvergleichen	Weniger teststark

Tabelle 6.15: Vergleich A-priori-Kontraste und Post-hoc-Tests

Praxistipp

Mancher Leser mag sich nun fragen, was er jetzt am besten machen soll. Leider können wir hier kein ideales Kochrezept geben. Natürlich ist es immer gut, eine hohe Teststärke zu erzielen, und daher sollten A-priori-Kontraste verwendet werden, wann immer es möglich ist. Die Erfahrung zeigt allerdings, dass Gruppen bzw. Messzeitpunkte häufig operationalisiert werden, um sie mit allen anderen zu vergleichen. Das ist mit A-priori-Kontrasten nicht mehr möglich. Daher empfehlen wir die *Bonferroni-Holm-Korrektur*. Sie ist nicht so konservativ wie ein Scheffé-Test oder eine Bonferroni-Korrektur, verhindert aber dennoch eine α-Fehler-Inflation. Es darf an dieser Stelle aber nicht vergessen werden, dass weder Post-hoc-Tests noch A-priori-Kontraste die Berechnung von Effektstärke und Teststärke unnötig machen. Im Gegenteil, erst durch die gemeinsame Interpretation von Signifikanz, Effektstärke und Teststärke ist es möglich, sich gegen eine der beiden Hypothesen entscheiden zu können.

6.8.3 Trendtests

In den vorangegangenen Abschnitten haben wir uns damit beschäftigt, wie Einzelvergleiche zwischen zwei Gruppen oder Kombinationen von Gruppen durchgeführt werden können. Manchmal ist das Ziel einer Untersuchung jedoch anders gelagert. Ein klassisches Beispiel aus der psychologischen Forschung kann das verdeutlichen. Im Jahr 1908 publizierten Robert M. Yerkes und John D. Dodson (1908) den Artikel „The Relation of strength of stimulus to rapidity of habit-formation" im Journal of Comparative Neurology and Psychology. Ging es in diesem Artikel noch um Experimente mit Mäusen, entwickelte sich aus der Forschung später das so genannte Yerkes-Dodson-Gesetz, in dem die Theorie aufgestellt wird, dass durch eine erhöhte Erregung die Leistung einer Person ansteigt. Allerdings geht dieser

Anstieg nur bis zu einem gewissen Punkt und dann führt höhere Erregung zu einem Leistungsabbau. Grafisch veranschaulicht ergibt sich die Kurve in ▶*Abbildung 6.131*.

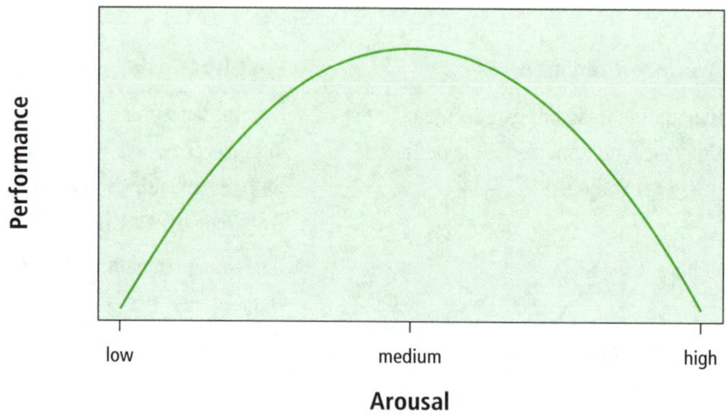

Abbildung 6.131: Yerkes-Dodson-Gesetz als Beispiel für einen (umgekehrten) quadratischen Zusammenhang

Auf der *x*-Achse findet sich das Erregungslevel (Arousal) und auf der *y*-Achse die Leistung (Performance). Es zeigt sich, dass es zunächst einen positiven Zusammenhang gibt, der sein Maximum bei einer mittleren Erregung erreicht. Dann kippt der Zusammenhang und wird negativ. In *Kapitel 4* haben wir erfahren, dass zur Überprüfung einer Theorie Hypothesen abgeleitet werden. Aus dieser Theorie lässt sich die Hypothese ableiten, dass eine mittlere Erregung zu einer höheren Leistung führt als eine niedrige oder eine hohe Erregung. Diese Hypothese ließe sich vergleichsweise einfach operationalisieren. Wir würden eine Zufallsstichprobe ziehen und die Versuchspersonen zufällig auf eine von drei Versuchsbedingungen aufteilen. Beispielsweise könnte die abhängige Variable die Leistung in einem Vortrag sein. In den jeweiligen Versuchsbedingungen würden wir das Erregungslevel durch die Anzahl der Zuhörer manipulieren. Die Hypothese ließe sich durch einen A-priori-Kontrast testen. Diese Fragestellung könnte auch mit einem Design mit abhängigen Messungen beantwortet werden. Es besteht jedoch auch die Möglichkeit, eine Hypothese zu formulieren, die sich mit dem Verlauf der Mittelwerte beschäftigt. Diese Hypothese würde beim Yerkes-Dodson-Gesetz lauten: Es besteht ein umgekehrt U-förmiger Zusammenhang zwischen dem Erregungslevel und der Leistung. Eine solche Hypothese, die sich mit dem Verlauf der Mittelwerte beschäftigt, können wir mit einem *Trendtest* prüfen.

Zweck. Der Zweck von Trendtests besteht also darin, Hypothesen zu testen, die sich mit dem Kurvenverlauf von Mittelwerten aus verschiedenen Gruppen oder von verschiedenen Messzeitpunkten beschäftigen. Daraus geht hervor, dass es für den Trendtest unerheblich ist, ob es sich um unabhängige oder um abhängige Messungen handelt. Vielmehr ist das definierende Kennzeichen, dass nicht einzelne Faktorstufen oder Kombinationen miteinander verglichen werden, sondern der gesamte Verlauf aller Faktorstufenmittelwerte analysiert wird. Daher werden Trendtests vor allem herangezogen, um die Veränderung in einer abhängigen Variablen zu testen. Am geläufigsten sind lineare, quadratische und kubische Trends.

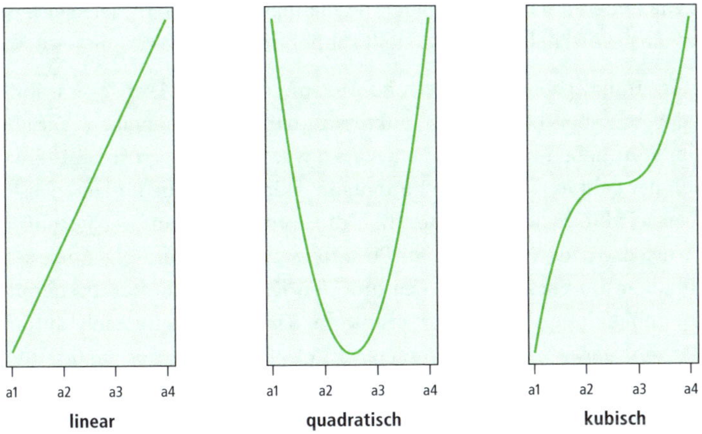

Abbildung 6.132: Veranschaulichung eines linearen, eines quadratischen und eines kubischen Trends

Grundidee. Durch einen Trendtest wird also versucht, den Verlauf der Mittelwerte durch eine Funktionsgleichung zu beschreiben. Bei den Gleichungen handelt es sich sehr oft um lineare, quadratische und kubische Gleichungen. Man spricht hier auch von Polynomen höherer Ordnung. Allgemein formuliert lauten diese Polynome:

Formel 6.85

$$f(x_i) = a_1 \cdot \overline{X}_i + a_2$$
$$f(x_i) = a_1 \cdot \overline{X}_i + a_2 \cdot \overline{X}_i^2 + a_3$$
$$f(x_i) = a_1 \cdot \overline{X}_i + a_2 \cdot \overline{X}_i^2 + a_3 \cdot \overline{X}_i^3 + a_4$$

$f(x_i)$ = Funktionsgleichung des Modells
a_{1-4} = Koeffizient zum Beschreiben der Polynome 1 bis 4
$\overline{X}_i$ = Mittelwert der Gruppe i
i = Index der Gruppenvariable

Polynome beinhalten immer Potenzen unterschiedlicher Höhe. Dabei bestimmt die höchste Potenz den Grad des Polynoms. In der zweiten Gleichung von Formel 6.85 haben wir beispielsweise als höchste Potenz eine 2 und somit ein Polynom 2. Grades. Bei diesen Funktionsgleichungen stellt $\overline{X}_i$ immer den Wert der unabhängigen Variablen für die Gruppe i dar, also sozusagen die Zahl, die wir einer bestimmten Faktorstufe zuweisen. Der Parameter a_i stellt dann eine Zahl dar, die benötigt wird, um den Kurvenverlauf adäquat zu beschreiben. Bei der linearen Funktionsgleichung bestimmt a_1 zum Beispiel, ob der Anstieg positiv oder negativ bzw. stark oder schwach ist. Der Parameter a_2 hingegen legt fest, an welchem Punkt die Gerade die y-Achse schneidet. Bei der quadratischen Funktion legt a_1 fest, ob die Kurve nach oben oder unten geöffnet ist (durch das Vorzeichen) und wie stark sie gestaucht oder gestreckt ist. Die anderen beiden Parameter beschäftigen sich damit, wie stark die Kurve auf der x- bzw. y-Achse verschoben ist. $f(x)$ stellt schließlich einen Wert auf der y-Achse dar.

Betrachten wir einmal genauer den x- und den y-Wert. Der y-Wert repräsentiert hier den Mittelwert, der in einer bestimmten Faktorstufe in der abhängigen Variablen erreicht wurde. Diesen Wert haben wir in den Daten als jeweiligen Faktorstufenmittelwert beobachtet und als solcher geht er auch in die Formel ein. Wir müssen bedenken, dass der Wert mit $\bar{X}_i$ beschrieben wird, obwohl hier eigentlich die Ausprägung auf der y-Achse gemeint ist. Den x-Wert weisen wir den Gruppen im Prinzip zu, wie wir im Folgenden sehen werden. Unbekannt bleiben die Parameter a_i. Um nun den Kurvenverlauf zu beschreiben, müssen wir also die unbekannten Parameter ermitteln. Dadurch ergibt sich automatisch eine Grenze der Anzahl der möglichen Parameter durch die Anzahl der Faktorstufen. Wenn im Design nur zwei Gruppen sind, können wir nur zwei unbekannte Parameter schätzen, das heißt einen linearen Trend. Bei drei Gruppen sind es dann schon drei Unbekannte und damit ein quadratischer Trend, den wir schätzen können. Allgemein lässt sich also sagen, dass die Anzahl der Faktorstufen minus 1 ($p - 1$) immer den höchstmöglichen Trend darstellt. Das bedeutet jedoch nicht, dass bei drei Gruppen automatisch ein quadratischer Trend resultieren muss. Auch hier ist ein linearer Trend möglich. Doch wie kommen wir nun von den Funktionsgleichungen zu einem Signifikanztest des Verlaufs der Mittelwerte?

Das Vorgehen beruht hierbei wieder auf der Idee eines Kontrasts.

Hypothesen. Die Nullhypothese lautet: Die Mittelwerte sind alle gleich.

$$H_0: \mu_1 = \mu_2 = \mu_i = \ldots = \mu_p$$

Die Alternativhypothese ist nun, dass die Mittelwerte nicht alle gleich sind, sondern deren Verlauf linear/quadratisch/kubisch/… ist.

Berechung. Betrachten wir noch einmal, was wir eigentlich zur Berechnung nutzen können. Wir haben die beobachteten Mittelwerte und auch die Werte, die wir den einzelnen Faktorstufen zuweisen. Beim Aufstellen der Kontraste werden die beobachteten Mittelwerte der Faktorstufen verwendet. Es lassen sich nun Kontrastkoeffizienten herleiten, die einen Kurvenverlauf vorhersagen, der entweder linear, quadratisch oder kubisch usw. ist. Da die Herleitung sehr komplex ist, verzichten wir hier darauf. Als Resultat erhalten wir dann einen Kontrast, der einen bestimmten Trend darstellt. Wenn wir uns die Kontrastformel einmal näher anschauen, stellen wir fest, dass hier Abweichungen zwischen Mittelwerten berechnet werden.

Formel 6.86

$$\hat{\psi} = c_1 \cdot \bar{X}_1 + c_2 \cdot \bar{X}_2 + \ldots + c_i \cdot \bar{X}_i$$

$\hat{\psi}$ = Kontrastschätzer Psi
c_i = Kontrastkoeffizient der Faktorstufe i
$\bar{X}_i$ = Mittelwert des Faktors auf der Stufe i
i = Index des Faktors

Dies ähnelt einem Teilschritt bei der Berechung einer Quadratsumme. Allerdings wird bei der Quadratsummenberechnung immer auch quadriert. Es lässt sich nun zeigen, dass aus dem hier geschätzten Kontrast ebenfalls eine Quadratsumme bestimmt werden kann:

Formel 6.87

$$QS_{\psi} = \frac{n \cdot \psi^2}{\sum_{i=1}^{p} c_i^2}$$

$$df_{\psi} = 1$$

$$\hat{\sigma}_{\psi}^2 = \frac{QS_{\psi}}{df_{\psi}} = QS_{\psi}$$

QS_{ψ} = Quadratsumme des Kontrasts Psi

ψ = Kontrast Psi

c_i = Kontrastkoeffizient der Faktorstufe i

n = Anzahl der Personen je Gruppe

df_{ψ} = Freiheitsgrade der Varianz des Kontrasts Psi

i = Index für den Faktor

p = Anzahl der Faktorstufen

Diese Quadratsumme zeigt dann beispielsweise für einen linearen Trend an, wie groß der Anteil der Unterschiede zwischen den Mittelwerten ist, der sich durch eine lineare Funktion beschreiben lässt. Genauso kann ein Teil der Unterschiede zwischen den Faktorstufen durch einen quadratischen Trend beschrieben werden usw. Bei der Berechnung zerlegen wir also die systematische Quadratsumme des Treatments (unabhängige Variable oder Messwiederholung) in einzelne Trendquadratsummen:

Formel 6.88

$$QS_{\text{Treat}} = QS_{\text{linear}} + QS_{\text{quadratisch}} + \ldots + QS_{p-1}.$$

Weiter oben haben wir bereits beschrieben, dass die Anzahl der Gruppen p minus eins den höchstmöglichen Trend festlegt. Damit definiert $p - 1$ aber auch den letzten Quadratsummenterm.

Bleiben wir zunächst bei einem einzelnen Trend. Wenn nun die Nullhypothese gilt und alle Mittelwerte gleich sind, dürfte der Anteil dieses Trends nur so groß sein wie die Schwankungen, die aufgrund der zufälligen Stichprobenzusammensetzung zu erwarten sind. Diese Schwankungen werden durch die Fehlervarianz quantifiziert. Bei unabhängigen Messungen ist dies die Varianz Innerhalb der Gruppen und bei abhängigen Messungen die Residualvarianz. Somit kann nun durch einen F-Test wieder festgestellt werden, wie stark der Anteil der Abweichungen, die auf einen Trend zurückgehen, von der Fehlervarianz abweicht.

Formel 6.89

$$F_{\text{emp}} = \frac{\hat{\sigma}_{\psi}^2}{\hat{\sigma}_{\text{Fehler}}^2}$$

F_{emp} = empirischer F-Wert (Prüfgröße)

$\hat{\psi}$ = Kontrast Psi

$\hat{\sigma}_{\psi}^2$ = Varianz des Kontrasts Psi

$\hat{\sigma}_{\text{Fehler}}^2$ = Fehlervarianz

Entscheidung. Durch diesen F-Test erhalten wir eine Prüfgröße, den empirischen F-Wert. Dieser kann dann wieder mit einem kritischen F-Wert verglichen werden und es ergibt sich folgende Entscheidungsregel:

Formel 6.90

Lehne die Nullhypothese ab, wenn $F_{\text{emp}} \geq F_{(1;\, df_{\text{Fehler}};\, 1-\alpha)}$.

Da wir es hier mit einer Quadratsumme zu tun haben, können wir auch wieder ein eta^2 und ein partial eta^2 berechnen:

Formel 6.91

$$\eta^2 = \frac{QS_{\text{Trend}}}{QS_{\text{total}}}$$

$$\eta_{\text{partial}}^2 = \frac{QS_{\text{Trend}}}{QS_{\text{Trend}} + QS_{\text{Fehler}}}$$

η^2 = Effektstärkemaß eta Quadrat

η_{partial}^2 = Effektstärkemaß partial (partielles) eta Quadrat

QS_{Trend} = Quadratsumme des Trends

QS_{total} = Quadratsumme Total

QS_{Fehler} = Quadratsumme des Fehlers

Dabei zeigt der Index *Trend* jeweils an, um welche Trendquadratsumme es sich handelt. Der Index *total* bedeutet die komplette Quadratsumme; bei abhängigen Messungen sollten hier nur die Unterschiede innerhalb betrachtet werden, um zu wissen, wie groß der Trendanteil an der Veränderung ist.

In der folgenden Tabelle sind für drei und vier Faktorstufen Kontrastkoeffizienten aufgeführt.

Anzahl der Stufen	Trend	Stufe 1	Stufe 2	Stufe 3	Stufe 4
3	Linear	−1	0	1	–
	Quadratisch	1	−2	1	–
4	Linear	−3	−1	1	3
	Quadratisch	1	−1	−1	1
	Kubisch	−1	3	−3	1

Tabelle 6.16: Kontrastkoeffizienten für Trendtests (zitiert nach Winer, J. B., Statistical principles in experimental design, S. 656, New York: McGraw-Hill, 1962)

Aus der Tabelle wird deutlich, dass sich die Kontrastkoeffizienten auch hier zu null aufaddieren. Auch die Unabhängigkeit ist gewährleistet. Die Verwendung der Tabelle greifen wir im Beispiel wieder auf. Mit dem Beispiel soll nun das Vorgehen noch einmal praktisch demonstriert werden.

Beispiel. An dieser Stelle belassen wir es bei einem Beispiel mit abhängigen Messungen. Trendtests werden in solchen Designs weit häufiger eingesetzt und das Vorgehen wäre bei unabhängigen Messungen äquivalent. Wir wollen wiederum unser Beispiel wie bisher nutzen. Wir haben also drei verschiedene Messzeitpunkte (Ehrlich, Fake Good, Primed), zu denen die Versuchspersonen eine Selbsteinschätzung für Neurotizismus abgeben mussten. Nachdem wir die Daten erhoben haben, wollen wir nun testen, ob sich der Verlauf der Mittelwerte durch einen Trend beschreiben lässt. Eine Trendhypothese lässt sich natürlich auch a priori aufstellen. Die Bedingungen für einen A-priori-Kontrast (Kontrastkoeffizientensumme gleich null, orthogonale Kontraste) sind erfüllt. Es spricht aber auch nichts dagegen, den Test als Post-hoc-Test zu verstehen. Dann hat er aber eher einen explorativen Charakter. Schließlich lag vor der Untersuchung keine Idee bezüglich eines Trends vor.

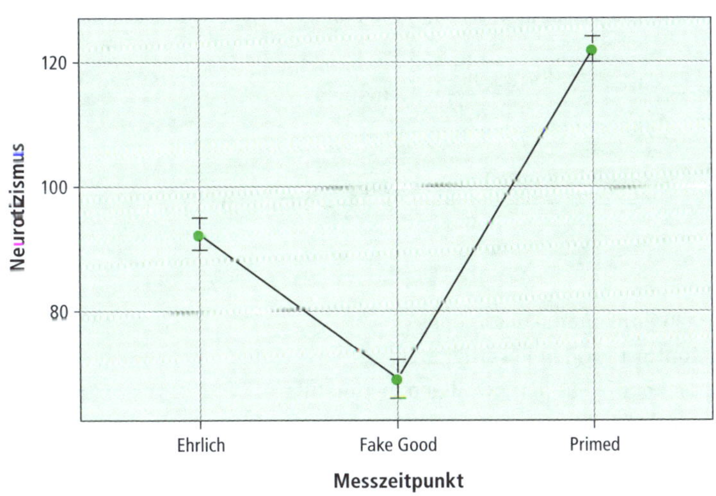

Abbildung 6.133: Verlauf der Mittelwerte

In ▶*Abbildung 6.133* ist der Verlauf der Mittelwerte noch einmal dargestellt. Die Nullhypothese würde lauten, die Mittelwerte sind alle gleich. Als Alternativhypothese legt die Abbildung nahe, einen quadratischen Trend zu testen.

Wir werden bei der Berechnung allerdings auch einen linearen Trend testen. Dieses Vorgehen wird immer gewählt, um der Dynamik des Verlaufs gerecht zu werden. Durch Berücksichtigung der verschiedenen Funktionstypen kann der Verlauf bestmöglich beschrieben werden.

Zunächst noch einmal eine Übersicht der notwendigen Kennwerte:

Formel 6.92

$$\bar{X}_{\text{Ehrlich}} = 93.53$$
$$\bar{X}_{\text{FG}} = 71.27$$
$$\bar{X}_{\text{Primed}} = 121.61$$
$$\hat{\sigma}^2_{\text{Res}} = 561.94$$
$$df_{\text{Res}} = 676$$

Wir verzichten an dieser Stelle auf eine Greenhouse-Geisser-Korrektur, um später mit dem SPSS-Output vergleichen zu können. Nun müssen wir die Kontraste formulieren. Wir haben drei Faktorstufen und können daher einen linearen und einen quadratischen Trend testen. In ▶*Tabelle 6.16* finden wir die Kontrastkoeffizienten.

$$QS_{\text{linear}} = -1 \cdot \bar{X}_{\text{Ehrlich}} + 0 \cdot \bar{X}_{\text{FG}} + 1 \cdot \bar{X}_{\text{Primed}} = -1 \cdot 93.53 + 0 \cdot 71.27 + 1 \cdot 121.61 = 28.08$$

$$QS_{\text{quadratisch}} = 1 \cdot \bar{X}_{\text{Ehrlich}} + (-2) \cdot \bar{X}_{\text{FG}} + 1 \cdot \bar{X}_{\text{Primed}} = 1 \cdot 93.53 + (-2) \cdot 71.27 + 1 \cdot 121.61 = 72.60$$

Mit diesen Kontrasten können wir nun die dazugehörigen Quadratsummen bestimmen.

$$QS_{\text{linear}} = \frac{n \cdot \psi^2_{\text{linear}}}{\sum_{i=1}^{3} c_i^2} = \frac{339 \cdot 28.08^2}{-1^2 + 0^2 + 1^2} = 133648.44$$

$$QS_{\text{quadratisch}} = \frac{n \cdot \psi^2_{\text{quadratisch}}}{\sum_{i=1}^{3} c_i^2} = \frac{339 \cdot 72.60^2}{1^2 + (-2)^2 + 1^2} = 297797.94$$

QS_{Trend} = Quadratsumme des Trends
ψ_{Trend} = Kontrast für den jeweiligen Trend
c_i = Kontrastkoeffizient der jeweiligen Faktorstufe
i = Index für den Faktor
p = Anzahl der Faktorstufen
n = Anzahl der Personen pro Faktorstufe

Wir sehen hier bereits, dass die Unterschiede aufgrund des quadratischen Zusammenhangs zwischen den Messzeitpunkten deutlich größer ausfallen. Setzen wir nun diese Ergebnisse in den F-Test ein:

Formel 6.93

$$F_{\text{linear}} = \frac{133648.44}{561.94} = 237.83$$

$$F_{\text{quadratisch}} = \frac{297797.94}{561.94} = 529.95$$

Der kritische F-Wert für einen Zählerfreiheitsgrad und 676 Nennerfreiheitsgrade bei einer α-Fehlerwahrscheinlichkeit von fünf Prozent beträgt 3.86. Das bedeutet, dass wir sowohl für den linearen als auch für den quadratischen Trend die Nullhypothese verwerfen müssen. Der Verlauf der Mittelwerte beinhaltet also sowohl lineare als auch quadratische Anteile. Aber was gilt nun? Zur besseren Beurteilung berechnen wir die Effektstärken:

Formel 6.94

$$\eta^2_{\text{linear}} = \frac{133648.44}{811320.93} = 0.17$$

$$\eta^2_{\text{partial linear}} = \frac{133648.44}{133648.44 + 379871.70} = 0.26$$

$$\eta^2_{\text{quadratisch}} = \frac{297797.94}{811320.93} = 0.37$$

$$\eta^2_{\text{partial quadratisch}} = \frac{297797.94}{297797.94} = 0.44$$

Aus den Effektstärken wird deutlich, dass der quadratische Anteil im Verlauf der Mittelwerte erkennbar größer ist. Er erklärt 37 Prozent der Unterschiede im Verlauf über die Zeit. Wir sehen aber auch, dass beide Trends zusammen 54 Prozent der Unterschiede erklären. Der Rest der Unterschiede kann also weder durch einen linearen noch durch einen quadratischen Zusammenhang zwischen Messzeitpunkt und Neurotizismuswert erklärt werden. Allerdings geht ein starker, signifikanter Anteil des Zusammenhangs auf einen quadratischen Trend zurück und ein weniger starker doch signifikanter Anteil auf einen linearen Trend.

Voraussetzungen. Zur Durchführung des gerade beschriebenen Vorgehens ist es notwendig, dass die Anzahl der Personen pro Faktorstufe gleich groß ausfällt. Außerdem muss die abhängige Variable intervallskaliert sein, schließlich berechnen wir Differenzen. Ein Trendtest ist also bei ordinalskalierten Daten nicht möglich. Eine letzte Voraussetzung betrifft das Skalenniveau der Faktorstufen. Diese müssen nämlich äquidistant sein. Das bedeutet, dass der Abstand zwischen den einzelnen Faktorstufen die gleiche Bedeutung haben muss. In unserem Beispiel müsste also der Abstand zwischen der Bedingung Ehrlich und der Bedingung Fake Good genauso groß sein wie der zwischen Fake Good und Primed. Bei dem hier gewählten Beispiel ist das schwer nachzuvollziehen. Leichter geht dies am Beispiel, das wir zu Beginn des Unterkapitels erwähnt haben, dem Yerkes-Dodson-Gesetz. Um dieses zu testen, müssen drei Faktorstufen operationalisiert werden: leichte Erregung, mittlere Erregung und starke Erregung. Die Voraussetzung der Äquidistanz bedeutet nun, dass der Unterschied in der Erregung zwischen einem leichten und einem mittleren Arousal genauso groß sein muss wie der Unterschied zwischen dem mittleren und dem hohen Arousal.

Vorgehen in SPSS und R. In diesem Abschnitt zeigen wir zunächst das Vorgehen für abhängige Messungen und dann für unabhängige Messungen.

Bei den abhängigen Messungen wählen wir aus dem Menü, wie bereits mehrfach erklärt, zunächst die Option ANALYSIEREN → ALLGEMEINES LINEARES MODELL → MESSWIEDERHOLUNG und definieren im nächsten Fenster die Messwiederholungsvariable. In dem sich anschließenden Fenster (siehe rechte Seite *Abbildung 6.123*) findet sich die Option KONTRASTE... ①. Wenn wir diese auswählen, öffnet sich erneut ein Fenster (siehe rechte Seite *Abbildung 6.124*, in dem bereits die Option POLYNOMIAL vorausgewählt ist.) Das heißt, dass wir eigentlich bei der Varianzanalyse mit Messwiederholung keine weiteren Einstellungen vorzunehmen brauchen, um Trendtests auszuführen. Es werden automatisch alle möglichen Trends getestet.

Um in R Trendtests durchzuführen, bleiben wir bei den Paketen `afex` and `lsmeans`. Dazu nutzen wir wieder das Objekt `means2`, welches wir bereits für die Kontraste und Post-hoc-Tests angelegt hatten. Der Code lautet dann:

```
con6 <- contrast(means2, method="poly")
con6
confint(con6)
```

Diesen Code kennen wir bereits. Neu ist hingegen die Angabe im Argument `method`, die nun `"poly"` lautet. Automatisch werden dadurch die gewünschten Trendtests durchgeführt. Das Argument `adjust` kann hier entfallen, da die Voreinstellung ist, dass keine Korrektur vorgenommen wird. Wer dies jedoch tun will, kann dieselben Korrekturen wie im Abschnitt Post-hoc-Tests beschrieben nutzen. Dieser R-Code resultiert in der bekannten Ausgabe, die im Gegensatz zu SPSS keine Angabe der Effektstärke oder der Teststärke beinhaltet. Um beides zu schätzen, nutzen wir die Pakete `compute.es` und `pwr`. Die zur Verfügung stehenden Daten sind die Ergebnisse aus R, von denen wir wissen, dass sie den Angaben zu einem t-Test entsprechen. Daher nutzen wir einen Code, den wir bereits in *Kapitel 5* beschrieben haben:

```
library(compute.es)
tes(t=15.421, n.1=339, n.2=339, level=95)
tes(t=23.021, n.1=339, n.2=339, level=95)
library(pwr)
pwr.t.test(n=339, d=1.18, sig.level=.05, type="paired")
pwr.t.test(n=339, d=1.77, sig.level=.05, type="paired")
```

Mit dem Befehl **`tes`** aus dem Paket `compute.es` bestimmen wir die Effektstärke. Dazu nutzen wir die t-Werte aus der Ausgabe des Trendtests (siehe ▶ *Abbildung 6.134*). Die sich ergebenden Effkektstärken geben wir dann im Befehl **`pwr.t.test`** an, um die Teststärke zu schätzen.

Im SPSS-Output finden wir dann die folgende Tabelle, die wir bereits von den A-priori-Kontrasten kennen. Auch die R-Ausgabe entspricht den bereits beschriebenen anderen Ausgaben.

SPSS-Ausgabe

Tests der Innersubjektkontraste

Maß:MASS_1

Quelle ❶	Messzeitpunkt	Quadratsumme vom Typ III ❷	df ❸	Mittel der Quadrate ❹	F ❺	Signifikanz ❻	Partielles Eta-Quadrat ❼	Nichtzentralitäts-Parameter	Beobachtete Schärfe[a] ❽
Messzeitpunkt	Linear	133630,21	1	133630,21	225,91	,000	,401	225,909	1,000
	Quadratisch	297819,01	1	297819,01	559,43	,000	,623	559,432	1,000
Fehler(Messzeitpunkt)	Linear	199934,28	338	591,52					
	Quadratisch	179937,42	338	532,36					

a. Unter Verwendung von Alpha = ,05 berechnet

R-Ausgabe

```
> con6              ❷            ❸      ❺      ❻
 contrast  estimate        SE  df t.ratio p.value
 linear    28.07808 1.820792 676  15.421  <.0001
 quadratic 72.60257 3.153704 676  23.021  <.0001

> confint(con6)
 contrast  estimate        SE  df lower.CL upper.CL
 linear    28.07808 1.820792 676 24.50300 31.65317
 quadratic 72.60257 3.153704 676 66.41034 78.79480

> tes(t=15.421, n.1=339, n.2=339, level=95)
Mean Differences ES:
                          ❼
 d [ 95 %CI] = 1.18 [ 1.02 , 1.35 ]

> tes(t=23.021, n.1=339, n.2=339, level=95)
Mean Differences ES:
                          ❼
 d [ 95 %CI] = 1.77 [ 1.59 , 1.95 ]
```

```
> pwr.t.test(n=339, d=1.18, sig.level=.05, type="paired")

     Paired t test power calculation

              n = 339
              d = 1.18
      sig.level = 0.05
          power = 1   ❽
    alternative = two.sided

> pwr.t.test(n=339, d=1.77, sig.level=.05, type="paired")

     Paired t test power calculation

              n = 339
              d = 1.77
      sig.level = 0.05
          power = 1   ❽
    alternative = two.sided
```

Abbildung 6.134: SPSS-Ergebnis und R-Ausgabe Trendtests bei abhängigen Messungen

Zunächst haben wir in SPSS wieder eine Angabe zur Varianz generierenden Quelle ❶. Diese kann entweder die systematische Veränderung über die Messzeitpunkte sein oder eben die Fehlervarianz. Für beide Varianzquellen ist nun jeweils eine Unterteilung nach Trendart vorgenommen. Das heißt, dass die systematische und die unsystematische Quadratsumme in einen linearen und einen quadratischen Anteil zerlegt werden. Dieses Vorgehen weicht von unserem Rechenbeispiel ab. Dort hatten wir nur die systematische Quadratsumme weiter aufgespalten, also werden sich die Ergebnisse hier leicht von den vorigen unterscheiden. Zudem treten leichte Abweichungen aufgrund von Rundungen auf. In den folgenden Spalten finden wir nun die Quadratsummen ❷, die Freiheitsgrade ❸, die mittleren Quadratsummen ❹, die F-Werte ❺, die Überschreitungswahrscheinlichkeiten ❻, das partielle eta^2 ❼ sowie die Teststärke ❽.

Im entsprechenden R-Output finden wir wie gehabt die mittleren Differenzen ❷, t-Werte ❺, Standardfehler ❸ und Überschreitungswahrscheinlichkeiten ❻. Diese werden für den linearen und den quadratischen Anteil ausgegeben. Darüber hinaus haben wir Effektstärken ❼ und Teststärken ❽ geschätzt.

Wir sehen, dass die Ergebnisse unseren Berechnungen entsprechen, obwohl wir abweichende Fehlervarianzen genutzt haben. Zudem sehen wir, dass beide Trends auch mit ausreichender Teststärke gesichert werden konnten. Unsere Hypothese, dass der Verlauf U-förmig ist, kann also bestätigt werden. Um in SPSS ein Diagramm des Mittelwertverlaufs zu erhalten, gehen wir im Hauptfenster (siehe *Abbildung 6.123*) auf die Option DIAGRAMME... und definieren hier ein Diagramm mit separaten Linien für den Messwiederholungsfaktor.

In R nutzen wir das Paket ggplot2 und den bereits bekannten Code:

```
abb6.141 <- ggplot(anova.mw.long, aes(Messzeitpunkt, Neurotizismus))
abb6.141+stat_summary(fun.y=mean, geom="point")+
  stat_summary(fun.y=mean, geom="line", aes(group=1))+
  stat_summary(fun.data=mean_cl_normal, geom="errorbar", width=.1, size=.25)+
  theme_bw(base_size = 18, base_family="Times New Roman")+
  theme(legend.position="top")
```

Schauen wir uns nun das Vorgehen bei unabhängigen Messungen an. In unserem Beispiel haben wir $N = 119$ Personen auf drei Gruppen (Fake Good, Fake Bad und Kontrollgruppe) aufgeteilt und in allen Gruppen unter anderem den OLMT appliziert. Der Verlauf der Mittelwerte sieht aus wie in ▶*Abbildung 6.135* dargestellt.

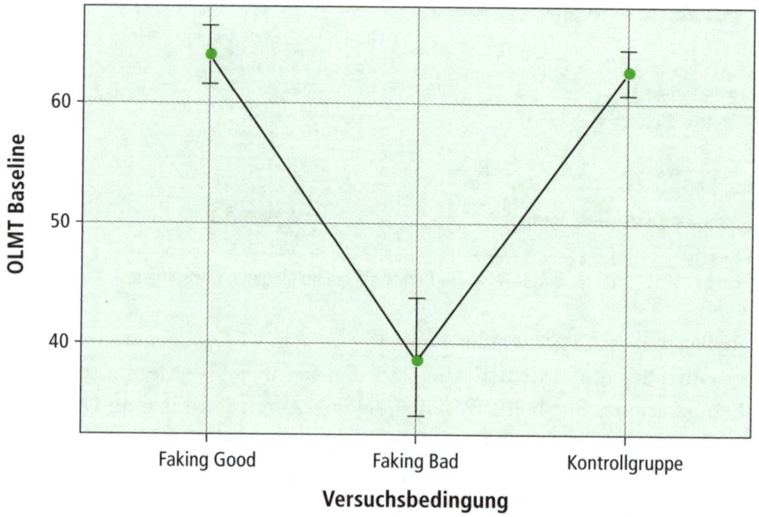

Abbildung 6.135: Verlauf der Mittelwerte beim Beispiel der unabhängigen Messungen

Wiederum liegt es nahe, auf einen quadratischen Trend zu testen. Es stehen in SPSS zwei Optionen zur Verfügung. Zum einen können wir in dem Fenster, das sich öffnet, nachdem wir aus dem Menü ANALYSIEREN → ALLGEMEINES LINEARES MODELL → UNIVARIAT... ausgewählt haben, die Option KONTRASTE... nutzen (siehe *Abbildung 6.123* und *Abbildung 6.124*). Allerdings werden hier keine Quadratsummen, Effektstärken und Teststärken angegeben. Daher nutzen wir einen anderen Menüpunkt. Hier werden zwar auch keine Effektstärken und Teststärken ausgegeben, aber die zur Berechnung der Effektstärken notwendigen Quadratsummen. Wir wählen also aus dem SPSS-Menü ANALYSIEREN → MITTELWERTE VERGLEICHEN → EINFAKTORIELLE ANOVA aus. Das sich öffnende Fenster kennen wir bereits von den A-priori-Kontrasten (siehe *Abbildung 6.120*). Hier müssen zunächst unabhängige und abhängige Variablen definiert werden und dann wählen wir die Option KONTRASTE....

Auch das sich nun öffnende Fenster haben wir bei den A-priori-Kontrasten bereits gesehen (siehe *Abbildung 6.121*). Es stehen uns jetzt zwei Möglichkeiten (siehe ▶*Abbildung 6.136*) zur Verfügung. Eine Möglichkeit ist, dass wir die Kontrastkoeffizienten selbst eingeben ① und Tabellen nutzen, wie oben angegeben. Dies empfiehlt sich, wenn die Reihenfolge der Gruppenkodierung nicht der Reihenfolge entspricht, in der sich die Mittelwerte anordnen sollen. Alternativ dazu wählen wir die Option POLYNOMIAL ② aus. Dazu müssen die Gruppen aber auch in der korrekten Reihenfolge kodiert sein. Gegebenenfalls muss also umkodiert werden.

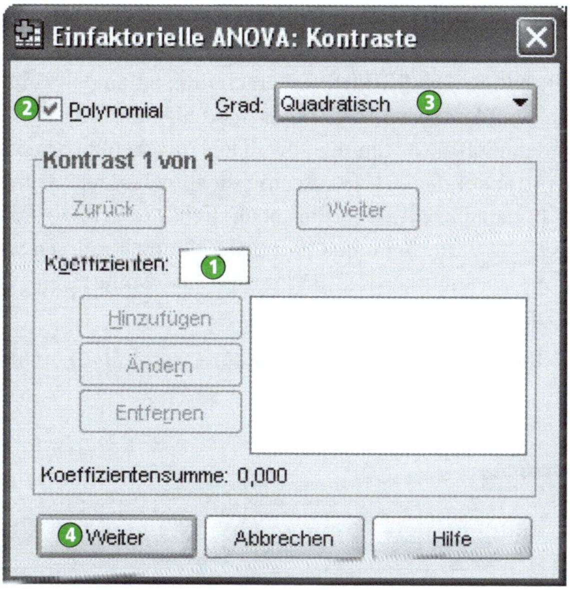

Abbildung 6.136: Auswahl der Trendtests bei unabhängigen Messungen

Nun muss angegeben werden, welcher der höchste Trend ist, der getestet werden soll. Hierzu steht ein Pull-down-Menü zur Verfügung ③. Der Nutzer kann hier keinen Fehler begehen. Wird ein Trend gewählt, der mit der gegebenen Anzahl an Faktorstufen nicht möglich ist, berechnet SPSS automatisch alle Trends, die möglich sind. Wir haben drei Gruppen und wählen daher einen quadratischen Trend. Dann schließen wir das Fenster durch Klicken der Taste WEITER ④. Im Hauptfenster gehen wir noch auf OPTIONEN und wählen hier DIAGRAMM DER MITTELWERTE aus, um den Verlauf grafisch zu veranschaulichen. Jetzt können wir die Analyse starten.

In R nutzen wir wieder die Pakete `afex` und `lsmeans`. Bei der Darstellung der Kontraste für unabhängige Messungen hatten wir das Objekt `means` erstellt. Auf dieses greifen wir nun zurück und berechnen die Trendtests. Wie bereits bei den abhängigen Messungen stehen Effekt- und Teststärke nicht direkt zur Verfügung, können aber geschätzt werden. Es ergibt sich also folgender Code (wir haben wieder die Werte zur Berechung von Effekt- und Teststärke der Ausgabe entnommen):

```
con7 <- contrast(means, method="poly")
con7
confint(con7)
library(compute.es)
table(anova_ein$gruppe)
tes(t=-.579, n.1=37, n.2=41, level=95)
n_1 <- 37+41
tes(t=12.035, n.1=n_1, n.2=41, level=95)
pwr.t2n.test(n1=37, n2=41, d=-.13, sig.level=.05)
pwr.t2n.test(n1=n_1, n2=41, d=2.31, sig.level=.05)
```

Zur Berechnung des Trendtests nutzen wir das Objekt means, welches wir im Zuge der Kontrastanalysen erstellt hatten. Die Effektstärkeberechnung ist analog zum Vorgehen bei den Trendtests für abhängige Messungen. Der Unterschied hier besteht darin, dass die Stichproben nicht immer gleich groß sind. Um die jeweiligen Angaben zu erhalten, nutzen wir die Kontrastkoeffizientent aus *Tabelle 6.16*, um die entsprechenden Gruppengrößen zusammenzufassen. Beim linearen Kontrast ist dies noch nicht nötig, da lediglich die erste gegen die dritte Gruppe getestet wird. Beim quadratischen Kontrast müssen wir jedoch die erste und die dritte Gruppe zusammenfassen und gegen die zweite testen. Es ergibt sich eine Gruppengröße von 78.

Im Output der jeweiligen Programme finden wir dann die in der ▶*Abbildung 6.137* dargestellten Tabellen.

SPSS-Ausgabe

ONEWAY ANOVA

(1) Baseline

(2)			(3) Quadratsumme	(4) df	(5) Mittel der Quadrate	(6) F	(7) Signifikanz
Zwischen den Gruppen	(Kombiniert)		16238,32	2	8119,16	72,44	,000
	Linearer Term	Ungewichtet	37,53	1	37,53	0,33	,564
		Gewichtet	5,24	1	5,24	0,05	,829
		Abweichung	16233,08	1	16233,08	144,84	,000
	Quadratischer Term	Ungewichtet	16233,08	1	16233,08	144,84	,000
		Gewichtet	16233,08	1	16233,08	144,84	,000
	Innerhalb der Gruppen		13000,65	116	112,07		
	Gesamt		29238,97	118			

R-Ausgabe

```
> con7                  (3)             (4)   (6)      (7)
 contrast   estimate          SE  df t.ratio p.value
 linear    -1.389183 2.400535 116  -0.579  0.5639
(2) quadratic 49.176987 4.086155 116  12.035  <.0001

> confint(con7)
 contrast   estimate          SE  df  lower.CL  upper.CL
 linear    -1.389183 2.400535 116 -6.143744  3.365379
 quadratic 49.176987 4.086155 116 41.083842 57.270133
```

```
> pwr.t2n.test(n1=37, n2=41, d=-.13, sig.level=.05)

     t test power calculation

              n1 = 37
              n2 = 41
               d = 0.13
       sig.level = 0.05
           power = 0.08744617   (8)
     alternative = two.sided

> pwr.t2n.test(n1=n_1, n2=41, d=2.31, sig.level=.05)

     t test power calculation

              n1 = 78
              n2 = 41
               d = 2.31
       sig.level = 0.05
           power = 1   (8)
     alternative = two.sided
```

Abbildung 6.137: SPSS-Output und R-Ausgabe Ergebnis der Trendtests bei unabhängigen Messungen

In der SPSS-Tabelle finden wir zunächst den Namen der abhängigen Variablen aufgeführt ❶. Die Zeilen der Tabelle entsprechen nun einzelnen Varianzquellen ❷. Die erste Zeile stellt die Varianz Zwischen und die letzte Zeile die Gesamtvarianz dar. In der vorletzten Zeile ist die Varianz Innerhalb, also die Fehlervarianz, aufgeführt. Das sind die drei Werte, die wir aus der einfaktoriellen Varianzanalyse kennen. Dazwischen finden wir nun die Zerlegung in lineare und quadratische Trends. Der Zusatz der Gewichtung bezieht sich darauf, dass für unterschiedliche Gruppengrößen korrigiert wurde oder nicht. Obwohl wir unterschiedliche Gruppengrößen haben, wählen wir jeweils die ungewichteten Werte, um besser mit der R-Ausgabe vergleichen zu können. Wir finden nun für jede Varianzquelle die Quadratsumme ❸, die Freiheitsgrade ❹, die mittlere Quadratsumme ❺, den *F*-Wert ❻ und die Überschreitungswahrscheinlichkeit ❼.

Im R-Output finden wir wie gewohnt die mittlere Differenz ❸, die Freiheitsgrade ❹, den *t*-Wert ❻ und die Überschreitungswahrscheinlichkeit ❼ für die jeweiligen Trends. Allerdings gibt es keine Option, für ungleiche Stichproben zu korrigieren, da dies ja eigentlich eine Voraussetzung des Tests ist. Zudem haben wir in der R-Ausgabe Teststärken ❽ mit angegeben.

Wir sehen, dass der lineare Trend nicht signifikant wird, der quadratische aber schon. Der Verlauf der OLMT-Mittelwerte über die drei Gruppen kann also nicht durch einen linearen, aber sehr wohl durch einen quadratischen Trend beschrieben werden. Die dazugehörige Teststärke in R ist sehr groß. Zum Abschluss berechnen wir für diesen Trend noch die Effektstärke eta^2 anhand der Angaben aus SPSS. Da wir nur eine unabhängige Variable haben, entspricht eta^2 auch partial eta^2.

Formel 6.95

$$\eta^2_{\text{quadratisch}} = \frac{16233.08}{29238.97} = 0.56$$

Das bedeutet, dass sich 56 Prozent der Unterschiede in der OLMT-Leistung zwischen den Gruppen durch einen quadratischen Zusammenhang zwischen Gruppenzugehörigkeit und OLMT-Wert erklären lassen.

In der R-Ausgabe finden wir leider nicht direkt die notwendigen Angaben. Allerdings haben wir vor der Berechnung der Teststärke mittels des Befehls `tes` eine Effektstärke bereits geschätzt. In der Ausgabe hierzu finden wir auch die Angabe eines Korrelationskoeffizienten. Dieser beträgt in der Ausgabe 0.74. Wie wir in *Kapitel 7* sehen werden, entspricht der quadrierte Korrelationskoeffizient einer Varianz. In unserem Fall handelt es sich dabei um die Varianz, die durch den jeweiligen Trend erklärt wird, also eine Schätzung für eta^2. Quadrieren wir die 0.74, erhalten wir so 0.55. Die Abweichung zu dem oben berechneten eta^2 von 0.56 kommt durch Rundungsfehler zustande.

Übungsaufgaben mit Lösungen sowie Datenfiles zum Nachvollziehen der Beispiele und weitere Informationen zu diesem Buchkapitel finden Sie auf der Website zum Buch unter *http://www.pearson-studium.de*.

EXTRAS ONLINE

Literatur

Bortz, J., & Lienert, G. A. (2003). *Kurzgefasste Statistik für die klinische Forschung.* Berlin: Springer.

Brown, M. B., & Forsythe, A. B. (1974a). Robust tests for the equality of variances. *Journal of the American Statistical Association, 69*(346), 364–367.

Brown, M. B., & Forsythe, A. B. (1974b). The small sample behavior of some statistics which test the equality of several means. *Technometrics, 16*(1), 129–132.

Bühner, M. (2006). *Einführung in die Test- und Fragebogenkonstruktion* (2. Auflage). München: Pearson.

Cohen, J. (1988). *Statistical Power Analysis for the Behavioral Sciences.* Hillsdale, NJ: Lawrence Erlbaum Associates, Publishers.

Erceg-Hurn, D. M., & Mirosevich, V. M. (2008). Modern Robust Statistical Methods. An Easy Way to Maximize the Accuracy and Power of Your Research. *American Psychologist, 63*, 591–601.

Fox, J., & Weisberg, S. (2010). *An R companion to applied regression* (2 ed.). Thousand Oaks, CA: Sage.

Glass, G. V., & Hopkins, K. D. (1996). *Statistical methods in education and psychology* (3 ed.). Boston: Allyn & Bacon.

Hartley, H. O. (1950). The maximum *F*-ratio as a short-cut test for heterogeneity of variance. *Biometrika*, 308–312.

Hector, A., Von Felten, S., & Schmid, B. (2010). Analysis of variance with unbalanced data: an update for ecology & evolution. *Journal of Animal Ecology, 79*(2), 308–316.

Kruskal, W. H., & Wallis, W. A. (1952). Use of Ranks in One-Criterion Variance Analysis. *Journal of the American Statistical Association, 47*(260), 583–621.

Kruskal, W. H., & Wallis, W. A. (1952). Use of Ranks in One-Criterion Variance Analysis. *Journal of the American Statistical Association, 47*, 583–621.

Langsrud, Ø. (2003). ANOVA for unbalanced data: Use Type II instead of Type III sums of squares. *Statistics and Computing, 13*(2), 163–167.

Levene, H. (1960). Robust tests for equality of variances. In I. Olkin, H. Hotelling, & et al. (Eds.), *Contributions to probability and statistics: Essays in honor of Harold Hotelling* (pp. 278–292). Palo Alto, CA: Stanford University Press.

Lüdtke, O., Robitzsch, A., Trautwein, U., & Koeller, O. (2007). Umgang mit fehlenden Werten in der psychologischen Forschung. Probleme und Lösungen; Handling of missing data in psychological research: Problems and solutions. *Psychologische Rundschau, 58*(2), 103-117.

Nanna, M. J., & Sawilowsky, S. S. (1998). Analysis of likert scale data in disability and medical rehabilitation research. *Psychological Methods, 3*, 55–67.

Ostendorf, F., & Angleitner, A. (2004). *NEO-PI-R. NEO Persönlichkeitsinventar nach Costa und McCrae. Revidierte Fassung.* Göttingen: Hogrefe.

Schmider, E., Ziegler, M., Danay, E., Beyer, L., & Bühner, M. (2010). Is It Really Robust? *Methodology: European Journal of Research Methods for the Behavioral and Social Sciences, 6*(4), 147–151.

Schmidt-Atzert, L. (2004). *Objektiver Leistungsmotivations-Test (OLMT).* Mödling: Dr. G. Schuhfried GmbH.

Singmann, H., & Bolker, B. (2014). afex: Analysis of Factorial Experiments. *R package version 0.12-135.* Retrieved from *http://CRAN.R-project.org/package=afex*

Schuler, H., & Prochaska, M. (2001). *LMI. Leistungsmotivationsinventar.* Göttingen: Hogrefe.

Tabachnik, B. G., & Fidell, L. S. (2006). *Using multivariate statistics.* New York: Harper Collins College Publishers.

Tomarken, A. J., & Serlin, R. C. (1986). Comparison of ANOVA alternatives under variance heterogeneity and specific noncentrality structures. *Psychological Bulletin, 99*(1), 90–99. doi: 10.1037/0033-2909.99.1.90

Welch, B. L. (1951). On the comparison of several mean values: an alternative approach. *Biometrika*, 330–336.

Wickham, H. (2009). *ggplot2: elegant graphics for data analysis.* New York, NY, USA: Springer Science & Business Media.

Yerkes, R. M., & Dodson, J. D. (1908). The relation of strength of stimulus to rapidity of habit-formation. *Journal of Comparative Neurology and Psychology, 18*, 459–482.

Ziegler, M., & Bühner, M. (2009). Modeling Socially Desirable Responding and Its Effects. *Educational and Psychological Measurement, 69*, 548–565.

Ziegler, M., Schmidt-Atzert, L., Bühner, M., & Krumm, S. (2007). Fakability of Different Measurement Methods for Achievement Motivation: Questionnaire, Semi-projective, and Objective. *Psychology Science, 49*(4), 291–307.

Weiterführende Literatur

Howell, D. C. (2006). *Statistical Methods for Psychology.* Duxbury: Thomson Learning.

Bickel, R. (2007). *Multilevel Analysis for Applied Research.* New York: The Guilford Press.

Champoly, S. (2009). pwr: Basic functions for power analysis. R package version 1.1.1. *The R Foundation*, Vienna, Austria.

Hui, W., Gel, Y. R., & Gastwirth, J. L. (2008). lawstat: an R package for law, public policy and biostatistics. *Journal of Statistical Software, 28*, 1-26.

Korrelation und Regression

7

ÜBERBLICK

» Bisher haben wir uns mit Unterschiedshypothesen befasst und beispielsweise gefragt, ob sich Häufigkeiten oder Mittelwerte in der Grundgesamtheit unterscheiden. In Kapitel 2 und Kapitel 4 haben wir bereits darauf hingewiesen, dass es auch Zusammenhangshypothesen gibt. Zusammenhangshypothesen prüfen, ob eine oder mehrere Variablen in einer Grundgesamtheit miteinander korrespondieren. Beispiele für Zusammenhangsfragestellungen sind: Geht mit einer hohen Intelligenz im Durchschnitt auch ein höherer beruflicher Erfolg einher? Geht mit höherer Ängstlichkeit auch eine stärkere Depressionssymptomatik einher? Man kann solche Zusammenhänge mithilfe statistischer Größen angeben. Diese Größen bezeichnet man als Korrelationen. Für zwei kontinuierliche Variablen wurde die Berechnung bereits in Kapitel 2 gezeigt. Der dort dargestellte Korrelationskoeffizient ist jedoch nur einer von vielen. Je nach Skalenniveau der Variablen können weitere Korrelationskoeffizienten unterschieden werden. Diese werden in diesem Kapitel jeweils mit dem dazugehörigen Hypothesentest besprochen. Neben der Frage nach dem konkreten Zusammenhang zwischen zwei Werten, ist ein weiteres Ziel in den Sozialwissenschaften auch häufig: die konkrete Ausprägung einer Variablen aus mehreren anderen Variablen vorherzusagen. Dies ist beispielsweise im Rahmen von linearen Regressionsanalysen möglich. Im zweiten Kapitel haben wir Vorhersagen mithilfe eines Prädiktors bzw. einer Einflussgröße vorgenommen. In diesem Kapitel wird die lineare Regressionsanalyse mit mehr als einem Prädiktor bzw. mehr als einer Einflussgröße besprochen, die sogenannte multiple lineare Regression. «

7.1 Korrelationen

Was versteht man unter einer Korrelation? Die Basis für das Verständnis der Multiplen Regression stellen Korrelationen oder Kovarianzen (siehe Abschnitt 2.2.8) dar. Eine **Korrelation** spiegelt allgemein den Zusammenhang zwischen zwei Variablen bzw. Merkmalen wider. Korrelationen können Werte zwischen minus und plus eins annehmen. Je näher eine Korrelation zwischen zwei Variablen an plus eins oder minus eins heranreicht, desto höher ist der positive oder negative Zusammenhang zwischen beiden Variablen. Je näher eine Korrelation bei null liegt, desto geringer ist der Zusammenhang zwischen den beiden Variablen. Eine Korrelation von minus eins bedeutet, dass hohe Werte in einer Variablen im Durchschnitt mit niedrigen Werten in der anderen Variablen einhergehen.

Alle in diesem Kapitel aufgeführten Korrelationskoeffizienten weisen einen Wertebereich von minus eins bis plus eins auf: Produkt-Moment-Korrelation, Multiple Korrelation, Spearman-Rangkorrelation, Kendalls Tau, Punktbiseriale Korrelation, Biseriale Korrelation und Biseriale Rangkorrelation, Phi-Koeffizient, Tetrachorische und Polychorische Korrelation. Zunächst wird die bereits bekannte Produkt-Moment-Korrelation bzw. Bivariate Korrelation oder Pearson-Korrelation kurz dargestellt.

7.1.1 Produkt-Moment-Korrelation

Die **Produkt-Moment-Korrelation** bzw. **Pearson-Korrelation** gibt die Höhe eines linearen Zusammenhangs zwischen zwei Variablen an: das heißt, ob die Ausprägungen einer Variablen X mit den Ausprägungen einer anderen Variablen Y linear korrespondieren. Bisher haben wir eine Korrelation als deskriptive Statistik kennengelernt. Für Korrelationen lassen sich auch Hypothesen für die Grundgesamtheit aufstellen. Unter der Nullhypothese wird angenommen, dass zwischen zwei Variablen in der Grundgesamtheit kein Zusammenhang besteht. Betrachten wir folgendes Beispiel: Wir haben mithilfe von sechs Personen die Korrelation zwischen Intelligenztestpunkten und Klausurpunkten ermittelt.

In ▶*Tabelle 7.1* sind in der ersten Spalte die Namen von fiktiven Personen angegeben und in der zweiten und dritten Spalte finden sich die Punktwerte dieser Personen im Intelligenztest (x_v) und der Klausur (y_v). In der vierten und fünften Spalte sind die jeweiligen Abweichungen der Punktwerte der Personen vom Mittelwert im Intelligenztest ($x_v - \bar{x}$) und dem Mittelwert in der Klausur ($y_v - \bar{y}$) angegeben. In der sechsten Spalte wird aus den Abweichungen beider Variablen vom Mittelwert für jede Person das Produkt gebildet: $(x_v - \bar{x}) \cdot (y_v - \bar{y})$. Berechnet man von diesen Produkten wiederum den Mittelwert, ergibt sich die Kovarianz der beiden Variablen: $cov(X,Y) = 167.08$. In den letzten beiden Spalten werden die Abweichungen der Punktwerte vom Mittelwert für beide Variablen quadriert. Bildet man aus diesen quadrierten Abweichungen den Mittelwert, erhält man die jeweilige Varianz für die Punkte im Intelligenztest ($s_X^2 = 203.47$) und die Punkte in der Klausur ($s_Y^2 = 317.92$). Diese Statistiken benötigen wir dann, um die Korrelation zwischen beiden Variablen zu berechnen.

Person	Punkte im Intelligenztest (x_v)	Punkte In der Klausur (y_v)	d(IQ) ($x_v - \bar{x}$)	d(Klausur) ($y_v - \bar{y}$)	Produkt d(IQ) und d(Klausur)	$d(\text{IQ})^2$	$d(\text{Klausur})^2$
Moritz	10.00	10.00	−14.17	−21.5	304.58	200.69	462.25
Matthias	30.00	19.00	5.83	−12.5	−72.92	34.03	156.25
Markus	10.00	30.00	−14.17	−1.5	21.25	200.69	2.25
Sabine	50.00	50.00	25.83	18.5	477.92	667.36	342.25
Maria	30.00	60.00	5.83	28.5	166.25	34.03	812.25
Eva	15.00	20.00	−9.17	−11.5	105.42	84.03	132.25
Mittelwert	24.17	31.50	0.00	0.00	167.08	203.47	317.92
Summe	145.00	189.00	0.00	0.00	1002.50	1220.83	1907.5

Tabelle 7.1: Beispieldaten für eine Produkt-Moment-Korrelation

Man kann nun zum einen die Schätzwerte für die Standardabweichung und die Kovarianz beider Variablen bestimmen oder die deskriptiven Statistiken: Anhand der Stichprobendaten ermitteln wir eine Stichprobenkorrelation von $r = 0.66$. Es gibt zwei Möglichkeiten einen Schätzwert für die unbekannte Populationskorrelation zweier Variablen zu erhalten: (1) Man schätzt die Populationskorrelation einfach mithilfe der Stichprobenkorrelation oder (2) verwendet dafür eine eigene Schätzfunktion. Dies ist in Formelkasten 7.1 dargestellt.

Formel 7.1 Korrelation

Alle Größen, wie Varianzen ($s_X^2 = 203.47$, $s_Y^2 = 317.92$) und Kovarianzen ($cov(X,Y) = 167.08$) stellen Stichprobenstatistiken dar und wurden durch n geteilt. Die hier in der Formel verwendeten Standardabweichungen (s_X, s_Y) erhält man, wenn man aus den Varianzen die Wurzel zieht.

$$r_{XY} = \frac{cov(X,Y)}{s_X \cdot s_Y} = \frac{167.08}{14.26 \cdot 17.83} = 0.66$$

Sollen die Größen für die Population geschätzt werden, teilt man bei allen Größen, wie Varianzen und Kovarianzen, im Nenner durch $n-1$ statt durch n. Beide Formeln sind zwar nicht erwartungstreu, jedoch konsistent und führen zum selben Ergebnis.

$$\hat{\rho}_{XY} = r_{XY} = \frac{\hat{\sigma}(X,Y)}{\hat{\sigma}_X \cdot \hat{\sigma}_Y} = \frac{200.5}{15.63 \cdot 19.53} = 0.66$$

Eine erwartungstreue Populationsschätzung der unbekannten Populationskorrelation stellt die Schätzfunktion von Olkin und Pratt (1958) dar. Diese wird in der Praxis jedoch selten verwendet und hier nicht dargestellt.

Hypothesen. Die Nullhypothese für dieses Beispiel lautet, dass zwischen Klausurpunkten in Statistik und Intelligenztestpunkten in der Population kein Zusammenhang besteht. Unter der ungerichteten Alternativhypothese wird angenommen, dass es einen von null verschiedenen Zusammenhang zwischen Klausurpunkten und Intelligenztestpunkten in der Grundgesamtheit gibt. Die gerichtete Alternativhypothese lautet: Entweder der Zusammenhang zwischen zwei Variablen in der Grundgesamtheit ist positiv oder der Zusammenhang zwischen zwei Variablen in der Grundgesamtheit ist negativ. Wir nehmen für unser Beispiel eine ungerichtete Hypothese an. Beim Signifikanztest für Korrelationen ist die Prüfung der folgenden Hypothesen möglich, wobei ρ bzw. rho (gesprochen ro; der griechische Buchstabe für das kleine *r*) für die Korrelation in der Grundgesamtheit steht.

Nullhypothese und ungerichtete Alternativhypothese

Nullhypothese:

$$\rho = 0$$

Alternativhypothese ungerichtet:

$$\rho \neq 0$$

Nullhypothesen und gerichtete Alternativhypothesen

$$H_0: \rho \geq 0 \text{ und } H_1: \rho < 0$$

$$H_0: \rho \leq 0 \text{ und } H_1: \rho > 0$$

Prüfgröße. Die in Formelkasten 7.2 dargestellte empirische *t*-Prüfgröße wird zur Hypothesentestung herangezogen.

Formel 7.2 Prüfgröße Hypothesentest Korrelation

$$t_{emp} = \frac{r \cdot \sqrt{n-2}}{\sqrt{1-r^2}} = \frac{0.66 \cdot \sqrt{6-2}}{\sqrt{1-0.66^2}} = \frac{1.32}{0.75} = 1.76$$

$$df = n - 2 = 6 - 2 = 4$$

df = Freiheitsgrade

t_{emp} = empirischer *t*-Wert

n = Stichprobengröße

$\hat{\rho}$ = aus der Stichprobe für die Population geschätzter Korrelationskoeffizient

Entscheidungsregel. Es gelten dieselben Entscheidungsregeln wie für den *t*-Test für unabhängige Stichproben (siehe Kapitel 4 und 5). Das bedeutet, übersteigt der Betrag des empirischen *t*-Werts den Wert des kritischen *t*-Werts einer *t*-Verteilung mit einer bestimmten Anzahl an Freiheitsgraden ($n-2$) und einer gewünschten Sicherheitswahrscheinlichkeit einseitig oder zweiseitig, wird die Nullhypothese verworfen.

Entscheidung. Berechnen wir für die empirischen *t*-Werte in unserem Beispiel die zweiseitigen Überschreitungswahrscheinlichkeiten, ergibt sich für die Korrelation (*r*) von 0.66 ein *p*-Wert von 0.153. In R können die Überschreitungswahrscheinlichkeiten wie folgt ermittelt werden: `pt(q=1.76, df=4, lower.tail=FALSE)`. Das Ergebnis lautet: `[1] 0.07660841`. Dieser Wert muss noch verdoppelt werden, da es sich um eine zweiseitige Fragestellung handelt: $0.0766 \cdot 2 = 0.153$. Dieses Ergebnis kann in R auch in einem Schritt erzielt werden mithilfe des folgenden Befehls: `pt(q=1.76, df=4, lower.tail=FALSE)*2`.

Wie wir im nächsten Abschnitt sehen werden, handelt es sich nach den Effektstärkekonventionen um einen starken Zusammenhang. Dennoch müssen wir, da der Betrag $t_{emp}=|1.76|$ kleiner als der kritische *t*-Wert von 2.78 ausfällt, die Nullhypothese beibehalten. In allen Fällen ist es sinnvoll, mithilfe eines Konfidenzintervalls die Präzision der geschätzten Größen anzugeben. Das entsprechende Konfidenzintervall für die geschätzte Korrelation ist in Formelkasten 7.3 angegeben.

Formel 7.3 Konfidenzintervall für die Korrelation

Korrelationskoeffizienten sind weder normalverteilt noch intervallskaliert. Um für Korrelationskoeffizienten ein Konfidenzintervall zu bestimmen, wird daher eine **Fischer-z-Transformation** durchgeführt. Die Korrelation wird dazu in einen **Fischer-z-Wert** transformiert. Wir haben einen Korrelationskoeffizienten von 0.66 berechnet und setzen diesen nun die folgenden Formeln ein.

$$z_r = 0.5 \cdot ln\left(\frac{1+r}{1-r}\right) = 0.5 \cdot ln\left(\frac{1+0.66}{1-0.66}\right) = 0.79$$

$$\widehat{SE} = \sqrt{\frac{1}{n-3}} = \sqrt{\frac{1}{6-3}} = 0.577$$

$$KI = z_r \pm \widehat{SE} \cdot z_{1-\frac{\alpha}{2}} = 0.79 \pm 0.577 \cdot 1.96 = [-0.34; 1.92]$$

KI = Konfidenzintervall für die Fisher-z-Transformation

z_r = Fischer-z-transformierte Stichprobenkorrelation

ln = natürlicher Logarithmus zur Basis e

n = Stichprobengröße

$z_{1-\frac{\alpha}{2}}$ = z-Wert der Standardnormalverteilung bei einer Sicherheitswahrscheinlichkeit von $1-\frac{\alpha}{2}$

Nun werden die ermittelten *z*-transformierten Korrelationen wieder in Korrelationen zurücktransformiert. Dadurch werden die Grenzen des **Konfidenzintervalls** wieder asymmetrisch und liegen damit nicht mehr gleich weit von der empirischen Korrelation entfernt.

$$r = \frac{e^{2 \cdot z_{\hat{\rho}}} - 1}{e^{2 \cdot z_{\hat{\rho}}} + 1}$$

$$r_u = \frac{e^{2\cdot(-0.34)} - 1}{e^{2\cdot(-0.34)} + 1} = \frac{e^{(-0.68)} - 1}{e^{(-0.68)} + 1} = \frac{0.51 - 1}{0.51 + 1}$$

$$\hat{\rho}_u = \frac{-0.49}{1.51} = -0.32$$

$$r_o = \frac{e^{2\cdot(1.92)} - 1}{e^{2\cdot(1.92)} + 1} = \frac{e^{(3.84)} - 1}{e^{(3.84)} + 1} = \frac{46.53 - 1}{46.53 + 1}$$

$$r_o = \frac{45.53}{47.53} = 0.96$$

e^x = Umkehrfunktion des natürlichen Logarithmus zur Basis e

r_o = obere Grenze des Konfidenzintervalls der Stichprobenkorrelation

r_u = untere Grenze des Konfidenzintervalls der Stichprobenkorrelation

Damit liegen die Grenzen des Konfidenzintervalls bei minus 0.32 und 0.96. Man beachte, dass dieses Konfidenzintervall, anders als die Konfidenzintervalle bisher, per Konstruktion nicht symmetrisch um die Stichprobenkorrelation liegt. Die Breite des Konfidenzintervalls zeigt, dass die Korrelation sehr unpräzise geschätzt wurde. Das Konfidenzintervall beinhaltet fast den ganzen positiven Wertebereich des Korrelationskoeffizienten und noch etwa ein Fünftel des negativen Wertebereichs.

In Praxistipp 2 wird gezeigt, wie man die Fisher-z-Transformation und eine Rücktransformation mit R durchführen kann.

Praktische Bedeutsamkeit. Der Zusammenhang in unserem Beispiel beträgt 0.66 und der Determinationskoeffizient (quadrierte Korrelation) 0.44. Wie ist nun die Höhe des Korrelationskoeffizienten zu bewerten? Zur Interpretation der Höhe von Korrelationskoeffizienten gibt Cohen (1988) folgende Interpretationshilfe für Populationskorrelationen:

$\rho = 0.10 \rightarrow$ kleiner Effekt

$\rho = 0.30 \rightarrow$ mittlerer bzw. moderater Effekt

$\rho = 0.50 \rightarrow$ starker Effekt

Eine für die Population geschätzte Korrelation zwischen 0.10 und 0.30 wird als gering bis moderat bezeichnet und eine Korrelation zwischen 0.30 und 0.50 als moderat bis groß. Es ist zu beachten, dass es sich hier nur um grobe Daumenregeln handelt. Alternative Grenzen geben beispielsweise Gignac and Szodorai (2016) mit 0.10, 0.20 und 0.30 oder Bosco, Aguinis, Singh, Field, and Pierce (2015) an. Letztere spezifizieren einen mittleren Effekt bei Korrelationsbeträgen zwischen 0.09 und 0.26.

Starker Effekt und fehlende Präzision der Schätzung. Damit kann diese geschätzte Korrelation als starker Zusammenhang bezeichnet werden, auch wenn sie nicht signifikant wurde (siehe Abschnitt 4.6). Betrachtet man zusätzlich das Konfidenzintervall, erreicht die Präzision der Schätzung fast zwei Drittel des Definitionsbereichs einer Korrelation. Am Ende weiß man mithilfe solch kleiner Stichproben nur sehr wenig bis nichts über die Verhältnisse in der Population und benötigt daher deutlich größere Stichproben, um auf Korrelationen in der Population zu schließen.

Teststärke. Nun können wir die Post-hoc-Teststärke ermitteln. Die von uns gefundene Korrelation könnte aber auch dazu genutzt werden, eine Stichprobenplanung durchzuführen. Die Ermittlung der Post-hoc-Teststärke wird nachfolgend mit G*Power und R am Beispiel durchgeführt. Die Ermittlung der Stichprobengröße im Rahmen der Stichprobenplanung wird ebenfalls dargestellt. Berechnen wir also zunächst die Post-hoc-Teststärke.

Teststärke mit G*Power. Nachdem G*Power gestartet wurde, wählen wir die Option T-TESTS unter TEST FAMILY und dann unter STATISTICAL TEST die Option CORRELATION: POINT BISERIAL MODEL. Schließlich wählen wir unter TYPE OF POWER ANALYSIS die Option POST HOC: COMPUTE ACHIEVED POWER – GIVEN α, SAMPLE SIZE, AND EFFECT SIZE. Nun können wir die entsprechenden Werte eintragen: TAIL(S) setzen wir auf TWO, α ERR PROB setzen wir auf 0.05 und schließlich die Stichprobengröße TOTAL SAMPLE SIZE auf 6. Die Effektstärke muss nun über DETERMINE => ermittelt werden. Klicken Sie auf DETERMINE => und es öffnet sich rechts neben dem geöffneten Fenster ein neues Fenster. Tragen Sie in diesem Fenster unter COEFFICIENT OF DETERMINATION R^2 den Wert von 0.436 ein und klicken Sie nun auf CALCULATE AND TRANSFER TO MAIN WINDOW. Als Effektstärke $|r|$ erhalten wir einen Wert von etwa 0.66. Klicken Sie jetzt auf CALCULATE und Sie erhalten die Teststärke von etwa 0.38 im Kästchen neben POWER ($1 - \beta$ ERR PROB) angezeigt.

Teststärke mit R. Für die Berechnung der Power in R benötigen wir wieder das Paket `pwr` (Champely, 2009), das Sie über den Befehl `library` laden können:

```
library(pwr)
```

Der Befehl für die Berechnung der Power einer Korrelation steht nun zur Verfügung. Er heißt `pwr.r.test`. Über das Argument $n = 6$ geben wir die Stichprobengröße an. Das Argument $r = 0.66$ gibt die Korrelation an und `sig.level = 0.05` das gewünschte Signifikanzniveau von fünf Prozent. Das Argument `power` lassen wir frei, da wir diese berechnen wollen. Nun können wir noch angeben, ob eine gerichtete (`greater` oder `less`) oder ungerichtete (`two.sided`) Hypothese geprüft werden soll. In unserem Fall verwenden wir eine ungerichtete Hypothese.

```
pwr.r.test(n = 6, r = 0.72, sig.level = 0.05, alternative = 'two.sided')

approximate correlation power calculation (arctangh transformation)


            n = 6
            r = 0.66
sig.level = 0.05
        power = 0.3188742
  alternative = two.sided
```

Die Power beträgt mit R berechnet also 0.32 und in SPSS 0.38. Damit ist die Teststärke die beide Programme angeben zu gering, um einen starken Effekt mithilfe dieser Stichprobengröße statistisch mit dem gewünschten Fehler 1. und 2. Art abzusichern.

Stichprobenplanung. Nehmen wir an, der mithilfe der Stichprobe geschätzte Zusammenhang gilt in der Grundgesamtheit und wir führen deshalb eine Stichprobenplanung durch, um den Effekt in einer weiteren Untersuchung mit den gewünschten Fehlerwahrscheinlichkeiten 1. und 2. Art abzusichern.

Stichprobenplanung mit G*Power. Wir öffnen dazu wiederum G*Power. Dann wählen wir unter TEST FAMILY die Option T TESTS ① und dann unter STATISTICAL TEST die Option CORRELATION: POINT BISERIAL MODEL ②. Schließlich wählen wir unter TYPE OF POWER ANALYSIS die Option A PRIORI: COMPUTE REQUIRED SAMPLE SIZE – GIVEN α, POWER, AND EFFECT SIZE ③. Als Effektstärke EFFECT SIZE $|\rho|$ tragen wir 0.66 ein ④. Nun können wir die entsprechenden Werte eintragen: TAILS setzen wir auf TWO ⑤, α ERR PROB setzen wir auf 0.05 ⑥ und schließlich POWER $(1-\beta$ ERR PROB) auf 0.80 ⑦. Wir entscheiden uns deshalb für eine einseitige Testung, da wir aus unserer Untersuchung wissen, dass ein positiver Zusammenhang zu erwarten ist. Klicken Sie nun auf CALCULATE ⑧ und Sie erhalten die Stichprobengröße von 13 Personen ⑨ angezeigt.

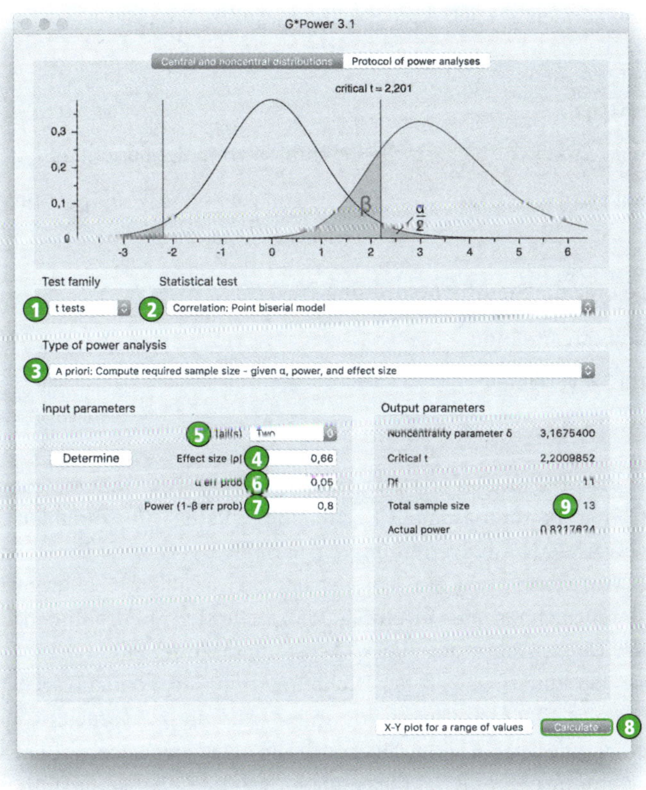

Abbildung 7.1: Post-hoc-Teststärke von Korrelationen mit G*Power

Stichprobenplanung mit R. In R verwenden wir dafür wieder den Befehl `pwr.r.test`. Als zusätzliches Argument nutzen wir `power = 0.80`, geben die gewünschte Power also mit 80 Prozent an, und lassen nun den Wert für das Argument `n` weg, um die erforderliche Stichprobengröße aus den anderen Angaben entsprechend schätzen zu können. Wir entscheiden uns für eine einseitige Testung, da wir aus unserer Untersuchung wissen, dass ein positiver Zusammenhang zu erwarten ist:

```
pwr.r.test(r = 0.66, sig.level = 0.05, power = 0.80, alternative = 'greater')
approximate correlation power calculation (arctangh transformation)
              n = 12.07984 ⑨
              r = 0.66
      sig.level = 0.05
          power = 0.8
    alternative = greater
```

Fazit Stichprobenplanung. Es genügen also zehn Personen, um einen solchen starken Effekt statistisch mit den gewünschten Fehlerwahrscheinlichkeiten 1. und 2. Art abzusichern. Auch hier sei darauf hingewiesen, dass Schätzungen von Populationskorrelationen mit 12 Personen ⑨ nicht sehr präzise sind. Basierend auf Simulationen empfehlen Schönbrodt and Perugini (2013) Stichprobengrößen von mindestens 250 Personen für stabile Korrelationsschätzungen. Für geringe Korrelationen ist auch diese Stichprobengröße noch gering.

Praxistipp

In einem Artikel würden wir die Ergebnisse wie folgt berichten:

$r = 0.66$, $t(4) = 1.76$ (zweiseitig), $p = 0.153$, $1 - \beta = 0.38$, (post-hoc)

Voraussetzungen für die Signifikanzprüfung

1. Bivariate Normalverteilung
2. Kontinuierliche Variablen
3. Linearität

Kontinuierliche Variable und bivariate Normalverteilung. Als Voraussetzung für die Signifikanzprüfung einer Produkt-Moment-Korrelation müssen die Variablen kontinuierlich sein und eine bivariate Normalverteilung der Variablen vorliegen. Eine bivariate Normalverteilung liegt vor, wenn nicht nur jede der beiden Variablen einzeln normalverteilt ist, sondern auch deren gemeinsame Verteilung. Man stelle sich ein dreidimensionales Koordinatensystem vor. Die z_x-Achse und die z_y-Achse repräsentieren die beiden Variablen und die dritte Achse den Funktionswert der Dichtefunktion. Liegt eine bivariate Normalverteilung vor, dann ergibt sich eine Glocke wie in ▶*Abbildung 7.2* gezeigt. In der Praxis wird diese Voraussetzung deswegen selten überprüft, da sie schwer überprüfbar ist. Sind beide Variablen für sich normalverteilt, ist dies eine notwendige, aber keine hinreichende Bedingung für eine bivariate Normalverteilung. Die multivariate Normalverteilung ist eine Erweiterung des Konzepts der bivariaten Normalverteilung auf mehr als zwei Variablen.

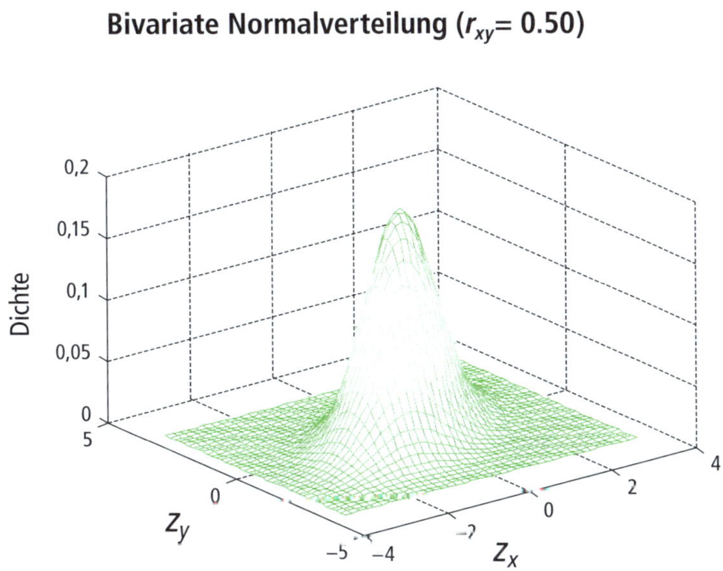

Abbildung 7.2: Bivariate Normalverteilung von z-Werten

Prüfung bivariate bzw. multivariate Normalverteilung in R. Es gibt in SPSS keine Möglichkeit, auf multivariate Normalverteilung zu testen. In R ist die Prüfung auf multivariate Normalverteilung möglich. Es stehen dazu mehrere Tests zur Verfügung, beispielsweise der **Henze-Zirkler multivariate Normalverteilungstest** oder **Roystons multivariater Normalverteilungstest**. Dazu muss das Paket `MVN` installiert werden (`install.packages`) und anschließend mit dem Befehl `library` geladen werden. Im Anschluss wird dann für unser Beispiel das Datenfile `Regression_bsp_6.sav` geladen.

```
install.packages("MVN")
library(MVN)
library(foreign)
data.regression1 <- read.spss("~/desktop/R_Daten/Regression_bsp_1.sav",
use.value.labels=FALSE, to.data.frame=TRUE, use.missings = to.data.frame)
```

Nun können die verschiedenen Tests durchgeführt werden, dazu wird jeweils der Befehl für den Test aufgerufen und als Argument das Objekt mit den Daten angegeben:

```
roystonTest(data.regression1, qqplot = FALSE)
hzTest(data.regression1, qqplot = FALSE)
```

Es ergibt sich folgende Ausgabe:

```
Royston's Multivariate Normality Test
---------------------------------------------
 data : data.regression1


 H       : 1.631364
 p-value : 0.461334 ❸
```

```
 Result  : Data are multivariate normal.
 ------------------------------------------

Henze-Zirkler's Multivariate Normality Test
------------------------------------------
 data : data.regression1

 HZ      : 0.2745021
 p-value : 0.4614855 ④

 Result  : Data are multivariate normal.
------------------------------------------
```

Wir erhalten folgendes Ergebnis: **Royston's Multivariate Normality Test** ergibt mit $p = 0.46$ ③ kein signifikantes Ergebnis ebenso wie der **Henze-Zirkler's Multivariate Normality Test** mit $p = 0.46$ ④. Damit wird die Nullhypothese „multivariate Normalverteilung liegt in der Grundgesamtheit vor" beibehalten. Es ist anzumerken, dass der Test viel zu wenig Power besitzt, um eine Abweichung von einer bivariaten Normalverteilung in der Grundgesamtheit zu entdecken. Eine größere Stichprobengröße ist hier notwendig. Sollte einer der beiden Tests signifikant ausfallen, empfiehlt es sich, mithilfe eines Bootstrap-Verfahrens die Signifikanz bzw. das Konfidenzintervall zu bestimmen anstatt den *t*-Test zu verwenden. Wie die Bootstrap-Methode angewandt wird, wird in diesem Kapitel noch gezeigt.

Schiefe der Variablen. Korrelationen zwischen Variablen können dann maximal werden, wenn die Variablen bivariat normalverteilt sind oder die Variablen dieselbe Schiefe aufweisen. Daher empfehlen wir immer die Betrachtung der jeweiligen Histogramme. Sind die Variablen nicht normalverteilt, kann eine Normalverteilung durch eine geeignete Transformation der Daten erzielt werden, z. B. eine Logittransformation (statt des IQ-Punkte-Werts 10 für Markus LN(10) = 2.30). Dies hat jedoch neben den Vorteilen, dass die Voraussetzung für die Signifikanztestung ggf. erfüllt sind sowie ggf. eine Erhöhung der Korrelation auftritt, den Nachteil, dass die Einheit sich von IQ-Punkten auf Logit-IQ-Punkte ändert und schwerer zu interpretieren ist.

Linearität. Die Betrachtung von Streudiagrammen sollte darüber hinaus für jede Korrelation vorgenommen werden. Dies hat zwei Gründe:

(1) Zum einen muss der Zusammenhang linear sein und beispielsweise nicht quadratisch. Auch dies lässt sich per Inspektion des Streudiagramms prüfen. Wenn wir uns die in *Abbildung 7.2* dargestellte Verteilung von oben ansehen und ihre Konturen zeichnen, erhalten wir den Zusammenhang zwischen den beiden Variablen, wie wir es in ▶*Abbildung 7.3* sehen.

(2) Zum anderen muss das Streudiagramm auf Ausreißerwerte hin untersucht werden. Da die Höhe einer Korrelation durch Ausreißerwerte – vor allem bei kleinen Stichproben – stark beeinflusst sein kann. Das heißt, dass sie über- oder unterschätzt sein kann, je nach Lage des Ausreißerwertes im Streudiagramm (genauere Angaben finden sich im Abschnitt 7.2.8).

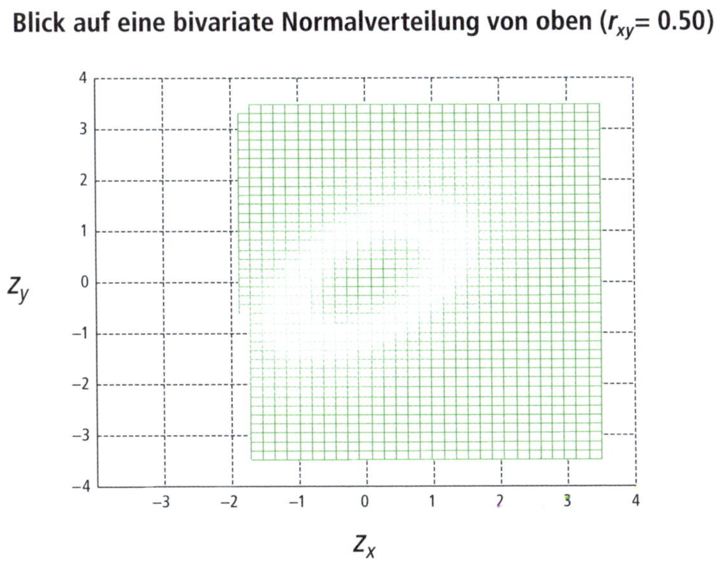

Abbildung 7.3: Streudiagramm und bivariate Normalverteilung

Exkurs

Korrektur Varianzeinschränkung

Selektionskorrektur. Eingeschränkte Varianzen von Variablen können ebenfalls zu eingeschränkten Korrelationen zwischen den Variablen führen. Die **Selektionskorrektur** wird angewandt, um Korrelationen, die an einer Stichprobe mit eingeschränkter Varianz ermittelt wurden, gegenüber einer Stichprobe mit uneingeschränkter Varianz aufzuwerten. Dies kann im Hinblick auf die Validität (siehe Ziegler & Bühner, S. 83 ff.) wichtig sein. Betrachten wir folgendes Beispiel: In einer Stichprobe wurden 500 Bewerber auf einen Ausbildungsplatz mit einem Intelligenztest getestet. Davon erhielten 100 Probanden einen Ausbildungsplatz, d. h. sie wurden aufgrund ihrer guten Ergebnisse im Intelligenztest ausgewählt und eingestellt. Die Leistung dieser 100 Probanden im Intelligenztest wurde nach Ausbildungsende als Prädiktor mit dem Ausbildungserfolg als Kriterium korreliert. Eine solche Korrelation wird auch als prädiktive bzw. **prognostische Validität** bezeichnet. Die prognostische Validität des Intelligenztests kann aber durch die angegebene Korrelation unterschätzt worden sein. Immerhin wurden die Auszubildenden anhand ihrer Intelligenz ausgewählt. Es ist also anzunehmen, dass in der Stichprobe der Auszubildenden eine geringere Varianz vorliegt als in der Gesamtstichprobe aller Bewerber. Aus diesem Grund kann an dieser Stelle eine Korrektur vorgenommen werden. Es sind zwei verschiedene Fälle wahrscheinlich (Duan & Dunlap, 1997), die im Folgenden beschrieben werden.

Fall 1: Die eingeschränkte und uneingeschränkte Varianz der Kriteriumsvariable ist bekannt. Beim ersten Fall betrifft die Selektion die Prädiktorvariable X und die eingeschränkte und uneingeschränkte Varianz der Kriteriumsvariable Y ist bekannt:

$$r^* = \sqrt{1 - \left[\left(1 - r_{XY}^2\right) \cdot \frac{\hat{\sigma}_Y^2}{\hat{\sigma}_{Y*}^2} \right]}$$

Fall 2: Die eingeschränkte und uneingeschränkte geschätzte Varianz der Prädiktorvariable ist bekannt. Der andere Fall sieht vor, dass die Selektion die Prädiktorvariable X betrifft, bekannt ist die eingeschränkte und uneingeschränkte geschätzte Varianz der Prädiktorvariable X. Gehen wir davon aus, dass die Varianz des Intelligenztests $\hat{\sigma}_{X*}^2 = 225$ betrage und die eingeschränkte Varianz $\hat{\sigma}_X^2 = 100$. Die Korrelation betrage $r_{XY}^2 = 0.34$.

$$r^* = \frac{r_{xy}}{\sqrt{r_{XY}^2 + \left[\left(1 - r_{XY}^2\right) \cdot \frac{\hat{\sigma}_X^2}{\hat{\sigma}_{X*}^2} \right]}} = \frac{0.34}{\sqrt{0.1156 + \left[(1 - 0.1156) \cdot \frac{100}{225} \right]}}$$

$$r^* = \frac{0.34}{0.7132} = 0.48$$

Für diese Formel lässt sich der Standardfehler der aufgewerteten Korrelation berechnen:

$$\widehat{SE}_{r^*} = \frac{k \cdot \left(1 - r_{XY}^2\right)}{\sqrt{n \cdot (1 - r_{XY}^2 + \left[k^2 \cdot r_{XY}^2\right])^3}}$$

$$\widehat{SE}_{r^*} = \frac{2.25 \cdot (1 - 0.1156)}{\sqrt{100 \cdot (1 - 0.1156 + [5.0625 \cdot 0.1156])^3}} = \frac{1.99}{17.82}$$

$$\widehat{SE}_{r^*} = 0.11$$

r^* = aufgewertete Korrelation

r_{XY}^2 = quadrierte Rohwertkorrelation zwischen X und Y

$\widehat{SE}_{r^*}$ = geschätzter Standardfehler der aufgewerteten Korrelation

$\hat{\sigma}_{X*}^2$ = nicht eingeschränkte Varianz von X

$\hat{\sigma}_{Y*}^2$ = nicht eingeschränkte geschätzte Varianz von Y

k = $\frac{\hat{\sigma}_{X*}^2}{\hat{\sigma}_X^2}$

$\hat{\sigma}_X^2$ = eingeschränkte geschätzte Varianz von X

$\hat{\sigma}_Y^2$ = eingeschränkte geschätzte Varianz von Y

n = Probanden in der Stichprobe mit eingeschränkter Streuung

In unserem Beispiel ist die Standardabweichung der Intelligenztestwerte für ausgewählte und nicht ausgewählte Probanden bekannt. Daher haben wir die zweite Formel verwendet. Dies ist in der Praxis auch der häufigste Anwendungsfall. Damit beträgt die aufgewertete Korrelation 0.48 und der geschätzte Standardfehler 0.11. Der geschätzte Standardfehler kann wiederum zur Berechnung eines Konfidenzintervalls oder zur Signifikanzprüfung verwendet werden. Die Formeln liefern dann eine gute Korrektur, wenn Homoskedastizität und Linearität vorliegen.

7.1.2 Korrelationsunterschiede für unabhängige Stichproben

Neben der Frage, ob ein Zusammenhang in der Grundgesamtheit überhaupt von null verschieden ist, wird häufig auch der Unterschied zwischen zwei Korrelationen betrachtet bzw. es werden **Korrelationsunterschiede** unabhängiger Grundgesamtheiten betrachtet. Dies wird im Folgenden dargestellt.

Beispiel. Sowohl Herr Ziegler an der HU Berlin als auch Herr Bühner an der LMU München haben die Erstsemester mit einem Intelligenztest untersucht und dieselbe Statistikklausur geschrieben. Die Korrelation beider Variablen bei Herrn Ziegler betrug 0.48 ($n = 120$) und bei Herrn Bühner 0.25 ($n = 150$). Nun wollen beide wissen, ob sich diese beiden Korrelationen signifikant unterscheiden. Da sie nicht wissen, ob die Korrelation zwischen Statistikklausurpunkten und Intelligenztestpunkten in der Münchner oder in der Berliner Grundgesamtheit höher ist, testen sie zweiseitig. Das heißt, es wird geprüft, ob die Korrelation zwischen Intelligenztestpunkten und Statistikklausurpunkten an beiden Universitäten unterschiedlich hoch ausfällt.

Hypothesen. Unter der Nullhypothese wird angenommen, dass die Korrelationen in beiden Grundgesamtheiten gleich sind. Die Nullhypothese lautet für unser Beispiel, dass die Korrelationen zwischen Klausurpunkten in Statistik und Intelligenztestpunkten für HU und LMU gleich sind. Unter der ungerichteten Alternativhypothese wird angenommen, dass beide Korrelationen aus unterschiedlichen Grundgesamtheiten stammen. In unserem Beispiel lautet die ungerichtete Alternativhypothese, dass sich die beiden Korrelationen zwischen HU und LMU unterscheiden. Die gerichteten Alternativhypothesen könnten lauten: Die Korrelation in der ersten Grundgesamtheit ist größer als in der zweiten bzw. umgekehrt.

Beim z-Test für Korrelationsunterschiede ist die Prüfung der folgenden Hypothesen möglich:

Nullhypothese und ungerichtete Alternativhypothese

Nullhypothese:

$$\rho_1 = \rho_2$$

Alternativhypothese ungerichtet:

$$\rho_1 \neq \rho_2$$

Nullhypothesen und gerichtete Alternativhypothesen:

$$\mathrm{H}_0\colon \rho_1 \geq \rho_2 \text{ und } \mathrm{H}_1\colon \rho_1 < \rho_2$$

$$\mathrm{H}_0\colon \rho_1 \leq \rho_2 \text{ und } \mathrm{H}_1\colon \rho_1 > \rho_2$$

Prüfgröße. Zunächst benötigen wir eine z-verteilte Prüfgröße, mit deren Hilfe wir eine Entscheidung über den Unterschied beider Korrelationen herbeiführen können (siehe Formelkasten 7.4).

Formel 7.4 Berechnung Prüfgröße Korrelationsunterschiede zwischen zwei unabhängigen Stichproben

$$z_{emp} = \frac{z_{\hat{r}_1} - z_{\hat{r}_1}}{\sqrt{\frac{1}{n_1 - 3} + \frac{1}{n_2 - 3}}} = \frac{0.52 - 0.26}{\sqrt{\frac{1}{120-3} + \frac{1}{150-3}}} = 2.10$$

$$z_{\hat{r}_1} = (0.5) \cdot ln\left|\frac{1+\hat{r}_1}{1-\hat{r}_1}\right| = (0.5) \cdot ln\left|\frac{1+0.48}{1-0.48}\right| = 0.52$$

$$z_{\hat{r}_1} = (0.5) \cdot ln\left|\frac{1+\hat{r}_1}{1-\hat{r}_1}\right| = (0.5) \cdot ln\left|\frac{1+0.25}{1-0.25}\right| = 0.26$$

z_{emp} = empirische z-Prüfgröße

$\hat{r}_1$ = Korrelation aus Stichprobe 1

$\hat{r}_1$ = Korrelation aus Stichprobe 2

n_1 = Größe Stichprobe 1

n_2 = Größe Stichprobe 2

$z_{\hat{\rho}_1}$ = Fisher-z-transformierte Korrelation für die Stichprobe 1

$z_{\hat{\rho}_2}$ = Fisher-z-transformierte Korrelation für die Stichprobe 2

ln = natürlicher Logarithmus zur Basis e

Entscheidung. Es ergibt sich ein z-Wert von 2.10. Der kritische z-Wert bei einer Sicherheitswahrscheinlichkeit von 95 Prozent und einer zweiseitigen Testung beträgt *1.96*. Das heißt, wir lehnen die Nullhypothese ab, da der empirische z-Wert den kritischen z-Wert überschreitet. Nun möchten wir auch in diesem Fall die Teststärke und die Effektstärke ermitteln. Betrachten wir zunächst die Effektstärke.

Praktische Bedeutsamkeit. Cohen (1988) hat für Korrelationsunterschiede in der Population folgende Effektstärken vorgeschlagen:

$q = 0.10$ → gering

$q = 0.30$ → mittel (moderat)

$q = 0.50$ → groß

q = Effektstärke nach Cohen (1988)

Es handelt sich um die Differenz der Fisher-z-transformierten Korrelationen (siehe Formelkasten 7.5). Ein Unterschied zwischen $q = 0.10$ und $q = 0.30$ wird als gering bis moderat bezeichnet und ein Unterschied zwischen $q = 0.30$ und $q = 0.50$ als moderat bis groß. Ein Unterschied von $q \geq 0.50$ wird als starker Effekt bezeichnet. Die Effektstärke für unser Beispiel wird in Formelkasten 7.5 berechnet.

Formel 7.5 Berechnung Effektstärke Korrelationsunterschiede

$$q = z_{\hat{r}_1} - z_{\hat{r}_2} = (0.5) \cdot ln\left|\frac{1+\hat{r}_1}{1-\hat{r}_1}\right| - ln\left|\frac{1+\hat{r}_2}{1-\hat{r}_2}\right|$$

$$q = (0.5) \cdot ln\left|\frac{1+.48}{1-.48}\right| - (0.5) \cdot ln\left|\frac{1+0.25}{1-0.25}\right| = 0.52 - 0.26 = 0.26$$

q = Effektstärke nach Cohen (1988)

$\hat{r}_1$ = Korrelation aus Stichprobe 1

$\hat{r}_1$ = Korrelation aus Stichprobe 2

$z_{\hat{\rho}_1}$ = Fisher-z-transformierte Korrelation für die Stichprobe 1

$z_{\hat{\rho}_2}$ = Fisher-z-transformierte Korrelation für die Stichprobe 2

ln = natürlicher Logarithmus zur Basis e

In unserem Fall handelt es sich also um einen geringen bis moderaten Unterschied nach diesen Effektstärkekonventionen. Wir können die Effektstärke sowie die Teststärke auch mit G*Power und R bestimmen. Dies wird im Folgenden erläutert.

Praxistipp Berechnung in R

Um die Korrelationsunterschiede zwischen unabhängigen Korrelationen zu prüfen, kann in R das `psych`-Paket (Revelle, 2014) herangezogen werden. Zunächst wird das Paket installiert `install.packages("psych")` und dann mit dem Befehl `library (psych)` geladen. Anschließend kann die Funktion `paired.r` verwendet werden:

```
install.packages("psych")
library(psych)
paired.r(xy=.48, xz=.25, n=120,n2=150, twotailed = TRUE)
Das Ergebnis lautet:
"test of difference between two independent correlations"
z = 2.16 With probability = 0.02
```

Die Unterschiede zur Berechnung der z-Prüfgröße in Formelkasten 7.4 ergeben sich aufgrund der Verwendung von auf zwei Dezimalstellen gerundeter Fisher-z-transformierter Werte. Gibt man genauere Werte ein, ergibt sich ebenfalls ein z-Wert von 2.16 anstatt von 2.10:

```
(.2554128-.5229843)/.123894025826309
[1] -2.15968
```

Auch eine Fisher-z-Transformation kann mit R durchgeführt werden, dazu ist ebenfalls das psych-Paket notwendig:

```
fisherz(.25)
[1] 0.2554128

fisherz(.48)
[1] 0.5229843
```

Mit dem Befehl `fisherz2r(z)` kann die z-transformierte Korrelation wieder in eine Korrelation überführt werden:

```
fisherz2r(.5229843)
[1] 0.48
```

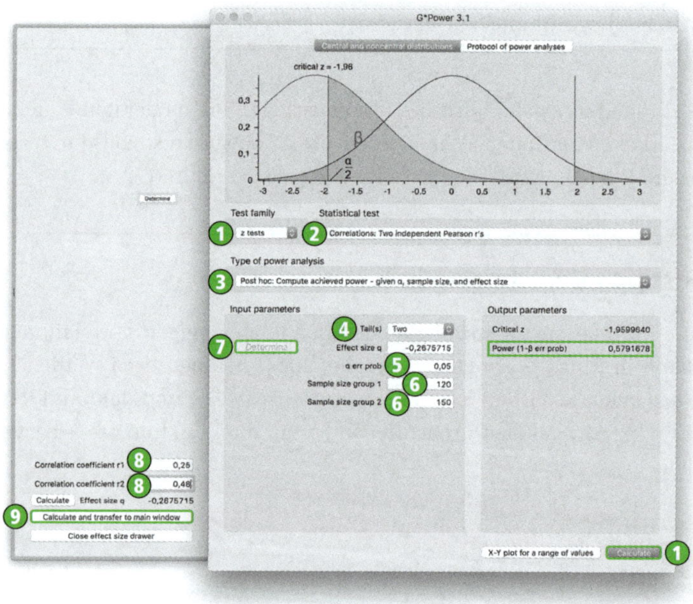

Abbildung 7.4: Teststärke von Korrelationsunterschieden mit G*Power

Teststärke mit G*Power. Um die Teststärke zu erhalten, öffnen wir G*Power. Dann wählen wir unter Test family die Option z tests (1) und dann unter Statistical test wieder die Option Correlations: Two independent Pearsons r´s (two samples) (2) (siehe ▸*Abbildung 7.4*). Schließlich wählen wir unter Type of power analysis die Option Post hoc: Compute achieved power – given α, sample size, and effect size (3). Nun können wir die entsprechenden Werte eintragen: Wir setzen Tail(s) auf Two (4), α err prob auf 0.05 (5) und tragen schließlich die Stichprobengröße von $n = 120$ unter Sample size group 1 (6) ein und die Stichprobengröße von $n = 150$ unter Sample size group 2 (6). Die Effektstärke muss nun über Determine => ermittelt werden. Klicken Sie auf Determine => (7) und es öffnet sich rechts neben dem geöffneten Fenster ein neues Fenster. Tragen Sie in diesem Fenster neben CORRELATION COEFFICIENT R1 (8) den Wert von 0.25 ein, in das Fenster neben CORRELATION COEFFICIENT R2 (8) den Wert von 0.48 und klicken Sie nun auf CALCULATE AND TRANSFER TO MAIN WINDOW (9). Als Effektstärke erhalten wir $q = 0.268$. Es handelt sich um einen geringen bis moderaten Korrelationsunterschied. Klicken Sie jetzt auf CALCULATE 10 und Sie erhalten die Teststärke im Kästchen neben POWER (1–β ERR PROB) angezeigt. Der Wert lautet 0.58. Selbst diese vermeintlich großen Stichproben mit jeweils mehr als 100 Personen sind nicht groß genug, um einen kleinen bis moderaten Unterschied zwischen Korrelationen statistisch mit dem gewünschten Fehler 1. und 2. Art abzusichern. Die Ermittlung der Teststärke in R ist in diesem Fall wesentlich komplexer als in den vorangegangenen Analysen und deshalb nicht ohne weiteres möglich. Daher verzichten wir auf eine Darstellung an dieser Stelle.

Unterschiede, die wahrscheinlich keine sind. Ein Problem bei der Prüfung von Unterschieden zwischen Korrelationen ist unbedingt zu beachten. Nehmen wir an, wir hätten folgende Ergebnisse erzielt: Die Intelligenztestpunktzahl korreliert mit der Statistikklausurpunktzahl der HU-Studenten $r = 0.25$ (nicht signifikant) sowie die Intelligenztestpunktzahl korreliert mit der Statistikklausurpunktzahl der Münchner Studenten $r = 0.30$, $p \leq 0.05$. Diese Ergebnisse sagen Folgendes aus: Geht man von den Daten der Stichprobe aus, entscheidet man sich im ersten Fall dafür, die Nullhypothese anzunehmen, dass die Korrelation in der Population null ist. Im zweiten Fall entscheidet man sich dafür anzunehmen, dass in der Grundgesamtheit die Korrelation von null verschieden ist. Man kann von diesem Ergebnis jedoch **nicht** auf einen Unterschied zwischen beiden Korrelationen schließen. Die Verlockung liegt nahe, zu sagen, dass aufgrund der unterschiedlichen Signifikanzen ein Korrelationsunterschied besteht. Dies wäre jedoch nicht korrekt. Um dies sagen zu können, müsste die **Differenz zwischen beiden Korrelationen** betrachtet werden und nicht die Frage, ob sie in der jeweiligen Population von null verschieden ist. Der Unterschied beider Korrelationen ist nämlich nicht signifikant. Es handelt sich hier schlicht um unterschiedliche Fragestellungen und Hypothesentests.

7.1.3 Korrelationsunterschiede für abhängige Stichproben

Um die **Prüfung von Korrelationsunterschieden zwischen abhängigen Stichproben** näher zu erläutern, ziehen wir folgendes Beispiel heran: Herr Ziegler hat in Berlin auch noch einen Konzentrationstest erhoben. Ihn interessiert, ob in der Grundgesamtheit der Studierenden an der HU ein Unterschied zwischen den Korrelationen der Klausurpunkte mit den Intelligenztestpunkten (ρ_{XY}) und den Klausurpunkten mit der Konzentrationstestleistung (ρ_{XZ}) besteht. Er stellt dazu folgende Hypothesen für die Grundgesamtheit auf:

Nullhypothese und ungerichtete Alternativhypothese

Nullhypothese:

$$\rho_{XY} = \rho_{XZ}$$

Alternativhypothese ungerichtet:

$$\rho_{XY} \neq \rho_{XZ}$$

Nullhypothesen und gerichtete Alternativhypothesen

$$H_0: \rho_{XY} \geq \rho_{XZ} \text{ und } H_1: \rho_{XY} < \rho_{XZ}$$

$$H_0: \rho_{XY} \leq \rho_{XZ} \text{ und } H_1: \rho_{XY} > \rho_{XZ}$$

Herr Ziegler hat in seiner Stichprobe nun die folgenden Korrelationen ermittelt: Klausurpunkte mit Intelligenztestpunkten $r_{XY} = 0.48$; Klausurpunkte mit Konzentrationstestleistung $r_{XZ} = 0.30$. Er hat ebenfalls berechnet, dass die Intelligenztestpunkte mit der Konzentrationstestleistung $r_{YZ} = 0.35$ korrelieren. Die folgende Formel wird auch als Williams T_2 bezeichnet und ist mit der empirischen t-Prüfgröße identisch.

Formel 7.6 Berechnung Prüfgröße Korrelationsunterschiede zwischen abhängigen Stichproben

$$t_{\text{emp}} = (r_{XY} - r_{XZ}) \cdot a$$

$$df = n - 3$$

$$|R| = \left(1 - r_{XY}^2 - r_{XZ}^2 - r_{YZ}^2 + 2 \cdot r_{XY} \cdot r_{XZ} \cdot r_{YZ}\right)$$

$$|R| = (1 - 0.23 - 0.09 - 0.12 + 2 \cdot 0.48 \cdot 0.30 \cdot 0.35) = 0.66$$

$$a = \sqrt{\frac{(n-1) \cdot (1 + r_{YZ})}{\left[2 \cdot \left(\frac{n-1}{n-3}\right) \cdot |R|\right] + \left[\left(\frac{r_{XY} + r_{XZ}}{2}\right)^2 \cdot \left(1 - r_{yz}\right)^3\right]}}$$

$$a = \sqrt{\frac{(120-1) \cdot (1 + 0.35)}{2 \cdot \left[\frac{119}{117}\right] \cdot 0.66 + \left[\frac{(0.48 + 0.30)}{2}\right]^2 \cdot (1 - 0.35)^3}}$$

$$t_{\text{emp}} = (r_{XY} - r_{XZ}) \cdot a = (0.48 - 0.30) \cdot \frac{12.67}{1.34 + 0.04} = 1.94$$

t_{emp} = empirischer t-Wert

r_{XY} = Korrelation der ersten mit der zweiten Variable

r_{YZ} = Korrelation der zweiten mit der dritten Variable

r_{XZ} = Korrelation der ersten mit der dritten Variable

n = Stichprobengröße

$|R|$ = Determinante der Korrelationsmatrix

Der kritische t-Wert für 117 Freiheitsgrade ($n - 3 = 120 - 3 = 117$) für eine zweiseitige Fragestellung mit einem Fehler 1. Art von fünf Prozent beträgt

$$t_{117,1-\frac{\alpha}{2}=0.95} = 1.98$$

(in R: `qt(p=.975, df=117)`). Damit ist der Unterschied nicht statistisch signifikant. Mit G*Power kann auch hier die Teststärke post-hoc bestimmt werden.

Teststärke. Dazu öffnen wir das Programm G*Power. Dann wählen wir unter TEST FAMILY die Option Z TESTS und dann unter STATISTICAL TEST wieder die Option CORRELATIONS: TWO DEPENDENT PEARSONS R´S (COMMON INDEX). Schließlich wählen wir unter TYPE OF POWER ANALYSIS die Option POST HOC: COMPUTE ACHIEVED POWER – GIVEN α, SAMPLE SIZE, AND EFFECT SIZE. Nun können wir die entsprechenden Werte eintragen: Wir setzen TAIL(S) auf TWO, α ERR PROB auf 0.05 und tragen schließlich die Stichprobengröße von $n = 120$ unter SAMPLE SIZE ein. Nun geben wir die entsprechenden Korrelationen nacheinander ein: H1CORR P_AC $r = 0.48$; H0CORR P_AB $r = 0.30$; CORR P_BC $r = 0.35$. Klicken Sie jetzt auf CALCULATE und Sie erhalten die Teststärke im Kästchen neben POWER 1–β ERR PROB angezeigt. Der Wert lautet 0.50. Auch hierzu lässt sich analog eine Stichprobenplanung durchführen. Um eine solche Korrelationsdifferenz statistisch mit $\alpha = 0.05$ und $1 - \beta = 0.80$ abzusichern, benötigt man $n = 244$ Personen. Auch hier ist die Ermittlung der Teststärke mit R nicht ohne weiteres möglich, weshalb wir auf eine Darstellung an dieser Stelle verzichten.

Praxistipp Berechnung Korrelationsunterschiede in R

Um die Korrelationsunterschiede zwischen abhängigen Korrelationen zu prüfen, kann in R wieder das `psych`-Paket herangezogen werden. Zunächst wird das Paket geladen mit dem Befehl `library (psych)`. Anschließend kann die Syntax `paired.r` verwendet werden:

```
library(psych)
paired.r(xy=.48, xz=.30, yz=.35, n=120, twotailed = TRUE)
```

Das Ergebnis lautet:

```
[1] "test of difference between two correlated correlations"
t =1.94 With probability = 0.05
```

7.1.4 Spearman-Rangkorrelation und Kendalls Tau

Eine der Voraussetzungen für die Anwendung der bisher vorgeschlagenen Korrelationskoeffizienten ist das Vorliegen von kontinuierlichen Variablen. Es kann jedoch vorkommen, dass unsere Variablen nicht kontinuierlich sind. In diesem Fall wird eine Rangkorrelation berechnet. Dieser wenden wir uns nun zu.

In diesem Abschnitt werden **Spearmans Rangkorrelation** und **Kendalls Tau** dargestellt. Beide Korrelationskoeffizienten geben den Zusammenhang zwischen Rangplätzen an. Dabei müssen die Rangplätze bei der Spearman-Rangkorrelation gleichabständig sein. Daher ist die

Spearman-Rangkorrelation streng genommen nur schwer anwendbar, da Ränge selten auf gleichen Abständen beruhen, selbst wenn die Ränge auf Basis kontinuierlicher Messungen erstellt werden. Man stelle sich vor, bei einem Autorennen würden alle Teilnehmer mit demselben Zeitabstand nacheinander durchs Ziel kommen.

Spearman-Rangkorrelation

Hypothesen. Die Spearman-Rangkorrelation für die Grundgesamtheit wird als ρ_s bezeichnet. Beim Signifikanztest für die Rangkorrelation ist die Prüfung der folgenden Hypothesen möglich (siehe auch Abschnitt 4.1.4):

Nullhypothese und ungerichtete Alternativhypothese

Nullhypothese:

$$\rho_s = 0$$

Alternativhypothese ungerichtet:

$$\rho_s \neq 0$$

Nullhypothesen und gerichtete Alternativhypothesen

$$H_0: \rho_s \geq 0 \text{ und } H_1: \rho_s < 0$$

$$H_0: \rho_s \leq 0 \text{ und } H_1: \rho_s > 0$$

Grundprinzip. Die Spearman-Rangkorrelation eignet sich dazu, Zusammenhänge zwischen Rängen zu beschreiben, wenn diese den oben genannten Anforderungen entsprechen. Ziehen wir zur Veranschaulichung unser Beispiel mit Werten von sechs Probanden heran. Betrachten wir also nur die ordinale Information der Punkte und transformieren die Punkte in Rangplätze. Dazu werden alle Werte der Größe nach in eine Rangreihe wie in ▶*Tabelle 7.2* gebracht: Der Proband mit dem niedrigsten Wert erhält Rangplatz Eins, der mit dem zweitniedrigsten Wert den Rangplatz Zwei und so weiter. Bei gleichen Rangplätzen teilen wir die Rangplätze, wie in Abschnitt 5.2.1 erläutert. auf.

Person	(X) Punkte im Intelligenztest	Rangplatz	(Y) Punkte der Klausur	Rangplatz	d	d_i^2
Moritz	10	1.5	10	1	0.5	0.25
Matthias	30	4.5	19	2	2.5	6.25
Markus	10	1.5	30	4	2.5	6.25
Sabine	50	6.0	50	5	1.0	1.00
Maria	30	4.5	60	6	1.5	2.25
Eva	15	3.0	20	3	0.0	0.00
Summe	–	–	–	–	–	16.00

Tabelle 7.2: Beispiel der Zuordnung von Rängen zu Messwerten für eine Spearman-Rangkorrelation

Berechnung. Wenn keine mehrfach verbundenen Ränge vorliegen, kann die in Formelkasten 7.7 angegebene Formel zur Berechnung der Spearman-Rangkorrelation herangezogen werden.

Formel 7.7 Berechnung Spearman-Rangkorrelation

$$r_s = 1 - \frac{6 \cdot \sum_{v=1}^{n} d_v^2}{n \cdot \left(n^2 - 1\right)} = 1 - \frac{6 \cdot 16}{6 \cdot (36-1)} = 1 - \frac{96}{210} = 0.54$$

n = Anzahl der Probanden

d_v^2 = quadrierte Differenz der Rangplätze von Person v zwischen Variable X und Variable Y

r_s = Spearman-Rangkorrelation

Man kann zeigen, dass diese Formel der Formel für die Produkt-Moment-Korrelation entspricht, bei der als Rohwerte Ränge eingesetzt werden. Setzen wir die Werte für unser Beispiel in diese Formel ein, erhalten wir eine Spearman-Rangkorrelation von 0.54. Durch die Transformation von Rohwerten in Ränge ist Information verloren gegangen. Diese Gleichung ist für unser Beispiel leicht ungenau, da **Rangbindungen** (siehe Kapitel 5) auftreten. Dennoch belassen wir es an dieser Stelle dabei, die Rangkorrelation mit dieser einfachen Formel zu berechnen, anhand derer das Grundprinzip deutlich wird.

Prüfgröße. Nun stellt sich die Frage, wie wir eine Spearman-Rangkorrelation auf Signifikanz prüfen können. Dazu betrachten wir die t-verteilte Prüfgröße in Formelkasten 7.8.

Formel 7.8 Berechnung Prüfgröße

$$t_{emp} = \frac{r_s}{\sqrt{\frac{1-r_s^2}{n-2}}} = \frac{0.54}{\sqrt{\frac{1-0.54^2}{6-2}}} = \frac{0.54}{0.42} = 1.29$$

n = Stichprobengröße

r_s = Spearman-Rangkorrelation

t_{emp} = empirischer t-Wert

Entscheidungsregel. Folgende Entscheidungsregel wird für diesen Test angewandt: Lehne die Nullhypothese ab, wenn der Betrag des empirischen t-Werts größer oder gleich dem kritischen t-Wert mit einer bestimmten Anzahl an Freiheitsgraden (in unserem Fall $n - 2$) und einer bestimmten Sicherheitswahrscheinlichkeit einseitig oder zweiseitig ausfällt.

Entscheidung. Um den kritischen t-Wert in R zu berechnen, nutzen wir diese Funktion und Argumente: `qt(p = 0.975, df = 4)`. Wir wählen `p = 0.975`, weil wir eine zweiseitige Fragestellung vorliegen haben. Bei einer einseitigen Testung würde man hingegen `p = 0.95` wählen. Der kritische t-Wert bei vier Freiheitsgraden und einer Sicherheitswahrscheinlichkeit von 95 Prozent (zweiseitig) beträgt 2.77. Der Betrag des empirischen t-Werts beträgt 1.29. Das heißt, der empirische t-Wert ist kleiner als der kritische t-Wert und die Nullhypothese wird beibehalten. Nun ermitteln wir mit R noch die zweiseitige Überschreitungswahrscheinlichkeit für eine t-Verteilung mit vier Freiheitsgraden (`pt(q=1.29, df=4, lower.tail=FALSE)*2`), diese beträgt 0.27. Auf die Berechnung der Test- und Effektstärke wird hier verzichtet. Eine Abschätzung der Teststärke kann erfolgen, wenn man mit G*Power die oben beschriebene Prozedur für Produkt-Moment-Korrelationen verwendet.

Voraussetzungen

1. Gleiche Abstände der Ränge: Betrachten wir als Beispiel die Formel Eins. Wir fragen, wie die Rangplätze zwischen zwei Formel-Eins-Rennen korrelieren. Wir könnten hier selbstverständlich auch die Zeiten betrachten. Möchten wir jedoch den Zusammenhang zwischen Rängen zweier Rennen ermitteln, müsste für die Anwendung der Spearman-Rangkorrelation jeder Rennfahrer mit demselben Zeitabstand ins Ziel kommen. Beispielsweise Rang Zwei ist zehn Sekunden später als Rang Eins und Rang Drei zehn Sekunden später als Rang Vier. Diese Gleichabständigkeit müsste für das erste und zweite Rennen gelten, auch wenn im zweiten Rennen ein anderer Unterschied auftreten könnte, z. B. von 15 Sekunden zwischen den Platzierungen.
2. Eine Spearman-Rangkorrelation ist ebenso wie eine Produkt-Moment-Korrelation anfällig für Ausreißer. Der Vergleich beider Korrelationen miteinander kann jedoch einen Hinweis auf Ausreißerwerte liefern. Da die Höhe der Produkt-Moment-Korrelation noch sehr viel stärker auf Ausreißerwerte reagiert, deuten starke Unterschiede zwischen Spearman-Rangkorrelation und Produkt-Moment-Korrelationen auf Ausreißerwerte hin. Am wenigsten anfällig gegenüber Ausreißerwerte ist der Korrelationskoeffizient von Kendall, der im nächsten Abschnitt beschrieben wird.

Kendalls Tau

Grundprinzip. Ein weiterer Korrelationskoeffizient für ordinale Daten ist **Kendalls Tau** (τ). Allerdings wird hier nicht wie bei der Spearman-Rangkorrelation die Annahme zugrunde gelegt, dass Ränge gleichabständig sein müssen. In ▶ *Tabelle 7.3* wird das Ergebnis des im Folgenden beschriebenen Vorgehens dargestellt. Es bezieht sich auf die Ränge, die wir bereits in *Tabelle 7.2* den Rohwerten unseres Beispiels zugewiesen haben. Die Ausprägungen sind nach den Rangplätzen für die Leistung in der Statistikklausur in der ersten Zeile von links nach rechts sortiert (kleinster Rangplatz zuerst). Darunter werden die entsprechenden Ränge der Rohwerte für den Intelligenztest einer jeden Person zugeordnet. Die Variable Klausur wird nicht weiter betrachtet. Dann wird für jeden Probanden die Häufigkeit ausgezählt, mit der die ihm nachfolgenden anderen Probanden in der Intelligenzleistung einen höheren (R+) bzw. niedrigeren (R−) Rangplatz im Test erhalten haben. So erhält Moritz hier einen Wert von 4 für R+, da bei den nachfolgenden Personen 4 Personen (alle außer Markus) einen höheren Rangwert haben. Zudem erhält Moritz einen Wert von R− von 0, da keiner der nachfolgenden Rangplatzwerte kleiner ist. Gleiche Rangplätze werden in die Auswertung nicht einbezogen, z. B. wenn Matthias den Rangplatz Zwei erzielt hätte und Markus nachfolgend auch den Rangplatz Zwei. Bei gebundenen Rängen in nur einer Variablen wie in unserem Beispiel werden dieselben gebundenen Ränge nicht miteinander verglichen: Betrachten wir beispielsweise Moritz mit Rangplatz 1.5 und Markus mit Rangplatz 1.5. Dieser Vergleich wird nicht berücksichtigt. Für gebundene Ränge in beiden Variablen ist die Situation noch komplexer. Dies wird hier nicht dargestellt. Beispiele hierzu finden sich bei Bortz und Lienert (2008. S. 295f.).

Schließlich wird die Summe der Rangplatzüberschreitungen ($RS+$) und Rangplatzunterschreitungen ($RS-$) gebildet, wobei gleiche Rangplätze nicht einbezogen werden. Anschließend wird deren Differenz berechnet: $S = (RS+)-(RS-)$. Für unser Beispiel beträgt die Summe der Rangplatzüberschreitungen 9 und die Summe der Rangplatzunterschreitungen 4. Damit ergibt sich eine Rangsummendifferenz (S) von 5. Mithilfe dieser Rangsummendifferenz (S) kann Kendalls Tau dann wie in Formelkasten 7.9 dargestellt berechnet werden.

Rangplatzüberschreitungen/Rangplatzunterschreitungen für unser Beispiel

Person	Moritz	Matthias	Eva	Markus	Sabine	Maria	Summe
Klausur (Y)	1	2	3	4	5	6	–
Intelligenz (X)	1.5	4.5	3	1.5	6	4.5	–
$R(+)$	4	1	2	2	0	–	$(RS+) = 9$
$R(-)$	0	2	1	0	1	–	$(RS-) = 4$

Tabelle 7.3: Darstellung von Rangplatzüberschreitungen und Rangplatzunterschreitungen zur Berechnung von Kendalls Tau

Hypothesen. Beim z-Test für Kendalls Tau ist die Prüfung der folgenden Hypothesen möglich:

Nullhypothese und ungerichtete Alternativhypothese

Nullhypothese:

$$\tau = 0$$

Alternativhypothese ungerichtet:

$$\tau \neq 0$$

Nullhypothesen und gerichtete Alternativhypothesen

$$H_0: \tau \geq 0 \text{ und } H_1: \tau < 0$$

$$H_0: \tau \leq 0 \text{ und } H_1: \tau > 0$$

Berechnung. Es werden drei Kendalls-Tau-Korrelationskoeffizienten unterschieden: Kendalls-Tau-a, Kendalls-Tau-b und Kendalls-Tau-c. Während Kendalls-Tau-a Rangbindungen nicht berücksichtigt, werden diese bei Kendalls-Tau-b berücksichtigt. Kendalls-Tau-c wird für nicht-quadratische Kontingenztafeln (Zahl der Spalten und Zeilen unterschiedlich) verwendet (Stuart, 1953).

Wir geben hier nur Kendalls-Tau-b an, da in den meisten Fällen Rangbindungen vorliegen. Rangbindungen treten dann auf, wenn mindestens zwei Personen denselben Rangplatz aufweisen. In unserem Beispiel kommt zweimal eine Rangbindung der Länge zwei für jeweils zwei Personen vor, daher haben wir zwei Summanden für l. Nun berechnen wir Kendalls-Tau-b und setzen für die Länge der Rangbindung jeweils 2 ein, wie in Formelkasten 7.9 dargestellt.

Formel 7.9 Berechnung Kendalls Tau

$$tau_b = \frac{S}{\sqrt{\frac{n\cdot(n-1)}{2}\cdot\left[\left(\frac{n\cdot(n-1)}{2}\right)-l\right]}}$$

$$tau_b = \frac{5}{\sqrt{\frac{6\cdot(6-1)}{2}\cdot\left[\left(\frac{6\cdot(6-1)}{2}\right)-l\right]}}$$

$$tau_b = \frac{5}{\sqrt{15\cdot(15-2)}} = \frac{5}{13.964} = 0.358$$

$$l = \sum_k^r \frac{t_i\cdot(t_i-1)}{2}$$

$$l = \sum_k^2 \frac{2\cdot(2-1)}{2} = \frac{2\cdot(2-1)}{2} + \frac{2\cdot(2-1)}{2} = 2$$

n = Anzahl der Probanden

S = Rangsummendifferenz

t_i = Länge der Rangbindung i

k = Index für die Gruppe von Personen mit gleichen Rängen (läuft bis r)

Kendalls-Tau-b fällt vom Betrag her mit einem Wert von 0.358 nochmals geringer als die Spearman-Rangkorrelation mit einem Wert von 0.54 und die Produkt-Moment-Korrelation in der Stichprobe mit einem Wert von 0.66 aus.

Prüfgröße. Für mehr als 20 Personen kann die Signifikanzprüfung näherungsweise mithilfe einer z-verteilten Prüfgröße erfolgen. Die Berechnung der z-verteilten Prüfgröße ist im Formelkasten 7.10 dargestellt.

Formel 7.10 Berechnung empirische Prüfgröße

$$z_{\text{emp}} = \frac{S}{\sqrt{\frac{n \cdot (n-1) \cdot (2 \cdot n+5)}{18}}} = \frac{5}{\sqrt{\frac{6 \cdot (6-1) \cdot (2 \cdot 6+5)}{18}}}$$

$$z_{\text{emp}} = \frac{5}{\sqrt{\frac{510}{18}}} = \frac{5}{5.32} = 0.94$$

z_{emp} = empirische Prüfgröße z-verteilt

n = Anzahl der Probanden

S = Rangsummendifferenz

Entscheidungsregel. Folgende Entscheidungsregel wird für diesen z-Test angewandt: Lehne die Nullhypothese ab, wenn der Betrag des empirischen z-Werts größer oder gleich dem des kritischen z-Werts mit einer bestimmten Sicherheitswahrscheinlichkeit einseitig oder zweiseitig ausfällt.

Entscheidung. Der kritische z-Wert für eine Sicherheitswahrscheinlichkeit von 95 Prozent bei zweiseitiger Testung beträgt 1.96 und der Betrag des empirischen z-Werts 0.94. Das heißt, der empirische z-Wert ist kleiner als der kritische z-Wert und damit wird die Nullhypothese beibehalten.

Teststärke. Eine Abschätzung der Teststärke kann erfolgen, wenn man mit G*Power einen generischen z-Test verwendet: TEST-FAMILY: Z TESTS; STATISTICAL TEST: GENERIC Z TEST; TYPE OF POWER ANALYSIS: POST HOC: COMPUTE POWER GIVEN α, AND NONCENTRALITY PARAMETER; TAIL(S) auf TWO setzen; NONCENTRALITY PARAMETER μ auf 0.94 setzen; NONCENTRAL DIS. SD σ auf 1 belassen; α ERR PROB auf 0.05 festlegen. Fügt man die Werte in die entsprechenden Kästchen in G*Power ein, erhält man eine Teststärke von 16 Prozent.

7.1.5 Produkt-Moment-Korrelation. Spearman-Rangkorrelation und Kendalls Tau mit SPSS und R

Im folgenden Abschnitt werden wir zeigen, wie sich die einzelnen besprochenen Korrelationskoeffizienten in SPSS und R berechnen lassen. Dazu nutzen wir den Datensatz `Regression_bsp_1.sav` von der Pearson-Webseite.

Berechnung in SPSS. Klicken Sie in der Menüleiste von SPSS auf ANALYSIEREN, dann auf KORRELATIONEN und anschließend auf den Menüpunkt BIVARIAT. Es öffnet sich das SPSS-Fenster BIVARIATE KORRELATIONEN (siehe ▶*Abbildung 7.5*). Wenn sich das Fenster öffnet, sind die Variablen „`Punkte_K`" und „`Punkte_Test`" noch im linken Fenster. Dies ist anders als in der Abbildung dargestellt. Markieren Sie zunächst die Variable „`Punkte_K`" und klicken Sie dann auf den Pfeil ① zwischen den Fenstern. Klicken Sie nun auf die Variable „Punkte_Test" und anschließend wieder auf den Pfeil zwischen den Fenstern. Sie können nun verschiedene Korrelationen durch Anklicken auswählen: PEARSON (entspricht Produkt-Moment-Korrelation). KENDALL-TAU-B und SPEARMAN. Für unser Beispiel markieren Sie bitte alle Kästchen ②. Geben Sie noch an, ob die Signifikanztestung einseitig oder zweiseitig sein soll ③. Klicken Sie anschließend auf die Schaltfläche OPTIONEN ④ und markieren Sie in dem neuen Fenster das Kästchen vor KREUZPRODUKTABWEICHUNGEN UND KOVARIANZEN. Klicken Sie dann auf WEITER. Optional, wenn keine bivariate Normalverteilung vorliegt, können Sie zusätzlich auf die Schaltfläche BOOTSTRAP... ⑤ klicken und in dem sich dann öffnenden Fenster (hier nicht als Abbildung dargestellt) das Feld BOOTSTRAPPING DURCHFÜHREN markieren und auf WEITER klicken. Damit erhält man, im Falle des Fehlens einer bivariaten Normalverteilung, eine genauere Abschätzung der Signifikanz der Korrelation als durch die t-Prüfgröße im normalen Ausgabefenster. In dem verbleibenden Fenster belassen wird die Einstellung auf zweiseitig und klicken schließlich auf OK ⑥.

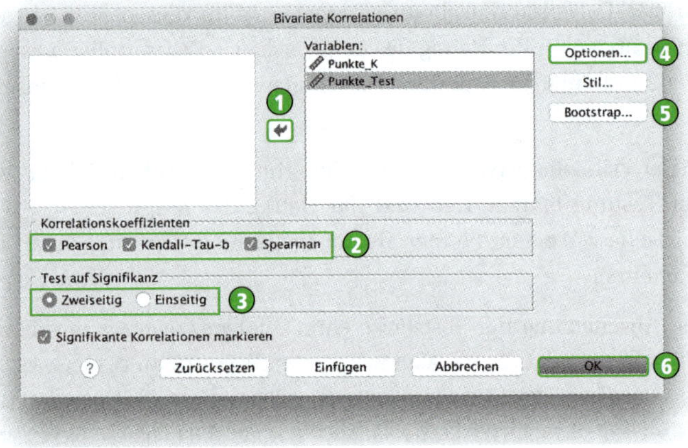

Abbildung 7.5: Korrelationsberechnung mit SPSS

Es öffnet sich das SPSS-Ausgabefenster mit der in ▸*Abbildung 7.6* dargestellten Tabelle. Es wird die Produkt-Moment-Korrelation nach Pearson dargestellt ①, das zweiseitige Signifikanzniveau ②, die Stichprobengröße ③ sowie jeweils die quadrierten Abweichungen vom Mittelwert für X (Intelligenztestpunkte) ④ und für Y (Klausurpunkte) ⑤ und deren Kovarianz ⑥. Daneben sind die Varianzen für die Intelligenztestpunkte X ⑧ und die Klausurpunkte Y ⑦ dargestellt. Dabei ist zu beachten, dass die Kovarianz einer Variablen mit sich selbst ihrer Varianz entspricht. Auch die Summe der Kreuzprodukte ⑨ ist angegeben. Ein Teil der Angaben findet sich bereits in ▸*Tabelle 7.1*.

Korrelationen

		Punkte_K	*Punkte_Test*
Punkte_K	Korrelation nach Pearson	1	(1) ,657
	Signifikanz (2-seitig)		(2) ,156
	Quadratsummen und Kreuzprodukte	(5) 1220,833	(9) 1002,500
	Kovarianz	(7) 244,167	(6) 200,500
	N	6	(3) 6
Punkte_Test	Korrelation nach Pearson	,657	1
	Signifikanz (2-seitig)	,156	
	Quadratsummen und Kreuzprodukte	1002,500	(4) 1907,500
	Kovarianz	200,500	(8) 381,500
	N	6	6

Abbildung 7.6: SPSS-Ausgabe Produkt Moment-Korrelation und Kovarianz

In ▶*Abbildung 7.7* sind Kendalls-Tau-b (1) und die Spearman-Rangkorrelation (2) dargestellt sowie die Überschreitungswahrscheinlichkeit für Kendalls-Tau-b (3) und die Spearman-Rangkorrelation (4). Auch die Stichprobengröße (5) ist angegeben.

Korrelationen

			Punkte_K	*Punkte_Test*
Kendall-Tau-b	*Punkte_K*	Korrelationskoeffizient	1,000	(1) ,358
		Sig. (2-seitig)	.	(3) ,330
		N	6	(5) 6
	Punkte_Test	Korrelationskoeffizient	,358	1,000
		Sig. (2-seitig)	,330	.
		N	6	(5) 6
Spearman-Rho	*Punkte_K*	Korrelationskoeffizient	1,000	(2) ,530
		Sig. (2-seitig)	.	(4) ,280
		N	6	(5) 6
	Punkte_Test	Korrelationskoeffizient	,530	1,000
		Sig. (2-seitig)	,280	.
		N	6	(5) 6

Abbildung 7.7: SPSS-Ausgabe Spearman-Rangkorrelation und Kendalls Tau

Berechnung in R. Zur Berechnung in R laden wir zunächst den Datensatz mit Hilfe des Pakets foreign (Team, 2015).

```
library(foreign)
data.regression<- read.spss("~/desktop/R_Daten/Regression_bsp_1.sav",
use.value.labels=TRUE, to.data.frame=TRUE, use.missings = to.data.frame)
```

Der Befehl, mit dem wir bivariate Korrelationen berechnen und testen können, heißt cor.test(). Hierbei geben wir zunächst als Argument x die Variable Punkte_K und als Argument y die Variable Punkte_Test des Datensatzes an. Wie gewohnt können wir mit dem Argument alternative angeben, ob wir eine einseitige oder zweiseitige Testung durchführen wollen. Über das Argument method können wir festlegen, welche Koeffizienten wir berechnen möchten: pearson (entspricht Produkt-Moment-Korrelation), kendall (entspricht Kendalls-Tau-b) und spearman.

```
cor.test(x = data.regression$Punkte_K, y = data.regression$Punkte_Test, alternative
   = 'two.sided', method = 'pearson')

Pearson's product-moment correlation

data:  data.regression$Punkte_K and data.regression$Punkte_Test
t = 1.7427, df = 4, p-value = 0.1564
alternative hypothesis: true correlation is not equal to 0
95 percent confidence interval:
 -0.3312034  0.9578342
sample estimates:
      cor
0.6569373
```

Neben der Korrelation erfahren wir das Ergebnis des zweiseitigen Signifikanztests, sowie auch das dazugehörige Konfidenzintervall.

Auch hier ist es optional möglich, wenn keine multivariate Normalverteilung vorliegt, die Bootstrapmethode anzuwenden. Dazu benötigt man das boot-Paket (Canty & Ripley, 2016), welches noch installiert werden muss:

```
install.packages(boot)
```

Im Anschluss wird es mit dem Befehl library aufgerufen:

```
library(boot)
```

Schließlich wird eine Funktion erstellt, in der der Datensatz angegeben werden muss: data = data.regression1. Es wird das Objekt Cor.res definiert und in der Funktion boot werden der Datensatz und die Variablen angegeben: data=with(data.regression1, cbind(Punkte_K, Punkte_Test)). Schließlich gibt boot.ci das Konfidenzintervall an.

```
cor.boot <- function(data = data.regression1, k) { cor(data[k,])[1,2]}
cor.res <- boot(data=with(data.regression1, cbind(Punkte_K, Punkte_Test)),
   statistic=cor.boot, R=1000)
boot.ci(cor.res, type="bca")
```

Die Ausgabe für Kendalls-Tau-b und die Spearman-Rangkorrelation ist analog aufgebaut:

```
cor.test(x = data.regression$Punkte_K, y = data.regression$Punkte_Test, alternative
   = 'two.sided', method = 'kendall')

Kendall's rank correlation tau

data:  data.regression$Punkte_K and data.regression$Punkte_Test
z = 0.97435, p-value = 0.3299
alternative hypothesis: true tau is not equal to 0
sample estimates:
      tau
0.3580574

cor.test(x = data.regression$Punkte_K, y = data.regression$Punkte_Test, alternative
   = 'two.sided', method = 'spearman')

Spearman's rank correlation rho

data:  data.regression$Punkte_K and data.regression$Punkte_Test
S = 16.463, p-value = 0.2798
alternative hypothesis: true rho is not equal to 0
sample estimates:
      rho
0.5296409
```

Anzumerken ist, dass R als Teststatistik für die Spearman-Rangkorrelation keine t-Statistik angibt. Für das Endergebnis ist das in unserem Fall jedoch unerheblich. Zudem liefern die Funktionen für die Spearman-Rangkorrelation und Kendalls-Tau-b die Warnung, dass für Rangplatzbindungen nicht korrigiert wird. Um diese Korrektur bei Kendalls-Tau-b vorzunehmen, nutzen wir das Paket `Kendall` (McLeod, 2011) und die darin enthaltene gleichnamige Funktion:

```
Kendall(x = data.regression$Punkte_K, y = data.regression$Punkte_Test)
```

Das Ergebnis liefert einen korrigierten p-Wert von 0.44.

7.1.6 Punktbiseriale Korrelation, biseriale Korrelation und biseriale Rangkorrelation

Man unterscheidet echt dichotome von künstlich dichotomen Variablen. Um eine **echt dichotome Variable** handelt es sich zum Beispiel bei Geschlecht mit den Ausprägungen weiblich oder männlich. Eine weitere echt dichotome Variable stellt Behandlung mit den Kategorien „Behandlung“ oder „keine Behandlung“ im Rahmen einer Therapiestudie dar. Eine **künstlich dichotome Variable** könnte beispielsweise das Alter darstellen, welches in die Kategorien über und unter 50 Jahren überführt wird, oder bereits so abgefragt wird. In manchen Fällen möchte man solche (künstlich) dichotomen Variablen mit kontinuierlichen Variablen korrelieren, beispielsweise der Körpergröße. Der Zusammenhang zwischen einer echt-dichotomen Variablen und einer kontinuierlichen Variablen wird mit einer punktbiserialen Korrelation beschrieben. Die punktbiseriale Korrelation wird im Folgenden dargestellt. Danach gehen wir auf die biseriale Korrelation (Zusammenhang zwischen einer künstlich-dichotomen und einer kontinuierlichen Variablen) und schließlich auf die biseriale Rangkorrelation ein. Diese beschreibt den Zusammenhang zwischen einer echt dichotomen und einer ordinalen Variablen.

Punktbiseriale Korrelation

Punktbiseriale Korrelation. Die **punktbiseriale Korrelation** haben wir in Kapitel 4 schon als Effektstärkemaß für den *t*-Test eingeführt. Sie beziffert den Zusammenhang zwischen einer **echt-dichotomen** Variablen und einer kontinuierlichen Variablen. Die Hypothesen, die getestet werden können, entsprechen den in den anderen Kapiteln dargestellten Hypothesen. In ▶*Abbildung 7.8* greifen wir auf die Daten aus Abschnitt 5.1.3 zurück, die wir für den *t*-Test für unabhängige Stichproben verwendet haben. Dort gab es eine Stichprobe, die eine Depressionsbehandlung erhalten hat, und eine Stichprobe, die keine Behandlung erhalten hat. Beiden Gruppen wurde das BDI vorgegeben, um die Symptombelastung zu messen. Es ergeben sich die Werte wie in *Abbildung 7.8* dargestellt.

Gruppenstatistiken

	Behandlung	N	Mittelwert	Standard-abweichung	Standardfehler des Mittelwertes
BDI	Keine Behandlung	(4) 90	(1) 17,3333	10,21565	1,07682
	Behandlung	(5) 90	(2) 8,9333	7,14505	,75315
	Gesamt	(6) 180	13,1333	(3) 9,74731	

Abbildung 7.8: Deskriptive Statistiken für die Beispielvariablen zur Berechnung einer punktbiserialen Korrelation

Nullhypothese und ungerichtete Alternativhypothese

Nullhypothese:

$$\rho_{PB} = 0$$

Alternativhypothese ungerichtet:

$$\rho_{PB} \neq 0$$

Nullhypothesen und gerichtete Alternativhypothesen

$$H_0: \rho_{PB} \geq 0 \text{ und } H_1: \rho_{PB} < 0$$

$$H_0: \rho_{PB} \leq 0 \text{ und } H_1: \rho_{PB} > 0$$

Berechnung. Die Berechnung der **punktbiserialen Korrelationen** wird mithilfe der dargestellten Formel vorgenommen. Grundsätzlich kann eine punktbiseriale Korrelation auch über die Formel zur Berechnung der Pearson-Korrelation ermittelt werden. Man benötigt dazu die Standardabweichung und den Mittelwert der dichotomen Variablen. Eine andere Variante der Berechnung wird in Formelkasten 7.11 dargestellt. Man beachte, dass hier der Mittelwertsunterschied an der Standardabweichung der abhängigen Variablen standardisiert wird. Zusätzlich werden die Stichprobengrößen n_1 und n_2 mitberücksichtigt und gewichtet.

Formel 7.11 Berechnung punktbiseriale Korrelation

$$r_{PB} = \frac{\hat{\mu}_{y_1} - \hat{\mu}_{y_2}}{\hat{\sigma}_y} \cdot \sqrt{\frac{n_1 \cdot n_2}{n^2}} = \frac{17.33 - 8.93}{9.75} \cdot \sqrt{\frac{90 \cdot 90}{180 \cdot 180}}$$

$$r_{PB} = 0.86 \cdot 0.5 = 0.43$$

n = Stichprobengröße

r_{PB} = punktbiseriale Korrelation

$\hat{\mu}_{y_1}$ = Mittelwert der abhängigen Variablen für Gruppe 1

$\hat{\mu}_{y_2}$ = Mittelwert der abhängigen Variablen für Gruppe 2

$\hat{\sigma}_y$ = geschätzte Standardabweichung von Y

n_1 = Anzahl der Personen in Gruppe 1

n_2 = Anzahl der Personen in Gruppe 2

Sind die Stichprobengrößen in beiden Gruppen gleich, so ist der zweite Teil der Formel gleich 0.5. Je unterschiedlicher die beiden Stichprobengrößen sind, desto geringer fällt der Korrekturfaktor aus. Liegen in Stichprobe 1 beispielsweise nur 20 Personen und in Stichprobe 2 dagegen 160 Personen vor, ergibt sich ein Wert von 0.31.

Prüfgröße. Die t-verteilte Prüfgröße ist in Formelkasten 7.12 dargestellt.

Formel 7.12 Berechnung punktbiseriale Korrelation

$$t_{emp} = \frac{r_{PB}}{\sqrt{\frac{1 - r_{PB}^2}{n-2}}} = \frac{0.43}{\sqrt{\frac{1 - 0.43^2}{180 - 2}}} = \frac{0.43}{0.0677} = 6.35$$

n = Stichprobengröße

r_{PB} = punktbiseriale Korrelation

t_{emp} = empirischer t-Wert

Entscheidung. Berechnen wir mit R (`dt(x=6.35, df=178)`) die zweiseitige Überschreitungswahrscheinlichkeit für den empirischen t Wert, ergibt sich eine Überschreitungswahrscheinlichkeit, die kleiner als 0.001 ausfällt. Damit lehnen wir die Nullhypothese ab und gehen davon aus, dass die punktbiseriale Korrelation in der Grundgesamtheit von null verschieden ist. Alternativ ließe sich aus einer t-Verteilung mit $n - 2$ Freiheitsgraden der kritische t-Wert für die festgelegte einseitige bzw. zweiseitige Sicherheitswahrscheinlichkeit in R ermitteln: `qt(p=.975, df=178)`. Dieser beträgt 1.97 (zweiseitig). Die Entscheidungsregel lautet dann, dass die Nullhypothese abgelehnt wird, wenn der Betrag des empirischen t-

Werts größer oder gleich dem Betrag des kritischen t-Werts ausfällt. Damit lehnen wir für unser Beispiel die Nullhypothese ab.

Effektstärke. Wie bereits in Kapitel 4 angesprochen, kann die punktbiseriale Korrelation in das Effektstärkemaß g umgewandelt werden (vgl. Formelkasten 7.13).

Formel 7.13 Berechnung Effektstärke *g* aus der punktbiserialen Korrelation

$$g = \frac{r_{PB}}{\sqrt{1-r_{PB}^2}} \cdot \sqrt{\frac{(n_1+n_2)\cdot df}{n_1 \cdot n_2}} = \frac{0.43}{\sqrt{1-0.43^2}} \cdot \sqrt{\frac{(90+90)\cdot 178}{90 \cdot 90}}$$

$$g = 0.48 \cdot 1.99 = 0.955$$

g = Hedges g

n_1 = Anzahl der Probanden in der Gruppe 1

n_2 = Anzahl der Probanden in der Gruppe 2

df = Freiheitsgrade $n - 2$

r_{PB} = punktbiseriale Korrelation

Es handelt sich nach Cohen um einen starken Effekt (g = 0.955, starker Effekt ≥ 0.80) und nach den Richtlinien für Korrelationen um einen moderaten bis starken Effekt (r = 0.43, starker Effekt ≥ 0.50). Beide Konventionen führen also zu leicht unterschiedlichen Einschätzungen. Steht die Prüfung von Mittelwertsunterschieden im Vordergrund, ist es sinnvoll, für die Beurteilung der Unterschiede die Effektstärkekonventionen für g heranzuziehen. Eine Umrechnung in r oder g sollte nur dann vorgenommen werden, wenn in Studien verschiedene Effektstärkemaße angegeben sind und diese zu einer Gesamteffektstärke zusammengefasst werden sollen, wie z. B. im Rahmen einer Metaanalyse.

Biseriale Korrelation

Biseriale Korrelation. Es sollte eine **biseriale Korrelation** berechnet werden, wenn eine Variable künstlich-dichotom ist und die andere Variable kontinuierlich. Wir beschränken uns hier auf die deskriptive Darstellung ohne Hypothesenprüfung.

Beispiel. Als Beispiel betrachten wir nun Personen, die eine Klausur entweder bestanden (1) oder nicht bestanden (0) haben und „kontinuierliche“ Werte in einem Intelligenztest (siehe ▸*Abbildung 7.4*b) aufweisen. In Formelkasten 7.14 ist die biseriale Korrelation dargestellt.

Formel 7.14 Berechnung biseriale Rangkorrelation

Zunächst berechnen wir die Mittelwerte im Intelligenztest der Gruppen, die bestanden bzw. die nicht bestanden haben, sowie den Gesamtmittelwert in der Stichprobe:

$$\bar{y}_1 = \frac{10+30+15}{3} = \frac{55}{3} = 18.33$$

$$\bar{y}_0 = \frac{10+50+30}{3} = \frac{90}{3} = 30$$

$$\bar{y} = \frac{10+50+30+10+30+15}{6} = \frac{146}{6} = 24.17$$

Dann berechnen wir die Standardabweichung für alle Personen der Stichprobe und zwar gemeinsam für Personen, die bestanden (1) und nicht bestanden (0) haben:

$$s_Y = \sqrt{\frac{(10-24.17)^2+(50-24.17)^2+(30-24.17)^2+(10-24.17)^2+(30-24.17)^2+(15-24.17)^2}{6}} = 15.63$$

Die beiden Teilstichproben sind gleichgroß. Damit ist $p_0 = \frac{n_0}{n} = 0.50$ und $p_1 = \frac{n_1}{n} = 0.50$ auch gleich hoch. Die Höhe (Ordinate) der Dichtefunktion der Standardnormalverteilung an dem Quantil von $p_0 = 0.50$ beträgt $\vartheta = 0.3989$. Den z-Wert zu dem Quantil von $p_0 = 0.50$ erhält man in R über den Befehl: `qnorm(.50, mean=0, sd=1)`. Das Ergebnis lautet in unserem Fall null. Den Wert null setzt man dann in folgenden R-Befehl als erstes hinter der Klammer ein und erhält dann den Wert für die Ordinate: `dnorm(0,mean=0,sd=1)`. Mit diesen Werten kann nun die biseriale Korrelation wie folgt berechnet werden:

$$r_{BS} = \frac{(\bar{y}_1 - \bar{y}_0)\cdot p_0 \cdot p_1}{\vartheta \cdot s_Y} = \frac{(30-18.33)\cdot 0.50\cdot 0.50}{0.3989\cdot 15.63}$$

$$r_{BS} = \frac{11.67\cdot 0.25}{6.23} = 0.468$$

r_{BS} = biseriale Rangkorrelation

$\bar{y}_1$ = Mittelwert in der Gruppe bestanden

$\bar{y}_0$ = Mittelwert in der Gruppe nicht bestanden

ϑ = Ordinate für das Quantil p_0

s_Y = Standardabweichung von Y

p_0 = Prozentsatz der Gesamtstichprobe in Gruppe nicht bestanden

p_1 = Prozentsatz der Gesamtstichprobe in Gruppe bestanden

Punktbiseriale und biseriale Korrelation mit SPSS und R. Die Berechnung der punktbiserialen Korrelation mit SPSS und R erfolgt über die in Abschnitt 7.1.7 dargestellte Produkt-Moment-Korrelation. Dabei wird lediglich die dichotome Variable mit der kontinuierlichen Variablen korreliert. Das bedeutet, dass die punktbiseriale Korrelation der Produkt-Moment-Korrelation einer dichotomen mit einer kontinuierlichen Variablen entspricht. Daher verzichten wir in diesem Fall auch auf eine Darstellung der Berechnung.

Biseriale Korrelation in R. In R kann das Paket psych verwendet werden, um die biseriale Korrelation zu berechnen. Wir laden zunächst die Datendatei:

```
library (foreign)
data.regression3 <- read.spss("~/desktop/R_Daten/Regression_bsp_3.sav",
   use.value.labels=TRUE, to.data.frame=TRUE, use.missings = to.data.frame)
library(psych)
```

Die eigentliche Funktion sieht dann so aus:

```
biserial(x = data.regression3$Punkte_K, y = data.regression3$Punkte_Test)
```

Es ergibt sich:

```
Biserial |          0%
         [,1]
[1,] 0.467879
```

Zum Vergleich kann nun noch die punktbiseriale Korrelation angegeben werden, es muss lediglich biserial durch cor.test in der Syntax ersetzt werden.

```
cor.test(x = data.regression3$Punkte_K, y = data.regression3$Punkte_Test)
Pearson's product-moment correlation
data:  data.regression3$Punkte_K and data.regression3$Punkte_Test
t = 0.89626, df = 4, p-value = 0.4208
alternative hypothesis: true correlation is not equal to 0
95 percent confidence interval:
 -0.6026148  0.9163757
sample estimates:
      cor
0.4089444
```

Ist eine Variable dichotom und wird mit einer kontinuierlichen Variable korreliert, ist die Pearson-Korrelation identisch mit der punktbiserialen Korrelation. Die Punktbiseriale Korrelation fällt in unserem Beispiel etwas geringer aus als die biseriale Korrelation: 0.41 versus 0.47.

Biseriale Rangkorrelation

Biseriale Rangkorrelation. Es sollte eine **biseriale Rangkorrelation** berechnet werden, wenn eine Variable echt dichotom ist (z. B. Geschlecht) und die andere Variable geordnete

Antwortkategorien (z. B. Rangliste des Einflusses von Personen) aufweist. Wir beschränken uns auch hier auf die deskriptive Darstellung ohne Hypothesenprüfung.

Beispiel. Betrachten wir nun wieder unser Beispiel in ▶*Tabelle 7.4*. Es entspricht nicht ganz der Situation, in der eine biseriale Rangkorrelation angewandt wird, dennoch kann die Berechnung an dem vertrauten Beispiel gut erläutert werden. Wir haben nun die Information, ob die Klausur bestanden wurde oder nicht, sowie den Rangplatz im Intelligenztest. Eine Person, die mindestens 30 Punkte in der Klausur erzielte, hat diese auch bestanden. Eine Person, die weniger als 30 Punkte erzielte, ist durchgefallen. Wir weisen nun jeder Person, die die Klausur nicht bestanden hat, den Wert null zu und jeder Person, die die Klausur bestanden hat, den Wert eins. Nun vergeben wir für die Gruppen Rangplätze mit Rangbindungen. Wir beginnen dabei immer mit dem niedrigsten Wert, also hier null. Das heißt, dass der niedrigste Wert den niedrigsten Rangplatz erhält. Den Punkten im Intelligenztest werden nun ebenfalls Ränge zugewiesen, auch dabei werden Rangbindungen berücksichtigt. Für Personen mit gleichen Messwerten wird jeweils derselbe Rang vergeben. In unserem Beispiel haben drei Personen die Klausur nicht bestanden, sie bekämen somit die Rangplätze Eins, Zwei und Drei. Nun wird jeder Person der mittlere Rang zugewiesen:

$$\frac{1+2+3}{3}=\frac{6}{2}=2.$$

Abschließend berechnen wir zwischen den Rangplätzen einer jeden Person den Betrag der Differenz (d) und quadrieren diesen (siehe letzte Spalte).

Person	**(X) Punkte im Intelligenztest**	**(X) Punkte in der Klausur**	**Bestanden (≥ 30 Klausurpunkte) nein=0 / ja=1**	**Intelligenz Rangplatz**	**Klausur Rangplatz nein=0 / ja=1**	$\lvert d \rvert$	d_i^2
Moritz	10	10	0	1.5	2	0.5	0.25
Matthias	30	19	0	4.5	2	2.5	6.25
Markus	10	30	1	1.5	5	3.5	12.25
Sabine	50	50	1	6	5	1.0	1.0
Maria	30	60	1	4.5	5	0.5	0.25
Eva	15	20	0	3	2	1.0	1.0
Summe	–	–	–		–	–	21

Tabelle 7.4: Beispiel einer biserialen Rangkorrelation

Berechnung. Die biseriale Rangkorrelation wird, wie in Formelkasten 7.15 dargestellt, berechnet.

Formel 7.15 Berechnung biseriale Rangkorrelation

Die Rangbindungen werden nur für das dichotome Merkmal (Klausur bestanden Ja/Nein) korrigiert. Es liegen zwei Mal drei Rangbindungen vor, damit ergibt sich folgende biseriale Rangkorrelation:

$$B=\sum_{k=1}^{r}\left(t_j^3-t_j\right)=\left(3^3-3\right)+\left(3^3-3\right)=24+24=48$$

Die Berechnung der biserialen Korrelation erfolgt dann wie folgt:

$$r_{\text{BR}}=\frac{\left[\frac{1}{12}\cdot\left(n^3-n+\left[3\cdot n_1\cdot n_2\cdot n\right]-B\right)\right]-\sum_{v=1}^{n}d_v^2}{\sqrt{\frac{1}{12}\cdot n_1\cdot n_2\cdot n\cdot\left(n^3-n-B\right)}}$$

$$r_{\text{BR}}=\frac{\left[\frac{1}{12}\cdot\left(6^3-6+\left[3\cdot 3\cdot 3\cdot 6\right]-48\right)\right]-21}{\sqrt{\frac{1}{12}\cdot 3\cdot 3\cdot 6\cdot\left(6^3-6-48\right)}}$$

$$r_{\text{BR}}=\frac{\left[\frac{1}{12}\cdot(210+162-48)\right]-21}{\sqrt{\frac{1}{12}\cdot 54\cdot 162}}=\frac{6}{27}=0.22$$

r_{BR} = biseriale Rangkorrelation

d_v^2 = quadrierte Differenz der Rangplätze von Person v zwischen Variable X und Y

n_1 = Anzahl der Probanden in Gruppe 1

n_2 = Anzahl der Probanden in Gruppe 2

n = Stichprobengröße (n_1 + n_2)

B = Korrekturwert für Rangbindungen

t_j = Länge der Rangbindungen

k = Index für die Gruppe von Personen mit gleichen Rängen (läuft bis r)

Die biseriale Rangkorrelation kann auch als Effektstärkemaß für den U-Test eingesetzt werden. Der Signifikanztest wird über den U-Test durchgeführt (siehe Abschnitt 5.2.2).

Nachdem in diesem Abschnitt nur eine der beiden Variablen dichotom war, betrachten wir im folgenden Abschnitt den Fall, dass beide Variablen dichotom sind.

7.1.7 Phi-Koeffizient, Tetrachorische und Polychorische Korrelation

Im Folgenden betrachten wir Korrelationen zwischen entweder echt dichotomen oder künstlich dichotomen Variablen. Beginnen werden wir mit dem Phi-Koeffizienten.

Phi-Koeffizient

Der **Phi-Koeffizient** ϕ ist ein Maß, mit dem der Zusammenhang zwischen zwei echt-dichotomen Merkmalen ermittelt wird, z. B. Geschlecht und Brillenträger (Ja/Nein). Es handelt sich auch hier um die Formel für die Produkt-Moment-Korrelation, die einfach auf dichotome Daten angewandt wird.

Hypothesen. Beim χ^2-Test für den Phi-Koeffizienten (ϕ) ist die Prüfung der folgenden Hypothesen bezogen auf den Phi-Koeffizienten in der Grundgesamtheit möglich:

Nullhypothese und ungerichtete Alternativhypothese

Nullhypothese:

$$\phi = 0$$

Alternativhypothese ungerichtet:

$$\phi \neq 0$$

Nullhypothesen und gerichtete Alternativhypothesen

$$\text{H}_0\text{: } \phi \geq 0 \text{ und } \text{H}_1\text{: } \phi < 0$$

$$\text{H}_0\text{: } \phi \leq 0 \text{ und } \text{H}_1\text{: } \phi > 0$$

Beispiel. Betrachten wir wieder unser fiktives Beispiel in ▶*Tabelle 7.5*. Bei diesem Beispiel ist zu beachten, dass es sich nicht um echt-dichotome Merkmale handelt. Eine bessere Wahl wäre daher eigentlich die im folgenden Abschnitt besprochene tetrachorische Korrelation. Dennoch verwenden wir hier dieses Beispiel, um die Unterschiede zwischen tetrachorischer Korrelation und Phi-Koeffizienten zu verdeutlichen. Zur Berechnung des Phi-Koeffizienten werden Häufigkeiten einer Vier-Felder-Tafel benötigt. Wir gehen nun weiter und betrachten, ob es einen Zusammenhang zwischen bestanden ja/nein und Intelligenz über bzw. unter dem Durchschnitt gibt. Wir ziehen als Grenze den Median von 25 Punkten heran. Alle Personen, die eine Intelligenztestpunktzahl von über 25 Punkten aufweisen, bekommen nun eine Eins zugewiesen und alle Personen, die 25 oder weniger Punkte erzielt haben, eine Null. Das Ergebnis des Vorgehens ist in *Tabelle 7.5* dargestellt.

Person	(X) Punkte im Intelligenztest	(X) Punkte in der Klausur	Bestanden (≥ 30 Klausurpunkte) nein=0 / ja=1	Intelligenz Rangplatz ≤25 = 0 >25 = 1	00	11	10	01
Moritz	10	10	0	0	1	–	–	–
Matthias	30	19	1	0	–	–	1	–
Markus	10	30	0	1	–	–	–	1
Sabine	50	50	1	1	–	1	–	–
Maria	30	60	1	1	–	1	–	–
Eva	15	20	0	0	1	–	–	–
Summe	–	–	–	–	2	2	1	1

Tabelle 7.5: Beispiel zur Berechnung eines Phi-Koeffizienten

Wir betrachten nun die Kombinationen, die wir in vier Fragen fassen können:

1. Wie viele Personen haben die Klausur nicht bestanden (0) und liegen im Intelligenztest unter dem Durchschnitt (0)?
2. Wie viele Personen haben die Klausur bestanden (1) und liegen im Intelligenztest über dem Durchschnitt (1)?
3. Wie viele Personen haben die Klausur bestanden (1) und liegen im Intelligenztest unter dem Durchschnitt (0)?
4. Wie viele Personen haben die Klausur nicht bestanden (0) und liegen im Intelligenztest über dem Durchschnitt (1)?

Die Häufigkeiten für diese vier Kombinationen übertragen wir nun in die ▶*Tabelle 7.6.*

Variable		Klausur		
	Ausprägung	**nicht bestanden (0)**	**bestanden (1)**	**Summe**
Intelligenz	unter dem Durchschnitt (0)	$a = 2$	$b = 1$	$3 (a + b)$
	über dem Durchschnitt (1)	$c = 1$	$d = 2$	$3 (c + d)$
	Summe:	3 $(a + c)$	3 $(b + d)$	6 $(a + b + c + d = n)$

Tabelle 7.6: Beispiel für die Berechnung eines Phi-Koeffizienten

Berechnung. Es ergibt sich die angegebene Vier-Felder-Tafel, mit deren Hilfe wir den Phi-Koeffizienten berechnen können.

Formel 7.16 Berechnung Phi

$$\phi = \frac{(a \cdot d) - (b \cdot c)}{\sqrt{(a+b) \cdot (c+d) \cdot (a+c) \cdot (b+d)}}$$

$$\phi = \frac{(2 \cdot 2) - (1 \cdot 1)}{\sqrt{(2+1) \cdot (1+2) \cdot (2+1) \cdot (1+2)}} = \frac{3}{\sqrt{81}} = 0.333$$

a, b, c, d = beobachtete Häufigkeit in der jeweiligen Zelle der Vier-Felder-Tafel siehe *Tabelle 7.6*

Prüfgröße. Die Prüfgröße für die Signifkanzprüfung ergibt sich wie in Formelkasten 7.17 angegeben.

Formel 7.17 Empirische Prüfgröße

$$\chi^2_{\text{emp}} = \frac{n \cdot [(a \cdot d) - (b \cdot c)]^2}{(a+b) \cdot (c+d) \cdot (a+c) \cdot (b+d)}$$

$$\chi^2_{\text{emp}} = \frac{6 \cdot [(2 \cdot 2) - (1 \cdot 1)]^2}{(2+1) \cdot (1+2) \cdot (2+1) \cdot (1+2)} = \frac{6 \cdot 3^2}{3 \cdot 3 \cdot 3 \cdot 3}$$

$$\chi^2_{\text{emp}} = \frac{54}{81} = 0.666$$

χ^2_{emp} = empirischer Chi-Quadrat-Wert

a, b, c, d = beobachtete Häufigkeit in der jeweiligen Zelle der Vier-Felder-Tafel siehe *Tabelle 7.6*

Die Anzahl der Freiheitsgrade beträgt in diesem Fall immer eins, da das Produkt aus der jeweiligen Anzahl der Kategorien bei zwei Variablen minus eins zur Berechnung der Freiheitsgrade gebildet wird. Da wir es mit zwei dichotomen Merkmalen zu tun haben, ergibt sich folglich immer ein Freiheitsgrad: $(2-1) \cdot (2-1) = 1$.

Entscheidung. Die Entscheidungsregel lautet, dass die Nullhypothese abgelehnt werden muss, wenn der empirische χ^2-Wert größer oder gleich dem kritischen χ^2-Wert ist. Der kritische χ^2-Wert beträgt bei einem Freiheitsgrad 3.84 (in R: `qchisq(p=.95,df=1)`). Somit ist der Zusammenhang in unserem Beispiel nicht signifikant und wir behalten die Nullhypothese bei, dass der Phi-Koeffizient in der Grundgesamtheit nicht von null verschieden ist. Berechnet man die Überschreitungswahrscheinlichkeit, ergibt sich für einen χ^2-Wert von 0.666 (Formelkasten 7.17) in einer χ^2-Verteilung mit einem Freiheitsgrad eine Überschreitungswahrscheinlichkeit von `0.4144497` (in R: `pchisq(q=0.666, df=1, lower.tail = FALSE)`). Damit behalten wir die Nullhypothese bei.

Effektstärke. Der χ^2-Wert und der Phi-Koeffizient stehen, wie in Formelkasten 7.18 dargestellt, in Beziehung zueinander.

Formel 7.18 Effektstärke Phi

$$w = \sqrt{\frac{\chi^2_{\text{emp}}}{n}} = \sqrt{\frac{.667}{6}} = |\phi| = 0.333$$

w = Effektstärkemaß

ϕ = Phi-Koeffizient

χ^2_{emp} = empirischer Chi-Quadrat-Wert

Effektstärke. Beide Werte, Phi-Koeffizient und w, stellen Effektstärken dar. Nach den Effektstärkekonventionen von Cohen handelt es sich in unserem Beispiel um einen mittleren Effekt.

$w = 0.10$ → kleiner Effekt

$w = 0.30$ → mittlerer Effekt

$w = 0.50$ → starker Effekt

Die Teststärkeberechnung finden Sie ebenfalls in Abschnitt 5.3.2.

Berechnung mit SPSS und R. Die Berechnung des Phi-Koeffizienten ist in Abschnitt 5.3.2 bereits erläutert worden und wird hier nicht mehr dargestellt.

Fazit. Wir haben eine moderate Korrelation von 0.33 vorliegen, die jedoch nicht signifikant ist. Möglicherweise gibt es jedoch eine bessere Möglichkeit, die Korrelation zwischen diesen nicht echt-dichotomen Variablen zu berechnen, nämlich die tetrachorische Korrelation.

Tetrachorische Korrelation

Tetrachorische Korrelation. Mit der **tetrachorischen Korrelation** wird der Zusammenhang zwischen zwei künstlich-dichotomen Variablen berechnet, hinter denen stetige, normalverteilte latente Variablen stehen, z. B. Intelligenz und Schulleistung in Mathematik.

Hypothesen. Beim z-Test für den tetrachorischen Korrelationskoeffizienten (ρ_{tet}) ist die Prüfung der folgenden Hypothesen, bezogen auf die tetrachorische Korrelation in der Grundgesamtheit, möglich:

Nullhypothese und ungerichtete Alternativhypothese

Nullhypothese:

$$\rho_{\text{tet}} = 0$$

Alternativhypothese ungerichtet:

$$\rho_{\text{tet}} \neq 0$$

Nullhypothesen und gerichtete Alternativhypothesen

$$H_0: \rho_{tet} \geq 0 \text{ und } H_1: \rho_{tet} < 0$$

$$H_0: \rho_{tet} \leq 0 \text{ und } H_1: \rho_{tet} > 0$$

Berechnung. Es wird über die Häufigkeiten in der Vier-Felder-Tafel der Zusammenhang der zugrundeliegenden stetigen und normalverteilten Variablen geschätzt. Während der Phi-Koeffizient stark von der Randverteilung der Vier-Felder-Tafel abhängt, ist dies bei der tetrachorischen Korrelation nicht der Fall. Allerdings dürfen bei einer tetrachorischen Korrelation weder Zelle b noch Zelle c mit null besetzt sein, wie man an der Formel für die näherungsweise Berechnung in Formelkasten 7.19 sehen kann, da in diesen Fällen durch null dividiert werden müsste, was nicht zulässig ist.

Formel 7.19 Tetrachorische Korrelation

$$r_{tet} = cos\left(\frac{180°}{1+\sqrt{\frac{a \cdot d}{b \cdot c}}}\right) = cos\left(\frac{180°}{1+\sqrt{\frac{2 \cdot 2}{1 \cdot 1}}}\right) = 0.50$$

a, b, c, d = Zellen der Vier-Felder-Tafel aus *Tabelle 7.6*

cos = Kosinus

r_{tet} = tetrachorische Korrelation

Die tetrachorische Korrelation fällt häufig höher als der Phi-Koeffizient aus. Man kann die tetrachorische Korrelation auch auf Signifikanz testen. Dazu benötigt man den Standardfehler wie in Formelkasten 7.20 angegeben.

Formel 7.20 Prüfgröße tetrachorische Korrelation

$$\widehat{SE}_{tet} = \sqrt{\frac{(a+b)\cdot(c+d)\cdot(a+c)\cdot(b+d)}{n^5}} \cdot \frac{1}{v_0 \; v_1}$$

$$\widehat{SE}_{tet} = \sqrt{\frac{(2+1)\cdot(1+2)\cdot(2+1)\cdot(1+2)}{6^5}} \cdot \frac{1}{0.3989 \cdot 0.3989}$$

$$\widehat{SE}_{tet} = \sqrt{\frac{3 \cdot 3 \cdot 3 \cdot 3}{7776}} \cdot 6.28 = 0.10 \cdot 6.28 = 0.64$$

$\widehat{SE}_{tet}$ = geschätzter Standardfehler für die tetrachorische Korrelation r_{tet}

v_0 = Ordinate (theta), Wert der Dichtefunktion der Standardnormalverteilung für die Variable X am $(\frac{c+d}{n} \cdot 100\ \%)$-Quantil der Verteilung

v_1 = Ordinate (theta), Wert der Standardnormalverteilung für die Variable X bis zum ($\frac{b+d}{n} \cdot 100$ %)-Quantil der Verteilung

a, b, c, d = Zellen der Vier-Felder-Tafel aus *Tabelle 7.6*

Die Ordinate erhält man in R, wenn man folgende Syntax eingibt: `qnorm(.50, mean=0, sd=1)`. Mit diesem Befehl wird der z-Wert für das entsprechende Quantil der Standardnormalverteilung ausgegeben. Der z-Wert beträgt null und kann wiederum in folgende Syntax eingefügt werden: `dnorm(0 mean=0, sd=1)`. Der resultierende Wert gibt die Ordinate an. Die Ordinate ist die Höhe der Standardnormalverteilung am entsprechenden Quantil der Verteilung. In unserem Fall handelt es sich um die Höhe am 50-Prozent-Quantil der Verteilung. Wenn wir in einer anderen Untersuchung beispielsweise für

$$\frac{b+d}{n} \cdot 100$$

einen Wert von 40 Prozent erhalten hätten, würden wir wie folgt vorgehen: `qnorm(.40, mean=0, sd=1)`. Das Ergebnis wäre ein z-Wert von `[1] -0.2533471`. Diesen z-Wert setzen wir dann in den Befehl `dnorm(-0.2533471, mean=0, sd=1)` ein und erhalten eine Ordinate von `[1] 0.3863425`.

Wir betrachten die Verteilung der Klausurpunkte. In unserem Beispiel ergibt sich für

$$\frac{(c+d)}{n} \cdot 100$$

der Wert von 50 Prozent

$$\left(\frac{3}{6} \cdot 100\right)$$

und für

$$\frac{(b+d)}{n} \cdot 100 = \left(\frac{3}{6} \cdot 100\right)$$

ebenfalls der Wert von 50 Prozent. Der z-Wert, an dem die Fläche 50 Prozent der Standardnormalverteilung abschneidet, ist der z-Wert null. Die entsprechenden z-Werte erhält man ebenfalls mit R: `qnorm(.50)`, Ergebnis: `[1] 0`. Die zugehörige Ordinate kann mithilfe von Tabellen abgelesen werden oder, wie im Formelkasten beschrieben, mit R ermittelt werden. Die Formel, die hier angegeben wird, um den empirischen z-Wert zu erhalten (Formel 7.20), ist erst ab einer Stichprobengröße größer 20 sinnvoll anzuwenden. Dennoch haben wir zu Demonstrationszwecken den z-Wert für unser Beispiel mithilfe dieser Formel angegeben.

Entscheidung. Folgende Entscheidungsregel wird für diesen Test angewandt: Lehne die Nullhypothese ab, wenn der Betrag des empirischen z-Werts größer oder gleich dem kritischen z-Wert für eine bestimmte Sicherheitswahrscheinlichkeit einseitig oder zweiseitig ausfällt. Die empirische Prüfgröße wird wie Formelkasten 7.21 dargestellt ermittelt.

Formel 7.21 Prüfgröße tetrachorische Korrelation

$$z_{emp} = \frac{r_{tet}}{\widehat{SE}_{tet}} = \frac{0.50}{0.64} = 0.78$$

r_{tet} = tetrachorische Korrelation

z_{emp} = empirischer z-Wert

Das heißt, dass unsere empirische Prüfgröße von 0.78 (vgl. Formelkasten 7.21) unter dem kritischen Wert von 1.96 liegt. Damit behalten wir die Nullhypothese bei.

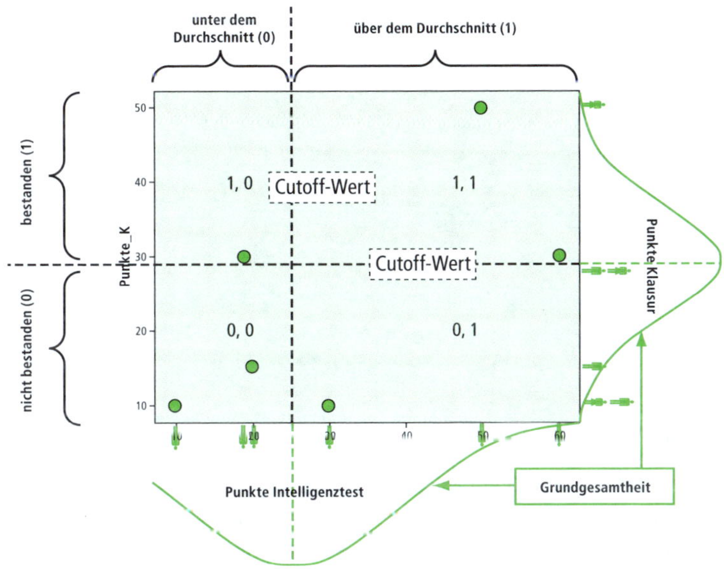

Abbildung 7.9: Verdeutlichung einer tetrachorischen Korrelation

Grafische Veranschaulichung. In ▶*Abbildung 7.9* wird das Prinzip nochmals dargestellt. Wir legen mehr oder weniger willkürliche Grenzwerte für die von uns gezogenen Personen fest, um sie bezüglich jeder Variablen in zwei Kategorien einzuteilen: bestanden versus nicht bestanden und unter versus über dem Durchschnitt. Hinter den Variablen stehen stetige und bivariat normalverteilte Variablen. Wir möchten nun von unserer Vier-Felder-Tafel auf die Korrelation der dahinterliegenden Variablen schließen und zwar unabhängig von den Randverteilungen. Dabei können wir den Zusammenhang zwischen den dahinterliegenden Variablen nur dann schätzen, wenn wir die Annahme der bivariaten Normalverteilung machen. Wird diese Annahme getroffen, hängt die Höhe der Korrelation nicht mehr von den Randverteilungen ab. Dies gilt für die biseriale Korrelation genauso wie für die tetrachorische und die polychorischen Korrelationen (siehe nächster Abschnitt).

Tetrachorische Korrelation in R. Die tetrachorische Korrelation lässt sich nicht ohne Weiteres in SPSS berechnen, deshalb verzichten wir auf die Darstellung hier und stellen die Berechnung in R vor. Zunächst laden wir die Datendatei Regression_bsp_4.sav.

```
library (foreign)
data.regression4 <- read.spss("~/desktop/R_Daten/Regression_bsp_4.sav",
use.value.labels=TRUE, to.data.frame=TRUE, use.missings = to.data.frame)
```

Im Anschluss laden wir das Paket psych und geben den Befehl tetrachoric mit dem Argument data.regression4 ein.

```
library(psych)
tetrachoric(data.regression4)
```

Es ergibt sich folgende Ausgabe in R, die zeigt, dass die Korrelation 0.50 (1) beträgt:

```
Call: tetrachoric(x = data.regression4).

tetrachoric correlation
            Pnk_T Pnk_K
Punkte_Test 1.0
Punkte_K    0.5 (1)  1.0

 with tau of
Punkte_Test    Punkte_K
          0           0
```

Polychorische Korrelation

Polychorische Korrelation. Polychorische Korrelationen sind geeignet, um Korrelationen zwischen ordinalen Daten zu beschreiben. Sie schätzen die Korrelation zwischen zwei (ordinalen) Merkmalen, hinter denen normalverteilte, stetige latente Variablen stehen, die in mehr als zwei geordnete Kategorien unterteilt sind. Die Berechnung ist überaus komplex und wird hier nicht dargestellt.

In R können wir die Polychorische Korrelation erhalten, dazu verwenden wir das Paket psych und folgende Syntax:

```
library(psych)
polychoric(x)
```

Für x wird das entsprechend definierte Objekt eingesetzt (z. B. data.regressionx), welches die zu korrelierenden Variablen enthält. Eine genauere Beschreibung der polychorischen Korrelation und weitere Verweise sind bei Wirtz und Caspar (2002. S. 143) zu finden. Polychorische Korrelationen werden unter anderem verwendet, um konfirmatorische Faktorenanalysen mit ordinalen Daten zu berechnen. Es ist mit Programmen wie R, AMOS, LISREL oder MPlus auch möglich, exploratorische Faktorenanalysen mit polychorischen Korrelationen durchzuführen.

7.1.8 Übersicht über Korrelationskoeffizienten

In ▶*Abbildung 7.10* wird eine Übersicht über die in diesem Kapitel dargestellten Korrelationen gegeben und angegeben, bei welchem Skalenniveau sie angewandt werden sollten.

Korrelationen werden als Maße für Trennschärfen, Reliabilitäten und Validitäten verwendet. Der Zusammenhang zwischen zwei Variablen muss jedoch nicht immer linear sein, in bestimmten Fällen beschreiben andere Zusammenhangsmaße die Daten besser. Die Auswahl des Korrelationskoeffizienten orientiert sich am Skalenniveau (Nominal-, Ordinal-, Intervallniveau) der Variablen. Besondere Beachtung bei Produkt-Moment-Korrelationen und der Spearman-Rangkorrelation ist Ausreißerwerten (siehe auch Abschnitt 7.10 und 7.2.8) zu schenken. Diese können zu extremen Verzerrungen der Korrelationshöhe führen.

Variable A	Variable B	Korrelationskoeffizient
intervall	intervall	Produkt-Moment-Korrelation
echt-dichotom	intervall	punktbiseriale Korrelation
dichotom (NV, latent)	intervall	biseriale Korrelation
ordinal ordinal (NV, latent)	ordinal ordinal (NV, latent)	Spearman-Rangkorrelation Kendalls tau, Guttmans μ_2, polychorische Korrelation
dichotom	ordinal	biseriale Rangkorrelation
echt-dichotom	echt-dichotom	Phi-Koeffizient
künstlich-dichotom	künstlich-dichotom	tetrachorische Korrelation

Abbildung 7.10: Übersicht über verschiedene Korrelationskoeffizienten

7.2 Multiple lineare Regression

Im Folgenden wird die **multiple lineare Regression**, die wir auch abgekürzt als MLR bezeichnen, dargestellt. Dieses Regressionsmodell ist eines von vielen möglichen Regressionsmodellen (alternative Modelle z. B. Logit-Modell). Einen umfassenden Überblick geben hier Fahrmoir, Kneib, Lang und Marx (2013). In den Sozialwissenschaften wird sehr häufig die multiple lineare Regression angewandt, daher wird dieses Regressionsmodell hier ausführlich behandelt.

7.2.1 Einführung

Idee. Bisher haben wir nur dargestellt, wie ein Kriterium mithilfe eines einzigen Prädiktors vorhergesagt werden kann. Im Prinzip untersucht eine multiple Regressionsanalyse, welchen Beitrag mehrere Variablen, die auch **Prädiktoren** oder **unabhängige Variablen (UV)** genannt werden, gemeinsam aber auch spezifisch zur Vorhersage einer interessierenden anderen Variablen, die auch als **Kriterium** oder **abhängige Variable (AV)** bezeichnet wird, leisten.

Regressionsgewichte. Die Notwendigkeit für eine Betrachtung innerhalb eines regressionsanalytischen Modells ergibt sich daraus, dass die Prädiktoren untereinander korrelieren. In der Regel will man wissen, welchen Beitrag jeder Prädiktor über die anderen Prädiktoren hinaus leisten kann bzw. was ein Prädiktor mehr als ein anderer, also ganz exklusiv, leisten kann. Dazu wird für jeden Prädiktor ein Gewichtungskoeffizient angegeben. Diese werden als **Regressionsgewichte** bezeichnet und werden als Populationsregressionsgewichte mit Beta (β) bezeichnet und in der Stichprobe mit b. Regressionsgewichte geben den Beitrag eines jeden Prädiktors zur Vorhersage des Kriteriums an, wenn für die Überlappung mit den anderen Prädiktoren kontrolliert wird.

Modellgüte. Die Güte des linearen Regressionsmodells wird unter anderem durch den multiplen **Determinationskoeffizienten** angegeben. Er wird als Populationsgröße mit einem großen griechischen Rho (P) und in der Stichprobe mit R bezeichnet. Er gibt an, wie viel Prozent der Unterschiede in den Kriteriumswerten durch Unterschiede in den Werten der Prädiktoren erklärt werden können. Da die Erklärung der Kriteriumswerte meist nicht vollständig erfolgt, bleibt ein nicht erklärter Rest an Unterschiedlichkeit bestehen ($1 - P^2$). In ▸*Abbildung 7.11* ist dies noch einmal grafisch für mehr als zwei Prädiktoren veranschaulicht.

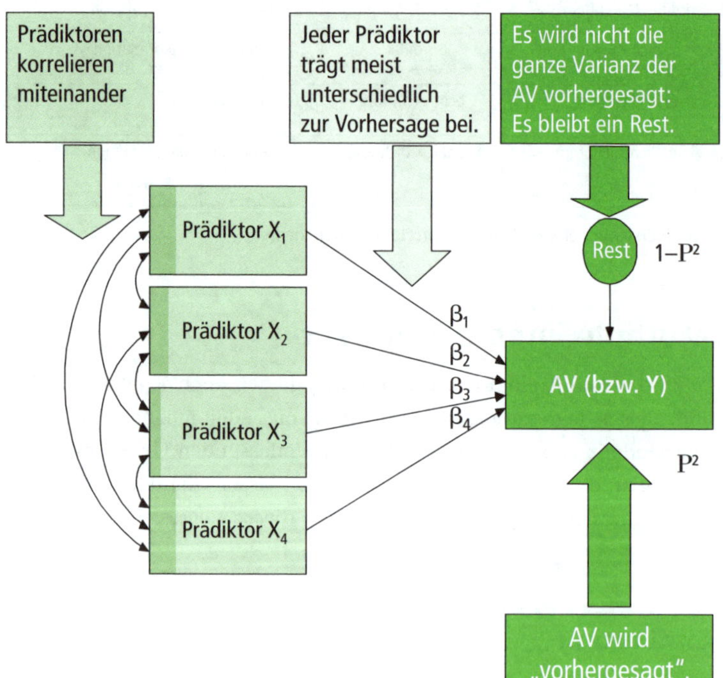

Abbildung 7.11: Grafische Veranschaulichung einer linearen multiplen Regressionsanalyse

Modellgleichung in der Population. Das allgemeine Modell einer linearen multiplen Regression in der Grundgesamtheit mit zwei Prädiktoren ist in Formelkasten 7.22 dargestellt.

Formel 7.22 Modellgleichung am Beispiel von zwei Prädiktoren

$$Y = \beta_0 + \beta_1 \cdot X_1 + \beta_2 \cdot X_2 + E$$

In diesem Populationsmodell setzt sich jeder Wert Y im Kriterium aus einem festen Wert bzw. einer Populationskonstanten β_0 plus den durch den Populationsregressionskoeffizienten β_1 gewichteten Wert des Prädiktors X_1 plus den durch den Populationsregressionskoeffizienten β_2 gewichteten Wert des Prädiktors X_2 und einem Fehlerwert E zusammen. Dieses Prinzip lässt sich auf beliebig viele Prädiktoren erweitern, indem theoretisch beliebig viele weitere gewichtete Prädiktoren $\beta_i \cdot X_i$ in die Gleichung aufgenommen werden.

Beispiel. Betrachten wir dazu ein Beispiel mit den drei Variablen Negative Selbstbewertung, Abhängigkeitskognitionen und Depressivität. Dabei werden Negative Selbstbewertung und Abhängigkeitskognitionen mit dem Fragebogen Irrationaler Einstellungen (FIE von Klages, 1989) gemessen und Depressivität mit dem Beck Depressions-Inventar (BDI von Hautzinger, Keller, und Kühner, 2006).

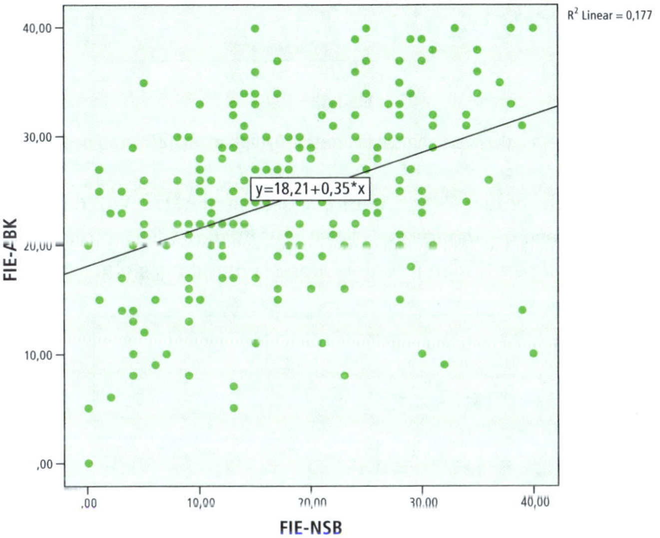

Abbildung 7.12: Streudiagramm der Werte für Abhängigkeitskognitionen und negative Selbstbewertung

Wir stellen zunächst die Korrelationen der Variablen im Streudiagramm dar. In ▶*Abbildung 7.12* ist das Streudiagramm der Variablen Negative Selbstbewertung (FIE NSB) und Abhängigkeitskognitionen (FIE-ABK) dargestellt. Wir sehen zunächst einen Determinationskoeffizienten von $R^2 = 0.177$ rechts oben dargestellt. Das heißt, 17.7 Prozent der Unterschiede in den Werten der Negativen Selbstbewertung können durch Unterschiede in den Werten der Abhängigkeitskognitionen erklärt werden. Dies gilt auch in die andere Richtung, da beide Variablen gleichzeitig erhoben wurden. Das bedeutet folglich auch, dass 17.7 Prozent der Unterschiede in den Werten der Abhängigkeitskognitionen durch Unterschiede in den Werten der Negativen Selbstbewertung erklärt werden können. Das in *Abbildung 7.12* dargestellte Streudiagramm zeigt einen moderaten linearen Zusammenhang. Betrachten wir nun zusätzlich die Korrelationen zwischen den Variablen Negative Selbstbewertung und Depressivität (▶*Abbildung 7.13*) sowie zwischen Abhängigkeitskognitionen und der Depressivität (▶*Abbildung 7.14*).

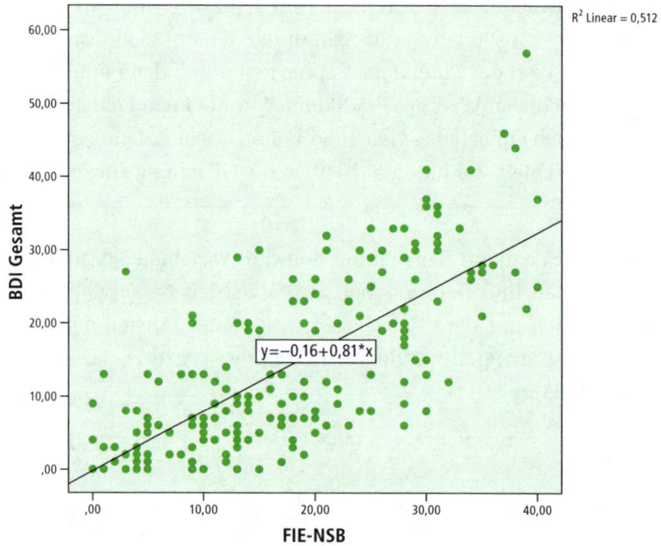

Abbildung 7.13: Streudiagramm der Werte für die depressive Symptomatik (BDI) und negative Selbstbewertung

Wir sehen hier einen sehr hohen Determinationskoeffizienten (r^2) von 0.512. Der Zusammenhang ist weitgehend linear. In *Abbildung 7.14* ist nun noch der Zusammenhang zwischen den Variablen Abhängigkeitskognitionen und der Depressivität dargestellt.

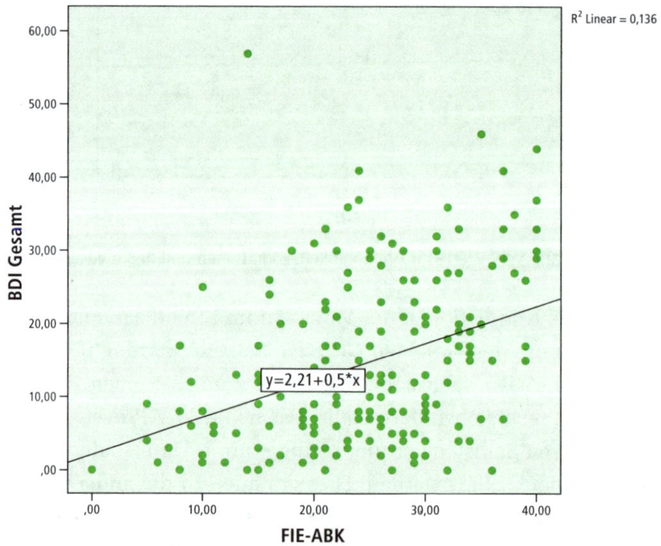

Abbildung 7.14: Streudiagramm der Werte für Depressivität und Abhängigkeitskognitionen

Es ergibt sich hier ein Determinationskoeffizient (r^2) von 0.136 und ein linearer Zusammenhang. Zusammenfassend kann man sagen, dass alle Variablen miteinander korrelieren. Betrachtet man nun zwei Prädiktoren gleichzeitig, stellt sich die Frage, ob ein Prädiktor mehr als der andere zur Vorhersage der Depressivität beiträgt.

Exkurs

In manchen Fällen liegen als Prädiktoren nominale Variablen mit mehr als zwei nominalskalierten Kategorien vor. In diesem Fall müssen die Variablen umcodiert werden, bevor sie in eine Regressionsanalyse eingehen können. Eine Art des Umcodierens wird als *Dummy-Codierung* bezeichnet. Betrachten wir zur Veranschaulichung folgendes Beispiel: Wir haben ein Unternehmen, das verschiedene Abteilungen hat. Wir möchten nun wissen, ob die Zugehörigkeit zu den verschiedenen Abteilungen sich auf die Arbeitszufriedenheit auswirkt. Die Abteilungen seien:

1 = Personal

2 = Fertigung

3 = Vertrieb

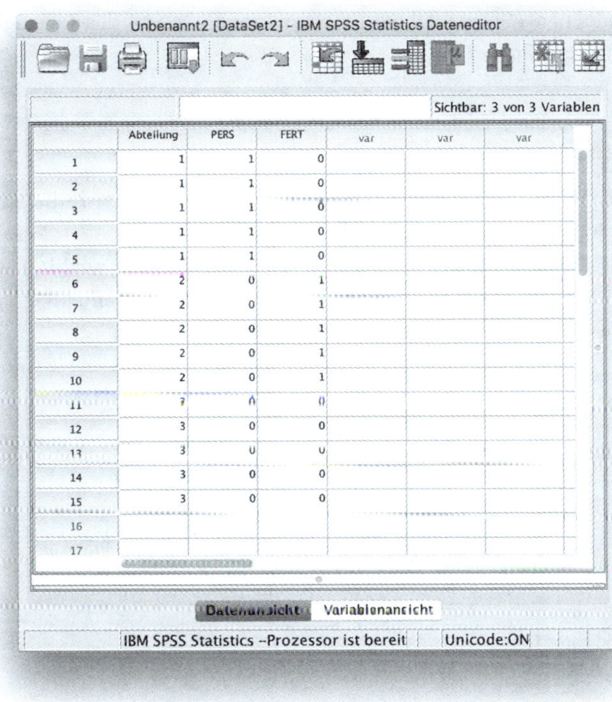

	Abteilung	PERS	FERT	var	var	var
1	1	1	0			
2	1	1	0			
3	1	1	0			
4	1	1	0			
5	1	1	0			
6	2	0	1			
7	2	0	1			
8	2	0	1			
9	2	0	1			
10	2	0	1			
11	3	0	0			
12	3	0	0			
13	3	0	0			
14	3	0	0			
15	3	0	0			
16						
17						

Abbildung 7.15: Darstellung einer Dummy-Kodierung in einer SPSS-Datendatei

In einem solchen Fall ist es sinnvoll, die nominale Variable „Abteilung" in mehrere dichotome Variablen umzuwandeln. Dies wird wie folgt durchgeführt. Wir bilden zunächst zwei neue Variablen: die Variable Personalabteilung (PERS) und die Variable Fertigung (FERT). Jeder Person, die zur Personalabteilung gehört, wird bei der Variablen PERS der Wert 1 zugewiesen und jeder anderen Person der Wert 0. Jede Person, die der Fertigungsabteilung angehört, bekommt bei der Variablen FERT den Wert 1 zugewiesen und jede andere Person den Wert 0. Methoden zum Umkodieren von Variablen wurden in Kapitel 2 vorgestellt. Eine Person, die weder der Personalabteilung noch der Fertigungsabteilung angehört, ergibt sich aus beiden Variablen: Es handelt sich um die Personen, die in beiden Variablen eine 0 erhalten. Diese Personen gehören automatisch der Abteilung Vertrieb an. Die Kategorie, welche nicht in der Datendatei erscheint und lediglich dadurch zu erkennen ist, dass sie in allen Dummyvariablen den Wert 0 hat, wird als *Bezugskategorie* bezeichnet. Welche Kategorie als Bezugskategorie gewählt wird, ist meist beliebig. Dies ist für unser sehr vereinfachtes Beispiel in ▶*Abbildung 7.15* dargestellt.

Für die Interpretation interessant ist, welche Varianzaufklärung (R^2) durch die Zugehörigkeit zu den Kategorien erzielt werden kann. Dazu ist es besonders günstig, alle dummykodierten Variablen in einem Block einer hierarchischen Regressionsanalyse zu betrachten. Außerdem drückt das unstandardisierte Regressionsgewicht die Mittelwertsdifferenz zwischen der Gruppe und der Bezugskategorie aus. Der Signifikanztest dieses Regressionsgewichts ist also auch ein Signifikanztest der Mittelwertsdifferenz. Daher lassen sich mithilfe dummy-kodierter Variablen auch der *t*-Test (siehe Kapitel 5) und die Varianzanalyse (siehe Kapitel 6) als Spezialfall der Regressionsanalyse bzw. des allgemeinen linearen Modells (ALM) darstellen.

Semipartialkorrelation

Venn-Diagramme. **Venn-Diagramme** geben die Überlappung bzw. Ähnlichkeit zweier Variablen, in diesem Fall von Prädiktoren und Kriterium, grafisch an. Zur Veranschaulichung werden Kreise für die einzelnen Prädiktoren und das Kriterium gewählt. Diese Kreise stellen Flächen dar. Überlappen die Flächen, bedeutet dies, dass die entsprechenden Prädiktoren oder das Kriterium etwas Ähnliches erfassen, also korrelieren.

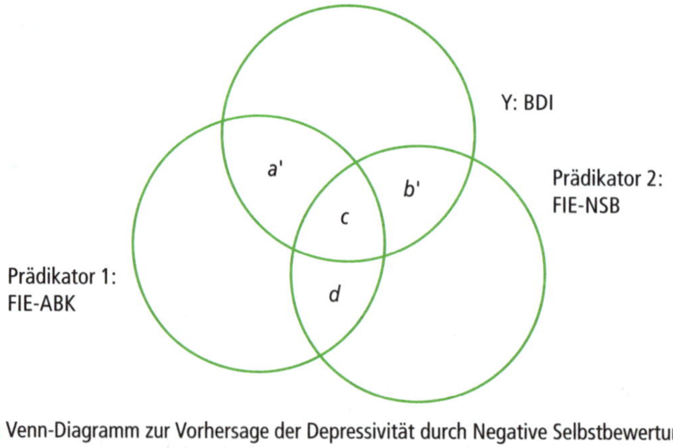

Abbildung 7.16: Venn-Diagramm zur Vorhersage der Depressivität durch Negative Selbstbewertung und Abhängigkeitskognitionen

In diesem Bild sehen wir, dass sowohl die beiden Kreise der Prädiktoren überlappen (Flächen $c + d$) als auch die Kreise der jeweils einzelnen Prädiktoren mit dem Kreis des Kriteriums (Flächen $c + b'$ und Flächen $c + a'$). Von der Gesamtfläche $c + d$ in der die Prädiktoren überlappen, überlappt wiederum ein Teil der Fläche, nämlich Fläche c, mit der Fläche des Kriteriums. Ein Teil der Unterschiede in den Werten des Kriteriums (Fläche c) kann also sowohl durch Unterscheide in den Werten der Abhängigkeitskognitionen (Prädiktor 1) als auch durch Unterschiede in den Werten der Negativen Selbstbewertung (Prädiktor 2) erklärt werden. Jeder der beiden Prädiktoren hat aber auch noch eine Teilfläche (Fläche a' bzw. Fläche b'), mit der er alleine mit dem Kriterium überlappt. Sie leisten, wenn man so will, einen einzigartigen Beitrag zur Erklärung der Unterschiede in den Kriteriumswerten über den jeweiligen anderen Prädiktor hinaus. Die angegebenen Flächen geben **Determinationskoeffizienten** (R^2) bzw. sogenannte **semipartielle Determinationskoeffizienten** $r^2_{Y(X_1.X_2)}$ und $r^2_{Y(X_2.X_1)}$ an. Diese werden im Folgenden genauer besprochen. Zieht man die Wurzel aus den Determinationskoeffizienten, erhält man wiederum **Korrelationen** bzw. **Semipartialkorrelationen**. Im Folgenden wird zunächst die Semipartialkorrelation genauer erläutert.

Semipartialkorrelation. Mithilfe der einfachen linearen Regressionsanalyse kann die Überlappung eines Prädiktors mit einem anderen Prädiktor entfernt bzw. auspartialisiert werden. Es ist hier zu beachten, dass wir das Kriterium in dieser Betrachtung zunächst völlig außen vor lassen. Wir beziehen uns zunächst nur auf die beiden Prädiktoren. Speziell betrachten wir die Vorhersage der Werte des zweiten Prädiktors Abhängigkeitskognitionen $\hat{x}_{v2}$ für unsere Personen v durch die Werte des ersten Prädiktors Negative Selbstbewertung x_{v1}. Es ergibt sich die in ▶*Abbildung 7.17* angegebene lineare Gleichung für diese Vorhersage. Dabei stellen die Werte auf der y-Achse hier die $\hat{x}_{v2}$-Werte der v Personen dar. Wie wir diese Gleichung erhalten, wird später noch ausführlicher erläutert.

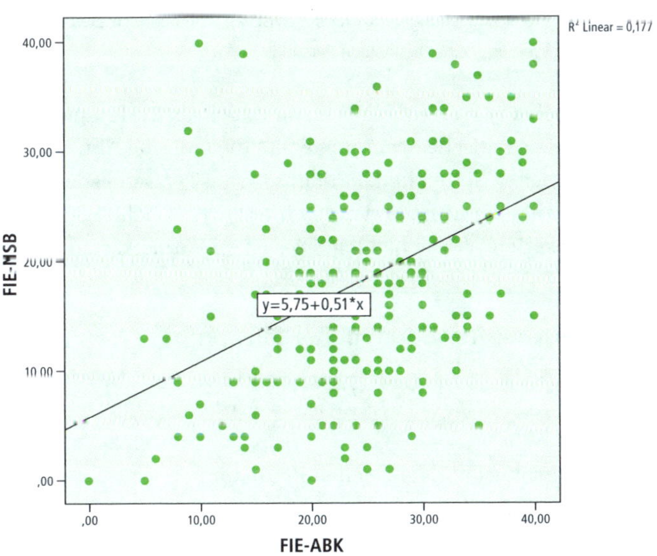

Abbildung 7.17: Streudiagramm und Regressionsgleichung für die Vorhersage von negativer Selbstbewertung durch Abhängigkeitskognitionen

Die Regressionsgleichung für die Stichprobendaten lautet also $\hat{x}_{v2} = 5.75 + 0.51 \cdot x_{v1}$. Wir können mithilfe unserer linearen Gleichung aus den Werten der Abhängigkeitskognitionen für jede einzelne Person im Datensatz Werte auf der Variable Negative Selbstbewertung vorhersagen. Beispielsweise wird für einen beobachteten x_{v1}-Wert der Person v von 10 der Wert $\hat{x}_{v2} = 5.75 + 0.51 \cdot 10 = 10.85$ vorhergesagt. Wenn wir beim beobachteten Wert auf die x-Achse gehen und von dort bis zur Regressionsgeraden gerade nach oben gehen, können wir alternativ auch von diesem Schnittpunkt mit der Regressionsgeraden ein Lot auf die y-Achse fällen und erhalten so den vorhergesagten Wert. In einem weiteren Schritt wird nun für diese Person die Abweichung $e_v \left(x_{v2} - \hat{x}_{v2} = 7 - 10.85\right)$ des beobachteten Werts auf der Variable Negative Selbstbewertung (x_{v2} = 7) vom vorhergesagten Wert für die Variable Negative Selbstbewertung ($\hat{x}_{v2} = 10.85$) bestimmt. Diese Abweichung beträgt e_v = 3.85. Dies ist in ▶*Abbildung 7.18* noch einmal schematisch dargestellt.

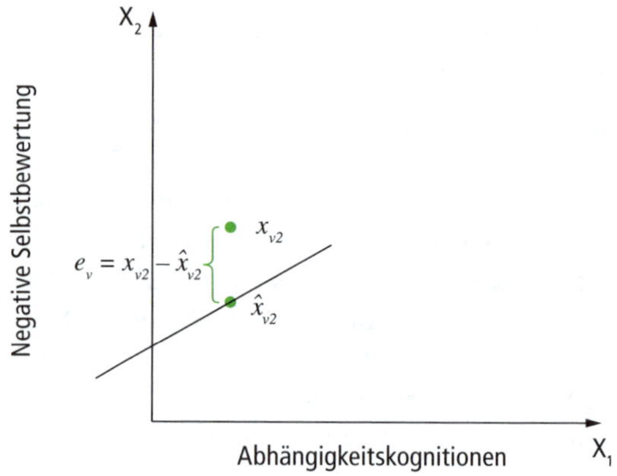

Abbildung 7.18: Grafische Veranschaulichung der Differenz zwischen dem beobachteten Wert x_{v2} und dem durch den Wert x_{v1} vorhergesagten Wert $\hat{x}_{v2}$ einer beliebigen Person v

Man bezeichnet einen solchen Wert für eine Person v auch als **Residuum** e_v bzw. für mehrere Personen als Residuen. Das typische Residuum $\overline{e}$ gibt die typische Abweichung der beobachteten von den vorhergesagten Werten in der Stichprobe an. Typisch bedeutet, dass es sich um die Wurzel aus der gemittelten Summe der quadrierten Abweichungen der Beobachtungswerte von den vorhergesagten Werten handelt. Dies ist im Formelkasten 7.23 dargestellt.

Formel 7.23 Typisches Residuum in der Stichprobe

$$\overline{e}_{v2} = \sqrt{\frac{\sum_{v=1}^{n}\left(x_{2v} - \hat{x}_{2v}\right)^2}{n}}$$

x_{v2} = Wert einer Person v auf dem zweiten Prädiktor

$\hat{x}_{v2}$ = für Person v durch den ersten Prädiktor vorhergesagter Wert im zweiten Prädiktor

$\overline{e}_{v2}$ = typische Abweichung der beobachteten Werte für den zweiten Prädiktor von den aus dem ersten Prädiktor vorhergesagten Werten für den zweiten Prädiktor

Wie man in ▶*Abbildung 7.19* sehen kann, sind diese Residualwerte mit den ursprünglichen Werten der Variablen Abhängigkeitskognitionen nicht korreliert. Der systematische Anteil an Unterschieden zwischen Personen in den Werten der Variable Abhängigkeitskognitionen ist durch die Bildung des Residuums aus den vorhergesagten Werten der Variable Negative Selbstbewertung entfernt worden.

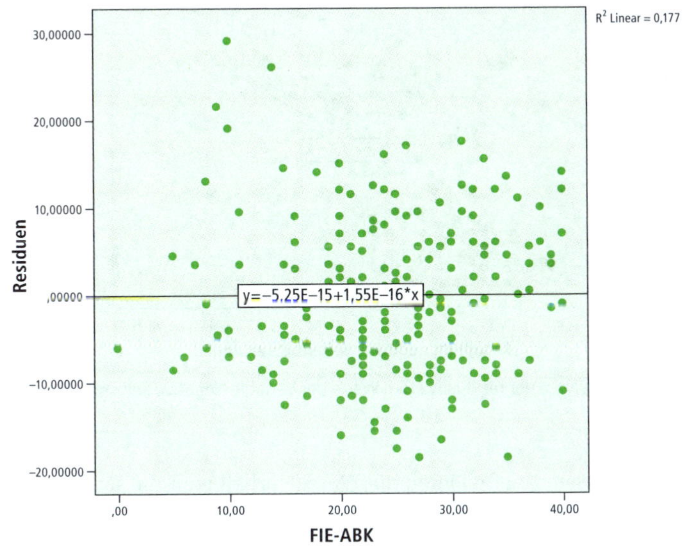

Abbildung 7.19: Streudiagramm der residualisierten Werte der negativen Selbstbewertung (*y*-Achse) und der Abhängigkeitskognitionen (*x*-Achse)

Nun kann man diese Residuen nutzen, um sie mit den Depressivitätswerten zu korrelieren. Wir haben den Einfluss der Variable Abhängigkeitskognitionen aus der Variablen Negative Selbstbewertung entfernt bzw. auspartialisiert. Wir korrelieren jetzt die auspartialisierten Werte der Variable Negative Selbstbewertung mit den Depressivitätswerten. Wir finden eine quadrierte Korrelation zwischen den sogenannten residualisierten Werten der Variable Negative Selbstbewertung und den Depressivitätswerten von $r^2_{Y(X_2 \cdot X_1)} = 0.381$. Dabei steht r^2 für den Determinationskoeffizienten der Stichprobe und $Y(X_2)$ für die Stichprobenkorrelation von Y mit dem zweiten residualisierten Prädiktor X_2. Der Punkt hinter dem zweiten Prädiktor X_2 gibt nämlich an, dass von der Korrelation zwischen X_2 und Y der Einfluss des Prädiktors X_1 nur aus dem Prädiktor X_2 entfernt wurde. Es wird synonym für „**entfernt**", „**residualisiert**" auch von „**kontrolliert**" bzw. „**auspartialisiert**" gesprochen. Man kann sich dieses Kontrollieren bzw. Auspartialisieren so vorstellen, als würde man nur Personen mit denselben Ausprägungen auf der Variable Negative Selbstbewertung betrachten und mit diesen Personen die Korrelation zwischen Negativer Selbstbewertung und Depressivität berechnen. Es ist in diesem und in allen folgenden Beispielen darauf zu achten, dass auch der Begriff Einfluss nicht als wirklicher **kausaler „Einfluss"** zu verstehen ist. Es handelt sich lediglich um eine Benennung einer Größe in einem Modell: Die Größe hinter dem Gleichheitszeichen wird häufig als Einflussgröße bezeichnet.

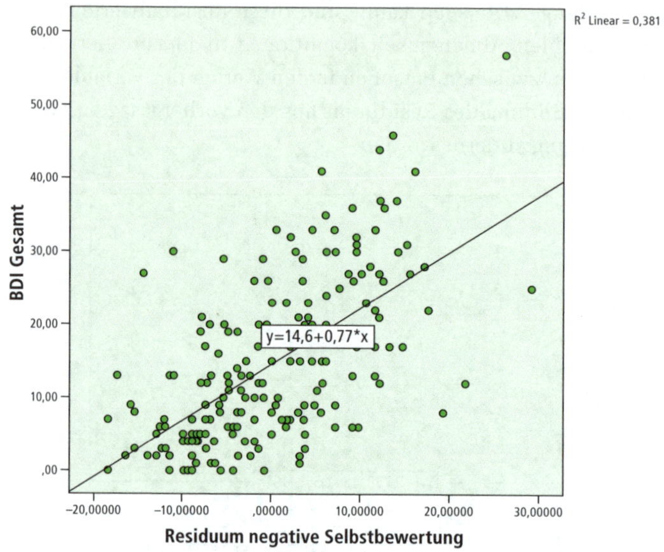

Abbildung 7.20: Streudiagramm der residualisierten Werte der Variable Negative Selbstbewertung und der Variable Depressivität

Zieht man nun aus diesem Koeffizienten die Wurzel, erhält man die sogenannte **Semipartialkorrelation**. Zusammenfassend kann die quadrierte Semipartialkorrelation wie in ▶*Abbildung 7.21* veranschaulicht werden.

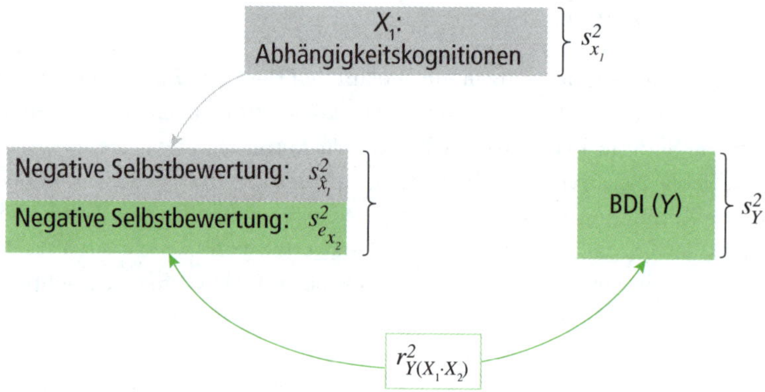

Abbildung 7.21: Grafische Darstellung einer Semipartialkorrelation in der Stichprobe

Die Fragestellung für eine Semipartialkorrelation lautet: Sind die Werte der Variablen Negative Selbstbewertung, die nicht auf Unterschiede in den Werten der Variable Abhängigkeitskognitionen zurückzuführen sind, mit den Depressivitätswerten korreliert? Um diese Korrelation zu erhalten, kann wie gerade eben beschrieben vorgegangen werden.

Definition **Semipartialkorrelation**

Eine **Semipartialkorrelation** ist ein Zusammenhang zwischen einer residualisierten und einer nicht-residualisierten Variable. Ein Residuum ist ein Wert, aus dem die Variation bzw. der „Einfluss" (nicht kausal zu verstehen) einer Drittvariablen entfernt wurde. Die quadrierte Semipartialkorrelation wird im Rahmen der multiplen linearen Regressionsanalyse verwendet, um den Anteil der Variation eines Prädiktors anzugeben, den er alleine zur „Vorhersage" (ebenfalls nicht kausal zu verstehen) der Unterschiede im Kriterium leistet und der von keinem der in der Analyse residualisierten anderen Prädiktoren geleistet werden kann.

Es gibt für die Semipartialkorrelation eine Rechenformel, die die bivariaten Korrelationen der Variablen als Berechnungsgrundlage nutzt. Bivariate Korrelationen werden im Rahmen von Statistikprogrammen auch als **Korrelationen nullter Ordnung** bezeichnet, während Semipartialkorrelationen auch häufig als **Teilkorrelationen** bezeichnet werden. Die Werte der Variable Abhängigkeitskognitionen zeigen in der Stichprobe mit Werten der Variable Negativer Selbstbewertung eine Korrelation von 0.42, die Werte der Variable Abhängigkeitskognitionen mit Depressivitätswerten 0.37 und Werte der Variable Negative Selbstbewertung mit BDI-Werten 0.72. Setzt man die entsprechenden Korrelationen in die Formel in Formelkasten 7.24 ein, erhält man eine Semipartialkorrelation von 0.62. Werden aus den Werten der Variable Negative Selbstbewertung die Werte der Variable Abhängigkeitskognitionen auspartialisiert bzw. deren „Einfluss" entfernt bzw. für diese Werte kontrolliert, korrelieren die Residualwerte der Variable Negative Selbstbewertung, mit den Depressivitätswerten mit 0.62.

Formel 7.24 **Semipartialkorrelation**

$$r_{Y(X_2.X_1)} = \frac{r_{YX_2} - \left(r_{X_1X_2} \cdot r_{YX_1}\right)}{\sqrt{1 - r^2_{X_1X_2}}}$$

$$r_{Y(X_2.X_1)} = \frac{0.715 - (0.42 \cdot 0.369)}{\sqrt{1 - 0.42^2}} = \frac{0.715 - 0.155}{\sqrt{1 - 0.42^2}} = 0.62$$

$r_{Y(X_2.X_1)}$ = Semipartialkorrelation, bei der der erste aus dem zweiten Prädiktor entfernt wird und die Residualwerte des zweiten Prädiktors mit den Kriteriumswerten korreliert werden

$r_{Y(X_1.X_2)}$ = Semipartialkorrelation, bei der der zweite aus dem ersten Prädiktor entfernt wird und die Residualwerte des ersten Prädiktors mit den Kriteriumswerten korreliert werden

r_{YX_2} = Korrelation des ersten Prädiktors mit dem Kriterium

$r_{X_1X_2}$ = Korrelation des ersten mit dem zweiten Prädiktor

r_{YX_1} = Korrelation des zweiten Prädiktors mit dem Kriterium

Zusammenfassung. Die Einführung soll zusammenfassend Folgendes verdeutlichen: Eine multiple lineare Regression soll zum einen angeben, wie hoch der Zusammenhang zwischen mehreren Prädiktoren und einem Kriterium ausfällt und zum anderen angeben, wie hoch der relative Einfluss der einzelnen Prädiktorvariablen ausfällt, wenn man für die Unterschiede in den anderen Prädiktoren kontrolliert. Letzteres lässt sich auch als Semipartialkorrelation ausdrücken. Zunächst widmen wir uns nun der Frage, wie man die Regressionsgewichte und die Konstante im linearen Regressionsmodell erhält.

7.2.2 Konstanten und Regressionsgewichte

In unserer Modellgleichung haben wir verschiedene Größen, die wir noch nicht kennen, nämlich die **Regressionsgewichte** β_i und die **Konstante** β_0. Wir möchten nun mithilfe der Kenntnis der Prädiktorwerte X_i in der Stichprobe die Werte im Kriterium Y vorhersagen. Diese vorhergesagten Werte bezeichnen wir als $\hat{Y}$. Unser Ziel ist es, das Kriterium so gut wie möglich vorherzusagen oder anders ausgedrückt, bei der Vorhersage so wenig wie möglich „daneben" zu liegen:

$$\sum_{v=1}^{n}\left(Y_v - \hat{Y}_v\right)^2 = Min.$$

Wie bereits beschrieben, bezeichnen wir den Vorhersagefehler als Residuum. Die Summe der quadrierten **Residuen** soll also möglichst klein ausfallen, damit die Vorhersage brauchbar ist.

Wie kommt man nun mithilfe der Stichprobenstatistiken auf die gesuchten Größen. Wir möchten dies anhand des Beispiels mit zwei Prädiktoren und einem Kriterium für die Stichprobe exemplarisch zeigen (siehe Formelkasten 7.25). Für eine einzelne Person in der Stichprobe, kann das Residuum wie folgt ermittelt werden.

Formel 7.25 Methode der kleinsten Quadrate

$$e_v = y_v - \hat{y}_v = y_v - \left(b_0 + b_1 \cdot x_{v1} + b_2 \cdot x_{v2}\right)$$

da

$$\hat{y}_v = \left(b_0 + b_1 \cdot x_{v1} + b_2 \cdot x_{v2}\right)$$

b_0 = Konstante

b_1 = Stichprobenregressionsgewicht des ersten Prädiktors

b_2 = Stichprobenregressionsgewicht des zweiten Prädiktors

$\hat{y}_v$ = für Person v im Kriterium vorhergesagter Wert

x_{v1} = Wert von Person v auf dem ersten Prädiktor

x_{v2} = Wert von Person v auf dem zweiten Prädiktor

y_v = beobachteter Wert im Kriterium für Person v

e_v = Residuum (Differenz vorhergesagter minus beobachteter Wert im Kriterium)

Kleinste-Quadrate-Methode (OLS Ordinary Least Squares). Um die gesuchten Größen zu erhalten, wenden wir die **Methode der Kleinsten Quadrate** bzw. die **Least-Squares-Methode** an. Wir suchen nach Größen, die die quadrierten Abweichungen zwischen beobachteten und vorhergesagten Kriteriumswerten minimieren:

$$\sum_{v=1}^{n} e_v = \sum_{v=1}^{n} \left(y_v - \hat{y}_v\right)^2 = Min.$$

Vorhergesagte oder gefittete Werte. In dieser Gleichung können wir die vorhergesagten Werte $\hat{y}$ für eine Persson v im Kriterium Y durch unsere lineare Regressionsgleichung ersetzen. Der Wert $\hat{y}_v$ für eine Person v wird als **gefitteter Wert** bezeichnet. Als gefitteter Wert wird ein Wert bezeichnet, der die „optimale" Vorhersage eines unbekannten Kriteriumswerts einer Person v aus bekannten Prädiktoren erlaubt. Diese Schreibweise wird hier verwendet, obwohl das Dach bisher immer die Schätzung eines Populationsparameters angegeben hat. In einigen Lehrbüchern wird daher anstatt $\hat{y}_v$ als Bezeichnung für den gefitteten Wert y_v^* verwendet.

Zu minimierende Funktion. Der Einfachheit halber beziehen wir uns hier auf die deskriptiven Statistiken in der Stichprobe. Der vorhergesagte Depressionswert $\hat{y}_v$ einer Person v ergibt sich durch die Konstante b_0 plus den mit den Regressionsgewichten b_i gewichteten Prädiktorwerten x_{vi} einer Person $(b_1 \cdot x_1 + b_2 \cdot x_2)$ wie man Formelkasten 7.26 entnehmen kann.

Formel 7.26 Regressionsgleichung für das Beispiel und die zu minimierende Funktion

$$\hat{y}_v = b_0 + b_1 \cdot x_{v1} + b_2 \cdot x_{v2}$$

Dies ergibt dann folgende zu minimierende Funktion:

$$F(b_0,\ b_1, b_2) = \sum_{v=1}^{n} {e_v}^2 = \sum_{v=1}^{n} \left(y_v - \left[b_0 + b_1 \cdot x_{v1} + b_2 \cdot x_{v2}\right]\right)^2$$

b_0 = Konstante

b_1 = Regressionsgewicht des ersten Prädiktors

b_2 = Regressionsgewicht des zweiten Prädiktors

$\hat{y}_v$ = für Person v im Kriterium vorhergesagter Wert

x_{v1} = Wert von Person v auf dem ersten Prädiktor

x_{v2} = Wert von Person v auf dem zweiten Prädiktor

y_v = beobachteter Wert im Kriterium für Person v

e_v = Residuum (Differenz vorhergesagter minus beobachteter Wert im Kriterium)

Gefordert wird also, dass die Funktion F für die Werte von b_0, b_1 und b_2 minimal wird. Die Lösung der Extremwertaufgabe ergibt, dass die Funktion F (b_0,b_1,b_2) bei den folgenden

Werten für b_0, b_1 und b_2 minimal wird (Ableitung siehe Hayes, 1988, S.628f.): $b_0 = -2.12$, $b_1 = 0.77$, $b_2 = 0.11$. Dabei gehen wir von folgenden Stichprobenstatistiken aus: $\bar{y} = 14.6$, $\bar{x}_1 = 24.54$, $\bar{x}_2 = 18.21$, $r_{YX_1} = 0.369$, $r_{YX_2} = 0.715$, $r_{X_1X_2} = 0.42$, $s_Y = 11.25$, $s_{X_1} = 8.22$ und $s_{X_2} = 9.93$. Dann ergeben sich die in Formelkasten 7.27 dargestellten **unstandardisierten Regressionsgewichte** und die **Konstante** für die Stichprobe.

Formel 7.27 unstandardisierte Regressionsgewichte und Konstante

$$b_0 = \bar{y} - b_1 \cdot \bar{x}_1 + b_2 \cdot \bar{x}_2$$

$$b_0 = 14.6 - 0.11 \cdot 24.54 + 0.77 \cdot 18.21 = -2.12$$

$$b_1 = r_{Y(X_1 \cdot X_2)} \cdot \frac{s_Y}{s_{X_1}} = 0.083 \cdot \frac{11.25}{8.22} = 0.11$$

$$b_{1S} = \frac{r_{YX_1} - \left(r_{X_1X_2} \cdot r_{YX_2}\right)}{1 - r^2_{X_1X_2}} = \frac{0.369 - (0.42 \cdot 0.715)}{1 - 0.42^2} = 0.083$$

$$b_2 = r_{Y(X_2 \cdot X_1)} \cdot \frac{s_Y}{s_{X_2}} = 0.68 \cdot \frac{11.25}{9.93} = 0.77$$

$$b_{2S} = \frac{r_{YX_2} - \left(r_{X_1X_2} \cdot r_{YX_1}\right)}{1 - r^2_{X_1X_2}} = \frac{0.715 - (0.42 \cdot 0.369)}{1 - 0.42^2} = 0.68$$

b_{1S} = standardisiertes Regressionsgewicht des ersten Prädiktors
b_{2S} = standardisiertes Regressionsgewicht des zweiten Prädiktors
r_{YX_2} = Korrelation des ersten Prädiktors mit dem Kriterium
$r_{X_1X_2}$ = Korrelation des ersten mit dem zweiten Prädiktor
r_{YX_1} = Korrelation des zweiten Prädiktors mit dem Kriterium
b_1 = unstandardisiertes Regressionsgewicht des ersten Prädiktors
b_2 = unstandardisiertes Regressionsgewicht des zweiten Prädiktors
$\bar{y}$ = Mittelwert im Kriterium
$\bar{x}_1$ = Mittelwert vom ersten Prädiktor
$\bar{x}_2$ = Mittelwert vom zweiten Prädiktor
b_0 = Konstante
s_Y = Standardabweichung des Kriteriums
s_{X_1} = Standardabweichung vom ersten Prädiktor
s_{X_2} = Standardabweichung vom zweiten Prädiktor

$r_{Y(X_2.X_1)}$ = Semipartialkorrelation, bei der der erste aus dem zweiten Prädiktor entfernt wird und die Residualwerte des zweiten Prädiktors mit den Kriteriumswerten korreliert werden

$r_{Y(X_1.X_2)}$ = Semipartialkorrelation, bei der der zweite aus dem ersten Prädiktor entfernt wird und die Residualwerte des ersten Prädiktors mit den Kriteriumswerten korreliert werden

Interpretation der Größen. Aus der **einfachen linearen Regression** kennen wir folgende Interpretation: Der Achsenabschnitt bzw. die Konstante b_0 stellt den vorhergesagten Wert im Kriterium Y dar, wenn der Prädiktor X den Wert null annimmt. Das Regressionsgewicht b gibt die durchschnittliche vorhergesagte Veränderung in Y an, wenn der Prädiktor sich um eine Einheit verändert. In der multiplen linearen Regression interpretiert man die Regressionskoeffizienten wie folgt: Der Achsenabschnitt b_0 ist der vorhergesagter Wert im Kriterium Y, wenn alle Prädiktoren X_i den Wert null annehmen. Die Steigungen b_i geben die vorhergesagte Veränderung in Y an, wenn sich Prädiktor i um eine Einheit verändert und alle übrigen Prädiktoren im Wert konstant bleiben. Damit wird die Frage beantwortet, wie groß der Einfluss eines Prädiktors ausfällt, wenn man um den „Einfluss" aller anderen Prädiktoren kontrolliert bzw. diesen konstant hält.

Interpretation unstandardisierte Regressionsgewichte. Für die unstandardisierten Größen in unserem Beispiel ergibt sich die folgende Interpretation:

1. $b_1 = 0.11$: Hält man die Werte auf der Variable Negative Selbstbewertung konstant (und betrachtet theoretisch nur Personen mit gleichen Werten auf der Variable Negative Selbstbewertung), geht eine Veränderung um einen Skalenpunkt auf der Variable Abhängigkeitskognitionen mit einem durchschnittlichen Anstieg von 0.11 Punkten in den Depressivitätswerten einher.
2. $b_2 = 0.77$: Hält man die Werte auf der Variable Abhängigkeitskognitionen konstant (und betrachtet theoretisch nur Personen mit gleichen Werten auf der Variable Abhängigkeitskognitionen), geht eine Veränderung um einen Skalenpunkt auf der Variable negative Selbstbewertung mit einem durchschnittlichen Anstieg von 0.77 Punkten in den Depressivitätswerten einher.
3. $b_0 = -2.12$: Der erwartete Depressivitätswert bei Werten von jeweils null auf den beiden Skalen Negative Selbstbewertung und Abhängigkeitskognitionen beträgt –2.12. Zumindest an diesem Wert sieht man, dass die Konstante nicht immer sinnvoll interpretierbar ist. Ein Wert von –2.12 kann im BDI nicht erzielt werden, die Punkte beginnen ab null aufwärts. Um die Konstante sinnvoll interpretieren zu können, kann beispielsweise eine Zentrierung der Prädiktoren vorgenommen werden (vgl. Abschnitt 7.2).

Standardisierte Regressionsgewichte. Die Berechnung kann auch mithilfe von standardisierten Werten durchgeführt werden. In diesem Falle reduzieren sich die Formeln für die einzelnen Größen der Regressionsgleichung. Da der Mittelwert von standardisierten Werten null ist und die Standardabweichung eins beträgt, ergeben sich die in Formelkasten 7.28 dargestellten Formeln für **standardisierte Regressionsgewichte.**

Formel 7.28 standardisierte Regressionsgewichte und Konstante

Die Gleichungen für unstandardisierte Koeffizienten führen bei Verwendung von z-Werten zu den standardisierten Koeffizienten.

$$b_0 = \bar{y} - b_1 \cdot \bar{x}_1 + b_2 \cdot \bar{x}_2 = 0 - (b_1 \cdot 0) + (b_2 \cdot 0) = 0$$

$$b_1 = b_{1S} \cdot \frac{s_Y}{s_{X_1}} = b_{1S} \cdot \frac{1}{1} = b_{1S}$$

$$b_2 = b_{2S} \cdot \frac{s_Y}{s_{X_2}} = b_{2S} \cdot \frac{1}{1} = b_{2S}$$

b_{1S} = standardisiertes Regressionsgewicht des ersten Prädiktors
b_{2S} = standardisiertes Regressionsgewicht des zweiten Prädiktors
b_1 = unstandardisiertes Regressionsgewicht vom ersten Prädiktor
b_2 = unstandardisiertes Regressionsgewicht vom zweiten Prädiktor
$\bar{y}$ = Mittelwert des Kriteriums
$\bar{x}_1$ = Mittelwert vom ersten Prädiktor
$\bar{x}_2$ = Mittelwert vom zweiten Prädiktor
b_0 = Konstante
s_Y = Standardabweichung des Kriteriums
s_{X_1} = Standardabweichung vom ersten Prädiktor
s_{X_2} = Standardabweichung vom zweiten Prädiktor

Wertebereich standardisierter Regressionsgewichte. Der Wertebereich der standardisierten Regressionsgewichte in der multiplen linearen Regressionsanalyse liegt in der Regel zwischen minus eins und plus eins. Es kann jedoch in seltenen Fällen vorkommen, dass der Betrag einer Steigung über eins liegt. Häufig, aber nicht immer, ist dies dann ein Hinweis darauf, dass Multikollinearität vorliegt. Multikollinearität liegt vor, wenn die Prädiktoren untereinander sehr stark korrelieren (siehe Abschnitt Kollinearität).

Interpretation standardisierter Regressionsgewichte. Die Interpretation unstandardisierter Regressionsgewichte unterscheidet sich von der Interpretation standardisierter Regressionsgewichte. Dies resultiert daraus, dass ein **unstandardisiertes Regressionsgewicht** von der **Einheit** der Prädiktoren abhängt, während **standardisierte Regressionsgewichte** auf eine **gemeinsame Einheit** transformiert werden, nämlich **Standardabweichungen**.

1. $b_{1S} = 0.083$: Hält man die Werte auf der Variable negative Selbstbewertung konstant, geht eine Veränderung der Werte der Variable Abhängigkeitskognitionen um eine Standardabweichung mit einem durchschnittlichen Anstieg von 0.083 Standardabweichungen der Depressivitätswerte einher.
2. $b_{2S} = 0.68$: Hält man die Werte auf der Variable negative Selbstbewertung konstant, geht eine Veränderung um eine Standardabweichung auf der Variable negative Selbstbewertung mit einem durchschnittlichen Anstieg von 0.68 Standardabweichungen der Depressivitätswerte einher.

Wann standardisierte Regressionsgewichte verwenden? Um diese Frage beantworten zu können, könnten die folgenden Überlegungen hilfreich sein: Haben die Prädiktoren unterschiedliche Metriken, ist ein relativer Vergleich der Prädiktoren über unstandardisierte Regressionskoeffizienten aufgrund der unterschiedlichen Einheiten nicht möglich. Eine Standardisierung der Prädiktoren führt dazu, dass die standardisierten Variablen eine neue Einheit erhalten, nämlich die Einheit „Standardabweichung". „Eine" Standardabweichung erhält beispielsweise den Wert „Eins", „Zwei" Standardabweichungen den Wert „Zwei" und so weiter. Mithilfe standardisierter Regressionsgewichte ist es also möglich, die Prädiktoren in ihrer Wichtigkeit direkt miteinander zu vergleichen. Ein standardisierter Prädiktor ist gegenüber einem anderen standardisierten Prädiktor dann „wichtiger", wenn dieser bei einem Zuwachs von einer Standardabweichung und damit einer Einheit zu einem größeren Zuwachs in der Kriteriumsvariable in Standardabweichungseinheiten führt als der andere Prädiktor.

Wann unstandardisierte Regressionsgewichte verwenden? Hätte jeder Prädiktor dieselbe Einheit, wäre ein relativer Vergleich der Prädiktoren auch ohne Standardisierung möglich, beispielsweise wenn alle Prädiktoren eine 10-stufige Ratingskala besitzen. Ein relativer Vergleich ist auch dann möglich, wenn die Einheiten der Prädiktoren bzw. des Kriteriums zur Veranschaulichung beitragen. Wenn wir durch Jahre im Bildungssystem und durch Intelligenz das spätere Einkommen einer Person vorhersagen lassen würden, wäre es doch informativ, wenn beispielsweise ein Jahr im Bildungssystem das Einkommen um durchschnittlich 1000 Euro pro Jahr steigern würde und jeder IQ-Punkt das Einkommen im Durchschnitt pro Jahr um 100 Euro (die Werte sind frei erfunden und dienen nur der Illustration).

Unstandardisierte Regressionsgewichte werden auch immer dann zwingend herangezogen, wenn sich die Varianz von Variablen verändert und ein Vergleich von Regressionsgewichten angestrebt wird, beispielsweise im Rahmen von Längsschnittuntersuchungen oder beim Vergleich unterschiedlicher Gruppen.

Regressionsgleichungen mit standardisierten und unstandardisierten Regressionsgewichten. Setzt man die Stichprobenstatistiken in die Regressionsgleichung ein, ergeben sich die in Formelkasten 7.29 angegebenen Gleichungen.

Formel 7.29 Regressionsgleichungen

Unstandardisiert: $y_v = -2.12 + 0.11 \cdot x_{v1} + 0.77 \cdot x_{v2} + e_v$

Standardisiert: $z_{y_v} = 0.083 \cdot z_{v1} + 0.68 \cdot z_{v2} + e_v$

y_v = Wert der Person v im Kriterium

z_{y_v} = standardisierter Wert der Person v im Kriterium

x_{v1} = Wert von Person v auf dem ersten Prädiktor

x_{v2} = Wert von Person v auf dem zweiten Prädiktor

z_{v1} = standardisierter Wert der Person v auf dem ersten Prädiktor

x_{v2} = standardisierter Wert der Person v auf dem zweiten Prädiktor

e_v = Residuum als Differenz zwischen vorhergesagtem und beobachtetem Wert im Kriterium

Residuen. Das Residuum e_v gibt die Über- oder Unterschätzung des beobachteten Wertes durch den vorhergesagten Wert an. **Residuen** können für die Stichprobe oder auch für eine bekannte Population ausgerechnet werden. Das typische Residuum kann für die Stichprobe berechnet werden, indem man die Summe der quadrierten Residualwerte durch die Stichprobengröße teilt und dann die Wurzel zieht. Das Residuum kann als Schätzwert für den unbekannten durchschnittlichen Fehler in der Population verwendet werden, dessen Wert ist jedoch nicht erwartungstreu. Eine erwartungstreue Schätzung kann mithilfe des Standardschätzfehlers ($\widehat{SSF}$) erfolgen, der in den kommenden Abschnitten näher erläutert wird.

Unterschied zwischen Semipartialkorrelation und standardisiertem Regressionsgewicht. Rein numerisch findet sich zwischen Semipartialkorrelation und standardisiertem Regressionsgewicht der Variable Negative Selbstbewertung kaum ein Unterschied: Das standardisierte Regressionsgewicht beträgt 0.68 und die Semipartialkorrelation 0.62. Für den Fall von zwei Prädiktoren kann der Unterschied anhand der in Formelkasten 7.30 dargestellten Berechnungen verdeutlicht werden.

Formel 7.30 Unterschied Semipartialkorrelation und standardisiertes Regressionsgewicht

Beide Koeffizienten unterscheiden sich nur durch die Wurzel im Nenner. Sie haben jeweils eine völlig andere Interpretation als Steigung bzw. Regressionsgewicht oder als Korrelation, besser Semipartialkorrelation.

$$b_{2s} = \frac{r_{Y X_2} - \left(r_{X_1 X_2} \cdot r_{YX_1}\right)}{1 - r_{X_1 X_2}^2} = \frac{0.715 - (0.42 \cdot 0.369)}{1 - 0.42^2} = 0.68$$

$$r_{Y(X_1.X_2)} = \frac{r_{Y X_2} - \left(r_{X_1 X_2} \cdot r_{YX_1}\right)}{\sqrt{1 - r_{X_1 X_2}^2}} = \frac{0.715 - (0.42 \cdot 0.369)}{\sqrt{1 - 0.42^2}} = 0.62$$

b_{2S} = standardisiertes Regressionsgewicht des ersten Prädiktors

r_{YX_1} = Korrelation des ersten Prädiktors mit dem Kriterium

$r_{X_1X_2}$ = Korrelation des ersten mit dem zweiten Prädiktor

r_{YX_2} = Korrelation des zweiten Prädiktors mit dem Kriterium

$r_{Y(X_1.X_2)}$ = Semipartialkorrelation, bei der der zweite aus dem ersten Prädiktor entfernt wird und die Residualwerte des ersten Prädiktors mit den Kriteriumswerten korreliert werden

Das **standardisierte Regressionsgewicht** drückt eine **Steigung** aus, während die **Semipartialkorrelation** eine **Korrelation** zwischen einem Residuum und einer anderen Variablen darstellt. Wird die **Semipartialkorrelation quadriert**, gibt sie an, wie viel Prozent der Unterschiede in den Kriteriumswerten durch Unterschiede im Prädiktor erklärt werden können, wenn die „Einflüsse" anderer Prädiktoren auf den jeweiligen Prädiktor in der Regressionsanalyse kontrolliert werden. Man bezeichnet die quadrierte Semipartialkorrelation auch als **semipartiellen Determinationskoeffizienten**.

Exkurs

Bestimmung der standardisierten Regressionsgewichte über Matrizenrechnung

Die Schätzung der Regressionsgewichte kann auch mithilfe der Matrizenrechnung vorgenommen werden, insbesondere, wenn mehr als zwei Prädiktoren vorliegen. Im Folgenden soll dies kurz für standardisierte Regressionsgewichte gezeigt werden und der Einfachheit halber auch nur für zwei Prädiktoren. Zuvor soll noch eine kurze Begriffsklärung erfolgen. Es werden **Matrizen** und **Vektoren** unterschieden. **Matrizen** stellen vereinfacht ausgedrückt Tabellen aus Zahlen mit verschiedenen Spalten und Zeilen dar. Matrizen werden in Fettdruck mit großen lateinischen Buchstaben dargestellt. Eine **Quadratische Matrix A** besitzt beispielsweise genauso viele Zeilen wie Spalten. Sie wird in der folgenden allgemeinen Form dargestellt: $\mathbf{A}_{\text{Zeile}\cdot\text{Spalte}}$.

$$\mathbf{A} = \begin{pmatrix} a_{11} & a_{12} \\ a_{21} & a_{22} \end{pmatrix}$$

Ein **Vektor** hingegen besteht nur aus einer Zeile (wird als Zeilenvektor bezeichnet) oder aus einer Spalte (Spaltenvektor). Ein Vektor wird mithilfe eines kleinen lateinischen Buchstabens mit Pfeil dargestellt ($\vec{a}$).

$$\vec{a} = \begin{pmatrix} a_1 \\ a_2 \end{pmatrix}$$

Wie bei der einfachen Regression bilden wir auch hier wieder eine Zielgleichung, die wir ableiten und gleich null setzen. Die Zielgleichung beinhaltet aber nun Vektoren und Matrizen. Das Ergebnis in Matrizenschreibweise (vgl. auch Fahrmeir, Kneib, Lang & Marx 2013) lautet wie folgt:

$$R_X \cdot \vec{b}_{si} = \vec{r}_{XY}$$

R_X = Korrelationsmatrix der Prädiktoren

$\vec{b}_{si}$ = Vektor der standardisierten Regressionsgewichte der i Prädiktoren

$\vec{r}_{XY}$ = Vektor der Korrelationen zwischen Prädiktor und Kriterium

In dieser Gleichung sind zwei Bestimmungsstücke, die wir kennen und aus unseren beobachteten Daten berechnen können: (1) die Korrelationsmatrix der Prädiktoren R_X und (2) die Korrelationen der einzelnen Prädiktoren mit dem Kriterium $\vec{r}_{XY}$. In der Korrelationsmatrix der Prädiktoren steht in der Diagonale die standardisierte geschätzte Varianz der Messwerte. Die Varianz eines z-Werts beträgt eins. Sie lässt sich auch als Korrelation der Variablen mit sich selbst interpretieren. Über- und unterhalb der Diagonalen finden sich die Korrelationen zwischen den beiden Prädiktoren. In unserem Fall ist dies nur eine Korrelation ($r_{X_1,X_2} = 0.42$).

$$R_X = \begin{pmatrix} 1 & 0.42 \\ 0.42 & 1 \end{pmatrix}$$

Wir kennen auch die Korrelationen der Prädiktoren mit dem Kriterium: $r_{X_1Y} = 0.369$, $r_{X_2Y} = 0.715$.

$$\vec{r}_{XY} = \begin{pmatrix} 0.369 \\ 0.715 \end{pmatrix}$$

Wir kennen jedoch *nicht* die Regressionsgewichte.

$$\vec{b}_{si} = \begin{pmatrix} b_{s1} \\ b_{s2} \end{pmatrix}$$

Wir müssen nun also noch die oben genannte Gleichung nach den Regressionsgewichten $\vec{b}_{si}$ auflösen:

$$R_X \cdot \vec{b}_{si} = \vec{r}_{XY}$$

$$\vec{b}_{si} = R_{XY}^{-1} \cdot \vec{r}_{XY}$$

R_{XY}^{-1} entspricht mathematisch einer Division mit dieser Matrix und wird auch als Inverse der Korrelationsmatrix bezeichnet. Die **Inverse einer Korrelationsmatrix** R_{XY}^{-1} ist so definiert, dass durch Multiplikation mit der eigentlichen Korrelationsmatrix eine so genannte Einheitsmatrix E entsteht. Eine Einheitsmatrix besteht aus Einsen in der Diagonale der Matrix und Nullen über und unter der Diagonale der Matrix. Die Berechnung ist sehr aufwändig und wird hier nicht dargestellt. Man kann die entsprechende Inverse mithilfe von R bestimmen (siehe unten im Kasten für eine Variante, die direkt auf die Daten zugreift):

```
Rxy <- matrix(data=c(1.00, .42, .42, 1.00), nrow=2, ncol=2, byrow=T)
Rxy#Korrelationsmatrix
RxyI <- solve(Rxy)#Inverse der Korrelationsmatrix
round(RxyI, 2)

      [,1]  [,2]
[1,]  1.21 -0.51
[2,] -0.51  1.21
```

Multiplizieren wir die Inverse mit der Ursprungsmatrix, ergibt sich die Einheitsmatrix:

$$R_{XY} \cdot R_{XY}^{-1} = E$$

$$\begin{pmatrix} a_{11} a_{12} \\ a_{21} a_{22} \end{pmatrix} \cdot \begin{pmatrix} c_{11} c_{12} \\ c_{21} c_{22} \end{pmatrix} = \begin{pmatrix} 1.00 & 0.42 \\ 0.42 & 1.00 \end{pmatrix} \cdot \begin{pmatrix} 1.21 & -0.51 \\ -0.51 & 1.21 \end{pmatrix}$$

$$= \begin{pmatrix} a_{11} \cdot c_{11} + a_{12} \cdot c_{21} & a_{11} \cdot c_{12} + a_{12} \cdot c_{22} \\ a_{21} \cdot c_{11} + a_{22} \cdot c_{21} & a_{21} \cdot c_{12} + a_{22} \cdot c_{22} \end{pmatrix}$$

$$= \begin{pmatrix} 1.00 \cdot 1.21 + 0.42 \cdot -0.51 & 1.00 \cdot -0.51 + 0.42 \cdot 1.21 \\ 0.42 \cdot 1.21 + 1.00 \cdot -0.51 & 0.42 \cdot -0.51 + 1.00 \cdot 1.21 \end{pmatrix}$$

$$= \begin{pmatrix} 1.21 - 0.21 & -0.51 + 0.51 \\ 0.51 - 0.51 & -0.21 + 1.21 \end{pmatrix} = \begin{pmatrix} 1 & 0 \\ 0 & 1 \end{pmatrix}$$

Der entsprechende Befehl in R lautet:

```
E <- Rxy%*%RxyI#Matrixmultiplikation
E#Einheitsmatrix

     [,1] [,2]
[1,]    1    0
[2,]    0    1
```

Nun setzen wir die Inverse der Matrix in unsere Gleichung ein:

$$\vec{b}_{si} = R_{XY}^{-1} \cdot \vec{r}_{XY} = \begin{pmatrix} 1.21 & -0.51 \\ -0.42 & 1.21 \end{pmatrix} \cdot \begin{pmatrix} 0.369 \\ 0.715 \end{pmatrix}$$

Die Multiplikation einer Matrix mit einem Vektor wird wie folgt vorgenommen:

$$\begin{pmatrix} a_{11} a_{12} \\ a_{21} a_{22} \end{pmatrix} \cdot \begin{pmatrix} a_1 \\ a_2 \end{pmatrix} = \begin{pmatrix} a_{11} \cdot a_1 + a_{12} \cdot a_2 \\ a_{21} \cdot a_1 + a_{22} \cdot a_2 \end{pmatrix}$$

Für die Berechnung ergibt sich dann:

$$\vec{b}_{si} = \begin{pmatrix} 1.21 \cdot 0.369 + -0.51 \cdot 0.715 \\ -0.51 \cdot 0.369 + 1.21 \cdot 0.715 \end{pmatrix} = \begin{pmatrix} 0.45 - 0.37 \\ -0.19 + 0.87 \end{pmatrix} = \begin{pmatrix} 0.08 \\ 0.68 \end{pmatrix}$$

Die entsprechenden Befehle in R unter Rückgriff auf die hier verwendeten Daten für den gesamten Prozess lauten:

```
corrs <- corr.test(data.regression6) #Erstellen der Korrelationsmatrix
Rxy <- corrs$r[1:2,1:2] #Auslesen der Matrix Korrelationen zwischen den Prädiktoren
Rxy
RxyI <- (solve(Rxy)) #Invertieren der Matrix
RxyI
E <- Rxy%*%RxyI #Prüfen durch Erstellen der Einheitsmatrix
E
rxy <- corrs$r[3,1:2] #Auslesen des Vektors mit den Kriteriumskorrelationen
rxy
betas <- RxyI%*%rxy
colnames(betas) <- ("beta")
round(betas,2)


        beta
fie_nsb 0.68
fie_abk 0.08
```

Wir sehen, auch mithilfe der Matrizenrechnung erhalten wir die Regressionsgewichte, die wir mithilfe der von uns bisher verwendeten Formeln bereits ermittelt hatten. Mithilfe der Matrizenrechnung ist es auch möglich, die unstandardisierten Regressionsgewichte zu ermitteln. Dies stellen wir hier als R-Befehl dar:

```
covs <- cov(data.regression6) #Erstellen der Korrelationsmatrix
Rxy_u <- covs[1:2,1:2] #Auslesen der Matrix Korrelationen zwischen den Prädiktoren
Rxy_u
Rxy_uI <- (solve(Rxy_u)) #Invertieren der Matrix
Rxy_uI
Eu <- Rxy_u%*%Rxy_uI #Prüfen durch Erstellen der Einheitsmatrix
Eu
rxy_u <- covs[3,1:2] #Auslesen des Vektors mit den Kriteriumskorrelationen
rxy_u
bs <- Rxy_uI%*%rxy_u
colnames(bs) <- ("b")
round(bs,2)
```

Dabei ergibt sich:

```
           b
fie_nsb 0.77
fie_abk 0.11
```

Das gezeigte Vorgehen in R dient nur der Veranschaulichung. Wir raten davon ab, Regressionsgewichte in der Praxis so zu bestimmen, da dies zu starken Rundungsfehlern führen kann. Wir empfehlen die Verwendung der entsprechenden Pakete in R, um eine Regressionsanalyse durchzuführen.

7.2.3 Multipler Korrelationskoeffizient

Neben der Ermittlung der Regressionsgewichte ist auch von Interesse, ob die Unterschiede im Kriterium durch die Prädiktoren insgesamt hinreichend erklärt werden können. Um dies zu quantifizieren, berechnet man für Stichproben die multiple Korrelation (R) oder den multiplen Determinationskoeffizienten (R^2). Befindet man sich im Kontext einer Regressionsanalyse, verwendet man ein großes R, auch wenn es nur einen Prädiktor gibt. Ein kleines r hingegen verwendet man nur zur Darstellung einer Korrelation zwischen zwei Variablen in der Stichprobe. Das große R steht für die multiple Korrelation und das große R^2 steht für den multiplen **Determinationskoeffizienten** der Stichprobe.

Multipler Korrelationskoeffizient als Varianzverhältnis. Der Determinationskoeffizient stellt ein Quadratsummenverhältnis dar. Das Verhältnis ist definiert als die Quadratsumme der systematischen Abweichungen durch die Quadratsumme der Gesamtabweichungen wie in Formelkasten 7.31 dargestellt.

Formel 7.31 Berechnung multipler Determinationskoeffizient

$$R^2 = \frac{QS_{\text{systematisch}}}{QS_{\text{gesamt}}} = \frac{QS_{\hat{y}}}{QS_y} = \frac{\sum_v^n (\hat{y}_v - \bar{y})^2}{\sum_v^n (y_v - \bar{y})^2} = R^2_{y\hat{y}}$$

R^2 = Determinationskoeffizient

$R^2_{y\hat{y}}$ = quadrierter Korrelationskoeffizient der vorhergesagten und beobachteten y Werte

$QS_{\hat{y}}$ = Quadratsumme der Abweichungen der vorhergesagten Werte im Kriterium vom Mittelwert im Kriterium

QS_y = Quadratsumme der Abweichungen der beobachteten Werte im Kriterium vom Mittelwert im Kriterium

$\hat{y}_i$ = durch die Prädiktoren vorhergesagter y-Wert der Person v

$\bar{y}$ = Mittelwert des Kriteriums

y_v = Wert der Person v im Kriterium y

In ▸*Abbildung 7.22* ist die Zerlegung der Quadratsummen, die in Formel 7.31 verwendet wird, noch einmal grafisch veranschaulicht.

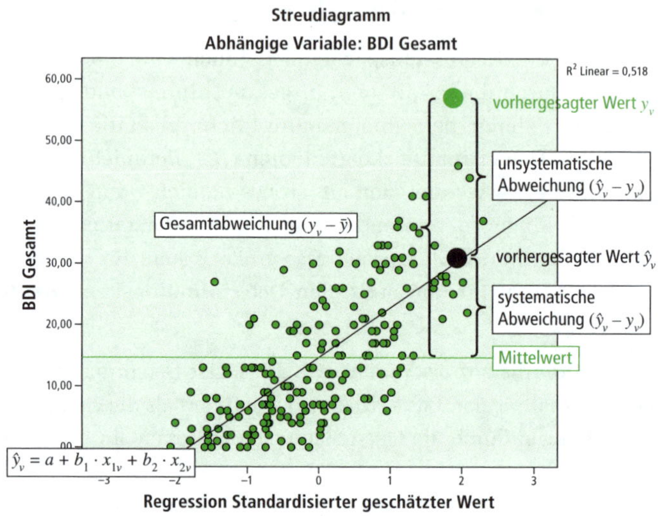

Abbildung 7.22: Darstellung der Zerlegung der Variation in systematische und unsystematische Anteile

Multiples *R* als Korrelation der beobachteten und vorhergesagten Werte. Das multiple R entspricht auch der Korrelation zwischen vorhergesagten und beobachteten Werten. Aus ▶*Abbildung 7.23* kann man erkennen, dass ein hoher positiver Zusammenhang zwischen beobachteten und vorhergesagten Werten besteht. Der Determinationskoeffizient beträgt $R^2 = 0.518$. Das heißt, knapp 52 Prozent der Unterschiede in den Beobachtungswerten können durch Unterschiede in den vorhergesagten Werten erklärt werden. Eingezeichnet ist die Regressionsgerade.

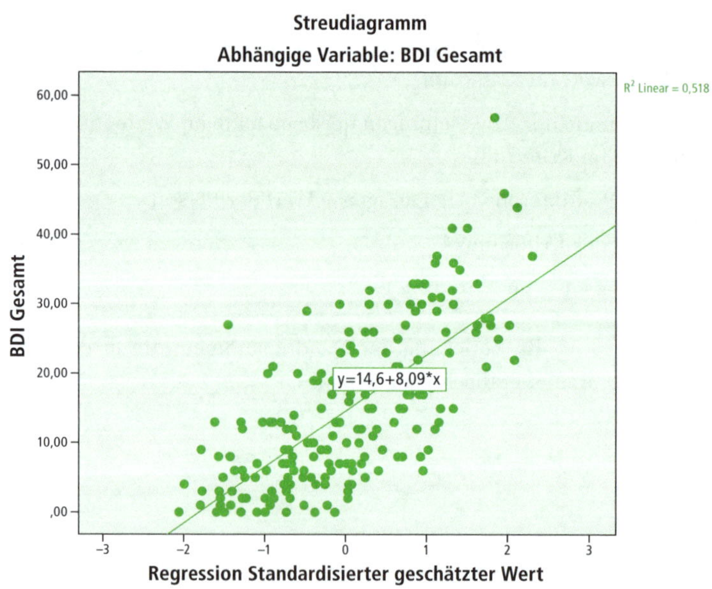

Abbildung 7.23: Streudiagramm zwischen standardisierten vorhergesagten Werten im Problemlösen und standardisierten beobachteten Werten im Problemlösen

Der Wert auf der y-Achse bei $x = 0$ stellt die Konstante b_0 dar. Sie beträgt 14.6, das bedeutet, für eine Person mit einem durchschnittlichen vorhergesagten Depressivitätswert von null (bitte beachten Sie, dass die vorhergesagten Depressionswerte zuvor z-standardisiert wurden) erwarten wir 14.6 Punkte im BDI. Mit jeder Standardabweichung in den vorhergesagten Werten steigt der durchschnittlich beobachtete Depressivitätswert um 8.09 Punkte.

Warum wird der Determinationskoeffizient selten eins? Dafür gibt es vor allem zwei Gründe:

1. Viele Variablen sind messfehlerbehaftet. Die mangelnde Reliabilität der Variablen wirkt sich auch auf ihre Korrelationen aus, die dadurch niedriger ausfallen. Als Konsequenz sinkt auch der multiple Determinationskoeffizient (R^2). Stellen wir uns dazu ein Venn-Diagramm auf Populationsebene vor. Dies wird in ▶*Abbildung 7.24* dargestellt. Die gestrichelten Linien geben im Venn-Diagramm die Überlappung von messfehlerfreien Variablen wieder. Die durchgezogenen Linien geben die Überlappungen messfehlerbehafteter Variablen wieder. Die Überlappungen der gestrichelten Flächen fallen unter der Annahme der Messfehlerfreiheit größer aus als die überlappenden Flächen mit durchgezogener Linie.

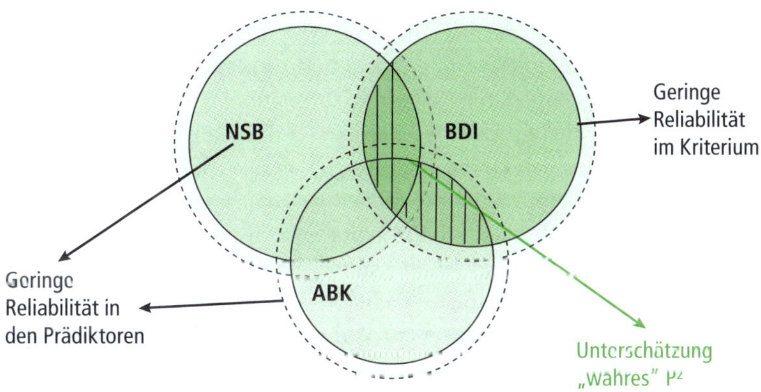

Abbildung 7.24: Messfehlerbehaftete Größen in einer linearen multiplen Regressionsanalyse

2. Die Vorhersage hängt nicht alleine von den gewählten Prädiktoren ab, sondern auch von anderen Dritt-Variablen, die in die Regressionsanalyse nicht miteinbezogen wurden. Dies ist in ▶*Abbildung 7.25* dargestellt. Hier kann man zwei Fälle unterscheiden: (1) Im ersten Fall weist der „vergessene“ Prädiktor keine Korrelation mit den anderen Prädiktoren auf. In diesem Fall würden sich für die Regressionsgewichte der berücksichtigten Prädiktoren keine Veränderungen ergeben. Die Unterschiede im „vergessenen“ Prädiktor (nicht in die Analyse aufgenommen) müssten nicht aus den berücksichtigten Prädiktoren auspartialisiert werden, da sie mit dem vergessenen Prädiktor nicht korrelieren. Allerdings wird der multiple Determinationskoeffizient unterschätzt, da ein relevanter Prädiktor für die Vorhersage vergessen wurde. (2) Im zweiten Fall ist der vergessene Prädiktor mit den anderen Prädiktoren korreliert. Nun sind die Regressionsgewichte nicht mehr korrekt, da die Regressionsgewichte der berücksichtigten Prädiktoren nicht um den „Einfluss“ des vergessenen Prädiktors (nicht in die Analyse aufge-

nommenen Prädiktors) bereinigt werden können. Dieser Fall ist in *Abbildung 7.25* grafisch veranschaulicht. Leistet der vergessene Prädiktor einen einzigartigen Beitrag zur Vorhersage des Kriteriums, ist auch der multiple Determinationskoeffizient unterschätzt.

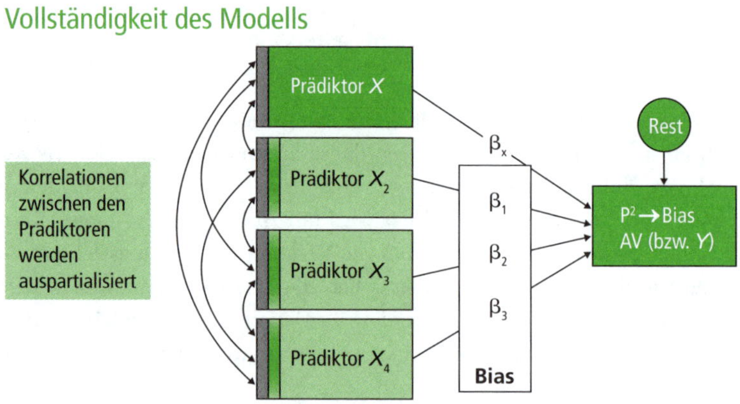

Abbildung 7.25: Auswirkungen von unvollständigen Regressionsmodellen

Schätzwerte für den multiplen Determinationskoeffizienten. Je mehr Prädiktoren in die Regressionsgleichung eingehen, deren Kriteriumskorrelationen deskriptiv und damit in der Stichprobe von null verschieden sind, desto größer wird der multiple Determinationskoeffizient (R^2) ausfallen. Denn auch kleine einzigartige Beiträge zur Vorhersage des Kriteriums erhöhen den multiplen Determinationskoeffizienten (R^2). Da wir Stichprobendaten verwenden, ist es wahrscheinlich, dass ein Prädiktor zwar in der Stichprobe mit dem Kriterium größer oder kleiner als null korreliert, jedoch die Korrelation mit dem Kriterium in der Grundgesamtheit genau null beträgt. Das heißt, die in der Stichprobe erzielte Korrelation größer oder kleiner als null trägt zwar zur Vorhersage des Kriteriums bei, ist aber in der Grundgesamtheit eigentlich null und trägt damit in der Population nicht zur Erklärung des Kriteriums bei. Man könnte sich nun vor einer überhöht geschätzten multiplen Korrelation schützen, indem man nur signifikante Prädiktoren in die Regressionsanalyse aufnimmt und nicht-signifikante Prädiktoren ausschließt. Es besteht jedoch immer noch die Gefahr eines Fehlers 1. Art: ein Regressionsgewicht ist in der Grundgesamtheit null, obwohl es statistisch signifikant geworden ist. Je mehr Prädiktoren man betrachtet, desto höher ist die Wahrscheinlichkeit, dass man irgendwann einen statistisch signifikanten Prädiktor vorfindet, der in der Grundgesamtheit keinen positiven Beitrag zur Vorhersage des Kriteriums leistet. Der Effekt verstärkt sich, wenn kleine Stichproben vorliegen. Im Falle kleiner Stichproben streuen die Stichprobenergebnisse stärker um die jeweilige Populationsgröße. Man spricht auch davon, dass der Determinationskoeffizient (R^2) einen positiven Bias hat.

Die multiple Korrelation R ist also aufgrund der Stichprobeneigenheiten keine unverzerrte Schätzung der multiplen Korrelation P (griechisch großes rho) für die Grundgesamtheit. Für diese Situation werden in SPSS und R jeweils Korrekturen nach unten vorgenommen (vgl. Yin & Fan, 2001). Man bezeichnet solche Korrekturen auch als **Shrinkage** oder **Minderung**.

Formel 7.32 Schätzung für den Determinationskoeffizienten (SPSS)

$$\hat{\mathrm{P}}^2 = 1 - \frac{n-1}{n-k-1} \cdot \left(1 - R^2\right)$$

$$\hat{\mathrm{P}}^2 = 1 - \frac{191-1}{191-2-1} \cdot (1 - 0.518) = 0.512$$

$\hat{\mathrm{P}}^2$ = geschätzter Determinationskoeffizient die Grundgesamtheit (P = großes griechisches rho)

R^2 = Stichprobendeterminationskoeffizient

k = Anzahl der Prädiktoren

n = Stichprobengröße

Yin und Fan (2001. S. 221) haben einen Vergleich verschiedener Schätzfunktionen für den multiplen Regressionskoeffizienten vorgenommen und empfehlen aufgrund einer Monte-Carlo-Simulation den Koeffizienten von Pratt zu verwenden. Er funktioniert auch dann noch zufriedenstellend, wenn das Verhältnis Stichprobengröße zu Variablenanzahl gering ist. In unserem Fall ist

$$\frac{n}{k} = \frac{191}{2} = 95.5$$

und somit hoch. In diesem Fall kommen die Formeln von Wherry (SPSS und R) und die Formel von Pratt zu nahezu gleichen Ergebnissen. Bei geringerem Verhältnis von Stichprobe zu Anzahl der Prädiktoren ist die Formel von Pratt zu bevorzugen.

Formel 7.33 Schätzung (Pratt) für den Determinationskoeffizienten

$$\hat{\mathrm{P}}^2 = 1 - \left[\frac{(n-3) \cdot \left(1 - R^2\right)}{n-k-1} \cdot \left(1 + \frac{2 \cdot \left(1 - R^2\right)}{n-k-2.3}\right)\right]$$

$$\hat{\mathrm{P}}^2 = 1 - \left[\frac{188 \cdot 0.482}{188} \cdot \left(1 + \frac{0.964}{186.7}\right)\right]$$

$$\hat{\mathrm{P}}^2 = 1 - (0.482 \cdot 1.005) = 0.516$$

$\hat{\mathrm{P}}^2$ = Determinationskoeffizient geschätzt für die Grundgesamtheit

R^2 = Stichprobendeterminationskoeffizient

k = Anzahl der Prädiktoren

n = Stichprobengröße

Formel 7.34 Konfidenzintervall für den multiplen Determinationskoeffizienten

In R lässt sich ein **Konfidenzintervall** für den multiplen Determinationskoeffizienten (R^2) berechnen. Dazu benötigt man zunächst den quadrierten Standardfehler des multiplen Determinationskoeffizienten (R^2), der wie folgt berechnet wird:

$$SE^2_{R^2} = \frac{4 \cdot R^2 \cdot \left(1-R^2\right)^2 \cdot (n-k-1)^2}{\left(n^2-1\right) \cdot (n+3)}$$

$$SE^2_{R^2} = \frac{4 \cdot 0.518 \cdot (1-0.518)^2 \cdot (191-2-1)^2}{\left(191^2-1\right) \cdot (191+3)}$$

$$SE^2_{R^2} = \frac{17028.96}{7077120} = 0.0024$$

$SE^2_{R^2}$ = quadrierter Standardfehler des multiplen Determinationskoeffizienten (R^2)

R^2 = multipler Determinationskoeffizient Stichprobe

n = Stichprobengröße

k = Anzahl der Prädiktoren

Nun muss aus dem quadrierten Standardfehler noch die Wurzel gezogen und mit dem z-Wert 1.96 (Sicherheitswahrscheinlichkeit 95 Prozent, zweiseitig) multipliziert werden, bevor das Ergebnis vom empirischen multiplen Determinationskoeffizienten (R^2) abgezogen und addiert wird:

$$KI_{1-\frac{\alpha}{2}} = R^2 \pm \left(\sqrt{SE^2_{R^2}} \cdot z_{1-\frac{\alpha}{2}}\right) = 0.518 \pm \left(\sqrt{0.0024} \cdot 1.96\right)$$

$$KI_{1-\frac{\alpha}{2}} = 0.518 \pm 0.096 = [0.42; 0.61]$$

$KI_{1-\frac{\alpha}{2}}$ = Konfidenzintervall

$z_{1-\frac{\alpha}{2}}$ = z-Wert der Standardnormalverteilung für eine Sicherheitswahrscheinlichkeit von $1-\frac{\alpha}{2}$ Prozent

R^2 = multipler Determinationskoeffizient der Stichprobe

Das Konfidenzintervall des multiplen Determinationskoeffizienten (R^2) reicht von 0.453 Prozent bis zu 0.583, damit ist der multiple Determinationskoeffizient (R^2) auch von null signifikant verschieden. Beinhaltet das Konfidenzintervall den Wert null, ist der multiple Determinationskoeffizient (R^2) nicht signifikant von null verschieden.

Sollte das Konfidenzintervall mit seiner unteren Grenze in den negativen Bereich hineinreichen, wird dieser Wert auf null gesetzt, da ein negativer Determinationskoeffizient (R^2) nicht definiert ist. Gleiches gilt, wenn die obere Grenze des Determinationskoeffizienten (R^2) über 1.00 liegt. Auch ein R^2 von größer eins ist nicht definiert und ein größerer Wert als eins wird wieder auf den maximal möglichen Wert von eins zurückgesetzt.

Wie interpretiere ich R und R^2? Die multiple Korrelation (R^2) stellt die Korrelation zwischen den y- und $\hat{y}$-Werten in der Stichprobe dar. In der Regel ist R positiv. Das heißt, je höher y-Werte ausfallen, desto höher fallen im Durchschnitt auch die $\hat{y}$-Werte aus. R^2 wird als Varianzverhältnis zwischen vorhergesagten ($\hat{y}$) und empirisch beobachteten Werten des Kriteriums (y) beschrieben. Inhaltlich gibt R^2 an, wie viel Prozent der Unterschiede im Kriterium durch Unterschiede in den Prädiktoren vorhergesagt werden können.

Wir haben für unsere Analyse einen Determinationskoeffizienten (R^2) von 0.52 erhalten. Das heißt, Unterschiede in den Werten der Abhängigkeitskognitionen und der Negativen Selbstbewertung können 52 Prozent der Unterschiede in den Depressivitätswerten erklären. Hier sei noch einmal darauf hingewiesen, dass hier sprachlich „Kausalität" unterstellt wird, diese aber nicht gegeben sein muss.

Schätzfehler als Präzisionsmaß. Man muss bedenken, dass selbst wenn der Determinationskoeffizient (R^2) hoch ausfällt und die Größen so geschätzt wurden, dass die Residuen ein Minimum ergeben, die Vorhersage nie perfekt ist. Wie gut die Vorhersage von Werten im Kriterium wirklich funktioniert, wird durch den **Standardschätzfehler der Regression** bestimmt (siehe Formelkasten 7.35).

Formel 7.35 Standardschätzfehler

$$\widehat{SSF} = \sqrt{\sum_{v=1}^{n} \frac{(\hat{y}_v - y_v)^2}{n-k-1}} = \sqrt{\frac{11597.832}{191-2-1}} = 7.85$$

$\widehat{SSF}$ = Standardschätzfehler

k = Anzahl der Prädiktoren

n = Stichprobengröße

$\hat{y}_v$ = vorhergesagter Kriteriumswert $\hat{y}$ einer Person v

y_v = beobachteter Kriteriumswert y einer Person v

Es handelt sich beim **Standardschätzfehler** um die Wurzel aus der Division der Summe der quadrierten Abweichungen zwischen beobachteten und vorhergesagten Werten im Kriterium durch die „korrigierte" Stichprobengröße. Je höher diese geschätzte quadrierte mittlere Abweichung ausfällt, desto weiter liegen Beobachtung und Vorhersage im Schnitt auseinander. Wir liegen also mit unseren aus negativer Selbstbewertung und Abhängigkeitskognitionen vorhergesagten BDI-Werten im Mittel 7.85 BDI-Punkte über- oder unter den Beobachtungswerten. Berücksichtigt man, dass das BDI insgesamt nur 48 Punkte vergibt, ist das eine erhebliche Abweichung, obwohl wir einen im Vergleich zu anderen psychologischen Prädiktionsmodellen hohen Determinationskoeffizienten vorliegen haben. Der Schätzfehler erinnert uns daran, dass unsere Vorhersage nie perfekt sein wird, selbst bei hohen Determinationskoeffizienten.

7.2.4 Signifikanz und Konfidenzintervalle von Regressionsgewichten

Wir kennen nun die Schätzwerte für den multiplen Determinationskoeffizienten, für die Konstante sowie die Regressionsgewichte in der Regressionsgleichung. Wie gesehen, quantifiziert der multiple Determinationskoeffizient die Modellgüte insgesamt (Wie gut sagen alle Prädiktoren gemeinsam das Kriterium vorher?). Die Regressionsgewichte hingegen helfen uns abzuschätzen, wie wichtig jeder einzelne Prädiktor bei der Vorhersage ist. Was uns zur Interpretation noch fehlt, ist die **Signifikanz der Regressionsgewichte** sowie die des Determinationskoeffizienten.

Hypothesen. Beginnen wir zunächst mit dem globalen *F*-Test, dass mindestens ein Regressionsgewicht von null verschieden ist. Diese Hypothese ist äquivalent zur Hypothese, dass der Determinationskoeffizient in der Population von null verschieden ist.

Nullhypothese und ungerichtete Alternativhypothese

Nullhypothese:

$$H_0: \beta_1 = \beta_2 = \beta_3 = \ldots = \beta_k = 0$$

Alternativhypothese ungerichtet:

$$H_1: \text{mindestens ein } \beta_i \neq 0$$

Prüfgröße Globaltest. Die *F*-verteilte **Prüfgröße für die Regressionsgewichte** wird wie in Formelkasten 7.36 dargestellt ermittelt.

Formel 7.36 empirischer *F*-Wert zur Prüfung der Globalhypothese alle Regressionsgewichte sind null

$$F_{emp} = \frac{(n-k-1) \cdot \hat{\mathrm{P}}^2}{k \cdot \left(1-\hat{\mathrm{P}}^2\right)} = \frac{(n-k-1) \cdot \widehat{MQS}_{sys}}{k \cdot \widehat{MQS}_{res}}$$

F_{emp} = empirischer *F*-Wert

$\hat{\mathrm{P}}^2$ = geschätzter Determinationskoeffizient (Rho)

k = Anzahl der Prädiktoren

n = Stichprobengröße

$\widehat{MQS}_{sys}$ = geschätzte mittlere systematische Quadratsumme

$\widehat{MQS}_{res}$ = geschätzte mittlere Residualquadratsumme

Wir setzen hier analog zu SPSS und auch R zunächst die multiple Stichprobenkorrelation ein, auch wenn man hier besser den Schätzwert für die unbekannte multiple Populationskorrelation einsetzen würde. Die quadrierte multiple Stichprobenkorrelation beträgt 0.5176, die systematische Quadratsumme 12443.93 und die Residualquadratsumme 11597.83 (vgl. SPSS- und R-Ausgaben in den folgenden Abschnitten).

$$F_{\text{emp}} = \frac{(191-2-1)\cdot 0.5176}{2\cdot(1-0.5176)} = \frac{97.31}{0.9648} = 100.86$$

$$QS_{\text{sys}} = \sum_{v=1}^{n} (\hat{y}_v - \bar{y})^2 = 12443.93$$

$$QS_{\text{res}} = \sum_{v=1}^{n} (\hat{y}_v - y_v)^2 = 11597.83$$

$$F_{\text{emp}} = \frac{(n-k-1)\cdot \widehat{MQS}_{\text{sys}}}{k\cdot \widehat{MQS}_{\text{res}}} = \frac{188\cdot 112443.93}{2\cdot 11597.83} = 100.858$$

Etwas vereinfacht ausgedrückt, handelt es sich bei dem F-Wert um das Verhältnis von geschätzter standardisierter aufgeklärter Varianz zu standardisierter geschätzter Residualvarianz bzw. nicht aufgeklärter Varianz. Dies wird in Formelkasten 7.37 gezeigt.

Formel 7.37 Berechnung des *F*-Werts mithilfe standardisierter Werte

$$QS_{z.\text{sys}} = \sum_{v=1}^{n} (z_{\hat{Y}} - \bar{z}_Y)^2 = \sum_{v=1}^{n} (z_{\hat{Y}} - 0)^2 = \sum_{v=1}^{n} \left(z_{\hat{Y}}\right)^2$$

$$QS_{z.\text{res}} = \sum_{v=1}^{n} (z_{\hat{Y}} - z_Y)^2$$

$z_{\hat{Y}}$ = standardisierter gefitteter Wert des Kriteriums

$\bar{z}_Y$ = standardisierter Mittelwert des Kriteriums

z_Y = standardisierter beobachteter Wert

Die Basis für diese Interpretation liefern die standardisierten Quadratsummen für die Systematische Variation ($QS_{z.\text{sys}}$) und die Residualvariation ($QS_{z.\text{res}}$). Werden diese durch die Freiheitsgrade geteilt, ergibt sich folgende Gleichung für den F-Wert:

$$F_{\text{emp}} = \frac{\frac{\sum_{v=1}^{n}\left(z_{\hat{Y}}\right)^2}{k}}{\frac{\sum_{v=1}^{n}\left(z_{\hat{Y}} - z_Y\right)^2}{n-k-1}} = \frac{\frac{QS_{z.\text{sys}}}{k}}{\frac{QS_{z.\text{res}}}{n-k-1}} = \frac{\widehat{MQS}_{z.\text{sys}}}{\widehat{MQS}_{z.\text{res}}}$$

n = Stichprobengröße

k = Anzahl der Prädiktoren

$\widehat{MQS}_{\text{sys}}$ = geschätzte mittlere systematische Quadratsumme

$\widehat{MQS}_{\text{res}}$ = geschätzte mittlere Residualquadratsumme

Je stärker die standardisierte systematische geschätzte Varianz ($\widehat{MQS}_{z.sys}$) die standardisierte geschätzte Residualvarianz ($\widehat{MQS}_{z.res}$) übersteigt, desto größer wird der daraus resultierende F-Wert ausfallen. Zudem beeinflusst auch die Stichprobengröße das Ergebnis dieser Berechnung. Je größer die erhobene Stichprobe ausfällt, desto größer wird der daraus resultierende F-Wert ausfallen.

Die dazugehörige Überschreitungswahrscheinlichkeit kann mit R angegeben werden: `pf(q = 100.86, df1 = 188, df2 = 2, lower.tail = F)`. Diese liegt unter einem Wert von 0.01. Damit lehnen wir die Nullhypothese ab und gehen davon aus, dass in der Grundgesamtheit die Regressionsgewichte von null verschiedenen sind. In einem Artikel würden wir dieses Ergebnis wie folgt angeben:

$$R^2 = 0.52, \quad F_{2,188} = 100.85, \quad p < 0.01$$

Diese Angaben sollten noch durch die Teststärke ergänzt werden. Besser ist die Angabe des korrigierten R^2 und noch vorteilhafter wäre es, eine angemessene Korrektur vorzunehmen und nicht die in SPSS oder R angewandte.

Prüfgröße lokaler Test. Es wird auch jedes Regressionsgewicht einzeln auf Signifikanz geprüft. Dazu wird zunächst der Standardfehler des Regressionsgewichts, wie in Formelkasten 7.38 dargestellt, ermittelt.

Formel 7.38 geschätzte Standardfehler der unstandardisierten Regressionsgewichte

$$\widehat{SE}_{b_i} = \frac{1}{\sqrt{1-R_j^2}} \cdot \frac{\widehat{SSF}}{\sqrt{\sum_{v=1}^{n}(x_{vi}-\bar{x}_i)^2}} = \frac{1}{\sqrt{1-R_j^2}} \cdot \frac{\widehat{SSF}}{\sqrt{QS_i}}$$

$\widehat{SE}_{b_i}$ = geschätzter Standardfehler des Regressionsgewichts i

$\widehat{SSF}$ = Standardschätzfehler

R_j^2 = multiple quadrierte Korrelation des Prädiktors mit den restlichen Prädiktoren

x_{vi} = Wert der Person v auf dem Prädiktor i

$\bar{x}_i$ = Mittelwert für Prädiktor i

QS_i = Summe der quadrierten Abweichungen der Werte aller Personen $v = 1, \ldots, n$ auf Prädiktor i vom Mittelwert auf Prädiktor i

Zunächst benötigen wir den Standardschätzfehler, der $\widehat{SSF} = 7.85$ (siehe Formelkasten 7.35) beträgt, die Quadratsummen für die beiden Prädiktoren ($QS_{\text{NSB}} = 18727.6$, $QS_{\text{ABK}} = 12843.4$) und die multiple Korrelation ($R = 0.42$). Anschließend können wir die Werte in die obige Formel einsetzen:

$$\widehat{SE}_{b_{\text{NSB}}} = \frac{1}{\sqrt{1-0.42^2}} \cdot \frac{7.854}{\sqrt{18727.6}} = 1.102 \cdot 0.0574 = 0.063$$

$$\widehat{SE}b_{\text{ABK}} = \frac{1}{\sqrt{1-0.42^2}} \cdot \frac{7.854}{\sqrt{12843.4}} = 1.102 \cdot 0.0693 = 0.076$$

$\widehat{SE}b_{\text{NSB}}$ = geschätzter Standardfehler des unstandardisierten Regressionsgewichts Negative Selbstbewertung

$\widehat{SE}b_{\text{ABK}}$ = geschätzter Standardfehler des unstandardisierten Regressionsgewichts Abhängigkeitskognitionen

Damit ergeben sich für den Prädiktor Negative Selbstbewertung ein geschätzter Standardfehler von 0.063 und für den Prädiktor Abhängigkeitskognitionen ein geschätzter Standardfehler von 0.076. Diese Werte müssen nun noch in die folgende Formel eingesetzt werden, um eine empirische t-Prüfgröße zu erhalten.

Formel 7.39 empirische *t*-Werte für die Prüfung der Regressionsgewichte

$$t_{\text{emp}} = \frac{b_i \quad b_{\text{H}_0}}{\widehat{SE}b_i} = \frac{b_i - 0}{\widehat{SE}b_i} = \frac{b_i}{\widehat{SE}b_i}$$

$$t_{\text{emp.NSB}} = \frac{b_{\text{NSB}}}{\widehat{SE}bs_{\text{NSB}}} = \frac{0.77}{0.063} = 12.2$$

$$t_{\text{emp.ABK}} = \frac{b_{\text{ABK}}}{\widehat{SE}bs_{\text{ABK}}} = \frac{0.11}{0.076} = 1.487$$

t_{emp} = empirische Prüfgröße

b_i = unstandardisiertes Regressionsgewicht des Prädiktors i

b_{H_0} = standardisiertes Regressionsgewicht unter Annahme der Nullhypothese, in unserem Beispiel null

$\widehat{SE}b_i$ = geschätzter Standardfehler des unstandardisierten Regressionsgewichts i

In dieser Formel wird vom beobachteten unstandardisierten Regressionsgewicht das unstandardisierte Regressionsgewicht unter Annahme der Nullhypothese (in unserem Fall null) abgezogen und durch den jeweiligen Standardfehler des unstandardisierten Regressionsgewichts geteilt. Dieses Vorgehen erinnert stark an den t-Test aus Kapitel 5. Wie dort ergibt sich auch hier eine t-verteilte Prüfgröße. Man könnte hier jeden beliebigen Wert als Wert unter Annahme der Nullhypothese einsetzen. Die Nullhypothese muss also nicht zwangsläufig von einem Regressionsgewicht von null ausgehen. Man könnte z. B. auch testen, ob ein unstandardisiertes Regressionsgewicht von einem als praktisch relevant erachteten Wert abweicht, beispielsweise 0.30.

Exkurs

Für die unstandardisierten Regressionsgewichte können **Konfidenzintervalle** berechnet werden. Dazu verwenden wir die bereits geschätzten Standardfehler der Regressionsgewichte für Negative Selbstbewertung von 0.063 und für Abhängigkeitskognitionen von 0.076. Damit können dann folgende Konfidenzintervalle (*KI*) gebildet werden:

$$KI_{t=df,1-\frac{\alpha}{2}} = b_i \pm t_{df,1-\frac{\alpha}{2}} \cdot \widehat{SE}_{b_i}$$

KI = Konfidenzintervall

$\widehat{SE}_{b_i}$ = geschätzter Standardfehler des Regressionsgewichts i

b_i = unstandardisiertes Regressionsgewicht

$t_{df,1-\frac{\alpha}{2}}$ = t-Wert der t-Werteverteilung mit df Freiheitsgraden für eine Sicherheitswahrscheinlichkeit von $1-\frac{\alpha}{2}$

Die Konfidenzintervalle für die unstandardisierten Regressionsgewichte lauten (95 Prozent, zweiseitig):

$$KI_{t=189,1-\frac{\alpha}{2}=0.95} = 0.77 \pm 1.973 \cdot 0.063 = [0.65;0.89]$$

$$KI_{t=189,1-\frac{\alpha}{2}=0.95} = 0.11 \pm 1.973 \cdot 0.076 = [-0.04;0.26]$$

Auch für die standardisierten Werte können Konfidenzintervalle angegeben werden, jedoch muss zuerst der geschätzte Standardfehler für die standardisierten Regressionsgewichte ermittelt werden.

$$\widehat{SE}_{b_i} = \frac{b_{si}}{t_{b_i}} = \widehat{SE}_{b_{\text{NSB}}} = \frac{0.681}{12.2} = 0.056$$

$$\widehat{SE}_{b_i} = \frac{b_{si}}{t_{b_i}} = \widehat{SE}_{b_{\text{ABK}}} = \frac{0.083}{1.45} = 0.057$$

Für die standardisierten Regressionsgewichte lauten die Intervalle dann wie folgt:

$$KI_{t=189,1-\frac{\alpha}{2}=0.95,\ \text{NSB}} = 0.681 \pm 1.973 \cdot 0.056 = [0.57;0.79]$$

$$KI_{t=189,1-\frac{\alpha}{2}=0.95,\ \text{ABK}} = 0.083 \pm 1.973 \cdot 0.057 = [-0.03;0.20]$$

Die Überschreitungswahrscheinlichkeit für den Wert *1.49* in einer t-Verteilung mit $df = n - 2 = 189$ Freiheitsgraden kann nun mithilfe folgender R-Syntax ermittelt werden: `pt(q=1.486999, df=189, lower.tail=F)*2`. Anschließend wird der Wert noch mit zwei multipliziert. Bei einer Fehlerwahrscheinlichkeit 1. Art von fünf Prozent (zweiseitig) ist das Regressionsgewicht für negative Selbstbewertung statistisch signifikant ($p < 0.001$), jedoch das Regressionsgewicht für Abhängigkeitskognitionen nicht ($p = 0.139$):

$$b_{\mathrm{NSB}} = 0.77,\ t = 12.2,\ p < 0.001$$

$$b_{\mathrm{ABK}} = 0.11,\ t = 1.45,\ p = 0.139.$$

Interpretation. Unstandardisierte Regressionsgewichte (b) benötigt man vor allem zur Prädiktion des konkreten Kriteriumswerts. Standardisierte Regressionsgewichte (b_s) können direkt in ihrer Größe verglichen werden. Das heißt für unser Beispiel, dass die Variable Negative Selbstbewertung ($b_{s_{\mathrm{NSB}}} = 0.681$) einen stärkeren Prädiktor der Depressivität darstellt, als die Variable Abhängigkeitskognitionen ($b_{s_{\mathrm{ABK}}} = 0.083$). Dabei leisten die Abhängigkeitskognitionen keinen signifikanten Beitrag zur Vorhersage der Depressivität über die Variable Negative Selbstbewertung hinaus. Wichtig ist in diesem Zusammenhang eine hohe Präzision bei der Schätzung der Regressionsgewichte, so dass kleine Konfidenzintervalle um die Regressionsgewichte und den multiplen Korrelationskoeffizienten resultieren. In diesem Fall können auch geringe Regressionsgewichte in der Regressionsgleichung beibehalten werden, denn Sie tragen zu einer Verbesserung der Vorhersage des Kriteriums bei. Ist die Stichprobe klein, besteht die Gefahr, dass auch Variablen praktisch bedeutsame Regressionsgewichte oder theoretisch wichtige Variablen mit ihren Regressionsgewichten nicht signifikant werden. Die Information aus der Stichprobe ist dann einfach nicht ausreichend, um über die Prädiktoren zu entscheiden. Dazu wäre dann eine erneute Untersuchung an einer größeren Stichprobe nötig, bei der auch eine Chance besteht, ein Regressionsgewicht in der entsprechenden Höhe hinreichend genau und mit der gewünschten Fehlerwahrscheinlichkeit 1. und 2. Art statistisch zu sichern.

7.2.5 Effektstärke und Teststärke für R^2

Nun benötigen wir eine Einschätzung, ob ein solcher Effekt als praktisch bedeutsam einzustufen ist. Dazu betrachten wir die Effektstärke. Neben R^2gibt es auch noch ein anderes Maß f^2 als Effektstärkemaß. Letzteres haben wir auch bereits im Rahmen der Varianzanalyse verwendet (siehe Kapitel 6).

Effektstärke. Die **Effektstärke** f^2 für die Teststärkeberechnung muss erst aus R^2 ermittelt werden:

Formel 7.40 Effektstärke der linearen Regressionsanalyse

$$f^2 = \frac{R^2}{1 - R^2} = \frac{0.52}{1 - 0.52} = 1.08$$

f^2 = Effektstärke

R^2 = multipler Determinationskoeffizient

Folgende Konventionen für R^2 bzw. f^2 gelten:

$R^2 = 0.02$ → kleiner Effekt → $f^2 = 0.02$

$R^2 = 0.13$ → mittlerer Effekt → $f^2 = 0.15$

$R^2 = 0.26$ → starker Effekt → $f^2 = 0.35$

Dabei bezeichnet man einen Effekt zwischen 0.02 und 0.13 als gering bis mittel (moderat) und einen Effekt von 0.13 bis 0.26 als mittel (moderat) bis stark. Wir haben nach diesen Konventionen einen starken Effekt vorliegen.

Effekt- und Teststärke mit G*Power und R. Die Effektstärke kann auch direkt mit G*Power bestimmt werden. Dies wird im Folgenden gezeigt. Berechnen wir zunächst die Post-hoc-Teststärke. Wir tun dies wie gewohnt mit G*Power wie in ▶*Abbildung 7.26* dargestellt. Wir verwenden hier die Teststärkeberechnung für Regressionsanalysen mit zwei Prädiktoren. Wir öffnen G*Power. Dann wählen wir unter TEST FAMILY die Option F TESTS ❶ und dann unter STATISTICAL TEST die Option LINEAR MULTIPLE REGRESSION: FIXED MODEL, R^2 DEVIATION FROM ZERO ❷. Schließlich wählen wir unter TYPE OF POWER ANALYSIS die Option POST HOC: COMPUTE ACHIEVED POWER – GIVEN α, SAMPLE SIZE, AND EFFECT SIZE ❸. Nun können wir die entsprechenden Werte eintragen: α ERR PROB setzen wir auf 0.05 ❹, die Stichprobengröße TOTAL SAMPLE SIZE auf 191 ❻ und schließlich NUMBER OF PREDICTORS auf 2 ❼. Die Effektstärke muss nun über DETERMINE => ermittelt werden. Klicken Sie auf DETERMINE => und es öffnet sich rechts neben dem geöffneten Fenster ein neues. Tragen Sie in diesem Fenster unter SQUARED MULTIPLE CORRELATION R^2 den Wert von 0.52 (mit Komma: 0,52) ein und klicken Sie nun auf CALCULATE AND TRANSFER TO MAIN WINDOW. Als Effektstärke f^2 erhalten wir 1.083 ❺, wie oben berechnet. Klicken Sie jetzt auf CALCULATE ❽ und Sie erhalten die Teststärke im Kästchen neben POWER (1–β ERR PROB) ❾ angezeigt. Der Wert lautet 1.00 (siehe ▶*Abbildung 7.26*), was gleichbedeutend mit einem Wert über 0.99 ist. Damit ist die Teststärke über dem Niveau der Konvention von 0.80 und ausreichend hoch, um den starken Effekt von 1.083 mit dem gewünschten Fehler 1. und 2. Art abzusichern.

Um die Teststärke in R zu schätzen, nutzen wir die Funktion `pwr.f2.test` aus dem Paket `pwr` (Champely, 2009). Hierzu benötigen wir die Angabe von `f2`, die Freiheitsgrade des Zählers (`u`), des Nenners (`v`) und die akzeptierte Fehlerwahrscheinlichkeit 1. Art (`sig.level`). Die Freiheitsgrade übernehmen wir vom F-Test (siehe oben):

```
library(pwr)
f2 <- .518/(1-.518)
pwr.f2.test(u = 2, v = 188, f2 = f2, sig.level = 0.05, power = NULL)
```

Praxistipp

In einem Artikel würden wir die Ergebnisse wie folgt berichten:

$$R^2 = 0.52.\ F_{2,188} = 100.86,\ p < 0.001,\ 1-\beta > 0.99.$$

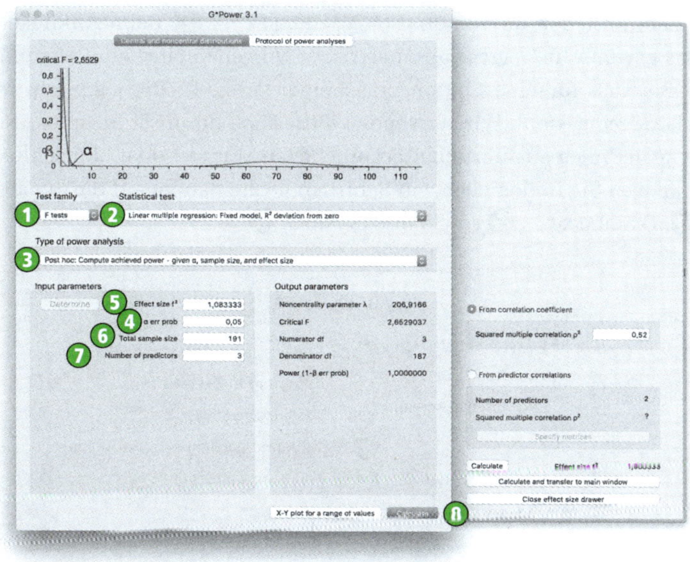

Abbildung 7.26: Ermittlung der Stichprobengröße für R^2 mit G*Power

Regressionsanalyse in SPSS. Wir verwenden, um die hier dargestellten Rechnungen nachzuvollziehen, die Datei „`Regression_bsp_6.sav`" von der Pearson-Webseite. Im folgenden Beispiel soll das Kriterium „BDI Gesamt" mithilfe der Prädiktoren „FIE-NSB" und „FIE-ABK" vorhergesagt werden. Hierzu wählen Sie ANALYSIEREN → REGRESSION → LINEAR in der Menüleiste von SPSS. Es öffnet sich das in ▶*Abbildung 7.27* dargestellte Fenster.

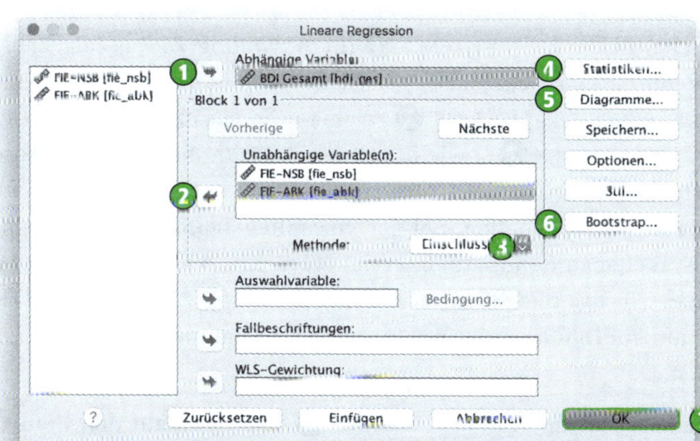

Abbildung 7.27: Wahl der Regressionsmethode sowie der abhängigen und unabhängigen Variablen

In dem Fenster, das sich öffnet, klicken Sie auf die Variable „BDI Gesamt" und dann auf den Pfeil neben dem Kästchen ABHÄNGIGE VARIABLE: ①. In einem weiteren Schritt markieren Sie jeweils die Variable „FIE-NSB" und „FIE-ABK" und klicken dann jeweils auf den Pfeil neben dem Kästchen für UNABHÄNGIGE VARIABLE(N): ②. Beim Anklicken der Schaltfläche für das gewünschte regressionsanalytische Vorgehen fährt eine Menüleiste aus, mit deren Hilfe Sie sich für eine Option entscheiden können. Die gängigste Methode EINSCHLUSS ③ ist voreingestellt. Wir verwenden diese auch für unser Beispiel. Dies entspricht der von uns später noch ausführlicher besprochenen „Enter-" oder „Einschluss-Methode". Schließlich klicken Sie in den nächsten Schritten nacheinander auf die Schaltflächen STATISTIKEN... ④, DIAGRAMME... ⑤ sowie BOOTSTRAP... ⑥.

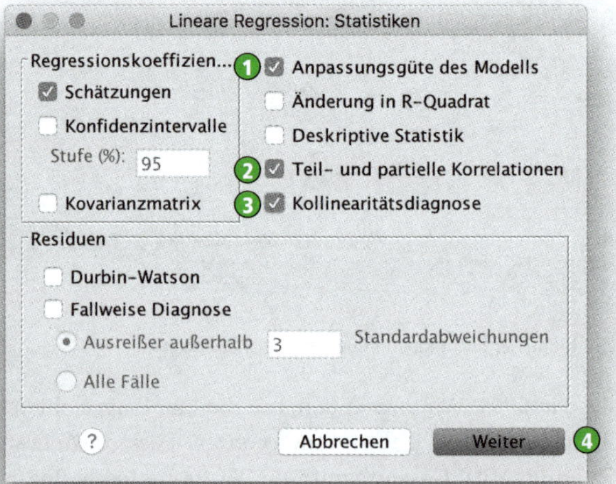

Abbildung 7.28: SPSS-Fenster Lineare Regression: Statistiken

Wenn Sie die Schaltfläche STATISTIKEN... ④ (in *Abbildung 7.27* gezeigt) anklicken, öffnet sich das in ▶*Abbildung 7.28* gezeigte Fenster. Markiert ist in diesem SPSS-Fenster bereits die Option ANPASSUNGSGÜTE DES MODELLS ①. Wählen Sie zusätzlich noch die Optionen TEIL- UND PARTIELLE KORRELATIONEN ② sowie KOLLINEARITÄTSDIAGNOSE ③ (vgl. Abschnitt Voraussetzungen) an. Die Kollinearitätsdiagnose kann Ihnen bei der Interpretation möglicher Probleme im Rahmen der Analyse helfen. Bei den gewählten TEILKORRELATIONEN handelt es sich um die oben besprochenen Semipartialkorrelationen. Klicken Sie dann auf WEITER ④ und sie gelangen wieder in das SPSS-Fenster wie in *Abbildung 7.27* dargestellt. Klicken Sie in diesem Fenster nun auf DIAGRAMME... ⑤. Es öffnet sich dann das in ▶*Abbildung 7.29* dargestellte SPSS-Fenster.

Klicken Sie zunächst auf die Variable *SRESID ③ und dann auf den Pfeil ④ neben dem Kästchen Y. Im Anschluss markieren Sie die Variable *ZPRED ② und klicken dann auf den Pfeil ⑤ neben dem Kästchen X. So erhalten Sie ein für die Voraussetzungsprüfung (siehe folgenden Abschnitt) wichtiges Streudiagramm zur Prüfung der Homoskedastizität. Wir markieren auch noch die Kästchen neben HISTOGRAMM ⑦ und NORMALVERTEILUNGSDIAGRAMM ⑧ für Ausgaben zu weiteren Voraussetzungen der linearen Regression, die wir später noch besprechen. Klicken Sie anschließend auf NÄCHSTE.

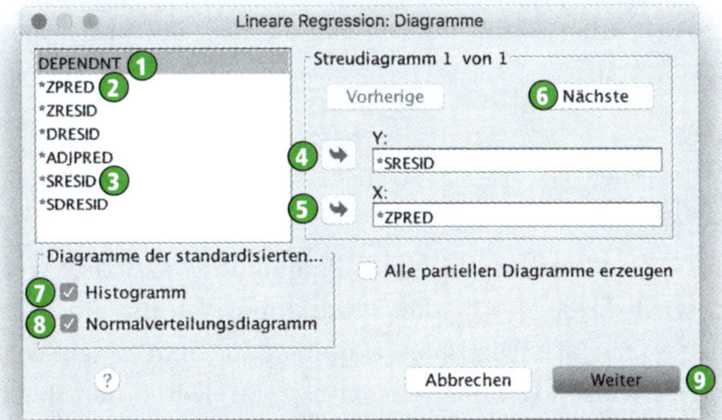

Abbildung 7.29: Schritte zur Erstellung eines Streudiagramms zur grafischen Inspektion von Homoskedastizität

Klicken Sie in diesem SPSS-Fenster (siehe *Abbildung 7.29*) zunächst auf die Variable DEPENDENT ① und dann auf den Pfeil ④ neben dem Kästchen Y:. Im Anschluss markieren Sie wiederum die Variable *ZPRED ② und klicken auf den Pfeil ⑤ neben dem Kästchen X. Sie erhalten so den Zusammenhang zwischen dem durch die Prädiktoren vorhergesagten Kriterium und den Beobachtungswerten im Kriterium wie wir ihn für die *Abbildung 7.24* erhalten haben. Klicken Sie abschließend auf WEITER ⑨, um dieses Fenster zu schließen und zum SPSS-Fenster, wie in *Abbildung 7.27* dargestellt, zurückzukehren. Klicken Sie dort auf BOOTSTRAP.... Es öffnet sich das in ▶*Abbildung 7.30* gezeigte SPSS-Fenster zum Bootstrapping.

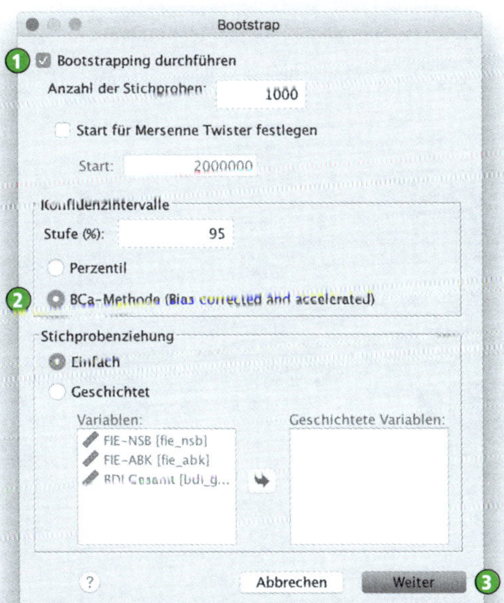

Abbildung 7.30: SPSS-Fenster Bootstrap

Markieren Sie in dem SPSS-Fenster BOOTSTRAP das Kästchen BOOTSTRAPPING DURCHFÜHREN ① und wählen Sie als Methode zur Bestimmung der Konfidenzintervalle die BCA-METHODE ②. Dieses Vorgehen ist notwendig, wenn keine Homoskedastizität als Voraussetzung für die multiple lineare Regression vorliegt. Dies wird im Anschluss noch genauer beschrieben. Klicken Sie auf WEITER ③, um zum in *Abbildung 7.27* gezeigten SPSS-Fenster zurückzukehren. Klicken Sie in diesem Fenster auf OK ⑦.

Lineare multiple Regressionsanalyse in R. Zuerst laden wir die Datendatei mit dem Paket `foreign` (Team, 2015), rufen es mit dem Befehl `library` auf und weisen die Daten einem Objekt zu: `data.regression6`.

```
library (foreign)
data.regression6 <- read.spss("~/desktop/R_Daten/Regression_bsp_6.sav",
   use.value.labels=TRUE, to.data.frame=TRUE, use.missings = to.data.frame)
```

Im Anschluss muss das Modell mithilfe des Befehls `lm` spezifiziert werden. Die abhängige Variable `bdi_ges` wird durch die beiden Prädiktoren `fie_nsb` und `fie_abk` vorhergesagt: `bdi_ges ~ fie_nsb + fie_abk`. Die Daten stammen aus dem Objekt `data.regression6`. Das Ergebnis der Analyse weisen wir dem Objekt `bsp6` zu. Durch den Befehl `summary` mit dem Ergebnis des Befehls `lm` als Argument erhalten wir die Ausgabe in R.

```
bsp6 <- lm(bdi_ges ~ fie_nsb + fie_abk, data=data.regression6)
summary(bsp6)
```

Um die Konfidenzintervalle für die unstandardisierten Werte zu erhalten, ist ein weiterer Befehl nötig:

```
confint(bsp6, level=0.95)
```

Schließlich werden noch die standardisierten Koeffizienten benötigt. Man erhält diese durch das Paket `lm.beta` (Behrendt, 2014). Dazu muss ggfs. zunächst das Paket installiert (`install.packages`) und geladen (`library`) werden.

```
install.packages("lm.beta")
library(lm.beta)
lm.beta(bsp6)
```

In SPSS und R erhält man dann folgende Ergebnis-Ausgaben:

Modellzusammenfassung[b]

Modell	R	R-Quadrat	Korrigiertes R-Quadrat	Standardfehler des Schätzers
1	(1) ,719[a]	(2) ,518	(3) ,512	7,854

a. Einflußvariablen : (Konstatnte), FIE-ABK, FIE-NSB
b. Abhängige Variable: BDI Gesamt

ANOVA[a]

Abhängige Variable: Baseline

Modell		Quadratsumme	df	Mittel der Quadrate	F	Sig.
1	Regression	12443,927	(4) 2	6221,964	(6) 100,858	(7) ,000[b]
	Nicht standardisierte Residuen	11597,832	(5) 188	61,691		
	Gesamt	24041,759	190			

a. Abhängige Variable: BDI Gesamt
b. Einflußvariablen : (Konstatnte), FIE-ABK, FIE-NSB

Residual standard error: 7.854 on 188 degrees of freedom
Multiple R-squared: 0.5176 (2), Adjusted R-squared: 0.5125 (3)
F-statistic: 100.9 (6) on 2 (4) and 188 (5) DF, p-value: < 2.2e-16 (7)

Abbildung 7.31: Ergebnisse in SPSS (obere Tabelle) und R (beginnend mit `Residual`) für die multiple lineare Regression Teil 1

Beide Programme liefern eine relative ähnliche Ausgabe. Die multiple lineare Korrelation beträgt 0.518 ①. Der adjustierte bzw. geschätzte multiple Determinationskoeffizient beträgt 0.512 ②. Das bedeutet 51.2 Prozent der Unterschiede in den Depressivitätswerten können durch Unterschiede in den Werten der Prädiktoren Negative Selbstbewertung und Abhängigkeitskognitionen erklärt werden und umgekehrt. Das adjustierte R^2 beträgt 0.512 ③. Der F-Wert für den Hypothesentest mit der Nullhypothese, dass alle Regressionsgewichte in der Grundgesamtheit null sind, beläuft sich bei zwei Zählerfreiheitsgraden ④ und 188 Nennerfreiheitsgraden ⑤ auf 100.9 ⑥. Die dazugehörige Überschreitungswahrscheinlichkeit lautet 2.2e-16 (15 Nullen hinter dem Komma und dann 22) ⑦, was einem Wert von 0.0000000000000022 entspricht und somit kleiner als der Wert 0.001 ausfällt. Das heißt, die globale Hypothese, dass alle Regressionsgewichte in der Population null sind, kann verworfen werden. Nun können wir die lokalen Signifikanztests und Werte für die Regressionsgewichte betrachten.

Koeffizienten[a]

Modell		Nicht standardisierte Koeefizienten: RegressionskoeffizientB	Nicht standardisierte Koeefizienten: Standardfehler	Standardisierte Koeefizienten: Beta	T	Sig.	Korrelationen: Nullter Ordnung	Korrelationen: Partiell	Korrelationen: Teil
1	(Konstante)	① −2,228	④ 1,830		1,217	⑦ ,225			
	FIE-NSB	② ,771	⑤ ,063	,681	12,192	⑧ ,000	,715	,664	,618
	FIE-ABK	③ ,114	⑥ ,076	,083	1,487	⑨ ,139	,369	,108	,075

a. Abhängige Variable: BDI Gesamt

```
Coefficients:
              Estimate        Std. Error      t value        Pr(>|t|)
(Intercept)   -2.22761 ①     1.83006 ④      -1.217    ⑦    0.225
fie_nsb        0.77115 ②     0.06325 ⑤      12.192    ⑧    <2e-16 ***
fie_abk        0.11357 ③     0.07638 ⑥       1.487    ⑨    0.139
---Signif. codes: 0 '***' 0.001 '**' 0.01 '*' 0.05 '.' 0.1 ' ' 1

Standardized Coefficients:
(Intercept)   fie_nsb       fie_abk
0.00000000    0.68060493    0.08300968
```

Abbildung 7.32: Ergebnisse in SPSS (obere Tabelle) und R (beginnend mit `Coefficients`) für die multiple lineare Regression Teil 2

In ▸*Abbildung 7.32* finden Sie zunächst die unstandardisierten Regressionsgewichte in SPSS unter *Nicht standardisierte Koeffizienten* und in R unter `Estimate`. Die Konstante (bzw. der Intercept) wurde mit minus 2.228 ① geschätzt und stellt den Depressivitätswert dar, den man bei einer Person erwarten würde, die Werte von null in der Variablen Negative Selbstbewertung und Abhängigkeitskognitionen aufweist. Negative Werte im BDI sind nicht definiert, denn es gibt keine „negative" Depressivität. Um die Konstante interpretierbar zu machen, empfiehlt sich in diesem Fall eine Zentrierung der Prädiktoren. Die nicht standardisierten Regressionsgewichte für Negative Selbstbewertung betragen 0.77 ② und für Abhängigkeitskognitionen 0.11 ③. Hält man die Werte der Variable Abhängigkeitskognitionen konstant, führt ein Anstieg um einen Punkt auf der Variable Negative Selbstbewertung zu einem Anstieg von 0.77 ② Punkten in der Depressivität. Während die Überschreitungswahrscheinlichkeit für die Konstante (p = 0.23) ⑦ und das unstandardisierte

Regressionsgewicht der Abhängigkeitskognitionen ($p = 0.139$) ⑨ nicht signifikant werden, ergibt sich für das unstandardisierte Regressionsgewicht der Variablen Negative Selbstbewertung ein signifikantes Regressionsgewicht ($p < 0.001$) ⑧. Teilt man die unstandardisierten Regressionsgewichte durch ihre Standardfehler, ergeben sich die empirischen t-Werte. Die mithilfe der kritischen t-Werte einer t-Verteilung mit der Stichprobengröße minus zwei Freiheitsgraden ($n - 2$) auf Signifikanz geprüft werden können.

Wie oben erklärt, werden Intercept und die unstandardisierten Regressionsgewichte in die Regressionsgleichung eingesetzt, um den konkreten Wert des Kriteriums für jede Person vorherzusagen. Für unser Beispiel ergibt sich also folgende Regressionsgleichung:

$$\hat{y}_{\text{BDI}} = -2.228 + 0.77 \cdot NSB + 0.11 \cdot ABK$$

Die standardisierten Regressionsgewichte sind unter der Rubrik *Standardisierte Koeffizienten* aufgeführt und müssen in R wie beschrieben extra angefordert werden[1]. Sie lauten 0.681 für Negative Selbstbewertung und 0.083 für Abhängigkeitskognitionen (siehe die grünen Rahmen). Damit ist klar, dass die Variable Negative Selbstbewertung einen deutlich besseren Prädiktor für Depressivität darstellt als die Variable Abhängigkeitskognitionen. Inhaltlich bedeutet dies: Hält man die z-Werte auf der Variable Abhängigkeitskognitionen konstant, ändert sich der vorhergesagte Wert in der Depressivität um durchschnittlich 0.681 Standardabweichungen, wenn sich der Wert der Variable Negative Selbstbewertung um eine Standardabweichung verändert.

Semipartialkorrelation in SPSS. Unter der Rubrik *Korrelationen* werden drei Arten ausgegeben: *Nullter Ordnung*, *Partiell* und *Teil*. Die Korrelationen nullter Ordnung geben den Pearson-Produkt-Moment-Korrelationskoeffizienten des jeweiligen Prädiktors mit dem Kriterium an. In unserem Beispiel ergibt sich für die interessanteren Semipartialkorrelationen unter TEIL 0.618 für Negative Selbstbewertung und 0.075 für Abhängigkeitskognitionen.

Semipartialkorrelation in R. In R muss die Ausgabe durch ein anderes Paket angefordert werden. Dazu installieren wir ppcor (Kim, 2015). Mithilfe des Pakets lassen sich alle möglichen Semipartialkorrelationen im Datensatz erstellen:

```
spcor(data.regression6)
```

Man kann aber auch direkt die beiden gewünschten Semipartialkorrelationen anfordern:

```
spcor.test(x=data.regression6$bdi_ges, y=data.regression6$fie_nsb,
   z=data.regression6$fie_abk)

spcor.test(x=data.regression6$bdi_ges, y=data.regression6$fie_abk,
   z=data.regression6$fie_nsb)
```

1 Eine Alternative besteht darin, die Variablen direkt in der R-Funktion zu standardisieren:

```
bsp6b <- lm(scale(bdi_ges, center=T, scale=T) ~
scale(fie_nsb, center=T, scale=T) + scale(fie_abk, center=T, scale =T),
          data=data.regression6)
summary(bsp6b)
```

In der Ausgabe sind die entsprechenden Semipartialkorrelationen in Fettdruck dargestellt. Relevant ist die Korrelation zwischen `fie_abk` und `bdi_ges` sowie `fie_nsb` mit `bdi_ges`. Aus `fie_abk` wird `fie_nsb` auspartialisiert und aus `fie_nsb` wird `fie_abk` auspartialisiert. Mit den jeweiligen Residuen (also der Varianz, die nach der Auspartialisierung übrigbleibt) wird dann `bdi_ges` korreliert. Der Befehl wird mit dem Argument `data.regression6` angegeben. Damit werden alle Semipartialkorrelationen der Variablen im Objekt `data.regression6` angegeben.

```
install.packages("ppcor")

library (ppcor)
spcor(data.regression6)
```

Es ergibt sich folgender Output:

```
$estimate
          fie_nsb    fie_abk    bdi_ges
fie_nsb 1.0000000 0.16805892 0.60297398
fie_abk 0.2235788 1.00000000 0.09783656
bdi_ges 0.6175946 0.07532465 1.00000000
```

In der Spalte PARTIELL in SPSS werden die Partialkorrelationen angegeben (siehe Exkurs für eine Anleitung zu R) und unter TEIL die Semipartialkorrelationen.

Die quadrierten Semipartialkorrelationen geben an, wie viel einzigartige gemeinsame Variation ein Prädiktor mit dem Kriterium teilt: Für die Variable Abhängigkeitskognitionen beträgt die gemeinsame Varianz mit dem Kriterium etwa 0.6 Prozent (0.075^2) und für die Variable Negative Selbstbewertung etwa 38 Prozent (0.618^2). Betrachtet man die Spalte mit den Korrelationen Nullter Ordnung, die den Pearson-Korrelationen der Prädiktoren mit dem Kriterium entsprechen, fällt auf, dass beide Prädiktoren Negative Selbstbewertung ($r = 0.715$, $r^2 = 0.51$) und Abhängigkeitskognitionen ($r = 0.369$, $r^2 = 0.14$) mit den Depressivitätswerten höher korrelieren als ihre Semipartialkorrelationen. Die Variable Negative Selbstbewertung und die Variable Abhängigkeitskognitionen korrelieren 0.42 (hier nicht dargestellt) miteinander, das entspricht einem gemeinsamen Varianzanteil von 18 Prozent. Die Variable Negative Selbstbewertung teilt mit der Variablen Depressivität 51 Prozent gemeinsame Varianz, davon sind 38 Prozent ihr einzigartiger Varianzanteil. Wie man an dem multiplen Determinationskoeffizienten (R^2) sehen kann, teilen beide Prädiktoren 52 Prozent gemeinsame Varianz mit den Depressivitätswerten. Damit verbleiben etwa 14 Prozent der Variation übrig, die sich auf zwei Quellen aufteilen (52 % − 38 % = 14 %). Die einzigartige Variation, die die Variable Abhängigkeitskognitionen mit dem Kriterium teilt, und die gemeinsame Variation, die die beiden Variablen gemeinsam mit dem Kriterium teilen. Den einzigartigen Varianzanteil, den die Variable Abhängigkeitskognitionen mit dem Kriterium teilt, kennen wir, er beträgt 0.6 Prozent (quadrierte Semipartialkorrelation). Damit muss der gemeinsame Anteil der beiden FIE-Skalen mit dem Kriterium 14 minus 0.6 Prozent betragen, also circa 13 Prozent. Ziehen wir diese 13 Prozent von der gemeinsamen Varianz zwischen den beiden FIE-Variablen ab erhalten wir fünf Prozent gemeinsame Varianz (18 % − 13 % = 5 %), den beide FIE-Variablen nicht mit dem Kriterium teilen. Man kann für unser Beispiel die Varianzanteile, wie in ▶*Abbildung 7.33* dargestellt, den entsprechenden Flächen zuteilen.

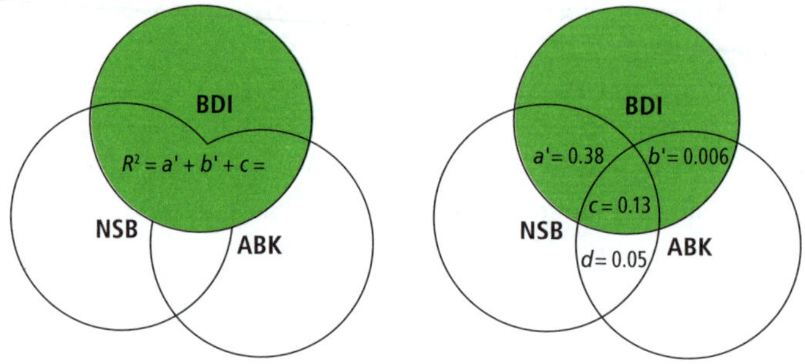

Abbildung 7.33: Darstellung der Varianzzerlegung

Um eine Gesamtübersicht über die Regressionsgewichte und verschiedenen Korrelationen auch in R zu erzeugen, kann der folgende Code genutzt und auch für andere Modelle mit mehr Prädiktoren angepasst werden:

```
corrs <- corr.test(data.regression6) #Erstellen der Korrelationen
cs <- corrs$r[1:2,3] #Auslesen der Kriteriumskorrelationen
spcorrs <- spcor(data.regression6) #Erstellen der Semipartialkorrelationen
scs <- spcorrs$estimate[3,1:2] #Auslesen der relevanten Semipartialkorrelationen
pcorrs <- pcor(data.regression6) #Erstellen der Partialkorrelationen
pcs <- pcorrs$estimate[1:2,3] #Auslesen der relevanten Korrelationen
allcorrs <- cbind(bsp6$coefficients[2:3], bsp6b$coefficients[2:3],cs, pcs, scs)
   #Zusammenfügen und Hinzufügen der Regressionsgewichte
colnames(allcorrs) <- c("b", "beta", "Zero-Order", "Partial","Semipartial")
   #Benennen der Spalten
round(allcorrs,3) #Ausgabe und Runden
```

7.2.6 Voraussetzungen für die lineare Regression

Um die enthaltenen Signifikanztests rechnen zu können, sind bestimmte Voraussetzungen zu beachten. Man unterscheidet generell, ob die unabhängigen Variablen (x_i) fest oder stochastisch (X_i) sind. Man spricht auch von festen bzw. stochastischen Regressoren. Feste Regressoren liegen vor, wenn es sich bei den unabhängigen Variablen um experimentell variierte Variablen handelt, die in einer wiederholten Untersuchung wieder genauso operationalisiert werden (z. B. Therapie ja/nein, Merkmale wie Geschlecht, Dummy-Variablen). In den meisten Fällen handelt es sich in sozialwissenschaftlichen Untersuchungen um stochastische Regressoren und damit um Zufallsvariablen. Für diesen Fall muss gelten, dass die unabhängigen Variablen nicht mit dem Fehler der abhängigen Variablen korreliert sind ($r_{X,E} = 0$). Zudem muss gelten:

- Variablen hängen linear zusammen
- Konstante Varianz der Fehler (was auch als Homoskedastizität bezeichnet wird)
- Normalverteilung der Fehler
- Unabhängigkeit der Beobachtungen (bzw. äquivalent: Fehler sind voneinander unabhängig)

Weiterhin sind folgende Punkte zu beachten:

- Keine Kollinearität, das heißt kein Prädiktor ist perfekt linear aus den übrigen Prädiktoren vorhersagbar
- Perfekte Reliabilität der Prädiktoren und Kriterien

Die genannten Annahmen im Regressionsmodell beziehen sich vorwiegend auf den sogenannten Fehler in der Regressionsgleichung. Im Folgenden werden die genannten Voraussetzungen näher erläutert.

Linearität. **Linearität** bedeutet, dass die Zusammenhänge zwischen den Prädiktoren und dem Kriterium linear sind. Diese Annahme steckt schon im Modell der linearen Regression. Wir können dazu die Streudiagramme der *Abbildung 7.12*, *Abbildung 7.13*, *Abbildung 7.14* betrachten. Es ergeben sich in allen Streudiagrammen Zusammenhänge, die mithilfe linearer Korrelationskoeffizienten beschrieben werden können. Linearität ist häufig durch **Ausreißerwerte** bedroht oder wird erst durch Ausreißerwerte hergestellt. Ausreißerwerte können verschiedene Ursachen haben und einen Zusammenhang vortäuschen, der sich nur durch einen oder wenige Werte ergibt. Ursachen sind (1) Eingabefehler und (2) inhaltliche Gründe.

Korrelationen

		Neurotizismus (Summenwert)	Extraversion (Summenwert)
Neurotizismus (Summenwert)	Korrelation nach Pearson	1	-,211*
	Signifikanz (2-seitig)		,033
	N	102	102
Extraversion (Summenwert)	Korrelation nach Pearson	-,211*	1
	Signifikanz (2-seitig)	,033	
	N	102	102

*. Die Korrelation ist auf dem Niveau von 0,05 (2-seitig) signifikant.

Korrelationen

		Neurotizismus (Summenwert)	Extraversion (Summenwert)
Neurotizismus (Summenwert)	Korrelation nach Pearson	1	-,381**
	Signifikanz (2-seitig)		,000
	N	101	101
Extraversion (Summenwert)	Korrelation nach Pearson	-,381**	1
	Signifikanz (2-seitig)	,000	
	N	101	101

**. Die Korrelation ist auf dem Niveau von 0,01 (2-seitig) signifikant.

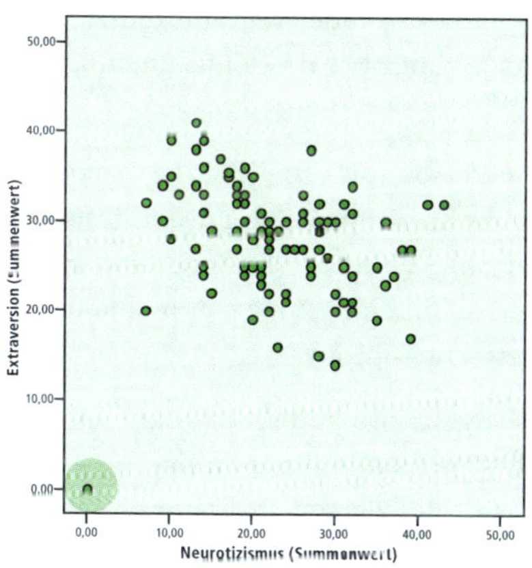

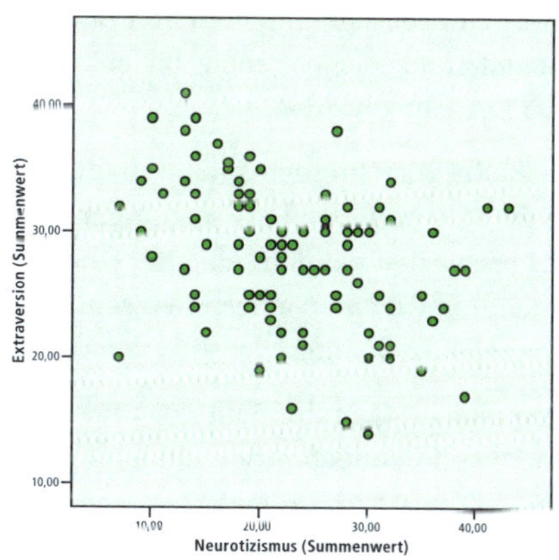

Abbildung 7.34: Darstellung des Einflusses von Ausreißerwerten auf eine Korrelation

(1) In ▶*Abbildung 7.34* haben wir einen **Eingabefehler** eingebaut. Es geht um den Zusammenhang zwischen Extraversion und Neurotizismus. In der linken Grafik der Abbildung ist eine Person zu sehen, die auf beiden Skalen den Wert null erzielt, mit einem Kreis umrandet. Dieser Eingabefehler reduziert die Korrelation von minus 0.38 (siehe SPSS-Ausgabe in rechter Grafik über Streudiagramm) auf minus 0.21 (siehe SPSS-Ausgabe in linker Grafik über Streudiagramm). Es handelt sich hier um 101 Personen und damit um relativ

viele Personen. Je geringer die Stichprobengröße ausfällt, desto stärker können Ausreißer den Wert der Korrelation verzerren. Wir empfehlen grundsätzlich, jede Korrelation mithilfe von Streudiagrammen zu betrachten. In der rechten Grafik ist zum Vergleich das Streudiagramm ohne Eingabefehler dargestellt. Auf Eingabefehler sollte der Datensatz vor der Verwendung geprüft werden. Man kann sich beispielsweise im Rahmen der deskriptiven Statistiken den minimalen und den maximal erzielten Wert für jede Variable anzeigen lassen (siehe Kapitel 2). Werden auffällige Werte festgestellt, kann für die entsprechenden Variablen mit dem Befehl [STRG] [+] [F] im SPSS-Variablenfenster der entsprechende Wert gesucht werden. In R nutzt man den Befehl `df[df$variable > x,]` oder `df[df$variable < x,]`. Dabei steht `df` für den Namen des Datensatzes, `variable` für den Namen der Variable und `x` für einen Cut-Off Wert.

(2) Es stellt sich die Frage, wann ein Ausreißer als solcher zu bezeichnen ist. Nehmen wir an, dass die untersuchte Variable normalverteilt ist und wir 100 Personen untersucht haben, dann wäre es nicht zu erwarten, dass wir zehn Personen beobachten, deren Werte über drei Standardabweichungen vom Mittelwert entfernt liegen. Bei einer Normalverteilung werden innerhalb von drei Standardabweichungen um den Mittelwert etwa 99 Prozent der Werte erwartet. Wir würden also in unserer Stichprobe unter Annahme der Normalverteilung höchstens eine Person mit einem Wert von drei Standardabweichungen über oder unter dem Mittelwert erwarten. Daraus leitet sich die häufig angewandte Regel ab, alle Werte, die drei Standardabweichungen vom Mittelwert entfernt liegen, einfach auszuschließen.

Wir schlagen an dieser Stelle alternativ folgendes vor: **Bevor eine Person aus dem Datensatz entfernt wird, sollten die Streudiagramme betrachtet werden.** Sind im Streudiagramm Punkte zu beobachten, die an den Enden der Regressionsgerade weit von dieser nach oben oder unten abweichen, sollte für eine solche Person zunächst das Untersuchungsprotokoll näher betrachtet werden.

Eine Reihe von Gründen spricht dafür, eine solche Person mit ihren Werten aus dem Datensatz zu entfernen, weil sie ungültig sind: Beispielsweise kann während der Testung Ermüdung beobachtet worden sein oder eine sichtlich nachlassende Motivation, Instruktionsmissverständnisse können aufgetreten sein oder die Person unterscheidet sich in demografischen Merkmalen (z. B. Alter) deutlich von der betrachteten Stichprobe.

Liegen solche Gründe nicht vor und die Analyseergebnisse ändern sich gravierend, kann eine Person dennoch ausgeschlossen werden. Dies muss allerdings in der Arbeit entsprechend vermerkt und die alternativen Ergebnisse mit der Person im Datensatz transparent angegeben werden.

Eine bessere und fundiertere Hilfe zur Diagnostik von Ausreißern als die Verwendung von Histogrammen im Rahmen der multiplen linearen Regression bietet die im folgenden Abschnitt dargestellte Cooks-Distanz.

Auffällige Abweichungen. Wenn wir ein Histogramm oder einen Boxplot betrachten, stellen **Ausreißer** oder **Extremwerte** Werte dar, die weit vom Mittelwert entfernt liegen, sogenannte **unkonditionale auffällige Abweichungen** vom Mittelwert. Im Rahmen der Regressionsanalyse betrachtet man **konditionale auffällige Abweichungen**: Sie liegen vor, wenn der vorhergesagte Wert einer Person stark von seinem Beobachtungswert abweicht ($e_v = y_v - \hat{y}_v$). Man bezeichnet eine solche Differenz als einfaches Residuum. Ob dieses Residuum groß oder klein ausgefallen ist, kann nur schwer gesagt werden, denn die Größe des Unterschieds hängt von der Einheit ab.

Standardisiertes Residuum. Um diese Differenz unabhängig von der Einheit interpretieren zu können, wird sie standardisiert oder studentisiert. Ein **standardisiertes Residuum** erhält man, wenn man e_v durch die geschätzte Standardabweichung der Residuen $\hat{\sigma}_e$ teilt: $\frac{e_v}{\hat{\sigma}_e}$.

Interne studentisierte Residuen. Allerdings wäre es besser, das Residuum nicht durch die geschätzte Standardabweichung zu teilen, sondern durch ihren geschätzten Standardfehler:

$$\widehat{SE}_e = \sqrt{1-h_v} \cdot \hat{\sigma}_e$$

h_v = Hat-Wert der Person v

$\hat{\sigma}_e$ = geschätzte Standardabweichung des Residuums

$\widehat{SE}_e$ = geschätzter Standardfehler des Residuums

Man nennt das daraus resultierende Residuum **Internally Studentized Residual** (in SPSS: studentisiertes Residuum):

$$t_v = \frac{e_v}{\hat{\sigma}_e \cdot \sqrt{1-h_v}}$$

Es wird verwendet, da die normalen standardisierten Residuen nicht homoskedastisch sind, auch wenn die Fehler in der Population es tatsächlich wären.

Hat-Werte. Unter dem h_v-Wert (**hat-value**) versteht man bei einer einfachen linearen Regression etwas vereinfacht dargestellt die Abweichung vom x Mittelwert, bei der multiplen linearen Regression die Abweichung vom Zentroid der x_i-Werte (Fox, 2008, S. 245). Wenn wir ein bivariates Streudiagramm mit x_1 und x_2 als Prädiktoren betrachten und für beide Variablen den Mittelwert auf der jeweiligen Achse mit einer Gerade einzeichnen, dann ist der Zentroid der Schnittpunkt beider Geraden auf der Fläche. Der Punkt wird etwas anschaulicher auch als **Schwerpunkt** bezeichnet.

Externe studentisierte Residuen. Man unterscheidet von den **Internally Studentized Residuals** die **Externally Studentized Residuals** (in SPSS: studentisiert, ausgeschlossen). Zur Berechnung der studentisierten ausgeschlossenen Residuen löschen wir die Person, die wir betrachten, aus dem Datensatz und führen auf Basis der Anzahl der verbliebenen Personen minus eins erneut eine Regressionsanalyse durch und ermitteln den geschätzten Standardfehler ($\hat{\sigma}_{e(-1)}$), wodurch wir eine Abweichung erhalten, die t-verteilt ist.

$$t_v^* = \frac{y_v - \hat{y}_v}{\hat{\sigma}_{e(-1)} \cdot \sqrt{1-h_v}} = \frac{e_v}{\hat{\sigma}_{e(-1)} \cdot \sqrt{1-h_v}}$$

Cooks Distance. In R kann eine Analyse vorgenommen werden, die einflussreiche Ausreißer anhand einer Grafik anzeigt. Cook (1977) schlug vor, eine Statistik zu berechnen, die beides, Personen mit hoher **Hebelwirkung (leverage)**

$$\left(\frac{h_v}{1-h_v}\right)$$

und Personen, die ein hohes **studentisiertes Residuum**

$$\left(t_v = \frac{e_v}{\hat{\sigma}_e \cdot \sqrt{1-h_v}}\right)$$

aufweisen, identifiziert. Die **Cooks-Distanz** wird dann wie folgt bestimmt:

$$d_{v_{Cook}} = \frac{t_v^2}{k+1} \cdot \frac{h_v}{1-h_v}$$

Auffällig sind Beobachtungen mit großen Kreisen. In ▶*Abbildung 7.35* ist also vor allem die Cooks-Distanz von Person 32 auffällig.

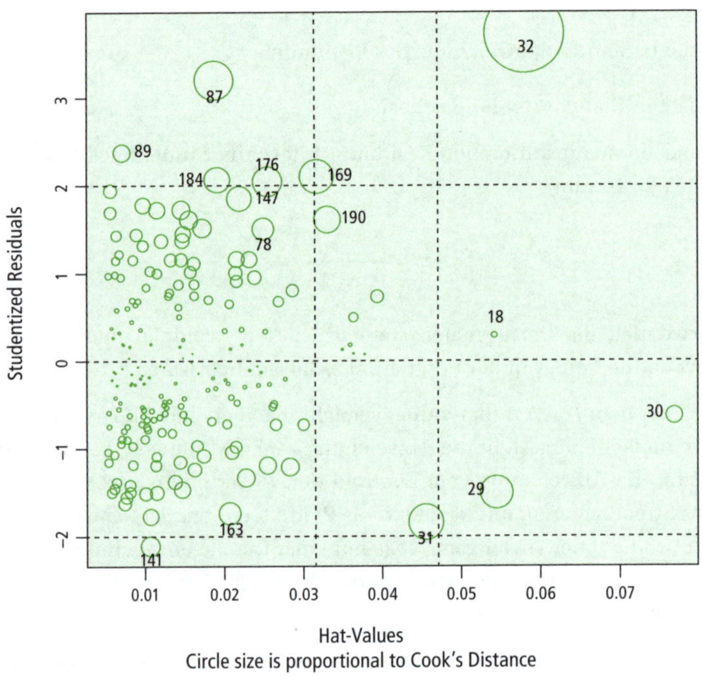

Abbildung 7.35: Grafik zur Identifizierung von Ausreißern im Rahmen der multiplen linearen Regression

Ausreißeranalyse in R. In R kann diese Grafik wie folgt ermittelt werden. Wir installieren ggfs. das Paket `car` (Fox & Weisberg, 2010) und rufen es mithilfe von `library` auf. Der Befehl für die Ausreißeranalyse ist `influencePlot`.

```
install.packages(car)
library (car)
influencePlot(bsp6, id.method="identify", sub="Circle size is proportial to
  Cook's Distance" )
```

Wir erinnern uns, dass wir im Objekt `bsp6` die Ergebnisse der Regressionsanalyse abgelegt haben (`bsp6<- lm(bdi_ges ~ fie_nsb + fie_abk, data=data.regression6)`).

Es öffnet sich dann die Grafik in *Abbildung 7.35*. Um die Personen zu identifizieren, die auffällig sind, klicken Sie in die entsprechenden Kreise. Mit der [ESC]-Taste beenden Sie die Auswahl, und durch Schließen des Fensters kehren sie zu R zurück. Würden bei Ausschluss der Person 32 erheblich andere Schätzungen der multiplen Korrelation und der Regressionsgewichte auftreten, würde man das Testprotokoll der Person noch einmal anschauen (ebenso wie die anderen Daten der Person) und die Person dann ggfs. aus dem Datensatz entfernen. Es ist wichtig, solche Selektionsprozesse transparent darzustellen.

Definition

Homoskedastizität bedeutet, dass die Varianz des Fehlers in allen Bereichen der beobachteten Variablen gleich ist.

Prüfung von Homoskedastizität. Homoskedastizität ist eine Voraussetzung für die im Rahmen der Regressionsanalyse durchgeführten Signifikanztests, die jedoch selten erfüllt ist. Es gibt zwei Möglichkeiten auf Homoskedastizität zu schließen. Erstens kann man direkt auf Homoskedastizität über einen Hypothesentest (z. B. **Breusch-Pagan-Test**) schließen und zweitens indirekt über eine grafische Inspektion. Diese Möglichkeiten werden hier besprochen. Die grafische Prüfung lässt sich auch mit SPSS oder R durchführen, die Hypothesentests zu Homoskedastizität lassen sich nur in R durchführen.

Scatterplot Homoskedastizität in SPSS. Diese Voraussetzung kann grafisch bzw. deskriptiv an den Residuen mithilfe eines Streudiagramms in SPSS geprüft werden, das in ▶*Abbildung 7.38* dargestellt ist.

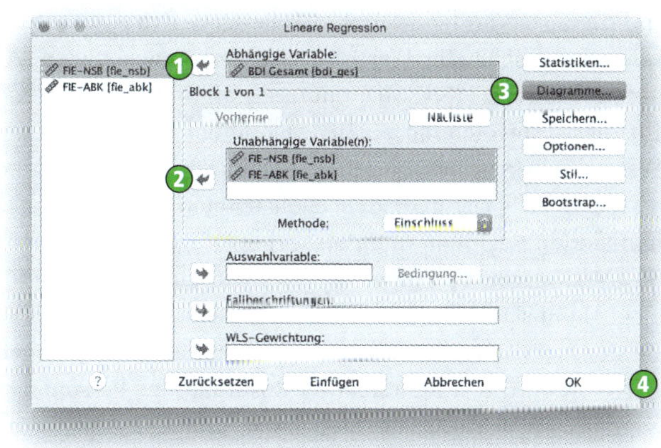

Abbildung 7.36: Schritte zur Erstellung eines Streudiagramms zur grafischen Inspektion von Homoskedastizität Teil 1

Man erhält das Streudiagramm durch folgende Vorgehensweise: Klicken Sie auf ANALYSIEREN → REGRESSION → LINEAR in der Menüleiste von SPSS. In dem sich öffnenden Fenster klicken Sie auf die Variable „BDI Gesamt“ und dann auf den Pfeil neben dem Kästchen ABHÄNGIGE VARIABLE: ①. In einem weiteren Schritt markieren Sie jeweils die Variable „FIE-NSB“

und „FIE-ABK" und klicken jeweils auf den Pfeil neben dem Kästchen für UNABHÄNGIGE VARIABLE(N): ❷. Klicken Sie nun auf die Schaltfläche DIAGRAMME... ❸. Es öffnet sich das SPSS-Fenster wie in ▶*Abbildung 7.37* abgebildet.

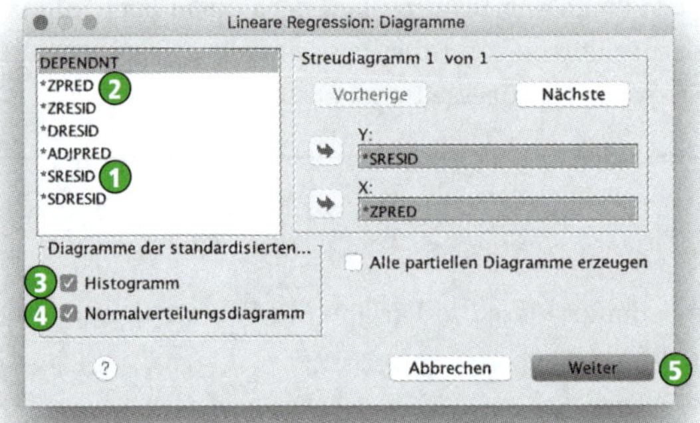

Abbildung 7.37: Schritte zur Erstellung eines Streudiagramms zur grafischen Inspektion von Homoskedastizität Teil 2

Klicken Sie in diesem SPSS-Fenster zunächst auf die Variable *SRESID (*internally studentized residuals*) ❶ und dann auf den Pfeil neben dem Kästchen Y. Im Anschluss markieren Sie die Variable *ZPRED ❷ und klicken auf den Pfeil neben dem Kästchen X. Markieren Sie auch noch die Kästchen neben HISTOGRAMM ❸ und NORMALVERTEILUNGSDIAGRAMM ❹ für Ausgaben zu den Voraussetzungen der linearen Regression, die wir später noch kennenlernen, und klicken Sie schließlich auf WEITER ❺. Im Anschluss klicken Sie in dem bereits bekannten SPSS-Fenster (▶*Abbildung 7.36*) auf OK ❹. Betrachten wir zunächst das Streudiagramm in *Abbildung 7.38*, das wir im SPSS-Ausgabefenster erhalten.

Auf der x-Achse sind die z-standardisierten vorhergesagten Kriteriumswerte $z_{\hat{Y}_v}$ (*ZPRED, Regression standardisierter geschätzter Wert) für jede Person abgetragen. Auf der y-Achse sind die studentisierten Residuen (*SRESID, *internally studentized residuals*) für jede Person abgetragen. Fällt diese Abweichung positiv aus, fallen die vorhergesagten gegenüber den beobachteten Werten zu gering aus. Negative Residuen weisen hingegen auf eine Überschätzung der vorhergesagten gegenüber den beobachteten Werten hin. Die Korrelation zwischen den studentisierten Residuen und den vorhergesagten Werten beträgt null. Daher verläuft auch die Regressionsgerade immer als Parallele zur x-Achse und schneidet die y-Achse bei null. Liegt Homoskedastizität vor, streuen die vorhergesagten Werte gleichmäßig um diese Regressionsgerade nach oben und nach unten und es ergeben sich keine Lücken. Mit anderen Worten, die studentisierten Residuen der Personen streuen für alle vorhergesagten bzw. gefitteten Werte auf der x-Achse im gleichen Ausmaß um die Regressionsgerade. Man kann nun an den verwendeten Linien zur Begrenzung der Punkte erkennen, dass diese Voraussetzungen nicht erfüllt sind. Die studentisierten Residuen streuen nach oben bis +3 und nach unten bis knapp unter –2. Die Form der zur Begrenzung der Punktwolke von uns verwendeten Linien deutet an, dass im unteren Bereich – unter null – der standardisierten vorhergesagten bzw. gefitteten Werte (in der Abbildung oben: Regression standardisierter geschätzter Werte) die Varianz der Residuen geringer ist als im oberen

Bereich – über null. Somit kann durch die grafische Inspektion des Streudiagramms nicht von Homoskedastizität ausgegangen werden.

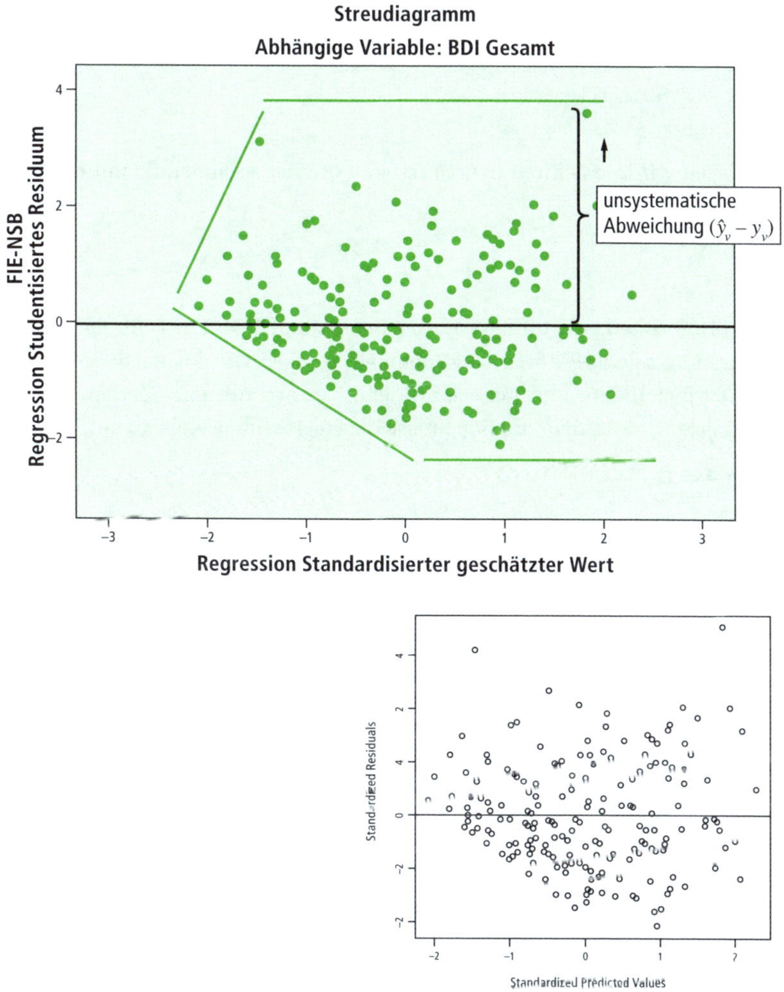

Abbildung 7.38: Darstellung eines Streudiagramms zur Prüfung von Homoskedastizität in SPSS (links) und R (rechts)

Scatterplot Homoskedastizität in R. Eine ähnliche Abbildung kann auch in R erzeugt werden (vgl. *Abbildung 7.38*, rechts). Dazu nutzen wir das Objekt `bsp6` (hierin hatten wir die Ergebnisse der Regressionsanalyse abgelegt: `bsp6 <- lm(bdi_ges ~ fie_nsb + fie_abk, data=data.regression6)`) und die Funktionen `fitted()` und `rstandard()`, um die vorhergesagten Werte und die internally studentized Residuen abzurufen. Zudem nutzen wir den Befehl `scale`, um die gefitteten Werte direkt zu standardisieren.

```
zpred <- scale(fitted(bsp6), center=T, scale=T)
sres <- rstandard(bsp6)
```

Nun, da wir die Werte haben, lassen wir ein Streudiagramm erstellen:

```
plot(x=zpred, y=sres, main="Streudiagramm
studentisierter Residuen ~
standardisierte vorhergesagte Werte",
xlab="standardisierte vorhergesagte
Werte", ylab="studentisierte Residuen",
pch=16,cex=0.8, col="darkgreen")
```

Schließlich legen wir in das Streudiagramm noch die Regressionslinie mit der Konstanten a=0 und der Steigung b=0:

```
abline(a=0,b=0)
```

Überprüfung Homoskedastizität in R. Es existieren auch Tests zur Prüfung von Homoskedastizität. Um eine solche Prüfung vorzunehmen, müssen wir das Paket lmtest (Zeileis & Hothorn, 2002) installieren und über den Befehl library aufrufen. Zudem benötigen wir wieder das Objekt bsp6, in dem die Ergebnisse der Regression abgelegt sind.

```
install.packages("lmtest")
library(lmtest)
```

Um die angestrebte Prüfung auszuführen, nutzen wir den Befehl bptest():

```
bptest(bsp6)
data:  bsp6
BP = 9.3768, df = 2, p-value = 0.009201 (1)
```

Wie wir sehen, wird auch hier die Annahme der Homoskedastizität als Nullhypothese verworfen ($p = 0.009201$ (1)), und wir gehen davon aus, dass in der Grundgesamtheit keine Homoskedastizität vorliegt sondern **Heteroskedastizität**.

Auswirkung von Heteroskedastizität. Liegt Heteroskedastizität vor, hat dies keine Auswirkung auf die Punktschätzung der Regressionsgewichte oder des multiplen Determinationskoeffizienten, die immer noch erwartungstreu sind. Heteroskedastizität beeinflusst jedoch die Konfidenzintervalle und die Signifikanzprüfung der genannten Größen. Die verwendeten *F*- und *t*-Verteilungen mit ihren Freiheitsgraden sind nicht mehr gültig. Man müsste korrigierte bzw. robuste Prüfgrößen berechnen oder Überschreitungswahrscheinlichkeiten, die aus einer Bootstrap-Methode resultieren, verwenden.

Korrektur bei Heteroskedastizität. Wir haben in SPSS bereits BOOTSTRAP... als Methode angefordert (vgl. *Abbildung 7.27*). Die Bootstrap-Methode funktioniert wie folgt: Es wird tausend Mal aus der Stichprobe von 191 Personen mit Zurücklegen eine Stichprobe derselben Größe gezogen. Damit können beim Ziehen auch Personen mehrfach in die neu gezogenen Stichproben aufgenommen werden. In den 1000 Stichproben wird jeweils immer die interessierende Größe, z. B. das Regressionsgewicht für Negative Selbstbewertung, geschätzt. Es ergeben sich durch die unterschiedlichen Stichproben auch 1000 unterschiedliche Werte für das Regressionsgewicht Negative Selbstbewertung. Nun erstellt man zunächst eine Verteilung dieser Regressionsgewichte. Im Anschluss bestimmt man dann die Werte der Verteilung und damit auch die Regressionsgewichte der Verteilung, die jeweils die unteren und oberen 2.5 Prozent der 1000 Regressionsgewichte abschneiden. Wie in ▶*Abbildung 7.39* dargestellt, erhält man so die oberen und unteren Werte für das Regressionsgewicht der Variable Negative Selbstbewertung für das Konfidenzintervall ❸. Das **Bias-Corrected Bootstrap Intervall (BCa)** korrigiert zusätzlich noch für die Schiefe in der Population (Fritz & MacKinnon, 2007). Die Standardfehler ❶ der Regressionsgewichte und der Intercepts werden ebenfalls angegeben sowie die Signifikanz aus dem Bootstrap-Verfahren für den Intercept und die Regressionsgewichte ❷. Die Signifikanzen für die Regressionsgewichte und den Intercept unterscheiden sich deutlich für das „normale" Vorgehen (Intercept $p = 0.229$, FIE-NSB $p < 0.001$, FIE-ABK $p = 0.139$) und das Bootstrap-Verfahren (Intercept $p = 0.158$, FIE-NSB $p = 0.001$, FIE-ABK $p = 0.179$). Nachdem keine Homoskedastizität vorliegt, stellen die Bootstrapergebnisse bessere Schätzwerte für den Standardfehler, die Überschreitungswahrscheinlichkeiten und die Konfidenzintervalle dar.

Bootstrap für Koeffizienten

Modell		Regressionskoeffizient B	Bootstrap[a]				
			Verzerrung	❶ Standardfehler	❷ Sig. (2-seitig)	❸ BCa 95% Konfidenzintervall	
						Unterer Wert	Oberer Wert
1	(Konstante)	-2,228	,099	1,617	,158	-5,515	1,289
	FIE-NSB	,771	-,002	,078	,001	,623	,921
	FIE-ABK	,114	-,004	,085	,179	-,073	,270

a. Sofern nicht anders angegeben, beruhen die Bootstrap-Ergebnisse auf 1000 Bootstrap-Stichproben

Abbildung 7.39: Bootstrap-Koeffizienten in SPSS

Bootstrap-Regressionskoeffizienten in R. Eine ähnliche Ausgabe kann auch mit R erzeugt werden. Dazu muss zunächst das Paket `boot` installiert und mit dem Befehl `library` aufgerufen werden. In der folgenden Darstellung sind die Stellen in der Syntax, die für die Berechnung eines neuen Modells verändert oder angepasst werden müssen, grau hinterlegt. Es handelt sich um die Formel (`formula=`) und die Daten (`data=`).

```
install.packages("boot")
library(boot)
bs <- function(data, i, formula) {
    d <- data[i, ]
    fit <- lm(formula, data=d)
    return(coef(fit))
}
results <- boot(data = data.regression6,   statistic=bs,
               R=1000, formula= bdi_ges ~ fie_nsb +  fie_abk)
results
```

Es ergeben sich folgende Ergebnisse:

```
ORDINARY NONPARAMETRIC BOOTSTRAP
Call:
boot(data = data.regression6, statistic = bs, R = 1000, formula = bdi_ges ~
    fie_nsb + fie_abk)
Bootstrap Statistics :
         original     bias            std. error
t1*      -2.2276142   -0.0042155540   1.60047785 ❶
t2*      0.7711465    0.0009235184    0.07792935 ❶
t3*      0.1135723    -0.0017205198   0.08587848 ❶
```

Diese lassen sich auch grafisch veranschaulichen:

```
plot(results, index=1) # intercept
plot(results, index=2) # fie_nsb
plot(results, index=3) # fie_abk
```

Schließlich lassen wir die eigentlichen Konfidenzintervalle ausgeben:

```
boot.ci(boot.out = results, conf=.95, type="bca", index=1) # intercept
boot.ci(boot.out = results, conf=.95, type="bca", index=2) # fie_nsb
boot.ci(boot.out = results, conf=.95, type="bca", index=3) # fie_abk
```

Beim Argument type kann man auch "all" angeben und erhält dann Ergebnisse einer Reihe weiterer Verfahren. Hier haben wir uns auf das Verfahren "bca" (*bias corrected*) beschränkt. Über den Wert hinter dem Argument conf wird die Sicherheitswahrscheinlichkeit bestimmt, die beim Erstellen des Konfidenzintervalls genutzt wird.

```
BOOTSTRAP CONFIDENCE INTERVAL CALCULATIONS
Based on 1000 bootstrap replicates
CALL :
boot.ci(boot.out = results, type = "bca", index = 1)
Intervals :
Level      BCa
95%   (-5.659,  0.745 ) ❸
Calculations and Intervals on Original Scale

BOOTSTRAP CONFIDENCE INTERVAL CALCULATIONS
Based on 1000 bootstrap replicates
CALL :
boot.ci(boot.out = results, type = "bca", index = 2)
Intervals :
Level      BCa
95%   ( 0.6330,  0.9409 ) ❸
Calculations and Intervals on Original Scale

BOOTSTRAP CONFIDENCE INTERVAL CALCULATIONS
Based on 1000 bootstrap replicates
CALL :
boot.ci(boot.out = results, type = "bca", index = 3)
Intervals :
Level      BCa
95%   (-0.0652,  0.2715 ) ❸
Calculations and Intervals on Original Scale
```

Es ergeben sich Unterschiede zwischen SPSS und R in der Ausgabe der Bootstrapergebnisse: Intercept SPSS (−5.515;1.289); Intercept R (−5.659;0.745); FIE_NSB SPSS (0.623;0.921); FIE_NSB R (0.633;0.941) und FIE_ABK SPSS (−0.073;0.270); FIE_ABK R (−0.065;0.272). Zudem ist es wahrscheinlich, dass Sie zuhause beim Nachrechnen wieder andere Ergebnisse in R erhalten. Dies resultiert aus der unterschiedlichen Stichprobenziehung, die im Falle von R und SPSS jedes Mal aufs Neue als Zufallsprozess abläuft. Es wäre hier zu überlegen, ob man die Anzahl der Bootstrapstichproben erhöht, um vergleichbarere Ergebnisse zu erzielen.

Bootstrap des Determinationskoeffizienten in R. Zusätzlich kann in R noch ein Bootstrap-Verfahren für den multiplen Determinationskoeffizienten R^2 durchgeführt werden. Dies kann mit der folgenden Syntax erfolgen.

```
library(boot)
rsq <- function(data, i, formula) {
    d <- data[i,]
    fit <- lm(formula, data=d)
    return(summary(fit)$r.square)
}
results <- boot(data=data.regression6, statistic=rsq, R=1000, formula = bdi_ges ~
fie_nsb + fie_abk)
results
plot(results)
boot.ci(boot.out = results, conf=.95, type="bca")
```

Folgende Ergebnisse zeigt die R-Ausgabe:

```
ORDINARY NONPARAMETRIC BOOTSTRAP
Call:
boot(data = data.regression6, statistic = rsq, R = 1000, formula =
   bdi_ges ~ fie_nsb + fie_abk)
Bootstrap Statistics :
     original      bias     std. error
t1* 0.5175964 0.003635635  0.04758394

BOOTSTRAP CONFIDENCE INTERVAL CALCULATIONS
Based on 1000 bootstrap replicates
CALL :
boot.ci(boot.out = results, type = "bca")
Intervals :
Level       BCa
95%   ( 0.4055,  0.5981 )
Calculations and Intervals on Original Scale
```

Gründe für Heteroskedastizität. **Heteroskedastizität** kann verschiedene Gründe haben, z. B. eine nicht vorhandene multivariate Normalverteilung der Variablen, nichtlineare Zusammenhänge (siehe ▶*Abbildung 7.40*) oder auch Ausreißerwerte bzw. gruppierte Daten. Gruppierte Daten entstehen dann, wenn sich die Stichprobe beispielsweise aus mehreren homogenen Unterstichproben zusammensetzt, bei denen sich Personen der Unterstichproben ähnlicher sind, während zwischen den Gruppen die Merkmalsausprägungen bei den Personen unähnlicher sind.

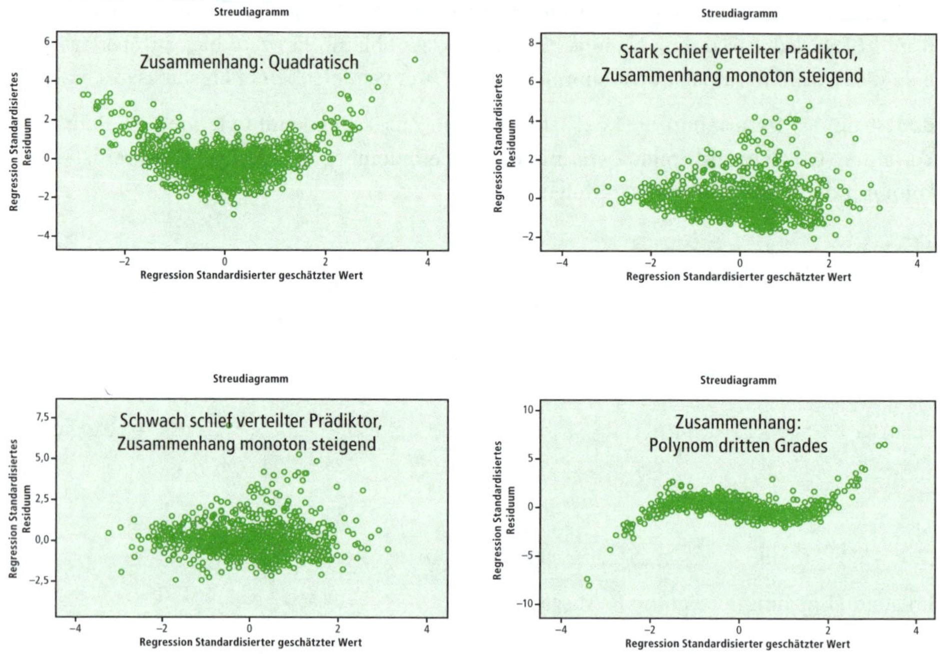

Abbildung 7.40: Darstellung verschiedener Arten von Heteroskedastizität

Normalverteilung der Residuen. Man prüft die **Normalverteilungsannahme der Fehler** über die Verteilung der studentisierten Residuen. Das entsprechende Histogramm ist in ▶*Abbildung 7.41* dargestellt. Das Histogramm kann in SPSS durch das in *Abbildung 7.36* und *Abbildung 7.37* gezeigte Vorgehen nicht automatisch erzeugt werden. Die studentisierten Residuen müssen im SPSS-Fenster LINEARE REGRESSION durch Klicken auf die Schaltfläche SPEICHERN... erst erzeugt werden. Durch den Klick auf diese Schaltfläche öffnet sich ein neues SPSS-Fenster LINEARE REGRESSION: SPEICHERN. In diesem Fenster muss oben rechts unter RESIDUEN das Kästchen vor der Option STUDENTISIERT markiert werden, anschließend klicken Sie auf die Schaltfläche WEITER und schließlich im SPSS-Fenster LINEARE REGRESSION auf OK. Im Weiteren muss dann in der Menüleiste GRAFIK → ALTE DIALOGFELDER → HISTOGRAMM das SPSS-Fenster HISTOGRAMM geöffnet werden, und die neu hinzugekommene Variable "Studentized Residual [SRE_1]" muss durch Anklicken und dann durch einen Klick auf den Pfeil neben dem Variablenfenster in das Variablenfenster überführt werden. Es ergibt sich die Grafik in *Abbildung 7.41*. Man sieht, dass die Residuen deskriptiv grob einer Normalverteilung folgen. Eigentlich sollten Nullabweichungen die Regel sein und Über- bzw. Unterschätzungen gleich häufig vorkommen. Ersteres trifft hier zu. Letzteres trifft abgesehen von zwei extrem positive Residuen auch zu.

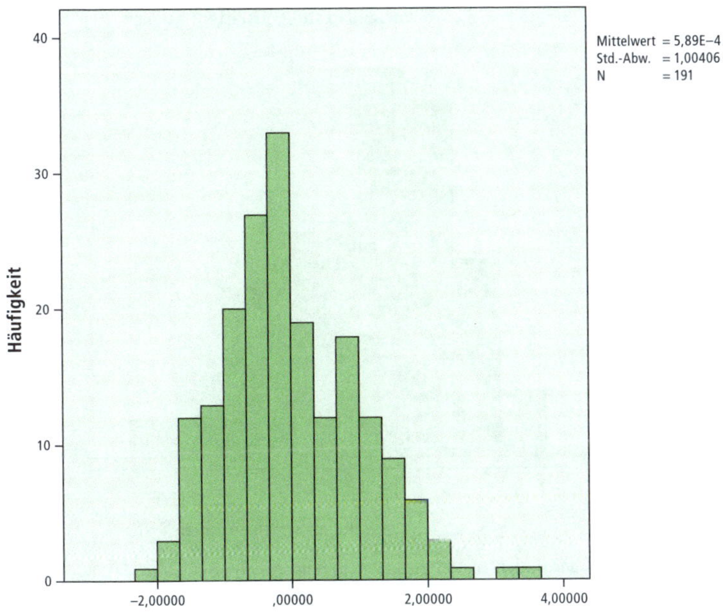

Abbildung 7.41: Histogramm der studentisierten Abweichungen zwischen beobachteten und vorhergesagten Werten $y - \hat{y}$

In R kann dieser Plot wie unten angegeben erzeugt werden. Auch hier sei daran erinnert, dass wir in dem Objekt bsp6 die Ergebnisse der Regressionsanalyse abgelegt haben (bsp6 <- lm(bdi_ges ~ fie_nsb + fie_abk, data=data.regression6)). Erneut nutzen wir den Befehl rstandard, um die studentisierten Residuen (*internally studentized residuals*) zu erstellen. Die Kombination dieser Befehle setzen wir direkt in den Befehl zur Erstellung eines Histogramms ein:

```
hist(rstandard(bsp6),
     freq=T,
     breaks=20,
     main="Verteilung standardisierter Residuen",
     ylab="Häufigkeiten",
     xlab="standardisierte Residuen",
     col="darkgreen",
     xlim=c(-3,5),
     ylim=c(0,40))
```

Es ergibt sich das in ▶*Abbildung 7.42* dargestellte Diagramm, das deshalb anders als in SPSS aussieht, da die Anzahl der dargestellten Balken in SPSS höher ausfällt. Man kann die Anzahl der breaks z. B. auf breaks=21 erhöhen.

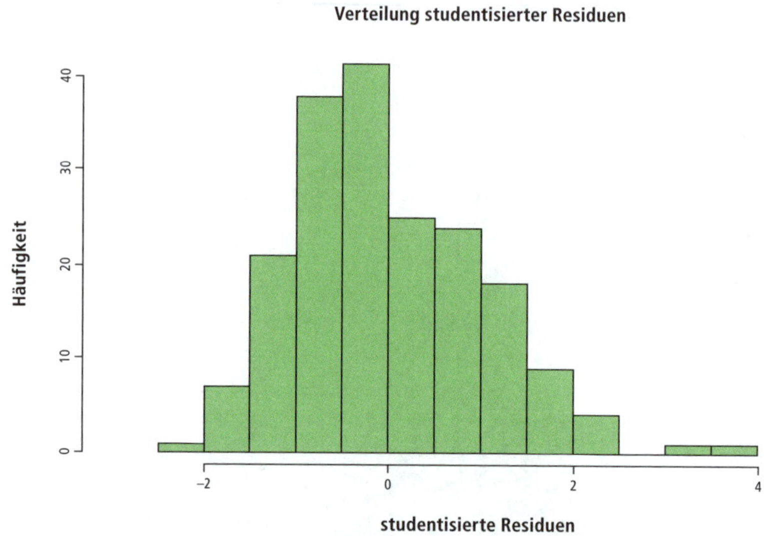

Abbildung 7.42: Histogramm der studentisierten Residuen in R (*internally standardized residuals*)

Keine Multikollinearität. Unter **Multikollinearität** versteht man, dass zwei oder mehr Variablen perfekt oder sehr hoch miteinander zusammenhängen. Kollinearität der Prädiktoren wirkt sich auf die Standardfehler der Regressionsgewichte aus. Das heißt, dass sich in einer Regressionsanalyse hohe standardisierte Regressionsgewichte finden, die nicht signifikant werden, daneben aber niedrigere standardisierte Regressionsgewichte, die signifikant werden. Auch ungewöhnlich hohe Standardfehler der unstandardisierten Regressionsgewichte deuten auf Probleme mit Kollinearität hin. Die Schätzung des multiplen Determinationskoeffizienten (R^2) ist jedoch von Problemen mit Kollinearität kaum betroffen. Um zu prüfen, ob Multikollinearität vorliegt, stehen verschiedene diagnostische Möglichkeiten zur Verfügung, die im Folgenden näher erläutert werden.

Variance Inflation Factor (VIF). Bestandteil der ersten beiden Formeln ist ein multiples R^2. Hier ist jedoch nicht das R^2 aus dem gesamten multiplen Regressionsmodell gemeint! Stattdessen wird für jeden Prädiktor eine eigene multiple Regression berechnet. In unserem Fall mit zwei Prädiktoren sind die R^2 für beide Prädiktoren gleich: Negative Selbstbewertung wird durch Abhängigkeitskognitionen „vorhergesagt" und Abhängigkeitskognitionen durch Negative Selbstbewertung. Die Korrelation beträgt $R = 0.42$ und $R^2 = 0.1764$. Bei mehr als zwei Prädiktoren dienen jeweils die restlichen Prädiktoren quasi als „neue" Prädiktoren. Mit anderen Worten, man sagt jeden Prädiktor anhand der anderen Prädiktoren vorher und nutzt die so gewonnenen R^2 zur Prüfung der Multikollinearität. So erhält man für jeden Prädiktor jeweils einen Wert für den Variance Inflation Factor (VIF) und jeweils einen Wert für die Tolerance. Der **Variance Inflation Factor** ergibt sich aus der Formel in Formelkasten 7.41 und wird für unser Beispiel berechnet.

Formel 7.41 Berechnung VIF

$$\text{VIF}_j = \frac{1}{1-R_j^2} = \frac{1}{1-0.1764} = 1.214$$

R_j^2 = quadrierte multiple Korrelation zwischen dem Prädiktor j und den restlichen Prädiktoren

Der Determinationskoeffizient R_j^2 aus der Regression eines Prädiktors auf alle anderen Prädiktoren beträgt im Extremfall eins. Das würde bedeuten, der Prädiktor kann aus den anderen Prädiktoren perfekt vorhergesagt werden. Dies wäre ein Fall maximaler Multikollinearität. Der andere Extremfall wäre, dass der Prädiktor mit den anderen Prädiktoren zu null korreliert. Je mehr ein Prädiktor mit den anderen Prädiktoren korreliert und damit auch das R_j^2 steigt, desto geringer wird der Nenner des VIF und desto größer der gesamte Bruch, also der VIF selbst. Bei einem VIF von eins, korrelieren die Prädiktoren untereinander nicht, da das R_j^2 null beträgt. Der Zustand, wenn der VIF dem Wert eins entspricht, ist also der Zustand unkorrelierter Prädiktoren. Je stärker der Wert von eins abweicht, desto hoher ist die Multikollinearität.

VIF und keine Kollinearität. Wir erinnern uns, dass der Standardfehler der Regressionsgewichte wie folgt definiert ist:

$$\widehat{SE}_b = \sqrt{\frac{1}{1-R_j^2} \cdot \frac{\widehat{SSF}^2}{\sum_{v=1}^{n}(x_{vi}-\overline{x}_i)^2}} = \sqrt{VIF_j} \cdot \frac{\widehat{SSF}}{\sqrt{\sum_{v=1}^{n}(x_{vi}-\overline{x}_i)^2}}$$

Damit hängt der Standardfehler des Regressionsgewichts direkt von seinem VIF ab. Stellen wir uns für zwei Prädiktoren vor, der VIF betrage eins und der multiple Determinationskoeffizient (R_j^2) sei null. In diesem Fall sind die Prädiktoren unkorreliert. Nun hängt die Höhe des Standardfehlers der Regressionsgewichte allein vom Standardschätzfehler der Regression und der Standardabweichung des Prädiktors i ab.

VIF und perfekte Kollinearität. Liegt perfekte Kollinearität vor und der multiple Determinationskoeffizient ist eins, steht im Nenner des VIF der Wert null. Die Division durch null ist nicht definiert. Man kann in diesem Fall keinen Standardfehler für das Regressionsgewicht angeben. Statistiksoftware gibt in solchen Fällen eine Fehlermeldung aus.

VIF und sehr hohe Kollinearität. Liegt hohe Kollinearität vor, ergibt sich für den VIF und somit auch für den Standardfehler der Regressionsgewichte ein Wert, der asymptotisch gegen unendlich läuft (erster Term unter der Wurzel), wenn R_j^2 gegen eins läuft. Es ergäbe sich beispielsweise im Fall von $R_j^2 = 0.99$ ein Standardfehler von 0.55 für die FIE-Variable Negative Selbstbewertung, und trotz des hohen unstandardisierten Regressionsgewichts von 0.77 würde dieses Regressionsgewicht nicht signifikant werden

$$(t_{\text{emp}} = \frac{b_i}{\widehat{SE}_{b_i}} = \frac{0.77}{0.55} = 1.4).$$

$$\widehat{SE}_{\text{NSB}} = \sqrt{\frac{1}{1-0.99} \cdot \frac{7.854^2}{18727.6}} = \sqrt{100 \cdot 0.003} = 0.55$$

Tolerance. Die **Tolerance** errechnet sich wie in Formelkasten 7.42 dargestellt und entspricht dem Kehrwert des VIF.

Formel 7.42 Berechnung Tolerance

$$\text{Tolerance}_j = 1 - R_j^2 = 1 - 0.1764 = 0.8236$$

R_j^2 = quadrierte multiple Korrelation zwischen dem Prädiktor j und den restlichen Prädiktoren

Grenzwerte für VIF und Tolerance. Folgende Werte für VIF und Tolerance werden als kritisch angesehen: Ein VIF über zehn und eine Tolerance kleiner als 0.10. Diese Grenzen sind relativ hoch gesetzt. Kollinearität wird damit nur schwer erkannt. Fox (2008) empfiehlt als Grenze einen VIF über vier. In unserem Beispiel sind VIF und Tolerance für beide Prädiktoren nach diesen Regeln unauffällig. Wir empfehlen erst dann Kollinearität näher zu betrachten, wenn die Standardfehler der Regressionsgewichte ungewöhnlich hoch erscheinen.

Tolerance und VIF in SPSS. Wir haben VIF und Tolerance bereits durch die Schritte in *Abbildung 7.28* über Kollinearitätsdiagnose angefordert. Wir erhalten die SPSS-Ausgabe in ▶*Abbildung 7.43.*

Koeffizienten[a]

Modell		Nicht standardisierte Koeefizienten		Standardisierte Koeefizienten			Korrelationen			Kollinearitätsstatistik (1)	
		Regressions-koeffizientB	Standard-fehler	Beta	T	Sig.	Nullter Ordnung	Partiell	Teil	Toleranz	VIF
1	(Konstante)	−2,228	1,830		−1,217	,225					
	FIE-NSB	,771	,063	,681	12,192	,000	,715	,664	,618	(2) ,823	(3) 1,214
	FIE-ABK	,114	,076	,083	1,487	,139	,369	,108	,075	,823	1,214

a. Abhängige Variable: BDI Gesamt

Abbildung 7.43: VIF und Tolerance in SPSS

Die Ergebnisse der Kollinearitätsdiagnose sind in *Abbildung 7.43* unter (1) dargestellt. Der VIF, der für beide Variablen gleich ist, kann unter der Spalte „VIF" (3) abgelesen werden und die Tolerance unter der Spalte „Tolerance" (2).

Tolerance und VIF in R. Der VIF kann in R durch folgende Syntax ausgegeben werden:

```
library(car)
vif(bsp6)
```

Dabei liefert R die folgende Ausgabe:

```
fie_nsb fie_abk
1.21446 (3) 1.21446 (3)
```

Da der Wert für die Tolerance dem Kehrwert des VIF entspricht, erhalten wir ihn durch den folgenden Befehl:

```
1/vif(bsp6)
  fie_nsb   fie_abk
0.8234112 (2) 0.8234112 (2)
```

Konsequenzen von Multikollinearität. Als Konsequenzen von Kollinearität ergeben sich ungenau geschätzte Regressionsgewichte. Auch wenn hohe standardisierte Regressionsgewichte im Gegensatz zu niedrigeren nicht signifikant werden, kann dies ein Indikator für Probleme mit Kollinearität sein. Kollinearität hat insbesondere bei kleinen Stichproben gravierende Auswirkungen auf die Signifikanztestung und die Konfidenzintervalle der einzelnen Regressionsgewichte, jedoch nicht auf den Signifikanztest und das Konfidenzintervall des Determinationskoeffizienten.

Wie kann man mit Kollinearität umgehen? Sollten die Auswirkungen für **Kollinearität** gravierend sein, muss eine entsprechende Variable aus der Analyse entfernt werden oder mit der anderen kollinearen Variable zusammengefasst werden. Das Zusammenfassen kann beispielsweise mithilfe einer Faktorenanalyse geschehen (vgl. Bühner, 2011, Kapitel 6 und 7). Manchmal ist beides aus theoretischen Überlegungen heraus nicht möglich. Es bleibt einem dann nur noch die Möglichkeit, regressionsanalytische Methoden zu verwenden, bei denen Kollinearität keine Probleme verursacht, wie zum Beispiel die Methode der Regularisierung.

Unabhängigkeit der Beobachtungen. Für die lineare Regressionsanalyse ist gefordert, dass die **Beobachtungseinheiten unabhängig voneinander** sind. Diese Annahme kann relativ schnell verletzt sein. Nehmen wir an, wir untersuchen die Teamorientierung in einem großen Automobilunternehmen. Die Teamorientierung unterscheidet sich sicherlich von Person zu Person. Es kann jedoch sein, dass die Teamorientierung einer jeden Person auch durch die Abteilung geprägt ist, in der die Person arbeitet. Das heißt, dass Personen innerhalb einer Abteilung sich in ihrer Teamorientierung ähnlicher sind als Personen unterschiedlicher Abteilungen (vgl. ▶*Abbildung 7.44*). Man spricht davon, dass Personen in Abteilungen geschachtelt sind (in einem Cluster sind).

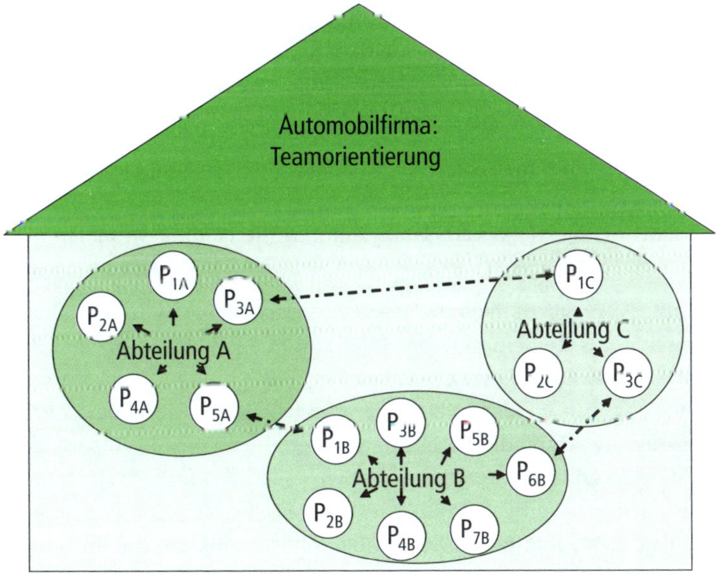

Abbildung 7.44: Schematische Darstellung geschachtelter Daten

Intraklassenkorrelation. Ein Maß, mit dessen Hilfe man diese Abhängigkeit erfasst, stellt die **Intraklassenkorrelation (ICC)** dar. Ist diese größer als ICC = 0.02, ist dies schon problematisch. Die ICC kann in R mit dem Paket psych und dem Befehl ICC geschätzt werden. Alternativ kann auch das eta^2 aus einer Varianzanalyse (siehe Kapitel 6) entsprechend interpretiert werden. In unserem Beispiel wäre die Abteilung die unabhängige Variable und die Messwerte der Teamorientierung die abhängige Variable.

Auswirkungen fehlender Unabhängigkeit der Beobachtungen. Das Problem bezieht sich vor allem auf den Signifikanztest. Angenommen, wir haben 1000 Personen in diesem Unternehmen untersucht, dann basiert beispielweise die Signifikanz der Regressionsgewichte und des R^2 auf diesen 1000 „Untersuchungseinheiten". Liegt hier aber keine Unabhängigkeit der Beobachtungen vor, sind sich die Untersuchungseinheiten in ihren Werten in der Teamorientierung ähnlicher als komplett unabhängige Untersuchungseinheiten. Das heißt, dass sich bei Verletzung der Annahme unabhängiger y-Werte die theoretische Stichprobengröße drastisch reduziert. Analysen, die Abhängigkeiten zwischen den y-Werten berücksichtigen (gemischte lineare Modelle), können in SPSS unter **gemischte lineare Modelle** (ANALYSIEREN → GEMISCHTE MODELLE → LINEAR) durchgeführt werden. Kann eine solche komplexere Analyse nicht vorgenommen werden, können Cluster-Variablen als Dummy-kodierte Variablen (siehe Abschnitt 7.3) in die Regressionsanalyse aufgenommen werden und man kann so mit diesem Problem besser umgehen. Daher ist dies auch ein Aspekt der Vollständigkeit des Modells und der aufgenommen Variablen. Dennoch sollten, wenn die Cluster-Variablen bekannt und in der Datendatei dokumentiert sind, solche Daten mithilfe von gemischten linearen Modellen, z. B. in R oder SPSS, ausgewertet werden. Wenn die Zuordnung der Personen zu den Clustern nicht bekannt ist, kann mithilfe des Programms MPlus (Muthen & Muthen, 2015) ein Schätzer verwendet werden (TYPE=COMPLEX), der mit diesem Problem umgehen kann.

Reliabilität. Die Reliabilität der Prädiktoren und des Kriteriums sollte sehr hoch sein. Dies hat zwei Gründe: (1) die multiple Korrelation wird andernfalls unterschätzt und (2) es erfolgt eine unvollständige Auspartialisierung der Prädiktoren aus den restlichen Prädiktoren. Dies wird im Folgenden näher erläutert.

(1) **Unterschätzte Korrelationen.** Sind die Reliabilitäten der eingesetzten Prädiktoren und des Kriteriums gering, wird der Zusammenhang zwischen den Variablen unterschätzt. Eine Alternative ist es, Regressionsanalysen mithilfe latenter Variablen durchzuführen (vgl. Bühner, 2011, Kapitel 7).

(2) **Unvollständiges Auspartialisieren.** Wie wir gesehen haben, wird im Rahmen der multiplen Regression das Gemeinsame der Prädiktoren aus jedem einzelnen Prädiktor auspartialisiert, um die einzigartigen Beiträge der Prädiktoren mit dem Kriterium zu ermitteln. Das heißt auf unser Beispiel bezogen, dass aus der Variation der Werte der Variable Negative Selbstbewertung die Variation der Werte der Variable Abhängigkeitskognitionen entfernt wird und umgekehrt. Entfernt wird jedoch nur die systematische bzw. reliable Variation des jeweiligen Prädiktors, da Messfehler eigentlich unkorreliert sind (siehe Bühner, 2011, Kapitel 4). Das heißt, wenn Prädiktoren nicht hundertprozentig messgenau sind, wird aus dem jeweiligen Prädiktor nicht die gesamte Varianz der restlichen Prädiktoren entfernt. Es kann also ein von null verschiedenes Regressions-

gewicht auftreten, obwohl der ausgewiesene spezifische Beitrag eigentlich auch durch die anderen Prädiktoren erklärt wäre, beim Auspartialisieren aufgrund des Messfehlers aber „übrig" geblieben ist.

Fazit. Es kann durchaus günstig sein, bei Regressionsanalysen möglichst reliable Prädiktoren und Kriterien zu verwenden, damit (1) der wahre multiple Zusammenhang nicht unterschätzt wird und (2) die jeweiligen Unterschiede der Prädiktoren vollständig auspartialisiert werden.

Wie groß muss meine Stichprobe sein? Grundsätzlich sind große Stichproben besonders nützlich: zum einen, weil die Schätzungen der Parameter auf Basis großer Stichproben genauer sind, und zum anderen, da Extrem- bzw. Ausreißerwerte die Korrelationen weniger stark verzerren. Das heißt: Je größer die Stichprobe ist, desto besser! Es wurden verschiedene Regeln vorgeschlagen, wie viele Personen bei welcher Konstellation im Rahmen einer linearen Regressionsanalyse mindestens untersucht werden sollten. Eine davon ist, dass die Stichprobengröße mindestens 15 Mal die Anzahl der Prädiktoren betragen sollte. In unserem Fall wären dies 30 Personen. Eine weitere Regel lautet: 50 plus die Anzahl der Prädiktoren. In unserem Fall würden wir also 52 Personen benötigen. Diese Regeln sind jedoch trügerisch, lassen sie doch Teststärke-Überlegungen sowie Überlegungen zur Präzision der Schätzwerte außer Acht. Im Zentrum des Interesses sollten nicht starre Regeln stehen, sondern Überlegungen, wie ein praktisch bedeutsamer Effekt mit einem gewünschten Fehler 1. und 2. Art abgesichert werden kann. Dabei muss berücksichtigt werden, wie genau die Populationsgröße geschätzt werden soll, z. B. anhand des Konfidenzintervalls.

7.2.7 Methoden im Rahmen der Regressionsanalyse

Im Rahmen der Regressionsanalyse unterscheidet man verschiedene Methoden. Standard ist, dass alle Prädiktoren gleichzeitig zur Vorhersage der abhängigen Variablen betrachtet werden. Dieser Standard wird in SPSS als „Einschluss-Methode" oder „Enter-Methode" bezeichnet. Dieses Vorgehen ist zunächst zu empfehlen. Dies wird deutlich, wenn man die Gruppe der hier dargestellten anderen Methoden näher betrachtet.

Selektionsmethoden. Man unterscheidet unter anderem „Schrittweise Methoden", „Vorwärts-Methoden" oder „Rückwärts-Methoden". Die Methoden sollen sicherstellen, dass das „beste Set" an Prädiktoren für die Vorhersage des Kriteriums gefunden wird. Dies funktioniert in der Regel über den Einschluss oder Ausschluss der Prädiktoren aufgrund ihrer Signifikanz. Weitere Möglichkeiten der Variablenselektion besprechen Fahrmeir, Kneib, Lang und Marx (2013; hier werden auch Informationskriterien ausführlich besprochen).

Rückwärts. Bei der Methode „Rückwärts" sind zunächst alle Prädiktoren in der Analyse dabei, was der „Einschluss-Methode" entspricht. Nun wird der Prädiktor mit dem geringsten standardisierten und nicht-signifikanten Regressionsgewicht aus der Analyse entfernt. Mit den verbliebenen Prädiktoren wird im nächsten Schritt erneut eine Regression berechnet und es wird weiter so verfahren. Es wird also erneut eine „Einschluss-Methode" mit den verbleibenden Prädiktoren durchgeführt. Wieder wird der Prädiktor mit dem geringsten und nicht-signifikanten standardisierten Regressionsgewicht entfernt. Diese Schritte werden wiederholt, bis nur noch signifikante Prädiktoren in der Analyse verbleiben. Die Methode ist grafisch in ▶*Abbildung 7.45* dargestellt.

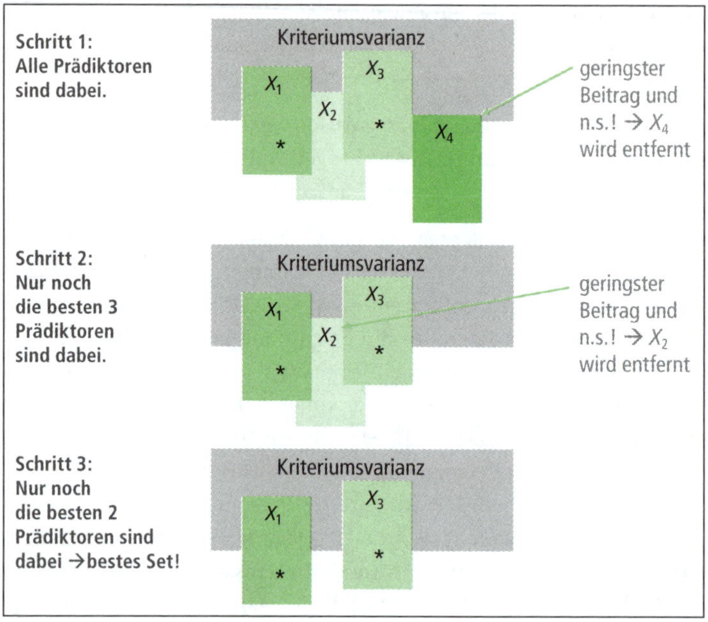

Abbildung 7.45: Grafische Veranschaulichung der Methode „Rückwärts"

Schrittweise. Der Prädiktor, der die höchste Korrelation mit dem Kriterium aufweist, wird als erster Prädiktor ausgewählt. Ist das Regressionsgewicht dieses ersten Prädiktors signifikant, werden alle Semipartialkorrelationen der restlichen Prädiktoren mit dem Kriterium betrachtet, wodurch für den ersten Prädiktor kontrolliert wird. Der Prädiktor mit der größten Semipartialkorrelation wird als zweites ausgewählt und gemeinsam mit dem ersten Prädiktor erneut einer Regressionsanalyse unterzogen. Sind beide Regressionsgewichte signifikant, beginnt das Vorgehen wieder wie oben beschrieben, nur dass nun die Einflüsse der beiden aufgenommenen Prädiktoren aus den Zusammenhängen zwischen Kriterium und noch nicht selegierten Prädiktoren auspartialisert werden. Dies wird solange wiederholt bis das Regressionsgewicht eines neu hinzugekommenen Prädiktors nicht mehr signifikant wird. Sollte es vorkommen, dass ein bereits aufgenommener Prädiktor durch die Hinzunahme eines weiteren Prädiktors nicht mehr signifikant ist, wird er im folgenden Schritt wieder entfernt.

Vorwärts. Die Methode funktioniert wie die „schrittweise" Methode, aber ohne die Möglichkeit, wieder einen Prädiktor herauszunehmen.

Welche Methode soll man verwenden? Die Methoden „Vorwärts", „Rückwärts" und „Schrittweise" haben viele Nachteile und sind deshalb nicht zu empfehlen (Antonakis & Dietz, 2011; Derksen & Keselman, 1992; Whittingham, Stephens, Bradbury, & Freckleton, 2006). Der größte Nachteil ist, dass diese Methoden das beste Modell häufig nicht finden. Problematisch ist auch, dass das Ergebnis dieser Vorgehensweisen stark von den Stichprobeneigenschaften abhängt. Wir wissen, dass die Stichprobengröße über die Signifikanz erheblich mitentscheidet. Ergebnisse aus Analysen mit diesen Methoden, die anhand unterschiedlich großer Stichproben gewonnen wurden, sind nicht vergleichbar. Die Auswahl der Prädiktoren ist darüber hinaus sehr anfällig für das Vorliegen von Ausreißern. Diese können leicht eine Korrelation nach oben oder unten verzerren. So wird vielleicht ein Prädiktor aufgenommen oder entfernt und das Ergebnis lässt sich kaum replizieren, da in einer erneuten Untersuchung vielleicht keine oder andere Ausreißer auftreten. Insgesamt finden die oben angegebenen Methoden nicht das beste Prädiktor-Set, wie man eigentlich vermuten sollte. Wir empfehlen daher das Standardvorgehen („Einschluss") bzw. hierarchische Regressionsanalysen mithilfe des Standardvorgehens („Einschluss").

Modellselektion in R. In R ergibt sich die Möglichkeit, die beste Auswahl an Prädiktoren für die gegebene Stichprobe zu erhalten. Man prüft Modelle mit 2^p möglichen Analysen, dabei stellt p die Anzahl an Prädiktoren dar. Nehmen wir an, wir haben sechs Prädiktoren zur Vorhersage von Depressivitätssymptomen vorliegen, dann ergäben sich $2^6 = 64$ mögliche Modelle, z. B. sechs Modelle mit einem Prädiktor und ein Modell mit sechs Prädiktoren usw. Die Modelle können dann mithilfe verschiedener Kriterien verglichen werden, z. B. R^2, R^2_{adj}, *AIC*, *BIC*. Die letzten beiden, *AIC* und *BIC*, sind so genannte Informationskriterien. Sie betrachten sowohl die Passung eines Modells auf die Daten als auch die Anzahl geschätzter Größen im Modell. Es ist klar, dass die Hinzunahme eines Prädiktors, selbst wenn er in der Population das Kriterium nicht vorhersagt (Regressionsgewicht in der Population ist null), bedingt durch die Stichprobenziehung ein von null verschiedenes Regressionsgewicht bekommt. Damit steigt die Wahrscheinlichkeit, eine bessere Vorhersage des Modells (R^2) zu erhalten, mit steigender Anzahl an Prädiktoren. Auf der anderen Seite wird der Bias in der Schätzung des multiplen Zusammenhangs mit jedem dieser neu hinzugefügten, jedoch in der Population nicht wirksamen Prädiktoren (Regressionsgewicht ist in der Population null) größer. Sowohl das adjustierte R^2 als auch der *AIC* bzw. *BIC* tragen diesem Umstand Rechnung. Um eine solche Analyse in R durchzuführen, benötigen wir das Paket `leaps` (Miller, 2009) und folgende Syntax:

```
install.packages("leaps")
library(leaps)
```

Wir laden als Beispiel eine neue Datendatei in R, die SPSS-Datei `Regression_bsp_8.sav`. In dieser Datei befinden sich die Variablen `sex` (entspricht Geschlecht), `alter` (entspricht Alter), `fie_nsb` (entspricht Negative Selbstbewertung), `fie_abk` (entspricht Abhängigkeitskognitionen), `fie_ige` (entspricht Irritierbarkeit) und `fie_ivm` (entspricht Internalisierung von Misserfolg).

```
library (foreign)
data.regression8 <- read.spss("~/desktop/R_Daten/Regression_bsp_8.sav",
   use.value.labels=FALSE, to.data.frame=TRUE, use.missings = to.data.frame)
```

Nun erstellen wir die Regressionsgleichung und weisen die Ergebnisse `regsubsets.out` zu.

```
regsubsets.out <-
regsubsets(bdi_ges ~ fie_abk + fie_nsb + fie_ivm + fie_ige + alter + sex,
           data = data.regression8,
           nbest = 1,
           nvmax = NULL,
           force.in = NULL, force.out = NULL,
           method = "exhaustive")
```

Wir erhalten durch den Befehl `nbest = 1` für jede Anzahl an Prädiktoren $n = 1$ bis $n = 6$ das beste Modell angezeigt, wenn wir folgenden Befehl eingeben:

```
summary.out <- summary(regsubsets.out)
as.data.frame(summary.out$outmat)
```

Es ergibt sich folgende R-Ausgabe:

```
           fie_abk     fie_nsb❶    fie_ivm  fie_ige  alter   sex
1  ( 1 )                *
2  ( 1 )                *                            *❷
3  ( 1 )                *          *❸                *
4  ( 1 )    *❹          *          *                 *
5  ( 1 )    *           *          *                 *       *❺
6  ( 1 )    *           *          *        *❻       *       *
```

Wir sehen, dass in der Spalte ❶ `fie_nsb` immer ein Sternchen steht. Das bedeutet, dass diese Variable in jedem Modell enthalten ist und auch in einem Modell mit einem Prädiktor der beste Prädiktor ist. Betrachtet man die beste Auswahl an Prädiktoren für zwei Prädiktoren, kommt die Variable `alter` ❷ zu `fie_nsb` hinzu, für drei Prädiktoren `fie_ivm` ❸, bei vier Prädiktoren die Variable `fie_abk` ❹, bei fünf Prädiktoren die Variable `sex` ❺ und schließlich bei sechs Prädiktoren die Variable `fie_ige` ❻.

Welches Modell nun insgesamt das „beste" ist, hängt davon ab, mit welchem Kriterium man dies prüft. Wir zeigen hier, wie man das „beste Modell" mithilfe der Kriterien adjustiertes R^2 und *BIC* erhält. Dazu verwenden wir zunächst folgende Syntax:

```
plot(regsubsets.out, scale="adjr2", main="Adjusted R^2")
```

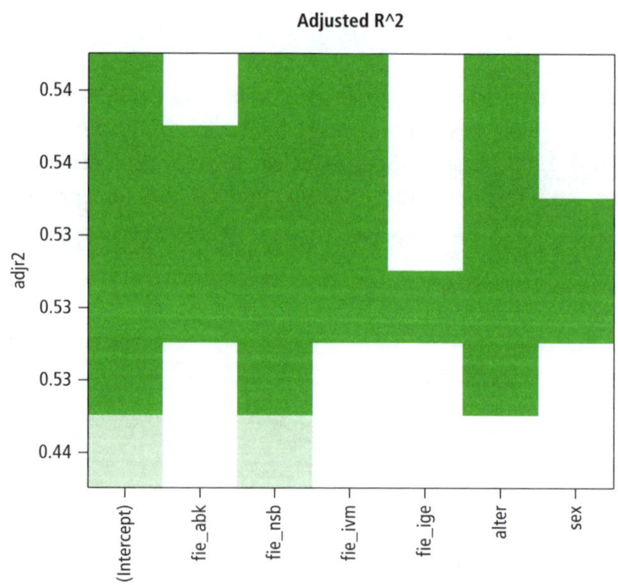

Abbildung 7.46: Auswahl des „besten" Prädiktorensets mit dem höchsten adjustierten multiplen Regressionskoeffizienten

Wir erhalten für den adjustierten Determinationskoeffizienten die Grafik in ▶*Abbildung 7.46*. Im Anschluss geben wir eine ähnliche Syntax ein:

```
plot(regsubsets.out, scale ="bic", main ="BIC")
```

Wir erhalten für den *BIC* die Grafik in ▶*Abbildung 7.47*.

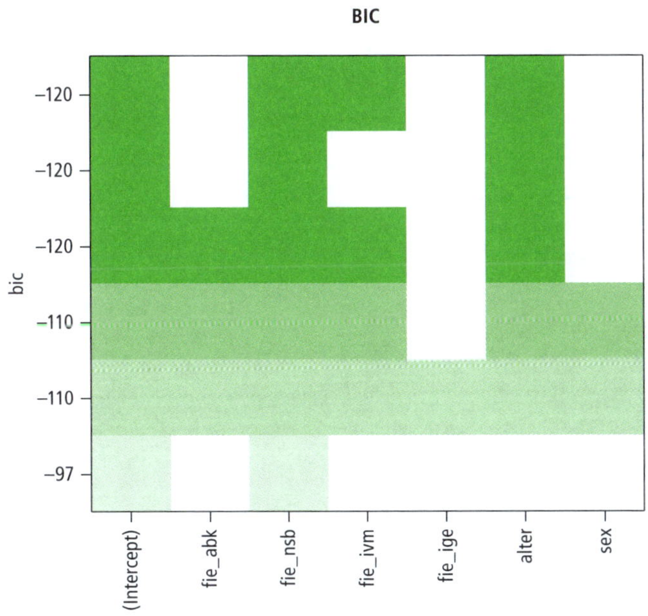

Abbildung 7.47: Auswahl des „besten" Prädiktorensets mit dem geringsten BIC-Koeffizienten

Je niedriger der BIC ausfällt, desto besser ist das Modell im Vergleich zu anderen Modellen. Wir sehen hier, dass die Variablen fie_nsb, fie_ivm und alter das beste Modell unter dem gewählten Kriterium darstellen. Dies wird deutlich, wenn wir in die oberste Zeile der Grafik schauen. Hier sind schwarze Markierungen bei genau diesen Variablen (und der Konstanten). Dies entspricht auch der Ausgabe mit dem adjustierten R^2. Damit scheint dieses Modell unter der Betrachtung einer hohen Varianzaufklärung im Kriterium (adjr2) und auch unter dem (zusätzlichen) Gesichtspunkt der Sparsamkeit (BIC) bezogen auf die Prädiktoren das „beste" aus allen möglichen konkurrierenden Modellen zu sein. Die Unterschiede zwischen den Modellen sind jedoch sehr gering, sie unterscheiden sich nur hinter dem Komma. So sind in *Abbildung 7.46* zwei Modelle mit einer adjustierten Varianzaufklärung von 54 Prozent, genauso wie in *Abbildung 7.47* drei Modelle mit einem BIC von –120 zu finden sind, die sich ebenfalls nur hinter dem Komma unterscheiden.

Betrachten wir abschließend noch das Modell, das uns R vorschlägt mit folgender Syntax:

```
bs2 <- function(data, i, formula) {
    d <- data[i,]
    fit <- lm(formula, data=d)
    return(coef(fit))
}
results2<- boot(data = data.regression8, statistic=bs2,
                R=1000, formula= bdi_ges ~ fie_nsb +
                fie_ivm + alter)
results2
plot(results2, index=1) # intercept
plot(results2, index=2) # fie_nsb
plot(results2, index=3) # fie_ivm
plot(results2, index=4) # alter
boot.ci(results2, type="bca", index=1) # intercept
boot.ci(results2, type="bca", index=2) # fie_nsb
boot.ci(results2, type="bca", index=3) # fie_ivm
boot.ci(results2, type="bca", index=4) # alter
```

Wir erhalten folgende R-Ausgabe:

```
ORDINARY NONPARAMETRIC BOOTSTRAP

Call:
boot(data = data.regression8, statistic = bs, R = 1000, formula = bdi_ges ~
    fie_nsb + fie_ivm + alter)

Bootstrap Statistics :
          Original(7)      bias        std. error
t1*       -8.2708154  -0.0138640412  1.93058182
t2*        0.5827965   0.0043772865  0.07941250 (1)
t3*        0.2366060  -0.0014575504  0.10125971 (2)
t4*        0.1942241  -0.0007267045  0.03569802 (3)

boot.ci(results2, type="bca", index=1) # intercept
BOOTSTRAP CONFIDENCE INTERVAL CALCULATIONS
Based on 1000 bootstrap replicates

CALL :
boot.ci(boot.out = results, type = "bca", index = 1)

Intervals :
Level       BCa
95%   (-11.946,  -4.327 )
Calculations and Intervals on Original Scale
```

```
boot.ci(results2, type="bca", index=2) # fie_nsb
BOOTSTRAP CONFIDENCE INTERVAL CALCULATIONS
Based on 1000 bootstrap replicates

CALL :
boot.ci(boot.out = results2, type = "bca", index = 2)

Intervals :
Level       BCa
95%   ( 0.4279,  0.7466 ) ❹
Calculations and Intervals on Original Scale
boot.ci(results2, type="bca", index=3) # fie_ivm
BOOTSTRAP CONFIDENCE INTERVAL CALCULATIONS
Based on 1000 bootstrap replicates

CALL :
boot.ci(boot.out = results2, type = "bca", index = 3)

Intervals :
Level       BCa
95%   ( 0.0409,  0.4459 )❺
Calculations and Intervals on Original Scale
boot.ci(results2, type="bca", index=4) # alter
BOOTSTRAP CONFIDENCE INTERVAL CALCULATIONS
Based on 1000 bootstrap replicates

CALL :
boot.ci(boot.out = results2, type = "bca", index = 4)

Intervals :
Level       BCa
95%   ( 0.1254,  0.2644 )❻
Calculations and Intervals on Original Scale
```

Wir sehen in der Spalte `Original` ❼ die Regressionskoeffizienten für die Variablen `fie_nsb` mit 0.58, `fie_ivm` mit 0.24 und für `alter` mit 0.19 sowie die dazugehörigen Standardfehler, die aus der Bootstrapmethode resultieren: 0.08 ❶, 0.10 ❷ und 0.04 ❸. Diese Standardfehler werden verwendet, um die Konfidenzintervalle zu berechnen. Sie lauten für die Variablen jeweils: `fie_nsb` (0.4279, 0.7466) ❹, `fie_ivm` (0.0409, 0.4459) ❺ und `alter` (0.1254, 0.2644) ❻. Kein Konfidenzintervall beinhaltet den Wert null und wir können daher davon ausgehen, dass alle Regressionsgewichte signifikant sind, auch wenn keine multivariate Normalverteilung und keine Homoskedastizität vorliegen. Auch hier ist zu beachten, dass eine Wiederholung andere Werte erzeugen kann, aufgrund der erneuten Stichprobenziehung mit Zurücklegen.

Nun führen wir noch die Bootstrap-Methode mit dem multiplen Determinationskoeffizienten durch.

```
rsq2<- function(formula= bdi_ges ~ fie_nsb + fie_ivm + alter, data = data.
   regression8, indices = intercept, fie_nsb, fie_abk, alter) {
    d <- data[indices, ] # allows boot to select sample
    fit <- lm(formula, data=d)
    return(summary(fit)$r.square)
}
results3<- boot(data = data.regression8, statistic=rsq2,
                R=1000, formula= bdi_ges ~ fie_nsb + fie_ivm + alter)

results3
plot(results3)

boot.ci(results3, type="bca")
```

Es ergibt sich folgende Ausgabe in R:

```
ORDINARY NONPARAMETRIC BOOTSTRAP


Call:
boot(data = data.regression8, statistic = rsq, R = 1000, formula = bdi_ges ~
    fie_nsb + fie_ivm + alter)


Bootstrap Statistics :
     original     bias      std. error
t1* 0.5451294❶0.005990981  0.05153626❷
> plot(results)
>
>boot.ci(results, type="bca")
BOOTSTRAP CONFIDENCE INTERVAL CALCULATIONS
Based on 1000 bootstrap replicates

CALL:
boot.ci(boot.out = results, type = "bca")

Intervals :
Level       BCa
95%   ( 0.430,  0.634 )❸
Calculations and Intervals on Original Scale
```

Es zeigen sich ein R^2 von 0.55 ❶ und ein Standardfehler von 0.05. Auch hier ist null nicht im Konfidenzintervall enthalten, und wir können davon ausgehen, dass der multiple Determinationskoeffizient signifikant ist. Es wäre hier besser, das adjustierte R^2 anzugeben. Es beträgt 0.54 ❹.

```
library(foreign)
data.regression8 <- read.spss("~/desktop/R_Daten/Regression_bsp_8.sav",
   use.value.labels=FALSE, to.data.frame=TRUE, use.missings = to.data.frame)
results <- lm(bdi_ges ~ fie_nsb + fie_ivm + alter, data = data.regression8)
summary(results)
```

Es ergeben sich folgende Ergebnisse (siehe Beschreibung im vorangegangenen Abschnitt):

```
Call:
lm(bdi_ges ~ fie_nsb + fie_ivm + alter, data = data.regression8)

Residuals:
     Min       1Q   Median       3Q      Max
-15.4341  -4.3082  -0.0634   3.7166  19.4005

Coefficients:
                     Estimate Std. Error t value Pr(>|t|)
(Intercept)   -8.27082   1.96045  -4.219   3.91e-05 ***
fie_nsb        0.58280   0.07542   7.727   7.73e-13 ***
fie_ivm        0.23661   0.10217   2.316     0.0217 *
alter          0.19422   0.03289   5.905   1.75e-08 ***
---
Signif. codes:  0 '***' 0.001 '**' 0.01 '*' 0.05 '.' 0.1 ' ' 1

Residual standard error: 6.672 on 178 degrees of freedom
  (1 observation deleted due to missingness)
Multiple R-squared:  0.5451 ❶,Adjusted R-squared:  0.5375 ❹
F-statistic: 71.11 on 3 and 178 DF,  p-value: < 2.2e-16
```

7.2.8 Verknüpfung mehrerer Regressionsanalysen

Eine Verknüpfung mehrerer Regressionsanalysen stellt die **hierarchische Regressionsanalyse** dar. Bei der hierarchischen Regressionsanalyse werden Prädiktoren in „Blöcken" in einer theoretisch fundierten oder praktisch zwingenden Reihenfolge für die Vorhersage des Kriteriums nacheinander betrachtet. Man kann so ermitteln, inwieweit ein zusätzlicher Block mit Prädiktoren die Vorhersage verbessert und sich hierfür sowohl die Veränderung in R^2 als auch deren Signifikanz angeben lassen. Die Vorgehensweise lässt sich mit allen genannten regressionsanalytischen Methoden durchführen. Wir empfehlen jedoch die Durchführung mit der Einstellung „Einschluss" bzw. „Enter". In unserem Beispiel könnte man sich folgendes Vorgehen vorstellen:

Erste multiple Regression. Nur Block 1 (Hierarchieschritt 1. z. B. Alter)

Zweite multiple Regression. Block 1 und Block 2 (Hierarchieschritt 2. z. B. Hinzunahme von Negativer Selbstbewertung und Internalisierung von Misserfolgen)

...

Aus ▶*Abbildung 7.48* geht hervor, dass wir durch den Vergleich eines jeden Blocks mit dem vorherigen Block sehen, wie viel zusätzliche Varianz durch die weiteren Prädiktoren bzw. weitere Prädiktoren aufgeklärt werden kann bzw. werden könnte. Es wird hier auch von inkrementeller Validität gesprochen. In unserem Beispiel könnten wir uns beispielsweise dafür interessieren, wie viel Prozent über das Alter als Prädiktor hinaus die FIE-Variable zur Vorhersage der Depressivität leistet.

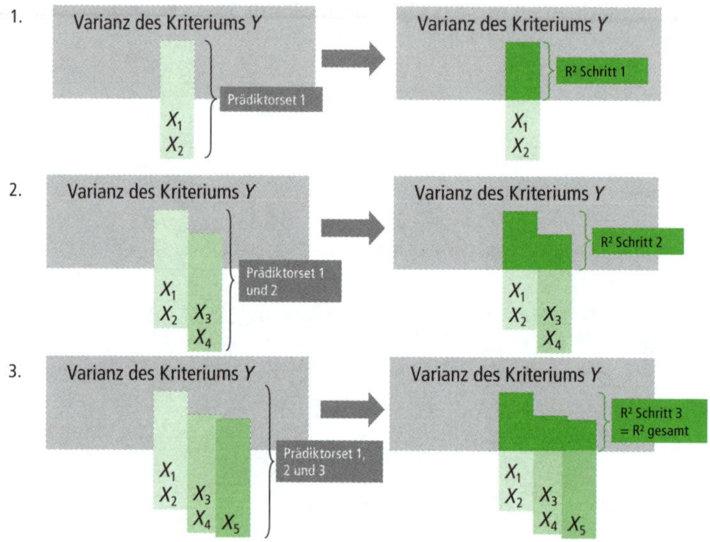

Abbildung 7.48: Grafische Veranschaulichung einer hierarchischen Regression

Hierarchische Regression in SPSS. In SPSS wird bei einer hierarchischen Regressionsanalyse wie folgt vorgegangen. Die Berechnung einer Regression nach der hierarchischen Methode weicht nur in wenigen Punkten von der nach der nicht-hierarchischen Methode ab. Wichtig ist, dass die Prädiktoren in einer theoretisch fundierten Reihenfolge oder bezüglich einer gut begründeten praktischen Frage in die Analyse aufgenommen werden müssen. Wir möchten wissen, was die FIE-Variablen Negative Selbstbewertung und Internalisierung von Misserfolgen über das Alter hinaus als Prädiktor zusätzlich an Varianz im Kriterium aufklären können. Daher werden in zwei Schritten (Hierarchieschritte) zuerst das Alter und dann beide FIE-Variablen in die Regressionsanalyse einbezogen.

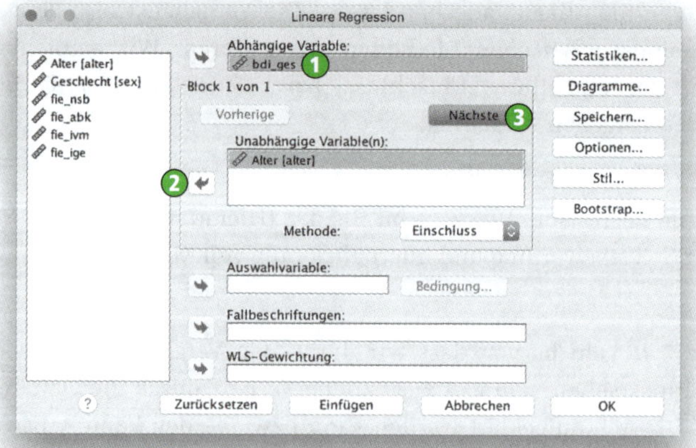

Abbildung 7.49: Eingabe des ersten Prädiktorenblocks

In ▶*Abbildung 7.49* wird zunächst die Variable „bdi_ges" markiert und mithilfe des Pfeils ① in das Feld ABHÄNGIGE VARIABLE eingefügt. Danach wird die Variable „Alter" markiert und mit einem Klick auf den Pfeil ② in das Feld UNABHÄNGIGE VARIABLE(N) überführt. Diese Variable bildet den ersten Prädiktorenblock. Die Einstellung für die Methode EINSCHLUSS bleibt bestehen. Um dann den nächsten Prädiktorenblock eingeben zu können, muss auf NÄCHSTE ③ rechts über dem Fenster UNABHÄNGIGE VARIABLE(N) geklickt werden.

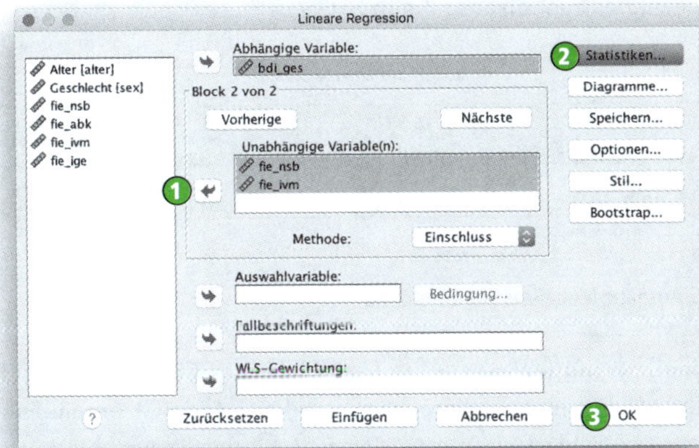

Abbildung 7.50: Eingabe des zweiten Prädiktorenblocks

In ▶*Abbildung 7.50* werden nun die beiden FIE-Variablen „fie_nsb" und „fie_ivm" markiert und durch Klicken auf den Pfeil ① als zweiter Prädiktorenblock in das Feld UNABHÄNGIGE VARIABLE(N) überführt. Theoretisch könnten noch weitere Blöcke definiert werden. Wir belassen es dabei und klicken auf STATISTIKEN... ②.

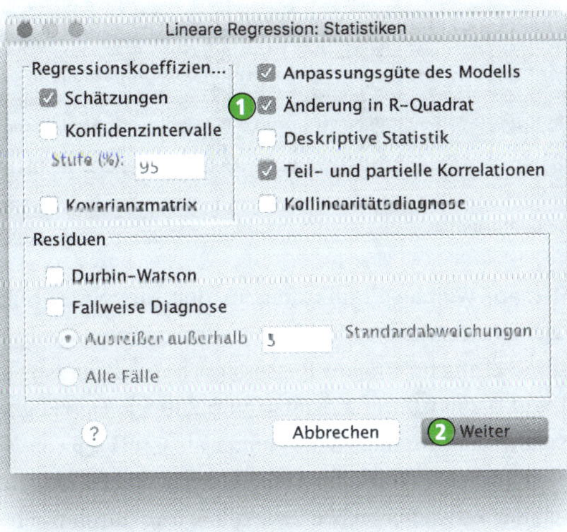

Abbildung 7.51: SPSS-Fenster Lineare Regression: Statistiken

Im Fenster, das in ▶*Abbildung 7.51* dargestellt ist, muss noch das Kästchen ÄNDERUNG IN R-QUADRAT ① markiert werden. Damit wird überprüft, ob ein weiterer Prädiktorensatz gegenüber den jeweiligen vorangegangenen Prädiktorensätzen auch zusätzlich einen statistisch signifikanten Beitrag zur Varianzaufklärung des Kriteriums leistet. Daneben kann man sich bei der hierarchischen Methode dieselben Statistiken und Diagramme wie bei der „Einschluss“-Methode ausgeben lassen. Klicken Sie dann auf WEITER ② und anschließend in dem in *Abbildung 7.50* bereits dargestellten Fenster auf OK ③. Es ergibt sich die in ▶*Abbildung 7.52* gezeigte Ergebnisausgabe in SPSS.

Modellzusammenfassung

Modell	R	R-Quadrat	Korrigiertes R-Quadrat	Standardfehler des Schätzers	Statistikwerte ändern: Änderung in R-Quadrat	Änderung in F	df1	df2	Sig. Änderung in F
1	,256[a]	③ ,065	,060	9,51110	① ,065	12,585	1	180	④ ,000
2	,738[b]	⑥ ,545	,537	6,67231	② ,480	93,874	2	178	⑤ ,000

a. Einflußvariablen : (Konstante), Alter

b. Einflußvariablen : (Konstante), Alter, fie_nsb, fie_ivm

Abbildung 7.52: SPSS-Ausgabe Modellzusammenfassung

Neu ist an der Modellzusammenfassung im Vergleich zur „Einschluss“-Methode, dass die Statistiken für jedes Modell einzeln berechnet werden. Modell 1 enthält nur die Variable „Alter“ als Prädiktor. Alter klärt alleine 6.5 Prozent ① der Unterschiede in der Depressivität ⑥ auf. Diese 6.5 Prozent sind signifikant von null verschieden mit $p < 0.001$ ④. In einem weiteren Schritt wurden die Variablen „fie_nsb“ und „fie_ivm“ in die Analyse aufgenommen. Deren Berücksichtigung steigert die aufgeklärte Varianz um 48 Prozent ② signifikant mit einer Überschreitungswahrscheinlichkeit kleiner als 0.001 ⑤. Insgesamt werden 54.5 Prozent der Unterschiede in der Depressionssymptomatik aufgeklärt ③.

Koeffizienten[a]

Modell		Nicht standardisierte Koeffizienten: Regressionskoeffizient B	Standardfehler	Standardisierte Koeffizienten: Beta	T	Sig.	Korrelationen: Nullter Ordnung	Partiell	Teil
1	(Konstante)	6,984	1,822		3,833	,000			
	Alter	,166	,047	① ,256	3,548	⑤ ,000	⑨ ,256	,256	,256
2	(Konstante)	−8,271	1,960		−4,219	,000			
	Alter	,194	,033	② ,299	5,905	⑥ ,000	,256	,405	,299
	fie_nsb	,583	,075	③ ,563	7,727	⑦ ,000	,667	,501	,391
	fie_ivm	,237	,102	④ ,169	2,316	⑧ ,022	,553	,171	,117

a. Abhängige Variable: bdi_ges

Abbildung 7.53: SPSS-Ausgabe Koeffizienten

In ▶*Abbildung 7.53* sieht man, welche Prädiktoren in den einzelnen Schritten signifikant geworden sind. Im ersten Schritt wurde der Prädiktor „Alter“ als einziger Prädiktor aufgenommen. Da es sich hier um eine einfache lineare Regression handelt, entspricht das standardisierte Regressionsgewicht von 0.256 ① der Korrelation 0.256 ⑨. Das Regressionsgewicht ist mit einer Überschreitungswahrscheinlichkeit von kleiner als 0.001 ⑤ signifikant. Im zweiten Schritt werden die Variablen „fie_nsb“ und „fie_ivm“ gleichzeitig hinzugefügt. Wie wir oben bereits angemerkt haben, ist der Zuwachs an Varianzaufklärung durch die beiden Prädiktoren statistisch signifikant. Der Zuwachs von 48 Prozent ist nach den Effektstärkekonventionen sehr hoch. Darüber hinaus kann man aus *Abbildung 7.52* entnehmen, dass in Modell 2 alle

Prädiktoren, genauer gesagt die Variablen „fie_nsb“ ($b_{s_{NSB}} = 0.56$ ❸, $p < 0.001$ ❼), „fie_ivm“ ($b_{s_{IVM}} = 0.17$ ❹, $p = 0.022$ ❽) und „Alter“ ($b_{s_{Alter}} = 0.30$ ❷, $p < 0.001$ ❻) einen signifikanten Beitrag zur Vorhersage der Depressivität – gemessen mithilfe des BDI – leisten.

Besonders informativ bei hierarchischen Modellen ist auch der Vergleich der Regressionsgewichte zwischen den Blöcken des Modells. Das heißt, für die Prädiktoren, die bereits im vorangegangenen Block enthalten waren, können wir näher betrachten, ob sich das Regressionsgewicht verändert, wenn andere Prädiktoren in weiteren Blöcken hinzukommen. Hat beispielsweise ein Prädiktor ein statistisch bedeutsames Regressionsgewicht in einem Modell, das dann in einem späteren Modell (also mit zusätzlichen Prädiktoren) nicht mehr statistisch bedeutsam ist, so zeigt dies, dass der Prädiktor mit den neu hinzugekommenen weiteren Prädiktoren im Kriterium überlappt bzw. korreliert. Das erklärt die Abnahme im Regressionsgewicht. Möglicherweise liegt eine Mediation vor (siehe folgende Abschnitte). Steigen die Regressionsgewichte jedoch gegenüber dem ersten oder einem vorangegangenen Schritt an (0.256 ❶ gegenüber 0.299 ❷), kann dies auf eine mögliche Suppression hinweisen. In unserem Beispiel trifft eher letzteres zu. Auf Suppressionseffekte gehen wir in den folgenden Abschnitten noch ausführlich ein. In unserem Beispiel spielt die Variable Alter, nachdem für negative Selbstbewertung und Internalisierung von Misserfolgen im Alter kontrolliert wird, eine größere Bedeutung und das standardisierte Regressionsgewicht steigt an. Dies ist ein Hinweis auf eine Suppression. Zunächst schauen wir uns aber das Vorgehen in R an.

Hierarchische Regression in R. In R werden einfach beide Blöcke der hierarchischen Regressionsanalyse separat durchgeführt. Es ergibt sich dann also zunächst die Regressionsanalyse mit Alter als einzigem Prädiktor und dann mit Alter, Negativer Selbstbewertung und Internalisierung von Misserfolgen als Prädiktoren. Auf die Darstellung der einzelnen Regressionsanalysen verzichten wir hier aus Platzgründen. Zusätzlich angefordert werden muss die Prüfung, ob das Hinzufügen der Prädiktoren im zweiten Prädiktorenset einen zusätzlich signifikanten Beitrag zur Varianzaufklärung im Kriterium leistet. Dies kann wie folgt geschehen: Es werden einfach die beiden Regressionsgleichungen (`fit1` und `fit2`) angegeben und zusätzlich der Vergleich beider Modelle durch `anova(fit1, fit2)`.

```
fit1 <- lm(bdi_ges~alter, data = data.regression8)
fit2 <- lm(bdi_ges~fie_nsb+fie_ivm+alter, data = data.regression8)
anova(fit1, fit2)
```

Die folgende Ausgabe mit dem Vergleich beider Modelle durch den Befehl `anova(fit1, fit2)` ergibt sich in R. Der Vergleich wird wie in der SPSS-Ergebnisausgabe signifikant ($p = 2.2e - 16$ ❺ und damit $p < 0.001$).

```
Model 1: bdi_ges ~ alter
Model 2: bdi_ges ~ fie_nsb + fie_ivm + alter
  Res.Df RSS Df Sum of Sq  F    Pr(>F)
1    180 16283.0
2    178  7924.5  28358.5 93.874 < 2.2e-16 ***❺
---
Signif. codes:  0 '***' 0.001 '**' 0.01 '*' 0.05 '.' 0.1 ' ' 1
```

Um die Ausgaben der einzelnen Regressionsanalysen zu erhalten, geben Sie noch folgende Syntax in R ein (Ergebnisse werden hier nicht dargestellt, sind jedoch zu den SPSS-Ergebnissen äquivalent):

```
summary(fit1)
summary(fit2)
```

Um einen Wert für die Veränderung in der erklärten Varianz zu erhalten, schreiben wir:

```
deltar <- summary(fit2)$r.squared-summary(fit1)$r.squared
deltar
```

Teststärkeanalyse in G*Power und R. Nun möchten wir noch die Post-hoc-Teststärke ermitteln. Wir tun dies wie gewohnt mit G*Power, wie in ▶*Abbildung 7.54* dargestellt. Wir verwenden hier die Teststärkeberechnung für Regressionsanalysen mit zwei Prädiktoren. Öffnen Sie G*Power. Dann wählen Sie unter TEST FAMILY die Option F TESTS ❶ und dann unter STATISTICAL TEST die Option LINEAR MULTIPLE REGRESSION: FIXED MODEL, R^2 INCREASE ❷.

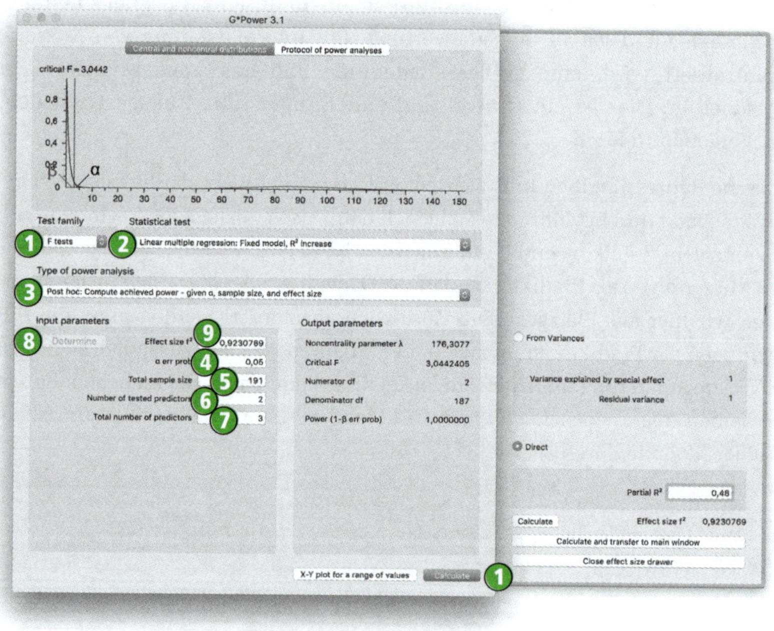

Abbildung 7.54: Post-hoc-Teststärke für den Zuwachs in R^2 mit G*Power

Schließlich wählen wir unter TYPE OF POWER ANALYSIS die Option POST HOC: COMPUTE ACHIEVED POWER – GIVEN α, SAMPLE SIZE, AND EFFECT SIZE ❸. Nun können wir die entsprechenden Werte eintragen: α ERR PROB setzen wir auf 0.05 ❹, die Stichprobengröße TOTAL SAMPLE SIZE auf 191 ❺, die Zählerfreiheitsgrade NUMBER OF TESTED PREDICTORS auf 2 ❻ und schließlich die TOTAL NUMBER OF PREDICTORS auf 3 ❼. Die Effektstärke muss nun über DETERMINE => ❽ ermittelt werden. Klicken Sie auf DETERMINE => und es öffnet sich rechts neben dem geöffneten Fenster ein neues Fenster. Klicken Sie auf den Kreis vor DIRECT und tragen Sie unter PAR-

TIAL R² den Zuwachs im R^2 vom ersten auf den zweiten Schritt ein. Er beträgt in unserem Fall $R^2 = 0.48$. Klicken Sie anschließend auf CALCULATE AND TRANSFER TO MAIN WINDOW. Als Effektstärke erhalten wir $f^2 = 0.923$ (9). Klicken Sie jetzt auf CALCULATE (10) und Sie erhalten die Teststärke im Kästchen neben POWER (1–β ERR PROB) angezeigt. Der Wert ist > 0.99 (siehe Kästchen in *Abbildung 7.53*). Damit ist der starke Effekt mit dem gewünschten Fehler 1. und 2. Art statistisch abgesichert. In einem Artikel würden wir dieses Ergebnis wie folgt angeben: $\Delta R^2 = 0.48$. $F_{2,178} = 93.9$, $p < 0.001$, $1-\beta > 0.99$.

Zum selben Ergebnis kommen wir, wenn wir in R die entsprechenden Werte für folgenden Code nutzen, den wir weiter oben bereits erläutert hatten:

```
pwr.f2.test(u = 2, v = 187, f2 = deltar, sig.level = 0.05, power = NULL)
```

7.2.9 Suppressionseffekte

Die multiple Regression beantwortet die Frage, was ein Prädiktor *j* im Kontext aller Prädiktoren für die Vorhersage der Kriteriumswerte leistet. Wir wissen, dass sich der Erklärungsbeitrag von Prädiktoren für die Kriteriumsvariable verringern kann, wenn weitere Prädiktoren in die Regressionsgleichung aufgenommen werden, die mit den ursprünglichen Prädiktoren korreliert sind. Wir haben auch gesehen, dass sich manchmal durch die Hinzunahme von Prädiktoren ein standardisiertes Regressionsgewicht auch erhöhen kann. Dies ist zunächst nicht intuitiv, kann jedoch mithilfe von Suppressionseffekten erklärt werden. Man unterscheidet grob drei Arten von Suppressionseffekten: (1) **Klassische Suppression**, (2) **Net-Suppression** und (3) **Kooperative Suppression**. Betrachten wir dazu zunächst das folgende Beispiel.

Erstes Beispiel: Klassische Suppression. Stellen wir uns eine Pilotenauswahl vor, deren Ergebnis evaluiert werden soll. Als Prädiktoren der Note in der schriftlichen Abschlussprüfung dienten verbale und figurale Intelligenz. Wir finden zunächst eine signifikante positive Korrelation von figuraler Intelligenz mit der Note in der Abschlussprüfung. Verbale Intelligenz korreliert hingegen nicht signifikant mit der Note in der Abschlussprüfung. Man überlegt sich nun, den verbalen Intelligenztest aus der Testbatterie zur Auswahl zu streichen, da er ja nicht mit dem Kriterium korreliert, also scheinbar auch nicht den Ausbildungserfolg vorhersagen kann. Zuvor will man jedoch auf Nummer sicher gehen und führt eine multiple lineare Regressionsanalyse durch. Es wird mithilfe der beiden Intelligenztestwerte die Note vorhergesagt. Das Ergebnis fällt wie folgt aus: Die multiple Regression ergibt einen signifikanten, positiven Regressionskoeffizienten für die figurale Intelligenz und einen signifikanten, negativen Regressionskoeffizienten für den verbalen Test (je niedriger die verbale Intelligenz, desto höher der Ausbildungserfolg). Die Interpretation ändert sich nun dramatisch, da verbale Intelligenz nicht nur unwichtig, sondern sogar schädlich für eine gute Note zu sein scheint: Höhere Werte der verbalen Intelligenz führen im Durchschnitt zu schlechteren Noten, wenn man für figurale Intelligenz kontrolliert. Nun wird eine multiple Regression ohne verbale Intelligenz wiederholt. Jetzt ergibt sich ein neues Problem: Eine multiple Regression ohne den verbalen Test ergibt einen deutlich geringeren multiplen Determinationskoeffizienten als bei einem Verbleib des verbalen Tests in der Regressionsanalyse.

Was wir in diesem Beispiel beobachten, wird als klassische Suppression bezeichnet. Ein Prädiktor X_1 korreliert signifikant mit dem Kriterium, z. B. $r_{YX_1} = 0.58$. Ein Prädiktor X_2 korreliert *nicht* signifikant mit dem Kriterium, z. B. $r_{YX_2} = 0.05$. Beide Prädiktoren korrelieren jedoch untereinander signifikant, z. B. $r_{X_1X_2} = 0.51$. Dies ist in ▶*Abbildung 7.55* nochmals veranschaulicht.

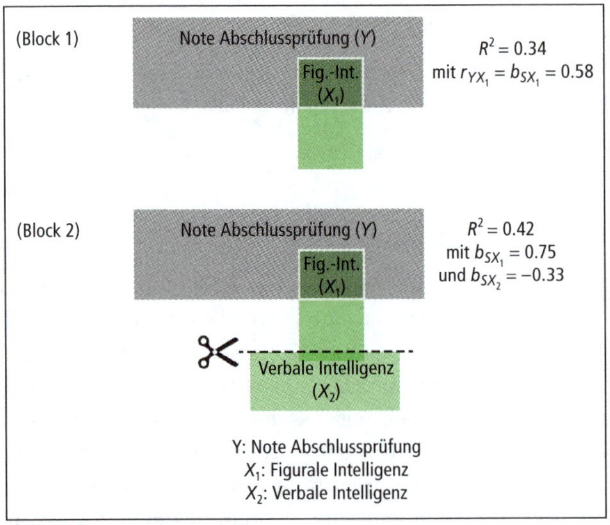

Abbildung 7.55: Darstellung klassische Suppression

Wenn nun beide Prädiktoren in die Regressionsanalyse eingehen, erhält Prädiktor X_2 ein signifikantes, negatives Regressionsgewicht und der multiple Determinationskoeffizient mit beiden Prädiktoren X_2 und X_1 ist größer als der multiple Determinationskoeffizient, bei dem nur Prädiktor X_1 verwendet wird. Im Folgenden wird dies für die standardisierten Regressionsgewichte kurz dargestellt.

$$b_{X_1S} = \frac{r_{YX_1} - \left(r_{YX_2} \cdot r_{X_1X_2}\right)}{1 - r_{X_1X_2}{}^2} = \frac{0.58 - (0.05 \cdot 0.51)}{1 - 0.51^2} = 0.75$$

$$b_{X_2S} = \frac{r_{YX_2} - \left(r_{YX_1} \cdot r_{X_1X_2}\right)}{1 - r_{X_1X_2}{}^2} = \frac{0.05 - (0.58 \cdot 0.51)}{1 - 0.51^2} = -0.33$$

Die Semipartialkorrelation unterscheidet sich in der Berechnung vom standardisierten Regressionsgewicht nur geringfügig und wird benötigt, um das multiple R^2 zu erhalten:

$$r_{Y(X_1.X_2)} = \frac{r_{YX_1} - \left(r_{YX_2} \cdot r_{X_1X_2}\right)}{\sqrt{1 - r_{X_1X_2}{}^2}} = \frac{0.58 - (0.05 \cdot 0.51)}{\sqrt{1 - 0.51^2}} = 0.64$$

$$r_{Y(X_2.X_1)} = \frac{r_{YX_2} - \left(r_{YX_1} \cdot r_{X_1X_2}\right)}{\sqrt{1 - r_{X_1X_2}{}^2}} = \frac{0.05 - (0.58 \cdot 0.51)}{\sqrt{1 - 0.51^2}} = -0.29$$

Die quadrierte multiple Korrelation ergibt sich als Summe aus der quadrierten bivariaten Korrelation des ersten Prädiktors mit dem Kriterium plus der quadrierten Semipartialkorrelation des zweiten Prädiktors mit dem Kriterium:

$$R^2 = r_{YX_1}^2 + r_{Y(X_2 \cdot X_1)}^2 = 0.58^2 + (-0.29)^2 = 0.34 + 0.08 = 0.42$$

Dies erklärt auf formaler Ebene den Anstieg des multiplen Determinationskoeffizienten. Für einen Prädiktor, dessen Korrelation nullter Ordnung 0.05 war, ergibt sich durch die Berücksichtigung des anderen Prädiktors eine höhere negative Semipartialkorrelation von −0.29, die wiederum zur Erhöhung des multiplen Determinationskoeffizienten von 0.34 auf 0.42 beiträgt.

Was ist hier passiert? Die verbale Intelligenz ist notwendig, um im figuralen Test gut abzuschneiden. Beispielsweise hilft sie, die Figuren im Test zu verbalisieren und die Instruktion besser zu verstehen. Dieser Anteil an der Note im Test ist jedoch für den Erfolg in der Pilotenprüfung irrelevant. Damit binden die Werte der verbalen Intelligenz die für den Ausbildungserfolg unwichtige oder irrelevante Varianz in den Werten des figuralen Tests und verbessern so dessen relative Vorhersagekraft. Betrachten wir dazu die *Abbildung 7.55*. In dieser kann man erkennen, dass figurale Intelligenz mit dem Kriterium überlappt und damit weisen figurale Intelligenz und die Note einen gemeinsamen Varianzanteil auf. Verbale Intelligenz weist keinen Überlappungsbereich mit dem Kriterium auf, jedoch einen Überlappungsbereich mit dem Prädiktor figurale Intelligenz. Aus der figuralen Intelligenz wird nun bei der Berechnung der Regressionsgewichte und der Semipartialkorrelation dieser gemeinsame Überlappungsbereich zwischen beiden Prädiktoren entfernt. Eine klassische Suppression ist nicht zwangsläufig mit einem negativen standardisierten Regressionsgewicht verbunden. Es kann bei anderen Vorzeichenkonstellationen der Korrelationen auch ein positives Regressionsgewicht auftreten.

Zusammenfassung Klassische Suppression:

- Ein Prädiktor korreliert mit dem Kriterium signifikant.
- Ein anderer Prädiktor korreliert mit dem Kriterium nicht signifikant.
- Beide Prädiktoren korrelieren miteinander.
- Gehen beide Prädiktoren in die Regressionsanalyse ein, ist das Vorzeichen des Regressionsgewichts für den Prädiktor negativ (oder in manchen Fällen auch positiv), der mit dem Kriterium eine Nullkorrelation aufweist.
- Entfernt man den Prädiktor mit dem negativen Regressionsgewicht aus der Regressionsanalyse, reduziert sich der multiple Korrelationskoeffizient.

Zweites Beispiel: Net-Suppression. Dieses Beispiel stammt aus dem Buch von Kline (2004). Wir haben Daten zu einer Psychotherapie zur Behandlung von Depressionen gesammelt und folgende Variablen erhoben: Psychotherapiestunden, Depressivität und Suizidrate. Es hat sich folgende Korrelationsmatrix ergeben: Depression und Psychotherapiestunden $r_{X_1X_2} = 0.70$, Depressivität und Suizidrate $r_{YX_1} = 0.49$ sowie Psychotherapiestunden und Suizidrate $r_{YX_2} = 0.19$. Bis auf die letzte Korrelation sind die Ergebnisse nicht überraschend. Je stärker die Depressivität einer Person ausgeprägt ist, desto mehr Psychotherapiestunden erhält sie. Je höher die Depressivität einer Person ausgeprägt ist, desto mehr Selbstmordversuche unternimmt sie. Überraschend ist jedoch auf den ersten Blick, dass mit zunehmender Anzahl an Psychotherapiestunden die Suizidrate steigt. Auf den zweiten Blick würde man wahrscheinlich davon ausgehen, dass Klienten mit stärker ausgeprägter Depressivität auch mehr Psychotherapiestunden benötigen und dadurch auch die höhere Selbstmordrate erklärbar ist. Man hat das Gefühl, es könnte mit der ungleichen Ausgangslage in der Ausprägung von Depressivität zu erklären sein. Würde man nur Klienten mit gleicher Depressivität betrachten, würde die Korrelation zwischen Suizidrate und Psychotherapiestunden wahrscheinlich anders aussehen.

Ein vergleichbares Beispiel besteht darin, dass bei einem größeren Brand auch mehr Feuerwehrleute benötigt werden, um den Brand zu löschen. Je mehr Feuerwehrleute ausrücken, desto größer ist auch der Schaden. Es wäre nun fatal, zu folgern, man solle weniger Feuerwehrleute rufen, damit der Schaden durch ein Feuer geringer ausfällt. Vielmehr wird es so sein, dass bei der Betrachtung von in der Größe vergleichbaren Bränden mit zunehmender Anzahl der Feuerwehrleute der Schaden sinkt. Bleiben wir jedoch bei unserem Depressionsbeispiel.

Was ist passiert? Wir berechnen zunächst die standardisierten Regressionsgewichte, die sich in der Regression von Anzahl der Suizidversuche auf Depressivität (b_{X_1S}) und Anzahl der Therapiestunden (b_{X_2S}) ergeben:

$$b_{X_1S} = \frac{r_{YX_1} - \left(r_{YX_2} \cdot r_{X_1X_2}\right)}{1 - {r_{X_1X_2}}^2} = \frac{0.49 - (0.19 \cdot 0.70)}{1 - 0.70^2} = \frac{0.357}{0.51} = 0.70$$

$$b_{X_2S} = \frac{r_{YX_2} - \left(r_{YX_1} \cdot r_{X_1X_2}\right)}{1 - {r_{X_1X_2}}^2} = \frac{0.19 - (0.49 \cdot 0.70)}{1 - 0.70^2} = \frac{-0.153}{0.51} = -0.30$$

Damit weist die Depressivität ein positives standardisiertes Regressionsgewicht von 0.70 auf und die Psychotherapiestunden ein negatives Regressionsgewicht von –0.30. Das heißt, kontrolliert man die Anzahl an Psychotherapiestunden für Depressivität und betrachtet so nur Klienten mit vergleichbarer Depressivität, führen mehr Psychotherapiestunden zu einer geringeren Suizidrate. Betrachten wir nun noch die Semipartialkorrelationen:

$$r_{Y(X_1.X_2)} = \frac{r_{YX_1} - \left(r_{YX_2} \cdot r_{X_1X_2}\right)}{\sqrt{1 - {r_{X_1X_2}}^2}} = \frac{0.49 - (0.19 \cdot 0.70)}{\sqrt{1 - 0.70^2}} = \frac{0.357}{0.71} = 0.50$$

$$r_{Y(X_2.X_1)} = \frac{r_{YX_2} - \left(r_{YX_1} \cdot r_{X_1X_2}\right)}{\sqrt{1 - {r_{X_1X_2}}^2}} = \frac{0.19 - (0.49 \cdot 0.70)}{\sqrt{1 - 0.70^2}} = \frac{0.153}{0.71} = -0.21$$

Der eigentlich positive Zusammenhang von 0.19 hat sich also in ein negatives standardisiertes Regressionsgewicht von –0.30 bzw. eine negative Semipartialkorrelation von –0.21 umgedreht. Immer, wenn ein Vorzeichenwechsel zwischen signifikanter Korrelation nullter Ordnung und signifikantem Regressionsgewicht auftritt, spricht man von Net-Suppression. In ▶*Abbildung 7.56* ist die Situation einer Net-Suppression dargestellt.

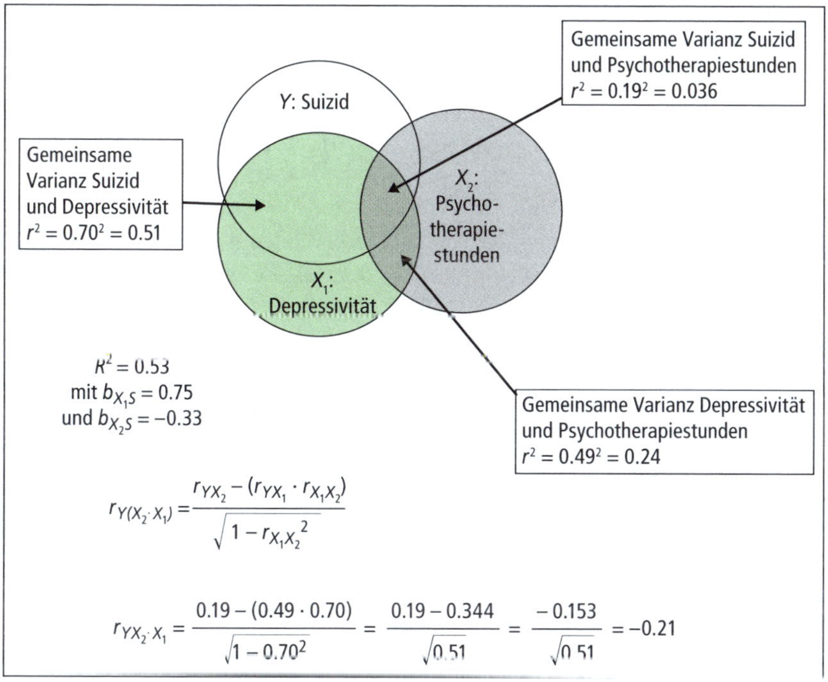

Abbildung 7.56: Darstellung einer Net-Suppression

In der Abbildung ist noch einmal das Prinzip grafisch und mithilfe der relevanten Semipartialkorrelation veranschaulicht. Bei der Gleichung betrachten wir den Zähler der Gleichung zur Berechnung der Semipartialkorrelation für den Prädiktor Psychotherapiestunden. Der erste Term ist die Korrelation des Prädiktors Psychotherapie mit dem Kriterium, diese beträgt 0.19. Von dieser Korrelation ziehen wir nun das Produkt (0.49 · 0.70) aus der Korrelation des zweiten Prädiktors mit dem Kriterium von 0.70 und der Korrelation der Prädiktoren untereinander von 0.49 untereinander ab. Wir erhalten nun die Semipartialkorrelation von –0.21.

Der Vorzeichenwechsel bei einer Net-Suppression kann von positiv zu negativ oder von negativ zu positiv erfolgen.

Exkurs

Vorzeichenwechsel Net-Suppression

Wir können das Vorzeichen des Produkts beider Korrelationen variieren. Es zeigt sich, dass eine Net-Suppression in der Größe wie in unserem Beispiel nur dann auftritt, wenn die beiden Korrelationen im Produktterm das gleiche Vorzeichen besitzen, denn dann wird von 0.19 der positive Produktterm von 0.343 abgezogen: $(0.49 \cdot 0.70 = -0.49 \cdot -0.70 = 0.343)$

$$r_{Y(X_2.X_1)} = \frac{r_{YX_2} - (r_{YX_1} \cdot r_{X_1X_2})}{\sqrt{1 - r_{X_1X_2}{}^2}} = \frac{0.19 - (0.49 \cdot 0.70)}{\sqrt{1 - 0.70^2}} = \frac{0.19 - 0.343}{\sqrt{1 - 0.70^2}} = \frac{0.153}{0.51} = -0.21$$

Würden wir nur ein Vorzeichen der beiden Korrelationen des Produktterms ändern, erhielten wir für das Produkt $(0.49 \cdot -0.70 = -0.49 \cdot 0.70 = -0.343)$ ein negatives Vorzeichen und es würden -0.343 von -0.19 abgezogen $(-0.19 - [-0.343] = (-0.19 + 0.343 = 0.153)$. Der Zähler wird dann positiv und weist einen Wert von 0.153 auf. Teilt man den Wert im Zähler von 0.153 durch die Wurzel von 0.51, erhält man eine Semipartialkorrelation von +0.22.

$$r_{Y(X_2.X_1)} = \frac{r_{YX_2} - (r_{YX_1} \cdot r_{X_1X_2})}{\sqrt{1 - r_{X_1X_2}{}^2}} = \frac{-0.19 - (0.49 \cdot -0.70)}{\sqrt{1 - 0.70^2}} = \frac{-0.19 - (-0.343)}{\sqrt{1 - 0.70^2}} = \frac{0.153}{0.51} = +0.22$$

Zusammenfassung Net-Suppression:

- Zwei Prädiktoren korrelieren einzeln mit dem Kriterium.
- Beide Prädiktoren korrelieren miteinander.
- Gehen beide Prädiktoren in die Regressionsanalyse ein, ist das Vorzeichen des Gewichts für einen der beiden Prädiktoren im Vergleich zur Kriteriumskorrelation vertauscht.

Drittes Beispiel: Kooperative Suppression. Das Beispiel stammt von Moon, Hollenbeck, Humphrey und Maue (2003). Sie fanden in einer Untersuchung, dass Angst und Depressivität mit $r_{X_1X_2} = 0.59$ korrelieren. Sie untersuchten den Zusammenhang mit Bindung. Dabei korrelierte Depressivität mit Bindung $r_{YX_1} = -0.05$ und Angst mit Bindung $r_{YX_2} = 0.11$. Beide Korrelationen waren nicht-signifikant. Betrachten wir dazu wieder die Formeln für die Semipartialkorrelationen:

$$r_{YX_1.X_2} = \frac{r_{YX_1} - (r_{YX_2} \cdot r_{X_1X_2})}{\sqrt{1 - r_{X_1X_2}{}^2}} = \frac{-0.05 - (0.11 \cdot 0.59)}{\sqrt{1 - 0.59^2}}$$

$$r_{YX_1.X_2} = \frac{-0.115}{0.77} = -0.15$$

$$r_{Y(X_2.X_1)} = \frac{r_{YX_2} - (r_{YX_1} \cdot r_{X_1X_2})}{\sqrt{1 - r_{X_1X_2}{}^2}} = \frac{0.11 - (-0.05 \cdot 0.59)}{\sqrt{1 - 0.59^2}} = \frac{0.14}{0.77} = 0.16$$

Am Ende ergaben sich zwei signifikante Semipartialkorrelationen von −0.15 und +0.16 (vgl. *Abbildung 7.57*). Der multiple Determinationskoeffizient (R^2) beträgt $R^2 = r_{YX_1} + r_{Y(X_2.X_1)} = (-0.15)^2 + 0.11^2 = 0.0346$.

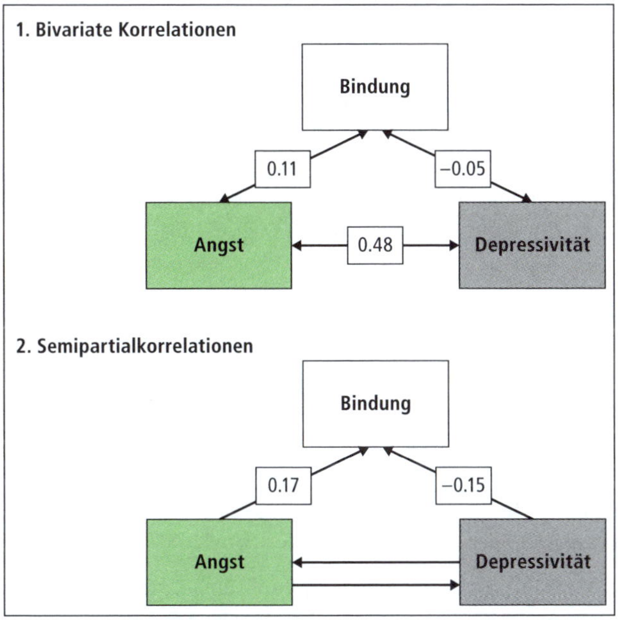

Abbildung 7.57: Kooperative Suppression (Moon, Hollenbeck, Humphrey & Maue, 2003): nicht-signifikante Korrelationen nullter Ordnung und signifikante Semipartialkorrelationen

Was ist passiert? Die Summe der quadrierten bivariaten Korrelationen bzw. Korrelationen nullter Ordnung ist kleiner als die Summe der quadrierten Semipartialkorrelationen. Verschiedene Konstellationen sind denkbar, die ein solches Ergebnis bedingen, z. B. beide Prädiktoren korrelieren negativ miteinander, aber jeder Prädiktor positiv mit dem Kriterium, oder eine der beiden Kriteriumskorrelationen ist negativ und die restlichen Korrelationen positiv (siehe Beispiel). Im Prinzip ist die Konstellation der Vorzeichen hier irrelevant, denn gehen beide Prädiktoren in die Regressionsanalyse ein, ist die semipartielle Korrelation jedes Prädiktors höher als die Korrelation nullter Ordnung.

Zusammenfassung Kooperative Suppression:

- Beide Prädiktoren korrelieren miteinander.
- Zwei Prädiktoren korrelieren einzeln mit dem Kriterium weniger hoch als die Semipartialkorrelationen.

Gesamtzusammenfassung. Suppressionsarten lassen sich also schnell erkennen, wenn man die Korrelation nullter Ordnung (Produkt-Moment-Korrelation) mit der Semipartialkorrelation vergleicht. Wird eine Suppression festgestellt, sollten die Regressionsgewichte immer unter Zuhilfenahme der Korrelation nullter Ordnung interpretiert werden. Wenn anzunehmen ist, dass die Prädiktoren kollinear sind, ist besonders auf Suppressionseffekte zu achten. Ein Suppressionseffekt sollte immer kreuzvalidiert werden, bevor er weitreichender interpretiert wird. Häufig ist eine Kreuzvalidierung eines Suppressionseffekts jedoch nicht möglich (für ein Beispiel einer gelungenen Replikation von Suppressionen siehe Paulhus, Robins, Trzesniewski, & Tracy, 2004).

7.2.10 Multiple Regression zur Theorieentwicklung

Ein weiterer Nutzen der multiplen Regression liegt in der Theorieentwicklung bzw. Theorieprüfung. Um die multiple Regression zur Theoriebildung zu verwenden, sind umfangreiche Vorüberlegungen und auch entsprechende Designs nötig, z. B. Längsschnittuntersuchungen. Man unterscheidet unter anderem zwei Methoden, die zur Theorieentwicklung bzw. Theorieprüfung im Rahmen der multiplen Regressionsanalyse häufig verwendet werden.

(1) **Mediation.** Eine unabhängige Variable *X* wirkt durch eine Drittvariable *M* auf die abhängige Variable *Y* ein. Dies wird in *Abbildung 7.51* verdeutlicht: Wenn wir hier eine andere Formulierung wählen, wird der Unterschied zur Moderation deutlich. Bei einer Mediation stellt die Drittvariable *M* den Zusammenhang zwischen der unabhängigen Variablen *X* und der abhängigen Variablen *Y* erst her. Ein Beispiel für eine Mediation wäre, wenn man annehmen würde, dass der Zusammenhang zwischen Konzentration *X* und Intelligenz *Y* durch die exekutive Funktion Koordination *Z* bedingt ist. Dies ist schematisch in ▶*Abbildung 7.58* dargestellt.

(2) **Moderation.** Die Höhe des Zusammenhangs zwischen *X* und *Y* verändert sich abhängig von der Ausprägung einer Drittvariablen Z. Anders formuliert lässt sich sagen, es besteht zwischen *X* und *Y* ein Zusammenhang. Die Höhe dieses Zusammenhangs variiert jedoch abhängig von der Ausprägung der Drittvariablen *Z*. Beispielsweise hängt die Höhe des Zusammenhangs zwischen Intelligenz und Berufserfolg davon ab, wie komplex der Beruf ist, der betrachtet wird (Schmidt & Hunter, 1998). So ist der Zusammenhang für wenig komplexe Berufe geringer als für mittel komplexe Berufe und am höchsten für komplexe Berufe.

Mediation

Zur Prüfung einer Mediation muss theoretisches Vorwissen vorliegen. Man benötigt eine Theorie und/oder Befunde aus Längsschnittuntersuchungen über die Wirkung des Prädiktors *X* auf das Kriterium *Y* sowie eine Annahme, welche Drittvariable als Mediator *M* fungiert. Zunächst beobachtet man einen Zusammenhang zwischen zwei Variablen, z. B. Konzentration und Intelligenz (siehe ▶*Abbildung 7.58*, 1.). In einer Mediation wird nun getestet, ob der Zusammenhang zwischen *X* und *Y* durch eine Drittvariable bzw. den Mediator „verursacht" wird. Das bedeutet, dass der Mediator als Verbindungsstück zwischen der Variable *X* und *Y* fungiert. Die unabhängige Variable wirkt sich also eigentlich nicht direkt auf die abhängige Variable aus (siehe ▶*Abbildung 7.58*, 2.), sondern auf den Mediator und dieser beeinflusst dann wiederum die abhängige Variable. Das heißt für unser hypothetisches Beispiel, dass der Zusammenhang zwischen Konzentration und Intelligenz nur über die sogenannte exekutive Funktion Koordination vermittelt wird. Es gibt drei Ansätze Mediationen zu testen:

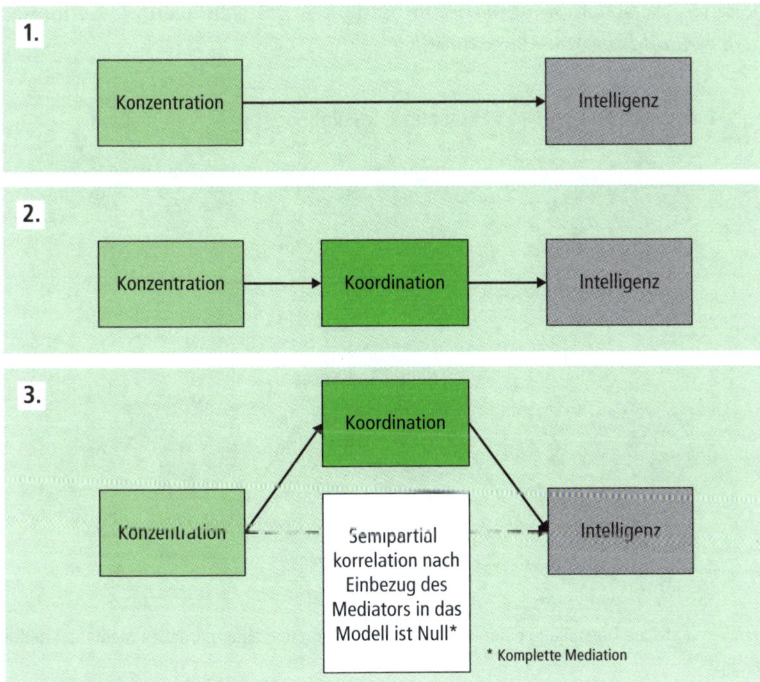

Abbildung 7.58: Schematische Darstellung einer Mediation

Ansatz 1: Causal Steps Approach (CSA)

Ansatz 2: Test of Joined Significance (TJS)

Ansatz 3: Difference in Coefficient Methods (DCM)

Ansatz 1: Causal Steps Approach (CSA)

Causal Steps Approach. Für den Causal Steps Approach gibt es wiederum verschiedene Arten, eine Mediation zu testen. Der bekannteste stammt von Baron und Kenny (1986). Eine Reihe von Schritten (Causal Steps) müssen demnach erfüllt sein, damit eine Mediation vorliegt (vgl. MacKinnon, Lockwood, Hoffman, West, & Sheets, 2002):

(1) *X* und *Y* korrelieren signifikant (*Abbildung 7.58*, 1.)

(2) Mediator *M* und Variable *X* korrelieren signifikant (*Abbildung 7.58*, 2.)

(3) Mediator *M* und Variable *Y* korrelieren signifikant (*Abbildung 7.58*, 2.)

(4a) **Komplette Mediation:** Wenn für den Mediator *M* kontrolliert wird, ergibt die Korrelation zwischen *X* und *Y* null und ist damit nicht signifikant (▶ *Abbildung 7.58*, 3.)

(4b) **Partielle Mediation:** Wenn für den Mediator *M* kontrolliert wird, ergibt die Korrelation zwischen *X* und *Y* nicht null (ist aber deutlich reduziert) und ist damit signifikant

Der Unterschied zwischen einer partiellen und einer vollständigen Mediation ist grafisch nochmals in ▶*Abbildung 7.59* dargestellt.

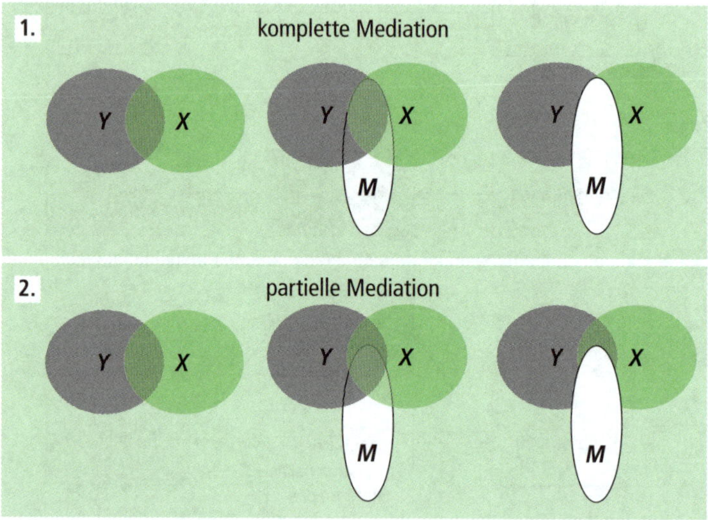

Abbildung 7.59: Grafische Darstellung einer kompletten Mediation und einer partiellen Mediation mithilfe eines Venn-Diagramms

Die *Abbildung 7.59* verdeutlicht noch einmal den Grundgedanken der Mediation. (1) Bei der **vollständigen Mediation** wird der Zusammenhang zwischen den Variablen *X* und *Y* durch den Mediator *M* vermittelt. Wenn wir nun das Kriterium *Y* sowohl mit dem Prädiktor *X* als auch mit dem Mediator *M* als Prädiktor im Rahmen einer multiplen Regressionsanalyse analysieren, wird das Regressionsgewicht von *X* null. (2) Bei einer **partiellen Mediation** bleibt sowohl das Regressionsgewicht bzw. die Partialkorrelation des Mediators als auch der Variable *X* signifikant. Das heißt, nach Kontrolle des Mediators ist der verbleibende Zusammenhang zwischen den Variablen *X* und *Y* zwar signifikant reduziert aber noch signifikant.

Gründe für partielle Mediationen. Eine partielle Mediation kann zum Teil schwer interpretierbar sein bzw. verschiedene Gründe haben. Wir wollen hier drei häufige Gründe nennen:

(1) Zum einen ist es möglich, dass die Prädiktoren oder das Kriterium nicht eindimensional erfasst wurden. Nehmen wir einmal an, wir haben beobachtet, dass der Zusammenhang zwischen den Konstrukten *X* und *Y* durch *M* partiell mediiert wird. Nun haben wir bei der Messung der Variablen *Y* ein für *Y* irrelevantes Konstrukt *W* miterfasst, das mit *X* und *Y* korreliert. Wir finden nun eine partielle Mediation, obwohl dieser Effekt rein auf die Variable *W* zurückgeführt werden kann, deren Effekt auf *Y* eben nicht durch *M* vermittelt wird und somit auch nach Kontrolle von *M* verbleibt. Nehmen wir an, der Intelligenztest *Y* in unserem Beispiel ist zeitbegrenzt. Koordination *M* und Konzentration *X* sind ebenfalls zeitbegrenzte Tests. Damit korreliert die Schnelligkeitskom-

ponente des Intelligenztests Y mit Koordination M und Konzentration X. Wenn wir nun den Mediator gemeinsam mit dem Prädiktor in eine Regressionsanalyse geben, bleibt für beide Prädiktoren ein signifikantes Regressionsgewicht erhalten. Wir wissen nun bei einer partiellen Mediation nicht, ob die partielle Mediation aufgrund des reinen Zeitbegrenzungsaspekts zustande gekommen ist. Der Zeitaspekt ist allen Variablen gemeinsam und reduziert die Pearson-Korrelation zwischen Konzentration und Intelligenz. Hätte man Intelligenz ohne Zeitbegrenzung gemessen, als sogenannten Power-Test, würde die Zeitbegrenzung keine Rolle spielen und es hätte wahrscheinlich überhaupt keine Mediation stattgefunden. Wir haben folglich ein Problem bei der Interpretation.

(2) Zum anderen könnte sein, dass der Mediator und die beiden anderen Variablen sich nicht auf derselben Symmetrie-Ebene befinden. Das heißt, dass der Mediator vielleicht nur Teil eines Konstrukts ist und die beiden anderen Variablen sich auf einer höheren und damit abstrakteren Konstruktebene befinden. Höher und abstrakt meinen hier, dass der gemessene Verhaltensausschnitt breiter ist als der des Mediators. Wir ziehen zur Veranschaulichung folgendes Beispiel aus der Literatur heran: Offenheit beeinflusst den schulischen Erfolg durch die Mediation eines *deep learning approaches* (Zhang & Ziegler, 2016). Offenheit und schulischer Erfolg sind sehr abstrakte Konstrukte. Erfassen wir den Mediator durch ein Messinstrument auf einer geringeren Abstraktionsebene (engerer Verhaltensausschnitt), kann dies zu einer partiellen Mediation führen, die nur durch die unterschiedliche Enge und Breite des gemessenen Verhaltensausschnitts bedingt ist.

(3) Einen dritten Grund nennt Stelzl (2005). Aus dem Zusammenhang zwischen X und Y wird nur der systematische Varianzanteil des Mediators auspartialisiert. Wenn nun der Mediator nur wenig messgenau bzw. reliabel erfasst wurde, wird er aus dem Zusammenhang zwischen X und Y nur unvollständig entfernt. Hoyle und Robinson (2004) warnen vor mangelnder Reliabilität der Prädiktoren, die sich negativ auf die Testung einer Mediation auswirken: Sie empfehlen, dass zumindest der Mediator mindestens eine Reliabilität von 0.90 aufweisen sollte. Wir empfehlen die Reliabilität gleich im Rahmen von latenten Mediationsanalysen mit zu berücksichtigen.

In diesen Fällen ist eine vollständige Mediation sehr unwahrscheinlich. Wichtig ist jedoch, dass beim Auftreten einer partiellen Mediation mögliche Gründe dafür diskutiert werden und der Mediator sowie die anderen Prädiktoren messgenau erfasst sind.

In ▶*Abbildung 7.60* ist ein Beispiel mit Konzentration als unabhängiger Variable X, mit Intelligenz als abhängiger Variable Y und Koordination als Mediator M dargestellt.

In ▶*Abbildung 7.60* (1.) sind zunächst alle Variablen signifikant miteinander korreliert: X mit Y (*Schritt 1*), X mit M (*Schritt 2*) und Y mit M (*Schritt 3*). Wenn in einer Regressionsanalyse der Mediator M als Prädiktor und die Variable X als Prädiktor gemeinsam betrachtet werden, ist das Regressionsgewicht von X nicht mehr signifikant (*Schritt 4a*). Es liegt nach dem Causal Steps Approach eine vollständige Mediation vor (vgl. ▶*Abbildung 7.60*, 2.).

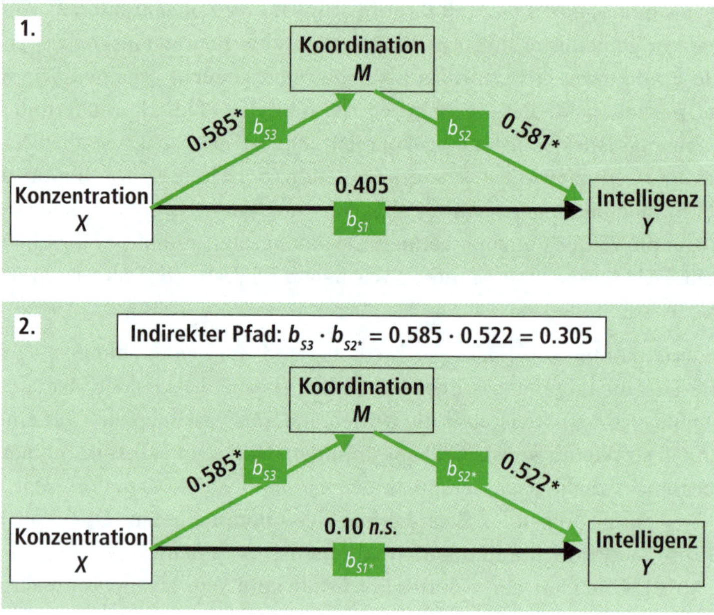

Abbildung 7.60: Darstellung einer kompletten Mediation

Problem bei der Interpretation einer Mediation. Im Zusammenhang mit dem Causal Steps Approach ist folgendes zu beachten: In manchen Fällen beträgt beispielsweise das standardisierte Regressionsgewicht vor dem Einbezug bzw. der Kontrolle des Mediators $b_{S1} = 0.25$ ($p < 0.05$) und nach Kontrolle des Mediators $b_{S1*} = 0.22$ (*n.s.*). Nun könnte man von einer vollständigen Mediation ausgehen, denn nach der Kontrolle des Mediators ist das Regressionsgewicht nicht mehr signifikant von null verschieden. Dies ist jedoch nicht der Fall. Eine vollständige Mediation liegt erst dann vor, wenn sich das standardisierte Regressionsgewicht b_{S1} und b_{S1*} signifikant unterscheiden und zusätzlich das standardisierte Regressionsgewicht b_{S1*} nicht signifikant von null verschieden ist. Darüber hinaus ist die Teststärke von b_{S1*} immer zu beachten. Häufig ist die Stichprobengröße, um kleine Effekte statistisch mit der gewünschten Fehlerwahrscheinlichkeit 1. und 2. Art abzusichern, nicht gegeben. In unserem Fall bedeutet dies, wenn die Teststärke deutlich unter 0.80 liegt, hatten wir zu wenige Personen in der Stichprobe, um einen Effekt in der angegebenen Größe, wenn er in der Population vorliegt, auch zu entdecken.

Ansatz 2: Test of Joined Significance (TJS)

Revision des Causal Steps Approach: Test of Joined Significance. Kenny et al. (1998) modifizierten den Causal Steps Approach und erachten unter anderem den Schritt 1 nicht mehr als notwendig. Dieser revidierte Ansatz wird als **Test of Joined Significance (TJS)** bezeichnet. Um dies zu verstehen, müssen wir zunächst darauf eingehen, was ein **indirekter Pfad** ist und zwei Darstellungen unterscheiden. Die erste ist eine Darstellung von Korrelationen zwischen den Variablen X, Y und M. Diese ist in *Abbildung 7.60* (1.) zu sehen. Die Doppelpfeile deuten an, dass es sich hier um einfache Korrelationen handelt. In *Abbildung 7.60* (2.) ist ein Pfadmodell dargestellt. Die Pfeile deuten an, dass es sich hier nicht mehr um

Korrelationen, sondern um standardisierte Regressionsgewichte handelt. Diese sind mit b_{S*} gekennzeichnet. Entsprechen die einfachen Korrelationen den standardisierten Regressionsgewichten, sind solche mit b_S gekennzeichnet. Wir erinnern uns, dass im Rahmen einer einfachen Regressionsanalyse die Korrelation der Steigung zwischen standardisierten Werten der Variablen X und Y entspricht, daher folgt hier die Bezeichnung b_S. Man kann nun den indirekten Einfluss von X auf Y über M bestimmen, indem man die beiden Pfade b_{S3} und b_{S2*} multipliziert. Der Wert beträgt für den indirekten Pfad dann 0.305. Der **direkte Pfad** von X zu Y in diesem Modell beträgt 0.10. Addiert man den direkten und den indirekten Pfad in diesem Modell erhält man den **totalen Effekt** in *Abbildung 7.60* (1.), nämlich die Korrelation von 0.405 = 0.10 + 0.305.

Beispiel. Stellen wir uns nun dieselbe Situation wie oben vor, jedoch mit anderen Zahlen (siehe ▶*Abbildung 7.61*).

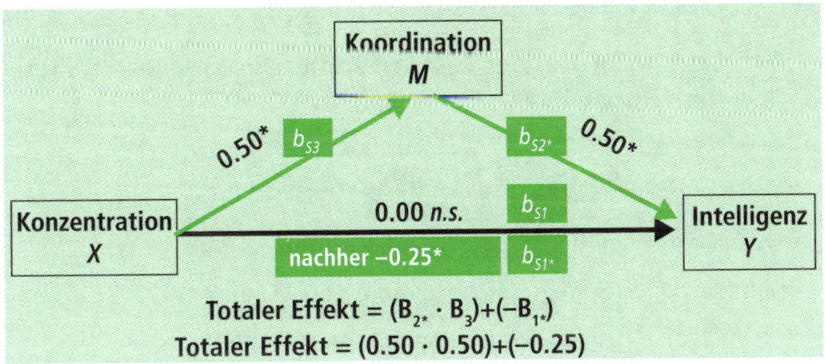

Abbildung 7.61: Darstellung eines Suppressionseffekts

Die Variable X kann auch keinen direkten signifikanten Pfad b_{S1} = 0.00 auf die Variable Y aufweisen, jedoch kann sie einen indirekten signifikanten Pfad auf Y aufweisen: $|b_{S1^*}| = b_{S3} \cdot b_{S2^*} = 0.50 \cdot 0.50 = 0.25$. Dies ist der Fall, wenn beispielsweise beide Effekte gleich hoch ausfallen. In diesem Fall sind die Variablen X und Y unkorreliert und der Mediator M ist eine klassische Suppressor-Variable. Wenn man die Variablen X und M in der Regressionsanalyse gemeinsam betrachtet, ergibt sich ein standardisiertes Regressionsgewicht von −0.25.

Durchführung TJS: Methoden des Product of Coefficient. Der **Test of Joined Significance (TJS)** kann mithilfe von vier unterschiedlichen Vorgehensweisen (Methoden des **Product of Coefficent**) durchgeführt werden. Grundidee ist, dass sich der direkte Pfad zwischen X und Y gegenüber dem Pfad zwischen X und Y, wenn die Mediatorvariable miteinbezogen wurde, dann signifikant reduziert hat, wenn der indirekte Pfad signifikant ist. Um eine Mediation zu testen, muss nun der indirekte Pfad auf Signifikanz getestet werden. Ist dieser signifikant, liegt eine Mediation vor. Ist dann zusätzlich die Korrelation des direkten Pfads unter Einbezug des Mediators null, liegt eine vollständige Mediation vor. Ist das Regressionsgewicht unter Einbezug des Mediators signifikant aber nur reduziert, liegt eine partielle Mediation vor. Verschiedene Standardfehler wurden entwickelt, um das Produkt der standardisierten Regressionskoeffizienten $b_{S2^*} \cdot b_{S3}$ einem Hypothesentest zu unterziehen. Der Standardfehler, der am häufigsten verwendet wird, ist im sogenannten Sobel-Test implementiert. Es gibt insgesamt vier Vorgehensweisen, die wir im Folgenden besprechen werden:

- Sobel-Test
- Aroian-Test
- Goodman-Test
- Bootstrap-Test

Sobel-Test. Der **Sobel-Test** prüft, ob der indirekte Pfad $b_{S3} \cdot b_{S2^*}$ signifikant ist. Ist dieser **indirekte Pfad** signifikant, lässt sich daraus ableiten, dass sich der direkte Pfad durch die Kontrolle des Mediators gegenüber dem Wert vor Kontrolle signifikant reduziert hat. Wir ermitteln zunächst den Wert für den indirekten Pfad: $b_{S3} \cdot b_{S2^*} = 0.585 \cdot 0.522 = 0.305$. Das Produkt ist also das Regressionsgewicht des indirekten Pfades. Um dieses nun auf Signifikanz zu prüfen, benötigen wir noch den Standardfehler des indirekten Pfads. Analog zum Testen von Signifikanz für Regressionsgewichte lässt sich aus dem Gewicht selbst und dem dazugehörigen Standardfehler ein empirischer t-Wert berechnen.

Formel 7.43 Durchführung des Tests of Joined Significance (TJS) mit dem Sobel-Test

$$\widehat{SE}_{b_{S3} \cdot b_{S2^*}} = \sqrt{b_{S3}^2 \cdot \widehat{SE}^2_{b_{S2^*}} + b_{S2^*}^2 \cdot \widehat{SE}^2_{b_{S3}}}$$

$\widehat{SE}_{b_{S3} \cdot b_{S2^*}}$ = geschätzter Standardfehler für den indirekten Pfad

b_{S3}^2 = standardisiertes Regressionsgewicht von M auf X

$b_{S2^*}^2$ = standardisiertes Regressionsgewicht von Y auf M

$\widehat{SE}^2_{b_{S2^*}}$ = geschätzter Standardfehler für das standardisierte Regressionsgewicht von Y auf M

$\widehat{SE}^2_{b_{S3}}$ = geschätzter Standardfehler für das standardisierte Regressionsgewicht von M auf X

Wir gehen von folgenden Werten für unser Beispiel aus: $b_{S3} = 0.585$, $b_{S2^*} = 0.522$; $t_{emp} = 7.873, t_{emp} = 5.676$ und errechnen daraus die geschätzten Standardfehler der standardisierten Regressionskoeffizienten:

$$\widehat{SE}_{b_{S3}} = \frac{b_{S3}}{t_{emp}} = \frac{0.585}{7.873} = 0.074 \text{ bzw. } \widehat{SE}_{b_{S2^*}} = \frac{b_{S2^*}}{t_{emp}} = \frac{0.522}{5.676} = 0.092$$

Nun können wir den geschätzten Standardfehler des indirekten Pfads nach der obigen Formel ausrechnen:

$$\widehat{SE}_{b_{S3} \cdot b_{S2^*}} = \sqrt{0.585^2 \cdot 0.092^2 + 0.522^2 \cdot 0.074^2} = 0.0662$$

Mithilfe des indirekten Pfads und seines geschätzten Standardfehlers kann die empirische t-Prüfgröße ermittelt werden:

$$t_{emp} = \frac{b_{S2^*} \cdot b_{S3}}{\widehat{SE}_{b_{S3} \cdot b_{S2^*}}} = \frac{0.585 \cdot 0.522}{0.0662} = \frac{0.305}{0.0622} = 4.90$$

Varianten des Sobel-Tests. Es gibt insgesamt drei Versionen des Sobel-Tests: In der ursprünglichen Variante des Sobel-Tests wird das Produkt der Standardfehler unter der Wurzel weder abgezogen noch addiert, sondern weggelassen (siehe oben).

Goodman-Test. In der im Folgenden dargestellten Goodman-Variante wird genau dieser Produktterm im Nenner unter der Wurzel abgezogen:

$$\widehat{SE}_{b_{S3} \cdot b_{S2^*}} = \sqrt{b_{S3}^2 \cdot \widehat{SE}_{b_{S2^*}}^2 + b_{S2^*}^2 \cdot \widehat{SE}_{b_{S3}}^2 - \widehat{SE}_{b_{S2^*}}^2 \cdot \widehat{SE}_{b_{S3}}^2}$$

$$\widehat{SE}_{b_{S3} \cdot b_{S2^*}} = \sqrt{0.585^2 \cdot 0.092^2 + 0.522^2 \cdot 0.074^2 - 0.092^2 \cdot 0.074^2} = 0.0656$$

Dies kann zu negativen Standardfehlern für den Produktterm führen, hat jedoch den Vorteil, dass es sich um einen unverzerrten Schätzer handelt.

Aroian-Test. Eine weitere Variante des Sobel-Tests stellt die Aroian-Variante dar, bei der der Produktterm der geschätzten Standardfehler addiert anstatt abgezogen wird.

$$\widehat{SE}_{b_{S3} \cdot b_{S2^*}} = \sqrt{b_{S3}^2 \cdot \widehat{SE}_{b_{S2^*}}^2 + b_{S2^*}^2 \cdot \widehat{SE}_{b_{S3}}^2 + \widehat{SE}_{b_{S2^*}}^2 \cdot \widehat{SE}_{b_{S3}}^2}$$

$$\widehat{SE}_{b_{S3} \cdot b_{S2^*}} = \sqrt{0.585^2 \cdot 0.092^2 + 0.522^2 \cdot 0.074^2 + 0.092^2 \cdot 0.074^2} = 0.0666$$

Die Auswirkungen des Produktterms der geschätzten quadrierten Standardfehler der Einzelregressionsgewichte auf die Schätzung des Standardfehlers des indirekten Pfads sind geringer, je kleiner die Standardfehler der standardisierten Regressionsgewichte ausfallen und je höher die Stichprobengröße ist.

Keine der hier dargestellten Methoden wird zur Durchführung des Tests of Joined Significance (TJS) empfohlen, auch wenn sie in der Literatur noch zu finden sind und in manchen Fällen gar nicht klar ist, welche Variante des Sobel-Tests verwendet wurde.

Resampling-Methode. Nach Preacher und Hays (2008) sind Bootstrap-Methoden der Anwendung des Sobel-Tests vorzuziehen. Als Begründung geben sie an, dass die Stichprobenkennwerteverteilung des Pfads $b_{S2^*} \cdot b_{S3}$ nicht symmetrisch sondern schief ist, und daher eine *t*- oder *z*-Verteilung keine gute Entscheidungsgrundlage für die Hypothesentestung darstellt. Dem Test fehlt die statistische Power. Es wird daher gefordert, Resampling-Methoden zu verwenden, um eine Entscheidung über die Hypothesen herbeizuführen. Die Resampling-Methode, die am häufigsten angewandt wird, ist die Bootstrap-Methode.

Bootstrap-Methode. Die Bootstrap-Methode zieht aus der Stichprobe *n* Personen mit Zurücklegen. Betrachten wir ein Beispiel mit $n = 121$ Personen und drei Variablen. In diesem Fall wird 121 Mal der Wert einer Person gezogen und anschließend wieder in die Datendatei zurückgelegt. Es können daher auch Personen mit ihren Werten mehrfach gezogen werden. Diesen Vorgang wiederholt man z. B. 1000 Mal, wodurch man 1000 Varianten der ursprünglichen Stichprobe erhält. In jeder der 1000 Stichproben werden alle relevanten Parameter geschätzt, und dann wird jeweils der indirekte Pfad ($b_{S1^*} = b_{S3} \cdot b_{S2^*}$) geschätzt. Aus diesen 1000 Werten des indirekten Pfads ergibt sich eine empirische Verteilung der Größe. Es werden in dieser Verteilung die Werte für den indirekten Pfad angegeben, die als die 2.5 Prozent extremsten Werte der empirischen Verteilung bzw. der Bootstrap-Verteilung abschneiden. Das sind die b_{S1^*}-Werte, die ein Konfidenzintervall mit einer zweiseitigen Sicherheitswahrscheinlichkeit von 95 Prozent, definieren. Man spricht bei dieser Art von Bootstrap auch von der Perzentil-Methode. Das bias-corrected Bootstrap-Intervall (BC) stellt ein korrigiertes Bootstrap-Intervall dar. Für einen Überblick wird auf Carpenter und Bithell (2000) verwiesen. Eine Mediation liegt vor, wenn das Konfidenzintervall den Wert null nicht enthält. Dies wird im folgenden Abschnitt bei der Durchführung einer Mediationsanalyse mit SPSS und R ausführlich erläutert.

Was sollte für eine Analyse durchgeführt werden? Die Empfehlungen der Literatur können wie folgt zusammengefasst werden: Es sollte die **Product of Coefficient Methode (PCM)** mit **Bootstrap** in Kombination mit dem als **Test of Joined Significance (TJS)** beschriebenen Vorgehen durchgeführt werden. Dabei sollte immer die Interpretation von unstandardisierten Regressionsgewichten (Rucker et al., 2011) erfolgen sowie die **Reliabilitätsschätzung des Mediators über 0.90** liegen (vgl. Hoyle & Robinson, 2004). Es wird empfohlen, die **Stichprobe so groß wie möglich** zu wählen und insbesondere auf Suppressionseffekte zu achten.

Ansatz 3: Difference in Coefficient Methods (DCM)

Freedman und Schatzkin (1992) entwickelten eine Methode, um zwei standardisierte Regressionsgewichte auf Unterschiedlichkeit zu prüfen. Der Standardfehler ergibt sich wie in Formelkasten 7.44 angegeben.

Formel 7.44 Berechnung DCM

Der Standardfehler ist wie folgt definiert:

$$\widehat{SE}_{b_{S1}-b_{S1^*}} = \sqrt{\widehat{SE}^2_{b_{S1}} + \widehat{SE}^2_{b_{S1^*}} + 2 \cdot \widehat{SE}_{b_{S1}} \cdot \widehat{SE}_{b_{S1^*}} \cdot \sqrt{1 - r^2_{XM}}}$$

$\widehat{SE}_{b_{S1}-b_{S1^*}}$ = Standardfehler der Differenz des standardisierten Regressionsgewichts b_{S1} und b_{S1^*}

$\widehat{SE}_{b_{S1^*}}$ = Standardfehler des standardisierten Regressionsgewichts b_{S1}

$\widehat{SE}_{b_{S1}}$ = Standardfehler des standardisierten Regressionsgewichts b_{S1}

r^2_{XM} = Determinationskoeffizient der unabhängigen Variablen X mit Mediator M

Nehmen wir an, wir haben folgende Angaben einer SPSS- oder R-Ausgabe entnommen: $b_{S1} = 0.405$, $t = 4.83$, $b_{S1^*} = 0.10$, $t = 1.09$ und die Korrelation zwischen der unabhängigen Variablen X und dem Mediator ist $r_{XM} = 0.585$. Die Standardfehler der standardisierten Regressionsgewichte berechnen sich über folgende Formel:

$$\widehat{SE}_{b_{S1}} = \frac{b_{S1}}{t_{\text{emp}}} = \frac{0.405}{4.83} = 0.084 \text{ bzw. } \widehat{SE}_{b_{S1^*}} = \frac{b_{S1^*}}{t_{\text{emp}}} = \frac{0.10}{1.09} = 0.092$$

Wir können diese Werte nun in die Formel für den geschätzten Standardfehler der Differenz einsetzen:

$$\widehat{SE}_{b_{S1}-b_{S1^*}} = \sqrt{0.084^2 + 0.092^2 - 2 \cdot 0.084 \cdot 0.092 \cdot \sqrt{1-0.342}} = 0.055$$

Er wird dann durch die Differenz aus direktem und indirektem Pfad geteilt.

$$t_{\text{emp}} = \frac{b_{S1} - b_{S1^*}}{\widehat{SE}_{b_{S1}-b_{S1^*}}} = \frac{0.405 - 0.10}{0.055} = \frac{0.305}{0.055} = 5.55$$

Dieser empirische t-Wert wird mit dem kritischen t-Wert bei 119 Freiheitsgraden ($n - 2 = 121 - 2 = 119$) und einer Sicherheitswahrscheinlichkeit von 95 Prozent (zweiseitig) verglichen. Dieser Wert beträgt 1.98 (in R `qt(p=.975, df=119)`). Damit ist der Unterschied signifikant, da der empirische über dem kritischen t-Wert liegt. Der exakte p-Wert kann in R alternativ wie folgt angegeben werden: `pt(5.55, df=119, lower.tail=FALSE)*2`.

Moderation

Die Grundidee der **Moderation** lautet, dass mit zunehmender oder abnehmender Ausprägung einer Drittvariablen der Zusammenhang zwischen zwei anderen Variablen variiert. Die Idee für eine Moderation kann beispielsweise aus einer Metaanalyse stammen: Es ist beispielsweise der Zusammenhang zwischen Intelligenz und Berufserfolg untersucht worden (Schmidt & Hunter, 1998). Im Rahmen einer solchen Metaanalyse werden viele Untersuchungen zu einer Fragestellung zusammengefasst und beispielsweise eine mittlere anhand der Stichprobengröße gewichtete Korrelation zwischen Intelligenz und Berufserfolg bestimmt. Nun kann es sein, dass sich die Korrelationen zwischen Intelligenz und Berufserfolg von Untersuchung zu Untersuchung unterscheiden. Das ist wahrscheinlich auch in einem gewissen Ausmaß zu erwarten, da ja eine gewisse Variation in den Korrelationskoeffizienten durch die unterschiedliche Stichprobenziehung zu erwarten ist. Ist die Variation der Korrelationskoeffizienten aber durch die Stichprobenziehung und unterschiedliche Stichprobengrößen nicht mehr zu erklären, sucht man nach relevanten Drittvariablen, auf deren Stufen die Korrelationen zwischen Intelligenz und Berufserfolg homogen sind und damit nicht mehr systematisch variieren. Eine dieser Drittvariablen ist die Komplexität des Berufs (Schmidt & Hunter, 1998). Es konnte gezeigt werden, dass mit zunehmender Komplexität des Berufs der Zusammenhang zwischen Intelligenz und Berufserfolg ansteigt (siehe ▶ *Abbildung 7.62*). Hier liegt also eine Moderation vor.

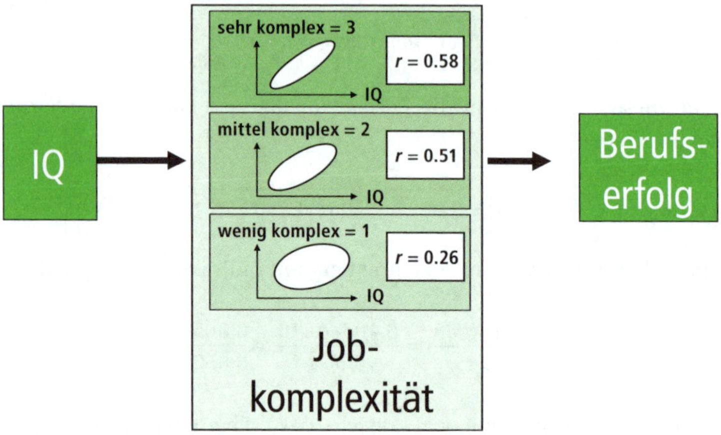

Abbildung 7.62: Beispiel einer Moderation

Wie prüft man nun eine Moderation? Der Test auf eine Moderation besteht darin, eine multiple Regressionsanalyse durchzuführen, in der X als Prädiktor von Y und die relevante Drittvariable Z als Prädiktor gleichzeitig genutzt werden. Zusätzlich wird eine neue Variable gebildet, die einen Produktterm $X \cdot Z$ darstellt und ebenfalls in die Analyse als Prädiktor eingefügt wird. Falls das Regressionsgewicht für den Produktterm bzw. für die Variable $X \cdot Z$ signifikant ist, liegt eine Moderation vor und der Zusammenhang zwischen den Variablen X und Y unterscheidet sich auf den unterschiedlichen Werten der Drittvariable Z. Das heißt, dass Z den Zusammenhang zwischen X und Y moderiert. Der Produktterm spiegelt, wie bei einer Varianzanalyse, eine **Interaktion** wider. Mit den zunehmenden Werten der Variablen steigt oder sinkt die Korrelation zwischen X und Y.

Zentrierung. Der so genannte Produktterm wird aus dem Prädiktor X und dem Moderator Z gebildet. Das heißt, dass der Produktterm eine Funktion der beiden Prädiktorvariablen X und Z ist und somit mit diesen hoch korreliert. Da diese Prädiktoren ebenfalls in die Regression eingehen, entsteht das Problem der Kollinearität. Wir wissen, dass Kollinearität im Rahmen der multiplen Regression zu hohen Standardfehlern der Regressionsgewichte führen kann. Daher wird häufig empfohlen, die Variablen X und Z vor Bildung des Produktterms $X \cdot Z$ zu zentrieren. Nach der **Zentrierung** sind die Variablen X und $X \cdot Z$ sowie die Variablen Z und $X \cdot Z$ *nahezu* unkorreliert. Geringe Korrelationen können noch auftreten, wenn die Verteilungen der Variablen unterschiedlich ausfallen, was aber in der Regel unbedeutend ist. Zentrieren heißt, dass von jedem realisierten X- und Z-Wert die Differenz zum Mittelwert berechnet wird. Die zentrierten Variablen haben dann einen Mittelwert von null.

Zentrierung für die Prüfung des Interaktionsterms auf Signifikanz nicht nötig. Häufig wird argumentiert, dass eine Zentrierung für die Prüfung des Interaktionseffekts wichtig sei, um Kollinearität zu vermeiden. Die Zentrierung senkt nachweislich die Kollinearität, dies hat jedoch keine Auswirkung auf die Signifikanzprüfung des Interaktionsterms und dessen Höhe – die Haupteffekte X und Z sind jedoch schon von der Zentrierung beeinflusst. Die Zentrierung kann vor allem Vorteile bei der Interpretation der Konstanten im Modell bieten. Dies wird im Folgenden näher erläutert.

Beispiel. Betrachten wir dazu unser Beispiel mit Depressivität, Negativer Selbstbewertung und Abhängigkeitskognitionen wie in ▶*Abbildung 7.63* grafisch veranschaulicht.

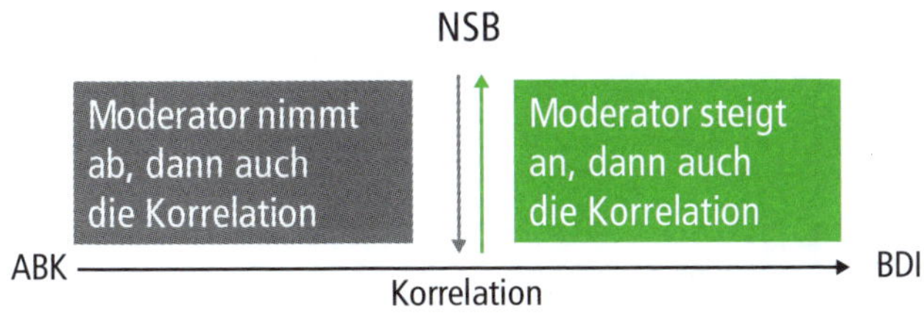

Abbildung 7.63: Grafische Darstellung des Beispiels

Die in *Abbildung 7.63* grafisch dargestellte Frage lautet, ob sich der Zusammenhang zwischen den Werten der Variable Abhängigkeitskognitionen und den Werten der Variable Depressivität für unterschiedliche Werte der Variable Negative Selbstbewertung unterscheidet. Dazu können die Ausgangsvariablen zunächst folgendermaßen zentriert werden: Von jedem Wert des jeweiligen Prädiktors wird der Mittelwert abgezogen. Damit erhalten wir jeweils zwei neue Variablen, die zentrierten Prädiktorvariablen X_{zent} und Z_{zent}. Diese werden dann verwendet, um einen Produktterm zu bilden: $X_{zent} \cdot Z_{zent} = XY_{zent}$. Nun wird eine Regressionsanalyse durchgeführt mit Y als Kriterium und den Prädiktoren X_{zent}, Z_{zent} und XY_{zent}. Sollte es dichotome Prädiktoren geben, wie beispielsweise Geschlecht, ist eine Zentrierung nicht zu empfehlen: Die Variable mit der Ausprägung null stellt beispielsweise eine definierte Gruppe dar (z. B. für den Wert null die Gruppe der Frauen).

Die Zentrierung hat zwei Vorteile: (1) Computationale Probleme lassen sich durch die Reduktion von Kollinearität mithilfe der Zentrierung vermeiden. Im Grunde ist jedoch ein Modell mit zentrierten Variablen bezüglich der Interpretation des Interaktionsterms identisch zum nicht-zentrierten Modell. (2) Haupteffekte im Regressionsmodell können besser interpretiert werden, da die Zentrierung den Variablen einen sinnvollen interpretierbaren Nullpunkt zuweist. Der neue Nullpunkt ist der jeweilige Mittelwert der Variablen. Dies ist im Rahmen einer Regressionsanalyse immer vorteilhaft. Wenn die Variablen X oder Z bereits einen sinnvollen Nullpunkt besitzen (z. B. bei der Dummykodierung dichotomer Variablen), ist eine Zentrierung unnötig (siehe Beispiel oben mit Geschlecht als Variable).

Wie kann man sich eine Zentrierung grafisch veranschaulichen? Bei einer Zentrierung wird vom individuellen Wert jeder Person der Mittelwert der Stichprobe abgezogen. Dies führt dazu, dass der Mittelwert der entsprechenden Variablen den Wert null annimmt. Dies ist in ▶*Abbildung 7.64* grafisch veranschaulicht. Hier ist folgendes Beispiel einer einfachen Regression dargestellt: Depression fungiert als Prädiktor von Angst. Werden die Werte der Personen im Depressionsfragebogen am Stichprobenmittelwert 7 zentriert, ergibt sich die neue Metrik, die in *Abbildung 7.64* mit den vertikalen Pfeilen dargestellt ist.

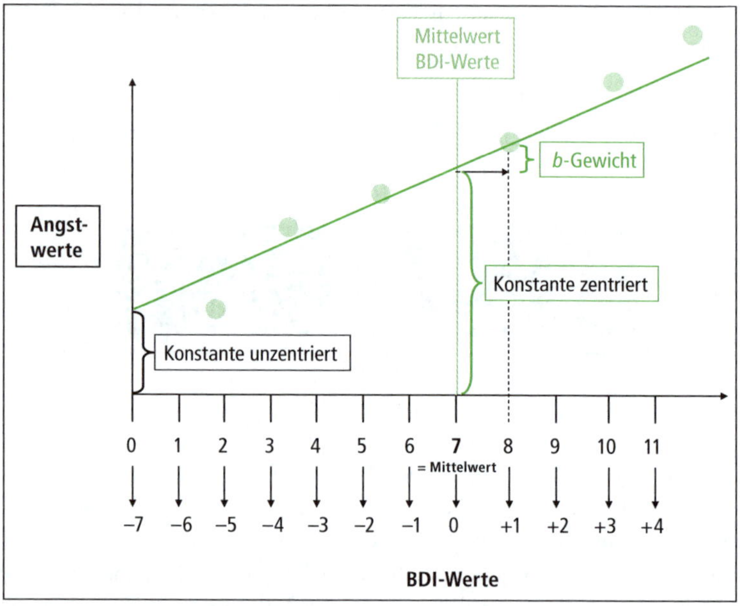

Abbildung 7.64: Grafische Darstellung einer Zentrierung

Effekt der Zentrierung. Der Mittelwert im Depressionsfragebogen erhält nun den neuen Wert null. Dadurch verschiebt sich die Achse des Kriteriums Angst zum Nullpunkt des Depressionsfragebogens. Im nicht-zentrierten Zustand ist die Konstante in der Regressionsgleichung der Angstwert, den man für eine Person mit einem Depressivitätswert von null erwarten würde. Im zentrierten Zustand stellt die Konstante den Angstwert dar, den man für eine Person mit einer mittleren Depressivität vorhersagen würde. In vielen Fällen ist eine Zentrierung generell sinnvoll, da der Nullpunkt in psychologischen Messungen in der Regel nicht sinnvoll interpretierbar ist. Beispielsweise gibt es keinen Intelligenzquotienten von null. Dies gilt insbesondere für normierte Werte wie T-, SW-, Stanine- oder IQ-Normwerte (vgl. Bühner, 2011, S. 190).

Das Kriterium zu zentrieren ist nicht sinnvoll, da dadurch der Mittelwert des Kriteriums ebenfalls null wird. Dadurch würden sich die Achsen des Kriteriums und des Prädiktors im jeweiligen Nullpunkt kreuzen. Die Konstante entfällt durch die Zentrierung beider Variablen. Die Regressionsgerade geht durch beide Nullpunkte (siehe ▶*Abbildung 7.65*).

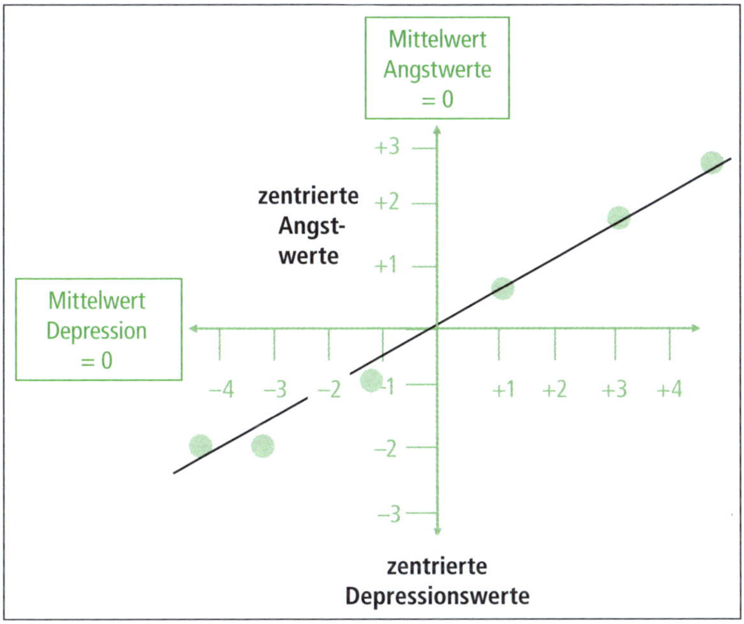

Abbildung 7.65: Grafische Darstellung einer Zentrierung von X (Depressionswerte und Y (Angstwerte)

7.3 Mediation und Moderation in SPSS und R

Im Folgenden werden die Berechnungen zur Prüfung einer Mediation bzw. Moderation mit SPSS und R dargestellt. Wie eine Regressionsanalyse in SPSS durchgeführt wird, wurde dabei bereits im Abschnitt 7.5 dargestellt. Es wird daher hier nur auf zusätzliche Schritte eingegangen.

7.3.1 Mediation

Mediation in SPSS. Wir verwenden zu den folgenden Analysen die Datei Regression_-bsp_6.sav von der Pearson-Website. Im Folgenden soll nun gezeigt werden, wie eine Mediationsanalyse in SPSS geprüft wird. Wir verwenden dazu das Plug-In PROCESS (Hayes, 2012). Zunächst wird dargestellt wie das Plug-In geladen und installiert werden kann. Der Download kann von der Seite *http://processmacro.org/download.html* erfolgen. Laden wir zunächst die Datei process.zip. Der Ordner, der sich aus dem zip-File ergibt, hat 5.1 MB und enthält eine Datei process.spd. Man klickt nun auf ERWEITERUNGEN → EXTRAS → BENUTZERDEFINIERTES DIALOGFELD INSTALLIEREN (vgl. ▶*Abbildung 7.66*) Es öffnet sich dann das in ▶*Abbildung 7.67* abgebildete Fenster.

EXTRAS ONLINE

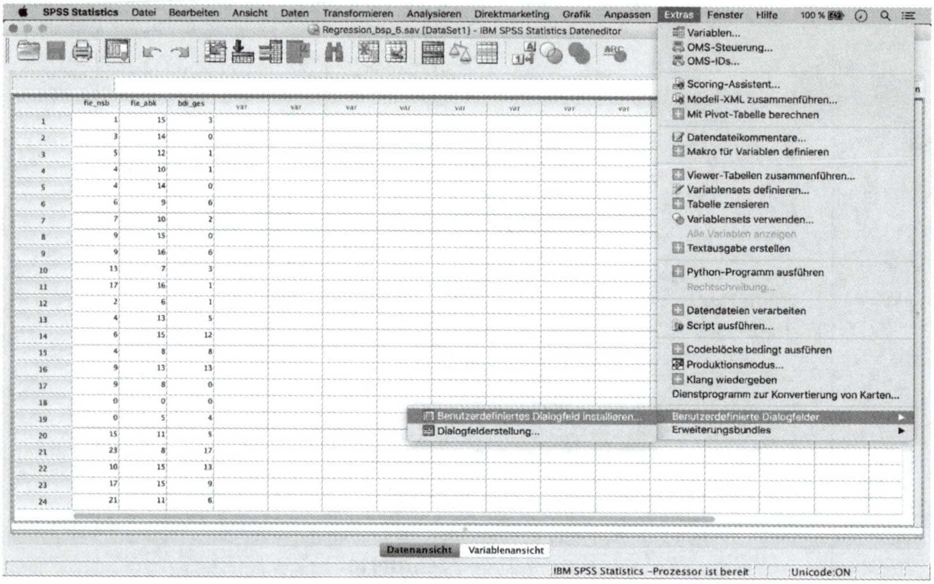

Abbildung 7.66: Installation von PROCESS Teil 1

In dem SPSS-Fenster (*Abbildung 7.67*) muss nun der entsprechende Ordner ① gesucht werden, in dem die Datei process.spd ② gespeichert ist. Ist der Ordner gefunden, muss auf die Datei process.spd ② doppelt geklickt werden. Man kann auch einfach auf die Datei klicken und dann auf ÖFFNEN ③. Nun wird das PROCESS-Dialogfeld installiert.

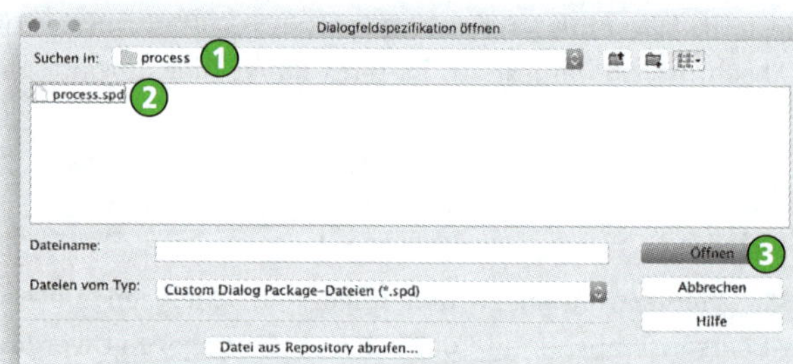

Abbildung 7.67: Installation von PROCESS Teil 2

Im Folgenden kann PROCESS (Hayes, 2012) über ANALYSIEREN → REGRESSION → PROCESS aufgerufen werden. Es öffnet sich das in ▶*Abbildung 7.68* dargestellte Fenster. Markieren Sie zunächst die Variable „bdi_ges" und klicken auf den Pfeil ① neben dem Feld OUTCOME VARIABLE (Y). Klicken Sie dann auf die Variable „fie_abk" und anschließend auf den Pfeil ② neben dem Feld INDEPENDENT VARIABLE (X). Markieren Sie schließlich den Mediator „fie_nsb" und klicken Sie danach auf den Pfeil ③ neben dem Feld M VARIABLE(S). Wenn es gewünscht wird, kann zusätzlich durch das Klicken der Schaltfläche OPTIONS auch das Kästchen SOBEL TEST markiert werden und anschließend auf WEITER geklickt werden, dies ist hier aus Platzgründen nicht dargestellt. Klicken Sie schließlich in das Feld MODEL NUM-

BER und geben Sie 4 ein ④, um eine Mediationsanalyse durchzuführen. Klicken Sie im Anschluss auf OK ⑤.

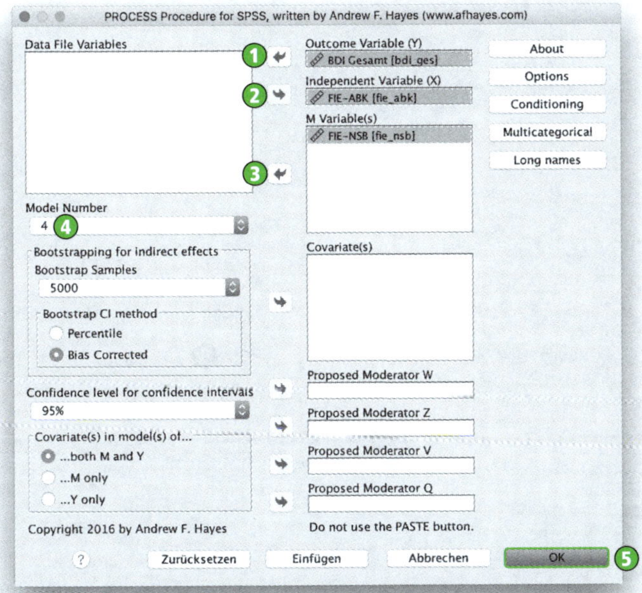

Abbildung 7.68: Dialogfeld PROCESS: Durchführung einer Mediation

Nun erhalten Sie die folgende SPSS-Ausgabe.

Run MATRIX procedure:

```
************** PROCESS Procedure for SPSS Release 2.15 *******************


          Written by Andrew F. Hayes, Ph.D.       www.afhayes.com

    Documentation available in Hayes (2013). www.guilford.com/p/hayes3


**************************************************************************

Model = 4

    Y = bdi_ges

    X = fie_abk

    M = fie_nsb


Sample size

        191
```

```
**************************************************************************
Outcome: fie_nsb

Model Summary
          R       R-sq        MSE          F        df1        df2          p
      ,4202      ,1766    81,5901    40,5329     1,0000   189,0000      ,0000

Model
              coeff         se          t          p       LLCI       ULCI
constant     5,7546     2,0626     2,7900      ,0058     1,6860     9,8232
fie_abk       ,5074 (1)  ,0797     6,3665      ,0000 (9)  ,3502      ,6647

**************************************************************************
Outcome: bdi_ges

Model Summary
          R       R-sq        MSE          F        df1        df2          p
      ,7194      ,5176    61,6906   100,8576     2,0000   188,0000      ,0000

Model
              coeff         se          t          p       LLCI       ULCI
constant    -2,2276     1,8301    -1,2172      ,2250    -5,8377     1,3825
fie_nsb       ,7711 (2)  ,0632    12,1921      ,0000      ,6464      ,8959
fie_abk       ,1136 (3)  ,0764     1,4870      ,1387     -,0371      ,2642

******************** DIRECT AND INDIRECT EFFECTS *************************

Direct effect of X on Y
     Effect         SE          t          p       LLCI       ULCI
      ,1136 (3)   ,0764     1,4870      ,1387    -,0371 (4)   ,2642 (5)

Indirect effect of X on Y
             Effect    Boot SE   BootLLCI   BootULCI
fie_nsb       ,3913 (6)  ,0761     ,2508 (7)  ,5416 (8)
```

```
****************** ANALYSIS NOTES AND WARNINGS ***********************

Number of bootstrap samples for bias corrected bootstrap confidence intervals:
     1000

Level of confidence for all confidence intervals in output:
    95,00

------ END MATRIX -----
```

In dieser Ausgabe können Sie überprüfen, ob der indirekte Effekt Abhängigkeitskognitionen über Negative Selbstbewertung zu Depressivität ($b_{S3} \cdot b_{S2^{*}}$), mit einem unstandardisierten Regressionsgewicht von 0.3913 ❻ signifikant ist. Da im Konfidenzintervall mit seiner unteren (0.2508 ❼) und oberen Grenze (0.5416 ❽) der Wert null nicht enthalten ist, liegt ein signifikanter indirekter Pfad vor und nun kann von einer partiellen oder kompletten Mediation ausgegangen werden. Der direkte Effekt nach Einbezug des Mediators ist 0.1136 ❸ und im Konfidenzintervall (–0.0371 ❹; 0.2642 ❺) ist der Wert null enthalten. Der direkte Effekt ist also nicht signifikant und es liegt damit eine komplette Mediation vor. Das Regressionsgewicht von Negativer Selbstbewertung mit dem Kriterium Depressivität ist 0.7711 ❷. Das im Rahmen einer einfachen linearen Regressionsanalyse (nur ein Prädiktor und ein Kriterium) ermittelte Regressionsgewicht von Abhängigkeitskognitionen mit dem Kriterium Negative Selbstbewertung ist 0.5074 ❶. Aus den hier zur Verfügung gestellten Angaben können wir die Grafik in ▶*Abbildung 7.69* erstellen.

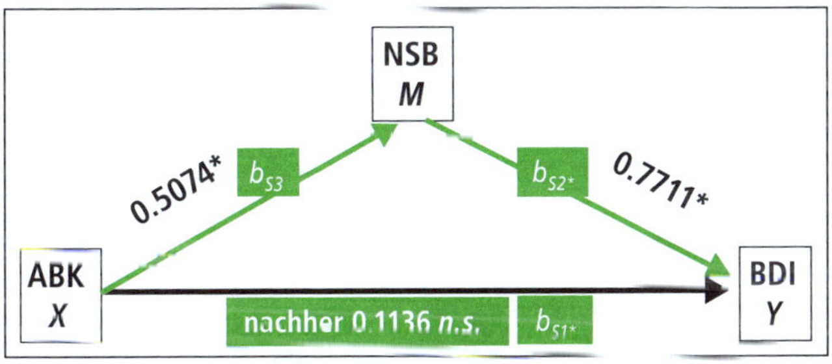

Abbildung 7.69: Grafik mit den Koeffizienten aus der SPSS-Ausgabe

Mediation in R. In R kann eine Mediationsanalyse mithilfe des Paktes `mediation` (Tingley, Yamamoto, Hirose, Keele, & Imai, 2014) durchgeführt werden. Dazu muss zunächst das entsprechende Paket installiert werden.

```
install.packages("mediation")
```

Im nächsten Schritt kann das Paket mit `library (mediation)` genauso wie das Paket (`foreign`) aufgerufen werden. Mit dem Befehl `read.spss` wird die Datendatei eingelesen. Nun müssen zwei Regressionsgleichungen mithilfe des Befehls `lm` definiert werden. Die erste Regressionsgleichung sagt mithilfe der unabhängigen Variable den Mediator vorher (`fie_nsb~fie_abk,` data=data.regression6) und die zweite Gleichung sagt mithilfe der unabhängigen Variable und des Mediators die abhängige Variable vorher (bdi_ges~fie_abk+fie_nsb, data=data.regression6). Die Ergebnisse werden zwei Objekten zugewiesen: med.fit1 und med.fit2. Im Anschluss wird das Objekt med.out angelegt. Hier kommt der Befehl mediate zum Einsatz. Es wird die unabhängige Variable mit treat="fie_abk" und der Mediator mit mediator="fie_nsb" festgelegt. Darüber hinaus wird die Anzahl an Bootstrapstichproben auf 1000 (sims=1000) gesetzt und ein Bootstrap durchgeführt (boot=TRUE). Alternativ können anstatt durch boot=TRUE auch mit robustSE=TRUE robuste geschätzte Standardfehler angefordert werden. Allerdings sollte dann boot=TRUE durch boot=FALSE ersetzt werden.

```
library (mediation)
med.fit1 <- lm(fie_nsb~fie_abk, data=data.regression6)
med.fit2 <- lm(bdi_ges~fie_abk+fie_nsb, data=data.regression6)
med.out <- mediate(med.fit1, med.fit2,
treat="fie_abk", mediator="fie_nsb",
boot=TRUE, sims=1000)
summary(med.out)
```

Es ergibt sich die folgende R-Ausgabe (ACME = *average causal mediation effects*; ADE = *average direct effects*). Man erhält für die Regressionsgewichte und für den indirekten Pfad dieselben Schätzungen wie in SPSS. Da beim Bootstrap-Verfahren immer andere Zufallsstichproben gezogen werden, unterscheiden sich die Ergebnisse immer leicht bei jedem Durchgang. Je mehr Bootstrap-Stichproben gezogen werden, desto stabiler werden die Schätzungen. Mit dem Befehl set.seed(2014) könnte auch der Startwert festgelegt werden, um vergleichbare Ergebnisse in aufeinanderfolgenden Analysen zu erhalten. Es wäre sinnvoll, diese Angabe auch in einer Publikation bereitzustellen. Es wäre auch möglich, die Anzahl der Bootstrap-Stichproben zu erhöhen, z. B. auf 2000 (vgl. Carpenter & Bithell, 2000). Die Zahlen hinter den Angaben entsprechen denen der SPSS-Ausgabe und die dazugehörigen Erklärungen können dort in der Ausgabe nachverfolgt werden.

```
Causal Mediation Analysis


Nonparametric Bootstrap Confidence Intervals with the Percentile Method

Estimate 95% CI Lower 95% CI Upper p-value

ACME            0.3913❻     0.2432❼     0.5381❽     0.0

ADE             0.1136❸    -0.0715❹     0.2680❺     0.2

Total Effect    0.5049❶     0.3170      0.6705      0.0

Prop. Mediated  0.7751❷     0.5319      1.1830      0.0


Sample Size Used: 191


Simulations: 1000
```

Exkurs

Mediation in R mit lavaan

Es gibt auch einen weiteren Weg, Mediationen in R zu berechnen, der direkt verschiedenste Optionen, wie etwa das Bootstrapen erlaubt. Es handelt sich hierbei um das Modellieren der Beziehungen mithilfe des Pakets `lavaan` (Rossel, 2012). Dieses Paket ist eigentlich für Pfadmodelle oder Strukturgleichungsmodelle (siehe Bühner, 2011, Kapitel 7) gedacht, eignet sich aber auch für die Durchführung von Mediationsanalysen. Der Vorteil ist, dass robuste Schätzmethoden (z. B. Maximum Likelihood, oder Robuste Maximum Likelihood) und Bootstrapverfahren kombiniert werden können. Zudem ist es möglich, die Regressionsmodelle schnell zu erweitern bzw. auch latent abzubilden (vgl. Bühner, 2011, Kapitel 2 und 7). Im Folgenden zeigen wir einen sehr einfachen Code, der die soeben dargestellte Beziehung abbildet und bias-korrigierte (`bias corrected`) Standardfehler schätzt. Im ersten Schritt legen wir ein Objekt an (`medModel`), in dem wir die Größen des Modells, das geschätzt werden soll, spezifizieren. Wichtig ist dabei das Benennen der Regressionspfade mit `a`, `b` (indirekter Pfad) und `c` (direkter Pfad).

```
library(lavaan)
medModel <- '
#Direkter Effekt
bdi_ges~c*fie_abk
#Mediator
fie_nsb~a*fie_abk
bdi_ges~b*fie_nsb
# indirekter Effect (a*b)
ab := a*b
# Totaler Effekt
total := c + (a*b)
'
```

Im Modell spezifizieren wir auch den indirekten sowie den totalen Effekt. Um das Modell zu schätzen, nutzen wir die Funktion `sem`. Die Argumente rufen das zu schätzende Modell auf (`model`), den Datensatz (`data`), die Schätzmethode (`estimator`) und legen die Bootstrap-Optionen fest (`se` und `bootstrap`).

```
fit <- sem(model = medModel, data = data.regression6,
           estimator="ML",
           se="boot", bootstrap=1000)
```

Den Gesamt-Output erhalten wir mittels der Funktion `summary` mit den zusätzlichen Argumenten `fit.measure` und `standardized`. Relevant an dieser Stelle ist der Output, der die geschätzten Parameter enthält:

```
summary(fit, fit.measures=TRUE, standardized=TRUE)

Regressions:
Estimate  Std.Err  Z-value  P(>|z|)   Std.lv  Std.all
bdi_ges ~                                                  fie_abk    (c)
0.114    0.087    1.307    0.191    0.114    0.083
fie_nsb ~
fie_abk     (a)    0.507    0.083    6.087    0.000    0.507    0.420
bdi_ges ~
fie_nsb     (b)    0.771    0.083    9.331    0.000    0.771    0.681

Variances:
Estimate  Std.Err  Z-value  P(>|z|)   Std.lv  Std.all
bdi_ges           60.722    6.321    9.606    0.000   60.722    0.482
fie_nsb           80.736    7.906   10.212    0.000   80.736    0.823

Defined Parameters:
Estimate  Std.Err  Z-value  P(>|z|)   Std.lv  Std.all
ab                 0.391    0.076    5.160    0.000    0.391    0.286
total              0.505    0.090    5.615    0.000    0.505    0.369
```

Um die erklärte Varianz zu erhalten, schreiben wir:

```
parameterEstimates(fit, boot.ci.type = "bca.simple")
inspect( fit, "rsquare" )
```

Die Konfidenzintervalle der gebootstrappten Regressionsgewichte erhalten wir durch:

```
parameterEstimates(object=fit, boot.ci.type = "bca.simple")

inspect( fit, "rsquare" )
bdi_ges fie_nsb
  0.518   0.177
parameterEstimates(object = fit, boot.ci.type = "bca.simple")
      lhs op     rhs label    est    se      z pvalue ci.lower ci.upper
1 bdi_ges  ~ fie_abk     c  0.114 0.087  1.307  0.191   -0.051    0.276
2 fie_nsb  ~ fie_abk     a  0.507 0.083  6.087  0.000    0.338    0.654
3 bdi_ges  ~ fie_nsb     b  0.771 0.083  9.331  0.000    0.625    0.951
4 bdi_ges ~~ bdi_ges       60.722 6.321  9.606  0.000   50.216   75.968
5 fie_nsb ~~ fie_nsb       80.736 7.906 10.212  0.000   67.163   96.427
6 fie_abk ~~ fie_abk       67.243 0.000     NA     NA   67.243   67.243
7      ab :=     a*b    ab  0.391 0.076  5.160  0.000    0.251    0.562
8   total := c+(a*b) total  0.505 0.090  5.615  0.000    0.315    0.671
```

7.3.2 Moderation

Moderation in SPSS. Zur Prüfung einer Moderation mit SPSS greifen wir wieder auf PROCESS (Hayes, 2012) zurück. Der Installationsprozess ist im vorangegangenen Abschnitt dargestellt worden. PROCESS (Hayes, 2012) kann aufgerufen werden durch Klicken auf ANALYSIEREN → REGRESSION → PROCESS (vgl. *Abbildung 7.66*) Es öffnet sich dann das in ▶*Abbildung 7.70* abgebildete Fenster.

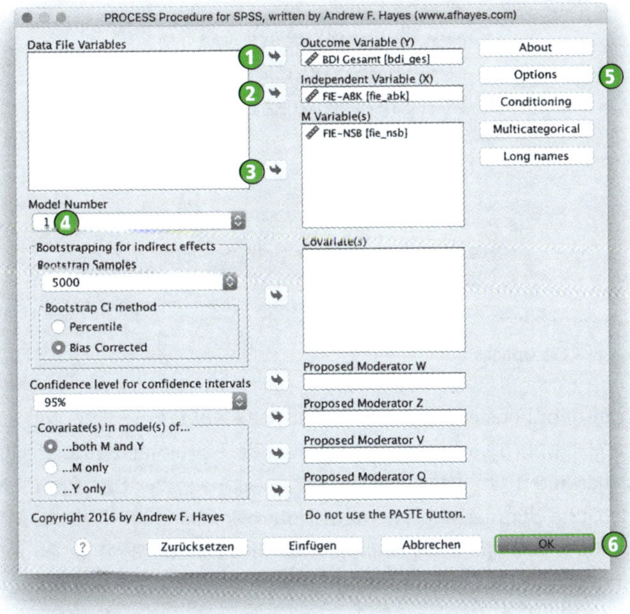

Abbildung 7.70: PROCESS-Fenster zur Moderationsanalyse in SPSS

Markieren Sie zunächst die Variable „bdi_ges" und klicken auf den Pfeil ① neben dem Feld OUTCOME VARIABLE (Y), klicken Sie dann auf die Variable „fie_abk" und anschließend auf den Pfeil ② neben dem Feld INDEPENDENT VARIABLE (X). Markieren Sie schließlich den Mediator „fie_nsb" und klicken Sie danach auf den Pfeil ③ neben dem Feld M VARIABLE(S). Wählen Sie schließlich MODEL NUMBER und geben Sie 1 ein ④, um eine Moderationsanalyse durchzuführen. Klicken Sie im Anschluss auf OPTIONS ⑤. Es öffnet sich dann das Fenster PROCESS OPTIONS in ▶*Abbildung 7.71*.

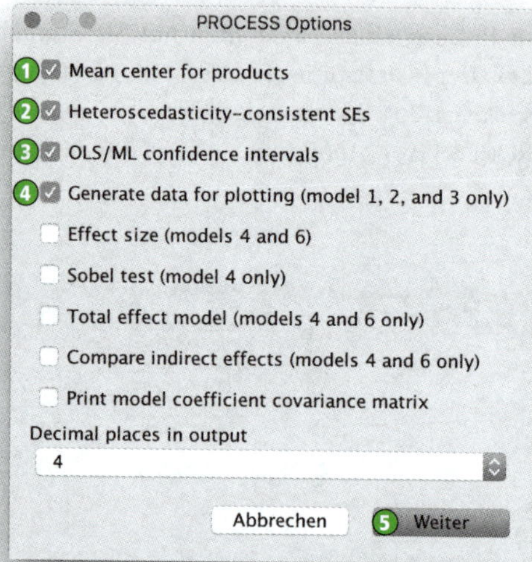

Abbildung 7.71: PROCESS Options

Wir markieren in dem Fenster PROCESS OPTIONS (▶*Abbildung 7.71*) folgende Kästchen: ① MEAN CENTER FOR PRODUCTS, um eine Zentrierung der Variablen automatisch durchzuführen. Im Anschluss markieren wir HETEROSCEDASTICITY-CONSISTENT SES ②. Es handelt sich hier um robust geschätzte Standardfehler, wenn Heteroskedastizität vorliegt. Wir wissen bereits aus dem Beispiel der multiplen Regression, dass dies hier der Fall ist. Nun fordern wir noch Konfidenzintervalle mit OLS/ML CONFIDENCE INTERVALS ③. Besonders nützlich ist die folgende Option in PROCESS (Hayes, 2012): GENERATE DATA FOR PLOTTING (MODEL 1, 2, AND 3 ONLY) ④. Damit können Grafiken erzeugt werden, die die Moderation veranschaulichen. Dies erleichtert die Interpretation. Wir klicken nun auf WEITER ⑤ und schließlich auf OK ⑥ im vorhergehenden PROCESS-Fenster (*Abbildung 7.70*). Es öffnet sich folgende Ausgabe:

```
Run MATRIX procedure:

************** PROCESS Procedure for SPSS Release 2.15 *******************

          Written by Andrew F. Hayes, Ph.D.       www.afhayes.com
    Documentation available in Hayes (2013). www.guilford.com/p/hayes3

**************************************************************************
Model = 1
    Y = bdi_ges
    X = fie_abk
    M = fie_nsb

Sample size
        191
```

```
**************************************************************************
Outcome: bdi_ges

Model Summary
          R       R-sq        MSE          F        df1        df2          p
      ,7243      ,5247    61,1133    69,7353     3,0000   187,0000      ,0000

Model❶
              coeff         se          t          p       LLCI       ULCI
constant    14,2555      ,6808    20,9389      ,0000    12,9125    15,5986
fie_nsb       ,7782      ,0824     9,4413      ,0000      ,6156      ,9408
fie_abk       ,1101      ,0890     1,2364      ,2179     -,0655      ,2857
int_1         ,0102❷     ,0068     1,4995      ,1354❼   -,0032❹     ,0235❺

Product terms key:

 int_1    fie_abk     X     fie_nsb

R-square increase due to interaction(s):
         R2-chng          F        df1        df2          p
int_1      ,0071❸    2,2486     1,0000   187,0000      ,1354❼

**************************************************************************

Conditional effect of X on Y at values of the moderator(s):
    fie_nsb     Effect         se          t          p       LLCI       ULCI
    -9,9281      ,0092      ,0774      ,1192      ,9052     -,1435      ,1619
      ,0000      ,1101      ,0890     1,2364      ,2179     -,0655      ,2857
     9,9281      ,2109      ,1375     1,5341      ,1267     -,0603      ,4821

Values for quantitative moderators are the mean and plus/minus one SD from mean.
Values for dichotomous moderators are the two values of the moderator.

**************************************************************************

Data for visualizing conditional effect of X on Y
Paste text below into a SPSS syntax window and execute to produce plot.❻

DATA LIST FREE/fie_abk fie_nsb bdi_ges.
BEGIN DATA.

    -8,2217    -9,9281     6,4539
      ,0000    -9,9281     6,5298
     8,2217    -9,9281     6,6056
```

```
    -8,2217       ,0000    13,3506
      ,0000       ,0000    14,2555
     8,2217       ,0000    15,1605
    -8,2217      9,9281    20,2473
      ,0000      9,9281    21,9813
     8,2217      9,9281    23,7153

END DATA.

GRAPH/SCATTERPLOT=fie_abk WITH bdi_ges BY fie_nsb.

******************** ANALYSIS NOTES AND WARNINGS *************************

Level of confidence for all confidence intervals in output:
    95,00

NOTE: The following variables were mean centered prior to analysis:
 fie_abk  fie_nsb

NOTE: All standard errors for continuous outcome models are based on the HC3 estimator

------ END MATRIX -----
```

Zunächst finden wir in der Ausgabe die unstandardisierten Regressionsgewichte unter *Model* ①. Wir sehen, dass der Produktterm 0.0102 ② beträgt und nicht signifikant ist. Man sieht dies an den Grenzen des Konfidenzintervalls (–0.0032 ④, 0.0235 ⑤), das den Wert null enthält. Führt man eine hierarchische Regressionsanalyse durch und betrachtet im ersten Schritt die Haupteffekte Negative Selbstbewertung und Abhängigkeitskognitionen und im zweiten Schritt den Interaktionsterm, führt dies zu einer zusätzlichen Varianzaufklärung von 0.7 Prozent (0.0071 ③) über den ersten Schritt hinaus. Auch dieser Zuwachs ist nicht signifikant ($p = 0.1354$ ⑦). Mithilfe der Syntax, die in der Ausgabe angegeben ist, können wir nun eine grafische Ausgabe anfordern. Wir kopieren folgende Syntax ⑥:

```
BEGIN DATA.

    -8,2217    -9,9281     6,4539
      ,0000    -9,9281     6,5298
     8,2217    -9,9281     6,6056
    -8,2217      ,0000    13,3506
      ,0000      ,0000    14,2555
     8,2217      ,0000    15,1605
    -8,2217     9,9281    20,2473
      ,0000     9,9281    21,9813
     8,2217     9,9281    23,7153

END DATA.
GRAPH/SCATTERPLOT=fie_abk WITH bdi_ges BY fie_nsb.
```

Wir klicken nun in SPSS auf DATEI → NEU → SYNTAX. Nun fügen wir die kopierte Syntax in das Fenster ein, wie in ▶*Abbildung 7.72* dargestellt.

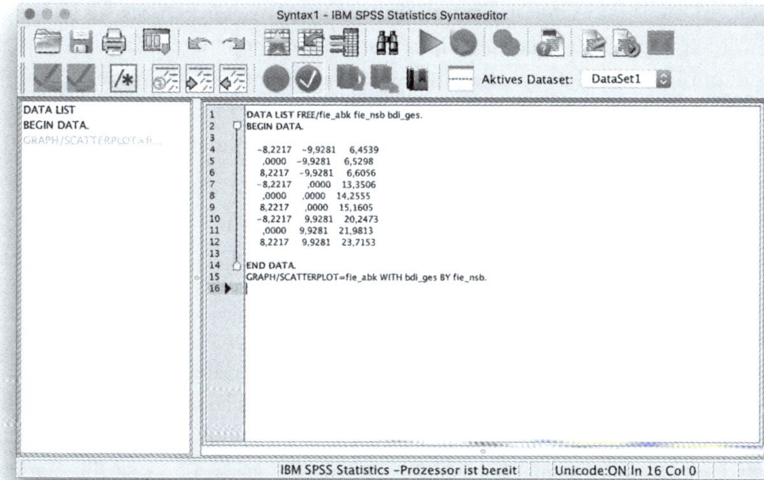

Abbildung 7.72: SPSS-Syntaxfenster

Wir klicken nun oben in der Menüleiste von SPSS auf AUSFÜHREN und dann auf ALLES. Es öffnet sich folgende Grafik im SPSS-Ausgabefenster (siehe ▶*Abbildung 7.73*).

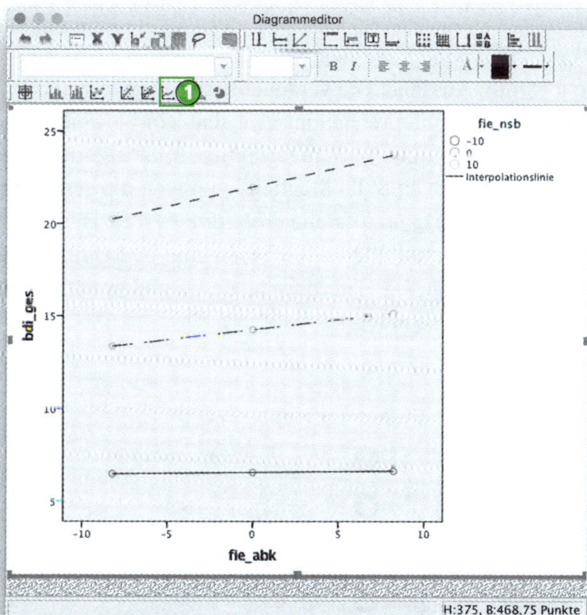

Abbildung 7.73: Grafische Veranschaulichung einer Moderation in SPSS

Die grafische Ausgabe erscheint zunächst nur mit Punkten. Klicken Sie auf die Grafik doppelt und dann jeweils einzeln auf die Punkte auf der rechten Seite oben unter „fie_nsb“. Sie können dann durch Klicken auf FARBE → FÜLLEN die Punkte mit Farbe ausfüllen. Mit einem Klick auf die Punkte im Diagramm und auf INTERPOLATIONSLINIE ① können Linien eingefügt werden. Man sieht, dass deskriptiv der Zusammenhang zwischen Abhängigkeitskognitionen und Depressivität ansteigt, die Steigungen der Geraden werden höher, je negativer die Selbstbewertung der Personen ist. Leider ist die Moderation nicht signifikant, somit müssen wir die Hypothese ablehnen, dass in der Population eine Moderation vorliegt.

Moderation in R. Zur Prüfung einer Moderation bieten sich in R viele Möglichkeiten. Wir nutzen hier das Paket `QuantPsyc` (Fletcher, 2012), das neben den Berechnungen auch schnell und einfach die nötigen Grafiken erstellt.

Nach dem Öffnen des Pakets mit `library` legen wir ein neues Objekt an (`fitMod`), in dem wir die Ergebnisse der moderierten Regression ablegen. Um diese durchzuführen, nutzen wir die Funktion `moderate.lm` und die Argumente `x`, `z` und `y` sowie `data` und `mc`. Die ersten drei Argumente geben den Prädiktor (`x`), den Moderator (`z`) und die abhängige Variable (`y`) an. Danach folgt der Datensatz. Schließlich geben wir noch an, dass die Variablen im Datensatz noch nicht zentriert wurden (`mc=FALSE`). Mit der `summary`-Funktion erhalten wir den Output. Im Gegensatz zum `lm`-Befehl werden hier direkt die standardisierten Regressionsgewichte ausgegeben.

```
library(QuantPsyc)
fitMod <- moderate.lm(x=fie_abk, z=fie_nsb, y=bdi_ges, data=data.regression6,
   mc=FALSE)
summary(fitMod)
```

Es ergibt sich die folgende Ausgabe. Die vergleichbare Ausgabe von SPSS ist danach ebenfalls dargestellt, und die sich entsprechenden Angaben sind jeweils mit den gleichen Zahlen markiert. Es fällt auf, dass sich die Standardfehler in SPSS und R deutlich unterscheiden. Dies liegt daran, dass PROCESS die Möglichkeit bietet, die geschätzten Standardfehler für Heteroskedastizität zu korrigieren (siehe *Abbildung 7.71*). Diese Option haben wir in PROCESS gewählt. Die unterschiedlichen Ausgaben sind also durch unterschiedliche Korrektureinstellungen zu erklären. Da Heteroskedastizität vielen Fällen vorliegt, werden die Standardfehler von PROCESS genauer geschätzt.

```
Coefficients:
              Estimate   Std. Error t value   Pr(>|t|)
(Intercept)  14.2555①    0.6027⑤    23.65   <2e-16 ***
mcx           0.1101②    0.0761⑥     1.45    0.149
mcz           0.7782③    0.0631⑦    12.33   <2e-16 ***
mcx:mcz       0.0102④    0.0061⑧     1.67    0.097 .
```

Zum Vergleich die SPSS-Ausgabe:

```
Model Summary
          R        R-sq       MSE          F        df1        df2          p
      ,7243       ,5247   61,1133    69,7353     3,0000   187,0000      ,0000

Model
                coeff          se           t          p        LLCI       ULCI
constant     14,2555❶      ,6808❺    20,9389      ,0000     12,9125    15,5986
fie_abk        ,1101❷      ,0890❻     1,2364      ,2179     -,0655      ,2857
fie_nsb        ,7782❸      ,0824❼     9,4413      ,0000      ,6156      ,9408
int_1          ,0102❹      ,0068❽     1,4995      ,1354     -,0032      ,0235
```

Um nun eine Grafik zu erzeugen, in der die Regressionsgeraden für Personen unterdurchschnittlich bzw. überdurchschnittlich im Moderator verglichen werden, führen wir zuerst eine sogenannte **Simple-Slope-Analyse** durch. Hierbei wird für die verschiedenen Stufen des Moderators geprüft, ob es überhaupt einen signifikanten Zusammenhang zwischen Prädiktor und Moderator gibt. Wir nutzen dasselbe Paket wie bisher und nun die Funktion `sim.slopes`, deren Ergebnis wir in ein neues Objekt mit dem Namen `simpleSlope` ablegen. Die Funktion greift auf das Ergebnis der soeben durchgeführten Analyse zurück (`mod`). Zudem gibt man den Namen der Moderatorvariable im Datensatz an (`z`) sowie die gewünschte Abstufung der Stufen des Moderators (`zsd`). Hier wählen wir eine Standardabweichung über- und unterhalb des Stichprobenmittelwerts. Abschließend geben wir wieder an, dass die Variablen noch nicht zentriert sind (`mcz`).

```
simpleSlope <- sim.slopes(mod=fitMod2, z=data.regression6$fie_nsb, zsd = 1,
   mcz = FALSE)
```

Die Ausgabe zu diesem Code (hier nicht abgebildet) zeigt, ob die einzelnen Regressionsgeraden auf den Stufen des Moderators signifikant sind. Dazu werden Konfidenzintervalle angegeben. In unserem Beispiel wird der Zusammenhang zwischen Abhängigkeitskognitionen und dem Gesamtwert im BDI nur für Personen signifikant, die überdurchschnittliche Ausprägungen in der Variable Negative Selbstbewertung haben. Diese Ausgabe nutzen wir nun auch, um die Abbildung mit den verschiedenen Regressionsgeraden zu erstellen. Dazu nutzen wir die Funktion `graph.mod` aus dem `QuantPsyc`-Paket. Die notwendigen Argumente sind die Ausgabe der Simple-Slope-Analyse (`ssmod`), die Namen der Prädiktor- (`x`) und der abhängigen Variablen (`y`), der Name des Datensatzes, sowie die Achsenbeschriftungen `ylab` und `xlab`.

```
graph.mod(simpleSlope, x=fie_abk, y=bdi_ges, data=data.regression6,ylab=
   "BDI Gesamt", xlab="zentrierte Abhängigkeitskognitionen")
```

Klicken Sie bitte einmal in das Feld mit der Abbildung, um die Legende zu erstellen. Die R-Grafik entspricht wiederum der SPSS-Grafik weitgehend.

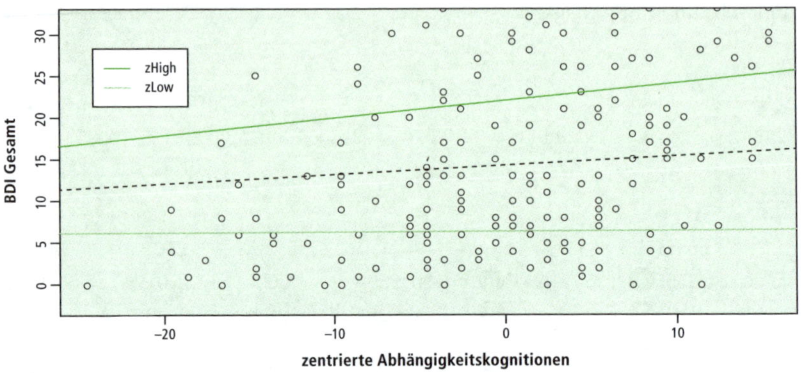

Abbildung 7.74: Grafische Veranschaulichung einer Moderation in R

Abschließend wollen wir noch auf die Webseite *http://www.quantpsy.org/interact/index.htm* von Kristopher Preacher verweisen. Hier lassen sich viele Erweiterungen zu den dargestellten Moderations- und Mediationsmethoden finden. Damit lässt sich beispielsweise ein so genanntes Konfidenzband erstellen. Dieses zeigt an, ab welchen Werten des Moderators der Zusammenhang zwischen Prädiktor und Kriterium signifikant wird. Code, der die nötigen Angaben für die Webseite erzeugt, findet sich auf der Companion Website. Hier das Ergebnis:

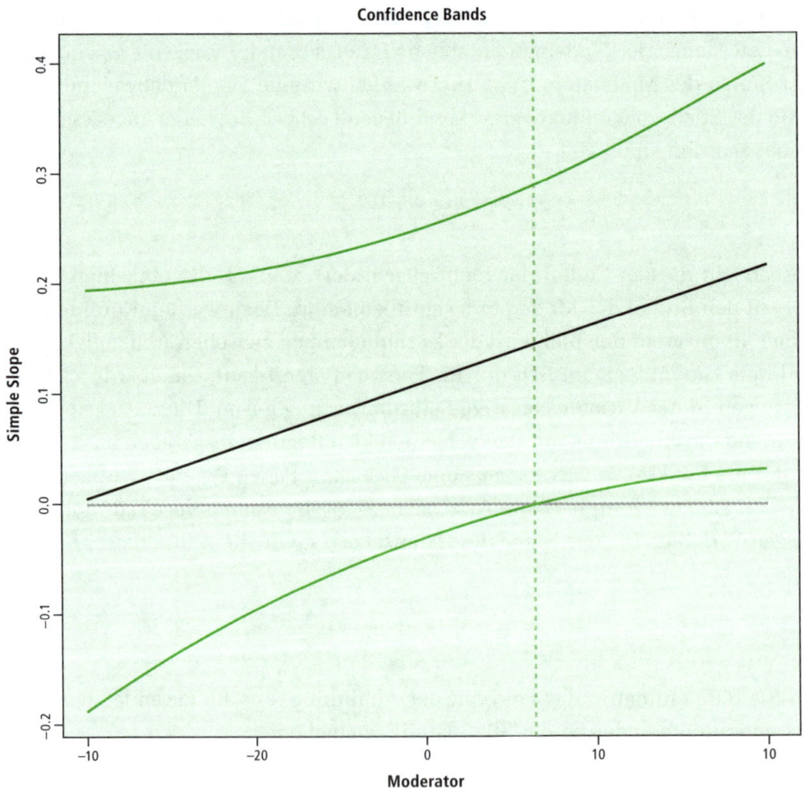

Abbildung 7.75: Grafische Veranschaulichung des Konfidenzbands

Übungsaufgaben mit Lösungen sowie Datenfiles zum Nachvollziehen der Beispiele und weitere Informationen zu diesem Buchkapitel finden Sie auf der Website zum Buch unter *http://www.pearson-studium.de.*

Literatur

Antonakis, J., & Dietz, J. (2011). Looking for validity or testing it? The perils of stepwise regression, extreme-scores analysis, heteroscedasticity, and measurement error. *Personality and Individual Differences, 50*(3), 409–415. doi:DOI: 10.1016/j.paid.2010.09.014

Baron, R. M., & Kenny, D. A. (1986). The moderator–mediator variable distinction in social psychological research: Conceptual, strategic, and statistical considerations. *Journal of Personality and Social Psychology, 51,* 1173–1182.

Behrendt, S. (2014). lm.beta: Add Standardized Regression Coefficients to lm-Objects. R Paket version 1.5-1. *https://CRAN.R-project.org/Paket=lm.beta.*

Bliese, P. (2016). multilevel: Multilevel Functions. R Paket version 2.6. *https://CRAN.R-project.org/Paket=multilevel.*

Bortz, J., & Lienert, G. A. (2008). *Kurzgefasste Statistik für die klinische Forschung. 3. Auflage.* Heidelberg: Springer.

Bosco, F. A., Aguinis, H., Singh, K., Field, J. G., & Pierce, C. A. (2015). Correlational effect size benchmarks. *Journal of Applied Psychology, 100*(2), 431–449. doi:10.1037/a0038047.

Bühner, M. (2011). *Einführung in die Test- und Fragebogenkonstruktion. 3. Auflage.* München: Pearson.

Canty, A., & Ripley, B. (2016). boot: Bootstrap R (S-Plus) Functions. R Paket version 1.3-18. *https://CRAN.R-project.org/Paket=boot.*

Carpenter, J., & Bithell, J. (2000). Bootstrap confidence intervals: when, which, what? A practical guide for medical statisticians. *Statistics in medicine, 19,* 1141–1164.

Champely, S. (2016). pwr: Basic Functions for Power Analysis. R Paket version 1.2-0. *https://CRAN.R-project.org/Paket=pwr.*

Cohen, J. (1988). *Statistical power analysis for the behavioural sciences. 2nd edition.* Hillsdale: Lawrence Erlbaum.

Derksen, S., & Keselman, H. (1992). Backward, forward and stepwise automated subset selection algorithms: Frequency of obtaining authentic and noise variables. *British Journal of Mathematical and Statistical Psychology, 45*(2), 265–282.

Duan, B., & Dunlap, W. P. (1997). The accuracy of different methods for estimating the standard error of correlations corrected for range restriction. *Educational and Psychological Measurement, 57,* 254–265.

Fletcher, T. D. (2012). QuantPsyc: Quantitative Psychology Tools. R package version 1.5. *https://CRAN.R-project.org/package=QuantPsyc.*

Fox, J., & Weisberg, S. (2010). *An R companion to applied regression (2 ed.).* Thousand Oaks, CA: Sage.

Fox, J., & Weisberg, S. (2011). car: Companion to Applied Regression. R Paket version 2.9. *https://CRAN.R-project.org/Paket=car.*

Freedman, L. S., & Schatzkin, A. (1992). Sample size for studying intermediate endpoints within intervention trials of observational studies. *American Journal of Epidemiology, 136,* 1148–1159.

Fritz, M. S., & MacKinnon, D. P. (2007). Required sample size to detect the mediated effect. *Psychological science, 18,* 233–239.

Gignac, G. E., & Szodorai, E. T. (2016). Effect size guidelines for individual differences researchers. *Personality and Individual Differences, 102,* 74–78. doi:*http://dx.doi.org/10.1016/j.paid.2016.06.069.*

Hautzinger, M., Keller, F., & Kühner, C. (2006). *Beck depressions-inventar (BDI-II).* Frankfurt: Harcourt Test Services.

Hayes, A. F. (2012). *PROCESS: A versatile computational tool for observed variable mediation, moderation, and conditional process modeling.*

Hothorn, T., Zeileis, A., Farebrother, R. W., & Cummins, C. (2015). lmtest: Testing Linear Regression Models. R Paket version 0.9-34. R Paket version 0.9-34. *https://CRAN.R-project.org/Paket=lmtest.*

Hoyle, R. H., & Robinson J. C. (2004). Mediated and moderated effects in social psychological research. In: Sansone, C., Morf, C. C., & Panter, A. T., editors. *Handbook of methods in social psychology* (pp. 213–233). Thousand Oaks, CA: Sage.

Johnson, P. E. (2016). rockchalk: Regression Estimation and Presentation. R Paket version 1.8.101. *https://CRAN.R-project.org/Paket=rockchalk.*

Kenny, D. A., Kashy, D. A., & Bolger, N. (1998). Data analysis in social psychology. In: Gilbert, D., Fiske, S., & Lindzey, G. (Eds.), *The handbook of social psychology* (Vol. 1, 4th ed., pp. 233–265). Boston, MA: McGraw-Hill.

Kim, S. (2015). ppcor: Partial and Semi-Partial (Part) Correlation. R Paket version 0.9-34. R Paket version 1.1. *https://CRAN.R-project.org/Paket=ppcor.*

Klages, V. (1989). *FIE-Fragebogen irrationaler Einstellungen.* Göttingen: Hogrefe Verlag.

Kline, R. B. (2004). *Principles and Practice of Structural Equation Modeling. 2nd Edition.* New York: Guilford Press.

Korkmaz, S., Goksuluk, D., & Zararsiz, G. (2015). MVN: Multivariate Normality Tests. R Paket version 4.0. *https://CRAN.R-project.org/Paket=MVN.*

Lumley, T. using Fortran code by Miller, A. (2009). leaps: regression subset selection. R Paket version 2.9. *https://CRAN.R-project.org/package=leaps.*

MacKinnon, D. P., Lockwood, C. M., Hoffman, J. M., West, S. G., & Sheets, V. (2002). A comparison of methods to test mediation and other intervening variable effects. *Psychological methods, 7,* 83.

MacKinnon, D. P., Fairchild, A. J., & Fritz, M. S. (2007). Mediation analysis. *Annual review of psychology, 58*, 593.

McLeod, A. I. (2011). Kendall: Kendall rank correlation and Mann-Kendall trend test. R package version 2.2. *http://CRAN.R-project.org/package=Kendall.*

Miller, T. L. u. F. c. b. A. (2009). leaps: regression subset selection. R package version 2.9. *https://CRAN.R-project.org/package=leaps.*

Moon, H., Hollenbeck, J. R., Humphrey, S. E., & Maue, B. (2003). The tripartite model of neuroticism and the suppression of depression and anxiety within an escalation of commitment dilemma. *Journal of personality, 71*, 347–368.

Muthén, L. K., & Muthén, B. O. (1998–2015). *Mplus User's Guide. Seventh Edition.* Los Angeles, CA: Muthén & Muthén.

Paulhus, D. L., Robins, R. W., Trzesniewski, K. H., & Tracy, J. L. (2004). Two replicable suppressor situations in personality research. *Multivariate Behavioral Research, 39*(2), 303–328.

Preacher, K. J., & Hayes, A. F. (2008). Asymptotic and resampling strategies for assessing and comparing indirect effects in multiple mediator models. *Behavior-Research Methods, 40*, 879–891.

R Core Team (2015). foreign: Read Data Stored by Minitab, S, SAS, SPSS, Stata, Systat, Weka, dBase. R Paket version 0.8-66. https://CRAN.R-project.org/Paket=foreign.

Revelle, W. (2016). psych: Procedures for Personality and Psychological Research, Northwestern University, Evanston, Illinois, USA. R Paket version 1.6.6. *http://CRAN.R-project.org/Paket=psych.*

Rossel, Y. (2012). lavaan: An R Package for Structural Equation Modeling. *Journal of Statistical Software, 48*(2), 1–36.

Rucker, D. D., Preacher, K. J., Tormala, Z. L., & Petty, R. E. (2011). Mediation analysis in social psychology: Current practices and new recommendations. *Social and Personality Psychology Compass, 5*, 359–371.

Schmidt, F., & Hunter, J. E. (1998). The validity and utility of selection methods in personnel psychology: practical and theoretical implications of 85 years of research findings. *Psychological Bulletin, 24*, 262–274.

Schönbrodt, F. D., & Perugini, M. (2013). At what sample size do correlations stabilize? *Journal of Research in Personality, 47*(5), 609–612.

Stelzl, I. (2005). *Fehler und Fallen der Statistik: für Psychologen, Pädagogen und Sozialwissenschaftler.* Münster: Waxmann.

Stuart, A. (1953). The estimation and comparison of strengths of association in contingency tables. *Biometrika, 40*, 105–110.

Team, R. C. (2015). foreign: Read Data Stored by Minitab, S, SAS, SPSS, Stata, Systat, Weka, dBase, ... R package (Version 0.8-62). *http://CRAN.R-project.org/package=foreign.*

Tingley, D., Yamamoto, T., Hirose, K., Keele, L., & Imai, K. (2014). mediation: R Paket for Causal Mediation Analysis. *Journal of Statistical Software, 59(5)*, 1–38. *http://www.jstatsoft.org/v59/i05/*.

Wirtz, M., & Caspar, F. (2002). *Beurteilungsübereinstimmung und Beurteilerreliabilität: Methoden zur Bestimmung und Verbesserung der Zuverlässigkeit von Einschätzungen mittels Kategoriensystemen und Ratingskalen.* Göttingen: Hogrefe.

Whittingham, M. J., Stephens, P. A., Bradbury, R. B., & Freckleton, R. P. (2006). Why do we still use stepwise modelling in ecology and behaviour? *Journal of Animal Ecology, 75*(5), 1182–1189.

Yin, P., & Fan, X. (2001). Estimating R2 shrinkage in multiple regression: A comparison of different analytical methods. *The Journal of Experimental Education, 69,* 203–224.

Zeileis, A., & Hothorn, T. (2002). Diagnostic checking in regression relationships. R News 2(3): 7–10. *http://CRAN.R-project.org/doc/Rnews*.

Empfohlene Literatur

Fahrmeir, L., Kneib, T., Lang, S., & Marx, B. (2013). *Regression: models, methods and applications.* Springer Science & Business Media.

Fox, J. (2015). *Applied regression analysis and generalized linear models.* Sage Publications.

Hayes, A. F. (2013). *Introduction to mediation, moderation, and conditional process analysis: A regression-based approach.* Guilford Press.

Anhang

Tabelle 1

Standardnormalverteilung

z	0,00	0,01	0,02	0,03	0,04	0,05	0,06	0,07	0,08	0,09
0,0	0,5000	0,5040	0,5080	0,5120	0,5160	0,5199	0,5239	0,5279	0,5319	0,5359
0,1	0,5398	0,5438	0,5478	0,5517	0,5557	0,5596	0,5636	0,5675	0,5714	0,5753
0,2	0,5793	0,5832	0,5871	0,5910	0,5948	0,5987	0,6026	0,6064	0,6103	0,6141
0,3	0,6179	0,6217	0,6255	0,6293	0,6331	0,6368	0,6406	0,6443	0,6480	0,6517
0,4	0,6554	0,6591	0,6628	0,6664	0,6700	0,6736	0,6772	0,6808	0,6844	0,6879
0,5	0,6915	0,6950	0,6985	0,7019	0,7054	0,7088	0,7123	0,7157	0,7190	0,7224
0,6	0,7257	0,7291	0,7324	0,7357	0,7389	0,7422	0,7454	0,7486	0,7517	0,7549
0,7	0,7580	0,7611	0,7642	0,7673	0,7704	0,7734	0,7764	0,7794	0,7823	0,7852
0,8	0,7881	0,7910	0,7939	0,7967	0,7995	0,8023	0,8051	0,8079	0,8106	0,8133
0,9	0,8158	0,8186	0,8212	0,8238	0,8264	0,8289	0,8315	0,8340	0,8365	0,8398
1,0	0,8413	0,8438	0,8461	0,8485	0,8508	0,8531	0,8554	0,8577	0,8599	0,8621
1,1	0,8643	0,8665	0,8686	0,8708	0,8729	0,8749	0,8770	0,8790	0,8810	0,8830
1,2	0,8849	0,8869	0,8888	0,8907	0,8925	0,8944	0,8962	0,8980	0,8997	0,9015
1,3	0,9032	0,9049	0,9066	0,9082	0,9099	0,9115	0,9131	0,9147	0,9162	0,9177
1,4	0,9192	0,9207	0,9222	0,9236	0,9251	0,9265	0,9279	0,9292	0,9306	0,9319
1,5	0,9332	0,9345	0,9357	0,9370	0,9382	0,9304	0,9406	0,9418	0,9429	0,9441
1,6	0,9452	0,9463	0,9474	0,9484	0,9495	0,9505	0,9515	0,9525	0,9535	0,9545
1,7	0,9554	0,9564	0,9573	0,9582	0,9591	0,9599	0,9608	0,9616	0,9625	0,9633
1,8	0,9641	0,9649	0,9656	0,9664	0,9671	0,9678	0,9686	0,9693	0,9699	0,9706
1,9	0,9713	0,9719	0,9726	0,9723	0,9738	0,9744	0,9750	0,9756	0,9761	0,9767
2,0	0,9772	0,9778	0,9783	0,9788	0,9793	0,9798	0,9803	0,9808	0,9812	0,9817
2,1	0,9821	0,9826	0,9830	0,9834	0,9838	0,9842	0,9846	0,9850	0,9854	0,9857
2,2	0,9861	0,9864	0,9868	0,9871	0,9875	0,9878	0,9881	0,9884	0,9887	0,9890
2,3	0,9893	0,9896	0,9898	0,9901	0,9904	0,9906	0,9909	0,9911	0,9913	0,9916
2,4	0,9918	0,9920	0,9922	0,9925	0,9927	0,9929	0,9931	0,9932	0,9934	0,9936
2,5	0,9938	0,9940	0,9941	0,9943	0,9945	0,9946	0,9948	0,9949	0,9951	0,9952
2,6	0,9953	0,9955	0,9956	0,9957	0,9959	0,9960	0,9961	0,9962	0,9963	0,9964
2,7	0,9965	0,9966	0,9967	0,9968	0,9969	0,9970	0,9971	0,9972	0,9973	0,9974
2,8	0,9974	0,9975	0,9976	0,9977	0,9977	0,9978	0,9979	0,9979	0,9980	0,9981
2,9	0,9981	0,9982	0,9982	0,9983	0,9984	0,9984	0,9985	0,9985	0,9986	0,9986
3,0	0,9987	0,9987	0,9987	0,9988	0,9988	0,9989	0,9989	0,9989	0,9990	0,9990

Tabelle 2

t-Verteilung

df \ Fläche	0,800	0,850	0,900	0,950	0,975	0,990	0,995
1	1,377	1,964	3,078	6,314	12,706	31,821	63,657
2	1,001	1,386	1,886	2,920	4,303	6,965	9,925
3	0,978	1,250	1,638	2,353	3,182	4,541	5,841
4	0,941	1,190	1,533	2,132	2,776	3,747	4,604
5	0,920	1,156	1,476	2,015	2,571	3,365	4,032
6	0,906	1,134	1,440	1,943	2,447	3,143	3,707
7	0,896	1,119	1,415	1,895	2,305	2,998	3,500
8	0,889	1,108	1,397	1,860	2,306	2,896	3,355
9	0,883	1,100	1,383	1,833	2,262	2,821	3,250
10	0,879	1,093	1,372	1,813	2,228	2,764	3,169
11	0,876	1,088	1,363	1,796	2,201	2,718	3,106
12	0,873	1,083	1,356	1,782	2,179	2,681	3,055
13	0,870	1,079	1,350	1,771	2,160	2,650	3,012
14	0,868	1,076	1,345	1,761	2,145	2,625	2,977
15	0,866	1,074	1,341	1,753	2,131	2,602	2,947
16	0,865	1,071	1,337	1,746	2,120	2,584	2,921
17	0,863	1,069	1,333	1,740	2,110	2,567	2,898
18	0,862	1,067	1,330	1,734	2,101	2,552	2,878
19	0,861	1,066	1,328	1,729	2,093	2,540	2,861
20	0,860	1,064	1,325	1,725	2,086	2,528	2,845
21	0,859	1,063	1,323	1,721	2,080	2,518	2,831
22	0,858	1,061	1,321	1,717	2,074	2,508	2,819
23	0,858	1,060	1,319	1,714	2,069	2,500	2,807
24	0,857	1,059	1,318	1,711	2,064	2,492	2,797
25	0,856	1,058	1,316	1,708	2,060	2,485	2,787
26	0,856	1,058	1,315	1,706	2,056	2,479	2,779
27	0,855	1,057	1,314	1,703	2,052	2,473	2,771
28	0,855	1,056	1,313	1,701	2,048	2,467	2,763
29	0,854	1,055	1,311	1,699	2,045	2,462	2,756
30	0,854	1,055	1,310	1,697	2,042	2,459	2,750
40	0,851	1,050	1,303	1,684	2,021	2,423	2,705
60	0,848	1,046	1,296	1,671	1,997	2,390	2,860
120	0,845	1,041	1,289	1,658	1,980	2,358	2,617
∞	0,843	1,039	1,282	1,645	1,960	2,326	2,576

F-Verteilung

Nenner-*df*	Fläche	Zähler-*df*											
		1	2	3	4	5	6	7	8	9	10	11	12
1	0,75	5,83	7,50	8,20	8,58	8,82	8,98	9,10	9,19	9,26	9,32	9,36	9,41
	0,90	39,90	49,50	53,60	55,80	57,20	58,20	58,90	59,40	59,90	60,20	60,50	60,70
	0,95	161,00	200,00	216,00	225,00	230,00	234,00	237,00	239,00	241,00	242,00	243,00	244,00
2	0,75	2,57	3,00	3,15	3,23	3,28	3,31	3,34	3,35	3,37	3,38	3,39	3,39
	0,90	8,53	9,00	9,16	9,24	9,29	9,33	9,35	9,37	9,38	9,39	9,40	9,41
	0,95	18,50	19,00	19,20	19,20	19,30	19,30	19,40	19,40	19,40	19,40	19,40	19,40
	0,99	98,50	99,00	99,20	99,20	99,30	99,30	99,40	99,40	99,40	99,40	99,40	99,40
3	0,75	2,02	2,28	2,36	2,39	2,41	2,42	2,43	2,44	2,44	2,44	2,45	2,45
	0,90	5,54	5,46	5,39	5,34	5,31	5,28	5,27	5,25	5,24	5,23	5,22	5,22
	0,95	10,10	9,55	9,28	9,12	9,10	8,94	8,89	8,85	8,81	8,79	9,76	8,74
	0,99	34,10	30,80	29,50	28,70	28,20	27,90	27,70	27,50	27,30	27,20	27,10	27,10
4	0,75	1,81	2,00	2,05	2,06	2,07	2,08	2,08	2,08	2,08	2,08	2,08	2,08
	0,90	4,54	4,32	4,19	4,11	4,05	4,01	3,98	3,95	3,94	3,92	3,91	3,90
	0,95	7,71	6,94	6,59	6,39	6,26	6,16	6,09	6,04	6,00	5,96	5,94	5,91
	0,99	21,20	18,00	16,70	16,00	15,50	15,20	15,00	14,80	14,70	14,50	14,10	14,40
5	0,75	1,69	1,85	1,88	1,89	1,89	1,89	1,89	1,89	1,89	1,89	1,89	1,89
	0,90	4,06	3,78	3,62	3,52	3,45	3,40	3,37	3,34	3,32	3,30	3,28	3,27
	0,95	6,61	5,79	5,41	5,19	5,05	4,95	4,88	4,82	4,77	4,74	4,71	4,68
	0,99	16,30	13,30	12,10	11,40	11,00	10,70	10,50	10,30	10,20	10,10	9,96	9,89
6	0,75	1,62	1,76	1,78	1,79	1,79	1,78	1,78	1,77	1,77	1,77	1,77	1,77
	0,90	3,78	3,46	3,29	3,18	3,11	3,05	3,01	2,98	2,96	2,94	2,92	2,90
	0,95	5,99	5,14	4,76	4,53	4,39	4,28	4,21	4,15	4,10	4,06	4,03	4,00
	0,99	13,70	10,90	9,78	9,15	8,75	8,47	8,26	8,10	7,98	7,87	7,79	7,72
7	0,75	1,57	1,70	1,72	1,72	1,71	1,71	1,70	1,70	1,69	1,69	1,69	1,68
	0,90	3,59	3,26	3,07	2,96	2,88	2,83	2,78	2,75	2,72	2,70	2,68	2,67
	0,95	5,59	4,74	4,35	4,12	3,97	3,87	3,79	3,73	3,68	3,64	3,60	3,57
	0,99	12,20	9,55	8,45	7,85	7,46	7,19	6,99	6,84	6,72	6,62	6,54	6,47
8	0,75	1,54	1,66	1,67	1,66	1,66	1,65	1,64	1,64	1,64	1,63	1,63	1,62
	0,90	3,46	3,11	2,92	2,81	2,73	2,67	2,62	2,59	2,56	2,54	2,52	2,50
	0,95	5,32	4,46	4,07	3,84	3,69	3,58	3,50	3,44	3,39	3,35	3,31	3,28
	0,99	11,30	8,65	7,59	7,01	6,63	6,37	6,18	6,03	5,91	5,81	5,73	5,67
9	0,75	1,51	1,62	1,63	1,63	1,62	1,61	1,60	1,60	1,59	1,59	1,58	1,58
	0,90	3,36	3,01	2,81	2,69	2,61	2,55	2,51	2,47	2,44	2,42	2,40	2,38
	0,95	5,12	4,26	3,86	3,63	3,48	3,37	3,29	3,23	3,18	3,14	3,10	3,07
	0,99	10,60	8,02	6,99	6,42	6,06	5,80	5,61	5,47	5,35	5,26	5,18	5,11
10	0,75	1,49	1,60	1,60	1,59	1,59	1,58	1,57	1,56	1,56	1,55	1,55	1,54
	0,90	3,28	2,92	2,73	2,61	2,52	2,46	2,41	2,39	2,35	2,32	2,30	2,28
	0,95	4,96	4,10	3,71	3,48	3,33	3,22	3,14	3,07	3,02	2,98	2,94	2,91
	0,99	10,00	7,56	6,55	5,99	5,64	5,39	5,20	5,06	4,94	4,85	4,77	4,71

Tabelle 3

Zähler-*df* 15	20	25	30	40	50	60	100	120	200	500	∞	Fläche	Nenner-*df*
9,49	9,58	9,63	9,67	9,71	9,74	9,76	9,78	9,80	9,82	9,84	9,85	0,75	1
61,20	61,70	62,00	62,30	62,50	62,70	62,80	63,00	63,10	63,20	63,30	63,30	9,90	
246,00	248,00	249,00	250,00	251,00	252,00	252,00	253,00	253,00	254,00	254,00	254,00	0,95	
3,41	3,43	3,43	3,44	3,45	3,45	3,46	3,47	3,47	3,48	3,48	3,48	0,75	2
9,42	9,44	9,45	9,46	9,47	9,47	9,47	9,48	9,78	9,49	9,49	9,49	0,90	
19,40	19,40	19,40	19,50	19,50	19,50	19,50	19,50	19,50	19,50	19,50	19,50	0,95	
99,40	99,40	99,50	99,50	99,50	99,50	99,50	99,50	99,50	99,50	99,50	99,50	0,99	
2,46	2,46	2,47	2,47	2,47	2,47	2,47	2,47	2,47	2,47	2,47	2,47	0,75	3
5,20	5,18	5,18	5,17	5,16	5,15	5,15	5,14	5,14	5,14	5,14	5,13	0,90	
8,70	8,66	8,64	8,62	8,59	8,58	8,57	8,55	8,55	8,54	8,53	8,53	0,95	
26,90	26,70	26,60	26,50	26,40	26,40	26,30	26,20	26,20	26,10	26,10	26,10	0,99	
2,08	2,08	2,08	2,08	2,08	2,08	2,08	2,08	2,08	2,08	2,08	2,08	0,75	4
3,87	3,84	3,83	3,82	3,80	3,80	3,79	3,78	3,78	3,77	3,76	3,76	0,90	
5,86	5,80	5,77	5,75	5,72	5,70	5,69	5,66	5,66	5,65	5,64	5,63	0,95	
14,20	14,00	13,90	13,80	13,70	13,70	13,70	13,60	13,60	13,50	13,50	13,50	0,99	
1,89	1,88	1,88	1,88	1,88	1,88	1,87	1,87	1,87	1,87	1,87	1,87	0,75	5
3,24	3,21	3,19	3,17	3,16	3,15	3,14	3,13	3,12	3,12	3,11	3,10	0,90	
4,62	4,56	4,53	4,50	4,46	4,44	4,43	4,41	4,40	4,39	4,37	4,36	0,95	
9,72	9,55	9,47	9,38	9,29	9,24	9,20	9,13	9,11	9,08	9,04	9,02	0,99	
1,76	1,76	1,75	1,75	1,75	1,75	1,74	1,74	1,74	1,74	1,74	1,74	0,75	6
2,87	2,84	2,82	2,80	2,78	2,77	2,76	2,75	2,74	2,73	2,73	2,72	0,90	
3,94	3,87	3,84	3,81	3,77	3,75	3,74	3,71	3,70	3,69	3,68	3,67	0,95	
7,56	7,40	7,31	7,23	7,14	7,09	7,06	6,99	6,97	6,93	6,90	6,88	0,99	
1,68	1,67	1,67	1,66	1,66	1,66	1,65	1,65	1,65	1,65	1,65	1,65	0,75	7
2,63	2,59	2,58	2,56	2,54	2,52	2,51	2,50	2,49	2,48	2,48	2,47	0,90	
3,51	3,44	3,41	3,38	3,34	3,32	3,30	3,27	3,27	3,25	3,24	3,23	0,95	
6,31	6,16	6,07	5,99	5,91	5,86	5,82	5,75	5,74	5,70	5,67	5,65	0,99	
1,62	1,61	1,60	1,60	1,59	1,59	1,59	1,58	1,58	1,58	1,58	1,58	0,75	8
2,46	2,42	2,40	2,38	2,36	2,35	2,34	2,32	2,32	2,31	2,30	2,29	0,90	
3,22	3,15	3,12	3,08	3,04	3,02	3,01	2,96	2,97	2,95	2,94	2,93	0,95	
5,52	5,36	5,28	5,20	5,12	5,07	5,03	4,96	4,95	4,91	4,88	4,86	0,99	
1,57	1,56	1,56	1,55	1,55	1,54	1,54	1,53	1,53	1,53	1,53	1,53	0,75	9
2,34	2,30	2,28	2,25	2,23	2,22	2,21	2,19	2,18	2,17	2,17	2,16	0,90	
3,01	2,94	2,90	2,86	2,83	2,80	2,79	2,76	2,75	2,73	2,72	2,71	0,95	
4,96	4,81	4,73	4,65	4,57	4,52	4,48	4,42	4,40	4,36	4,33	4,31	0,99	
1,53	1,52	1,52	1,51	1,51	1,50	1,50	1,49	1,49	1,49	1,48	1,48	0,75	10
2,24	2,20	2,18	2,16	2,13	2,12	2,11	2,09	2,08	2,07	2,06	2,54	0,90	
2,85	2,77	2,74	2,70	2,66	2,64	2,62	2,59	2,58	2,56	2,55	2,54	0,95	
4,56	4,41	4,33	4,25	4,17	4,12	4,08	4,01	4,00	3,96	3,93	3,91	0,99	

F-Verteilung (Fortsetzung)

Nenner-*df*	Fläche	Zähler-*df* 1	2	3	4	5	6	7	8	9	10	11	12
11	0,75	1,47	1,58	1,58	1,57	1,56	1,55	1,54	1,53	1,53	1,52	1,52	1,51
	0,90	3,23	2,86	2,66	1,54	2,45	2,39	2,34	2,30	2,27	2,25	2,23	2,21
	0,95	4,84	3,98	3,59	3,36	3,20	3,09	3,01	2,95	2,90	2,85	2,82	2,79
	0,99	9,65	7,21	6,22	5,67	5,32	5,07	4,89	4,74	4,63	4,54	4,46	4,40
12	0,75	1,46	1,56	1,56	1,55	1,54	1,53	1,52	1,51	1,51	1,50	1,50	1,49
	0,90	3,18	2,81	2,61	2,48	2,39	2,33	2,28	2,24	2,21	2,19	2,17	2,15
	0,95	4,75	3,89	3,49	3,26	3,11	3,00	2,91	2,85	2,80	2,75	2,72	2,69
	0,99	9,33	6,93	5,95	5,41	5,06	4,82	4,64	4,50	4,39	4,30	4,22	4,16
13	0,75	1,45	1,54	1,54	1,53	1,52	1,51	1,50	1,49	1,49	1,48	1,47	1,47
	0,90	3,14	2,76	2,56	2,43	2,35	2,28	2,23	2,20	2,16	2,14	2,12	2,10
	0,95	4,67	3,81	3,41	3,18	3,03	2,92	2,83	2,77	2,71	2,67	2,63	2,60
	0,99	9,07	6,70	5,74	5,21	4,86	4,62	4,44	4,30	4,19	4,10	4,02	3,96
14	0,75	1,44	1,53	1,53	1,52	1,51	1,50	1,48	1,48	1,47	1,46	1,46	1,45
	0,90	3,10	2,73	2,52	2,39	2,31	2,24	2,19	2,15	2,12	2,10	2,08	2,05
	0,95	4,60	3,74	3,34	3,11	2,96	2,85	2,76	2,70	2,65	2,60	2,57	2,53
	0,99	8,86	6,51	5,56	5,04	4,69	4,46	4,28	4,14	4,03	3,94	3,86	3,80
15	0,75	1,43	1,52	1,52	1,51	1,49	1,48	1,47	1,46	1,46	1,45	1,44	1,44
	0,90	3,07	2,70	2,49	2,36	2,27	2,21	2,16	2,12	2,09	2,06	2,04	2,02
	0,95	4,54	3,68	3,29	3,06	2,90	2,79	2,71	2,64	2,59	2,54	2,51	2,48
	0,99	8,68	6,36	5,42	4,89	4,56	4,32	4,14	4,00	3,89	3,80	3,73	3,67
16	0,75	1,42	1,51	1,51	1,50	1,48	1,48	1,47	1,46	1,45	1,45	1,44	1,44
	0,90	3,05	2,67	2,46	2,33	2,24	2,18	2,13	2,09	2,06	2,03	2,01	1,99
	0,95	4,49	3,63	3,24	3,01	2,85	2,74	2,66	2,59	2,54	2,49	2,46	2,42
	0,99	8,53	6,23	5,29	4,77	4,44	4,20	4,03	3,89	3,78	3,69	3,62	3,55
17	0,75	1,42	1,51	1,50	1,49	1,47	1,46	1,45	1,44	1,43	1,43	1,42	1,41
	0,90	3,03	2,64	2,44	2,31	2,22	2,15	2,10	2,06	2,03	2,00	1,98	1,96
	0,95	4,45	3,59	3,20	2,96	2,81	2,70	2,61	2,55	2,49	2,45	2,41	2,38
	0,99	8,40	6,11	5,18	4,67	4,34	4,10	3,93	3,79	3,68	3,59	3,52	3,46
18	0,75	1,41	1,50	1,49	1,48	1,46	1,45	1,44	1,43	1,42	1,42	1,41	1,40
	0,90	3,01	2,62	2,42	2,29	2,20	2,13	2,08	2,04	2,00	1,98	1,96	1,93
	0,95	4,41	3,55	3,16	2,93	2,77	2,66	2,58	2,51	2,46	2,41	2,37	2,34
	0,99	8,29	6,01	5,09	4,58	5,24	4,01	3,84	3,71	3,60	3,51	3,43	3,37
19	0,75	1,41	1,49	1,49	1,47	1,46	1,44	1,43	1,42	1,41	1,41	1,40	1,40
	0,90	2,99	2,61	2,40	2,27	2,18	2,11	2,06	2,02	1,98	1,96	1,94	1,91
	0,95	4,38	3,52	3,13	2,90	2,74	2,63	2,54	2,48	2,42	2,38	2,34	2,31
	0,99	8,18	5,93	5,01	4,50	4,17	3,94	3,77	3,63	3,52	3,43	3,36	3,30
20	0,75	1,40	1,49	1,48	1,46	1,45	1,44	1,42	1,42	1,41	1,40	1,39	1,39
	0,90	2,97	2,59	2,38	2,25	2,16	2,09	2,04	2,00	1,96	1,94	1,92	1,89
	0,95	4,35	3,49	3,10	2,87	2,71	2,60	2,51	2,45	2,39	2,35	2,31	2,28
	0,99	8,10	5,85	4,94	4,43	4,10	3,87	3,70	3,56	3,46	3,37	3,29	3,23

Tabelle 3

					Zähler-*df*								Nenner-*df*
15	20	25	30	40	50	60	100	120	200	500	∞	Fläche	
1,50	1,49	1,49	1,48	1,47	1,47	1,47	1,46	1,46	1,46	1,45	1,45	0,75	11
2,17	2,12	2,10	2,08	2,05	2,04	2,03	2,00	2,00	1,99	1,98	1,97	0,90	
2,72	2,65	2,61	2,57	2,53	2,51	2,49	2,46	2,45	2,43	2,42	2,40	0,95	
4,25	4,10	4,02	3,94	3,86	3,81	3,78	3,71	3,69	3,66	3,62	3,60	0,99	
1,48	1,47	1,46	1,45	1,45	1,44	1,44	1,43	1,43	1,43	1,42	1,42	0,75	12
2,10	2,06	2,04	2,01	1,99	1,97	1,96	1,94	1,93	1,92	1,91	1,90	0,90	
2,62	2,54	2,51	2,47	2,43	2,40	2,38	2,35	2,34	2,32	2,31	2,30	0,95	
4,01	3,86	3,78	3,70	3,62	3,57	3,54	3,47	3,45	3,41	3,38	3,36	0,99	
1,46	1,45	1,44	1,43	1,42	1,42	1,42	1,41	1,41	1,40	1,40	1,40	0,75	13
2,05	2,01	1,98	1,96	1,93	1,92	1,90	1,88	1,88	1,86	1,85	1,85	0,90	
2,53	2,46	2,42	2,38	2,34	2,31	2,30	2,26	2,25	2,23	2,22	2,21	0,95	
3,82	3,66	3,59	3,51	3,43	3,38	3,34	3,27	3,25	3,22	3,19	3,17	0,99	
1,44	1,43	1,42	1,41	1,41	1,40	1,40	1,39	1,39	1,39	1,38	1,38	0,75	14
2,01	1,96	1,94	1,91	1,89	1,87	1,86	1,83	1,83	1,82	1,80	1,80	0,90	
2,46	2,39	2,35	2,31	2,27	2,24	2,22	2,19	2,18	2,16	2,14	2,13	0,95	
3,66	3,51	3,43	3,35	3,27	3,22	3,18	3,11	3,09	3,06	3,03	3,00	0,99	
1,43	1,41	1,41	1,40	1,39	1,39	1,38	1,38	1,37	1,37	1,36	1,36	0,75	15
1,97	1,92	1,90	1,87	1,85	1,83	1,82	1,79	1,79	1,77	1,76	1,76	0,90	
2,40	2,33	2,29	2,25	2,20	2,18	2,16	2,12	2,11	2,10	2,08	2,07	0,95	
3,52	3,37	3,29	3,21	3,13	3,08	3,05	2,98	2,96	2,92	2,89	2,87	0,99	
1,41	1,40	1,39	1,38	1,37	1,37	1,36	1,36	1,35	1,35	1,34	1,34	0,75	16
1,94	1,89	1,87	1,84	1,81	1,79	1,78	1,76	1,75	1,74	1,73	1,72	0,90	
2,35	2,28	2,24	2,19	2,15	2,12	2,11	2,07	2,06	2,04	2,02	2,01	0,95	
3,41	3,26	3,18	3,10	3,02	2,97	2,93	2,86	2,84	2,81	2,78	2,75	0,99	
1,40	1,39	1,38	1,37	1,36	1,35	1,35	1,34	1,34	1,34	1,33	1,33	0,75	17
1,91	1,86	1,84	1,81	1,78	1,76	1,75	1,73	1,72	1,71	1,69	1,69	0,90	
2,31	2,23	2,19	2,15	2,10	2,08	2,06	2,02	2,01	1,99	1,97	1,96	0,95	
3,31	3,16	3,08	3,00	2,92	2,87	2,83	2,76	2,75	2,71	2,68	2,65	0,99	
1,39	1,38	1,37	1,36	1,35	1,34	1,34	1,33	1,33	1,32	1,32	1,32	0,75	18
1,89	1,84	1,81	1,78	1,75	1,74	1,72	1,70	1,69	1,68	1,67	1,66	0,90	
2,27	2,19	2,15	2,11	2,06	2,04	2,02	1,98	1,97	1,95	1,93	1,92	0,95	
3,23	3,08	3,00	2,92	2,84	2,78	2,75	2,68	2,66	2,62	2,59	2,57	0,99	
1,38	1,37	1,36	1,35	1,34	1,33	1,33	1,32	1,32	1,31	1,31	1,30	0,75	19
1,86	1,81	1,79	1,76	1,73	1,71	1,70	1,67	1,67	1,65	1,64	1,63	0,90	
2,23	2,16	2,11	2,07	2,03	2,00	1,98	1,94	1,93	1,91	1,89	1,88	0,95	
3,15	3,00	2,92	2,84	2,76	2,71	2,67	2,60	2,58	2,55	2,51	2,49	0,99	
1,37	1,36	1,35	1,34	1,33	1,33	1,32	1,31	1,31	1,30	1,30	1,29	0,75	20
1,84	1,79	1,77	1,74	1,71	1,69	1,68	1,65	1,64	1,63	1,62	1,61	0,90	
2,20	2,12	2,08	2,04	1,99	1,97	1,95	1,91	1,90	1,88	1,86	1,84	0,95	
3,09	2,94	2,86	2,78	2,69	1,64	2,61	2,64	2,52	2,48	2,44	2,42	0,99	

F-Verteilung (Fortsetzung)

Nenner-*df*	Fläche	Zähler-*df* 1	2	3	4	5	6	7	8	9	10	11	12
22	0,75	1,40	1,48	1,47	1,45	1,44	1,42	1,41	1,40	1,39	1,39	1,38	1,37
	0,90	2,95	2,56	2,35	2,22	2,13	2,06	2,01	1,97	1,93	1,90	1,88	1,86
	0,95	4,30	3,44	3,05	2,82	2,66	2,55	2,46	2,40	2,34	2,30	2,26	2,23
	0,99	7,95	5,72	4,82	4,31	3,99	3,76	3,59	3,45	3,35	3,26	3,18	3,12
24	0,75	1,39	1,47	1,46	1,44	1,43	1,41	1,40	1,39	1,38	1,38	1,37	1,36
	0,90	2,93	2,54	2,33	2,19	2,10	2,04	1,98	1,94	1,91	1,88	1,85	1,83
	0,95	4,26	3,40	3,01	2,78	2,62	2,51	2,42	2,36	2,30	2,25	2,21	2,18
	0,99	7,82	5,61	4,72	4,22	3,90	3,67	3,50	3,36	3,26	3,17	3,09	3,03
26	0,75	1,38	1,46	1,45	1,44	1,42	1,41	1,40	1,39	1,37	1,37	1,36	1,35
	0,90	2,91	2,52	2,31	2,17	2,08	2,01	1,96	1,92	1,88	1,86	1,84	1,81
	0,95	4,23	3,37	2,98	2,74	2,59	2,47	2,39	2,32	2,27	2,22	2,18	2,15
	0,99	7,72	5,53	4,64	4,14	3,82	3,59	3,42	3,29	3,18	3,09	3,02	2,96
28	0,75	1,38	1,46	1,45	1,43	1,41	1,40	1,39	1,38	1,37	1,36	1,35	1,34
	0,90	2,89	2,50	2,29	2,16	2,06	2,00	1,94	1,90	1,87	1,84	1,81	1,79
	0,95	4,20	3,34	2,95	2,71	2,56	2,45	2,36	2,29	2,24	2,19	2,15	2,12
	0,99	7,64	5,45	4,57	4,07	3,75	3,53	3,36	3,23	3,12	3,03	2,96	2,90
30	0,75	1,38	1,45	1,44	1,42	1,41	1,39	1,38	1,37	1,36	1,35	1,35	1,34
	0,90	2,88	2,49	2,28	2,14	2,05	1,98	1,93	1,88	1,85	1,82	1,79	1,77
	0,95	4,17	3,32	2,92	2,69	2,53	2,42	2,33	2,27	2,21	2,16	2,13	2,09
	0,99	7,56	5,39	4,51	4,02	3,70	3,47	3,30	3,17	3,07	2,98	2,91	2,84
40	0,75	1,36	1,44	1,42	1,40	1,39	1,37	1,36	1,35	1,34	1,33	1,32	1,31
	0,90	2,84	2,44	2,23	2,09	2,00	1,93	1,87	1,83	1,79	1,76	1,73	1,71
	0,95	4,08	3,23	2,84	2,61	2,45	2,34	2,25	2,18	2,12	2,08	2,04	2,00
	0,99	7,31	5,18	4,31	3,83	3,51	3,29	3,12	2,99	2,89	2,80	2,73	2,66
60	0,75	1,35	1,42	1,41	1,38	1,37	1,35	1,33	1,32	1,31	1,30	1,29	1,29
	0,90	2,79	2,39	2,18	2,04	1,95	1,87	1,82	1,77	1,74	1,71	1,58	1,66
	0,95	4,00	3,15	2,76	2,53	2,37	2,25	2,17	2,10	2,04	1,99	1,95	1,92
	0,99	7,08	4,98	4,13	3,65	3,34	3,12	2,95	2,82	2,72	2,63	2,56	2,50
120	0,75	1,34	1,40	1,39	1,37	1,35	1,33	1,31	1,30	1,29	1,28	1,27	1,26
	0,90	2,75	2,35	2,13	1,99	1,90	1,82	1,77	1,72	1,68	1,65	1,62	1,60
	0,95	3,92	3,07	2,68	2,45	2,29	2,17	2,09	2,02	1,96	1,91	1,87	1,83
	0,99	6,85	4,79	3,95	3,48	3,17	2,96	2,79	2,66	2,56	2,47	2,40	2,34
200	0,75	1,33	1,39	1,38	1,36	1,34	1,32	1,31	1,29	1,28	1,27	1,26	1,25
	0,90	2,73	2,33	2,11	1,97	1,88	1,80	1,75	1,70	1,66	1,63	1,60	1,57
	0,95	3,89	3,04	2,65	2,42	2,26	2,14	2,06	1,98	1,93	1,88	1,84	1,80
	0,99	6,76	4,71	3,88	3,41	3,11	2,89	2,73	2,60	2,50	2,41	2,34	2,27
∞	0,75	1,32	1,39	1,37	1,35	1,33	1,31	1,29	1,28	1,27	1,25	1,24	1,24
	0,90	2,71	2,30	2,08	1,94	1,85	1,77	1,72	1,67	1,63	1,60	1,57	1,55
	0,95	3,84	3,00	2,60	2,37	2,21	2,10	2,01	1,94	1,88	1,83	1,79	1,75
	0,99	6,63	4,61	3,78	3,32	3,02	2,80	2,64	2,51	2,41	2,32	2,25	2,18

Tabelle 3

Zähler-*df*													Nenner-*df*
15	20	25	30	40	50	60	100	120	200	500	∞	Fläche	
1,36	1,34	1,33	1,32	1,31	1,31	1,30	1,30	1,30	1,29	1,29	1,28	0,75	22
1,81	1,76	1,73	1,70	1,67	1,65	1,64	1,61	1,60	1,59	1,58	1,57	0,90	
2,15	2,07	2,03	1,98	1,94	1,91	1,89	1,85	1,84	1,82	1,80	1,78	0,95	
2,98	2,83	2,75	2,67	2,58	2,53	2,50	2,42	2,40	2,36	2,33	2,31	0,99	
1,35	1,33	1,32	1,31	1,30	1,29	1,29	1,28	1,28	1,27	1,27	1,26	0,75	24
1,78	1,73	1,70	1,67	1,64	1,62	1,61	1,58	1,57	1,56	1,54	1,53	0,90	
2,11	2,03	1,98	1,94	1,89	1,86	1,84	1,80	1,79	1,77	1,75	1,73	0,95	
2,89	2,74	2,66	2,58	2,49	2,44	2,40	2,33	2,31	2,27	2,24	2,21	0,99	
1,34	1,32	1,31	1,30	1,29	1,28	1,28	1,26	1,26	1,26	1,25	1,25	0,75	26
1,76	1,71	1,68	1,65	1,61	1,59	1,58	1,55	1,54	1,53	1,51	1,50	0,90	
2,07	1,99	1,95	1,90	1,85	1,82	1,80	1,76	1,75	1,73	1,71	1,69	0,95	
2,81	2,66	2,58	2,50	2,42	2,36	2,33	2,25	2,23	2,19	2,16	2,13	0,99	
1,33	1,31	1,30	1,29	1,28	1,27	1,27	1,26	1,25	1,25	1,24	1,24	0,75	28
1,74	1,69	1,66	1,63	1,59	1,57	1,56	1,53	1,52	1,50	1,19	1,48	0,90	
2,04	1,96	1,91	1,87	1,82	1,79	1,77	1,73	1,71	1,69	1,67	1,65	0,95	
2,75	2,60	2,52	2,44	2,35	2,30	2,26	2,19	2,17	2,13	2,09	2,06	0,99	
1,32	1,30	1,29	1,28	1,27	1,26	1,26	1,25	1,24	1,24	1,23	1,23	0,75	30
1,72	1,67	1,64	1,61	1,57	1,55	1,54	1,51	1,50	1,48	1,47	1,46	0,90	
2,01	1,93	1,89	1,84	1,79	1,76	1,74	1,70	1,68	1,66	1,64	1,62	0,95	
2,70	2,55	2,47	2,39	2,30	2,25	2,21	2,13	2,11	2,07	2,03	2,01	0,99	
1,30	1,28	1,26	1,25	1,24	1,23	1,22	1,21	1,21	1,20	1,19	1,19	0,75	40
1,66	1,61	1,57	1,54	1,51	1,48	1,47	1,43	1,42	1,41	1,39	1,38	0,90	
1,92	1,84	1,79	1,74	1,69	1,66	1,64	1,59	1,58	1,55	1,53	1,51	0,95	
2,52	2,37	2,29	2,20	2,11	2,06	2,02	1,94	1,92	1,87	1,93	1,80	0,99	
1,27	1,25	1,24	1,22	1,21	1,20	1,19	1,17	1,178	1,16	1,15	1,15	0,75	60
1,60	1,54	1,51	1,48	1,44	1,41	1,40	1,36	1,35	1,33	1,31	1,29	0,90	
1,84	1,75	1,70	1,65	1,59	1,56	1,53	1,48	1,47	1,44	1,41	1,39	0,95	
2,35	2,20	2,12	2,03	1,94	1,88	1,84	1,75	1,73	1,68	1,63	1,60	0,99	
1,24	1,22	1,21	1,19	1,18	1,17	1,16	1,14	1,13	1,12	1,11	1,10	0,75	120
1,55	1,48	1,45	1,41	1,37	1,34	1,32	1,27	1,26	1,24	1,21	1,19	0,90	
1,75	1,66	1,61	1,55	1,50	1,46	1,43	1,37	1,35	1,32	1,28	1,25	0,95	
2,19	2,03	1,95	1,86	1,76	1,70	1,66	1,56	1,53	1,48	1,42	1,38	0,99	
1,23	1,21	1,20	1,18	1,16	1,14	1,12	1,11	1,10	1,09	1,08	1,06	0,75	200
1,52	1,46	1,42	1,38	1,34	1,31	1,28	1,24	1,22	1,20	1,17	1,14	0,90	
1,72	1,62	1,57	1,52	1,46	1,41	1,39	1,32	1,29	1,26	1,22	1,19	0,95	
2,13	1,97	1,89	1,79	1,69	1,63	1,58	1,48	1,44	1,39	1,33	1,20	0,99	
1,22	1,19	1,18	1,16	1,14	1,13	1,12	1,09	1,08	1,07	1,04	1,00	0,75	∞
1,49	1,42	1,38	1,34	1,30	1,26	1,24	1,18	1,17	1,13	1,08	1,00	0,90	
1,67	1,57	1,52	1,46	1,39	1,35	1,32	1,24	1,22	1,17	1,11	1,00	0,95	
2,04	1,88	1,79	1,70	1,59	1,52	1,17	1,36	1,32	1,25	1,15	1,00	0,99	

Tabelle 4

χ^2-Verteilung

df \ Fläche	0,9	0,95	0,975	0,99	0,995
1	2,706	3,841	5,024	6,635	7,879
2	4,605	5,991	7,378	9,210	10,600
3	6,251	7,815	9,348	11,350	12,840
4	7,779	9,488	11,140	13,280	14,860
5	9,236	11,070	12,830	15,090	16,750
6	10,650	12,590	14,450	16,810	18,550
7	12,020	14,070	16,010	18,480	20,280
8	13,360	15,510	17,540	20,090	21,960
9	14,680	16,920	19,020	21,670	23,590
10	15,990	18,310	20,480	23,210	25,190
11	17,280	19,680	21,920	24,730	26,760
12	18,550	21,030	23,340	26,220	28,300
13	19,810	22,360	24,740	27,690	29,820
14	21,060	23,690	26,120	29,140	31,320
15	22,310	25,000	27,490	30,580	32,800
16	23,540	26,300	28,850	32,000	34,270
17	24,770	27,590	30,190	33,410	35,720
18	25,990	28,870	31,530	34,810	37,160
19	27,200	30,140	32,850	36,190	38,580
20	28,410	31,410	34,170	37,570	40,000
21	29,620	32,670	35,480	38,930	41,400
22	30,810	33,920	36,780	40,290	42,800
23	32,010	35,170	38,080	41,540	44,180
24	33,200	36,410	39,360	42,980	45,560
25	34,380	37,650	40,650	44,310	46,930
26	35,560	38,890	41,920	45,640	48,290
27	36,740	40,110	43,200	46,960	49,650
28	37,920	41,340	44,460	48,280	50,990
29	39,090	42,560	45,720	49,590	52,340
30	40,260	43,770	46,980	50,890	53,670
40	51,810	55,760	59,340	63,090	66,770
50	63,170	67,510	71,420	76,150	79,490
60	74,400	79,080	83,300	88,380	91,950
70	85,530	90,530	95,020	100,400	104,200
80	96,580	101,900	106,600	112,300	116,300
90	107,600	113,200	118,100	124,100	128,300
100	118,500	124,300	129,600	135,800	140,200

Stichwortverzeichnis

!

Numerisch

A

B

C

D

E

F

G

H

I

K

S

T

U

V

W

X

Z

ps
psychologie

PSYCHOLOGIE

Markus Bühner

Einführung in die Test- und Fragebogenkonstruktion
3., aktualisierte Auflage
ISBN 978-3-86894-033 6
39.95 EUR [D], 41.10 EUR [A], 47.10 sFr*
640 Seiten

Einführung in die Test- und Fragebogenkonstruktion

BESONDERHEITEN

Dieses Buch vermittelt die theoretischen und praktischen Grundlagen, um Tests oder Fragebögen fundiert entwickeln zu können. Die theoretischen Inhalte sowie die zum Verständnis wichtigen Formeln werden einfach und verständlich erklärt. Die Umsetzung der einzelnen Konstruktionsschritte wird mithilfe von Statistiksoftware wie SPSS, AMOS und Winmira ausführlich dargestellt. Anhand detaillierter Erläuterungen zu den Ergebnisausgaben sowie SPSS-Datendateien wird das Wissen so vertieft, dass eine direkte Umsetzung des Gelernten bei praktischen Anwendungen problemlos möglich ist.

EXTRAS ONLINE

Für Dozenten:
- Alle Abbildungen elektronisch zum Download

Für Studenten:
- Multiple-Choice-Aufgaben mit Lösungshinweisen
- SPSS-Datendateien
  Weiterführende Links

*unverbindliche Preisempfehlung

http://www.pearson-studium.de/4033

ALWAYS LEARNING PEARSON

PSYCHOLOGIE

Jan Hendrik Peters
Tobias Dörfler

Abschlussarbeiten in der Psychologie und den Sozialwissenschaften - Schreiben und Gestalten
ISBN 978-3-86894-240-8
19.95 EUR [D], 20.60 EUR [A], 23.80 sFr*
464 Seiten

Abschlussarbeiten in der Psychologie und den Sozialwissenschaften - Schreiben und Gestalten

BESONDERHEITEN

Ein praktischer Leitfaden für die Erstellung und Gestaltung schriftlicher Arbeiten. Die Autoren erklären den Aufbau wissenschaftlicher Arbeiten und geben Hinweise zur Organisation des Schreibprozesses. Viele Beispiele zeigen auf, was einen wissenschaftlichen Schreibstil in der Psychologie und den Sozialwissenschaften ausmacht und wie dieser umgesetzt werden kann. Unter Berücksichtigung der Manuskriptrichtlinien wird verständlich erläutert, worauf bei der Gestaltung zu achten ist.

EXTRAS ONLINE

Für Dozenten
- Abbildungen und Tabellen des Buches

Für Studenten
- Eine Beispiel-Abschlussarbeit
- Formatvorlagen und Stylesheets zur Erstellung einer wissenschaftlichen Arbeit
- Wissenstests zur Überprüfung, in welchen Bereichen noch Kenntnislücken bestehen und welche Abschnitte des Buchs gezielt gelesen werden sollten.

*unverbindliche Preisempfehlung

http://www.pearson-studium.de/4240

ALWAYS LEARNING PEARSON

st
scientific tools

SCIENTIFIC TOOLS

Reinhold Hatzinger
Kurt Hornik
Herbert Nagel
Marco Maier

R
2., aktualisierte Auflage
ISBN 978-3-86894-250-7
34.95 EUR [D], 36.00 EUR [A], 41.30 sFr*
560 Seiten

R

BESONDERHEITEN

R – Einführung durch angewandte Statistik gibt eine Einführung in die statistische Software R, sowie in grundlegende statistische Verfahren und zeigt, wie diese in R umgesetzt werden. In jedem Abschnitt werden an einem klar strukturierten Beispiel typische Methoden der Datenbeschreibung und -analyse in R demonstriert. Die Ergebnisse werden nicht nur statistisch sondern auch inhaltlich interpretiert. Die Neuauflage wird auf R Version 3.0 adaptiert. Die Erweiterung des R Funktionsvorrats erleichtert das Arbeiten mit großen Datensätzen und stellt neue grafische Beschreibungsmethoden vor.

EXTRAS ONLINE

Für Dozenten und Studenten:
-Link zu den Autorenwebseiten für weiteres Material
-Alle im Buch verwendeten Datensätze
-Lösungen der Übungsbeispiele
-R-Code zu allen Beispielen des Buches

*unverbindliche Preisempfehlung

http://www.pearson-studium.de/4250

ALWAYS LEARNING PEARSON